국제환경법

제 4 판

김 홍 균 저

弘 文 社

제4판 머리말

마침내 미루고 미루었던 일을 하기로 하였다. 책 개정이 그것이다. 여기에는 출판사의 독촉이 컸다. 내 책을 읽는 사람이 있긴 있는 모양이다. 로스쿨에서 변호사시험 과목에 들지 않은 강의에 대한 인기가 크게 줄고, 그 여파로 국제환경법의 수요도 시들해진 상황을 생각하면 여간 반갑고 고마운 일이 아닐 수 없다. 그러나 이 책의 수요는 어차피 나에게 중요하지 않다. 국내에서는 몇 안 되는 국제환경법 책이니까 이를 계속 업데이트해야 한다고 생각하는 나로서는 인기와는 무관하게 개정해오곤 하였기 때문이다. 개정 작업은 언제나 시작할 때에는 쉬울 것이라고 생각하는데, 하다 보면 어렵고 고단하다는 것을 느낀다. 그나마 다행이라면 국내환경법에 비해서 새로운 협약의 탄생과 개정이 빈번하지 않다는 것이다.

이번에는 형식적으로 우선 이런저런 고민이 있어 손을 대지 않았던 몇 가지를 고쳤다. 제목의 한자 표현을 한글로 바꾸고, 지속가능한 개발을 지속가능한 '발전'으로 바꾼 것이 그것이다. 옳고 그른 것을 떠나 한글로 바꾼 것은 학생들이 한자를 너무 불편해한다는 것이 그 중요한 이유이다. 개발을 '발전'으로 바꾼 것은 무엇보다도 이 표현이 개발보다 정확하기 때문이다. 책을 처음 낼 때만해도 개발이라는 표현이 보편적이었는데, 최근 지속가능한 발전이라는 표현이 보편화되면서 어쩔 수 없이 발전이란 표현을 수용할 수밖에 없게 되었다.

내용적으로는 교토의정서 체제를 대체하는 기후협약이 등장하면서 교토의정서 관련 내용을 대폭 삭제하였다. 삭제할 때는 지구상에 등장한 체제 중 가장 복잡한 체제라는 소리를 들을 만한 신축성체제(배출권거래제, 공동이행체제, 청정개발체제)를 날린다는 시원한 감도 있었지만 무던히 고생하면서 오랜 세월 다듬은 원고를 단숨에 날려야 한다는 아쉬움이 있었다. 대신에 국가관할권 이원지역의 생물다양성(BBNJ) 협약 관련 논의와 해양플라스틱 오염에 대한 구속적인 조약을 만들려는 국제사회의 노력을 추가하였다. 새로 추가하려는 것은 아직 구체적인 내용이 모습을 드러내지 않았지만 협약 체결이 가시권에 들어오거나 논의가 한창 진행 중이어서 소개할 만하다고 생각했기 때문이다.

어쨌든 이 책이 나온 지도 10여 년이 지났다. 세월이 많이 흐른 셈이다. 그리고 흐른 만큼 변할 수밖에 없는 것이 아닐까. 최근에 나는 정든 학교를 떠나 로펌에 둥지를 틀었다. 몇 년 전만 해도 상상하지 못했던 일이 생긴 것이다. 주변 환경도, 하는 일에도 많은 변화가 생겼다. 변하지 않은 것이 있다면 이 책에 대한 애정일 것이다. 마음을 추스르니까 평화가 찾아오고 있다.

2023년 2월
명덕재에서 저자

제 3 판 머리말

먼저 독자들에게 감사하다는 말을 하고 싶다. 초판만으로 끝날지도 모르던 것이 여기까지 온 것은 여간 다행이 아니다. 당초 2~3년마다 개정판을 내기로 작정하였다. 그것이 어긋난 것은 엉뚱하게도 로스쿨 시작과 무관치 않다. 법과대학이 로스쿨로 전환되면서 학교의 강좌 개설과 학생들의 수요가 줄어들었고, 이에 맞추어 나의 책 개정에 대한 유인도 줄어들었다. 그러다 문득 어렵더라도 결코 뒤로 물러서서는 안 된다는 생각이 들었다. 국제환경법 강좌와 전임교수가 많지 않은 우리나라 상황에서는 더욱 그렇지 않을까 생각했다. 조그만 일이라도 하지 않으면 조금의 진전도 없을 것이다.

그동안 새로이 채택되거나 개정된 협약과 주의 부족으로 빠트리거나 불충분하다고 생각되어 마음이 불편했던 부분을 중점적으로 보완하였다. 2015년 파리협정 채택, 2014년 나고야의정서 발효, 2010년 국제사법재판소의 Pulp Mills 사건 결정, 2007년 위험·유해물질에 의한 오염사고의 대비, 대응 및 협력에 관한 의정서(OPRC-HNS의정서) 발효, 2002년 연무오염에 관한 ASEAN협정 체결 등과 관련한 것이 대표적이다. 보완하는 과정에서 의외로 손볼 곳이 많음을 알게 되었다. 내게 다시 개정하는 기회가 오긴 할까 하는 걱정으로 업데이트된 내용, 불분명한 부분, 오탈자 등을 손질하였다. 이때 수업과 자문회의 등이 크게 도움이 되었다. 특히 수업은 그 준비과정에서 업데이트된 내용을 확인하게 하였고 학생들이 던지는 질문은 불분명하던 생각을 밝게 해주었다. 자문회의는 새로운 고민을 하게 만들었다. 수업이 끝나고 자문회의가 끝나면 나의 발걸음은 종종 바빠지곤 하였다. 그러나 언어문제, 자료와 정보의 부족 등은 여전히 어려움을 주었다.

무엇인들 드라마틱한 것이 없는 것이 있을까? 이 책도 그렇다. 탄생과 진화가 그랬다. 생각지 못한 어려움에도 불구하고 길목마다 여럿 도움과 행운이 없었다면 존재하지 않았을 것이다. 그렇기 때문에 출판사에는 자못 미안한 일이지만 이 책에 대한 애정은 남다르다.

올 겨울에는 추위가 대단치 않았고, 유난히 눈이 귀했다. 한두 번 내린 눈도 검찰개혁, 코로나19 등 어수선함으로 눈을 반길 여유를 갖지 못했다. 그러다가 봄이다. 봄이 왔다. 가지마다 꽃망울이 맺혔다. 내 이럴 줄 알았다. 개정판을 낼 즈음에는 어김없이 봄이 오고 있었고, 새로운 희망을 얘기하곤 하였다. 강처럼 길게 흐르면서 시원한 책이 되었으면 한다.

2020년 2월
명덕재에서 저자

제2판 머리말

서둘러 잡으려다 놓쳐버리는 것들이 있다. 내겐 서둘러 쓴 책의 경우가 그랬다. 책 내용의 작은 오류나 오·탈자를 발견하거나 변화 내용을 즉시 반영하지 못할 때는 답답했다. 이를 모아모아 이번 개정판을 내게 되었다.

그동안 바뀐 것이 많이 있었다. 2009년 봄 로스쿨이 출범한 것이 대표적이다. 다양한 분야의 전문성을 갖춘 실무형 법조인의 양성, 국제경쟁력 강화 등을 주요 목표로 하면서 문을 연 로스쿨. 그러나 당초 기대와 달리 변호사시험 준비 기관으로 전락했다는 비판에 직면하고 있다. 국제환경법의 수요가 증가할 것이라는 기대와 달리 오히려 그 저변이 축소된 아이러니가 상징적으로 이를 반증하고 있다.

국제환경법적으로 주목할 만한 사건들도 제법 있었다. 예컨대, 선진국의 이산화탄소 배출 억제를 위한 교토의정서에서 정한 2012년 시한이 끝나면서 새로운 규범에 대한 논의가 이루어지고 있다. 교토메커니즘을 연장할 것인지, 신기후변화체제를 어떻게 설계할 것인지 등이 초미의 관심사가 되고 있다. 2011년 3월에 발생한 일본 후쿠시마 원전사고로 인한 다량의 방사성물질 배출은 우리나라는 물론이고 세계를 경악시켰다. 2010년에는 유전자변형생물체 피해로 인한 책임과 구제를 위한 나고야-쿠알라룸프 추가의정서, 유전자원에 대한 접근 및 이용으로부터 발생하는 이익의 공유를 위한 나고야의정서(2014년 10월 발효)가 각 채택되었다. 2013년 10월에는 인간의 건강과 환경에 위해성이 큰 수은을 규제하기 위해 미나마타협약(수은협약)이 채택되었다.

모든 것이 바뀌게 마련이지만 아직까지 바뀌지 않는 것이 내게 있다. “우리는 사랑하는 것을 아낀다. 그 사랑은 이해에서 오며, 이해는 배움에서 온다”는 믿음이다. 나의 책 사랑도 여전하다. 책은 마치 내 자식과 같다. 책을 개정하는 것은 언제부터인지 내게 블랙홀과 같다. 이 작업은 단연코 일의 우선순위이며, 나는 뭔가에 홀린 듯 방학을 보내곤 한다.

어려운 일이 많았다. 운명은 나에게 친절하게 ‘글 갖고 살아라’라고 말하며 여기까지 데리고 왔지만 능력 부족을 절감하였다. 그 중에 으뜸은 외국 자료를 보는 경우 ‘번역이 되면 이해가 안 되고, 이해가 되면 번역이 안 되는 일’이었다. 봄은 언제나 너무 빨리 혹은 너무 늦게 찾아온다. 유난히 긴 겨울. 마음의 겨울과 함께 가라.

2015년 3월
명덕재에서 著者

머 리 말

요즘 “하나뿐인 지구”가 문제다. 불과 몇 년 전만 하더라도 환경문제가 국제사회에서 이렇게 뜨거운 이슈가 될 줄을 누가 알았는가? 기후변화, 오존층 파괴, 생물다양성 파괴, 폐기물의 국가간 이동, 무역과의 충돌 등. 다양하고 복잡한 환경문제는 지구에 살고 있는 인간의 생명을 위협하고, 인류의 존망에 대하여 암울한 경고를 보내고 있다. 더 이상의 환경파괴는 곤란한 것 아닌가?

그렇기 때문에 국제환경법이 갖는 의미는 크다. 국제환경법은 환경보호라는 인류 공동의 이해에 관련한 이슈를 다룰 기회를 제공한다. 인류 공동자산의 관리와 보전은 이제 한 국가만의 단편적인 노력만으로 해결할 수 없는 단계에 이르렀다. 환경오염과 그 피해는 한 국가에 한정되지 않고 다른 국가나 지구 전체에 영향을 미치는 것이 일반적이다. 따라서 환경문제의 해결은 어느 한 국가만의 노력에 의해 해결될 수 없고 모든 국가의 공동 노력을 필요로 한다. 결과적으로 나는 국제환경법의 처음이자 마지막이 ‘국제협력’이고, 그 대표적인 결정체가 환경협약이라고 생각한다. 국제환경법은 바로 환경협약을 주요 주제로 하고 있다.

그동안 우리나라는 국제사회의 분위기를 쫓아가기에만 급급하지 않았나 생각한다. 특히 협약문, 국제문서, 외국 서적 등을 보면서 그런 생각을 많이 하였다. 이러한 생각이 현재의 내용에 충실한 책을 써야겠다는 가장 깊은 뿌리다. 여기에 로스쿨이 출발하고, 관련 국내 서적이 많지 않은 것이 확신을 갖게 하였다. 앞서 갈 수 없다면 차라리 현주소만이라도 정확히 알자. 새로운 이론, 정책, 아이디어가 없다면 이러한 창조적인 것들이 태어날 수 있는 기초반이라도 제공해 보자. 그래서 원문을 존중하고자 하였다. 그래서 인용에 충실하고자 하였다. 그래서 입법론보다는 해석론에 초점을 맞추었다. 문제가 존재한다는 것을 인식하는 것은 문제해결의 첫 단계이다. 이 책이 문제를 해결할 것이라고 생각해 본 적은 없다. 다만 문제를 인식하게 하는, 기본서 정도가 되었으면 하는 생각을 한다.

최근 수년간은 온통 책 생각뿐이었다. 때론 지치기도 하고, 외롭기도 하였다. 이 책의 탄생지는 내가 연구년으로 생활하였던 포틀랜드다. 비 내리는 오후의 Lewis & Clark 로스쿨 지하 골방, 지금 그 연구실이 떠오른다. 그동안 바쁘다는 이유로 무심한 나를 무던히 지켜준 가족, 사랑스러운 사람들. 그동안 궂은 일에도 아무 말 없이 내일처럼 도와준 박종원 박사, 이준서 박사, 윤익준 조교, 고마운 사람들. 출판을 기꺼이 허락해 주신 홍문사 임권규 사장님과 편집·교정에 정성을 다해 준 이정민 대리. 모두에게 깊은 감사를 드린다. 참 좋은 책을 만들고 싶었다.

2010년 여름

著 者

차 례

제 3 장 국제환경법의 원칙

제 4 장 지구대기환경의 보전

제 5 장 국제수로의 환경보전과 이용

제 6 장 해양환경의 보전

제 7 장 유해폐기물, 화학물질의 규제

제 8 장　야생동 · 식물, 생태계와 생물다양성 보호

제 9 장 남극환경의 보호

제10장 핵에너지와 환경

제11장 준수와 이행

제12장 환경피해에 대한 책임

제13장 환경과 국제무역

제14장 환경과 인권

제 1 장　국제환경문제와 국제환경법

Ⅰ. 국제환경문제

산성비, 오존층 파괴, 기후변화, 국제수로 · 해양오염, 멸종위기 야생동 · 식물, 사막화, 열대림 파괴, 생물다양성의 감소, 유해폐기물 · 화학물질의 국가간 이동. 이들은 흔히 국제환경문제라고 일컬어지는 것 중 일부를 열거한 것에 불과하다. 산성비, 국제수로오염, 어류 · 철새와 같은 이동성 종의 보전 등의 문제는 지역적 성격의 측면이 강하고, 실제로 지역적 협약을 통해 해결해 온 경향이 있지만, 오존층 파괴, 기후변화, 해양오염 등은 국제적인 성격이 강해 국제적인 협약을 통해 관리 · 규제하는 경향이 있다. 이와 같은 성격 및 해결방법의 차이에도 불구하고 환경문제는 점점 국제화되고 있으며, 심각해지고 있다. 그 결과 한 국가의 행위는 다른 국가에 영향을 미치고, 그 해결을 위해서는 국제적인 노력이 요구되고 있다.

사람이 살지 않는 남극 상공에 오존 홀이 발견되고, DDT를 사용하지 않는 극지방에서 DDT가 발견된다는 사실은 문제가 간단치 않음을 보여준다. 이는 한 국가의 프레온가스 이용이 해당 국가의 문제로 그치지 않고 다른 국가, 나아가 사람이 살지 않는 남극 상공에까지 영향을 미칠 수 있다는 것이므로 충격적이라고 할 수 있다. 유해폐기물의 수출 · 입 문제도 수출 · 입 당사국만의 문제로 끝나지 않는다. 예컨대, 대만 핵폐기물이 북한으로 이동하는 중에 해난 사고가 발생한 경우를 생각해 보자. 사고가 발생하면 이동경로로 예상되는 서해의 해양생태계는 직접적으로 영향을 받을 것이다. 의심의 여지없이 서해는 오랜 기간 동안 회복이 곤란한 심대한 생태학적 피해를 받게 될 것이다. 그 결과는 우리나라와 중국에 악영향을 미치게 된다.

이러한 문제 인식은 환경문제를 한 국가만이 아니라 전 세계가 공동으로 대처해서 해결하여야 할 문제라는 것을 알려 준다. 어류 · 철새와 같은 이동성 종은 그들의 이동 통로를 따라 성장 · 서식의 장소가 되는 습지에 크게 의지하고, 이들 종들은 이동하면서 여러 국가의 관할에 종속된다. 이는 이동 경로에 있는 한 국가만이라도 적절한 보전 조치를 취하지 않으면 국제적인 보전 노력이 반감된다는 것을 의미한다. 이제 환경문제를 해결하기 위해 한 국가만 책임진다는 것은 기술적 · 재정적 · 행정적 · 정치적 한계 등으로 불가능하거나 실효성이 없다. 여기에서 국제환경법의 존재 이유를 발견하게 된다. 그것은 다름 아닌 국제협력이다. 말하자면 국제협력은 국제환경법의 출발점이자 종착점이라고 할 수 있다.

환경은 정치적 경계를 인식하지 않는다. 해안과 대기를 오염시키는 국가는 수천 킬로미터 떨어져 있는 개인에게 해를 끼칠 수 있다. 열대우림의 벌채를 허가하고 그 고갈을 촉진하는 국가는 모든 생물권을 위협하는 지구온난화에 기여할 수 있다. 이러한 사고는 남극체제에는 물론이고, 야생 동 · 식물, 생물다양성 등에도 그대로 적용될 수 있다. 그렇기 때문에 개인, 국가, 공중, 민간 기구, 국제사회는 이러한 문제를 해결하기 위하여 공동으로 노력하여야 한다. 1992년 리우데자네이로(Rio de Janeiro)에서 열린 유엔환경개발회의(UNCED 또는 정상회담)에서 채택된 환경과 개발에 관한 리우선언도 이를 정확히 지적하고 있다: 모든 국가와 사회의 주요 분야, 그리고 사람들 사이의 새로운 차원의 협력을 창조함으로써 새롭고 공평한 국제 동반자 관계를 수립하는 것을 목적으로 한다.[1] 국제사법재판소(ICJ)는 1996년 *핵무기의 위협 또는 사용의 합법성에 관한 권고적 의견*에서, "그들 관할권과 통제 내의 활동이 다른 국가 또는 국가관할권 범위를 벗어난 지역의 환경을 존중할 것을 보장하는 국가들의 일반의무의 존재는 이제 환경과 관련한 국제법의 요체이다"고 밝히고 있다.[2]

Ⅱ. '환경'이란?

그렇다면 국제사회는 구체적으로 어떠한 문제에 협력해야 하는가? 이는 국제환경법의 범위와도 깊은 관련을 갖는다. 국제환경법이 국제'환경'의 보호를 위한 원칙, 규범, 제도, 기구, 절차 등을 다루는 학문 영역이기 때문이다. 여기에 답하기 위해서는 우선 '환경'이 무엇인지 정확히 할 필요가 있다. 그러나 애석하게도 우리는 환경을 정확히 정의할 수 없다. 일단 인간의 생활과 직접 또는 간접적으로 관

1) Rio Declaration on Environment and Development, 31 I. L. M. 874 (1992), 전문.

2) 환경은 추상적 용어가 아니라 아직 태어나지 않은 세대를 포함하는 인류의 생활 공간이며 삶의 질이며 건강 그 자체이다. 그들 관할권과 규제하의 활동이 다른 국가 또는 국가 관할권 범위를 벗어난 지역의 환경을 존중할 것을 보장하는 국가들의 일반의무의 존재는 이제 환경과 관련한 국제법의 요체이다. Advisory Opinion on the Legality of the Threat or Use of Nuclear Weapons, 35 I. L. M. 809 (1996), 821면; 1996 I. C. J. 226 (1996), 242면, § 29.

계를 맺고 있는 자연적 · 인위적인 모든 외부적 생활조건[3]이라고 할 수 있으나 그 포괄성과 접근방식에 따라 환경에 대한 구성 요소 및 개념 정의는 다양하게 이루어질 수 있다. 환경을 좁게 보는 입장은 환경을 대기, 물, 토양, 동 · 식물계와 같은 자원 및 이들 자원들과의 상호작용으로 정의한다(협의의 환경). 반면, 환경을 넓게 보는 입장은 협의의 환경과 더불어 경관(landscape) 및 문화유산(cultural heritage)을 형성하는 재산을 포함한다(광의의 환경). 더 나아가 자연환경의 심미적 가치와 휴양활동 등에 따른 자연상태의 향유와 같이 자연환경의 존재로부터 기인하는 공공의 서비스와 그 이용까지도 포함한다는 입장도 있다(최광의의 환경).[4]

대개의 국제문서는 '환경'에 대한 개념 정의를 하고 있지 않다. 1972년 스톡홀름에서 개최된 유엔인간환경회의에서 채택된 이른바, 스톡홀름선언에서는 기껏해야 "인간의 환경(자연 그리고 인위적인 환경)은 인간의 복지, 기본적인 인권 나아가 생존권 자체의 향유를 위해 필수적이다"고 선언하고 있을 뿐이다.[5] 1992년 리우선언도 환경수요, 환경보호, 환경파괴 등의 표현을 곳곳에서 사용하고 있지만[6] '환경' 자체에 대한 개념 정의를 하고 있지 않기는 마찬가지이다. 많은 조약들은 환경보호, 환경 악영향, 환경오염,[7] 환경피해[8] 등의 표현을 사용하고 나름대로 그 개

---

3) 고영훈, 환경법, 법문사, 2000, 23면. 혹자는 환경을 "인간을 둘러싸고 있는 주위(surroundings) 일체(구연창, 환경법론, 법문사, 1993, 53면)", "인간을 둘러싸고 있는 삶의 여건(박균성 · 함태성, 환경법, 박영사, 2004, 23면)"으로 이해하기도 한다.

4) Edward H. P. Brans, Liability for Damage to Public Natural Resource—Standing, Damage and Assessment—10 (Kluwer Law International 2001).

5) Stockholm Declaration of the United Nations Conference on the Human Environment, 11 I. L. M. 1416 (1972), 전문 제1조.

6) 리우선언(각주 1), 원칙 3(environmental needs), 원칙 7(environmental degradation) 등 참조.

7) 예컨대, 1979년 ECE 광역 월경 대기오염에 관한 조약은 '대기오염'을 "인간이 대기 중에 물질이나 에너지를 직접 · 간접으로 배출함으로써 인간의 건강을 위태롭게 하고 생물자원, 생태계 및 유형 재산에 피해를 주며, 환경의 쾌적함이나 기타 합법적 사용을 훼손하거나 간섭할 정도로 해로운 영향(deleterious effects)을 초래하는 것"을 의미한다고 정의하고 있다. ECE Convention on Long—Range Transboundary Air Pollution(LRTAP), 18 I. L. M. 1442 (1979), 제1조(a). 1982년 유엔해양법협약상 '해양환경의 오염(pollution of the marine environment)'이란 생물자원 및 해양활동에 대한 유해, 인간건강에 대한 위협, 어업 및 기타 해양의 적법한 사용을 포함한 해양활동에 대한 방해, 해수이용을 위한 수질의 악화 및 쾌적도의 감소 등 유해한 영향을 초래하거나 초래할 가능성이 있는 물질 또는 에너지를 인간이 직접 또는 간접으로 하구를 포함한 해양환경 내에 투입하는 것을 의미한다. United Nations Convention on the Law of the Sea(UNCLOS), 21 I. L. M. 1261 (1982), 제1조 제4항. 1997년 유엔총회에서 채택된 국제수로의 비항행적 사용에 관한 협약은 '오염'을 "인간의 행위로부터 초래되는 수로의 물의 성분 또는 수질에 해로운 변화"라고 비교적 광범위하게 정의하고 있다. Convention on the Law of the Non—Navigational Uses of International Watercourses, 36 I. L. M. 700 (1997), 제21조 제1항.

8) 1988년 남극광물자원활동의 규제를 위한 협약(CRAMRA)에서는 '남극 환경과 생태계에 대한

념 정의를 하고 있지만 '환경' 그 자체를 직접적으로 정의하지 않고 있다. 1985년 오존층 보호를 위한 비엔나협약, 1992년 기후변화협약 등에서 정의하고 있는 '악영향(adverse effect)'[9]은 그 '피해'에 대한 기준 내지 지침을 제공할지언정 '환경'에 대한 기준으로는 부족하다. 다만 1993년 환경에 해로운 활동으로 인한 피해에 대한 민사책임협약(Lugano협약)은 환경을 직접 정의하지는 않지만 여기에 자연자원, 문화유산을 구성하는 재산뿐만 아니라 경관(characteristic aspects of the landscape)이 포함된다고 규정하고 있다.[10]

생태계라는 표현도 등장하고 있다.[11] 엄밀하게 말하여 '환경'이란 개념이 보호대상의 주변(surrounding) 지역에 적용되는 광범위한 개념으로서, 단순히 보호대상의 바깥지역을 지칭하는 것으로 이해될 수 있는 데 비하여 '생태계'란 인간과 비인간적 구성부분간의 상호 작용, 역동성, 변화성 등에 초점이 맞추어진 개념이라는 점에서 생태계는 환경과 구별되는 개념이다.[12] 1992년 생물다양성협약은 '생태계'를 "식물 · 동물 및 미생물 군락과 기능적인 단위로 상호작용하는 비생물적 환경의 역동적인 복합체"로,[13] 국제법위원회(ILC)는 "공동사회로서 상호의존적으로 작용하는 생물과 비생물 부분으로 구성된 생태적 단위"라고 정의하고 있다.[14]

피해'를 "대기, 해양, 육상생물에 대한 위해를 포함하여 환경과 생태계를 구성하는 생물, 비생물에 대하여 미치는, 협약에 따라 무시될 수 있거나 수용될 수 있다고 평가되고 인정되는 정도를 벗어난, 어떠한 영향"이라고 광범위하게 정의하고 있다. Convention on the Regulation of Antarctic Mineral Resource Activities, 27 I. L. M. 868 (1988), 제1조 제15항.

9) '악영향'이란 물리적 환경 또는 생물상의 변화(기후변화를 포함)로서 사람의 건강, 자연적 생태계 및 관리 외는 생태계의 구성 · 회복력 및 생산성 또는 인류에 유용한 물질에 대하여 현저히 해로운 영향을 야기하는 것을 말한다. Vienna Convention for the Protection of the Ozone Layer, 26 I. L. M. 1529 (1987), 제1조 제2항. '기후변화의 악영향'이라 함은 기후변화에 기인한 물리적 환경 또는 생물상의 변화로서 자연적 생태계 및 관리되는 생태계의 구성 · 회복력 또는 생산성, 사회경제체제의 운용 또는 인간의 건강과 복지에 대하여 현저히 해로운 영향을 야기하는 것을 말한다. United Nations Framework Convention on Climate Change(UNFCCC), 31 I. L. M. 849 (1992), 제1조 제1항. 리우선언은 '악영향'이라는 표현을 개념 정의는 하지 않은 채 사용하고 있다(원칙 13).

10) Convention on Civil Liability for Damage Resulting from Activities Dangerous to the Environment, 32 I. L. M. 1230 (1993), 제2조 제10항. 한편, 이 협약은 환경피해에 대한 배상범위와 관련하여 환경손상으로 인한 이익의 상실 외의 환경손상에 대한 배상을 '실제로 취하였거나 취하여야 할 합리적인 조치의 비용'으로 한정하고 있다. *Id.* 동조 제7항(c).

11) 예컨대, 유엔해양법협약(각주 7), 제194조 제5항; 1980년 남극해양생물자원보전협약(CCAMLR) 전문(남극 생태계); 리우선언(각주 1), 원칙 7(Earth's ecosystem); 1992년 UN/ECE 국제수로와 호수의 보호와 사용에 관한 협약 제20조(국제수로의 생태계) 등 참조.

12) Ved P. Nanda and George Pring, International Environmental Law & Policy for the 21st Century 200~201 (Transnational Publishers, Inc. 2003).

13) Convention on Biological Diversity, 31 I. L. M. 818 (1992), 제2조.

14) "an ecological unit consisting of living and non-living components that are inter-

Ⅲ. 왜 환경보호를 해야 하는가?

다음 문제는 환경이든 생태계든 그것을 왜 보호해야 하는가이다. 한마디로 인류를 위해서이다. 환경 또는 생태계의 파괴는 인류의 생존을 위협하고 있다. 기후변화, 오존층 파괴, 폐기물 등은 인간(미래세대 포함)의 건강과 안전을 해친다. 환경의 가치는 무궁무진한 것으로 나타나고 있다. 그 가치는 윤리적인 것에서부터 경제적인 것에 이르기까지 다양하다. 여기에는 식량, 의약품, 목재, 교육과 같은 직접적인 이용에서부터 수질정화, 홍수조절, 기후조절, 토양생산, 지하수충전 등 간접적인 이용에 이르기까지 다양하다. 여가적, 심미적 가치도 빼놓을 수 없다. 생물다양성협약은 전문에서 환경의 가치에 대하여 단호하고 적절하게 요약하고 있다: 당사국들은 생물다양성의 본래적(intrinsic) 가치와 생물다양성과 그 구성요소들의 생태학적 · 유전적 · 사회적 · 경제적 · 과학적 · 문화교육적 · 여가적 및 미학적 가치를 인식한다. 이와 같이 다양하고 중요한 가치는 인류 건강, 복지와 생태계 안정의 기반에 크게 기여하고 있다.

그러나 그 가치가 중요함에도 이율배반적으로 환경파괴는 지속적으로 이루어졌고 최근 들어 그 파괴속도가 더해지고 있으며 그 양태는 다양해졌다. 문제해결의 핵심은 환경보호라고 할 수 있다. 환경보호는 자연, 생태계, 자연자원, 야생동 · 식물 등의 고유한 가치를 보호한다는 측면도 있지만 궁극적으로 인간의 건강과 안전을 보호하기 위한 것이다. 스톡홀름선언은 전문에서 "인간은 환경의 창조물임과 동시에 환경의 형성자이다. 환경은 인간의 생존을 지탱하고 지적 · 도덕적 · 사회적 · 정신적 성장의 기회를 주고 있다"고 선언하고 있으며,[15] 리우선언은 "인간을 중심으로 지속가능한 발전이 논의되어야 한다. 인간은 자연과 조화를 이룬 건강하고 생산적인 삶을 향유한다"고 선언하고 있다.[16] 이러한 입장에 대해서는 지나치게 인간 중심적이라는 비판이 있으나[17] 현실을 직시한 솔직한 고백이라

---

dependent and function as a community." 1994년 국제수로의 비항행적 사용에 관한 협약초안(Draft Articles on the Law of the Non−Navigational Uses of International Water−courses), http://www.un.org/law/ilc/texts/94nonnav.pdf#pagemode=bookmarks, 제20조 주석(Commentary) 참조.

15) 스톡홀름선언(각주 5), 전문.

16) 리우선언(각주 1), 제1조.

17) Marc Pallemaerts, *International Environmental Law in the Age of Sustainable Development: A Critical Assessment of the UNCED Process*, 15 J. L. & Com. 623, 642 (1996); Elli Louka, International Environmental Law: Fairness, Effectiveness, and World Order 33 (Cambridge 2006).

고 할 수 있다.

Ⅳ. 국제환경법의 범위

환경을 어떻게 개념 정의하는가에 따라 국제환경법의 범위도 정해질 것이다. 그러나 앞에서 본 바와 같이 환경이라는 개념에 대하여 아직까지 국제적 합의가 이루어지지 않은 상태에서는 국제환경법의 범위도 불명확해질 수밖에 없다. 이 책에서는 애써 환경을 정의하지 않기로 한다. 이를 정의하는 것은 저자의 능력을 벗어날 뿐만 아니라 국제환경법의 범위를 가르는 소극적인 의미를 갖는 성격이 강하기 때문이라고 생각한다. 여기에는 그 개념 자체가 시대적 · 사회적 변화에 따라 차이가 나는 상대적 개념이기 때문에 유동적일 수밖에 없다는 점도 강하게 작용하고 있다. 저자는 다만 우리가 흔히 일반적으로 인식하는 환경문제를 가능한 한 많이 다룬다는 관점에서 자연자원, 문화유산을 구성하는 재산뿐만 아니라 경관 등을 전반적으로 다룰 것이다. 이는 결과적으로 광의의 환경 개념을 차용하는 것과 크게 다르지 않을 것이다.

이러한 관점에서 이 책에서는 자연자원, 문화유산, 경관 등을 보호하기 위한 국제원칙, 규범, 제도, 기구, 절차 등을 가능한 한 폭넓게 다룰 것이다. 그 중심에는 환경협약이 있겠지만 선언, 규칙, 지침, 관행, 조치, 기법 등이 포함될 수 있다. 국제환경문제는 국제환경분쟁의 해결절차, 국가책임, 환경범죄, 인권, 국제통상, 지적재산권 등과도 밀접한 관련을 갖거나 상당히 중첩되는 부분이 있기 때문에, 제한적이지만 조약법, 국제해양법, 국제형법, 국제인권법, 국제통상법, 국제경제법, 지적재산권법 등도 다룰 것이다. 다루는 분야는 환경문제와 관련이 있는 한 공법, 사법을 불문한다. 경우에 따라서는 국제법의 국내적 이행을 위한 국내법도 소개할 것이다.

국제환경법은 이제 그 성격이나 내용에 있어 주목할 만한 영역을 구축하였다. 그러나 수많은 환경협약이 탄생하였고 환경원칙이 존재함에도 환경문제가 해결되지 않고 계속해서 악화되고 있다는 것은 국제환경법에 미완의 부분이 남아있다는 것을 의미한다. 다양한 환경문제를 효과적으로 해결하기 위해서는 다양하고 새로운 개념, 기술이 계속 요구되고 있다. 그런 의미에서 국제환경법은 지금도 진화하는 중이라고 이해하는 것이 정확할 것이다.

제 2 장 국제환경법의 법원(法源), 역사, 발전과정과 동향

제 1 절 법　　원

산성비, 지구 온난화, 오존층 파괴, 사막화, 생물다양성 감소, 해양오염, 유해폐기물 · 화학물질의 국가간 이동 등 현재의 환경문제는 다양하고 복잡하며, 광역적 · 전지구적인 성격을 띠고 있다. 환경문제가 전지구적 문제로 등장함에 따라 특정 국가 또는 지역의 노력만으로는 더 이상 이러한 환경문제를 해결할 수 없게 되었다. 이제 환경문제의 방지를 일개 국가만 책임진다는 것은 기술적 · 재정적 · 행정적 · 정치적 한계 등으로 불가능하거나 실효성이 없다. 국제화된 환경문제의 해결을 위하여 국제적인 노력이 필요한 이유이다. 국제환경문제에 대처하는 국제 공동 노력은 기존의 국제법에서 국제환경법이라는 영역을 개발해 내었는데, 이제는 그 성격이나 내용에 있어 주목할 만한 영역을 구축하였다 할 만하다.

1970년 이전까지만 해도 국제법은 환경에 대하여 무관심하였다. 그 주된 논거는 개별 국가들은 그들의 자연자원에 대하여 절대적이고 최상의 주권을 행사할 수 있다는 것이었다. 이러한 주권을 강조하는 입장은 스톡홀름선언 원칙 21에도 잘 나타나 있다. 즉 "각 국가는 유엔헌장과 국제법의 원칙에 따라 자국의 환경정책에 의거하여, 자국의 자원을 개발할 주권을 갖는다."[1)]

그러나 이러한 입장은 더 이상 유지될 수 없다. 환경의 악화는 더 이상 환경문제를 방치할 수 없게 하고 있으며, 한 국가의 환경문제는 국경을 넘어 다른 국가에도 영향을 미치기 때문에 환경문제는 국제법의 새로운 영역을 이루게 되었다. 환경문제에 관한 한 어느 국가도 더 이상 독자적으로 생각할 수 없으며, 한 국가의 오염, 자원의 이용, 환경피해는 그대로 다른 국가에 영향을 미치고 있다. 이제 환경문제는 전지구적인 문제로 보는 것이 정확한 인식일 것이다. 이러한 문제인식

---

1) Stockholm Declaration of the United Nations Conference on the Human Environment, 11 I. L. M. 1416 (1972).

은 환경문제를 해결하기 위해서는 모든 국가가 공동으로 협력하여야 함을 의미한다. 이러한 기초에서 국제환경법은 탄생되었으며 진보를 거듭하고 있다.

국제법은 여러 법원(法源)으로 구성되어 있는데, 법적 관습의 오래된 관행(International Customary Law), 구속적인 조약과 공식적인 서면 협정(International Conventional Law), 국내법에서 광범위하게 채택하고 있는 일반원칙(General Principle of Law), 사법적 결정(판결)과 전문가들의 주장 · 학설(Judicial Decision and Experts Writings) 등이 대표적인 것이다.[2] 이는 국제환경법에도 그대로 적용되는데, 결국 이러한 것들이 종합적으로 국제환경법을 구성하게 되는 것이다. 최근에는 이러한 전통적인 법원에서 더 나아가 비구속적인 성질을 갖는 영역이 새로운 법원으로 크게 주목받고 있다. 흔히 연성법(soft law)이라고 불리는 것이 그것이다. 여기에는 선언, 결의, 원칙, 지침 등이 포함된다.

Ⅰ. 환경협약

조약은 국제환경법을 형성하는 데 핵심적이고 중요한 역할을 하고 있다. 조약은 양자조약, 다자조약 그리고 지역적 조약, 전지구적 조약 등으로 구별할 수 있는데, 협약(conventions), 헌장(charters), 협정(covenants), 코드(codes), 합의(agreements) 등 명칭에 구애되지 않는다. 오늘날 국제환경협약이 다루는 분야는 대기, 수질, 폐기물, 국제수로, 해양, 멸종위기종, 생물다양성 등 광범위한데, 2014년 현재 체결된 환경협약은 220여 개에 달하고 있다. 우리나라는 현재 57개 환경조약에 가입하고 있다.[3]

협약은 형식을 기준으로 골격협약(framework convention)과 의정서(protocol)로 구분되고 있다. 일반적으로 국제환경협약은 전문과 지도원칙, 목적, 개념 정의, 당사국의 의무, 정기적인 당사국회의, 사무국 · 자문기구의 설치, 보고 및 정보공유,

2) 흔히 재판의 준칙을 규정하고 있는 국제사법재판소 규정(Statute of the International Court of Justice) 제38조(1)(c)가 국제법의 법원을 명문화한 것으로 이해되고 있는데, 동 규정은 재판의 준칙으로서, 분쟁당사국에 의해 명백히 인정되는 규칙을 확립하고 있는 일반 또는 특별 조약(conventions), 법으로 수락된 일반 관행의 증거로서의 국제관습(international custom), 문명국(civilized nations)에 의해 승인된 법의 일반원칙(general principle of law), 법 규칙을 결정하는 보조수단인 재판상의 판결(judicial decisions)과 다양한 국가들의 가장 우수한 학자들의 학설(teachings)을 들고 있다. Statute of the International Court of Justice, 1945. 6. 26, 59 Stat. 1031, § 38(1). 그러나 이 규정이 곧 국제법의 법원을 표시한 것인가에 대하여는 논란이 있을 수 있다.

3) 환경부, 환경백서, 2016, 562 내지 569면.

모니터링 장치, 개정절차, 이행장치, 분쟁해결절차, 재정 등을 담고 있다.

수많은 조약에도 불구하고 환경이 계속해서 악화되고 있다는 사실은 조약 자체가 가지는 다음과 같은 특성에 크게 기인하고 있다: ① 조약은 흔히 사안별로 협상이 이루어지기 때문에 광범위하고 포괄적인 문제해결에 한계를 드러내고 있다. 예컨대, 조약은 특정 지역(습지, 수로), 특정 문제(멸종위기종, 특정 유해물질)에 집중되기 때문에 그 결과 일반적 · 전체적 문제(생태계 전체)를 다루는 데 한계가 있다; ② 협상과 비준을 위해 긴 기간과 수고가 소요되고 있다. 오존층 보호를 위한 비엔나협약과 같이 예외적인 경우도 있지만 흔히 협상과 비준은 서서히 이루어지고, 그 절차는 번거롭다; ③ 협상의 결과는 흔히 다수 국가가 참여할 수 있는 유인을 제공하기 위하여 당사국에 가장 부담이 없는 수단과 합의가 쉬운 방법(예컨대, 골격협약, 약한 이행수단)을 선택하는데, 이는 조약 소기의 목적을 달성할 수 없게 한다. 교토의정서를 살리기 위해 흡수원의 범위 및 한도, 교토메커니즘의 보충성 한도 등에 관하여 당사국들이 흥정하여 완화된 요건을 채택한 것이 좋은 예이다; ④ 조약의 이행을 담보하는 것은 조약의 성공을 위해 중요하다. 그러나 흔히 일부 당사국들만의 참여, 선진국과 개도국의 비협조, 이행감독기구나 장치의 부재, 모니터링의 어려움, 효과적인 유인수단의 결여, 강제적이고 효과적인 분쟁해결절차의 부재 등의 이유로 조약의 이행을 확보하는 것이 쉽지 않다; ⑤ 조약은 흔히 가입 당사국만을 구속하는데, 조약에 참여하지 않는 국가가 엄연히 존재하는 상황에서 국제적으로 문제를 해결하는 데는 한계가 있을 수밖에 없다.[4] 결국 조약이 성공하기 위해서는 효과적인 이행의 담보, 광범위한 당사국의 참여, 효과적인 시행기구, 신속하고 충실한 구제, 충분한 유인의 제공, 효과적인 분쟁해결절차 등이 확보되어야 한다.

Ⅱ. 국제관습법

조약에 비해서는 덜하지만 국제환경법을 구성하는 주요한 수단이 되고 있는 것이 국제관습법이다. 일반적으로 관습은 법적 의무로서 어떠한 행위를 할 것이 요구된다는 확신을 갖고 이루어지는 국가들의 행위로부터 추론되는 불문법으로 이해되고 있다. 이에 따르면 결국 국제관습법은 두 가지 구성요소를 가지게 된다: 객

4) Ved P. Nanda and George Pring, International Environmental Law & Policy for the 21st Century 9 (Transnational Publishers, Inc. 2003).

관적 요소인 국가의 관행(practice)과 주관적 요소인 법적 확신(opinio juris).[5] 국가의 관행은 비교적 지속성(consistent), 획일성(uniform), 광범위성(widespread), 대표성(representative)을 가져야 한다. 국가의 관행 및 법적 확신은 입법, 정부 문서, 입장표명, 조약비준, 학설, 사법부의 결정 등에 의해 뒷받침된다.

국제관습법은 당해 국가에게 조약과 같이 국가가 구속되기 위해 필요한 적극적인 서명을 요구하지 않을 뿐만 아니라 협상의 지연, 번거로운 절차, 쉽게 합의에 이르기 위한 흥정 등 앞서 조약이 갖는 한계를 극복할 수 있다는 장점이 있는 반면, 다음과 같은 단점을 지니고 있다: ① 국제관습법은 불확실성을 가지고 있어 논란의 여지를 제공한다; ② 국제관습법의 한 구성요소인 국가관행의 광범위성을 충족하기가 쉽지가 않다; ③ 국제관습법이 단기간에 형성되기도 하지만, 국제관습법이 형성되기 위해서는 일반적으로 오랜 기간이 요구되는데, 이는 오늘날 긴급한 환경문제에 대처하기 힘들게 한다; ④ 관습법은 문제를 체계적 · 지속적으로 해결하기 위해 필요한 국제조직, 기구를 창설하지 않는다; ⑤ 관습법은 흔히 단편적으로 문제에 접근하는데, 이러한 방식은 환경문제의 복잡성, 상호 관련성, 광범위성, 통합적인 문제해결의 필요성 등에 비추어 부적합할 수 있다.[6]

국제관습법으로 인정되는 환경규범은 아직까지 많지 않다. 국제관습법의 지위에 있다고 인정되는 것으로는 흔히 선린의 원칙(principle of good neighborliness) 또는 협력(cooperation)의 원칙, 사전 통지(prior notice)와 협의(consultation) 의무, 다른 국가의 환경에 피해를 끼치지 아니할 의무(월경피해 금지의 원칙) 등이 들어지고 있다.[7] 2010년 *Pulp Mills 사건*에서 국제사법재판소는 월경피해 금지의무가 환경과 관련한 국제법의 요체(corpus)라는 점을 강조하였고,[8] 환경영향평가가 국제관습법상 요구된다는 결정을 한 바 있다.[9] 물론 논란이 있으나 현 단계에서는 국제관습법의 지위에 이르렀다고 할 수 없으나 관습법화되고 있는 규범도 발견되고 있다.

---

5) *North Sea Continental Shelf Cases*, 1969 I. C. J. 3 (1969), 43면; 국제사법재판소 규정(각주 2), § 38(1)(b). David Hunter, James Salzman and Durwood Zaelke, International Environmental Law and Policy 311 (2nd ed. Foundation Press 2002); Philippe Sands, Principles of International Environmental Law 144~145 (2nd ed. Cambridge University Press 2003);

6) Ved P. Nanda & George Pring(각주 4), 10 내지 11면 참조.

7) *Id.* 11면, 228면; Alexandre Kiss and Dinah Shelton, International Environmental Law 85 (Transnational Publishers, Inc. 2004). 환경영향평가가 관습법적 지위에 있다는 견해가 있다. P. W. Birnie and A. E. Boyle, International Law and the Environment 131 (2nd ed. Oxford University Press 2002); Ved P. Nanda & George Pring(각주 4), 60면.

8) *Pulp Mills on the River Uruguay (Argentina v. Uruguay)*, 2010 I. C. J. 18 (2010). § 101.

9) *Id.* § 204.

모든 규범이 똑같은 지위에 있는 것은 아니다. 많지는 않지만 어떤 규범은 기본적 · 본질적인 부분을 구성하기도 한다. 흔히 강행규범(jus cogens)이라 불리는 이러한 규범은 너무나 중요하여, 이에 반하는 국내법 및 국제법을 우선하거나 무효화한다고 이해된다. 어떠한 것이 강행규범의 성질을 갖고 있는지에 대하여는 논란이 있으나 일반적으로 무력사용, 대량 살상, 노예제, 해적행위, 인종차별 등의 금지가 들어지고 있다.

관습은 조약으로 명문화되기도 하며[10] 그 반대로 조약의 협상과정 및 내용이 관습법화되기도 한다. 1973년부터 협상을 시작하여 1982년에 채택된 해양법협약이 대표적인 예이다.[11] 또한 연성법도 국제관습법을 형성하는 데 중요한 역할을 하고 있다.

Ⅲ. 법의 일반원칙

문명국(civilized nations)에 의해 인정되는 법의 일반원칙도 국제환경법의 법원으로서 일정한 역할을 하고 있다. 법의 일반원칙은 대부분의 주요 국가 법체계에서 발견되고 있을 정도로 너무나 본질적이라 할 수 있다. 이러한 원칙들이 새로운 규범을 만드는 데 일조하고 있으며, 국제법은 이러한 규범을 채택함으로써 성장하게 되는 것이다. 예컨대, 타국의 환경에 심각한 피해를 끼치지 아니할 의무(월경피해 금지의무), 환경영향평가 등이 좋은 예이다.[12] 법의 일반원칙으로 흔히 들어지는 것으로는 위반자의 보상의무, 권리의 남용금지, 법적 의무의 이행, 성실한 권리행사 등이 있다.

Ⅳ. 판 결

재판상의 판결은 국제법규를 결정하는 보조수단으로 이해되고 있다. 그러나 객관성과 독립성에 기초하여 이루어지는 국제적 · 국내적으로 권위 있는 사법부의 판결이나

---

10) 예컨대, 스톡홀름선언 원칙 21, 리우선언 원칙 2, 월경피해 금지의무 등이 오존층보호를 위한 비엔나협약, 생물다양성협약, 사막화방지협약 등에 수용된 것이 그 좋은 예이다.

11) 심해저와 관련한 규정이 그 좋은 예이다.

12) P. W. Birnie & A. E. Boyle(각주 7); Alexandre Kiss & Dinah Shelton(각주 7), 86 내지 87면.

중재결정 등은 국제환경법을 형성하는 데 중요한 역할을 하고 있다. 현재까지 국제환경법과 관련하여 이루어진 판결은 적은 편이다. 그 중 국제환경법적으로 중요한 의미를 갖는 것으로 평가되는 판결이나 결정으로는 1941년 *Trail Smelter 사건*,[13] 1957년 *Lanoux호 사건*,[14] 1974년 *Nuclear Test(핵 실험) 사건*,[15] 1997년 *Gabcikovo－Nagymaros 댐 사건*,[16] 2010년 *Pulp Mills 사건*[17] 등이 들어지고 있다.

Ⅴ. 학　　설

우수한 법학자들의 학설도 판결과 함께 국제법의 보조적 법원으로 기능하고 있다. 환경 분야와 관련한 학자들의 논문, 저서, 글 등은 국제환경법의 발전에 큰 영향을 미치고 있다. 유엔국제법위원회(International Law Commission)에서 국제법 전문가들이 보여준 활약이 대표적인 예라 할 수 있다. 유엔국제법위원회가 작성한 국가책임 초안,[18] 국제법상 금지되지 않은 활동으로 인한 해로운 결과에 대한 국제책임 초안,[19] 국제수로의 비항행적 사용에 관한 초안[20]은 조약에 수용되거나 권위있는 명문화 작업으로 인정되어 국제법상 자주 인용되고 있다. 비정부기구(NGO)의 전문가들도 글, 저서 등을 통하여 국제환경법에 지대한 영향을 미치고 있다. 국제법협회(International Law Association: ILA), 국제법학회(Institute de Droit International: IDI), 국제자연보전연맹(International Union for the Conservation of Nature: IUCN) 등이 그 좋은 예이다.

---

13) *Trail Smelter Case (United States v. Canada)*, 3 R. I. A. A. 1905 (1938 &1941).

14) *Lake Lanoux Arbitration (Spain v. France)*, 24 I. L. R. 101 (1957).

15) *Nuclear Tests (Australia v. France)*, 1973 I. C. J. 99 (1973), 1974 I. C. J. 253 (1974); *Nuclear Tests (New Zealand v. France)*, 1973 I. C. J. 135 (1973), 1974 I. C. J. 457 (1974).

16) *Gabcikovo－Nagymaros Project (Hungary v. Slovakia)*, 37 I. L. M. 162 (1998); 1997 I. C. J. 7 (1997). 자세한 것은 제5장 제1절 Ⅴ. 참조.

17) *Pulp Mills on the River Uruguay (Argentina v. Uruguay)*, 2010 I. C. J. 18 (2010).

18) Responsibility of States for Internationally Wrongful Acts, http://www.un.org/law/ilc/texts/State_responsibility/responsibilityfra.htm 참조.

19) Report of the Working Group on International Liability for Injurious Consequences Arising Out of Acts Not Prohibited by International Law, 2 Y.B. Int'l L. Comm'n, pt. 2, 100 (1996).

20) Draft Articles on the Law of the Non－Navigational Uses of International Watercourses, http://www.un.org/law/ilc/texts/94nonnav.pdf#pagemode=bookmarks.

Ⅵ. 연 성 법

오늘날에는 구속력이 있는 국제협약, 국제관습법, 법의 일반원칙, 판결 및 학설 등과 같은 전통적인 국제법의 법원에는 포함되지 아니하지만 권고, 지침, 결의, 원칙의 선언 등 국제법 질서에 있어서 중요한 역할을 하는 것들이 다수 발견되는데 이들을 법적 구속력이 있는 전통적 의미의 경성법(hard law)에 대응하는 개념으로 연성법(soft law)이라고 부르기도 한다.

연성법의 장점으로는 ① 신속한 협상이 가능하다는 점, ② 직접적이고 부정적인 정치적 비용을 수반하지 않는다는 점, ③ 현재 이행 능력에 비추어 일정한 규범이나 목적에 동의하기 어려운 국가를 흡수할 수 있다는 점, ④ 문제나 해결방법과 관련하여 과학적 불확실성이 존재하는 경우 유연성을 제공한다는 점, ⑤ 다른 접근방법을 개발할 여지를 제공한다는 점, ⑥ 장래에 구축될 수 있는 협력과 동의 분위기를 조성한다는 점, ⑦ 국제협약이나 관습법으로 견고화할 가능성 등이 있다.[21)]

연성법이 국제환경법 질서에서 차지하는 비중이 크다는 사실은 1972년 스톡홀름 선언, 1982년 세계자연헌장,[22)] 1992년 리우선언,[23)] 산림원칙[24)]이나 2002년 요하네스버그선언[25)] 등에서 이미 확인된 바 있다. 이러한 연성법은 후에 국제협약 또는 국제관습법의 형태로 더욱 확고한 위치를 차지하기도 하는데 유해폐기물의 환경적으로 건전한 관리를 위한 1985년 유엔환경계획(UNEP)의 카이로지침이 바젤협약[26)]에서, 1994년 유엔식량농업기구(FAO)의 런던지침에 따른 자발적인 사전통보승인절차(PIC)가 로테르담협약[27)]에서 법적 구속력이 있는 의무로 견고화된 것 등이 그 대표적인 예이다.

---

21) Ved P. Nanda & George Pring(각주 4), 15면.

22) World Charter for Nature, http://www.un.org/documents/ga/res/37/a37r007.htm; 22 I. L. M. 455 (1983).

23) Rio Declaration on Environment and Development, 31 I. L. M. 874 (1992).

24) Non-Legally Binding Authoritative Statement of Principles for Global Consensus on the Management, Conservation and Sustainable Development of All Types of Forests, 31 I. L. M. 881 (1992).

25) http://www.un.org/esa/sustdev/documents/Johannesburg%20Declaration.doc(2005. 7.).

26) Basel Convention on the Control of Transboundary Movements of Hazardous Wastes and Their Disposal, 28 I. L. M. 649 (1989).

27) Rotterdam Convention on the Prior Informed Consent Procedure for Certain Hazardous Chemicals and Pesticides in International Trade, 38 I. L. M. 1 (1999).

제 2 절 국제환경법의 역사

Ⅰ. 초 창 기

1. 조 약

20세기 초에 만들어진 환경협약은 수적으로 제한적이고, 내용적으로는 단순하다. 이 시기의 대표적인 환경협약으로는 1902년 농업에 유용한 조류보호협약,[1] 1909년 미 · 캐나다 경계수역조약,[2] 1911년 미 · 영 물개보호협약,[3] 1916년 미 · 캐나다 이동조류 보호를 위한 협약,[4] 1933년 아프리카야생동 · 식물 보전을 위한 협약,[5] 1940년 서반구에서의 자연보호 및 야생동 · 식물 보전에 관한 협약[6] 등을 들 수 있다. 이들 조약은 기본적으로 제한된 당사국, 적용범위 · 대상의 제한적인 성격 때문에 지금의 시점에서 볼 때 선례적 가치는 크지 않다. 특히 환경보호 및 보전이 조약의 직접적인 목적으로 설정된 것이 아니라 인간의 유용성 차원에서 반사적 · 간접적으로 다루어진다는 한계를 가지고 있다. 그 결과 이들 조약은 생태계와 같은 보다 높은 차원에서의 환경보전이 아니라 특정 종의 보호에 그치고, 그것도 사냥 · 어로 등으로 얻어진 야생동 · 식물의 분배와 같은 단기적 이익을 크게 고려하고 있을 뿐이다.

---

1) International Convention for the Protection of Birds Useful to Agriculture, 102 B.F.S.P. 969 (1902).

2) Treaty Relating to Boundary Waters and Boundary Questions, 36 Stat. 2448, T.S. No. 5481 (1909).

3) Treaty for the Preservation and Protection of Fur Seals, 104 B.S.P.F. 175 (1911).

4) Canada－US Convention for the Protection on Migratory Birds in the Unites States and Canada, 39 Stat. 1702 (Aug. 16, 1916).

5) Convention Relative to Preservation of Fauna and Flora in Their Natural State, 172 L.N.T.S. 241 (1933). 이 협약은 1900년 아프리카 야생동물 · 조류 · 어류를 보전하기 위한 런던협약의 후신이다. Convention for the Preservation of Wild Animals, Birds and Fish in Africa, 4 I.P.E. 1605 (1900).

6) Convention on Nature Protection and Wildlife Preservation in the Western Hemisphere, 161 U.N.T.S. 193; 56 Stat. 1354 (1940).

2. 판 례

가. 1938년, 1941년 *Trail Smelter* 사건

Trail Smelter 중재판결은 월경 오염과 관련하여 현재까지 국제환경법에서 가장 영향력이 있는 결정이다. 특히 동 중재판결은 월경 대기오염문제와 관련한 국제관습법의 발전에 중요한 역할을 하였는데, 그 주된 이유는 월경 오염과 관련하여 실체법적인 문제를 직접적으로 다룬 유일한 국제 사법기관의 결정이기 때문이다.

이 중재판결은 미국과 캐나다 간의 월경 대기오염 분쟁을 다루고 있다. 사건의 발단은 캐나다 British Columbia주에 위치한 민간회사 소유인 트레일 제련소(Trail Smelter)가 아황산가스를 대기 중에 방출한 것이었다. 방출된 아황산가스 등은 바람을 타고 Columbia강 계곡을 거쳐 미국 워싱턴 주의 북부 지역에 유입되어 인근 농장들에 심각한 피해를 입혔다.

이 분쟁은 국제공동위원회(International Joint Commission)7)에 회부되었다. 동 위원회는 캐나다가 1931년까지 발생한 손해에 대하여 미국에게 $350,000를 배상할 것을 권고하였다. 양국은 최종적으로 이러한 권고에 동의하였다. 1935년 양국은 트레일 제련소에 의해 초래된 피해의 성질과 정도 등에 관한 양국간의 분쟁을 해결하고, 배상 · 유지(injunction) 그리고 트레일 제련소가 취해야 할 필요한 조치 · 체제 등을 포함하는 구제수단을 강구하기 위해 중재법정(arbitration tribunal)을 설치하는 협약을 체결하였다.8) 광범위한 증거조사를 거친 후 1938년 중재법정은 캐나다가 미국에게 1932년부터 1937년 사이에 발생한 손해 $78,000를 배상하여야 한다고 결정하였다.9) 당초 미국은 토지, 가축, Northport시의 재산, 기업 등에 대한 피해를 주장하였는데, 동 법정은 농작물의 생산량 감소, 산야 · 농장의 사용가치 및 임대비용 감소 등 피해를 인정하였으나 나머지 주장은 증거부족 또는 피해의 간접성(indirect and remote) 등을 이유로 배척하였다.10)

---

7) 국제공동위원회는 1909년 미 · 캐나다 간에 체결된 경계수역조약(각주 2)에 의해 설치되었다. 동 위원회 구성원은 6명으로 미국과 캐나다에서 각 3명씩 임명하고 있다. 동 위원회는 주로 기술적인 일을 다루고 있지만 양국에서 제기한 물 분쟁을 해결할 권한을 가지고 있고, 미 · 캐나다 간 국제적 경계에 의해 분리된 물의 전환(diversions), 장애(obstructions) 그리고 새로운 이용 등에 관하여 권고할 권한이 있다. 그 결정은 구속력을 가지고 있지 않다. 동 위원회의 책임은 그 후 대기와 수질오염 문제 등에 확대되었다.

8) Convention for Settlement of Difficulties Arising from Operations of Smelter at Trail, B.C., Apr. 15, 1935.

9) *Trail Smelter Case (United States v. Canada)*, 3 R. I. A. A. 1905, 1933 (1938).

중재법정은 증거조사를 더 거친 후 1941년 두 번째 결정을 하게 되었다.[11] 동 법정은 우선 1937년 10월 1일부터 1940년 10월 1일까지에 대해서는 어떤 피해도 발생하지 않아 캐나다가 이를 배상할 책임이 없다고 결론지었다.[12] 그러나 동 법정은 앞서 양국간에 체결된 협약에 의해 동 법정에서 다루도록 한 핵심 쟁점, 즉 트레일 제련소가 장래에 워싱턴주에 손해가 발생하지 않도록 하여야 하는가, 그렇다면 어느 정도인가라는 물음에 대하여 국제환경법상 주목할 만한 결정을 하였다. 캐나다에 대한 책임 여하와 정도 문제는 당초 미국, 캐나다가 중재법정에 결정을 해 줄 것은 부탁한 문제가 아니었지만 동 법정은 "국제법과 미국법의 원칙상 어느 국가도 사건이 중대한 결과(serious consequence)를 초래하고 손해가 명백하고 확실한 증거(clear and convincing evidence)에 의하여 입증되었을 때 타국의 영토 또는 그 영토상의 재산이나 인명에 대하여 연기(fumes)에 의한 손해를 발생시키는 방법으로 자신의 영토를 사용하거나 이를 허가할 권리를 갖지 아니한다"고 판단하면서 캐나다는 국제법상 트레일 제련소의 행위에 대하여 책임이 있다고 결정하였다.[13] 또한 동 법정은 캐나다가 책임이 있다는 전제하에 이산화황의 발생을 방지하기 위하여 트레일 제련소 운영과 굴뚝에서 배출되는 이산화황의 통제를 위해 필요한 장치, 기록, 굴뚝, 배출허용총량 등 일련의 체제(regime)를 비교적 자세하게 제시하였다.[14]

이러한 결정은 오늘날 월경 대기오염문제와 관련한 다음과 같은 국제관습법상 중요한 요소의 기초를 제공하고 있다. 즉 ① 국가가 개인에 의해 유발된, 다른 국가에 손해를 발생시킨 오염행위에 대하여 책임을 부담할 수 있다; ② 오염원이 위치한 국가는 유해한 월경 오염을 위해 자신의 영토를 사용하는 것을 허가하여서는 안 된다; ③ 국가책임이 발생하기 위해서는 그 사건이 중대한 결과를 초래하여야 한다; ④ 피해를 입었다고 주장하는 국가가 명백하고 확실한 증거에 의하여 피해를 입증할 책임이 있다.

캐나다가 트레일 제련소의 행위에 대하여 지게 되는 책임과 관련해서는 특히 그 책임의 성질을 둘러싸고 크게 논란이 있다. 즉 일부 견해는 동 결정이 오염원이 위치한 국가가 다른 국가에 중대한 피해를 직접적으로 야기하는 오염에 대하여 엄격하게 책임져야 한다는 결론을 직접적으로 지지하고 있다고 주장하고 있다.[15]

---

10) *Id.* 1920 내지 1933면.
11) *Trail Smelter Case (United States v. Canada)*, 3 R. I. A. A. 1938 (1941).
12) *Id.* 1962면.
13) *Id.* 1965 내지 1966면.
14) *Id.* 1974 내지 1978면.

이에 반해 일부 견해는 책임의 성질 등 쟁점은 이 중재법정에서 직접적으로 다루어지지 않았고, 월경 오염문제에 대한 언급은 부수적 의견(*dictum*)에 불과하다고 주장하고 있다.16) 이러한 논란에도 불구하고 동 사건은 월경 대기오염, 더 나아가 국제환경법에 지대한 영향을 끼치고 있다.

한편, 이 결정이 내포하고 있는 다음과 같은 한계도 간과하여서는 안 될 것이다: ① 국제분쟁에서 국내법(이 사건에서는 미국법)원리를 선례로 들고 있다; ② 이 사건은 대기오염에 관한 분쟁을 다루고 있으며 그 피해는 연기(fumes)에 의해 발생한 것이다. 그 결과 수질 또는 국제하천의 이용과 관련한 분쟁에 실질적으로 적용될 수 있는지는 의문이다; ③ 월경피해 금지의무를 담고 있는 문구는 결론(holding)이 아닌 부수적 의견(dictum)에 불과하다; ④ 여기에서 요구하는 "중대한"이나 "명백하고 확실한 증거" 등은 분쟁해결에 큰 장애로 등장할 수 있다.

Trail Smelter 중재판결은 흔히 선린(good neighborliness)의 원칙 또는 고대 로마법상의 *sic utere tuo ut alienum non laedas*(다른 사람의 재산에 피해를 주는 방법으로 자신의 재산을 사용하여서는 안 된다) 개념을 수용하고 있다고 이해되고 있다.17) 이러한 개념은 그 후 1949년 국제사법재판소의 *Corfu Channel 사건* 결정18)

---

15) Constance O'Keefe, *Transboundary Pollution and the Strict Liability Issue: The Work of the International Law Commission on the Topic of International Liability for Injurious Consequences Arising Out of Acts Not Prohibited by International Law*, 18 Denv. J. Int'l L. & Pol'y 145, 175 (1990); Thomas W. Merrill, *Golden Rules for Transboundary Pollution*, 46 Duke L. J. 931, 954 (1997); Brian Dunn, *The Mexicali Tire Pile: Smoke on the Horizon?*, 14 Geo. Int'l Envtl. L. Rev. 409, 416 (2001); J. Brownlie, *A Survey of Customary Rules of Environmental Protection*, 13 Nat. Resources J. 179, 187 (1973). Paul C. Szasz, Sachiko Kuwabara, Stephen C. McCaffrey, Gunther Handl, Kilaparti Ramakrishna and L.F.E. Goldie, *International Responsibility for Damage Disasters*, 81 Am. Soc'y Int'l L. Proc. 320, 334 (1987). 김기순, "해양폐기물의 해양투기에 대한 국제법상 규제와 국제책임", 안암법학 제3집, 1995, 736면; 중재법원은, 장래 발생되는 모든 손해에 대하여 제련소가 중재법원에 의해 지시된 통제장치들을 성실히 적용하지 않음으로써 발생하였든 또는 그러한 제도들을 유지했음에도 불구하고 발생하였든 불문하고 캐나다가 이를 배상하여야 한다고 판시함으로써, 절대적 책임을 인정한 것으로 이해되고 있다. 김석현, "환경관련 국제분쟁사례", 아 · 사 · 연 법 · 언론 연구 총서 제6권, 1997, 231면.

16) Joni S. Charme, *Transnational Injury and Ultra-Hazardous Activity: An Emerging Norm of International Strict Liability*, 4 J. L. & Tech. 75, 86 (1989); Zou Keyuan, *Environmental Liability and the Antarctic Treaty System*, 2 Sing. J. Int'l & Comp. L. 596, 621 (1998).

17) Constance O'Keefe(각주 15), 174 내지 176면; Ved P. Nanda and George Pring, International Environmental Law & Policy for the 21st Century 73 (Transnational Publishers, Inc. 2003).

18) *Corfu Channel Case (U. K. v. Albania)*, 1949 I. C. J. 4 (1949).

에서도 지지되고 있다.

Trail Smelter 중재법정 결정은 월경 오염문제를 다루는 공식적인 국제 헌장, 선언, 원칙의 성명 등을 형성하는 데 상당히 중요한 영향을 끼치고 있다. 1972년의 스톡홀름선언이 그 대표적인 예이다. 동 선언 원칙 21은 "각국은 자국의 관할권 또는 통제 내의 활동이 다른 국가나 국가관할권의 한계를 벗어난 지역의 환경에 피해를 끼치지 않도록 할 책임이 있다"고 천명하고 있다. 이 원칙은 *Trail Smelter* 중재판결 결정에서 확립된 선례를 반영하고 있는 것으로 이해되고 있다.[19] 동 원칙은 1992년 리우선언 원칙 2에서도 재확인되고 있다.

일반적으로 동 원칙은 자국 영토를 벗어난 지역의 환경에 손해를 야기한 모든 행위에 대한 국가책임원칙을 뒷받침하는 것으로 이해되고 있다. 이러한 원칙은 다수의 조약에 수용되고 있다. 예컨대, 1979년 ECE 광역 월경 대기오염에 관한 조약(LRTAP),[20] 1982년 유엔해양법협약,[21] 1985년 아세안 자연보전협정,[22] 1985년 오존층보호를 위한 비엔나협약,[23] 1992년 기후변화협약,[24] 1992년 생물다양성협약,[25] 1992년 사막화방지 협약,[26] 2001년 잔류성유기오염물질에 관한 협약(스톡홀름협약)[27] 등이 그것이다.

나. 1949년 *Corfu Channel 사건*

*Trail Smelter 사건*에서 천명하고 있는 *sic utere* 이론 또는 선린의 원칙은

---

19) David Hunter, James Salzman and Durwood Zaelke, International Environmental Law and Policy 511 (2nd ed. Foundation Press 2002).

20) ECE Convention on Long-Range Transboundary Air Pollution(LRTAP), 18 I. L. M. 1442 (1979), 전문.

21) United Nations Convention on the Law of the Sea(UNCLOS), 21 I. L. M. 1261 (1982), 제192조. "duty to protect and preserve the marine environment"(제193조), "best practicable means"(제194조 제1항), "not to cause damage by pollution to other States and their environment"(동조 제2항).

22) ASEAN Agreement on the Conservation of Nature and Natural Resources, http://sedac.ciesin.columbia.edu/entri/texts/asean.natural.resources.1985.html(2005. 7. 30.), 제20조. 이 협약은 아직 발효가 되지 않고 있다.

23) Vienna Convention for the Protection of the Ozone Layer, 26 I. L. M. 1529 (1987), 전문.

24) United Nations Framework Convention on Climate Change(UNFCCC), 31 I. L. M. 849 (1992), 전문.

25) Convention on Biological Diversity, 31 I. L. M. 818 (1992), 제3조.

26) Convention to Combat Desertification in Those Countries Experiencing Serious Drought and/or Desertification, Particularly in Africa, 33 I. L. M. 1328(1994), 전문.

27) Stockholm Convention on Persistent Organic Pollutants, 21 Int'l Env't Rep. (BNA) 5401, 40 I. L. M. 532 (2001), 전문.

1949년 *Corfu Channel 사건*[28]에서도 지지되었다. 이 사건은 1946년 알바니아 영해상에 있는 코르푸해협에서 수뢰(mines)에 충돌 · 침몰된 선박에 타고 있던 영국 선원들이 입은 피해에 대한 국가책임 문제를 다루고 있다. 국제사법재판소(ICJ)는 폭발의 원인이 된 수뢰의 설치(독일이 설치하였음)는 알바니아 정부의 인식 없이는 이루어질 수 없다고 판단하고[29] 이를 경고하지 않은 알바니아의 책임을 인정하였다.[30] 그 근거로 국제사법재판소는 "모든 국가는 타국의 권리에 반하는 행위를 위하여 자국 영토가 의도적으로(knowingly) 사용되도록 허용되어서는 안 된다"고 판시하였다.[31] 덧붙여 재판소는 알바니아는 재난을 방지하기 위한 어떠한 조치도 취하지 않았으며, 이러한 중대한 부작위는 국제책임을 구성한다고 지적하였다.[32] 이 사건은 환경오염문제를 다루고 있지는 않지만 동 법정에서 제시한 이러한 원칙은 잠재적인 월경 환경피해 문제 또는 국가책임에 유추 적용될 수 있을 것이다.

다. 1957년 *Lanoux호 사건*

1957년 *Lanoux호 사건*[33]에서 중재법정(Arbitral Tribunal)은 위 *sic utere* 이론 또는 선린의 원칙을 재확인하였다. 이 사건의 발단은 상류국인 프랑스와 하류국인 스페인 간의 물 분쟁에서 시작되었다. 프랑스는 Lanoux호의 용량(저수량)을 향상시키기 위하여 프랑스에서 스페인 쪽으로 흐르는 캐롤(Carol)강에 댐을 건설할 계획을 가지고 있었다. 이에 따르면 Lanoux호의 물은 인근 Ariege강으로 합류되었다가 캐롤강으로 전량 회수된다. 스페인은 프랑스가 건설하려고 하는 댐이 유로를 변경시키면서 하류국인 스페인의 이익을 해친다고 주장하였다. 1917년부터 1955년에 걸친 긴 협상에서 스페인은 반대 입장을 고수하였다. 스페인은 자연적인 흐름에서 얻을 수 있는 물이 양보다도 더 많은 양을 제공하겠다는 프랑스의 제안마저 거부하였다. 스페인은 1866년 양국간에 체결된 Bayonne 조약과 추가 의정서(Additional Act)에 기초하여 댐건설과 물의 통제가 국제 배수시스템에 인위적인 결정이 개입되면서 관개와 관련하여 스페인의 이익을 위태롭게 할 가능성이 있다고 주장하였다.

특히 스페인은 위 조약에 기초하여 이러한 사업은 양 당사국의 사전 동의 없

28) *Corfu Channel* 사건(각주 18).
29) *Id.* 22면.
30) *Id.* 36면.
31) *Id.* 22면.
32) *Id.* 23면.
33) *Lake Lanoux Arbitration (Spain v. France)*, 24 I. L. R. 101 (1957).

이는 진행할 수 없다고 주장하였다. 이에 대해 중재법정은 국제관습법이나 스페인이 주장의 주된 기초로 하고 있는 조약 어디에서도 그 근거를 찾을 수 없다고 하면서 배척하였다.[34] 그러나 중재법정은 한 국가는 영향을 받는 다른 국가와 협의(consultation) · 교섭(negotiation)할 의무가 있으며, 그 협의와 교섭은 순수(genuine)해야 하고 신의성실(good faith)에 기초하여야 한다고 판단하였다.[35] 중재법정은 프랑스가 정당한 권리를 행사하였다고 결론내리면서 다음과 같은 사실을 추가로 지적하였다: "프랑스는 자신의 권리를 행사할 권리가 있다; 프랑스는 스페인의 이익을 무시할 수 없다." "스페인은 자신의 이익이 존중될 것을 요구할 수 있는 권리가 있으며 그 이익은 고려되어야 한다."[36]

흥미로운 것은 동 법정은 스페인의 권리나 이익이 침해된 것이 없다고 밝히면서 스페인이 "프랑스가 진행하려는 사업이 궁극적으로 캐롤강의 수질오염을 야기할 수 있고, 되돌아오는 물이 스페인의 이익을 해칠 수 있는 화학적 성분 · 기온 또는 다른 성격을 가지고 있을 수 있다"고 주장하였더라면 결과는 달라질 수 있었을 것이라고 지적하였다는 점이다.[37]

이 사건은 비록 이익 침해를 주장하는 국가의 주장을 배척하였지만 결정과정에서 주권제한의 가능성을 검토하였다는 점에서 중요성을 찾을 수 있을 것이다. 국가는 제안된 행위로 환경피해를 입을 가능성이 있는 다른 국가의 사전 동의까지는 아니더라도 다른 국가와 신의성실에 기초하여 협의 · 교섭하고, 타국의 이익을 고려할 의무가 있다는 것이 그것이다.

라. 1969년 *Gut Dam 사건*

1903년 캐나다는 미국의 허용하에 국경 지역에 굿 댐(Gut Dam)을 건설하였다. 캐나다는 그 후 해당 댐 높이로는 당초 목적을 달성할 수 없다고 판단되자 1904년 일정한 조건하에 미국의 승락을 받아 그 높이를 올리는 공사를 하였다. 이로 인하여 1951~1952년 온타리오(Ontario)호와 세인트 로렌스(St. Lawrence)강의 수위가 높아졌으며, 폭풍과 다른 자연 현상이 복합적으로 작용하면서 장마 · 토양침식 등을 초래하였으며, 그 결과 온타리오호와 강 남쪽에 위치하고 있던 미국 시민들의 재산에 피해가 발생하였다. 미국 시민들은 캐나다 정부와 문제 해결을 위해 협상을 시도하였으나 실패하였으며, 소송을 통한 구제도 절차적인 문제로 인하여 불

34) *Id.* 128 내지 138면.
35) *Id.* 119면, 130면.
36) *Id.* 140면.
37) *Id.* 123면.

가능하였다.[38] 결국 1965년 미국과 캐나다는 협정을 체결하여 중재법정(Arbitral Tribunal)을 설치하여 분쟁을 해결하기로 하였다. 중재법정은 1903~1904년 댐 건설의 근거 협정에 의거하여 캐나다가 댐으로 인한 피해를 배상할 책임이 있다고 결정하였다.[39] 그러나 이 사건은 양국의 타협으로 종결되었다. 즉 당초 미국은 피해배상액으로 $653,386을 청구하였으나 캐나다가 $350,000을 지급하기로 최종 합의하였다.[40]

마. 1974년 *Nuclear Test(핵실험)* 사건

프랑스는 1966년경부터 남태평양상의 대기권에서 수차례의 핵실험을 진행하였다. 1973년 호주와 뉴질랜드는 국제사법재판소에 프랑스가 남태평양상의 대기권에서 핵실험하는 것을 금지할 것을 청구하는 소를 제기하였다.[41] 호주와 뉴질랜드는 프랑스의 핵실험이 대기권 핵실험으로부터 자유로울 수 있는 국민의 권리를 침해하고, 그들 국가의 동의 없이 핵물질의 낙진이 그들 영토 내에 쌓이고 대기에 확산되는 것은 주권을 침해하기 때문에 더 이상의 대기권 핵실험은 국제법을 위반하는 것이라고 주장하면서 프랑스가 더 이상 그러한 실험을 해서는 안 된다는 명령을 구하였다.[42] 특별히 호주와 뉴질랜드는 그들 영토 내에 핵물질이 쌓이는 것은 그들 국민들에게 잠재적으로 위험할 수 있고, 이로 인하여 발생되는 피해는 회복할 수 없을 것이며, 프랑스의 핵실험 활동은 이들 국민들에게 육체적 · 유전적 영향을 끼치고, 걱정과 우려를 자아낸다는 등의 주장을 하였다.[43] 이에 대해 프랑스는 호주와 뉴질랜드가 주장하는 피해가 핵실험으로 인한 피해라는 것이 규명되지 않았기 때문에 국제법을 위반하지 않았으며, 핵실험으로 인한 낙진이 이들 국민들의 신체에 아무런 위험을 초래하지 않았으며, 이들 국가들이 주장하는 피해는 추측에 불과하다는 등의 주장을 하였다.[44] 1973년 6월 국제사법재판소는 8 대 6의 표결로 호주와 뉴질랜드의 주장을 받아들여 사건이 계류 중인 상태에서 프랑스는

---

38) *Gut Dam Claims (Canada v. U. S.)*, 8 I. L. M. 118 (1969).
39) *Id.* 136면, 138면.
40) *Id.* 118면
41) *Nuclear Tests (Australia v. France)*, 1973 I. C. J. 99 (1973), 1974 I. C. J. 253 (1974); *Nuclear Tests (New Zealand v. France)*, 1973 I. C. J. 135 (1973), 1974 I. C. J. 457 (1974). 호주와 뉴질랜드의 주장과 이에 대한 국제사법재판소의 결론은 거의 비슷하다. 이하에서는 호주가 제소한 사건을 중심으로 살펴보기로 한다.
42) *Id.* 99면, 103면.
43) *Id.* 104면.
44) *Id.* 105면.

호주와 뉴질랜드 영토 내에 낙진이 쌓이는 것을 초래하는 핵실험을 더 이상 진행해서는 안 된다는 중간보전조치(interim measures)를 명하였다.[45]

그 후 프랑스 정부 당국은 문서나 선언 등으로 수차례에 걸쳐 일방적으로 대기권 핵실험을 중지하겠다는 의사를 표명하였다. 1974년 12월 국제사법재판소는 9대 6의 표결로 프랑스의 이러한 일방적 선언은 법적 의무를 발생시킨다고 판단하면서[46] 호주와 뉴질랜드의 재판신청에 대하여 더 이상 소의 이익이 존재하지 않기 때문에 본안(merits)에 대하여 종국적인 결정을 내릴 여지가 없다고 결정하였다.[47] 특기할 것은 국제사법재판소는 "만일 이 결정의 기초가 영향받는 경우 원고는 재판소 규정에 따라 그 상황을 검토해 줄 것을 요청할 수 있다"고 부가하였다.[48] 이 부가 선언은 1995년 뉴질랜드의 상황검토 요청의 단서가 되었다(제10장 제2절 참조).

국제환경문제를 다룬 사건이 많지 않은 상태에서 앞에서 살펴본 판결들이 국제환경법에서 차지하는 비중은 클 수밖에 없다. 이들 판결은 국가책임 또는 국가간 환경피해에 대하여 유추 적용될 수 있을 것이다. 이들은 국제환경법의 출발점이 되고 있는 선린의 원칙, *sic utere* 원칙을 지지하면서 주권의 제한을 검토하고 있다. 이러한 판결의 반복적인 선언은 월경피해금지라는 국제관습법의 형성에 튼튼한 기초를 제공하고 있다. 이러한 내용들은 주권의 제한에 맥이 닿아 있다. 그러나 그 사건들의 결정을 자세히 살펴보면 본안 판단을 미루거나(*Nuclear Test 사건*), 환경오염문제를 직접적으로 다루지 않거나(*Corfu Channel 사건*), 당사국간의 조약에 기초하여 판단함으로써(*Lanoux호 사건*) 진정한 의미의 국제환경분쟁이라고 평가하기에는 부족한 면이 있다.

---

45) *Id.* 99면, 106면. 이에 반해 Ignacio-Pinto 판사는 소수의견에서 피해가 명백하게 규명되었을 경우 가해 국가는 이러한 피해를 입은 국가에게 배상할 책임이 있으나 현재로서는 피해를 입은 국가가 주변국가에 위해를 수반하는 행위를 자신의 영토 내에서 수행하는 다른 국가에게 이를 금지토록 하는 법적 수단이 마련되어 있지 않다고 하면서 다수의견이 인정하고 있는 유지명령(injunction)을 부인하였다. *Id.* 131면.

46) 국제사법재판소는 일방적 행위가 법적 의무를 발생시키는 법적 근거로 신뢰의 원칙(principle of good faith)을 들었다. *Id.* 267 내지 270면.

47) *Id.* 257 내지 258면, 272면.

48) "If the basis of this Judgment were to be affected, the applicant could request an examination of the situation in accordance of the provisions of this statute." *Id.* 272면.

Ⅱ. 1972년 유엔인간환경회의(스톡홀름회의) 이후

1. 스톡홀름선언

유엔 차원에서 최초의 환경 논의는 1972년 6월 스톡홀름에서 개최된 유엔인간환경회의(United Nations Stockholm Conference on the Human Environment)에서 이루어졌다. 환경의 관리 및 보호, 그리고 환경과 인간과의 관계를 둘러싼 문제를 다루기 위해 열린 유엔인간환경회의에서는 국제환경법 역사에서 빼놓을 수 없는 '스톡홀름선언'[49]이 채택되었다. 113개국이 참여한 인간환경회의에서는 환경문제를 다루는 기구의 창설도 제안하였는데, 이는 유엔총회 산하의 유엔환경계획(United Nations Environment Programme: UNEP)[50] 설치로 결실을 맺게 되었다. 스톡홀름선언은 "인간의 환경을 보전하고 향상시키는 데에 있어 전세계인을 격려하고 인도하기 위한" 26개 원칙을 채택하였다.[51] 그 원칙들은 회의에 참여한 많은 국가의 공동의 견해를 표현하고 있다. 대개의 경우 이들 원칙은 인간과 환경 간의 관계를 다루는 원칙을 간단한 문장으로 표명하고 있다.

이들 원칙은 몇 개 군으로 분류해 볼 수 있는데, 권리(원칙 1, 21), 자원의 보전(원칙 2 내지 5), 오염(원칙 6, 7), 개발(원칙 8 내지 15), 환경정책(원칙 16 내지 20) 등이 그 예이다. 26개 원칙 중 2개 원칙(원칙 21, 22)만이 법적 개념을 내포하고 있다. 원칙 21은 "각 국가는 유엔헌장과 국제법의 원칙에 따라 자국의 환경정책에 의거하여, 자국의 자원을 개발할 주권을 가지며, 자국의 관할권 또는 통제 내의 활동이 다른 국가나 국가관할권의 한계를 벗어난 지역의 환경에 피해를 끼치지

49) Stockholm Declaration of the United Nations Conference on the Human Environment, 11 I. L. M. 1416 (1972).

50) 1972년 스톡홀름회의의 결의에 따라 같은 해 12월에 제27회 유엔총회가 결의하여 설립한 환경문제에 대한 국제협력 추진기구이다. 유엔환경계획의 목적은 ① 환경분야에서의 국제적 협력 촉진, ② 유엔산하 여러 기관의 환경 관련 활동의 정책 작성, ③ 세계의 환경감시, ④ 환경과 관련된 과학적 지식의 증진 등이다. 프로그램은 환경보선 · 생태계 · 환경과 개발 · 지연재해 · 에너지 · 지구관찰 · 환경관리 등의 분야를 포함하고 있으며 주로 환경감시, 환경평가, 환경과 관련한 기술적 · 과학적 업무에 치중한다. 특히 1987년 9월에는 오존층을 파괴하는 물질에 대한 몬트리올의정서를 채택하고 오존층 보호를 위한 국제협력을 촉구하였다. 유엔환경계획은 다른 유엔기구, 정부기구, 비정부기구, 각국 정부와 긴밀한 관계와 협력을 유지하면서 활동하고 있다. 유엔환경계획의 조직은 집행이사회, 사무국, 환경관리이사회 및 유엔환경계획의 활동 자금을 대는 유엔환경기금 등으로 이루어져 있다. 본부는 케냐의 수도 나이로비에 있으며, 우리나라는 1972년에 가입하였다. 유엔환경계획에 관한 자료는 http://www.unep.org 참조.

51) 스톡홀름선언(각주 49), 전문 참조.

않도록 할 책임이 있다"고 규정하고 있다. 즉 개별 주권국에 대하여 자국의 자원을 자국의 환경정책에 따라 개발할 주권적 권리와 관할권 내의 행동을 보장하고, 타국 또는 자국관할권 외의 지역에 대한 손상을 야기하지 않도록 통제할 의무를 동시에 확인하고 있다. 원칙 22는 각 국가들이 환경오염 피해에 대한 책임 및 보상문제와 관련한 국제법 원칙을 더욱 발전시켜야 할 필요성을 언급하고 있다.

스톡홀름선언은 지난 30여 년간 국제환경법의 발전에 큰 동력으로 작용한 중요한 국제문서 중의 하나임에 틀림없다. 그러나 회의에 참여한 당사국이 법적으로 구속력이 있는 문서를 창출할 의도가 없었다는 것도 분명하다. 스톡홀름선언이 환경협약과 같은 성격을 띠고 있는 면도 있지만 기본적으로 이 선언은 당사국에게 구속력 있는 의무를 부과하고 있지 않다. 그럼에도 불구하고 이 선언은 국제환경법에 중대한 영향을 미쳐왔다. 유엔인간환경회의를 계기로 지구환경문제는 인류공동의 문제라는 인식이 확산되었다. 이 회의의 결과물인 스톡홀름선언은 국제법상 환경보호를 위한 법 제정 및 시행, 후속 조치의 발전 등에 대한 촉매제로서 충분한 역할을 수행하였다. 이러한 점에서 국제환경법의 발전에 크게 일조하였다고 평가할 수 있다.

2. 1982년 세계자연헌장

국제자연보전연맹(IUCN)과 유엔환경계획(UNEP)의 주도로 이루어진 세계자연헌장[52)]은 또 다른 비구속적 국제문서이다. 1982년 유엔총회에서 미국을 제외한 111개국의 찬성으로 채택된 세계자연헌장은 전문과 총 24개조로 구성되어 있으며, 주제별로 일반 원칙, 기능, 시행 등 세 부분으로 세분화되어 있다

일반 원칙은 다음과 같은 내용을 담고 있다:

① 자연과 그 기본적 과정의 존중(제1조);

② 유전적 생명력의 유지와 이를 위한 서식지의 보호(제2조);

③ 고유한 지역, 생태계를 대표하는 지역, 희귀종 또는 멸종에 처한 종의 서식지 등에 대한 특별한 보호(제3조);

④ 최적의 지속가능한 생산성을 달성 · 유지하기 위한 자연자원의 관리(제4조);

⑤ 전쟁과 다른 적대행위로부터 자연의 보호(제5조).

헌장의 "기능" 부분에서는 특정 영역에 적용될 수 있는 일반 원칙을 천명하고

52) World Charter for Nature, http://www.un.org/documents/ga/res/37/a37r007.htm; 22 I. L. M. 455 (1983).

있다: 의사결정 과정(제6조), 계획(제7조 내지 제9조), 자연자원의 이용(제10조), 자연에 악영향을 미치는 활동의 규제(제11조), 오염물질 배출행위의 방지(제12조), 자연재해의 방지 및 관리(제13조).

헌장의 "시행" 부분에서는 각국, 나아가 국제적인 차원에서 법과 관행에 헌장의 원칙이 수용될 것을 요구하고 있다(제14조). 또한 자연에 관한 지식의 광범위한 보급(제15조, 제18조), 자연보전의 목적을 달성하기 위한 자금 · 프로그램 · 운영기구의 제공(제17조), 자연과정, 생태계, 종 등에 대한 면밀한 감시(제19조), 자연에 피해를 끼치는 군사활동의 회피(제20조), 헌장의 규정을 효력 있는 것으로 하기 위한 각국의 협력(제22조), 환경에 직접 관계되는 의사형성에 참여할 기회와 피해구제수단에 대한 접근의 보장(제23조) 등을 규정하고 있다.

세계자연헌장은 유엔총회에서 채택된 결의로서, 구속적인 국제법이 아니지만, 중대한 정치적 무게를 가질 수밖에 없다. 많은 국가들은 자국의 법, 프로그램에서 이 헌장에서 천명하고 있는 원칙들을 다수 수용하고 있다.

3. 1986년 환경과 개발에 관한 세계위원회

지구환경보전을 위한 국제적인 노력이 결실을 맺게 된 것은 1980년대이다. 1983년 유엔총회는 2000년대를 향한 장기지구환경보전전략을 수립하기 위해 독립된 전문기관으로 구성된 '세계환경개발위원회(WCED)'를 구성하였고, 동 위원회는 4년간의 작업을 통해 1987년 보고서 '우리 공동의 미래(Our Common Future, 일명 Brundtland 보고서)'를 발표하였다. 이 보고서는 지속가능한 발전에 대한 전세계적인 공감을 불러일으켰으며, 1988년 유엔총회는 '지속가능한 발전'을 유엔 및 각국 정부의 기본 이념으로 삼을 것을 결의하였다.

Ⅲ. 1992년 UN 환경개발회의 이후

1. 리우선언

스톡홀름회의로부터 20년이 지난 1992년 6월 역사적인 유엔환경개발회의(UN Conference on Environment and Development)가 리우데자네이로(Rio de Janeiro)에서 개최되었다. '지구환경 정상회담(earth summit)'이라고도 불리는 리우회의는 환경과 개발에 관한 리우선언[53]뿐만 아니라 의제(Agenda) 21,[54] 산림원칙[55]을 채택하고, 유명한 2개의 조약, 즉 기후변화협약[56]과 생물다양성협약[57]을 채택함으로써, 그 위력을 발휘하였다. 이 다섯 국제문서의 중심에는 공통적으로 '지속가능한 발전'이 있다.

리우회의의 정점에는 바로 리우선언이 있다. 이는 국가와 개인의 환경과 관련한 활동을 지도하기 위한 27개 원칙으로 구성되어 있다. 리우선언은 1972년 스톡홀름선언에 크게 기초하고 있으며, 전세계적 · 국가적 · 지역적 행동의 기초로 '지속가능한 발전'을 제시하고 있다. 리우선언에서는 21세기 지구환경보전을 위한 기본 원칙들을 천명하고 있다. 그 중에서 특히 주목할 만한 것을 보면 다음과 같다:

① 자연자원에 대한 주권의 원칙: 각 국가는 유엔헌장과 국제법원칙에 따라 자국의 환경 및 개발정책에 의거하여 자국의 자원을 개발할 수 있는 주권적 권리를 갖고 있[다](원칙 2);[58]

② 월경피해 금지의 원칙: 자국의 관할권 또는 통제 범위 내에서의 활동이 다른 국가나 관할권 밖에 있는 지역의 환경에 피해를 끼치지 않도록 할 책임이 있다(원칙 2);

③ 세대간 형평: 개발을 할 권리는 현재세대와 미래세대의 개발 및 환경적 요구를 공평하게 충족할 수 있도록 실현되어야 한다(원칙 3);[59]

④ 환경과 개발의 통합: 지속가능한 발전을 성취하기 위하여 환경보호는 개발과정의 중요한 일부분을 구성하며 이로부터 분리되어 고려되어서는 아니 된다(원칙 4);

⑤ 세대내 형평: 모든 국가와 국민은 생활수준의 격차를 줄이고 세계 대다수의 사람들의 기본수요를 충족시키기 위하여 지속가능한 발전의 필수요건인 빈곤의 퇴

---

53) Rio Declaration on Environment and Development, 31 I. L. M. 874 (1992),

54) http://www.un.org/esa/sustdev/documents/agenda21/english/agenda21toc.htm. Agenda 21 and The UNCED Proceedings Ⅳ (Nicholas Robinson ed., Oceana Publications, Inc. 1993).

55) Non-Legally Binding Authoritative Statement of Principles for a Global Consensus on the Management, Conservation and Sustainable Development of All Types of Forests, 31 I. L. M. 881 (1992). 지속가능한 발전 개념은 특히 원칙 1(b), 2(b), 6, 8(f) 등에 반영되어 있다.

56) United Nations Framework Convention on Climate Change(UNFCCC), 31 I. L. M. 849 (1992).

57) 생물다양성협약(각주 25).

58) 스톡홀름선언 원칙 21과 다른 점은 '발전(developmental)'이라는 문구가 첨가되어 있다는 것이다. 이를 두고 스톡홀름선언보다 후퇴하였다는 비판이 제기되고 있다.

59) 이 원칙은 지속가능한 발전 개념의 중심 요소를 이루고 있는데, 지속가능한 발전 개념은 그 밖에 원칙 1, 4 내지 8, 21 등에 구체화되고 있다.

치라는 중차대한 과업을 위하여 협력하여야 한다(원칙 5);

⑥ 공동의 그러나 차별화된 책임의 원칙: 각국은 지구생태계의 건강과 완전성을 보전·보호하고 회복시키기 위하여 범세계적인 동반자의 정신으로 협력하여야 한다. 지구의 환경악화에 대한 제각기 다른 책임을 고려하여 각국은 공동의 그러나 차별적인(common but differentiated) 책임을 가진다. 선진국들은 그들이 지구환경에 끼친 영향과 그들이 소유하고 있는 기술 및 재정적 자원을 고려하여 지속가능한 발전을 추구하기 위한 국제적 노력에 있어서 부담하여야 할 책임을 인식한다(원칙 7);

⑦ 사전배려의 원칙: 심각한 또는 회복 불가능한 피해의 위협이 있을 경우, 과학적 불확실성이 환경 악화를 방지하기 위한 비용-효과적인 조치를 지연시키는 구실로 이용되어서는 아니 된다(원칙 15);

⑧ 오염자 부담의 원칙: 국가당국은 오염자가 원칙적으로 오염의 비용을 부담하여야 한다는 원칙을 고려하여 환경비용의 내부화와 경제적 수단의 이용을 증진시키도록 노력하여야 한다. 이에 있어서 공공이익을 적절히 고려하여야 하며, 국제무역과 투자를 왜곡시키지 않아야 한다(원칙 16);

⑨ 협력의 원칙: 각 국가와 국민들은 이 선언에 구현된 원칙을 준수하고 지속가능한 발전분야에 있어서의 관련 국제법을 한층 발전시키기 위하여 성실하게 그리고 동반자적 정신으로 협력하여야 한다(원칙 27).

이들 원칙은 많은 국가들에 의해 수용되었다. 효과적인 환경법규의 제정 및 시행은 원칙 11에서도 요구하고 있는 것이다. 이제 리우선언에서 천명하고 많은 국가들이 확인한 원칙들은 중요한 국제환경법 원칙이 되고 있다. 비록 비구속적 법이지만 170여 개국 정상이 참여하여[60] 공동의 인식과 의견을 나눈 이들 원칙은 국제환경법의 역사에서 새로운 지평을 열었다고 하여도 과언이 아니다. 최소한 회의에 참여한 국가들은 환경과 관련한 공동의 목적과 의지가 담긴 문서의 내용을 수용할 준비가 되어 있다 할 수 있다. 그렇기 때문에 여기에 담긴 원칙들은 국가의 관행의 증거로서, 장차 국제관습법의 발전에 큰 기초를 제공할 것이다.

그러나 이해관계가 다른 많은 국가의 참여는 타협·절충을 불가피하게 하였고, 그 결과 그 표현 및 내용은 불분명하고, 각 국가의 입장에 따라 달리 해석할 수 있는 여지를 주고 있다. 원칙 하나에 선진국 또는 개도국의 입장이 반영되어 있기

60) 여기에는 103개국 정상을 포함한 176개국 정부대표와 많은 세계정부기구(International Governmental Organizatios: IGOs), 비정부기구 등 3만명 정도가 참여하였다. Report of the United Nations Conference on Environment and Development, U.N. Document A/CONF.151/26, Vols. Ⅰ~Ⅳ (1992), Ⅴ (1993).

도 하지만 한 원칙 내에서 선진국과 개도국의 입장이 절충되어 있는 경우도 있다. 사전배려의 원칙(원칙 15), 오염자 부담의 원칙(원칙 16), 환경영향평가(원칙 17) 등이 선진국 입장을 크게 반영하고 있는 것이라면 자연자원에 대한 주권의 원칙(원칙 2), 세대내 형평(원칙 5), 개도국의 특수한 상황과 요구에 대한 우선적 고려(원칙 6), 공동의 그러나 차별화된 책임의 원칙(원칙 7), 개도국에 대한 환경기준의 차별적 적용(원칙 11) 등은 개도국의 입장이 반영되었다고 할 수 있다.

2. 의제 21

의제(Agenda) 21은 리우회의에서 합의된 지속가능한 발전을 위한 구체적 행동프로그램이다. 그렇기 때문에 의제 21은 리우선언과 리우회의에서 채택된 산림원칙 등을 빼놓고는 쉽게 이해할 수 없다. 이들 문서는 모두 일체로서, 리우회의의 명제인 지속가능한 발전의 내용을 보다 구체화하는 실천적인 내용을 담고 있다. 21세기의 행동강령이라고 할 수 있는 의제 21은 470페이지에 이르는 방대하고 복잡한 것이다. 여기에는 21세기에 지속가능한 발전을 위해, 그리고 리우선언에 담겨져 있는 원칙을 이행하기 위해 정부나 비정부기구가 시행하여야 할 정책, 계획, 프로그램, 절차, 지침 등이 광범위하고 포괄적으로 담겨져 있다.

의제 21은 4개 분야(사회 · 경제, 자원의 보전 · 관리, 주요그룹의 역할강화, 이행수단)에 걸쳐 40개의 장으로 구성되어 있다. 결국 의제 21은 전지구적 차원에서 지속가능한 발전과 환경관리 전략을 마련하기 위한 골격을 세부화 · 구체화하는 것이다. 비록 그 규정이 비구속적 법의 성격을 띠지만 리우회의에서 부여한 권위는 제안된 주요 프로그램의 효력 발생을 보장하고 있다. 의제 21이 정하고 있는 내용들은 환경과 개발 문제에 대한 정부, 정부기구, 비정부기구 그리고 개인의 의사결정의 기초를 이루고 있다. 문제는 이러한 분야의 정해진 목표를 달성하기 위해서는 엄청난 재원이 소요된다는 것이고 그 재원 마련에 대해서는 침묵하고 있다는 것이다.

3. 유엔지속발전위원회의 설치

1992년 리우회의에서는 리우에서 채택된 의제 21의 이행상황을 정기적으로 검토 · 감시하기 위한 위원회를 설치할 것을 권고하였다. 이에 따라 12월 제47차 국제연합총회에서 국제연합경제사회이사회(ECOSOC) 산하에 지속가능발전위원회

(Commission on Sustainable Development: CSD)를 설치하기로 결의하였다. 이 위원회의 조직은 국제연합경제사회이사회 조직회에서 선출하는 임기 3년의 53개국 이사회 위원국으로 구성된다. 이 위원회는 의제 21의 이행상황(특히 재정지원과 환경기술이전 분야)을 검토하기 위하여 각국 정부 · 국제기구 · 민간단체가 제출한 보고서를 심의하고, 각종 국제환경협약의 체결 및 이행상황을 감시하는 기능을 가지고 있으며, 의제 21의 이행을 위한 국제협력을 증진하는 역할을 담당하고 있다. 본부는 미국 뉴욕에 있다.

4. 1996년 핵무기의 위협 또는 사용의 합법성에 관한 권고적 의견

유엔 총회는 국제사법재판소(ICJ)에 핵무기의 위협 또는 사용이 국제법상 어떠한 상황에서 허용되는지 여부에 관한 권고적 의견을 줄 것을 요청하였다. 재판소는 핵무기의 사용이 시민적 · 정치적 권리에 관한 국제규약에 규정되어 있는 생명권[61]을 침해하였다는 주장을 배척하였다. 재판소에 따르면, 자의적으로 생명권이 박탈되었는지 여부는 단순히 이 조약으로만 판단할 수 없고 무력충돌 시 적용할 수 있는 법규도 고려하여 판단하여야 한다.[62] 재판소는 국가는 자위권과 핵무기의 사용을 배제하지 않는 권리를 가지고 있다고 하면서 다음과 같이 경고하였다: "환경은 날로 위협을 받고 있으며 핵무기의 사용은 환경에 재앙으로 작용할 수 있다."[63] 그리고 유명한 국제환경법 원칙을 확인하였다: "환경은 추상적 용어가 아니라 아직 태어나지 않은 세대를 포함하는 인류의 생활공간이며 삶의 질이며 건강 그 자체이다. 그들 관할권과 통제 내의 활동이 다른 국가 또는 국가관할권 범위를 벗어난 지역의 환경을 존중할 것을 보장하는 국가들의 일반의무의 존재는 이제 환경과 관련한 국제법의 요체(corpus)이다." 나아가 재판소는 비록 해당 환경협약이 국가의 자위권을 박탈하는 것은 아니지만, "국가는 합법적인 군사 목적을 추구함에 있어서 무엇이 필요하고 적정한지를 평가할 때 환경적 고려를 하여야 한다. 환경에 대한 존중은 해당 행동이 필요성(necessity)과 적정성(proportionality) 원칙에 부합하는지 여부를 판단하는 한 요소이다"라고 강조하였다.[64]

---

61) International Covenant on Civil and Political Rights, 999 U.N.T.S. 171, 제6조("Every human being has the inherent right to life…").

62) Advisory Opinion on the Legality of the Threat or Use of Nuclear Weapons (July 8, 1996), 1996 I. C. J. 226 (1996), 239면 내지 240면, §§ 24~25.

63) *Id.* 242면, § 29.

64) *Id.* 242면, § 30.

재판소는 국제환경법이 특별히 핵무기의 사용을 금지하지는 않지만 무력충돌에 적용하는 원칙과 규범의 시행에서 적절히 고려되어야 하는 중요한 환경요소를 제시하고 있다고 밝혔다.65) 재판소는 국가의 존망이 위태로운 극단적인 상황에서 자위권을 행사하는 국가에 의한 핵무기 사용의 합법성 여부에 대하여 결정할 수 없다고 판단하였다. 그러나 핵무기의 위협 또는 사용은 일반적으로 무력 충돌 시 적용될 수 있는 국제규범, 특히 인도주의 법원칙과 규범에 반할 수 있다고 결론지었다.66)

이상에서 살펴본 바와 같이 위 국제사법재판소 의견은 자국의 관할권과 통제 내의 활동을 하는 해당 국가가 다른 국가 또는 국가관할권 범위를 벗어난 지역의 환경을 존중해야 할 의무, 즉 월경피해 금지의무가 있음을 재확인하고 있으며, 무력 충돌 시 요구되는 필요성과 적정성 여부를 판단함에 있어 환경적 고려가 중요하다는 점을 강조하고 있다.

5. 지속가능한 발전에 관한 세계정상회의

가. 배 경

리우회의에서 이루어진 고상한 약속과 밝은 전망에도 불구하고 환경악화는 계속되었고, 선진국과 개도국, 부자와 빈자의 격차는 더 커졌다. 2002년 8월 26일부터 9월 4일까지 193개국 정부대표와 시민단체 등 6만여 명이 지속가능한 발전에 관한 세계정상회의(World Summit on Sustainable Development: WSSD)를 위하여 남아프리카공화국의 요하네스버그(Johannesburg)에 모였다.67) 여기에 참여한 국가와 대표들(정부, 시민, 기업가, 공무원, 비정부기구 등)은 1992년 브라질의 리우에서 만난 이래 10년이 지난 시점에서("Earth Summit" 또는 Rio+10) 세계의 환경상황을 평가하고 구체적인 실천계획을 마련하기로 하였다.

세계정상회의의 임무는 "생태적 파괴로부터 지구를 구하고 가난으로부터 사람을 구하는 것"이었다. 요하네스버그회의는 지속가능한 발전에 관한 요하네스버그 선언68)과 이행계획69)을 채택하였다.

---

65) *Id.* 243면, § 33.

66) *Id.* 266면, § 105.

67) 세계정상회의에 대하여 자세한 내용은 http://www.johannesburgsummit.org 참조.

68) Johannesburg Declaration on Sustainable Development, http://www.un.org/esa/sustdev/documents/Johannesburg%20Declaration.doc(2005. 7.).

69) Plan of Implementation, http://www.un.org/esa/sustdev/documents/WSSD_POI_PD(2005. 7.).

나. 요하네스버그선언

각국 대표들은 정치적 선언문인 요하네스버그선언(Johannesburg Declaration)에 합의하였다. 요하네스버그선언은 지속가능한 발전에 대한 국제사회의 의지를 재확인하면서[70] 지속가능한 발전의 세 축인 경제발전, 사회발전과 환경보호의 상호의존성을 향상·강화하는 데 우리 모두가 공동의 책임이 있음을 선언하였다.[71] 생물다양성의 파괴, 어족자원의 감소, 사막화, 기후의 변화 등으로 지구환경이 계속해서 고통받고 있다는 점을 인식하면서,[72] 스톡홀름선언, 의제 21과 리우선언 등의 역사적 기여와 여기에서 합의한 의무를 상기하였다.[73] 요하네스버그선언은 특히 리우선언이 지속가능한 발전을 위한 새로운 이정표를 수립하였다면서 높이 평가하였다.

이 선언은 빈곤퇴치, 소비와 생산패턴의 변화, 그리고 자연자원의 보호와 관리가 지속가능한 발전에 있어서 가장 중요한 목표이며 필수불가결한 요소라고 인식하고,[74] 세계화의 이익과 비용은 불균등하게 배분되고 있으며,[75] 이 때문에 특히 어려움에 직면하고 있는 개도국 국민들의 삶을 근본적으로 개선시키지 않을 경우 그들은 민주주의체제에 대한 신념을 상실하게 될 것이라고 경고하였다.[76]

요하네스버그선언은 인간 존엄성의 불가분성을 강조하면서 목표(targets)와 시한(timetables)의 설정 그리고 동반자정신(partnership)으로 문제 해결을 도모할 것을 역설하였다. 깨끗한 식수, 위생, 주거, 에너지, 보건, 식량안보, 생물다양성의 보호, 재원 확보, 시장 개방, 역량배양, 기술 이전, 인적 자원의 개발, 교육 및 훈련 등을 위해 대화하고 협력할 것을 주문하는 한편,[77] 만성 기아, 영양실조, 외국의 점령, 무력 충돌, 불법 마약문제, 조직적인 범죄, 부패, 자연재해, 불법무기거래, 테러, 인종·민족·종교 간의 증오심, HIV/AIDS 등의 전염병 등과 같이 지속가능한 발전에 심각한 위협을 초래하는 문제에 적극 대처할 것을 당부하였다.[78]

요하네스버그선언은 여성의 권리와 해방 그리고 원주민의 역할을 강조하였

70) 요하네스버그선언(각주 68), § 1.
71) *Id.* § 4.
72) *Id.* § 13.
73) *Id.* § 8.
74) *Id.* § 11.
75) *Id.* § 14.
76) *Id.* § 15.
77) *Id.* § 18.
78) *Id.* § 19.

다.[79] 또한 선진국에게 국제적으로 합의된 수준의 공적 개발원조(official development assistance: ODA)를 달성하기 위하여 구체적인 노력을 기울일 것을 촉구하고[80] 아프리카 개발을 위한 새로운 파트너십(New Partnership for Africa's Development: NEPAD)과 같은 보다 강력한 지역적 협력체의 출현을 지원하며,[81] 군소도서국가와 최빈국의 개발 요구에 특별한 관심을 기울일 것을 약속하였다.[82] 나아가 의제 21, 천년발전목표(Millenium Development Goals: MDGs) 및 요하네스버그 이행계획(Plan of Implementation)의 효율적인 이행을 위한 모든 차원의 거버넌스(governance)의 개선과 강화를 강조하였다.[83]

요하네스버그선언은 그동안 국제사회에서 누차 확인한 바 있는 지속가능한 발전에 대한 국제사회의 의지를 다시 한 번 강조하면서 지속가능한 발전의 내용을 보다 구체화하고 있다는 점에서 그 가치를 인정받을 수 있을 것이다. 그러나 1972년 스톡홀름선언과 1992년 리우선언 등에서 합의한 의무를 반복하고 있을 뿐 새롭고 획기적인 비전과 내용을 담고 있지 못하며, 구체적이고 현실적인 의무도 부과하지 않고 있다. 문제 해결을 위해 목표와 시한의 설정을 제시하고는 있으나 막상 어떠한 기준을 구체적으로 설정하고 있지도 않다.

그 내용을 자세히 살펴보면 요하네스버그선언은 '환경'보다는 지속가능한 '발전'에 치중한 느낌을 지울 수 없다. 이 선언은 개발목표를 강조하고 있으며, 환경목표는 경제적 · 사회적 개발의 기초로서 언급되고 있다.[84] 기껏해야 환경에 대한 언급은 지속가능한 발전이라는 관점에서 이해될 뿐이다. 오히려 환경에 관한 한 1972년의 스톡홀름선언이나 1992년 리우선언보다 후퇴하였다고도 할 수 있다. 요하네스버그선언은 개발을 위한 재정에 관한 국제회의(International Conference on Financing for Development)[85]와 도하각료회의(Doha Ministerial Conference)[86] 등이 인류의 미래 비전을 포괄적으로 규정하였다고 높이 평가하면서 이들 회의를 상기하고 있는데,[87] 이들 회의가 환경문제를 심각하게 다루고 있지 않다는 점에서 당사국들의 인식의 한계를 짐작할 수 있다.

---

79) *Id.* § 20, § 25.
80) *Id.* § 22.
81) *Id.* § 23.
82) *Id.* § 25.
83) *Id.* § 30.
84) *Id.* § 11, § 18, § 19 참조.
85) *Report of International Conference on Financing for Development, Monterrey, Mexico, 18–22 March 2002* (UN publication, Sales No. E.02II.A.7), chap. 1, resolution 1, annex.
86) A/C.2/56/6, annex.
87) 요하네스버그선언(각주 68), § 9.

다. 이행계획

의제 21의 내용이 달성되지 않은 상태에서 세계정상들은 새로운 '이행계획(Plan of Implementation)'에 합의하였다. 의제 21에 비하면 훨씬 적은 분량(1/10 수준)의 이행계획(그러나 분량은 62페이지에 이르고 있음)은 리우원칙이 천명하고 있는 의무, 의제 21의 충실한 이행, 유엔천년선언(UN Millennium Declaration)[88] 등을 재확인하고 있다.[89] 또한 빈곤의 퇴치, 지속가능한 생산과 소비 형태, 자연자원의 관리 등이 경제 · 사회발전의 토대이며 지속가능한 발전을 위한 필수 요건임을 밝히고 있다.[90] 이행계획이 다루는 분야는 빈곤퇴치, 에너지, 식수, 위생, 기후변화, 생물다양성, 국제거래, 금융, 교육, 인권 등 다양하고 포괄적이다. 이행계획에서 밝히고 있는 주요 의무는 다음과 같다:

① 물과 위생 – 2015년까지 세계적으로 기본적 위생과 식수에 접근할 수 없는 사람들의 비율을 반으로 감소;[91)]

② 에 너 지 – 에너지 공급의 향상, 재생에너지 사용과 에너지 효율성의 증가,[92] 적절한 경우 에너지 보조금의 폐지;[93]

③ 건 강 – 2020년까지 인간의 건강과 환경에 미치는 심각한 악영향의 감소를 유도하는 방법으로 화학물질의 사용과 생산이 이루어지도록 노력,[94] 교토의정서의 비준을 촉구,[95] 대기오염을 줄이기 위한 국제적 · 지역적 · 국가간 협력의 증진,[96] 2010년까지 환경적으로 건전한 오존층파괴물질의 대체재에 대한 개도국의 접근 향상;[97]

④ 농 업 – 지구환경기금(Global Environmental Facility: GEF)으로 하여금 재정지원의 주요 분야로 사막화와 벌채를 포함할 것을 요구,[98] 2005년까지 아프리카를 위한 식량안보전략의 개발 및 시행;[99]

---

88) General Assembly Resolution 55/2.
89) 이행계획(각주 69), § 1.
90) *Id.* § 2.
91) *Id.* § 8.
92) *Id.* § 9, § 20(b), (d), (h).
93) *Id.* § 20(q).
94) *Id.* § 23.
95) *Id.* § 38.
96) *Id.* § 39 본문.
97) *Id.* § 39(d).
98) *Id.* § 41(f).
99) *Id.* § 67(a).

⑤ 생물다양성 – 가능한 한 빠른 시일 내에 현재의 자연자원 파괴 추세의 역전,[100] 2015년까지 감소된 어족량을 최대 지속가능한 생산량(maximum sustainable yield)으로 유지 또는 회복,[101] 2012년까지 해양보호지역(marine protected area)의 설정,[102] 2010년까지 생물다양성의 상실 추세를 상당 부분 감소,[103] 카르타헤나의정서의 비준을 유도;[104]

⑥ 기타 쟁점 – 수출보조금의 폐지,[105] 지속가능한 소비와 생산을 촉진하기 위한 지원 계획의 조장,[106] 기업책임과 책임성의 향상,[107] 대응 및 복원 등을 포함하는 위해성평가와 자연재해 관리;[108]

이행계획은 빈곤퇴치, 위생, 자연자원의 관리, 에너지 · 수산자원의 보호, 생물다양성의 보호, 국제거래 등 앞으로 인류가 달성해야 할 지속가능한 발전의 방향을 제시하고 있다. 이행계획은 이행과 구체적인 행동을 강조하고 있다는 점에서 이전의 전통적인 국제문서와 구별된다.

그러나 내막을 들여다 볼 경우 이행계획이 담고 있는 약속은 10년 전 의제 21에서 보여 준 국제사회의 약속과 큰 차이가 없다. 이행계획의 주요한 특징은 목표와 시한을 구체적으로 설정하려고 하였다는 것이다. 예컨대, 2015년까지 수입이 하루 1달러에 못미치는 사람, 기아로 허덕이는 사람, 안전한 식수에 접근할 수 없는 사람들의 비율을 반으로 줄인다는 것이 그 좋은 예이다.[109] 그러나 이러한 계획은 구체성을 결여한 장밋빛 구상에 불과하고 이를 수행하기 위한 자금 조성 등을 약속하고 있지 않은 상태에서는 공허할 뿐이다. 구체적인 목표와 일정이 빠진 부분도 많은 것이 사실이다. 더욱이 위반에 대한 제재 수단은 있을 수 없다. 위생문제와 해양보호지역의 설정 등과 같은 몇 가지 대안을 제외하고는 이전에 의제 21 등에서 이루어진 약속과 내용 면에서 별반 차이가 없다. 더욱이 이전 약속은 상당 부분 희석 또는 연기되었으며 경우에 따라서는 부인되었다. 예컨대, 특정 유해화학물질 및 농약의 국제교역에 있어서 사전통보절차에 관한 협약(로테르담협약)과는 달리 2020년까지 위험한 화학물질을 제거하도록 "노력(aim)"하기로 하는 데

100) *Id.* § 24.
101) *Id.* § 31(a).
102) *Id.* § 32(c).
103) *Id.* § 44 본문.
104) *Id.* § 44(t).
105) *Id.* § 92(c).
106) *Id.* § 15.
107) *Id.* § 18.
108) *Id.* § 37.
109) *Id.* § 7(a).

그치고, 생물다양성협약과 달리 2010년까지 생물다양성의 상실 추세를 "상당 부분 감소(significant reduction)"하기로 하는 데 그친 것이 그것이다.

특히 환경단체 등은 이행계획이 알맹이가 없는 문서에 불과하다면서 평가절하하고 있는데, 그 주장을 요약해보면 다음과 같은 내용을 포함하고 있다: 대체 에너지와 관련하여 구체적 목표나 사용비율, 시기를 명시하지 않았다; 미국의 교토의정서 반대에 대한 공개 비난이 없다; 교토의정서, 카르타헤나의정서 등의 비준을 촉구하는 데 그치고 있다; 사전배려원칙에 대하여는 약한 수준의 지지만 보내고 있다; 보호해야 할 종의 명칭이 구체적으로 언급되지 않고 생물다양성 보전을 위해 각국의 개발사업을 금지한다는 문안이 빠져 있다; 생물다양성의 감소비율에 대하여 구체적인 언급이 없다; 여성 인권보호에 대한 언급이 없다; 더 이상 생물다양성 상실의 금지가 아닌 생물다양성의 상실 추세를 상당 부분 감소(significantly reduce)하기로 한 데 그치고 있다; 생명공학에 대해서는 침묵하고 있다; 미국과 EU 등의 보조금 지급에 대한 철폐 요구가 없다; 개도국들이 원조를 받기 위한 전제조건으로 인권 및 통치를 규정하지는 않았다; 이행계획의 실천 시한이나 지원금 배당 등 가장 민감한 부분은 선진국의 이익을 고려해 구렁이 담 넘어가듯 하였다; 자유무역원칙이 환경협약에 우선하지 않는다는 보장을 하고 있지 않다.

라. 평 가

세계정상회의에 대해서는 나름대로 성과가 있었다는 평가와 함께 규모에 비하여 알맹이가 없다는 비판이 엇갈리고 있다. 세계정상회의는 지속가능한 발전이라는 국제사회의 의지를 재확인하고 그 내용을 보다 구체화하고 있다는 점에서 그 의미를 간과해서는 안 될 것이다. 그러나 세계정상회의는 구속력 있고 체계적인 국제 문서를 도출해 내는 데 실패하였으며, 국제사회에서 환경문제에 대한 강력하고 새로운 공감대를 형성하는 데도 실패하였다. 세계정상회의의 초점은 개발과 빈곤의 퇴치였다. 환경은 부수적이고 지엽적인 문제에 불과하였다. 지속가능한 발전은 선진국과 개도국의 타협의 대상(Shameful Deals)으로 전락하면서 경제개발에 보다 초점이 주어졌다. 이러한 접근방법은 환경론자들을 크게 실망시키기에 충분하였다. 환경단체 등은 세계정상회의가 환경에 관한 한 "리우+10"이 아니라 "리우−10"이라고 비난하면서 급기야 그 성과에 대하여 'F'라는 낙제 점수를 주었다.[110]

---

110) Greenpeace, Earth Summit 2002: It's Time to Stop the War on the Earth, http://www.archive.greenpeace.org/earthsummit(2003).

6. Rio+20와 지속가능발전목표

지속가능한 발전에 대한 국제사회의 의지는 2012년 6월 브라질 리우에서 개최된 지속가능한 발전에 관한 유엔회의(Rio+20 정상회의)를 통해 거듭 확인되었다. Rio+20 정상회의에 참석한 세계정상들은 지속가능한 발전의 방향, 일관된 행동, 이행수단 등을 논의하고, '우리가 원하는 미래(The Future We Want)'라는 정상선언문을 통해 지속가능발전목표(Sustainable Development Goals: SDGs)를 수립하기로 합의하였다.[111] 그 후속 작업을 위해 공개작업반(Open Working Group)이 구성되어 2014년 8월 17개 지속가능발전목표와 169개 세부목표를 유엔총회에 제출하였으며, 2015년 9월 유엔총회는 지속가능발전목표가 포함된 '2030 지속가능발전의제'를 채택하였다.[112]

지속가능발전목표는 지난 15년간 시행되어 온 천년발전목표(MDGs)를 대체하면서 2015년부터 2030년까지 국제사회가 달성해야 할 새로운 지속가능한 발전의제와 지구적 노력을 위한 지침을 제시하고 있다. 지속가능발전목표는 천년발전목표와 마찬가지로 국제사회의 비전을 담고 있는데,[113] 그 주요 목표는 다음과 같다: 빈곤의 종식(목표 1), 기아의 종식(목표 2), 건강과 웰빙(well-being)(목표 3), 양질의 교육(목표 4), 성평등(목표 5), 깨끗한 물과 위생설비(목표 6), 적정가격으로 현대적인 에너지에 대한 접근(목표 7), 경제성장과 양질의 일자리(목표 8), 사회기반시설의 구축, 산업화 증진 및 혁신(목표 9), 불평등 감소(목표 10), 포용적이고 안전한 도시와 주거지(목표 11), 지속가능한 소비와 생산 양식(목표 12), 기후변화에 대한 긴급한 대응(목표 13), 해양생태계 보전(목표 14), 육상생태계 보호(목표 15), 평화, 정의, 효과적이고 책임성 있는 제도 구축(목표 16), 이행수단의 강화, 글로벌 파트너십의 활성화(목표 17).[114]

지속가능발전목표는 국내 이해관계에 국한되지 않고 장기적으로 국제사회가 달성하여야 하는 열망과 야심찬 목표를 제시하고 있다고 할 수 있다. 그러나 지속가능발전목표는 기본적으로 구속적인 성격을 갖지 않는다. 지속가능발전목표에서 흔히 발견되는 문구(예컨대, 보장한다, 개발한다, 조장한다, 강화한다 등)로도 충분히

111) United Nations General Assembly Resolution 66/288, The Future We Want, A/RES/66/288, (July 27, 2012).

112) General Assembly resolution 70/1, Transforming Our World: the 2030 Agenda for Sustainable Development, A/RES/70/1 (Sept. 25, 2015).

113) 지속가능발전목표는 8개 목표를 제시하고 있는 천년발전목표에 비해 그 범위가 넓고 그 비전이 크다고 할 수 있다.

114) 2030 지속가능발전의제(각주 2), 14면.

확인할 수 있다. 그 결과 이행준수와 관련해서 한계가 있을 수밖에 없다. 주요 개념(예컨대, 빈곤, 정의 등)과 내용이 구체적이지 못하고 모호하며, 책임주체가 불분명한 것은 그 이해를 어렵게 하는 데 그치지 않고 이행 자체를 막을 수 있다. 지나치게 많은 목표가 제시되고 목표간에 우선순위가 설정되지 않은 것은 효과적이고 가시적 목표 달성을 어렵게 할 수 있다. 기후변화에 대한 대응은 기존 논의를 벗어나지 않은 원칙론적이고 상징적인 언급에 그치고 있다. 인권 개념, 규제 일정, 목표달성을 위한 이행수단 및 규제, 성과를 측정하기 위한 대상 · 수단 · 방법(예컨대, 측정, 보고) 등이 제시되지 않은 것은 지속가능발전목표가 화려한 수사, 선전구호에 그칠 가능성을 높이고 있다. 어쩌면 지속가능발전목표는 국제사회의 윤리적 · 도덕적 소망으로만 남을지 모른다.

7. 판 례

가. 1997년 *Gabcikovo-Nagymaros 댐 사건*

Gabcikovo-Nagymaros 댐 사건[115]은 국제사법재판소가 처음으로 국제환경법의 발전과 관련한 중요한 개념을 피력할 기회를 가진 논쟁적 사건이라고 할 수 있다. 분쟁의 배경은 체코슬로바키아와 헝가리가 다뉴브강에 수문체계를 건설하는 것이었다. 1977년 체코슬로바키아와 헝가리 이 건설 사업을 위해 협정을 체결하였다. 건설 사업은 전력생산, 항행, 홍수 통제 등을 목적으로 체코슬로바키아 영토 내에 Gabcikovo 수문체계를, 헝가리 영토 내에 Nagymaros의 수문체계를 건설하는 것이었다. 그러나 1989년 5월, 헝가리는 환경문제를 바탕으로 한 G-N 사업에 대한 국내의 강력한 비판에 직면하여 Nagymaros 댐 공사를 일시 중단하기로 결정하였다.[116] 헝가리가 최종적으로 공사를 포기함에 따라 양국은 수차례 협상을 시도하였지만 결렬되었고, 급기야 체코슬로바키아는 대안으로 다뉴브강의 수로를 일방적으로 전용하는 '변경사업안 C(Variant C)'를 수립하여 공사를 계속하기로 결정하였다.[117] 1992년 헝가리는 체코슬로바키아에 1977년 협정의 종료를 통보하였다.[118] 1993년 분쟁은 국제사법재판소에 제소되었다. 양국이 재판소에 분쟁해결을 위해 의뢰한 쟁점은 ① 헝가리는 G-N 사업과 관련한 공사를 중단하고 이를 포

---

115) *Gabcikovo-Nagymaros Project (Hungary v. Slovakia)*, 37 I. L. M. 162 (1998); 1997 I. C. J. 7 (1997). 자세한 것은 제5장 제1절 V. 참조.

116) *Id.* § 22, § 32, § 33.

117) *Id.* § 23.

118) *Id.*

기할 법적 권리가 있는가, ② 슬로바키아는 변경사업안 C를 수립하고 이를 시행할 권리가 있는가, ③ 헝가리의 1992년 조약 종료 통보의 법적 효력은 무엇인가 등이었다.[119)]

이러한 쟁점에 대한 결정 과정에서 재판소는 협약상의 의무가 면제되기 위한 요소를 이루는 긴급피난(state of necessity)과 관련해서 본질적 이해(essential interest) 개념을 명료화하였다. 재판소는 G−N 사업으로 영향을 받는 지역의 자연환경에 대하여 헝가리가 제기한 관심은 "본질적 이해"와 관련이 있다고 인정하였다.[120)] 그러나 헝가리가 제기한 위험은 장기간에 걸쳐 고려되어야 하고, 불확실한 상태로 남아있으며, 그 피해는 더딘 자연과정의 결과이며, 그 효과는 쉽게 평가할 수 없다고 지적하면서 헝가리의 행위를 정당화하는 급박한 위험이 헝가리가 공사를 중단 · 포기한 1989년경에는 존재하지 않았다고 판단하였다.[121)] 결국 재판소는 헝가리의 긴급피난 주장을 배척하였으며, 헝가리가 1989년 공사를 중단 · 포기할 권리가 없다고 결론지었다.[122)] 헝가리는 ① 긴급피난, ② 조약의 이행불능, ③ 근본적인 사정변경, ④ 슬로바키아의 실질적인 조약 위반, ⑤ 새로운 국제환경규범의 발전 등을 들어 조약 종료를 주장하였으나 재판소는 모두 인정하지 않음으로서, 헝가리의 조약 종료 통보의 법적 효력을 부인하였다.[123)] 결국 재판소는 1977년 협정은 여전히 유효하다는 결론을 내렸다.

이 사건은 조약법과 국가의 국제책임과 관련한 쟁점을 다루고 있다는 점에서 순수한 환경분쟁 사건이 아니라는 평가가 있을 수 있으나 도처에서 환경문제를 중요하게 다루고 있다. 예컨대, 재판소는 "종종 환경에 대한 피해가 돌이킬 수 없는 성질을 가지고 있고, 이러한 피해에 대한 구제체제에 내재하고 있는 한계 때문에 환경보호 분야에서 경계(vigilance)와 예방(prevention)이 요구된다"고 강조하였다. 또한 재판소는 경제적인 이유 등으로 인류가 환경에 대한 영향을 고려하지 않고 계속해서 자연을 침해하여 왔다는 점을 지적하면서 해당 국가는 새로운 행위를 고려하거나 과거에 시작된 행위를 계속함에 있어서 경제개발과 환경보호를 조화시키는 지속가능한 발전 개념에 주목하여야 한다고 언급하였다.[124)] 그리고 1996년 재판소 *자신이 핵무기의 위협 또는 사용의 합법성에 관한 권고적 의견*[125)]에서 밝힌

119) *Gabcikovo−Nagymaros Dam 사건*(각주 21), § 2.
120) *Id.* § 53.
121) *Id.* §§ 56~57.
122) *Id.* § 57, § 59.
123) *Id.*
124) *Gabcikovo−Nagymaros Dam 사건*(각주 21), § 140.
125) Advisory Opinion on the Legality of the Threat or Use of Nuclear Weapons (1996. 7.

"환경은 추상적 용어가 아니라 아직 태어나지 않은 세대를 포함하는 인류의 생활 공간이며 삶의 질이며 건강 그 자체이다."라는 경구도 잊지 않고 원용하고 있다(자세한 내용은 제5장 제1절 Ⅴ. 참조).

나. 2010년 *Pulp Mills 사건*

2010년 *Pulp Mills 사건*[126] 분쟁은 우루과이가 설치 허가를 한 우루과이강 연안에 위치한 두 개의 펄프공장(한 공장은 건설을 허가를 받았고, 한 공장은 실제 건설을 하고 가동이 되었음)을 둘러싸고 발생하였다. 2006년 아르헨티나는 우루과이를 상대로 1975년 우루과이강 조약 위반을 이유로 국제사법재판소에 제소하였다. 국제사법재판소는 우루과이가 통지, 협상할 의무 등 절차적 의무를 위반하였다고 결론 내렸다.[127] 나아가 재판소는 실체적 의무 위반 여부를 판단하였는데, 결론적으로 우루과이가 필요한 상당한 주의(due diligence) 정도를 갖고 행위하지 아니하였다거나 해당 펄프공장이 배출한 오염물질이 우루과이강의 생물자원, 수질 또는 생태 균형에 해로운 영향이나 피해를 야기했다는 결정적인 증거가 없다면서 우루과이가 실체적 의무를 위반하지 않았다고 결정하였다.[128] 이 과정에서 국제사법재판소는 월경피해 금지의무가 환경과 관련한 국제법의 요체(corpus)라는 점을 강조하였고,[129] 조약 제41조의 의무를 적절히 준수하기 위해서 당사국이, 월경피해를 야기할 수 있는 행위와 관련해서 수환경을 보호 · 보전할 목적으로, 환경영향평가를 수행하여야 한다고 지적하였다(자세한 내용은 제5장 제1절 Ⅵ. 참조).[130]

---

8), 35 I. L. M. 809 (1996); 1996 I. C. J. 226 (1996), § 29.

126) *Pulp Mills on the River Uruguay (Argentina v. Uruguay)*, 2010 I. C. J. 18 (2010).

127) *Id.* § 158.

128) *Id.* § 265.

129) *Id.* § 101.

130) *Id.* § 204.

제 3 절 국제환경법의 발전과정과 추세

오늘날의 국제환경법은 1972년 스톡홀름 유엔인간환경회의를 기점으로, 기존 국제법과는 구별되는 특수한 원리 · 특성 · 제도를 다수 수용하면서 조직적 · 체계적 틀을 갖추고, 독자적 영역을 구축하기에 이르렀다. 지구 온난화, 산성비, 오존층 파괴, 사막화, 해양오염, 유해폐기물의 국가간 이동 등 오늘날의 환경문제는 전지구적 성격을 띠고 있으므로 이러한 문제를 해결하기 위하여는 국제환경협약의 체결에 전지구적으로 동참하는 노력이 필요하다.

그동안 국제환경협약은 다른 어떤 영역에 있어서보다 양적으로 많이 탄생하였으며, 형식적 · 질적으로도 급격한 변화를 겪고 있다. 골격협약의 체결, 생태계 중심의 접근방법 강조, 인류공동유산에 대한 관심, 조약의 상세화 내지 구체화, 과학적 지식의 탄력적 수용, 신축성과 경제적 효율성의 고려, 국가주권 개념의 후퇴, 무역규제와의 연계, 무과실책임주의의 수용, 환경과 개발의 양립성 모색, 비정부기구의 참여 확대 및 역할 증대, 비구속적 법의 양적 증가 및 기능의 중요성 증가 등이 그것이다.

이와 같은 국제환경법의 변화 추세는 환경문제가 다른 어떤 문제보다도 복잡 · 다양하고, 본질적으로는 전지구적인 성격을 띠는 데 기인한다. 이와 같은 경향은 앞으로도 상당 기간 계속될 것으로 전망된다. 따라서 이와 같은 국제환경법의 추세 내지 방향을 정확히 인식하게 되면 앞으로 국제환경문제를 다루는 우리의 대응 능력이 향상될 수 있다.

Ⅰ. 양적 변화

1972년 스톡홀름회의[1] 이후 환경관련 국제조약이 속속 체결되고, 새로운 관습법원칙이 다수 출현함에 따라 국제환경법은 본격적 · 체계적으로 발전하기 시작하였다. 특히 국제환경협약은 폭발적인 증가를 보였는데, 환경 관련 협약이 위 스톡홀름회의 이전까지 40개에도 못 미치던 것이 현재는 대기, 해양, 폐기물 등 다양한 분야에 걸쳐 220여 개에 달하고 있다.[2] 이러한 국제협약은 유엔을 중심으로

1) 유엔인간환경회의는 스톡홀름선언, 행동계획(Action Plan)을 채택하고, 환경기금(Environment Fund)과 유엔환경계획(UNEP)의 설립을 결의하였다.

2) 환경부, 환경백서, 2012, 678면. 2016년 현재 우리나라는 그 중 57개의 환경협약에 가입되

크게 발전하고 있는바, 1992년 리우정상회의에서만도 기후변화협약,[3] 생물다양성협약[4] 등 중요한 국제환경협약이 여러 개 탄생되었다.[5]

이러한 국제협약의 증가에 따라 조약간에 적용범위가 중복되거나 당사국의 의무가 서로 양립되지 아니하는 조약혼란(treaty congestion)의 문제가 발생하기도 하는데, 예컨대 폐기물 및 그 밖의 물질의 투기에 의한 해양오염 방지협약(런던덤핑협약),[6] 유해폐기물의 국가간 이동 및 그 처리의 통제에 관한 바젤협약[7]과 아프리카 내 유해 폐기물의 국경이동 규제에 관한 바마코(Bamako)협약[8] 간에, 남극조약[9]과 유엔해양법협약[10] 간에, 기후변화협약, 생물다양성협약, 사막화방지협약[11]과 모든 형태의 산림의 관리, 보진과 지속가능한 발전에 관한 세계적 총의를 위한 원칙의 법적 구속력 없는 권위적 성명(산림원칙)[12] 간에, 나고야의정서[13]와 식량 및 농업을 위한 식물 유전자원에 관한 국제조약(식물유전자원조약),[14] 세계무역기구(WTO) 부

어 있다. 환경부, 환경백서, 2016, 562 내지 569면.

3) United Nations Framework Convention on Climate Change(UNFCCC), 31 I. L. M. 849 (1992).

4) Convention on Biological Diversity, 31 I. L. M. 818 (1992).

5) 또한 위 환경개발회의에서는 지구환경보전의 기본원칙을 담고 있는 환경과 개발에 관한 리우선언, 모든 형태의 산림의 관리 · 보전과 지속가능한 발전에 관한 세계적 총의를 위한 원칙을 표명하고 있는 산림원칙과 21세기 환경보전의 구체적 행동강령을 담고 있는 의제(Agenda) 21이 채택되었다.

6) Convention on the Prevention of Marine Pollution by Dumping of Wastes and Other Matter, 11 I. L. M. 1294 (1973).

7) Basel Convention on the Control of Transboundary Movements of Hazardous Wastes and Their Disposal, 28 I. L. M. 649 (1989).

8) Bamako Convention on the Ban of Import Into Africa and the Control of Transboundary Movement and Management of Hazardous Wastes and Within Africa. 30 I. L. M. 775 (1991).

9) Antarctic Treaty, 19 I. L. M. 860 (1980).

10) United Nations Convention on the Law of the Sea(UNCLOS), 21 I. L. M. 1261 (1982).

11) Convention to Combat Desertification in Those Countries Experiencing Serious Drought and/or Desertification, Particularly in Africa, 33 I. L. M. 1328 (1994). 사막화방지협약은, 제8조에서 체약당사국으로 하여금 기후변화협약, 생물다양성협약 등과의 중복을 피하기 위한 노력을 할 것을 규정하고 있다.

12) Non-Legally Binding Authoritative Statement of Principles for a Global Consensus on the Management, Conservation and Sustainable Development of All Types of Forests, 31 I. L. M. 881 (1992).

13) Nagoya Protocol on Access to Genetic Resources and the Fair and Equitable Sharing of Benefits Arising from their Utilization to the Convention on Biological Diversity, http://www.cbd.int/abs/doc/protocol/nagoya-protocol-en.pdf.

14) International Treaty on Plant Genetic Resources for Food and Agriculture(ITPGRFA) 2001, 2400 UNYS 303. 일명 유엔식량농업기구(FAO) 협약이라고도 한다.

속협정의 하나인 지적재산권의 무역관련측면에 관한 협정(TRIPs협정),[15] 해양유전자원과 관련이 있는 유엔해양법협약 간에 이와 같은 현상을 발견할 수 있다. 이와 같은 조약혼란의 문제는 지역적 협정의 속출에 따라 더욱 늘어날 전망이다. 이에 따라 관련 분야의 단일의, 통합적인 협약의 필요성이 제기되고 있다.

국제환경협약의 증가에 따라 이를 시행하기 위한 국제환경기구도 급격히 증가하였는데 이들 국제환경기구가 하는 일은 홍보, 교육, 정보수집 및 교환, 조사, 연구, 법규마련, 감시 등 실로 광범위한 것이다. 국제환경기구의 출현에는 유엔이 그 주도적 역할을 하고 있는바, 예컨대, 유엔환경계획(UNEP), 기후변화에 관한 정부간 위원회(Intergovernmental Panel on Cimate Change: IPCC), 유엔개발계획(UN Development Programme: UNDP), 지속가능개발위원회(Commission for Sustainable Development: CSD), 유엔국제법위원회(International Law Commission: ILC), 유엔무역환경회의(UN Conference on Trade and Environment: UNCTAD) 등이 그것이다. 유엔 산하의 식량농업기구(Food and Agriculture Organization: FAO), 세계기상기구(World Meteorological Organization: WMO), 세계보건기구(World Health Organization: WHO), 국제해사기구(International Maritime Organization: IMO), 국제원자력기구(International Atomic Energy Agency: IAEA), 유엔교육과학문화기구(United Nations Education, Science and Culture Organization: UNESCO) 등도 전문적인 영역에서 국제환경문제를 다루고 있다. 한편, 유엔과는 별도로 범세계적 성격을 갖는 GATT, G7(Group of 7)과 경제협력개발기구(Organization for Economic Cooperation and Development: OECD), 국제표준화기구(International Organization for Standardization: ISO), 지구환경금융(Global Environment Facility: GEF), 녹색기후기금(Green Climate Fund: GCF) 등도 비록 제한된 범위 내에서이지만 지구환경문제를 다루고 있다.

지역적 차원에서는 유엔유럽경제위원회(UN Economic Commission for Europe), 유럽이사회(Council of Europe), 유럽연합(EU), 아·태경제사회이사회(Economic and Social Commision for Asia and the Pacific), 아·태경제협력체(Asia Pacific Economic Cooperation: APEC), 아프리카통일기구(OAU) 등이 주목할 만한 활동을 하고 있는데, 양자조약 체결에 따른 시행기구까지 고려할 때 그 숫자는 셀 수 없이 많다고 할 수 있다.

---

15) The Agreement on Trade－Related Aspects of Intellectual Property Rights(TRIPs), http://www.wto.org/english/docs_e/legal_e/27－trips.doc.

Ⅱ. 조약체결의 신속성

최근 들어서는 기존의 전형적인 조약과 판이하게 다른 내용을 다루는 조약도 예전과 달리 단기간의 준비 기간만을 거쳐 속속 탄생되고 있다. 이는 전세계 국가들의 국제환경문제에 대한 공통된 인식, 축적된 과학 기술과 발전된 조약 체결 기술, 골격협약 체결의 보편화 등에 기인한다 할 것이다. 예컨대, 유엔해양법협약의 체결을 위해서는 9년 가까이의 오랜 기간이 소요되었으나, 복잡한 내용을 담고 있는 기후변화협약, 환경보호에 관한 남극조약의정서(마드리드의정서),[16] 휘발성유기화합물 방출 및 국경이동 통제에 관한 제네바의정서,[17] 특정 유해화학물질 및 농약의 국제교역에 있어서 사전통보승인절차에 관한 협약(로테르담협약)[18] 등은 모두 불과 2년 이내의 준비 기간을 거쳐 그 체결에까지 이르렀다. 협상 능력과 조약 체결 기술이 발달함에 따라 그 기간은 더욱 짧아질 가능성이 크다. 환경 개발에 관한 복잡한 내용과 방대한 양을 갖고 있는 의제(Agenda) 21[19]이 짧은 기간 내에 문서로 나온 사실이 이를 잘 보여주고 있다.

Ⅲ. 형식적 변화(이원적 법 형식의 도입)

일반원칙만을 규정한 협약만으로는 문제해결에 크게 미흡하므로 일반적·추상적 원칙을 갖는 협약일수록 상세한 규정을 담고 있는 부속서나 의정서의 채택이 절실히 요망된다. 이러한 문제의식에서 최근에는 국제환경협약을 체결하면서 우선 일반적·추상적·방침적 내용을 담고 있는 골격협약(Framework Convention)을 체결하고, 후에 골격협약을 구체화·보충하는 의정서(Protocol)를 채택하는 식의 2단계의 조약체결 방식을 취하는 것이 보편화되고 있다. 예컨대, 1979년 ECE 광역 월경 대기오염에 관한 조약(LRTAP)[20]에 이은 8개 의정서,[21] 1985년 오존층 보호를

16) Protocol on Environmental Protection to the Antarctic Treaty, 30 I. L. M. 1461 (1991).

17) Protocol to the 1979 Convention on Long-Range Transboundary Air Pollution Concerning the Control of Emissions of Volatile Organic Compounds or Their Transboundary Fluxes, 31 I. L. M. 573 (1992).

18) Rotterdam Convention on the Prior Informed Consent Procedure for Certain Hazardous Chemicals and Pesticides in International Trade, 38 I. L. M. 1 (1999).

19) 의제 21에 대하여 자세한 내용은 Agenda 21 and The UNCED Proceedings Ⅳ (Nicholas Robinson ed., Oceana Publications, Inc. 1993) 참조.

20) ECE Convention on Long-Range Transboundary Air Pollution(LRTAP), 18 I. L. M. 1442

위한 비엔나협약[22]에 이은 1987년 몬트리올의정서,[23] 1959년 남극조약에 대한 1991년 마드리드의정서, 1992년 기후변화협약[24]에 이은 1997년 교토의정서,[25] 1989년 바젤협약이 채택된 지 10년 후인 1999년 스위스 바젤에서 유해폐기물의 국경이동과 그 처리로 인한 피해에 대한 책임배상의정서,[26] 1992년 생물다양성협약에 이은 2001년 카르타헤나의정서(생명공학안전성의정서)[27] 및 2010년 나고야의정서[28] 등이 그 좋은 예라 할 것이다.

선언적 의미를 포함하는 정신적 · 방침적 내용과 기준 설정, 시행 방법, 절차와 같은 구체적 내용을 하나의 문서에 담는다는 것이 쉽지 않다는 점, 당사국간에 첨예한 이해 관계가 존재한다는 점, 그리고 변화가 심한 과학적 식견을 탄력적으로 수용할 필요가 있다는 점 등의 이유로 골격조약에 이은 의정서 체결 방식은 더욱 늘어날 전망이다. 규제 대상, 시행 시기, 시행 방법, 책임범위 등 국가간에 논란이 많아 당장 합의에 이르지 못하는 부분에 대하여도 많은 조정을 거쳐 의정서들이 속속 만들어질 것으로 예상되고 있다.

(1979).

21) 여기에는 1984년 제네바에서 조인된 광역 대기오염의 측정과 평가를 위한 협력계획에 대한 장기 재정지원에 관한 EMEP의정서, 아황산가스 30% 감소를 목표로 한 1985년 헬싱키의정서, 질소산화물 규제를 목표로 한 1988년 소피아의정서, 휘발성 유기화합물(VOCs) 규제를 목표로 한 1991년 제네바의정서, 아황산가스의 추가 감축을 목표로 한 1994년 오슬로의정서, 중금속의 규제를 위한 1998년 Aarhus의정서, 잔류성유기오염물질의 생산 · 사용을 규제하기 위한 1998년 Aarhus의정서, 산성화 · 부영양화와 지상오존의 감소를 위한 1999년 고텐버그의정서 등이 포함된다.

22) Vienna Convention for the Protection of the Ozone Layer, 26 I. L. M. 1529 (1987).

23) Montreal Protocol on Substances that Deplete the Ozone Layer, 26 I. L. M. 1541 (1987). 위 의정서는 CFC, Halon 등 오존층 파괴물질을 규제대상물질로 정하고 생산과 소비를 단계적으로 금지하고 있다.

24) 이 협약은 지구 온난화에 책임이 있는 부속서 I 에 들어 있는 선진국들에 대하여 온실가스 배출량을 2000년까지 1990년 수준으로 감축할 것을 권고하는 선언적 내용을 담고 있다.

25) Kyoto Protocol to the UN Framework Convention on Climate Change, 37 I. L. M. 22 (1998). 이 의정서는 지구 온난화에 역사적 책임이 있는 선진국들인 부속서 I 국가로 하여금 2008년~2012년간 온실가스 총배출량을 1990년 대비 5.2% 감축하도록 하였는데 국가별로 차별화하였다.

26) Protocol on Compensation for Damage Resulting from Transboundary Movement of Hazardous Wastes and Their Disposal, http://www.unep.org/basel.

27) Protocol on Biosafety to the Convention on Biological Diversity, 39 I. L. M. 1027 (2000).

28) 나고야의정서(각주 13).

Ⅳ. 질적 변화

최근의 국제사회는 오존층 파괴, 지구 온난화, 산성비 등 예전에 없었던 새로운 국제환경문제의 해결을 위하여 국제협약을 체결하는 등 그 노력을 아끼지 않고 있다. 예전의 환경협약이 국제하천 또는 호수와 관련한 분쟁 등 제한적이고, 전형적인 부분을 다루었음에 비하여 최근의 국제환경협약이 다루는 분야는 실로 광범위하고 다양하다. 이는 국제환경문제의 다양성과 복잡성에 비추어 당연하다 할 것이다.

1. 생태계 중심의 접근방법

예전의 국제환경협약이 특정 오염원의 규제 또는 특정 종의 보전에 그쳤다면 최근의 국제환경협약은 포괄적이고 광범위한 생태계의 보호에 그 중심을 두고 있다 할 수 있다. 즉, 유엔해양법협약은 광범위한 해양생태계 보호를 위한 해양환경 전반에 걸친 포괄적인 규정을 두고 있고, 남극해양생물자원보전협약[29]과 환경보호에 관한 남극조약의정서는 남극 생태계의 포괄적 보호를 중요한 목적으로 하고 있으며,[30] 1985년 아세안 자연보전협정[31]은 멸종위기의 종뿐만 아니라 지표식물 및 삼림 자원, 토양, 물, 대기 등 생태계 보전을 위한 전반적인 규정을 담고 있다. 또한, 1994년 국제열대목재협정은 열대림보전 및 관련지역의 생태적 균형의 유지를 주된 목적 중의 하나로 하고 있다.[32] 1992년 산림원칙, 1994년 사막화방지협약 등도 특정 지역의 생태적 균형에 주목하고 있다는 점에서 생태계 중심의 접근방법을 보여주고 있다 할 수 있다.

1946년 포경의 규제를 위한 국제협약(포경규제협약),[33] 1957년 북대평양 물개

29) Convention on the Conservation of Antarctic Marine Living Resources(CCAMLR), 19 I. L. M. 841 (1980). 위 조약은 제2조에서 어획되는 자원, 그에 의존하는 자원 및 관계가 있는 자원간의 생태학적 관계유지, 해양생태계의 변화 방지 또는 변화 위험성의 최소화 등을 남극해양생물자원의 보진 원칙으로 천명하고 있다.

30) 환경보호에 관한 남극조약의정서는 전문에서 "남극의 환경과 이에 의존하거나 관련된 생태계를 보호하기 위한 포괄적 체제의 발전이 인류전체의 이익에 부합한다"고 선언하고 있다. 이 의정서가 표방하는 궁극적인 목표는 '남극환경 및 이에 의존하고 관련이 있는 생태계의 포괄적인 보호'이다. 환경보호에 관한 남극조약의정서(각주 16), 전문, 제2조.

31) ASEAN Agreement on the Conservation of Nature and Natural Resources, http://sedac.ciesin.columbia.edu/entri/texts/asean.natural.resources.1985.html(2005. 7. 30.).

32) International Tropical Timber Agreement, 33 I. L. M. 1014 (1994), 제1조 제1항.

33) International Convention on the Regulation of Whaling(ICRW), 161 U. N. T. S. 72.

보전을 위한 잠정협약,[34] 1972년 남극물개보전협약,[35] 1974년 북극곰보전협약[36] 등 특정 종의 보호에 그쳤던 종전의 조약에 비하여 생물다양성협약이나 의제 21에서 보는 바와 같이 최근의 국제환경협약은 생태계 중심의 접근방법을 분명히 취하고 있는 것이다.

이러한 추세는 가속화되고 있다. 예컨대, 1995년 경계왕래 어족과 고도회유성 어족의 보전과 관리에 관한 유엔해양협약의 규정을 이행하기 위한 협정(어족보전협정)은 연안국과 공해(公海)어업국이 준수해야 할 일반원칙으로 생태계 중심의 접근방법을 제시하고 있다. 예컨대, 이 협정은 당사국들로 하여금 목표 어족뿐만 아니라 같은 생태계에 속하거나 또는 목표 어종과 관련이 있거나 이에 의존하는 종에 대해서까지 어로 그 밖에 인간의 활동 그리고 환경요소가 미치는 영향을 평가하고, 이들 종의 보전과 관리 조치를 채택하며, 목표로 하지 아니한 어족(non-target species)의 비의도적 포획을 감소하며, 해양생태계의 다양성을 보호하도록 하고 있다.[37] 또한 1997년 유엔총회에서 채택된 국제수로의 비항행적 사용에 관한 협약은 국제수로 당사국들에게 국제수로의 '생태계'를 보호 · 보전할 의무를 부과하고 있다.[38]

생태계 개념의 수용이 확대되면서 환경책임의 전제가 되고 있는 '피해'의 범위는 인간의 건강과 재산상 피해에 국한하지 않고 생태계 구성요소에 대한 피해까지 확대할 필요성이 증가하고 있다.

이러한 생태계의 보호 관념은 생물다양성의 보호로 옮겨지고 있다. 이러한 추세는 생물다양성협약을 고비로 더욱 분명해지고 있다. 이 협약에 따르면, 생물다양성이란 "육상, 해양과 그 밖의 수생생태계 및 생태학적 복합체를 포함하는 자원으로부터의 생물간의 변이성"을 말하는 포괄적인 개념이다. 여기에는 종 내, 종 사이 그리고 생태계 사이의 다양성이 포함된다.[39] 한편, 국제적으로 중요한 습지에 관한 람사르협약[40]의 초점이 철새 보호에서 습지 보호로 변질된 것도 주목할

34) Interim Convention on Conservation of North Pacific Fur Seals, 314 U. N. T. S. 105.

35) Convention for the Conservation of Antarctic Seals, 11 I. L. M. 251 (1972).

36) Agreement on the Conservation of Polar Bears, 13 I. L. M. 13 (1974).

37) Agreement for the Implementation of the Provisions of the United Nations Convention on the Law of the Sea of 10 December 1982, Relating to the Conservation and Management of Straddling Fish Stocks and Highly Migratory Fish Stocks, U. N. Doc. A/CONF.164/37, 34 I. L. M. 1542 (1995), 제5조(d)~(g).

38) Convention the Law of the Non-Navigational Uses of International Watercourses, 36 I. L. M. 700 (1997), 제20조.

39) 생물다양성협약(각주 4), 제2조.

40) Convention on Wetland of International Importance Especially as Waterfowl Habitat

만하다.

2. 인류에게 가치있는 자산에 대한 관심

종전의 국제환경협약의 초점이 라인강, 다뉴브강, 인더스강 등 특정 국가에게 이해관계가 있는 특정 지역에 있었다면 최근의 국제환경협약은 인류에게 공동의 이해관계가 있는 지역에 관심이 모아지고 있다. 세계문화유산 및 자연유산의 보호에 관한 협약(세계유산협약),[41] 국제적으로 중요한 습지에 관한 람사르협약 등이 그 좋은 예이다. 생물다양성이 풍부한 지역의 보전을 위하여 당사국의 의무를 규정하고 있는 생물다양성협약도 같은 맥락으로 이해할 수 있을 것이다.

외기권조약,[42] 세계유산협약,[43] 달조약,[44] 유엔해양법협약[45] 등에서 도입 하고 있는 '인류공동유산(Common Heritage of Mankind)'[46]의 개념이 최근에는 남극

(Ramsar Convention), 11 I. L. M. 963 (1976). 이 협약은 수계의 조절 기능을 갖고, 동·식물을 지탱하는 서식처로서, 경제적·문화적·과학적 및 여가적으로 큰 중요성을 갖는 습지의 보전을 위하여 협약 가입 시 체약당사국으로 하여금 국제적으로 중요한 국내습지를 최소 1개 이상 지정하여 사무국에 등재하도록 하고 있다.

41) Convention for the Protection of the World Cultural and Natural Heritage, 27 U. S. T. 37, 1037 U. N. T. S. 151, 11 I. L. M. 1359 (1972). 이 협약의 목적은 매우 보편적인 가치(outstanding universal value)가 있는 자연 및 문화유산을 보호하는 데 있으며, 이러한 목적을 달성하기 위하여 세계유산위원회, 세계유산목록과 세계유산기금이 설립되었다.

42) Treaty on Principles Governing the Activities of States in the Exploration and Use of Outer Space, Including the Moon and Other Celestial Bodies, 6 I. L. M. 386 (1967), 제4조("province of all mankind").

43) 세계유산협약(각주 41), 전문("the heritage of all the nations of the world").

44) Agreement Governing the Activities of States on the Moon and Other Celestial Bodies, 1363 U. N. T. S. 3 (1984), 제11조("common heritage of mankind").

45) 유엔해양법협약(각주 10), 제136조, 제37조, 제140조(the deep seabed is the "common heritage of mankind").

46) 공해, 심해저, 남극, 외기권, 세계적인 문화유산(오존층, 멸종위기종, 삼림, 산호초, 식물유전사원 등을 포함하는 견해도 있다) 등과 같은 이른바, 국제공유지역(global commons)에 대해 국제사회는 어떠한 법적 지위를 줄 것인지 고민하여 왔다. 국제사회는 이러한 공유물에 대해 '인류공동유산'이라는 비교적 새로운 개념을 적용하였다. 인류공동유산의 구성요소로는 일반적으로 ① 해당 지역 또는 자원의 전용(appropriation)을 불허용, ② 해당 지역의 자원에 대한 공동 관리, ③ 해당 지역 자원의 개발로부터 파생되는 이익의 공유(공평한 분배), ④ 평화적인 목적만으로의 이용, ⑤ 미래세대의 고려 등이 들어지고 있다. Harminderpal Singh Rana, *The "Common Heritage of Mankind" & The Final Frontier: A Revaluation of Values Constituting the International Legal Regime for Outer Space Acvities*, 26 Rutgers L. J. 225, 229~230 (1994); David Hunter, James Salzman & Durwood Zaelke, International Environmental Law and Policy 392~393 (2nd ed. Foundation Press 2002). 이러한 개념에 대해 선진국들은 대체로 반대하는 반면, 개도국들은 찬성하는 입장이라고 할

체제는 물론이고, 야생 동 · 식물, 생물다양성 등의 규율체제까지 확장될 수 있다는 주장이 제기되고 있다.47) 그러나 이 개념이 실제 적용되는 영역은 극히 제한적이다. 이 개념은 기본적으로 국제공유지역(global commons)48) 내의 자연자원에 대한 규율체제로서 이해될 뿐 해당 국가 내의 자원이나 행위에 대해서는 널리 인정되고 있지 않다.49) 실제에 있어 이 개념의 적용은 많은 국가들에게 부담으로 작용하고 있다. 개도국들은 이러한 개념에 근거하여 그들의 자연자원에 대하여 너무 많은 국제적 통제가 이루어질 것을 두려워하고, 선진국들은 이러한 자연자원의 이용에 따른 이익의 공유를 경계하고 있다. 생물다양성협약 당사국들이 인류공동유산 개념을 부인하고 그 대신 생물다양성이 '인류의 공동 관심사(common concern)'라는 것에 대하여 합의한 것이 이를 반증하고 있다.

최근에는 깨끗한 물, 공기, 산림 등 자원 자체에 논의의 중심을 두면서 '인류의 공동 관심사'라는 개념이 제시되기도 한다.50) 이와 같은 공유자원에 국제적 관심

수 있다. 그러나 구체적인 경우 이해관계에 따라 그 입장을 달리하고 있다. 예컨대, 개도국들은 남극체제에 대해 모든 국가들의 참여가 아닌 엘리트 그룹(협의당사국들인 선진국들)에 의한 관리라면서 인류공동유산 개념이 부인되고 있다고 주장하고 있으며, 유전자원이 풍부한 개도국들(예컨대, 브라질, 콜럼비아)은 생물다양성협약의 교섭 당시 자국의 유전자원에 대한 통제와 그로부터 발생되는 이익이 상실될 것을 두려워하면서 이 개념을 반대한 바 있다.

47) A. Dan Tarlock, *Exclusive Sovereignty versus Sustainable Development of a Shared Resources: The Dilemma of Latin Rainforest Management*, 32 Tex. Int'l L. J. 37, 47 (1997).

48) "global commons"를 남극, 해양, 대기권 등과 같이 한 국가의 경계 밖에 있는 '지역'을 의미하는 것으로 좁게 이해하는 입장이 있는 반면, 넓게 기후변화체계, 유전자원, 오존층 등을 포함하는 개념으로 이해하는 견해가 있다. 이 경우 global commons는 '국제공유물'로 이해하면 무난해 보인다.

49) David Hunter, James Salzman and Durwood Zaelke, International Environmental Law and Policy 396 (2nd ed. Foundation Press 2002).

50) Jutta Brunee and Stephan J. Toope, *Environmental Security and Freshwater Resources: A Case for International Ecosystem Law*, 6 Y. B. Int'l Envtl. L. 41, 73 (1995). '인류의 공동 관심사'라는 개념은 환경문제의 국제적인 성격과 상호의존성에 대한 인식을 반영하고 있다. 그 기저에는 환경문제가 국경을 넘고 있으며, 인류의 공유된 인식으로 자리잡아 가고 있다는 의식이 깔려 있다. '인류의 공동 관심사'란 국제사회가 인류의 전부 또는 상당부분에 악영향을 끼칠 수 있는 환경위해를 방지하기 위해서 공동 또는 별개의 행동을 취할 권리와 의무를 가져야 한다는 것을 의미한다. Ved P. Nanda and George Pring, International Environmental Law & Policy for the 21st Century 35 (Transnational Publishers, Inc. 2003). 말하자면 이 개념은 각 국가는 공동 관심사에 대하여 해를 끼치지 않아야 하며, 이러한 공동 관심사 문제를 해결하기 위하여 책임을 공유하여야 한다는 요소를 포함하는 것이다. 이와 같이 이해할 경우 이 개념은 주권원칙과 일정 부분 충돌하거나 주권원칙을 수정하게 되는 것이다. 혹자는 이 개념이 대세효(erga omnes) 이론을 적용하고 있는 것이라고 하면서 결과적으로 국민을 위해 소를 제기할 수 있는 원고적격(standing)을 국가에게 부여하고 있다고 이해하는 견해가 있다. *Id.*

이 집중하는 것는 그 위협에 따른 영향, 해결방안 등이 한 국가의 경계를 넘을 뿐만 아니라 미래세대에도 영향을 미치기 때문이다. 이러한 점을 의식하고 1992년 리우회의에서 채택된 유명한 2개의 협약은 전문에서 '인류의 공동 관심사'라는 문구를 정면으로 인정하고 있다. 즉 생물다양성협약은 "생물다양성의 보전"이, 기후변화협약은 "지구의 기후변화와 그로 인한 악영향"이 인류의 공동 관심사임을 확인하고 있다. 비록 몬트리올의정서는 인류의 공동 관심사 개념을 특별히 밝히고 있지 않지만 인간의 건강을 보호하기 위하여 적절한 조치를 취할 의무가 있음을 유념하고, 특정 물질의 세계적 규모의 배출이 오존층을 파괴할 수 있으며 오존층 파괴물질의 감소를 위해 국제협력이 필요하다는 점을 인식하고 있다.[51]

위 협약들이 '인류의 공동 관심사'에 대한 개념 정의를 하지 않아 그 성격, 내용 등을 정확히 알 수 없다. 그러나 이 개념이 역사적 · 개념적으로 '인류공동유산' 개념과 밀접한 관련을 가지고 있음에도 그 표현이 구별되어 사용되고 있는 점, '인류공동유산' 개념이 소유권적 성격을 내포하고 있는 데 반해 그러한 성격을 탈색하려고 하고 있다는 점 등에 비추어 '인류공동유산' 개념보다 완화된 개념이라고 할 수 있다. 이러한 개념은 개별 국가에게 책임을 부담시키기보다 국제사회에게 환경보호를 위한 부담의 공평한 공유를 촉구하고 있다. 인류의 공동 관심사라고 할 수 있는 것은 모든 국가에게 중요하기 때문에 모든 국가가 문제를 해결하기 위하여 협력하여야 한다. 인류의 공동 관심사 개념은 국제법상의 의무를 위반한 국가와 피해를 입은 국가 간에 제기되는 전통적인 양자간 국가책임 영역 밖의 상황을 다루고 있다. 즉 이 개념은 국제법 의무의 위반 여부를 불문하고 다수 국가의 공동 또는 단독 행위로 환경에 피해를 초래함으로써 발생할 수 있는 다자간 국가책임 상황을 다루고 있는 것이다.

3. 구 체 화

최근의 국제환경협약의 또 다른 특성으로는 그 구체성 내지 정치성을 들 수 있다. 예컨대, 앞에서 본 바와 같이 ECE 광역 월경 대기오염에 관한 조약의 각 의정서와 오존층 보호를 위한 몬트리올의정서 및 조정 · 개정서는 규제 대상을 특정하고, 감축량 및 그 일정을 상세히 밝히고 있으며, 바젤협약[52]과 멸종위기에 처한 야생 동 · 식물 국제거래에 관한 협약(CITES)[53]은 규제 대상을 지정하고, 당사국의

51) 몬트리올의정서(각주 23), 전문.
52) 바젤협약은 수은, 카드뮴 등 유해폐기물 47종을 규제대상으로 정하여 국가간 이동 시 필요한 절차 및 수출 · 입국의 의무를 비교적 상세히 규정하고 있다.

의무 및 시행 방법을 상세히 규정하고 있다. 이러한 방식은 1998년 로테르담협약[54]과 2001년 잔류성유기오염물질에 관한 협약(스톡홀름협약)[55] 등에도 그대로 이어지고 있다.

또한 환경보호에 관한 남극조약의정서는 부속서에서 환경에 대한 영향평가, 동·식물군의 보전, 폐기물 처리 및 폐기물 관리, 해양오염 방지 등과 관련하여 자세하게 규정하고 있으며, 생물다양성협약, 교토의정서, 아세안 자연보전협정 등도 당사국의 의무, 이행체제 등에 대하여 비교적 상세한 규정을 두고 있다.

4. 과학적 지식의 수용

최근의 국제환경협약은 한결같이 과학적 지식·기술을 고려하고 있거나 전제하고 있다. 오존층 보호를 위한 비엔나협약, 기후변화협약, 생물다양성협약 등이 대표적인 예이다. 환경보호에 관한 남극조약의정서는 과학적 조사를 중시하고, 남극조약 협의당사국회의로 하여금 이용가능한 최선의 과학적·기술적 조언을 참고로 정책을 명백히 할 것을 요구하고 있다.

과학적 식견과 기술은 불확실하고 급속하게 변화하고 있으므로 해당 협약이 성공하기 위해서는 이러한 과학적 지식을 탄력적으로 수용하기 위한 조치가 요망된다. 이러한 조치에는 당사국들에게 수시 보고 및 정기적 모임을 요구하고, 과학정보 등을 평가하는 위원회를 두는 것 등이 포함된다. 오존층 보호를 위한 몬트리올의정서는 제11조 제1항에서 가맹국으로 하여금 정기적인 회의를 개최하도록 하고 있으며, 제6조는 가맹국으로 하여금 적어도 4년마다 과학·환경·기술 및 경제분야에서 입수할 수 있는 정보를 토대로 의정서에서 규정한 규제조치와 부속서 C의 그룹 I 에 속한 과도적 물질의 생산량·수입량 및 수출량에 관한 상황을 평가하도록 하고 있다.

또한, 기후변화협약은 당사국으로 하여금 실시된 활동 개요를 정기적으로 사무국에 제출하도록 하고, 당사국회의에서 이용가능한 과학정보 등을 토대로 이를 검토하도록 하는 한편, 기후변화와 영향에 관한 과학정보 평가 등을 위한 과학·기술

---

53) Convention on International Trade in Endangered Species of Wild Founa and Flora(CITES), 12 I. L. M. 1085 (1973). 위 협약은 멸종위기의 정도에 따라 규제대상 동·식물을 부속서 I, II, III으로 구분하여 수출·입 시 관리당국의 허가를 받도록 하고 있다.

54) 로테르담협약(각주 18).

55) Stockholm Convention on Persistent Organic Pollutants, 21 Int'l Env't Rep. (BNA) 5401, 40 I. L. M. 532 (2001).

자문위원회를 두고 있으며,[56] 아세안 자연보전협정은 당사국으로 하여금 정기적인 과학적 · 기술적인 자료 · 정보 및 경험을 교환하기 위하여 3년마다 당사국회의를 개최하도록 규정하고 있으며,[57] 남극해양생물자원보전협약은 남극 해양생물자원에 관한 정보의 수집 · 연구 및 교환, 과학적인 조사와 관련된 협의와 협력을 촉진하기 위하여 남극해양생물자원보전 과학위원회(Scientific Committee)를 설치하도록 하고 있다.[58] 생물다양성협약, 스톡홀름협약 등도 일정한 기간마다 정기 당사국회의가 개최될 것을 예정하고 있다.[59]

특기할 것은 오늘날 리우선언에서도 밝히고 있는 사전배려의 원칙(Pre-cautionary Principle) 즉, "심각한 또는 회복 불가능한 피해의 위협이 있을 경우, 과학적 불확실성이 환경 악화를 방지하기 위한 비용-효과적인 조치를 지연시키는 구실로 이용되어서는 아니 된다"[60]는 원칙이 국제환경법의 중요한 원칙으로 빠르게 자리 잡아가고 있다는 것이다. 오존층 보호를 위한 비엔나협약 및 몬트리올의정서, 기후변화협약, 생물다양성협약, 카르타헤나의정서,[61] 스톡홀름협약[62] 등이 사전배려의 원칙을 수용한 대표적인 조약들이라고 할 수 있다.

바마코협약은 "체약국은 오염문제의 사전예방적, 사전배려적(preventive, pre-cautionary) 접근방법을 채택 · 실시하도록 노력한다. 관련된 접근방법은 특히 인간 또는 환경에 대한 조치에 관한 과학적 증명을 기다리지 않고, 손해를 일으킬 우려가 있는 물질을 환경에 배출하는 것을 방지하는 것을 수반한다"고 규정함으로써 사전배려의 원칙을 명문화하고 있다.[63]

5. 경제적 효율성의 고려

전통적인 명령 · 규제 방식에 대하여는 높은 사회적 비용, 비효율성 등 문제점이 있다는 지적이 끊임없이 제기되었으며, 최근에는 많은 국가들이 외부 비용의 내부화, 오염원인자 부담원칙과의 부합, 창의성 부여 등을 근거로 경제적 효율성을

56) 기후변화협약(각주 3), 제4조, 제9조.
57) 아세안 자연보전협정(각주 31), 제18조, 제21조.
58) 남극해양생물자원보전협약(각주 29), 제15조.
59) 생물다양성협약(각주 4), 제23조; 스톡홀름협약(각주 55), 제15조, 제16조.
60) Rio Declaration on Environment and Development, 31 I. L. M. 874 (1992), 원칙 15.
61) 카르타헤나의정서(각주 27).
62) 스톡홀름협약(각주 55), 제1조. 이 협약에서 사전배려적 접근방법은 규제대상 화학물질의 등재절차 등에서 구체적으로 적용되고 있다. 즉 충분한 과학적 확실성의 결여가 제안서의 승인을 방해하지 않는다. 제8조 제7항(a).
63) 바마코협약(각주 8), 제4조 제3항(f).

제고하는 정책을 다수 도입하고 있다. 미국 대기청정법(Clean Air Act) 등에서 도입하고 있는 배출권거래제도(Emission Trading System)가 그 대표적인 것이라고 할 수 있다.

국제환경협약에서도 이와 유사한 제도를 도입하고 있는데, 예컨대, 교토의정서는 배출권거래제도를 통하여 의정서상 감축 할당량을 초과 배출하는 국가로 하여금 타국의 잉여분을 배출권으로 구매하여 할당 목표량을 달성하도록 하는 제도를 두고 있으며, 공동이행제도(Joint Implementation),[64] 청정개발체제(Clean Development Mechanism)[65] 등을 통하여 일국이 다른 국가의 배출 저감에 기여한 경우 저감된 다른 국가의 일정 배출량에 대하여 자국의 배출저감량(emission reduction credit)으로 인정해 주고 있다. 이러한 제도는 국가간에 배출권을 서로 거래토록 함으로써 유연성 및 경제적 효율성을 제고할 수 있을 것으로 전망되고 있으나, 개도국으로부터 선진국의 입장만을 지나치게 대변하는 것이 아닌가 하는 의문이 제기되기도 한다.

한편, 기존 기후변화체제인 교토의정서를 사실상 대체하는 파리협정(Paris Agreement)[66]에서 당사국들은 온실가스 감축과 지속가능한 발전에 기여하는 시장메커니즘을 설치하기로 하고 그 원칙, 방식, 절차 등을 후속 논의를 통해 채택하기로 하였다.[67] 이는 유엔 기후변화협약 중심의 탄소시장 외에도 다양한 형태의 국제 탄소시장매커니즘의 탄생을 예고하는 것이라고 할 수 있다.[68]

6. 국가 주권 개념의 후퇴

어느 국가도 자국 영토를 타국에 해를 끼치는 방법으로 사용해서는 안 된다는 이른바, 월경피해 금지의 원칙이 국제환경 보호를 위한 하나의 원칙으로 제시되고 있다. 위 원칙은 제한주권론을 내포하고 있는바, 흔히 1941년 *Trail Smelter 사건*,[69]

64) 선진국간에 적용되는 것으로, 일국이 타국의 온실가스 배출저감을 지원한 경우 저감된 타국 배출량의 일부를 배출저감량(credit)으로 인정해 주는 제도이다.

65) 선진국과 개도국 간에 공동이행사업을 통하여 저감된 타국 배출량의 일부를 배출저감량으로 인정해 주는 제도이다.

66) FCCC/CP/2015/l.9, Annex(파리협정).

67) *Id.* § 6(4)~(7). 파리협정에는 '시장(market)'이라는 명시적인 문구가 없지만 메커니즘을 통해 국제탄소시장을 만들어 낼 수 있는 창구가 마련되어 있다고 할 수 있다.

68) 박시원, "파리협정과 Post-2020 신기후변화체제의 서막-유엔기후변화협약 파리총회의 주요 쟁점과 합의결과를 중심으로-," 환경법과 정책 제16권, 2016. 2, 307면.

69) "어느 국가도 국제법과 미국법의 원칙상, 사건이 중대한 결과를 초래하고 손해가 명백하고 확실한 증거에 의하여 입증되었을 때 타국의 영토 또는 그 영토상의 재산이나 인명에 대하여 연기에 의한 손해를 발생시키는 방법으로 자신의 영토를 사용하거나 이를 허가할 권리를 갖지 아니한다." *Trail Smelter Arbitration(United States v. Canada)*, 3 R. I. A. A. 1907

1949년 *Corfu Channel 사건*[70]에서 그 출발을 찾을 수 있다. 비록 주권적 권리의 확인이 그 주된 목적이지만 스톡홀름선언[71]과 리우선언[72]에서도 위 원칙을 수용하고 있으며, ECE 광역 월경 대기오염에 관한 조약,[73] 유엔해양법협약,[74] 오존층 보호를 위한 비엔나협약,[75] 생물다양성협약,[76] 사막화방지협약,[77] 스톡홀름협약[78] 등도 위 원칙을 확인하고 있다.

환경문제가 점차 국제적 성질을 띠고 복잡해지므로 이러한 국제환경문제에 대처하기 위하여는 국제적인 협력이 반드시 필요하다. 한 국가의 행위가 다른 국가의 환경에 심대한 영향을 끼치고, 종종 지구생태계에 영향을 미친다는 인식이 확산됨에 따라 지구환경을 보호하기 위하여는 환경문제를 유발하는 해당 국가는 물론이고, 인류공동사회도 공동으로 책임을 져야 한다는 개념이 발전되기에 이른 것이다. 이러한 인류공동의 이해관계 및 공동책임에 대한 인식은 불가피하게 오랫동안 유지되어온 주권 중심의 접근방법에 대한 수정을 요구하고 있는데, 전체론적(holistic) 접근방법의 수용이 그 일례라고 할 수 있다. 다만 전체론적 접근방법은 주권적 접근방법을 완전히 대체하는 것은 아니고, 이를 수정 · 보충하는 것이라 할 것이다.

바젤협약은 쓰레기 수출 · 입과 관련하여 당사국에게 사전 통지 및 사전 승인(Prior Informed Consent)을 요구하고,[79] 일정한 경우 재수입의무를 요구하는 등[80] 국가 주권 원칙를 고수하면서도, 당사국에게 쓰레기 감소의무를 지우고, 자기 충족의 원칙(Self Sufficiency Principle)과 오염물질의 발생지 내 처리원칙(Proximity Principle),[81] 환경적으로 건전한 관리(environmentally sound management)[82] 규정

(1941).

70) 모든 국가는 타국의 권리에 반하는 행위를 위하여 자국 영토가 의식적으로 사용되도록 허용해서는 안 되는 의무가 있다. *Corfu Channel(U. K. v. Alb.)*, 1949 I. C. J. 4 (1949).

71) 원칙 21.

72) "모든 국가는 유엔헌장과 국제법 원칙에 조화를 이루면서 자국의 환경 및 개발정책에 따라 자국의 자원을 개발할 수 있는 주권적 권리를 갖고 있으며 자국의 관할 구역 또는 통제 범위 내에서의 활동이 다른 국가나 관할범위 외부지역의 환경에 피해를 끼치지 않도록 할 책임을 갖고 있다." 리우선언(각주 60), 원칙 2.

73) LRTAP(각주 20), 전문.

74) 유엔해양법협약(각주 10), 제194조 제2항.

75) 오존층 보호를 위한 비엔나협약(각주 22), 전문.

76) 생물다양성협약(각주 4), 제3조.

77) 사막화방지협약(각주 11), 전문.

78) 스톡홀름협약(각주 55), 전문.

79) 바젤협약(각주 7), 제6조.

80) *Id.* 제8조.

81) *Id.* 제4조 제2항(b), (d).

을 두는 등 전체론적 접근방법을 일부 수용하고 있다.[83] 바마코협약도 오염문제에 대한 사전예방 · 배려적 접근방법을 강조함으로써 전체론적(holistic) 접근방법을 수용하고 있다.[84]

이러한 전체론적 접근방법의 필요성은 환경문제가 보다 국제적 성격을 띨수록 더욱 거세질 것으로 예상된다. 이러한 접근방법은 상대적으로 특정 지역에 국한되는 수질오염, 사막화, 토양의 침식, 생물다양성의 감소, 열대림 파괴 문제 등의 영역에서보다 지구 온난화, 산성비, 오존층의 파괴, 대기오염 등 국제적 성격을 많이 내포하고 있는 환경문제의 해결을 위하여 그 도입이 활발해질 전망이다. 환경보전의 필요성이 생태계 중심주의의 개념이나 월경피해금지의 원칙, 지속가능한 이용, 공평하고 합리적인 이용(equitable and reasonable use), 인류의 공동 관심사, 인권, 이익공유 등과 결부되면서 절대적 주권의 완화는 보다 가속화되고 있다.

7. 비체약국에 대한 주목

국제협약은 원칙적으로 체약국만을 구속하므로 자칫 비체약국에게 의도치 아니한 무임승차(free-rider)의 기회를 제공할 가능성이 있다. 이러한 관점에서 비체약국에게 적극적인 유인 수단을 제공하거나 불이익을 설정하여 강력히 규제함으로써 비체약국으로 하여금 환경문제의 해결을 위해 동참토록 유도하는 것이 조약 목적의 궁극적인 실현을 위하여 바람직하다.

조약 가입의 적극적 유인 수단으로는 흔히 기술지원, 기술이전, 재정지원 등의 방법이 제시된다. 오존층 보호를 위한 몬트리올의정서,[85] 바젤협약,[86] 기후변화협약,[87] 생물다양성협약,[88] 사막화방지협약,[89] 로테르담협약,[90] 스톡홀름협약[91] 등

82) 바젤협약은 제4조 제2항(g)에서, 문제의 폐기물이 환경적으로 건전한 방식으로 관리되지 못할 것이라고 믿을 만한 이유가 있는 경우, 당사국에게 폐기물의 국가간 이동을 금지하여야 할 의무를 부과하고 있다

83) 바젤협약은 제4조에서 당사국에게 유해 폐기물 및 기타 폐기물을 환경적으로 건전하게 관리하기 위하여 처리장소에 관계 없이 가능한 한 자국 내에 위치한 적절한 처리시설의 이용가능성을 확보하도록 조치할 의무를 부여하고 있으며, 당사국으로 하여금 유해 폐기물 기타 폐기물의 국가간 이동이 그러한 폐기물의 환경적으로 건전하고 효율적인 관리에 상응하는 최소한으로 감소되도록 조치할 것을 요구하고 있다.

84) 바마코협약(각주 8), 제4조 제3항(f).

85) 몬트리올의정서(각주 23), 제10조, 제10A조.

86) 바젤협약(각주 7), 제10조 제2항(a), (d).

87) 기후변화협약(각주 3), 제4조 제3항 내지 제5항.

88) 생물다양성협약(각주 4), 제16조, 제18조, 제20조.

89) 사막화방지협약(각주 11), 제6조.

은 한결같이 위와 같은 적극적 유인 방법을 규정하고 있다.

한편, 많은 협약은 비체약국에 대한 규제를 비체약국과의 거래 제한 내지 금지 등 무역 규제와 연계시키고 있다. 멸종위기에 처한 야생 동·식물 국제거래에 관한 협약,[92] 오존층 보호를 위한 몬트리올의정서,[93] 바젤협약,[94] 바마코협약,[95] 아프리카, 카리브 및 태평양지역국가들과 유럽경제공동체 간에 체결된 제4 롬협약,[96] 스톡홀름협약[97] 등이 대표적이라 할 수 있다.

환경과 연계한 무역규제 방식은 흔히 선진국들이 자국의 산업 보호를 위하여 환경기준을 강화하고, 그 기준에 미달한 제품의 수입을 일방적으로 제한하는 등의 방식으로 이루어지고 있다. 이러한 무역제한조치가 자유무역 체제를 지배하는 GATT 규정과 배치되는지 여부에 대하여는 특히 선·후진국 간에 심한 논란이 제기되고 있으며, 그린라운드의 전개에 따라 무역과 환경의 연계는 한층 더 가열될 전망이다.

8. 무과실 책임주의의 수용

전통적인 국제법은 한 국가에게 타국의 환경에 피해가 발생하지 않도록 할 주의의무가 있음을 강조하면서, 한 국가가 국제 의무를 위반하여 타국에 환경피해를 발생시킨 경우 환경피해를 야기한 국가에 불법행위에 의한 국제 책임을 지우고 있다.

오늘날에는 이러한 전통적인 불법행위책임에 더하여 국제법을 위반하지 않았음에도 단순히 위험한 활동에 기인하여 발생한 결과적 손해에 대하여 국제책임을 지우는 경향이 있는데, 이러한 책임을 흔히 '위험책임' 또는 '해로운 결과책임'이라

90) 로테르담협약(각주 18), 제16조, 제11조(c).

91) 스톡홀름협약(각주 55), 제12조 내지 제14조.

92) CITES(각주 53), 제10조.

93) 몬트리올의정서(각주 23), 제4조.

94) 체약국은 유해 폐기물 또는 기타 폐기물이 비당사국에게 수출되거나 비당사국으로부터 수입되는 것을 허가해서는 아니 된다. 바젤협약(각주 7), 제4조 제5항.

95) 위 협약은 유해폐기물의 아프리카로의 반입을 재활용 등 그 이유를 불문하고 일체 금지하고 있으며, 이러한 아프리카로의 유해폐기물의 반입이 불법이며 범죄행위를 구성한다고 선언하고 있다. 바마코협약(각주 8), 제4조 제1항.

96) 위 협약은 아프리카, 카리브 및 태평양지역국가들과 유럽경제공동체(EEC) 간의 유해폐기물과 방사성폐기물의 수출·입을 금지하고 있다. Fourth African, Caribbean, and Pacific States－European Economic Community Convention of Lome(Lome Ⅳ Convention), 29 I. L. M. 783 (1990), 제39조 제1항.

97) 스톡홀름협약(각주 55), 제3조 제2항.

고 부르고 있다. 이러한 책임형태는 주로 유류오염, 핵물질 이용에서 생기는 피해, 우주 물체로 인한 피해와 관련한 환경분야 조약 등에서 수용되고 있다.[98] 이러한 책임 형태는 1977년 이래 유엔국제법위원회가 조약성안을 위해 마련 중인 국제법상 금지되지 않은 활동으로 인한 해로운 결과에 대한 국제책임 조문안에서도 강조되고 있다.[99]

첨단 과학 기술의 발전에 따른 위험의 증가로 불가피하게 국경을 넘어 타국에 해로운 결과를 초래할 위험성은 계속 증가하고 있다. 이에 따라 한 국가의 국제의무 위반 여부를 떠나 결과적으로 타국에 손해를 입히는 국가에 대해 국제책임을 부과할 필요성은 크다.

9. 환경과 개발의 양립성 모색

오랫동안 환경과 개발은 서로 대립 · 상충하는 것이라고 인식되어 왔다. 그러나 최근에는 환경과 개발이 서로 양립할 수 있다는 인식이 확산되어 가고 있다. 환경용량을 초과하지 않는 범위 내에서의 개발 개념이 그것인데 스톡홀름회의를 거쳐 리우회의에서 "지속가능한 발전"이라는 이름으로 구체화되기에 이르렀다.

남 · 북 이해관계의 불일치에 따라 그 의미 해석이 불명확하고 개념 통일을 이루기가 어려우나 일반적으로 지속가능한 발전은 자연자원의 보전, 지속가능한 자원의 이용, 계층간 · 국가간 · 세대간의 형평성을 그 구성요소로 하고 있다고 이해되고 있다.[100] 이러한 지속가능한 발전 개념은 리우선언,[101] 의제 21, 산림원칙,

98) 1972년 우주물체에 의한 피해에 대한 국제책임에 관한 협약(우주피해협약), 1960년 핵에너지 분야에서 제3자 책임에 관한 협약(파리협약), 1963년 핵손해에 대한 민사책임 협약(비엔나협약), 1962년 핵선박 운전자의 책임에 관한 협약, 1971년 핵물질의 해상운송분야에서 민사책임에 관한 협약, 1992년 유류오염피해에 대한 민사책임에 관한 국제협약(CLC), 2001년 벙커유오염피해에 대한 민사책임에 관한 협약 등이 있다.

99) 1996년 국제법위원회 작업그룹은 그동안의 결과물을 토대로 22개 조문안을 완성하였다. 조문안에 따르면 당사국들은 심각한 월경피해의 위해성을 방지 또는 감소하기 위한 모든 적절한 조치를 취하여야 하며, 심각한 월경피해를 초래할 위해성을 수반하는 국제법상 금지되지 않은 행위와 심각한 월경피해를 초래할 위해성을 수반하지는 않으나 그럼에도 불구하고 심각한 피해를 초래한 행위에 의해 초래된 심각한 월경피해에 대하여 책임(liability)을 진다. Report of the Working Group on International Liability for Injurious Consequences Arising Out of Acts Not Prohibited by International Law, 2 Y.B. Int'l L. Comm'n, pt. 2, 100 (1996). 제4조, 제5조.

100) 김인환 · 이덕길, 신환경정책론, 박영사, 1998, 172 내지 173면. 지속가능한 발전의 원칙을 실현하기 위한 구체적 행동강령이라고 할 수 있는 의제 21을 살펴보면 세대간의 형평성은 한 나라 안에서의 계층간의 형평성과 국제사회에서의 국가간의 형평성도 내포한 개념이라고 이해될 수 있다. 이정전, "지속가능발전의 개념과 시장의 원리", 지속가능한 사회와 환경, 박

기후변화협약,[102] 생물다양성협약,[103] 사막화방지협약,[104] 지속가능개발목표(SDGs) 등에 수용되어 있다.

한편, 남 · 북의 대립은 형평성문제에 대한 관심을 고조시키고 있는바, 리우선언에서 천명하고 있는 "공동의 그러나 차별화된 책임(Common but Differentiated Responsibilities)의 원칙"에 잘 함축되어 있다.[105] 차별적인 책임은 각국의 능력에 따른 책임 부담과 개도국에 대한 특별한 고려를 요구하는데, 다수 조약에 수용되고 있다. 예컨대, 오존층 보호를 위한 비엔나협약 제2조 제2항, 기후변화협약 전문 및 제3조 제1항 · 제2항, 생물다양성협약 전문 및 제20조 제2항, 사막화방지협약 제6조, 제7조, 스톡홀름협약 전문 등이 그것이다.

신기후변화체제의 근간이 되는 파리협정에서도 전반적으로 선진국과 개도국의 차별은 많이 약화되었지만 공동의 그러나 차별화된 책임원칙은 그대로 유지하므로 국가별 상이한 역량은 여전히 고려되고 있다고 할 수 있다.

Ⅴ. 비정부기구의 역할 증대

비정부기구(NGO)가 특히 환경 분야의 국제법 발전에 지대한 영향을 미쳤다는 것은 부인할 수 없는 사실이다. 국제환경조약의 체결을 위한 협상 과정에서 비정부기구의 참여는 이제 일반적인 현상이라고 해도 과언이 아닐 것이다. 수많은 비정부기구의 리우회의 참석과 기후변화협약 체결의 협상 과정에서 보여준 협상 대표에 대한 로비, 자료의 배포, 협상 과정의 감시 등 그들의 적극적인 활동은 시사하는 것이 많다.

환경 보호를 위하여 적극적인 활동을 하는 주요한 비정부기구로는 국제자연보전연맹(International Union for the Conservation of Nature: IUCN),[106] 세계자연기

영사, 1995, 14면.

101) 리우선언(각주 60), 원칙 1 내지 8, 21.

102) 기후변화협약(각주 3), 제3조 제4항 · 제5항.

103) 생물다양성협약(각주 4), 제1조, 제6조 내지 제12조, 제16조 내지 제18조.

104) 사막화방지협약(각주 11), 전문.

105) 리우선언은 원칙 7에서 "각 국가는 지구생태계의 건강과 완전성을 보전, 보호하고 회복시키기 위하여 범세계적 동반자의 정신으로 협력하여야 한다. 지구의 환경악화에 대한 제각기 다른 책임을 고려하여 각 국가는 공통된 그러나 차별적인 책임을 가진다."라고 선언하고 있으며, 원칙 5, 6에서 각국은 모든 국가와 국민의 생활수준의 격차를 줄이도록 협력하여야 하고, 개발도상국, 특히 극빈개도국과 환경적으로 침해받기 쉬운 개도국의 특수상황과 환경보전 필요성은 특별히 우선적 고려(special priority)의 대상이 되어야 한다고 천명하고 있다.

금(Worldwide Fund for Nature), 그린피스(Greenpeace),107) 지구의 벗(Friends of the Earth)108) 등이 있는데, 특히 국제자연보전연맹이 세계유산협약, 멸종위기에 처한 야생 동 · 식물 국제거래에 관한 협약, 람사르협약, 생물다양성협약 등의 체결과 1982년 유엔총회에서 채택된 세계자연헌장의 초안 마련을 위해 지대한 역할을 하였음은 잘 알려진 사실이다. 사막화방지협약이 전문에서 민간기구와 기타 주요단체의 특별한 역할을 강조하고, 국제열대목재협정, 오존층보호를 위한 비엔나협약, 몬트리올의정서 등이 비정부기구에게 옵서버(observer) 자격을 부여하고 있음도 주목할 만한 일이다.109) 환경문제의 근본적 해결과 절차적 합법성의 충족을 위해서는 정부 차원이 아니라 민간 차원의 적극적인 참여가 필수적이라는 인식이 확대됨에 따라 비정부기구의 역할은 앞으로 더욱 증대될 전망이다.

Ⅵ. 연성법의 중요성 증가

국제환경법의 새로운 법원으로서 크게 주목받고 있는 것이 법적 구속력이 없는 선언, 결의, 원칙, 지침 등 이른바 연성법(soft law)이다. 연성법의 확산은 비록 환경 분야에 국한된 것이 아닌 국제법 전반의 일반적인 현상이지만 특히, 국제환경법과 관련하여 두드러진다고 할 수 있다. 또한 그 중요성은 계속 증가하고 있다. 명확한 과학적 증거가 없는 상태에서도 엄청난 환경 비용을 계속 지출해야 한다는 것은 기업이나 국가에 큰 부담으로 작용할 것이라는 점을 고려할 때 구속력이 없는 부드러운 법의 역할이 증대될 것이라는 것은 쉽게 예견할 수 있을 것이다.

106) http://www.iucn.org 참조.
107) http://www.greenpeace.org/international.
108) http://www.foei.org.
109) 국제열대목재협정(각주 32), 제15조; 오존층 보호를 위한 비엔나협약(각주 22), 제6조 제5항; 몬트리올의정서(각주 23), 제11조 제5항.

제 3 장 국제환경법의 원칙

국제환경법의 원칙으로는 학자에 따라 천차만별이지만 일반적으로 자연자원에 대한 주권의 원칙, 월경(越境)피해 금지의 원칙, 협력의 원칙, 지속가능한 발전(sustainable development)의 원칙, 공동의 그러나 차별화된 책임의 원칙, 사전예방의 원칙(Preventive Principle), 사전배려의 원칙(Precautionary Principle), 오염자 부담의 원칙(Polluter Pays Principle) 등이 들어지고 있다.[1] 일부 원칙(예컨대, 협력의 원칙, 월경피해 금지의 원칙)에 대해서는, 물론 논란이 있기는 하지만, 국제관습법의 지위를 차지하고 있다고 이해되기도 하나, 대개의 경우 확고한 법적 지위를 누리고 있지 못하다. 이러한 원칙들은 새로운 조약의 협상과 기존 조약의 시행을 위한 골격을 제공하고, 국가간 환경분쟁의 해결을 위한 결정의 기준을 제공하며, 국내환경법들의 발전과 통합을 위한 토대를 제공하며, 국제환경법과 다른 분야(예컨대 국제통상, 인권)와의 통합을 도와준다.[2] 이들 원칙들은 이미 협약에 수용되어 있거나 앞으로 만들어지는 국제문서에서 성문화될 가능성이 있다.

제 1 절 자연자원에 대한 주권의 원칙

국제환경법은 기본적으로 각국이 주권행사라는 범주 내에서 작용한다. 주권원

1) 혹자는 실체적 · 절차적 원칙으로 구별하여 주권원칙, 선린원칙, 월경(越境)피해 금지의 원칙, 지속가능한 발전의 원칙, 개발권, 환경권, 환경정의, 공유자원의 공평한 이용, 보전원칙, 인류공동자산(Common Heritage of Humankind), 인류의 공동 관심사(Common Concern of Humankind), 공동의 그러나 차별화된 책임원칙, 오염자 부담의 원칙, 국가책임원칙 등과 구별하여 공공참여(정보에 접근, 의사결정에 공공참여, 정의에 접근, 비차별), 사전통지, 협의 및 교섭의무, 사전예방의 원칙, 사전배려의 원칙, 환경영향평가의 실시의무 등을 절차적 원칙에 포함시키고 있다. Ved P. Nanda and George Pring, International Environmental Law & Policy for the 21st Century 43~62 (Transnational Publishers, Inc. 2003).

2) David Hunter, James Salzman and Durwood Zaelke, International Environmental Law and Policy 376~377 (2nd ed. Foundation Press 2002).

칙에 따라 각국은 자국의 영역 내의 사람, 기업, 조직체(entities), 행위 등에 대하여 완전한, 최상의 그리고 독립적인 정치적 · 법적 통제를 할 수 있다. 이 원칙은 기본적으로 자국의 환경 및 자연자원에 대하여도 유효하다. 그러나 환경문제가 국제화되고, 환경문제에 대하여 모든 국가가 협력하여 해결할 필요성이 증대되면서 주권과 환경문제의 대립 · 충돌은 불가피해졌다.

주권과 환경 간의 긴장관계는 1972년 스톡홀름선언에 잘 나타나 있다. 동 선언 원칙 21은 다음과 같이 선언하고 있다: 각 국가는 유엔헌장과 국제법의 원칙에 따라 자국의 환경정책에 의거하여, 자국의 자원을 개발할 주권을 가지며, 자국의 관할권 또는 통제 내의 활동이 다른 국가나 국가관할권의 한계를 벗어난 지역의 환경에 피해를 끼치지 않도록 할 책임이 있다.

이는 1992년 리우선언 원칙 2에 그대로 답습되고 있는데,[3] 동 원칙은 모든 국가에 주권이 있다는 것을 밝히는 한편, 주권이 그들 영역 이외의 환경에 악영향을 미치는 행위에 대한 책임까지 면제하지는 않는다는 주권원칙에 대한 예외를 선언하고 있다.

이러한 주권원칙은 세계유산협약,[4] 생물다양성협약,[5] 산림원칙,[6] 나고야의정서[7] 등에 수용되어 있다. 그러나 주권은 인권, 인류의 공동관심사(common concern of humankind), 지속가능한 발전, 월경피해 금지의무, 이익공유 동의 개념에 의하여 부분적으로 수정 · 제한된다.[8]

---

3) 다만 리우선언에는 스톡홀름선언과 달리 '개발(developmental)'이라는 문구가 추가되어 있다. 이를 두고 환경과 개발 간의 논쟁에서 '개발' 쪽으로 방향을 선회한 것으로 이해하고 스톡홀름선언보다 후퇴한 것으로 보는 견해가 있다. Franz Xaver Perrez, *The Relationship between "Permanent Sovereighty" and the Obligation Not to Cause Transboundary Environmental Damage*, 26 Envtl. L. 1187, 1203~1204 (1996).

4) Convention for the Protection of the World Cultural and Natural Heritage, 27 U. S. T. 37, 1037 U. N. T. S. 151, 11 I. L. M. 1359 (1972), 제6조 제1항.

5) Convention on Biological Diversity, 31 I. L. M. 818 (1992), 전문, 제15조 제1항.

6) Non-Legally Binding Authoritative Statement of Principles for a Global Consensus on the Management, Conservation and Sustainable Development of All Types of Forests, 31 I. L. M. 881 (1992), 원칙 1(a). 2(a).

7) Nagoya Protocol on Access to Genetic Resources and the Fair and Equitable Sharing of Benefits Arising from their Utilization to the Convention on Biological Diversity, http://www.cbd.int/abs/doc/protocol/nagoya-protocol-en.pdf. 전문, 제15조 제1항.

8) David Hunter et al.(각주 2), 381 내지 382면.

제 2 절 월경피해 금지의 원칙

Ⅰ. 의 의

모든 국가는 자국 내의 자연자원에 대하여 주권을 가지고 있음에도 불구하고, 관할권 외의 환경에 피해를 주지 않아야 할 의무가 있다. 이 월경피해(越境被害) 금지의 원칙(no-harm rule)은 "이웃을 해치지 않도록 재산권을 행사하라(*sic utere tuo ut alienum non laedus*)"는 로마 법언에 기초하고 있는 것으로 이해되고 있으며,[1) 선린(good neighborliness)의 원칙의 구체적 표현이라 할 수 있다.[2)

그러나 이 원칙은 비교적 최근에야 구체적 모습을 드러냈다고 할 수 있다. 그 기초는 유명한 1941년 *Trail Smelter 사건*에서 이루어졌다. 초국경적 대기오염문제를 해결하기 위한 국제법정에 의한 초창기 노력을 대표하는 이 사건에서 중재법정은 "국제법과 미국법의 원칙상 어느 국가도 사건이 중대한 결과(serious consequence)를 초래하고 손해가 명백하고 확실한 증거(clear and convincing evidence)에 의하여 입증되었을 때 타국의 영토 또는 그 영토상의 재산이나 인명에 대하여 연기(fumes)에 의한 손해를 발생시키는 방법으로 자신의 영토를 사용하거나 이를 허가할 권리를 갖지 아니한다"고 판단하면서 캐나다는 국제법상 트레일 제련소의 행위에 대하여 책임이 있다고 결정하였다.[3)

동 결정은 명시적이지는 않지만 월경피해를 유발하는 활동에 참여하거나 허용하는 주권을 부인하고 있다. 여기에서 말하는 활동에는 정부의 작위와 부작위(예컨대, 민간분야의 활동으로 인한 월경피해를 방지하기 위해 정부가 적절히 통제하지 아니한 경우)이며, 해당 국가에게 피해 국가에 대해서뿐만 아니라 개인 재산에 대하여 일정한 의무를 발생시킨다. 그러나 위 결정과 관련하여서는 그 제한 요건이 부가된다는 것을 잊지 말아야 한다. 즉 가해국 외의 영역에서 발생한 손해에 대해서

---

1) Ved P. Nanda and George Pring, International Environmental Law & Policy for the 21st Century 20 (Transnational Publishers, Inc. 2003); Constance O'Keefe, *Transboundary Pollution and the Strict Liability Issue: The Work of the International Law Commission on the Topic of International Liability for Injurious Consequences Arising Out of Acts Not Prohibited by International Law*, 18 Denv. J. Int'l L. & Pol'y 145, 174~76 (1990); Jillian Barron, *After Chernobyl: Liability for Nuclear Accidents Under International Law*, 25 Colum. J. Transnat'l L. 647, 653 (1987).

2) Ved P. Nanda & George Pring(앞의 책), 21면, 73면.

3) *Trail Smelter Case(United States v. Canada)*, 3 R. I. A. A. 1938, 1965~66 (1941).

만 적용되며, 피해는 중대할(serious) 것이 요구된다. 또한 피해국에게 결과의 중대성에 대한 입증책임을 부과하고 있으며 입증의 정도는 명백하고 확실(clear and convincing)하여야 한다.

*Trail Smelter 사건*에서 천명하고 있는 *sic utere* 이론 또는 선린의 원칙은 1949년 *Corfu Channel 사건*,[4] 1957년 *Lanoux호 사건*[5] 등에서도 지지되고 있다. 이러한 일련의 결정을 거쳐 현재 많은 국제환경선언, 조약은 약간의 수정을 하면서 이 원칙을 수용하고 있다. 대표적인 것이 스톡홀름선언 원칙 21과 리우선언 원칙 2이다. 위 원칙들은 "자국의 관할권 또는 통제(control) 범위 내에서의 활동이 다른 국가나 관할권 밖에 있는 지역(areas beyond national jurisdiction)의 환경에 피해(damage)를 끼치지 않도록 할 책임이 있다"고 밝히면서 주권을 제한하고 있다. "관할권 밖에 있는 지역"으로는 해양, 남극, 성층권, 우주 등이 있다.

Ⅱ. 구체적 예

월경피해 금지의 원칙을 명시적으로 규정하고 있는 조약 등 국제문서로는 1972년 폐기물 및 그 밖의 물질의 투기에 의한 해양오염 방지협약(런던덤핑협약),[6] 1979년 ECE 광역 월경 대기오염에 관한 조약(LRTAP),[7] 1982년 유엔해양법협약,[8] 1985년 아세안 자연보전협정,[9] 1985년 오존층보호를 위한 비엔나협약,[10] 1992년

---

4) *Corfu Channel 사건*에서 국제사법재판소는 "모든 국가는 타국의 권리에 반하는 행위를 위하여 자국 영토가 의도적으로(knowingly) 사용되도록 허용되어서는 안 된다"고 판시하였다. *Corfu Channel Case (U. K. v. Albania)*, 1949 I. C. J. 4 (1949), 22면.

5) 상류국인 프랑스와 하류국인 스페인간의 물분쟁 사건을 다룬 *Lanoux호 사건*에서 중재법정은 사전 동의 없이는 프랑스가 스페인의 이익을 해치는 사업을 진행할 수 없다는 스페인의 주장을 배척하면서 사전 동의까지는 아니더라도 한 국가는 영향을 받는 다른 국가와 신의성실에 기초하여 협의(consultation), 교섭(negotiation)할 의무가 있다고 판단하였다. *Lake Lanoux Arbitration (Spain v. France)*, 24 I. L. R. 101 (1957).

6) Convention on the Prevention of Marine Pollution by Dumping of Wastes and Other Matter, 11 I. L. M. 1294 (1973), 전문.

7) ECE Convention on Long-Range Transboundary Air Pollution(LRTAP), 18 I. L. M. 1442 (1979), 전문.

8) United Nations Convention on the Law of the Sea(UNCLOS), 21 I. L. M. 1261 (1982), 제194조 제2항("not to cause damage by pollution to other States and their environment").

9) ASEAN Agreement on the Conservation of Nature and Natural Resources, http://sedac.ciesin.columbia.edu/entri/texts/asean.natural.resources.1985.html(2005. 7. 30.), 제20조.

10) Vienna Convention for the Protection of the Ozone Layer, 26 I. L. M. 1529 (1987), 전문.

기후변화협약,[11] 1992년 생물다양성협약,[12] 1992년 사막화방지협약,[13] 1997년 국제수로의 비항행적 사용에 관한 협약,[14] 2001년 잔류성유기오염물질에 관한 협약(스톡홀름협약),[15] 산림원칙,[16] 1982년 국제법협회 몬트리올규칙,[17] 1987년 미국 대외관계법,[18] 국제법위원회의 국제법상 금지되지 않은 활동으로 인한 해로운 결과에 대한 국제책임 조문안[19] 등을 들 수 있다.

Ⅲ. 법적 성질

1941년 *Trail Smelter 사건* 이래 선언, 조약 등 많은 국제문서에서 위 원칙을 확인하고 있다는 사실로 미루어 보아 위 원칙은 국제관습법적 지위를 차지하고 있다고 할 수 있다.[20] 국제사법재판소(ICJ)는 1996년 핵무기의 위협 또는 사용의 *合*

11) United Nations Framework Convention on Climate Change(UNFCCC), 31 I. L. M. 849 (1992), 전문.

12) Convention on Biological Diversity, 31 I. L. M. 818 (1992), 제3조.

13) Convention to Combat Desertification in Those Countries Experiencing Serious Drought and/or Desertification, Particularly in Africa, 33 I. L. M. 1328 (1994), 전문.

14) Convention on the Law of the Non-Navigational Uses of International Watercourses, 36 I. L. M. 700 (1997), 제7조.

15) Stockholm Convention on Persistent Organic Pollutants, 21 Int'l Env't Rep. (BNA) 5401, 40 I. L. M. 532 (2001), 전문.

16) Non-Legally Binding Authoritative Statement of Principles for a Global Consensus on the Management, Conservation and Sustainable Development of All Types of Forests, 31 I. L. M. 881 (1992), 원칙 1(a).

17) ILA Montreal Rules of International Law Applicable to Transfrontier Pollution, 1 Basic Documents of International Environmental Law 245 (H. Hohmann ed., 1992), 제3조.

18) Restatement (Third) of the Foreign Relations Law of the United States (1987), 제601조 제1항(b) 참조.

19) Report of the Working Group on International Liability for Injurious Consequences Arising Out of Acts Not Prohibited by International Law, 2 Y.B. Int'l L. Comm'n, pt. 2, 100 (1996). 제4조.

20) Patricia W. Birnie and Alan E. Boyle, International Law and the Environment 104 (2nd ed. Oxford University Press 2002); Ved P. Nanda & George Pring(각주 1), 228면; Alexandre Kiss and Dinah Shelton, International Environmental Law 85 (Transnational Publishers, Inc. 2004); Tullio Scovazzi, *State Responsibility for Environmental Harm*, 12 Yearbook of International Environmental Law 43, 47 (2001); Rachel Kastenberg, *Closing the Liability Gap in the International Transboundary Water Pollution Regime Using Domestic Law to Hold Polluters Accountable: A Case Study of Pakotas v. Teck Coming Ltd.*, 7 Or. Rev. Int'l L. 322, 334 (2005); 박병도, "동남아 연무문제 대응의 국제법적 함의", 환경법연구 제36권 제2호, 2014. 8, 156면. 이에 반해 아직 국제관습법의 지위에 있지 않다는

*법성에 관한 권고적 의견*에서, "그들 관할권과 통제 내의 활동이 다른 국가 또는 국가관할권 범위를 벗어난 지역의 환경을 존중할 것을 보장하는 국가들의 일반의무의 존재는 이제 환경과 관련한 국제법의 요체(corpus)이다"고 밝히고 있으며,[21] 1997년 *Gabcikovo-Nagymaros Dam 사건*[22]에서 이를 거듭 확인하고 있다.

나아가 2010년 *Pulp Mills 사건*에서 국제사법재판소는 예방의 원칙은 관습법으로서 관할 국가의 상당한 주의(due diligence)에 기원하고 있다고 밝히면서, 이는 "모든 국가는 타국의 권리에 반하는 행위를 위하여 자국 영토가 의도적으로(knowingly) 사용되도록 허용되어서는 안 된다"는 것을 의미하며(*Corfu Channel 사건*), 결과적으로 월경피해 금지의무로 귀결된다고 지적하였다. 아울러 월경피해 금지의무가 "이제 환경과 관련한 국제법의 요체(corpus)"임을 거듭 확인하였다.[23]

Ⅳ. 국가책임과의 관계

이 원칙에서 요구하는 타국의 환경에 피해를 주지 않아야 할 의무를 위반한 경우에는 국가책임(state responsibility)을 야기할 수 있다.[24] 이러한 점에서 월경피해 금지의 원칙과 국가책임의 원칙은 상호 관련을 갖고 있는데, 국가책임이 환경에 피해를 주지 아니할 의무뿐만 아니라 통지 · 협의의무 등의 의무 위반에도 광범위하게 적용된다는 점에서 적용범위가 보다 넓다고 할 수 있다.[25]

견해도 있다. O. Schacter, International Law in Theory and in Practice 365 (Dordrecht, 1991).

21) Advisory Opinion on the Legality of the Threat or Use of Nuclear Weapons (July 8, 1996), 35 I. L. M. 809 (1996), 821면; 1996 I. C. J. 226 (1996), 242면, § 29.

22) *Gabcikovo-Nagymaros Project (Hungary v. Slovakia)*, 37 I. L. M. 162 (1998); 1997 I. C. J. 7 (1997), § 53.

23) *Pulp Mills on the River Uruguay (Argentina v. Uruguay)*, 2010 I. C. J. 18 (2010). *Id.* § 101.

24) 국가책임이 인정되기 위해서는 국가의 행위, 국제법상 의무 위반, 인과관계, 피해의 발생 등의 요건이 필요하다. 자세한 내용은 제12장 제1절 참조.

25) David Hunter, James Salzman & Durwood Zaelke, International Environmental Law and Policy 426 (2nd ed. Foundation Press 2002).

V. 한 계

이 원칙을 둘러싸고는 다음과 같은 논란이 계속해서 제기되고 있다. 즉, 어느 정도 내지 수준의 피해가 요구되는가? 일체의 피해가 없어야 하는가, 아니면 경미한 피해는 허용되는가? 다시 말하면 해당 국가는 다른 국가에 나무 한 그루, 풀 한포기를 손상시킨 것에 대하여도 국가책임을 지는가? 일정한 피해는 허용된다면 그 경계는 어디인가? 중대(serious)하여야 하는가, 심각(significant or substantial)하여야 하는가? 해당 활동이 국제법상 인정된 규범을 위반하지 않은 경우에는 그 피해가 심각하여도 허용될 수 있는가? 아니면 피해가 심각하면 그 자체로 인정될 수 없는 것인가, 위반국가가 주의의무를 다하였다면 책임이 면제되는가? 그렇다면 그 기준은 무엇인가? 성실한 주의(due diligence), 합리적인 주의(reasonable care), 주어진 상황에서 최상의 노력(best efforts under the circumstances), 또는 국제적인 최선의 관행(international best practice)인가? 개도국에게는 차별화된 기준이 적용되어야 하는가? 국제공유지역(global commons)의 환경을 보호할 의무는 국제사회에 대한, 이를테면 대세적 의무(obligation erga omnes)인가? 어떤 경우에 민간부문의 활동이 국가의 관할권과 통제 내에 있다고 할 수 있는가? 무슨 구제책이 제공되어야 하며 누구에게 제공되어야 하는가?

제3절 협력의 원칙

Ⅰ. 의 의

국가들은 환경을 보호하기 위하여 서로 협력하여야 한다. 어떤 면에서는 국제환경법은 이러한 기본 인식에서 출발한다고 할 수 있다. 스톡홀름선언[1]과 리우선언[2]에서는 이러한 국가의 협력의무를 다수 수용하고 있다. 특히 스톡홀름선언 원칙 24는 다음과 같이 선언하고 있다: “환경의 보호와 개선에 관한 국제문제는 국가의 대소를 불문하고 평등한 입장에서 협조적인 정신에 따라 취급되지 않으면 안 된다. 다국간 규정, 양국간 규정 그 밖의 적당한 방법에 의한 협력은 모든 국가의 주권과 이익을 충분히 고려하면서 모든 분야의 활동에서 생기는 환경에 대한 악영향을 예방 · 제거 · 감소시키고 효과적으로 규제하기 위하여 불가결하다.”

리우선언 원칙 12는 “각 국가는 환경악화문제를 보다 적절히 해결하기 위하여 모든 국가의 경제성장과 지속가능한 발전을 도모함에 있어 도움이 되고 개방적인 국제경제체제를 증진시키도록 협력하여야 한다”고, 원칙 27은 “각 국가와 국민들은 이 선언에 구현된 원칙을 준수하고 지속가능한 발전분야에 있어서의 관련 국제법을 한층 발전시키기 위하여 성실하게 그리고 동반자적 정신으로 협력하여야 한다”고 선언하고 있다.

Ⅱ. 구체적 예

많은 국제환경협약들은 국경을 초월하는 환경오염에 효과적으로 대처하기 위하여 서로 협력하여야 한다는 것을 강하게 인식하고 이를 규정하고 있다. 예컨대, 1982년 유엔해양법협약은 제197조에서 “각국은 세계적 기초 및 적절한 경우 지역적 기초에서 특수한 지역적 지형을 고려한 해양환경의 보호 및 보전을 위하여 협약에 따른 국제규칙, 기준, 권고된 관행 및 절차를 제정하고 발전시키는 데 직접적

---

1) Stockholm Declaration of the UN Conference on the Human Environment, 11 I. L. M. 1414 (1972), 원칙 22, 24 참조.

2) Rio Declaration on Environment and Development, 31 I. L. M. 874 (1992), 원칙 5, 7, 9, 12 내지 14, 27 참조.

으로 또는 권한 있는 국제기구를 통하여 협력하여야 한다"고 규정하고 있다. 1985년 오존층의 보호를 위한 비엔나협약 제2조 제2항은 "오존층에 대한 인간활동의 영향과 오존층의 변화가 인간의 건강이나 환경에 미치는 영향을 이해하고 평가하기 위하여 체계적인 관찰, 연구 및 정보교환을 통하여 당사국이 서로 협력하여야 한다"고 규정하고 있다. 또한 1992년 생물다양성협약 제5조도 "각 협약당사국은 생물다양성의 보전과 지속가능한 이용을 위하여 관할권 외부지역에 관한 사항과 공동의 문제에 대하여 직접 또는 권한있는 국제기구를 통하여 가능하고도 적절하게 협력하여야 한다"고 규정하고 있다.

1989년 유해폐기물의 국가간 이동 및 그 처리의 통제에 관한 바젤협약(바젤협약)이 유해폐기물과 기타 폐기물의 국경 이동과 처리로 인한 피해의 책임과 배상에 관한 규칙과 절차를 정하기 위하여 협력할 것을 요구하고 있으며,[3] 1995년 경계 왕래 어족과 고도 회유성 어족의 보전과 관리에 관한 유엔해양협약의 규정을 이행하기 위한 협정(어족보전협정)이 경계왕래 어족과 고도회유성 어족의 효과적인 보전 및 관리를 위하여 연안국가와 공해어업국가로 하여금 직접 혹은 적절한 지역어업관리기구를 통하여 협력하도록 하고,[4] 당사국들로 하여금 지역 어업관리기구의 강화를 위하여 협력하도록 한 것도 같은 맥락에서 이해될 수 있다.[5]

국제협력의 대표적인 성공적인 사례로는 오존층 파괴에 대한 국제사회의 신속한 대처를 들 수 있을 것이다. 오존층 파괴를 막기 위해 국제사회가 협력하기로 합의한 것이 특히 주목을 받는 이유는 오존층 파괴의 과학적 메커니즘과 환경 및 건강에 미치는 영향이 확실하게 밝혀지지 않은 상황에서 국내 산업의 위축 등 큰 희생을 수반하는 구속적 체제를 수용하였기 때문이다.

Ⅲ. 내 용

이러한 협력의무에 기하여 구체적으로 통지, 협의, 정보제공, 지원의무 등이 발생하게 된다.[6] 구체적으로 통지의무에는 어떠한 행위를 수행하는 국가가 그로 인하

3) Basel Convention on the Control of Transboundary Movements of Hazardous Wastes and Their Disposal, 28 I. L. M. 649 (1989).

4) Agreement for the Implementation of the Provisions of the United Nations Convention on the Law of the Sea of 10 December 1982, Relating to the Conservation and Management of Straddling Fish Stocks and Highly Migratory Fish Stocks, U. N. Doc. A/CONF.164/37, 34 I. L. M. 1542 (1995), 제8조 제1항.

5) *Id.* 제13조.

여 잠재적으로 영향을 받는 국가에게 적절한 시기와 방법으로 해당 행위를 알리고, 자국의 활동으로 인하여 자국 또는 타국에 피해가 예상되거나 발생한 경우 해당 국가가 피해를 막거나 감소시키기 위하여 영향을 받는 국가에게 잠재적이거나 현실적인 피해를 알려야 한다는 것을 내용으로 하고 있다.[7]

국제사법재판소의 *Corfu Channel 사건*은 다른 국가에 해를 끼칠 수 있는 어떤 위험에 대하여 다른 국가에 통지할 의무가 있음을 밝힌 바 있으며,[8] 우루과이강 연안에 위치하는 두 펄프공장에 대하여 우루과이가 일방적으로 건설허가를 한 것과 관련해서 아르헨티나와 우루과이 간 다투어진 2010년 *Pulp Mills 사건*에서 국제사법재판소는 우루과이가 통지, 협상할 의무 등 절차적 의무를 위반하였다고 결론 내린 바 있다.[9] 이러한 통지의무는 바젤협약, 원자력사고 조기 통보에 관한 조약, 유엔해양법협약, 산업재해의 국제적 영향에 관한 협약, 아세안 자연보전협정, 국제수로의 비항행적 사용에 관한 협약 등 다수 조약에 수용되고 있다.[10] 특히, 바젤협약은 당사국에게 다른 국가 국민의 건강과 환경에 위험을 초래할 것으로 보이는 유해폐기물 또는 기타 폐기물의 국가간 이동 또는 처리과정에서 사고가 발생한 경우, 해당 국가들에게 즉시 통보하도록 하고 있다.[11]

환경에 영향을 미치는 활동을 하는 국가는 그 활동과 관련하여 영향을 받을 수 있는 국가에 관련정보를 제공하고 이 문제에 대하여 협의를 하여야 한다. 2001년 *MOX Plant 사건*에서 국제해양법재판소(ITLOS)는 "협력의무는 (…) 일반국제법에서 근본원칙(fundamental principle)"이라면서 분쟁 당사국들에게 MOX 공장 가동에 따른 위험이나 영향에 관해 정보를 교환하고, 위험이나 영향에 대처하기 위한 방안을 마련하는 데 협력해야 한다고 결정한 바 있다.[12] 이러한 정보제공의무는

---

6) 김정건, 국제법, 박영사, 1998, 933 내지 938면; 노명준, 신국제환경법, 법문사, 2003, 80면. 사전배려의 원칙에서 통보의무와 협의의무가 파생된다는 견해가 있다. 김찬규, "대만 핵폐기물 북한이전과 국제법", 국제법평론 제9호, 1997, 181면.

7) Xue Hanqin, Transboundary Damage in International Law 168 (Cambridge Univ. Press 2003).

8) 모든 국가는 타국의 권리에 반하는 행위를 위하여 자국 영토가 의식적으로 사용되도록 허용해서는 안 되는 의무가 있다. *Corfu Channel(U. K. v. Alb.)*, 1949 I. C. J. 4 (1949), 22면.

9) *Pulp Mills on the River Uruguay (Argentina v. Uruguay)*, 2010 I. C. J. 18 (2010). *Id.* § 158.

10) United Nations Convention on the Law of the Sea, 21 I. L. M. 1261 (1982), 제198조; Convention on the Transboundary Effects of Industrial Accidents, 21 Int'l Env't Rep. (BNA) 5301, 제10조; ASEAN Agreement on the Conservation of Nature and Natural Resources, http://sedac.ciesin.columbia.edu/entri/texts/asean.natural.resources.1985.html (2005. 7. 30.), 제20조(3)(d); Convention on the Law of the Non-Navigational Uses of International Watercourses, 36 I. L. M. 700 (1997), 제12조.

11) 바젤협약(각주 3), 제13조.

스톡홀름선언, 리우선언, 오존층 보호를 위한 비엔나협약과 몬트리올의정서, 기후변화협약과 교토의정서, 생물다양성협약, 남극조약, 유엔해양법협약, 초국경적 환경영향평가에 관한 협약(Espoo협약), 국제수로의 비항행적 사용에 관한 협약 등 많은 환경관련 국제문서에서 발견되고 있다.[13]

한편, 협의의무는 *Lanoux호 사건*,[14] 1979년 ECE 광역 월경 대기오염에 관한 조약,[15] 국제사법재판소의 헝가리와 슬로바키아 간 *Gabcikobo-Nagymaros Dam 사건*[16] 등에서 확인된 바 있으며, 리우선언도 각 국가가 국경을 넘어서 환경에 심각한 악영향을 초래할 수 있는 활동에 대하여 피해가 예상되는 국가에게 관련정보를 제공하여야 하며 초기단계에서 성실하게 영향을 받을 수 있는 국가와 협의할 것을 선언하고 있다.[17] 이러한 의무에 따르면 환경에 회복할 수 없는 손해를 발생할 가능성이 있는 핵폐기물의 이전 또는 저장 시 그로 인하여 영향을 받을 수 있는 국가와 이러한 문제에 대하여 협의가 이루어져야 할 것이다. 사용후핵연료관리의 안전 및 방사성폐기물관리 안전에 관한 공동협약에서 "방사성폐기물 관리시설의 부지를 선정함에 있어서 그와 같은 시설의 인근에 있는 체약국으로서 당해 시설에 의해 영향을 받을 수 있는 체약국과 협의하고, 그들의 요구에 따라 그들의 영역에 미치는 당해 시설의 안전성 영향을 평가할 수 있도록 시설에 관한 일반적인 자료를 제공하도록 적절한 조치를 취해야 한다"고 규정[18]하고 있는 것은 이러

---

12) International Tribunal for the Law of the Sew, *The MOX Plant Case (Ireland v. United Kingdom)*, Case No. 10 – Request for Provisional Measures, December 3, 2001, § 82. *MOX Plant 사건*에 대하여 자세한 내용은 이석용, "MOX 공장 사건", 국제환경법 주요판례, 박영사, 2015, 211면 이하 참조.

13) 스톡홀름선언(각주 1), 원칙 20; 리우선언(각주 2), 원칙 9; 오존층 보호를 위한 협약, 제4조; 몬트리올의정서, 제9조 제1항; 기후변화협약, 제4조 제1항 (h); 생물다양성협약, 제17조; 남극조약, 제3조; 유엔해양법협약(각주 9), 제200조; 초국경적 환경영향평가에 관한 협약(Espoo협약), 제3조 제1항; 국제수로의 비항행적 사용에 관한 협약, 제12조 등 참조.

14) *Spain v. France*, 12 U.N.R.I.A.A. 281 (1957). 중재법정은 국제관습법상 국가는 자국의 영토적 한계 내에서 국제하천의 사용에 관한 계획에 착수함에 있어 그 인접국과 교섭(negotiation)할 의무가 있음을 인정하였다. 그러나 국가가 자국 관할권 내의 국제하천을 이용하기 위하여 타국의 동의를 얻어야 한다는 여하한 규칙도 국제관습법으로 또는 법의 일반원칙으로 성립되어 있지 아니함을 확인하였다. 김석현, "환경관련 국제분쟁 사례", 환경보호와 국제법 질서, 아시아사회과학연구원, 1997, 239 내지 240면. 이 사건에 대하여 자세한 내용은 제5장 제1절 Ⅳ. 참조.

15) ECE Convention on Long-Range Transboundary Air Pollution(LRTAP), 18 I. L. M. 1442 (1979), 제5조.

16) 이 사건에 대하여 자세한 내용은 제5장 제1절 Ⅴ. 참조.

17) 리우선언(각주 2), 원칙 19.

18) Joint Convention on the Safety of Spent Fuel Management and on the Safety of Radioactive Waste Management, 36 I. L. M. 1431 (1997), 제13조 제1항(iii), (iv).

한 정보제공 및 협의의무를 명문화한 것으로 이해될 수 있다.[19]

지원의무는 환경오염의 비상상황에 처한 국가에 대하여 지원 가능한 국가가 그 피해를 방지 내지 감소하기 위하여 지원하여야 한다는 것이다. 이러한 지원의무가 국제법상의 확고한 의무라고 하기는 어렵지만 원자력사고 상호 원조에 관한 협약, 유엔해양법협약, 유류오염사고 시의 공해상에서의 간섭에 관한 협약 등 다수 국제문서에서 확인되고 있다.[20] 리우선언도 국제사회는 환경에 급격한 위해를 초래할 수 있는 자연재해나 기타의 긴급사태를 겪은 국가를 위하여 모든 노력을 기울여야 한다고 선언하고 있다.[21]

Ⅳ. 법적 성질

현 단계에서 협력의무가 국제관습법 또는 법의 일반원칙으로 확립되었다고 보기 어렵다는 견해도 만만치 않다.[22] 여기에는 통지, 정보제공, 지원 등의 방법 및 정도 등이 불분명하다는 점이 크게 기초하는 것으로 보인다. 그러나 *Corfu Channel 사건*, *Lanoux호 사건*, *MOX Plant 사건* 등을 비롯하여 많은 국제문서가 이를 확인하고 있다는 점에서 어떠한 행위를 수행하는 국가가 그로 인하여 잠재적으로 영향을 받는 국가에 통지하고 정보를 제공하며, 협의할 의무는 국제관습법상 인정된다고 하여야 할 것이다.[23] 그러나 지원의무의 경우에는 지원의 시기 · 방법 · 정도 등에 대해서 심한 논란이 있기 때문에 국제관습법적 지위에 있다고 할 수 없을 것이다.

---

19) 공동협약상의 협의의무는 국제관습법화된 사전배려원칙을 명문화한 규정이므로 이 협약의 발효 여부 또한 당사국 여부와 관계없이 모든 국가에 효력을 가진다는 견해가 있다. 김찬규(각주 6). 그러나 협의의무가 사전배려의 원칙에서 나온 의무인가, 그리고 국제관습법적 지위를 갖고 있는가는 의문이다.

20) IAEA Convention on Assistance in the Case of a Nuclear Accident or Radiological Emergency, 25 I. L. M. 1377 (1986), 제1조; 유엔해양법협약(각주 9), 제199조; Convention Relating to Intervention on the High Seas in Case of Oil Pollution Casualties, 9 I. L. M. 25 (1970), 제1조 참조.

21) 리우선언(각주 2), 원칙 18.

22) 노명준(각주 6), 82면.

23) E. Weiss, *Environmental Disasters in International Law*, 1986 Ann. Jur. Interam. 141, 145~50 (1986); Ved P. Nanda and George Pring, International Environmental Law & Policy for the 21st Century 11 (Transnational Publishers, Inc. 2003); Alexandre Kiss and Dinah Shelton, International Environmental Law 85 (Transnational Publishers, Inc. 2004).

제 4 절 지속가능한 발전의 원칙

Ⅰ. 의 의

국제환경법의 역사에서 아마도 "지속가능한 발전(sustainable development)"이라는 개념의 대두와 같이 극적인 것은 없을 것이다. "지속가능한 발전" 개념은 국제환경법에서 인식의 큰 틀(paradigm)을 변화시켰다. 그 충격은 엄청나고 지속적이다. 최근에는 "지속가능한"이라는 표현이 도처에서 사용되면서 사회의 만병통치약이라도 되는 것처럼 인식되고 있다. 지속가능한 사회, 지속가능한 자원의 이용, 지속가능한 소비, 지속가능한 농업, 지속가능발전위원회 등등. 그러나 이러한 홍수 속에서도 정작 그 정확한 개념이 어떤 것인지에 대하여는 논란이 계속되고 있다.

오랫동안 환경과 개발은 서로 대립 · 상충하는 것이라고 인식되어 왔다. 그러나 지속가능한 발전이라는 개념이 대두되면서 최근에는 환경과 개발이 서로 양립할 수 있다는 인식이 확산되어 가고 있다. 환경보전과 경제개발 간의 충돌 · 긴장은 1972년 스톡홀름회의에서도 감지되었다. 개도국들은 선진국들의 높은 환경기준이 경제발전에 대한 장애로 작용할 수 있다고 보고 개도국들에 적용될 수 없다고 주장하였다. 결국 선진국과 개도국들은 스톡홀름선언 원칙 11, 21 등과 같은 타협을 하기에 이르렀다. 특히 원칙 11은 다음과 같이 선언하고 있다: "모든 국가의 환경정책은 개발도상국의 현재 또는 장래의 개발 가능성을 향상시켜야 되고 그 가능성에 대해서 악영향을 미쳐서는 안 된다."

보전과 개발을 조화시키는 방안을 제시하고 있는 "지속가능한 발전"[1]에 대하여 본격적인 논의가 이루어진 것은 유엔을 통해서이다. 선진국 · 개도국 간의 딜레마를 해결하기 위하여 1983년 유엔총회는 선진국 · 개도국의 전문가들로 구성된 독립기구인 브룬트란트(Brundtland)위원회로 알려진 환경과 개발에 관한 세계위원회(World Commission on Environment and Development: WCED)를 구성하기에 이르

1) '지속가능한(sustainable)'이라는 단어와 '발전(development)'이란 단어의 결합은 1980년 IUCN의 보고서에서 이루어졌다. Ved P. Nanda and George Pring, International Environmental Law & Policy for the 21st Century 24 (Transnational Publishers, Inc. 2003). 1985년 아세안 자연보전협정은 '지속가능한 발전'이라는 용어를 최초로 사용한 조약이라 할 수 있다. ASEAN Agreement on the Conservation of Nature and Natural Resources, http://sedac.ciesin.columbia.edu/entri/texts/asean.natural.resources.1985.html (2005. 7. 30.), 제1조 제1항. 브룬트란트 보고서에서는 건전하고 지속가능한 발전(environmentally sound and sustainable development)이라는 표현을 사용하고 있다.

렸다. 4년간의 작업을 거쳐 동 위원회는 1987년 "우리 공동의 미래(Our Common Future, 일명 '브룬트란트 보고서'라고 함)"를 발행하였다. 이 보고서는 "지속가능한 발전"을 중심 개념으로 인식하면서 지속가능한 발전을 "미래세대의 수요(needs)를 충족시킬 수 있는 능력을 저해하지 않으면서 현재세대의 수요를 충족하는 발전(development)"이라고 정의하였다.[2]

Ⅱ. 구체적 예

지속가능한 발전 개념은 1992년 브라질의 리우에서 개최된 '지구환경 정상회담(earth summit)'에서 집중적인 조명을 받았다. 리우회의에서 채택한 5개의 국제문서, 즉 비구속적 문서인 리우선언, 의제(Agenda) 21,[3] 산림원칙,[4] 그리고 유명한 2개의 조약인 기후변화협약과 생물다양성협약은 비록 그 개념 정의를 직접적이고 분명하게 하고 있지는 않지만 한결같이 지속가능한 발전 개념을 출발점으로 하고 있다.

특히 리우선언이 담고 있는 다음 원칙들은 지속가능한 발전의 개념, 중심 내용이 무엇인지 짐작케 하고 있다: ① 인간을 중심으로 지속가능한 발전이 논의되어야 한다(원칙 1); ② 발전의 권리는 개발과 환경에 대한 현재세대와 미래세대의 요구를 공평하게 충족할 수 있도록 실현되어야 한다(원칙 3); ③ 지속가능한 발전을 성취하기 위하여 환경보호는 발전과정의 중요한 일부를 구성하며 발전과정과 분리시켜 고려되어서는 안 된다(원칙 4);[5] ④ 모든 국가와 국민은 생활수준의 격차를 줄이고 세계 대다수의 사람들의 기본수요를 충족시키기 위하여 지속가능한 발전의 필수요건인 빈곤의 퇴치라는 중차대한 과업을 위하여 협력하여야 한다(원칙 5); ⑤

---

2) WCED, Our Common Future 43 (Oxford University Press 1987).

3) 지속가능한 발전의 내용을 보다 구체화하는 실천적인 행동강령이라고 할 수 있는 의제 21은 470페이지에 이르는 방대하고 복잡한 것이다. 여기에는 21세기에 지속가능한 발전을 위해 정부나 비정부기구가 시행하여야 정책, 계획, 프로그램, 절차, 지침 등이 담겨져 있다.

4) Non-Legally Binding Authoritative Statement of Principles for a Global Consensus on the Management, Conservation and Sustainable Development of All Types of Forests, 31 I. L. M. 881 (1992), 원칙 1(b), 2(b), 6, 8(f) 등 참조.

5) 리우선언 원칙 3과 원칙 4 간의 관계에 대하여는 선진국과 개도국 간에 입장 차이가 있다. 개도국들은 리우선언 원칙 3에서의 개발의 권리가 보다 제한된 지속가능한 개발의 권리로 전화되어서는 안 된다고 주장하는 반면, 선진국들은 개발의 권리가 존재하지도 않고(다만 목표로 이해하고 있음), 존재한다고 하더라도 개발이 지속가능하여야 한다는 리우선언 원칙 4에 구속된다고 주장하고 있다. Ved P. Nanda & George Pring(각주 1), 28면.

개도국, 특히 극빈개도국과 환경적으로 침해받기 쉬운 개도국의 특수한 상황과 환경보전 필요성은 특별히 우선적 고려의 대상이 되어야 한다(원칙 6); ⑥ 지구의 환경악화에 대한 각기 다른 책임을 고려하여 각 국가는 공동의 그러나 차별적인 책임을 가진다. 선진국들은 그들이 지구환경에 끼친 영향과 그들이 소유하고 있는 기술 및 재정적 자원을 고려하여 지속가능한 발전을 추구하기 위한 국제적 노력에 있어서 부담하여야 할 책임을 인식한다(원칙 7); ⑦ 지속가능한 발전과 모든 사람의 보다 나은 생활의 질을 추구하기 위하여 각 국가는 지속불가능한 생산과 소비양식을 줄이고 제거하여야 하며 적절한 인구정책을 촉진하여야 한다(원칙 8); ⑧ 지속가능한 발전을 성취하고 모두 밝은 미래를 보장하기 위하여 전세계 청년들의 독창성, 이상 그리고 용기가 결집되어 범세계적 동반자 관계가 구축되어야 한다(원칙 21).

리우회의로부터 10년(Rio+10)이 지난 2002년 남아프리카공화국의 요하네스버그에서 개최된 지속가능한 발전을 위한 지구정상회의(World Summit on Sustainable Development: WSSD)에서는 리우회의 및 의제 21의 이행 성과를 점검하고 지속가능한 발전의 실천계획인 이행계획과 실천의지를 담은 요하네스버그선언을 채택하였다.[6] 이러한 역사적 배경을 갖고 탄생한 지속가능한 발전 개념은 그 후 수많은 환경조약이나 국제문서에서 수용되고 있다. 기후변화협약,[7] 생물다양성협약,[8] 사막화방지협약,[9] 국제열대목재협정,[10] 지속가능발전목표(SDGs)등이 그 좋은 예이다.

Ⅲ. 내 용

논의의 편의를 위해 다음과 같은 사례를 생각해 보자. 연못에 있는 물고기를 어떻게 잡는 것이 현재와 미래세대 모두를 위해 가장 이익이 되는가? 눈앞의 물고

---

6) 요하네스버그회의에서 논의된 실천적 과제에 대하여 자세한 내용은 정영근 · 배현회, WSSD 논의결과 분석 및 후속과제 도출, 한국환경정책 · 평가연구원, 2002. 11. 참조.

7) United Nations Framework Convention on Climate Change(UNFCCC), 31 I. L. M. 849 (1992), 제3조 제4항 · 제5항.

8) Convention on Biological Diversity, 31 I. L. M. 818 (1992), 제1조, 제6조 내지 제12조, 제16조 내지 제18조.

9) Convention to Combat Desertification in Those Countries Experiencing Serious Drought and/or Desertification, Particularly in Africa, 33 I. L. M. 1328 (1994), 전문.

10) International Tropical Timber Agreement, 33 I. L. M. 1014 (1994), 제1조(c), (l).

기를 잡기 위해서 연못에 있는 물을 완전히 빼버리면 당장 물고기는 많이 잡을 수는 있겠지만 앞으로는 물고기를 보기도 힘들 것이다. 앞으로도 계속해서 물고기를 잡기 위해서, 경우에 따라서는 더 많은 고기를 잡기 위해서는 물을 항상 가두어 놓는다는 것이 중요하다. 쉽게 얘기하자면 지속가능한 발전이란 바로 계속해서 물고기를 잡기 위해서는 어느 정도의 물을 연못에 항상 가두어 놓아야 한다는 사고라고 할 수 있다. 그러나 어느 정도의 물을 가두어 놓아야 하는가?

지속가능한 발전이 국제환경법의 중요한 원칙이라는 점에 대하여는 별 이론이 없으나 그 구체적 의미가 무엇인가에 대해서는 상당히 의견이 갈라져 있다. 브룬트란트위원회는 앞에서와 같이 그 개념 정의를 하면서도 정작 중요한 구체적 내용에 대해서는 함구하고 있다. 국제자연보전연맹(International Union for the Conservation of Nature: IUCN)[11]은 브룬트란트위원회의 개념 정의가 환경보호보다는 개발에 더 초점이 맞추어져 있다는 인식하에 "생태계의 환경용량 내에서 인간의 삶의 질을 향상시키는 것"이라고 정의하고 있으나[12] 그 내용에 대해서 침묵하고 있기는 마찬가지이다. 이 같은 침묵은 그 이후 수많은 국제환경문서에서도 여전하다. 그 결과 지속가능한 발전의 의미에 대해서 명확하게 개념 정의를 하기가 매우 힘든 상황이다. 학자간의 입장에 따라, 선진국 · 개도국 간의 이해관계에 따라 그 의미와 해석이 불명확하고 다르다.

개념적 통일을 이루기는 어렵지만 일반적으로 지속가능한 발전의 개념에는 다음과 같은 내용이 포함된다고 할 수 있다: ① 미래세대를 위한 자연자원의 보전(세대간 형평성); ② 신중한(prudent), 이성적인(rationable), 현명한(wise) 또는 적절한(appropriate) 방식으로의 자연자원의 개발(지속가능한 이용); ③ 현재세대의 요구를 고려하는 자연자원의 공평한 이용(세대내 형평성); ④ 경제적 그리고 다른 개발계획 등에서의 환경적 고려와 환경목표의 구체적 적용에 있어서의 개발요구의 고려(환경과 개발의 통합성).[13]

이를 조금 더 부연하면 다음과 같다. 먼저, 세대간 형평성은 미래세대를 위하여 지구를 수탁하고 있는 현재세대는 자연자원을 미래세대의 이익을 위하여 보전하여야 한다는 생각에 기초하고 있다. 이러한 관념은 리우선언[14]을 비롯하여 세계

---

11) http://www.iucn.org 참조.

12) IUCN, UNEP and WWF, Caring for the Earth: A Strategy for Sustainable Living 10 (David A. Munro & Martin W. Holdgate eds., 1991)(Ved P. Nanda & George Pring(각주 1), 25면 재인용).

13) Philippe Sands, Principles of International Environmental Law 252 (2nd ed. Cambridge University Press 2003).

유산협약,[15] 기후변화협약,[16] 생물다양성협약,[17] 야생동 · 식물의 국제거래에 관한 협약(CITES),[18] 1992년 국제수로와 호수의 보호와 사용에 관한 협약,[19] 이동성 야생동물보전에 관한 협약(Bonn협약),[20] 1996년 국제사법재판소(ICJ)의 핵무기의 위협 또는 사용의 합법성에 관한 권고적 의견[21] 등에 나타나 있다. 현재세대의 미래세대를 위한 보전의무에 따라 발생하는 미래세대의 권리는 미래세대의 원고적격 문제와 밀접한 관련을 갖게 된다.

지속가능한 이용은 재생능력을 초과해서 자연자원을 이용 · 개발하여서는 안 된다는 것을 의미한다. 생물다양성협약은 "지속가능한 이용"을 장기적으로 생물다양성의 감소를 유발하지 않도록 하면서 또한 현재세대와 미래세대의 필요와 열망을 충족시키기 위한 잠재력을 유지하면서 생물다양성의 구성요소를 이용하는 것으로 정의하고 있다.[22] 이러한 관념은 리우선언[23]을 비롯하여 기후변화협약,[24] 생물다양성협약,[25] 카르타헤나의정서,[26] 국제열대목재협정[27] 등에 나타나 있다.

지속가능한 이용은 미래세대를 위한 보전보다는 구체적인 자연자원의 이용 · 개발

14) "개발의 권리는 개발과 환경에 대한 현재세대와 미래세대의 요구를 공평하게 충족할 수 있도록 실현되어야 한다." 원칙 3.

15) "이 협약의 각 당사국은 문화유산 및 자연유산을 보호하고, 보전하고, 공개하고 미래세대에 전승할 의무가 1차적으로 자국에 속한다는 점을 인정한다." Convention for the Protection of the World Cultural and Natural Heritage, 27 U. S. T. 37, 1037 U. N. T. S. 151, 11 I. L. M. 1359 (1972), 제4조.

16) 기후변화협약(각주 7), 제3조 제1항.

17) 생물다양성협약(각주 8), 전문.

18) Convention on International Trade in Endangered Species of Wild Founa and Flora(CITES), 12 I. L. M. 1085 (1973), 전문.

19) Convention on the Protection and Use of Transboundary Watercourses and International Lakes, 31 I. L. M. 1312 (1992), 제2조 제5항(c).

20) Convention on the Conservation of Migratory of Wild Animal, 19 I. L. M. 15 (1980), 전문.

21) "환경은 추상적인 것이 아니라 바로 살아 있는 공간, 생명의 질과 인간(아직 태어나지 않은 세대를 포함)의 건강을 나타낸다." ICJ Reports (1996), 226면.

22) 생물다양성협약(각주 8), 제2조.

23) "지속가능한 발전과 모든 사람의 보다 나은 생활의 질을 추구하기 위하여 각 국가는 지속불가능한 생산과 소비 양식을 줄이고 제거하여야 하며 적절한 인구정책을 촉진하여야 한다." 원칙 8.

24) 기후변화협약(각주 7), 제3조 제4항.

25) 생물다양성협약(각주 8), 전문, 제1조, 제8조, 제10조 내지 제12조, 제17조 내지 제18조 등 참조.

26) Protocol on Biosafety to the Convention on Biological Diversity, 39 I. L. M. 1027 (2000), 전문, 제1조.

27) 국제열대목재협정(각주 10), 제1조(h).

의 정도를 규율하는 구체적인 기준에 초점이 맞추어져 있다. 예컨대, 합리적(rational), 현명한(wise), 건전한(sound), 적절한(appropriate), 최적의(optimal), 적당한(proper) 등의 기준이 그것이다. 이러한 기준은 해양생물자원,[28] 남극생물자원,[29] 습지,[30] 수자원[31] 등의 보전 및 이용 등 광범한 분야에 걸쳐서 채택·적용되고 있다.

자연자원의 공평한 이용(세대내 형평성)은 자국의 자연자원을 다른 국가의 사정을 고려하여 형평성 있게 이용하여야 한다는 것이다. 그러나 형평성에 관한 자세한 기준이 없는 상태에서 그 의미에 관해서 논란이 있을 수밖에 없다. 특히 경제발전의 정도, 역사적으로 환경문제에 기여한 정도, 환경적·경제적 필요성과 우선순위 등이 각 국가마다 다르기 때문에 그 의미 해석은 다양하다. 그러나 이 원칙은 이러한 여러 요소들을 고려하여 국가간에 환경보호를 위한 책임을 공평하게 부담하도록 해야 한다는 것으로 압축할 수 있다. 이러한 관념은 선진국과 개도국이 첨예하게 대립될 수밖에 없는 국제환경협약에서 중요한 역할을 하고 있다. 예컨대 기후변화협약,[32] 생물다양성협약[33] 그리고 오존층파괴물질의 규제를 위한 몬트리올의정서[34] 등이 그것이다.

---

28) 유엔해양법협약, 제61조 제3항, 제119조 제1항(a)("최대 지속가능한 생산량(maximum sustainable yield)"); 제62조 제1항, 제64조 제1항("생물자원의 최적 이용(optimum utilization)"); Agreement for the Implementation of the Provisions of the United Nations Convention on the Law of the Sea of 10 December 1982, Relating to the Conservation and Management of Straddling Fish Stocks and Highly Migratory Fish Stocks(어족보전협정), U. N. Doc. A/CONF.164/37, 34 I. L. M. 1542 (1995), 제5조(a)(경계 왕래 어족과 고도회유성 어족의 "최적 이용(optimum utilization)") 참조.

29) Convention on the Conservation of Antarctic Marine Living Resources(CCAMLR), 19 I. L. M. 841 (1980), 제2조 제2항("합리적 이용(rational use)").

30) Convention on Wetland of International Importance Especially as Waterfowl Habitat (Ramsar Convention), 11 I. L. M. 963 (1976), 제2조 제6항, 제3조 제1항, 제6조 제2항(d) ("현명한 이용(wise use)"); Convention on the Conservation of Migratory of Wild Animal, 19 I. L. M. 15 (1980), 전문("used wisely").

31) 국제수로와 호수의 보호와 사용에 관한 협약(각주 19), 제2조 제2항(b)("생태적으로 건전하고 합리적인 물 이용(ecologically sound and rational water use)"); Convention on the Law of the Non-Navigational Uses of International Watercourses), 36 I. L. M. 700 (1997), 제5조 제1항("공평하고 합리적인 방법(equitable and reasonable manner)으로 이용," "최적의 그리고 지속가능한 이용(optimal and sustainable utilization)").

32) 기후변화협약(각주 7), 제3조 제1항("형평의 원칙(the basis of equity)에 기초"); 제4조 제2항(a)("공평하고 적절한 기여(equitable and appropriate contributions)"). 이에 따라 동 협약은 감축의무 대상국(부속서 B에 포함된 선진국)별로 감축목표량을 달리 부과하고 있다.

33) 생물다양성협약의 주요 목적 중의 하나는 유전자원의 사용에서 오는 혜택의 공정하고 공평한(fair and equitable) 분배를 실현하는 것이다. 제1조, 제15조 제7항 참조.

34) 동 의정서에서 각 당사국은 오존층을 파괴하는 물질의 총 방출량을 형평에 맞게(equitably

환경과 개발의 통합성은 각국이 환경적 고려를 경제계획, 개발계획과 연계시키고 환경적 의무를 설정 · 적용 · 해석함에 있어 경제개발, 사회개발의 필요성을 고려해야 한다는 것을 의미한다.[35] 이는 환경정보의 수집 · 보급, 환경영향평가의 실시, 환경적 요소를 조건으로 한 양자 · 다자간 개발사업의 지원, 각국의 역사적 책임과 환경요건에 대처하는 능력에 기초한 상이한 법적 의무의 부과 등의 형태로 구체화된다. 이러한 원칙은 리우선언,[36] 기후변화협약,[37] 생물다양성협약[38] 등에 잘 표현되어 있다. 또한 세계은행(World Bank)과 WTO 등의 관행에 잘 나타나 있다. 예컨대, 세계은행은 환경영향평가절차를 채택하고 재정지원 과정의 일부로서 환경영향평가를 요구함으로써 장기적이고 바람직한 자연자원의 관리를 유도하고 있다.

이 개념은 우리들의 후손인 장래의 세대가 필요로 하는 수요를 저해함이 없이 현재세대의 수요를 충족시키는 동시적 개념으로서의 개발을 내포하고 있다. 문제는 현재세대를 위한 수요를 어디까지 허용하느냐 하는 것이다. 이 문제는 개발에 따라 필연적으로 발생하는 환경파괴와 선진국 · 개도국 간의 이해관계 대립으로 복잡한 양상을 띠고 있다. 이제 지속가능한 발전의 원칙을 생각하지 않고는 국제환경법을 생각할 수 없게 되었다. 그러나 그 내용은 분명치 않다. 결국 그 내용의 구체화, 해석, 보충이 앞으로 국제환경법의 과제라 할 것이다.

Ⅳ. 법적 성질

지속가능한 발전의 원칙은 비교적 최근에 대두된 원칙으로서, 모든 국가들(특

---

total global emissions of substances that deplete the ozone layer) 규제하는 사전배려 조치를 취할 것을 결의하고 있다. 이에 따라 몬트리올의정서는 오존층파괴에 대한 역사적 책임 정도에 따라 오존층파괴물질의 단축일정을 달리하고 있다.

35) Philippe Sands(각주 13), 263면.

36) 리우선언 원칙 4는 "지속가능한 발전을 성취하기 위하여 환경보호는 개발과정의 중요한 일부를 구성하며 개발과정과 분리되어서는 안 된다"고 선언하고 있다.

37) 기후변화협약 제3조 제4항은 "경제발전이 기후변화에 대응하는 조치를 취하는 데 필수적임을 고려하여, 인간 활동으로 야기된 기후변화로부터 기후체계를 보호하기 위한 정책과 조치는 각 당사국의 특수한 상황에 적절하여야 하며 국가개발계획과 통합되어야 한다"고 규정하고 있다.

38) 생물다양성협약 제6조(b)는 "생물다양성의 보전과 지속가능한 이용을 가능한 한 그리고 적절하게, 관련분야 또는 종합 계획, 프로그램과 정책에 통합하여야 한다"고 규정하고 있고, 제10조(a)는 "생물자원의 보전과 지속가능한 이용에 대한 고려를 국가정책결정에 통합하여야 한다"고 규정하고 있다.

히 개도국들)의 광범위한 지지를 받고 있지 않다는 점에서 국제법의 규범으로의 확고한 지위를 갖는다고는 할 수 없다. 다만 환경과 관련한 문제에서 법적으로 중요한 규범으로 구체화되고 있는 과정에 있다고 할 수 있다. 즉 국제환경법 법원을 형성하는 중요한 국제관습법 내지 법의 일반원칙으로 발전해 가고 있다. 이러한 전조는 국제사법재판소 결정을 통해서도 감지되고 있다. 즉 1997년 국제사법재판소는 *Gabcikovo-Nagymaros Dam 사건*에서 새로운 국제환경규범이 발전하고 있으며 헝가리와 슬로바키아 양국이 이를 수용하여야 한다고 지적하였는데, 새로운 규범 중의 하나로 특별히 지속가능한 발전을 적시하였다.[39]

V. 한 계

지속가능한 발전은 경제개발 또는 경제성장이 가치있다는 것을 전제하고 있다는 점,[40] 현실적으로 개발욕구를 억제하고 보전과 개발을 상호 절충하기가 쉽지 않다는 점, 개발과 보전의 합리적인 경계를 설정하는 것이 현실적으로는 어려울 수밖에 없다는 점, 지속가능한 발전을 위해서 엄청난 재원이 소요될 수밖에 없다는 점 등에서 한계가 있다. 개념이 지나치게 모호하고 불분명하다는 점도 구속력을 약화시키고 있다. 또한 이 개념은 다른 국가의 개발, 보전문제에 국제사회가 개입할 수 있는 빌미를 제공함으로써, 주권침해의 문제를 야기할 수 있다.

---

39) *Gabcikovo-Nagymaros Project (Hungary v. Slovakia)*, 37 I. L. M. 162 (1998); 1997 I. C. J. 7 (1997), § 140.

40) 이는 '지속가능한'이라는 표현이 개발을 수식하고 있다는 점에서 알 수 있다.

제 5 절 공동의 그러나 차별화된 책임의 원칙

I. 의 의

흔히 개도국들은 그동안 환경문제를 유발한 나라들이 선진국들이기 때문에 개도국들이 환경보호를 위한 비용을 지출할 이유가 없으며, 그들의 경제적 형편상 그 비용을 지출할 능력도 없다고 주장하고 있다. 개도국들은 선진국들이 그들의 높은 환경기준을 개도국들에게도 요구하는 것이 개도국들의 경제발전을 억누르려는 일종의 환경제국주의(environmental colonialism)라고 의심하고 있으며, 지금과 같은 환경파괴에 대하여는 선진국들에게 역사적 책임이 있는 것이므로 선진국들이 해결해야 할 문제라고 보고 있다.

이에 반해 선진국들은 환경문제의 국제화로 인하여 문제를 해결하기 위해서는 개도국들도 동참하여야 한다고 주장하고 있다. 선진국들은 비록 개도국이지만 환경오염의 주된 유발국인 중국, 브라질, 인도 등을 구체적으로 지목하면서 그들의 참여 없이는 환경문제를 해결하기가 사실상 힘들다는 입장을 보이고 있다. 환경오염과 무임승차자(free rider)를 막고 환경협약의 성공을 위해서는 선진국은 물론이고 개도국들의 참여와 지원은 필수적이라는 것이 아주 근거 없는 것도 아니다.

이러한 남 · 북의 입장 차이는 1992년 리우회의에서 충돌하였고 리우선언에서는 그 해결을 위한 방안이 제시되었다. "공동의 그러나 차별화된 책임의 원칙(Principle of Common but Differentiated Responsibility)"이 그것이다. 이는 모든 국가가 환경을 보호하기 위한 공동의(common) 책임이 있지만, 각국의 경제적 · 기술적 상황 등을 고려하여, 각국이 차별화된(differentiated) 책임을 부담하여야 한다는 것을 의미한다. 구체적으로 리우선언 원칙 7은 "각국은 지구생태계의 건강과 완전성을 보전 · 보호하고 회복시키기 위하여 범세계적인 동반자의 정신으로 협력하여야 한다. 지구의 환경악화에 대한 제각기 다른 책임을 고려하여 각국은 공동의 그러나 차별화된 책임을 가진다. 선진국들은 그들이 지구환경에 끼친 영향과 그들이 소유하고 있는 기술 및 재정적 자원을 고려하여 지속가능한 발전을 추구하기 위한 국제적 노력에 있어서 부담하여야 할 책임을 인식한다"고 선언하고 있다.

이 원칙은 선진국들이 지금과 같은 환경문제를 유발한 데에 큰 책임이 있고, 그들이 문제 해결을 위한 경제적 · 기술적 자원을 많이 보유하고 있다는 인식에서 출발하고 있다. 또한 지구의 환경파괴에 대하여 역사적 책임이 있는 선진국이 환경문제 해결에 개도국보다 더 많은 비용을 부담하여야 하며 아울러 개도국에 대하여 재정지원과 기술이전을 하여야 한다는 인식이 깔려 있다. 이러한 기본 인식은 리우선언 원칙 6에서 적절히 지적하고 있듯이 개도국에 대한 특별한 배려를 요구하고 있다: "개도국, 특히 최빈국과 환경적으로 침해받기 쉬운 개도국의 특수한 상황과 요구는 우선적(special priority) 고려의 대상이 되어야 한다." 이러한 사고와 접근은 선진국과 개도국 간의 갈등을 해소 · 완화하여 개도국의 국제환경협약에의 참여를 유도하는 역할을 하게 된다.

그러나 이론과 달리 차별화된 책임은 복잡한 문제를 내재하고 있는데, 예컨대, 개도국이 온실가스의 감축의무를 부담하지 않고 있는 것에 반발하여 미국이 교토의정서에 비준하지 않는 것이 대표적인 예이다. 선진국들은 이러한 차별화된 책임이 이중 기준이라는 이유로 비판적이다.

Ⅱ. 구체적 예

공동의 그러나 차별화된 책임의 원칙은 기후변화협약, 교토의정서, 오존층 보호를 위한 비엔나협약, 몬트리올의정서, 잔류성유기오염물질에 관한 협약(스톡홀름협약) 등에 잘 나타나 있다. 예컨대, 기후변화협약은 효과적이고 적절한 국제적 대응을 위해 공동의 그러나 차별화된 책임원칙, 각국의 능력과 사회경제적 여건에 따라 가능한 한 많은 국가의 협력과 참여가 요구된다는 인식하에 선진국의 선도적인 역할, 개도국에 대한 특별한 고려를 강조하고 있으며,[1] 당사국의 일반적 의무로 공동의 그러나 차별화된 책임원칙, 각국의 특별한 개발우선순위, 목적, 여건 등을 고려하여 국가정책의 수립 · 시행 등을 정하고 있다.[2] 교토의정서에서는 선진국에게만 온실가스 감축의무를 부과하고 있으며,[3] 오존층 보호를 위한 비엔나협약에서는 당사국의 일반적 의무로 각국의 능력에 따라 관측, 연구, 정보교환, 입법조치 또는 행정조치 등을 취할 것을 정하고 있으며,[4] 몬트리올의정서에서는 개도국에게 차별적인 이행시기를 적용함으로써 개도국들을 특별히 고려하고 있다.[5]

---

1) 전문, 제3(1)(2)조.

2) 제4조.

3) 교토의정서는 선진국들인 부속서 I 국가들에 대하여 2008~2012년 간 온실가스 총배출량을 1990년 대비 5.2%를 감축하도록 하였는데, 각국의 감축목표를 차등적으로 설정하였다.

4) 제2조 참조.

5) 몬트리올 의정서상 규제물질의 연간소비량이 국민 1인당 0.3kg 미만인 개도국에 대하여는 제2조에서 정한 규제조치가 10년간 지연된다. 제5조 참조.

한편, 생물다양성협약에서는 신규의 추가적인 재원과 관련기술에의 적절한 접근 등의 규정을 포함하여 개도국들의 요구사항을 충족시키기 위해서는 특별한 규정이 필요하다는 점을 인식하고, 선진국으로 하여금 협약의 의무사항을 이행하고 그 이행에 따른 이익을 얻을 수 있도록 신규의 추가적인 자금을 지원하도록 하고 있으며, 재원과 기술이전에 있어서 극빈개도국의 특수상황과 요구를 충분히 고려하도록 하고 있다.[6] 스톡홀름협약도 전문에서 이 원칙을 강조하고 있으며, 개도국과 전환기경제국에게 적시에 적절하게 기술을 제공하고 지원하기 위하여 협력하기로 합의하였으며, 재정지원과 관련하여 선진당사국들은 개도국과 전환기경제국이 이 협약상의 의무이행을 위한 조치를 시행함에 따라 발생되는 충분한 증가비용(incremental costs)을 충족할 수 있도록 새롭고 추가적인 재정자원을 제공하기로 합의하였다.[7]

신기후변화체제의 근간이 되는 파리협정[8]은 선진국과 개도국을 별도로 정의하고 있지 않을 뿐만 아니라 교토의정서와 달리 근거를 제시하고 있지도 않아[9] 그 경계는 모호하다고 할 수 있다. 전반적으로 선진국과 개도국의 차별은 많이 약화되었지만 공동의 그러나 차별화된 책임원칙은 그대로 유지하므로 국가별 상이한 역량은 여전히 고려되고 있다고 할 수 있다. 예컨대, 파리협정은 기후변화협약의 목표를 달성함에 있어 상이한 국내 여건에 비추어 형평 그리고 공동의 그러나 차별화된 책임원칙이 반영되어야 함을 천명하면서,[10] 온실가스 감축목표와 관련해서 선진국에게는 경제 전반에 걸친 절대량 감축목표를 제시하고, 개도국에게는 국가별 여건을 감안하되, 부문별 감축목표가 아닌 경제 전반에 걸친 감축목표의 채택을 제시하도록 노력할 의무를 부과하고 있다. 재정과 관련해서는 선진국은 개도국의 감축과 적응을 위해 재정지원을 해야 할 의무를 진다. 보고의무와 관련해서도 선진국과 개도국은 구별되는데, 선진국은 개도국에 제공하는 재정, 기술이전, 역량배양 지원에 관한 정보를 포함하여야 하며, 개도국은 자신들이 요구하고 지원받은 지원 내용을 포함하여야 한다.[11] 또한 이행점검이 형평성 관점에서 실시되도록 하고 있는데, 이는 개도국의 역량을 고려하여 신축성을 부여하겠다는 것을 암시한다

---

6) 전문, 제20조 제2항 · 제5항 참조.
7) Stockholm Convention on Persistent Organic Pollutants, 21 Int'l Env't Rep. (BNA) 5401, 40 I. L. M. 532 (2001), 제12조, 제13조.
8) FCCC/CP/2015/l.9, Annex(파리협정).
9) 교토의정서에서는 부속서 I(선진국), II(개도국) 식으로 구별하고 있다.
10) 파리협정(각주 8), § 2(2).
11) *Id.* § 13(9)~(10).

고 이해된다.

Ⅲ. 내　　용

이 원칙은 크게 환경파괴에 대한 세계 모든 국가의 '공동책임'과 각국의 '차별책임'이라는 두 가지 요소로 구성되어 있다. 공동책임은 공동의 이익(common interest), 인류의 공동 관심사(common concern)와 밀접하게 연결되어 있으며, 대다수의 환경협약에서 정하고 있는 각국의 보전, 협력, 모니터링, 구제수단제공, 정보제공 의무 등으로 구체화되고 있다. 차별책임은 각국의 의무이행 내용 및 일정의 차별, 선진국의 개도국에 대한 재정·기술 지원 등으로 구체화되고 있다.

Ⅳ. 법적 성질

이 원칙은 세대내 형평(intragenerational equity)의 실현과 환경보호를 위한 선·개도국들의 광범위한 참여를 유도하는 기능을 하면서 환경협약에서 더욱 빈번히 사용될 것으로 전망된다. 그러나 동 원칙은 선진국들로 하여금 재정지원, 역량배양(capacity building), 기술이전, 국제거래 등에서 개도국들에게 특혜를 부여토록 하는 부(富)의 재분배를 내포하기 때문에 가까운 시일 내에 국제관습법이나 법의 일반원칙으로 되기는 어려울 것으로 보인다.[12]

---

12) Ved P. Nanda and George Pring, International Environmental Law & Policy for the 21st Century 40 (Transnational Publishers, Inc. 2003); 노명준, 신국제환경법, 법문사, 2003, 89면.

제 6 절 사전예방의 원칙(Preventive Principle)

Ⅰ. 의 의

심각한 환경피해를 예방 · 감소할 의무는 국제관습법화되고 있다. 피해예방 · 감소의무는 모든 국가에게 국제법상 심각한 환경오염 또는 월경피해(越境被害)를 통제 · 규제할 적절한 조치를 취할 것을 요구하고 있다. 일단 환경피해가 발생하면 그 회복이 사실상 불가능하다는 점에서 피해가 발생하기 전에 예방조치를 취해 환경피해가 발생하지 않도록 해야 한다. 이는 환경피해의 규모나 질이 점점 심각해지고 있다는 점에서 아무리 강조해도 지나치지 않다. 설령 환경피해가 회복 가능한 것이라고 하더라도 흔히 구제를 위한 비용이 사전예방을 위해 지출하는 비용에 비추어 엄청나게 크기 때문에 환경피해의 구제에 초점을 맞추는 것은 비경제적일 수 있다. 이러한 점을 고려할 때 사전예방의 원칙은 기본적이면서도 중요한 개념을 함축하고 있다. 그러나 현실적으로 대부분 국가들의 법제도는 사전예방보다 사후구제에 집중되어 있는 감이 있다.

스톡홀름선언은 여러 차례에 걸쳐 예방의 원칙을 언급하고 있다: 생태계에 중대하고 회복할 수 없는 손해를 가하지 않기 위해 유해물질의 배출 및 열의 방출을 과도한 양이나 농도로 행하는 것을 금지하여야 한다(원칙 6); 각국은 해양오염을 방지하기 위하여 모든 가능한 조치를 취하여야 한다(원칙 7); 거주 및 도시화의 계획은 환경에 영향을 미치지 않도록 하고 모든 인간이 최대한의 사회적 · 경제적 및 환경상의 이익을 얻도록 입안되어야 한다(원칙 15); 과학과 기술은 경제 · 사회의 발전을 위한 기여의 일환으로서 환경위험의 인식, 회피, 제어와 환경문제의 해결 그리고 인류의 공통된 이익을 위해 적용되어야 한다(원칙 18); 다자 · 양자간 조약 그 밖의 적당한 방법에 의한 협력은 모든 국민이 주권과 이익에 충분한 고려를 하면서 모든 분야의 활동에서 생기는 환경에 대한 악영향을 통제 · 예방 · 감소 · 제거시키기 위하여 불가결하다(원칙 24). 이 원칙은 환경피해를 유발할 수 있는 행위 이전에 조사, 계획, 조치 등을 취할 것을 요구하고 있다. 환경영향평가의 실시가 좋은 예이다.[1)]

---

1) 환경영향평가의 실시는 리우선언(원칙 16), 유엔해양법협약(제206조), 아세안 자연보전협정(제14조, 제19(2)(c)조), 생물다양성협약(제14조), 남극조약환경보호의정서(제8조), 초국경적 환경영향평가에 관한 협약(Espoo협약), 1992년 월경 국제수로와 국제호수의 보호와 사용에

월경피해 금지의 원칙은 사전예방의 원칙과 밀접한 관련을 갖는다. 사전통지 등 절차의 준수도 같은 맥락으로 이해할 수 있다. 2010년 *Pulp Mills 사건*에서 국제사법재판소는 예방의 원칙은 관습법으로서 관할 국가의 상당한 주의(due diligence)에 기원하고 있다고 밝히면서, 이는 "모든 국가는 타국의 권리에 반하는 행위를 위하여 자국 영토가 의도적으로(knowingly) 사용되도록 허용되어서는 안 된다"는 것을 의미하며(*Corfu Channel 사건*), 결과적으로 월경피해 금지의무로 귀결된다고 지적하였다.[2)]

사전예방을 위한 주의의무의 기준은 무엇인가? 그 기준으로는 이용가능한 최선의 기술(best available technology: BAT), 최적관리기법(best management practice: BMP), 최적실행수단(best practicable means: BPM) 등 다양한 기준이 제시되고 있다.[3)]

사전예방의 원칙은 사전배려의 원칙과 혼동될 수 있으나 뒤에서 살펴보는 바와 같이 사전배려의 원칙이 과학적 불확실성과 필수불가결하게 연계되어 있다는 점에서 구별되어야 한다.

Ⅱ. 구체적 예

사전예방원칙은 다수의 협약에서 구체화되고 있다. 예컨대, 당사국들은 1972년 폐기물 및 그 밖의 물질의 투기에 의한 해양오염 방지협약(런던덤핑협약)에서 폐기물과 기타 물질의 투기에 의한 해양오염을 방지하기 위한 실행가능한 모든 조치를 취할 것을,[4)] 1973년 선박으로부터의 오염방지를 위한 국제협약에서 유해물질 또는 이러한 물질을 함유한 유출액을 배출함으로써 해양환경이 오염되는 것을 방지하기 위하여 협약과 부속서의 효력을 인정할 것을 약속하고 있다.[5)] 1982년 유엔해양법협약 제194조 제1항은 각 국가에게 개별적 또는 공동으로 해양오염을 예

관한 협약(제32조 제1항(h)) 등에 도입되어 있다. 2010년 *Pulp Mills 사건*에서 국제사법재판소는 환경영향평가가 국제관습법상 요구된다는 결정을 한 바 있다. *Pulp Mills on the River Uruguay (Argentina v. Uruguay)*, 2010 I. C. J. 18 (2010). § 204.

2) *Id.* § 101.

3) Ved P. Nanda and George Pring, International Environmental Law & Policy for the 21st Century 58 (Transnational Publishers, Inc. 2003).

4) Convention on the Prevention of Marine Pollution by Dumping of Wastes and Other Matter, 11 I. L. M. 1294 (1973), 제1조.

5) International Convention for the Prevention of Pollution from Ships, 12 I. L. M. 1319 (1973), 제1조.

방 · 경감 · 규제하기 위하여 필요한 모든 조치를 취할 것을 명하고 있다.

1979년 ECE 광역 월경 대기오염에 관한 조약은 당사국들로 하여금 월경 대기오염을 포함한 대기오염을 제한하고, 가능한 한 점진적으로 감축 · 방지하도록 노력할 것을 촉구하고 있다.[6] 1985년 오존층 보호를 위한 비엔나협약은 당사국들에게 오존층을 변화시키거나 변화시킬 우려가 있는 사람의 활동으로 생기거나 생길 우려가 있는 악영향으로부터 인류의 건강 및 환경을 보호하기 위해 적절한 조치를 취할 의무를 부과하고 있으며,[7] 1991년 초국경적 환경영향평가에 관한 협약(Espoo협약)은 당사국으로 하여금 개별적 또는 공동으로 초국경적으로 발생하는 심각한 환경 악영향을 예방 · 감소 · 규제하기 위한 적절하고 효과적인 모든 조치를 취하도록 하고 있으며,[8] 유해폐기물의 아프리카 수입금지와 아프리카 내 국가간 이동규제에 관한 바마코협약은 오염문제에 대처하기 위하여 당사국들로 하여금 사전예방적 접근방법을 적용 · 시행하도록 촉구하고 있다.[9] 또한 1980년 남극해양생물자원보전협약은 해양생태계의 변화 예방 또는 변화 위험성의 최소화 등을 남극해양생물자원 보전원칙의 하나로 천명하고 있다.[10]

1992년 UN/ECE 국제수로와 호수의 보호와 사용에 관한 협약은 당사국에게 다른 국가에 영향을 미치는 수질오염을 방지 · 규제 · 감소하기 위한 적절한 모든 조치를 취할 의무를 부과하고 있으며,[11] 1997년 5월 유엔총회에서 채택된 국제수로의 비항행적 사용에 관한 협약은 당사국들로 하여금 국제수로를 이용함에 있어 다른 당사국에 심각한 피해가 발생하는 것을 '방지'하기 위한 적절한 모든 조치를 취하도록 하고 있으며, 다른 국가 또는 그 국가의 환경에 심각한 "피해를 끼칠 우려가 있는" 국제수로의 수질오염을 단독 또는 공동으로 방지 · 감소 · 규제하여야 하며, 이를 위하여 서로 협의하도록 함으로써, 사전예방의 원칙을 수용하고 있다.[12] 또한 2001년 국제법위원회가 완성한 유해한 활동으로 인한 월경피해의 방지

---

6) ECE Convention on Long-Range Transboundary Air Pollution(LRTAP), 18 I. L. M. 1442 (1979), 제2조.

7) Vienna Convention for the Protection of the Ozone Layer, 26 I. L. M. 1529 (1987), 제2조 제1항.

8) Convention on Environmental Impact Assessment in Transboundary Context(Espoo협약), 30 I. L. M. 800 (1991), 제2조 제1항.

9) Bamako Convention on the Ban of Import Into Africa and the Control of Trans-boundary Movement and Management of Hazardous Wastes and Within Africa. 30 I. L. M. 775 (1991), 제4조(3)(f).

10) Convention on the Conservation of Antarctic Marine Living Resources(CCAMLR), 19 I. L. M. 841 (1980), 제2조.

11) Convention on the Protection and Use of Transboundary Watercourses and International Lakes, 31 I. L. M. 1312 (1992), 제2조.

조문안은 제3조에서 "오염발생국은 심각한(significant) 월경피해를 방지하고 그 위험을 최소화하기 위하여 적절한 모든 조치를 취하여야 한다"고 규정하고 있다.13)

12) Convention the Law of the Non–Navigational Uses of International Watercourses, 36 I. L. M. 700 (1997), 제7조 제1항, 제21조 참조.

13) Draft Articles on Prevention of Transboundary Harm from Hazardous Activities, http://www.un.org/law/ilc/texts/prevention/preventionfra.htm, 제3조.

제 7 절 사전배려의 원칙(Precautionary Principle)

I. 의 의

어떤 물질이 인간의 건강이나 환경에 유해하다는 것이 밝혀지지 않았다는 것이 곧 안전하다는 것을 의미하지는 않는다. 과학적으로 유해성에 대한 인과관계가 완전히 밝혀지지 않은 상태에서 규제하는 것이 옳은 것인가? 예컨대, 이산화탄소가 기후변화에 영향을 미치는 것이 완전히 규명되지 않은 상태에서 이산화탄소를 발생하는 물질의 생산 · 사용을 금지하여야 하는가? 프레온가스가 오존층을 파괴한다는 것이 과학적으로 명확히 밝혀지지 않은 상태에서 프레온가스의 생산 · 사용을 완전 금지하여야 하는가? 유해함이 판명될 때까지는 그 생산 · 사용을 허용해야 하는가? 아니면 안전함이 판명될 때 비로소 생산 · 사용을 허용해야 하는가? 이러한 물음은 특히 경제적 상황과 맞물리면서 규제자의 의사결정을 어렵게 하고 있다.

이러한 문제에 대하여 리우선언에서는 사전배려의 원칙, 즉 "중대한 또는 회복불가능한 피해의 위협이 있을 경우, 과학적 불확실성이 환경 악화를 방지하기 위한 비용-효과적인 조치를 지연시키는 구실로 이용되어서는 아니 된다"는 원칙을 제시하고 있다.[1] 이 원칙이 적용되기 위해서는 우려되는 피해가 중대하거나 회복이 불가능한 것이어야 하며, 환경악화를 방지하기 위해 취하려고 하는 조치는 비용면에서 효율적인 것이어야 한다는 조건을 충족하여야 한다. 이러한 조건은 동 원칙을 적용하는 데 한계로 작용하게 된다.

이 원칙은 독일 연방 임미시온방지법(Bundesimmissionsschutzgesetz) 제5조에서 언급되고 있는 사전배려의 원칙(Vorsorgeprinzip)에서 유래하고 있다고 알려지고 있다.[2] 동 원칙은 리우선언에서 명시적으로 채택됨으로써, 국제환경정책의 중요한 기초 · 지침 · 지도원리로 인식되고 있지만 그 이전에도 명시적이지는 않지만 간간

---

1) Rio Declaration on Environment and Development, 31 I. L. M. 874 (1992), 원칙 15. 이에 따르면 사전배려의 원칙이 발동하는 계기(trigger)는 중대한(serious) 또는 회복 불가능한 피해의 '위협(threats)'이고, 발동 시점(timing)은 "'과학적 불확실성'이 환경 악화를 방지하기 위한 조치를 지연시키는 구실로 이용되어서는 안 된다"라는 문구와 관련이 있다. 대응조치(response)는 '비용-효과적인 조치'이다. 그러나 구체적으로 '중대하거나 회복 불가능한 피해', '위협' 등이 무엇을 의미하는지 논란이 있을 수 있다.

2) International, Regional and National Environmental Law 3, 10 (Fred L. Morrison et al. eds., 2000); German Environmental Law, Basic Texts and Introduction 143, 153 (Gerd Winter ed., 1994). 노명준, 신국제환경법, 법문사, 2003, 77면.

이 등장한 바 있다. 1972년 스톡홀름선언, 1982년 세계자연헌장 등이 대표적인 예라 할 것이다. 즉 스톡홀름선언 원칙 2는 "지구상의 자연자원은 현재와 장래세대를 위하여 주의 깊은 계획과 관리에 의해 적절히 보호되어야 한다"고 선언하고 있으며, 세계자연헌장 제11조(b)는 "자연에 대해 중대한 위해를 초래할 우려가 있는 행위는 철저한 심사에 의해 이루어진다. 그 제안자는 예상되는 이익이 자연에 대한 잠재적인 피해보다 크다는 것을 증명하여야 한다. 잠재적인 악영향을 완전하게 파악할 수 없는 경우에는 그 행위는 실행되어서는 안 된다"고 선언하고 있다.[3]

이 원칙의 적용은 국가가 부담하는 사전주의의 정도를 높이고, 입증책임을 전환 내지 완화하는 결과를 초래한다.[4] 유의할 것은 여기에서 말하는 입증책임은 환경피해에 대하여 손해배상을 청구할 때 소송상 원고에게 요구하는 입증책임과는 차원을 달리한다는 것이다.[5] 이는 소송법적 의미의 입증책임 전환이 아니라 어떠한 조치, 프로그램, 프로젝트를 수행하는 측(국가를 포함)이 그 활동이 무해하다는 것을 증명하여 해당 규제 및 제한 조치가 필요하지 않다는 것을 밝혀야 한다는 것이다. 이로써 어떤 행위나 물질이 인간의 건강이나 환경에 유해하다고 주장하는 측에서 그 유해함을 입증해야 했던 전통적인 접근방법은 수정이 불가피하게 되었다. 이 원칙에 충실할 경우, 이제는 어떤 행위나 물질이 인간의 건강이나 환경에 안전하다고 주장하는 측에서 그 안전함을 입증하여야 한다. 그 결과 *Trail Smelter 사건*에서 요구하고 있는 명백하고 확실한 증거(clear and convincing evidence)는 동 원칙에 의해 수정될 가능성이 있다.

이 원칙은 명시적이지 않더라도 새로운 과학적 지식, 정보, 기술을 계속해서 반영할 것을 요구하고 있다. 과학적 식견과 기술은 불확실하고 급속하게 변화하고 있으며, 행위 규제는 현재의 과학적 불확실성에 기초해서 이루어지기 때문에 규제자는 새로운 과학적 정보를 탄력적으로 받아들여 의사결정에 반영하여야 한다. 이

---

3) World Charter for Nature, http://www.un.org/documents/ga/res/37/a37r007.htm, 제11조(b).

4) 김정건, 국제법, 박영사, 1998, 946 내지 947면; Ved P. Nanda and George Pring, International Environmental Law & Policy for the 21st Century 59 (Transnational Publishers, Inc. 2003).

5) 참고적으로 우루과이강 연안에 위치하는 두 펄프공장에 대하여 우루과이가 일방적으로 건설허가를 한 것과 관련해서 우루과이강 이용체제의 설립기반이 되는 조약(1975년 우루과이강 조약) 위반을 근거로 아르헨티나가 우루과이를 상대로 국제적 불법행위의 즉각적인 중지와 그로 인한 피해배상을 구한 사안(2010년 *Pulp Mills 사건*)에서 국제사법재판소는 사전배려의 원칙이 조약 규정의 해석과 적용에 관련이 있지만 입증책임의 전환을 의미하지는 않는다고 지적하였다. *Pulp Mills on the River Uruguay (Argentina v. Uruguay)*, 2010 I. C. J. 18 (2010). § 164.

러한 점을 고려하여 몬트리올의정서, 기후변화협약, 생물다양성협약 등 다수의 조약은 정기적인 회합을 강조하고 있다.

Ⅱ. 사전예방의 원칙과의 구별

사전배려의 원칙은 크게 사전예방의 원칙으로 이해할 수도 있지만 환경문제가 과학적 불확실성이 존재하고 있다는 점을 인식하고 이러한 과학적 불확실성이 어떠한 예방조치를 취하는 데 장애요소가 되어서는 안 된다는 점을 강조하고 있다는 점에서 별도의 개념으로 파악할 수 있다. 동 원칙이 담고 있는 개념은 환경오염으로 인한 결과에 대하여 과학적으로 단정할 수 없다고 하더라도, 다시 말하면 과학적 입증이 없더라도 어떠한 조치가 취해져야 한다는 것이므로 단순한 예방개념에서 더 나아가는 개념을 수용하는 원칙인 것이다.[6] 사전예방의 원칙에 따르면 과학적 확실성이 존재하는 경우에만 보호조치를 취하는 것이 가능하지만 사전배려의 원칙하에서는 과학적 불확실성이 존재하더라도 보호조치를 취하여야 한다. 결국 사전배려의 원칙은 과학적 불확실성이 존재하는 오존층 파괴, 기후변화, 내분비계장애물질(환경호르몬), 유전자변형물질, 전자파, 저준위방사능물질 등의 규제에 유용한 틀을 제공할 것이다.

나아가 사전배려의 원칙은 환경위해가 아직 확실하지 않고 개연적인 단계 혹은 그 이하의 단계에 지나지 않더라도 어떠한 조치를 요구하며, 잠재적인 위해의 방지 및 제거라는 방향성을 제공함으로써 오염방지의무의 구체적인 이행의 양태나 그 해석에 관한 국가 재량에 일정한 제약을 가한다는 점에서 피해의 회복이나 확실한 환경위해를 대상으로 하고 있던 종래의 사전예방의 원칙에 기초한 오염방지의무를 엄격화한다는 의미가 있다.[7]

Ⅲ. 구체적 예

이 원칙은 국제환경법에서 급속하게 중요한 원칙으로 자리잡아가고 있는데, 다

6) 박균성 · 함태성, 환경법, 박영사, 2004, 45면 참조.

7) 박종원, "국제환경법상 사전배려원칙의 지위와 기능", 법학논총 제24집 제3호, 2007, 410면; 박종원, "해양환경보전과 사전배려원칙: OSPAR협약 및 런던협약의정서를 중심으로", 해양정책연구 제23권 제1호, 2008, 160면 참조.

수의 구속적 · 비구속적 국제문서가 강약의 차이는 있지만 이를 수용하고 있다. 비구속적 문서로서 좋은 예가 앞에서도 언급한 1982년 세계자연헌장, 1987년 북해선언,[8] 1990년 베르겐 각료선언[9] 등이다. 이 원칙을 처음으로 도입한 국제환경협약은 1985년 오존층보호를 위한 비엔나협약이다.[10] 이 협약을 필두로 다수의 환경협약이 앞다투어 동 원칙을 도입하고 있는데, 특히 1990년 이후에 체결된 협약에 두드러진다. 구속적 문서로서 사전배려의 원칙을 도입하고 있는 대표적인 예를 들어보면 다음과 같다: 1987년 몬트리올의정서,[11] 1990년 유류오염의 대비, 대응 및 협력에 관한 국제협약,[12] 1991년 유해폐기물의 아프리카 반입 금지를 위한 바마코협약,[13] 1992년 생물다양성협약,[14] 1992년 기후변화협약,[15] 1992년 UN/ECE 국제수로와 호수의 보호와 사용에 관한 협약,[16] 1992년 북동대서양의 해양환경보호를 위

---

8) "극히 위험한 물질로 인하여 발생할 가능성이 있는 유해한 영향으로부터 북해를 보호하기 위하여, 절대적으로 명백한 과학적 증거에 의하여 인과관계가 확정되기 이전이라 하더라도 해당 물질의 유입을 통제하는 조치를 요구할 수 있는 사전배려적 접근방법이 필요하다." Declaration of the Second International Conference on the Protection of the North Sea, 27 I. L. M. 835 (1987), 제7조.

9) "지속가능한 발전을 달성하기 위하여, 사전배려원칙에 근거하여 정책이 결정되어야 한다. 환경조치는 환경악화의 원인을 예견하고, 예방하고, 제거하는 것이어야 한다. 심각하고 회복불가능한 피해의 우려가 있는 경우, 충분한 과학적 불확실성의 결여가 환경악화를 예방하기 위한 조치를 지연시키는 근거로 사용되어서는 안 된다." Bergen Ministerial Declaration on Sustainable Development in the ECE Region, U.N. Doc. A/CONF. 151/ PC/10 (1990), 제7조.

10) Vienna Convention for the Protection of the Ozone Layer, 26 I. L. M. 1529 (1987), 전문.

11) Montreal Protocol on Substances that Deplete the Ozone Layer, 26 I. L. M. 1541 (1987), 전문. 특히 1990년 런던조정 · 개정 부속서 Ⅱ, 제1조A.1 참조.

12) International Convention on Oil Pollution Preparedness, Response and Cooperation (OPRC), 30 I. L. M. 735 (1991), 전문.

13) 바마코(Bamako)협약은 "체약국은 오염문제의 예방적, 사전배려적(preventive, precaution-ary) 접근방법을 채택 · 실시하도록 노력한다. 이 접근방법은 특히 인간 또는 환경에 대한 조치에 관한 과학적 증명을 기다리지 않고, 손해를 일으킬 우려가 있는 물질을 환경에 배출하는 것을 방지하는 것을 수반한다"라고 규정함으로써 위 원칙을 명문화하고 있다. Bamako Convention on the Ban of Import Into Africa and the Control of Transboundary Movements and Management of Hazardous Wastes and Within Africa, 30 I. L. M. 775 (1991), 제4조 제3항(f). 리우선언, 기후변화협약 등과 달리 '중대하거나 회복할 수 없는' 문구가 삭제되어 있다. 특히 바마코협약은 사전배려의 원칙을 이행하기 위하여 당사국에게 원자재를 포함하여 모든 생산 사이클에 적용할 수 있는 "청정생산방식(clean production methods)"을 조장할 것을 요구하고 있다. *Id.* 제4조 제3항(g).

14) Convention on Biological Diversity, 31 I. L. M. 818 (1992), 전문.

15) United Nations Framework Convention on Climate Change(UNFCCC), 31 I. L. M. 849 (1992), 제3조 제3항.

16) Convention on the Protection and Use of Transboundary Watercourses and International Lakes, 31 I. L. M. 1312 (1992), 제2조 제5항(a).

한 협약(OSPAR),[17] 1993년 개정 런던덤핑협약,[18] 1995년 어족보전협정,[19] 1996년 런던덤핑의정서,[20] 2001년 카르타헤나의정서,[21] 2001년 스톡홀름협약.[22]

이와 같이 많은 국제문서에서 사전배려의 원칙이 도입되어 있음에도 불구하고 그 규정이 불분명하고 추상적이어서 명확하고 통일적인 이해가 이루어지지 않고 있다. 그러나 기본적으로 중대하거나 회복불가능한 피해에 대한 합리적인 우려는 있지만 그와 관련하여서 과학적 불확실성이 존재하는 경우 그러한 잠재적 환경 리스크에 대하여 충분한 배려를 기울여 어떠한 조치를 취하여야 한다는 공감대가 형성되어 있다고 할 수 있다.

Ⅳ. 법적 성질

문제는 이러한 환경법의 원칙이 국제사법재판소(ICJ) 규정 제38조 제1항에서 재판준칙의 하나로 규정하고 있는 국제관습법 또는 법의 일반원칙으로서의 완전한 지위는 인정받지 못하다는 것이다.[23] 1997년 *Gabcikovo-Nagymaros Dam* 사

17) Convention for the Protection of the Marine Environment of the North-East Atlantic, 21 Int'l Env't Rep. (BNA) 761 (1995), 제2조 제2항(a).

18) 저준위 방사성폐기물의 해양처리의 위험성에 관한 새로운 과학적 증거가 없음에도 1993년 런던덤핑협약 당사국들은 모든 형태의 방사성폐기물의 해양투기를 금지하기 위해 기존 제1 부속서에 열거된 물질(black list) 중 '고준위 방사성 폐기물 또는 고준위 방사성 물질'을 '방사성 폐기물 또는 그 밖의 방사성 물질'로 개정(1994년 2월 발효)하였다.

19) Agreement for the Implementation of the Provisions of the United Nations Convention on the Law of the Sea of 10 December 1982, Relating to the Conservation and Management of Straddling Fish Stocks and Highly Migratory Fish Stocks, U. N. Doc. A/CONF.164/37, 제5조(c). 특히 이 협정은 사전배려적 접근방법을 일반적 · 추상적인 형태로 규정하지 않고, 이행을 위한 기본 원칙과 그 적용을 위한 지침을 구체적으로 정하고 있다 Id. 제6조 제2항, 부속서 Ⅱ.

20) 1996 Protocol to the Convention on the Prevention of Marine Pollution by Dumping of Wastes and Other Matter, 36 I. L. M. 1 (1997). 제3조 제1항.

21) Protocol on Biosafety to the Convention on Biological Diversity, 39 I. L. M. 1027 (2000), 전문, 제1조, 제10조 제6항, 제11조 제8항. 특기할 것은 이 의정서는 사전배려의 원칙을 전문과 목적 조항에서 확인하는 데 그치지 않고 의사결정절차에서도 적용될 수 있도록 하고 있다.

22) Stockholm Convention on Persistent Organic Pollutants, 21 Int'l Env't Rep. (BNA) 5401, 40 I. L. M. 532 (2001). 제1조. 이 협약에서 사전배려적 접근방법은 규제대상 화학물질의 등재절차 등에서 구체적으로 적용되고 있다. 즉 충분한 과학적 확실성의 결여가 제안서의 승인을 방해하지 않는다. 제8조 제7항(a).

23) P. W. Birnie and A. E. Boyle, International Law and the Environment 120 (2nd ed. Oxford University Press 2002); Daniel Bodansky, *Scientific Uncertainty and the*

건,24) 1997년 *EC 호르몬(Hormone) 사건*25) 등에서는 그 적용이 부인되었다.

다뉴브강의 자연수로를 변경하는 이른바 Gabcikovo－Nagymaros 사업과 관련하여 헝가리와 슬로바키아 간의 분쟁을 다룬 *Gabcikovo－Nagymaros Dam 사건*에서 헝가리는 기존 월경피해 금지 의무가 사전배려의 원칙에 의거한 피해예방의무로 발전하였다면서 후에 부과된 환경보호라는 국제법 요건이 기존 양국간 협정에 기한 이행의무를 배제하고 있다고 주장하였다. 이에 대해 국제사법재판소는 어느 당사국도 1977년 협정 체결 후에 "강행규범(peremptory norms)"의 성질을 갖는 새로운 국제환경규범이 출현하였다는 주장을 하지 않았다는 이유로 사전배려의 원칙의 적용 자체를 시도하지 않았다.26)

유럽공동체(EC)가 EC 지침에 의거하여 여섯 가지 특정 성장촉진 호르몬을 투여한 쇠고기의 수입을 금지한 이른바 *EC 호르몬(Hormone) 사건*에서 EC는 사전배려의 원칙이 국제관습법이라고 강조하면서 위생 및 검역조치의 적용에 관한 협정(SPS 협정) 제3조 제3항의 과학적 정당성(scientific justification) 요건은 단정적인 과학적 증거가 없는 상태에서 쇠고기의 수입 금지를 허용한다고 해석되어야 한다고 주장하였다. 이러한 주장에 대하여 WTO 패널은, 사전배려의 원칙이 국제관습법인지 등

Precautionary Principle, 33(7) Environment 4, 5, 43~44 (1991); Güunther Handl, *Environmental Security and Global Change: The Challenge to International Law*, Environmental Protection and International Law 78 (Winfried Lang, Hanspeter Neuhold & Karl Zemanek eds., Graham & Trotman/Martinus Nijhoff 1991). 이에 대해 국제관습법의 지위에 있다는 견해는 James Cameron and Juli Abouchar, *The Status of the Precautionary Principle in International Law*, The Precautionary Principle and International Law: The Challenge of Implementation 29, 52 (David Freestone and Ellen Hey eds., Kluwer Law International 1996); Owen McIntyre & Thomas Mosedale, *The Precautionary Principle as a Norm of Customary International Law*, 9(2) J. Environ Law 221, 241 (1997); John S. Applegate, *The Taming of the Precautionary Principle*, 27 Wm. & Mary Envtl. L. & Pol'y Rev. 13, 14 (2002); Philippe Sands, Principles of International Law 279 (2nd ed. Cambridge University Press 2003); Arie Trouwborst, Precautionary Rights and Duties of States 16~17 (Martinus Nijhoff Publishes 2006). 현재 공개적으로 사전배려원칙을 비난하는 국가의 예를 찾아보기 어렵고, 과학적 불확실성을 인용하여 행동하거나 행동하지 않는 법적 근거로 삼는 경우를 찾아보기 어렵게 되었기 때문에 동 원칙에 대하여는 법적 확신(*opinio juris*)이 확립되었다고 볼 수 있다는 견해가 있다. 성재호, "핵폐기물의 국경이전에 대한 국제적 규제 －대만 핵폐기물의 북한이전과 관련하여－", 저스티스 제32권 제1호, 1999. 3, 93면; 법의 일반원칙이라는 견해는 노명준(각주 2), 79면.

24) *Gabcikovo－Nagymaros Project (Hungary v. Slovakia)*, 37 I. L. M. 162 (1998); 1997 I. C. J. 7 (1997). 이 사건에 대하여 자세한 내용은 제5장 제1절 Ⅴ. 참조.

25) WTO, *EC Measures Concerning Meat and Meat Product (Hormones)*, WT/DS26/R/USA, WT/DS48/R/CAN (1997)(*EC* 호르몬 사건), WT/DS26/AB/R, WT/DS48/AB/R, WT/DS48/AB/R (1998)(*EC 호르몬 사건* 항소기구 결정). 이 사건에 대하여 자세한 내용은 제13장 제4절 Ⅲ. 참조.

26) *Gabcikovo－Nagymaros Dam 사건*(각주 24), § 97, § 112.

그 법적 지위에 대하여는 살피지 아니하고, 사전배려의 원칙은 SPS협정 제5조 제1항 · 제2항에서 명시적으로 규정되어 있는 위해성평가(risk assessment) 요건을 파기할 수 없다면서 사전배려의 원칙의 적용을 부인하였다.27) WTO 항소기구도, 사전배려의 원칙이 국제관습법 또는 법의 일반원칙인지 분명하지 않다고 지적하면서, 이러한 패널의 결정에 동의하였다.28)

미국 등 일부 국가는 자국의 통상이익을 앞세우면서 사전배려의 원칙을 부인하고 있다. 예컨대, 미국, 캐나다 등은 "실질적 동등성(substantial equivalence)"의 원칙을 유전자변형생물체 관리의 기본으로 하고 있는데, 이에 따르면 유전자변형생물체는 전통적인 농작물과 차이가 없기 때문에 별도의 시험(testing) 절차 없이 상품화가 가능하며, 국제거래의 경우 표시제도의 적용을 받을 필요가 없다는 것이다.29) 미국은 사전배려라는 것이 국제환경법의 원칙이 될 수 없고 하나의 접근방법(approach)에 불과하다는 입장을 취하고 있다.30)

직접적이지는 않지만 사전배려의 원칙은 1995년 뉴질랜드의 *상황검토 요청 사건*에서도 다루어졌다. 이 사건에서 뉴질랜드는 프랑스의 지하 핵실험 재개에 관하여 1974년 *Nuclear Test 사건*에서 국제사법재판소가 내린 결정에 기초하여 상황의 검토를 요청하였다. 여러 주장 중에 뉴질랜드는 특히 현재 국제사회에 폭넓게 수용

---

27) *EC 호르몬 사건*(각주 25), § 8.157~8.158.

28) *EC 호르몬 사건* 항소기구 결정(각주 25), §§ 29~30.

29) Ved P. Nanda & George Pring,(각주 4), 361 내지 362면 참조.

30) *EC 호르몬 사건* 항소기구 결정(각주 25). § 27; Joel Tickner, The American View on the Precautionary Principle, Reinterpreting the Precautionary Principle 183~214 (Tim O'Riordan, James Cameron & Andrew Jordan eds., 2001); Linda O'Neil Coleman, *The European Union: An Appropriate Model for A Precautionary Approach?*, 25 Seattle U. L. Rev. 609, 624~627 (2002); Thomas O. McGarity, *MTBE: A Precautionary Tale*, 28 Harv. Envtl. L. Rev. 281, 337~338 (2004). '원칙'을 "국제환경정책의 발전지침으로 채용된 일반규범"이라고 하고 '접근방법'을 "환경문제에 대한 고려 · 대처의 태양"이라고 함으로써 양자를 구분하는 견해가 있다. Ellen Hey, *The Precautionary Concept in Environmental Policy and Law: Institutionalizing Caution*, 4 Geo. Int'l Envtl. L. Rev. 303, 304 (1992), 또한 접근방법은 유연성과 사회 · 경제적 조건이 고려된 개념이며, 다면적이고 범위가 넓은 사전배려적 접근방법이 사전배려원칙을 내포하고 있다고 지적하면서 그 구체적 차이점은 잠재적 위협에 대응하여 취해진 조치의 영향의 정도에서 나타나는데, 사전배려적 접근방법이 사전배려원칙의 적용에 비해 약한 조치를 허용할 여지가 남다는 주장이 있다. Simon Marr, The Precautionary Principle in the Law of the Sea 18 (Martinus Nijhoff Publishers 2003). '접근방법'은 그 자체로 국가의 행동을 직접적으로 구속하는 법규범이 되지 않기 때문에 사전배려가 '접근방법'임을 강조하는 입장은 법적인 사전배려 원칙에 비하여 규범력이 떨어질 수밖에 없다. 이러한 입장에서는 경우에 따라서 해당 국가는 사전배려 접근방법 이외의 접근방법을 택할 수 있게 되는 것이다. Jacqueline Peel, *Precaution −A Matter of Principle, Approach, or Process?, 5 Melbourne Journal of International Law* 483, 485~487 (2004).

되고 있는 사전배려의 원칙에 기초하여 프랑스가 지하 핵실험이 방사성물질을 환경에 유입시키지 않는다는 점을 입증하여야 한다고 주장하였다.[31] 그러나 국제사법재판소는 이에 대하여 판단하지 않았다.

이 원칙이 확고한 국제관습법의 지위에 있다고 보기는 어렵다. 개념이 불분명하고 선 · 개도국[32] 그리고 선진국(예컨대, 미국과 EU) 사이에 커다란 입장 차가 있으며, 비교적 최근에 부각되고 있는 개념이라는 점이 이를 뒷받침하고 있다. 그러나 법규범(국제관습법 또는 법의 일반원칙)으로서 완전하지는 않더라도 환경관련 다수조약에 수용되는 등 국제관습법화되는 과정에 있는 것이 분명한 이러한 원칙의 규범성을 무시해서는 안 될 것이다.[33] 1995년 뉴질랜드의 *상황검토 요청 사건*에서 반대 의견을 낸 Weeramantry 판사는 이를 적절히 피력하고 있다: 사전배려의 원칙은 힘과 국제적 수용을 얻고 있으며, 재판소가 이에 주목하여야 하는 일반적 인식의 수준에 다다랐다.[34]

V. 한 계

1. 내용, 요건, 효과의 불분명

이 원칙은 조기에 그리고 적극적으로 환경위해를 관리하고자 한다는 점에서 매력적인 개념임에는 틀림없지만 실제 적용함에 있어서는 많은 한계가 있다. 그 내용 · 요건 등이 불분명하고 그 결과 법적 지위가 국내 · 외적으로 상당히 취약하다는 것이 그 중요한 이유 중의 하나이다. 국제적으로 이 원칙이 국제관습법적인 지위에 있는지는 불분명하다. 비교적 최근에 탄생한 개념이라는 점과 국가들마다 그 내용, 요건, 효과 등을 달리하기 때문에 국제관습법으로 인정되기 위한 국가관

---

31) Request for an Examination of the Situation in Accordance with Paragraph 63 of the Court's Judgment of 20 December 1974 in the *Nuclear Tests (New Zealand v. France)*, 1995 I. C. J. 288, 289~290 (1995).

32) 이 원칙은 개도국보다는 선진국이 선호하는 개념이라고 할 수 있다.

33) 김찬규, "대만 핵폐기물 북한이전과 국제법", 국제법평론 제9호, 1997, 181면. Sands 교수는 사전배려원칙의 법적 지위는 진화하고 있다고 지적하면서 리우선언 원칙 15를 위시한 다수의 국제문서에 나타나고 있는 이 원칙이 국제관습법을 반영하고 있다는 주장을 강하게 뒷받침할 정도로 국제사회의 광범위한 지지를 얻고 있으며, 유럽연합 내에서는 국제관습법의 지위를 얻고 있다고 주장하고 있다. Philippe Sands, Principles of International Environmental Law 279 (2nd ed. Cambridge University Press 2003).

34) *상황검토 요청 사건*(각주 31), 343면.

행과 법적 확신이 확고하게 성립하고 있다고 단정하기 어렵기 때문이다. 개념이 지나치게 광범위하고 모호하다는 점은 국내법적으로 구속력을 약화시키고 있다.

이 원칙과 관련해서는 그 내용이 추상적이고 불분명하여 통일적인 이해가 형성되어 있지 않다는 큰 한계를 가지고 있다. 예컨대, 어느 정도의 위해가 있을 때 사전배려조치를 취해야 하는가?[35] 발동 시점은 어느 때인가?[36] 어떠한 대응조치가 요구되는가?[37] 그러한 조치를 취하기 위해서 소요되는 비용이 아무리 많아도 상관이 없는가? 이는 어느 정도의 사전배려가 적당한가의 문제인데, 리우선언에서는 "비용－효과적인 조치(cost－effective measures)"를 취할 것을 요구하고 있다. 이 경우, 특히 인간의 건강 또는 중대한 환경가치가 위태로운 상황에서, 비용－효과적인 조치란 무엇을 의미하는가? 적합한 기술에의 접근 가능성 여하와는 관계가 없는가? 예컨대, 적합한 기술에의 접근이 불가능한 경우에도 이 원칙이 적용되는가? 그러한 사전배려조치를 위해서는 어떤 또는 어느 정도의 증거가 요구되는가? 어떤 위해는 수인할 수 있는가? 수인하여야 한다면 그 정도(수준)는 어디까지인가? 사전배려는 인간의 이익만을 위해서 취해져야 하는가? 아니면 동 · 식물, 자연환경의 이익을 위해서도 취해질 수 있는가? 등의 어려운 문제가 제기될 수 있다.[38] 이러한 문

---

35) 사전배려조치를 발동하는 계기(trigger)가 되는 위해 수준에 대하여는 논란이 있을 수밖에 없다. 예컨대, 리우선언과 기후변화협약에서는 "중대(serious)하거나 회복 불가능한 피해의 위협(threats)"을, 1987년 북해선언은 "발생할 가능성이 있는 유해한 영향"을, 생물다양성협약은 "생물다양성의 심각한(significant) 감소 또는 상실"을 들고 있다. 사전배려원칙이 발동되기 위한 정보의 양 및 수준에 대해서도 통일된 이해가 형성되어 있지 않다. 예컨대, 1987년 북해선언은 "가능성이 있는(possibly damaging)" 활동을, 1991년 바마코협약은 손해를 일으킬 "우려가 있을(may cause)" 때를, 1992년 북동대서양의 해양환경보호를 위한 협약(OSPAR)은 "우려에 관한 합리적인 근거(reasonable grounds for concern)"가 있을 때를, 1996년 런던덤핑의정서는 "믿음에 이유(reason to believe)"가 있을 때를 언급하고 있다.

36) 이 문제는 과학적 불확실성의 의미 및 성질과 관련이 있다. 리우선언과 기후변화협약은 "과학적 불확실성이 환경 악화를 방지하기 위한 조치를 지연시키는 구실로 이용되어서는 안 된다"라고 표현할 뿐 발동 시점에 대한 직접적인 언급은 피하고 있다. 1987년 북해선언은 "절대적으로 명백한 과학적 증거에 의하여 인과관계가 확정되기 이전"을, 카르타헤나의정서는 "불충분한 관련 과학적 정보에 기인하는 과학적 확실성의 결여"를 언급하고 있다.

37) 요구되는 조치는 완전금지인가? 완화조치인가? 또는 위해와 이익을 형량한 적당한 조치인가 논란이 있을 수 있다. 리우선언과 기후변화협약은 "비용－효과적인 조치"를, 카르타헤나의정서는 "적절한(as appropriate) 조치"를, 몬트리올의정서는 "기술적 · 경제적 고려를 감안하는 조치"를 언급하고 있다. 리우선언에서는 조치를 지연시키는 "구실로 이용되어서는 아니 된다"는 소극적인 표현에 머무르고 있는 데 반하여 1992년 북동대서양의 해양환경보호를 위한 협약(OSPAR)과 1996년 런던덤핑의정서는 "방지조치가 취해져야 한다"는 적극적인 표현을 사용하고 있다.

38) Don Mayer, *The Precautionary Principle and International Efforts to Ban DDT*, 9 S. C. Envtl. L. J. 135, 158 (2002); Ved P. Nanda & George Pring(각주 4), 59면 참조.

제는 구체적 적용의 경우에 혼란을 야기하고, 이 원칙을 실효성 없는 원칙으로 만들 가능성이 있다.

이러한 문제점은 이 원칙이 국제관습법의 지위를 인정받지 못하는 요인으로 작용하는바, 동 원칙이 구체적 의미를 갖기 위해서는 구체적인 국가의 관행, 조약 또는 법원의 결정을 통해 좀 더 분명해져야 할 것이다.

2. 적용의 다양성과 차별성

나아가 사전배려의 원칙은 문제의 심각성, 보호대상의 중요성, 공통적 이해관계 여하, 불확실성의 태양 · 정도 등에 따라 적용을 달리하고 있다고 생각된다. 사전배려의 원칙을 적용하여야 하는지 판단함에 있어 고려해야 할 요소에는 인간의 건강과 생명을 위태롭게 하는지 여부, 회복할 수 없는 해를 초래하는지 여부, 단기적 · 장기적 복지를 위태롭게 하는지 여부, 당사국에게 지나친 부담을 주는지 여부, 명확한 또는 불명확한 위해를 주는지, 높은 또는 저렴하고 단기적인 비용을 초래하는지 여부, 대안이 있는지 여부 등이 있을 수 있을 수 있다.

이러한 여러 요소들을 종합적으로 고려할 때 현재 문제의 심각성, 보호대상의 중요성이 더 할수록 사전배려의 원칙이 엄격히 적용되지 않는 경향이 있다. 아프리카 풍토병 중의 하나인 말라리아라는 당장의 심각한 문제에 대한 대처방안으로 예외적으로 DDT의 사용을 허용하고 있는 스톡홀름협약이 좋은 예이다.[39]

또한 해당 환경문제가 지역적 성격이 아닌, 국제적인 성격을 띠고 특정 국가에 국한되는 것이 아니라 전세계가 공동으로 대처해서 해결해야 할 문제(오존층 파괴, 기후변화)에 대해 보다 쉽게 국제사회는 사전배려의 원칙을 허용하곤 한다. 국제사회는 오존층 파괴 및 지구의 기후변화가 진행되고 있다는 것을 기정사실화하고 어느 정도, 어느 속도로, 그리고 어느 곳에서 진행되는지에 더 촉각을 곤두세우고 있다. 국제사회는 과학적 불확실성이 존재하더라도 더 이상 인위적으로 발생되는 오존층파괴물질과 온실가스를 규제하지 않고서는 문제 해결이 안 되는 지경에 이르렀다고 보는 듯하다. 이에 반해 지역적 성격을 띠거나(예컨대, 전자파, 내분비계장애

---

39) 스톡홀름협약은 DDT의 사용 여부라는 양자택일의 상황에서 당사국들은 DDT의 생산과 사용할 의도를 사무국에 통지한 당사국을 제외하고는 DDT의 생산과 사용을 근절하기로 합의하였다. DDT를 생산 · 사용하는 당사국은 그 생산과 사용을 DDT 사용에 관한 세계보건기구(WTO)의 권고와 지침에 따른 병해충 방제를 위한 경우와 지역적으로 안전하며 효과적이고 적절한 대체물질을 해당 당사국이 입수할 수 없는 경우로 제한하여야 한다. 스톡홀름협약(각주 22), 부속서 B 2부 제1항 · 제2항.

물질) 특정 국가들의 이익에 치우친 듯한 문제(예컨대, 유전자변형생물체, 내분비계장애물질, 위생 · 검역) 등에 대해서는 이해관계국간의 논란에 크게 개입하지 않고 있다.

한편, 사전배려의 원칙은 불확실성의 정도에 따라 적용을 달리한다. 기후변화 문제보다 과학적 불확실성의 정도가 덜한 오존층파괴 문제에 대해서 국제사회가 보다 신속한 대응을 한 것을 보면 쉽게 이해할 수 있다. 내분비장애물질이나 전자파 문제 등에 국제사회가 깊게 개입하지 않는 것은 문제의 심각성과 공동적 이해관계 등이 약한 것도 있다고 보이지만 편익에 비해 과학적 불확실성의 정도가 너무 크다는 것도 무시할 수 없을 것이다.

3. 비용－편익분석과의 충돌 가능성

현실적으로 사전배려의 원칙은 경제적인 비용－편익분석과 충돌할 수 있다.40) 엄격한 의미에서 사전배려의 원칙은 비용의 많고 적음을 따지지 않고 환경위험에 대비하여야 한다는 개념을 내포하고 있는데, 현실적으로 이를 지킨다는 것이 어렵기 때문이다. 사회는 불확실한 편익에 비해 너무 과다한 비용이 요구되는 상황을 받아들이지 않는 경향이 있다. 이는 국제사회의 경우에 더욱 그러하다. 수용하기 어려울 정도로 경제활동을 크게 제약하는 조치를 국제사회는 허용하지 않을 것이다. 협약 협상과정에서 흔히 원칙보다 자국의 이익에 따라 입장 차가 나는 형상을 목도하는 것은 오히려 자연스럽다. 그 결과는 국가마다 사전배려 원칙의 내용과 적용을 달리한다는 것이다. 말하자면 사전배려의 원칙은 사안별 적용을 달리하는 경향을 보이고 있다. 현 시점에서 국제관습법적 지위를 인정할 수 있을 정도로 국가관행과 법적 확신이 있다고 단정하기 어려운 이유도 여기에 있다. 예컨대, 유전자변형식품, 내분비계장애물질 등의 생산 및 소비가 크게 증가하고 있는 상황에서, 그 유해성이 충분히 입증되지 않았다는 이유로 일도양단식으로 이를 금지한다는 것은 현실성이 떨어질 수 있다. 여기에 사전배려적 정책을 채택할 것인지 의사결정자의 고민이 있게 된다.

하나의 위해를 규제하는 것은 보다 위험한 다른 위해를 초래할 수 있다. 과도한 규제는 환경과 생명의 구조를 지연시킬 수 있다. 예컨대, 과도한 다이어트는 더 많은 심장마비와 자살을 유도할 수 있다. 말하자면 현실적으로 해당 의약품이 그

40) 조홍식, “리스크 법 －리스크관리체계로서의 환경법－”, 서울대학교 법학 43권 제4호, 2002, 31면 참조.

안전성이 입증되어야 비로소 시장에 나올 수 있다면 내일의 안전은 확보될 수 있을지 모르나 어제 사망한 사람이나 오늘 사망할지도 모르는 사람의 생명은 보장받을 수 없는 이치이다. 이러한 점에서 사전배려의 원칙을 적용하는 것이 반드시 보다 안전함을 보장하는 것이 아니라는 입장[41]도 전혀 근거없는 얘기가 아니다. 리우선언에서 사전배려원칙의 요건으로 "비용－효과적인 조치"를 주문하는 것은 이러한 현실을 반영한 결과라고 생각된다. 현실을 무시하지 못하는, 즉 "비용－효과적인 조치"를 요구하는 것은 곧 사전배려 원칙의 한계로 작용한다.

4. WTO체제와의 충돌 가능성

사전배려의 원칙은 무역장벽의 도구로 사용될 수 있다. *EC 호르몬 사건*을 생각해 보라. 환경규제가 공중의 건강과 환경을 보호한다고 하지만 종종 자국 산업의 보호와 같은 다른 동기가 개입하는 것을 발견하게 된다. 예컨대, 수입국이 유전자변형생물체의 수입을 금지하는 것은 새로운 무역장벽을 세우는 것과 같을 수 있으며, 특히 해당 수입국이 그 결정의 기초에 과학적 기초를 전혀 요구하지 않을 경우에는 장벽은 상당히 클 수밖에 없을 것이다. 사전배려의 원칙이 위장된 보호무역주의를 정당화하는 수단으로 동원되는 것은 경계되어야 한다. 그렇다면 어느 정도의 과학적 기초를 요구하여야 하고, 사전배려의 원칙을 어느 정도 적용해야 하는가? 이는 어떤 조치가 WTO체제와 충돌되는지의 문제와 밀접한 관련이 있다.

GATT 제20조(b)는 해당 무역규제조치가 정당화되기 위해서는 인간이나 동식물의 생명 또는 건강을 보호하기 위하여 '필요한(necessary)' 조치일 것을 요구하고 있다. WTO 패널은 특히 '필요성(necessity)' 요건의 해석과 관련하여 여러 요소의 형량을 요구한다는 점을 지적하면서 그 요소로 준수 수단의 해당 조치에 대한 기여도, 해당 조치에 의해 보호되는 공동 이익 또는 가치, 해당 조치의 수출·입에 미치는 영향 등을 들었다.[42] 이러한 점을 고려할 때 원론적으로 사전배려의 원칙

41) Jonathan H. Adler, *More Sorry Than Safe: Assessing the Precautionary Principle and the Proposed International Biosafety Protocol*, 35 Tex. Int'l L. J. 173, 197 (2000). 나아가 Adler는 카르타헤나의정서는 사전배려적 조치와 마찬가지로 재정적인 비용을 수반할 뿐만 아니라 생명공학기술을 이용한 제품의 검사(testing)를 지연시키고, 부패 가능성을 증가시키며, 개도국에 대한 유용한 기술의 이전을 방해하며, 생산성을 향상시키는 유전자변형물질의 도입 및 개발을 지연하며, 생물다양성의 보호에도 역행한다고 주장하고 있다. *Id.* 198 내지 203면 참조.

42) WTO, *Korea－Measures Affecting Imports of Fresh, Chilled and Frozen Beef,* WT/DS161/AB/R, WT/DS169/AB/R(2000)(*한국 쇠고기 사건* 항소기구 결정), § 164. 이익형

에 기초한 해당 조치는 비용-편익 분석을 포함하여 잠재적 이익과 취하는 조치에 수반되는 비용을 검토하여, 보호의 정도에 비례적이어야 하며, 과거에 취해진 조치와 일치하여야 정당화될 가능성이 많다. 그 적용은 자의적이거나 부당한 차별 또는 국제무역에 대한 위장된 제한을 구성하는 방법으로 이루어져서는 안 된다.

5. 적용 범위의 축소

사전배려의 원칙이 적용되는 범위가 점점 축소되는 측면이 있다는 점도 주목할 필요가 있다. 많은 국제문서에서 사전배려의 원칙을 수용하고 있는데, 그 내용을 자세히 들여다보면 시간이 흐르면서 그 요건이 점차 완화되고 있음을 알 수 있다.[43] 여기에는 위해성(risk)에 기초한,[44] 과학을 강조하는, 사회 · 경제 비용을 고려한 규제체제의 대두와 무관하지 않다. 과학적 불확실성이 존재하더라도 어떠한 조치(금지, 감소 등)를 취하여야 한다는 원칙이 과학적 근거 또는 위해성평가 등을 요구하면서, 위해의 중대성, 비용 등 여러 요소를 고려하여 대응조치를 취하여야 한다는 원칙으로 대체되면서 사전배려의 원칙이 당초의 강한 모습에서 약한 모습으로 변하고 있다는 것이다. 북해선언, 바마코협약 등이 표방하고 있는, 즉 과학적 불확실성이 있더라도 제한을 요구하던 강한 원칙이 리우선언을 거치면서 점차 약해지더니, 과학적 불확실성이 있는 경우 해당 규제조치를 취할 수 없다는 약한 원칙으로 전락한 것이다. 카르타헤나의정서, SPS협정 등이 약한 원칙을 담고 있는 대표적인 협약이다. 이러한 기조가 계속될 경우에는 사전배려의 원칙은 그 의욕적인 출발이 퇴색하면서 자칫 종이호랑이로 전락할 가능성이 있다.

량 과정은 *EC 석면 사건*에서도 검토되었다. 패널은 "필요성" 분석을 위해 이른바, 2000년 *한국 쇠고기 사건*에서 제시한 기준을 원용하면서 해당 조치가 추구하는 목표는 석면에 의해 발생되는 생명 위협, 건강 위해의 제거, 감소를 통한 인간의 생명과 건강의 보전이며, 추구되는 가치는 최고도로 중요하다고 강조하였다. WTO, EC-*Measures Affecting Asbestos and Asbestos-Containing Products*, WT/DS135/AB/R; 40 I. L. M. 1193 (2001)(*EC 석면 사건* 항소기구 결정), §§ 170–172.

43) John S. Applegate(각주 23), 16 내지 17면.

44) 사전배려의 원칙이 더 이상 위험성(hazard) 패러다임을 반영하지 않고 위해성(risk) 패러다임을 반영할 뿐이라는 주장이 있다. 위험성이 악영향을 미치는 인자의 본질적 잠재성에 초점이 있다면 위해성은 실제 노출의 경우에 발생할 수 있는 악영향의 가능성과 규모에 주목한다. 이러한 접근방법의 차이는 전자가 피해의 감소 및 회피, 정화능력(assimilative capacity)의 비고려, 제로 리스크의 추구를 강조한다면, 후자는 피해의 최적화, 허용한도 및 정화능력의 고려, 제로 리스크의 불가능성의 전제, 위해성평가와 비용-편익분석의 강조 등에 초점을 맞춘다. John S. Applegate(앞의 글), 35 내지 66면 참조.

Ⅵ. 전　　망

사전배려의 원칙이 환경문제에 대한 만병통치약으로 부각하고 있다. 환경문제는 과학적인 성격을 내포하고 있고, 과학적 불확실성이 많이 존재하는 영역에 환경문제가 자리하고 있기 때문이다. 너무도 많은 환경자원이 서로 관련하기 때문에 하나의 행위가 생태계전체에 어떠한 영향을 미치는지를 아는 것은 불가능할지도 모른다. 비록 보편적인 개념 정의가 없지만(정확한 개념정의를 내리는 것이 불가능할지도 모른다) 이 원칙은 아주 간단하다. 그것은 장기간에 걸쳐 환경, 인간, 동·식물에 중대한 영향을 끼칠 수 있는 환경문제와 관련해서 과학적 불확실성이 있을 때 그 과학적 불확실성이 이러한 영향을 방지하는 데 걸림돌이 되어서는 안 된다는 것이다. 말하자면 이 원칙은 '선 규제, 후 위해성의 평가' 또는 "미안한 것보다는 안전한 것이 좋다"로 압축될 수 있다.45) 그 원칙의 내용은 분명하지 않지만 그 원칙의 적용 결과는 분명하다: 환경보호. 그러나 이 원칙에는 법적 지위의 불안정, 비용－편익분석과의 충돌 가능성, 적용의 다양성과 차별성, WTO체제와의 충돌 가능성, 적용범위의 축소 등 한계점이 있는 것을 부인할 수 없다.

환경법의 원칙이 환경정책이나 입법·의사결정 등의 지침이 될 수 있다는 점, 현대사회에서 기술의 사용으로 환경위해가 점점 증대하고 있는 추세라는 점, 심각한 환경파괴에 비추어 조기에 환경보호의 필요성이 증대하고 있다는 점, 환경보호를 위해 예방적 환경정책이 제1차적이고도 근본적인 원칙이라는 점, 생태계의 일체성·취약성·복잡성 등으로 인한 과학적 인식의 한계를 고려할 때 기존의 환경용량 접근방법으로는 그 대처가 곤란하며 '생태중심주의'로의 진행이 현명하고 방향성이 옳다는 점,46) 규제를 게을리하는 것이 옳지 않다는 점, 환경문제는 과학적 지식의 변화에 따라 변화할 가능성이 있으며 그 변화에 유연하게 대응할 필요가 있다는 점 등을 고려할 때 사전배려의 원칙은 결코 포기되어서는 안 될 중요한 원칙임에 틀림이 없다.

현 시점에서 사전배려의 원칙이 국제관습법의 지위에 이를 정도로 국가관행과 법적 확신이 존재하는지는 단정하기 어렵다. 그러나 최근에 국가정책, 입법, 국제문

---

45) Jonathan H. Adler(각주 41), 195 내지 196면.

46) 박종원(각주 7), 420 내지 422면. 나아가 박종원 박사는 환경용량 접근방법과 사전배려의 원칙은 환경에 대하여 다른 가치관을 가지고 있으며, 경제공리주의와 생태중심주의라는 서로 다른 이념을 내포하고 있다는 점을 지적하면서 사전배려의 원칙은 생태계 자체의 가치와 특성을 중시하는 생태중심주의에 기초하고 있다고 주장하고 있다.

서, 사법적 결정 등에 사전배려의 원칙이 반영 · 수용되는 경향이 뚜렷한 점에 비추어 국가관행과 법적 확신이 축적되어 가고 있는 것은 분명하다.

현재의 과학기술은 모든 것을 알 수 있을 것 같지만 실제 환경오염이나 생명침해의 원인과 경로에 관하여 확실하게 말할 수 있는 것이 거의 없다. 이러한 상황에서 '확실하기 때문에 금지한다'는 입장을 취할 경우에는 소 잃고 외양간을 고치는 꼴이 될지 모른다. 환경과 생명이 이미 파괴된 후에 미안하다는 말을 한다면 그것이 합리적인 변명이 될 수 있을까? 어떠한 종이 멸종된다면 무슨 일이 발생할지 모른다고 해서 그 멸종을 막는 것을 멈추게 하는 시도를 멈추어서는 안 된다.

제8절 오염자 부담의 원칙

Ⅰ. 의 의

공장에서 나오는 매연이나 폐수가 인근 지역주민의 건강이나 재산에 피해를 입히는 경우를 생각해보자. 지역주민이 입게 되는 피해는 사회적 비용으로 이러한 비용이 공장에서 만드는 제품에 충분히 반영이 안 될 경우 이는 사실상 선의의 제3자가 사회적 비용을 비자발적으로 부담한다는 것을 의미한다. 그 결과 생산자는 오염을 저감할 유인을 갖지 않는다. 생산자가 부담하여야 할 사회적 비용을 피해자에게 전가하는 것은 결과적으로 오염자에게 보조금을 지급하고 피해자에게 세금을 부담시키는 것과 다를 바 없다.[1] 이러한 결과는 형평에 맞지 아니할 뿐만 아니라 비합리적이다. 이러한 관점에서 제품이나 재화의 가격이 인간의 건강, 환경, 자연자원, 사회 · 문화적 피해 등 모든 비용을 반영 또는 내부화(internalization)한다는 것은 중요한 의미를 가지게 된다.

자연자원의 활용, 폐기물 발생, 소비 등을 고려하여 이러한 환경비용이 제품생산 및 사용의 시장가격에 충분히 반영되어야 한다는 것은 환경정책의 주요 목표 중의 하나이며 환경경제학의 초점이 되어 왔다. 이러한 관념은 국제적으로도 유효하다. 예컨대, 프레온 가스를 방출한 국가의 상공이 아닌 남극에 오존홀이 발견되고, 폐기물의 국가간 이동에 따라 폐기물을 발생한 국가가 아닌 폐기물이 반입된 국가의 환경과 국민건강이 위태로운 상황에 처한 것이 그것이다. 이러한 문제 인식을 바탕으로 리우선언 원칙 16에서는 오염발생에 책임이 있는 자가 오염의 방지와 제거를 위한 비용을 부담하여야 한다는 이른바, 오염자 부담의 원칙(Polluter Pays Principle: PPP)을 명백히 밝히고 있다:

"국가당국은 오염자가 원칙적으로 오염의 비용을 부담하여야 한다는 원칙을 고려하여 환경비용의 내부화와 경제적 수단의 이용을 증진시키도록 노력하여야 한다. 이에 있어서 공공이익을 적절히 고려하여야 하며, 국제무역과 투자를 왜곡시키지 않아야 한다."[2]

이 원칙의 구체적인 적용은 사용료 · 세금 · 부담금의 부과, 보조금의 철폐 등

---

1) 이러한 부당한 결과는 오염자 부담의 원칙이 아닌 '피해자 부담의 원칙(Victim Pays Principle: VPP)'을 고수하는 경우 발생할 수 있다.

2) 원칙 16.

이다. 오염자 부담의 원칙은 책임에 관한 원칙이 아니라 오염통제비용의 배분을 위한 원칙이라 할 수 있다. 이 원칙은 누가 법적인 책임이 있는가보다는 누구에게 비용을 부담시키는 것이 사회 · 경제적으로 오염통제를 위해 효율적이고 타당한가의 문제에 더 관심이 있기 때문에 구체적 의미는, 책임원칙에서는 구체적 피해자가 직접 오염자로부터 책임에 따른 비용부담을 추구하지만, 국가나 지방자치단체가 원인자에게 이를 추구하게 된다는 데 있다. 사용료, 부담금, 세금 등이 대표적인 예이다.

오염자 부담원칙은 일찍이 1972년 경제협력개발기구(OECD)의 지도원칙(Guiding Principles)으로 채택되었고,[3] 1974년 그 시행과 관련한 위원회의 권고로 보다 명료하되었다.[4] 이 원칙은 1975년 EC 위원회의 환경비용의 배분과 관련한 권고로 EC(현재는 EU)의 성책이 되었으며,[5] 1987년 유럽단일법(Single European Act)은 로마조약(Treaty of Rome)을 개정하고 이러한 EC 환경정책의 법적 근거를 마련하였다.[6]

당초 OECD와 EC에서 상정한 오염자 부담원칙의 중심개념은 효율성을 위한 비용배분원칙이었는데, 특별히 개인부문에서 취하여진 오염 저감조치 비용은 개인이 부담하여야 하고, 정부의 양여금이나 보조금 등으로 상계되어서는 안 된다는 것이었다. 여기에는 이러한 보조금 등이 국제거래와 투자를 심각하게 왜곡할 수 있다는 인식이 그 바탕을 이루고 있는데, 결국 동 원칙의 주된 목적은 환경이 아닌 경제에 있다고 이해할 수 있다.[7]

범세계적인 차원에서 동 원칙은 스톡홀름선언에서는 미처 수용되지 못하다가 앞에서 본 바와 같이 1992년 리우선언에서 이루어졌는데, 개도국들의 반대 입장을 반영하여 OECD나 EU의 정의보다는 크게 약화된 형태로 나타났다. 즉 당사국들은 "노력하여야 할" 의무만을 지고, 이 원칙을 적용할 국가에게 강한 의무를 부과하

---

3) "오염원인자 부담원칙이란 오염원인자가 환경을 수용가능한 상태로 유지할 수 있도록 공공당국이 결정한 오염감소 및 방지조치를 수행하기 위하여 소요되는 비용을 부담하여야 한다는 것을 의미한다. 다시 말하면 이들 조치의 비용이 생산 또는 소비함에 있어서 오염을 야기하는 상품 및 용역의 비용에 반영되어야 한다. 이러한 조치들은 국제무역과 투자에 중대한 왜곡을 유발할 수 있는 보조금을 수반하지 않아야 한다." Guiding Principles Concerning International Economic Aspects of Environmental Policies, OECD Doc. C(72)128 (May 26, 1972), Annex 4.

4) The Implementation of the Polluter-Pays Principle, OECD Doc. C(74)223 (1974. 11. 14.).

5) Council Recommendation of 3 March 1975 Regarding Cost Allocation and Action by Public Authorities on Environmental Matters, 1975 O. J. (L169) 1.

6) Single European Act, 1987 O. J. (L 169) 1, 제25조.

7) P. W. Birnie and A. E. Boyle, International Law and the Environment 33 (2nd ed. Oxford University Press 2002), 110면.

고 있지 않다.

Ⅱ. 구체적 예

동 원칙은 특히 최근에 체결된 다수의 환경협약들에 수용되어 있다. 예컨대 1992년 UN/ECE 국제수로와 호수의 보호와 사용에 관한 협약,[8] 1990년 유류오염의 대비, 대응 및 협력에 관한 국제협약,[9] 1992년 산업재해의 국제적 영향에 관한 협약,[10] 아세안 자연보전협정,[11] 1996년 런던덤핑의정서,[12] 2001년 잔류성유기오염물질에 관한 협약(스톡홀름협약)[13] 등이 그것이다.

Ⅲ. 법적 성질

1990년 유류오염의 대비, 대응 및 협력에 관한 국제협약, 1992년 산업재해의 국제적 영향에 관한 협약 등은 전문에서 이 원칙이 국제환경법의 일반원칙이라고 밝히고 있다. 그럼에도 불구하고 이 원칙이 국제환경법상 법의 일반원칙으로 확립되었느냐에 대해서는 부정적인 시각이 많다.[14] 범위와 결과의 불확실성, 개도국들의 부정적인 시각 등을 고려할 때 이 원칙은 경제학적인 원칙에 불과할 뿐 법의 일반원칙으로 성숙되지는 않았다고 할 수 있다.[15]

---

8) Convention on the Protection and Use of Transboubndary Watercourses and International Lakes, 31 I. L. M. 1312 (1992), 제2조 제5항(b).

9) International Convention on Oil Pollution Preparedness, Response and Cooperation (OPRC), 30 I. L. M. 735 (1991), 전문.

10) Convention on the Transboundary Effects of Industrial Accidents, 21 Int'l Env't Rep. (BNA) 5301.

11) ASEAN Agreement on the Conservation of Nature and Natural Resources, http://sedac.ciesin.columbia.edu/entri/texts/asean.natural.resources.1985.html(2005. 7. 30.), 제10조 (d).

12) 의정서는 해상투기 및 해상소각을 위한 폐기물의 수출을 금지함으로써, 오염자 부담원칙을 수용하였다. 1996 Protocol to the Convention on the Prevention of Marine Pollution by Dumping of Wastes and Other Matter, 36 I. L. M. 1 (1997), 제3조 제2항.

13) Stockholm Convention on Persistent Organic Pollutants, 21 Int'l Env't Rep. (BNA) 5401, 40 I. L. M. 532 (2001), 전문.

14) Ved P. Nanda and George Pring, International Environmental Law & Policy for the 21st Century 9 (Transnational Publishers, Inc. 2003).

15) 노명준, 신국제환경법, 법문사, 2003, 84면.

그러나 유럽연합(EU) 국가와 경제협력개발기구(OECD) 국가들의 사이에서는 관습법적인 지위에 있다고 볼 수 있다는 견해가 있다.16)

Ⅳ. 도전 및 시련

리우선언에서 위와 같이 오염자 부담의 원칙을 천명하고 있음에도 논란은 계속되고 있다. 국내적으로는 국가의 책임회피와 사업자·국민에 대한 책임전가의 구실로 작용할 수 있다는 문제가 제기되고 있다. 국제적으로 오염자 부담의 원칙은 환경문제 해결을 위한 접근방법으로 흔히 선진국의 입장을 옹호하는 근거로 사용되는데, 즉 선진국은 개도국도 오염 원인을 제공하고 있기 때문에 그에 대한 책임을 부담하여야 한다고 주장하고 있다. 이에 반해 개도국들은 선진국들의 '역사적 책임'을 강조하면서 선진국들의 기술 및 자금지원을 요구하고 있다.

환경비용의 내부화를 강조하는 이 원칙은 개도국이 선진국에 비해 상대적으로 낮은 수준의 환경비용으로 인하여 국제거래에서 일종의 비교 우위를 가질 수 있는 여지를 없애므로 개도국에게 반갑지 않은 원칙이 되고 있다. 특히 개도국들은 환경비용을 내부화하는 것은 일종의 사치로 그럴 여력도 없다고 주장하면서 선진국들의 역사적 책임을 강조하고 있다. 선진국들은 개도국들의 반대를 누그러뜨리기 위하여 재정·기술지원 등을 고려하고 있다.

---

16) Philippe Sands, Principles of International Environmental Law 280 (2nd ed. Cambridge University Press 2003).

제 4 장 지구대기환경의 보전

지구상의 생명체를 유지하게 하는 섬세하고 민감한 막, '대기'. 그 지구 대기가 인간의 활동으로 인해 급격한 변화를 겪고 있다. 이러한 대기 변화로 인하여 인류의 대재앙을 피할 수 없다는 경고가 이어지고 있다. 그 경고는 대기 변화가 인간의 건강, 생명, 환경, 생태계에 악영향을 주면서 급기야 인간의 생존 자체를 위태롭게 하고 있다는 것을 남고 있다. 그 최종 메시지는 대기오염물질의 배출이라는 인간 활동을 규제하지 않는 한 인류의 존립 자체가 위태로울 수 있다는 것이다. 이것이 사실이라면 21세기 인류 최대의 도전은 시작된 셈이다. 그러나 이러한 인식이 지나치게 과장되고, 오류가 많다는 지적도 만만치 않다. 기후변화 등 문제가 실제로 일어나고 있는지조차 단정할 수 없다는 견해도 있다. 이러한 견해에 따르면 우리가 지금 해야 할 것은 상당히 제한적이다.

아마도 우리 인류가 가장 크게 공유하고 있는 자연자원이라고 할 수 있는 대기라는 것은 국경을 가지고 있지 않기 때문에 모든 국가는 한 국가의 대기오염으로부터 자유로울 수가 없다. 이러한 독특한 특성은 대기오염문제에 대하여 모든 국가가 공동의 노력을 기울여 대처해야 한다는 것을 알려주고 있다. 이는 국제환경법의 출발점이며 앞으로도 중요한 과제가 될 것이 틀림없다. 대기 변화는 이제 눈앞의 현실로 나타나고 있나. 강 건너 불이 아니기 때문에 문제 해결을 위해서는 당장의 행동이 요구되고 있다.

국제환경법에서 대기오염문제에 대한 국제적 협력 및 규제는 월경(越境) 대기오염, 오존층 파괴, 기후변화(지구 온난화) 문제 등에 집중되고 있다. 위 세 영역은 각자 별도의 독자적인 체제를 가지고 있다.

제1절 월경 대기오염

비교적 최근까지도 대기오염문제는 지역적 문제로 다루어져 왔다. 미국에서 그동안 주(州)나 지방정부 차원에서 다루던 대기질 규제 문제를 1970년 대기정화법(CAA)을 만들면서 비로소 연방차원에서 다루게 된 것이 대표적인 예이다. 대기정화법도 기본적으로 국제적인 대기오염문제는 고사하고 주간(州間)대기오염문제를 크게 다루고 있지 않았다. 일찍이 대기오염원이 국경을 넘어 다른 국가에 피해를 입히는 사례(예컨대, 캐나다와 미국 간 *Trail Smelter* 분쟁)가 있어 당사국들의 관심을 불러일으켰지만 본격적인 논의는 1970년대 후반에 와서야 이루어졌다.

대기오염에 관한 최초의 다자조약은 1979년 제네바에서 체결된 ECE 광역 월경 대기오염에 관한 조약(LRTAP)[1]이다. 이 조약은 대기오염을 "인간이 대기 중에 물질이나 에너지를 직접·간접으로 배출함으로써 인간의 건강을 위태롭게 하고 생물자원, 생태계 및 유형 재산에 피해를 주며, 환경의 쾌적함이나 기타 합법적 사용을 훼손하거나 간섭할 정도로 해로운 영향을 초래하는 것"으로 정의하고 있다.[2] 또한 이 조약에 따르면 '광역 월경 대기오염'이란 "그 물리적 원인의 전부 또는 일부가 한 국가의 관할권하에 있는 지역에 위치한 대기오염으로서, 일반적으로 개별적 배출원 또는 집단 배출원을 구별하는 것이 불가능한 거리에 위치하는 관할지역에 악영향을 초래하는 것을 말한다."[3]

월경 대기오염문제를 유발하는 주요한 오염물질로는 아황산가스(SO_2), 질소산화물(NOx), 미세먼지(PM), 휘발성유기화합물(VOCs), 잔류성유기오염물질(POPs) 등이 지목되고 있다.

월경 대기오염문제에서 가장 대표적인 것이 산성비(acid rain) 문제이다. 산성침전(acid deposition)은 자동차나 공장에서 배출되는 대기오염물질이 대기 중의 물과 화학적 반응을 일으키면서 이루어지는데, 화학적 반응의 결과 형성된 황산이나 질산과 같은 산성분은 비나 눈으로 지구에 떨어지게 된다. 이를 흔히 산성비라 부르는데, 좀 더 정확히 표현할 경우 pH가 5.6 이하인 비를 일컫는다.

흔히 산성비는 수중생물, 삼림, 토양, 역사적 기념물 등을 황폐화시키는 것으로 알려지고 있다. 1952년 4,000여 명의 사망자를 발생시킨 영국의 런던 스모그

1) ECE Convention on Long-Range Transboundary Air Pollution(LRTAP), 18 I. L. M. 1442 (1979).
2) *Id.* 제1조(a).
3) *Id.* 제1조(b).

(Smog) 참사,[4] 유럽 · 북미 등에서 이루어지고 있는 광범위한 삼림피해 등이 대표적인 예이다.

산성침전에 대한 과학적 연구는 일찍이 1800년대 후반 영국 산업지대에서 이루어졌다. 과학자 Robert Angus Smith는 석탄을 연료로 사용하는 인근 공장의 아황산가스 배출과 물의 산성 정도와의 관계를 분석하면서 '산성비'라는 용어를 처음 사용하였다.[5] 이러한 연구결과에 따르면, 공장들이 높은 굴뚝을 설치함으로써 해당 지역의 대기오염문제를 다소간 완화하긴 하였지만 오히려 대기오염물질이 광역적으로 확산하도록 하여 월경 대기오염문제를 야기하였다.

월경 대기오염문제는 다국간 국제환경분쟁의 구도를 야기하고(예컨대, 미 · 캐나다 간 *Trail Smelter* 분쟁, 황사문제로 인한 한 · 중 · 일 외교분쟁, 동남아시아 연무분쟁을 생각해 보라), 피해의 만성적 · 누적적 성격, 원인지와 피해지의 원거리(격리성), 가해자의 불특정성, 가해자의 책임자각의 희박성 등으로 그 문제해결이 쉽지 않다.

산성침전 문제에 대한 해결 노력은 비로소 1970년대에 와서, 비록 국제적 조약이 아닌 지역적 조약이지만, 1979년 ECE 광역 월경 대기오염에 관한 조약으로 일말의 결실을 맺게 되었다. 여기에는 밀집한 국가 간에 서로 영향을 주고받는 지역적 특성이 크게 작용한 것으로 보인다.

Ⅰ. 판　　례

국제법의 출발점인 선린(good neighborliness)의 원칙은 월경 대기오염문제를 다루는 데 중요한 법적 기초를 제공한다. 이 원칙은 "이웃을 해치지 않도록 재산권을 행사하라(*sic utere tuo ut alienum non laedus*: do unto others as you would have others do unto you)"는 법언에 기초하고 있다.

주권은 월경 대기오염을 금지하는 국제관습규범의 형성 · 발전에 큰 장애로 작

---

4) 1952년 12월 4일부터 1주일간 영국 런던시에서는 석탄 연소에 따른 연기가 정화되지 않은 채 대기 중으로 배출되었고 때마침 나타난 무풍현상과 기온역전으로 인해 대기로 확산되지 못하고 지면에 정체하게 되었다. 배출된 연기와 짙은 안개가 합쳐져 스모그를 형성하였고, 특히 연기 속에 있던 아황산가스가 황산안개로 변하였다. 이것은 런던 시민의 호흡기에 치명적인 영향을 주었다. 런던 시민은 호흡 장애와 질식 등으로 사건 발생 후 첫 3주 동안에 4,000여 명이 사망하였고, 그 후 만성 폐질환으로 8,000여 명이 추가 사망하여 총 1만 2,000여 명이 1주일 동안의 심한 대기오염 현상으로 목숨을 잃었다.

5) John McCormic, *Acid Pollution: The Internatinal Community's Contiuing Struggle*, Env't, 2 (1998. 4.).

용하고 있다. 전통적으로 각국은 오염을 통제할 것인지 여부가 자국의 재량에 맡겨져 있으며, 자국의 결정이 타국에 미친 영향(오염피해)에 대하여 책임을 지지 않는다는 입장을 취하였다. 이러한 관점에서 월경 오염을 금지하는 국제규범은 국가주권에 대한 예외 또는 제한이라 할 수 있다.

이러한 국가주권의 예외 또는 제한 개념은 역사적으로 중요한 이른바, *Trail Smelter 사건*에서 시작하였다(이 사건에 대하여 자세한 내용은 제2장 제2절 참조).

Trail Smelter 중재판결은 양국간의 분쟁을 다룬 것이고, 오염원이 규명되었으며, 피해의 액수와 장래 구제수단 등에 대하여 논란은 있었지만 가해국가(캐나다)가 기본적으로 피해발생을 인정하였다는 특성을 갖고 있다. *Trail Smelter 사건*의 이러한 독특한 성격 때문에 이 사건의 결정이 국제적인 월경 오염에 적용되기에는 일정한 한계가 있을 수 있다. 그러나 이 사건은 다른 국가들에 좋은 선례를 제공하고 있다. 국제환경법 초창기 역사를 대표하고 있는 이 사건이 월경 오염과 관련하여 현재까지 국제환경법에서 가장 영향력이 있는 사건임은 부인하기 힘들 것이다. *Trail Smelter 사건*의 결정이 월경 오염과 관련하여 실체법적인 문제를 직접적으로 다룬 유일한 국제 사법기관의 결정이라는 사실은 동 결정의 권위를 높이고 있다.

국제법정을 통해 초국경적 대기오염문제의 해결을 시도한 *Trail Smelter* 중재판결의 핵심은 무엇보다도 월경피해 금지원칙을 표현한 것이라고 할 수 있다. 이 원칙은 그 후 스톡홀름선언(원칙 21), 리우선언(원칙 2)을 비롯하여 다수의 조약에 수용되었다.[6] *Trail Smelter 사건*이 이와 같이 국제환경법에서 막대한 비중을 차지할 것이라는 것을 당시에는 누구도 예상하지 못했을 것이다.

Ⅱ. ECE 광역 월경 대기오염에 관한 조약

월경 대기오염문제에 관하여는 아직까지 오존층 파괴, 기후변화 등과 같은 국제적인 조약이 등장하고 있지 않다. 월경 대기오염문제는 국제수로 문제와 같은 오랜 역사를 가지고 있지도 않다. 현재 월경 대기오염문제를 다루는 조약은 ECE 광역 월경 대기오염에 관한 조약이 고작이다. 많은 국가가 인접해 있고, 오염물질

---

6) 1972년 런던덤핑협약, 전문; LRTAP(각주 1), 전문; 1982년 유엔해양법협약, 제194조; 1985년 아세안 자연보전협정, 제20조; 1985년 오존층보호를 위한 비엔나협약, 전문; 1992년 기후변화협약, 전문; 1992년 생물다양성협약, 제3조; 1992년 사막화방지협약, 전문; 2001년 잔류성유기오염물질에 관한 협약(스톡홀름협약), 전문; 1992년 산림원칙, 원칙 1(a); 1982년 국제법협회 몬트리올규칙, 제3조; 1987년 미국 대외관계법 제601조 제1항(b) 참조.

을 배출하는 국가와 오염물질의 영향을 받는 국가가 혼재해 있어 그 추적이 힘든 경우일수록 오염의 효과적인 규제를 위해서는 국가간 협력의 필요성이 더욱 클 수 밖에 없다. 이러한 관점에서 미국과 캐나다와 같이 오염원의 규명이 비교적 쉽고, 상호간에 미치는 영향이 비슷한 지역에서 양자조약으로 그 문제를 해결하고 있음에 비해 유럽대륙에서 월경 대기오염문제를 해결하기 위한 지역 · 다자조약이 출현한 것은 자연스러운 결과라 할 것이다.

협약명	채택일 (발효일)	주요 내용	당사국 수	우리나라 가입일 (발효일)
광역 월경 대기오염에 관한 조약 (LRTAP)	1979 (1983.3.16.)	－월경 대기오염의 감축 · 방지	51 (2020.1. 현재)	미가입 (－)
EMEP의정서	1984 (1988.1.28.)	－측정과 평가를 위한 협력계획(EMEP)에 재정지원	47 (〃)	〃
헬싱키의정서	1985 (1987.9.2.)	－아황산가스 30% 감소	25 (〃)	〃
소피아의정서	1988 (1991.2.14.)	－질소산화물 규제	35 (〃)	〃
제네바의정서	1991 (1997.9.29.)	－휘발성유기화합물 규제	24 (〃)	〃
오슬로의정서	1994 (1998.8.5.)	－아황산가스 추가 감축	29 (〃)	〃
아루스의정서	1998 (2003.12.29.)	－중금속의 규제	34 (〃)	〃
아루스의정서	1998 (2003.10.23.)	－잔류성유기오염물질의 생산 · 사용을 규제	33 (〃)	〃
고텐버그의정서	1999 (2005.5.17.)	－산성화, 부영양화와 지상오존의 감소	27 (〃)	〃

〈http://www.unece.org/env/lrtap/status/lrtap_s.htm〉

1. ECE 광역 월경 대기오염에 관한 조약

월경 대기오염을 규제하기 위한 노력이 비록 지역적 차원이지만 유럽에서 가시화되었다. 1950년대 스칸디나비아 국가들은 호수와 강 등에서 산성피해를 발견하였는데, 많은 과학적 연구결과는 그 오염이 그들 국가 외부에서 기인한 것으로 규명하였다. 유럽국가들이 배출하는 이산화황과 산화질소의 절반 이상이 발생국이 아닌 다른 국가에 침전되고 있다는 것이 확인되었다.7) 주로 피해국에 해당하는 스칸디나비아 국가들은 산성침전 문제를 해결하기 위하여 국제적 노력을 주도하였다. 그러나 산성침전 문제는 그 문제의 심각성에도 불구하고 1972년 스톡홀름회의에서 크게 주목을 끌지 못하였다. 1975년 스칸디나비아 국가들은 유엔유럽경제위원회(UN Economic Commission for Europe: ECE)로 하여금 대기오염을 규제하는 조약을 준비하도록 주변 국가들을 설득하였다. 그들의 설득은 주효하였고, 결국 1979년 ECE 광역 월경 대기오염에 관한 조약이 탄생하게 되었다.

동 조약은 골격협약으로서, 당사국에게 대기오염 배출을 감축할 의무를 직접적 · 실질적으로 부과하고 있지 아니하다. 다만 이 조약은 당사국에게 월경 대기오염을 포함한 대기오염을 제한하고, 가능한 한 점진적으로 감축 · 방지하도록 노력할 것을 촉구하고 있을 뿐이다.8) 그 밖에 정보교환, 협의, 연구, 측정 등을 요구하고 있으나 "가능한 한(as far as possible)," "경제적으로 실행 가능한(economically feasible)" 등 제한적인 문구를 삽입함으로써 조약의 효력은 상당히 약화되어 있다.9) 이는 자연히 아래에서 살펴보는 여러 의정서들의 출현을 예고하였다.

2. 의 정 서

1979년 ECE 광역 월경 대기오염에 관한 조약이 실효적이지 못하다는 사실이 곧 밝혀졌다. 결국 당사국들은 월경 대기오염을 효과적으로 규제하기 위한 구체적이고 실질적인 내용을 담고 있는 의정서를 채택하였는데, 현재까지 채택된 의정서는 무려 8개에 이르고 있다.

---

7) 유럽경제협력개발기구(OECD)는 이산화황 같은 대기오염물질은 침전되기 전에 수천 마일을 이동하고, 유럽국가들 중 절반 정도는 산성침전의 주 원인이 다른 국가들에서 오고 있다는 것을 확인하였다. OECD, The OECD Programme on Long Range Transport of Air Pollutants—Measurements and Findings 3 (2d ed. 1979).

8) LRTAP(각주 1), 제2조.

9) *Id.* 제3조 내지 제6조 참조.

가. 1984년 EMEP의정서

ECE 광역 월경 대기오염에 관한 조약에 대한 최초의 의정서는 1984년 제네바에서 조인된 광역 대기오염의 측정과 평가를 위한 협력계획에 대한 장기 재정지원에 관한 의정서(EMEP의정서)이다.10) 오염물질 감소라는 조약 목적을 효과적으로 달성하기 위하여는 대기오염과 관련한 측정과 평가가 제대로 이루어져야 할 것이다. 동 의정서는 측정과 평가를 위한 협력 프로그램(EMEP)과 관련하여 당사국간에 그 비용을 분담하기 위하여 체결되었다. EMEP의 주요 구성요소는 자료의 수집, 대기질 측정, 대기확산의 모델링 등 세 가지이다. 이에 따라 현재 24개국에 걸쳐 약 100군데에 이르는 측정소에서 배출과 대기질에 관한 자료가 수집되고 있다.11) EMEP의 재정은 강제적 기부금과 자발적 기부금으로 이루어져 있다.12)

나. 1985년 헬싱키의정서

1985년 헬싱키에서 조인된 아황산가스의 배출을 감소하기 위한 의정서13)는 아황산가스(SO_2)의 배출을 1993년까지 1980년 수준을 기준으로 최소 30% 감축할 것을 목표로 하고 있다.14) 이러한 감축 목표는 달성되어, 목표시한인 1993년까지 50% 이상이 감소된 것으로 보고되었다.15)

다. 1988년 소피아의정서

1988년 불가리아의 수도 소피아에서 조인된 세 번째 의정서16)는 주요한 대기오염물질 중의 하나인 질소산화물에 초점을 맞추었다. 이 의정서는 질소산화물 배출량이 1995년까지 1987년 수준, 또는 의정서의 서명 혹은 가입 시 정한 그 이전 연도 수준을 초과하지 않을 것을 목표로 하고 있다.17) 이를 위하여 당사국들은 첫

10) 1984 Geneva Protocol on Long-term Financing of the Cooperative Programme for Monitoring and Evaluation of the Long-range Transmission of Air Pollutants in Europe (EMEP), 27 I. L. M. 701 (1988).

11) http://www.unece.org/env/lrtap/status/lrtap_s.htm 참조.

12) EMEP의정서(각주 14), 제3조.

13) 1985 Helsinki Protocol on the Reduction of Sulphur Emissions or Their Transboundary Fluxes by at Least 30 Percent, 27 I. L. M. 707 (1988).

14) *Id.* 제2조.

15) http://www.unece.org/env/lrtap/status/lrtap_s.htm 참조.

16) 1988 Sofia Protocol Concerning the Control of Emissions of Nitrogen Oxides or Their Transboundary Fluxes, 28 I. L. M. 214 (1989).

17) *Id.* 제2조 제1항.

번째 단계인 의정서 발효 2년 내에 경제적으로 이용가능한 최선의 기술(best available technologies)을 기초로 하여 주요 신규고정오염원(new stationary sources)과 신규이동오염원(new mobile sources)에 대하여 국내 배출기준을 적용하여야 하고, 주요 기존고정오염원(existing stationary sources)에 대하여 오염규제조치를 도입하여야 한다.[18)]

두 번째 단계로서, 동 의정서는 의정서 발효 후 2년 내에 당사국으로 하여금 위해수치(critical loads) 개념을 받아들여 질소산화물의 추가 감축을 위하여 교섭을 시작할 것을 요구하고 있다.[19)] 이 의정서는 앞서 체결된 아황산가스의 배출을 감소하기 위한 헬싱키의정서에 비하여 덜 성공적이라고 평가되고 있다. 그 주된 이유로는 질소산화물의 주요 오염원인 자동차업계의 정치적 압력과 비협조가 들어지고 있다.[20)]

라. 1991년 제네바의정서

1991년 제네바에서 채택된 휘발성유기화합물의 배출 또는 그 월경 이동의 규제에 관한 의정서[21)]는 당사국에게 다음 세 가지 방법 중 한 가지를 선택하여 휘발성유기화합물[22)]의 배출감소를 이행하게 하고 있다: ① 1988년 수준, 또는 의정서의 서명 혹은 가입 시 정한 연도(1984년에서 1990년까지 기간 중에서 정함) 수준을 기준으로 1999년까지 최소한 30% 감축; ② 휘발성유기화합물이 대류권오존관리지역(Tropospheric Ozone Management Area)으로부터만 배출되는 경우, ①과 마찬가지로 30% 감축(1999년까지 연간배출량은 1988년의 수준을 초과하지 않아야 함); ③ 연간배출량이 50만톤 미만, 주민당 20kg 미만, 그리고 km^2당 5톤 미만인 경우 1999년까지 1988년 수준 이하로 유지.[23)]

---

18) *Id.* 동조 제2항.

19) *Id.* 동조 제3항. 위해수치란 오염물질에의 노출에 대한 수량적 수치로서, 그 이하 수준에서는 현재의 지식에 따라 일정한 예민한 환경 요소에 대하여 심각히 해로운 장기적 효과가 발생하지 않는 수준을 말한다. Brown Weiss *et al.*, Internal Environmental Law 518 (Wolters Kluwer, 2007).

20) John McCormick(각주 5).

21) Protocol to the 1979 Convention on Long−Range Transboundary Air Pollution Con−cerning the Control of Emissions of Volatile Organic Compounds or Their Transboundary Fluxes, 31 I. L. M. 573 (1992).

22) 휘발성유기화합물은 지상 오존을 형성하는 데 크게 기여하는 대기오염물질로 알려지고 있다.

23) 제네바의정서(각주 21), 제2조 제2항.

마. 1994년 오슬로의정서

헬싱키의정서의 성공에도 불구하고 산성침전은 여전히 문제가 되었다. 이에 아황산가스 배출 추가감축을 위한 의정서가 1994년 오슬로에서 채택되었다.[24] ECE 광역 월경 대기오염에 관한 조약의 다섯 번째 의정서에 해당하는 오슬로의정서는 당사국에게 아황산가스의 침전이 제1부속서에서 정해진 위험수치를 초과하지 않도록 요구하고 있으며, 국가별 구체적인 배출한도, 목표 시한, 규제조치 등을 정하고 있다.[25]

바. 1998년 중금속에 관한 아루스(Aarhus)의정서

ECE 광역 월경 대기오염에 관한 조약 당사국들은 기존 아황산가스, 산화질소 같은 산성화의 전구물질(precusors)에 국한하지 아니하고 보다 범위를 넓혀 인간의 건강에 악영향을 미치는 '제품' 자체(예컨대, 중금속)에 대하여도 관심을 갖게 되었다. 그 결과 집행부는 1998년 덴마크 아루스(Aarhus)에서 중금속(heavy metals)의 규제를 위한 의정서[26]를 채택하였다. 이 의정서의 규제 대상은 카드뮴(Cd), 납(Pb), 수은(Hg) 세 가지이다.[27] 당사국은 이 중금속을 1990년 수준 또는 의정서의 서명 혹은 가입 시 정한 연도(1985년에서 1995년까지 기간 중에서 정함) 수준으로 감축하여야 한다.[28] 동 의정서는 산업시설(금속 · 제강업), 화석연료의 연소, 폐기물 소각 등의 과정에서 배출되는 중금속의 감축을 목표로 하고 있다. 동 의정서는 중금속의 효과적인 규제를 위하여 한계치(limit values)[29]와 이용가능한 최선의 기술(best available technologies) 개념을 도입하였는데, 각 당사국은 정해진 기한 내에 각 고정오염원별로 설정된 한계치와 이용가능한 최선의 기술을 적용하여야 한다.[30] 또한 당사국은 부속서 Ⅵ에 정해진 조건과 시한에 맞게 제품규제조치(product control measures)를 적용하여야 하며, 부속서 Ⅶ에 정해진 사항을 고려하여 추가적인 제품관리조치(product management measures)를 적용할 것을 고려하여야 한다.[31] 앞으로 규제대상 물질의 추가에 따라 이 의정서의 규제대상은 확대될

---

24) 1994 Oslo Protocol on Further Reduction of Sulphur Emissions, 33 I. L. M. 1542 (1994).
25) *Id.* 제2조.
26) 1998 Aarhus Protocol on Heavy Metals, 21 Int'l Env't Rep. (BNA) 4951, http://www.unece.org/env/lrtap/status/lrtap_s.htm.
27) *Id.* 제3조 제1항, 부속서 I.
28) *Id.* 부속서 I.
29) mg/m³으로 표시되는 한계치는 표준상태를 의미한다. *Id.* 부속서 V, 제3항 참조.
30) *Id.* 제3조 제2항.
31) *Id.* 동조 제3항 · 제4항.

것으로 예상된다.

사. 1998년 잔류성유기오염물질에 관한 아루스(Aarhus)의정서

중금속에 관한 의정서와 동시에 조약 집행부는 잔류성유기오염물질(POPs)[32]의 생산 · 사용을 규제하기 위한 의정서[33]도 채택하였다. 이 의정서는 16가지 규제대상 물질에 초점을 맞추고 있는데, 여기에는 11가지 농약, 두 가지 산업화학물질, 세 가지 부산물(dioxins, furans, PAHs)이 포함되어 있다. 이 의정서는 잔류성유기화합물질의 방출 · 배출의 규제 · 감소 · 제거를 목적으로 하고 있다.[34] 이를 위하여 동 의정서는 일정한 제품(예컨대, aldrin, chlordane, chlordecone, dieldrin, endrin, hexabromobiphenyl, mirex and toxaphene)에 대한 생산과 사용의 즉각적인 금지를 명하고 있으며, DDT, PCBs 등에 대해서는 일정한 예외를 두고 있다.[35] DDT, HCH, PCBs 등의 사용은 엄격하게 제한된다.[36] 또한 동 의정서는 당사국으로 하여금 다이옥신(dioxins), 퓨란(furans), PAHs, HCB 등을 1990년 수준, 또는 의정서의 서명 혹은 가입 시 1985년에서 1995년까지 기간 중에서 정한 연도 수준 이하로 감축하도록 하고 있다.[37] 당사국은 정해진 기한 내에 각 고정오염원별로 설정된 한계치와 이용가능한 최선의 기술을 적용하여야 한다.[38] 특히 이 의정서는 도시폐기물, 유해폐기물, 의료폐기물의 소각에 관한 한계치를 설정하고 있다.[39]

이 의정서는 2001년 잔류성유기오염물질에 관한 협약(스톡홀름협약)[40]에 큰 영향을 미쳤으며, 앞으로 농약을 사용하는 농업을 비롯하여 다이옥신(dioxins), 퓨란(furans) 등을 많이 발생하는 폐기물 소각, 공장 등에 큰 영향을 끼칠 것이 분명하다.

---

32) 이 의정서가 구제의 초점으로 하고 있는 잔류성유기오염물질은 자연발생적이 아닌 인간이 만든 유기화합물질로 흔히 독성, 지속성, 누적성, 장거리 이동성 등을 특징으로 하고 있다.

33) 1998 Aarhus Protocol on Persistent Organic Pollutants, 21 Int'l Env't Rep. (BNA) 5001, http://www.unece.org/env/lrtap/status/lrtap_s.htm.

34) *Id.* 제2조.

35) *Id.* 제3조 제1항(a), 부속서 Ⅰ.

36) *Id.* 동항(c), 부속서 Ⅱ.

37) *Id.* 제3조 제5항(a), 부속서 Ⅲ.

38) *Id.* 동항(b).

39) *Id.* 부속서 Ⅳ.

40) Stockholm Convention on Persistent Organic Pollutants, 21 Int'l Env't Rep. (BNA) 5401, 40 I. L. M. 532 (2001).

아. 1999년 고덴버그(Gothenburg)의정서

조약 당사국들은 전통적으로 규제의 대상이 되어온 아황산가스, 질소산화물 같은 산성화의 전구물질(precusor)에 다시 초점을 맞추고 보다 큰 감축을 시도하였다. 즉 1999년 스웨덴 고덴버그(Gothenburg)에서 채택된 여덟 번째 의정서[41]는 4개 오염물질(아황산가스, 질소산화물, 휘발성유기화합물, 암모니아)에 대하여 초점을 맞추고, 이들의 규제와 감축 그리고 위험수치의 준수를 주요목표로 정하였다.[42] 이를 위하여 의정서는 당사국별로 2010년까지 준수해야 할 배출허용총량(emission ceilings)을 설정하였는데, 2010년까지 1990년 수준에서 아황산가스 63%, 질소산화물 41%, 휘발성유기화합물 40%, 암모니아 17%의 배출량 감축을 내용으로 하고 있다.[43] 산성화, 부영양화와 지상오존의 감소를 위하여 이 의정서는 일정한 오염원에 대하여 엄격한 한계치를 설정하고 오염물질의 배출감소를 위하여 이용가능한 최선의 기술을 적용할 것을 요구하고 있다.[44]

이 의정서가 성공적으로 시행되면 유럽지역에서 1990년 산성화가 심한 지역 9천3백만ha, 부영양화가 심한 지역 1억6천5백ha가 2010년경 각각 1천5백만ha, 1억8백만ha로 감소하는 등 산성화 · 부영양화 정도는 상당히 감소할 것으로 전망되고 있다. 지나치게 높은 오존 수준을 보이는 날은 반으로 줄어들고 그 결과 오존노출의 만성적인 효과로서 잃게 되는 수명은 1990년 수준보다 230년 정도 낮아지며, 오존과 대기 중 먼지로 인한 조기사망은 연간 47,500명 정도 줄어들 것으로 예상되고 있다. 또한 농작물의 지나친 오존 수준에의 노출은 44% 감소할 것으로 전망되고 있다.[45]

3. 평 가

ECE 광역 월경 대기오염에 관한 조약은 유럽연합(EU), 러시아, 미국, 캐나다를 위시하여 동구권 국가들까지도 가입함으로써 동 · 서 냉전을 완화시키는 데 일조한 조약으로 인식되고 있다. 그러나 그 중요성은 무엇보다도 대기오염 규제와 관련한 최초의 다자조약이라는 데 있을 것이다. 특기할 것은 동 조약 체세는 배출허용기

41) 1999 Gothenburg Protocol to Abate Acidification, Eutrophication and Ground-level Ozone, 21 Int'l Env't Rep. (BNA) 5051.
42) *Id.* 제2조. 산성화, 오존 등 한계치와 수준은 부속서 I 참조.
43) *Id.* 제3조 제1항, 부속서 Ⅱ.
44) *Id.* 동조 제2항 내지 제6항, 부속서 Ⅳ, Ⅴ, Ⅵ, Ⅷ 참조.
45) http://www.unece.org/env/lrtap/status/lrtap_s.htm.

준, 목표, 이행 시한, 규제조치, 시행 등과 관련하여 구체적인 규정을 두지 않아 이를 보충하기 위한 의정서들이 속속 채택될 수밖에 없었는데, 이러한 현상, 즉 골격협약과 의정서라는 이원적 법 형식은 그 후 많은 국제환경협약의 훌륭한 전례가 되었다.

이 조약체제는 비록 선진국들을 중심으로 한 지역적 조약이지만, 여기에서 시도된 대기오염 규제를 위한 개념, 기술, 규제조치 등은 국제적으로 영향을 미치고 있다. 2001년 스톡홀름협약이 대표적인 예이다. 이 체제는 효과적인 대기오염 규제를 위한 시험장인 셈이다. 동 조약체제에서 의정서는 이미 8개에 이르고 있지만 여기에서 멈추지 아니하고 추가감축, 대상물질의 추가 등을 위한 새로운 의정서가 속속 만들어질 것으로 예상되고 있다.

Ⅲ. 미국과 캐나다 간 대기협정

미국과 캐나다 간 월경 대기오염문제를 다루기 위한 협상은 이미 1900년대 초에 시작되었고 1909년 획기적인 경계수역조약[46]의 체결로 그 결실을 맺게 되었다. 이 조약은 양국간의 물(수질, 수량)분쟁 해결에 초점이 맞추어진 골격협약이었지만 보다 광범위한 월경 환경분쟁을 해결하기 위해서 일정한 기능을 할 수 있는 여지를 주었다. 이 조약에 의해 양국 3명씩의 위원으로 구성된 국제공동위원회(International Joint Commission: IJC)가 설립되었는데, 동 위원회는 제기된 국가간의 분쟁에서 조사 · 결정 등의 기능을 수행하였다.[47] 출발은 수질문제의 해결에 있었지만 양국은 오염물질 배출감소를 협상하기 위하여 이 위원회를 활용하였다.

양국은 협정의 체결을 위해 협상을 진행하는 한편, 1970년대에 대기정화법을 제정하여 산성침전의 주오염물질로 지목되는 이산화황(SO_2), 질소산화물(NOx)의 배출량을 제한하였다. 그러나 이들 법은 규제 수단으로 높은 굴뚝을 장려하였는데, 이는 오히려 산성침전의 확산을 초래할 뿐이었다. 문제가 해결되지 않았다는 과학적인 증거가 제시되었고, 양국은 월경 대기오염의 심각성을 인식하였다. 급기야 양국은 1980년 월경 대기오염에 관한 의사각서(MOI)[48]를 조인하기에 이르렀다. 이

46) Treaty between the United States and Great Britain Relating to Boundary Waters between the United States and Canada, 36 Stat. 2448 (1910).

47) 동 위원회의 과학적 조사가 *Trail Smelter 사건*의 해결을 위해 큰 역할을 수행한 것은 잘 알려진 사실이다.

48) Memorandum of Intent Between the Government of the United States of America and the Government of Canada Concerning Transboundary Air Pollution, 20 I. L. M. 690

의사각서는 비구속적인 성격을 가지고 있었지만 장래의 구속적인 협정의 기초를 이루었다. 1991년 양국은 조속한 협정의 체결을 촉구하고 있는 이 각서에 따라 교섭을 벌인 결과 역사적인 대기협정[49]을 체결하는 데 성공하였다.

동 협정의 핵심은 이산화황과 질소산화물의 배출을 제한, 감소하고 대기질 악화를 막는 것이다.[50] 나아가 동 협정은 월경 대기오염물질을 규제하기 위하여 양국에게 다음과 같은 의무를 부과하고 있다: 제안된 활동 및 프로젝트가 대기질에 미치는 영향의 평가, 평가를 요구하는 활동 및 프로젝트의 통지, 협의, 회피 또는 완화조치,[51] 공동연구,[52] 정보교환,[53] 이행의 준수를 감독하기 위한 대기질위원회(Air Quality Committee)의 설치.[54] 1996년 한 보고서는 대기협정과 관련하여 에어로졸과 같은 오염물질의 증가도 있지만 이산화황의 배출량이 1980년 이래 51% 감소되는 등 전반적으로 성공적이라고 평가한 바 있다.[55]

1997년 양국은 오존과 먼지에 초점을 맞추어 월경 대기오염문제를 해결하기 위한 공동이행계획(Joint Plan of Action)을 수립할 것을 합의하였으며, 2000년 대기협정 부속서(오존부속서)에 조인하였다. 동 부속서의 초점은 양국의 지상층 오존을 저감시키기 위하여 질소산화물(NOx)과 휘발성유기화합물의 배출량을 감소하는 데 있으며, 이행기한을 2010년으로 정하였다.[56]

이러한 미국과 캐나다 간의 협력관계는 상당히 성공적인 것으로 알려지고 있으며, 월경 대기오염문제를 다루는 데 있어 다른 국가들에 모범적인 사례로 인식되고 있다.

(1981).

49) Canada－United States Agreement on Air Quality, 30 I. L. M. 676 (1991).

50) *Id.* 제4조.

51) *Id.* 제5조.

52) *Id.* 제6조.

53) *Id.* 제7조.

54) *Id.* 제8조.

55) International Joint Commission, *Unites States－Canada Air Quality Agreement, Progress Report* (1996)(Ved P. Nanda and George Pring, International Environmental Law & Policy for the 21st Century 230 (Transnational Publishers, Inc. 2003) 재인용).

56) Ozone Annex to the 1991 Air Quality Agreement, http://www.epa.gov/airmarkets/usca 참조.

Ⅳ. 월경 연무오염에 관한 ASEAN협정

동남아시아 연무(haze)문제는 전형적인 월경 대기오염문제이다. 인도네시아의 수마트라와 보르네오 섬 일대의 열대우림에서는 팜(palm)오일과 펄프 농장을 만들려는 업자들의 화전(火田) 등의 요인으로 인해 매년 크고 작은 산불이 이어지고 있다. 이 산불로 인한 연무가 인접 국가인 싱가포르와 말레이시아 등 이웃 국가는 물론 태국 일부 지역까지도 뒤덮으면서 심각한 피해를 초래하면서 동남아시아 지역의 뜨거운 감자가 되고 있는 것이다. 동남아의 연무는 인간의 욕심이 불러온 재해라고 할 수 있다. 화재는 자연 발생되는 경우도 있지만 열대우림이나 이탄(泥炭) 습지를 벌채·개간하여 팜오일 등의 경작지로 바꾸기 위해 기업형 플랜테이션(Plantation) 업자들이 일부러 산불을 내는 데서 주로 기인하기 때문이다.

산불은 고온·건조한 기후, 가연성이 높은 이탄지와 맞물려 주변으로 확산되면서 걷잡을 수 없는 상황을 초래하곤 한다. 한 번 붙은 불이 쉽게 꺼지지 않는 다는 점이 문제해결을 어렵게 하고 있다. 연무는 한번 발생하면 수주일, 수개월 동안 계속되어 넓은 지역에 막대한 피해를 야기하고 있다. 연무는 가시거리가 급감하는 불편을 넘어서서 사람의 생명과 건강에 심각한 영향을 끼치고, 환경문제를 야기하고 있으며, 경제활동에도 악영향을 미친다. 상황은 급속도로 악화되고 있다. 문제는 한 번으로 끝나는 것이 아니라 거의 매년 반복되고 있다는 것이다.

연무는 싱가포르와 말레이시아 등에 직접적인 피해를 야기하기 때문에 인도네시아 국내 문제를 넘어 아세안관련 회의에서 주요한 의제로 계속 등장하고 있다. 1990년대 후반 연무문제가 심각해지자 동남아국가들은 머리를 맞대고 현안 문제해결을 위해 논의를 시작하였다. 특히 1997년 발생한 연무는 지역적 차원의 대응, 공조와 정보공유 필요성을 촉발하는 결정적인 계기가 되었다. 그 결과 2002년 6월경 연무오염에 관한 ASEAN협정(ATHP, 아세안 연무협정)57)이 체결(2003년 11월 발효)되었다. 이 협정은 조화로운 국가의 노력과 강화된 지역적·국제적 협력을 통한 연무오염의 예방과 모니터링을 목적으로 하면서(제2조), 월경 연무오염을 통제하기 위한 조정센터의 설치(제5조), 모니터링(제7조), 평가(제8조), 방지·통제(제9조), 대비(제10조), 국가비상대응(제11조), 지원을 통한 공동비상대응(제12조) 등을 규정하고 있다.

---

57) ASEAN Agreement on transboundary Haze Pollution(ATHP), https://asean.org/wp-content/uploads/2012/05/AATHP.pdf.

이 협정은 기본적으로 골격협약의 성격을 가지고 있기 때문에[58] 월경 연무오염의 방지 · 모니터링 · 통제를 위한 조치를 개발하고 이행하는 데 당사국들이 협력할 것을 요구하고, 당사국들에게 영향국의 정보 · 교섭 요청에 응하고, 협약상의 의무를 이행하기 위한 입법적 · 행정적 조치를 취할 일반적 의무를 부과하는 데 주안점이 주어져 있다(제4조). 그 결과 당사국의 의무 위반에 대한 제재수단은 마련되어 있지 않고, 국가책임, 분쟁해결절차, 기금 등 환경보호를 위한 강제적이고 실효적인 법적 장치는 마련되어 있지 않다.

아세안 연무협정은 동남아국가연합(ASEAN) 국가 10개 회원국 중 정작 문제의 중심에 있는 인도네시아가 비준을 거부함으로써 오랫동안 표류할 수밖에 없었다. 주요 피해국인 싱가포르, 말레이시아와 인도네시아 간 외교적 갈등도 발발하였다. 그러다가 2014년 9월 인도네시아가 전격 비준함으로써[59] 새로운 전기가 마련되었다. 이는 인도네시아가 그 동안 취해온 입장과 달리 원인제공국임을 인정하고 공동대응을 위해 노력하겠다는 의지를 표명하였다는 점에서 획기적인 사건이라고 할 수 있다. 협정이 체결되고 12년만의 일이다. 이로써 연무협정이 효력을 발휘할 것이라는 기대를 불러오고 있다. 그러나 2015년에는 최악의 연무사태가 발생하고 그 이후에도 크고 작은 산불이 이어짐으로써[60] 그 문제해결 전망이 반드시 밝다고만 할 수 없는 상황이다.

---

58) 박병도, "동남아 연무문제 대응의 국제법적 함의", 환경법연구 제36권 제2호, 2014. 8, 168면.

59) 연합뉴스, "인니 의회, 아세안 연무방지협정 비준", 2014. 9. 16. 기사.

60) 2015년에는 엘니뇨로 인한 고온 · 건조 기후의 영향으로 산불이 통제할 수 없이 번지는 바람에 동남아시아 전역이 연무에 뒤덮여 외교분쟁으로 비화하였으며, 2018년에는 인도네시아 4개 주에 재난경보다 발령될 정도로 연무피해가 심했다. 한국일보, "인도네시아 산불 연무 비상 … 4개주 재난경보 발령", 2018. 2. 21. 기사.

제 2 절 오존층 파괴

협약명	채택일 (발효일)	주요내용	당사국 수	우리나라 가입일 (발효일)
오존층 보호를 위한 비엔나협약	1985.3.22. (1988.9.22.)	-오존층 파괴로부터 인간의 건강과 환경을 보호하기 위한 오존층파괴물질 규제	198 (2020.1. 현재)	1992.2.27. (1992.5.27.)
몬트리올 의정서	1987.9.16. (1989.1.1.)	-1986년을 기준으로 CFCs, Halons 등 오존층파괴물질 소비량의 단계적 감축일정 규정 -비당사국에 대한 무역규제	198 (〃)	1992.2.27. (1995.5.27.)
런던 조정 · 개정	1990.6.29. (1992.8.10.)	-규제물질 20종으로 확대 (CFCs 10종, 사염화탄소, 메틸클로포름의 추가)	197 (〃)	1992.12.10. (1993.3.10.)
코펜하겐 조정 · 개정	1992.11.25. (1994.6.14.)	-규제물질 95종으로 확대 (HCFC 40종, HBFC 34종, 메틸브로마이드의 추가) -다자기금(Multilateral Fund)의 설립	197 (〃)	1994.12.2. (1995.3.2.)
비엔나 조정	1995.12.7. (1996.8.5.)	-메틸브로마이드와 HCFC에 대한 선진국 규제일정 강화, 개도국 규제일정 채택		국회비준 동의 불요 (1996.8.5.)
몬트리올 조정 · 개정	1997.9.17. (1999.11.10.)	-메틸브로마이드 규제일정 강화 -2000년부터 규제물질에 대한 수출 · 입 허가제도 시행	197 (〃)	1998.8.19. (1999.11.10.)
베이징 조정 · 개정	1999.12.3. (2002.2.25.)	-HCFC 생산량을 선진국은 2004년, 개도국은 2016년부터 동결	197 (〃)	2004.1.9. (2004.4.8.)
키갈리 개정	2016.10.15. (2019.1.1.)	-HFC의 생산 · 소비 감축	81 (〃)	미가입 (-)

〈http://ozone.unep.org〉

1974년 영국의 권위 있는 과학 잡지 「네이처(Nature)」에 한 논문이 발표되면서 새로운 환경문제가 갑자기 인구에 회자되기 시작하였다. 염화불화탄소(CFCs, 일명 프레온가스)가 오존층을 파괴할 수 있다는 것이다.[1] 오존층 파괴와 관련하여 가장 극적인 사건은 1985년 남극상공에 발견된 오존홀이라 할 수 있다. 그때까지 단지 이론적인 추측에 불과하던 일이 현실로 확인된 것은 전세계에 충격을 안겨주었다. 오존층에 구멍이 발견된 곳은 사람이 살지 않는 남극 상공이었지만, 바로 그런 청정지역에 구멍이 뚫렸다는 사실 자체가 인간의 의식을 바꾸는 중대한 전환점이 되었다. 세계는 오존층 파괴문제가 특정 국가에 국한되는 것이 아니라 전세계가 공동으로 대처해서 해결하여야 할 문제라는 것을 인식하게 되었다.

오존은 지상층에 있는가 대기권 상층(성층권)에 있는가에 따라 인간의 건강과 환경에 전혀 다른 영향을 미치고 있다. 지상층에 있는 오존은 흔히 스모그(smog)를 유발하면서 인간의 건강과 환경에 악영향을 미치는 것으로 인식되고 있다. 이에 비하여 성층권에 있는 오존은 태양의 자외선을 흡수 · 차단함으로써 지구를 보호하고 있다. 이러한 성층권에 있는 오존의 중요한 기능 때문에 오존층 파괴에 대한 우려는 성층권에 있는 오존에 집중되고 있다. 오존은 일종의 지구의 방어벽과 같은 기능을 수행하면서 인간의 건강, 농작물, 수산자원 등에 악영향을 미치는 것을 차단하기 때문에 오존층 파괴문제는 오늘날 중요한 환경문제로 대두되었으며, 이에 대한 대처는 인류의 중요한 과제가 되고 있다.

지구의 방어벽 역할을 하는 오존층의 파괴는 자외선이 지표까지 도달하게 하여 지구에 자외선의 증가를 초래한다. 그 결과는 기후변화를 초래하고, 인간의 건강 및 동 · 식물과 생태계에 해로운 영향을 끼치는 것으로 이해되고 있다. 구체적으로는 피부암과 백내장의 증가, 기온의 상승, 농수산물 수확량 · 품질의 감소, 물의 자정능력의 감소 등이 들어지고 있다.

오존층을 파괴하는 물질로는 프레온가스, 할론(Halons), 염화탄소, 메틸클로로포름, 메틸브로마이드 등이 들어지고 있다. 이들 물질은 헤어스프레이, 냉장고, 에어컨 냉매, 세정제, 소화제 등에 흔히 사용되고 있다.

1974년 두 과학자 M. J. Molina와 F. S. Rowland에 의해 오존층 파괴문제가 제기된 이후 오존층 파괴와 관련한 연구결과가 잇따라 보고되었다. 이들 연구결과는 대체로 오존층의 파괴 정도와 그로 인한 악영향이 점점 심각해지고 있다는 것

1) M. Molina and F. Rowland, *Stratospheric Sink for Chlorofluoro-methanes: Chlorine Atom-Catalyzed Destruction of Ozone*, 249 Nature 810 (1974); Ved P. Nanda and George Pring, International Environmental Law & Policy for the 21st Century 244 (Transnational Publishers, Inc. 2003).

으로 압축되고 있다. 그러나 의사 결정자들의 고민은 그 대처 방안과 관련하여 오존층 파괴를 유발하는 의심물질들의 생산 · 사용을 규제하는 것 외에는 뚜렷한 대안이 없다는 것이다. 오존층파괴물질의 배출을 줄인다고 하더라도 이미 배출된 오존층파괴물질이 지구상에 남아 있는 기간이 워낙 길기 때문에 당분간은 오존층파괴물질의 감소세보다 빠른 속도로 그 증가세가 계속될 것이다. 각국은 자국의 산업발전에 장애가 되는 생산 · 사용 규제에 소극적일 수밖에 없다. 이는 개도국의 경우에 더욱 심한데, 개도국은 후진국 산업으로 대표되는 이러한 오존층파괴물질의 사용 규제에 심하게 반발하고 있으며, 오존층 파괴의 역사적 책임은 선진국에게 있다고 주장하고 있다. 오존층파괴물질의 대체물질이 현재로서는 마땅치 않다는 것이 문제를 어렵게 하고 있다. 그렇다고 가만히 있어야 하는가? 국제사회는 이러한 문제에 비교적 신속하게 대응하였다.

Ⅰ. 오존층 보호를 위한 비엔나협약

유엔환경계획(UNEP)은 오존층 파괴문제와 관련한 연구 수행, 회의 개최 등을 하면서 오존층 파괴문제를 해결하기 위하여 주도적 역할을 수행하였다. 1976년 유엔환경계획 집행위원회(Governing Council)는 오존층 파괴문제를 정식으로 거론하였으며, 1977년 전문가회의가 소집되었다. 그 후 유엔환경계획은 오존층 파괴를 정규적으로 평가하기 위하여 세계기상기구(WMO)와 함께 조정위원회(Coordinating Committee of the Ozone Layer)를 설치하였다. 오존층파괴물질을 규제하기 위한 국가들간의 교섭이 1981년부터 시작되었고, 이는 1985년 오존층보호를 위한 비엔나협약[2]의 채택으로 가시화되었다.[3] 오존층 파괴에 대한 국제공동체의 신속한 대응이라고 할 수 있다.

당사국들은 스톡홀름선언 원칙 21을 상기하면서, 오존층을 보호하기 위한 국제적 협력의 필요성을 호소하였다.[4] 동 협약은 오존층을 변화시키거나 변화시킬 우려가 있는 인간 활동에서 생기거나 생길 우려가 있는 악영향으로부터 인간의 건강과 환경을 보호하기 위하여 필요한 조치를 취할 것을 목표로 정하고 있다.[5] 여기에서 "변화시킬 우려가 있는"과 "생길 우려가 있는" 등의 표현은 오존층 파괴와

---

2) Vienna Convention for the Protection of the Ozone Layer, 26 I. L. M. 1529 (1987).
3) http://www.unep.org/ozone 참조.
4) 비엔나협약(각주 2), 전문.
5) *Id.* 제2조.

관련한 과학적 불확실성과 장래의 과학적 결과를 수용할 수 있는 유연성을 반영하고 있는 것으로 이해된다. 동 협약은 목표를 달성하기 위하여 당사국에게 오존층 파괴물질의 생산과 사용에 대한 제한을 구체적 · 직접적으로 부과하고 있지는 않다. 다만 필요한 규제 조치를 위한 교섭과 이를 위한 의정서의 채택을 염두에 두고 있다.[6]

당사국들은 이 협약에 의해 구체적 의무를 지고 있지 않지만 다음과 같은 방법으로 협력할 것을 약속하였다: ① 조직적인 관측, 연구, 정보교환; ② 적절한 입법, 행정조치의 채택; ③ 이 협약의 시행을 위해 합의된 조치, 수단, 기준의 설정; ④ 관련 국제기구와의 협력.[7] 당사국들은 적절히, 직접적으로 또는 관련 국제기구를 통하여, 연구 및 과학적 평가를 착수하며 그 실시에 협력할 것을 약속하였다.[8] 마찬가지로 당사국들은 오존층 상태와 다른 관련요소의 체계적인 관측을 위한 공동 또는 상호 보완적인 계획을 조장 또는 수립할 것과 연구자료와 관측자료의 수집 · 확인 · 전달이 정기적이고 적시에 이루어지는 것을 보장하기 위하여 협력할 것을 약속하였다.[9] 그 밖에 협약은 당사국들에게 법적 · 과학적 · 기술적 분야에 있어서의 협력 그리고 정보의 전달 등을 촉구하고 있다.[10]

비엔나협약은 오존층파괴물질의 생산 · 사용을 규제하는 데는 실패하였지만 오존층파괴가 야기하는 문제의 심각성을 인식하고 이에 대하여 비교적 신속하게 대응하였다는 점에서 높이 평가할 수 있다. 오존층 파괴 의심물질로 지목되는 프레온가스 등이 과연 오존층을 파괴하는지에 대하여 논란이 있고, 오존층 파괴가 야기하는 효과가 어떠한지 등에 대한 불확실성이 있는 상태에서 국제사회의 결단은 대단한 것이었다. 그 결단은 구체적 피해가 발생하기도 전에 국제환경문제를 해결하기로 국제사회가 합의한 것이라는 점에서 중요한 의미를 갖고 있으며, 그 후 오존층 파괴 등 과학적 불확실성이 존재하는 영역의 문제 해결을 위한 중요한 선례를 제공하고 있다.

그러나 이 협약은 이른바, 골격협약의 형태를 취하고 있기 때문에 오존층 파괴를 방지하기 위한 구체적인 내용 · 기준을 갖추고 있지 못하다. 이러한 치명적 결함은 구속적 법(hard law)이라고 하더라도 사실상 연성법(soft law)으로 전락할 수 있다는 비난을 감수하게 만든다. 이러한 비판은 규제 대상, 시행 시기 · 방법 등을

6) *Id.* 제8조.
7) *Id.* 제2조 제2항.
8) *Id.* 제3조 제1항.
9) *Id.* 동조 제2항 · 제3항.
10) *Id.* 제4조, 제5조.

구체적으로 담는 의정서의 탄생을 예고한다.

Ⅱ. 몬트리올의정서

오존층 파괴와 관련하여 논란이 지속되는 가운데 연구와 의정서 채택을 위한 교섭은 계속되었다. 1985년 남극 지역에서 대기 현상을 연구한 영국 과학자들에 의해 남극의 오존층 파괴가 심각하다는 내용이 「네이처(Nature)」에 발표되었고, 미국 나사(NASA)의 인공위성에 의해서도 확인되었다. 이러한 과학적 증거는 오존층파괴물질의 규제를 위해 긴급한 조치가 필요하다는 인식을 불러일으키기에 충분하였다.[11] 오존층 파괴문제를 해결하기 위해서 오존층파괴물질의 생산 · 소비를 줄여야 한다는 국제사회의 공감대는 급속히 확산되었다. 1987년 9월 드디어 캐나다 몬트리올에서 개최된 국제회의에서 오존층 파괴물질에 관한 몬트리올의정서[12]가 24개국과 유럽경제공동체(EEC)에 의하여 채택되었다. 몬트리올의정서는 비엔나협약상의 당사국 의무를 염두에 두고 당사국으로 하여금 구체적으로 오존층파괴물질의 배출을 동결 또는 감소하도록 하고 있다.

규제대상물질은 2개의 그룹으로 나누어지는데, 1그룹에 속하는 것은 다섯 종류의 CFCs, 즉 CFC－11, CFC－12, CFC－113, CFC－114, CFC－115 등이며, 2그룹에 속하는 물질은 세 종류의 Halons, 즉 halon－1211, halon－1301, halon－2402 등이다.[13]

몬트리올의정서의 핵심적인 규제조치는 CFCs와 Halons의 생산 · 소비량의 규제라 할 수 있다. 이에 따르면 당사국들은 1989년부터 CFCs의 소비를 1986년을 기준으로 동결하고,[14] 1994년부터는 20%, 1999년부터는 50%를 감축하여야 한다.[15] 한편, 동 의정서는 Halons에 대해서 CFCs와 달리 감축 일정을 제시하지 아니하고 1992년 1월 1일부터 1986년의 소비기준으로 동결할 것을 명하고 있다. 감축일정은 과학적 심사 · 결과를 보아가면서 추후에 개최되는 회의에서 다루기로 하

11) http://www.unep.org/ozone 참조.

12) Montreal Protocol on Substances that Deplete the Ozone Layer, 26 I. L. M. 1541 (1987).

13) *Id.* 부속서 A.

14) 몬트리올의정서상 소비량은 다음과 같다: 소비량＝생산량＋수입량－수출량. *Id.* 제1조 제6항. 그 결과 CFCs 생산국은 국내 사용을 줄이는 한편 계속적인 수출을 통해 규제 일정을 준수할 수 있다.

15) *Id.* 제2조 제1항 · 제3항 · 제4항.

였다.[16)]

몬트리올의정서는 비당사국과의 규제물질에 대한 국제거래를 제한하고 있으며(제4조), 자료의 보고(제7조), 당사국의 연구 · 개발 및 정보교환 의무(제9조), 기술원조(제9조), 의정서 시행에 관한 문제를 다루기 위한 정규적인 회의(제11조) 등에 대하여 규정하고 있다.

Ⅲ. 조정 · 개정

몬트리올의정서에서 당사국들은 필요하면 규제대상물질의 생산과 소비에 대한 추가적인 조정과 감축을 할 것을 약속하였다.[17)] 이와 같이 몬트리올의정서가 과학적 · 기술적 평가에 기초하여 규제대상물질의 규제일정을 수정할 수 있도록 함에 따라 그 후 1990년 런던조정 · 개정을 비롯하여 여러 차례 조정과 개정이 이루어졌다.[18)] 그 내용은 규제대상물질의 확대, 규제대상물질의 감축량 증가, 규제일정의 단축으로 정리할 수 있다.

1. 1990년 런던조정 · 개정

1990년 6월 29일 런던에서 개최된 제2차 당사국회의에서 몬트리올의정서를 조정 · 개정하는 런던조정 · 개정[19)]이 채택되었다. 런던조정 · 개정은 몬트리올의정서상의 규제조치 골격을 유지하면서 몬트리올의정서상의 규제물질, 즉 CFCs와 Halons의 규제일정을 단축하고, 규제대상물질을 추가하였다. 즉 당사국은 CFCs의 소비를 1986년 기준으로 1995년부터 50%, 1997년부터 85% 감축하고 2000년 완전 중단하며,[20)] Halons의 소비를 1986년 기준으로 1995년부터 50% 감축하다가 2000년 완전 중단할 것을 합의하였다.[21)]

런던조정 · 개정은 규제대상물질에 10종의 새로운 CFCs, 4염화탄소(carbon

16) *Id.* 동조 제2항.

17) *Id.* 동조 제9항.

18) 조정(Adjustments)상의 규제조치는, 당사국의 반대에도 불구하고, 모든 당사국을 구속한다. 이는 단순화된 다수결 결정 구조라는 점에서 혁신적이라고 평가할 수 있다. 조정은 범위, 량, 시기 등을, 개정은 새로운 물질의 추가를 다룬다.

19) London Adjustments and Amendments to the Montreal Protocol on Substances that Deplete the Ozone Layer, 30 I. L. M. 537 (1991).

20) *Id.* 부속서 Ⅰ, 제2A조.

21) *Id.* 부속서 Ⅰ, 제2B조.

tetrachloride) 및 메틸클로로포름(methyl chloroform)을 추가하고, 이들의 감축일정을 제시하였다.[22] 이에 따르면 당사국들은 새로이 추가되는 기타 완전 할로겐화된 CFCs의 소비를 1989년 기준에서 1995년까지 20%, 1997년까지 85% 대폭 감축하고, 2000년에는 완전히 중단하여야 한다.[23] 4염화탄소의 생산과 소비는 1989년 기준에서 1995년까지 85% 대폭 감축되고 2000년에는 완전 중단된다.[24] 메틸클로로포름의 소비는 1993년 이후에 1989년 수준으로 동결되고, 1995년에 30%, 1997년에 70% 감축을 거쳐, 2005년에는 완전 중단된다.[25]

34종의 HCFCs가 사무국에 대한 보고를 요하는 이른바 과도물질(transitional substances)로 편입되었는데,[26] 구체적인 규제조치는 마련되지 않았다. 또한 동 조정 · 개정은 개도국인 당사국에 대하여 재정과 기술지원을 위하여 다자간 기금(Multilateral Fund)의 설치 근거를 마련하였다.[27]

2. 1992년 코펜하겐조정 · 개정

1992년 코펜하겐에서 개최된 제4차 당사국회의에서 몬트리올의정서를 조정 · 개정하는 코펜하겐조정 · 개정[28]이 채택되어 오존층파괴물질에 대한 규제를 한층 강화하였다. 이에 따라 런던조정 · 개정에서 규정된 규제물질의 규제 일정은 대폭 단축되었는데, 예컨대, CFCs의 소비는 1994년부터 1986년 기준으로 75% 감축하고, 1996년 완전 중단하며,[29] Halons의 소비는 1994년에 완전히 중단하고,[30] 기타 할로겐화된 CFCs의 소비는 1993년부터 1989년 기준으로 20% 감축, 1994년부터 75% 감축을 거쳐 1996년 완전 중단하며,[31] 4염화탄소의 소비는 1995년부터 1989년 기준으로 85% 감축하고 1996년 완전 중단하며,[32] 메틸클로로포름의 소비는 1993년부터 1989년 수준으로 동결하고, 1994년부터 50% 감축을 하다가 1996년

22) *Id.* 부속서 B.
23) *Id.* 부속서 Ⅱ, 제2C조.
24) *Id.* 부속서 Ⅱ, 제2D조.
25) *Id.* 부속서 Ⅱ, 제2E조.
26) *Id.* 부속서 Ⅱ, 제7조 제2항 · 제3항, 부속서 C,
27) *Id.* 부속서 Ⅱ, 제10조.
28) Copenhagen Adjustments and Amendments to the Montreal Protocol on Substances that Deplete the Ozone Layer, 32 I. L. M. 874 (1993).
29) *Id.* 부속서 Ⅰ, 제2A조 제3항 · 제4항.
30) *Id.* 부속서 Ⅰ, 제2B조 제2항.
31) *Id.* 부속서 Ⅱ, 제2C조 제1항 내지 제3항.
32) *Id.* 부속서 Ⅱ, 제2D조 제1항 · 제2항.

완전 중단하여야 한다.[33]

한편, 동 조정 · 개정에 의해 규제대상물질에 새로이 HCFCs(hydrochloro-fluorocarbons), HBFCs(hydrobromofluorocarbons), 메틸브로마이드(methyl bromide) 등 75종이 포함되었다. 당사국은 HCFCs를 1996년에 1989년 CFCs 소비량의 3.1%와 1989년 HCFCs 소비량을 합산한 양을 초과하지 않는 수준으로 동결하고, 2004년부터 35%, 2010년부터 65%, 2015년부터 90%, 2020년부터 99.5% 등 단계적인 감축을 거쳐 2030년 완전 중단하여야 한다.[34] 또한 HBFCs의 소비는 1996년 1월 1일부터 완전 중단되며,[35] 메틸브로마이드의 소비는 1995년부터 1991년 수준으로 동결된다.[36]

특기할 것은 코펜하겐조정 · 개정에서 이른바, 비준수(Noncompliance)절차가 도입되었다는 것이다.[37] 비준수절차는 비준수국에게 직접적인 응징을 하기보다는 비준수 문제를 우호적이고 유연하게 해결하고자 하고 있다. 말하자면 비준수에 대한 제재가 아니라 준수의 촉진에 주안점이 있는 것이다. 전통적인 분쟁해결절차가 양자간 대결 구조를 취하고 있다면 비준수절차는 다자간 분쟁회피 구조를 취하고 있다고 할 수 있다.

3. 1995년 비엔나조정

1995년 12월 오스트리아 비엔나에서 개최된 제7차 당사국회의에서 오존층을 파괴하는 물질의 규제 일정을 조정하는 비엔나조정이 채택되었다.[38] 비엔나조정은 우선 HCFCs의 소비량 동결 기준인 1989년 HCFCs 소비량의 3.1%를 2.8%로 하향 조정하고,[39] 메틸브로마이드의 소비를 1991년을 기준으로 1995년부터 동결하고 2001년부터 25% 감축, 2005년부터 50% 감축을 거쳐 2010년부터 금지하였다.[40]

비엔나조정은 선진국과 별도로 개도국 규제일정을 채택하였는데, 이에 따르면 개도국은 2016년부터 HCFCs의 소비를 2015년 기준으로 동결하고 2040년에 완전히

---

33) *Id.* 부속서 Ⅱ, 제2E조 제1항 내지 제3항.
34) *Id.* 부속서 Ⅲ, 제2F조 제1항 내지 제6항.
35) *Id.* 부속서 Ⅲ, 제2G조.
36) *Id.* 부속서 Ⅲ, 제2H조.
37) *Id.* 부속서 Ⅳ.
38) Vienna Adjustments to the Montreal Protocol on Substances that Deplete the Ozone Layer(1995), http://www.unep.org/ozone.
39) *Id.* 부속서 Ⅲ, 제2F조 제1항(a).
40) *Id.* 부속서 Ⅲ, 제2H조 제1항 내지 제4항.

금지하며,[41] 2002년부터 메틸브로마이드의 소비를 1995년에서 1998년까지의 평균 생산 및 소비량 기준으로 동결하여야 한다.[42]

4. 1997년 몬트리올조정 · 개정

오존층파괴물질의 규제를 보다 강화하기 위하여 1997년 9월 캐나다 몬트리올에서 개최된 제9차 당사국회의에서 몬트리올조정 · 개정[43]이 채택되었다. 동 조정 · 개정에서 당사국들은 메틸브로마이드의 소비에 대한 선진국의 감축 일정을 1991년 기준으로 1999년부터 25%, 2001년부터 50%, 2003년부터 70% 감축을 거쳐 종전에 합의한 완전 중단 일정을 5년 앞당겨 2005년부터 중단하기로 합의하였다.[44] 개도국에 대한 감축일정은 2005년부터 20% 감축하다가 2015년부터 완전 중단하기로 조정하였다.[45]

동 조정 · 개정은 규제대상물질을 새로이 추가하지 않았지만 증가하는 불법 국제거래에 대처하기 위하여 당사국들로 하여금 2000년부터 규제물질의 수출 · 입 허가제(licensing system)를 실시하도록 하였다.[46] 또한 메틸브로마이드의 비당사국과의 국제거래를 금지하였다.[47]

5. 1999년 베이징조정 · 개정

1999년 11월 중국 베이징에서 개최된 제11차 당사국회의는 베이징조정 · 개정[48]을 채택하여 HCFCs의 생산량을 선진국의 경우 2004년 1월부터, 1989년 HCFCs 소비량과 1989년 CFCs 소비량의 2.8%를 합산한 양과 1989년 HCFCs 생산량과 1989년 CFCs 생산량의 2.8%를 합산한 양의 평균을 초과하지 않는 수준으로 동결하였다.[49] 개도국에 대하여는 선진국과 규제 일정을 달리하여 2016년부터

---

41) *Id.* 부속서 Ⅲ, 제2H조 제5항(a)(b).
42) *Id.* 부속서 Ⅲ, 제2H조 제5항(c).
43) Montreal Adjustments and Amendments to the Montreal Protocol on Substances that Deplete the Ozone Layer(1995), http://www.unep.org/ozone.
44) *Id.* 부속서 Ⅲ, 제2H조 제2항 내지 제5항.
45) *Id.* 부속서 Ⅲ, 제2H조 제6항.
46) *Id.* 제4B조.
47) *Id.* 제4조 제8항.
48) Beijing Adjustments and Amendments to the Montreal Protocol on Substances that Deplete the Ozone Layer(1995), http://www.unep.org/ozone.
49) *Id.* 제2F조 제8항.

2015년 수준으로 동결하도록 하였다.[50)]

또한 이 조정 · 개정은 검역 및 선적 전 처리(quarantine and pre-shipment applications)용 메틸브로마이드의 사용실적을 사무국에 보고하도록 하였으며,[51)] 브롬클로로메탄(bromochloromethane: BCM)을 새로이 규제대상물질로 편입하여 생산 · 소비 · 국제거래를 제한하였다.[52)]

6. 키갈리 개정

가장 최근 개정인, 2016년 르완다 키갈리(Kigali)에서 개최된 제28차 당사국회의에서 채택된 키갈리 개정은 당사국에게 HFC의 생산과 소비의 감축을 요구하고 있다. 동 개정에 따라 HFC의 감축목표는 세 단계에 따라 이루어지는데, 선진국은 2019년부터, 몇 개국(2028년)을 제외한 개도국은 2024년부터 동결을 하여야 한다. HFC가 온실가스인 점을 고려할 때 HFC의 감축은 오존층 파괴뿐만 아니라 기후변화에 대한 규제라는 의미도 갖는다. 키갈리 개정은 향후 30년 동안 HFC의 80% 이상 감축과 함께 2000년대 말까지 지구의 온도 상승을 0.4도까지 막을 것으로 추산되고 있다.[53)]

Ⅳ. 분 석

1. 규제조치

몬트리올의정서상 규제대상물질은 당초 다섯 종류의 CFCs와 세 종류의 Halons이었으나 그 후 수차례에 걸친 개정을 통하여 규제대상물질이 새로이 추가됨으로써 현재는 HCFCs, HBFCs, 메틸브로마이드 등 95종에 이르고 있다. 몬트리올의정서는 당사국에게 이러한 규제대상물질의 생산과 소비를 단계적으로 금지하고, 종국적으로 완전 중단할 것을 명하고 있다. 예컨대, 1992년 코펜하겐조정 · 개정에 의하면 Halons의 생산과 소비는 1994년에 완전히 중단되며, 1996년까지 CFCs, 4염화탄소, 메틸클로로포름의 생산과 소비도 중단된다.[54)] 몬트리올조정 · 개

50) *Id.* 제5조 제8항 *ter*.
51) *Id.* 제7조 제3항.
52) *Id.* 부속서 C.
53) Kigalii Amendment Implementation Begins, https://ozone.unep.org/kigali-amendment-implementation-begins(2019. 9. 19. 검색).

정에 의하면 메틸브로마이드의 생산과 소비는 2005년(개도국은 2015년)에 금지된다.[55)]

몬트리올의정서에 대한 수차례의 조정 · 개정은 종래 규제대상물질의 생산 및 소비의 감축을 증가시키면서 규제일정을 앞당기고 있는데, 감축의 기준 연도는 당초 몬트리올의정서에서 규제대상물질로 정한 CFCs와 Halons의 경우에는 1986년이 적용되고 있다. 이에 대해서는 1986년 기준이 오존층 파괴를 방지하기 위해서는 너무 높은 수준이고, 그에 대한 정확한 자료가 없다는 등 비판이 제기되면서[56)] 새로 추가된 규제물질에 대해서는 1989년, 1991년(메틸브로마이드)이 적용되고 있다.

규제대상이 되는 물질은 그룹으로 나누어 규제되기 때문에 그룹별로 생산 · 소비량의 제한이 이루어지고 구체적인 규제물질에 대하여 개별적으로 생산 · 소비량의 제한이 이루어지지 않고 있다.

2. 예 외

이러한 규제조치에 대해서는 일정한 예외가 인정되고 있다. 즉 몬트리올의정서는 개도국의 기초적인 국내 수요(basic domestic needs) 충족과 당사국간의 산업합리화(industrial rationalization)를 위하여 1986년 기준으로 10% 또는 15%의 생산 증가를 허용하고 있다.[57)] 동 의정서상 '산업합리화'란 경제적 효율성을 향상시키거나 공장 폐쇄로 인하여 예상되는 공급 부족에 대응하는 것을 목적으로 하여 생산량의 전부 또는 일부를 어느 당사국으로부터 다른 당사국에 이전하는 것을 의미한다.[58)] 후속 조정 · 개정도 감축 기준 연도(1989년, 1991년)를 기준으로 10%[59)] 또는 15%[60)]의 생산 증가를 허용하고 있다.

1992년 코펜하겐조정 · 개정은 또 다른 예외를 허용하고 있는데, 즉 당사국들은 '필수적(essential)'이라고 판단되는 사용을 충족하기 위하여 필요한 생산과 소비량 수준을 허용할 수 있다.[61)] 이와 유사하게 1997년 몬트리올조정 · 개정은 절대

54) 코펜하겐조정 · 개정(각주 28), 부속서 I, 제2A조, 제2B조, 제2C조, 제2D조, 제2E조 참조.
55) 몬트리올조정 · 개정(각주 43), 부속서 Ⅲ, 제2H조 제2항 내지 제5항.
56) Ved P. Nanda & George Pring(각주 1), 264면.
57) 몬트리올의정서(각주 12), 제2조.
58) *Id.* 제1조.
59) 런던조정 · 개정(각주 19), 부속서 I, 제2A조 제3항 · 제4항, 제2B조 제1항 · 제2항; 몬트리올조정 · 개정(각주 43), 부속서 제2H조 제2항 · 제3항.
60) 런던조정 · 개정(각주 19), 부속서 I, 제2A조 제5항, 제2B조 제3항; 코펜하겐조정 · 개정(각주 28), 부속서 I, 제2A조 제4항, 제2B조 제2항; 몬트리올조정 · 개정(각주 43), 부속서 제2H조 제4항.

적 사용(critical uses)이라는 개념을 사용하고 있다.[62] 이 예외는 개도국은 물론 선진국에도 적용되는 것이다. 이에 따르면 당사국들은 필수적 또는 절대적이라는 요건이 전제되기는 하지만 경우에 따라서 정해진 수준보다 많은 생산과 소비량을 허용하는 것에 대하여 합의할 수 있다. 이는 결국 의정서의 목적이 반감될 수 있다는 것을 의미한다.

또한 몬트리올의정서에 따르면 1986년 CFCs의 생산량이 2만5천톤 이하인 당사국은 산업합리화를 위하여 정해진 한도를 초과하는 생산량을 다른 당사국에 이전하거나 다른 당사국으로부터 이전받을 수 있다. 그러나 이 경우 양 당사국의 총 생산량은 정해진 한도를 초과할 수 없다.[63] 이와 같이 일정한 요건하에 생산량을 이전할 수 있도록 하였던 것이 1990년 런던조정 · 개정에서 "2만5천톤 이하" 라는 요건이 삭제되면서 모든 당사국에게 일정 부분 생산량을 이전할 수 있는 길이 열렸다.[64] 코펜하겐조정 · 개정은 소비량의 이전으로까지 확대하여 일정한 요건하에서 HCFCs 소비량 일정 부분을 다른 당사국에게 이전할 수 있도록 하고 있다.[65] 이러한 이전은 자칫 환경 악영향을 고려하지 않는, 다시 말하면 환경비용을 충분히 내부화하지 않는 결과를 초래할 수 있다.

개도국이 아니더라도 당사국은 1987년 1월 1일 이전에 국내법에 따라 계획된 시설 중 규제물질의 생산을 위한 것으로 1987년 9월 16일 이전에 건설 중에 있거나 계약한 것을 보유하는 경우에는 1986년 생산량의 기준산정을 함에 있어 이 시설의 생산량을 가산할 수 있다. 이 경우 이 시설은 1990년 12월 31일까지 완공되어야 하며 이 시설의 생산량을 가산하여도 해당 당사국의 규제물질 소비량이 1인당 연간 0.5kg 이상을 초과해서는 안 된다.[66]

그 밖에 몬트리올의정서는 지역적인 경제통합기구의 가입국으로 하여금 소비량에 관한 의무를 공동으로 이행할 수 있도록 길을 열어 놓고 있다.[67] 대표적인 예가 유럽연합(EU)인데, 이러한 예외적인 조치로 EU 회원국들의 부담은 경감될 수 있을 것이다.

---

61) 코펜하겐조정 · 개정(각주 28), 부속서 I, 제2A조 제4항.
62) 몬트리올조정 · 개정(각주 43), 부속서 제2H조 제5항, 제5조 제8항 *ter.*
63) 몬트리올의정서(각주 12), 제2조 제5항.
64) 런던조정 · 개정(각주 19), 부속서 Ⅱ, 제2조 제5항.
65) 코펜하겐조정 · 개정(각주 28), 부속서 Ⅲ, 제2조 제5항 *bis.*
66) 몬트리올조정 · 개정(각주 43), 제2조 제6항.
67) *Id.* 제2조 제8항.

3. 개도국 고려

몬트리올의정서는 개도국의 경제적 사정을 고려하는 규정을 두고 있다. 즉 개도국과 규제물질의 연간 소비량이 1인당 0.3kg 미만인 당사국은 의정서 발효일로부터 은혜기간(10년) 동안 제2조에 정해진 규제조치의 준수가 면제된다. 그러나 이 경우 연간 소비량이 1인당 0.3kg을 초과해서는 안 된다.[68] 1990년 런던조정 · 개정에서는 은혜기간이 적용되기 위한 요건으로 부속서 A에 등재된 규제대상물질(CFCs와 Halons)에 대해서는 연간 소비량이 1인당 0.3kg 미만, 부속서 B에 등재된 규제대상물질(10종의 기타 완전 할로겐화된 CFCs, 4염화탄소, 메틸클로로포름)에 대해서는 연간 소비량이 1인당 0.2kg 미만일 것을 요구하고 있다.[69]

동 의정서는 선 · 후진국 간의 규제일정을 차등화하여 개도국의 능력을 고려하고 있다. 예컨대, 비엔나조정, 몬트리올조정 · 개정, 베이징조정 · 개정 등은 일정한 규제대상물질에 대해서 선진국과 별도의 개도국 규제일정을 채택하고 있다.[70]

규제대상물질의 생산을 금지하거나 감소하기 위해서는 개도국에게 대체물질, 기술, 지원금 등에 대한 접근이 이루어져야 한다. 이러한 접근이 조약에 의해 보장될수록 그들의 조약 가입은 활발해지고, 조약의 실효성은 향상될 것이다. 이러한 점을 고려하여 몬트리올의정서는 개도국의 특수한 요구를 고려하여 기술지원을 확대할 것을 약속하였다.[71] 런던조정 · 개정에서는 추가적인 재정지원과 관련기술에 대한 접근을 포함한 개도국의 요구를 충족하기 위한 특별한 규정이 필요하다는 점을 인식하고[72] 이러한 막연한 약속을 좀 더 구체화하였다. 즉 당사국들은 개도국에게 자금협력과 기술협력(기술이전을 포함)을 제공하기 위한 체제를 설립하기로 하였다.[73] 특히 기술이전과 관련하여 당사국은 가장 접근이 쉽고 환경적으로 안전한 대체품과 관련기술이 개도국에게 신속히 이전되도록 모든 실행 가능한 조치를 취하여야 한다.[74] 그 이전은 공정하고 가장 우호적인(fair and most favorable) 조건으로 이루어져야 한다.[75] 몬트리올의정서상의 규제조치가 이러한 재정 · 기술지

68) 몬트리올의정서(각주 12), 제5조 제1항.
69) 런던조정 · 개정(각주 19), 부속서 Ⅱ, 제5조 제2항.
70) 비엔나조정(각주 38), 부속서 Ⅲ, 제2H조 제5항; 몬트리올조정 · 개정(각주 43), 부속서 Ⅲ, 제2H조 제6항; 베이징조정 · 개정(각주 48), 제5조 제8항 *ter*.
71) 몬트리올의정서(각주 12), 전문, 제10조.
72) 런던조정 · 개정(각주 19), 부속서 Ⅱ, 제1조 제2항.
73) *Id.* 제10조 제1항.
74) *Id.* 제10A조(a).
75) *Id.* 제10A조(b).

원과 결부되면서 조약 체제의 실효성은 향상될 것이다.

개도국인 당사국에 대한 재정과 기술지원을 위한 중요한 제도로, 2차 당사국회의에서 처음 만들어진 다자기금(Multilateral Fund)이 있다. 다자기금은 유엔의 분담율을 기초로 하여 교환 가능한 통화 또는 특정한 경우에는 현물 또는 자국 통화에 의해 제5조 제1항의 적용을 받지 않는 당사국의 분담에 의해 충당된다.[76] 다자기금은 ① 증여 또는 양여금조로 당사국이 결정한 기준에 따라 합의된 증가비용(incremental costs), ② 특별한 연구, 기술협력 증진, 정보 및 관련자료 배포, 워크숍 및 연수회 개최, 다자 · 지역 · 양자 협력의 촉진 및 감시, ③ 행정비용 등을 위하여 지출된다.[77]

다자기금의 규모는 꾸준히 증가하고 있으며[78] 2002년 로마에서 개최된 제15차 당사국회의에서 출연국들은 앞으로 3년간(2003년부터 2005년까지) 4억7천4백만 달러의 분담금을 낼 것을 약속하였다.[79] 그동안 다자기금은 역량배양(capacity building)과 CFCs의 동결을 위한 사업을 위하여 14억 달러 이상 소요된 것으로 파악되고 있다.[80]

다자기금과 관련해서는 증가비용의 규명이 어렵고, 지적재산권과 재산권 관련 분쟁을 야기하는 기술이전이 여전히 이루어지고 있으며, 의무이행 준수 여부를 제대로 확인할 수 없는 상태에서 개도국이 기금을 자유롭게 이용하고 있다는 등의 비판이 있다.[81] 그러나 다자기금이 개도국에게 조약 참여와 이행 준수에 대한 유인을 제공하고 있음은 부인할 수 없을 것이다.

4. 비당사국과의 국제거래 제한

몬트리올의정서[82]와 후속 조정 · 개정은 비당사국과의 규제물질에 대한 국제거래를 제한하고 있나. 예컨대, 1990년 런던조정 · 개정에 따르면 당사국은 비당사국으로부터의 부속서 A 규제물질(CFCs와 Halons) 수입을 금지하여야 한다.[83] 비당사

---

76) 런던조정 · 개정(각주 19), 부속서 Ⅱ, 제10조 제6항.

77) *Id.* 제3조.

78) 다자기금 규모는 2.4억(1991~1993), 4.55억 달러(1994~1996), 4.65억(1996~1999), 4.74억 달러(1994· 1996)로 매년 증가하고 있다. www.unep.org/ozone/Treaties_and_Ratification/montreal_protocol_implementation.asp.

79) *Id.*

80) *Id.*

81) Ved P. Nanda & George Pring(각주 1), 266면 참조.

82) 몬트리올의정서(각주 12), 제4조 제1항 · 제2항.

83) 런던조정 · 개정(각주 19), 부속서 Ⅱ, 제4조 제1항.

국으로부터의 부속서 B 규제물질(기타 할로겐화된 CFCs, 4염화탄소, 메틸클로로포름)의 수입은 개정 발효 후 1년 이내에 금지된다.[84] 후속 조정 · 개정은 추가되는 규제물질의 국제거래를 제한하고 있는데, 즉 코펜하겐조정 · 개정은 당사국으로 하여금 비당사국으로부터 부속서 C의 제2그룹 규제물질(HBFCs)의 수입을, 몬트리올조정 · 개정은 부속서 E 규제물질(메틸브로마이드)의 수입을 개정 발효 후 1년 이내에 금지하도록 하고 있다.[85]

비당사국에 대한 수출도 제한된다. 즉 1993년 1월 1일부터 당사국은 부속서 A 규제물질을 비당사국에게 수출할 수 없다.[86] 또한 개정서 발효 후 1년 이내에 당사국은 부속서 B 규제물질을 비당사국에게 수출할 수 없다.[87] 코펜하겐조정 · 개정은 당사국으로 하여금 비당사국에게 부속서 C의 제2그룹 규제물질의 수출을, 몬트리올조정 · 개정은 부속서 E 규제물질의 수출을 개정서 발효 후 1년 이내에 금지하도록 하고 있다.[88]

그러나 비당사국이라 할지라도 당해 국가가 당사국회의에서 의정서에서 정한 규정을 준수하고 있다고 인정되고 또한 그러한 취지의 자료를 제7조 규정에 따라 제출한 경우에는 당해 국가로부터의 수입과 당해 국가에 대한 수출이 허용될 수 있다.[89]

몬트리올의정서와 후속 조정 · 개정은 당사국으로 하여금 규제물질이 포함된 제품의 목록을 부속서에 열거하도록 하고 비당사국으로부터 당해 제품의 수입을 금지 또는 제한하도록 하고 있으며,[90] 규제대상물질의 생산과 사용을 위하여 유용한 기술을 비당사국에게 수출하는 것을 제한하고 있다.[91] 또한 당사국은 규제물질의 생산을 증진시킬 수 있는 제품, 장치, 공장 또는 기술을 비당사국에게 수출하기 위한 새로운 보조금, 원조, 신용, 보증 또는 보험을 공여하는 것을 자제하여야 한다.[92]

---

84) *Id.* 제4조 제1항 *bis.*

85) 코펜하겐조정 · 개정(각주 28), 부속서 Ⅲ, 제4조 제1항 *ter;* 몬트리올조정 · 개정(각주 43), 부속서 Ⅲ, 제4조 제1항 *qua.*

86) 런던조정 · 개정(각주 19), 부속서 Ⅱ, 제4조 제2항.

87) *Id.* 제4조 제2항 *bis.*

88) 코펜하겐조정 · 개정(각주 28), 부속서 Ⅲ, 제4조 제2항 *ter;* 몬트리올조정 · 개정(각주 43), 부속서 Ⅲ, 제4조 제2항 *qua.*

89) 런던조정 · 개정(각주 19), 부속서 Ⅱ, 제4조 제8항; 코펜하겐조정 · 개정(각주 28), 부속서 Ⅲ, 제4조 제8항; 몬트리올조정 · 개정(각주 43), 제4조 제8항.

90) 몬트리올의정서(각주 12), 제4조 제3항; 런던조정 · 개정(각주 19), 부속서 Ⅱ, 제4조 제3항 *bis;* 코펜하겐조정 · 개정(각주 28), 부속서 Ⅲ, 제4조 제3항 *ter.*

91) 몬트리올의정서(각주 12), 제4조 제5항; 런던조정 · 개정(각주 19), 부속서 Ⅱ, 제4조 제5항.

이에 더하여 몬트리올조정 · 개정은 불법국제거래의 통제와 감시를 위하여 당사국들로 하여금 2000년부터 신규 사용 · 기사용 · 재활용 · 재생된 규제대상물질에 대한 수출 · 입 허가제를 실시하도록 하였으며,93) 기사용 · 재활용 · 재생된 규제물질을 다른 당사국에 수출하는 것을 금지하는 규정을 두고 있다.94)

5. 분쟁해결절차

오존층 보호를 위한 비엔나협약은 분쟁해결을 위한 규정을 두고 있다. 이에 따르면 동 협약의 해석 또는 적용에 대하여 분쟁이 발생한 경우 분쟁 당사국은 먼저 교섭(negotiation)을 통하여 분쟁을 해결하도록 노력하여야 한다.95) 교섭에 의해 합의에 이를 수 없는 경우 공동으로 제3자에 의한 주선(good offices) 또는 중개(mediation)를 요구할 수 있다.96) 또한 당사국은 이러한 교섭, 중개 등으로 해결할 수 없는 분쟁에 대하여 서면으로 당사국회의에서 채택된 절차에 따른 중재(arbitration)나 국제사법재판소(ICJ) 결정에 따를 것을 선언할 수 있다.97) 분쟁 당사국이 이러한 분쟁해결 수단을 수용하지 않은 경우 별도의 합의가 없는 한 분쟁은 조정(conciliation)에 회부된다.98) 당사국의 요청에 의해 조정위원회(conciliation commission)가 설치되는데, 동 위원회는 최종적이고 권고적인 결정을 내리고 분쟁당사국은 이를 성실히(in good faith) 검토하여야 한다.99)

6. 비준수절차

몬트리올의정서 체제는 전통적인 분쟁해결절차를 대체할 수 있는 대안으로 비준수(Noncompliance)절차를 도입하고 있다. 제4차 당사국회의에서 채택된 비준수절자는 전통적인 분쟁해결절차가 양자간 대결 구조인 데 비해 다자간 분쟁 회피구조를 지향하고 있다는 점에서 획기적인 분쟁해결 모델이라고 평가할 수 있다.100)

92) 몬트리올의정서(각주 12), 제4조 제6항.
93) 몬트리올조정 · 개정(각주 43), 제4B조.
94) *Id.* 제4A조 제1항.
95) 비엔나협약(각주 2), 제11조 제1항.
96) *Id.* 동조 제2항.
97) *Id.* 동조 제3항.
98) *Id.* 동조 제4항.
99) *Id.* 동조 제5항.
100) 국제환경협약에서 비준수절차를 인정하고 있는 예는 흔치 않은데, 몬트리올의정서 체제상의 비준수절차를 모방한 ECE 광역 월경 대기오염에 관한 조약의 1994년 오슬로의정서상의 비준

당사국들은 몬트리올의정서에서 의정서 규정의 비준수 여부를 결정하는 절차 및 제도적 장치와 비준수 당사국의 처리 절차 및 제도적 장치를 두기로 합의하였는데(제8조), 1992년 코펜하겐 회의에서 이를 구체화하였다.

비준수절차에서 중요한 역할을 하는 세 곳은 당사국회의, 이행위원회(Implementation Committee), 사무국이다. 비준수절차의 개시는 다른 당사국의 비준수를 다투는 당사국의 고발,[101] 비준수 당사국의 자가보고(self-reporting),[102] 사무국의 자체 개시[103] 등에 의해서 이루어진다. 이행위원회의 설치는 다른 국제환경법 체제에서 찾아보기 힘든 독특하고 획기적인 것이다. 이행위원회는 사무국으로부터 관련 자료를 받아, 검토하고, 당사국회의에 권고를 포함하여 보고하여야 한다.[104] 당사국회의는 해당 당사국의 비준수에 대응하는 적절한 조치(예컨대, 지원, 경고, 산업합리화 · 생산 · 소비 · 국제거래 · 기술이전 · 다자기금 등과 관련한 권리 또는 특권의 중지)를 결정한다.[105] 당사국들은 이러한 결정을 통해 비준수 국가에 대하여 집합적으로 제재를 가할 수 있다. 그러나 그 제재는 직접적인 응징을 목적으로 하지 않는다. 제재는 비준수 국가에 충분한 압력으로 작용할 수 있다는 점에서 강제성을 띨 뿐이다.

비준수절차는 국가책임 문제를 야기할 수 있는 대응조치를 취하기보다는 예상되는 비준수를 우호적으로 해결하는 데 주안점이 있다. 그 해결책은 유연하다. 당사국회의는 흔히 고의적 · 악의적인 비준수가 아닌 한 해당 당사국에 대하여 엄격한 제재를 선택하지 않는 경향이 있다. 이러한 점은 전통적으로 대결 구조를 취하는 분쟁해결절차(예컨대, 국제재판소를 통한 분쟁해결)와 크게 다른 것이다. 또한 전통적인 분쟁해결절차가 가해국과 피해국의 양자 구도라고 한다면 비준수절차는 비준수 국가에 대한 다른 당사국들간의 집합적 행동을 특징으로 하는 다자간 · 집합적 구도라고 할 수 있다.[106]

수절차가 몬트리올의정서 체제상의 비준수절차와 유사하다. 한편, 교토의정서 당사국들은 제1차 당사국회의에서 비준수문제를 다루는 적절하고 효율적인 절차와 체제를 승인해야 하는데, 여기에는 미준수의 원인 · 유형 · 정도 및 빈도 등을 고려한 결과목록의 개발이 포함된다고 합의하였다(제18조).

101) 코펜하겐조정 · 개정(각주 28), 부속서 Ⅳ(1) · (2).

102) *Id.* 부속서 Ⅳ(4).

103) *Id.* 부속서 Ⅳ(3).

104) *Id.* 부속서 Ⅳ(7) · (8) · (9).

105) *Id.* 부속서 Ⅳ(9).

106) O. Yoshida, *Soft Enforcement of Treaties: The Montreal Protocol's Noncolpliance Procedure and the Functions of Internal International Institutions,* 10 Colo. J. Int'l Envtl. L. & Pol'y 95, 99 (1999).

비준수절차는 유연하게, 대결구도를 회피하면서 우호적인 해결책을 찾으려고 하기 때문에 오히려 당사국의 준수를 유도할 수 있다는 장점이 있다. 그러나 당사국들간의 이해관계에 따른 당사국회의의 정치적 결정, 그에 따른 결정의 모호성과 다의성, 결정의 불명확한 법적 지위[107] 등은 비준수절차를 약한 시행으로 이끌 가능성이 있다.[108]

V. 평 가

과학적 불확실성이 존재하고, 구체적 피해가 확인되지 않았음에도 불구하고 비교적 일찍이 협약을 체결하는 등 문제 해결을 위하여 국제적인 노력을 기울인 것은 크게 평가할 만하다. 그러나 협약을 통해 오존층파괴물질의 생산 · 사용을 규제하더라도 이미 대기 중에 방출되어 있는 오존층파괴물질은 오랜 기간 대기에 머무르기 때문에 계속해서 오존층을 파괴할 것이다. 어쩌면 오존층파괴물질이 감소되는 속도보다 오존층이 파괴되는 속도는 더할 수 있을 것이다.

오존층 보호를 위한 비엔나조약체제가 선택하고 있는 오존층파괴물질의 생산 · 사용의 금지 또는 규제는 궁여지책으로 보인다. 그동안 오존층파괴물질의 규제체제는 규제대상물질의 확대, 감축량의 증가, 규제일정의 단축, 국제거래의 제한 등을 통한 규제강화로 압축될 수 있는데, 이러한 방향은 올바른 것으로 보인다. 왜냐하면 정보교환, 기술지원 등과 같은 간접적인 방법으로는 효율적으로 오존층파괴물질을 규제하는 데 한계가 있기 때문이다. 이 체제가 가지고 있는 정규적인 회의, 과학적 · 기술적 평가에 기초한 조정 · 개정의 가능성, 조약유보의 불인정 등은 체제를 강하게 하고 있다.

새로운 과학적 증거가 나타남에 따라 당사국들은 오존층파괴물질에 대한 규제를 한층 강화하는 한편, 그 규제의 유연성을 유지함으로써 효율적인 규제체제를 지향하고 있다. 당사국의 감축의무에 일정한 예외를 인정하고, 개도국에게 다른 감축일정을 제시하는 것 등이 좋은 예이다. 이러한 유연성은 많은 당사국의 참여를 유도하고 실효성을 확보함으로써, 궁극적으로 조약의 성공을 담보할 수 있는 요소로 작용할 수 있다.

몬트리올의정서체제가 채택하고 있는 비준수절차의 유연성과 대결구도를 회피

107) 비준수절차에 따라 이루어진 당사국회의의 결정에 대한 비준수가 몬트리올의정서의 비준수에 해당하는지 불분명하다.

108) O. Yoshida(각주 106), 118면.

하면서 제시하는 우호적인 해결책은 오히려 당사국의 준수를 유도할 수 있을 것이다. 다자기금과의 연계는 그 기능을 강화시킬 것이다. 특히 이러한 절차는 고의적 · 악의적인 비준수보다는 불충분한 보고, 보고의 지연 등과 같은 기술적 · 행정적인 문제에 대한 위반, 경제적 어려움에 따른 비준수가 빈번할 수 있는 체제에 강점이 있을 것으로 보인다. 비준수절차의 유연성은 사전배려의 원칙에 기초하는 몬트리올의정서체제에 적합하며, 가뜩이나 복잡한 국제관계를 완화시키는 역할을 할 것이다.

오존층 보호의 1등 공신으로는 단연 몬트리올의정서를 들 수 있다. 덕분에 오존층의 급속한 파괴가 늦춰졌기 때문이다. 의정서 체결 이후 선진국이 오존층파괴물질의 95%를 없앴고, 개도국도 50~75%를 제거했다고 보고되면서 이 의정서는 "인류가 성사시킨 가장 성공적인 국제환경협약"(코피 아난 유엔사무총장)이라는 평가가 나오고 있다.[109] 또한 몬트리올의정서는 '의도치 않게' 지구 온난화 방지에도 큰 역할을 하고 있다. 의정서 체결 당시에는 몰랐지만 CFCs와 Halons가 이산화탄소처럼 지구를 덥게 하는 온실가스임이 나중에 밝혀졌기 때문이다. 몬트리올의정서는 지구 온난화 방지가 목적인 교토의정서가 제자리를 찾지 못하고 있는 사이에 온실가스 감축에 더 많은 공헌을 한 셈이다.

오존층 파괴는 과학적 불확실성이 존재하는 영역이기 때문에 오존층파괴물질을 규제하기 위해서는 사전배려의 원칙이 적용될 수 있다. 문제는 불확실성이 존재하고 오존층 파괴가 계속되는 한, 신규 규제대상물질의 추가, 감축시기, 감축량 등을 둘러싸고 논란이 계속될 것으로 예상된다.

몬트리올의정서체제의 성공은 이 체제가 도입하고 있는 오존층파괴물질의 생산 · 사용의 규제, 국제거래의 규제 등이 조약가입, 대체재의 개발 등을 위한 충분한 유인을 제공하고 있는가라는 질문과 직결될 수 있다. 선 · 개도국 간의 이해관계,[110] 규제대상물질에 대한 대체재 개발의 어려움, 제재 지침의 부재 등은 조약의 성공을 불투명하게 하고 있다. 이러한 관점에서 개도국에 대한 기술이전과 재정지원, 이행준수의 확보 등은 중요한 과제가 되고 있다.

---

109) "오존층 보존 1등공신 '몬트리올의정서'", 조선일보 2007. 9. 22. 기사. 몬트리올의정서의 시행이 오존층 파괴물질의 99% 이상을 없애고 기후변화방지에 큰 기여를 하였다는 평가가 있으며, 2000년 이래 매 10년마다 1－3% 비율로 일부 성층권의 오존층이 회복되었다는 보고도 있다. Kigalii Amendment Implementation Begins(각주 53).

110) 예컨대, 선진국의 입장에서, 규제대상물질에 대해서 선진국과 별도로 개도국에 완화된 규제일정을 채택하고 있는 것에 대해서는 선진국의 오존층파괴물질 삭감 노력을 반감시키고, 10년의 유예기간은 오존층의 회복을 지연시키며, 불법국제거래를 촉진한다는 비판이 있다. O. Yoshida(각주 106), 131면.

제 3 절 기후변화

협약명	채택일 (발효일)	주요내용	당사국 수	우리나라 가입일 (발효일)
기후변화 협약	1992.5.9. (1994.3.21.)	– 지구 온난화를 방지하기 위한 각국의 온실가스 배출 감축에 관한 기본내용	197 (2020.1. 현재)	1993.12.14. (1994.3.21.)
교토 의정서	1997.12.11. (2005.2.16.)	– 선진국의 온실가스 감축의무, 교토메커니즘 등	192 (〃)	2002.11.8. (2005.2.16.)
파리협정	2015.12.12. (2016.11.4.)	– 전지구적 기후변화 대응	187 (〃)	2016.11.3. (2016.12.3.)

〈http://unfccc.int〉; 〈http://ipcc.ch〉

"북극 빙하가 녹아 북극 지도가 새로이 그려지고…", "미국 Glacier Nat'l Park 명칭을 바꿔야 할 형편…", "유례없는 이상 난동", "환경의 역설: 빙하 섬 그린란드 '녹색 땅'으로 변신 중", "만년설과 빙하가 녹아 내리는 킬리만자로", "갈 길을 잃어버린 북극곰", "투발루를 구해주세요", "수몰 위기 몰디브의 처절한 '수중 회의'", "차드(Chad)호가 마르고", "우리나라도 100년 만에 가장 따뜻한 겨울을 맞고 있다." "탄소배출권 시장 올해 안 국내에 열린다."

이들 메시지의 공통분모는 무엇일까? 지구 온난화가 답이다. 경고성 메시지가 등장하는 위와 같은 많은 사례에서 지구 온난화가 주범으로 지목되고 있다. 지구 온난화로 인한 이상 기후는 이미 눈앞의 현실로 나타나고 있다. 기후변화는 이제껏 인류가 경험해보지 못한 속도로 이루어지면서 우리에게 새로운 도전과 과제를 주고 있다.

유엔 산하 '기후변화에 관한 정부간 패널(Intergovernmental Panel on Climate Change: IPCC)'[1]이 발표한 충격적인 기후변화보고서는 21세기 세계가 당면하고 있

1) 기후변화문제에 대처하기 위하여 1988년 세계기상기구와 유엔환경계획이 공동으로 만든 기구로서, 1990년 이후 5~6년 간격으로 기후변화 평가보고서를 발간하고 있다. 이 보고서는 기후변화와 관련한 과학적 · 기술적 정보를 제공하고 각국의 정책에 반영되고 있다. 특히 인

는 가장 중요한 문제 중의 하나가 기후변화 또는 지구 온난화임을 분명하게 보여주고 있다. 이 보고서는 기후변화에 관한 대부분의 공공정책을 수립하는 데 가장 기초적인 근거자료가 되고 있으며, 기후변화가 우리 인류가 당면한 위기 중의 위기라는 주장도 상당부분 여기에 기초하고 있다. 이 보고서는 지금과 같은 수준으로 화석연료를 사용하면 1990년부터 2100년까지 사이에 지구의 평균 기온이 계속 상승하여 2100년에는 지구의 온도가 6.4도까지 상승할 수 있다고 전망하고 있다. 또한 보고서는 100년 내 북극의 빙하가 지도에서 사라지면서 바다수면이 평균 18~59cm 상승할 것이라고 전망하고 있다.[2] 실제 이러한 상황이 현실화될 경우 인류는 심각한 물부족과 가뭄 · 폭염에 시달릴 전망이다. 태평양의 산호초 섬은 물론이고 중국의 상하이, 아르헨티나의 부에노스아이레스 같은 땅의 높이가 상대적으로 낮은 도시와 방글라데시, 네덜란드 등 저지대 국가 일부가 침수될 가능성이 있다는 등 '불편한 진실'을 담고 있다. 인류의 대재앙을 예고하고 있는 것이다. 지구 온난화문제에 제대로 대처하지 못할 경우 인류의 존립마저 위태로워질 수 있다는 것이 보고서의 핵심 메시지이다.

한편으로는 이러한 메시지가 계속적인 반복과 부풀린 이야기에 불과하다는 주장에서부터 기후변화가 과장되었고 비현실적인 시나리오에 불과하다고 지적하면서 그 대응방안이 비용－경제적이지 못하다는 주장도 있다.[3] 또한 지구 온난화가 재앙이 아니라 기회이자 희망이라는 입장도 있다.[4] 그러나 분명한 것은 기후변화문

류 재앙을 경고하는 충격적 보고서는 기후변화협약과 교토의정서를 이끌어 내는 국제적 공감대를 만들어 냈다. 이러한 공로를 인정받아 2007년 노벨평화상을 수상하였다. 현재 1990년, 1992년, 2001년, 2007년, 2014년에 걸쳐 5차 보고서까지 발간되었다. 특히 5차 보고서는 온실가스 감축을 이행하지 않는다면 2100년까지 지구 온도가 19세기 산업화 이전 대비 4도 이상 상승해 가뭄과 홍수 등 각종 기후변화 관련 재해가 일어날 것으로 예측하였다. 이는 '장기목표로는 산업화 이전 대비 지구 평균기온 상승을 2℃보다 상당히 낮은 수준으로 유지키로 하고, 1.5℃ 이하로 제한하기 위한 노력을 추구하기'로 한 파리협정의 이론적 근거를 제공하였다.

2) http://www.ipcc.ch/pdf/assessment－report/ar4/syr/ar4_syr_spm.pdf 참조.

3) 물론 여기에 대해서는 기후변화가 과장되었고, 비현실적인 시나리오에 불과하다고 지적하면서 그 대응방안이 비용－경제적이지 못하다는 주장이 있다. Bjorn Lomborg, The Skeptical Environmentalist(Cambridge University Press 2001); 회의적 환경주의자(홍욱희 · 김승희 역), 에코리브르, 2003, 575 내지 717면 참조.

4) 북극권의 그린란드(Greenland)가 이름처럼 '녹색의 땅'으로 변하고 있다는 보고가 있다. 이에 따르면 최근 30년간 평균기온이 1.5도 올라, 1970년대에 비하면 경작기간이 3주 정도 증가하고 경작지도 4배 정도 넓어졌다. 수온이 따뜻해지면서 자취를 감추었던 대구가 돌아왔고, 빙하가 녹아 바닷길이 열린 극지방까지 올라간 새우잡이 배들이 호황을 누리고 있다. "온난화 때문에… 환경의 역설: 빙하 섬 그린란드 '녹색 땅'으로 변신 중", 중앙일보, 2007. 10. 30. 기사.

제가 다른 환경문제를 넘어서 가장 중요한 관심사가 되고 있다는 것이다. 기후변화문제는 이제 가장 중요한 국제문제로 부각되었다.

기후변화의 가장 큰 걱정은 이른바 온실효과로 인하여 발생하는데, 온실효과란 마치 온실과 같이 대기 중에 있는 가스 미립자들이 태양 에너지를 통과하도록 하고 지표에서 방출된 일부 적외선 에너지(열)를 가두는 것을 말한다. 이러한 온실효과로 인하여 지구가 일정한 온도를 유지하면서 인류가 생존하게 되는 것이다. 이와 같이 온실효과를 발생시키는 것이 바로 온실가스라고 불리는 것인데, 여기에는 흔히 이산화탄소(CO_2), 메탄(methane), 오존, 수증기, 프레온가스(CFCs), 이산화질소(NO_2) 등이 들어지고 있다.[5] 화석연료를 태울 때 발생하는 온실가스는 결국 인간의 활동에 기인할 가능성이 많기 때문에 인간의 온실가스 배출행위를 제대로 규제하지 않는 한 인간에 의해 배출되는 온실가스로 인해 인류의 건강 · 생명이 위협받는 것은 피할 수 없게 된다.

인류가 생존하기 위하여 어느 정도의 온실효과가 있어야 한다는 점에서 현재 인류가 당면하고 있는 기후변화는 이율배반적이라고 할 수 있다. 문제는 그 온실효과가 자연발생적인 정도를 훨씬 뛰어넘어 급속도로 진행되고 있다는 데에 있다. 온실효과의 주범인 온실가스의 발생은 주로 화석연료의 연소로 발생한다. 한편, 이와 반대로 온실가스를 흡수하는 이른바 흡수원(sink)이 있는데, 주요 흡수원으로는 숲, 농경지, 초지, 바닷물 등이 있다. 기후변화의 원인은 인류가 자초한 것으로 그 원인에는 이러한 온실가스의 지나친 배출과 흡수원의 제거에 있다 할 것이다. 다시 말하면 에너지 과소비, 열대림의 파괴, 벌채 등이 그 원인이라 할 것이다.

기후변화의 구체적인 효과로는 기온 상승, 해수면 상승, 농업생산량 감소, 강하 패턴의 변화, 얇아지는 극지방 빙하, 질병의 발생, 생태계의 변화, 빈번하고 강열한 엘니뇨(El－Nino) 현상 등이 들어지고 있다.

국제사회는 지구의 기후변화가 진행되고 있다는 것을 기정사실화하고 어느 정도, 어느 속도로, 그리고 어느 곳에서 진행되는지에 더 촉각을 곤두세우고 있다. 자연 발생적인 온실가스는 그렇다고 하더라도 더 이상 인위적으로 발생되는 온실가스를 규제하지 않고서는 문제 해결이 안 되는 지경에 이르렀다고 보는 듯하다.

---

5) 이산화탄소는 가장 대표적인 온실가스로서, 전 세계적으로 배출되는 온실가스의 75%를 차지하고 있다. 메탄은 세계적으로 배출되는 온실가스의 10%를 차지하고 있다. 이산화탄소에 비해 적은 양이지만, 온실효과는 21배 높은 것으로 알려지고 있다. 지구 온난화에 기여하는 정도를 지구 온난화 지수(Global Warming Potential)라고 하는데, 이산화탄소를 1로 보았을 때 메탄(CH_4)이 21, 아산화질소(N_2O)가 310, HFCs가 1,300, PFCs가 7,000, SF_6이 23,900이다. 산업자원부 · 에너지경제연구원, 기후변화협약과 교토의정서, 2003. 9, 4면.

이러한 전제하에서는 기후변화문제의 해결은 온실가스의 배출억제에 있는데, 문제는 그것이 쉽지 않다는 데 있다.

기후변화문제와 관련한 각국의 입장 차이는 문제 해결을 복잡하게 하고 있다. 크게는 선진국과 개도국, 작게는 선진국들 간 그리고 개도국들 간에도 심한 입장 차이를 보이고 있다. 예컨대, 선진국 그룹 중에 유럽연합은 엄격한 규제를 요구하고 있는 데 반해 미국은 세계적 추세와 달리 배출량 감소를 위한 자체적인 프로그램을 주장하고 있다. 77그룹(G77)[6] 및 중국과 같이 급속한 경제성장을 추진하고 있는 나라는 자국에 대한 규제에 반대하고 있으며, 화석연료 생산국인 OPEC 국가들은 온실가스와 관련한 어떠한 규제에 대하여도 반대하는 입장인 반면에, 군소도서국가들은 기후변화를 그들 국가의 생존의 문제로 보고 온실가스에 대한 보다 강력하고 시급한 규제를 강조하고 있다.[7]

Ⅰ. 기후변화협약

1. 배 경

1988년 유엔총회는 유엔환경계획(UNEP)과 세계기상기구(WMO)로 하여금 기후변화와 관련한 과학적, 기술적, 사회경제적 정보를 평가하고 장래의 국제조약체결을 위한 기초 작업을 위하여 기후변화에 관한 정부간패널을 설립하도록 결의하였다. 이 패널은 1990년 보고서(1차 보고서)를 통하여 지구 온난화에 대한 현실성과 위해성을 경고하였고 기후변화를 방지하기 위하여 새로운 조약체제하에서 온실가스의 대량 감축이 필요하다는 것을 강조하였다. 이에 따라 유엔총회는 다자조약을 준비하기 위한 정부간협상위원회(Intergovernmental Negotiating Committee: INC)를 구성하였다. 정부간협상위원회는 1991년 첫 회의를 시작으로 수차례에 걸친 회의를 거쳐 조약 준비 작업을 하였다. 정부간협상위원회에서 채택된 기후변화에 관한 골

6) 1964년 국제연합무역개발회의(UNCTAD)에서 아시아 · 아프리카국가(그룹 A)와 라틴아메리카와 카리브국가(그룹 C) 등 개발도상국 77개국이 선진국에 대한 협상능력을 강화하기 위해 77그룹(Group of 77)을 결성하였다. 2002년 현재 가입국은 133개국이다. 우리나라는 1964년 가입하여 1970년 아시아지역 대표 의장국에 선출되기도 하였고, 1992년에는 의장에 공식 추대되기도 하였으나 1996년 경제협력개발기구(OECD)에 가입함으로써 이듬해 공식 탈퇴하였다.

7) Ved P. Nanda and George Pring, International Environmental Law & Policy for the 21st Century 290 (Transnational Publishers, Inc. 2003).

격협약(기후변화협약)[8]은 1992년 6월 리우회의에 맞추어 당사국의 조인을 위하여 공개되었다. 정부간협상위원회에서 노출된 당사국들간의 입장 차이는 결국 동 협약을 골격협약으로 만들었다.

전문과 26개조 그리고 2개 부속서로 구성되어 있는 기후변화협약은 전문에서 지구의 기후변화와 그로 인한 악영향이 인류의 공동 관심사(common concern of humankind)임을 확인하고 있다.[9] 기후변화협약은 온실가스로 인한 기후체계의 위험한 변화를 방지할 수 있는 수준으로 온실가스 농도를 안정화시키는 것을 궁극적인 목표로 하고 있으며, 이런 수준이 생태계가 기후변화에 자연적으로 적응하고 식량 생산이 위협을 받지 않고 경제개발이 지속가능한 방법으로 유지될 수 있는 기간 내에 달성되어야 함을 명시적으로 밝히고 있다.[10]

2. 당사국의 의무

모든 당사국은 공동의 그러나 차별화된 책임, 특별한 국가적 · 지역적 개발우선순위, 목표 · 여건 등을 고려하여 다음과 같은 의무를 부담한다: ① 오염원에 의한 온실가스 배출과 흡수원에 의한 온실가스 제거에 대한 국가통계의 작성, 자료의 갱신, 공표; ② 기후변화를 완화하기 위한 국가계획의 수립 · 시행; ③ 온실가스 배출의 통제 · 감소 또는 방지를 위한 기술, 관행, 공정의 개발 · 적용 · 확산; ④ 온실가스 흡수원의 보전 · 향상; ⑤ 해안지역, 수자원, 농업부문에 대한 통합적인 계획 수립과 가뭄, 사막화, 홍수의 영향을 받는 지역의 보호와 복구; ⑥ 관련 사회 · 경제 · 환경정책과 조치의 시행 시 기후변화문제의 고려 그리고 환경영향평가의 실시; ⑦ 기후시스템과 관련한 과학 · 기술 · 사회경제적 연구, 체계적 관측, 그리고 자료 보관장소(archives)의 설치; ⑧ 기후시스템, 기후변화와 대응정책의 사회경제적 영향과 관련된 과학 · 기술 · 사회경제 및 법에 관한 정보의 충분하고 공개적인 그리고 즉각적인 교환; ⑨ 기후변화와 관련된 교육, 훈련, 홍보의 강화와 이러한

---

8) United Nations Framework Convention on Climate Change(UNFCCC), 31 I. L. M. 849 (1992).

9) 당초 논의된 인류공동자산(Common Heritage of Mankind)의 개념은 당사국들에 의해 부인되었고 그 대신 인류의 공동 관심사라는 개념이 도입되었다. 개도국들은 인류공동자산 개념에 근거하여 그들의 자연자원에 대하여 너무 많은 국제적 통제가 이루어질 것을 두려워하였고, 선진국들은 이러한 자연자원의 이용에 따른 이익의 공유를 경계하였다. David Hunter, James Salzman and Durwood Zaelke, International Environmental Law and Policy 398 (2nd ed. Foundation Press 2002).

10) 기후변화협약(각주 8), 제2조.

과정에의 비정부기구 등의 광범위한 참여 조장; ⑩ 시행과 관련한 정보의 당사국총회(COP)에 대한 보고.[11)]

선진당사국에게는 이와 별도로 특별한 의무가 부과되고 있다. 즉, 부속서 I 에 포함된 36개국(OECD 및 동구권)은 온실가스의 인위적 배출을 제한하고 흡수원을 보호 · 증진함으로써 기후변화의 완화를 위한 국가정책과 조치를 채택하여야 하며,[12)] 온실가스의 배출량을 1990년대 말까지 1990년 수준으로 회복시키기 위하여 협약 발효일로부터 6개월 이내, 그 이후에는 정기적으로 그 정책 및 조치 그리고 온실가스 배출 및 제거에 관한 정보를 교환하여야 한다.[13)] 특히 부속서 Ⅱ 에 포함된 25개국(OECD)은 개도국이 제12조 제1항에 따라 당사국총회에 관련정보를 제공하는 데 드는 비용과 제4조 제1항에 따라 필요한 조치를 이행하기 위하여 필요한, 기술이전을 포함한 모든 비용을 충족하기 위하여 새로운 추가적인 재원을 제공하여야 한다.[14)] 선진당사국(OECD)은 또한 기후변화의 악영향에 특히 취약한 개도국이 그 악영향에 적응하는 데 소요되는 비용을 지원하여야 하며,[15)] 개도국 당사국에 대한 환경적으로 건전한 기술 및 노하우(knowhow)의 이전과 접근을 증진 · 촉진하고 재정지원을 하기 위한 모든 실행 가능한 수단을 취하여야 한다.[16)]

한편, 동 협약은 기술이전, 재원제공, 그리고 의무사항의 이행에 있어서 개도국과 군소도서국, 화석연료 과다의존국 등을 특별히 고려하도록 하는 규정을 두고 있다(제4조 제8항 내지 제10항).

3. 시행기구와 재정체제

기후변화협약은 그 시행을 위하여 당사국총회(COP), 사무국, 과학기술자문 보조기구(Subsidiary Body for Scientific and Technological Advice), 이행을 위한 보조기구(Subsidiary Body for Implementation) 등을 두고 있다. 당사국총회는 협약의 최고 기구로서 협약 및 관련 의정서의 이행을 정기적으로 검토하며, 협약의 효율적인 시행을 위하여 필요한 결정을 한다.[17)] 과학기술자문 보조기구는 기후변화와 영향에 관한 과학지식의 현황과 협약 이행을 위하여 취해진 조치의 영향에 대한

11) *Id.* 제4조.
12) *Id.* 동조 제2항(a).
13) *Id.* 동항(b).
14) *Id.* 제4조 제3항.
15) *Id.* 동조 제4항.
16) *Id.* 동조 제5항.
17) *Id.* 제7조.

평가, 최신기술의 파악, 최신기술의 개발과 이전을 증진하는 수단에 대한 권고 등의 기능을 수행한다.[18] 한편, 이행을 위한 보조기구는 당사국총회가 협약의 효과적 시행을 평가 · 검토하는 것을 지원한다.[19]

또한 기후변화협약은 기술이전을 포함하여 무상 또는 양허성 조건의 재원을 제공하기 위한 재정지원체제(Financial Mechanism)를 규정하고 있다. 이 체제는 협약에 관련되는 정책, 계획의 우선순위 및 자격기준을 결정하는 당사국총회의 지침에 따라 그 기능을 수행하고 당사국총회에 대하여 책임을 진다.[20] 이 체제의 운영은 기존 국제기구에 위탁되는데, 현재 지구환경금융(Global Environment Facility: GEF)이 임시재정지원체제로 지정되어 있다.[21]

4. 평 가

기후변화협약은 2019년 말 현재 197개국이 당사국으로 가입되어 있는, 국제환경협약 중 가장 큰 규모의 협약이다.[22] 이와 같이 많은 당사국들이 참여하고 국가들간에 첨예한 입장차이가 있어 동 협약은 당사국들간의 타협 내용을 담을 수밖에 없었다. 예컨대, 협약은 자연자원에 대한 주권원칙과 월경피해 금지의 원칙을 천명하면서도 당사국들간의 협력을 강조하고,[23] 온실가스 농도의 안정화를 궁극적인 목표로 내세우면서도 그 달성을 위한 구체적이고 실질적인 방법 및 조치를 제시하지 않고,[24] 온실가스의 규제일정과 관련하여 온실가스의 배출량을 2000년까지 1990년 수준으로 회복한다고 막연히 규정하면서 당사국별로 구체적인 규제일정과 목표를 제시하지 않고,[25] 온실가스의 주요 오염원이 선진 당사국이지만 개도국에게도 공동의 그러나 차별화된 책임이 있다는 것을 인식하면서도 개도국에게 구체적인 책임을 부과하지 않고,[26] 기후변화를 완화하기 위한 국가계획의 수립 · 시행, 온실가스 배출의 통제 · 감소 또는 방지를 위한 기술 · 관행 · 공정의 개발 · 적용 · 확산, 정보교환, 연구 및 체계적인 관측, 기후변화와 관련된 교육 · 훈련 · 홍보의

18) *Id.* 제9조.
19) *Id.* 제10조.
20) *Id.* 제11조.
21) *Id.* 제21조 제3항 참조.
22) http://unfccc.int/parties_and_observers/parties/items/2352.php.
23) 기후변화협약(각주 8), 전문.
24) *Id.* 제2조.
25) *Id.* 제4조 제2항(a), (b).
26) *Id.* 전문, 제3조, 제4조.

강화 등을 강조하면서도 이를 위한 구체적인 요건이나 재정지원에 대하여 규정하고 있지 않다.[27] 이러한 태생적 한계는 기후변화협약이 앞으로 헤쳐 나가야 할 고단한 여정을 암시하고 있다.

Ⅱ. 교토의정서

온실가스의 감축을 위하여 기후변화협약은 첫 걸음에 불과하였고 그 구체적인 시행을 위해서는 의정서가 요구되었다. 국제사회는 기후변화협약상의 비구속적인 의무이행으로는 효율적인 온실가스의 감축이 이루어질 수 없다는 것을 곧 인식하기 시작하였다. 기후변화협약 제7조는 협약의 시행을 정기적으로 검토하고 협약의 효과적인 시행을 위한 제반 결정을 하기 위하여 매년 1회 이상 당사국총회를 개최하도록 하고 있다. 1995년 독일 베를린에서 개최된 제1차 당사국총회에서는 1997년에 개최되는 제3차 당사국총회에서 의정서의 채택을 통해 선진국들의 의무이행을 강화하기로 하는 이른바, 베를린명령(Berlin Mandate)을 채택하였다.[28] 이에 따라 1997년 12월 일본 교토에서 개최된 제3차 당사국총회에서는 역사적으로 유명한 이른바, 교토의정서[29]가 채택되었다. 위 의정서의 출현을 위해서는 리우회의로부터 5년이라는 긴 기간이 요구되었는데, 이는 당사국들간의 서로 다른 이해관계와 접근방법으로 인해 오랜 협상이 요구되었기 때문이었다.

교토의정서는 선진 당사국들로 하여금 이산화탄소(CO_2) 등 6개 대상 온실가스의 배출을 2008년~2012년 기간에 걸쳐 1990년 대비 평균 5.2%를 감축하도록 하고 있다. 이러한 선진 당사국들의 온실가스 감축의무는 구속적인 성질을 갖는 것으로 기후변화협약상 선진 당사국들이 지는 비구속적 의무에 비하면 진일보한 것이다.

나아가 선진 당사국의 온실가스 배출 감축의무 이행의 유연성을 확보하기 위하여 배출권거래제도(Emission Trading: ET),[30] 공동이행제도(Joint Implementation: JI)[31]

27) *Id.* 제4조 내지 제6조.

28) UNFCCC, Report of the Conference of the Parties on its First Session, Held at Berlin from 28 March 7 April 1995, U.N. Doc. FCCC/CP/1995/7/Add.1 (1995), 4면.

29) Kyoto Protocol to the UN Framework Convention on Climate Change, 37 I. L. M. 22 (1998).

30) 교토의정서 제17조는 선진 당사국(부속서 B 국가)들로 하여금 이른바, 배출권을 거래할 수 있도록 하고 있다. 이에 따르면 부속서 B에 해당하는 당사국은, 정해진 온실가스 감축목표량보다 더 감축한 다른 국가로부터 '할당량 단위(Assigned Amounts Unit: AAU)'의 형태로

그리고 청정개발체제(Clean Development Mechanism: CDM)[32]라는 이른바, 교토메커니즘을 채택하였다.

온실가스의 감축이라는 인류 지상과제는 역사상 가장 복잡한 환경협약을 탄생시켰다. 교토의정서의 의미는 무엇보다도 기후변화협약이 가지고 있는 당사국들의 막연한 의무를 구체화하였다는 데 있다. 당사국별로 규제 일정과 목표를 구체적으로 제시함으로써 기후변화체제가 구체적 · 실질적으로 작동하는 계기를 마련한 것이다. 그 작동 원리 및 요소는 유연성의 확보라고 할 수 있다. 신축성체제라고도 불리는 교토메커니즘이 대표적인 예이다. 의무 이행기간의 시점을 2008년부터로 미루고, 기간을 5년간으로 하고, 유럽연합과 같은 일정 그룹의 국가들이 공동으로 감축의무를 이행할 수 있도록 함으로써(burdensharing arrangement), 온실가스 감축의무 이행에 융통성을 부여하고 있는 것도 같은 맥락으로 이해할 수 있다.

교토메커니즘은 온실가스 감축의무를 이행하기 위한 중요한 수단으로 국제사회에 혜성과 같이 등장하였다. 그러나 이에 대한 개도국의 시선이 곱지 않아서 그 성공은 미지수였다. 개도국은 의무 이행 당사국(선진국)이 자국 내에서 온실가스를 실질적으로 줄이지 않고서도 감축목표의 달성을 가능하게 하므로 온실가스 감축이라는 의정서 본연의 목적이 희석될 가능성이 있다는 입장을 고수하였다. 나아가 교토메커니즘의 시행을 위해 필요한 흡수원의 범위 및 산정방법, 측정 · 보고 · 확인(MRV) · 책임 등에 대한 원칙 · 규칙 또는 지침, 의무 위반에 대한 제재기준 · 방법, 에너지세와 같은 강제적인 국내 이행조치, 개도국에 대한 재정지원 및 적응기금 등의 부재는 의정서가 실질적으로 가동될 수 없음을 보여주었다. 이러한 미해결 문제에 대한 합의는 2001년 본합의(Bonn Agreement)[33]와 마라케쉬합의(Marrakech Accords)[34]를 기다려야 하였다.

잉여 배출량의 일부(배출권, emission credits)를 구입할 수 있게 된다.

31) 교토의정서 제6조는 부속서 I 국가로 하여금 다른 부속서 I 국가에서 온실가스 배출량을 저감하는 또는 흡수원을 향상하는 사업을 수행한 경우 이로 인해 감축된 배출량의 일부를 사업을 수행한 국가의 온실가스 배출 감축의무 이행에 사용하도록 하고 있다. 구체적으로 부속서 I 당사국은 제3조의 공약을 이행하기 위하여 모든 경제 부문에서 온실가스의 배출원에 의한 인위적 배출량의 감축이나 흡수원에 의한 인위적 제거량을 목표로 하는 사업으로부터 발생하는 '배출량 감축단위(Emission Reduction Units: ERU)'를 다른 부속서 I 당사국에게 이전하거나 그로부터 취득할 수 있다.

32) 교토의정서는 제12조에서 개도국에서 온실가스 감축사업(기술이전 또는 그 밖의 사업)이 수행되어 배출량의 감축이 이루어진 경우 이를 부속서 I 에 해당하는 선진 당사국이 자국의 온실가스 배출 감축의무 이행에 사용하도록 하는 이른바 청정개발체제를 도입하고 있다.

33) http://unfccc.int/resource/docs/cop6secpart/05.pdf 참조.

34) http://unfccc.int/resource/docs/cop7/13a01.pdf 참조.

교토의정서는 국가별 온실가스 감축목표를 설정하고 이를 달성하기 위한 개괄적인 방법론만을 합의하였기 때문에 구체적인 이행방안에 대하여는 별도의 합의가 요구되었다. 2001년 7월 제6차 당사국속개회의에서 합의된 본합의는 2001년 11월 제7차 당사국총회에서 교토의정서의 이행을 위한 세부사항에 관한 일련의 결정인 마라케쉬합의로 보다 구체화되어 교토의정서의 발효를 위한 길이 마련되었다. 본합의에서는 교토의정서의 이행 장치를 마련하기 위한 부에노스아이레스 행동계획에서 예정한 시한과 목표에 대한 정치적인 타결을 하였고, 토지이용 · 토지이용전환과 산림활동, 교토메커니즘의 이행방안 및 의무준수체제 등에 관한 핵심쟁점 사항에 대한 전반적인 골격을 합의하였다. 이러한 정치적 여세를 몰아 제7차 당사국총회는 교토의정서의 이행장치에 대한 조문화 작업을 통해 마라케쉬합의를 채택하였다.

본합의와 마라케쉬합의에서 이루어진, 그동안 크게 쟁점이 되어왔던 추가적인 흡수원의 범위, 교토메커니즘의 활용한도 등의 문제들에 대한 당사국들의 합의는 그동안 비준을 미루어왔던 국가들(예컨대, 러시아)의 비준을 유도함으로써 교토의정서의 발효를 위한 결정적인 계기를 제공하였다는 점에서 교토의정서체제에서 큰 전환점을 이루는 획기적인 사건이라 할 수 있다. 이제 비준이 가능한 의정서가 탄생한 것이다. 이는 교토메커니즘에 따른 배출권거래 시장이 본격적으로 가동된다는 것을 의미한다.

그러나 미국의 탈퇴 선언에 대하여 국제사회가 분노하고 발효 자체가 회의적인 상황에서 일부 국가들의 의정서 발효에 대한 집착은 서둘러 정치적 합의를 도출하도록 하였다. 이러한 정치적 합의는 온실가스 감축이라는 본연의 목적을 상당 부분 희석시켰다. 그 결과 온실가스 감축목표는 당초 1990년도 배출량 대비 평균 5.2%에서 1.8%로 낮추어졌다고 분석되고 있다.[35] 미국의 불참을 고려할 경우에는 감축목표는 더욱 낮추어질 것이다. 이 정도면 의정서 자체는 살렸을지언정 지구를 살리는 데는 실패했다는 비판을 들을 만한 것이었다.

Ⅲ. 신기후변화체제

2015년 12월 12일 프랑스 파리에서 열린 제21차 기후변화협약 당사국총회

35) Miranda A. Schreurs, *Competing Agendas and Climate Change Negotiations: The United States, the European Union, and Japan*, 31 Envtl. L. Rep. 11218 (2001).

(COP－21)에서 파리협정(Paris Agreement)36)이 채택되었다. 이로써 197개 기후변화협약 당사국 모두가 온실가스 감축에 참여하는 신기후변화체제가 탄생하였다. 이는 기존 기후변화체제인 교토의정서를 사실상 대체하면서 선진국과 개도국을 구별하지 않고 모든 국가가 전지구적으로 기후변화 대응에 참여하게 되었다는 점에서 역사적 의미가 크다. 그 동안 기존 기후변화체제에 대해서는 일부 선진국들만이 온실가스 감축의무를 부담하고, 기후변화에 기여도가 높은 국가들이 감축 의무를 지지 않으면서 이빨 빠진 호랑이나 마찬가지라는 비판이 제기되었다. 1990년대 기후변화협약을 주도해 온 미국이 돌변하여 교토의정서 서명을 철회하였고, 온실가스 배출이 많은 중국·인도·브라질 등이 의무감축국에서 빠짐으로써 실효성은 크게 약화되었다. 기후변화협약체제의 이러한 한계와 함께 선진국의 이산화탄소 배출 억제를 위한 교토의정서에서 정한 2012년 시한이 끝나면서 새로운 규범에 대한 논의는 필연적이었다.

2주간에 걸친 협상 끝에 파리협정은 신기후변화체제에 대한 논의를 2015년까지 마무리하기로 결정한 바 있는 더반총회의 연속선상에서 2020년 이후 신기후변화체제 합의문에 담길 주요 요소들과 앞으로 논의할 사항들에 대해서 합의함으로써 2020년 이후 신기후변화체제 기반을 마련하였다.

신기후변화체제의 서막을 알리는 파리협정은 선진국과 개도국이 모두 참여하고, 참여 국가들의 온실가스 배출량 또한 전세계 배출량의 약 90%에 이른다는 점에서 진일보한 체제라는 평가를 받을 만하다. 그러나 파리협정은 새로운 기후변화체제를 위한 첫 걸음에 불과하고, 향후 각국이 스스로 결정한 감축목표의 조정 및 보다 진전된 목표 정도, 각국의 감축의무 이행확보, 개도국에 대한 실효성 있는 재정지원 등 산너머 산 해결해 나가야 하는 과제가 있다.

1. 협상 과정 및 경과

가. AWG-KP

교토의정서 1차 공약기간이 끝나는 2012년 이후의 온실가스 감축체제를 위한 논의는 이미 2000년대 중반부터 시작되었다. 2005년 캐나다 몬트리올에서 개최된 제1차 당사국총회에서 당사국들은 교토의정서 제3조 제9항에 따라 1차 공약기간의 만료 전 최소 7년 이내에 부속서 I 국가의 추가 공약을 검토하기 위하여 임시작업반(AWG－KP)을 설치하기로 합의하였다.37) 2012년 도하합의에서 그 작업의 종료

36) FCCC/CP/2015/l.9, Annex(파리협정).

를 공식 선언하기까지 임시작업반이 주도하는 협상의 주된 의제는 말할 것도 없이 2012년 제1차 공약기간이 종료될 때 무엇을 할 것인지를 정하는 것이었다.

나. 발리행동계획

2007년 12월 인도네시아 발리에서 개최된 제13차 당사국총회(COP-13)는 부속서 I 국가의 1차 공약기간 만료 이후의 기후변화체제 협상의 기본 방향과 일정에 대한 규칙인 이른바 발리로드맵(Bali Road Map)을 채택하였다. 발리로드맵은 협상 절차와 시한 등을 제시하는 발리행동계획(Bali Action Plan)[38]을 포함하고 있다. 여기에서 당사국들은 포스트 교토체제에 대한 협상 시한을 2009년으로 정하였다.[39] 당사국들은 부속서 I 국가의 감축만으로는 기후변화에 대처할 수 없다는 인식하에 협약상의 보조기구인 임시작업반(AWG-LCA)으로 하여금 협상을 수행하도록 결정하였다.[40] 임시작업반에 주어진 임무의 주된 주제에는 저감, 적응, 재정, 기술 그리고 장기적 협력적 행동을 위한 공유된 비전 등이 포함되었다.

다. 코펜하겐합의와 칸쿤회의

강력한 법적 구속력을 가진 국제협약이 탄생할 것이라는 전망과 기대 속에 개최된 2009년 코펜하겐합의(COP-15)에서는 선진국과 개도국 간의 입장 차이만을 확인하고 구속력 없는 정치적 선언을 도출하는 데 그쳤다. 회의 마지막 날 20여 개국 정상만 참여한 가운데 채택된 합의는 총회 승인을 받지 못하고 유의(take note)를 촉구하는 선에 머물렀다. 결국 합의한 것은 "구체적 합의는 잠시 더 미룬다"는 것이었다. 코펜하겐회의에서 채택된 합의는 미참가국들의 반발로 무의미하게 되었으며, 거의 같은 내용이 다음 해 멕시코 칸쿤회의(COP-16)에서 결정으로 채택되었다. 그러나 이것도 당사국총회 결정이기 때문에 법적 구속력은 없다고 할 수 있다.

라. 더반합의

2011년 남아프리카공화국 더반(Durban)에서 개최된 제17차 당사국총회(COP-17)는 기후변화 협상의 전기를 마련하였다. 더반에 모인 세계 190여 당사국

---

37) Decision 1/CMP.1, § 2.

38) 발리행동계획은 공유된 비전, 저감, 적응, 기술개발 및 이전, 재원 등 5가지 주요 주제를 다루고 있다. Decision 1/CP.13, § 1. 발리행동계획의 내용에 대하여 자세한 내용은 정성춘 외 6, 기후변화협상의 국제적 동향과 시사점, 대외경제정책연구원, 2009. 8, 34 내지 40면 참조.

39) *Id.* § 2.

40) *Id.*

들은 포스트-교토체제를 논의한 결과 교토의정서상 의무이행기간을 2013년부터 2017년 또는 2020년까지로 추가 연장하기로 하였다.41) 또한 2020년 이후부터 시행될 신기후변화체제에 대한 논의를 2015년까지 마무리하기로 결정하였다. 이를 위하여 더반 플랫폼 임시작업반(Ad Hoc Working Group on the Durban Platform for Enhanced Action: ADP)이 구성되었다. 그 임무는 선진국과 개도국에 모두 적용될 수 있는 '의정서, 다른 강제력 있는 법적 수단 혹은 합의 결과물(legal instrument or agreed outcome with legal force)'을 2015년 이전까지 완성하고 제21차 당사국총회에서 채택되도록 하는 것이었다.42) 그러나 법적 수단 혹은 강제력 있는 결과물의 구체적 내용에 대해서는 합의가 이루어지지 않았다.

2012년 만료되는 선진국의 온실가스 감축의무를 규정하는 교토의정서가 연장됨으로써 폐지 위기에 놓여 있던 교토의정서체제는 지속하게 되었다.43) 더반합의에서 채택된 더반 플랫폼은 선진국과 개도국 모두 기후변화에 함께 대처한다는 합의문을 발표하면서 탄생한 신기후변화체제라고 할 수 있는데, 당사국들이 선진국과 개도국이 모두 참여하는 새로운 감축체제 출범에 합의하였다는 점에서 일부 선진국만 참가한 교토의정서와 구별된다. 그러나 실질적인 감축을 위해 필요한 의무감축국 목표 설정, 감축 기간 및 방법, 녹기기후기금(GCF) 분담률 및 지원 방안 등의 사항들과 구체적인 이행방안에 대한 합의는 지지부진한 상황이 지속되면서 다음 총회로 미루어졌다.

마. 도하합의

2012년 카타르 도하(Doha)에서 개최된 제18차 당사국총회(COP-18)에 참가한 당사국들은 격론 끝에 도하 기후 케이트웨이(Doha Climate Gateway)라고 불리는 일괄적인(패키지) 결정을 하였다. 여기에는 1997년 채택된 교토의정서의 1차 의무이행기간(2008년~2012년)의 효력을 연장하는 것44)과 부속서 I 국가의 추가 공약을 검토하기 위하여 설치되었던 임시작업반(AWG-KP)을 종료시키는 것이 포함되었

41) Decision 1/CMP.7, Outcome of the Work of the Ad Hoc Working Group on Further Commitments for Annex I Parties under the Kyoto Protocol at Its Sixteenth Session, § 1.

42) Decision 1/CP.17, § 2, § 4.

43) 더반합의에서 당사국들이 폐지 위기에 놓여 있던 교토의정서를 연장하기로 합의하였으며, 2020년부터 선진국과 개도국이 새로운 협약에 모두 참여하기로 하였다고 그 성과를 높게 평가하는 견해가 있다. 박시원, "제17차 유엔 기후변화 더반 당사국총회의 평가와 정책적 시사점", 환경정책연구 제11권 제3호, 2012, 162면.

44) Decision 1/CMP.8, Amendment to the Kyoto Protocol pursuant to its Article 3, paragraph 9 (Doha Amendment), § 4.

다. 당사국들이 합의한 '제2기 교토의정서체제'에 따르면 2차 의무이행기간은 8년으로 2013년부터 2020년까지이다. 교토메커니즘은 유지된다. 나아가 당사국들은 2015년 5월 전에 협상 초안의 완성을 목표로 하여, 늦어도 제20차 총회(2014년 리마 당사국총회)에서 협상 초안의 요소들을 심사할 것에 합의하였다.[45] '제2기 교토의정서체제'에서 유럽연합 회원국 등 38개국은 1990년 대비 25%에서 40%까지 온실가스를 감축하기로 하였다.[46] 또한 당사국들은 AWG－LCA도 종료하기로 결정하였다.

당사국들은 교토의정서의 1차 공약기간 마지막 해인 2012년 간신히 교토의정서체제를 8년 더 연장하기로 결정하였다. 이러한 결정은 2020년 포괄적 합의가 도출되기 전까지의 간극을 피하기 위한 자구책이라고 할 수 있다. 그러나 미국이 1기에 이어 온실가스 감축의무 이행을 거부하고, 1기 체제에 참여하였던 일본, 캐나다, 러시아, 뉴질랜드 등 4개국이 2차 이행기간에는 법적인 감축의무를 지지 않겠다고 밝히면서 교토의정서체제에서 이탈함으로써,[47] 기후변화체제는 크게 약화되었다. 온실가스 배출량 1, 3위인 중국, 인도 등을 포함하여 온실가스 1~5위 배출국가가 2기 교토의정서체제 대열에서 모두 이탈한데다, 개도국에 대한 선진국의 자금 지원 규모 등 주요 세부 쟁점을 타결하는 데는 끝내 실패하였기 때문에 전세계의 기후변화 대응 체제는 껍데기가 되었다는 비판이 나오고 있다. 도하합의는 교토의정서보다 광범위한 나라들을 대상으로 하는 기후변화체제를 마련하는 데 실패하였다. 주요 온실가스 배출국가들이 제외된 2차 교토의정서체재는 전세계 온실가스 배출량의 15% 정도만 통제하게 됨에 따라 새로운 기후변화체제를 마련하는 것이 필수적이라고 할 수 있다.

바. 바르샤바합의

2013년 폴란드 바르샤바(Warsaw)에서 열린 제19차 당사국총회(COP－19)에서는 구체적인 협상 일정(Timeline)의 도출, 2020년 이후의 감축 목표 설정방식, 2015년 합의문에 담길 요소 등과 함께, 녹색기후기금(GCF) 등을 통한 개도국의 기후변화 대응행동에 대한 재정지원 등이 주로 논의되었다.

당사국들은 2015년 말 열리는 파리 총회 이전까지 온실가스 감축을 위해 자주적으로 기여하고 각국별로 감축 목표를 제출할 것을 촉구하는 문안에 합의하였다.

45) Decision 2/CP.18, § 9.
46) *Id.* § 7, Annex I.
47) "맥 빠진 온실가스감축협약 … 첫 개최국 일본도 이탈", 조선일보 2012. 12. 10. 기사.

구체적으로 당사국들은 "각국이 스스로 정한 국가결정기여(intended nationally determined contributions: INDC)를 위해 국내 준비를 시작하거나 강화하도록 하고, 또한 제21차 당사국총회 훨씬 이전(준비된 국가는 2015년 1/4분기까지)에 모든 당사국들에게 기여의 법적 성격을 침해함이 없이, 의도된 기여의 명확성, 투명성, 설득력을 가질 수 있는 방식으로 전달하기 위하여 당사국들을 초청한다"고 합의하였다.[48] 합의문에는 중국과 인도 등의 반대로 '공약(commitments)'이라는 단어가 구속력이 떨어지고 애매한 '기여(contributions)'로 교체되었다.

바르샤바총회는, 신기후변화체제에 대한 논의를 2015년까지 마무리하기로 결정한 바 있는 더반총회의 연속선상에서, 2020년 이후 신기후변화체제 합의문에 담길 주요 요소들과 앞으로 논의할 사항들에 대해서 확인함으로써 본격적으로 2020년 이후 신기후변화체제 형성을 위한 협상의 방향을 제시하였다. 그러나 이러한 성과에도 불구하고 바르샤바총회는 구체적인 실행 계획을 제시하지 못했다. 종래 부속서 I 당사국에 적용되던 공약(committment)과 개도국에 적용되던 행동(action)을 대체하는 '국가결정기여' 개념은 앞으로 협상 과정에서 중요한 개념으로 부각되었으나 그 개념의 법적 성격은 불문명하다. 기여의 범위, 기한, 법적 효력 등은 제시되지 못하였다.

또한 당사국들은 2020년 이후 적용될 신기후변화체제의 적용 방식에 대한 합의점을 도출하는 데에 실패하였다. 일정 기준에 따라 각국가의 감축량을 일률적으로 정해주는 하향식(Top-down)을 채택할 지, 각국가의 여건에 따라 감축량을 정한 후 총량을 결정하는 상향식(Bottom-up)을 채택할 지의 여부를 두고 당사국들간 의견을 조율하지 못한 것이다. 2020년까지의 온실가스 감축 방안 및 그 이후 적용될 신기후변화체제의 적용 방식, 개도국의 온실가스 감축을 돕기 위한 선진국의 재정 및 기술지원 방식 등을 둘러싼 선진국과 개도국의 입장 차이로 당사국들은 2015년 파리총회에서 새로운 기후변화협약을 마련한다는 원칙을 재확인하는 데 그쳤다. 선진국이 지원하기로 한 연간 1천억 달러 조성의 구체적 로드맵도 도출할 수 없었다. 녹기기후기금 분담률 및 지원 방안 등에 대한 구체적인 결정은 기약없이 미루어졌다. 개도국은 녹색기후기금 등 기후재원을 마련하기 위한 구체적인 실천계획을 주문하고 있지만 선진국은 재정 지원에 앞서 투명한 투자환경이 마련되어야 한다고 팽팽하게 맞섰다.

48) 1/CP.19, § 2(b).

사. 리마선언

2014년 12월 페루 리마에서 개최된 제20차 기후변화협약 당사국총회(COP-20)에서는 당사국들은 신기후변화체제의 기반을 이룰 국가결정기여를 어떻게 제출할 것인지에 대한 기본적인 룰에 합의하는 한편, 파리에서 개최될 새로운 협정의 요소를 정하는 '리마선언(Lima Call for Climate Action)'을 채택하였다. 이 선언에서 당사국들은 앞으로 채택될 '의정서, 다른 강제력 있는 법적 수단 혹은 합의 결과물'이 감축, 적응, 재정, 기술개발과 이전, 역량배양, 행동과 지원의 투명성 등의 문제를 균형있게 다루어야 한다고 강조하면서,[49] 기후변화협약의 목적을 달성하기 위해 감축목표, 추진계획 등을 담는 국가결정기여를 제출할 것을 결정하였다.[50] 국가결정기여는 현재의 감축행동을 넘어서는 진전된 수준을 보여야 하며,[51] 적응요소도 포함하여야 한다.[52]

리마선언에서는 국가결정기여의 제출 절차, 일정, 여기에 포함될 정보 등을 비교적 자세히 규정하였다. 제출정보와 관련하여 기준 연도, 일정, 범위, 수립절차, 전제와 방법론 등과 함께 그것이 국가별 상황에 비추어볼 때 얼마나 공정하고 의욕적인지, 그리고 어떻게 기후변화협약의 목적 달성에 기여하는지 등에 관한 정보를 포함하도록 하고 있다.[53] 국가결정기여의 제출과 관련하여 당사국들에게 제21차 당사국총회에 충분히 앞서(준비된 군가는 2015년 3월까지) 제출하도록 하고[54] 유엔기후변화협약 사무국은 각국의 제출내용을 홈페이지에 공개하고, 2015년 11월 1일까지 제출된 국가결정기여에 대하여 종합분석보고서를 준비하도록 하였다.[55]

2. 주요 내용

합의문 도출 과정에서 당사국들은 이른바, 국가결정기여의 법적 성격, 투명성을 확보하기 위한 측정·보고·검증(MRV) 요건, 지구온난화 억제 목표와 그 목표를 달성하기 위한 수단, 기후 재정(특히 누가 그 비용을 부담하는지), 손실과 피해문제 등에 대하여 다양한 주장을 하였다.[56] 특히 선진국들과 개도국들은 각 사안마

49) FCCC/CP/2014/10/Add.1 § 2.
50) *Id.* § 9.
51) *Id.* § 10.
52) *Id.* § 12.
53) *Id.* § 14.
54) *Id.* § 13.
55) *Id.* § 16.
56) Kristina Daugirdas and Julian Davis Mortenson, United States Joins Consensus on Paris

다 강한 이견을 노출하였다. 그러나 당사국들은 오랜 논의 끝에 서로의 입장을 절충하면서 다음과 같이 합의하였다.

가. 목 표

파리협정은 지구온난화 억제 목표를 강화하고 있다. 즉 산업화 이전과 대비하여 지구 평균 기온 상승을 2도보다 상당히 낮은 수준으로 유지하는 것으로 하고, 지구 평균 기온 상승을 1.5도 이내로 제한하기 위한 노력을 추구한다는 장기 목표를 제시하였다.[57] 이는 2009년 코펜하겐합의 당시 당사국들이 합의한 "섭씨 2도보다 아래"[58]보다 강화된 목표이다. 목표 기준시점인 '산업화 이전'에 대한 명시적 합의는 이루어지지 않았다. 아울러 목표에는 기후변화 악영향에 대한 적응능력과 복원력 강화, 온실가스 저배출과 기후복원력 증대를 위한 재원 마련도 포함되었다.[59]

나. 국가결정기여

이러한 목표 달성을 위해 파리협정은 각국이 스스로 정한 국가결정기여(NDC, 흔히 국가감축목표라고 함)[60]를 정하여 매 5년마다 제출하도록(shall) 하였다.[61] 국가결정기여의 핵심적인 내용은 감축목표의 설정이라고 할 수 있다. 교토의정서체제와 마찬가지로 신기후변화체제에서 가장 중요한 내용은 온실가스의 감축이라고 할 수 있는데, 크게 다른 점은 국가결정기여를 통해 각국이 스스로 감축목표를 결정한다는 것이다. 말하자면 감축목표 결정 방식이 교토의정서체제에서의 하향식과 달리 상향식이다. 국가결정기여 자체는 법적 구속력이 없지만 파리협정은 당사국에게 국가결정기여의 달성을 위한 국내 감축조치를 이행할 의무를 부과하고 있

Climate Agreement, *Am. J. Int's* Vol. 110, 2016, 375 내지 377면; 이혜경, "파리 기후협정의 채택과 국내적 시사점, 이슈와 논점," 국회입법조사처, 2016. 1. 8, 2면.

57) 파리협정(각주 36), § 2(1)(a).

58) FCCC/CP/2009/11/Add.1 § 1.

59) 파리협정(각주 36), § 2(1)(b)~(c).

60) 파리협정에서는 기존 리마회의 때까지 사용하던 INDC(intended nationally determined contributions) 대신에 NDC(nationally determined contributions)라는 표현을 사용하였다.

61) 파리협정(각주 36), § 3, § 4(9). 명확성, 투명성, 이해를 촉진하기 위하여 국가결정기여를 제출할 경우 당사국들에게 일정한 정보를 제공할 것이 요구되는데, 여기에는 기준시점에 대한 정량화할 수 있는 정보(예컨대, 기준 연도), 이행주기, 범위 · 대상, 계획과정, 인위적인 온실가스 배출과 제거량 계산을 포함하는 추정 및 방법, 자국의 국가결정기여가 공정하고 의욕적이라고 생각하는 이유, 자국의 국가결정기여가 어떻게 기후변화협약의 목적을 달성하는 데 기여하는지 등이 포함된다. FCCC/CP/2015/L.9/Rev.1 § 27.

다.[62] 말하자면 국가결정기여를 준수해야하는 구속력은 당사국의 국내 조치에 달려있다. 어떻게 그 목표를 달성할지가 당사국에게 주어져 있다는 점에서 유연성을 제공하고 있다고 할 수 있다. 그러나 감축의무를 이행하지 않을 경우 이를 강제할 수단은 없다.[63]

제4조에서는 국가결정기여를 규율하는 원칙, 절차 등을 규정하고 있다. 당사국들은 전지구적 온실가스 배출의 정점(peaking)을 가능한 한 조속히 달성할 것을 목표로 하되, 개도국은 정점 도달에 시간이 더욱 걸릴 것임을 인정하면서, 국가별로 구체적인 감축 연도와 감축목표는 제시하지 않은 채, 금세기의 후반기(2050년)에 온실가스 배출과 흡수원(sinks)에 의한 제거 간에 균형을 이루어야 한다고 합의하였다.[64] 국가결정기여를 정함에 있어서는 공동의 그러나 차별화된 책임원칙과 국가별 여건이 고려되며, 각국이 향후 국가결정기여를 제출할 경우에는 이전 수준보다 진전된 목표를 제시하고, 최고 의욕수준을 반영해야 한다는 진전 원칙(progression over time)이 적용된다.[65] 국가결정기여의 형태와 관련해서, 선진국은 부문별 감축목표가 아닌 경제 전반에 걸친 '절대량(economy-wide absolute)' 방식을 유지하며, 개도국은 국가별 여건을 감안하되, 경제 전반에 걸친 감축 또는 제한 목표의 채택을 지향하도록 하였다.[66] 당사국들은 국가결정기여를 제출할 때 전지구적 이행점검(global stocktake)의 결과를 반영하기로 하였다.[67] 국가결정기여의 제출은 국가등록부(public registry) 형태로 이루어진다.[68]

---

62) 파리협정(각주 36), § 4(2).

63) 정민정 · 최정인, "파리기후변화협정의 주요 내용과 국회의 대응방안," 국회입법조사처, 2016. 4, 18면.

64) 파리협정(각주 36), § 4(1). 이는 온실가스의 배출원에 의한 인위적 배출량과 흡수원에 의한 흡수량이 상쇄되어 순배출량 제로(0)가 되어야 한다는 것을 촉구하는 것으로 이해된다.

65) *Id.* § 4(3). 진전원칙의 적용이 shall이나 should가 아닌 will로 되어 있어 법적 구속력이 떨어진다고 할 수 있으나 합의의 정치적 구속력과 합의 위반에 따른 국제사회의 정치적 압력은 쉽게 무시할 수 없을 것이다.

66) *Id.* § 4(4). 당초 선진국의 '절대량'(economy-wide absolute) 방식의 유지의무가 shall도 되어 있었으나 마지막 단계에서 미국의 반대로 should로 문구가 수정되었다. Kristina Daugirdas and Julian Davis Mortenson(각주 130), 382면.

67) 파리협정(각주 36), § 4(9).

68) *Id.* § 4(12). 국가등록부는 조약의 일부가 아니므로 법적 구속력은 없다고 할 수 있다. 각국의 국가결정기여가 조약이 아닌 국가등록부에 기재된다는 것은 기여의 성격이 국내적 자발적 목표치라는 점을 강조하는 것으로 당사국들의 입장에서는 기재가 편하고, 조정이나 갱신이 그만큼 용이해진다는 것을 의미한다. 당사국들의 별도의 비준절차도 필요 없게 된다. 박시원, "파리협정과 Post-2020 신기후변화체제의 서막-유엔기후변화협약 파리총회의 주요 쟁점과 합의결과를 중심으로-," 환경법과 정책 제16권, 2016. 2, 307면.

다. 국제 탄소시장메커니즘의 설립 등

당사국들은 목표의 효과적 달성을 위해 국제적으로 이전되는 감축 결과물(internationally transferred mitigation outcomes: ITMOs)의 이용을 포함한 자발적인 협력을 강조하고 있다.[69] 또한 당사국들은 환경적 건전성과 투명성, 이중계산 방지 등의 원칙을 보장하기로 하였다.[70] 특기할 것은 온실가스 감축과 지속가능한 발전에 기여하는 시장메커니즘[71]을 설치하기로 하고 그 원칙, 방식, 절차 등을 후속 논의를 통해 채택하기로 하였다는 점이다.[72] 이는 유엔 기후변화협약 중심의 탄소시장 외에도 다양한 형태의 국제 탄소시장메커니즘의 탄생을 예고하는 것이라고 할 수 있다.[73] 그러나 당사국이 자발적 감축을 요구하는 파리협정체제에서는 감축의무국을 대상으로 배출권 할당을 전제로 하는 교토의정서상 국제 배출권거래제도는 사라질 것으로 예상된다. 한편, 파리협정은 감축분의 이중사용금지, 즉 제6조 제4항 메커니즘의 감축분을 타 당사국이 사용할 경우 국가결정기여 달성에 사용할 수 없다는 점을 밝히고 있다.[74] 나아가 국가결정기여 이행을 지원한다는 차원에서 비시장 접근에 대하여도 규정하고 있다.[75] 2021년 영국 글래스고에서 개최된 제26차 당사국총회(COP－26)에서는 국제탄소시장 이행규칙(Paris Rulebook)이 채택되었다.[76]

라. 적　　응

파리협정은 온실가스 감축뿐 아니라 기후변화에 대한 적응(adaptation)의 중요성에 주목하고 있는바, 당사국들에게 국가적응계획의 수립, 적응 행동의 이행, 이러한 적응계획과 이행내용 등에 대한 보고서의 제출 등을 요구하고 있다.[77] 당사

69) 파리협정(각주 36), § 6(1)~(3).

70) *Id.* § 6(1) (2).

71) 이를 두고 '지속가능발전 메커니즘'으로 부르는 견해가 있다. 박순철 외 2, "시장 메커니즘", 파리협정의 이해, 박영사, 2020, 200면.

72) *Id.* § 6(4)~(7). 파리협정에는 '시장(market)'이라는 명시적인 문구가 없지만 메커니즘을 통해 국제탄소시장을 만들어 낼 수 있는 창구가 마련되어 있다고 할 수 있다.

73) 박시원(각주 68), 307면.

74) 파리협정(각주 36), § 6(5).

75) 여기에는 감축적응, 재정, 기술지원, 역량배양 등이 포함된다. *Id.* § 6(8)~(9).

76) 여기에서는 감축실적을 이중으로 국가결정기여에 사용하는 것을 방지하기 위한 상응조정(corresponding adjustment)방안, 거래 수익금을 적응 재원(Adaptation Fund)으로 연계하는 방안, 지구 전체의 실질적 감축성과를 보장하는 방안 등이 제시되었다. 이혜경, "제26차 유엔 기후변화협약 당사국총회(COP26)의 주요 논의 동향과 시사점", 이슈와 논점 제1895호, 국회입법조사처, 2021. 11. 23.

국들은 적응과 관련한 과학, 계획, 정책, 이행 등에 관한 정보, 관행, 경험, 교훈 등의 공유 등 협력을 강화하기로 하였다.78)

마. 손실과 피해

또한 기후변화의 역효과로 인한 '손실과 피해(loss and damage)' 문제를 별도 조항으로 규정하고 있다. 당사국들은 기후변화로 인한 손실 및 피해 대응의 중요성을 인정하며, 기존 바르샤바메커니즘에 따라 손실과 피해와 관련한 이해·행동·지원을 향상·강화하기로 하였으며, 향후 관련 분야(예컨대, 조기경보체제, 비상계획, 포괄적인 위해성평가 및 관리, 비경제적 손해, 공동체·생계·생태계의 복원력)에서 협력을 강화하기로 하였다.79) 다만 당사국들은 이러한 손실과 피해 규정이 어떠한 책임이나 배상의 근거가 되는 것은 아니라는 점을 명백히 하였다.80) 이는 온실가스 배출국의 부담을 완화하여 이들 국가의 파리협정 참여를 유도하려는 것으로 이해된다.

바. 이행수단 지원

(1) 재 정

당사국들은, 기후재정과 관련해서 구체적인 재원 규모와 제공 국가를 제시하지 않은 채, 개도국의 기후변화 대응(감축과 적응)을 지원하기 위해 선진국이 기본적으로 재원을 지속적으로 제공하고, 선진국 이외 국가들은 자발적으로 재원을 공급할 것을 장려하기로 합의하였다.81) 또한 공적 기금(public fund)의 중요한 역할을 지적하면서 다양한 분야로부터의 재원조성에 선진국의 선도적인 역할을 강조하고, 이전보다 진전된 재원 조성 노력 필요성을 확인하였다.82) 파리 당사국총회에서 당사국들은 선진국들이 2025년까지 연간 최소 1천억 달러를 조성하는 것을 목표로 현재 추진 중인 모금활동을 지속하기로 합의하였다.83) 당사국들은 선진국의 공공재원의 역할을 강조하고 있는데,84) 이는 개도국의 주장이 반영된 것이다. 감축과 적응 간의 균형을 목적으로 재원의 규모를 확대하기로 하였으며 국가 주도의 전략

77) *Id.* § 7(10), (11).
78) *Id.* § 7(7).
79) *Id.* § 8.
80) FCCC/CP/2015/L.9/Rev.1 § 52.
81) 파리협정(각주 36), § 9(1)~(2).
82) *Id.* § 9(3).
83) FCCC/CP/2015/L.9/Rev.1 § 54.
84) 파리협정(각주 36), § 9(3).

과 개도국(특히 기후변화의 악영향에 취약하고 대응능력에 크게 제한이 있는 최빈국과 도서국가)의 우선순위와 수요를 고려하기로 하였다.[85]

당사국들은 재원관련 보고 및 점검의 투명성을 강조하고 있다. 우선 선진국에게는 재원 제공과 관련한 투명하고 지속적인 정보 제공이 요구된다. 구체적으로 선진국에게는 공적 재원의 예상 수준을 포함하여 정량적 · 정성적 정보를 2년마다 보고하여야 하며, 개도국에게는 자발적인 정보 제공이 장려된다.[86] 한편, 파리협정은 전지구적 이행점검을 통해 재원 제공과 재원 사용의 투명성을 점검하도록 하고 있다. 즉 선진국은 개도국에 대한 지원에 관하여 투명하고 일관된 정보를 2년마다 제공하여야 하며, 개도국에게는 그와 같이 하도록 장려된다.[87]

(2) 기술 개발 및 이전

당사국들은 온실가스 감축 및 기후변화 복원력 강화를 위한 기술 개발 및 이전의 중요성에 대해 장기 비전을 공유하기로 하였다.[88] 또한 기후변화 대응의 이행을 위한 기술의 중요성을 인식하고 기술의 개발 및 이전에 관한 국가들 간 협력의 강화를 강조하였다.[89] 특히 이러한 기술 협력이 기술메커니즘에 의해 이루어지고, 기술 개발 · 이전에 대한 강화된 행동을 촉진하기 위한 기술메커니즘의 활동에 지침을 제공하기 위해 '기술 프레임워크(technology framework)'를 수립하기로 하였다.[90] 당사국들은 효과적이고 장기적인 기후변화 대응에 혁신이 중요하다는 데 인식을 같이하고 기술 · 재정메커니즘을 통한 R & D 협력 및 기술 접근에 대한 지원, 선진국의 재정 지원 등에 합의하였다.[91]

(3) 역량배양

개도국의 기후변화 대응 능력의 부족은 그 역량 배양의 필요성을 높이고 있다. 이러한 점을 인식하고 당사국들은 개도국의 효과적인 기후대응 역량 증진을 위해 협력하기로 하고, 이를 위해 기술개발 및 전파, 기후재정에의 접근, 교육, 정보 교환 등을 조장하기로 합의하였다.[92] 역량배양은 기본적으로 국가 수요에 기초하여 국가 주도(country-driven)로 이루어져야 한다고 강조하는 한편, 선진국의 지원노

85) *Id.* § 9(4).
86) *Id.* § 9(5).
87) *Id.* § 9(6)~(7).
88) *Id.* § 10(1).
89) *Id.* § 10(2).
90) *Id.* § 10(3)~(4).
91) *Id.* § 10(5)~(6).
92) *Id.* § 11(1).

천명하였다.93)

사. 투 명 성

파리협정의 중요한 내용 중의 하나가 투명성의 확보를 도모하려는 것이다. 당사국들은 무엇보다도 상호신뢰의 구축과 효과적인 이행을 위해 투명성의 확보가 필요하다는 점에 동의하면서 행동(감축과 적응)과 지원을 위한 강화된 '투명성 프레임워크'를 도입할 것을 합의하였다.94) 또한 의정서는 투명성이 개도국에게 유연성을 제공하는 한편, 투명성의 구축과 강화가 개도국의 특수한 상황을 고려하면서 조장적, 비침해적, 비응징적(non-punitive), 주권 존중, 부당한 부담의 회피 등의 방법으로 이루어질 것을 원칙으로 내세우고 있다.95) 투명성 확보는 예컨대, 국가결정기여, 적응 행동, 재정 지원 등의 분야에 요구된다. 그 목적은 협약의 목적에 비추어 기후변화 행동에 대한 분명한 이해를 제공하며, 제공·수령되는 지원의 명확화를 기하는 것이다.96)

나아가 당사국들은 보고 요건에 합의하였다. 이에 따르면 당사국들은 국가인벤토리보고서(national inventory report), 국가결정기여의 이행 및 달성의 진전을 추적하기 위해 필요한 정보를 정기적으로 제공하여야 한다.97) 선진국은 개도국에게 제공한 재정, 기술이전, 역량배양을 위한 지원에 관한 정보를 제공하여야 하며, 개도국은 자신이 받은 지원에 관한 정보를 제공하여야 한다.98)

아. 이행점검

파리협정은 이행 전반에 대한 국제사회 공동 차원의 전지구적 이행점검(global stocktake)을 도입하였다. 이행점검은 개별 국가 단위가 아닌 전지구적 단위의 종합적인 현황점검이며, 점검 범위는 감축, 적응, 이행수단, 지원 등을 포함한다.99) 이행점검은 형평성과 최상의 이용가능한 과학의 관점에서 포괄적이며 촉진적 방식으로 실시된다.100) 이행점검의 실시는 국가온실가스인벤토리, 국가결정기여 달성 경과 등의 보고를 요구하며, 신기후변화체제의 투명성 및 성공을 제고할 것이다.

---

93) *Id.* § 11(2)~(3).
94) *Id.* § 13(1).
95) *Id.* § 13(2)~(3).
96) *Id.* § 13(5)~(6).
97) *Id.* § 13(7).
98) *Id.* § 13(9~(10).
99) *Id.* § 14(1).
100) *Id.*

이행점검은 5년 단위로 이루어지는데, 2023년 처음 실시된다.[101] 이행점검의 결과는 당사국들의 행동(감축과 적응)과 지원의 강화에 활용된다.[102] 이행점검은 협정의 목적 달성을 위한 종합적인 진전과 장기 목표에 대한 평가를 위해 정기적으로 실시하는 것으로서, 뒤에서 살펴보는 개별 당사국의 이행 확보 · 촉진을 위한 이행준수체제와는 구별된다.[103]

자. 이행준수

당사국들은 이행과 준수를 촉진하는 메커니즘의 설치에 합의하였다.[104] 여기

《교토의정서와 파리협정의 비교》

구분	교토의정서	파리협정
참가국	−37개 선진국 −미국 미가입, 일본, 러시아 등 탈퇴	−197개 선진국과 개도국
기한	2005~2020년	2021년~미정
감축일정과 목표	1990년 수준에서 온실가스 배출량을 평균 5.2% 감축	금세기 말까지 산업화 이전 대비 지구 평균 온도 상승을 2도 이하로 유지
목표 설정방식	온실가스 감축량 목표를 정해 각국에 하달(하향식)	각국이 스스로 감축목표를 정해서 상정(상향식)
목표 설정기준	특별한 합의 없음	진전원칙
이행수단	유연성체제(배출권거래제도, 공동이행제도, 청정개발체제)	국가결정기여(NDC)의 제출, 보고, 이행점검
이행준수	미달성분에 대한 30% 할증분을 차기 이행기한에 추가	비징벌적인(non−punitive) 방식으로 운영
재정	2020년까지 100억 달러 지원(2010년 칸쿤 총회에서 결정)	2025년까지 최소 연 1천억 달러 지원(2025년 점검 후 지원금액 확대)

101) *Id.* § 14(2).
102) *Id.* § 14(3).
103) 박병도, "신기후변화체제의 국제법적 쟁점−준수 메커니즘을 중심으로−," 국제법학회논총 제62권 제1호, 2018, 57면.
104) 파리협정(각주 36), § 15(1). 파리 당사국총회는 12명의 과학, 기술 및 법률전문가로 구성되

에는 위원회가 포함되는데, 이는 전문가가 중심이 되고 촉진적 성격을 가지며,105) 투명성, 비적대적(non-adversarial), 비응징적(non-punitive)인 기능을 갖게 된다.106) 위원회 운영 방식, 절차 등은 추후 논의를 통해 결정하기로 하였다.107) 파리협정이 자발적 기여 형태인 국가결정기여를 핵심 내용으로 하기 때문에 협약의 목적을 달성하기 위해서는 이행준수메커니즘의 역할과 중요성이 교토의정서에서보다 더 중요해졌다고 할 수 있다.

3. 평　가

온실가스 대량 배출국을 위시하여 선진국, 개도국의 구분없이 모든 국가들이 참여한다는 점은 기존 교토의정서체제에 비해 파리협정의 두드러진 특징이라고 할 수 있다. 이는 전세계 온실가스 배출량의 약 90%에 이르는 거의 모든 국가들의 참여를 말하며, 온실가스 감축의무가 인류의 보편적 의무가 되었음을 의미하는 것이다. 여기에는 선진국과 개도국간의 신뢰회복과 타협이 크게 기인하였다고 할 수 있다. 타협을 함에 있어서는 공동의 그러나 차별화된 책임원칙이 중요하게 작용하였다.

파리협정은 신기후변화체제의 기본 방향을 정하고 있기 때문에 구체적 효력 규정이 많지 않다. 협약으로서 법적 구속력이 있지만 이러한 합의는 워낙 다양한 이해관계를 가지고 있는 당사국들간의 첨예한 대립을 완화하기 위한 부득이한 선택이었을 것이다. 중국에 이어 온실가스 2위 배출국인 미국의 참여를 담보하기 위한 목적도 무시할 수 없었을 것이다.108) 지속가능한 발전과 빈곤퇴치 노력,109) 국가결정기여, 진전원칙, 선진국들의 개도국에 대한 재정 지원 약속 등이 대표적이다. 이러한 점에 착안하여 행동이 뒤따르지 않는 '공허한 약속'이라는 비판도 이어

는 위원회를 구성하기로 합의하였다. 12명은 대륙별로 2명, 군소도서국가와 최빈국으로부터 1명씩이다. FCCC/CP/2015/L.9/Rev.1 § 103.

105) 파리협정은 촉진적 성격의 단일 위원회를 상정하고 있는데, 이는 교토의정서체제서 인정하였던 집행(분과)위원회의 설치를 고려하고 있지 않은 것으로 이해된다.

106) 파리협정(각주 36), § 15(2).

107) *Id.* § 15(3). 구체적으로 이행준수 메커니즘의 적용 범위, 위원회의 구성, 법적 지위, 권한, 절차를 개시하는 방식 등이 후속 협상을 통해 결정되어야 할 과제이다. 박병도(각주 103), 53 내지 54면.

108) Kristina Daugirds and Julian Davis Mortenson(각주 130), 381 내지 383면. 자발적 기여 약속, 재정지원에 관한 구속력 없는 선진국들의 약속, 이행준수위원회의 설치와 같은 절차적 합의만 있는 경우 미국 의회의 승인없이 대통령이 단독으로 체결하는 것(행정협정)이 가능하다. 정민정 · 최정인(각주 63), 25면.

109) 파리협정(각주 36), § 4(1).

지고 있다.[110] 실제로 당사국들은 '지구 평균 기온 상승을 1.5도 이내로 제한하기 위한 노력을 추구한다'는 야심찬 목표를 제시하고 있지만 이를 달성할 세부 수단과 일정을 제대로 제시하지 못하였다. 그러나 국가결정기여를 정기적(매 5년)으로 제출하고, 그 목표를 달성하기 위해 국내조치를 이행하도록 한 것, 적응계획과 그 이행내용 등에 대해서 보고하도록 한 것, 국가온실가스인벤토리와 국가결정기여 달성 경과 등에 대해 보고할 것 등은 구체적 효력이 있는 내용으로서 협정에서 핵심을 이루는 합의라고 평가할 수 있다.

무엇보다도 각국이 스스로 정한 국가결정기여를 이행하기로 하고, 이행준수를 확보하기 위하여 당사국으로 하여금 국가결정기여의 이행 및 달성의 진전을 추적하기 위해 필요한 정보를 정기적으로 제공하고, 5년마다 종합적인 이행점검을 받도록 합의한 것은 큰 성과라고 평가할 수 있다. 국가결정기여의 핵심적인 내용을 이루는 감축목표의 결정이 교토의정서체제의 하향식 · 의무적 감축방식에서 상향식 · 자발적 감축방식으로 전환한 것은 획기적이라고 할 수 있다. 그러나 각국이 총회에 제출한 국가결정기여를 모두 이행한다고 하더라도 산업화 이전과 대비하여 지구 평균 기온 상승을 2도보다 상당히 낮은 수준으로 유지한다는 파리협정의 장기목표를 달성하는 것이 난망하다는 전망이 제기되고 있기 때문에(물론, 이러한 국가결정기여가 없다면 지구 평균 기온 상승은 5~6도 초과할 것이므로 그 자체로 여전히 의미가 있다고 할 수 있다)[111] 향후 각국의 감축목표가 적극적으로 상향되어야 하는 근본적인 과제를 안고 있다. 국가결정기여의 짧은 제출 주기와 감축목표의 설정이 이전 목표보다 상향 조정되어야 한다는 이른바, 진전 원칙은 향후 각국의 부담으로 작용할 것으로 보인다.[112]

국가결정기여 자체는 법적 구속력이 없지만 파리협정은 당사국에게 국가결정기여의 달성을 위한 국내 조치를 이행할 의무를 부과하고 있다.[113] 말하자면 국가결정기여를 준수해야하는 구속력은 당사국의 국내 이행조치에 달려있다. 파리협정은 그 이행조치로 탄소중립(carbon neutrality),[114] 국제배출권거래제도를 통한 탄소가격제(carbon pricing), 탄소세 등을 요구하지 않고 있다. 다만 온실가스 배출과

110) 조선일보, "지구온도 상승폭 2도보다 훨씬 낮게 … '화석연료 시대의 종언'," 2015. 12. 14. 기사.

111) 2015년 12월 현재 각국이 총회에 제출한 온실가스 감축목표를 모두 고려할 경우, 온실가스 배출량이 570억톤에 달하면서 이번 세기말까지 2.7도 기온 상승이 불가피하다, 지구온도 상승폭 2도보다 훨씬 낮게(앞의 글).

112) 박시원(각주 68), 298면.

113) 파리협정(각주 36), § 4(2).

114) 대기 중에 방출하는 이산화탄소량에 상응하는 이산화탄소량을 감축하는 것을 말한다.

흡수원에 의한 제거 간의 균형을 언급하고 있으며,[115] 탄소시장의 개발 여지를 주고 있을 뿐이다.[116] 어떻게 감축목표를 달성할지가 당사국에게 주어져 있다는 점에서 유연성을 제공하고 있다고 있다. 그러나 그 만큼 당사국들의 온실가스 배출 감축 의지와 능력이 중요해졌다고 할 수 있다.

한편, 당사국들은 상호신뢰 구축과 효과적인 이행을 촉진하기 위하여 행동(감축 행동, 적응 행동 등)과 지원 등에 투명성 제고를 유독 강조하고 있는데, 투명성의 확보는 전지구적 이행점검에 정보 제공을 포함한다. 특기할 것은 파리협정은 투명성 확보를 기함에 있어 개도국에게 유연성을 제공하는 것을 한 원칙으로 하고 있는바, 그 결과 보고의 범위, 주기, 검토 범위 등에 선진국과 개도국간의 차별이 예상된다.

파리협정은 선진국과 개도국을 별도로 정의하고 있지 않을 뿐만 아니라 교토의정서와 달리 근거를 제시하고 있지도 않아[117] 그 경계는 모호하다고 할 수 있다. 전반적으로 선진국과 개도국의 차별은 많이 약화되었지만 공동의 그러나 차별화된 책임원칙은 그대로 유지하므로 국가별 상이한 역량은 여전히 고려되고 있다고 할 수 있다. 예컨대, 파리협정은 기후변화협약의 목표를 달성함에 있어 상이한 국내 여건에 비추어 형평 그리고 공동의 그러나 차별화된 책임원칙이 반영되어야 함을 천명하면서,[118] 온실가스 감축목표와 관련해서 선진국에게는 경제 전반에 걸친 절대량 감축목표를 제시하고, 개도국에게는 국가별 여건을 감안하되, 부문별 감축목표가 아닌 경제 전반에 걸친 감축목표의 채택을 제시하도록 노력할 의무를 부과하고 있다. 재정과 관련해서는 선진국은 개도국의 감축과 적응을 위해 재정지원을 해야 할 의무를 진다. 보고의무와 관련해서도 선진국과 개도국은 구별되는데, 선진국은 개도국에 제공하는 재정, 기술이전, 역량배양 지원에 관한 정보를 포함하여야 하며, 개도국은 자신들이 요구하고 지원받은 지원 내용을 포함하여야 한다.[119] 또한 이행점검이 형평성 관점에서 실시되도록 하고 있는데, 이는 개도국의 역량을 고려하여 신축성을 부여하겠다는 것을 암시한다고 이해된다.

파리협정은 구체적 효력이 많지 않은 본질적인 한계를 가지고 있다. 무엇보다도 각국이 국가결정기여를 이행하지 못하였을 경우 이를 강제하는 법적 구속력이 있는 장치가 마련되어 있지 않다는 문제를 가지고 있다. 구속력 부재에 따라 당사

---

115) 파리협정(각주 36), § 4(1).

116) *Id.* § 6(4).

117) 교토의정서에서는 부속서 Ⅰ(선진국), Ⅱ(개도국) 식으로 구별하고 있다.

118) 파리협정(각주 36), § 2(2).

119) *Id.* § 13(9)~(10).

국들이 스스로 정한 감축목표의 이행 여부와 투명한 검증의 문제는 목표달성을 불투명하게 하며, 후속 협상에서 난제 중의 난제로 등장할 가능성이 높다.

파리협정이 다양한 형태의 국제 탄소시장메커니즘 설치의 기초를 마련하고 있지만 그 메커니즘이 작동하기 위해서는 그 원칙, 양식, 절차, 지침 등에 대한 후속 논의가 필요한 상태이다. 현재로서는 그 최종 형태를 예상할 수 없지만 파리협정이 교토의정서의 연속선상에 있다는 점을 부인할 수 없다는 점을 고려할 때 기존 기후변화협약체제에서 도입 · 시행되었던 유연성체제 중심의 시장이 쉽게 배제되지는 않을 것이라고 생각된다. 그러나 선진국 · 개도국의 구분과 구분 실익이 약화되면서 그 구분을 전제로 하는 청정개발체제(CDM)는 사라지거나 변형된 형태로 진화할 것으로 보인다. 배출권거래제도나 공동이행제도에 적용되는 기존 룰이나 논의가 진행되었던 내용들은 추후 협상을 통해 발전적으로 탄생되는 국제 탄소시장 메커니즘의 기초를 이룰 것으로 전망된다.

동협정은 기후변화 '적응'과 '손실과 피해'의 중요성을 하고 있는바, 이는 개도국의 요구를 반영한 것이라고 할 수 있다. 그러나 그 개념들은 추상적이고 모호하며, 법적 성격은 불분명하다. 또한 당사국들은 개도국의 기후변화 대응을 지원한다는 차원에서 신규의 추가적인 기후재원을 마련하기로 하고, 제공 주체를 선진국으로 정하고, 재원 지원에 관한 투명성 향상을 규정하고 있지만 향후 협상 과정에서 구체적인 재원의 규모, 지원 규모 등을 둘러싸고 논란이 예상된다.

개도국의 기후변화 대응 기술의 부족과 이로 인한 감축의무 이행의 곤란은 엄연한 현실이다. 이러한 점에서 신기후변화체제에서 개도국이 감축 의무에 동참하는 것은 기후변화대응에 필요한 기술 지원을 전제하고 있다고 할 수 있다. 이러한 점을 고려하고 당사국들은 기술개발 및 이전의 중요성을 인식하고 국가들 간의 협력의 확대 및 강화와 기술 혁신을 강조하면서 기술메커니즘의 수립, 중장기 전략 마련을 위한 기술 프레임워크의 수립, 선진국의 재정 지원 등에 합의하였다. 그러나 기후변화 대응 기술의 대부분을 민간이 보유하고 있으며, 기술이전이 이루어지더라도 그 기술이 선진국에게 더 이상 가치가 없는 기술로 온실가스 감축이나 적응에 효과적이지 못할 수 있다는 점, 개도국의 기술 활용 인프라가 부족한 점은 여전히 한계라고 할 수 있다.[120)]

120) 윤익준, "파리협정의 주요 쟁점 및 전망," 한양법학, 제28권 제2집, 2017. 5, 130면.

Ⅳ. 전 망

지구 온난화가 21세기 인류가 직면한 최대의 도전이라는 것이 점차 분명해지면서 최근 지구 온난화에 대한 관심이 어느 때보다 높다. 지구 온난화로 인한 이상 기후는 도처에서 눈앞의 현실로 나타나고 있다. 이 문제에 인류가 제대로 대처하지 못할 경우에는 지구촌의 지속가능한 발전은 고사하고 인류의 대재앙은 피할 수 없게 된다. 어쩌면 인류에 있어서 엄청난 재앙이 이미 상당 부분 진행되고 있는지도 모른다. 이는 인간을 위해 배출된 온실가스로 인해 인류의 건강 · 생명이 크게 위협받고 있다는 것을 의미한다. 섬뜩한 경고가 아닐 수 없다. 지구 온난화로 인한 재앙을 막기 위해 인류에게 남은 시간이 8년뿐이라는 보고는 충격적이다. 온실가스 감축이 인류의 지상 과제가 대두되면서 마음대로 에너지를 사용하고 온실가스를 마구 뿜어내던 시대는 역사 속으로 사라져 가고 있다.

신기후변화체제의 서막을 알리는 파리협정은 2016년 11월 4일 공식 발효되었다. 우리나라는 2016년 11월 3일 비준서를 기탁함으로써, 신기후변화체제의 일원이 되었다.[121] 이로써 당장 우리나라는 국가결정기여의 주기적(5년) 제출 및 그 달성을 위한 조치의 이행, 적응계획의 수립 · 이행과 이행내용 등에 대한 보고서 제출, 국가인벤토리보고서 및 국가결정기여의 이행 및 달성의 진전을 추적하기 위해 필요한 정보의 제출 등의 의무를 부담하게 되었다.

국가결정기여가 법적 구속력이 없다고 하지만 그 안에 담겨진 감축목표의 정치적 구속력은 쉽게 무시할 수 없다.[122] 정부는 2015년 6월 산업계의 반발에도 불구하고 2030년까지 온실가스 배출량을 2030년 배출량 전망치(BAU)의 37% 수준으로 감축한다는 감축목표를 제출한바 있다. 그러나 감축목표 설정이 절대량 방식이 아니라는 점, 제시한 감축목표가 선진국들의 감축목표에 비하면 미흡하다는 점, 합의 후 5년마다 정기적으로 이행실적을 점검하고 보다 상향된 감축목표의 제출을 사실상 강제하는 강도 높은 국제적 검증이 예고되고 있다는 점 등을 감안하면 국가의 부담은 증가할 것으로 보인다. 이러한 점을 의식하고 정부는 감축목표 설정을 절대량 방식으로 전환하고 감축목표를 상향 조정하였다. 즉 「기후위기 대응을

121) 우리나라의 경우 비준일로부터 30일이 경과한 2016년 12월 3일 파리협정이 발효되었다. http://unfccc.int/paris_agreement/items/9444.php(2017. 5. 31.).

122) 국가별 감축 약속에 법적 구속력이 없다고 하더라도 당사국들은 신의성실의 원칙에 따라 이를 고려해야 할 의무가 있기 때문에 법적 구속력이 있을 때보다 국가들의 행위 양태가 크게 달라지지 않을 것이다. 정민정 · 최정인(각주 63), 18 내지 19면.

위한 탄소중립 · 녹색성장 기본법」에서는 2030년의 국가 온실가스 배출량을 2018년의 온실가스 배출량의 40% 수준으로 감축하는 것으로 정하고 있다(제8조, 시행령 제3조).

우리나라가 제시한 감축목표는 우리 스스로 야심찬 것이라고 자평하지만 국제사회의 시선은 곱지 않다. 더욱이 우리나라는 감축량의 11.3%에 해당하는 탄소배출권을 국제시장에서 구매할 것이라고 밝혔다.[123] 연간 수조원의 국민 세금이 소요될 것[124]이라는 논란도 그렇지만 자발적인 노력이 우선시되는 감축목표 이행을 외국의 감축노력으로 충당키로 한 것은 정당성이 떨어질 뿐만 아니라 자칫 추후 배출권 가격이 향상될 경우 자승자박이 될 가능성도 있다.[125]

파리협정에서는 비록 선진국과 개도국을 엄격하게 구별하지 않고, 그 구별 기준도 제시하고 있지 않으나 우리나라는 사실상 선진국의 지위를 부여받을 가능성이 높다. 파리협정에서는 재원조성의 의무주체와 관련해서 선진국들을 지목하고, 개도국들에게 자발적 참여를 장려하고 있다. 파리협정의 큰 특징이 선진국 · 개도국 모두의 참여를 표방하고 있으며, 이를 위해서는 특히 개도국에 대한 지원이 중요해 보인다. 파리협정은 적응, 손실과 피해 문제 등을 강화하고 있는데, 이 경우 개도국에 대한 지원이 그 핵심을 이룬다. 이러한 점을 고려할 때 국제사회는 우리나라에 선진국의 지위를 강요하면서 개도국에 대한 재정 지원 압력을 강화할 것으로 보이며 이는 결국 국가의 부담 증가로 이어질 수 있다. 이러한 관점에서 신기후변화체제의 태동은 우리에게 자칫 큰 위기를 불러올 수 있다. 이에 어느 때보다도 국내외적으로 현명하게 대응할 필요가 있다.

1. 국제적 대응

먼저 국제적 차원에서 실펴보면 신기후변화체제가 새로운 무역장벽으로 작용할 가능성이 높다. 제조 · 사용과정에서 온실가스를 많이 배출하는 제품은 앞으로 수출시장에 소외될 가능성이 높다. 플라스틱, 금속 등의 생산 · 유통 · 수비 과정에서 탄소를 많이 배출하는 제품에 대한 규제도 강해져 '저탄소' 기준이 새로운 무역

123) 지구온도 상승폭 2도보다 훨씬 낮게(각주 110).

124) 해외감축분을 전량 구매할 경우에는 약 8.8조원(2016년 국내배출권거래시장 평균가격 톤당 16,294원 기준) 또는 17.5조원(2021~2030년 예상 평균가격 톤당 25유로 기준)의 예산이 소요될 것으로 예상되고 있다. 유항재, "Post-2020 국가 온실가스 감축목표 평가 및 해외배출권 확보 방안 분석," 국회예산정책처, 2016. 8, 67면.

125) 이혜경(각주 76), 3면.

장벽이 될 가능성이 크다. 예컨대, 현재 EU에서는 탄소국경조정제도(Carbon Border Adjustment Mechanism, CBAM)의 도입[126]과 배출권 무상할당의 단계적 폐지를 핵심으로 하는 배출권거래제의 개정을 검토하고 있는바,[127] 이러한 조치들이 현실화될 경우 기존 무역질서가 '탄소'를 중심으로 크게 재편될 것이 분명해 보인다.

향후 국가결정기여의 조정 및 보다 진전된 기여의 정도, 각국의 감축의무의 이행확보, 국제 탄소시장메커니즘의 설치, 개도국에 대한 실효성 있는 재정지원, 이행준수메커니즘의 설치, 이행준수위원회의 운영 방식 · 절차 등 해결해 나가야 할 과제가 산 너머 산이다. 이러한 상황에서 후속 협상에 철저하고 현명하게 대비하지 않을 경우 타격이 있을 수 있다. 예컨대, 당사국들은 국제 탄소시장메커니즘을 설치하기로 하고 그 원칙, 방식, 절차 등에 대해 후속 논의를 진행하기로 하였는데, 우리나라는 앞서 유엔기후변화협약 사무국에 제출한 국가결정기여에서 감축목표 37% 중 11.3%를 국제탄소거래시장을 통해 충당하기로 하였다. 나아가 산업구조 전환이 쉽지 않은[128] 우리나라로서는 국제 탄소시장의 활용이 중요해 보인다. 이러한 절박한 상황에서 국제 탄소시장에 대한 구체적인 룰이 향후 어떻게 만들어지는지는 우리에게 중요한 의미를 가질 수밖에 없다. 이러한 점을 고려할 때 파리협정을 구체화하는 후속 협상에 적극적으로 참여하여 유리한 전략을 모색할 필요가 있다.

후속 협상에서 유리한 상황을 만들기 위해서는 무엇보다 협상과정에의 적극 참여가 요망된다. 또한 국제적으로 선진국과 개도국의 가교 역할을 지속하는 노력을 통해 국제사회의 거센 압력을 막아낼 필요가 있다. 이때 우리나라에 선진국의 잣대를 들이대려는 국제사회의 거친 압력을 쉽게 피해갈 수 없다는 점을 인정하고

---

126) 탄소국경조정은 탄소세의 부과, 배출권 구입요건의 부과, 탄소배출 관련 규제의 준수 등으로 구체화될 수 있다. 이는 상대적으로 규제가 약한 국가로 탄소배출이 이전되는 이른바, 탄소누출(Carbon leakage) 문제를 방지하기 위한 방법으로 그 도입이 검토되고 있다.

127) EU 회원국(MEPs)과 EU 정부는 배출권거래제 대상부문 배출량을 2030년까지 2005년 수준 대비 62% 수준으로 감축하고, 무상할당 규모를 2026년부터 2.5% 소폭 감축을 시작으로 2027년 5%, 2028년 10%, 2029년 22.5%, 2030년 48.5% 등으로 축소하다가, 2034년에는 완전히 폐지하기로 합의하였다. 이 합의는 온실가스 배출량을 2030년까지 1990년 수준 대비 55%까지 감축하기로 하는 입법안 패키지(Fit for 55 in 2030 package)의 일부이다. News－European Parliament, Climate Change: Deal on a Moore Ambitious Emissions Trading System(ETS), https://www.europarl.europa.eu/news/en/press－room/20221212IPR64527/climate－change－deal－on－a－more－ambitious－emissions－trading－system－ets(2022. 12. 18.). "EU, 산업 탄소배출 규제 더 옥죈다…'배출권 가격' 韓 7배될 듯", 연합뉴스 2022. 12. 18. 기사.

128) 우리나라는 전체 산업구조에서 철강 · 시멘트 업종 등 이산화탄소 배출량이 많은 제조업 비중이 높은 편이기 때문에 산업계가 이를 대비하지 못할 경우 큰 부담으로 작용할 가능성이 있다.

선진국의 입장을 취해 협상에 임하는 패러다임의 전환도 생각해 보아야 할 것이다. 이는 의제를 선점하고 주도적인 입장으로 선회하는 것을 의미한다. 우리나라는 경제규모, 온실가스 배출 순위, 1인당 이산화탄소 배출 순위 등에서 선진국임을 부인하기 어려운 상황으로 몰리고 있다. 이러한 상황에서 선진국임을 부인하고 선진국과 개도국 사이에서 갈팡질팡하는 모습은 명분과 실리 모두를 잃게 할 가능성이 있다.

2. 국내적 대응

국내적으로는 배출권거래제도를 포함한 온실가스 감축을 위한 이행수단에 대한 종합적이고 장기적인 전략을 수립 · 시행함으로써, 우리나라가 국제사회에 제시한 감축목표를 달성하여야 할 것이다. 정부는 2016년 11월 초 파리협정 비준에 즈음하여 국제사회에 약속한 2030년 온실가스 감축목표의 원활한 이행을 위해 '2030 온실가스 감축 로드맵' 및 '기후변화대응 기본계획'을 연내에 수립하고, '2050 장기 저탄소 발전 전략'을 수립해 나갈 계획임을 밝힌 바 있다.[129] 아울러 목표관리제의 강화,[130] 배출권거래제도의 강화, 국내 이행법제의 마련,[131] 탄소세 도입,[132] 화석연료 보조금 폐지,[133] 저탄소차(전기차, 하이브리드차 등)에 대한 지원 및 저탄

129) 외교부, "기후변화에 관한 파리협정 비준," 2016. 11. 3. 보도자료.

130) 우리나라의 온실가스 감축 정책 중 하나인 목표관리제는 「저탄소 녹색성장 기본법」(2021년 9월 24일 「기후위기 대응을 위한 탄소중립 · 녹색성장 기본법」으로 대체)에 근거하여 2010년부터 시행되고 있다. 이는 공공부문 온실가스 목표관리(제26조)와 관리업체의 온실가스 목표관리(제27조)로 구분된다.

131) 감축목표를 담고 있는 국가결정기여 및 그 달성을 위한 조치의 이행 정보의 제공, 적응계획의 수립 · 이행과 이행내용 등에 대한 보고, 국가결정기여의 이행 및 달성의 진전을 추적하기 위해 필요한 정보의 제출 등은 「기후위기 대응을 위한 탄소중립 · 녹색성장 기본법」 등 관련 국내법에서보다 가중된 의무이거나 이들 법에서 충분히 다루고 있지 않은바, 이러한 내용들을 반영한 법 제 · 개정을 검토하여야 한다. 국제사회가 저감 이외에 적응(adaptation)에 초점을 맞추고 있는 추세에 맞추고, 현행 법제가 기후변화 적응 정책의 핵심이라고 할 수 있는 기후변화로 인한 영향 및 취약성 평가와 적응대책 수립 기준, 절차, 방식, 내용 등에 대하여 규정이 없거나 구체성이 떨어져 이행력이 약하다는 점을 고려하여 기후변화 적응 관련 국내법의 제 · 개정도 검토할 필요가 있다. 기후변화적응법의 제정 방안에 대한 자세한 내용은 김홍균, "기후변화에 대한 대응: 기후변화적응법의 제정," 법제연구 제48호, 2015. 6, 195면 이하 참조.

132) 탄소세 도입 방안에 대하여 자세한 내용은 김홍균, "기후변화에 대한 대응: 탄소세의 도입과 설계, 환경법과 정책," 2014. 2. 28, 117면 이하 참조.

133) 온실가스의 주범인 화석연료 사용을 줄이기 위해서는 이러한 보조금의 폐지 내지 축소가 이루어져야 하는데, 보조금 지급은 오히려 사용 · 소비를 부추기는 결과를 초래한다. 어업용 면세유, 대형화물차 유가 보조금 등이 그 좋은 예이다. 서울경제, "환경 규제 · 정책 달라졌는

소차협력금 등 인센티브 제공,[134] 화력발전 축소, 태양열 · 풍력 · 수력 등 신재생에너지 확대,[135] 저탄소 건물 설계기준과 운영기준의 도입, 저탄소 교통체계의 구축,[136] 전기 · 수도료 현실화 등을 포함하여, 전방위적이고, 다각적인 대처가 필요하다. EU의 탄소국경조정제도의 도입, 배출권거래제의 강화 등 저탄소 무역장벽이 본격적으로 시행되기 전에 이에 대한 적기의 대응과 선제적인 입법적 대비도 필요해 보인다. 화석연료 시대의 종말에 대비한 기술개발(예컨대, 전기자동차) 촉진도 요구된다. 저탄소 기술개발 및 수출은 자원이 많지 않은 우리나라의 현실에서 신기후변화체제의 거센 도전을 극복하기 위한 새로운 기회가 될 수 있다. 이러한 정책은 정치, 경제, 에너지 안보 등과 복합적으로 연계되기 때문에 과감한 수술을 하는 것이 쉽지 않은 현실적 한계가 있다. 그러나 저탄소사회라는 국제사회의 거대한 흐름에 맞춰 정책변화를 진지하게 고민할 때이다.

데 … '시대착오' 화석연료 보조금," 2016. 11. 6. 기사.

134) 2013. 4. 5. 개정 「대기환경보전법」은 '환경부장관은 온실가스 배출량이 적은(많은) 자동차를 구매하는 자에게 재정적 지원을(부담금 부과를) 할 수 있다'고 규정하고(제76조의7), 시행 시기는 2015년 1월 1일로 명시한 바 있다. 그러나 정부는 2014년 9월 초 제30차 경제관계장관회의를 통해 업계의 반발 등을 고려해 그 시행을 온실가스 감축목표기간인 2020년 말까지 연기하기로 결정하였으며, 그 후 2020. 2. 9. 개정 법에서 탄소협력금제도를 포기하였다.

135) 2015년 기준 우리나라 에너지원의 구성비는 석탄 29.7%, 석유 38.1%, 천연가스 15.2%, 수력 0.4%, 원자력 12.1%이다. 에너지경제연구원, 2016 에너지통계연보, 2016, 4면. 2015년 기준으로 우리나라 1차에너지 대비 신재생에너지 비중은 4.9%로 OECD 33개국 중 최하위 수준이다. 화석에너지의 고갈과 환경문제가 대두되면서 가장 깨끗한 에너지로서 신재생에너지에 대한 관심이 높아지고 있다. 신기후변화체제에서 그 중요성이 재인식되고 있으며, 차세대 중요한 성장동력으로 주목받고 있다.

136) 「기후위기 대응을 위한 탄소중립 · 녹색성장 기본법」에서는 정부에게 온실가스 감축을 위한 녹색교통의 활성화(제32조), 녹색건축물의 확대(제31조) 등의 정책을 수립 · 시행할 의무를 부과하고 있다.

제 5 장 국제수로의 환경보전과 이용

물은 인류의 생존을 위한 필수 불가결한 요소이다. 물은 인류 문명의 출발이었다. 그러나 인류는 그동안 물 자원의 중요성에 대하여 크게 인식하지 않았다. 그 결과 물 부족과 오염은 급속히 증가하여 이제는 물과의 전쟁을 준비하지 않으면 안 되게 되었다. 무엇이 이러한 결과를 초래하였는가? 흔히 인구의 증가, 물을 사용하는 경제활동의 증가, 인간의 물 소비량 증가 등이 그 주범으로 지목되고 있다. 그러나 그 증가 추세는 어느 것 하나 쉽게 멈출 기세를 보이고 있지 않다. 이는 물 부족, 물 오염, 생태계 파괴가 더욱 심화될 가능성이 높다는 것을 의미한다. 이제는 물로 인하여 문명이 파괴될지도 모르는 지경이 된 것이다.

지구의 표면은 70% 정도가 물로 덮여 있다. 지구상에 있는 물의 양은 약 14억㎦ 정도로 추정된다. 이 중 약 97.5%가 염수이고 담수는 약 2.5% 정도이다. 이 물을 그대로 사용할 수 있는 것이 아니다. 담수 중 약 69.5%가 남극과 북극의 얼음 및 만년설의 형태이고, 30.06% 정도는 지하수로, 0.39% 정도만이 하천수나 호소수로 존재한다. 지하수를 제외하면 약 9만㎦ 정도만이 인간이 사용할 수 있는 물이다. 결국 우리가 이용가능한 물은 지구에 있는 총 물량의 오직 0.0086%뿐이다.[1] 물은 무궁무진한 자원인 것처럼 보이지만 지극히 한정된 자원인 셈이다.

자연자원인 물이 갖는 특징, 즉 대체자원의 부존재, 공유자원의 성질, 지표수와 지하수의 연결, 자연현상에 크게 영향을 받는 성질 등은 그 관리 · 보전 · 이용을 어렵게 하고 있다. 물은 국제하천을 형성하여 종종 다수 국가를 관통하여 흐르는데, 이러한 국제적 성격은 문제를 더욱 복잡하게 하고 있다. 흔히 국제하천의 상류에는 산악지형으로 인하여 수자원 개발을 많이 하지 않은 국가가 위치하고, 평지에 속하는 하류에는 농업 등 이유로 수자원의 개발과 이용이 활발한 국가가 위치하고 있다. 상류국의 댐 건설, 공업용수의 공급 등 새로운 수자원 개발은 하류국의 물 사용에 영향을 미칠 것이다. 마침 가뭄이 들어 해당 유역에 물 부족 현상이 심각해졌다고 생각해 보자. 수량 부족은 개발 욕구가 강한 상류국의 물 사용 급증과 맞물리면서 하류국을 심각한 상태로 몰아넣을 수 있을 것이다. 수량 부족은 수

1) 건설교통부 · 한국수자원공사, 물과 미래, 2004, 8면.

질의 악화, 생태계 파괴로 이어지면서 하류국이 겪는 고통은 심각할 것이다. 항행, 어로 이익의 침해도 불가피할 것이다. 경우에 따라서 하류국의 환경보전의 필요성에 대한 인식은 상류국의 행위로 인해 가중되는 오염문제를 방관하기 힘들 것이다. 이제 상류국과 하류국의 물 분쟁은 쉽게 예상할 수 있을 것이다.

물 분쟁의 해결은 쉽지 않다. 그 해답은 주권을 강조하느냐, 물의 국제 공유물(global commons)적 성격을 강조하느냐에 따라 달라진다. 전통적으로 주권을 강조하는 입장에서는 하류국에 어떠한 결과가 발생하는지에 관계없이 상류국에게 국제수로와 관련하여 어떠한 행위를 하더라도 완전한 자유가 허용된다. 자연자원에 대한 절대적 영토주권(absolute territorial sovereignty)을 주장하는 하몬주의(Harmon Doctrine)[2]가 이러한 입장의 대표적인 예라고 할 수 있다. 그러나 이와 같이 주권을 강조하는 입장은 유역의 조화, 평화라는 관점에서 비극적인 결과를 초래할 가능성이 높다. 주권은 물의 효과적이고 공평한 분배를 위한 기초를 제공하지 못한다. 또한 흐르는 물의 지리학적 위치에 초점을 맞춤으로써, 물이 순환하고 있다는 현실성을 무시하고 있다.[3]

절대적 영토주권이론에 대한 반성은 보다 유연한 개념에 관심을 돌리도록 하였다. 국제수로의 공평하고 합리적인 이용(equitable and reasonable use), 월경피해금지,[4] 생태계 중심주의, 지속가능한 이용, 물인권, 환경보전 등의 개념이 그 좋은 예이다. 그러나 이러한 접근방법의 전환에도 불구하고 문제가 완전히 해결되고 있지는 못하다. 국제수로에 관한 국제관습법과 조약법은 여전히 진화하고 있다. 국제수로와 관련한 초창기 국제관습법과 조약법의 주된 관심사는 물의 분배와 절차적 권리 및 의무에 집중되었다. 그 후 20세기에 접어들면서 수질오염문제, 환경보전과 생태계 보호에 눈을 돌리기 시작하였다. 환경보호에 대한 관심은 뒤늦게 이루어졌지만 물이 인류의 생존과 직결되고 있는 만큼 이를 둘러싼 국제 규범의 발전은 비약적인 발전을 거듭하고 있다. 그러나 그 영역은 비항행적 목적의 국제수로에 집중되는 등 상당히 제한적이다. 지표수를 대체하는 '미래의 물'인 지하수 문제

2) 하몬주의는 1895년 당시 미국 검찰총장이던 하몬(Judson Harmon)이 국무장관에게 리오그란데(Rio Grande)강에 대하여 이 강이 멕시코 국경에 도달하기 전까지 미국이 절대적 영토주권을 가지고 있다고 권고한 의견에서 기인한다. 현재 이 이론은 거의 지지되지 않고 있는, 말하자면 사문화된 이론이라 할 수 있다.

3) Ved P. Nanda and George Pring, International Environmental Law & Policy for the 21st Century 188 (Transnational Publishers, Inc. 2003).

4) 공평하고 합리적인 이용, 월경피해금지 등은 제한적 영토주권(limited territory sovereignty) 이론의 중심 요소이다. Aaron Schwabach, *The United Nations Convention on the Law of Non-navigational Uses of International Watercourses, Customary International Law, and the Interests of Developing Upper Riparians,* 33 Tex. Int'l L. J. 257, 276~278 (1998).

에 대한 국제적인 대응은 여전히 초창기 단계에 머무르고 있다.[5]

제 1 절 판 례

국제수로와 관련한 초창기 판례는 물의 분배와 절차적 권리 및 의무(예컨대, 통지 · 협의 의무)에 집중되었다. 그 후 20세기에 접어들면서 환경보전과 생태계 보호에 눈을 돌리기 시작하였다. 국제수로와 관련한 판례는 현재까지 많지 않은 편이다. 더욱이 수질오염 문제를 직접적으로 다루고 있는 판례는 아직까지 나타나지 않고 있다.

Ⅰ. 1929년 *오데르(Oder)강 사건*

'공평한 이용(equitable utilization)' 개념에 대한 사법적 판단은 1929년 *오데르(Oder)강 사건*[6]에서 처음으로 이루어졌다. 폴란드는 오데르강국제위원회의 관할권이 폴란드 영토 내에 위치하고 있는 오데르강 지류까지 미치지는 않는다고 주장하였다. 상설국제재판소(PCIJ)는 폴란드 내의 오데르강의 항행 가능한 지역은 강을 통과하거나 강 연안에 있는 다른 연안국가들의 교통을 위해 열려 있다고 강조하였다. 나아가 재판소는 "항행 수로에서 유역국의 이익은 공통의 법적 권리가 되는데, 그 필수불가결한 요소는 모든 수로를 사용함에 있어 모든 연안국의 완전한 동등성(equality)이다"고 선언하였다. 결국 재판소는 오데르강국제위원회의 관할권은 폴란드 영토 내에 위치하고 있는 오데르강 부분에도 미친다고 결론지었다.[7] 이 사건은 비록 국제수로의 항행적 사용에 국한하고 있지만 오랫동안 국제관행으로 이어져 오던 "공평한 이용(equitable utilization) 개념을 사법적으로 확인하였다.

---

5) 국가간 지하수 문제를 다룬 국제문서로는 1986년 국제법협회(ILA) 서울규칙, 1989년 벨라지오(Bellagio) 조약초안 등이 있다. ILA Rules on the Law of International Groundwater Resources, 1 Basic Documents of International Environmental Law 245 (H. Hohmann ed., 1992); Bellagio Draft Treaty Concerning the Use of Transboundary Groundwaters, *Id.* 643면.

6) *Case Relating to the Territorial Jurisdiction of the International Commission of the River Oder (Czech., Den., Fr., Ger., Swed., UK/Pol.),* 1929 P. C. I. J. (Ser. A) No. 23, 27면.

7) *Id.* 31 내지 32면.

Ⅱ. 1937년 *뮤즈(Meuse)강 사건*

뮤즈(Meuse)강으로부터의 물의 전용을 둘러싼 네덜란드와 벨기에의 분쟁 사건(뮤즈강 사건)[8]의 발단은 양국간에 관개수로와 항행을 목적으로 하는 뮤즈강의 사용문제를 영원히 그리고 확정적으로 해결하기 위해 1863년 체결된 협정으로 거슬러 올라간다.[9] 이 협정은 하류국인 네덜란드 영토에서 취수를 할 수 있도록 하는 규정을 두었다. 이 취수는 마스트리히(Maastricht) 시 아래에 위치한 모든 운하에 물을 제공하는 역할을 하는 것이었다. 두 국가의 물 수요가 증가함에 따라 양국간에 긴장이 고조되었다. 문제를 해결하기 위하여 1925년 양국은 새로운 협정을 체결하려고 하였으나 실패로 끝났다. 이에 네덜란드와 벨기에는 각자 뮤즈강에 새로운 운하와 댐 건설을 추진하였다.[10]

하류국인 네덜란드는 상류국인 벨기에가 양국이 공유하고 있는 뮤즈강으로부터 지나치게 많은 물을 전용하였다는 이유로 상설국제재판소에 제소하였다. 양국은 서로 상대국이 1863년 협정에 위반하여 공사를 하였다고 주장하였다. 특히 네덜란드는 협정에서 단지 한 번의 취수(one take)를 허용하고 있을 뿐이며, 이는 벨기에 영토에서의 취수를 포함하여 모든 취수를 통제할 수 있다고 주장하였다. 이에 대해 1937년 재판소는 이러한 주장은 타방 국가를 법적 불공평에 빠트릴 수 있으며, 협정에서 명백히 이러한 불공평을 설정하지 않는 한 네덜란드의 주장은 이유 없다고 판단하였다.[11] 재판소는 각국은 자국의 영토에서 운하를 변형 · 확장 · 변경하고, 운하를 채우고 다른 곳에서 물을 끌어 수량을 증가시킬 수 있는 등 자유가 있는데, 다만 평균 수위와 흐름을 유지하기 위한 취수 지점에서의 수로의 변경과 그곳으로부터 배출되는 물의 양이 영향을 받지 않아야 한다고 선언하였다.[12] 재판소는 이러한 원칙을 이 사건에 적용하면서 벨기에가 물을 전용한 것이 강의 평균 수위와 흐름에 영향을 미치지 않았다고 결론지었다.

이 사건은 관습법인 공동 유역 국가들간의 형평의 원칙을 선언하고 있다고 할 수 있다. 형평의 원칙에 기초하여 한 국가가 자유롭게 물을 사용하면서 다른 국가에 물 사용의 금지를 요구할 수 없을 것이다. 나아가 이 사건은 공평한 사용뿐만

---

8) *The Diversion of Water from the Meuse Case (Neth. v. Belg.)*, 1937 P. C. I. J. (Ser. A/B) No. 70.

9) *Id.* 9면.

10) *Id.* 15면.

11) *Id.* 19 내지 20면.

12) *Id.* 26면.

아니라 주권의 제한 문제를 다루고 있다는 점에서 의미 있는 사건이라 할 수 있다. 이 사건에서 다루고 있는 주권제한 문제는 스톡홀름선언 원칙 21, 리우선언 원칙 2 등에서 다루고 있는 월경피해 금지원칙의 단초를 제공하고 있다고 평가할 수 있다.

Ⅲ. 1949년 *Corfu Channel 사건*

1949년 *Corfu Channel 사건*[13]에서 영국은 알바니아 영해상에 있는 코르푸해협에서 수뢰(mines)에 충돌 · 침몰된 선박에 타고 있던 영국 선원들이 입은 피해에 대하여 알바니아를 상대로 국제사법재판소(ICJ)에 제소하였다. 국제사법재판소는 "모든 국가는 타국의 권리에 반하는 행위를 위하여 자국 영토가 의도적으로 (knowingly) 사용되도록 허용되어서는 안 된다"는 국제법 원칙을 선언하였다.[14] 재판소는 이러한 원칙을 수용하여 독일이 폭발의 원인이 된 수뢰를 설치하였지만 이는 알바니아 정부의 인식 없이는 이루어질 수 없다고 판단하면서,[15] 다른 국가(영국)에 급박한 위험을 경고하지 아니한 알바니아에게 국가책임을 부과하였다.

Ⅳ. 1957년 *Lanoux호 사건*

1957년 *Lanoux호 사건*[16]에서 중재법정(Arbitral Tribunal)은 *sic utere* 또는 선린(good neighborliness)의 원칙을 재확인하였다. 이 사건의 발단은 상류국인 프랑스와 하류국인 스페인 간의 물 분쟁에서 시작되었다. 프랑스는 Lanoux호의 용량(저수량)을 향상시키고 수력발전을 위하여 프랑스에서 스페인 쪽으로 흐르는 캐롤(Carol)강에 댐을 건설할 계획을 가지고 있었다. 스페인은 프랑스가 건설하려고 하는 댐이 유로를 변경하면서 하류국인 스페인의 이익을 해친다고 주장하였다. 1917년부터 1955년에 걸친 긴 협상에서 스페인은 반대 입장을 고수하였다. 스페인은 자연적인 흐름에서 얻을 수 있는 물의 양보다도 더 많은 양을 제공하겠다는 프랑스의 제안마저 거부하였다. 스페인은 1866년 양국간에 체결된 Bayonne 조약과 추

13) *Corfu Channel Case (U. K. v. Albania)*, 1949 I. C. J. 4 (1949).
14) *Id.* 22면.
15) *Id.*
16) *Lake Lanoux Arbitration (Spain v. France)*, 24 I. L. R. 101 (1957).

가 의정서(Additional Act)에 기초하여 댐건설과 물의 통제가 국제 배수시스템에 큰 문제를 불러일으키고 관개와 관련하여 스페인의 이익을 위태롭게 할 가능성이 있다고 주장하면서 반대하였다.

특히 스페인은 위 조약에 기초하여 이러한 사업은 양 당사국의 사전 동의 없이는 진행할 수 없다고 주장하였다. 이에 대해 특히 중재법정은 국제관습법이나 스페인이 주장의 주된 기초로 하고 있는 조약 어디에도 그 근거를 찾을 수 없다고 하면서 배척하였다.[17] 그러나 중재법정은 한 국가는 영향을 받는 다른 국가와 협의(consultation), 교섭(negotiation)할 의무가 있으며, 그 협의와 교섭은 순수하고 신의성실에 기초하여야 한다고 판단하였다.[18] 중재법정은 프랑스가 정당한 권리를 행사하였다고 결론내리면서 다음과 같은 사실을 추가로 지적하였다: "프랑스는 자신의 권리를 행사할 권리가 있다; 프랑스는 스페인의 이익을 무시할 수 없다. 스페인은 자신의 이익이 존중될 것을 요구할 수 있는 권리가 있으며 그 이익은 고려되어야 한다."[19]

흥미로운 것은 동 법정은 스페인의 권리나 이익이 침해된 것이 없다고 밝히면서 스페인이 "프랑스가 진행하려는 사업이 궁극적으로 캐롤강의 수질오염을 야기할 수 있고, 회수되는 물이 스페인의 이익을 해칠 수 있는 화학적 성분·기온 또는 다른 성격을 가지고 있을 수 있다"고 주장하였더라면 결과는 달라질 수 있었을 것이라고 지적하였다는 것이다.[20] 이는 스페인이 프랑스가 추진하는 사업이 수질에 해로운 영향을 미친다는 점을 주장·입증하였다면 스페인이 승소할 수 있었다는 것을 강력히 암시하는 것이다.

이 사건은 분쟁 당사국의 절차적인 권리 및 의무를 정면으로 다루고 있다는 점에서 의미있는 사건이라고 할 수 있다. 국가는 제안된 행위로 환경피해를 입을 가능성이 있는 다른 국가의 사전 동의까지는 아니더라도 다른 국가와 신의성실에 기초하여 협의·교섭하고, 타국의 이익을 고려할 의무가 있다는 것 등이 그것이다. 비록 이익 침해를 주장하는 국가의 주장을 배척하였지만 상류국에게 하류국의 이익을 고려할 의무를 부과함으로써 의사결정과정에서 주권제한의 가능성을 검토하였다는 점도 특기할 만하다.

---

17) *Id.* 128 내지 138면.
18) *Id.* 119면, 130면.
19) *Id.* 140면.
20) *Id.* 123면.

V. 1997년 *Gabcikovo－Nagymaros Dam 사건*

1997년 9월 25일 국제사법재판소(ICJ)는 *Gabcikovo v. Nagymaros 사건*[21]에서 국제환경법과 관련하여 의미있는 역사적 판결을 내렸다. 국제수로의 이용과 환경보전에 관한 국제 사법적 결정이 빈약한 상황에서 이 사건은 국제환경법의 해석과 적용에 있어 시사하는 점이 많다. 특히 앞서 사건들이 수질오염 또는 환경보호문제를 직접적으로 다루지 않았음에 비하여 이 사건은 환경보호 문제를 크게 다루고 있다는 점에서 앞으로 제기될 수 있는 국제환경분쟁에 중요한 지침을 줄 것으로 보인다.

≪당초사업인≫[22]

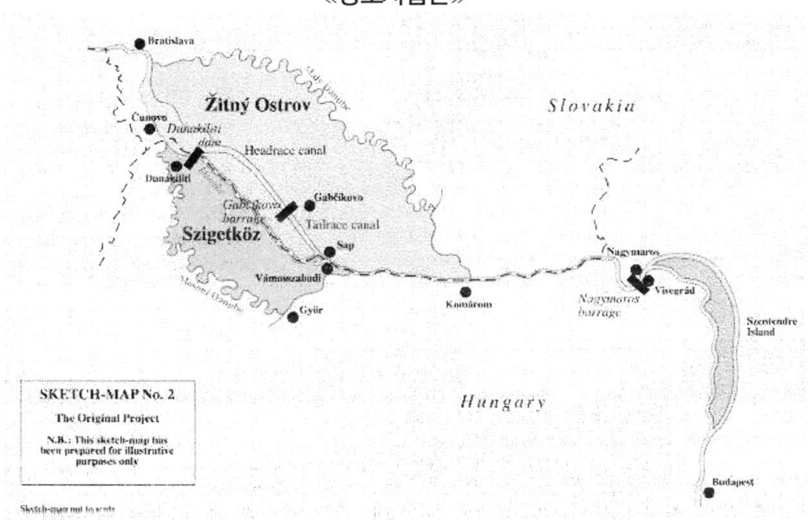

사건의 경위는 1977년 9월 헝가리와 체코슬로바키아 간에 체결된 Gabcikovo－Nagymaros 수문체계의 건설과 운영에 관한 협정(1977년 협정)으로 거슬러 올라간다.[23] 이 협정에 의거한 Gabcikovo－Nagymaros 사업(G－N 사업)은 다뉴브강의

---

21) *Gabcikovo－Nagymaros Project (Hungary v. Slovakia),* 37 I. L. M. 162 (1998); 1997 I. C. J. 7 (1997). 이 사건에 대하여 자세한 내용은 이재곤 · 배상오, "Gabcikovo－Nagymaros공동개발사업 사건", 법학연구(충남대학교 법학연구소) 제9권 제1호, 1998, 35 내지 49면 참조.

22) *Gabcikovo－Nagymaros Dam 사건*(각주 21), 21면.

23) Treaty on the Construction and Operation of the Gabcikovo－Nagymaros System of Locks, 32 I. L. M. 1247 (1993).

자연수로를 인위적인 항행 수로로 유수를 변경하는 것으로써, 주된 사업 내용은 Gabcikovo 수문체계(체코슬로바키아)와 Nagymaros의 수문체계(헝가리)(이 두 수문 체계는 불가분의 작업운영체계를 이룬다), 체코슬로바키아와 헝가리 양국 영토에 걸쳐 있는 Dunakiliti 저수지, Dunakiliti 댐(헝가리), 운하(체코슬로바키아) 등을 건설하는 것이다.24) G－N 사업의 주된 목적은 전력생산, 항행, 홍수 통제 등이다. 1977년 협정에서 양 당사국은 이 공동사업과 관련하여 그 비용을 똑같이 분담하고, 수문 체계의 이용과 이익에 똑같이 참여하기로 합의하였다.25) 이 협정은 수질 보호, 자연 보호, 어로 이익 등에 대한 규정을 두었는데,26) 그 규정은 상당히 모호하였다.

1978년 양국은 사업에 따른 공사를 시작하였다. 헝가리의 주도로 양국은 1983년 작업 속도를 늦추기로 하였으며, 1989년에는 작업 속도를 가속화하기로 합의하였다.27) 그러나 1989년 5월, 헝가리는 환경문제를 바탕으로 한 G－N 사업에 대한 국내의 강력한 비판에 직면하여 Nagymaros 댐 공사를 일시 중단하기로 결정하였다.28) 체코슬로바키아는 이에 대해 즉시 항의하였다.29) 문제 해결을 위한 양국의 협상은 결렬되었고, 헝가리는 급기야 같은 해 10월 공사를 포기하였다.30) 1990년 봄 새로이 들어선 헝가리 정부는 G－N 사업 전체가 오류가 있는 사업이라고 선언하였다.31) 체코슬로바키아 대통령도 이 사업이 자연에 대한 전체주의적이고 광적인 기념물이라고 비판하였다. 또한 문제는 Gabcikovo 발전소가 이미 완성되었다고 지적하였다.32)

체코슬로바키아는 헝가리의 공사 중단 요구를 받아들이지 않았으며, 대안으로 '변경사업안 C(Variant C)'를 수립하여 공사를 계속하기로 결정하였다. '변경사업안 C'의 주요 내용은 Gabcikovo 댐의 수력발전을 위하여 Dunakiliti 10㎞ 상류에서 다뉴브강의 수로를 일방적으로 전용하는 것이었다.33) 1992년 5월 헝가리는 체코슬로바키아에 1977년 협정의 종료를 통보하였다.34) 체코슬로바키아는 이에 아랑곳하지 않고 변경사업안 C를 운용함으로써, 일방적으로 다뉴브강의 유수를 Gabcikovo 댐

24) *Gabcikovo－Nagymaros Dam 사건*(각주 21), § 18.
25) 1977년 협정(각주 22), 제9조, 제12조.
26) *Id.* 제15조, 제19조, 제20조.
27) *Id.* § 21.
28) *Id.* § 22, § 32, § 33.
29) *Id.* § 33.
30) *Id.* § 37.
31) *Id.* § 38.
32) *Id.* 1989년 봄까지 Dunakiliti 댐은 90%, Gabcikovo 댐은 85% 완성되었다. *Id.* § 31.
33) *Id.* § 23.
34) *Id.*

쪽으로 변경하였으며 전력생산을 시작하였다.[35] 변경사업안 C는 다뉴브강의 자연 유수를 80%를 변경하였으며, Gabcikovo 댐에서 생산된 전기는 체코슬로바키아에 돌아갔다.

≪변경사업안 C≫[36]

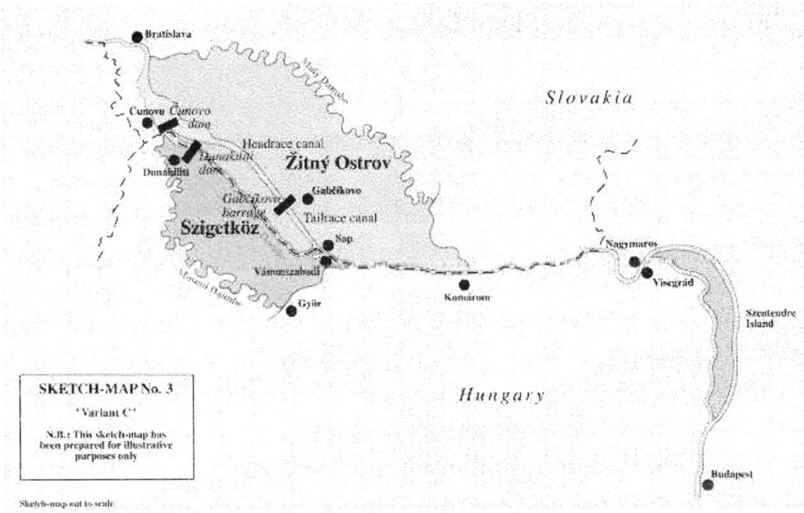

1993년 7월 헝가리와 슬로바키아[37]는 같은 해 4월 체결된 특별협정(Special Agreement)을 체결하여 당초 사업과 변경사업안 C를 둘러싼 분쟁을 국제사법재판소에 제소하였다. 양국은 국제사법재판소의 결정이 최종적이며 구속적인 것으로 하는 것에 대하여 합의하였다. 양국이 재판소에 분쟁해결을 위해 의뢰한 쟁점은 ① 헝가리는 G－N 사업과 관련한 공사를 중단하고 이를 포기할 법적 권리가 있는가, ② 슬로바키아는 변경사업안 C를 수립하고 이를 시행할 권리가 있는가, ③ 헝가리의 1992년 조약 종료 통보의 법적 효력은 무엇인가 등이었다.[38]

이러한 쟁점에 대하여 재판소는 헝가리의 사업의 일방적인 중단과 포기, 그리고 1992년 이후 슬로바키아의 변경사업안 C의 시행은 모두 위법하며, 그 결과 1977년 협정은 여전히 유효하다고 판단하였다.[39] 재판소는 헝가리가 한 조약의 종

35) *Id.*

36) *Id.* 25면.

37) 체코슬로바키아는 1993년 1월 체코와 이 사건 당사국인 슬로바키아로 분리 · 독립되었다. 이하에서는 슬로바키아라고 한다.

38) *Gabcikovo－Nagymaros Dam 사건*(각주 21), § 2.

39) *Id.* § 114.

료 통보는 법적 효력이 없으며, 양 당사국은 각국의 권한 없는 행위로 발생한 피해를 배상하여야 한다고 결정하였다.[40]

국제사법재판소가 이와 같은 결론에 도달하기 위하여 다룬 쟁점은 위법성 조각사유인 긴급피난(state of necessity)의 존재 여부, 대응조치(countermeasure)의 적법성, 조약의 종료 여부 등이다. 재판소는 이러한 문제에 대하여 현재 국제법에서 제기되고 있는 중요한 쟁점들을 정리하고 그 결론을 도출하였다. 이 중 특히 환경문제와 관련한 쟁점을 살펴보면 다음과 같다.

헝가리는 1977년 협약상의 의무를 포기한 것에 대한 정당화 근거로 긴급피난을 주장하였다.[41] 이를 위하여 헝가리는 다음과 같은 환경문제를 제기하였다. 즉 당초 G－N 사업에 의해 건설되는 Gabcikovo 발전소는 최고 모드로 운영되도록 설계되었다. 물은 전력 수요 시, 하루에 두 번 발전소를 통해 나온다. 이러한 방식은 Dunakiliti 지역에 60㎢ 상당의 넓은 저수지와 Nagymaros 댐의 건설을 요구하고 있다. 다뉴브강에 배출되는 하천수는 기껏해야 초당 50㎥로 제한된다. 이러한 수량 감소는 사업 유역에서 지하수의 수위를 떨어트린다. 지하수는 다뉴브강이 아니라 Dunakiliti에 만들어지는 저수지의 고여 있는 물로 보충될 것이다. 장기적으로 수질은 심각하게 영향을 받을 것이다. 지표수와 관련해서는 특히 저수지 물의 부영양화 위험성이 증가할 것이다. 하천은 모래로 뒤덮이고, 아주 소량의 물만 흐르게 된다. 그 결과 수중 동 · 식물이 멸종위기에 처하게 된다. Nagymaros 댐이 건설될 경우 다뉴브강 상류의 하상은 침니(沈泥)로 쌓이고, 그 결과 이 지역 용수정에 모이는 물의 수질은 악화될 것이다. Gabcikovo 발전소의 최고 모드 운영 방식은 저수지 상류 수위의 심한 변화를 초래함으로써 수생 서식지를 위협하게 된다. Nagymaros 댐의 건설과 운영은 강 하류 하상의 침식을 초래함으로써, 이 지역 강 수위는 내려가고, 부다페스트 시민 식수의 3분의 2를 공급하는 용수량은 눈에 띄게 감소하게 된다. 여과층은 축소되거나 사라지고 침전물이 쌓이면서 수질은 급격히 악화될 것이다.[42]

재판소는 국제법위원회의 국가의 국제책임에 관한 조약 초안을 인용하면서, 긴급피난 이론에 의하여 협약상의 의무가 면제되기 위해서는 헝가리가 다음 사항을 입증하여야 한다고 지적하였다: ① 본질적 이해(essential interest)의 존재; ② 그 이해관계가 중대하고 급박한 위험(grave and imminent peril)으로 위협받았을 것;

40) *Id.* § 115, § 155.
41) *Id.* § 40.
42) *Id.*

③ 조약상의 책임을 중단 · 포기한 것이 이러한 이해관계를 보호하기 위한 유일한 수단일 것; ④ 그 포기가 슬로바키아의 본질적 이해관계를 심각하게 침해하지 않을 것; ⑤ 헝가리가 긴급피난의 발생에 기여하지 않았을 것.[43)]

재판소는 G－N 사업으로 영향을 받는 지역의 자연환경에 대하여 헝가리가 제기한 관심은 "본질적 이해"와 관련이 있다고 인정하였다.[44)] 그러나 헝가리가 제기한 위험은 장기간에 걸쳐 고려되어야 하고, 불확실한 상태로 남아있으며, 그 피해는 더딘 자연과정의 결과이며, 그 효과는 쉽게 평가할 수 없다고 지적하면서 헝가리의 행위를 정당화하는 급박한 위험이 헝가리가 공사를 중단 · 포기한 1989년경에는 존재하지 않았다고 판단하였다.[45)] 재판소는 헝가리가 인식된 환경문제에 대응하여 공사의 중단과 포기 이외의 다른 수단을 사용할 수 있었다는 점도 지적하였다.[46)] 결국 재판소는 헝가리의 긴급피난 주장을 배척하였으며, 헝가리가 1989년 공사를 중단 · 포기할 권리가 없다고 결론지었다.[47)]

헝가리는 조약의 종료 원인으로 ① 긴급피난,[48)] ② 조약의 이행불능,[49)] ③ 근본적인 사정변경,[50)] ④ 슬로바키아의 실질적인 조약 위반,[51)] ⑤ 새로운 국제환경규범의 발전[52)] 등을 주장하였으나 재판소는 모두 인정하지 않았다. 이 중 환경문제와 관련이 있는 부분을 중심으로 살펴보면 다음과 같다. 헝가리는 1977년 이래 조약 종료의 근거가 될 수 있는 근본적인 사정변경이 있다고 주장하였다. 구체적으로 헝가리는 정치적 상황의 큰 변화, 사업의 경제적 타당성의 감소, 환경지식의 진전과 새로운 국제환경규범의 발전 등이 근본적인 사정변경을 구성한다고 주장하였다.[53)] 이에 대해 재판소는 정치적 상황은 양국간 동의의 필수 불가결한 기초를 구성할 정도로 1977년 협정의 목적 · 취지와 밀접한 연관이 없다는 점, 사업으로 인한 경제적 이윤이 1977년 협정 체결 당시보다 감소할지 모르나 그 감소가 양국의 의무를 갑자기 변화시킬 정도에 이르지 않는 점, 환경지식과 국제환경규범의 새로운 발전을 전혀 예상할 수 없었다고 할 수 없는 점, 조약관계는 안정적으로 운영되

43) *Id.* § 52.
44) *Id.* § 53.
45) *Id.* §§ 56~57.
46) *Id.* §§ 55~56.
47) *Id.* § 57, § 59.
48) *Id.* § 101.
49) *Id.* §§ 102~103.
50) *Id.* § 104.
51) *Id.* §§ 105~110.
52) *Id.* §§ 111~112.
53) *Id.* § 104.

어야 하며 근본적인 사정변경에 기한 조약 종료는 예외적으로만 인정되어야 한다는 점 등을 들어 헝가리의 주장을 배척하면서 헝가리의 조약 종료 통보의 법적 효력을 부인하였다.[54]

또한 헝가리는 기존 월경(越境)피해 금지의무가 사전배려의 원칙에 의거한 피해예방의무로 발전하였다면서 후에 부과된 환경보호라는 국제법 요건이 1977년 협정상의 이행의무를 배제하고 있다고 주장하였다.[55] 이에 대해 재판소는 어느 당사국도 1977년 협정 체결 후에 '강행규범(peremptory norms)'의 성질을 갖는 새로운 국제환경규범이 출현하였다는 주장을 하지 않았다는 이유로 조약법에 관한 비엔나 협약 제64조(강행규범의 출현)[56]의 범위를 판단할 필요가 없다고 하였다.[57] 그러나 재판소는 새로이 발전된 국제환경규범은 1977년 협정의 이행을 위하여 관련이 있고, 양국은 1977년 협정상의 환경보호를 위한 관련 규정의 적용을 통해 이를 수용하여야 한다고 부가적으로 지적하였다.[58] 재판소는 1977년 협정 중 환경보호를 위한 관련 규정 내용은 진화하고 있다고 언급하면서, 이러한 내용을 협약에 규정함으로써, 1977년 당시 양국은 G－N 사업을 새로이 나타나는 국제환경규범에 적응하여야 한다는 잠재적 필요성을 인식하였다고 지적하였다. 재판소는 헝가리와 슬로바키아에게 이러한 규범을 수용할 공동책임이 있다고 강조하였다.[59]

이 사건은 순수한 환경분쟁 사건이 아니라는 비판이 있음에도 불구하고[60] 여러 가지 면에서 국제환경법상 중요한 의미를 갖는다. 먼저 재판소는 환경 문제를 중요하게 인식하고 이를 여러 곳에서 다루고 있다. 예컨대, 재판소는 "종종 환경에 대한 피해가 돌이킬 수 없는 성질을 가지고 있고, 이러한 피해에 대한 구제체제에 내재하고 있는 한계 때문에 환경보호 분야에서 경계(vigilance)와 예방(prevention)이 요구된다"고 강조하였다. 또한 재판소는 경제적인 이유 등으로 인류가 환경에 대한 영향을 고려하지 않고 계속해서 자연을 침해하여 왔다는 점을 지적하면서 해당 국가는 새로운 행위를 고려하거나 과거에 시작된 행위를 계속함에 있어서 경제

54) *Id.*

55) *Id.* § 97.

56) 새로운 강행규범(peremptory norm)이 출현한 경우, 그 규범과 충돌하는 기존 조약은 무효로 되어 종료된다. Vienna Convention on the Law of Treaties, 1155 U.N.T.S. 331 (1969), 제64조.

57) *Gabcikovo－Nagymaros Dam 사건*(각주 21), § 112.

58) *Id.*

59) *Id.*

60) 이 사건 분쟁은 조약법과 국가의 국제책임과 관련한 쟁점을 포함하고 있을 뿐이다. Peter H. F. Bekker, *Gabcikovo－Nagymaros Project (Hungary/Slovakia), Judgment,* 92 Am. J. Int'l L. 273, 278 (1998).

개발과 환경보호를 조화시키는 지속가능한 발전 개념에 주목하여야 한다고 언급하였다.[61] 이는 양국으로 하여금 Gabcikovo 발전소 운영으로 인한 환경에 대한 영향을 새로이 살펴보아야 한다는 것을 의미하는 것이다.

1996년 재판소 자신이 *핵무기의 위협 또는 사용의 합법성에 관한 권고적 의견*[62]에서 밝힌 내용을 원용하고 있는데 그 내용은 다음과 같다: "환경은 추상적 용어가 아니라 아직 태어나지 않은 세대를 포함하는 인류의 생활공간이며 삶의 질이며 건강 그 자체이다." 이는 환경에 대한 재판소의 기본 인식이라 할 수 있으며, 앞으로 잠재적으로 국제사법재판소에 제기되는 사건의 해결을 위한 실마리를 제공할 것이다.

이 사건에서 가장 중요한 결론은 1977년 협정은 여전히 유효하다는 것이다. 재판소는 양국에 의해 수행되어야 할 협상의 최종 결과를 제시하지는 않았지만 양 당사국에게 1977년 협정의 목적을 고려하면서 해결책을 강구할 것을 명하고 있다. 재판소는 이때 국제환경규범과 국제수로에 관한 원칙 등을 수용하여야 한다고 강조하고 있는데,[63] 이는 해당 사업이 새로운 환경보호 규범을 고려하는 방향으로 나아가야 한다는 것을 의미하는 것이다.

Weeramantry 부재판소장은 많은 페이지를 할애하면서 지속가능한 발전과 계속적 환경평가원칙을 강조하고 있는데,[64] 이는 비록 소수의견이지만 최근 강조되고 있는 환경보호 규범을 지적하고 있는 것으로 새로운 국제환경규범의 발전을 위한 토대와 논의의 기폭제가 될 수 있다.

재판소는 국제관습법의 내용을 확인하고 있다. 예컨대, 재판소는 슬로바키아의 대응조치가 비례성 요건을 충족하지 못하여 위법성을 조각하지 않는다고 판단하면서[65] 상설국제재판소(PCIJ)가 1929년 *오데르(Oder)강 사건*[66]에서 내린 '공평한 이용(equitable utilization)의 원칙'을 확인하고 있다: "항행 수로에서 유역국의 이익은 공통의 법적 권리가 되는데, 그 필수불가결한 요소는 모든 수로를 사용함에 있어 모든 연안국의 완전한 동등성이다."[67]

---

61) *Gabcikovo–Nagymaros Dam 사건*(각주 21), § 140.

62) Advisory Opinion on the Legality of the Threat or Use of Nuclear Weapons (1996. 7. 8), 35 I. L. M. 809 (1996); 1996 I. C. J. 226 (1996), § 29.

63) *Gabcikovo–Nagymaros Dam 사건*(각주 21), § 141.

64) *Id.* §§ 88~115.

65) 재판소는 슬로바키아가 공유 자원을 일방적으로 취함으로써, 다뉴브강의 자연자원을 공평하고 합리적으로 공유할 수 있는 헝가리의 권리를 침해하였고, 결과적으로 비례성 요건을 충족하지 못한다고 판단하였다. *Id.* § 85.

66) *오데르(Oder)강 사건*(각주 6).

67) *Gabcikovo–Nagymaros Dam 사건*(각주 21), § 85.

또한 재판소는 1996년 재판소 자신이 *핵무기의 위협 또는 사용의 합법성에 관한 권고적 의견*에서 밝힌 '월경피해 금지의 원칙'을 재확인하고 있다: "그들 관할권과 통제 내의 활동이 다른 국가 또는 국가관할권 범위를 벗어난 지역의 환경을 존중할 것을 보장하는 국가들의 일반의무의 존재는 이제 환경과 관련한 국제법의 요체이다."68)

특기할 것은 재판소의 결정에 국제법위원회의 초안이 중요한 판단 근거로 사용되고 있다는 점을 들 수 있다. 예컨대, 재판소는 국제법위원회의 국가의 국제책임에 관한 초안 제33조(긴급피난) 규정을 긴급피난 문제의 해결을 위한 기준으로 원용하고 있는데, 그 내용은 다음과 같다:

> 제33조 제1항: 긴급피난은 다음과 같은 조건에 합치되지 않는 한 국제의무를 위반한 국가행위의 위법성을 조각하는 근거로 인용될 수 없다:
>
> (a) 그 행위가 중대하고 급박한 위험(grave and imminent peril)으로부터 국가의 본질적 이익(essential interest)을 보호하는 유일한 수단(only means)일 것; 그리고
>
> (b) 그 행위가 피해 국가의 본질적 이해관계를 심각하게 침해하지 않을 것.
>
> 동조 제2항: 긴급피난은 다음과 같은 경우에는 위법성을 조각하는 근거로 인용될 수 없다:
>
> (a) 위반한 의무가 강행규범(peremptory norm)상의 의무인 경우;
>
> (b) 위반한 의무가 조약에 의해 명시적이든 암묵적이든 그 의무와 관련하여 긴급피난의 인용 가능성이 배제되고 있는 경우; 또는
>
> (c) 해당 국가가 긴급피난의 발생에 기여한 경우.69)

국제법위원회의 초안은 기존 국제관습법의 내용을 성문화하는 작업의 일환으로 이해할 수 있으며, 재판소는 이 초안을 인용함으로써, 국제관습법을 재확인하였다고 할 수 있다. 이는 국제법위원회 초안의 권위를 쉽게 무시할 수 없다는 것을 의미하는 것이다.

이러한 공헌에도 불구하고 재판소의 결정에는 몇 가지 한계가 발견되고 있다. 즉 재판소는 환경에 악영향을 미치는 조약상의 의무를 면하기 위한 정당화 사유로

68) *Id.* § 53; *핵무기의 위협 또는 사용의 합법성에 관한 권고적 의견*(각주 62).

69) International Law Commission, Yearbook of the International Law Commission Vol. Ⅱ (1980), Part 2, 34면.

환경 위험이 제기되는 잠재적인 소송에서 예외적으로 높은 기준을 설정하고 있다는 점이다. 예컨대, 재판소는 조약상의 의무를 면하기 위한 요건으로 환경위험이 급박한 위험(imminent peril)일 것을 요구하고 있다. 그러나 이러한 요건을 충족하기란 쉬워 보이지 않는다. 사업의 실제 영향을 오랫동안 알 수 없는 상태에서는 생태계에 심각한 위험이 초래될 가능성이 충분히 있으며, 그러함에도 '급박한 위험' 요건을 고집할 경우 그 피해는 원상회복이 불가능할지 모른다.

재판소는 사전배려의 원칙에 대한 명백하고 직접적인 언급을 하고 있지 않다. 양국 모두 1977년 협정 체결 후에 '강행규범(peremptory norms)'의 성질을 갖는 새로운 국제환경규범이 출현하였다는 주장을 하지 않았다는 이유로 사전배려원칙의 적용을 시도하지 않고 있다.[70] 헝가리의 주장 중에는 사전배려의 원칙을 주장하였다고 볼 여지도 발견되고 있다는 점에서,[71] 재판소의 판단이 헝가리가 사전배려의 원칙을 '직접적'으로 주장하지 않았다는 것인지, 사전배려의 원칙이 '강행규범'이 아니라는 점을 지적하고 있는지 분명하지 않다. 그러나 어쨌든 재판소가 헝가리의 주장을 적극적으로 받아들여 사전배려의 원칙을 정면으로 인정하였을 경우에는 그 결론이 충분히 달라질 수 있을 것이다.

재판소는 환경분쟁을 종국적으로 해결하였다기보다는 양국에게 신의로 협상에 임할 것을 명하고 있을 뿐이다. 이 경우 당사국은 환경보호규범을 1977년 협정의 해석과 시행을 위하여 고려해야 하는데, 구체적인 경우 그 합의에 이르는 것이 쉽지 않을 것이다. 경우에 따라서는 상대 당사국이 신의로 협상에 임하지 않았다는 이유로 분쟁이 발생할 가능성도 있다. 이는 이 사건이 다시 재연될 가능성이 크다는 것을 의미하는 것이다. 슬로바키아는 여전히 자국의 인공 운하에 다뉴브강의 많은 물을 전용하고 있다. 헝가리와 슬로바키아 간의 협상은 여전히 진행되고 있다. 이는 결코 끝나지 않을 스토리(never-ending story)가 될 수도 있다.

Ⅵ. 2010년 *Pulp Mills 사건*

2010년 *Pulp Mills 사건*[72] 분쟁은 우루과이가 설치 허가를 한 우루과이강 연안에 위치한 두 개의 펄프공장(한 공장은 건설을 허가를 받았고, 한 공장은 실제 건설을 하고 가동이 되었음)을 둘러싸고 발생하였다. 우루과이강은 아르헨티나와 우루

70) *Gabcikovo-Nagymaros Dam 사건*(각주 21), § 112 참조.

71) *Id.* § 97 참조.

72) *Pulp Mills on the River Uruguay (Argentina v. Uruguay)*, 2010 I. C. J. 18 (2010).

과이의 국가간 경계를 이루면서 주로 여가, 어로, 식수, 여행에 이용되었다. 우루과이강에서 양국의 경계는 1961년 발효된 몬테비데오 조약에 의해 정해졌다. 동조약 제7조는 생물자원이 보전과 수질오염의 예방 등을 포함하는 다양한 주제를 다루는 우루과이강 이용체제(regime for the use of the river)를 설립할 것을 규정하였다.[73] 우루과이강 이용체제는 1975년 양국간에 체결된, 우루과이강의 최적의 그리고 이성적인 이용을 위해 필요한 공동체제의 설치를 목적으로 한 우루과이강 조약(1975년 우루과이강 조약)에 의해 구체화되었다.

1975년 우루과이강 조약은 사전통지의무와 같은 절차적 의무(제7조 내지 제12조)뿐만 아니라 자연자원의 보전, 이용, 개발(제35조 내지 제39조), 오염(제40조 내지 제43조) 등 여러 주제에 대해 규정하였다.[74] 또한 공동체제를 실행하기 위하여 양국간의 협력을 조장할 목적으로 우루과이강 관리위원회(Admistrative commission of the River Uruguay: CARU)를 설치하였다(제49조 내지 제57조).[75]

2006년 아르헨티나는 우루과이를 상대로 1975년 우루과이강 조약 위반을 이유로 국제사법재판소에 제소하였다. 아르헨티나는 건설허가와 관련해서 우루과이가 1975년 우루과이강 조약상 의무를 위반하였다면서, 국제적 불법행위의 즉각적인 중지와 그로 인한 피해배상을 구하였다.[76] 아르헨티나는 펄프공장이 배출한 오염물질의 우루과이강의 수질, 생물다양성에 미치는 악영향, 대기오염으로 인한 간접적인 강오염 등에 우려를 표명하였다.[77]

국제사법재판소는 1975년 조약에 규정된 의무를 두 개의 부류, 즉 절차적 의무와 실체적 의무로 구분하였다. 우선 재판소는 통지, 협상할 의무 등 절차적 의무를 위반하였다고 결론 내렸다.[78] 국제사법재판소는 우루과이가 우루과이강 관리위원회에게 펄프공장의 초기환경허가(initial environmental authorization)를 발하기 전에 계획된 작업을 알리지 않았으며,[79] 우루과이강 관리위원회를 통하여 아르헨티나에 그 계획을 알리지 않아 1975년 조약의 제7조를 위반하였다고 판단하였다.[80] 나아가 재판소는 실체적 의무 위반 여부를 판단하였다. 아르헨티나는 우루과이가 강의 적절하고 이성적인 이용에 기여할 의무(동조약 제1조), 우루과이강 이용체제

73) *Id.* § 26.
74) *Id.* § 27.
75) *Id.*
76) *Id.* § 24.
77) *Id.* § § 229~264.
78) *Id.* 158.
79) *Id.* § 111.
80) *Id.* § 122.

또는 수질을 해치지 않도록 토양, 산림지의 관리를 보장할 의무(동조약 제35조), 생태균형에 변화를 피하기 위한 조치를 조정할 의무(동조약 제36조), 오염예방 및 수환경을 보전할 의무(동조약 제41조) 등을 위반하였다고 주장하였다.[81]

실체적 의무 위반 문제에서 가장 논란이 많고 재판소가 중요하게 다룬 의무는 바로 1975년 조약 제41조상의 의무였다. 결론적으로 재판소는 우루과이가 필요한 상당한 주의(due diligence) 정도를 갖고 행위하지 아니하였다거나 해당 펄프공장이 배출한 오염물질이 우루과이강의 생물자원, 수질 또는 생태 균형에 해로운 영향이나 피해를 야기했다는 결정적인 증거가 없다면서 우루과이가 실체적 의무를 위반하지 않았다고 결정하였다.[82]

이 과정에서 재판소는 월경피해 금지의무가 환경과 관련한 국제법의 요체(corpus)라는 점을 강조하였고,[83] 특히 재판소는 제41조의 의무를 적절히 준수하기 위해서 당사국이, 월경피해를 야기할 수 있는 행위와 관련해서 수환경을 보호 · 보전할 목적으로, 환경영향평가를 수행하여야 한다고 지적하였다.[84] 즉 재판소는 당사국들은 월경피해를 유발할 수 있는 행위와 관련하여 수환경을 보호 · 보전할 목적으로 환경영향평가를 수행하여야 한다고 선언하면서 "조약 제41조(a)[85]의 보호 · 보전의무는 최근 국가들 사이에 널리 채택되어 이제는 일반국제법상의 요건으로 볼 수 있는 관행, 즉 제안된 산업 활동이 월경상황에서, 특히 공유자원에 대해서 심각한 악영향을 미칠 수 있는 경우, 환경영향평가를 수행해야 한다는 관행에 따라 해석되어야 한다"고 판단하였다.[86] 그러나 1975년 조약이나 일반 국제법이 환경영향평가의 범위와 내용을 특정하고 있지 않다고 보았다.[87]

이 사건은 국제환경법상 중요한 의미를 갖는다. 무엇보다도 중요한 의미는 놀랍게도 환경영향평가가 국제관습법상 요구된다는 전례가 없는 결정을 하였다는 데서 찾을 수 있을 것이다. 국제사법재판소는 아르헨티나가 주장하는 펄프공장으로 인한 피해에 대한 배상을 인정하지 아니 하였다. 그러나 국제법상 별개의 의무, 즉 절차적 의무와 실체적 의무를 구별하고 그 기능적 연계성을 살피는 기회를 가졌

81) *Id.* §§ 169~214.
82) *Id.* § 265.
83) *Id.* § 101.
84) *Id.* § 204.
85) 동조항은 "당사국들은 적용가능한 국제조약에 따라 그리고 국제(기술)기구의 지침 및 권고에 부합하여 적절한 규칙을 규정하고 적절한 조치를 취함으로써 수생환경을 보호 및 보전하고 그 오염을 방지하여야 한다"고 규정하고 있다.
86) *Pulp Mills 사건*(각주 72), § 204.
87) *Id.* § 205.

다.[88] 또한 국제사법재판소는 예방의 원칙은 관습법으로서 관할 국가의 상당한 주의(due diligence)에 기원하고 있다고 밝히면서, 이는 "모든 국가는 타국의 권리에 반하는 행위를 위하여 자국 영토가 의도적으로(knowingly) 사용되도록 허용되어서는 안 된다"는 것을 의미하며(*Corfu Channel 사건*), 결과적으로 월경피해 금지의무로 귀결된다고 지적하였다. 아울러 월경피해 금지의무가 "이제 환경과 관련한 국제법의 요체(corpus)"임을 거듭 확인하였다.[89] 다소 아쉬운 점이 있다면 사전배려의 원칙이 조약 규정의 해석과 적용에 관련이 있지만 입증책임의 전환을 의미하지는 않는다고 지적한 점이다.[90]

88) *Id.* § 70.
89) *Id.* § 101.
90) *Id.* § 164.

제 2 절 비구속적 법

Ⅰ. 1966년 헬싱키규칙

공유의, 부족한 자원의 공평한 이용(equitable utilization)은 국제수법(水法)에서 근본적인 원칙을 이루고 있다. 공평한 이용의 원칙은 이른바, 1966년 헬싱키규칙[1]에 처음으로 도입되었다. 비정부기구인 국제법협회(International Law Association: ILA)가 1966년 헬싱키총회에서 채택한 헬싱키규칙은 국제수법의 성문화 작업과 관련한 초창기 노력을 대표하고 있다. 헬싱키규칙은 국제수로 규범의 출발점이 되는 "국제수로유역(international drainage basin)"을 지표수와 지하수를 포함하는 수계의 유역 경계(watershed limits)에 의해 정해진 지역으로서 2개 이상 국가에 걸쳐 있고, 공동의 목표지점(하류)으로 흐르는 지질학적 지역이라고 정의하고 있다.[2] 이 규칙은 제4조에서 국제수로유역의 물을 유익하게 사용함에 있어 합리적이고 공평하게 공유할 권리가 있다고 선언함으로써,[3] 이른바 '공평한 이용의 원칙'을 확인하였다.

이 규칙은 합리적이고 공평한 공유를 결정하는 요소로 유역의 지리, 수문, 기후, 과거의 이용, 사회 · 경제적 요구, 유역에 의존하는 인구, 대체 수단의 상대적인 비용, 낭비되는 물(waste)의 회피, 배상의 실행 가능성, 유역국의 요구를 충족하는 정도 등을 들면서 모든 관계 요소를 고려하여 결정되어야 한다고 규정하였다.[4]

헬싱키규칙은 오염문제도 다루고 있는데, 이에 따르면 유역국은 공동유역국의 영토에 매우 심각한 손해(substantial injury)를 초래할 수 있는 국제수로유역에 새로운 형태의 수질오염이나 기존 수질오염의 정도가 증가하는 것을 방지하여야 한다. 또한 유역국은 공동유역국 영토에 매우 심각한 피해가 발생하지 않을 정도로 국제수로유역의 기존 수질오염을 감소시키기 위한 모든 합리적인 조치를 취할 의무가 있다.[5] 분쟁의 해결과 방지를 위한 절차는 비교적 자세히 규정되어 있다.[6]

---

1) The Helsinki Rules on the Uses of the Waters of International Rivers, 1 Basic Documents of International Environmental Law 227 (H. Hohmann ed., 1992).

2) "An international drainage basin is a geographical area extending over two or more States determined by the watershed limits of the system of waters, including surface and underground waters, flowing into a common terminus." *Id.* 제2조.

3) *Id.* 제4조.

4) *Id.* 제5조.

5) *Id.* 제10조.

국제법협회는 헬싱키규칙 이후 계속하여 1982년 수질오염문제와 관련하여 몬트리올규칙[7]을, 1986년 지하수문제를 다루는 서울규칙[8]을 채택하는 등 국제수로와 관련한 규범을 개발 · 확립 · 성문화하는 데 중요한 기여를 하고 있다.

Ⅱ. 스톡홀름선언

스톡홀름선언은 수로와 관련한 여러 원칙을 밝히고 있는데, 예컨대, 환경보호 책임, 물을 포함한 자연자원의 보호, 재생 가능한 자원을 생산하는 지구 능력의 유지 · 회복 · 향상, 재생 불가능한 자원의 고갈에 대한 대비 및 그 이용에 따른 이익의 공유, 월경피해의 금지, 월경피해에 대한 책임 및 배상에 관한 국제법의 발전 등이 그것이다.[9] 그러나 국제수로와 관련하여 구체적인 규범을 담고 있지 않아 구체적인 분쟁 해결에 적용되기에는 크게 미흡하다.

Ⅲ. 리우선언

1992년 리우선언에서 밝히고 있는 원칙들은 국제수로와 관련하여 앞서 스톡홀름선언에서 밝히고 있는 원칙들과 크게 다르지 않다. 월경피해의 금지, 현재세대와 미래세대 요구의 공평한 충족, 개도국의 특수한 상황과 요구에 대한 우선적 고려, 공동의 그러나 차별화된 책임, 지속불가능한 생산과 소비 패턴의 감소와 제거, 사전배려의 원칙, 오염자 부담의 원칙, 환경영향평가, 사전통지 및 협의 등은 국제수로와 간접적으로 관계가 있다. 그러나 이러한 내용들은 원론적인 규정에 불과하여 구체적인 분쟁해결을 하기에는 역부족이다.[10]

---

6) *Id.* 제6장.

7) ILA Rules on Water Pollution in an International Drainage Basin, 1 Basic Documents of International Environmental Law 242 (H. Hohmann ed., 1992).

8) ILA Rules on the Law of International Groundwater Resources, 1 Basic Documents of International Environmental Law 245 (H. Hohmann ed., 1992).

9) Stockholm Declaration of the United Nations Conference on the Human Environment, 11 I. L. M. 1416 (1972), 원칙 1, 2, 3, 5, 21, 22 참조.

10) Rio Declaration on Environment and Development, 31 I. L. M. 874 (1992), 원칙 2 내지 3, 6 내지 8, 15 내지 19 참조.

Ⅳ. 의제 21

리우 유엔환경개발회의에서 채택된 의제(Agenda) 21은 실망스럽게도 국제수로에 관한 구체적이고 의미있는 행동강령을 제시하고 있지 못하다. 관련 규정, 즉 "국제수자원과 그 사용은 유역국에게 상당히 중요하다. 이러한 관점에서 모든 관련 유역국들의 이해를 고려하는 당사국들간의 협력이 바람직하다"는 규정[11]은 국제수로를 둘러싼 해당 당사국들간의 분쟁이 상당히 예민하다는 점에서 지나치게 단순하고 무기력한 것이다.

---

11) Agenda 21 and The UNCED Proceedings Ⅳ (Nicholas Robinson ed., Oceana Publications, Inc. 1993), § 18.4.

제3절 조 약

협약명	채택일 (발효일)	주요내용	당사국 수	우리나라 가입일 (발효일)
국제수로와 호수의 보호와 사용에 관한 협약	1992.3.17. (1996.10.6.)	-수질오염의 방지 · 통제 · 감소	43 (2020.1. 현재)	미가입 (-)
국제수로의 비항행적 사용에 관한 협약	1997.5.21. (2014.8.17.)	-국제수로의 공평한 이용, 월경피해 금지, 생태계 보호, 환경보전과 관리	36 (〃)	미가입 (-)

〈http://www.unece.org/env/water〉; 〈http://www.un.org/law/ilc/texts/nnavfra.htm〉

Ⅰ. 국제수로와 호수의 보호와 사용에 관한 협약

국제수로의 사용에 악영향을 미치는 환경을 보호하기 위한 최초의 지역적 협약이 1992년 3월 17일 유엔유럽경제위원회(ECE)의 주도로 헬싱키에서 채택되었다: 국제수로와 호수의 보호와 사용에 관한 협약.[1] 이 협약은 당사국에게 수질오염을 방지하고 감소할 모든 적절한 조치를 취할 일반적인 의무를 부과하고 있다. 여기에는 오염의 방지 · 통제 · 감소, 생태적으로 건전하고 합리적인 수자원관리, 합리적이고 공평한 방법으로 수자원의 사용, 생태계의 보전과 복구 등이 포함된다.[2] 오염의 방지 · 통제 · 감소를 위한 조치는 가능한 한 해당 오염원에서 취해져야 하며, 오염을 다른 환경으로 이전하지 않도록 하여야 한다.[3] 이상의 조치를 취하는데 있어 지도원칙은 사전배려의 원칙과 오염자 부담의 원칙이며, 미래세대의 수요를 충족하여야 한다.[4] 연안국들은 오염의 방지 · 통제 · 감소를 위한 조화된 정책, 계획 및 전략을 개발함에 있어 평등과 호혜정신에 입각하여 협력하여야 한다.[5]

1) Convention on the Protection and Use of Transboundary Watercourses and International Lakes, 31 I. L. M. 1312 (1992).
2) *Id.* 제2조 제2항.
3) *Id.* 동조 제3항 · 제4항.
4) *Id.* 동조 제5항.
5) *Id.* 동조 제8항.

제3조에서는 당사국이 개발 · 채택 · 이행해야 할 조치들을 열거하고 있다. 여기에는 폐기물 발생이 없는 기술, 폐수배출의 사전허가, 이용가능한 최선의 기술(best available technology: BAT), 최적환경기법(best environmental practices: BEP), 환경영향평가, 비상계획 등이 포함된다.[6] 당사국은 수질상태를 감시하기 위한 계획을 수립하여야 하며,[7] 오염방지를 위하여 연구하고 기술개발을 위해 협력하여야 한다.[8] 또한 광범위한 정보교환을 도모하여야 하고,[9] 국가책임에 관한 규칙과 절차를 확립하기 위한 적절한 국제적 노력을 지원하여야 한다.[10]

협약은 필요한 경우 동등성과 상호성에 기초하여 양자 · 다자조약을 체결하고 협약의 효과적인 이행을 위해 공동기구를 설립할 것을 촉구하고 있으며,[11] 선의와 선린원칙에 입각하여 상호협의할 의무를 부과하고 있다.[12] 그 밖에도 협약은 당사국에게 공동 감시 · 평가, 연구 · 개발 협력, 정보 교환, 경보체제의 설치 · 운용, 상호 시원 등의 의무를 부과하고 있다.[13]

Ⅱ. 국제수로의 비항행적 사용에 관한 협약

1. 배 경

1997년은 국제수로에 관한 국제규범과 관련하여 매우 중요한 해이다. 국제사법재판소(ICJ)의 *Gabcikovo v. Nagymaros 사건*[14] 결정과 함께 유엔총회에 의한 국제수로의 비항행적 사용에 관한 협약[15]의 채택이 이때 이루어졌기 때문이다. 이 협약의 채택까지 이르게 된 과정에서 국제법위원회(ILC)의 역할을 빼놓을 수 없다. 1970년 12월 유엔총회는 국제법위원회에 국제수로와 관련한 규범의 개발 및 성문화 작업을 요청하였다. 이에 따라 국제법위원회는 20여 년 동안 여러 차례의 회

6) *Id.* 제3조 제8항. 부속서에서는 이용가능한 최선의 기술(부속서 I), 최적환경기법(부속서 Ⅱ) 등에 대하여 정의하고 그 기준을 열거하고 있다.

7) *Id.* 제4조.

8) *Id.* 제5조.

9) *Id.* 제6조.

10) *Id.* 제7조.

11) *Id.* 제9조.

12) *Id.* 제10조.

13) *Id.* 제11조 내지 제15조.

14) 이 사건에 대하여 자세한 내용은 제5장 제1절 V. 참조.

15) Convention the Law of the Non-Navigational Uses of International Watercourses, 36 I. L. M. 700 (1997).

합, 작업과정을 거쳐 1994년 국제수로의 비항행적 사용에 관한 협약초안[16]을 유엔총회에 제출하였다.[17] 1994년 유엔총회는 이 협약초안에 기초하여 제6분과 위원회를 작업 그룹(Working Group)으로 하여 협약안을 작성하기로 결정하였다. 협약에 대한 협상은 유엔 회원국뿐만 아니라 유엔특별기구의 회원국들이 참여한 가운데 이루어졌다. 1997년 5월 유엔총회는 국제수로의 비항행적 사용에 관한 협약을 전폭적으로 채택하였다.[18]

국제수로에 관하여 가까이 1992년 국제수로와 호수의 보호와 사용에 관한 협약을 비롯하여 지역적 또는 양자 조약이 다수 있으나,[19] 항행 이외의 목적을 위한 국제수로의 사용에 관한 국제적 차원에서의 조약은 이 협약이 최초이다. 이는 항행 이외의 목적을 위한 국제수로의 사용에 관한 국제법이 아직 초창기에 머무르고 있음을 반증하는 것이다. 항행 이외의 목적을 위한 국제수로의 사용과 관련한 보호 · 보전 및 관리 조치에 적용되는[20] 이 협약은 1966년 헬싱키규칙 이후 국제수로에 관한 국제법을 성문화한 가장 의미 있는 협약이라 할 수 있다. 국제수로의 사용 · 보전 · 관리와 관련한 기본원칙과 절차를 정한 일종의 골격협약의 성질을 갖는 이 협약은 전문과 서론, 5개의 본문 부문, 그리고 부속서로 구성되어 있다. 가장 중요한 부분은 일반원칙을 규정한 제2부이다.

---

16) Draft Articles on the Law of the Non−Navigational Uses of International Watercourses, http://www.un.org/law/ilc/texts/94nonnav.pdf#pagemode=bookmarks.

17) http://www.un.org/law/ilc/texts/nav94fra.htm.

18) 협약의 채택과정 및 경과는 http://www.un.org/law/ilc/texts/nav94fra.htm 참조.

19) 여기에는 1909년 미국 · 캐나다 간 경계수역조약(Boundary Waters Treaty), 1972년과 1978년 미국 · 캐나다 간 오대호수질협정(Great Lakes Water Quality Agreement), 1960년 미국과 멕시코 간 리오그란데 수역의 분배에 관한 협약, 1922년 독일과 덴마크 간의 국경하천에 관한 조약, 1952년 폴란드와 동독 간의 국경수역의 항행 · 사용 · 관리에 관한 협정, 1963년 라인강의 오염방지를 위한 국제위원회에 관한 협정, 1976년 화학물질에 의한 오염으로부터 라인강을 보호하기 위한 협약, 1960년 콘스탄스호를 보호하기 위한 협약, 1958년 다뉴브강의 고기잡이에 관한 협약, 1992년 국제수로와 호수의 보호와 사용에 관한 협약, 1960년 인도와 파키스탄 간 인더스강조약, 1968년 자연과 자연자원보전에 관한 아프리카 협약 등이 포함된다. 자세한 내용은 Ved P. Nanda and George Pring, International Environmental Law & Policy for the 21st Century 211~216 (Trans national Publishers, Inc. 2003); 노명준, 신국제환경법, 법문사, 2003, 141 내지 144면 참조.

20) 국제수로의 비항행적 사용에 관한 협약(각주 15), 제1조.

2. 주요 내용

가. 정의 등

국제수로에 관한 국제법의 출발점을 이루는 중요한 개념은 '국제수로(water-course)'이다.[21] 이 협약은 '국제수로'를 '수로'부분이 여러 다른 국가들에 위치하고 있는 것으로 정의하고 있는데, 이 협약상 '수로'란 그들의 물리적 관계 때문에 하나로써 전체(unitary whole)를 구성하고, 통상적으로 공동의 목표지점(common terminus)으로 흐르는 지표수와 지하수 체계를 의미한다.[22] 이러한 개념 정의는 국제수로를 형성하는 지표수와 지하수 체계의 상호관계에 바딩을 두고 있는 것이다. 지표수와 지하수 체계를 구성하는 일부분은 다른 부분에 영향을 미치고 있다. 예긴대, 지표수와 연결되어 있는 대수층(aquifer)은 국경을 사이에 두고 나누어질 수 있다. 한 국가가 이러한 대수층으로부터 지하수를 취수할 경우 다른 국가의 지하수 수위는 영향을 받을 수 있다. 이는 대수층과 연결되어 있는 지표수의 흐름에도 영향을 미칠 수 있다는 것을 의미한다. 이와 같이 '수로'에 지하수를 포함시킨 것은 수문학적 현상을 고려한 논리적인 귀결이라고 할 수 있다. 그러나 이 협약은 지하수의 주요한 부분을 구성할 수 있는, 그러나 지표수에 크게 영향을 미치지 않는 극지방 만년설, 빙하 등과 같은 이른바, 피압(confined) 지하수는 명시적으로 고려하고 있지 않다. 그 결과 이러한 지하수가 국경에 의하여 나누어질 경우, 그 수로는 이 협약의 적용을 받지 않는다.[23]

이 협약은 다른 협정에 따른 당사국의 권리 또는 의무에 소급적으로 영향을 미치지 않는다고 선언하고 있다. 그러나 당사국들은 다른 협정과 이 협약의 기본원칙을 조화시키는 것을 고려할 수 있다.[24] 이 협약은 당사국들로 하여금 특별한 요구에 따라 이 협약의 규정을 적용하고 조정하는 다른 협정을 체결할 수 있도록 하고 있는데,[25] 그 협정은 명시적인 동의 없이 다른 당사국의 국제수로 사용에 악

---

21) 헬싱키규칙에서 사용된 국제유역(drainage basin) 개념은 해당 유역 내의 토지와 물을 포괄하기 때문에 논란이 되었는바, 국제수로의 비항행적 사용에 관한 협약은 보다 좁은 의미의 국제수로(watercourse)라는 개념을 사용하고 있다. Alistair Rieu-Clarke, Routledge Handbook of International Environmental Law 250 (Shawkat Alam et al. eds., Routledge, 2013).

22) *Id.* 제2조(a).

23) Stephen C. Mccaffery, *An Overview of the U.N. Convention on the Law of the Non-Navigational Uses of International Watercourses,* 20 J. Land Resources & Envtl. L. 57, 59 (2000).

24) 국제수로의 비항행적 사용에 관한 협약(각주 15), 제3조 제1항 · 제2항.

25) *Id.* 제3조 제3항.

영향을 미쳐서는 안 되며, 이 협약 규정의 조정 · 적용을 고려하는 당사국은 신의로 협상에 임하여야 한다.[26] 이러한 규정은 이 협약이 골격협약의 성질을 가지고 있음을 보여주는 것이다.

나. 일반 원칙

일반원칙을 규정한 제2부는 많은 논란을 제공하지만 이 협약의 가장 중요한 부분을 이루고 있다. 제5조는 "공평하고 합리적인 이용과 참여(equitable and reasonable utilization and participation)"를 규정하고 있다. 당사국은 자국영토 내에서 국제수로를 공평하고 합리적인 방법으로 이용하여야 한다.[27] 이는 국제관습법인 '공평한 이용(equitable utilization)의 원칙'을 확인하는 것이다.[28] 특히 국제수로는 이해당사국의 이해를 고려하면서, "최적의 그리고 지속가능한 이용(optimal and sustainable utilization)"을 달성하기 위한 목적으로 당사국에 의해 사용 · 개발되어야 한다.[29] 최적의 그리고 지속가능한 이용이 되기 위해서는 국제수로의 적절한 보호와 부합하여야 한다.[30]

국제수로의 공평한 사용과 생태계의 보호 · 보전(제20조)은 해당 유역에 있는 한 국가만의 노력으로 이룰 수 없는 것이다. 이를 위해서는 당사국들의 적극적인 협력이 필수적이다. 이러한 점을 고려하여 이 협약은 당사국으로 하여금 국제수로의 사용 · 개발과 보호에 공평하고 합리적인 방법으로 참여할 것을 의무화하고 있다. 공평한 참여는 새로운 개념으로서, 여기에는 국제수로를 이용할 권리와 국제수로의 보호와 개발에 협력할 의무를 포함한다.[31] 최적의 그리고 지속가능한 이용 ·

---

26) *Id.* 동조 제4항 · 제5항.

27) *Id.* 제5조 제1항.

28) "공평한 이용의 원칙"이 국제관습법이라는 견해는 Sharon A. Williams, *Public International Law and Water Quantity Management in Common Draininage Basin: The Great Lakes*, 18 Case W. Res. J. Int'l L. 155, 165 (1986); A. Dan Tarlock, *Safeguarding International River Ecosystems in Times of Scarcity*, 3 U. Denv. Water L. Rev. 231, 240 (2000). Nanda 교수는 '공평한 이용의 원칙'이 수로 및 해양과 관련한 국제환경법에서 일반적으로 받아들여지는 규칙(accepted rule)이 되고 있다고 보고 있다. Ved P. Nanda & George Pring(각주 19), 32면. "공평한 이용의 원칙"은 1966년 헬싱키규칙, 1992년 국제수로와 호수의 보호와 사용에 관한 협약 등에 수용되어 있다. The Helsinki Rules on the Uses of the Waters of International Rivers, 1 Basic Documents of International Environmental Law 227 (H. Hohmann ed., 1992), 제4조; Convention on the Protection and Use of Transboundary Watercourses and International Lakes, 31 I. L. M. 1312 (1992), 제2조 제2항(c).

29) 국제수로의 비항행적 사용에 관한 협약(각주 15), 제5조 제1항.

30) *Id.*

31) *Id.* 제5조 제2항.

참여 · 협력할 의무 등과 같은 표현은 이 협약이 국제수로를 해당 수로의 유역국들에 의해 공유되고 있는 자연자원으로 이해하고 있다는 것을 보여준다.

제6조는 공평하고 합리적인 이용을 달성하기 위하여 당사국들이 고려해야 할 요소를 다음과 같이 제시하고 있다: 지리학적 · 수문학적 · 기후적 · 생태적 요소; 사회 · 경제적 요구; 수로에 의존하는 인구; 수로의 이용이 다른 국가에 미치는 영향; 수로의 기존 그리고 잠재적인 사용; 보전, 보호, 개발 그리고 수로 자원 이용의 경제성과 그 효과를 위해 취해진 조치비용; 특별히 계획된 또는 기존 이용에 상응하는 가치를 갖는 대안의 이용 가능성.[32] 제시된 요소는 1966년 헬싱키규칙에서 제시된 요소들과 상당히 유사하다. 이러한 요소들은 예시적인 것으로 그 밖에 다른 요소도 고려될 수 있으며, 열거된 요소들 사이에 우선순위는 정해져 있지 않다.

제7조 제1항은 "당사국들은 국제수로를 이용함에 있어 다른 당사국에 심각한 피해가 발생하는 것을 방지하기 위한 적절한 모든 조치(take all appropriate measures)를 취하여야 한다"고 규정하고 있다.[33] 이 규정은 국제환경법상 중요한 원칙 중의 하나인 '월경피해 금지의 원칙' 또는 '선린의 원칙'을 수용한 것으로 이해된다. 당사국에게 "적절한 모든 조치"를 취하도록 함으로써, 그 의무는 결과의무가 아닌 행위의무이며, 그 책임은 결과책임이 아닌 상당한 주의의무(due diligence)를 다하지 못한 데 대한 과실책임으로 이해된다.[34] 이 규정은 "방지하기 위한"이라는 문구를 사용함으로써, 사전예방의 원칙을 수용하고 있다.[35] 책임이 발생되기 위해서는 다른 국가에 "심각한(significant)" 피해[36]가 발생하여야 한다. 제7조 제2항에 따라 심각한 피해가 다른 당사국에 발생하였을 경우, 피해를 초래한 당사국은 위 제5조와 제6조 규정을 참작하여 협의과정에서 그 피해를 제거 또는 감소시키기 위한 모든 적절한 조치를 취하여야 하며, 적절한 경우 배상 문제를 논의하여야 한다.[37] 이 협약에 첨부된 이해서면(Statement of Understanding)에서는 가해 국가가 먼저 그 피해를 '제거'하기 위한 모든 적절한 조치를 취하여야 하며, 그러한 조치를 취

32) *Id.* 제6조 제1항.

33) *Id.* 제7조 제1항.

34) Stephen C. McCaffrey & Mpazi Sinjela, *The 1997 United Nations Convention on International Watercourses*, 92 Am. J. Int'l L. 97, 100 (1998); Ved P. Nanda & George Pring(각주 19), 205면.

35) Stephen C. McCaffrey & Mpazi Sinjela(앞의 글), 101면.

36) 이 협약에 첨부된 이해서면(Statement of Understanding)에서는 "심각한" 피해가 객관적인 증거에 의해 확립되어야 하며, 그 정도가 매우 심각한(substantial) 정도에 이를 필요는 없지만 성질상 미미한 것은 아니라고 지적하였다. Statement of Understanding Pertaining to Certain Articles of the Convention, 36 I. L. M. 719 (1997).

37) 국제수로의 비항행적 사용에 관한 협약(각주 15), 제7조 제2항.

하여 제거할 수 없는 경우 '감소'하기 위한 조치를 취하여야 한다고 밝히고 있다.[38]

제7조의 월경피해 금지 규정을 앞서 제5조 규정, 즉 공평하고 합리적인 이용 규정과 관련하여 어떻게 해석 · 이해하여야 하는지를 둘러싸고 치열한 논란이 예상된다. 예컨대, 공평한 이용이 월경피해 금지에 우월한 요소로 작용할 경우, 상류국은 비록 그 개발이 하류국의 확립된 이용을 해친다고 할지라도 해당 수로를 공평하고 합리적인 방법으로 개발할 수 있게 된다. 반면, 월경피해 금지의무가 공평한 이용보다 우선할 경우에는 상류국은 그 개발이 공평하고 합리적인 방법으로 이루어진다 하더라도 하류국의 이용에 심각한 피해를 초래하기 때문에 개발을 하여서는 아니 된다.

제7조 제2항 규정은 가해국의 책임문제를 제기하지 않으면서도 피해가 발생할 수 있으며, 심각한 피해도 감소조치를 통해 피해 당사국에 의해 수인될 수 있다는 점을 인식하고 있다는 점에서 공평한 이용이 월경피해 금지에 우월하다고 이해할 수 있다.[39] 그러나 공평한 이용을 결정할 때 중요한 요소의 하나로 다른 국가에 대한 영향을 들고 있다는 점, 제10조에서 국제수로의 사용 사이에 분쟁이 발생한 경우 제5조 내지 제7조를 참조하여 분쟁을 해결할 것을 요구하고 있는 점 등을 고려할 때 공평한 이용의무와 월경피해 금지의무 어느 것도 다른 의무에 우선하지 않으며, 당사국간의 분쟁은 양자를 모두 고려하여 해결하여야 할 것이다.

다른 유역 당사국과의 협력 그리고 다른 국가로부터 강우량, 수질, 유로 등 해당 국제수로에 관한 자료 및 정보를 구할 수 없는 경우에는 사실상 국제수로의 공평한 이용을 담보할 수 없다. 이러한 차원에서 이 협약은 국제수로의 최적의 이용과 적절한 보호를 위하여 당사국에게 협력할 의무[40]와 국제수로의 상태에 관한 자료와 정보를 정기적으로 교환할 의무를 부과하고 있다.[41]

국제수로의 사용(예컨대, 항해, 관개, 수력발전, 가정용 등) 사이에 분쟁이 발생한 경우 특별히 "중요한 인간의 요구(vital human needs)"라는 요건에 주목하면서, 제5조 내지 제7조를 참조하여 그 분쟁을 해결하여야 한다.[42] 이 협약은 어떤 용도가 다른 용도에 우선한다고 명시하지 않으며, "중요한 인간의 요구"에 대한 별도의 개념 정의를 두고 있지 않아 구체적인 경우 논란이 예상될 수 있다.[43] 그러나

38) 이해서면(각주 36).
39) Stephen C. Mccaffery & Mpazi Sinjela(각주 34), 64면.
40) 국제수로의 비항행적 사용에 관한 협약(각주 15), 제8조.
41) *Id.* 제9조.
42) *Id.* 제10조.

이 협약에 첨부된 이해서면은 "중요한 인간의 요구"를 결정함에 있어서, 식수와 기아를 방지하기 위한 식량생산을 위하여 요구되는 물을 포함하여 인간의 생명을 유지하기 위해 충분한 물을 제공하는 것에 특별한 주의를 기울여야 한다고 밝힘으로써, 일정한 기준을 제시하고 있다.44)

다. 통지 · 정보교환 등

제3부는 국제수로를 공유하고 있는 다른 국가에 심각한 약영향을 미칠 수 있는 새로운 행위(계획된 조치)와 관련한 절차를 규정하고 있다. 그 중요한 절차는 정보교환, 통지, 협의, 교섭 등이다. 예컨대, 당사국은 계획하고 있는 조치가 국제수로의 상태에 미칠 영향에 관하여 서로 협의 · 교섭하고 정보를 교환하여야 한다.45) 댐 건설과 같이 다른 당사국에 심각한 악영향을 끼칠 우려가 있는 조치를 계획하고 있는 국가는 사전에 다른 당사국에게 이러한 사실을 적시에 통지하여야 하는데, 통지에는 다른 당사국이 그 조치의 영향을 평가할 수 있도록 기술적 자료와 정보를 담고 있어야 한다.46) 또한 당사국들은 공평한 해결을 이루기 위하여 협의 · 교섭하여야 한다.47)

라. 생태계의 보호 및 보전

이 협약은 국제수로의 생태계의 보호와 보전에 대해서도 주목하고 있다. 즉 당사국은 단독 또는 공동으로 국제수로의 생태계를 보호 · 보전할 의무가 있다.48) 생태계의 보호 · 보전의무는 다른 국가에 피해가 발생할 것을 전제요건으로 하고 있지 않다. 생태계 개념은 앞서 '수로'의 개념 정의에서 엿볼 수 있으나 이 협약은 '생태계' 자체에 대한 개념 정의를 직접 하고 있지 않다.49) 국제수로의 생태계에는

43) 국제법협회(ILA) 베를린규칙은 '중요한 인간의 요구'를 "기정의 직접적인(immediate) 생계를 위해 요구되는 물뿐만 아니라 식용, 요리, 위생적 요구를 포함하여 직접적인 인간 생존을 위해 사용되는 물"로 이해하고 있다. Alistair Rieu-Clarke(각주 21), 252면.

44) 이해서면(각주 36).

45) 국제수로의 비항행적 사용에 관한 협약(각주 15), 제11조.

46) *Id.* 제12조.

47) *Id.* 제17조.

48) *Id.* 제20조.

49) 국제법위원회의 국제수로의 비항행적 사용에 관한 협약초안은 '환경(environment)'이란 개념이 수로 주변(surrounding) 지역에 적용되는 광범위한 개념으로서, 단순히 수로 바깥지역을 지칭하는 것으로 이해될 수 있다는 점에서 '생태계'가 보다 정확한 용어라는 점을 강조하고 있다. 초안은 '생태계'를 "공동사회로서 상호의존적으로 작용하는 생물과 비생물 부분으로 구성된 생태적 단위"라고 정의하고 있다. 초안에 따르면, 생태계의 한 구성부분에 영향을 미치는 외부영향은 다른 구성부분 사이에 반응을 초래하고 전체 생태계의 균형을 방해하거나

국제수로 자체뿐만 아니라 국제수로와 관련이 있는, 상호 작용을 하는 국제수로에 연한 강 · 호수 · 습지 · 대수층 등이 포함될 수 있으므로 이러한 지역은 국제수로가 피해를 입지 않도록 유지 · 관리되어야 한다. 생태계의 보호 · 보전의무는 절대적 의무가 아니라 상당한 주의를 요하는 의무로 이해되고 있다.50) 이에 따르면 상당한 주의의 정도는 생태계의 환경 예민성과 관련 국가의 능력 등을 함께 고려하여 판단하여야 한다.51)

마. 환경보전과 관리

당사국은 다른 국가 또는 그 국가의 '환경'에 심각한 피해를 끼칠 우려가 있는 국제수로의 수질오염을 단독 또는 공동으로 방지 · 감소 · 규제하여야 하며, 이를 위하여 서로 협의하여야 한다.52) 이 규정에서는 '환경'이라는 표현을 사용하고 있는데, 이는 '생태계' 개념보다 더 광범위한 개념이다. '오염'도 "인간의 행위로부터 초래되는 수로의 물의 성분 또는 수질에 해로운 변화"로 비교적 광범위하게 정의되고 있다.53) 모든 오염이 금지되는 것이 아니라 '심각한' 피해를 초래하는 오염만이 금지된다.

이 규정에 의한 당사국의 의무는 그 오염이 다른 국가 또는 다른 국가의 환경에 '심각한' 피해를 끼칠 우려가 있는 경우에 발동한다. 신규오염의 경우에 '방지' 의무가 적용된다면 기존오염에는 '감소 및 규제'의무가 적용된다. 이러한 의무는 앞서 생태계의 보호 · 보전의무의 발동을 위해 아무런 전제요건이 부과되고 있지 않은 것과 대비된다. '방지', '심각한 피해를 끼칠 우려' 등 표현을 사용하고 있다는 점에서 이 규정은 사전예방의 원칙을 수용한 것으로 이해된다. 이 의무는 절대적 의무가 아니라 상당한 주의를 요구하는 의무로 이해되고 있다.54) 오염을 발생시킨 국가의 환경에만 피해가 발생한 경우에 이 규정이 적용될 수 있는지에 대해서는 논란이 있을 수 있다. 이 규정의 적용은 자칫 부당한 주권침해를 야기할 수도 있

생명을 지지해 주는 시스템으로서 기능하는 생태계의 능력을 손상 또는 파괴할 수 있다. Draft Articles on the Law of the Non-Navigational Uses of International Watercourses (각주 16), 제20조 주석(Commentary).

50) Stephen C. Mccaffery & Mpazi Sinjela(각주 34), 66면.

51) *Id.*

52) 국제수로의 비항행적 사용에 관한 협약(각주 15), 제21조.

53) "any detrimental alteration in the composition or quality of the waters of an international watercourse which results directly or indirectly from human conduct," *Id.* 제21조 제1항.

54) 이해서면(각주 36).

을 것이다. 수량부족 및 감소는 잠재적으로 수질오염을 초래할 수 있는데, 이 규정은 이러한 문제에 대한 고려를 하고 있지 않다.

당사국은 다른 국가의 생태계에 악영향을 줄 수 있는 외래종 또는 새로운 종을 국제수로에 유입하는 것을 방지하고, 해양환경을 보호·보전하기 위하여 필요한 모든 조치를 취하여야 한다.55) 이러한 의무에는 상당한 주의 기준이 적용된다.56) 또한 이 협약은 당사국들에게 공동관리메커니즘의 설립을 포함하여 국제수로의 관리와 관련하여 협의할 의무를 부과하고 있다.57)

바. 해로운 상태와 비상 상황

당사국은 다른 당사국에 해로울 수 있는 국제수로와 관련한 상태를 방지 또는 완화하기 위한 모든 적절한 조치를 취하여야 한다. 해로운 상태는 인간의 행위에 기인하는 것은 물론 홍수, 얼음 상태, 질병, 유수, 침식, 염수의 침투, 가뭄, 사막화 등과 같이 자연적 현상에 기인하는 것에도 확대되고 있다.58) 이 규정이 적용되는 해로운 상태는 수로에 직접적으로 가해지는 것은 물론 국제수로에 '관련(related to)'만 있으면 족하다. 그 결과 기후변화, 방사성 물질의 낙하 등 간접적으로 수로에 영향을 미칠 수 있는 상태에도 널리 적용될 소지가 있다.59)

이 협약은 당사국에 중대한 피해를 초래하거나 급박한 위협을 가하는 그리고 갑작스러운 자연적 원인에 기인하는 비상 상황에 대해서도 고려하고 있다. 구체적으로 이 협약은 비상 상황과 관련하여 당사국에게 통지, 협력, 비상계획의 수립 등의 의무를 부과하고 있다.60)

사. 분쟁해결절차

제33조는 6개월 내에 분쟁 당사국 스스로 분쟁을 해결할 수 없거나 다른 협정을 체결하지 않은 경우 분쟁을 해결하기 위한 절차를 규정하고 있다. 여기에는 강제적인 사실관계규명위원회(Fact-finding Commission)의 설치가 포함된다.61) 강제

---

55) 국제수로의 비항행적 사용에 관한 협약(각주 15), 제22조 내지 제23조.
56) 이 협약에 첨부된 이해서면은 협약 제21조 내지 제23조는 당사국에게 상당한 주의기준을 부과하고 있다고 밝히고 있다. 이해서면(각주 36). 협약 제20조에 대해서는 언급하고 있지 않지만 여기에도 마찬가지 기준이 적용된다고 하여야 할 것이다.
57) 국제수로의 비항행적 사용에 관한 협약(각주 15), 제24조.
58) *Id.* 제27조.
59) Ved P. Nanda & George Pring(각주 19), 210면.
60) 국제수로의 비항행적 사용에 관한 협약(각주 15), 제28조.
61) *Id.* 제33조 제4항.

적인 분쟁해결절차는 비록 사실관계의 규명과 6개월 내에 협상이 실패로 끝났을 경우에만 적용되지만 일부 국가(예컨대, 중국, 인도)는 분쟁해결 수단의 자유로운 선택을 침해할 수 있다는 이유로 반대하고 있다.62)

3. 평　　가

이 협약은 국제수로와 관련하여 새로운 이정표를 제시하였다고 할 수 있다. 이 협약은 국제법위원회 초안에 기초함으로써, 국제법위원회의 국제법 발전과 성문화 작업에 권위를 부여하였다. 이 협약은 항행 이외의 목적을 위한 국제수로의 사용에 관한 국제적인 차원에서 최초의 그리고 유일한 다자조약으로서, 기존 국제수로에 관한 지역적 협약 그리고 앞으로 탄생될 관련 조약의 해석 · 적용에 큰 영향을 미칠 것이 분명하다. 협약 채택 과정에서 나타난 많은 국가의 지지는 이러한 예측을 뒷받침하고 있다. 국제수로와 관련하여 확립된 국제관습법이 미미하기 때문에 그 영향은 더 클 수밖에 없다. 경우에 따라서는 비당사국의 의사결정, 분쟁에도 직 · 간접적으로 영향을 미칠 것으로 보인다.

이 협약의 핵심부분을 이루고 있는 공평한 이용, 월경피해 금지, 사전통지 등의 의무는 기존 국제관습법을 성문화하였다고 할 수 있으며, 생태계 보호 · 보전 규정은 국제관습법화하고 있는 규범을 성문화하였다고 평가할 수 있다. 특히 이 협약이 담고 있는 환경보전 규정은 기존 국제수로와 관련한 국제법에서는 쉽게 찾아볼 수 없는, 최근에 급격히 관심을 끌고 있는 규범을 수용하였다는 점에서 진일보한 규정이라고 할 수 있다. 이 협약은 해로운 상태와 비상 상황에 대한 규정을 두고 있는데, 그 적용을 인간의 행위뿐만 아니라 자연적인 현상에 대해서까지 확대하고 있다는 점에서 획기적이다. 이러한 규정들은 국제수로의 보전과 지속가능한 이용을 위한 관리체제의 확립에 크게 기여할 것이다.

그러나 이 협약은 기본원칙을 정한 일종의 골격협약으로서, 구체적인 분쟁을 해결하는 데 크게 미흡한 것이 사실이다. 특히 이 협약은 공평한 이용과 월경피해 금지의무의 관계에 대하여 명쾌하게 규정하고 있지 않는데, 상류국의 개발 욕구와 하류국의 기득권 보호 사이에 치열한 암투가 예상되는 대목이다. 일반적으로 상류국은 공평한 이용을 하류국은 월경피해 금지를 자신들의 이익을 주장하기 위한 유리한 근거로 제시할 가능성이 높다. 새로이 도입된 공평한 참여 개념은 부당한 주권 침해를 야기할 수 있는 소지를 제공하고 있다. 이와 같은 문제들은 향후 의정

62) Stephen C. Mccaffery & Mpazi Sinjela(각주 34), 69면.

서, 양자조약, 해당 국가들의 신의에 기초한 협상, 사법적 해결 등에 의해 해결될 수밖에 없을 것이다.

자칫 환경보전이 개발에 밀려 등한시될 가능성도 존재하고 있다. 제5조에서 당사국으로 하여금 국제수로를 공평하고 합리적인 방법으로 이용하도록 의무화하면서 부가적으로 그 이용이 국제수로의 적절한 보호와 일치할 것을 요구하고 있는 점,[63] 공평하고 합리적인 이용을 달성하기 위하여 당사국들이 고려해야 할 요소로 사회 · 경제적 요구, 수로의 기존 그리고 잠재적인 사용 등을 열거하고 있는 점, 생태계의 보전 및 국제수로의 오염 문제를 언급하고 있지만 생태계 개념이 모호하고, 생태계에 예민한 위협 요소가 되는 수량부족, 수로의 봉쇄 · 변경, 그리고 잘못된 토지이용의 관행 등에 대해서는 일체 언급이 없다는 점 등이 그 가능성을 부추기고 있다. 지표수와 밀접한 관련을 갖는 지하수 문제에 대해서는 '수로'의 개념 정의에서 지표수와의 상호 작용성을 인정하면서도 정면으로 다루고 있지 않다.

63) 국제수로의 비항행적 사용에 관한 협약(각주 15), 제5조 후문 참조.

제6장 해양환경의 보전

전체 지구표면적의 70% 이상을 차지하는,[1] 대표적인 인류의 공유자원인 해양은 국제적 성격을 띠고 있기 때문에 문제를 어렵게 하고 있다. 해양환경의 문제는 비단 오늘날의 문제만은 아니다. 유난히 해양 관련 국제협약이 많은 것은 해양이 국가의 명운이 걸린 관할권과 자원의 각축장의 성격을 갖고 있어서이기도 하지만 그만큼 오래 전부터 문제가 있어 왔다는 반증이기도 하다.

해양오염문제는 해양환경문제를 또 다른 차원에서 보게 하고 있다. 심심치 않게 발생하는 무단 해양투기와 유조선 기름유출사고 등은 국제사회에 경각심을 일깨워주고 있다. 최근에는 그동안 무궁무진한 것으로 여겼던 해양의 정화능력이 더 이상 무한하지 않다는 인식이 확산되고 있다. 아이러니하게도 대형 해양오염사고는 국제사회에 해양오염문제를 전면에 부각시키고 있으며, 해양오염방지책을 마련하는 계기를 마련해 주고 있다. 해양자원의 남획 · 개발 등도 문제를 어렵게 하고 있다. 다양하고 무진장한 해양자원에 대한 각국의 관심집중이 자원 고갈을 부추기고 국가간의 긴장관계를 고조시키고 있으며, 이들 문제를 해결하는 것이 국제사회의 중요한 과제로 부각하고 있다.

국제사회는 1982년 유엔해양법협약을 비롯하여 1992년 리우회의에서 채택된 의제 21(제17장)과 1995년 유엔환경계획(UNEP)에서 채택된 실천계획 등을 통하여 해양환경문제를 적절히 지적하고 있으며, 규제를 강화하고 있다. 그러나 해양오염의 방지는 생각보다 쉽지 않다. 그 이유는 해양오염의 발생원이 워낙 다양하다는 것과 무관하지 않다. 육상기인오염원이 해양오염에 크게 기여하고 있는데(77%), 육상기인 수질오염물질이 44%, 육상기인 대기오염물질이 33%를 차지하고 있다. 그리고 기름 유출과 선박으로부터의 오염이 12%, 해양투기로 인한 오염이 10%, 연안에서의 기름·가스의 천공과 채광 등에 의한 오염이 1%를 차지하고 있다.[2]

---

1) Gregory D. Pendleton, *State Responsibility and the High Seas Marine Environment: A Legal theory for the Protection of Seamounts in the Global Commons,* 14 Pac. Rim L. & Pol'y J. 485, 485 (2005).

2) Robin Kundis Craig, *Protecting International Marine Biodiversity: International Treaties and National Systems of Marine Protected Areas,* 20 J. Land Use & Envtl. L. 333, 345,

해양오염은 해양 생물종, 인간의 건강, 음식물의 안전과 질, 관광, 기후변화 등에 악영향을 끼치고 있다.

최근에는 해양플라스틱 오염문제가 급부상하고 있다. 해양플라스틱 오염은 해양 전체 생태계에 널리 퍼져있다. 해양플라스틱은 플랭크톤에서부터 해양의 먼 지역에까지 이르고 있다. 해양플라스틱 오염의 상당부분은 육상에서 기인한다(강을 통해서 해양으로 이동하고 해양에서 떠다니는 것을 생각해 보라). 해양플라스틱을 포함하고 있는 물질은 헤아릴 수 없이 많다. 커피 컵, 소다 캔, 마이크로비즈(microbeads)가 첨가된 화장품, 담배꽁초, 어망, 노(櫓) 등은 한 예에 불과하다. 해양플라스틱 오염문제를 해결하기 위해서는 국제사회의 통합적이고 광범위한 접근이 요구된다. 유엔해양법협약, 바젤협약, MARPOL 73/78 등이 부분적으로 해양플라스틱과 관련이 있지만 해양플라스틱 문제를 직접적, 구체적으로 다루고 있지 않다. 현재 해양플라스틱 문제만을 해결하기 위한 국제조약은 존재하지 않는 셈이다. 이러한 점에 착안하여 최근 유엔이 주도하여 해양플라스틱 오염에 대한 구속적인 조약을 만들려는 노력은 주목할 만하다.[3]

해양자원의 보전도 만만치 않으며, 효과는 크지 않은 것으로 나타나고 있다. 그 이유의 첫 번째는 아마 해양자원에 대한 세계 각국의 이해관계가 첨예하게 대립하기 때문일 것이다. 여기에서는 편의상, 해양오염규제, 해양투기, 기름 유출, 해양생물자원의 보호 및 보전 등으로 나누어 설명하기로 한다.

제 1 절 유엔해양법협약상의 해양오염규제

협약명	채택일 (발효일)	주요내용	당사국수	우리나라 가입일 (발효일)
유엔해양법협약 (UNCLOS)	1982.12.10. (1994.11.16.)	-해양환경의 보호와 보전(제12장)	168 (2020.1. 현재)	1996.1.29. (1996.2.28.)

〈http://www.un.org/Depts/los〉; 〈http://treaties.un.org〉

347 (2005).

3) 국제사회는 제5차 유엔환경총회(2022. 2.)에서 2024년까지 협약안을 완성하기로 하고 정부간 협상위원회(intergovernmental negotiating committee)를 개최하기로 하는 결의안을 채택함으로써, 국제 합의를 위한 본격적인 협상이 시작되었다. End Plastic Pollution: Towards an International Legally Binding Instrument, UNEP/EA.5/Res.14.

1982년 유엔해양법협약[4]은 해양환경의 보전과 보호를 위한 광범위한 골격을 제공하고 있다. 특히 제12장은 해양환경의 보호와 보전 문제를 중점적으로 다루고 있다. 이 협약은 해양오염을 광범위하게 정의하면서 당사국에게 해양환경을 보호·보전할 의무를 부과하고 있다. 이 협약상 "해양환경의 오염(pollution of the marine environment)"이란 생물자원 및 해양활동에 대한 유해, 인간 건강에 대한 위협, 어업 및 기타 해양의 적법한 사용을 포함한 해양활동에 대한 방해, 해수이용을 위한 수질의 악화 및 쾌적도의 감소 등 유해한 영향을 초래하거나 초래할 가능성이 있는 물질 또는 에너지를 인간이 직접 또는 간접으로 하구를 포함한 해양환경 내에 투입하는 것을 의미한다.[5]

유엔해양법협약은 당사국에게 해양오염을 방지·경감·규제할 의무를 부과하고 있다. 이러한 목적을 달성하기 위하여 협약은 해양오염을 방지·경감·규제하기 위하여 필요한 소지, 국제협력, 해양오염의 감시, 해양환경영향평가, 국내법규의 제정, 국가책임 등에 관하여 상세히 규정하고 있다. 이러한 점에 비추어 유엔해양법협약은 가장 포괄적인 해양환경조약이라고 할 수 있다.

Ⅰ. 해양환경의 보호·보전

모든 국가는 해양환경을 보호하고 보전할 일반적 의무를 가진다.[6] 각국은 자국의 환경정책에 의거하여, 자국의 자연자원을 개발할 주권을 가지나, 이러한 권리는 해양환경을 보호·보전할 의무에 따라 행사되어야 한다.[7] 각국은 모든 오염원으로부터 해양오염을 방지·경감·규제하기 위하여 개별적 또는 공동으로 모든 필요한 조치를 취할 의무가 있다.[8] 특기할 것은 이 협약은 당사국에게 이러한 의무를 부과하면서 당사국으로 하여금 자국이 취할 수 있는 실행 가능한 최선의 수단을 이용하여 "자국의 능력에 맞게" 조치를 취할 것을 명하고 있는데, 이는 특히 개도국의 특수한 지위를 고려한 것으로 이해된다.

각국은 자국의 관할권 또는 통제하의 활동이 타국의 환경에 대하여 손해를 주지 않도록 보장하고 자국의 관할권 또는 통제하에서의 사고 또는 활동으로부터 발

4) United Nations Convention on the Law of the Sea(UNCLOS), 21 I. L. M. 1261 (1982).
5) *Id.* 제1조 제4항.
6) *Id.* 제192조.
7) *Id.* 제193조.
8) *Id.* 제194조 제1항.

생하는 오염이 자국의 주권 행사구역을 벗어나 확산되지 않도록 필요한 모든 조치를 취하여야 한다.[9] 이는 스톡홀름선언 원칙 21을 재확인한 것으로, 국제관습법상의 월경(越境)피해 금지의 원칙을 구속적인 조약상의 의무로 승격 · 확인한 것이라고 할 수 있다. 또한 당사국은 피해 또는 위험을 다른 지역으로 이전하거나 오염의 유형을 변형하지 아니할 의무가 있으며,[10] 기술의 사용이나 외래종 또는 새로운 종의 도입으로 생기는 해양오염을 방지 · 경감 · 규제하기 위하여 모든 조치를 취하여야 한다.[11]

Ⅱ. 국제협력

유엔해양법협약은 각국으로 하여금 국제적 · 지역적 차원에서 해양환경을 보호 · 보전하기 위한 협력적인 조치를 취하도록 하고 있다. 이 협약은 해양오염을 방지 · 경감 · 규제하기 위한 국제규칙, 기준, 관행, 절차 등을 직접적이고 구체적으로 규정하고 있지 않다. 그 대신 국제규칙, 기준 등을 제정하는 데 있어서 국제해사기구(IMO)와 같은 국제기구를 통한 국제협력을 강조하고 있다. 국제협력이 요구되는 조치에는 긴급하거나 실제적인 손해의 즉각적인 통지,[12] 오염에 대한 비상계획의 수립,[13] 과학적 연구조사 프로그램의 수행, 정보와 자료의 교환,[14] 과학적 기준의 설정,[15] 개도국에 대한 과학적 · 기술적 지원,[16] 국제기구에 의한 개도국의 우선적 대우[17] 등이 포함된다.

Ⅲ. 오염의 감시와 환경평가

각국은 해양오염의 위해 또는 영향을 관찰 · 측정 · 평가 · 분석하여야 하며, 자

9) *Id.* 동조 제2항.
10) *Id.* 제195조.
11) *Id.* 제196조 제1항.
12) *Id.* 제198조.
13) *Id.* 제199조.
14) *Id.* 제200조.
15) *Id.* 제201조.
16) *Id.* 제202조.
17) *Id.* 제203조.

국이 허가 또는 개입한 활동의 영향을 계속 감시하여야 한다.[18] 또한 각국은 자국의 관할권하 또는 통제하에 있는 계획된 활동이 해양환경에 대해 실질적(substantial)인 오염을 가져다 줄 우려가 있거나 심각하고 유해한(significant and harmful) 변화를 초래할 우려가 있다고 믿는 데 합리적인 이유가 있는 경우에는 해당 활동의 해양환경에 대한 잠재적인 영향을 평가하고 그 평가결과에 관한 보고서를 국제기구에 제출하여야 한다.[19] 그러나 해양환경영향평가의 요건으로 제시되고 있는 "실질적인" 오염, "심각하고 유해한" 등에 대한 명쾌한 개념 정의가 없기 때문에 그 해석을 둘러싼 논란이 제기될 수 있으며, 이는 실효성의 약화로 이어질 수 있다.

Ⅳ. 해양오염원에 따른 해양오염 규제

유엔해양법협약은 각종 해양오염원으로부터 해양환경 오염을 방지 · 경감 · 규제하기 위한 국제규칙, 기준, 관행, 절차 등을 구체적으로 정하지 않으면서 각국으로 하여금 국내 입법을 제정 · 시행할 의무를 부과하고 있다. 이 협약은 오염의 규제대상을 육상오염원으로 인한 오염, 국가관할권에 속하는 해저활동으로 인한 오염, 심해저활동으로 인한 오염, 투기(dumping)에 의한 오염, 선박으로 인한 오염, 대기로 인한 또는 대기를 통한 오염 등 여섯 가지로 세분하였다.

1. 육상오염원으로 인한 오염

육상오염원으로 인한 오염은 해양오염의 77%를 차지할 정도로 해양오염의 가장 큰 오염원이 되고 있다. 육상오염원으로 인한 오염의 주범은 생활하수, 사업장 폐수 및 농 · 축산폐수 등이다. 유엔해양법협약은 육상오염원으로 인한 오염에 관한 기존 국가 관행을 성문화하였다. 즉 당사국에게는 해양오염을 방지 · 경감 · 규제하기 위한 법령을 제정하고 이를 시행하는 권한이 인정된다.[20] 각국은 육상오염원으로 인한 해양오염을 방지 · 경감 · 규제하기 위한 국제적 · 지역적인 규칙, 기준, 권고된 관행 및 절차를 설정하도록 노력하여야 한다. 이를 위하여 지역적 특성, 개도국의 경제적 능력과 경제개발의 필요성 등이 고려된다.[21]

---

18) *Id.* 제204조.
19) *Id.* 제206조.
20) 유엔해양법협약(각주 3), 제207조, 제213조.

육상오염원으로 인한 오염과 관련한 협약 규정은 기존 1974년 육상으로부터의 해양오염 방지를 위한 파리협약,[22] 1974년 발트해의 해양환경 보호에 관한 협약[23] 등이 담고 있는 규범과 비교하였을 때 큰 발전을 이루지 못한 것으로 평가되고 있다.[24] 이는 선박으로 인한 오염과 관련한 협약 규정이 기존 관련 협약 규정에 비해 비약적인 발전을 이룬 것과 대비되고 있다.

2. 국가관할권에 속하는 해저활동으로 인한 오염

국가관할권에 속하는 해저(예컨대, 내해, 영해, 대륙붕)활동으로 인한 오염을 규제하기 위하여 이 협약은 당사국에게 법령을 제정하고 그 오염을 방지 · 경감 · 규제하기 위한 필요한 조치를 취할 권한을 부여하고 있다.[25] 그 법령 및 조치는 국제규칙, 기준, 권고된 관행 및 절차와 적어도 동등한 효과를 갖는 것이어야 한다.[26]

이와 같이 당사국으로 하여금 국가관할권에 속하는 해저 개발 · 활동과 관련하여 최소한의 국제기준을 시행하도록 한 것은 유엔해양법협약에서 새로이 당사국에게 부과한 의무이다. 문제는 실제에 있어 국제규칙, 기준 등이 명확하지 않다는 것이다.

3. 심해저활동으로 인한 오염

국가관할권 밖의 심해저 활동으로 인한 오염은 유엔해양법협약에 따라 새로이 설치된 국제심해저기구(Sea-Bed Authority)에 의해 규율된다.[27] 자국을 기국으로 하거나 자국에 등록되거나 자국의 권한하에 있는 선박, 설비, 구조물 그리고 기타 장비에 의해 심해저에서 행해지는 활동과 관련하여 협약은 해당 당사국에게 해양환경오염을 방지 · 경감 · 규제하기 위한 법령을 제정할 권한을 부여하고 있다. 그

21) *Id.* 제207조 제4항.

22) Convention for the Prevention of Marine Pollution from Land-Based Sources, 13 I. L. M. 352 (1974).

23) Convention on the Protection of the Marine Environment of the Baltic Sea Area (Helsinki Convention), 13 I. L. M. 544 (1974).

24) Ved P. Nanda and George Pring, International Environmental Law & Policy for the 21st Century 321 (Transnational Publishers, Inc. 2003).

25) 유엔해양법협약(각주 3), 제208조 제1항 · 제2항, 제214조.

26) *Id.* 제208조 제3항.

27) *Id.* 제145조, 제215조.

법령은 이러한 활동과 관련한 국제규칙, 규정, 절차와 적어도 동등한 효과를 갖는 것이어야 한다.[28]

4. 투기에 의한 오염

유엔해양법협약은 해양투기 규제에 관한 일반적 의무를 천명하고 있다. 투기에 의한 오염문제와 관련해서 유엔해양법협약은 1972년 폐기물 및 그 밖의 물질의 투기에 의한 해양오염 방지협약(런던덤핑협약)[29]에 기초하고 있다. 유엔해양법협약은 당사국에게 투기에 의한 오염을 방지 · 경감 · 규제하기 위한 법령을 제정하고, 필요한 조치를 취할 권한을 부여하고 있다.[30] 각국은 권한 있는 국제기구 또는 외교회의를 통해 투기에 의한 해양오염을 방지 · 경감 · 규제하기 위한 국제적 · 지역적인 규칙, 기준, 권고된 관행, 절차를 설정하도록 노력하여야 하는데,[31] 국제규칙 · 기준을 정하고 있는 대표적인 조약이 바로 런던덤핑협약이다. 이러한 점에서 유엔해양법협약과 런던덤핑협약은 불가분의 관계를 갖고 있다.

유엔해양법협약상 연안국에게는 투기와 관련하여 허가 · 규제 · 관리할 권리가 인정된다. 즉 영해 내 또는 배타적경제수역 내에서의 투기 또는 대륙붕에서의 투기는 연안국(coastal state)의 명시적인 사전 동의 없이 행해져서는 안 되며, 연안국은 지리적 사정으로 투기에 의해 악영향을 받을 우려가 있는 다른 국가와의 문제에 대해 적정한 고려를 한 후 투기를 허가 · 규제 · 관리할 권리를 갖는다.[32] 국내법령 및 조치는 투기에 의한 해양오염을 방지 · 경감 · 규제하는 데 있어 국제적 규칙 및 기준과 적어도 동등한 효과를 갖고 있어야 한다.[33] 유엔해양법협약은 연안국에게 대륙붕 또는 배타적경제수역 내에서의 투기를 규제할 수 있는 권리를 부여하고 있는데, 이는 기존의 국제관습법에서는 인정되지 않던 새로운 규범인 것이다.

특히 이 협약은 투기에 의한 오염과 관련하여 관할 영역별로 시행국을 달리 정하고 있는데, 즉 연안국의 영해 내 또는 배타적경제수역 내에서의 투기 또는 대륙붕에서의 투기에 관해서는 연안국이, 해당국을 기국(flag state)으로 하는 선박 또

28) *Id.* 제209조 제2항.

29) Convention on the Prevention of Marine Pollution by Dumping of Wastes and Other Matter, 11 I. L. M. 1294 (1973).

30) 유엔해양법협약(각주 3), 제210조 제1항 · 제2항.

31) *Id.* 동조 제4항.

32) *Id.* 동조 제5항.

33) *Id.* 동조 제6항.

는 등록된 선박 또는 항공기로부터의 투기에 대해서는 당해 기국이, 국가의 영토 내 또는 근해 시설에서 발생하는 폐기물 및 기타 물질의 적재행위에 대해서는 발생 또는 적재국이 시행국이 된다.[34] 그 결과 해당 시행국은 투기에 의한 해양오염을 방지 · 경감 · 규제하기 위해 이 협약에 의해 채택되는 법령 및 권한 있는 국제기구 또는 외교회의를 통해 설정되는 국제규칙 · 기준을 시행하게 된다.

5. 선박으로 인한 오염

선박으로 인한 해양오염은 육상오염원으로 인한 오염에 이어 주요한 해양오염원으로 알려지고 있다. 선박으로 인한 오염은 흔히 고의나 과실로 선박을 통해 운반되는 물질이 해양에 유출됨으로써 야기된다. 최근에는 빈번한 대형 유조선 사고와 그로 인해 해양에 방출되는 원유로 인한 대규모 해양오염이 국제적으로 관심의 초점이 되고 있다.

유엔해양법협약은 선박으로 인한 오염과 관련하여 다른 오염원에 비하여 비교적 자세하게 규정하고 있다. 선박으로 인한 해양오염을 방지 · 경감 · 규제하기 위한 관할권의 주체 · 행사 방법은 상당히 구체적이다. 선박으로 인한 오염문제와 관련하여 유엔해양법협약은 기존의 국제법 내지 국제협약의 내용을 수용 · 명료화 · 확장함으로써, 광범위한 골격을 마련하였다. 이 과정에서 이 협약은 기국의 항해 이익과 연안국의 환경과 어로 이익을 조화하기 위해 노력하였다.

유엔해양법협약이 채택될 당시 선박으로 인한 오염문제를 다룬 대표적인 국제협약으로는 1954년 유류에 의한 해양오염 방지를 위한 국제협약(OILPOL),[35] 1971년 유류오염손해배상을 위한 국제기금설치에 관한 국제협약(기금협약),[36] 1972년 런던덤핑협약, 1973년 선박으로부터의 오염방지를 위한 국제협약과 1978년 의정서(MARPOL 73/78),[37] 1974년 해상에서의 인명안전에 관한 협약(SOLAS)[38] 등이 있다.

---

34) *Id.* 제216조 제1항. 1996년 런던덤핑의정서는 기국과 폐기물 등의 적재국의 관할권에 대해서만 규정하고 있기 때문에(제10조) 연안국의 관할권은 유엔해양법협약의 규정에 의존할 수 밖에 없다.

35) International Convention for the Prevention of Pollution of the Sea by Oil, 327 U. N. T. S. 3, 9 I. L. M. 1 (1970). 이 협약은 1962년, 1969년 개정되었다.

36) International Convention on the Establishment of an International Fund for Compensation for Oil Pollution Damage, 11 I. L. M. 284 (1972). 이 협약을 개정하는 1992년 의정서는 Protocol of 1992 to Amend the International Convention on the Establishment of an International Fund for Compensation for Oil Pollution Damage, 21 Int'l Env't Rep. (BNA) 1751 참조.

37) International Convention for the Prevention of Pollution from Ships, 12 I. L. M. 1319

지역적 협약으로는 1969년 북해의 유류오염에 관한 협정,[39] 1972년 선박 · 항공기의 투기에 의한 해양오염방지를 위한 협약(오슬로협약),[40] 1974년 육상으로부터의 해양오염 방지를 위한 파리협약,[41] 1974년 발트해의 해양환경 보호에 관한 협약[42] 등이 있다.

유엔해양법협약은 이들 협약이 가지고 있는 규정을 많이 수용하고 있다. 예컨대, 각국은 기국 선박이나 자국에 등록된 선박으로 인한 해양환경의 오염을 방지 · 경감 · 규제하기 위한 법령을 제정할 권한을 갖는다.[43] 이러한 법령은 국제기구 또는 일반적 외교회의를 통해 설정되고 일반적으로 인정된 국제규칙 및 기준과 적어도 동등한 효과를 갖고 있어야 한다. 국제해사기구 기준이 대표적인 국제기준이라 할 수 있다. 국제해사기구 기준은 이른바, MARPOL 73/78에 담겨져 있고, MARPOL 73/78에 가입한 당사국이 많지 않기 때문에 결과적으로 유엔해양법협약은 이 협약에 가입한 당사국에게 선박으로 인한 엄격한 오염기준을 준수하도록 강제하는 중요한 역할을 수행하고 있다.[44]

유엔해양법협약은 기국에게 해양환경 오염을 방지 · 경감 · 규제하기 위해 설정된 국제규칙과 기준 그리고 이 협약 규정에 따라 제정한 자국의 법령을 시행할 의무를 부과하고 있다. 기국은 자국을 기국으로 하거나 자국에 등록된 선박이 국제규칙과 기준을 준수할 때까지 항행을 하지 못하도록 적절한 조치를 취하여야 한다. 또한 기국은 자국을 기국으로 하거나 자국에 등록된 선박이 국제규칙과 기준에 따라 요구되는 선박증서(board certificate)를 비치하도록 하고 해당 증서가 선박의 실제 상태와 부합하는지를 확인하기 위해 정기적으로 검사하여야 한다. 국제규칙 및 기준을 위반한 경우 기국은 신속한 조사를 실시하고 필요한 경우에는 소송을 제기하여야 한다. 자국을 기국으로 하는 선박에 대해 법령에서 정한 형벌은 위

(1973); Protocol of 1978 Relating to the International Convention for the Prevention of Pollution from Ships, 17 I. L. M. 546 (1978).

38) Convention on the Safety of Life at Sea, 21 Int'l Env't Rep. (BNA) 4501, 14 I. L. M. 959 (1975).

39) Agreement Concerning Pollution of the North Sea by Oil (Bonn Convention), 9 I. L. M. 359 (1970).

40) Convention for the Prevention of Marine Pollution by Dumping from Ships and Aircraft, 11 I. L. M. 262 (1972).

41) Convention for the Prevention of Marine Pollution from Land−Based Sources, 13 I. L. M. 352 (1974).

42) Convention on the Protection of the Marine Environment of the Baltic Sea Area (Helsinki Convention), 13 I. L. M. 544 (1974).

43) 유엔해양법협약(각주 3), 제211조 제2항.

44) Ved P. Nanda & George Pring(각주 23), 312면.

반 장소에 관계없이 그 위반을 억제하기 위해 충분히 엄격해야 한다.45)

유엔해양법협약은 항만국(port state)에게 자국 항구에 자발적으로 입항하는 선박에 대한 오염기준을 정하고 시행할 수 있는 권한을 부여하고 있는데, 이는 기존 국제법에서는 발견할 수 없는 새로운 조치이다.46) 항만국은 해양환경 오염을 방지 · 경감 · 규제하기 위한 선박 건축, 승무원 기준 등과 같은 입항 요건을 특별히 정할 수 있는데, 요건을 정할 경우에는 그 요건을 적절히 공표하고 권한 있는 국제기구에 통보하여야 한다.47)

선박이 자발적으로 항구나 연안접안시설에 머무르는 경우 해당 항만국은 국제규칙 · 기준을 위반하여 해당국의 내해, 영해 또는 배타적경제수역 밖에서 이루어진 선박으로부터의 배출에 대해 해당 선박을 조사할 수 있고 증거가 충분한 경우에는 소송을 제기할 수 있다. 그러나 항만국은 타국의 내해, 영해 또는 배타적경제수역에서의 배출위반에 대해서는 소송을 제기할 수 없다. 다만 위반이 발생한 국가, 기국 또는 피해국의 요청이 있거나 자국의 수역이 오염되거나 생길 우려가 있는 경우에는 항만국이 예외적으로 소송을 제기할 수 있다. 항만국은 자국 수역 내에서 배출위반이 있거나 배출위반으로 자국의 수역이 피해를 받았다고 주장하는 국가나 기국의 위반에 대한 조사 요청에 가능한 한 응해야 한다. 항만국이 실시한 조사기록은 요청이 있는 경우 기국 또는 연안국에게 송부되어야 한다.48)

또한 이 협약은 연안국에게 영해 내에서 주권을 행사하는 데 있어 무해통항권을 행사하고 있는 선박을 비롯한 외국 선박으로 인한 해양오염을 방지 · 경감 · 규제하기 위한 법령을 제정할 권한을 부여하고 있는데, 이들 법령은 무해통항권을 방해해서는 안 된다.49) 연안국은 영해의 무해통항권과 관련하여 항해의 안전, 해양생물자원의 보전, 연안국의 환경보전과 오염의 방지 · 경감 · 규제 등을 위하여 선박의 설계 · 건축 · 인력 또는 장비 기준을 정하는 법령을 채택할 수 있는데, 그 기준은 국제규칙 또는 기준에 부합하여야 한다.50) 또한 이 협약은 연안국에게 배타적경제수역과 관련하여 해양오염을 방지 · 경감 · 규제하기 위해 일반적으로 인정된 국제규칙 및 기준에 합치하고 해당 국제규칙 및 기준의 효과를 발생시키는 법령을 제정할 권한을 부여하고 있다.51)

---

45) 유엔해양법협약(각주 3), 제217조.
46) Ved P. Nanda & George Pring(각주 23), 312면.
47) 유엔해양법협약(각주 3), 제211조 제3항.
48) *Id.* 제218조.
49) *Id.* 제211조 제4항.
50) *Id.* 동조 제1항 · 제2항.

연안국은 자국의 영해와 배타적경제수역에서 해양오염을 방지 · 경감 · 규제하기 위하여 관할권을 행사할 수 있다. 즉 선박이 자발적으로 자국의 항구 또는 연안접안시설에 머무르는 경우, 위반이 자국의 영해와 배타적경제수역에서 이루어진 경우 연안국은 자국 법령위반에 관하여 소송을 제기할 수 있다. 또한 자국 영해를 항행하는 선박이 영해 통과 중에 오염의 방지 · 경감 · 규제를 위해 제정된 자국의 법령을 위반하였다고 믿을 만한 명백한 근거가 있는 경우 연안국은 선박의 물리적 검사를 실시할 수 있고, 증거가 충분한 경우 선박의 억류와 함께 소송을 제기할 수 있다. 영해 또는 배타적경제수역을 항행하는 선박이 배타적경제수역에서 오염 방지 · 경감 · 규제를 위해 제정된 자국 법령을 위반하였다고 믿을 만한 명백한 근거가 있는 경우 연안국은 해당 선박에 대하여 선박식별 및 등록항, 이전 및 다음의 기항지에 관한 정보, 그리고 위반이 발생하였는지 여부를 확정하기 위해 필요한 다른 관련 정보를 요청할 수 있다. 이와 같은 위반이 있는 경우 연안국은 일정한 조건하에서 선박의 물리적 검사를 실시할 수 있으며, 명백하고도 객관적인 증거가 있는 경우 선박을 억류하고 소송을 제기할 수 있다.[52]

6. 대기로 인한 또는 대기를 통한 오염

유엔해양법협약은 대기로 인한 또는 대기를 통한 해양오염에 관하여도 규정하고 있다. 이에 대기로 인한 또는 대기를 통한 해양환경오염을 방지 · 경감 · 규제하기 위하여 국제적으로 합의된 규칙, 기준 및 권고된 관행과 절차 및 항공안전을 고려하여 각국은 자국 주권하에 있는 영공과 자국을 기국으로 하거나 자국에 등록된 선박 또는 항공기에 적용 가능한 법령을 채택 · 시행하여야 한다.[53] 또한 각국은 이러한 오염을 방지 · 경감 · 규제하는 데 필요한 다른 조치를 취하여야 하며, 권한 있는 국제기구 또는 외교회의를 통하여 이러한 오염을 방지 · 경감 · 규제하기 위하여 세계적 · 지역적 규칙, 기준 및 권고된 관행과 절차를 제정하도록 노력하여야 한다.[54]

---

51) *Id.* 동조 제5항.
52) *Id.* 제220조 참조 .
53) *Id.* 제212조 제1항, 제222조.
54) *Id.* 제212조 제2항 · 제3항.

Ⅴ. 해양오염에 대한 국가책임

당사국들은 해양환경오염으로부터 생기는 모든 손해에 대해 신속하고 적절한 배상이 이루어지도록 하기 위해 손해의 평가, 손해의 배상 그리고 관련 분쟁해결을 위한 책임 및 배상과 관련한 기존 국제법을 실시하고 국제법을 더욱 발전시키는 데 협력하고 적절한 배상을 위한 기준 및 절차를 발전시키는 데 협력하기로 합의하였다.[55] 이 규정은 스톡홀름선언 원칙 22를 반복하는 것에 불과한 것으로 국가책임과 관련한 국제환경법의 발전이 그만큼 더디다는 것을 반증하는 것이며, 국가책임과 관련한 규범을 확립하는 것이 향후 국제환경법의 중요한 과제가 되고 있다는 것을 암시하고 있다.

Ⅵ. 분쟁해결절차

유엔해양법협약상의 분쟁해결절차는 환경분쟁해결을 둘러싼 현재까지의 협약 중 가장 강력한 내용을 담고 있다. 분쟁해결 규정을 담고 있는 유엔해양법협약 제15장은 세 부분으로 나뉘어져 있다: ① 비강제적 분쟁해결절차(제279조 내지 제285조), ② 강제적 분쟁해결절차(제286조 내지 제296조), ③ 강제적 분쟁해결절차의 적용상 예외(제297조 내지 제299조).

강제적 분쟁해결절차의 적용을 받기 전에 분쟁당사국들은 교섭(negotiation)을 통해 문제 해결을 위한 시도를 하여야 한다.[56] 유엔해양법협약은 분쟁당사국들에게 교섭 또는 다른 평화적인 수단을 통해 분쟁해결에 관한 의견 교환을 신속히 진행할 것을 요구하고 있다.[57] 교섭이 실패한 경우 부속서 Ⅴ에 정해진 절차에 따라 자발적인 조정(conciliation)이 가능하다.[58] 협약의 해석과 적용을 둘러싼 분쟁과 관련하여 이와 같은 비강제적 분쟁해결절차를 통해 분쟁해결이 이루어지지 않았을 경우, 분쟁 당사국은 강제적 분쟁해결절차에 의지할 수 있다. 즉 분쟁당사국은 관할권을 가지고 있는 법원(court)이나 재판소(tribunals)에 분쟁해결을 의뢰할 수 있다. 이 협약에 조인 · 비준 또는 가입하는 경우 당사국은 분쟁이 의뢰될 다음 네 종류의 법

---

55) *Id.* 제235조 제3항.
56) *Id.* 제279조.
57) *Id.* 제286조.
58) *Id.* 제284조.

원 또는 재판소 중 한 곳을 선택하여야 한다: ① 부속서 VI에 의거한 국제해양법재판소(International Tribunal for the Law of Sea); ② 국제사법재판소(ICJ); ③ 부속서 VII에 의거한 중재재판소(arbitral tribunal); ④ 부속서 VIII에 의거한 특별중재재판소(special arbitral tribunal).[59] 분쟁 당사국들이 분쟁해결을 위한 동일한 절차를 수용하지 않은 경우, 당사국들이 달리 정하지 않는 한, 해당 분쟁은 부속서 VII에 따른 중재재판(arbitration)에 회부된다.[60] 관할권을 가지고 있는 법원이나 재판소가 내린 결정은 최종적이고, 분쟁당사국 모두가 준수하여야 한다.[61]

VII. 평　　가

1. 해양환경협약 체계에서의 헌법

유엔해양법협약은 해양환경과 관련한 단일 규범으로서, 많은 당사국의 가입을 확보하는 데 실패한 기존의 조약들이 가지고 있던 단편적인 규정들을 하나의 문서에 종합하였다는 데 큰 의미가 있다. 그 결과 해양환경법 체계에 있어 헌법과 같은 역할을 하고 있다. 해양환경과 관련하여 당사국들의 권리 · 의무에 관하여 광범위한 규정을 두고 있으며, 해양환경의 보호와 보전을 위한 비교적 상세한 지침을 담고 있다.

2. 이해관계의 조정

이 협약은 해양환경의 보호 및 자원관리와 항해의 자유 및 이용이라는 상충되는 이해관계를 조정하려고 시도하였다. 무해통항권의 확보와 환경보호가 대표적인 예이다. 이러한 과정에서 당사국들은 기득권을 포기 · 타협하면서 해양의 보호와 사용을 규율하는 국제적 차원의 골격을 수립하기 위한 노력을 하였다. 그 결과 항해의 자유는 환경을 보호 · 보전할 의무에 구속된다. 이 협약은 기국 · 항만국 · 연안국의 권리 · 의무를 상세히 규정하고 있다. 특히 당사국들은 선박으로 인한 오염의 경우, 기국 · 항만국 · 연안국 등에세 해양오염을 방지하기 위한 관할권을 부여하기로 합의하였는데, 이러한 조치는 해당국들간의 이해관계를 어느 정도 절충한

59) *Id.* 제287조 제1항.
60) *Id.* 동조 제5항.
61) *Id.* 제296조 제1항.

것으로 이해된다. 관할권 행사의 남용을 견제하기 위한 안전장치[62]를 구비한 것도 같은 맥락으로 이해될 수 있다.

3. 개도국의 고려

유엔해양법협약은 개도국의 특수한 지위를 고려하는 규정을 둠으로써, 지속가능한 발전의 바탕을 제공하고 있다. 예컨대, 해양환경오염의 방지 · 경감 · 규제를 위한 조치를 "자국의 능력에 맞게" 취하도록 하고 있으며(제194조 제1항), 오염에 대한 비상계획을 수립 · 추진할 의무와 함께 해양환경이 오염으로 피해를 받을 급박한 위험이 있거나 피해를 받는 사태가 발생한 경우 관련 영향을 받고 있는 국가로 하여금 "자국의 능력에 따라서" 오염의 영향을 피하거나 피해를 최소화하기 위해 권한 있는 국제기구와 협력하도록 하고 있다(제199조). 또한 이 협약은 당사국에게 육상오염원으로 인한 해양오염을 방지 · 경감 · 규제하기 위한 국제적 · 지역적인 규칙, 기준, 권고된 관행 및 절차를 설정하도록 노력할 의무를 부과하면서, 이를 위하여 지역적 특성, 개도국의 경제적 능력과 경제개발의 필요성 등을 고려하도록 하고 있다.[63] 개도국에 대한 과학적 · 기술적 지원(제202조), 국제기구로부터의 개도국에 대한 우선적 대우(제203조) 등도 개도국의 특수한 상황을 인정하는 것으로 볼 수 있다. 이와 같이 개도국의 특수한 상황을 인식하고 특수한 지위를 고려하는 것은 선진국으로부터 '이중 기준'이라는 비판을 받을 수 있으나 개도국에게 해양환경 보호 및 보전의무를 부과하는 한편, 그들의 경제개발의 필요성을 함께 고려하고 있다는 점에서 지속가능한 발전의 단초를 제공하고 있는 것으로 평가할 수 있다.

4. 강제적인 분쟁해결절차

이 협약에서 규정하고 있는 분쟁해결절차의 가장 큰 특색은 해양환경 보호 및 보전을 위해 정한 기준을 위반한 것과 관련하여 제3국을 통한 강제적인 분쟁해결 구조를 가지고 있다는 것이다. 당사국은 이 협약에 조인함으로써, 환경분쟁을 포함

62) 관할권 행사의 남용을 규제하기 위한 안전장치(Safeguards)에는 용이한 소송절차의 확보, 시행 권한 행사의 국가 공식기관으로의 한정, 시행 권한의 행사에 따르는 악영향 회피의무, 외국선박에 대한 조사권의 제한, 외국 선박에 대한 차별 금지, 소송절차의 중지 · 제한, 민사소송의 제기, 벌금의 부과 및 피의자 권리의 보호, 기국 및 기타 관계국에 대한 통보, 국가의 손해배상 등이 포함된다. *Id.* 제223조 내지 제233조 참조.

63) *Id.* 제207조 제4항.

한 유엔해양법협약과 관련한 모든 분쟁에 이러한 분쟁해결절차를 따르는 것에 동의하는 것으로 되는데, 이러한 구조는 제3국을 통한 강제적 분쟁해결을 수용하여야 한다는 일반적인 국제 의무가 없다는 점, 당사국들이 이러한 협약상의 의무를 준수하지 않았을 경우 큰 곤란과 정치적 비용에 직면하게 될 것이라는 데 동의하고 있다는 점 등을 고려할 때 획기적인 것이라고 할 수 있다.64)

당사국들이 이러한 체제에 동의한 이유는 이러한 구조가 자국민에 대해 편견을 가지고 있을 수 있는 외국 관할권하의 재판으로부터 자국민을 보호하고, 협약의 통일적 해석을 가능하게 하며, 해당 법정이 협약 규정의 해석에 초점을 맞추고, 쟁점을 좁힘으로써 분쟁해결의 효율성을 높일 수 있다는 점 등을 들 수 있다.65) 유엔해양법협약이 가지고 있는 환경문제 해결을 위한 광범위한 강제적 분쟁해결체제는 당사국들로 하여금 유엔해양법협약상의 의무를 준수하지 않을 경우 강제적 분쟁해결절차의 적용을 받도록 함으로써, 그 이행의무를 강제하는 유인으로 작용하고 있다.

5. 국제관습법의 수용과 새로운 규범의 창출

이 협약은 해양을 규율하는 규범과 관련하여 기존 국제관습법 규범을 수용·수정·확대하는 한편, 새로운 규범을 창출함으로써, 해양법 체계의 새로운 지평을 열었다. 예컨대, 육상오염원으로 인한 오염과 관련한 규정66)이 기존 국제법을 성문화한 것이라면, 심해저와 관련한 규정은 유엔해양법협약에 의해 창출된 새로운 규범이라 할 수 있다.

특히 해양오염문제에 국한하여 살펴볼 경우, 해양투기와 관련하여 연안국에게 배타적경제수역과 대륙붕에서의 오염을 규제할 수 있는 권한을 부여하고,67) 국가관할권에 속하는 해서활동으로 인한 오염을 규제하기 위하여 당사국에게 국제적인 규칙, 기준, 권고된 관행 및 절차와 적어도 동등한 효과를 갖는 법령을 제정하고 그 오염을 방지·경감·규제하기 위한 필요한 조치를 취할 권한을 부여하고,68) 선박으로 인한 오염을 규제하기 위하여 항만국에게 자국 항구에 자발적으로 입항하는 선박을 위해 오염기준을 정하고 시행할 수 있는 권한을 부여하고 있는 것69)

---

64) Ved P. Nanda & George Pring(각주 23), 317면.

65) *Id.* 318면; J. E. Noyes, *Compulsory Third-Party Adjudication and the 1982 United Nations Convention on the Law of the Sea*, 4 Conn. J. Int'l L. 675, 677~682 (1989) 참조.

66) 유엔해양법협약(각주 3), 제207조 참조.

67) *Id.* 제210조 제5항, 제216조(a) 참조.

68) *Id.* 제208조, 제214조.

등은 유엔해양법협약에 의해 인정된 새로운 규범이라 할 수 있다.[70)]

기존 관습법의 내용을 수정한 예로는 선박으로 인한 오염과 관련하여 연안국에게 관할 영역(배타적경제수역)에서의 배출기준을 정할 수 있는 권한을 부여하는 한편, 설계 · 건축 · 인력 또는 장비에 관하여 일반적으로 인정된 국제규칙 또는 기준 이외의 기준을 외국선박에 요구하여서는 안 된다는 제한을 부가한 것을 들 수 있다.[71)] 이는 기존 국제관습법에서 관할 영역에서 무제한의 권한 행사가 인정되던 것이 일정한 제한을 수반하게 되었다는 점에서 기존 관습법의 수정이라고 할 수 있다.

기존 국제관습법의 성문화는 해당 규범을 더욱 명료화하는 한편, 유엔해양법협약에 의해 탄생된 새로운 규범은 새로운 국제관습법의 형성을 예고하고 있다. 그러나 유엔해양법협약에 의해 탄생된 규범은 국제관습법의 요소인 국가 관행과 법적 확신(*opinio juris*)을 결하고 있다는 관점에서 특히 비당사국으로부터 구속력이 없다는 비판을 받을 수 있다. 이는 유엔해양법협약이 채택된 지 20여 년이 지난 현재도 해양법체계에 대한 도전과 시험이 계속되고 있다는 것을 의미하는 것이다.

---

69) *Id.* 제211조 제3항.

70) Ved P. Nanda & George Pring(각주 23), 318 내지 319면.

71) 유엔해양법협약(각주 3), 제211조 제6항.

제 2 절 해양투기(Ocean Dumping)

협약명	채택일 (발효일)	주요 내용	당사국 수	우리나라 가입일 (발효일)
런던덤핑협약	1972.12.29. (1975.8.30.)	－폐기물 투기에 의한 해양오염방지	90 (2020.1. 현재)	1993.12.21. (1994.1.20.)
1996년 런던덤핑의정서	1996.11.7. (2006.3.24.)	－폐기물 투기 또는 소각에 의한 해양오염방지	54 (〃)	2009.1.22. (2009.2.21.)

〈http://www.imo.org〉

Ⅰ. 런던덤핑협약

1972년 런던에서 체결된 폐기물 및 그 밖의 물질의 투기에 의한 해양오염방지에 관한 협약(런던덤핑협약)[1]은 해양에서 폐기물 및 그 밖의 물질의 처분과 관련한 행위를 통해 해양오염을 유발하는 것을 금지 또는 제한하기 위하여 고안된 국제협약이다. 규제 내용과 방법은 다르지만 해양오염방지라는 목적은 다음 절에서 살펴보는 해양오염방지협약(MARPOL 73/78)과 같다고 할 수 있다. 런던덤핑협약은 전문과 22개의 조항, 그리고 3개의 부속서로 구성되어 있다. 이 협약은 모든 국가가 해양환경의 질과 자원이 손상되지 아니하도록 해양환경을 관리하여야 하며, 자국의 관할권 또는 통제 범위 내에서의 활동이 다른 국가나 관할권 밖에 있는 지역의 환경에 피해를 끼치지 않도록 할 책임이 있다고 밝힘으로써, 해양환경보전의 중요성과 월경피해 금지원칙을 확인하고 있다(전문). 또한 폐기물 투기에 의한 해양오염을 방지하기 위하여 과학적, 기술적 그리고 경제적 능력에 따라 실행 가능한 모든 조치(all practicable steps)를 취할 것을 규정하고 있다(제1조 및 제2조). 이외에도 '투기'의 개념 정의(제3조), 투기금지대상 폐기물 및 허가대상 폐기물의 구분(제4조), 예외(제4조), 시행주체(제7조), 기술협력(제9조), 국가책임(제10조), 분쟁해

1) Convention on the Prevention of Marine Pollution by Dumping of Wastes and Other Matter, 11 I. L. M. 1294 (1973).

결절차(제11조) 등에 관하여 규정하고 있다.

1. 투기란?

해양오염의 방지를 위하여 이 협약은 '투기'를 선박, 항공기, 플랫폼(platform) 또는 그 밖의 인공구조물로부터 폐기물 또는 그 밖의 물질을 고의적으로 처분하는 것(deliberate disposal)뿐만 아니라 선박, 항공기, 플랫폼 또는 그 밖의 인공구조물 그 자체를 고의로 처분하는 것도 포함하는 것으로 폭넓게 정의하고 있다.[2] 그러나 여기에는 통상적인 운용에 수반되거나 그로부터 파생되는 폐기물의 처분과 단순한 처분 이외의 목적을 위한 물질의 정치(定置, placement)가 포함되지 않는다.[3] 이러한 개념 정의는 해상처분의 고의성에 중점이 있는 것이다. 한편, 유엔해양법협약과 달리 해양오염에 대하여는 별도의 개념 정의를 하고 있지 않다.

2. 투기금지 · 허가제도

가. 폐기물 등의 투기 금지

런던덤핑협약상 바다에 투기하는 것이 금지되는 물질은 세 가지로 구분된다. 부속서 I 에 열거된 유해물질을 투기하는 것은 금지되며, 부속서 II 와 부속서 III 에 열거된 물질은 허가를 받는 경우 투기할 수 있다. 당사국이 투기를 허가하는 데 고려할 사항은 ① 투기물질의 특성과 성분, ② 투기장소의 특성과 투기방법, ③ 쾌적도, 해양생물 및 기타 해양의 사용에 영향을 미치는 영향과 같은 일반적 특성 및 조건이다.[4]

나. 폐기물의 분류

(1) 금지품목

부속서 I 에 열거된 것(black list)은 바다에 투기하는 것이 일체 금지된다.[5] 여기에는 수은, 카드뮴, 플라스틱, 유류, 방사성물질,[6] 생물 · 화학전에 사용되는 물질

---

2) *Id.* 제3조 제1항(a). 이러한 개념 정의는 유엔해양법협약 제1조 제5항(a)와 동일하다.
3) *Id.* 동조 제1항(b).
4) *Id.* 부속서 III, 제4조 제2항.
5) *Id.* 제4조 제1항(a).
6) 1993년 개최된 제16차 당사국회의는 종전의 "고준위 방사성폐기물 또는 고준위 방사성물질"을 "방사성 폐기물 또는 그 밖의 방사성물질"로 개정(1994년 2월 발효)하였다. 이에 따라

등 일곱 가지가 포함된다.[7] 그러나 물리적 · 화학적 또는 생물학적으로 무해하게 변하는 물질의 경우, 예컨대 하수 슬러지 및 준설물질(dredged material)에 잔존오염물질(trace contaminant)로 남아 있는 경우에는 예외가 적용된다. 즉 전자의 경우에는 국제기구(IMO)의 협의를 거쳐 그리고 후자의 경우에는 허가절차를 거쳐서 투기할 수 있다.[8] 한편, 산업폐기물(industrial waste)과 하수 슬러지의 해양소각은 금지되며, 그 밖의 폐기물 및 다른 물질의 해양 소각을 위해서는 특별허가가 요구된다.[9]

(2) 특별허가품목

부속서 Ⅱ에 열거된 것(gray list)은 사전에 특별허가(special permit)가 있어야 투기할 수 있다.[10] 여기에는 비소, 납, 구리, 아연, 시안화물(cyanides), 불화물(fluorides) 등을 다량 함유한 폐기물, 베릴륨(berylium), 크로뮴(chromium), 니켈, 바나듐(vanadium) 등을 함유한 폐기물, 컨테이너, 쇠붙이 및 기타 부피가 큰 폐기물질 등이 포함된다.[11]

(3) 일반허가품목

그 밖의 물질(white list)은 사전 일반허가(general permit)만으로 투기가 가능하다.[12]

3. 예 외

다음과 같은 경우에는 투기가 예외적으로 허용된다.

가. 불가항력(*force majeure*)

악천후(stress of weather)로 인하여 인명, 선박, 항공기, 플랫폼 또는 그 밖의

저준위 방사성물질도 투기가 전면 금지된다. 이는 인체에 유해한지에 대한 단정적인 과학적 증거가 없는 상태에서 저준위 방사성물질에 대해서도 투기를 금지하고 있다는 점에서 '사전배려의 원칙'을 수용한 것이라고 할 수 있다. James R. McCullah, *Russian Dumping of Radioactive Wastes in the Sea of Japan: An Opportunity to Evaluate the Effectiveness of the London Convention 1972,* 5 Pac. Rim L. & Pol'y J. 399, 400, 425 (1996).

7) 런던덤핑협약(각주 1), 부속서 I.

8) *Id.* 제8항, 제9항.

9) *Id.* 제10항.

10) *Id.* 제4조 제1항(b).

11) *Id.* 부속서 Ⅱ.

12) *Id.* 제4조 제1항(c).

인공구조물의 안전을 확보하기 위하여 필요한 경우에는 예외적으로 투기가 허용된다. 또한 인명에 위험을 야기하거나 선박 · 항공기 등에 위협을 일으키는 경우로서 투기가 이러한 위협을 면하기 위한 유일한 방법이며, 투기로 인하여 발생할 피해결과가 투기를 하지 않는 경우보다 적을 경우에도 투기가 예외적으로 허용된다. 이 경우 투기는 인간 또는 해양생물에 대한 피해가능성을 최소화하면서 이루어져야 하며, 투기사실을 국제기구에 보고하여야 한다.13)

나. 비상투기

비상투기 조항은 비상투기라는 이름으로 투기가 일체 금지된 물질(black list)이 의도적으로 투기될 수 있기 때문에 논란이 많은 조항이다. 비상투기가 허용되기 위해서는 인간의 건강에 중대한 위해를 야기하고 다른 타당한 해결책이 없는 비상시여야 한다. 투기 전에 당사국은 해양투기로 영향을 받을지도 모르는 국가 및 국제기구 등과 협의하여야 하며, 국제기구는 관련국 및 관련 국제기구와 협의한 후 당사국에 필요한 절차를 권고하여야 한다. 당사국은 그 권고를 최대한 따라야 하며, 이에 따라 투기가 일체 금지된 물질의 투기를 특별허가할 수 있다.14)

다. 주권면제

이 협약은 주권면제(sovereign immunity)가 인정되는 선박과 항공기에는 적용되지 않는다.15)

4. 시행주체

이 협약의 시행을 위해 필요한 조치를 적용할 수 있는 국가는 선박 및 항공기의 기국(flag state), 항만국(port state), 연안국(coastal state) 등이다.16)

5. 책임당국

각 당사국은 적절한 책임 당국을 지정하여야 한다. 책임당국은 허가의 발행, 투기행위에 관한 기록의 보존, 해양상태의 모니터링, 국제해사기구(IMO)에의 보고

---

13) *Id.* 제5조 제1항.
14) *Id.* 동조 제2항.
15) *Id.* 제7조 제4항.
16) *Id.* 동조 제1항.

등의 업무를 수행한다.[17)]

6. 평 가

런던덤핑협약은 해양환경 분야에서 최초의 범세계적 차원의 협약이라고 할 수 있다. 이 협약은 폐기물 등에 의한 해양오염을 방지해야 한다는 국제사회의 여론을 반영한 것이며, 그동안 폐기물 기타 물질의 해양투기 감소와 해양환경의 보호에 일정한 역할을 하였다. 그러나 해양투기에 대한 국가책임 문제는 다루어지지 않았다

이 협약은 탄생 때부터 가지고 있는 한계로 인하여 그 기능과 역할이 소진되어 가고 있는 상태이다. 해양투기의 규제방식이 제한되는 행위를 열거하는 방식으로 이루어지기 때문에 현실적으로 다수의 폐기물 해양투기가 이루어지고 있는 점, 자체의 감독기관을 갖고 있지 못하고 각 국가의 국내기관에 이행감독을 일임함으로써 강력한 시행을 할 수 없는 점[18)] 등이 대표적인 예이다. 폐기물의 해상소각에 대한 규제도 명문화되고 있지 않으며, 국내수역 밖에 있는 해양지역을 적용범위로 설정하여 국내수역을 규제 대상에서 제외하고 있는 점도 비판의 대상이 되고 있다. 이 협약의 규제기준은 최소한에 지나지 않기 때문에 해양투기를 완전하게 규제하지는 못하고 있으며, 이에 따라 보다 강화된 기준이 요구되고 있다. 이러한 문제점을 인식하고 국제사회는 런던덤핑협약을 보다 근본적으로 개편할 필요가 있다는 데 인식을 같이하고 있다.

Ⅱ. 1996년 런던덤핑의정서

국제사회는 런던덤핑협약이 내포하고 있는 한계를 극복하기 위한 새로운 대안을 모색하기 시작하였다. 그 결과는 런던덤핑협약을 대체하는 폐기물 및 그 밖의 물질의 투기에 의한 해양오염방지에 관한 1996년 의정서(런던덤핑의정서)[19)]의 채택으로 이어졌다. 런던덤핑협약을 대체한다는 것은 런던덤핑의정서 당사국에게 그

17) *Id.* 제6조 제1항 · 제4항.

18) 김기순, "핵폐기물의 해양투기에 대한 국제법상 규제와 국제책임", 안암법학 제3집, 안암법학회, 1995, 728면.

19) 1996 Protocol to the Convention on the Prevention of Marine Pollution by Dumping of Wastes and Other Matter, 36 I. L. M. 1 (1997).

렇다는 것이고, 런던덤핑의정서에 가입하지 않은 런던덤핑협약 당사국에게는 런던덤핑협약이 그대로 유효하다. 이 의정서의 목적은 모든 오염원으로부터 해양환경을 보호 · 보전하는 것이다. 이를 위하여 당사국들은 자국의 과학적 · 기술적 그리고 경제적 능력에 따라 해양에서의 투기 또는 소각에 의해 야기되는 오염을 제거하기 위해 실행가능한 조치를 취하여야 한다. 이 의정서의 목적은 런던덤핑협약의 목적과 동일하나 그 시행은 사전배려적 접근방법의 채택, 오염원인자 책임원칙의 수용, 폐기물 분류체계의 전환 등을 통해 런던덤핑협약보다 엄격하게 이루어진다.

1. 일반적 의무

의정서는 체약국들의 일반적 의무와 관련하여 사전배려의 의무와 오염자 부담 의무를 규정하고 있다.

가. 사전배려의 원칙

1996년 런던덤핑의정서는 "해양환경에 유입되는 폐기물 또는 그 밖의 물질이 그 영향과의 인과관계를 증명하는 단정적인 증거가 없더라도 피해를 발생시킨다고 믿을 만한 이유가 있으면 동 물질을 해양에 투기하여서는 아니 된다"고 규정함으로써,[20] 이른바 '사전배려의 원칙'을 채택하였다. 이는 폐기물의 처분 장소로 해양을 이용하는 것이 바람직한가라는 문제와 관련해서 종전의 해양의 무한한 '정화능력(assimilative capacity)'을 믿고 이에 기초해서 문제해결을 시도하고자 했던 접근방법을 크게 전환한 것이다. 새로운 접근방법은 결과적으로, 투기를 규제하는 측에서 투기행위가 안전하지 않다는 것을 입증하여야 하는 것이 아니라 투기를 하려는 측에서 해당 투기행위가 안전하다는 것을 입증하여야 한다는 것을 의미하는 것이다.

이와 관련하여 사전배려적 접근방법을 하나의 생태계 내에서 이루어지는 단일행위에 엄격히 적용하는 것은 건강이나 환경에 대한 위해가 제거되는 것이 아니라 다른 생태계로 전이된다는 사실을 몰각하는 것이라고 지적하면서 예컨대, 저준위 방사성물질의 투기를 전면 금지하는 것은 육상 처분에 따른 위해를 무시하는 것이며, 일정한 폐기물은 육상보다 해양에서의 처분이 덜 위해하기 때문에 종국적이고 안전한 처분방법이 개발될 때까지 사전배려적 접근방법의 시행을 재검토하여야 한다는 주장이 있다.[21]

20) *Id.* 제3조 제1항.

나. 오염자 부담의 원칙

또한 의정서는 타국에서의 해상투기 및 해상소각을 위한 폐기물의 수출을 금지함으로써, '오염자 부담원칙'을 수용하였다.[22] 이는 오염물질이 발생국 자체에서 처분되어야 하고 다른 국가에 이전되지 말아야 한다는 것을 강조하는 것이다.

2. 투기금지

의정서는 '투기' 개념 정의에 덤핑협약상의 정의에 선박 · 항공기 · 플랫폼 또는 그 밖의 해양인공구조물로부터 폐기물이나 그 밖의 물질이 해저와 그 하층토 내 저장과 고의적인 폐기만을 위한 플랫폼이나 그 밖의 해양인공구조물의 유기(abandonment) 또는 그 자리에서 쓰러뜨림(toppling)을 추가하고 있다.[23]

나아가 동 의정서는 기존 폐기물의 분류체계, 즉 black list, gray list, white list에 의한 폐기물 분류 방식을 획기적으로 변경하여 제1부속서에 열거되어 있는 8개의 물질(투기가능 품목)에 대해서만 예외적으로 해양투기를 허용할 뿐 원칙적으로 해양투기를 금지하고 있다.[24] 투기가 가능한 물질은 ① 준설물질(dredged material), ② 하수 슬러지(sewage sludge), ③ 생선폐기물 또는 산업적 생선가공공정에서 발생하는 물질, ④ 선박, 플랫폼 또는 그 밖의 인공해양구조물, ⑤ 비활성, 무기지질물질(inert, inorganic geological material), ⑥ 자연기원의 유기물질(organic material of natural origin), ⑦ 금속, 콘크리트 등이 함유된 대형 물질, ⑧ 격리(sequestration) 목적의 이산화탄소 포집(capture) 공정으로부터 발생한 이산화탄소 스트림(streams)[25] 등 여덟 가지이다.[26]

이러한 접근방식은 투기금지 품목을 규정하였던 기존 방식(negative system)을 투

21) James R. McCullah, *Russian Dumping of Radioactive Wastes in the Sea of Japan: An Opportunity to Evaluate the Effectiveness of the London Convention 1972,* 5 Pac. Rim L. & Pol'y J. 399, 400, 425 (1996).

22) 런던덤핑의정서(각주 19), 제3조 제2항.

23) *Id.* 제1조 제1.4항.

24) *Id.* 제4조 제1.1항.

25) 이산화탄소 스트림은 이산화탄소를 대기로 방출하지 않고 안전하게 해저 지질구조 내에 이산화탄소를 주입하여 격리하는 방법을 말한다. 이산화탄소 스트림은 다음에 해당할 경우에만 투기를 고려할 수 있다: ① 해저 지질 구조 내에 처분되는 경우; ② 압도적으로 이산화탄소로 구성되는 경우. 여기에는 원료물질(source material)과 포집 · 격리 공정이용에서 기인한 관련물질이 수반될 수 있다; ③ 폐기물이나 그 밖의 물질이 그러한 폐기물이나 그 밖의 물질의 처분 목적으로 추가되지 않는 경우. *Id.* 부속서 I, 제4조.

26) *Id.* 부속서 I, 제1조.

기가능 품목을 규정하고, 그 외 물질의 투기를 전면 금지하는 방식(positive system)으로 전환하였다는 점에서 투기에 대한 접근방법(이른바, 'reverse list' approach)이 크게 바뀐 것이다. 이는 사실상 극소수의 폐기물을 제외한 모든 폐기물의 해양투기가 금지된다는 것을 의미하기 때문에 런던덤핑협약의 경우보다 훨씬 더 강화된 형태의 해양투기 규제방식이라고 할 수 있다. 투기가능 품목의 경우에도 폐기물 평가체계(부속서 Ⅱ)를 통해 허가를 받도록 하여 폐기물의 해양투기에 대한 규제를 한층 강화하였다.[27]

이와 같은 규정방식에 따를 때 런던덤핑의정서상 런던덤핑협약의 부속서에 명시된 물질의 해양투기가 허용되지 않으며, 특히 핵폐기물의 경우 고준위 핵폐기물은 물론이고 저준위 핵폐기물도 해양투기가 전면 금지된다. 이로써 오랫동안 논의되어 오던 핵폐기물의 해양투기 규제 문제는 일단 종결되었다고 할 수 있다.

3. 해양소각금지

폐기물 또는 그 밖의 물질에 대한 해양소각은 금지된다.[28]

4. 폐기물 또는 그 밖의 물질의 수출

당사국은 투기 또는 해양소각 목적으로 폐기물 또는 그 밖의 물질을 타 국가에 수출하는 것을 허용하여서는 아니 된다. 다만, 관련 국가에 의한 합의나 약정이 체결될 경우 부속서 I에 따른 처분을 목적으로 하는 이산화탄소 스트림의 수출은 발생할 수 있다.[29]

5. 적용 범위

런던덤핑의정서는 협약의 적용범위를 확대하였다. 의정서는 해양을 "국가의 내해(internal waters)를 제외한 그 해저와 하층토를 포함한 모든 수역"으로 정의하면서,[30] 별도로 제7조에서 내해에 관한 규정을 두어 런던덤핑협약에 비하여 규제 대상지역을 확장하였다.[31] 이에 따라 각 당사국은 강, 호수와 같은 내륙 수원(inland

---

27) *Id.* 제4조 제1.2항.
28) *Id.* 제5조.
29) *Id.* 제6조 제1항(2009년 10월 30일 개정).
30) *Id.* 제1조 제7항.

waters)을 제외한 자국의 내해에서의 투기 또는 해상소각행위를 통제하기 위하여 의정서 관련 규정을 적용하거나 다른 효과적인 허가 및 규제조치를 적용하여야 한다. 이 의정서 규정을 적용할 것인지 다른 효과적인 허가 및 규제조치를 적용할 것인지는 당사국의 재량이다. 그 결과 협약의 적용 대상지역이 한층 확대되었으며, 투기의 규제도 강화되었다고 할 수 있다. 그러나 이러한 조치는 주권침해의 가능성을 야기할 수 있다.

6. 예 외

1996년 의정서는 런던덤핑협약 예외 규정상의 표현을 약간 수정하면서 불가항력의 경우와 비상투기의 경우 해양투기나 소각을 허용하고 있다.[32]

7. 평 가

이 의정서의 목적은 1972년 런던덤핑협약과 유사하나 규제 내용은 보다 엄격하다. 예컨대, 사전배려원칙의 수용, 폐기물의 분류체계의 개선, 해양소각의 금지, 해양투기 및 해양소각 목적의 폐기물 수출의 금지 등이 대표적인 예이다. 런던덤핑협약과의 큰 차이점은 투기물질의 규제방식이 소극적 규제방식에서 적극적 허용방식으로 전환함으로써, 폐기물의 해양투기를 더욱 강력하게 규제한다는 것이다. 또한 폐기물의 소각을 명문으로 금지하고 있어서 런던덤핑협약보다 훨씬 강화된 형태의 해양투기 규제가 가능하게 된다. 이 의정서의 채택은 해양투기에 의한 해양오염을 반대하는 국제사회의 여론을 반영한 결과이며, 동시에 런던덤핑협약의 성과와 한계를 바탕으로 21세기 해양환경 보호에 더욱 주력해야 한다는 당사국들 사이의 심약된 의지의 표현이라고 할 수 있다.

---

31) *Id.* 제7조.

32) *Id.* 제8조 제1항 · 제2항.

제 3 절 선박기인오염

협약명	채택일 (발효일)	주요내용	당사국수	우리나라 가입일 (발효일)
유류에 의한 해양오염방지를 위한 국제협약 (OILPOL)	1954.5.12. (1958.7.26.)	-선박으로부터 유출되는 유류에 의한 해양오염방지 -MARPOL 73/78로 대체	·	1978.7.31. (1978.10.31.)
선박으로부터의 오염방지를 위한 국제협약	1973.11.2. (미발효)	-선박으로부터 유출되는 유류 및 기타 유해물질에 의한 해양오염방지	·	미가입 (-)
선박으로부터의 오염방지를 위한 국제협약에 관한 1978년 의정서 (MARPOL 73/78)	1978.2.17. (제1 · 2부속서 1983.10.2; 제3부속서 1992.7.1; 제4부속서 2003.9.27; 제5부속서 1988.12.31; 제6부속서 2005.5.19.)	-1973년 선박으로부터의 오염방지를 위한 국제협약의 개정	161(제1 · 2부속서, 이하 2020.1. 현재), 150(제3부속서), 146(제4부속서), 155(제5부속서), 97(제6부속서)	1984.7.23. (1984.10.23.)

〈http://www.imo.org〉

Ⅰ. 해양유류오염방지협약

해양에서의 기름유출을 규제하기 위한 최초의 국제조약은 1954년 런던에서 채택된 유류에 의한 해양오염방지를 위한 국제협약(OILPOL)[1]이다. 1962년, 1969년 그리고 1971년, 3차에 걸쳐 개정된 이 협약은 150톤 미만의 유조선과 500톤 미만의 기타 선박을 제외한 모든 선박에 적용된다. 조약당사국의 유조선과 기타 선박은 육지로부터 50마일 이내의 구역에서 유류 및 유류혼합물을 배출하는 것이 금지된다. 그러나 이 조약은 이 금지구역 내에서의 유류배출을 전적으로 금지하지 않고 배출허용량을 초과한 경우에만 배출을 통제하고 있다.[2] 모든 선박은 유류기록부(oil record book)를 비치해야 하며 이를 게을리 하였을 때에는 처벌을 받는다. 1962년의 개정으로 금지구역이 100마일까지 확대되었고 이 개정이 발효한 후에 건조계약이 성립된 2만톤 이상의 선박에 대해서는 금지구역 밖에서도 유류배출을 금지하였다.

1969년의 추가개정조약은 몇 가지 예외를 제외하고는 당사국 선박의 전 해역에서의 유류배출을 통제하였다. 유조선이 아닌 선박은 해상에서 항해 중 유류의 순간 배출량을 1마일당 60리터 미만의 비율로, 그리고 유류의 배출량을 유성혼합물(mixture)의 10,000분의 1 미만으로 육지에서 될 수 있는 한 멀리 떨어져서만 배출할 수 있도록 제한하였다.[3] 그리고 유조선에 대해서는 이보다 더 엄중한 제한을 가하여 항해 중에 육지에서 50마일 이상 떨어진 해역에서만 1마일당 유류의 순간 배출량을 60리터 미만으로 하되 유류배출총량을 전 수송량(total cargo capacity)의 1만5천분의 1 이하까지만 허용하였다.[4] 그러나 150톤 이하의 유조선은 이상과 같은 제한에서 제외되고 있다.

1971년의 제3차 개정조약은 1977년 1월 1일 이후에 인도될 유조선의 건조기준을 설정하였다. 이 기준에 따라 건조된 유조선은 이를 증명하는 증빙서류를 휴대하여야 한다. 만일 이러한 기준에 따르지 않았다는 명백한 근거가 있는 경우, 당사국은 기국과의 협의 후 자국의 항구에 입항하는 것을 금할 수 있다.

이 협약은 선박으로부터의 기름유출로 인한 해양오염을 규제하기 위한 대표적인 국제협약으로서, 해양 및 연안환경의 보전에 공헌하는 등 부분적인 성공에도 불구하고 유류 이외의 유해오염물질이 제외되는 규제범위의 제한이라는 큰 한계를 가지고 있었고, 결국 1970년대 선박으로부터의 오염방지를 위한 국제협약 및 의정서(MARPOL 73/78)로 대체되었다.

---

1) International Convention for the Prevention of Pollution of the Sea by Oil, 327 U. N. T. S. 3, 9 I. L. M. 1 (1970).
2) *Id.* 제3조.
3) 추가개정조약 제3조(a)의3.
4) *Id.* 제3조(b)의4.

Ⅱ. 해양오염방지협약(MARPOL 73/78)

선박으로부터의 오염방지를 위한 국제협약[5]이 국제해사기구(IMO)의 주관으로 1973년 채택되었다. 이 협약의 목적은 선박으로부터의 오염(1972년 런던덤핑협약에서 말하는 투기는 제외)을 방지하는 것이다. 이 협약은 곧바로 비준 문제에 부닥쳤다. 이 협약이 발효되기 위해서는 상선 선복량의 합계가 총톤수로 세계 상선 선복량의 50% 이상이 되는 15개국 이상의 비준이 요구되었는데,[6] 1976년까지 1%에 불과한 3개국만이 비준한 것이었다.

1978년에는 이 협약을 개정하는 의정서가 채택되었다.[7] 이 의정서는 앞서 1973년 선박으로부터의 오염방지를 위한 국제협약과 일체의 문서로 이해되고 있으며, 흔히 이 둘을 합쳐 MARPOL 73/78이라고 불린다.

1. 적용 범위

MARPOL 73/78은 당사국의 국기를 게양하거나 당사국의 권한하에 운항하는 모든 형태의 선박에 적용된다. 그러나 군함, 해군보조함 또는 비상업적 용도에 사용되는 정부선박에는 적용되지 않는다.[8] 이 협약상 중요한 의미를 갖는 '배출(discharge)'은 원인 여하를 불문하고 선박으로부터의 모든 유출(release)을 의미하며, 유실 · 처리 · 누출 · 누설 · 배수 · 방출 또는 공출(emptying)을 포함한다. 이와 같이 MARPOL 73/78이 채택하고 있는 배출이 광범위한 개념임에도 불구하고, 1972년 런던덤핑협약에서 규정하고 있는 '투기(dumping)', 해저광물자원의 탐사 · 채굴 및 이에 관련된 해양에서의 가공작업으로부터 직접적으로 발생하는 유해물질의 유출, 오염의 감소 또는 규제에 관한 합법적인 과학적 연구를 목적으로 하는 유해물질의 유출은 제외된다.[9]

---

5) International Convention for the Prevention of Pollution from Ships, 12 I. L. M. 1319 (1973).
6) *Id.* 제15조 제1항.
7) Protocol of 1978 Relating to the International Convention for the Prevention of Pollution from Ships, 17 I. L. M. 546 (1978).
8) MARPOL 73/78(각주 7), 제3조.
9) *Id.* 제2조 제3항.

2. 부 속 서

MARPOL 73/78은 6개의 부속서로 구성되어 있다: ① 유류오염방지(제1부속서), ② 다량의 유독액체물질에 의한 오염규제(제2부속서), ③ 포장된 유해물질에 의한 오염방지(제3부속서), ④ 선박오물에 의한 오염방지(제4부속서), ⑤ 선박폐기물에 의한 오염방지(제5부속서), ⑥ 선박으로부터의 대기오염방지(제6부속서).[10] 이 중 제1부속서와 제2부속서는 협약당사국에 대하여 전부 적용되나 제3 내지 제6부속서(선택부속서)는 당사국이 원하지 않는 경우 그 적용이 배제된다.[11]

부속서의 요건은 당사국에게 큰 부담으로 작용할 수 있고, 이는 협약 가입의 큰 장애가 될 수 있다. 특히 제2부속서에 규정된 기술요건의 준수는 쉽지 않아 조약 가입의 큰 걸림돌로 작용하고 있다. 이러한 점을 의식하고 1978년 의정서는 부속서의 시행시기를 늦추는 방식으로 규제 부담을 완화시켰다. 예컨대, 제1부속서(유류오염방지)는 의정서 발효 직후 구속력이 발생하지만 제2부속서(다량의 유독액체물질에 의한 오염규제)는 발효 후 3년 후에야 구속력이 발생하는 식이다. 이러한 방식은 당사국에게 제2부속서상의 요건을 준수하기 위한 추가 시간을 주고 있다.[12]

제1부속서는 6개 부속서 중 가장 중요하다고 할 수 있다. 이 부속서는 9개의 장으로 구성되어 있으며, 유류에 의한 해양오염을 다루고 있는 26개 규정을 포함하고 있는 복잡하고 상세한 문서이다. 제1장은 증서(certificate)의 발행을 다루고 있다(규정 5). 제2장은 해양에서의 유류의 배출을 원칙적으로 금지하고 있다. 항해 중인 유조선 및 유조선 이외의 선박은 원칙적으로 특별히 보호되는 지역, 즉 특별해역(Special area)으로 지정된 장소(예컨대, 지중해, 발트해, 흑해, 홍해, 걸프지역)에서는 유류의 배출을 할 수 없다(규정 10).

특별해역 이외의 해역에서는 유조선인 경우와 유조선이 아닌 경우를 구분하여 요건을 달리하고 있다. 이에 따르면 특별구역 이외의 해역에서는 유조선의 경우 육상에서 50마일 이내에는 유류 및 혼합물을 배출할 수 없다. 다만 항해 중이거나

10) 제1, 제2부속서는 1983년 10월 2일, 제3부속서는 1988년 12월 31일, 제4부속서는 2003년 9월 27일, 제5부속서는 1988년 12월 31일, 제6부속서는 2005년 5월 19일 각 발효되었다.

11) MARPOL 73/78(각주 7), 제14조 제1항. 이러한 방식은 조약 가입을 유도할 수 있으나 발효를 지연시킬 수 있다. 우리나라의 경우 제1, 제2부속서는 1984년 10월 23일, 제3부속서는 1992년 7월 1일, 제4부속서는 2004년 2월 28일, 제5부속서는 1988년 12월 31일, 제6부속서는 2006년 7월 20일 각 발효되었다.

12) Elli Louka, International Environmental Law: Fairness, Effectiveness, and World Order 155 (Cambridge 2006).

순간유류배출량이 마일당 60리터를 초과하지 않는 경우와 유류배출총량이 전(全) 화물량의 1만5천분의 1을 초과하지 않는 경우에는 배출이 허용된다. 유조선 이외의 400톤 이상의 선박의 경우에는 육상에서 12해리 이내에는 유류를 배출할 수 없다. 400톤 미만의 보통선박은 가능한 한 400톤 이상의 선박에게 요구되는 조건을 충족할 수 있도록 필요한 장치를 부착하여야 한다(규정 9). 이러한 엄격한 배출 규제에도 선박의 안전과 인명의 구조, 선박 및 장치의 피해로 인한 배출의 경우에는 예외가 적용된다(규정 11).

당사국은 모든 항구에 유조선에서 발생하는 유류 잔재물과 유류혼합물을 수용하는 시설(reception facilities)을 설치하여야 한다(규정 12). 또한 부속서는 다양한 선박건조, 장치 등에 대하여 자세하게 규정하고 있다. 예컨대, 일정 규모(DWT) 이상의 새로운 유조선에는 분리밸러스트탱크(segregated ballast tanks: SBTs), 화물탱크 세척시스템(cargo tank cleaning system) 등이 요구된다(규정 13). 일정한 선박은 유류배출 모니터링, 유류분류 및 여과장치를 구비하여야 한다(규정 16). 2003년 개정 부속서에 따르면 대부분의 단일 선체(single-hull) 유조선은 2010년까지 폐기되어야 하며, 1996년 이후에 건조된 유조선은 이중 선체(double-hulls)를 설치하여야 한다(규정 20).

제3장은 측면, 바닥면 피해로 인한 유조선(oil tanker)으로부터의 유류오염을 감소하기 위한 요건을, 제4장은 이중선체 요건을 포함하여 안전조치들을 도입하는 유조선 요건을, 제5장은 유류오염 비상대응을, 제6장은 수용시설(reception facilities) 요건을, 제7장은 드릴장치와 같은 고정 또는 부유 플랫홈(platforms) 요건을 각 규정하고 있다. 나아가 2009년에는 제8장을 새로 두어 해양에서 유조선 간 유류화물의 이전 과정에서의 오염방지에 대하여, 2010년에는 제9장을 새로 두어 남극지역에서 유류의 사용 또는 운반을 위한 특별 요건에 대하여 규정하고 있다.

제2부속서는 다량의 유독액체물질에 의한 오염규제를 다루고 있다. 유독액체물질은 A, B, C, D의 네 카테고리로 분류되는데(규정 3), 카테고리와 배출구역에 따라 각각 다른 규제 요건이 부과된다. 예컨대, 가장 엄격한 규제가 이루어지는 A 등급에 해당하는 유독액체물질을 포함하고 있는 잔여물(residues)이나 혼합물(mixtures)은 일정한 농도기준을 유지하고 있다는 요건하에서 수용시설에만 배출할 수 있으며, 가장 가까운 육지로부터 12마일 이내나 수심이 25미터 미만의 수역에서는 배출할 수 없다(규정 5). 특별히 보호되는 지역에는 보다 엄격한 규제가 적용된다. 운반되는 유독액체물질의 양이 증가함에 따라 제2부속서의 중요성은 커지고 있다.

제3부속서는 포장된 형태의 유해물질로 인한 오염방지를 위한 규정을 두고 있다. 이는 해양에 유출되면 해로울 수 있는 물질의 대량 선적에 초점이 있다. 구체적으로 여기에서는 포장방법, 표시방법, 라벨링, 서류 등에 대한 요건을 다루고 있다. 예컨대, 포장용기에는 정확한 명칭(상품명만 사용되어서는 아니 됨)을 부착하여 위험성을 표시하여야 하며 선박의 서류에도 기재하여야 한다. 또한 특정의 유해물질은 선박의 크기, 구조, 설비 등을 고려하여 적재용량에 제한을 가하여야 한다.

제4부속서에서는 선박으로부터 배출되는 오물(sewage)로 인한 오염을 방지하기 위하여 여러 가지 규정을 포함하고 있다. 400톤 이상의 선박과 15명 이상을 탑승시킬 수 있는 400톤 미만의 선박은 허용된 경우 이외에는 오물을 해상에 배출할 수 없고 국제하수오염방지증명서(International Sewage Pollution Prevention Certificate)를 휴대하여야 한다.

제5부속서는 폐기물로 인한 오염을 규제한다. 여기에서는 폐기물을 처리하기 위해 요구되는 육상으로부터의 거리 요건과 처리방법이 규정되어 있다. 특별해역은 일반해역과 달리 보다 엄격히 규제된다. 이에 따르면 모든 플라스틱류는 해양에 버릴 수 없으며(규정 3(1)(a)) 폐기물은 그 종류에 따라 25해리, 12해리 또는 3해리 이내에 버릴 수 없다. 폐쇄해와 같은 특별해역에는 모든 플라스틱과 폐기물을 버릴 수 없다(규정 3(1)(b),(c)).

제6부속서는 선박기인 대기오염의 방지에 초점이 있다. 여기에서는 황산화물(SOx), 질소산화물(NOx) 그리고 오존층파괴물질의 규제를 위한 규정을 두고 있다. 또한 배출규제지역에 황산화물, 질소산화물, 미세먼지 등에 대하여 보다 엄격한 기준을 설정하고 있다. 선박으로부터 배출되는 온실가스를 줄이기 위해 기술적, 운영적으로 에너지 효율성이 있는 조치가 요구된다.

3. 시 행

MARPOL 73/78은 시행과 관련하여 각 당사국의 역할을 강조하는 특별한 규정을 두고 있다: 협약의 어떠한 위반도 금지되며, 동 위반은 그 발생 장소를 불문하고 관련 선박의 관할국 정부(Administration)의 법률에 따라 제재를 받는다. 당사국 관할 내에서의 협약에 대한 어떠한 위반도 금지되며, 해당 당사국의 법률에 따라 그에 대한 제재를 받는다.13)

이 협약이 적용되는 선박은 증서(certificates)를 소지하여야 한다. 이 증서는 해

13) MARPOL 73/78(각주 7), 제4조 제1항 · 제2항.

당 선박이 협약 규정을 준수하고 있다는 것을 증명하기 위해 제공된다. 당사국은 다른 당사국이 발급한 국제유류오염방지증명서(International Oil Pollution Prevention Certificate)라고 불리는 증서를 인정하여야 한다.[14] 항만국(port state)은 증서의 유효 여부와 유해물질의 배출 여부를 확인하기 위하여 자국 항구 내에 있는 다른 당사국의 선박을 검사할 수 있다.[15] 선박에 대한 검사는 선박 또는 그 설비의 상태가 증서의 기재사항과 실질적으로 합치하지 아니하다고 믿을 만한 명백한 근거가 존재하지 않는 한, 선내에 유효한 증서가 있다는 것을 확인하는 것에 한정된다. 이 경우 또는 선박이 유효한 증서를 가지고 있지 아니한 경우는 검사를 실시한 당사국은 동 선박이 해양환경을 부당하게 해칠 우려가 없이 항해할 수 있을 때까지 동 선박의 출항을 허용해서는 아니 된다.[16] 각 당사국은 모든 적절하고 실제적인 수단과 적절한 보고절차 및 축적된 증거를 활용하여 위반의 발견과 협약 규정의 시행을 위하여 상호 협력하여야 한다. 만일 어떤 선박이 협약 규정을 위반하여 유해물질을 배출한 증거가 있는 경우에는 그 증거를 관할국 정부에 제공하여 필요한 행동을 취하도록 해야 한다.[17] 유해물질 배출 사고가 발생하였을 경우 사고에 관련된 선박의 선장은 즉시 이 사실을 기국과 피해예상국에 보고하여야 한다.[18] 위반이 발견되고 보고가 이루어지는 경우 준수하여야 할 절차는 비교적 자세하게 규정되어 있다. 협약 제11조는 광범위한 보고 요건을 규정하고 있다. 이에 따르면 당사국은 협약의 이행과 관련한 사항을 기구(국제해사기구)에 보고하여야 한다. 여기에는 협약의 범위 내에 있는 각종 사항에 대하여 공포한 법률 · 명령 · 규정, 증서에 대한 견본, 위치 · 용량 등이 포함된 수용시설의 목록, 협약의 위반에 대하여 부과된 벌칙에 관한 연차 통계보고서 등이 포함된다.

4. 평　　가

MARPOL 73/78의 주된 목적은 선박에서 고의적으로 배출되는 유류 및 기타 유해물질에 의한 해양오염을 '제거'하고 사고에 의한 이러한 물질의 배출을 최소화하는 데 있다.[19] 규제 대상 오염은 이전의 1954년 유류에 의한 해양오염방지를

---

14) *Id.* 제5조 제1항.
15) *Id.* 동조 제2항, 제6조 제2항.
16) *Id.* 제5조 제2항.
17) *Id.* 제6조 제3항 내지 제5항.
18) *Id.* 제8조, 의정서 I .
19) *Id.* 전문. 전문에서는 특히 오염 규제가 아닌 '완전한 제거(complete elimination)'를 표방하고 있다.

위한 국제협약(OILPOL)과는 달리 유류오염뿐만 아니라 선박에서 기인하는 유독액체물질, 유해물질, 선박오물, 선박폐기물, 대기오염물질 등 거의 모든 형태의 오염이다. 이러한 목적을 달성하기 위하여 이 협약은 전형적인 명령 · 규제방식을 채택하였다. 그 대표적인 것이 선박 건조 · 디자인 · 장치 등에 대한 다양하고 구체적인 기술기준이다.

이 협약체제의 핵심을 이루는 이러한 명령 · 규제방식은 단순하면서도 효과적이라고 할 수 있다. 해양환경의 보호 및 개선을 위한 방식으로 선박을 건조하고, 장치를 설치하도록 의무화하고 그 의무 위반에 대해 제재를 하는 것은 해양환경의 보호 및 개선에 직접적으로 영향을 미칠 수 있기 때문이다. 각종 기준 및 요건은 이 협약 본문과 불가분의 일체를 이루는 부속서에 복잡하고 자세하게 규정되어 있다. 이런 이유 때문에 부속서는 특별히 중요한 의미를 갖고 있다.

이 협약은 비교적 성공한 것으로 평가받고 있다. 해양에 배출된 유류가 1973년 213만톤에 이르던 것이 이 협약의 발효 후인 1989년 57만톤으로 75% 가까이 감소한 것이 이를 뒷받침하고 있다.[20] 이러한 부분적인 성공에도 불구하고, 다음과 같은 한계는 여전히 존재한다. 예컨대, 각종 기준 및 요건에도 불구하고 불법적인 처리는 여전히 계속되고 있으며, 당사국은 이러한 사실을 정확히 보고하기를 꺼리고 있다. 이러한 이유로 전세계적으로 어느 정도의 유류 등이 해양에 배출되는지를 파악한다는 것은 불가능할지 모른다. 부속서에 규정된 각종 규제기준의 준수를 위해서는 많은 비용이 요구되고 있다. 이는 당사국의 조약 참여를 꺼리는 요인으로 작용할 수밖에 없다.

20) Elli Louka(각주 12), 156면.

제 4 절 기름 유출로 인한 오염피해와 책임

해양오염물질 중에서 가장 국제적 관심을 끌어 모으는 것이 유류이다. 유류오염으로 인한 해양오염이, 전체 해양오염의 12% 정도에 불과하지만,[1] 중요한 환경문제로 부각되고 있는 것은 일단 유류오염사고가 발생하는 경우에는 그 피해가 천문학적으로 크고, 그 피해복구가 사실상 불가능하기 때문이다. 그동안 대형유조선에 의한 심각한 해양오염문제를 야기하는 해난사고가 수없이 발생하였다. 그 가운데에서도 1967년에 발생한 토리 캐년(Torrey Canyon)호 사고,[2] 1978년 아모코 카디즈(Amoco Cadiz)호 사고,[3] 1980년 타이노(Taino)호 사고,[4] 1989년 엑슨 발데즈

---

1) Robin Kundis Craig, *Protecting International Marine Biodiversity: International Treaties and National Systems of Marine Protected Areas,* 20 J. Land Use & Envtl. L. 333, 345 (2005).

2) 1967년 3월 18일 대형 유조선인 리베리아 선적 토리 캐년호가 영국 남서해안에서 좌초되어 영국과 프랑스 해안 100여 마일에 걸쳐 12만톤 상당의 원유가 유출되었다. *In Re Barracuda Tanker Corp.*, 281 F.Supp. 228, 229 (S.D.N.Y.1968). 이 사고로 영국 연안 약 100해리와 프랑스 연안 120해리의 생물상이 파괴되었다. 그리고 당시 유출 원유의 제거제로 사용되었던 각종 화학약품은 이들 약품에 대한 장기적인 연구가 없었기 때문에 원유의 유출이 생물에 입힌 피해보다 더 많은 피해를 입혔다. 배를 침몰시키기 위해 사용된 수백만 달러의 비용과 아름다운 해안이 더러워졌으며 수천마리의 새, 물고기, 수초와 패류가 죽었다. 이 사고는 사고로 인한 유류오염의 위험성에 대하여 유례없는 공중의 관심과 우려를 불러 일으켰는데, 국제적으로는 1969년 유류오염피해에 대한 민사책임에 관한 국제협약이 채택되는 기폭제가 되었다. Steven R. Swanson, *Federalism, the Admiralty and Oil Spill*, 27 J. Mar. L. & Com. 379, 408 (1995).

3) 1978년 3월 16일 이란, 사우디아라비아산 원유를 적재한 약 23만톤급 대형 유조선인 아모코 카디즈호가 프랑스 인근 해안에서 좌초되었다. 그로 인하여 22만톤의 유류가 대서양에 유출되었다. 유류는 프랑스 해안 130마일에 걸쳐 확산되었다. James W. Bartlett, *In Re Oil Spill by the Amoco Cadiz–Choice Of Law and a Pierced Corporate Veil Defeat The 1969 Civil Liability Convention,* 10 Mar. Law. 1, 1 (1985). 200킬로미터의 프랑스 해안이 짙은 원유띠로 뒤덮였고, 굴 수확량의 80퍼센트가 줄고 해조류의 70퍼센트가 파괴되었다. 또한 3,200마리 이상의 갈매기와 바다오리, 물새가 죽었으며 조개, 가재, 성게 등 해안의 모든 생물들이 전멸하였다. 물론 아름다운 프랑스 해안관광지도 황폐화되어 버렸다. 총 피해액은 정화비용 1억 4천2백만 달러, 어업손실 4천6백만 달러, 관광수입손실 1억9천2백만 달러 등 총 3억9천만 달러에 달한다. 암초로부터 선박을 구조하기 위한 예인선을 빌리는 계약조건을 협상하는 데 많은 시간을 보냄으로써 결국 구조에 실패하고 기름이 많이 유출되게 되었다. 프랑스가 민사책임협약의 당사국이었지만 원고들은 미국 법원에 소송을 제기하였다. 13년간에 걸친 오랜 소송 끝에 법원은 Amoco의 모회사에게 유류오염에 대한 책임이 있다고 결정하였다. Jaclyn A. Zimmermann, *Inadequacy of the Oil Pollution Act of 1990: Why the United States Should Adopt the Convention on Civil Liability,* 23 Fordham Int'l L. J. 1499, 1526~1527 (2000) 참조.

(Exxon Valdez)호 사고[5] 등이 불러일으킨 참혹한 결과는 인류에게 큰 교훈을 가져다주었다. 우리나라에서도 1995년 전남 여천군 소리도 앞바다에 좌초된 유조선 시프린스호 기름유출사고,[6] 2007년 12월 충남 태안 만리포 해상에서 발생한 허베이 스피리트(Hebei Spirit)호 기름유출사고[7]로 일대에 큰 재해가 있었다.

대형 유조선이 증가함에 따라 대형 해양오염사고 및 기름유출은 증가할 가능

---

4) 1980년 3월 7일, 마다가스카르 유조선인 타이노호(Taino)가 프랑스 브리태니(Brittany) 연안에 7천톤의 원유를 유출하는 사고가 발생하였다. 유조선은 당사자 100명이 국제유류배상기금(IOPC)에 소송을 청구하였으며, 국제유류배상기금은 유류유출 피해의 70%를 인정하였다. 원고들에세 배상을 한 후 국제유류배상기금은 민사책임협약에 따른 책임 당사자에게 구상권을 행사하였다. Jaclyn A. Zimmermann(앞의 글), 1514 내지 1515면.

5) 1989년 3월 24일 21만1천469톤의 미국 선박 엑슨 발데즈호가 알라스카 인근 해역에서 좌초하였다. 해저에 부딪치면서 1천1백만갤런의 원유가 유조선 탱크에서 유출되었는데, 유출된 원유는 알라스카 인근 해안의 1천2백마일에 걸쳐 확산되었다. 며칠에 걸쳐 계속된 유류 유출은 알라스카 해안, 인근 공원과 야생동 · 식물을 황폐화하였고 어업에도 심각한 피해를 입혔다. 부적절하고 지연된 정화작업으로 20억 달러의 비용이 소요되었고 11,000명의 일꾼이 동원되었다. 이 사건은 1990년 미국 유류오염법(Oil Pollution Act: OPA) 제정의 기폭제가 되었다. Elizabeth R. Millard, *Anatomy of an Oil Spill: The Exxon Valdez And the Oil Pollution Act of 1990*, 18 Seton Hall Legis. J. 331, 340~345 (1993). Gary V. Perko, *A Spillover from the Exxon Valdez: North Carlinna's New Offshore Oil Spill Statute,* 68 N.C. L. Rev. 1214, 1214 (1990) 참조.

6) 1995년 7월 23일 14만5천톤급 유조선 시프린스호(국적은 키프로스)가 여수 앞바다에서 A급 태풍 '페이(FAYE)'에 휩쓸려 좌초하였다. 배에서 흘러나온 5천35톤의 기름이 순식간에 남해안 전역으로 퍼지면서 청정해역으로 불리던 다도해 해상국립공원은 시커먼 기름으로 오염되었다. 사고 장소인 여수 소리도에서 포항까지 230㎞, 부산 해역 해안 73㎞가 기름에 오염돼 어장과 양식장 피해가 736억원에 달했다. 연인원 12만명이 동원돼 5개월간 기름 방제작업을 벌였다. 이 사고로 가장 크고 직접적인 피해를 본 것은 물론 어민들이었다. 그러나 어패류와 해조류 양식장 등에 끼친 경제적 손실 못지않게 심각한 문제는 기름유출로 인한 해양생태계의 원초적 파괴에 있다고 할 수 있다. 이 사고는 우리나라 최악의 해양오염사고로 기록되면서 해양오염에 대비한 방제체계 확립의 필요성을 일깨워줬다.

7) 2007년 12월 7일 충남 태안 만리포 해상에서 해상 크레인을 실은 배와 충돌하면서 허베이 스피리트호에서 원유 1만500톤(이는 시프린스호에서 유출된 기름의 2배에 이르는 양이다)이 순식간에 유출되었다. 유류 확산 속도에 대한 당국의 예측이 빗나가고 초기 방제작업이 실패하면서 인근 태안반도와 만리포 · 천리포 지역의 양식장과 갯벌, 해수욕장의 피해는 돌이킬 수 없는 상황이 되었으며, 주민들은 '검은 시름'에 빠졌다 "내일까지 제거 못하면 만리포 '습격'", 중앙일보, 2007. 12. 8. 기사. "확산 속도, 방제력… 해양부 예측 다 틀려", 중앙일보, 2007. 12. 10. 기사. 이 지역에 번진 환경 재앙은 아직 진행형이다. 피해액은 천문학적인 액수에 이를 것으로 추산되고 있으며, 생태계 복원을 위해서는 10년 이상이 소요된다는 예상이 나오고 있다. 정부는 정확한 피해가 확인되지 않은 상태에서 사고 후 4일 후인 같은 달 11일 이 지역을 특별해난지역으로 선포하였다. 국제유류오염보상기금(IOPC Fund)회의에서 Oosterveen 사무국장은 2008. 10. 7. 기준으로 총 피해액이 6천13억원(최소 5천663억원)으로 추정된다고 발표하였다. 해운신문, "허베이 스피리트호 피해액 6013억 추정", 2008. 10. 15. 기사.

성이 많다. 이에 따라 기름유출에 따른 환경피해를 보전하는 일이 큰 과제로 등장하고 있다.

협약명	채택일 (발효일)	주요내용	당사국수	우리나라 가입일 (발효일)
민사책임협약 (CLC)	1969.11.29. (1975.6.19.)	－유류오염 피해자에 대한 배상(선박소유자의 독점적 · 엄격책임)	32 (2020.1. 현재)	1978.12.18. (1979.3.18.)
기금협약	1971.12.18. (1978.10.16.)	－국제유류오염배상기금의 설치	32 (〃)	1992.12.8. (1993.3.8.)
1992년 민사책임협약 의정서	1992.11.27. (1996.5.30.)	－1969년 민사책임협약의 개정(배상한도의 증액)	142 (〃)	1997.3.7. (1998.5.16.)
1992년 기금협약 의정서	1992.11.27. (1996.5.30.)	－1971년 기금협약의 개정(보상한도의 증액)	117 (〃)	1997.3.7. (1998.5.16.)
2003년 기금협약의정서	2003.5.16 (2005.3.3.)	－추가기금의 설치	34 (〃)	(2010.5.6.) (2010.8.6.)
벙커유오염피해에 대한 민사책임에 관한 협약	2001.3.23. (2008.11.21.)	－벙커유를 적재한 선박소유자의 독점적 · 엄격책임	107 (〃)	2009.8.28. (2009.11.28.)

〈http://www.imo.org〉; 〈http://www.iopcfund.org〉

Ⅰ. 배 경

유류오염피해에 대한 민사책임체제는 국제해사기구(IMO)의 후원 아래 채택된 다음 협약들에 의하여 규율된다: ① 유류오염피해에 대한 민사책임에 관한 국제협약(1992년 민사책임협약, CLC); ② 유류오염피해배상을 위한 국제기금설치에 관한 국제협약(1992년 기금협약); ③ 벙커유오염피해에 대한 민사책임에 관한 협약.

1954년 정부간해사자문기구(Intergovernmental Maritime Consultative Organization: IMCO)는 유류오염이 발생되지 않도록 보장할 초기단계 조치의 필요성과 일단 유류 유출(oil spill)이 발생한 경우 오염자에게 그 책임을 부담시킬 필요성을 인식하였다. 이러한 인식에 기초한 유류오염에 대한 국제 규제는 1954년 런던에서 채택된 유류에 의한 해양오염방지를 위한 국제협약(OILPOL)[8]의 발효로 시작되었다.

1967년 발생한 토리 캐년호 사고는 유류에 의한 해양오염 방지를 위한 협약이 비효율적이라는 것을 보여주었다. 결국 정부간해사자문기구는 유류의 유출에 대한 책임체제의 기본 골격을 이루는 1969년 민사책임협약[9]과 1971년 기금협약[10]을 채택하였다.[11] 최근의 국내 · 외 유류오염에 대한 책임법들은 이 협약에 모태를 두고 있다. 1976년 한 차례 개정[12]이 이루어진 이 협약들은 1975년과 1978년 각 발효되었는데, 곧 이어 발생한 1978년 아모코 카디즈호 사고, 1980년 타이노호 사고 등 대형 유류오염사고로 인하여 새로운 시험대에 올랐다. 이 협약들의 큰 한계는 배상액이 빈번하게 발생하는 대형 유류오염피해를 보전하기에는 지나치게 적다는 것이었다. 이 협약들은 유류오염 피해자에 대한 구제를 보다 충실히 하고 보다 많은 국가의 참여를 유도하기 위해서 불가피하게 개정될 수밖에 없었다.

1984년 국제해사기구의 후원하에 1969년 민사책임협약과 1971년 기금협약을 개정하는 두 의정서가 채택되었다.[13] 이 의정서의 중요한 내용은 예상대로 배상수준을 끌어 올리고 적용범위를 확대하는 것이었다. 그러나 미국이 비준하여야 발효될 수 있도록 기안되었다. 미국은 1990년 유류오염법(OPA)를 제정하고, 아직까지 의정서에 비준하지 않고 있는데, 그 결과 1984년 의정서들은 발효되지 않았다. 1989년 알라스카에서 발생한 엑슨 발데즈호 사고는 국제사회에 배상액의 증가 필요성을 다시 한 번 각인시켰다. 급기야 1992년 국제해사기구의 후원하에 런던에서 개최된 국제회의에서 당사국들은 1969년 민사책임협약과 1971년 기금협약을 개정하는 주목할 만한 두 의정서를 채택하였다.[14] 1992년 의정서들은 1984년 의정서들

8) International Convention for the Prevention of Pollution of the Sea by Oil, 327 U. N. T. S. 1 (1970).

9) International Convention on Civil Liability for Oil Pollution Damage(CLC), 21 Int'l Env't Rep. (BNA) 1501.

10) International Convention on the Establishment of an International Fund for Compensation for Oil Pollution Damage, 11 I. L. M. 284 (1972).

11) 민사책임협약과 기금협약의 채택 배경 및 경위에 대하여 자세한 내용은 IOPC Funds, Brief History. http://www.iopcfund.org/history.htm 참조.

12) 16 I. L. M. 617 (1977); 16 I. L. M. 621 (1977).

13) 23 I. L. M. 177 (1984); 23 I. L. M. 195 (1984).

14) Protocol of 1992 to Amend the 1969 International Convention on Civil Liability for Oil Pollution Damage, 21 Int'l Env't Rep. (BNA) 1551; Protocol of 1992 to Amend the

과 실질적인 내용면에서 동일하나 발효 요건을 완화시켰다. 1992년 의정서들은 1996년 5월에 각 발효되었다. 2003년 5월에는 추가적인 기금(보충기금)을 마련하기 위한 의정서가 채택되었다.[15)]

이들 협약은 선박의 운영 · 추진을 위한 목적으로 적재된 벙커유의 유출로 인하여 발생한 오염피해 문제는 다루지 않고 있다. 이러한 공백을 메우기 위하여 2001년에는 벙커유오염피해에 대한 민사책임에 관한 협약이 채택되었다.

한편, 이러한 국제협약과 별도로 선박소유자와 유류회사들 간의 사적 협정인 1969년 유류오염책임에 관한 유조선소유주간의 자발적 협정(TOVALOP),[16)] 1971년 유조선의 유류오염책임 추가계약(CRISTAL),[17)] 1974년 연안오염 책임협정(OPOL)[18)] 등이 있다. 이러한 사적 협정들은 그 출발이 민사책임협약과 기금협약 등이 범세계적으로 적용될 때까지의 한시적인 임시해결수단으로 고안되었다. 그 결과 많은 국가들이 민사책임협약과 기금협약에 가입하고 이들 협약에 대한 1992년 의정서들이 발효된 상태에서 이러한 사적 협정들은 구시대적 유물로 남을 수밖에 없게 되었다.

Ⅱ. 유류오염피해에 대한 민사책임에 관한 국제협약

1969년 민사책임협약은 1976년, 1984년, 1992년, 세 차례에 걸쳐 개정되었는데, 최근 1992년 의정서가 발효됨에 따라 흔히 1992년 민사책임협약으로 불린다.[19)] 이 협약은 군함과 국가가 소유하거나 운영하는 선박으로서 비상업적 용무에 제공되는 선박에는 적용되지 않는다.[20)] 그 결과 상업적 용무에 종사하는 공선(公

International Convention on the Establishment of an International Fund for Compensation for Oil Pollution Damage, 21 Int'l Env't Rep. (BNA) 1751.

15) Protocol of 2003 to the International Convention on the Establishment of an International Fund for Compensation for Oil Pollution Damage. http://www.iopcfund.org/npdf/Conventions%20English.pdf. 보충기금의 재원은 선박소유자의 추가적인 부담 없이 '화주'의 추가적인 분담금을 통해 조달된다. 우리나라는 현재 2003년 보충기금협약에 가입하지 않고 있다.

16) Tanker Owners Voluntary Agreement Concerning Liability for Oil Pollution, 8 I. L. M. 497 (1969).

17) Contract Regarding an Interim Supplement to Tanker Liability for Oil Pollution, 10 I. L. M. 137 (1971).

18) Offshore Pollution Liability Agreement, 13 I. L. M. 1409 (1974).

19) 1992년 민사책임협약 전문은 http://www.iopcfund.org/npdf/Conventions%20English.pdf.

20) *Id.* 제11조.

船)은 배상청구소송으로부터 면제되지 않는다. 1992년 의정서는 이 협약의 지역적 범위를 배타적경제수역으로까지 확대함으로써,[21] 구제 가능성을 높였다.

유류오염피해에 대한 민사책임에 관한 국제협약은 유류 유출로 피해를 입은 자에 대한 적절한 배상의 보장과 책임 문제를 결정하는 통일적 규제 원칙 및 절차의 채택이라는 두 가지 목적을 가지고 있다.[22] 이 협약은 선박소유자에게 엄격한 책임과 강제적인 책임보험의 가입의무를 부과하고 있다. 엄격책임의 채택은 이 협약의 가장 중요한 특징이다. 특별히 예외적인 경우를 제외하고 사고 당시의 선박소유자는 사고의 결과로 선박에 의하여 초래된 오염피해에 대하여 책임을 진다.[23] 선박소유자의 종업원이나 대리인 또는 선원 등에 대해서는 오염피해의 배상을 청구할 수 없다.[24]

이 협약상 '오염피해(pollution damage)'는 유류 유출 또는 배출의 발생 장소와 관계없이 선박으로부터 유류가 유출 또는 배출되어 초래된 오염에 의하여 선박 외부에서 발생한 손실 또는 피해와 예방조치를 위한 비용과 예방조치로 인한 손실 또는 피해를 의미한다.[25] 민사책임협약은 특히 환경피해에 대한 배상범위와 관련하여 "환경손상으로 인한 이익의 상실(loss of profit) 외의 환경손상"에 대한 배상은 실제로 취하였거나 취하여야 할 합리적인 조치의 비용으로 한정되는 것으로 규정하고 있다.[26] 명시적인 규정을 두고 있지 않아 분명하지 않으나 자연자원, 경관에 대한 피해도 환경피해에 포함된다고 할 것이다.[27] 그러나 환경사용가치의 손실은 고려하지 아니하고 복구비용만을 피해로 인정하고 있기 때문에 자연자원에 대한 직접적 피해는 사실상 구제가 힘들다고 할 수 있다. 복구비용은 실제로 취하였거나 취하여야 할 '합리적' 비용에 한하므로 배상청구자는 환경복구조치비용을 사전에 배상받을 수 있으나 그 비용은 합리적인 범위 내로 제한된다.

---

21) *Id.* 제2조(a) 참조.

22) *Id.* 전문.

23) *Id.* 제3조 제1항.

24) *Id.* 동조 제4항.

25) *Id.* 제1조 제6항. 미국 유류오염법(OPA)은 복구비용(removal costs)뿐만 아니라 자연자원(natural resources)에 대한 손해, 재산피해, 생계수단으로서의 자연자원에 대한 상실, 자연자원의 피해로 인한 정부의 세금, 사용허가료(royalties), 임대료, 부과금(fees) 등의 상실, 복구와 관련 증가 또는 추가되는 공공서비스를 제공하기 위하여 지출된 비용 등을 유류오염손해에 포함시킴으로써 손해배상범위를 상당히 넓히고 있다. 33 U. S. C. § 2702(b).

26) *Id.* 참고로 미국 유류오염법은 자연자원의 손상, 파괴 상실뿐만 아니라 이용의 상실과 피해를 평가하는 데 소요되는 합리적인 비용도 자연자원에 대한 피해로 보고 있다. 33 U. S. C. § 2702(b)(2)(A).

27) 미국 유류오염법은 명시적으로 자연자원에 대한 피해도 유류오염 피해에 포함시키고 있다. 33 U. S. C. § 2702(b).

예외적으로 오염피해가 전쟁, 적대행위, 내란, 기타 천재지변, 제3자에 의한 고의의 작위 또는 부작위, 등대나 기타 항행보조시설 관리당국의 부주의나 부당한 행위(wrongful act)에 의하여 발생한 경우에는 선박소유자의 책임이 면제된다.28) 또한 선박소유자가 오염피해가 피해자의 고의나 과실에 의한 것이라는 것을 입증하면 선박소유자는 책임의 전부 또는 일부를 면제받을 수 있다.29) 만일 오염피해가 두 척 이상의 선박이 연루된 사고로 인하여 발생한 경우, 관련된 선박소유자는 합리적으로 분리될 수 없는 이런 피해에 대하여 공동으로 책임을 부담한다.30)

이 협약은 선박소유자의 책임 한도를 정하고 있다. 책임은 선박의 크기에 기초하여 제한된다: 5천톤을 초과하지 않는 선박의 경우에는 4백51만 IMF의 특별인출권(SDR, 1SDR=약 US $1.43)에 상당하는 금액, 5천톤부터 14만톤을 초과하지 않는 선박의 경우에는 위 4백51만 SDR에 상당하는 금액에 5천톤을 초과하는 매 톤수당 6백31 SDR을 곱하여 얻은 금액을 더한 금액. 그러나 14만톤을 초과하는 경우에도 8천9백77만 SDR에 상당하는 금액을 초과할 수 없다.31) 그러나 오염피해가 선박소유자의 고의나 무모한(reckless) 행위에 기인하였을 때는 선박소유자는 위와 같은 책임제한 혜택을 받을 수 없다.32) 이러한 혜택을 받기 위해서는 선박소유자는 배상청구소송이 제기된 당사국의 법원이나 다른 소관 기관에 책임한도액에 상응하는 금액을 기금으로서 기탁하여야 한다.33)

유류 2천톤 이상을 화물로 운송하고 있는 선박소유자는 책임한도를 담보하는 보험 또는 은행의 보증 또는 국제배상기금(International Compensation Fund)이 발행하는 증명 등 다른 재정보증을 유지하여야 한다.34) 이러한 재정보증은 기름 유출이 있는 경우 선박소유자가 기름에 의한 오염피해에 대하여 배상할 재정적 능력이 있음을 보장하는 장치이다. 당사국은 자국에 등록한 적용대상 선박이 보험가입 또는 다른 재정보증을 보여주는 증명서를 발급받지 않은 경우 취항을 허가하여서는 안 된다.35) 배상청구소송은 보험자나 기타 재정보증인을 상대로 직접 제기될 수 있다.36) 당사국은 선박이 2천톤 이상의 기름을 화물로 운송하고 있는 경우, 어

---

28) 민사책임협약(각주 19), 제3조 제2항.
29) *Id.* 동조 제3항.
30) *Id.* 제4조.
31) *Id.* 제5조 제1항. 이러한 내용의 책임 한도 규정은 2000년 개정(2004. 11. 발효)된 것이다.
32) *Id.* 동조 제2항.
33) *Id.* 동조 제3항.
34) *Id.* 제7조 제1항.
35) *Id.* 동조 제10항.
36) *Id.* 동조 제8항.

디에 등록되어 있는지를 불문하고, 자국의 영역 내에 있는 항구에 입 · 출항하거나 영해 내에 있는 연안 터미널에 출입하는 모든 선박에 대하여 보험 또는 다른 재정 보증을 유지하도록 해야 한다.[37]

이 협약에 따른 배상청구권은 피해가 발생한 날로부터 3년 이내에 행사되지 않으면 시효로 소멸된다.[38] 어떠한 경우에도 피해를 유발한 사고일로부터 6년이 경과하면 소송을 제기할 수 없다.[39]

Ⅲ. 유류오염피해배상을 위한 국제기금설치에 관한 국제협약

유류오염피해를 입은 피해자가 오염을 유발한 선박의 소유자로부터 충분한 배상을 받지 못한 경우 이를 추가적으로 보상해 주기 위한 목적으로 1971년 기금협약(Fund Convention)이 채택되었다. 이 협약은 1976년, 1984년, 1992년, 세 차례에 걸쳐 개정되었는데 최근 1992년 의정서가 1996년 5월 발효됨에 따라 흔히 1992년 기금협약으로 불린다.[40] 2003년에는 추가기금 설치를 위한 의정서[41]가 채택되었다.

이 협약은 기본적으로 선박, 소유자, 오염피해 등 협약의 기본을 이루는 개념에 대하여 민사책임협약과 동일하게 정의하고 있다.[42] 그 결과 보상범위는 예방조치 비용을 포함하며, 환경피해에 대하여는 실제 착수된 또는 착수될 합리적인 조치의 비용으로 한정된다.

① 민사책임협약에 따른 피해배상책임이 발생하지 않은 경우, ② 민사책임협약에 따라 오염피해 책임이 있는 선박소유자가 그 의무를 완전하게 이행할 수 있는 재력이 없고 동 협약에 따른 보증이 당해 피해배상에 충분하지 않은 경우, ③ 피해가 선박소유자의 책임한도를 초과하는 경우, 국제유류오염배상기금(International Oil Pollution Compensation Fund: IOPC Fund)이 동원된다.[43] 그 결과 유류오염 피해자는 선박소유자의 책임한도를 초과하는 부분에 대하여 보상받을 수 있게 된다.

---

37) *Id.* 동조 제11항.
38) *Id.* 제8조.
39) *Id.*
40) 1992년 기금협약 전문은 http://www.iopcfund.org/npdf/Conventions%20English.pdf.
41) Protocol of 2003 to the International Convention on the Establishment of an International Fund for Compensation for Oil Pollution Damage, 1992.
42) 기금협약(각주 40), 제1조(2).
43) *Id.* 제4조 제1항.

오염피해가 전쟁 · 적대행위 · 내란 또는 폭동에 의하여 발생한 경우, 군함 또는 국가가 비상업적 용도로 사용하는 선박에 의한 피해의 경우, 피해가 하나 이상의 선박과 관련된 사고에 의해 발생한 것이라는 것을 증명할 수 없는 경우, 오염피해에 피해자의 고의 · 과실이 기여한 경우 등에는 기금의 보상의무가 발생하지 않는다.[44]

기금의 보상한도는 한 사고에 대해 그 보상액수와 민사책임협약에 따라 실제 지급되는 배상액을 합한 금액이 1억3천5백만 SDR에 상당하는 금액까지이다.[45] 예외적이거나 불가피하거나 불가항력적인 성질을 갖는 자연현상으로부터 발생한 오염피해의 경우 기금에서 지급되는 금액은 1억3천5백만 SDR에 상당하는 금액을 초과할 수 없다.[46] 전년도에 3개 당사국에서 수령한 유류 총량이 6억톤 이상인 경우 3개 당사국 관련 사건에 대한 최대보상액은 2억 SDR에 상당하는 금액이다.[47] 보상에 대한 권리는 피해가 발생한 날로부터 3년 이내에 보상청구소송 또는 통지가 이루어지지 않으면 소멸된다.[48]

기금의 재원은 일정한 기간 동안 수령한 유류 총량이 15만톤을 초과하는 자의 부담금으로 충당된다.[49] 매년 부과되는 총 부담금은 당사국총회에서 정하며, 사무총장(Director)은 수령한 유류 톤당 정해진 액수에 기초하여 각 의무부담자에 대한 부담금을 산정한다.[50] 1992년 의정서는 기금 부담에 관하여 과도기 규정을 두고 5년 동안 1개 당사국이 연간 기금에 출연할 수 있는 한도를 연간 총 부담금의 27.5%로 제한하였다.[51]

2003년 기금협약의정서에서 당사국들은 추가기금(Supplementary Fund)을 설치하기로 하고(제2조) 추가보상(제4조 이하), 분담금(제10조 이하) 등에 대하여 합의하였다. 이에 따르면 추가기금이 지급해야할 보상 합계액은 실제 지급되는 보상액의 총계가 7억 5천만 계산단위를 초과하지 않도록 제한된다.

---

44) *Id.* 동조 제2항 · 제3항.
45) *Id.* 동조 제4항(a). 이는 1971년 기금협약에서 정하고 있는 한도인 4억5천만 프랑을 증액한 것이다.
46) *Id.* 동항(b).
47) *Id.* 동항(c).
48) *Id.* 제6조.
49) *Id.* 제10조 제1항.
50) *Id.* 동조 제2항.
51) *Id.* 제36조*bis*, 제36조*ter* 참조.

Ⅳ. 벙커유오염피해에 대한 민사책임에 관한 협약

2001년 5월 국제해사기구의 주도하에 벙커유오염피해에 대한 민사책임에 관한 협약[52]이 채택되었다. 종전에는 선박의 운영 · 추진을 위한 목적으로 벙커유(연료유)를 적재한 선박은 이러한 벙커유의 유출로 인한 오염피해에 대해 책임을 지지 않았다. 그러나 이는 대개의 오염사고가 벙커유의 유출에 기인하고 있다는 현실과 심하게 괴리되는 것으로, 이 협약은 이러한 공백을 메우고 있다.

이 협약의 중요한 특징은 선박의 소유자에게 엄격한 책임과 강제적인 책임보험의 가입의무를 부과하고 있다는 것이다. 이는 이 협약이 유류오염피해에 대한 민사책임에 관한 국제협약과 유사한 책임체제를 가지고 있다는 것을 의미한다. 특별히 예외적인 경우를 제외하고 사고 당시의 선박소유자는 적재하고 있는 벙커유에 의해 초래된 또는 선박에서 기인하는 오염피해(pollution damage)에 대하여 엄격책임을 진다.[53]

오염피해는 벙커유의 유출 또는 배출 발생 장소와 관계없이 선박으로부터 벙커유가 유출 또는 배출되어 초래된 오염에 의하여 선박 외부에서 발생한 손실 또는 피해와 예방조치를 위한 비용과 예방조치로 인한 손실 또는 피해를 의미한다.[54] 환경손상으로 인한 이익의 상실 외의 환경손상에 대한 배상은 실제로 취하였거나 취하여야 할 '합리적인' 조치의 비용으로 한정되는데, 이는 1992년 민사책임협약과 동일한 접근방법이다.

예외적으로 오염피해가 전쟁, 적대행위, 내란, 기타 천재지변, 제3자에 의한 고의의 작위 또는 부작위, 등대나 기타 항행보조시설 관리당국의 부주의나 부당한 행위(wrongful act)에 의하여 발생한 경우에는 선박소유자의 책임이 면제된다.[55] 또한 선박소유자가 오염피해가 피해자의 고의나 과실에 의한 것이라는 것을 입증하면 선박소유자는 책임의 전부 또는 일부를 면제받을 수 있다.[56] 만일 오염피해가 두 척 이상의 선박이 연루된 사고로 인하여 발생한 경우, 관련된 선박소유자는 합리적으로 분리될 수 없는 피해에 대하여 공동으로 책임을 부담한다.[57]

---

52) International Convention on Civil Liability for Bunker Oil Pollution Damage, 21 Int'l Env't Rep. (BNA) 5501.
53) *Id.* 제3조 제1항.
54) *Id.* 제1조 제9항.
55) *Id.* 동조 제3항.
56) *Id.* 동조 제4항.
57) *Id.* 제5조.

이 협약은 민사책임협약과 달리 선박소유자의 책임 한도를 정하고 있지 않다.58) 그 결과 해당 국가는 책임한도를 별도로 정할 수 있다. 또한 1976년 해상청구의 책임제한에 관한 협약(Convention on Limitation of Liability for Maritime Claims)에 따른 책임 제한이 적용될 수 있다. 1천톤 이상의 선박 소유자는 국내법 또는 국제 책임제한 체제하의 책임한도에 상응하는 보험 또는 은행의 보증과 같은 다른 재정 보증을 유지하여야 한다.59)

이 협약은 유류오염피해에 대한 민사책임에 관한 국제협약의 공백을 보충하고 있다고 할 수 있으나 이미 존재하고 있는 책임체제에 또 다른 책임체제를 추가함으로써 혼란을 가중하고 있다는 비판이 제기되고 있다.60)

Ⅴ. 평　　가

1992년 민사책임협약과 벙커유오염피해에 대한 민사책임에 관한 협약은 유사한 책임체제를 가지고 있는데, 즉 선박소유자에게 엄격한 책임을 부과하고 있다. 그 결과 피해자는 선박소유자의 과실을 입증할 필요 없이 사고의 결과로써 선박에 의하여 초래된 오염피해에 대하여 선박소유자를 상대로 배상을 청구할 수 있다. 이러한 엄격책임은 고도로 위험한 행위(초위험행위)에서 기인하는 해로운 결과에 대하여 오염원인자 책임원칙을 적용한 것으로 이해할 수 있다.61) 협약상 책임은 선박소유자만이 지는데, 이는 신속하고 효율적인 배상을 가능하게 한다.62) 합리적인 조치비용에 한정되기는 하지만 환경피해도 배상범위에 포함되는데, 이는 오염

58) *Id.* 제6조.

59) *Id.* 제7조 제1항.

60) Michael A. de Gennaro, *Oil Pollution Liability and Control under International Maritime Law: Market Incentives as an Alternative to Government Regulation,* 37 Vand. J. Transnat'l L. 265, 271 (2004).

61) Alexandre Kiss and Dinah Shelton, International Environmental Law 317 (3rd ed. Transnational Publishers, Inc. 2004).

62) 민사책임협약은 선박소유자만이 책임을 지도록 함으로써, 유류회사를 책임 당사자로 고려하고 있지 아니한데, 이에 대하여 선박소유자가 책임을 회피하기 위하여 기국을 임의로 정하고, 자회사 등을 통하여 책임을 회피할 가능성이 있으며, 유류회사가 위해한 성질의 화물 운송으로부터 막대한 이익을 취하고 있는 점을 고려하여 유류회사에게 책임이 집중되어야 한다는 지적이 있다. Iciar Patrica Garcia, *"Nunca Mais!" How Current european environmental Liability and Compensation Regimes are Addressing the Prestige Oil Spill of 2002,* 25 U. Pa. J. Int'l Econ. L. 1395, 1429 (2004). 참고적으로 유류회사들은 기금협약에 의해 일정한 금액을 부담하여야 한다.

원인자 책임원칙에 비추어 바람직하다 할 것이다. 또한 이들 협약은 배상책임을 이행하기 위하여 책임보험의 가입을 강제하고 있다.

이 협약들은 유류오염사고에 대한 국가책임을 확립하기보다는 선박소유자에게 책임을 부과하고 있는데, 그 결과 실제 피해자(국가와 개인을 불문)는 국가를 원고로 하지 않고도 선박소유자를 상대로 직접 배상을 청구할 수 있다.

유류오염피해에 대한 책임체제의 큰 장점은 유류오염 피해자가 먼저 민사책임협약에 따른 피해배상청구를 통해 배상받은 금액이 충분하지 아니한 경우 그 부족분이 국제유류오염배상기금으로 전보된다는 것이다. 그러나 이 체제에는 다음과 같은 문제점이 제기될 수 있다. 먼저, 흔히 유류오염 피해는 막대하다는 점에서 민사책임협약상 설정된 선박소유자의 책임한도액은 지나치게 낮게 설정되어 있다는 점이 지적되어야 한다. 이러한 점이 고려되어 여러 차례 개정을 통해 그 증액이 이루어졌으나 빈번한 대형사고를 충분히 보전하기에는 여전히 부족하다. 기금협약은 민사책임협약에 따른 배상책임을 보충하고 있으나 보상한도를 정하고 있으므로 대형사고와 같은 일정한 경우에는 여전히 피해를 충분히 보전할 수 없는 경우가 발생할 수 있다. 이러한 점에서 유류의 운반으로 막대한 이익을 얻고 있는 유류회사의 과실이 인정되는 경우에는 보상한도를 제한하지 않는 것도 고려할 필요가 있다.

민사책임협약은 피해배상 범위를 비교적 좁게 설정하고 있다. 민사책임협약은 환경피해에 대하여도 고려하고 있다는 점에서 핵피해를 구제하기 위한 국제협약보다 진일보한 체제라고 평가할 수 있다. 그러나 환경손상에 대한 배상을 실제 착수된 또는 착수될 합리적인 조치의 비용으로 한정함으로써, 환경피해에 대한 배상범위와 관련하여 그 복구비용만을 피해로 인정하고 환경사용가치의 손실은 고려하지 않고 있다. 그 제한의 결과 해양환경, 서식지, 야생 동 · 식물의 멸종 등 자연자원에 대한 지접적 피해에 대해서는 배상이 이루어질 수 없는데, 이는 환경사용가치에 대한 손실을 사회나 피해자가 부담하게 된다는 것을 의미하는 것으로써, 오염자 부담원칙에 충실하지 않은 결과를 초래하고 있다. 이러한 부당한 결과는 생물다양성이 해당 피해지역 경제의 중요한 요소를 이루는 경우 첨예한 분쟁을 야기할 수 있다.

또한 비교적 넓게 면책사유를 인정하고 있는데,[63] 특히 면책사유 중의 하나인 등대나 기타 항행보조시설 관리당국의 부주의나 부당한 행위에 의하여 오염피해가

63) 미국 유류오염법은 불가항력, 전쟁, 제3자의 행위만을 면책사유로 하고 있다. 33 U. S. C. § 2703(a).

발생한 경우는 자칫 선박소유자의 책임회피수단으로 악용될 소지가 있으며, 소송의 지연으로 이어지면서 신속한 구제를 방해할 수 있다.

선박소유자가 책임제한의 혜택을 받을 수 없는 경우는 사고가 선박소유자의 고의나 무모한 행위에 기인하였을 경우로 제한된다. 이는 미국 유류오염법(OPA)에서 선박소유자가 책임제한을 주장할 수 없는 사유로 선박소유자의 안전, 건조, 운행 등과 관련한 연방규정 위반의 경우, 사고에 대한 보고를 하지 아니한 경우 또는 복구행위에 협력하지 않은 경우도 예시함으로써 광범위하게 예외규정을 두고 있는 것과 대비된다.[64] 이와 같은 책임제한원칙에 대한 좁은 예외는 형평의 원칙에 반할 수 있으며, 오염피해의 예방 및 감소에 대한 선박소유자의 유인을 반감하고 있다.

민사책임협약은 배상청구소송에 대한 법정지(法定地), 관할권 등의 문제에 대하여 명쾌한 답을 하지 않고 있다. 이는 적용 법의 충돌, 재판정의 사냥(forum shopping), 집행의 문제 등을 야기한다. 비당사국의 영해에서 유류 유출이 발생한 경우 민사책임협약이 적용되지 않으며, 민사책임협약에 따라 이루어진 판결에 대한 책임을 회피하기 위하여 선박소유자가 비당사국 관할권으로 도망한 경우 그 집행이 이루어지지 못하는 경우도 발생할 수 있다.[65] 관련 소송은 오랫 동안 진행될 수 있으며, 배상 지급은 지연될 수 있다. 아모코 카디즈호 유류 유출사고와 관련한 배상청구소송이 13년간에 걸쳐 이루어진 것이 좋은 예이다. 소송 지연은 피해자에 대한 신속한 구제를 방해한다.

---

64) 33 U. S. C. § 2704(c).

65) Michael A. de Gennaro(각주 59), 275 내지 276면.

제 5 절 해난구조와 긴급대응

협약명	채택일 (발효일)	주요 내용	당사국수	우리나라 가입일 (발효일)
유류오염사고 시 공해상 개입에 관한 국제조약	1969.11.29. (1975.5.6.)	-공해상에서 유류오염 피해를 방지하기 위해 필요한 조치의무	92 (2020.1. 현재)	미가입 (-)
유류 이외의 물질에 의한 오염 시 공해상 개입에 관한 의정서	1973.11.2. (1983.3.30.)	-공해상에서 유류 이외의 물질에 의한 오염 피해를 방지하기 위해 필요한 조치의무	60 (〃)	미가입 (-)
해난구조에 관한 국제협약	1989.4.28. (1996.7.14.)	-해난구조 및 배상	74 (〃)	미가입 (-)
유류오염의 대비, 대응 및 협력에 관한 국제협약(OPRC)	1990.11.30. (1995.5.13.)	-유류오염 사고 시 신속한 방제 및 해양환경 보전	114 (〃)	1999.11.9. (2000.2.9.)
위험 · 유해물질에 의한 오염사고의 대비, 대응 및 협력에 관한 의정서(OPRC-HNS 의정서)	2000.3.15 (2007.6.14.)	-위험 · 유해물질에 의한 오염사고의 대비, 대응 및 국제협력	40 (〃)	(2008.1.11.) (2008.4.11.)

〈http://www.imo.org〉

Ⅰ. 유류오염사고 시 공해상 개입에 관한 국제조약

1967년 토리 캐년호 사고는 유류오염사고 시 공해상 개입에 관한 국제조약[1]을 탄생시켰다. 1969년 11월 브뤼셀에서 채택된 이 조약은 당사국으로 하여금 유류오염 또는 그 위협으로 인하여 자국 연안 또는 관련 이익(해상사고로 직접적으로 영

1) Convention Relating to Intervention on the High Seas in Case of Oil Pollution Casualties, 9 I. L. M. 25 (1970).

향을 받거나 위협받는 이익)에 가해진 중대하고 긴급한 위험을 방지 · 경감 또는 제거하기 위하여 공해상에서 필요한 조치를 취할 수 있도록 하고 있다.[2] 그러나 군함 또는 국가가 소유하거나 운항하는 정부선박에 대해서는 이 협약에 따른 조치를 취할 수 없다.[3] 이러한 조치를 취함에 있어서는 일정한 절차가 요구된다. 예컨대, 연안국은 필요한 조치를 취하기 전에 타국, 특히 기국(flag State)과 협의해야 하고, 취하려고 하는 조치의 내용을 영향을 받을 것으로 예상되는 개인 또는 기업에게 통지하여야 하며, 전문가와 협의할 수 있다. 다만, 긴급한 경우에는 사전 통지나 협의절차가 요구되지 않는다.[4] 취해진 조치는 실제 손해와 비례적이어야 하고 제1조의 목적을 달성하기 위해 필요한 합리적인 범위 내이어야 하며, 그 목적이 중지되었을 경우에는 즉시 해당 조치를 중지하여야 한다.[5] 취해진 조치로 피해가 발생한 경우 해당 국가는 제1조의 목적을 달성하기 위하여 필요한 합리적인 한도를 초과한 범위에서 이를 배상하여야 한다.[6]

이 협약은 해양사고로 자국 연안이 위협받는 경우 자국 영해가 아닌 공해상에서 방어조치를 취할 수 있도록 하고 있다. 조치 권한의 기초를 이루는 사고는 긴급피난이라고 할 수 있다. 위협을 받는 해당 당사국이 취할 수 있는 조치는 합리적이어야 하고 비례성을 유지하여 한다. 취해진 조치로 인하여 과대한 피해가 발생한 경우에는 피해국에게 배상하도록 하고 있는데, 이는 해상 개입을 꺼리는 한 요인으로 작용할 수 있다.

이 협약에 대한 의정서가 1973년 11월 런던에서 채택되었다: 유류 이외의 물질에 의한 해양오염 시 공해상 개입에 관한 의정서.[7] 이 의정서는 당사국에게 해양사고로 인해 연안 환경에 실제 발생한 또는 위협이 되는 '유류 이외의 물질'에 의한 오염에 대해서도 공해상에서 차단할 수 있는 조치를 취할 수 있는 권한을 부여하고 있다. 이 의정서가 규제대상으로 하는 '유류 이외의 물질'은 부속서에서 정하고 있는데, 여기에는 유류, 유해물질류, 액화가스류, 방사성물질 등이 포함되어 있다.[8]

---

2) *Id.* 제1조 제1항.
3) *Id.* 동조 제2항.
4) *Id.* 제3조
5) *Id.* 제5조.
6) *Id.* 제6조.
7) Protocol to the Convention Relating to Intervention on the High Seas in Cases of Marine Pollution by Substances Other than Oil, 13 I. L. M. 605 (1974).
8) *Id.* 부속서.

Ⅱ. 해난구조에 관한 국제협약

1989년 국제해사기구의 주관으로 채택된 해난구조에 관한 국제협약[9]은 해난구조에 덧붙여 해양환경을 보호하기 위한 규정을 두었다. 이 협약은 해난 구조자에게 배상금을 지급함으로써 해난구조를 장려하고 해양환경오염을 방지 내지 감소하도록 하고 있다. 동 협약상 모든 선박은 해양에서 실종 위기에 있는 사람에게 지원을 제공할 의무가 있으며, 당사국들은 이러한 의무를 시행하기 위해 필요한 조치를 채택하여야 한다.[10] 해난구조 활동이 '유익한 결과(useful result)'를 가져왔을 경우에 한하여 구조자에게 배상이 지급된다.[11] 배상액은 구조된 선박의 가치, 환경피해를 방지 · 감소하기 위해 구조자가 들인 기술과 노력 등 여러 기준을 고려하여 산정한다.[12] 구조자가 환경피해를 방지하거나 감소한 경우에는 구조비용에 30%까지 증액된 특별 배상금이 지급될 수 있다. 공평하고 정당하다고 인정되는 경우에는 100% 이내에서 증액할 수 있다.[13] 그러나 구조자가 과실로 환경피해를 방지하거나 감소하지 못한 경우에는 특별 배상금의 전부 또는 일부를 받지 못할 수 있다.[14]

이 협약은 구조법에 환경보호를 접목하였다고 할 수 있다. 전문에서 환경보호에 대한 관심을 표명하고, 당사국의 의무로 환경피해의 방지 · 감소를 예시하고,[15] 배상기준의 하나로 환경피해를 방지 · 감소하기 위해 구조자가 들인 기술과 노력을 들고 있으며,[16] 환경피해를 방지하거나 감소한 경우에는 특별 배상금이 지급되도록 한 것이 좋은 예이다. 구조의 장려와 환경보호를 위해 이 협약이 채택하고 있는 것은 배상금 지급으로 요약되는 유인의 제공이다. 특히 구조된 재산가치만으로 제한되지 않는 특별 배상금은 구조를 촉진할 것이다. 그러나 구조활동이 유익한 결과를 가져와야 한다는 배상 조건은 당사국들로 하여금 구조활동을 꺼리게 할 수 있다. 유익한 결과에 대해서는 당사국들마다 주관적인 판단을 할 수밖에 없다. 배상의 기초가 되는 구조비용에 대해서도 그 기초, 범위, 산정 방법 등에 대하여 논

9) International Convention on Salvage Convention, 1953 U.N.T.S. 193 (1989).
10) *Id.* 제10조.
11) *Id.* 제12조.
12) *Id.* 제13조.
13) *Id.* 제14조 제2항.
14) *Id.* 동조 제5항.
15) *Id.* 제8조 제1항(b).
16) *Id.* 제13조 제1항(b).

란이 예상된다.

Ⅲ. 유류오염의 대비, 대응 및 협력에 관한 국제협약

1967년 토리 캐년호 사고 이후 선진 각국은 유류오염사고에 대비한 방제체제를 구축하고 방제능력을 확충해 왔다. 그러나 수십만톤의 대형 유출사고가 발생한 경우 한 국가의 능력으로는 효과적인 방제가 어렵다는 것을 깨닫게 되었다. 1989년 엑슨 발데즈호 사고의 여파로 가장 우수한 방제능력을 가지고 있다고 자부하던 미국조차 유류오염법(OPA)을 제정하고 방제체제 및 규제방법을 대폭 개선하게 되었다. 이로 인해 세계 각국에서는 유류오염사고에 대한 방제체제를 정비하여 신속하고 효과적인 방법으로 해양환경피해를 최소화하는 일이 큰 과제로 등장하게 되었다.

이런 차원에서 해양환경의 보호를 다룬 협약으로 비교적 최근에 만들어진 것이 1990년 런던에서 체결된 유류오염의 대비, 대응 및 협력에 관한 국제협약(OPRC)[17]이다. 이 조약의 주요한 목적은 선박 · 연안시설물 · 항구 그리고 유류취급시설에 의한 유류오염사고에 대응하고 사고 시 국제협력을 증진하는 것이다. 이 협약은 사전배려의 원칙, 오염자 부담의 원칙을 수용하고 국가간 상호원조와 국제협력의 필요성을 강조하고 있다.[18] 이에 따라 당사국은 오염사고에 대비하고 대응할 모든 적절한 조치를 취하여야 한다.[19] 여기에는 선박 · 연안시설물 · 항구 그리고 유류취급시설의 유류오염 비상계획, 유류오염 보고절차 그리고 유류오염의 대비와 대응을 위한 국가체제의 수립 등이 포함된다.

1. 유류오염 비상대응계획의 수립

각 당사국은 기국 선박, 자국 관할권 내의 연안시설의 운영자, 항만 및 취급시설의 당국자 또는 운영자로 하여금 유류오염 비상계획(Emergency Plan)을 수립 · 비치하도록 하여야 한다. 선박의 유류오염 비상계획은 국제해사기구가 채택한 규정에 부합해야 하고, 그 밖의 비상계획은 유류오염의 대비와 대응을 위한 국가체

---

17) International Convention on Oil Pollution Preparedness, Response and Cooperation (OPRC), 30 I. L. M. 735 (1991). 동 협약의 의정서가 2000년 채택(2000. 6. 14. 발효)되었다.

18) *Id.* 전문.

19) *Id.* 제1조.

제에 부합하고 권한 있는 국가 당국자가 정한 절차에 따라 승인하여야 한다.[20)]

2. 유류오염 보고절차

이 협약은 유류의 배출 또는 그 가능성이 있는 경우 유류오염 보고를 위한 절차를 규정하고 있다. 이에 따르면 선장 또는 선박을 관리하는 자는 유류배출이나 유류배출의 우려가 있는 경우 또는 해상에서 사고를 발견한 경우에 가장 가까운 연안국에 보고하고, 연안시설을 관리하는 자는 이를 관할 연안국에 보고해야 한다. 이러한 보고의무는 항구 및 유류취급시설의 책임자, 해양순시선, 항공기 등에도 확장 · 적용된다.[21)]

유류오염사고를 보고받은 당사국은 사고의 성질 · 범위 및 예상되는 결과를 평가하고, 평가내용 및 사고처리를 위해 취한 조치 및 향후 취할 조치, 기타 정보사항을 유류오염사고에 의해 영향을 받거나 받을 것으로 예상되는 모든 국가에 통보하여야 한다. 그리고 사고의 중대성이 인정되는 경우에는 직접 또는 지역조직을 통해 국제해사기구에도 통보하여야 한다.[22)]

3. 유류오염에 대비 · 대응하기 위한 국가 및 지역체제

각 당사국은 유류오염사고에 신속하고 효과적으로 대처할 수 있는 국가체제를 구축하여야 한다. 이러한 국가비상대응체제에는 권한 있는 책임당국자, 오염사고 보고의 접수 및 전달기관, 국가를 대표해서 지원요청 및 지원을 결정하는 권한을 가진 당국자의 지정 등이 포함되어야 한다.

또한 각 당사국은 국제해사기구의 지침을 고려하여 공 · 사를 불문하고 관련 기관의 조직적 연계를 포함하는 유류오염대비 및 대응을 위한 국가비상대응계획(National Contingency Plan)을 준비하여야 한다.[23)]

한편, 각 당사국은 자국의 능력 범위 내에서 유류 · 선박업계 및 항만당국 등과 협력하여 다음과 같은 사항을 정하여야 한다: ① 유출사고의 위험에 상응하는 방제장비의 사전배치 및 그 사용에 관한 최소기준; ② 유류오염 대응조직의 훈련 및 관계요원의 양성프로그램; ③ 유류오염사고에 대처하기 위한 세부 실행계획 및 통

---

20) *Id.* 제3조.
21) *Id.* 제4조.
22) *Id.* 제5조.
23) *Id.* 제6조 제1항.

신능력; ④ 유류오염사고에 대한 대응과 필요한 자원의 동원능력을 조화시키기 위한 메커니즘.[24]

4. 유류오염 대응에서의 국제협력

협약은 유류오염 대응에 있어 국제협력의 증진 필요성을 강조하고 있다. 비록 “자국의 능력 범위 내”라는 단서가 있지만, 당사국들은 사고의 중대성이 인정되는 경우 유류오염사고에 대응하는 것을 목적으로 협력하고, 조언하고 기술이나 장비 지원에 응할 것에 대하여 합의하였다.[25]

부속서는 지원비용의 상환 및 변제 문제를 다루고 있다. 이에 따르면 명시적으로 지원을 요청한 국가는 지원국에게 방제조치비용을 상환해야 하고, 자발적으로 지원한 국가는 스스로 비용을 부담해야 한다. 명시적으로 지원을 요청한 국가는 별도의 합의가 없는 한 자국의 법률과 관행에 따라 방제비용을 정산하며, 방제비용의 완전한 배상이 불가능한 경우 지원국에게 비용의 감면을 요구할 수 있고, 지원국은 이를 고려하여야 한다.

5. 연구 · 개발 및 기술협력

당사국들은 유류오염대비 · 대응 능력의 향상을 위한 연구와 개발의 촉진, 기술협력 등에 대하여 합의하였다.[26] 또한 당사국들은 유류오염에 대한 대비 · 대응을 위한 양자 · 다자조약의 체결을 위하여 노력하기로 하였다.[27]

6. 평　　가

1990년 이 협약의 채택 당시 개최된 회의는 국제해사기구가 주관한 회의 사상 가장 큰 규모인 90여 개 국가가 참가할 정도로 세계의 주목을 받았다. 협약은 채택 후 단기간(5년)에 발효 요건을 충족하였다. 이러한 사실은 유류오염 방제와 관련해서 국제사회의 공동 대응이 그만큼 절실하다는 것을 보여주는 것이다. 이 협약은 1974년 해상에서의 인명안전을 위한 협약, 해양오염방지협약(MARPOL 73/78),

---

24) *Id.* 동조 제2항.
25) *Id.* 제7조.
26) *Id.* 제8조, 제9조.
27) *Id.* 제10조.

민사책임협약, 기금협약, 유엔해양법협약 등에 의하여 만들어진 기존 국제해양법체제를 보완하는 역할을 하고 있다. 이 협약의 가장 중요한 내용은 각 당사국에게 부과된 유류오염대비 및 대응을 위한 국가비상대응계획의 수립의무라고 할 수 있다. 이는 가입국에게 인적 · 물적 부담으로 작용할 수밖에 없다. 이는 조약가입을 꺼리는 원인으로 작용한다. 우리나라가 비교적 늦은 1999년에야 가입하게 된 것도 국가비상대응계획의 수립이 쉽지 않았기 때문인 것으로 알려지고 있다.

Ⅳ. 위험 · 유해물질에 의한 오염사고의 대비, 대응 및 협력에 관한 의정서

위험 · 유해물질에 의한 오염사고의 대비, 대응 및 협력에 관한 의정서(OPRC－HNS의정서)[28]는 OPRC협약처럼 해양오염 사고 또는 그 위협을 방지하기 위해서 국가적 대비, 대응체제를 마련하고 국제협력을 위한 국제적 골격을 제공하는 것을 목적으로 하고 있다. 이를 위해 동의정서는 위험 · 유해물질을 유류 이외의 물질로서, 해양환경에 투입된 경우 인간의 건강에 위험을 초래하거나 생물자원과 해양생물체에 해를 끼치거나 쾌적성에 피해를 끼치거나 해양의 다른 적법한 이용을 해칠 우려가 있는 물질로 정의하고 있다.[29]

동의정서는 기존 유류오염사고에 대비한 체제와 유사하게 위험 · 유해물질을 운반하는 선박이 대비, 대응체제에 의해 다루어지는 것을 보장한다. 여기에는 비상계획과 보고가 포함된다.[30] 당사국들에게는 국가적으로 또는 다른 국가들과 협력함에 있어 오염사고를 다루기 위한 조치를 수립할 것이 요구된다.[31]

28) Protocol on Preparedness, Response and Co－operation to Pollution Incidents by Hazardous Substances.

29) *Id.* 제2조 제2항. 이러한 정의는 위험 · 유해물질 해상운송책임협약(HNS협약)상의 위험 · 유해물질에 대한 개념 정의와 사뭇 다르다.

30) *Id.* 제3조.

31) *Id.* 제4조 내지 제5조.

제 6 절 해양생물자원의 보전

협약명	채택일 (발효일)	주요내용	당사국 수	우리나라 가입일 (발효일)
포경규제협약 (ICRW)	1946.12.2. (1948.11.10.)	- 고래자원의 보전과 포경산업의 육성	88 (2020.1. 현재)	1978.12.29. (1978.12.29.)
어족보전협정	1995.8.4. (2001.12.11.)	- 경계왕래 어족과 고도회유성 어족의 장기적인 보전과 지속가능한 이용의 확보	90 (〃)	1996.11.26. (2008.3.2.)

〈http://www.iwcoffice.org〉; 〈http://www.un.org/Depts/los〉

Ⅰ. 유엔해양법협약상의 해양생물자원 보전

유엔해양법협약은 당사국에게 해양생물자원을 보전·관리할 의무를 부과하고 있다. 이러한 목적을 달성하기 위하여 협약은 생물자원의 보전과 이용에 관하여 규정하고 있다. 이에 따르면 당사국은 희귀하거나 취약한 생태계, 고갈 또는 멸종위기에 처한 종, 그 밖의 해양생물의 서식지를 보호·보전하는 데 필요한 조치를 취할 의무가 있다.1)

연안국과 공해상에서 어로활동을 하는 선박 간의 긴장관계는 어로의 국제규제와 관련하여 심한 갈등을 발생하고 있다. 유엔해양법협약은 이러한 갈등의 핵심인 생물자원의 개발과 소유권 문제를 직접 다룸으로써 문제를 돌파하고자 하였다. 이에 따르면 연안국은 영해에서 어로 활동을 규제하는 독점적인 주권을 가지고 있다. 배타적경제수역에서 연안국은 생물 또는 비생물을 불문하고 자연자원을 개발·이용·관리할 권리를 보유하고 있다.2) 그러나 이러한 권리는 해양생물자원을 관리·보전할 책임을 수반한다. 즉 배타적경제수역에서의 해양생물자원의 보전과 관련하여 이 협약은 연안국에게 생물자원의 허용 어획량을 결정하도록 하되, 이용

1) United Nations Convention on the Law of the Sea(UNCLOS), 21 I. L. M. 1261 (1982), 제194조 제5항.

2) *Id.* 제56조.

가능한 최선의 과학적 증거를 고려하여 남획으로 인하여 생물자원의 유지가 위태롭게 되지 않도록 적절한 보전 · 관리조치를 취할 것을 요구하고 있다. 그 조치는 관련 환경적 · 경제적 요소를 감안하여 최대 지속가능한 생산량(maximum sustainable yield)을 생산할 수 있는 수준으로 어획되는 종의 자원량이 유지 또는 회복되도록 계획되어야 한다.[3] 연안국은 어획되는 어종에 관련되거나 이에 의존하는 어종의 자원량을 재생산이 현저히 위태롭지 아니할 수준 이상으로 유지 또는 회복시키기 위하여 어획되는 어종에 관련된 어종 또는 의존하는 어종에 미치는 영향을 고려하여야 한다.[4] 또한 연안국은 전체 허용 어획량을 어획할 능력이 없는 경우에는 협정 등을 통하여 해양이 없는 국가(land-locked states)와 지리적으로 불리한 국가에 대한 특별한 고려를 하여 다른 국가들이 허용 어획량의 잉여분에 대하여 어획할 수 있도록 하여야 한다.[5]

한편, 해양법협약은 역사적으로 많은 국제 분쟁을 야기해 온 4개 군의 어족에 대하여 일반 규정을 두고 특별히 다루고 있다: ① 경계왕래 어족(straddling stocks), ② 고도회유성 어족(highly migratory species), ③ 소하성(溯河性) 어족(anadromous species), ④ 강하성(降下性) 어족(catadromous species).[6] 경계왕래 어족은 배타적경제수역과 공해를 회유하며 서식하는 어족(예컨대, 고등어)을 말하며, 고도회유성 어족이란 여러 국가의 관할수역과 공해를 회유하는 어족(예컨대, 참치, 넙치)을 말한다.[7] 소하성 어족이란 하천에서 태어나 해양에서 대부분의 생을 보내다가 산란하기 위하여 하천으로 돌아가는 어족(예컨대, 연어)을, 강하성 어족이란 이와 반대로 하천에서 대부분의 생을 보내다가 산란하기 위하여 바다로 돌아가는 어족(예컨대, 뱀장어)을 말한다.

고래, 물개 등과 같은 해양포유동물은 번식력이 약해 남획되는 경우 멸종의 우려가 있다. 이미 상당수의 해양포유동물은 멸종위기에 처해 있어 1973년 멸종위기에 처한 야생 동 · 식물 국제거래에 관한 협약(CITES)[8]에서 보호되고 있다. 이러한 점을 고려하여 유엔해양법협약은 이들 해양포유동물에 대한 보전문제를 다루고 있다. 즉 연안국이나 국제기구는 협약의 배타적경제수역에 관한 협약 규정보다 엄격

3) *Id.* 제61조 제1항 내지 제3항.
4) *Id.* 동조 제4항, 제120조.
5) *Id.* 제62조 제2항.
6) *Id.* 제63조 내지 제67조.
7) 이 협약은 고도회유성 어족에 속하는 어족을 부속서 I 에서 구체적으로 열거하고 있다.
8) Convention on International Trade in Endangered Species of Wild Founa and Flora (CITES), 12 I. L. M. 1085 (1973).

하게 포유동물의 포획을 금지 · 제한 · 규제할 수 있는 권한을 가진다. 당사국은 해양포유동물의 보전을 목적으로 그 보전 · 관리 · 연구를 위하여 적절한 국제기구를 통해 협력할 의무가 있다.[9] 적절한 국제기구로는 국제포경위원회(International Whaling Commission: IWC)를 들 수 있다. 이와 같은 규정은 공해상의 포유동물의 보전과 관리에도 그대로 적용된다.[10]

최근 국제사회는 국가관할권 이원지역(areas beyond national jurisdiction)의 해양생태계 및 생물다양성 보전과 지속가능한 이용에 한계가 있다는 점에 공감을 하는 한편, 현재의 유엔해양법협약 체제로는 이러한 문제를 해결하는 데 한계가 있다는 점을 확인하였다. 무엇보다도 공해자유의 원칙을 엄격히 따를 경우 국가관할권 이원지역(예컨대, 공해, 심해저, 남극 등)의 해양생물다양성을 보전하기 위한 관리 · 규제는 공백상태에 있다는 것이다.

이러한 배경에서 2004년 유엔 총회 결의(59/24 결의)에 따라 임시작업반(Ad Hoc Open−ended Informal Working Group)이 출범하면서 국가관할권 이원지역의 생물다양성(BBNJ) 관련 논의가 시작되었다. 2006년 설치되어 2015년까지 9차례의 회의를 거친 임시작업반은 국가관할권 이원지역의 생물다양성 보전과 지속가능한 이용을 위해 광범위한 글로벌 체제의 필요성을 강조하면서 '법적 구속력이 있는 문서'의 개발을 유엔총회에 제안하였다. 2015년 유엔총회에서는 결의안(69/292 결의) 채택을 통하여 기존 체제를 저해하지(undermine) 않는 범위에서 다음 4개 의제를 중심으로 법적 구속력이 있는 문서를 제정할 것을 합의하였다: ① 이익공유를 포함하는 해양유전자원(marine genetic resources); ② 해양보호구역(marine protected areas)을 포함하는 구역기반관리수단(Area−based management tool); ③ 환경영향평가; ④ 역량강화와 해양기술이전. 아울러 준비위원회(Preparatory Committee) 설치가 합의되었는데, 이에 따라 2016년부터 2017년까지 4차례 회의가 이루었다.[11]

본격적인 문안 협상은 준비위원회의 권고에 따라 2017년 유엔총회가 BBNJ 문안을 상세하게 마련하기 위한 정부간회의(Intergovernmental Conference)를 설립하기로 하면서(72/249 결의) 시작되었다. 2020년 코로나−19 팬데믹 상황에 따라 공식 논의가 중단되는 등 난항을 거치면서 5차례 정부간회의가 개최되었는데, 비록

---

9) 유엔해양법협약(각주 1), 제65조.

10) *Id.* 제120조.

11) 논의 경과에 대한 자세한 내용은 조아영, "BBNJ에 대한 논의 내용과 그 함의", 환경법연구 제39권 제3호, 2017, 환경법연구, 231 내지 232면. https://www.un.org/bbnj/content/background 참조.

마무리 단계이지만 5차 회의가 이루어진 2022년 8월 현재까지 완전한 합의 문구를 마련하는 데는 이르지 못하였다.[12)]

국제사회는 유엔총회 결의(2004년)안 채택 이후 약 18년 동안 BBNJ 관련 논의를 지속하고 있다. 여기에는 예기치 못한 코로나-19 팬데믹 상황도 있지만 해양자원(생물 · 유전자원)을 대하는 선진국과 개도국의 입장 차가 워낙 크기 때문이라는 점을 무시할 수 없다. 그 배경에는 기존 공해역 체제가 자리잡고 있다. 공해자유원칙의 강조, 공해와 심해저의 구별 등이 좋은 예이다. 이를 둘러싸고 개도국은 해양유전자원에 심해저와 마찬가지로 인류공동유산 개념이 적용되어야 한다고 주장하고 있다. 이에 반해 선진국은 심해저의 물적 범위는 광물자원에 국한하여야 하며, 인류공동유산 개념을 해양유전자원에 확장, 적용하는 것을 반대하고 있다. 말하자면 공해자유원칙과 인류공동유산원칙의 대립이라고 압축할 수 있을 것이다.[13)] 이러한 입장 차가 좁혀지지 않는 한 그 해결은 난망할 수밖에 없을 것이다.

인류공동유산의 대상을 심해저로 한정하는 것은 공해자유의 원칙이 국제규범화되기 이전에는 상상할 수 없었던 것으로 이에 집착할 경우에는 국가관할권 이원지역의 해양생태계 및 생물다양성 보전 해결은 난망할 수밖에 없다. 유엔해양법협약이 탄생하고 40년 정도가 지난 이 시점에서 국제사회의 환경 가치에 대한 인식제고, 과학 · 기술 발전 등 상황은 이전에 비해 많이 바뀌었다고 할 수 있다. 이와 더불어 미래세대를 위한 해양생태계 및 환경 보전 필요성도 무시할 수 없게 되었다. 이는 새로운 해양질서를 요구하는 동인으로 작용하고 있다. 이에 따라 또 한 번의 새로운 국제규범 탄생이 예고되고 있다. 이를 위해서는 새로운 시대 상황에 맞는 실용적인 접근이 필요해 보인다. 인류공동유산의 확대 적용이 좋은 예이다. 같은 맥락에서 인류공동유산 자체에 대한 논의에 집착하기보다는 해양유전자원으로부터 발생하는 이익공유의 유형과 방법, 공유된 이익의 용도 등으로 논의를 전환하는 접근이 필요해 보인다. BBNJ 협약은 공해역과 관련한 새로운 해양질서를 창출하는 것으로서, 인류에게 새로운 기회와 숙제를 주고 있다.

---

12) 2022. 9. 현재 제5차 정부간회의에서 제안된 BBNJ 수정 초안은 https://documents-dds-ny.un.org/doc/UNDOC/GEN/N22/368/56/PDF/N2236856.pdf?OpenElement 참조.

13) 모영동 · 이창열, "공해자유원칙과 인류공동유산원칙의 관계에 관한 연구 -BBNJ 협정상 쟁점을 중심으로-", 국제법평곤, 2020-Ⅲ(통권 제57호), 2020, 94면 이하 참조

Ⅱ. 물개보전협약 등

공해상의 어업 자유를 확인한 1893년 베링해 물개(Behring Sea Seals) 사건 이후 영해 밖에서 서식하는 해양포유동물의 하나인 물개가 남획될 우려가 있어 이를 조약으로 규제하게 되었다. 1911년 일본, 미국, 영국, 러시아(구 소련) 등은 물개의 보존과 보호에 관한 조약[14]을 체결하였고, 1957년 북태평양 물개의 보전을 위한 잠정협약[15]을 체결하였다. 1957년 협약은 물개의 포획을 원칙적으로 금지하였으나 연구를 목적으로 한 일정량의 포획은 허용하였다. 이 협약은 그 이후 수차 개정을 거치다가 1984년 효력이 상실되었다.

남극에서의 상업적인 물개 포획은 금지된다. 1972년 남극물개보전협약(CCAS)[16]은 협약(제1조)에 명시된 6개 종에 대한 살상이나 포획을 금지하고 있다.[17] 그러나 허가제도를 통해 인간을 위해 필수불가결한 식량, 과학적 조사, 박물관, 교육 · 문화기관의 표본에 제공하기 위한 물개의 포획을 제한적으로 허용하고 있다(자세한 내용은 제9장 제2절 Ⅲ. 참조).[18] 남극물개는 1991년 환경보호에 관한 남극조약의정서(마드리드의정서)[19]에 의해서도 보호된다. 부속서Ⅱ(여기에는 물개가 포함되어 있음)에서는 남극동 · 식물종의 보전에 관해서 규율하고 있는데, 허가가 있는 경우를 제외하고 남극 고유의 동 · 식물에 대한 포획(taking)이나 유해한 간섭(harmful interference)은 금지된다.[20] 허가는 과학적 연구, 박물관, 동 · 식물원, 그 밖의 교육 · 문화기관의 사용 그리고 과학적 활동 및 과학지원시설의 건설 및 운영의 결과 피할 수 없는 경우를 위해서만 발급될 수 있다(자세한 내용은 제9장 제2절 Ⅴ. 참조).[21]

---

14) Treaty Respecting Measures for the Preservation and Protection of Fur Seals (1911).
15) Interim Convention on Conservation of North Pacific Fur Seals (1957).
16) Convention for the Conservation of Antarctic Seals, 29 U.S.T. 441, 11 I. L. M. 251 (1972).
17) *Id.* 제2조.
18) *Id.* 제4조.
19) Protocol on Environmental Protection to the Antarctic Treaty, 30 I. L. M. 1461 (1991).
20) *Id.* 부속서 Ⅱ, 제3조 제1항.
21) *Id.* 동조 제2항.

Ⅲ. 1946년 포경규제협약

1. 배 경

고래는 번식력이 약해 남획되는 경우 멸종의 우려가 크다. 오래 전부터 식량, 기름 등의 목적으로 남획되면서 이제는 멸종의 위기에 처하게 되었다. 더욱이 고도의 그리고 대량의 어획 기술이 도입되면서 멸종 위기의 속도가 가속화되고 있다. 고래의 급격한 감소는 국제사회로 하여금 1931년 포경의 규제를 위한 협약(CRW)[22]을 채택하도록 하였다. 포경 규제를 위한 최초의 국제조약이라고 할 수 있는 이 조약은 보호대상을 새끼고래나 암고래 등에 국한하고, 이행조치를 규정하지 않는 등 무절제한 포경과 이로 인한 고래의 급감을 막기에는 너무나 나약하였다. 그나마 이 협약 체제는 2차 대전의 발발로 종말을 고하였다. 이러한 사이 고래의 수는 계속 감소되어 멸종에 대한 위기의식이 국제사회에 확대되었다.

전승국인 미국은 이러한 국제사회의 기류를 간파하고, 고래를 보전하기 위한 새로운 국제협약의 도입을 주도하였다. 그 결과 1946년 포경의 규제를 위한 국제협약(포경규제협약: ICRW)[23]이 채택되었는데, 이는 고래를 보전하기 위한 중요한 국제공동노력의 결과물인 것이다. 이 협약은 고래의 멸종을 효과적으로 막기 위하여 국제포경위원회(International Whaling Commission: IWC)를 설치하는 등 이전의 1931년 포경의 규제를 위한 협약보다 강력한 규제체제를 마련하였으나 포경국의 이해관계로 인하여 시련이 계속되고 있다.

2. 주요 내용

가. 목 적

이 협약은 전문에서 고래자원의 적절한 보전과 포경산업의 질서 있는 발전을 그 목적으로 하고 있다고 명시하고 있다. 고래자원의 보전과 포경산업의 육성은 상충되는 것으로 포경국가들과 고래의 보전을 강조하는 국가들 간에 이 협약의 목적을 둘러싸고 치열한 신경전이 벌어지고 있다. 초창기에 당사국들은 경제 이익을 위한 고래의 활용이라는 기본원칙에 동의하였고, 이 협약에 의하여 창설된 국제포

22) Convention for the Regulation of Whaling(CRW), 155 U. N. T. S. 349.
23) International Convention on the Regulation of Whaling(ICRW), 161 U. N. T. S. 72.

경위원회는 포경국가들의 이익 보호에 초점을 맞추었다. 그러나 1970년대 국제포경위원회는 방향을 선회하여 고래의 보전에 주력하기 시작하였다. 이러한 정책의 변화에는 고래의 급감, 고래 남획에 반대하는 공중의식의 향상, 포경에 대한 비정부기구의 반대, 다수의 비포경국가들의 국제포경위원회에의 참여, 포경정책에 영향을 미치는 다수의 국내법 제정과 조약 체결 등이 복합적으로 영향을 미쳤다.[24] 급기야 1972년 스톡홀름회의에서는 10년간의 포경 유예(moratorium)를 참여국 찬성 53, 반대 0으로 결정하였다. 여기에 유엔환경법협약의 채택을 위한 계속적인 협상도 국제포경위원회의 정책 변화를 재촉하였다.[25] 결국 1982년 국제포경위원회는 상업적 포경을 전면금지하는 모라토리움을 압도적인 표차로 채택하기에 이르렀다.[26] 1986년부터 발효하여 아직까지 시행되고 있는 모라토리움은 국제포경의원회가 포경산업의 육성보다는 고래자원의 보전에 더 큰 관심을 갖고 있음을 단적으로 보여주는 포경 규제역사에서 극적인 사건이라 할 수 있다.

나. 적용 범위

포경규제협약은 특정 지역에 한정되지 않고 포경이 이루어지는 전 수역에 적용된다. 즉 체약당사국 정부의 관할권하에 있는 모선(factory ships), 육상처리장(land stations)과 포경선(whale catchers)에 의해 포경이 이루어지는 모든 수역에 적용된다.[27]

다. 국제포경위원회

포경규제협약이 포경 규제를 위해 국제사회에 공헌한 것 중 가장 주목할만한 것은 구속력 있는 규정을 시행할 권한을 가지고 있는 국제포경위원회의 설치라고 할 수 있다. 이 위원회는 각 회원국에서 1인씩 파견하는 위원들로 구성되며,[28] 각 위원은 1개의 투표권을 가진다.[29] 국제포경위원회의 주요 임무는 포경활동을 규제

---

24) Cinnamon Pinon Carlarne, *Saving the Whales in the New Millenium: International Institutions, Recent Developments and the Future of International Whaling Policies,* 24 Va. Envtl. L. J. 1, 6 (2005).

25) *Id.* 7면.

26) IWC Moratorium, Chairman's Report of the Thirty－Fourth Annual Meeting, in Thirty－Third Report of the International Whaling Commission [1981~82] 20, 20~21 (1983). 이 모라토리움은 찬성 25, 반대 7 그리고 기권 5로 채택되었는데, 여기에는 비포경국가의 국제포경위원회 참여가 크게 영향을 미쳤다.

27) 포경규제협약(각주 22), 제1조 제2항.

28) 우리나라도 1978년부터 국제포경위원회에 위원을 파견하고 있다. http://www.iwcoffice.org/commission/members.htm.

하는 이행계획(Schedule)에서 정한 내용에 대한 계속적인 심사와 개정이다. 또한 고래자원과 포경에 대한 연구와 조사를 장려 · 권고 또는 주관하며, 고래 자원의 유지와 증가를 위한 방법과 관련한 정보 · 연구결과를 보급한다.

이 위원회는 특히 다음과 같은 내용의 이행계획을 수립할 수 있는 권한을 갖는다: 보호대상이 되는 고래의 종류, 포경이 허용되는 기간과 수역, 포획이 허용되는 고래의 크기 제한, 포경시기, 방법 및 정도, 포경 어구 · 장비 및 기구의 형식과 특징, 측정 방법.[30] 위원회는 이행계획을 개정할 수 있는데 그 개정에는 위원 4분의 3 이상의 찬성이 필요하다.[31] 이행계획의 개정은 협약의 목적을 수행하기 위하여 필요한 사항과 고래자원의 보전, 개발 및 최적이용을 도모하여야 하며, 과학적인 발견에 기초를 두어야 한다. 고래 제품에 대한 소비자와 포경산업의 이익도 고려되어야 한다.[32]

협약의 목적, 즉 고래자원의 보전과 포경산업의 육성 중에 어디에 중점을 두는가에 따라 이행계획을 보는 시각은 달라질 수밖에 없는데, 일본, 노르웨이, 페루, 아이슬란드 등 주요 포경국가들은 자국의 이해관계를 염두에 두고 포경산업의 육성을 위하여 대체로 이행계획에서 정하고 있는 제한에 반대하고 있다. 그들은 이행계획 규정을 정할 때, 고래 제품에 대한 소비자와 포경산업의 이익 등 고려하여야 할 요건들이 고래보전을 주장하는 국가들에 의해 무시되고 있다고 주장하고 있다.[33]

이행계획 규정에 이의를 제기하는 당사국에 대하여는 그 규정은 구속력이 없다.[34] 이는 협약의 실효성을 떨어트리는 중요한 요인으로 작용하고 있는데, 일본, 노르웨이, 페루, 구 소련 등은 1982년 채택된 모라토리움에 즉시 공식적으로 이의를 제기하였다.[35]

한편, 위원회는 협약 규정에 대한 시행 권한을 가지고 있지 않다. 협약 위반에 대한 처벌은 위반에 대해 관할권을 갖는 당사국이 행한다. 이 경우 해당 당사국은 위반처리를 위해 취한 조치와 부과된 부과 형벌 등 협약 규정 위반사항을 위원회에 상세히 보고하여야 한다.[36]

29) 포경규제협약(각주 22), 제3조 제1항.
30) *Id.* 제5조 제1항.
31) *Id.* 제3조 제2항.
32) *Id.* 제5조 제2항.
33) David Hunter, James Salzman and Durwood Zaelke, International Environmental Law and Policy 981 (2nd ed. Foundation Press 2002).
34) 포경규제협약(각주 22), 제5조 제3항.
35) IWC, Thirty-Fourth Report of the International Whaling Commission 29 (1984).

라. 허 가

당사국은 수량제한 및 해당 국가가 적절하다고 인정하는 다른 조건을 부가하여 "과학적 연구를 목적으로" 자국민에게 고래의 살육 · 포획 · 처리를 허용하는 특별 허가를 부여할 수 있다. 이 경우 고래의 살육 · 포획 · 처리에 대해서는 협약이 적용되지 않는다.[37] 해당국은 수행한 연구 결과를 포함하여 고래와 포경에 관한 과학적 정보를 위원회가 정한 기관에 전달하여야 한다.[38] 이 규정은 당사국으로 하여금 협약상의 의무를 회피할 여지를 줌으로써, 많은 논란을 제공하고 있다. 실제로 과거 아이슬란드, 노르웨이 등은 과학적 연구라는 이름하에 모라토리움을 무시하고 고래를 포획하였으며, 일본은 지금도 포획을 계속하고 있다.

3. 평 가

포경규제협약체제는 국제포경위원회의 규제 권한에 의지하는 비교적 단순한 체제라고 할 수 있다. 그러나 국제포경위원회가 시행 권한과 분쟁해결체제를 가지고 있지 않음으로써 포경규제의 효율성은 약화되어 있다.[39] 고래의 서식지 보호를 등한시하고 포경규제에만 초점을 두고 있는 체제로는 고래의 감소를 막는 데 한계가 있다.

국제포경위원회 나아가 포경규제협약체제는 최근 안팎으로 많은 도전에 직면하고 있다. 이는 포경규제협약체제가 태생적으로 가지고 있는 약점과 시대적 변화에 기인하고 있다. 특히 국제포경위원회가 채택한 상업적 포경의 완전한 금지를 명하고 있는 모라토리움은 몇 가지 큰 허점을 가지고 있다. 예컨대, 모라토리움에 이의를 제기하는 국가를 구속할 수 없다. 모라토리움이 원주민의 생계를 위한 포경(aboriginal subsistence whaling)을 예외적으로 허용하고 있는 것에 대해서도 논란이 계속되고 있다. 예컨대, 예외를 적용 받는 "원주민"과 "생계"의 범위를 어떻게 정의할 것인가, 원주민의 권리와 연안 지역사회의 권리관계를 어떻게 설정할 것인가, 해당 지역사회가 포경산업에 대한 사회적, 문화적 또는 경제적 의존을 입증하여야 하는가, 어느 정도 그리고 어떤 종류의 고래에 대한 포획을 허용할 것인가, 어떤 포획장비를 허용할 것인가 등이 그것이다.[40] 또한 당사국은 협약 제8조

---

36) 포경규제협약(각주 22), 제9조 제3항 · 제4항.
37) *Id.* 제8조 제1항.
38) *Id.* 동조 제3항.
39) David Hunter, James Salzman & Durwood Zaelke(각주 33), 980면.

제1항에 따라 과학적 조사를 명분으로 모라토리움을 무시하고 포경을 계속할 여지가 있다.[41] 이러한 허점들은 포경규제협약체제의 실효성을 약화시키고 있다.

모라토리움을 연장하려는 국제포경위원회와 이러한 조치에 반발하는 포경국가들의 알력은 최근 들어 더욱 심화되고 있다. 모라토리움에 힘입어 고래자원이 늘어나자 포경국가들은 모라토리움의 해제를 주장하고 있다. 그러나 1991년 국제포경위원회는 포경위원회의 과학분과위원회(IWC Scientific Committee)가 산정한 증가한 고래자원의 수치를 받아들이면서도, 허용 가능한 어획량을 결정하는 공식을 아직까지 적절하게 평가할 수 없다고 지적하면서 모라토리움을 강행하고 있다.[42] 이러한 국제포경위원회의 고래보전정책에 대한 고수는 포경국가들의 반발을 불러오기에 충분하였다. 계속되는 모라토리움에 반대하면서 1992년 아이슬란드는 급기야 위원회를 탈퇴하였으며,[43] 일본과 노르웨이는 위원회를 탈퇴할 것이라고 위협하였다.[44] 1992년 4월 패로 아일랜드(Faroe Islands), 그린란드, 아이슬란드, 노르웨이 등은 북대서양 해양포유동물의 연구, 보전 및 관리의 협력에 관한 협정(Agreement on Cooperation in Research, Conservation and Management of Marine Mammals in the North Atlantic)을 체결하였다.[45] 이 협정에 의해 설치된 북대서양 해양포유동물위원회(North Atlantic Marine Mammal Commission: NAMMCO)는 북대서양 해양포유동물의 과학적 관리를 표방하는 지역기구로서 국제포경위원회의 모라토리움 등 제반 정책에 반대 입장을 취하고 있다. 비록 이 위원회가 국제포경위원회와 반드시 배치되는 아니나 국제포경위원회의 권위에 도전하는 것은 분명하다.

유자망(流刺網, driftnet) 조업, 해양환경의 오염, 기후변화와 오존층 파괴로 인한 해양환경의 변화 등 포경 이외의 원인에 기한 고래의 계속적인 감소와 식량원으로서의 고래에 대한 수요 감소도 포경 규제의 필연성을 떨어트리는 원인으로 작용하고 있다. 이러한 상황 변화는 포경국가들의 이해관계와 맞물리면서 국제포경

40) Cinnamon Pinon Carlarne(각주 24), 11면.

41) William Bradford, *"Save the Whales" v. Save the Makah: Finding Negotiated Solutions Ethnodevelopmental Disputes in the New International Economic Order,* 13 St. Thomas L. Rev. 155, 178~179 (2000).

42) David D. Caron, *The International Whaling Commission and North Atlantic Marine Mammal Commission: The Institutional Risks of Coercion in Consensual Structures,* 89 Am. J. Int'l L. 154, 160 (1995).

43) 그 후 2002년 아이슬란드는 국제포경위원회에 복귀하고 관련 규정을 준수하기로 결정하였다. IWC, Final Press Release from the International Whaling Commission's Special Meeting in Cambridge, UK 2002, http://www.iwcoffice.org/meetings/specmeeting2002. htm.

44) David D. Caron(각주 42), 160 내지 161면.

45) *Id.* 163면.

위원회 더 나아가 포경규제협약체제로 하여금 큰 시련에 봉착하게 하고 있다.

포경규제협약이 내세우는 고래보전과 포경산업의 육성이라는 목적의 상충, 애매한 원주민의 생계를 위한 포경허용 규정, 과학적 연구라는 이름으로 계속적으로 확대되는 일본의 포경활동, 아이슬란드의 국제포경위원회 탈퇴, 지역기구인 북대서양 해양포유동물위원회의 창설, 해양환경의 악화 등으로 국제포경위원회의 권위는 안팎으로 크게 도전받고 있다. 포경규제협약체제는 전환기를 맞고 있는 셈이다. 이러한 전환기에 국제포경위원회는 1994년 개정 관리절차(Revised Management Procedure: RMP)와 이를 보충하는 관리계획(Revised Management Scheme: RMS)을 마련하는 등 자구책을 동원하면서 난국돌파를 시도하고 있으나 포경국가들의 심한 반발로 그 성공을 장담할 수 없는 실정이다.

Ⅳ. 어족보전협정

1. 배 경

1980년대 이후 전 세계적인 어획능력의 급증, 남획 그리고 부적절한 관리는 경계왕래 어족과 고도회유성 어족의 계속적인 감소를 초래하였다. 공해에서의 조업에 대한 효과적인 규제체제의 부재는 어족자원의 고갈문제를 부채질하였다. 1982년 유엔해양법협약에서는 고작해야 이해관계국들간에 직접 또는 지역기구를 통하여 경계왕래 어족과 고도회유성 어족의 보전을 위해 필요한 조치를 취하고, 이러한 어족의 보전과 최적의 이용을 촉진하기 위하여 협력할 의무가 있음을 밝히고 있을 뿐이었다.[46] 이러한 상황에서 연안국과 공해(公海)어업국(distant water fishing nations: DWFNs) 간의 긴장관계는 새로운 국제법 질서와 규범체계를 요구하였다.

1992년 리우 정상회담에 참여한 당사국들은 이러한 문제에 인식을 같이 하였으며(의제 21 제17장 참조), 유엔의 주관하에 경계왕래 어족과 고도의 회유성 어족 문제를 다루기 위한 국제회의를 개최할 것에 합의하였다. 이에 따라 유엔은 유엔 총회 결의를 거쳐 경계왕래 어족과 고도의 회유성 어족에 관한 국제회의를 1993년 4월부터 1995년 8월까지 수차례에 걸쳐 개최하였다. 국제회의에 참여한 당사국들은 회의 초반부터 상반된 입장을 취함으로써 협상 타결 자체가 불투명하였다.

46) 유엔해양법협약(각주 1), 제63조, 제64조 참조.

대부분의 공해어업국들은 구속적 성격을 갖는 조약의 탄생을 꺼렸으며, 캐나다, 칠레 등 연안국들은 효과적인 이행체제를 담보하기 위해서 창출되는 국제 규범이 구속적이어야 한다고 주장하였다.47) 국제회의에서 특히 논란이 되었던 것은 어업관리를 하는 지역기구에 대한 준수기준의 설정과 시행체제 문제 등이었다. 이는 이 국제회의가 기존 유엔해양법협약의 약점으로 지적되어온 부분을 보충 · 강화한다는 차원에서 출발하였기 때문에 충분히 예상되었던 것이었다.

이 국제회의는 여섯 차례의 회의를 걸쳐 1995년 8월 4일 경계왕래 어족과 고도회유성 어족의 보전과 관리에 관한 유엔해양협약의 규정을 이행하기 위한 협정(어족보전협정)48)을 만장일치로 채택하였다. 이 협정은 사전배려의 원칙을 도입하면서, 공해에서의 어업의 자유를 제한하는 한편, 지역적 어업기구의 역할과 시행권한을 강화하고, 기국의 의무를 강화하는 등 공해에서의 어업과 관련한 기존 국제규범의 내용을 보다 구체화하고, 수정하였다.

2. 주요 내용

가. 목 표

어족보전협정은 제2조에서 협정의 목표가 유엔해양법협약의 관련 규정을 효과적으로 이행함으로써 경계왕래 어족과 고도회유성 어족의 장기적인 보전과 지속가능한 이용을 확보하는 것이라고 밝히고 있다. 이러한 목적을 달성하기 위하여 당사국들은 경계왕래 어족과 고도회유성 어족의 장기적인 지속가능성(sustainability)을 보장하고 그들의 최적 이용(optimum utilization)을 촉진하기 위하여 서로 협력하기로 합의하였다.49) 특히 이 협정은 해양환경에 대한 악영향의 회피, 생물다양성의 보전, 해양생태계의 보전, 어로 작업에 대한 장기적인 위해 또는 회복할 수 없는 영향의 최소화 등의 필요성을 인식하여 이 협정을 체결하기에 이르렀다는 점을 지적하고 있다.50) 이 협정은 해양생물자원의 단순한 이용에 초점이 있는 것이

---

47) Juli R. Mack, *International Fisheries Management: How the U. N. Conference on Straddling and Highly Migratory Fish Stocks Changes the Law of Fishing on the High Seas*, 26 Cal. W. Int'l L. J. 313, 325, (1996).

48) Agreement for the Implementation of the Provisions of the United Nations Convention on the Law of the Sea of 10 December 1982, Relating to the Conservation and Management of Straddling Fish Stocks and Highly Migratory Fish Stocks, U. N. Doc. A/CONF.164/37, 34 I. L. M. 1542 (1995).

49) *Id.* 제5조(a).

50) *Id.* 전문.

아니라, 해양환경 및 해양생물자원의 보전과 지속가능한 이용을 연계시키고 적절한 균형이 이루어져야 함을 강조하고 있다. 이는 이 협정이 국제환경법의 중요한 원칙인 지속가능한 발전의 원칙에 기초하고 있음을 의미하는 것이다.

나. 일반 원칙

이 협정은 제5조에서 경계왕래 어족과 고도회유성 어족의 보전과 관리를 위해 당사국들이 지켜야 할 일반원칙을 열거하고 있는데, 사전배려의 원칙, 협력의 원칙 등이 대표적인 예이다. 특히 주목할 것은 사전배려의 원칙을 명시적으로 도입하고 있는 것이다. 이에 따르면 모든 당사국은 경계왕래 어족과 고도회유성 어족을 위한 보전 · 관리 · 개발과 관련하여 사전배려적 접근방법을 적용하여야 한다.[51] 경계왕래 어족과 고도회유성 어족에 관한 정보가 불확실하거나, 신빙성이 없거나 또는 부적절한 경우 당사국은 보다 신중하게 보전과 관리를 하여야 한다. 적절한 과학적 정보가 결여되었다는 것이 보전과 관리조치를 연기하거나 취하지 않는 이유로 사용되어서는 안 된다.[52]

특기할 것은 이 협정은 사전배려적 접근 방법을 일반적 · 추상적인 형태로 규정하지 않고, 구체적으로 제시하고 있다는 점이다, 즉 이 협약은 제6조에서 사전배려적 접근방법의 이행을 위한 기본원칙을 정하고 있으며, 부속서에서는 경계왕래 어족과 고도회유성 어족의 보전과 관리를 위한 사전배려적 기준점(precautionary reference points)의 적용을 위한 구체적인 지침을 정하고 있다.[53]

또한 이 협정은 연안국과 공해어업국이 준수해야 할 일반원칙으로 생태계 중심의 접근방법을 제시하고 있다. 예컨대, 이 협정은 당사국들로 하여금 목표 어종뿐만 아니라 같은 생태계에 속하거나 또는 목표 어종과 관련이 있거나 이에 의존하는 종에 대해서까지 어로 · 기타 인간의 활동 그리고 환경요소가 미치는 영향을 평가하고, 같은 생태계에 속하거나 또는 목표 어종과 관련이 있거나 이에 의존하는 종을 위한 보전 · 관리 조치를 채택하며, 목표로 하지 아니한 어종(non-target species)의 우연한 포획을 감소하며, 해양생태계의 다양성을 보호하도록 하고 있다.[54] 이 협정은 생태계의 보호 및 보전을 위하여 당사국에게 구체적인 의무를 부

51) *Id.* 제5조(c).
52) *Id.* 제6조 제2항.
53) 사전배려적 기준점은 동의된 과학적 절차를 통해 도출된 자원과 조업상태에 부응하는 추정치로서, 여기에는 제한 기준점(limit reference points)과 목표 기준점(target reference points) 두 종류가 있다. *Id.* 부속서 Ⅱ.
54) *Id.* 제5조(d)~(g).

과하고 있는데, 즉 부속서 I 에 정해진 목표로 하지 아니한 어족과 관련한 자료의 수집과 공유의무가 그것이다.[55] 또한 이 협정은 사전배려적 접근방법의 이행과 관련하여 당사국에게 어로 활동이 목표로 하지 아니한, 관련한 또는 의존하는 어족에 미치는 영향을 평가하기 위한 자료 수집 및 연구 프로그램을 개발하고, 이러한 종의 보전을 확보하고 서식지를 보호하기 위한 계획을 채택할 것을 요구하고 있다.[56] 이러한 규정들은 이 협정이 단순히 경계왕래 어족과 고도회유성 어족에만 초점을 맞추지 않고, 생태계 전반에 대해서 폭넓게 고려하면서 그 보전 및 관리체제를 염두에 두고 있다는 것을 보여준다.[57]

다. 어족의 보전 및 관리조치

이 협정은 협정의 목적을 달성하기 위하여 연안국과 공해어업국에게 일반 의무를 부과하고 있다. 여기에는 장기간의 지속가능성을 확보하기 위한 조치의 채택, 목표 어종과 관련이 있거나 이에 의존하는 종의 보전과 관리 조치의 채택, 효과적인 측정, 규제 · 감시를 통한 보전 및 관리조치의 이행과 시행 등이 포함된다.[58]

공해상의 조업은 연안국의 관할권이 미치는 지역(예컨대, 배타적경제수역)에서의 조업에 직접적으로 영향을 미칠 수밖에 없기 때문에 연안국과 공해어업국 간의 긴장관계는 불가피하다. 유엔해양법협약은 이 문제에 대하여 언급하지 않고 있는데, 이러한 긴장관계를 완화하기 위한 목적의식을 갖고 출발한 어족보전협정은 어떤 식으로든지 이 민감한 문제를 다루지 않으면 안 되었다. 이 협정은 국가 관할지역과 공해에서 채택 · 적용되는 보전 및 관리조치 간의 양립 가능성을 모색하면서, 그 조화를 위한 약간의 지침을 마련하였다. 즉 연안국가와 공해어업국가는 경계왕래 어족과 고도회유성 어족을 보전 · 관리하기 위하여 취하는 조치가 양립할 수 있기 위하여 협력하여야 한다. 이러한 의무를 달성하기 위하여 이 협정은 양립 가능한 보전 · 관리조치인지 여부를 결정하기 위한 몇 가지 요소를 제시하고 있다. 예컨대, 공해상의 보전 및 관리조치가 연안국이 채택 · 적용하는 조치의 효율성을 침해해서는 안되며, 당사국들은 어족의 생물학적 통합성(unity)과 어족의 분포, 어로행위, 해당 지

55) *Id.* 제5조(j). 부속서 I 은 관련 자료의 수집과 공유를 위한 기준 요건을 자세히 규정하고 있다.

56) *Id.* 제6조 제3항(d).

57) Giselle Vigneron, *Compliance and International Environmental Agreements: A Case Study of the 1995 United Nations Straddling Fish Stocks Agreement,* 10 Geo. Int'l Envtl. L. Rev. 581, 589 (1998).

58) 어족보전협정(각주 48), 제5조 참조.

역의 지리학적 특성 간의 연관성 등을 고려하여야 한다.[59] 국가 관할지역과 공해에서 채택 · 적용되는 보전 및 관리조치 간의 양립 가능성을 위한 이러한 지침은 공해상에서의 무제한의 어로행위 관행을 종식시키려는 국제사회 노력의 일환이라고 이해된다.[60]

라. 지역 어업관리기구

어족보전협정은 유엔해양법협약의 약한 이행체제에 대한 문제의식을 바탕으로 어족의 효과적인 보전 · 관리를 위하여 지역기구의 역할을 강조하면서 지역 어업관리기구(지역기구)의 권한을 강화하고 있다. 이에 따르면, 경계왕래 어족과 고도회유성 어족의 효과적인 보전 및 관리를 위하여 연안국가와 공해어업국가는 직접 혹은 적절한 지역기구(regional fisheries management organizations: RFMO)를 통하여 협력하여야 한다.[61] 또한 당사국들은 지역기구의 강화를 위하여 협력하여야 한다.[62] 특히 당사국들은 경계왕래 어족과 고도회유성 어족이 남획될 우려가 있다는 증거가 있거나 또는 새로운 어장이 개발되는 경우 지체 없이 해당 어족의 보전을 위하여 성실히 협의하여야 한다.[63]

이러한 의무들은 다음과 같은 의무에 의해 보다 구체화 · 명료화되고 있다. 즉 어족의 보전을 위한 지역기구가 존재하는 경우 연안국과 공해어업국은 이러한 기구에 회원국으로 가입하거나 이 기구에 의해 확립된 보전 및 관리조치에 따를 의무가 있다.[64] 문제의 어족에 “실제 이해관계(real interest)”를 가진 모든 국가는 이러한 기구의 회원국이 될 수 있다.[65] 지역기구가 아직 존재하지 않는 경우에 관련 연안국과 공해어업국은 새로운 지역기구를 설립하거나 이러한 기구의 활동에 참여하여야 한다.[66] 이 의무의 실효성을 확보하기 위하여 이 협정은 이러한 가구에 가입하거나 이 기구에 의해 확립된 보전 및 관리조치를 적용하는 것에 동의한 국가만이 어족 자원에 접근할 수 있다고 규정하고 있다.[67] 이러한 법적 체

59) *Id.* 제7조 제2항.
60) Giselle Vigneron, *The Most Recent Efforts in the International Community to Implement the 1995 United Nations Straddling Fish Stocks Agreement,* 1998 Colo. J. Int'l Envtl. L. & Pol'y 225, 228 (1998).
61) 어족보전협정(각주 48), 제8조 제1항.
62) *Id.* 제13조.
63) *Id.* 제8조 제2항.
64) *Id.* 동조 제3항.
65) *Id.*
66) *Id.* 동조 제5항.
67) *Id.* 동조 제4항.

제는 지역기구에 가입하지 않거나 지역기구에 보전 및 관리조치를 따르지 않을 경우 어획할 수 없다는 것을 의미하는 것으로, 전통적으로 인정되어온 공해의 자유를 대폭 수정하는 것이다.[68] 더 나아가 이 협정은 지역기구의 설립과 발전을 위한 세부적인 지침을 마련하기 위하여 지역기구의 설립기준과 역할 등에 대하여 비교적 자세한 규정을 두고 있다.[69]

협력의무의 강화와 지역기구에 의한 어족 자원에 대한 접근의 제한 가능성, 그리고 연안국의 지역기구 참여국의 제한 움직임 등은 공해어업국으로부터 지역기구에의 가입이 아예 봉쇄될 수 있다는 우려를 자아내기에 충분하였다. 이러한 문제를 해결하기 위하여 이 협정은 연안국과 공해어업국 간의 이익을 조화하기 위한 새로운 회원국이 되려는 국가의 요소를 규정하였다. 이에 따르면 새로운 가입을 결정하는 경우, 현재의 조업 수준, 이해관계, 조업 형태, 관행, 보전 및 관리 조치에 대한 공헌도, 연안국의 수요, 개도국의 이해관계 등이 고려되어야 한다.[70]

마. 준수 및 이행체제

유엔해양법협약은 그 시행을 위한 구체적이고 명쾌한 체제나 기준, 지침을 제시하고 있지 않다. 예컨대, 유엔해양법협약은 당사국들에게 지역기구의 설립을 위하여 협력하고,[71] 이러한 기구와 협력할 의무를 부과하고 있으나[72] 이러한 의무를 시행하기 위한 구체적인 규정을 두고 있지 않다. 협약은 당사국만을 구속하기 때문에 비당사국은 협약의 규제를 받지 않고 공해 등에서 조업을 계속할 가능성이 있다. 유엔해양법협약상 공해상에서 조업하는 어선에 대한 관할권은 기국(flag state)에게 부여되고 있는데,[73] 해당 선박이 관련 규정을 위반한 경우 이에 대한 기국의 제소 및 제재가 충실히 이루어지지 않을 가능성이 많다. 유엔해양법협약은 제재기준을 제공하고 있지 않는데, 그 결과 위반에 따른 제재 내용과 정도는 국가마다 다르고, 편의적으로 적용될 가능성이 있다. 이러한 시행과 관련한 유엔해양법협약상의 문제점은 어족보전협정의 체결 과정에서 검토되었다. 이 문제는 특히 연안국과 공해어업국의 첨예한 이해관계의 대립으로 인하여 그 해결이 쉽지 아니하였다. 연안국들은 지역기구에 강력한 시행 권한을 부여할 것을 원하였고, 이에 비

68) Juli R. Mack(각주 47), 326면.
69) 어족보전협정(각주 48), 제9조 내지 제10조 참조.
70) *Id.* 제11조.
71) 유엔해양법협약(각주 1), 제118조.
72) *Id.* 제63조, 제64조.
73) *Id.* 제92조.

해 공해어업국들은 기국에게만 시행 권한을 부여할 것을 원하였다. 어족보전협정은 지역기구에 의한 시행을 보다 효율적으로 하기 위한 규정을 마련하는 한편, 이러한 연안국가와 공해어업국 간의 이해관계의 조화를 도모하였다.

우선 어족보전협정은 지역기구의 회원국에게 강한 시행 권한을 부여하고 있다. 이에 따르면 이러한 지역기구의 회원국은 경계왕래 어족과 고도회유성 어족의 보전 및 관리 조치의 준수를 확보하기 위하여 해당 기구의 회원국 어선이나 비회원국 어선을 불문하고 해당 어선에 승선하여 불법어로행위를 조사할 수 있다.[74] 이는 공해상에서 조업하는 어선에 대한 관할권을 기국이 가지고 있다는 전통적인 원칙에 대한 예외로 이해된다.[75] 조사국은 조사를 위하여 기국의 동의를 받을 필요가 없다. 그러나 해당 어선이 지역기구의 보전 및 관리조치를 위반한 경우 이러한 사실을 그 기국에게 즉시 통고하여야 한다.[76] 이 경우 기국은 3일 이내에 이에 응답하여야 하며, 자체적으로 지체 없이 그 위반 여부를 조사하여 시행조치를 취하거나 조사국으로 하여금 조사하도록 허용할 수 있다.[77] 조사국은 해당 어선이 중대한(serious) 위반을 저질렀다고 믿는 데 명백한(clear) 근거가 있는 경우에는 해당 어선을 가까운 항구로 나포할 수 있다.[78] "중대한 위반"에는 유효한 면허나 허가 없이 조업한 경우, 어획량에 대한 정확한 기록의 부재나 중대한 허위 보고, 어획이 금지된 지역이나 기간의 어획행위, 정해진 어획량의 위반, 금지된 어로 장비의 사용 등이 포함된다.[79] 특히 제22조는 승선과 조사와 관련한 기본 절차를 규정하고 있다.

한편, 어족보전협정은 기국이 자국 선박의 공해상 어로행위에 대하여 주된 관할권을 갖는 기존의 국제법 질서를 유지하되, 기국의 의무를 명료화·강화함으로써 실효성을 확보하고자 하고 있다. 즉 공해어업에 종사하는 선박의 기국은 자국 어선이 지역기구의 보전 및 관리조치를 따르도록 하고 이러한 조치의 효력을 훼손하는 행위를 하지 않도록 할 의무가 있다.[80] 또한 협정은 기국으로 하여금 해당 선박이 유엔해양법협약과 이 협정에 의한 책임을 효과적으로 이행할 수 있는 경우에만 자국을 기국으로 하는 것을 허용하도록 함으로써,[81] 흔히 규제를 회피하기

74) 어족보전협정(각주 48), 제21조 제1항.
75) Giselle Vigneron(각주 54), 588면.
76) 어족보전협정(각주 48), 제21조 제5항.
77) *Id.* 동조 제6항.
78) *Id.* 동조 제8항.
79) *Id.* 동조 제11항.
80) *Id.* 제18조 제1항.
81) *Id.* 동조 제2항.

위한 방편으로 편의적으로 기국을 정하는 관행을 막고자 하였다. 나아가 기국은 시행을 보장하기 위하여 구체적인 시행 조치를 취하여야 하는데, 여기에는 어로 면허증의 부여 · 허가 등을 통한 어선에 대한 규제, 어로 행위를 금지 · 제한하는 규정의 제정, 어로행위가 허용된 어선의 명부의 비치, 어선과 어로 장비의 표시 등이 포함된다.82)

어족보전협정은 당사국들의 시행 권한을 보다 명료화 · 강화하였다. 기국은 자국어선이 지역기구의 보전 및 관리조치를 준수하도록 하여야 한다. 이러한 목적을 위하여 기국은 위반 장소에 관계없이 이러한 조치를 시행하여야 하고, 위반 여부를 조사하여 고발국과 관련 지역기구에 즉시 보고하여야 한다. 위반에 대한 충분한 증거가 있는 경우에는 재판절차의 진행을 위하여 관할 당국에 사건을 회부하여야 한다. 특히 중대한 위반이 있는 경우에는 기국은 해당 선박으로 하여금 모든 제재 조치가 끝날 때까지 공해상에서 조업을 하지 못하도록 하여야 한다.83) 이와 같이 기국의 시행의무를 구체화하고, 위반국이 일정한 경우에는 어족 자원에 대한 접근 기회를 상실할 가능성이 있도록 한 것은 위반 여부에 대한 기국의 철저한 조사를 유도할 가능성이 많다.

어족보전협정은 시행과 관련하여 당사국들의 협력을 강조하고 있다. 예컨대, 당사국들은 지역기구가 채택한 보전 및 관리조치의 시행을 확보하기 위하여 직접 또는 이러한 기구를 통하여 협력하여야 한다. 기국은 위반 여부를 조사할 수 있는데, 당사국들은 이에 협조하여야 한다.84)

어족보전협정은 연안국과 항만국에게도 일정한 범위에서 시행 권한을 부여하고 있다. 즉 당사국들은 해당 선박이 보전 및 관리조치를 위반하거나 훼손하는 경우, 기국이 적절한 조치를 취할 때까지 해당 선박이 해당 행위를 하지 못하도록 조치를 취할 수 있다.85) 한편, 항만국은 해당 선박이 자국의 항구나 접안시설에 자발적으로 입항하였을 경우 승선하여 선박 서류, 조업 장비, 어획량 등을 조사할 수 있다.86) 어획이 지역기구가 취한 보전 및 관리조치의 효과를 훼손하는 방법으로 이루어진 경우에는 상륙을 금지하고 어획물의 하역을 금지시킬 수 있다.87)

---

82) *Id.* 동조 제3항.
83) *Id.* 제19조.
84) *Id.* 제20조 제1항 · 제2항.
85) *Id.* 동조 제7항.
86) *Id.* 제23조 제2항.
87) *Id.* 동조 제3항.

바. 분쟁해결절차

이 협정에 의한 분쟁해결절차는 복잡한 구조를 가지고 있다. 이 협정은 분쟁해결절차에 대하여 자세하게 규정하고 있는데, 당사국들은 자발적, 그리고 강제적 분쟁해결절차를 이용할 수 있다. 당사국들은 평화적인 방법을 통해 분쟁을 해결할 의무가 있는데, 여기에는 교섭(negotiation), 심사(inquiry), 중개(mediation), 조정(conciliation), 중재(arbitration), 사법적 해결 등이 포함된다.[88] 기술적 성격의 분쟁은 해당 당사국이 선정한 전문가들로 구성된 임시 전문가 패널에 회부될 수 있다.[89] 또한 당사국들은 분쟁이 공식적으로 해결될 때까지 임시적인 조치를 취하기 위한 모든 노력을 기울여야 한다.[90]

분쟁해결절차와 관련하여 주목할 것은 유엔해양법협약의 분쟁해결절차가 준용된다는 것이다. 즉 어족보전협정의 해석 및 적용과 관련하여 당사국들간에 분쟁이 있는 경우, 해당 당사국이 유엔해양법협약의 당사국인지 여부를 불문하고 유엔해양법협약 제15장에 규정된 분쟁해결절차가 적용된다.[91] 이 규정은 미국과 같이 유엔해양법협약 미비준국도 어족보전협정에 비준함으로써, 유엔해양법협약에서 허용하고 있는 평화적 수단을 통한 분쟁해결에 실패한 경우, 유엔해양법협약상의 강제적 분쟁해결절차가 적용될 수 있다는 점에서 획기적인 것이라 할 수 있다.

3. 평 가

1982년 유엔해양법협약 제63조, 제64조의 이행을 위한 협정의 성격을 가지고 있는 어족보전협정은 경계왕래 어족과 고도회유성 어족의 보전 및 관리와 관련하여 현재까지 존재하는 국제 규범체계 중 가장 자세하고 광범위한, 진일보한 체계라고 할 수 있다. 물론 이 협정은 해양오염, 기후변화로 인한 해양환경의 변화, 해양 생태계의 다양성 감소 등 최근에 급격하게 부각되고 있는 문제를 다루고 있지는 아니하나 경계왕래 어족과 고도회유성 어족의 보전 및 관리를 위한 기본 골격을 제시하면서 유엔해양법협약과 함께 앞으로 새로운 어업질서를 확립하기 위한 중요한 국제기준으로 작용할 것이다.

경계왕래 어족과 고도회유성 어족의 급감과 고갈은 국제사회로 하여금 이 문

88) *Id.* 제27조.
89) *Id.* 제29조.
90) *Id.* 제31조.
91) *Id.* 제30조.

제를 어떤 식으로든지 해결하도록 요구하였다. 어족보전협정은 어족자원의 고갈을 국제사회에 대한 심각한 위협으로 인식하고 경계왕래 어족과 고도회유성 어족의 보전 및 관리를 위하여 사전배려의 원칙을 도입하였으며, 단순히 일반적 · 추상적 원칙을 규정하는 데 그치지 아니하고 구체적인 이행을 위한 기준을 제시하였다. 국제어업관련 협약에서 이 원칙을 정면으로 취급하는 것은 어족보전협정이 처음이다. 경계왕래 어족과 고도회유성 어족의 보전 및 관리와 관련하여 부분적이지만 생태계 중심의 접근방법을 채택하고 있는 것도 주목할 만하다. 이러한 원칙의 적용은 어종을 가리지 않고 거의 모든 어족이 심하게 개발 · 고갈되고 있고, 남획으로부터 회복이 상당히 느리게 진행되고 있으며, 우연히 포획(by-catch)된 어족이 바다에 다시 돌아간다고 하더라도 흔히 생존이 어려울 정도로 심하게 손상되어 있다는 점 등을 고려할 경우 해양생물의 보전을 위해 아주 중요한 원칙이라고 할 수 있다.

공해상의 어업의 자유에 대한 제한을 원하는 연안국과, 공해상의 어업에 대한 봉쇄 · 제한을 두려워하는 공해어업국가는 항상 긴장관계를 유지할 수밖에 없는데, 이 협정은 이러한 문제에 대해서도 심각하게 고려하였다. 어족보전협정은 이러한 긴장관계를 완화하기 위하여 연안국과 공해어업국가의 이익을 조화하고자 노력하였다. 국가 관할지역과 공해에서 채택 · 적용되는 보전 및 관리조치 간의 양립 가능성을 위한 지침, 기국의 의무 강화 등이 그것이다. 이러한 조치들은 공해에서의 무제한의 조업을 제한하는 것으로 공해 자유의 원칙에 대한 수정이라고 할 수 있다.

또한 이 협정은 유엔해양법협약의 이행체제의 문제점을 인정하고, 당사국들간의 협력의무를 강화하고, 그 의무를 구체화함으로써, 강력한 이행준수와 시행체제를 도모하고 있다. 이는 지역기구의 역할 및 권한의 강화, 기국의 의무 강화, 당사국들의 시행 권한의 명료화 및 강화로 압축될 수 있다. 특히 이 협정은 당사국으로 하여금 지역기구에의 가입을 의무화하고, 그 유인을 위하여 이러한 가구에 가입하거나 이 기구에 확립된 보전 및 관리조치를 적용할 것에 동의한 국가만이 어족 자원을 어획할 수 있도록 하고 있는데, 이러한 조치는 유엔해양법협약 등 기존 체제에서는 발견할 수 없는 획기적인 것이다. 지역기구에 의한 어족 관리가 단일의 국제적 기구에 의해서 이루어지는 것보다 효과적일 수 있으나 이러한 체제가 연안국의 이해로 인하여 악용될 가능성이 상존하고 있다. 연안국은 공해어업국의 조업을 허용함으로써 그들의 이익이 침해당할 것을 원치 않고 있기 때문에, 이러한 체제를 이용하여 공해어업국의 해당 지역기구에의 참여를 봉쇄하고 공해상의 어업의 자유를 제한할 가능성이 있는 것이다.

이 협정상 당사국들의 협력의무는 강화되고, 지역기구에 의한 어족 자원에 대한 접근이 제한될 가능성이 있기 때문에 해당 지역기구의 창설이 가시화되고, 공해어업국들의 해당 지역기구에 대한 참여는 가속화할 것으로 전망된다. 이러한 상황은 우리나라에도 그대로 적용되는 것으로 관련 국내법 · 제도의 정비와 함께 아직 가입하지 아니한 해당 지역기구에의 조속한 가입이 요망되고 있다.

어족보전협정의 당사국들간에 분쟁이 있는 경우, 해당 당사국이 유엔해양법협약의 당사국이 아니더라도 유엔해양법협약상의 분쟁해결절차가 적용되도록 한 것은 유엔해양법협약 미비준국도 어족보전협정에 비준함으로써, 유엔해양법협약상의 강제적 분쟁해결절차를 적용받을 수 있다는 것을 의미하는 것이다. 이러한 분쟁해결체제는 조속한 분쟁해결과 당사국의 의무 이행의 준수를 촉진할 것으로 예상된다.

V. 남극해양생물자원보전협약

1980년 5월 호주 캔버라에서 채택된 남극해양생물자원보전협약(CCAMLR)[92]은 남위 60도와 남극수렴선(Antarctic Convergence) 사이의 해역에 있는 남극생태계에 속하는 남극해양생물자원의 '보전'을 그 목적으로 한다.[93] 협약의 보호대상 해양생물자원은 어류, 연체동물(molluscs), 갑곡류동물(crustaceans)과 조류를 포함한 다른 모든 생물체로 광범위하다(자세한 내용은 제9장 제2절 Ⅳ. 참조).[94]

---

92) Convention on the Conservation of Antarctic Marine Living Resources(CCAMLR), 19 I. L. M. 841 (1980).

93) *Id.* 제1조 및 제2조.

94) *Id.* 제1조 제2항.

제 7 장 유해폐기물, 화학물질의 규제

제 1 절 유해폐기물의 국가간 이동의 규제

협약명	채택일 (발효일)	주요내용	당사국수	우리나라 가입일 (발효일)
바젤협약	1989.3.22. (1992.5.5.)	-유해폐기물 생산의 최소화 -유해폐기물의 국가간 이동(수출 · 입)의 규제	187 (2020.1. 현재)	1994.2.28. (1994.5.29.)
바젤 개정	1995.9.22. (미발효)	-개도국으로의 유해폐기물의 이동 금지	95 (〃)	미가입 (-)
책임배상의정서	1999.2.10. (미발효)	-유해폐기물과 기타 폐기물의 국가간 이동과 처리로 인한 피해의 책임과 적절하고 신속한 배상	12 (〃)	미가입 (-)
바마코(Bamako) 협약	1991.1.30. (1998.4.22.)	-유해폐기물의 아프리카로의 수입금지	25 (2015.1. 현재)	미가입 (-)
롬(Lome Ⅳ)협약	1989.12.15. (1991.9.1.)	-유럽경제공동체로부터 아프리카 · 카리브 및 태평양지역국가들로의 유해폐기물의 수출 금지	80 (1989.12. 현재)	미가입 (-)

〈http://www.basel.int〉; 〈http://www.unep.ch/basel〉; 〈http://www.africa union.org〉

Ⅰ. 일　　반

현재 상당량의 유해폐기물이 선진국에서 후진국으로 흘러들고 있다.[1] 흔히 후진국들은 이들에 대한 규제체제가 없거나 이를 제대로 갖추고 있지 않다. 설상가상으로 후진국들은 단지 경제적인 이유만으로 환경문제는 고려하지 아니하고 폐기물의 수입을 허용하고 있다. 그 결과 폐기물이 선진국에서 후진국으로 계속 이동하고 있으며, 이는 후진국이 심한 환경위험에 노출될 가능성을 높이고 있다. 실제로 후진국들은 선진국에 비하여 불균형적으로 훨씬 더 심각한 환경위험에 처해 있다.

수입국의 전문가 부족과 미약한 법적 규제 장치는 유해물질의 불완전한 관리 및 규제를 초래한다. 그 결과 많은 양의 폐기물은 종종 매립되거나 해양에 투기된다. 유해폐기물의 부적절한 처리는 거꾸로 환경과 인간의 건강에 심각한 위해를 초래한다. 이러한 이유로 유해폐기물의 수출·입 문제는 국제사회에서 큰 문제로 주목받고 있다.

폐기물의 국가간 이동을 유발하는 원인은 다양하다. 우선 선진국의 폭증하는 폐기물 발생량과 제한된 폐기물 처리공간을 들 수 있다. 증가하는 폐기물 처리비용과 선·후진국 간에 존재하는 처리비용의 심한 차이[2]도 선진국으로 하여금 폐기물의 처리장소로서 후진국을 선택하도록 만든다.[3] 한 자료에 의하면, 1992년경

---

1) 1990년경 현재 60만톤 이상의 유해폐기물이 경제협력개발기구(OECD) 국가들로부터 수출되고 있으며, 수출되는 폐기물의 20% 이상이 후진국으로 이동하고 있다. Peter D. P. Vint, *The International Export of Hazardous Waste: European Economic Community, United States, and International Law*, 129 Mil. L. R. 107, 109 (1990).

2) 미국에서 처리비용이 톤당 2,500달러 정도임에 이를 수 있음에 반하여 후진국에서의 처리비용은 톤당 3달러 정도이다. Teresa A. Wallbaum, *America's Lethal Export: The Growing Trade in Hazardous Waste,* 1991 U. Ill. L. Rev. 889, 891 (1991). 서아프리카에 있는 Guinea－Bissau 같은 국가는 톤당 40달러 정도에 기꺼이 폐기물을 처리하려고 한다. James Brooke, *Waste Dumpers Turning to West Africa,* N.Y. Times, 1988. 7. 17. 기사, A1면. 선진국에서의 처리비용은 보통 외국에서의 처리비용과 그 처리를 위한 운반비용을 합한 비용을 초과하고 있다. Maurreen T. Walsh, *Comment, the Global Trade in Hazardous Wastes: Domestic and International Attempts to Cope with a Growing Crisis in Waste Management*, 42 Cath. U. L. Rev. 103, 109 (1992).

3) Daniel Jaffe, *The International Effort to Control the Transboundary Movement of Hazardous Waste: The Basel and Bamako Conventions,* 2 ILSA J. Int'l & Comp. L. 123, 124 (1995); Luis R. Vera－Morales, *Dumping in the International Backyard: Exportation of Hazardous Wastes to Mexico*, 7 Tul. Envtl. L. J. 353, 355 (1994); Lillian M. Pinzon, *Criminalization of the Transboundary Movement of Hazardous Waste and the Effect on*

폐기물 처리비용이 유럽에서 톤당 160 내지 1,000달러, 미국에서 450 내지 1,500달러 상당에 이름에 반하여 아프리카에서의 처리비용은 고작 40달러에 불과하다고 보고되고 있다.4)

한편, 후진국이 외국으로부터 유해폐기물을 받아들이는 데 경제적 동기가 크게 작용하고 있다.5) 후진국은 폐기물을 수입하는 것을 외화를 획득하는 좋은 기회로 생각하고 있다.6) 1997년 1월경 대만이 핵폐기물을 북한으로 수출하려고 시도한 사건에서도 북한의 경제적 동기가 컸던 것으로 알려졌다.7)

수출국과 수입국의 상이한 법적 기준도 폐기물의 국경이동을 조장하고 있다. 선진국에서 유해폐기물과 관련하여 그 기준과 규제가 보다 엄격해짐에 반하여, 후진국에서의 기준과 규제는 미미하다. 엄격한 환경규제는 폐기물 처리비용을 증가시키고, 결과적으로 선진국으로서는 처리기준이 없거나 미미한, 그 결과 폐기물 처리비용이 훨씬 저렴한 후진국이 폐기물 처리장소로 매력적일 수밖에 없는 것이다. 다시 말하면, 폐기물이 발생되는 선진국은 국내의 엄격한 기준을 준수하는 것보다 폐기물을 외국에 수출하는 것이 보다 비용－경제적이기 때문에 그들의 폐기물을 외국에서 처리함으로써 엄격한 국내 기준을 준수함에 따라 생겨나는 막대한 비용을 절약하려고 할 것이다.8) 국내 환경법규가 역외적으로(extraterritorially) 적용되지 않는다는 점도 폐기물 발생자로 하여금 부적절한 폐기물처리에 따른 국내 법규에 의한 책임을 회피하기 위한 수단으로 폐기물 수출을 고려하게 하는 빌미를 주

Corporations, 7 DePaul Bus. L. J. 173, 177 (1994); Julienne I. Adler, *United States' Waste Export Control Program: Burying Our Neighbors in Garbage,* 40 Am. U. L. Rev. 885, 893 (1991).

4) *Basel Convention Parties End Meeting Call for Total Ban on Toxics Trade,* 15 Int'l Envtl. L. Rep. (BNA) No. 25, 1992. 12. 16, 807면.

5) Hugh J. Marbury, *Hazardous Waste Exportation: The Global Manifestation of Environmental Racism,* 28 Vand. J. Transnt'l 251, 251 (1995).

6) Millman, *Exporting Hazardous Waste*, Tech. Rev., 1989. 4, 6면.

7) 1997년 1월 경 대만 정부가 운영하는 대만전력공사(Taipower)와 북한 간에 대만 핵폐기물을 북한에서 처리키로 하는 계약이 체결되었다. 이 계약에 따르면 영구적인 폐기처분을 위하여 20만 배럴의 저준위 핵폐기물이 북한에 수출되는데, 먼저 6만 배럴이 2년 이내에 처리되고 그 양이 점차 증가된다. 핵폐기물의 북한반입에 대한 대가로는 1배럴당 1,300달러가 북한에 지급된다고 알려지고 있다. "대만 핵폐기물 북한 매립계약", 동아일보, 1997. 1. 13. 기사; *Greenpeace Protests Taiwan Plans to Ship Nuclear Waste to Pyongyang, Agence Trance－Presse*, 1997. 9. 7. 기사. 이 사안에 대하여 자세한 내용은 김홍균, "대만 핵폐기물의 북한이동과 국제환경법적 규제", 서울국제법연구 제8권 제1호, 2001. 5, 57면 이하 참조.

8) Marguerite M. Cusack, *International Law and the Transboundary Shipment of Hazardous Waste to the Third World: Will the Basel Convention Make a Difference?,* 5 Am. U. J. Int'l L. & Pol'y 393 (1991).

고 있다.9)

또한, 재사용(reusing), 재활용(recycling) 등과 같은 오염물질의 배출을 감소하는 조치를 시행하기 위하여는 단기적으로 비용이 소요되는데, 이러한 비용지출에 호의적이지 아니한 사업자의 태도도 폐기물 수출의 한 원인으로 작용할 수 있다.10) 유해폐기물을 재활용 가능한 유해폐기물 또는 원자재로 보아 이들의 국가간 이동을 허용하는 법체제가 엄연히 존재하는 것도 선진국이 후진국에게 폐기물을 수출하는 단서가 되고 있다.11)

단기적으로 선진국에서 후진국으로의 폐기물 이동은 수출·입국 서로에게 이익인 것처럼 보인다. 그러나 긴 안목에서 살펴볼 때 이는 사실이 아니다. 왜냐하면 유해폐기물의 수출·입은 단기적인 이익을 훨씬 상회하는 장기적인 비용지출을 초래하기 때문이다.12) 제한된 재정적·법적·기술적 자원과 유해폐기물을 관리하는 데 있어서의 무경험 등은 유해폐기물의 처리를 불충분하게 만들고, 결과적으로 유해물질에 대한 인체 노출 가능성을 증가시킨다. 종종 불충분한 폐기물 처리는 야간의 무단 투기와 위장된 재활용(sham recycling)으로 이어진다. 또한 부적절한 폐기물 처리는 지하수와 농작물 오염을 야기하고, 암과 유산 등의 건강상의 문제를 증가시키며, 생태계의 침해를 초래한다. 유해폐기물의 거래에 따라 특히 정치·경제·사회적으로 취약한 소외계층은 다양한 유독물로 인한 회복할 수 없는 악영향을 받을 것이다. 단기적으로는 경제적 이익이 발생하였을지라도 폐기물 수입은 국민의 건강과 환경을 크게 위협하는 것이다.

보다 심각한 문제는 이와 같은 환경 문제가 수입국 내부에서만으로 끝나지 않는다는 것이다. 대만 핵폐기물이 북한으로 이동하는 중에 해난 사고가 발생한 경우를 생각해 보자. 사고가 발생하면 이동경로로 예상되는 서해의 해양생태계는 직접적으로 영향을 받을 것이다. 의심의 여지없이 서해는 오랜 기간 동안 회복이 곤란한 심대한 생태학적 피해를 받게 될 것이다.

유해폐기물이 부적절하게 처리될 경우 그 폐기물은 수출국으로 역류할 가능성

9) Stephen Johnson, *The Basel Convention: The Shape of Things to Come for States Waste Exports?*, 21 Envtl. L. 299, 304 (1991).

10) Julienne I. Adler(각주 3), 893면.

11) Elizabeth C. Rose, *Transboundary Harm: Hazardous Waste Management Problems and Mexico's Maquiladoras,* 23 Int'l L. 223, 230 (1989); Luis R. Vera－Morales(각주 3), 384면. 바젤협약은 문제의 폐기물이 수입국의 재활용 또는 회수산업의 원자재로서 필요한 경우 예외적으로 폐기물의 국가간 이동을 허용하고 있다. 바젤협약 제4조 제9항(a).

12) Peter Obstler, *Toward a Working Solution to Global Pollution: Importing CERCLA to Regulate the Export of Hazardous Waste*, 16 Yale J. Int'l L. 73 (1991).

이 있다. 말하자면 폐기물 수출은 우리의 환경에 부메랑효과를 갖는 셈이다. 예컨대, 미국의 한 회사가 오수 슬러지(sludge)를 농작물을 위한 비료용으로 카리브해 국가에 수출하고, 미국 국내에서는 사용이 금지된 살충제를 아시아 국가에 수출하는 경우를 생각해 보자. 미국은 많은 양의 농작물을 수입하는 국가이므로 미국에서 수출한 슬러지나 살충제에 오염된 농작물이 미국 소비자의 식탁에 오를 가능성이 많은 것이다.

국제적인 성격을 띠는 환경 재난은 장기간 지속된다. 비록 유해폐기물의 이동과는 관련 없는 사건이지만 1984년 인도 보팔(Bhopal)에서 일어났던 유니언 카바이드(Union Carbide) 가스 누출사건과 1986년의 체르노빌(Chernobyl)원전 방사능물질 유출사건은 유해물질과 관련한 국제적인 재난의 심각성을 극명하게 보여주었다. 유니언 카바이드 가스 누출사건은 인간의 생명에 치명적인 수천 파운드의 메틸이소시안염(methyl isocyanate)가스가 유니언 카바이드 제조회사로부터 누출된 사건으로서, 누출된 유독 가스로 1만명 정도의 사망자와 20만명 이상의 부상자가 발생하였다.[13] 체르노빌 원자력 발전소에서 발생한 화재와 폭발은 막대한 양의 방사능물질의 유출로 이어졌고 이로 인하여 42명이 사망하기에 이르렀다.[14] 방사능물질은 다른 유럽 국가들로 확산되면서 그들 국가의 생태계를 심각히 파괴하였다. 과학자들은 아직까지도 체르노빌 사고에 따른 장기적인 영향에 대하여 확신을 갖지 못하고 있다. 같은 맥락에서 후진국으로의 유해폐기물 이동은 국제적인 성격의 환경 재난을 촉발할 가능성을 배제할 수 없는 것이다.

폐기물의 국가간 이동은 앞서 살펴본 경제적 그리고 인간의 건강과 환경에 미치는 악영향 외에도 국가간의 관계에 금이 가게 함으로써 정치적인 의미를 갖기도 한다. 선진국이 후진국을 자신들의 폐기물 처리장으로 인식함으로써 국제 정치관계는 종종 긴장국면을 맞기도 한다.[15] 후진국들은 선진국으로부터 후진국으로 향하는 폐기물 이동과 관련하여 "독성 식민주의(toxic colonialism)", "독성 테러리즘(toxic terrorism)" 또는 "쓰레기 제국주의(garbage imperialism)"로 인식하고 있다.[16]

---

13) *In re Union Carbide Corp. Gas Plant Disaster*, 809 F.2d 195, 197 (2d Cir. 1987).

14) Alex Strachan, *Couple Seeks Holiday for Children of Chernobyl,* Vancouver Sun, 1994. 1. 31. 기사, B12면.

15) Teresa A. Wallbaum(각주 2), 913면.

16) 아프리카통일기구(OAU)는 폐기물의 국가간 이동을 "독성 테러리즘"이라고 하면서 이를 비난한 바 있다. Millman(각주 6). 또한 케냐의 다니엘 아랍 모이(Daniel Arap Moi) 대통령은 선진국의 이러한 행위를 "쓰레기 제국주의"라고 지칭하였다. James Brooke(각주 2). 말리공화국의 환경부장관인 모리핑 코네(Morifing Kone)는 폐기물 수출을 도덕적으로 비난받아야

유해폐기물의 국가간 이동과 관련한 관심은 리우선언에 다수 수용되고 있는데, 특히 원칙 18에서 "각 국가가 다른 국가의 환경에 급격한 위해를 초래할 수 있는 어떠한 자연재해나 긴급사태를 상대 국가에 즉시 통고해야 한다"고, 원칙 19에서 "각 국가는 국경을 넘어서 환경에 심각한 악영향을 초래할 수 있는 활동에 대하여 피해가 예상되는 국가에게 적시의 사전통지(prior and timely notification)를 하여야 한다"고 선언하고 있다.

폐기물 발생량과 폐기물의 국가간 이동량의 증가는 국제적 차원에서 환경에 대한 경각심이 증가하는 것과 맞물려 유해폐기물과 관련하여 포괄적인 국제적 · 국가적 규제체제의 창출을 요구하였다. 유해폐기물의 수출 · 입을 규제하고 유해폐기물로 인한 위해성을 감소시키기 위한 노력으로 많은 국가들과 국제기구는 유해폐기물의 수출에 관한 규제를 채택하고 있다. 해당 국가 또는 지역 차원에 국한하지 않고 국제적 차원에서 유해폐기물의 국가간 이동에 따라 발생하는 문제를 해결하기 위한 수단으로 종종 환경협약이 활용되고 있다.

Ⅱ. 바젤협약

1. 배　　경

유해폐기물의 국제적인 차원에서의 규제는 중요한 화제가 되었고 1981년 몬테비디오계획(Montevideo Program of Development and Periodic Review of Environmental Law)에 포함되었다. 이 계획에 담겨진 권고는 1982년 유엔환경계획(UNEP) 집행이사회에서 채택되었고, 유엔환경계획은 유해폐기물의 처리에 관한 지침과 원칙들을 발전시키기 위해 전문가작업그룹을 출범시킬 것을 결정하였다. 이 그룹은 흔히 카이로 지침[17]이라고 불리는 법적 구속력이 없는 문서를 채택하였다. 이 문서는 각국의 폐기물관리 정책의 개발 및 시행을 돕기 위한 주요한 목적을 가지고 있었다. 카이로 지침은 유해폐기물의 수출국과 수입국 간의 국제적 협력을 강조하고, 폐기물의 국가간 이동을 위해 사전통지승인(Prior Informed Consent: PIC)절차를 도입하였다. 나아가 1987년 유엔환경계획 집행이사회는 폐기물의 국가

하는 범죄행위(morally reprehensive and criminal act)라고 불렀다. Environmental Law and Machinery Unit, *Hazardous Waste: Why Africa Must Act Now,* 1989. 12, 1 내지 3면.

17) Cairo Guidelines and Principles for the Environmentally Sound Management of Hazardous Wastes, UNEP/GC.14/17 (1987) Annex Ⅱ.

간 이동을 규제하는 국제협약의 창출을 요청하였다. 이는 종국적으로 1989년 3월 스위스 바젤에 116개국 대표가 모여 채택한 유해폐기물의 국가간 이동 및 그 처리의 통제에 관한 협약(바젤협약)[18]으로 귀결되었다. 같은 해 4월경에는 이 협약에 이미 22개국이 비준하였다.[19] 우리나라는 1992년 12월 8일 바젤협약을 국내법화하기 위한 「폐기물의 국가간 이동 및 그 처리에 관한 법률」을 제정하였으며, 1994년 2월 28일 바젤협약에 가입하였다.

2. 목 적

바젤협약의 궁극적인 목적은 폐기물 배출량의 감소와 모든 폐기물의 환경적으로 건전한 관리(environmentally sound management)이다. 이러한 목적을 달성하기 위하여 이 협약은 각 당사국으로 하여금 유해폐기물 및 기타 폐기물을 환경적으로 건전하게 관리하기 위하여 가능한 한 자국 내(to the extent possible, within its national boundary)에 위치한 적절한 처리시설을 설치하고, 그 이용가능성을 확보할 것을 요구하고 있다.[20] 또한 이 협약은 유해폐기물과 기타 폐기물의 국가간 이동이 환경적으로 건전하고 효율적인 처리의 보장을 위하여 최소한으로 감소되어야 하고, 그러한 이동으로부터 발생하는 역효과로부터 인간 건강과 환경을 보호하는 방식으로 감소되어야 하며,[21] 폐기물의 국가간 이동은 수출국이 문제의 폐기물을 환경적으로 건전하고 효율적인 방법으로 처리하기 위한 기술적 수단과 필요시설, 또는 적당한 처리장소를 가지고 있지 못할 경우 예외적으로 허용된다고 규정하고 있다.[22]

이를 요약하면 폐기물은 그것이 발생된 지역에서 처리되어야 하고, 폐기물의 국가간 이동을 감소함으로써 궁극적으로는 폐기물 발생량 자체가 감소되어야 한다는 것이다. 이러한 인식은 의심의 여지없이 폐기물 운반과정에서 발생될지도 모르는 사고와 수입국의 인간 건강과 환경의 위협을 감소시킬 것이다.

---

18) Basel Convention on the Control of Transboundary Movements of Hazardous Wastes and Their Disposal, 28 I. L. M. 649 (1989).

19) *United Nations Officials See Basel Treaty as "Limping" into Effect with Limited Support,* 15 Int'l Envtl. Rep. (BNA) 275 (May 6, 1992).

20) 바젤협약(각주 18), 제4조 제2항(b).

21) *Id.* 제4조 제2항(d).

22) *Id.* 동조 제9항(a).

3. 유해폐기물이란?

유해폐기물의 수출 · 입 문제를 이해하고 이를 규제하기 위한 첫 번째 단계는 그 적용 대상인 유해폐기물 자체를 정의하는 작업이다. 불행히도 유해폐기물을 정의하는 것은 쉬운 일이 아니며, 실제로 이에 대한 정의는 각 국가마다 다양하다. 유해폐기물이 무엇인지에 대한 완전한 국제적 합의는 존재하지 않는다. 유해폐기물을 정의하는 것이 어렵고, 그 정의가 다양하기 때문에 유해폐기물 문제는 상당히 복잡한 양상을 띠게 된다. 상당량의 유해폐기물이 재활용될 수 있는 물질이라는 명목하에 수출 · 입되고 있는 현실이 이를 잘 보여주고 있다.

바젤협약은 폐기물을 "국내법 규정에 의하여 처분(dispose)되거나, 처분이 의도되거나, 처분될 것이 요구되는 물질 또는 대상"이라고 정의하고 있다.[23] 바젤협약하에서 '유해폐기물'이란 부속서 Ⅲ에 포함된 특성을 보유하면서, 부속서 Ⅰ에 포함된 폐기물을 의미한다.[24] 이에 따르면 특정 공정에서 발생되는 폐기물(예컨대, 의료 · 제약과정 등에서 발생되는 의료 · 제약폐기물), 또는 특정 구성물질을 포함하고 있는 부속서 Ⅰ에 등재된 물질은 유해폐기물이 된다.[25] 또한, 수출 · 입 또는 통과당사국의 국내법에 의하여 유해폐기물로 정의되거나 인정되는 폐기물도 유해폐기물이 된다.[26] 부속서 Ⅱ에 포함된 폐기물은 기타 폐기물(other wastes)로 정의되는데 역시 이 협약의 규제를 받는다.[27] 그러나 방사성폐기물(radioactive waste)과 선박의 통상적인 활동에서 발생되는 폐기물에 대해서는 동 협약이 적용되지 아니한다.[28] 한편, 2019년 제14차 당사국회의는 플라스틱폐기물을 포함시키는 내용의 개정 부속서 Ⅱ, Ⅷ, Ⅸ를 채택(2021. 1. 1. 시행)하였다.[29]

4. 수출 · 입 금지

일정한 경우 유해폐기물의 수출 · 입은 금지된다. 이 협약은 당사국이 비당사국으로 유해폐기물 또는 기타 폐기물을 수출하거나 비당사국으로부터 수입하는 것을

23) *Id.* 제2조 제1항.
24) *Id.* 제1조 제1항(a).
25) *Id.* 부속서 Ⅰ 참조.
26) *Id.* 제1조 제1항(b).
27) *Id.* 동조 제2항.
28) *Id.* 동조 제3항 · 제4항.
29) 이에 따라 수출 · 입용 플라스틱폐기물은 부속서 Ⅱ 목록 Y48에 따라 기타 폐기물, 또는 부속서 Ⅷ 목록 A3210에 따라 유해폐기물로 분류된다.

금지하고 있다.30) 유해폐기물의 비당사국 통과는 이 금지 규정에 포함되어 있지 않다. 남위 60도 이남의 남극지역에 유해폐기물을 수출하는 것이 금지되며,31) 이러한 폐기물의 수입을 금지하고 있는 당사국에게 수출하는 것도 금지된다.32) 이와 같이 비당사국과의 수출 · 입을 금지하고 있는 것은 바젤협약에서 정한 규칙을 위반하는 국가와의 거래를 금지시킴으로써 협약의 실효성을 확보할 뿐만 아니라 비당사국과의 거래를 막음으로써 협약에의 가입을 유도한다는 의미도 있다.

그러나 당사국과 비당사국과의 수출 · 입 금지에는 중요한 예외가 인정된다. 즉 협약에 의하여 요구되는 폐기물의 "환경적으로 건전한 관리"를 훼손하지 아니하는 것을 전제로 다른 양자 · 다자 · 지역적 협약에 따라 행해지는 유해폐기물의 국가간 이동은 허용된다.33) 이러한 협약의 대표적인 예로는 미국과 캐나다 간 유해폐기물의 국가간 이동과 관련한 양자협정,34) 미국과 멕시코 간 유해폐기물과 유해물질의 국가간 이동과 관련한 양자협정,35) 1992년 재활용을 목적으로 한 폐기물의 국가간 이동의 규제와 관련한 경제협력개발기구(OECD) 위원회 결정36) 등이 있다.37)

한편, 수입국 및 수출국 모두는 문제의 폐기물이 '환경적으로 건전한 방법(environmentally sound manner)'으로 관리되지 않을 것이라고 믿음에 상당한 이유가 있는 경우 국가간 이동을 방지할 의무가 있다.38) 바젤협약은 유해폐기물의 '환경적으로 건전한 관리'를 유해폐기물이 그러한 폐기물로 인해 발생하는 역효과로부터 인간 건강과 환경을 보호하는 방법으로 관리되도록 확보하는 모든 실행가능

30) *Id.* 제4조 제5항.

31) *Id.* 동조 제6항.

32) *Id.* 제4조 제1항.

33) *Id.* 제11조 제1항.

34) Agreement Between the Government of Canada and the Government of the United States of America Concerning the Transboundary Movement of Hazardous Waste (1986. 10. 28.). 이 협성은 유해폐기물의 이동과 관련하여 묵시적 동의를 규정하고 있다. 이에 따르면 폐기물 수출은 통지받은 날로부터 30일 이내에 반대가 없으면 이루어질 수 있다. *Id.* 제3조(d).

35) Agreement of Co-operation Between the United States of America and the United Mexican States Regarding the Transboundary Shipments of Hazardous Wastes and Hazardous Substances (1986. 11. 12.). 이 협정은 묵시적 동의를 규정하고 있지 않다. 이에 따르면 폐기물의 수출 · 입이 이루어지지 위해서는 통지받은 날로부터 45일 이내에 명시적 동의가 있어야 한다. *Id.* 제3조.

36) OECD Council Decision Concerning the Control of Transfrontier Movement of Wastes Destined for Recovery Operations (C (92) 39), 1992. 3. 30.

37) 뒤에서 살펴보는 바마코협약, 롬(Lome Ⅳ)협약 등도 바젤협약 제11조에서 말하는 지역적 협약에 해당된다고 할 것이다.

38) 바젤협약(각주 18), 제4조 제2항(g).

한 조치를 취하는 것이라고 정의하고 있다.[39]

5. 통지와 승인

바젤협약의 가장 중요한 특징 중의 하나는 바로 '사전통지승인(Prior Informed Consent: PIC)절차'라고 할 수 있다. 이에 따르면 우선, 서면통지가 수입국의 권한 있는 당국에 보내져야 한다.[40] 수출국은 주무관청을 통하여 직접 통지할 수도 있고 생산자나 수출자를 통하여 통지하게 할 수도 있다. 그 통지는 부속서(VA)에 명시된 내용(예컨대, 수출이유, 수입자, 폐기물의 발생자 · 처리자 · 운반자, 권한 있는 당국, 운반 수단, 관련 보험, 폐기물의 종류와 양)을 상세히 그리고 수입국이 받아들일 수 있는 언어로 하여야 한다.[41]

폐기물을 수출하기 위해서는 수출국은 수입국과 경유국으로부터 승인을 받아야 한다. 수입국과 경유국은 통지자에게 조건부 또는 무조건으로 이동에 승인하거나 이동에 대한 허가를 거부하거나 또는 추가정보를 요구하여야 한다.[42] 폐기물 수출이 이루어지기 위해서는 수입국의 서면승인이 있어야 한다. 수출국이 수입국과 경유국으로부터 서면승인을 받았고 수출자와 처리자 간에 문제의 폐기물이 환경적으로 건전하게 관리된다는 것을 담보하는 계약이 존재한다는 서면확인을 받아야 비로소 수출이 이루어질 수 있다.[43]

6. 이동서류

수출이 이루어진 후, 당해 폐기물을 자세히 설명하는 이동서류(movement document)가 폐기물 이동이 시작된 지점부터 처리되는 지점까지 폐기물 이동에 반드시 수반되어야 한다.[44] 이와 같이 이동서류를 요구하는 것은 폐기물이 어디에 있든지 추적하여 폐기물의 불법처리를 막자는 데에 있다. 이동서류에 포함되어야 하는 정보는 부속서 5B에 명기되어 있다.

폐기물을 인수한 당사자는 폐기물의 전달 또는 수령 여부에 대하여 서명을 하

39) *Id.* 제2조 제8항.
40) *Id.* 제6조 제1항.
41) *Id.*
42) *Id.* 제6조 제2항.
43) *Id.* 동조 제3항.
44) *Id.* 제4조 제7항(c).

고, 수출국에 폐기물의 수령 사실 및 통지내용에 따라 처리를 완료하였다는 사실을 알려주어야 한다.[45)]

7. 기록보존 및 보고

또한 협약은 장기간에 걸쳐 유해폐기물을 관리할 목적으로, 기록보존 및 보고 요건을 규정하고 있다. 당사국은 다른 국가의 국민 건강과 환경에 위해를 끼칠 가능성이 있는 사고를 해당 국가에 즉시 알려주어야 한다.[46)]

8. 재 수 입

바젤협약은 일정한 경우 수출국에게 수출된 유해폐기물의 재수입을 보장할 의무를 부과하고 있다: ① 관계국들의 승인을 받은 유해폐기물 또는 기타 폐기물의 국가간 이동이 계약조건대로 완료될 수 없는 경우; ② 수입국이 수출국과 사무국에 통지한 시점으로부터 90일 이내에 또는 관계국들이 합의하는 그 밖의 기간 내에 환경적으로 건전한 방법으로 폐기물을 처리할 대체방식이 마련될 수 없는 경우.[47)]

9. 수출이 허용되는 경우

제한된 일정한 경우에는 예외적으로 폐기물의 국가간 이동이 허용된다: ① 수출국이 문제의 폐기물을 환경적으로 건전하고 효율적인 방법으로 처리하기 위한 기술적 수단과 필요시설, 또는 적당한 처리장소를 가지고 있지 못할 경우; ② 문제의 폐기물이 수입국의 재활용 또는 재생산업의 원료로서 필요한 경우, ③ 문제의 국가간 이동이 이 협약의 목적에 상치되지 않는 기준으로서 당사국들이 설정한 다른 기준에 부합하는 경우.[48)]

---

45) *Id.* 제6조 제9항.
46) *Id.* 제13조 제1항.
47) *Id.* 제8조.
48) *Id.* 제4조 제9항.

10. 불법이동

협약 규정을 위반한 유해폐기물의 국가간 이동은 '범죄'행위인 불법거래로 간주되어 금지된다.[49] 이러한 불법거래에는 사전통지승인절차의 위반(예컨대, 통지 및 승인이 없는 경우, 승인이 위조·허위표시 또는 사기에 의하여 이루어진 경우, 서류와 실질적으로 일치하지 않은 이동)과 폐기물의 고의적인 처리(예컨대, 투기) 등이 포함된다.[50] 불법거래로 간주되는 경우 수출국은 발생자, 수출자 또는 국가 스스로 문제의 폐기물을 재수입하거나 불법거래에 대하여 통지를 받은 날로부터 30일 이내에 이 협약의 규정과 일치하게 처리되는 것을 보장하여야 한다.[51] 수입국은 문제의 폐기물이 환경적으로 건전한 방법으로 처리되도록 보장하여야 한다.[52] 각 당사국은 불법거래를 방지하고 처벌하기 위한 국가적·국내적 조치를 취하여야 한다.[53]

11. 정보와 기술의 이전

협약은 정보와 기술의 이전을 촉진하기 위한 규정을 두고 있다. 당사국들은 유해폐기물 기타 폐기물의 환경적으로 건전한 관리를 증진·달성하기 위하여 상호 협력하기로 합의하였다. 이에 따라 당사국은 유해폐기물과 기타 폐기물의 환경적으로 건전한 관리를 촉진할 목적으로 요청에 따라 정보를 이용 가능하도록 하여야 한다.[54] 또한 당사국들은 환경적으로 건전한 관리와 관련한 기술과 관리체계의 이전에 적극적으로 협력할 것을 합의하였으며, 특히 이 분야에서 기술적 지원을 필요로 하고 요청하는 당사국들의 기술적 능력을 개발하는 데 협력하기로 약속하였다.[55] 개도국들은 선진국에게 폐기물의 적절한 처리를 위한 기술이전을 집요하게 요구하고 있으나 바젤협약은 법적 강제성을 가진 기술이전의 의무를 규정하고 있지 않다.

---

49) *Id.* 동조 제3항 · 제4항.
50) *Id.* 제9조 제1항.
51) *Id.* 동조 제2항.
52) *Id.* 동조 제3항.
53) *Id.* 동조 제5항.
54) *Id.* 제10조 제2항(a).
55) *Id.* 동조 제2항(d).

12. 책 임

당사국들은 폐기물의 국가간 이동과 처리로 인한 피해에 대한 책임과 보상의 분야에서 적절한 규칙과 절차를 규정하는 의정서를 가능한 한 빨리 채택하기 위하여 협력하기로 약속하였다.[56] 이에 따라 1999년 유해폐기물의 국경이동과 그 처리로 인한 피해에 대한 책임배상의정서(책임배상의정서)가 채택되었다. 분쟁해결절차와 관련해서는 세 가지 대안을 제시하고 있다: ① 교섭, ② 국제사법재판소에의 회부, ③ 부속서 Ⅵ에 따른 중재.

13. 평 가

바젤협약은 유해폐기물의 국가간 이동과 관련하여 제기되어 온 문제를 해결하기 위하여 큰 방향 전환을 이룬 중요한 환경협약이다. 이 협약은 국제적인 차원에서 유해폐기물의 국가간 이동을 규제하는 규범으로서 현재까지 가장 범세계적이고, 효과적인 협약이라고 이해되고 있다. 이 협약에서 규정하고 있는 사전통지승인절차, 제한적인 수출 · 입 금지, 불법이동의 금지, 재수입의무 등은 종전의 환경협약에서는 찾아볼 수 없는 진일보한 것으로 유해폐기물의 편법적이고 불법적인 국외처리를 막는 중요한 단서가 되고 있다. 이 협약은 비록 유해폐기물의 국가간 이동 문제에 대한 완전한 해결책을 제시하지는 못하였다고 하더라도 폐기물 발생량이 증가하고 발생된 폐기물이 어딘가로 향한다는 현실을 직시하고 그에 대한 해결책을 취급하고 있다는 점에서 중요한 의미를 갖고 있다. 폐기물의 국가간 이동을 규제하는 것은 궁극적으로 폐기물 발생량을 감소시킬 것이기 때문에 큰 방향은 옳다고 할 수 있다. 그러나 이 협약은 그 인식과 규제방법이 옳음에도 불구하고 효율성을 제한하는 다음과 같은 문제점이 있는 것도 사실이다.

가. '유해폐기물' 개념의 부정확성

'유해폐기물' 개념은 이 협약의 해석 · 적용이 출발점이 되고 있는 중요한 개념이다. 그럼에도 불구하고 이 협약은 '유해폐기물'이라는 개념을 정확하게 정의하지 않아 각국이 자국에게 유리하게 해석할 수 있는 여지를 주고 있다. 어느 국가에서는 유해폐기물인 것이 다른 국가에서는 유해폐기물이 아닐 수 있다. 또한 이 협약은 특정 공정을 제시하면서 그 과정에서 발생되는 폐기물을 유해폐기물로 본다고

---

56) *Id.* 제12조.

막연히 규정하고 있는바, 이러한 추상적인 규정방식은 당사국으로 하여금 자의적인 해석이 가능하도록 하고 있다. 예컨대, 무엇이 의료폐기물을 구성하는지에 대한 구체적인 설명은 없이 단지 병원, 의료센터 및 의원에서 의료행위로부터 발생하는 의료폐기물(clinical waste)이라고만 하고 있을 뿐인데, 이러한 비구체적인 규정방식은 당사국간의 다양한 의미해석을 가능하게 하고, 결과적으로 이 협약의 효과적인 시행을 막는다. 또한 이 협약은 해당 폐기물이 유해하기 위하여 특정 물질이 어느 정도 존재해야 하는지, 유해폐기물과 재활용가능자재가 혼합되어 있는 경우 유해폐기물인지에 대하여는 침묵하고 있다.[57] 협약상 유해폐기물의 정의로는 협약의 적용대상인 폐기물과 적용대상이 아닌 제품(product)과를 구별하기가 어렵다는 비판도 제기되고 있다.[58]

나. "환경적으로 건전한 관리" 등의 개념의 모호성

바젤협약에 쏟아지는 또 다른 비판은 해석 및 시행과 관련하여 당사국의 다양한 주관적 해석이 가능하도록 만드는 모호한 용어의 사용이다. 예컨대, 이 협약은 "효율적인(efficient)", "적절한(suitable)" 등의 개념을 정의하고 있지 않다. 마찬가지로 "환경적으로 건전한 관리(environmentally sound management)"라는 개념을 추상적으로 막연하게 규정하고 있을 뿐 구체적이고 기술적인 기준을 제시하고 있지 않다. 폐기물처리시설에 대한 구체적인 기준을 설정하지 않은 채 환경적으로 건전한 관리에 대하여 막연하게 언급하는 것은 문제에 대한 해답을 제시하기보다는 오히려 의문을 증폭시킬 뿐이다.[59] 환경적으로 건전한 관리 기준은 어떻게 당사국이 폐기물을 처리해야 하는지를 정하는 지침을 구체적으로 담고 있어야 한다.

다. 통지절차의 한계

바젤협약상 가장 중요한 부분을 이루고 있는 통지절차에도 의문이 제기되고 있다. 예컨대, 수출국이 해당 폐기물을 의료폐기물이라고 통지할 경우 수입국은 인식하지도 못하고 적절히 처리할 수도 없는 해당 폐기물을 수입할 가능성이 있다. 수입국은 자국이 수입하는 폐기물이 정확히 무슨 폐기물인지도 모르고 수입할 수 있으며, 경우에 따라서는 해당 폐기물을 적절히 처리할 수 있는 자원, 노하우, 전문가를 가지고 있지 않을 수도 있다. 협약상 수입국은 수출국에게 해당 폐기물을

57) Daniel Jaffe(각주 3), 133 내지 134면.
58) 노명준, 신국제환경법, 법문사, 2003, 264면.
59) 노명준(앞의 책), 251면.

환경적으로 안전한 방법으로 처리할 수 있는 능력이 있다는 사실을 통지하여야 한다. 협약은 수입되는 유해폐기물을 처리할 수 있는 능력이 있는지에 대한 평가를 수입국의 판단에 전적으로 의지하는데, 문제는 개도국의 경우 유해폐기물을 처리할 수 있는 능력이 있는지조차 스스로 평가하기 힘들다는 것이다. 수출국이 평가기술을 개도국에 이전하지 않으면 사전통지승인절차는 하등의 의미가 없을 수도 있다. 수입하는 국가가 자국의 능력을 평가할 수 없거나 알지 못하는 경우 어떻게 해당 폐기물을 처리할 수 있는 능력을 정확히 측정할 수 있겠는가?

라. 이행의 문제

바젤협약의 중대한 결함은 이행의 문제에서도 발견된다. 이 협약은 효율적인 이행 메커니즘을 결하고 있으며, 협약의 원칙과 기준의 준수 여부를 감독·강제할 기관을 가지고 있지 못하다. 빈약한 이행 메커니즘은 불법적인 폐기물의 국제거래를 계속하게 만든다. 예컨대, 통지와 승인절차 그리고 재수입 절차에서 감독 시스템의 부재는 수출·입업자에게 불법적인 국제거래를 시도할 수 있는 좋은 기회를 제공한다. 바젤 사무국의 주된 역할은 정보의 수집과 전달을 촉진하는 것이며, 조사 또는 시행 권한은 가지고 있지 못하다. 예외적인 경우에 인정되는 감시기능도 당사국의 요구에 의해서만 작동될 뿐이다. 이는 사무국이 실질적인 감시기능은 가지고 있지 못하며, 당사국이 협약상의 의무이행을 소홀히 할 경우 협약의 실효성이 확보되기 어렵다는 것을 의미한다. 준수 여부를 감시·감독하는 기구가 존재하지 않을 경우 각국은 협약상의 규정을 따르지 않을 가능성이 많다.

마. 분쟁해결절차의 한계

바젤협약은 협약의 해석·적용 또는 준수에 대하여 당사국들간에 분쟁이 발생한 경우 교섭 또는 다른 평화적인 수단을 통하여 분쟁을 해결할 것을 주문하고 있다.60) 이러한 수단들을 통한 분쟁해결이 실패할 경우 당사국들은 문제를 해결하기 위하여 분쟁을 국제사법재판소에 회부할 수 있다.61) 그러나 국제사법재판소는 분쟁 당사국 모두 관할권에 대하여 동의한 경우에만 관련 당사국에 대한 관할권을 갖는다. 이와 같이 국제사법재판소 관할권의 자발적인 성격 때문에 당사국은 종종 재판소에서 문제를 다루는 것을 거부한다. 그렇기 때문에 대부분의 분쟁은 비공식적인 절차를 통하여 분쟁 당사국 사이에서 해결되곤 한다. 이러한 형태의 분쟁해

60) 바젤협약(각주 18), 제20조 제1항.

61) *Id.* 동조 제2항.

결은 잠재적으로 발생할 수 있는 모든 문제를 다룰 수 없다. 예컨대, 폐기물이 어떤 국가의 관할 수역 밖에 투기된 경우 어느 국가가 이에 대해 제재를 구할 수 있는지 불분명하다.

바. 참여국의 제한

실제에 있어 중대한 문제점은 세계적으로 유해폐기물의 발생을 주도하는 국가들이 이 협약의 당사국으로 참여하지 않고 있어 실효성을 약화시키고 있다는 점이다. 예컨대, 유해폐기물을 다량 발생하는 미국은 바젤협약에 서명은 하였지만 아직까지 비준을 하지 않고 있다.[62] 유해폐기물을 후진국에 수출하는 되풀이되는 관행의 근절을 위해서는 전세계적으로 강력한 규제와 시행이 필요한데, 이를 위해서는 당사국들의 충분한 참여가 필수적이다. 이러한 협약의 목적을 달성하고 협약의 능력을 향상시키기 위해서는 선진국들이 협약의 동반자로 참여하는 것이 상당히 중요하다.

사. 제한적 금지

바젤협약에 대한 많은 비판은 이 협약이 유해폐기물 수출의 완전한 금지가 아니라 추적제도 등을 통해 폐기물의 이동을 규제하는, 말하자면 제한적 금지에 머무르고 있다는 데 집중되고 있다.[63] 이러한 비판은 종종 협약 제11조에 대한 비판으로 이어지고 있다.[64] 제11조는 폐기물의 "환경적으로 건전한 관리"를 훼손하지 아니하는 것을 전제로 다른 양자 · 다자 · 지역적 협약에 따라 행해지는 유해폐기물의 국가간 이동을 허용하고 있다. 이에 따르면 바젤협약에서 정하고 있는 폐기물 수출과 관련한 요건은 만일 관련 당사국이 다른 국가와 별도의 협약을 체결하고 있는 경우 적용되지 않는다. 이들 국가들은 바젤협약의 엄격한 요건을 회피하기 위하여 규제가 완화된 시스템을 채택할 가능성이 있다. 특히 선진국은 바젤협약의 요건을 회피하기 위하여 이 규정을 활용할 수 있을 것이다. 폐기물의 환경

---

62) 오히려 미국은 캐나다, 멕시코 등과의 지역협정에 집중하고 있다.

63) Mark E. Allen, *Slowing Europe's Hazardous Waste Trade: Implementing the Basel Convention into European Law*, 6 Colo. J. Int'l Envtl. & Pol'y 163, 175 (1995); Rebecca A. Kirby, *The Basel Convention and the Need for United States Implementation*, 24 Ga. J. Int'l & Comp. L. 281, 297 (1994); Adam L. Moskowitz, *Criminal Environmental Law: Stopping the Flow of Hazardous Waste to Mexico,* 22 Cal. W. Int'l L. J. 159, 184 (1991/1992).

64) Dean M. Poulakidas, *Waste Trade and Disposal in the Americas: The Need for and Benefits of A Regional Response,* 21 Vt. L. Rev. 873, 900 (1997).

적으로 건전한 관리를 보장하기에는 기술 · 환경규제 그리고 시행체제가 빈약한 개도국은 수출국과 외관상으로는 이익을 창출하는 거래를 위해 협약을 체결할 가능성이 있다.

환경주의자들은 이 규정이 "독성 식민주의(toxic colonialism)"를 영구화하는 독소조항이라고 비난하고 있다.[65] 개도국들은 바젤협약이 유해폐기물의 수출을 완전히 금지하고 있지 않기 때문에 폐기물의 국가간 거래 문제를 해결하기에는 부적절한 체제라고 보고 있다.[66] 그들의 관심은 간단하고 단호하다: 폐기물 수출의 즉각적이고 완전한 금지. 이러한 양자협정을 완전히 금지하거나 이러한 협정의 범위와 용어를 명확히 정의하여야 한다는 견해도 있다.[67]

아. 재활용 예외

바젤협약이 재활용을 위해 폐기물이 국가간에 이동되는 것을 허용하는 것에 대해서도 많은 논란이 제기되고 있다. 바젤협약은 재활용을 위한 폐기물의 이동에 대하여 완전한 금지를 하고 있지 않기 때문에 당사국들은 해당 폐기물의 실제 처리에 대한 규제를 거의 또는 전혀 받지 않고도 재활용을 위해 폐기물을 수출할 수 있다. 재활용시설로 향하는 폐기물에 대하여는 문제의 폐기물이 '환경적으로 건전한 방법'으로 관리되지 않을 것이라고 "믿음에 상당한 이유가 있는 경우" 국가간 이동이 금지된다는 요건이 적용되지 않는다.[68] 협약 제4조에서는 문제의 폐기물이 수입국의 재활용 또는 재생산업의 원료로서 필요한 경우 예외적으로 폐기물의 국가간 이동을 허용하고 있다. 일단 수입국이 해당 폐기물이 재활용을 위한 원자재로서 필요한 물질이라고 주장할 경우 수출자는 수입국이 해당 폐기물을 안전하게 관리하기 위한 적절한 기술 및 자원을 보유하고 있다는 점을 밝힐 필요가 없다.[69]

바젤협약은 재활용되는 폐기물을 규제체제의 적용범위에서 배제함으로써 폐기물의 국제거래를 조장하고 있다. 이러한 관점에서 바젤협약은 유해폐기물의 국가간 거래를 정당화하기 위한 도구라는 비난을 감수하여야 한다. 이러한 재활용에 대해 예외를 인정하는 체제하에서, 유해폐기물은 재활용이라는 미명하에 여전히

---

65) John Ansbro, *The EC Regulation on Waste Shipment: In Conflict with the Free and Contrary to Environmental Comparative Advantage*, 3 Cardozo J. Int'l & Comp. L. 405, 412 (1995).

66) Peter D. P. Vint(각주 1), 137면.

67) Marguerite M. Cusack(각주 7), 421면.

68) Jennifer R. Kitt, *Waste Exports to the Developing World: A Global Response,* 7 Geo. Int'l Envtl. L. Rev. 485, 499 (1995).

69) *Id.*

수출되고 있다. 선진국은 이러한 규정을 악용하고 있으며, 개도국 국민의 건강 및 환경 악화는 계속되고 있다.

Ⅲ. 바젤 개정

개도국으로 향하는 폐기물의 이동을 금지하여야 한다는 공감대가 국제사회에서 확대되었다. 이러한 공감대는 특히 개도국, 북유럽국가, 유럽연합 국가들에 의해 주도되었다. 그 결과 1995년 9월 18일부터 22일까지 스위스 제네바에서 개최된 제3차 당사국회의는 바젤협약의 내용을 일부 개정하였다(바젤 개정).[70] 1995년 바젤 개정의 주요한 내용은 부속서 Ⅶ에 등재된 선진국(OECD 국가, 유럽연합, 리히텐슈타인)에서 최종처리를 위해 개도국으로 유해폐기물이 이동하는 것을 즉각 금지하고,[71] 재활용을 목적으로 유해폐기물이 이동하는 것을 1997년 12월 31일까지 전면 금지한다는 것이다.[72] 그러나 이러한 개정은 미국, 영국, 호주, 캐나다 등 주요 선진국들과 재생자원의 수입에 경제적으로 의존하는 일부 개도국들의 반발을 불러일으켰다. 이는 발효를 위해 필요한 충분한 수의 국가들의 비준으로 이어지지 못하고 있다.

1998년 바젤협약은 또 한 번 개정되어 폐기물의 종류를 구체화한 부속서 Ⅷ과 Ⅸ를 채택하였다. 부속서 Ⅷ은 협약의 규제범위에 속하는 유해폐기물을 자세히 담고 있다.[73] 한편, 부속서 Ⅸ에는 유해폐기물이라고 볼 수 없는, 그 결과 협약의 규제범위에 속하지 않는 폐기물이 담겨져 있다.[74] 여기에 포함된 비유해폐기물은 재활용을 위한 원자재를 염두에 둔 것으로 결국 협약에 부속서 Ⅸ를 추가한 것은 재활용산업을 활성화해야 한다는 입장에서는 환영할 만한 것이라고 할 수 있다. 폐기물의 이동을 지나치게 제한하는 체제로 인해 재활용산업이 불필요하게 위축될 수 있다는 우려는 경제협력개발기구(OECD) 국가들로 하여금 재활용을 위한 목적으로 폐기물이 이동하는 것과 관련하여 보다 유연한 요건을 채택·적용하도록 하였다.

1992년 경제협력개발기구는 자원회복(recovery)을 위하여 이동하는 폐기물을 규

70) http://www.basel.int/meetings/cop/cop1-4/cop3decE.doc.

71) *Id.* 제4A조 제1항.

72) *Id.* 동조 제2항.

73) http://www.basel.int/text/con-e-rev.doc. 부속서 Ⅷ(목록 A).

74) *Id.* 부속서 Ⅸ(목록 B).

제하기 위하여 폐기물 유형을 환경에의 위해성 정도에 따라 3단계로 구분하는 폐기물등재제도를 채택한 바 있다. 이에 따르면, 녹색 폐기물(green wastes)은 바젤협약에서 정의되어 있는 유해폐기물의 성격을 일체 가지고 있지 아니 한 폐기물로서 상거래에 통상적으로 적용되는 규제를 받으며, 적색 폐기물(red wastes)은 바젤협약이 규정하고 있는 사전통지승인절차(Prior Informed Consent: PIC) 등 엄격한 규제를 받는 유해폐기물이며, 황갈색 폐기물(amber wastes)은 이들의 중간 단계에 있는 폐기물이다.75)

이러한 3단계 분류체제는 유해한 것으로 분류될 수 있는 몇몇 폐기물을 규제하지 못하고, 바젤협약상의 유해폐기물 개념과 일치하지 않는 등 문제가 발생하였다. 1998년 바젤 개정 이후인 2001년 경제협력개발기구는 바젤협약 상의 폐기물 분류체제를 채택하고 적색 폐기물(red wastes)에 대한 사전통지승인절차를 삭제하기로 결정하였다.76) 이 결정에 따르면 폐기물은 두 가지(녹색 폐기물과 황갈색 폐기물)로 단순 분류되어 차별적으로 규제된다: 녹색 폐기물(이는 바젤협약 부속서 Ⅸ에 등재된 폐기물에 해당함)은 상거래에 통상적으로 적용되는 규제를 제외하고는 특별한 제한 없이 수출될 수 있다. 황갈색 폐기물(이는 바젤협약 부속서 Ⅱ와 Ⅷ에 등재된 폐기물에 해당함)은 수입국의 서면 또는 묵시적인 승인이 있는 경우 수출될 수 있다.

경제협력개발기구가 적색 폐기물(red wastes)에 대한 사전통지승인절차를 삭제키로 한 것은 PCBs, 석면 등과 같은 잠재적으로 유해한 폐기물의 수출 · 입에 대해서 더 이상 서면승인을 요구하지 않는다는 것을 의미한다. 그러나 경제협력개발기구의 결정은 개도국으로의 이동을 막는 데는 역부족이다. 그 결정은 단지 어느 경제협력개발기구 국가로부터 다른 경제협력개발기구 국가로의 이동만을 규제할 뿐이기 때문이다.

---

75) OECD Council Decision Concerning the Control Transfrontier Movement of Wastes Destined for Recovery Operations(C (92) 39), 1992. 3. 30. 이러한 분류체제에 따를 경우 녹색 폐기물 중의 어떤 유형은 바젤협약 부속서 I 유형에 포함될 가능성이 있고, 경우에 따라서는 부속서 Ⅲ에 규정된 특성들을 지니고 있을 가능성이 있다. 실제로 그린피스는 경제협력개발기구 녹색 리스트(green list)에 상당히 독성이 있는 것으로 알려진 납, 카드뮴 폐기물 같은 유해폐기물이 포함되어 있다고 주장하고 있다. *EU Should Bring Waste Regulation into Line with Basel Treaty, Greenpeace Says*, 10 Int'l Env't Rept. (BNA) 1994. 7. 27, 622면.

76) Decision of the Council Concerning the Revision of Decision C(92)39/Final on the Control of Transboundary Movements of Wastes Destined for Recovery Operations, C(2001)107/Final, 2002. 5. 21.

Ⅳ. 책임배상의정서

바젤협약과 관련하여 책임과 보상체제의 부존재는 오랫동안 비판의 대상이 되어 왔다. 원칙적으로 수출자는 유해폐기물의 국가간 이동에 따라 초래된 피해에 대하여 충분히 책임을 져야 한다. 책임과 보상체제는 이러한 원칙을 시행하는 데 필수적이다. 바젤협약은 채택 당시 사고가 발생한 경우에 대한 책임체제를 미처 만들지 못하였다. 다만 당사국들은 유해폐기물과 기타 폐기물의 국가간 이동과 처리로 인한 피해의 책임과 배상의 분야에서 적절한 규칙과 절차를 규정하는 의정서를 가능한 한 조속히 채택하기 위하여 협력하기로 합의하였다.[77] 이러한 합의에도 불구하고 관련 의정서는 생각처럼 쉽게 채택되지 않았다. 의정서의 채택을 위해서는 10년이 더 필요하였다.

1999년 스위스 바젤에서 개최된 제5차 당사국회의에서 비로소 유해폐기물의 국가간 이동 및 그 처리로 인한 피해에 대한 책임배상의정서[78]가 채택되었다. 이 의정서의 목적은 유해폐기물과 기타 폐기물의 국가간 이동과 처리로 인한 피해의 책임과 적절하고 신속한 배상을 위한 광범위한 체제를 구축하는 것이다.[79]

1. 적용 범위

의정서 제3조는 적용범위를 정하고 있다. 이 의정서는 폐기물의 불법이동을 포함하여 유해폐기물과 기타 폐기물의 국가간 이동과 처리과정에서 발생한 사고로 인한 피해에 적용된다. 적용 개시 시점은 수출국의 국가관할권 내에서 운송수단에 적재하는 시점부터이다.[80] 일반적으로 수출국과 수입국이 모두 당사국인 경우, 이 의정서는 폐기물의 처리완료 시점까지 적용된다.[81] 이에 비해 수입국만이 당사국인 경우에는 폐기물의 처리자가 폐기물을 점유할 때까지 적용된다.[82] 만일 해당 폐기물이 당사국의 국내법에 의하여 유해폐기물로 정의되거나 인정되는 경우에는

77) 바젤협약(각주 18), 제12조.

78) Protocol on Compensation for Damage Resulting from Transboundary Movement of Hazardous Wastes and Their Disposal, 21 Int'l Env't Rep. (BNA) 3731, http://www.unep.org/basel.

79) *Id.* 제1조.

80) *Id.* 제3조 제1항.

81) *Id.* 동조 제2항.

82) *Id.* 동조 제3항.

바젤협약 제3조에 의거하여 통지되었을 경우에만 적용된다.83) 수출 · 입 양국이 모두 당사국이라고 하더라도 이 의정서의 발효 이전에 이루어진 폐기물의 국가간 이동과 처리과정에서 발생한 피해에는 적용되지 않는다.84) 만일 양자 · 다자 · 지역협정에 따라 폐기물의 국가간 이동 및 처리되는 과정에서 발생한 사고 때문에 피해가 발생하는 경우에는 이 의정서가 적용되지 않는다.85)

2. 책 임

바젤협약 제6조에 따라 통지한 자는 처리자가 폐기물을 점유할 때까지 피해에 대하여 엄격책임(strict liability)을 부담한다.86) 그 결과 '통지자'는 과실의 유무와 관계없이 책임을 지며, 폐기물 처리자는 폐기물을 "점유한 이후부터" 피해에 대하여 책임을 지게 된다. 수출국이 통지자이거나 통지가 없었던 경우 수출국이 책임을 지게 된다.87) 그러나 책임자가 피해가 전쟁, 내란, 폭동, 불가항력으로 인한 천재지변, 공공기관의 강제조치를 준수하기 위한 결과 또는 제3자의 고의적 불법행위의 결과라는 사실을 입증한 경우에는 책임을 지지 않는다.88)

이러한 엄격책임과 별도로 의정서는 제5조에서 과실책임도 규정하고 있다. 즉 해당 당사자는 바젤협약 시행규정의 비준수 또는 고의적 불법행위, 무모한 행위나 과실의 작위 또는 부작위에 의하여 초래된 피해에 대하여 책임을 부담한다. 이는 엄격책임에 기한 배상이 철저히 이루어지지 않을 경우 피해자가 과실책임의 원칙에 의거하여 충분한 배상을 받도록 하기 위한 것이다.89) 피해자의 과실이 피해를 초래하였거나 피해에 기여한 경우에는 배상액이 경감될 수 있다.90)

3. 책임제한 등

엄격책임의 경우 배상액은 제한되는데, 배상액은 선적량에 기초하여 제한된다. 그 내용은 부속서 B에 구체적으로 정해져 있다.91) 그러나 과실책임의 경우에는

83) *Id.* 동조 제6항(b).
84) *Id.* 동조 제6항(a).
85) *Id.* 동조 제7항(a).
86) *Id.* 제4조 제1항.
87) *Id.*
88) *Id.* 제4조 제5항.
89) *Id.* 제5조.
90) *Id.* 제9조.

그 배상액을 제한할 수 없다.92) 엄격책임을 부담하는 자는 책임을 담보하는 보험, 채권(bond)이나 다른 재정보증을 유지하여야 한다.93)

배상청구 소송은 사건 발생 후 10년 이내에 제기되어야 한다.94) 피해자가 피해를 알았거나 알 수 있었음에 상당한 이유가 있는 경우에는 이로부터 5년 이내의 기간 내에 배상청구권을 행사하여야 한다.95) 배상청구 소송은 피해발생지, 사건발생지, 피고의 상주 주소지(habitual residence)나 주된 영업지 법원 중에서 제기될 수 있다.96)

4. 평 가

이 의정서가 아직 발효되지 않고 있어97) 그 평가를 섣불리 내릴 수 없다. 그러나 폐기물의 국가간 이동과정에서 발생하는 피해에 대한 책임과 배상체제를 정하고 있는 이 의정서는 피해자의 보호와 함께 폐기물 발생자의 폐기물 수출 감소, 궁극적으로는 폐기물 발생 자체의 감소를 촉구하는 유용한 도구가 될 것이다. 이 의정서가 규정하고 있는 책임체제는 1998년 특정 유해화학물질 및 농약의 국제교역에 있어서 사전통지승인절차에 관한 협약(일명, 로테르담협약) 등 다른 책임체제에도 큰 영향을 미칠 것으로 보인다. 이러한 유용성에도 불구하고 의정서에는 다음과 같은 문제점이 발견되고 있다.

먼저 이 의정서는 폐기물 발생자가 아닌 통지자 또는 수출자에게 피해책임을 지우고 있는데, 이러한 책임체제는 궁극적으로 폐기물의 발생을 방지하거나 감소하기에 미흡하다 할 수 있다. 폐기물 발생자는 그 책임을 통지자에게 떠넘김으로써, 폐기물과 관련한 모든 책임을 회피하게 되는데 이는 오염원인자 책임원칙에 반하는 결과를 초래할 수 있다. 미국 종합환경대응보상책임법(CERCLA)에 의하여 엄격한 책임을 지는 미국 회사는 폐기물의 수출을 통해 그 책임에서 빠져 나올 수 있을 것이다.

의정서는 사고 시 폐기물을 실질적으로 통제하는 자(person in operational control)에게 그 피해를 완화하기 위한 모든 합리적인 조치를 취할 의무를 부과하

91) *Id.* 제12조 제1항.
92) *Id.* 동조 제2항.
93) *Id.* 제14조.
94) *Id.* 제13조 제1항.
95) *Id.* 동조 제2항.
96) *Id.* 제17조.
97) 이 의정서는 20개국의 가입을 발효요건으로 하고 있으나 2009년 10월 현재 10개국만이 당사국으로 가입하고 있다. http://www.basel.int/ratif/frsetmain.php.

고 있는데,[98] 이 또한 폐기물 발생자가 책임에서 빠져나올 수 있는 여지를 주고 있다. 경우에 따라서 통지자는 폐기물의 국가간 이동 및 처리과정에서 발생할 수 있는 사고와 피해를 다루기 위한 충분한 재원을 가지고 있지 않을 가능성이 있다. 이는 피해자의 보호라는 의정서의 목적과 취지를 반감할 수 있다.

불법 투기와 사고 등에 대처하기 위한 자금과 기술이 부족한 개도국들은 기금을 통한 지원을 요구할 수밖에 없다. 그러나 의정서는 오염지역의 정화 등 의정서의 효과적인 시행을 위한 기금을 만드는 데 실패하였다. 다만 당사국들은 의정서에 의거한 배상이 피해를 보전하지 않는 경우, 적절하고 신속한 배상을 보장하기 위하여 기존 체제를 이용하여 추가적이고 보충적인 조치가 이루어져야 한다고 합의하였다.[99] 이러한 합의는 선진국들이 기금 출연을 꺼린 것에 기인한 것으로, 의정서의 목적을 달성하기에는 지나치게 소극적이고 나약한 것이라고 할 수 있다.

양자 · 다자 · 지역협정에 따라 폐기물의 국가간 이동 및 처리과정에서 발생한 사고로 피해가 발생하는 경우에는 이 의정서가 적용되지 않는데 이는 이 의정서가 추구하는 책임과 배상체제의 큰 공백을 초래하고 있다. 당사국들은 별도의 협정을 체결함으로서 이 의정서의 엄격하고 번거로운 책임체제를 회피할 가능성이 있다. 많은 선진국들이 이미 바젤협약과 별도로 유해폐기물의 국가간 이동과 관련한 협정을 체결하고 있는 것은 이 의정서의 비효율성을 예측하게 하고 있다. 경제협력개발기구 국가들이 전세계 유해폐기물의 98%를 발생하고 이들 폐기물의 상당량이 개도국으로 수출되고 있는 현실은 문제를 더욱 어렵게 하고 있다.

엄격책임의 경우 제한되는 배상액이 부속서 B에 구체적으로 명시되어 있는데, 이 금액은 유해폐기물로 인한 피해를 보전하기에는 충분하지 않을 수 있다. 배상액은 선적량에 따라 달라지는데, 유해폐기물이 조금 포함되어 있어도 선적량이 많다는 이유로 배상액이 많아질 수 있고, 유해폐기물이 다량 포함되어 있음에도 전체 선적량이 적다는 이유로 배상액이 적어지는 불합리한 결과도 예상된다.

V. 바마코협약

1. 배 경

비록 바젤협약이 유해폐기물을 규제하는 체제라고는 하지만 아프리카 국가들

98) 책임배상의정서(각주 78), 제6조.
99) *Id.* 제15조.

은 그 효과에 심각한 의문을 제기하였다. 그 의문은 바젤협약이 채택하고 있는, 폐기물 수출 · 입의 완전한 금지가 아닌, 제한적 금지에 집중되었다. 개도국들도 바젤협약이 그들의 요구를 저버렸다고 믿었다. 그들의 우려는 다방면에 걸쳐 제기되었는데, 예컨대 유해물질과 혼합된 일반폐기물의 이동을 어떻게 규제할 것인가, 유해폐기물을 수입한 국가가 이를 적절히 처리할 시설이 없는 경우 어떻게 문제를 해결할 것인가, 수입서류의 위조 및 뇌물수수에 따른 허위작성 등을 어떻게 막을 것인가 등이 대표적인 것이었다.

바젤협약에 대한 실망과 그들이 가지고 있는 우려에 대한 해결기미가 보이지 않자 아프리카통일기구(OAU)의 주관하에 아프리카 29개국은 1991년 말리 바마코(Bamako)에 모여 아프리카 내 유해폐기물의 국가간 이동 규제에 관한 협약(바마코 협약)[100]을 채택하였다. 바마코협약은 바젤협약을 모체로 하고 있지만 그에 대한 비판적이 시각이 있었기 때문에 바젤협약보다 강한 규제체제를 도입하였다. 아프리카통일기구의 주된 초점은 바젤협약이 폐기물의 수출과 관련하여 완전한 금지를 하고 있지 아니한 것에 대한 불만이었기 때문에 바마코협약은 재활용을 포함하여 유해폐기물의 아프리카로의 수입을 일체 금지하였다.[101] 이 협약에 따르면 이러한 완전한 수입금지를 위반하는 것은 불법이고 "범죄행위"에 해당한다.[102]

2. 주요 내용

바마코협약은 부속서 I 에 포함된 모든 유해폐기물을 규제 대상으로 하고 있다. 등재된 폐기물뿐만 아니라 수출 · 입 또는 통과당사국의 국내법에 의하여 유해폐기물로 정의되거나 인정되는 경우 역시 유해폐기물이다. 또한 부속서 II 에 포함된 일정한 특성을 지니고 있는 폐기물도 유해폐기물이다. 인간의 건강 또는 환경을 위하여 정부의 법적 조치에 의하여 등록이 금지 · 취소 또는 거부되는 유해물질 역시 유해폐기물이다.[103] 바젤협약과 달리 바마코협약은 방사능물질 문제를 다루고 있으며 유해폐기물의 범위에 이를 포함시켜 규제하고 있다.[104]

---

100) Bamako Convention on the Ban of Import Into Africa and the Control of Trans-boundary Movement and Management of Hazardous Wastes and Within Africa. 30 I. L. M. 775 (1991).

101) *Id.* 제4조 제1항. 그러나 협약은 아프리카에서 비당사국으로 유해폐기물이 수출되는 문제에 대해서는 침묵하고 있다.

102) *Id.*

103) *Id.* 제1조 제1항.

104) *Id.* 동조 제2항.

바젤협약과 유사하게 바마코협약은 당사국들에게 일반적 의무를 부과하고 있다. 여기에는 비당사국으로부터 유해폐기물이 아프리카에 들어오지 못하도록 적절한 조치를 취할 것,[105] 해양 또는 내수에 유해폐기물이 투기되는 것을 감시하기 위해 노력할 것,[106] 발생된 모든 유해폐기물에 대하여 사무국에 보고할 것[107] 등이 포함된다.

특기할 점은 바마코협약이 오염문제에 대하여 예방적 · 사전배려적 접근을 요구하고 있다는 것이다. 즉 당사국은 과학적 증명을 기다리지 않고, 인간 또는 환경에 해를 일으킬 우려가 있는 물질을 환경에 배출하는 것을 방지하기 위해 노력하여야 한다.[108] 사전배려의 원칙을 이행하기 위하여 협약은 당사국에게 원자재를 포함하여 모든 생산 사이클에 적용할 수 있는 "청정생산방식(clean production methods)"[109]을 조장할 것을 요구하고 있다.[110] 이로써, 아프리카 국가들은 아프리카로 들어오는 유해폐기물과 오염산업을 금지하고자 하였다.[111]

이 협약은 아프리카 내에서의 국가간 폐기물 이동은 허용하고 있다.[112] 이러한 국가간의 이동에는 바젤협약과 유사하게 통지와 승인 시스템이 적용된다. 즉 협약은 수출국, 수입국, 경유국으로부터 각 서면 통지와 승인을 요구하고 있다.[113] 바젤협약과 달리 바마코협약은 수차례의 폐기물 이동에 대하여 일반적 통지를 허용하고 있지 않다. 예컨대, 수출국은 동일한 물리적 · 화학적 특성을 갖는 유해폐기물이 수입국의 동일한 입국세관을 통과하여 동일한 처분자에게 정기적으로 운반되는 경우에도 특별 통지를 이용하여야 한다.[114]

수출국에게 문제의 폐기물이 환경적으로 건전한 방법으로 관리되지 않을 것이라고 "믿음에 상당한 이유가 있는 경우"에 국가간 이동을 방지하도록 한 바젤협약과 달리, 바마코협약은 "믿음에 상당한 이유가 있는 경우"라는 요건을 삭제하고 수

105) *Id.*
106) *Id.* 제4조 제2항. 바젤협약과 달리 이 협약은 해양투기를 금지하고 있다.
107) *Id.* 동조 제3항(a).
108) *Id.* 동항(f).
109) 협약은 '청정생산방식'을 "협약 제4조 제3항(f) 및 (g)의 규정에 따라 유해폐기물과 유해제품의 발생을 회피하거나 제거하는 생산 · 산업시스템"이라고 정의하고 있다. *Id.* 제1조 제5항.
110) *Id.* 제4조 제3항(g).
111) Jennifer R. Kitt(각주 68), 502면.
112) 바마코협약(각주 100), 제11조 제1항. 다른 국가로부터 폐기물이 들어오는 것은 금지하면서 아프리카 내에서의 이동을 허용하는 것은 경제적 합리성이 아니라 감정적 또는 윤리적 동기에 기초하고 있다는 비판이 제기될 수 있다.
113) *Id.* 제6조 제1항 내지 제4항.
114) *Id.* 동조 제6항.

출국으로 하여금 환경적으로 건전한 방법으로 유해폐기물을 처리 또는 처분하기 위한 시설을 가지고 있지 아니한 국가에 수출하는 것을 허용하여서는 아니 된다고 규정하고 있다.115) 이에 따르면 수출국은 그러한 시설의 유무 및 그 시설이 협약에 정해진 기준에 부합하는지를 조사하여야 한다.116)

사전통지승인절차의 위반(예컨대, 통지 및 승인이 없는 경우, 승인이 위조·허위표시 또는 사기에 의하여 이루어진 경우, 서류와 실질적으로 일치하지 않은 이동)과 폐기물의 고의적인 처리(예컨대, 투기) 등에 의한 폐기물의 이동은 불법거래로 간주된다.117) 바젤협약과 달리 바마코협약은 각 당사국으로 하여금 불법 수입을 계획·실행한 자 또는 방조한 모든 자에게 벌칙을 부과하기 위한 적절한 국내 법령을 제정할 것을 명하고 있다.118) 바젤협약과 마찬가지로 바마코협약은 유해폐기물을 불법 수출한 국가에게 재수입의무를 부과하고 있다.119)

당사국의 또 다른 의무는 권한 있는 당국, 중앙연락처(focal point)와 투기감시자(Dumpwatch)의 지정이다. 협약의 이행을 위하여 당사국은 하나 또는 둘 이상의 권한 있는 당국 및 하나의 중앙연락처를 지정하고 투기감시자로서 행동하는 국내기구를 임명하여야 한다.120)

바젤협약과 달리 이 협약은 책임체제를 정하고 있다. 즉 이 협약은 유해폐기물의 발생자에게 엄격책임, 무한책임, 그리고 연대책임을 부과하고 있다.121) 배상범위에는 환경피해, 정화비용, 징벌적 손해 등이 포함된다.122) 소송은 발생자, 수출자, 운반자, 수입자, 처리자, 중개자 등을 포함한 폐기물의 이동에 개입한 당사자를 대상으로 제기될 수 있다.123)

바젤협약과 유사하게 당사국은 바마코협약에서 요구하는 "환경적으로 건전한 관리"를 훼손하지 아니하는 것을 전제로 유해폐기물의 국가간 이동과 관련하여 다른 국가와 양자·다자·지역적 협약을 체결할 수 있다. 그러나 그 협약을 아프리카에서 발생한 폐기물의 이동으로 국한하고 있다.124)

---

115) *Id.* 제4조 제3항(j).
116) Jennifer R. Kitt(각주 68), 503면.
117) 바마코협약(각주 99), 제9조 제1항.
118) *Id.* 동조 제2항.
119) *Id.* 제8조.
120) *Id.* 제5조.
121) *Id.* 제4조 제3항(b).
122) Jennifer R. Kitt(각주 68), 502면.
123) *Id.*
124) 바마코협약(각주 100), 제11조 제1항.

제13조는 정보의 전달을 규정하고 있다. 이 절차는 강제적인 보고 체계로서 작용한다. 폐기물의 운반 또는 처리 중에 사고가 발생한 경우 당사국은 사고로 인해 잠재적으로 영향을 받는 다른 국가에 사고사실을 알려야 한다.[125] 또한 당사국은 서로 사무국을 통하여 그들이 채택 · 적용한 조치를 알려야 한다.[126] 그 정보는 그 후 당사국회의에 전달되어야 한다.[127]

제20조는 협약의 해석 · 적용 · 준수를 둘러싼 분쟁해결절차를 규정하고 있다. 여기에는 교섭, 국제사법재판소에의 회부, 부속서 V에 정한 절차에 따른 중재가 포함된다.[128]

3. 평 가

바마코협약은 기본적으로 바젤협약을 모체로 하지만 바젤협약보다도 앞선 획기적이고 야심찬 개념 및 제도를 다수 담고 있다. 그 중 바마코협약의 가장 특징적인 모습은 단순한 법적 체제이다: 어떠한 이유로든 모든 유해폐기물의 아프리카로의 수입 금지. 이러한 규제체제는 매우 단순하고 그 결과 이행이 쉽다고 할 수 있다. 환경적으로 건전한 폐기물 관리를 보장하고 유해폐기물의 이동을 규제하기 위해 바젤협약에서보다 더 엄격한 기준과 제한을 적용하고 있다. 효율성 문제를 차치할 경우, 외형적인 효과는 강력하고 명백하다. 그럼에도 불구하고 바마코협약에는 숨길 수 없는 약점이 발견되고 있다.

비록 바마코협약은 바젤협약에 비하여 광범위하게 유해폐기물을 정의하고 규제하고 있지만 여전히 당해 폐기물이 유해폐기물이 되기 위하여 어느 정도의 유독물질이 존재해야 하는지에 대하여는 설명하고 있지 아니하다. 재활용물질을 포함하는 광범위한 유해폐기물에 대한 정의는 아프리카 국가로 하여금 이러한 물질에 대한 사용을 제한토록 함으로써 결과적으로 아프리카의 산업발전을 제한할 수 있다는 비판도 제기되고 있다.[129]

바젤협약과 마찬가지로 바마코협약은 유해폐기물의 "환경적으로 건전한 관리"를 정의하고 있으나 특별한 기준을 제시하지 않고 있다. "환경적으로 건전한 관리"는 아프리카에서 발생한 폐기물과 아프리카 내에서의 폐기물 이동과 관련해서

---

125) *Id.* 제13조 제1항.
126) *Id.* 동조 제2항.
127) *Id.* 동조 제3항.
128) *Id.* 제20조.
129) Hugh J. Marbury(각주 5), 251면.

도 문제가 될 수 있다.

재원조달은 협약의 효율성을 담보하기 위하여 필요하다. 그러나 협약은 이 문제를 효과적으로 다루고 있지 않다. 협약은 긴급상황을 지원하기 위한 기금에 대하여 약간 언급을 하는 데 그치고 있다.[130] 자원이 부족한 개도국에게 중요한 문제인 기술이전과 유해폐기물 문제를 관리하기 위해 필요한 전문가를 위한 재원의 할당에 대하여는 침묵하고 있다. 협약이 정하고 있는 자금조달 체계는 전적으로 자발적인 것이다.[131] 재원조달과 관련하여 중대한 약점은 잠재적 당사국을 포함하더라도 선진국이 없다는 것이다. 바마코협약을 주관한 아프리카통일기구도 제한된 재원을 가지고 있을 뿐이다.[132] 아프리카 국가들이 공통적으로 지니고 있는 기술과 인적 · 물적 자원의 취약성은 이 협약의 성공을 불투명하게 만들고 있다.

기본적인 체제가 바젤협약과 유사하기 때문에 바젤협약이 가지고 있는 약점의 상당부분을 바마코협약도 가지고 있다. 예컨대, 바젤협약이 노출하고 있는 통지절차와 시행체제의 문제점을 바마코협약도 고스란히 간직하고 있다. 특히 바마코협약의 시행체제에 대해서는 많은 비판이 쏟아지고 있다. 바마코협약은 당사국으로 하여금 불법 수입을 계획 · 실행한 자 또는 방조한 모든 자에게 벌칙을 부과하기 위한 적절한 국내 법령을 제정할 것을 요구하고 있으나 구체적이고 명확한 기준은 제시하지 않고 있다.[133] 협약은 단지 "충분히 엄격(sufficiently high)"할 것을 요구하고 있을 뿐이다.

협약의 시행 규정은 각 당사국에게 "투기감시자(Dumpwatch)"로서 행동하는 국내기구를 임명할 것을 요구하고 있으나 그 기능 · 역할과 관련해서는 명확한 답을 하고 있지 아니하다. 협약은 단순히 관련 정부 · 비정부기구와 협력할 의무만을 부과하고 있다.[134] 재정체계와 함께 이러한 약한 시행체제는 협약의 효율성을 반감시키고, 결과적으로 성공적인 시행에 장애 요소로 작용할 것이다.

바마코협약은 결과적으로 폐기물의 최종 목적지를 아프리카가 아닌 아시아로 돌리게 하고 있다. 그 결과 아시아 국가들의 국민 건강과 환경이 악화될 가능성이 높아지고 있다. 이에 아시아 국가들의 결단이 요구되고 있다. 아시아로의 폐기물 이동을 즉각적으로 그리고 완전하게 금지할 것인지, 아니면 바젤협약에서와 같이 폐기물 이동을 예외적으로 허용하는 불완전한 규제에 그칠 것인지. 이때 바마코협

130) 바젤협약(각주 18), 제14조.
131) *Id.*
132) Dean M. Poulakidas(각주 64), 925면.
133) *Id.* 923면.
134) 바마코협약(각주 18), 제5조 제4항.

약 체제는 우리에게 유용한 틀을 제공할 것이다.

Ⅵ. 롬(Lome Ⅳ)협약

상당수의 개도국들은 바젤협약이 그들의 이익을 제대로 보호하지 않고 있다는 점을 인식하기 시작하였다. 바젤협약의 약점인, 완전한 금지가 아닌 제한적 금지에 초점을 맞추면서 일부 국가들은 그들 국가로의 수입을 일체 금지하는 별도의 다자조약을 체결하기로 결정하였다. 1989년 12월 68개 아프리카 · 카리브 및 태평양지역국가들(ACP)과 유럽경제공동체(EEC)는 제4 롬(Lome Ⅳ)협약[135]에 서명하였다.

이 협약의 가장 특징적인 모습은 유럽경제공동체로부터 아프리카 · 카리브 및 태평양지역국가들로의 유해폐기물의 수출을 일체 금지하고, 카리브 및 태평양지역국가들이 유럽경제공동체 또는 다른 국가로부터 유해폐기물을 수입하는 것을 금지하는 것이다.[136] 이 협약의 목적상 '유해폐기물'은 바젤협약 부속서 Ⅰ과 부속서 Ⅱ에 등재된 폐기물이다.[137] 바젤협약과 달리 방사성폐기물도 이 협약의 규제대상이 된다.[138] 협약은 당사국에게 가능한 한 빨리 이러한 금지를 이행하기 위해 필요한 국내 입법과 행정적 규제를 채택할 것을 요구하고 있다.[139] 나아가 협약은 당사국으로 하여금 이러한 금지의 이행을 엄격히 감시하도록 하고 있다.[140]

이 협약은 개도국으로 향하는 폐기물 이동을 규제하기 위해 지역적 해결을 제시하고 있다. 그 규제 수단은 단순하다: '완전한 금지(total ban)'. 이러한 완전한 금지는 현재까지 유해폐기물의 국제거래 규제와 관련하여 시행되고 있는 방법 중 가장 급진적인 방법이다. 아프리카 · 카리브 및 태평양지역국가들에 유해폐기물을 수출하는 것에 대한 완전한 금지는 폐기물의 이동을 감시하거나 행정적 절차(예컨대, 통지와 승인)를 시행하기 위한 별도의 복잡한 메커니즘을 요구하지 않는다. 이러한 단순한 규제체제는 협약의 실효성을 향상시킨다.

롬(Lome Ⅳ)협약은 폐기물이 선진국에서 개도국으로 이동하는 것을 금지한 최초의 구속력 있는 문서라는 점에서 매우 중요한 의미를 가지고 있다. 이는 바마코

135) Fourth African, Caribbean, and Pacific States－European Economic Community Convention of Lome(Lome Ⅳ Convention), 29 I. L. M. 783 (1990).
136) *Id.* 제39조 제1항.
137) *Id.* 동조 제3항.
138) *Id.*
139) *Id.* 제39조 제1항.
140) *Id.* 동조 제2항.

협약, 1995년 바젤 제3차 당사국회의에서 결정한 바젤 개정 등과 맥을 같이 하고 있다. 그러나 이 금지는 아프리카 · 카리브 및 태평양지역국가들간의 폐기물 이동과 유럽경제공동체로부터 아프리카 · 카리브 및 태평양지역국가에 속하지 않은 다른 국가로의 이동에는 적용되지 않는다. 협약이 그 적용 범위를 유럽경제공동체와 아프리카 · 카리브 및 태평양지역국가로 제한하고 있기 때문이다. 이러한 제한은 선진국으로 하여금 폐기물 투기 장소로 당사국이 아닌 개도국(예컨대, 아시아 국가)을 물색하도록 하고 있다. 물론 아시아 국가들로의 폐기물 이동이 의도된 것은 아니지만 결과적으로 아시아 국가들의 국민 건강과 환경은 위협을 받을 수 있게 되었다. 비록 아시아 국가들이 폐기물 수출자로부터 외화를 더 벌어들인다고 하지만 이는 국민 건강과 환경의 희생에 따른 것이다.

Ⅶ. 1993년 유럽연합규정

1993년 유럽이사회에 의해 채택된 유럽연합규정은 지금까지 폐기물의 이동을 규제하기 위하여 유럽연합에 의하여 채택된 계획 중 가장 포괄적이고 강력한 규정으로, 유해성 유무를 불문하고 모든 유형의 폐기물 이동을 규제하고 있다.[141] 그러나 다른 특정 폐기물 유형과 함께 방사능 폐기물은 그 규율 대상에서 제외되고 있다.[142] 이 규정은 자원회복을 위한 폐기물의 이동과 녹색 폐기물을 적용범위에서 제외하고 있다.[143] 폐기물의 이동은 그 목적지(예컨대, 수출, 수입, 경유)와 처리(예컨대, 자원회복, 처리)에 따라 규제를 달리하고 있다. 폐기물의 이동은 다섯 가지 형태로 구분된다: 당사국간의 이동, 당사국 내의 이동, 폐기물의 수출, 유럽연합으로의 수입, 폐기물의 경유. 1993년 유럽연합규정은, 1992년 경제협력개발기구의 폐기물등재제도와 유사하게, 재활용을 목적으로 국경을 넘는 폐기물 이동을 규제하기 위하여 그 위해 정도에 따라 폐기물을 세 종류로 분류하고 있다(녹색, 황갈색, 적색).[144]

---

141) EC Council Regulation on the Supervision and Control of Shipments of Waste within, into and out of the European Community (259/93), 1993. 2. 1.

142) *Id.* 제1조 제2항.

143) *Id.* 동조 제3항.

144) *Id.* 부속서 Ⅱ, Ⅲ, Ⅳ.

제 2 절 화학물질에 대한 규제

협약명	채택일 (발효일)	주요내용	당사국 수	우리나라 가입일 (발효일)
특정 유해화학물질 및 농약의 국제교역에 있어서 사전통지승인절차에 관한 협약 (로테르담협약)	1998.9.10. (2004.2.24.)	-특정 유해화학물질의 국제거래시 사전통지승인	161 (2020.1. 현재)	2003.9.11. (2004.2.24.)
잔류성유기오염물질에 관한 협약(스톡홀름협약)	2001.5.22. (2004.5.17.)	-잔류성유기오염물질의 생산·사용 및 수출·입의 제한	183 (〃)	2007.1.25. (2007.4.25.)
수은에 관한 미나마타협약 (수은협약)	2013.10.10. (2017.8.16.)	수은의 제조 및 사용 감소	114 (〃)	2014.9.24. (2020.2.20.)

〈http://www.pic.int〉; 〈http://www.pops.int〉; 〈http://www.mercuryconvention.org〉

1990년경 현재 8백만종 이상의 화학물질이 존재하고 있고, 이 중 7만종 정도가 일반적으로 사용되고 있으며, 매년 1,000종 정도의 화학물질이 새로이 만들어지는 것으로 알려지고 있다.[1] 화학물질은 질병의 방지, 병충해로부터 농작물 피해방지 등 인류에게 무시할 수 없는 이익을 안겨주는 동시에, 예측하지 못한 피해를 야기함으로써 인간의 건강과 환경에 치명적인 영향을 미칠 수 있다. 이러한 양면성은 화학물질이 적절히 규제되지 않을 경우에는 인류에게 큰 재앙을 초래할 수 있다는 것을 의미한다. 말하자면 화학물질은 지속가능한 발전을 위해 필수적인 요소인 한편, 이에 대한 위협으로 작용하는 것이다. 이와 같이 화학물질이 갖고 있는 선·악의 이중성은 화학물질의 규제를 어렵게 하고 있다.

일찍이 미국의 여류학자 레이첼 카슨(Rachel Carson)이 그녀의 저서 '침묵의 봄(Silent Spring)'에서 경고하였듯이 인류가 배출한 화학물질은 무메랑이 되어 "봄이 와도 꽃이 피지 않고 새가 울지 않는 세상"이 도래할지 모른다. 이에 따라 화학물질에 대한 규제·관리가 국내·외적으로 중요한 과제가 되고 있다. 화학물질로 인

1) Ved P. Nanda and George Pring, International Environmental Law & Policy for the 21st Century 340 (Transnational Publishers, Inc. 2003).

한 환경과 인간의 건강에 대한 위해는 아주 새로운 것이 아니다. 국제사회에서는 일찍이 화학물질에 대한 규제 · 관리의 중요성을 인식하였다. 예컨대, 1972년 스톡홀름선언에서 당사국들은 "생태계에 중대하고 회복할 수 없는 손해를 가하지 않기 위해 유해물질과 그 밖의 물질을, 이들을 무해하게 할 환경의 능력을 벗어나는 양이나 농도로 배출하는 것은 금지되어야 한다"고 선언하였으며,2) 1992년 리우선언은 단순히 유해물질의 배출금지에서 더 나아가 "각 국가는 심각한 환경악화를 초래하거나 인간의 건강에 위해한 것으로 밝혀진 활동이나 물질을 다른 국가로 재배치 또는 이전하는 것을 억제하거나 방지하기 위하여 효율적으로 협력하여야 한다"고 강조함으로써, 관심의 폭과 깊이를 더하였다.3) 같은 해 유엔환경개발회의에서 채택된 의제(Agenda) 21도 유독물질의 불법국제교역의 방지를 포함하여 유독화학물질을 환경적으로 건전하게 관리할 필요성을 인식하고, 화학물질에 대한 위해성 평가의 향상, 화학물질의 분류와 표시의 조화, 유독물질과 화학물질의 위해성에 대한 정보교환, 위해감소 프로그램의 확립, 화학물질의 관리능력의 강화, 유독하고 위험한 제품의 불법국제교역의 방지 등을 위한 구체적인 행동 강령을 제시하였다.4)

아주 최근까지도 이러한 국제사회의 인식이 구체적이고 구속적인 국제문서로 제시되지는 못하였다. 그러나 새로운 세기를 맞이하기 전에 새로운 전기가 마련되었다. 유해화학물질과 농약의 국제거래를 규제하는 협약에 이어 잔류성유기오염물질(POPs)이라고 알려진 화학물질의 생산을 제한하는 협약이 탄생한 것이다. 2013년 탄생한 수은이라는 단일 화학물질에 대하여 그 전생애(Life-cycle)를 관리하는 수은협약도 주목할 필요가 있다. 이러한 협약들은 화학물질이 인류에게 던지는 문제에 대한 인식에 그치지 않고 그 극복을 위한 구체적 행동을 국제사회에 요구하고 있다는 점에서 중요한 의미를 가지고 있다. 그러나 그 효율적인 시행을 위해서는 넘어야 할 산이 많다. 이는 40여 년 전에 레이첼 카슨이 인류에게 한 경고가 아직도 유효함을 의미하는 것이다.

---

2) Stockholm Declaration of the United Nations Conference on the Human Environment, 11 I. L. M. 1416 (1972), 원칙 6.

3) Rio Declaration on Environment and Development, 31 I. L. M. 874 (1992), 원칙 14.

4) Agenda 21 and The UNCED Proceedings Ⅳ (Nicholas Robinson ed., Oceana Publications, Inc. 1993), § 19.

I. 로테르담협약

화학물질의 생산과 국제거래의 증가는 유해화학물질과 농약으로 인한 잠재적 위해성을 증가시키고 있다. 특히 화학물질 및 농약제재는 흔히 선진국에서 생산되어 관리와 처리 능력이 없거나 부족한 개도국에 수출되고 있어 개도국 국민의 건강과 환경이 심각한 위험에 처할 가능성이 증가하고 있다. 이에 따라 이러한 물질에 대한 국제거래를 규제할 국제규범의 필요성이 제기되어 왔다. 이러한 인식하에 유엔환경계획(UNEP)과 유엔식량농업기구(FAO)는 1980년대 중반 자발적인 정보교환 프로그램을 개발하기 시작하였다. 유엔식량농업기구는 1985년 농약의 사용과 배포에 대한 국제행동강령을,[5] 유엔환경계획은 1987년 국제교역에 있어서 화학물질에 대한 정보교환을 위한 런던지침을 채택하였다.[6] 1989년 발효된 국제행동강령과 런던지침은 사전통지승인절차(Prior Informed Consent: PIC)를 도입하였다. 이 절차를 통해 당사국은 유해화학물질의 위해성을 평가하기 위해 필요한 정보를 얻을 수 있고, 향후 수입 여부를 결정할 수 있다. 문제는 이러한 절차가 비구속적이며 자발적인 성격을 갖는 관계로 그 실효성에 의문이 제기되었다.

유엔식량농업기구 이사회(1994년)와 유엔환경계획 집행이사회(1995년)는 런던지침 및 국제행동강령에 따라 화학물질 및 농약에 대하여 각각 시행되고 있는 자발적인 사전통지승인절차를 강제성이 있도록 국제규범화하기 위한 협상을 추진키로 결정하였다.[7] 이에 따라 유엔환경계획과 유엔식량농업기구의 공동 주관하에 1996년 3월부터 정부간 협상회의가 개최되었다. 2년여에 걸친 5차례의 협상회의 결과 1998년 네덜란드 로테르담에서 '특정 유해화학물질 및 농약의 국제교역에 있어서 사전통지승인절차에 관한 협약', 이른바 로테르담협약이 채택되었다.[8] 말하자면 로테르담협약은 런던지침 및 국제행동강령에 의한 자발적 의무를 법적 구속력이 있는 의무로 전환하였다고 할 수 있다. 이 협약은 유해화학물질의 잠재적인 위해로부터 인간의 건강과 환경을 보호하고 이의 환경적으로 건전한 이용에 이바지

5) International Code of Conduct on the Distribution and Use of Pesticides, http://www.fao.org/AG/AGP/AGPP/Pesticid. 국제행동강령은 1998년 특정 유해화학물질 및 농약의 국제교역에 있어서 사전통지승인절차에 관한 협약이 채택됨에 따라 2002년 개정되었다.

6) The London Guidelines for the Exchange of Information on Chemicals in International Trade, http://www.chem.unep.ch/ethics/english/longuien.htm.

7) What is Rotterdam Convention, http://www.pic.int/en/viewpage.asp?id_cat=0.

8) Rotterdam Convention on the Prior Informed Consent Procedure for Certain Hazardous Chemicals and Pesticides in International Trade, 38 I. L. M. 1 (1999).

하기 위하여 특정 유해화학물질의 국제거래에서 당사국들간의 공동 책임과 협력을 촉진하는 것을 명시적인 목표로 하고 있다.

1. 대상범위

로테르담협약의 대상범위는 금지 또는 엄격히 규제되는 화학물질 및 고도의 유해성 농약제재이다.[9] 그러나 마약성 약품, 방사성물질, 폐기물, 화학무기, 의약품, 식품첨가제로 이용되는 화학물질, 식품, 연구 목적 또는 개인에 의해 개인 용도로 수입된다면 인간의 건강 또는 환경에 영향을 미치지 않을 양의 화학물질 등은 여기에 포함되지 않는다.[10] '금지되는 화학물질(banned chemical)'이란 1개 이상의 군(categories) 내에서 모든 이용이 최종적인 규제조치에 의해 금지된 화학물질을 의미한다. 여기에는 최초의 이용을 위한 승인이 거부되었거나 산업계에 의해 국내 시장 또는 국내 승인 과정에서 취소된 화학물질이 포함된다. 이 경우에는 이러한 행위가 인간의 건강과 환경을 보호하기 위하여 취하여졌다는 명백한 증거(clear evidence)가 요구된다.[11]

'엄격히 규제되는 화학물질(severely restricted chemical)'이란 1개 이상의 군 내에서 특정한 이용을 제외하고는 사실상 모든 이용이 최종적인 규제조치에 의해 금지된 화학물질을 의미한다. 여기에는 최초의 이용을 위한 승인이 거부되었거나 산업계에 의해 국내시장 또는 국내 승인 과정에서 취소된 화학물질이 포함된다. 이 경우에는 이러한 행위가 인간의 건강과 환경을 보호하기 위하여 취하여졌다는 명백한 증거가 요구된다.[12]

'고도의 유해성 농약제재(severely hazardous pesticide formulation)'란 한 번의 또는 중복적인 노출 후 단기간 내에 심각한 건강 또는 환경 영향을 초래하는 살충용도로 제조된 화학물질을 의미한다.[13]

사전통지승인절차는 이 협약의 핵심적인 내용이다. 해당 화학물질이 이 절차의 적용을 받기 위해서는 부속서 Ⅲ에 등재되어야 한다. 현재 이 협약상 사전통지승인절차의 적용을 받는 물질은 51개 화학물질인데, 농약이 대부분을 차지하고 있다.[14]

---

9) *Id.* 제3조 제1항.

10) *Id.* 동조 제2항.

11) *Id.* 제2조(b).

12) *Id.* 동조(c).

13) *Id.* 동조(d).

14) 2019년 말 현재 이 협약상 사전통지승인절차의 적용을 받는 물질은 DDT 등 농약 32종, 산업용 화학물질 16종, 고도의 유해성 농약제재 3종 등 모두 51종의 유해물질이다. http://

이 중 상당수의 화학물질은 잔류성유기오염물질로, 2001년 잔류성유기오염물질에 관한 협약(스톡홀름협약)의 적용도 받고 있다. 새로운 화학물질이 속속 등장하면서 많은 화학물질이 추가적으로 사전통지승인절차의 적용을 받을 것으로 예상된다.

2. 사전통지승인절차 대상물질의 등재 및 삭제

금지 또는 엄격히 규제되는 화학물질이 사전통지승인절차에 포함되기 위한 절차는 먼저 해당 물질을 금지 또는 엄격히 규제하는 당사국이 최종 규제조치를 사무국에 통지하면서 시작된다.[15] 사무국은 2개의 PIC 지역에 걸쳐 2개국 이상의 당사국들로부터 이와 같은 통지를 받은 경우 이 협약에 의해 설치된 전문기구인 화학심사위원회(Chemical Review Committee)에 이를 전달하여야 한다.[16] 화학심사위원회는 이러한 통지에 포함되어 있는 정보를 심사하고 부속서 Ⅱ에 정해진 기준을 고려하여 해당물질이 사전통지승인절차의 적용을 받아야 하는지를 당사국회의에 권고하여야 한다.[17] 권고 결정을 위해 사용되는 기준에는 당사국의 규제조치가 인간의 건강과 환경을 보호하기 위하여 취하여진 것인지, 당사국이 과학적 자료에 기초하여 위해성평가를 시행하였는지, 해당 화학물질을 부속서 Ⅲ에 등재할 만큼 광범위한 기초가 있는지 등이 포함된다.[18]

고도의 유해성 농약제재가 사전통지승인절차에 포함되기 위한 절차는 앞서 금지 또는 엄격히 규제되는 화학물질의 경우와 다소 다르다. 즉 금지 또는 엄격히 규제되는 화학물질의 경우 사무국이 2개국 이상의 당사국들로부터 최종 규제조치를 통지받음으로써 이러한 물질을 사전통지승인절차에 포함할지 여부에 대한 검토가 개시되는 데 반해서, 고도의 유해성 농약제재의 경우에는 개도국 또는 전환기경제국(country with an economy in transition)으로서 유해 농약제재의 사용에 따른 문제점을 경험하고 있는 당사국으로부터 이러한 물질의 사전통지승인절차 포함을 위한 제안서를 사무국이 접수하면서 그 검토가 개시된다.[19] 제안서는 부속서 Ⅳ 1부에 정

www.pic.int/TheConvention/Chemicals/AnnexIIIChemicals/tabid/1132/language/en-US/Default.aspx(2019. 5. 검색).

15) 로테르담협약(각주 8), 제5조 제1항.

16) *Id.* 동조 제5항.

17) *Id.* 동조 제6항.

18) *Id.* 부속서 Ⅱ.

19) *Id.* 제6조 제1항. 개도국 또는 전환기경제국으로 하여금 고도의 유해성 농약제재를 부속서 Ⅲ에 등재하기 위한 제안서를 제출하도록 한 것은 이들 국가들이 흔히 유해 농약제재의 사용에 따른 사고를 보고할 능력이 부족하고, 농약제재의 잠재적 · 실제적 위해에 대한 과학적 자료를 충분히 가지고 있지 않다는 점에서 그 실효성에 의심이 간다. Paula Barrios, *The*

해진 정보를 포함하고 있어야 한다. 화학심사위원회는 제안서에 포함되어 있는 정보를 심사하고 부속서 Ⅳ 3부에 정해진 기준을 고려하여 당사국회의에 해당물질이 사전통지승인절차의 적용을 받아야 하는지, 다시 말하면 부속서 Ⅲ에 등재되어야 하는지를 권고하여야 한다.[20]

화학심사위원회가 당사국회의에 해당 금지 또는 엄격히 규제되는 화학물질이나 고도의 유해성 농약제재가 사전통지승인절차의 적용을 받도록 할 것을 권고하기로 결정한 경우 결정지침서(decision guidance document: DGD) 초안과 함께 당사국회의에 전달하여야 한다.[21] 당사국회의는 최종적으로 해당 물질이 사전통지승인절차의 적용을 받는 대상물질 목록에 포함시킬지 여부를 결정한다.[22]

또한 이 협약은 해당 물질을 부속서 Ⅲ에서 삭제하기 위한 절차를 규정하고 있다. 이에 따르면 당사국은 해당 물질을 부속서 목록에 등재하는 결정을 할 당시 입수할 수 없었던 정보를 사무국에 제출하여야 한다. 제출된 정보는 해당 화학물질의 등재가 더 이상 정당화되지 않는다는 것을 알려주어야 한다. 사무국은 그 정보를 심사하고 화학심사위원회에 이를 전달하여야 한다. 화학심사위원회는 삭제를 권고할 것인지를 결정하고 그 권고를 당사국회의에 전달하여야 한다. 당사국회의는 해당 물질을 사전통지승인절차의 적용을 받는 대상물질 목록에서 삭제시킬지 여부를 결정한다.[23]

3. 사전통지승인절차

로테르담협약을 PIC협약이라고 부를 정도로 사전통지승인절차(PIC)는 이 협약의 가장 중심이 되는 부분이다. 그 절차는 다음과 같이 작동한다. 먼저 사무국은 당사국회의가 해당 물질을 사전통지승인절차의 적용을 받는 대상물질 목록에 포함시키기로 결정하고 관련 결정지침서를 승인한 경우 당사국이 장래에 해당 물질을 수입할 것인지를 결정할 수 있도록 이러한 정보를 모든 당사국에게 알려야 한다.[24]

수입국은 결정지침서를 접수한 날로부터 9개월 내에 향후 수입과 관련한 의견

Rotterdam Convention on Hazardous Chemicals: A Meaningful Step Toward Environmental Protection?, 16 Geo. Int'l Envtl. L. Rev. 679, 729 (2004).

20) 로테르담협약(각주 8), 제6조 제5항.

21) *Id.* 제7조 제2항.

22) *Id.*

23) *Id.* 제9조.

24) *Id.* 제7조 제3항.

을 사무국에 제출하여야 하는데,[25] 여기에는 수입승인, 수입거부, 조건부 승인 등이 포함된다.[26] 수출국은 수입국의 수입의견이 없는 경우, 일정한 예외적인 경우를 제외하고는 부속서 Ⅲ에 등재된 화학물질의 수출이 이루어지지 않도록 하여야 한다.[27]

이 협약은 예외적인 경우를 비교적 광범위하게 정하고 있는데, 여기에는 다음이 포함되고 있다: ① 수입 당시 수입되는 화학물질이 수입국에서 등록되어 있는 경우; ② 해당 화학물질이 수입국에서 사용된 적이 있거나 수입국으로 수입된 적이 없으며 그 사용을 금지하는 규제조치가 취해지지 않았다는 증거가 있는 경우; ③ 수입에 대한 명시적인 승인이 시도되었고 수출자가 수입국의 당국자를 통하여 승인을 받은 경우.[28] 이러한 예외 규정은 수입국이 사전통지승인절차에 효율적으로 참여하도록 함으로써 명시적으로 유해화학물질의 국제거래를 금지하지 않는 한 계속적인 거래를 보장하고 있다. 수입국은 수입 금지에 대한 입증책임을 부담하게 된다.[29]

이 협약은 부속서 Ⅲ에 등재된 화학물질에 대한 수출 · 입의 완전한 금지를 명하는 것이 아니라 사전통지승인절차를 통하여 해당 당사국으로 하여금 화학물질의 수입을 금지 또는 제한할 것인지를 결정하도록 하고 있다.[30] 여기에는 수출 · 입의 완전한 금지가 형평에 맞지 않으며 비현실적이라는 사고가 바탕에 깔려 있다. 예컨대, 개도국에게는 DDT가 말라리아를 퇴치하기 위한 현실적인 대안일 수 있다. 결국 사전통지승인절차는 해당 당사국들로 하여금 그들이 안전하게 관리할 수 없는 화학물질에 대하여 그 유입을 금지 · 제한하도록 하는 한편, 그들이 필요로 하는 화학물질을 스스로 결정하도록 허용하고 있는 것이다.

당사국회의가 해당 물질을 부속서 Ⅲ에 등재하기로 결정하고 사무국이 규제조치 · 과학적 정보 등을 당사국들에게 알리면, 수입국은 사전통지승인절차 대상물질의 수입과 관련한 적시의 결정을 보장하기 위한 적절한 입법적 · 행정적 조치를 시행하여야 한다.[31] 수입 여부에 대한 결정은 국제거래에 있어 중립적이어야 하는데, 이 협약이 국내 산업에 우호적이거나 한 국가를 다른 국가보다 유리하게 취급

25) *Id.* 동조 제2항.
26) *Id.* 동조 제3항.
27) *Id.* 제11조 제2항.
28) *Id.*
29) Paula Barrios(각주 19), 727면.
30) Heather M. VanDorn, *The Rotterdam Convention,* 1998 Colo. J. Int'l Envtl. L. & Pol'y 281, 287 (1998).
31) 로테르담협약(각주 8), 제10조 제1항.

하기 위한 무역 장벽으로 사용되어서는 안 된다. 이는 당사국이 수입을 거부하거나 일정한 조건하에서 수입하기로 결정하였다면 같은 제한이 국내 이용을 위한 화학물질의 국내 생산에도 마찬가지로 적용되어야 한다는 것을 의미한다.[32]

한편, 수출국은 사무국이 수입과 관련한 의견을 당사국들에게 알린 날로부터 6개월 이내에 수입국의 결정을 자국 관할하에 있는 수출자들이 준수하도록 적절한 입법적 · 행정적 조치를 시행하여야 한다.[33] 수출국은 수입국의 요청이 있을 경우에는 필요한 정보를 추가 제공하며 화학물질을 안전하게 관리할 능력을 강화하기 위한 지원을 하여야 한다.[34]

4. 수출통지

수출 당사국은 자국에 의해 금지 또는 엄격히 규제되는 화학물질을 수출할 경우, 처음으로 수출하기 전 그리고 이후에는 매년 처음 수출하기 전에 수입국에 수출을 통지하여야 한다.[35] 이러한 통지에는 수출자와 수입자의 이름과 주소, 예상 수출일, 해당 화학물질의 배출과 해당 화학물질에 대한 노출을 감소하기 위해 필요한 사전배려적 조치와 관련한 정보 등이 포함된다.[36] 그러나 이러한 수출통지 의무는 다음의 경우 중지된다: ① 해당 화학물질이 부속서 Ⅲ에 등재된 경우; ② 수입국이 사무국에 수입의견을 제공한 경우; ③ 사무국이 수입의견을 당사국들에게 알린 경우.[37]

5. 정보교환

어느 화학물질이 금지 또는 제한되는지와 관련하여 당사국들의 의사결정을 촉진하기 위하여 이 협약은 당사국들간의 정보교환을 강조하고 있다. 이에 따르면, 당사국들은 유해물질에 관한 독성학적 · 생태독성학적 그리고 안전 정보를 포함하여 과학적 · 기술적 · 경제적 · 법적 정보, 이 협약의 목적과 관련이 있는 국내 규제조치에 관한 정보, 화학물질의 사용을 심히 제한하는 국내규제조치에 관한 정보의 교환을

32) *Id.* 동조 제9항.
33) *Id.* 제11조 제1항(b).
34) *Id.* 동항(c).
35) *Id.* 제12조 제1항 · 제2항.
36) *Id.* 부속서 Ⅴ.
37) *Id.* 제12조 제5항.

원활히 하여야 한다.[38] 이러한 정보교환 절차는 수입국이 특정 화학물질을 금지 또는 제한할 것인지를 결정하는 데 도움을 줄 것이다.

6. 표 시

이 협약은 수출자로 하여금 수입자가 어떤 화학물질을 수입하는지 그리고 해당 화학물질과 관련한 위해가 무엇인지를 파악하도록 정보를 제공할 것을 요구하고 있다. 정보제공은 협약상의 표시(labelling) 절차에 의해 시행된다. 이에 따르면 부속서 Ⅲ에 등재된 화학물질이나 자국 내에서 금지 또는 엄격히 규제되는 화학물질을 수출하는 자로 하여금 수입자에게 건강과 안전을 위한 정보를 제공하도록 하고 있다. 표시는 관련 국제기준을 고려하면서 인간의 건강과 환경에 대한 위해성과 관련하여 적절한 정보를 담고 있어야 한다.[39] 특히 작업장 용도(occupational purposes)로 사용되는 화학물질의 경우에는 안전자료 문건(safety data sheet)이 수입자에게 제공되어야 한다.[40] 표시와 안전자료 문건은 실행 가능한 수입 당사국의 공식 언어로 제공되어야 한다.[41] 이러한 절차는 수입국으로 하여금 해당 화학물질을 안전하게 관리할 수 있도록 도와줄 것이다.

7. 기술지원

사전통지승인절차의 성공은 특정 화학물질을 수입할 것인지를 결정하는 수입국의 능력에 크게 의존하고 있다. 문제는 흔히 개도국의 경우 인적 · 물적 장비의 부족 등으로 이러한 의사결정을 할 능력이 부족하다는 것이다. 이러한 이유로 선진국의 개도국에 대한 기술이전, 기술적 · 재정적 지원은 사전통지승인절차의 성공 더 나아가 이 협약의 성공을 위해 상당히 중요하다고 할 것이다. 이러한 문제 인식은 이 협약의 전문에 잘 나타나 있다. 그러나 이 협약은 개도국의 역량배양(capacity building)을 위하여 당사국에게 구체적인 의무를 부과하지 않고 있으며, 더욱이 재정지원에 대하여는 침묵하고 있다. 다만 당사국들로 하여금 개도국과 전환기경제국의 특별한 요구를 고려하면서 협약을 이행하는 데 필요한 기술지원을 촉진하기 위하여 협력하고, 선진 프로그램을 가지고 있는 당사국이 전생애 주기

---

38) *Id.* 제14조 제1항.
39) *Id.* 제13조 제2항.
40) *Id.* 동조 제3항.
41) *Id.* 동조 제4항.

(life−cycle)를 통하여 화학물질을 다루기 위한 하부구조와 능력을 개발 중인 다른 국가에게 기술원조를 제공하여야 한다고 규정하고 있을 뿐이다.[42] 한편, 제11조에서는 비교적 구체적으로 수출국으로 하여금 "수입국의 요청이 있을 경우에는" 필요한 정보를 추가 제공하며 화학물질을 안전하게 관리할 능력을 강화하기 위한 지원을 하도록 규정하고 있으나,[43] 여기에는 수입국의 요청이 전제되고 있다. 결국 이 협약은 선진국의 개도국에 대한 기술지원 및 재정지원을 크게 고려하고 있지 않다고 할 수 있다.

8. 비 준 수

이 협약은 협약 위반에 대한 시행체제를 갖추고 있지 못하다. 이는 협약의 실효성을 크게 약화시키는 것이다. 이러한 점을 인식하고 당사국들은 "가능한 한 빨리" 이 협약 규정의 비준수 여부를 결정하고, 의무를 준수하지 않은 당사국을 처리하기 위한 절차와 조직을 개발하기로 합의하였다.[44] 그러나 "가능한 한 빨리"라는 조건 때문에 이 협약 시행체제는 자칫 의무 위반에 대해 효과적인 제재를 하지 못하는 비효과적인 체제에 머무를 가능성이 있다.

9. 평 가

화학물질과 농약의 국제거래를 규제하기 위하여 체결된 이 협약은 사전통지승인절차를 통하여 해당 국가로 하여금 특정 화학물질과 농약을 수입할 것인지를 결정하도록 하고 있다. 수입국은 자국이 안전하게 관리할 수 없는 화학물질의 유입을 차단할 수 있다. 이 협약이 정하고 있는 수출통지, 정보의 교환, 표시제 등은 화학물질과 농약의 안전한 관리를 촉진할 것으로 보인다. 화학물질과 농약의 국제거래 규제와 안전한 관리를 도모하는 이러한 체제는 궁극적으로 유해화학물질과 농약에 의하여 초래될 수 있는 잠재적 피해로부터 인간의 건강과 환경을 보호할 것이다.

이 협약의 핵심부분을 이루는 사전통지승인절차는 자국으로 수입될지 모르는 화학물질의 특성에 대한 이해를 도와줌으로써, 해당국으로 하여금 특정 화학물질과 농약을 금지시킬지 여부에 대하여 결정하도록 하고 있다. 이러한 절차는 당사

42) *Id.* 제16조.
43) *Id.* 제11조(c).
44) *Id.* 제17조.

국의 주권을 존중하면서, 국가의 의사결정 과정을 향상시켜 줄 것이다. 수출국은 수입국의 수입의견이 없는 경우, 일정한 예외적인 경우를 제외하고는 부속서 Ⅲ에 등재된 화학물질의 수출이 이루어지지 않도록 하여야 한다. 이러한 과정을 통하여 수출국과 수입국은 유해한 화학물질의 안전한 사용·관리를 보장하기 위한, 이 협약의 목적에서도 적절히 밝히고 있듯이 분담된 책임(shared responsibility)을 부담하게 되는 것이다.

일단 수출이 이루어질 경우 이 협약은 이를 수입국에게 통지하고, 유해화학물질의 잠재적 위험성에 대하여 표시하고, 수입국에게 관련 정보를 제공할 의무를 수출국에게 부과하고 있는데, 이러한 절차는 수입국으로 하여금 해당 화학물질을 금지 또는 제한할 것인지를 결정하는 데 도움을 주고 나아가 화학물질의 안전한 관리를 가능하게 할 것이다.

이러한 중요한 이점에도 불구하고 이 협약은 몇 가지 허점을 가지고 있다. 먼저 이행을 강제하는 절차를 마련하지 못한 것이 그것이다. 사전통지승인절차, 수출통지, 표시 등 이 협약의 주요 내용을 위반한 당사국에 대한 제재 규정을 갖추고 있지 못한 것은 이 협약의 실효성을 상당히 약화시키고 있다. 그나마 다행스러운 것은 당사국들이 비준수절차를 마련하기로 합의한 것인데, 그러나 가까운 시일 내에 이행을 효율적으로 강제하기 위한 제도적 장치를 마련하는 것이 쉽지는 않을 것이다.

개도국에 대한 효과적인 기술지원, 재정지원 체계를 마련하지 못한 것도 이 협약의 큰 약점이라고 할 수 있다. 사전통지승인절차 더 나아가 이 협약의 성공은 특정 화학물질을 수입할 것인지를 결정하고, 이를 안전하게 관리하는 능력에 크게 의지하고 있다. 문제는 흔히 개도국의 경우 인적·물적 장비의 부족 등으로 이러한 능력이 부족하다는 것이다. 이러한 차원에서 개도국에 대한 특별한 고려는 상당히 중요하다고 할 수 있다. 이 협약이 담고 있는 기술지원은 구체적이지 못하고 특히 재정지원 문제는 일체 다루고 있지 않아 그 성공이 미지수이다. 비준수절차를 가까운 시일 내에 검도하기로 한 것과는 대조적으로 재정문제는 이에 대한 사후 논의조차 불투명한 상태이다.

그 밖에 문제점으로는 다음을 들 수 있다. 즉 이 협약의 성공은 사전통지승인절차를 통한 수입국의 의사결정 능력과 수입된 화학물질의 안전한 관리능력에 달려 있다 해도 과언이 아닌데, 흔히 개도국은 인적·물적 장비의 부족으로 그 의사결정에 많은 장애가 있으며, 안전한 관리를 담보할 수 없다. 이 협약은 대상범위를 최종적인 규제조치를 거치지 않고 산업계에 의해 자발적으로 취소된 화학물질까지로 확대하고 있다. 그러나 이 경우에는 이러한 사실이 명백한 증거(clear evidence)에 의해 뒷받침될 것을 요구하고 있다. 문제는 자발적인 경우에 이를 명백히 입증하는 것은 상당히 힘들다는 점에서 이러한 기준은 쉽게 충족할 수 없는 높은 기준이 될 수 있다. 한편, 등록이 시도되지 않은 화학물질은 아예 이 협약의 대상범위에 들지 않는데, 이는 많은 선진국들이 국내사용을 위해 등록되지 않은 화학물질의 수출을 허용하고 있으며, 이러한 화학물질에는 시험(testing)과 같은 요건이 부과되고 있지 않다는 점에서 이 협약의 허점이 될 수 있다.45)

또한 이 협약은 수출되는 화학물질에 취급제한 요건을 부가하고 있지 않다. 이 요건은 사전통지승인절차에서도 다루고 있지 않다. 이는 전적으로 수출국의 의사에 달려 있는 셈이다. 살포방법, 보호장비 등이 농약의 오용과 이로 인한 인간의 감염을 막기 위해 상당히 중요하는 점에서 이를 등한히 하고 있는 것은 이 협약의 문제점이라고 할 수 있다. 수출국의 책임 및 배상문제도 풀어야 할 숙제이다.

이러한 문제점에도 불구하고 이 협약의 이점은 상당히 크다. 이 협약은 화학물질과 농약의 국제거래를 규제하고 안전한 관리를 보장하기 위한 국제사회의 공동노력 차원에서 큰 발자국을 내딛기 시작하였다. 그러나 이 협약의 존재 자체가 화학물질이 무해하다는 것까지를 보장해주는 것이 아니기 때문에 화학물질이 존재하는 한 경계를 늦추어서는 안 된다. 결국 당사국들의 신속하고 철저한 충실한 의무이행이 협약 성공의 관건이라 할 것이다.

Ⅱ. 스톡홀름협약

인간에 의해 오래 전부터 사용되어 온 DDT, PCBs, 다이옥신 등 잔류성유기오염물질(Persistent Organic Pollutants: POPs)은 이제 세계 도처에 산재해 있다. 이 물질은 대기, 물, 이동성 종 등을 통하여 국경을 넘어 운반되어 이들 물질이 배출된 지역으로부터 멀리 떨어진 지역에까지 쌓이면서 극지방과 같이 이러한 물질이 사용되지 않는 지역에서도 발견되고 있다. 농약, 산업생산공정, 연료 및 폐기물의 연소 등에 의해 환경에 유입되고 있는 잔류성유기오염물질은 유독성이 강한 유기화합물로서, 환경 내에서 광화학적 · 생물학적 및 화학적 분해가 되지 않고, 먹이사슬을 통해 동 · 식물의 체내에 축적되는 성질을 가지고 있다. 그 결과 이들 물질이 쌓이는 지역이나 생태계의 안전은 크게 위협받고 있다. 이들 물질은 생태계의

45) Paula Barrios(각주 19), 732면.

먹이사슬 상위에 있는 종에 고농도로 축적되는 경우가 많기 때문에 아이러니하게도 인간이 배출한 잔류성유기오염물질은 인간의 건강을 가장 위협하고 있다. 이와 같이 이러한 물질들이 인간의 건강과 환경에 위해를 미치고 있다는 사실은 아주 새로운 것이 아니다. 그럼에도 불구하고 이러한 물질들의 규제를 위한 국제사회의 노력은 아주 최근에서야 가시화되었다.

특히 잔류성유기오염물질이 국경을 넘어 장거리를 이동한다는 특징은 배출국만이 아닌 국제사회의 공동 규제의 필요성을 제고시키고 있다. 선진국에서 더 이상 DDT를 생산 · 사용하지 않는다 하더라도 개도국에서 말라리아 퇴치 등의 이유로 계속 생산 · 사용한다면 이 물질은 음식, 물, 공기를 통하여 이를 생산 · 사용하지 않는 국가에 영향을 미칠 수 있을 것이다. 이러한 오염의 이동 · 순환은 국제적인 차원의 해결을 요구하고 있다.

잔류성유기오염물질에 대한 국제적 차원의 규제 노력은 1992년 리우회의에서부터 시작되었다. 리우회의에서 채택된 의제 21에서 국제사회는 인간의 건강과 환경에 심각한 위해를 초래하는 화학물질과 독성 · 잔류성 그리고 생체 축적성을 가지고 있는 화학물질을 종국적으로 제거하기 위한 정책 · 규제 및 비규제 조치를 채택하기로 합의하였다.[46] 리우회의를 고비로 잔류성유기오염물질에 대한 규제는 국제사회에서 중요한 관심사로 급격히 부각되었다.

의제 21(제19장 유해화학물질의 환경적으로 건전한 관리)에 따라, 1994년 유엔환경계획, 국제노동기구(ILO), 세계보건기구는 공동으로 국가 정부를 비롯하여 공중의 이해관계자를 포함한 고위 환경정책결정자들간의 대화의 장인 화학물질안전을 위한 정부간협의체(Intergovernmental Forum for Chemical Safety: IFCS)를 설치하였다.[47] 1995년 유엔환경계획 집행이사회는 12종의 화학물질(dirty dozen)을 우선 규제 가능한 잔류성유기오염물질로 지정하여, 이에 대한 평가작업을 실시할 것을 결정하였다.[48] 1996년 정부간협의체는 유엔환경계획 집행이사회에 잔류성유기오염물질과 관련한 국제조약 체결을 위하여 정부간협상위원회(Interngovernmental Negotiating

46) Agenda 21 and The UNCED Proceedings Ⅳ(각주 4), § 19.49(c)

47) 협약 체결 및 협상과정에 대하여 자세한 내용은 Erin Perkins, *The Stockholm Convention on Persistent Organic Pollutants: A Step Toward the Vision of Rachel Carson,* 2001 Colo. J. Int'l Envtl. L. & Pol'y 191, 194~197 (2001).

48) Decision 18/32 of the UNEP Governing Council: Persistent Organic Pollutants, http://www.pops.int/documents/background/gcdecision/18_32/gc1832en.html. 당초 규제대상은 12개 화학물질이었는데, 2009년(9개), 2011년(1개), 2013(1개), 2015년(3개), 2017년(3개) 당사국회의를 통해 계속 추가되고 있는 실정이다. http://chm.pops.int/TheConvention/ThePOPs/TheNewPOPs/tabid/2511/Default.aspx(2019. 5.).

Committee)를 설치할 것을 권고하였다. 1997년 2월 유엔환경계획 19차 집행이사회는 잔류성유기오염물질과 관련하여 국제적 행동을 촉구하는 위 권고안을 수용하여, 잔류성유기오염물질로부터 초래되는 인체 및 환경에 대한 위해를 감소시키기 위한 구속력 있는 국제협약을 제정하기로 결정하였다. 이를 위하여 정부간협상위원회를 설치하기로 결정하였으며, 협약 제정의 시한을 2000년으로 정하였다.[49]

잔류성유기오염물질을 규제하기 위한 국제협약을 제정하기 위한 정부간 협상은 1998년부터 시작되었으며, 5차례의 협상을 통하여 2001년 5월 22일부터 23일까지 개최된 스톡홀름회의는 잔류성유기오염물질에 관한 협약(스톡홀름협약)[50]을 채택하기에 이르렀다. 이 협약은 사전배려적 접근을 염두에 두고, 잔류성유기오염물질로부터 인간의 건강과 환경을 보호하는 것을 목적으로 하고 있다.[51]

1. 특정 잔류성유기오염물질의 생산과 사용의 금지

당사국들은 특정 화학물질의 의도적인 생산과 사용을 금지하거나 제거하는 데 필요한 법적·행정적 조치를 취하여야 한다.[52] 그 규제 대상이 되고 있는 화학물질(부속서 A)은 다음과 같다: 알드린(aldrin), 클로르단(chlordane), 디엘드린(dieldrin), 엔드린(endrin), 헵타클로르(heptachlor), 헥사클로로벤젠(hexachloro- benzen), 미렉스(mirex), 톡사펜(toxaphene), 다염소화비페닐(polychlorinated biphenyls: PCBs) 등이다.[53] 이 화학물질 중 일부분은 로테르담협약의 규제대상 물질과 중복되고 있다.

이 협약은 특히 PCBs와 관련하여 당사국에게 2005년까지 PCBs를 이용하는 장치(예컨대, 변압기, 콘덴서 또는 다른 액체재료를 포함하는 수용시설)의 사용 근절과 이에 대한 노출 및 위해를 감소시키기 위한 특별한 조치를 취할 것을 요구하고 있다.[54] 특별한 조치 중에는 2028년 이내에 가능한 한 빨리 PCBs를 포함한 액체 및 PCBs가 0.005% 이상 함유된 PCBs로 오염된 장비를 환경적으로 건전하게 관리하기 위한 확고한 노력을 취할 것이 포함되어 있다.[55]

---

49) Decisions Adopted by the Governing Council at Its Nineteenth Session, http://www.pops.int/documents/background/gcdecision/19_13c/gcpops_e.html.

50) Stockholm Convention on Persistent Organic Pollutants, 21 Int'l Env't Rep. (BNA) 5401, 40 I. L. M. 532 (2001).

51) *Id.* 제1조. 이 협약에서 사전배려적 접근방법은 규제대상 화학물질의 등재절차 등에서 구체적으로 적용되고 있다. 즉 충분한 과학적 확실성의 결여가 제안서의 승인을 방해하지 않는다. *Id.* 제8조 제7항(a).

52) *Id.* 제3조 제1항.

53) *Id.* 부속서 A 1부.

54) *Id.* 부속서 A 2부(a).

한편, 신규 농약 또는 신규 산업용화학물질에 대한 1개 이상의 규제와 평가제도를 가진 당사국은 잔류성유기오염물질의 특성을 나타내는 신규 농약 또는 신규 산업용화학물질의 생산 및 사용을 방지하기 위한 규제조치를 취하여야 한다.56)

2. DDT의 생산과 사용의 제한

DDT가 주는 효용과 해는 DDT의 규제를 어렵게 하고 있다. 이는 말라리아가 만연하고 있는 개도국에게 DDT의 사용을 계속 허용할 것인가 아니면 즉각적인 사용금지를 명할 것인가의 문제와 직결되고 있다. 협약체결을 위한 협상과정에서도 이러한 논란이 재연되었다. 이러한 논란은 DDT를 둘러싼 선진국과 개도국의 상반된 이익에 기인하고 있다. 풍토병 중의 하나인 말라리아의 확산을 막기 위한 방안을 찾는 것은 개도국들의 절박한 관심사이다. 이때 DDT는 효과적이고 저렴한 해결책이 되기 때문에 개도국들은 DDT를 필요로 한다. 이에 반해 선진국들은 말라리아의 발생으로 크게 고통을 받지 않는다. 그 결과 DDT의 계속 사용에 대한 이익이 적다. 선진국들의 재정상태는 질병의 통제를 위한 다른 수단을 강구할 수 있게 한다. 정작 선진국들이 두려워하는 것은 말라리아가 아니라 유해화학물질로 인한 인간의 건강과 환경에 대한 악영향이다.

양자택일의 상황에서 당사국들은 DDT의 생산과 사용 의도를 사무국에 통지한 당사국을 제외하고는 DDT의 생산과 사용을 근절하기로 합의하였다.57) DDT를 생산 · 사용하는 당사국은 그 생산과 사용을, DDT 사용에 관한 세계보건기구(WTO)의 권고와 지침에 따른 병해충 방제를 위한 경우와 지역적으로 안전하며 효과적이고 적절한 대체물질을 해당 당사국이 입수할 수 없는 경우로 제한하여야 한다.58)

DDT를 사용하는 당사국은 3년마다 사용된 양과 사용조건 및 당사국의 질병관리 진략과의 연관성에 관한 정보를 사무국과 세계보건기구에 제공하여야 하며, DDT 사용이 병해충 방제에 한정되는 것을 보장하기 위한 규제체계, 적합한 대체물질과 방식 및 전략의 이행, 건강보호를 강화하고 질병발생을 감소시키기 위한 조치 등을 담고 있는 행동계획을 개발 · 이행하여야 한다.59) 또한 이 협약은 당사국으로 하여금 질병에 대한 건강 및 경제적 부담을 감소시킬 목적으로 자국의 상

55) *Id.* 부속서 A 2부(e).
56) *Id.* 제3조 제3항.
57) *Id.* 부속서 B 2부 제1항.
58) *Id.* 부속서 B 2부 제2항.
59) *Id.* 부속서 B 2부 제4항 · 제5항.

황에 적합한 안전한 대체물질 및 비화학물질제품, 방식 그리고 전략의 연구와 개발을 촉진하도록 하고 있으며, 당사국회의로 하여금 적어도 3년마다 병해충 방제를 위한 DDT의 지속적 필요성을 평가하도록 하고 있다.60)

3. 수출 · 입의 제한

잔류성유기오염물질의 생산과 사용의 금지와 함께 이들 물질의 국제거래 제한은 이 협약의 핵심을 이루는 부분이다. 이 협약은 당사국으로 하여금 의도적으로 생산된 잔류성유기오염물질의 수출 · 입이 환경적으로 건전한 처리를 위한 목적 또는 협약에 의해 특별히 허용된 사용 또는 목적을 위해서만 이루어지도록 보장하기 위한 조치를 취할 것을 요구하고 있다.61) 잔류성유기오염물질을 비당사국에게 수출하기 위해서는 수입국에 의한 확인서가 요구되는데, 여기에는 해당 화학물질의 의도된 사용이 명시되며, 잔류성유기오염물질의 배출을 최소화하거나 방지하기 위해 필요한 조치를 취하고, 재고와 폐기물로부터의 배출을 감소 · 제거하기 위한 협약의 요건(제6조 제1항)을 준수하며, DDT의 안전한 사용 등을 공약하는 내용이 포함되어야 한다.62) 부속서 A에 등재된 화학물질 중 어떤 당사국에도 생산과 사용에 대한 특정면제가 적용되지 않는 화학물질은 협약 제6조 제1항(d)에 기술된 환경적으로 건전한 처리목적을 제외하고는 수출이 허용되지 않는다.63)

4. 예외와 면제

협약 제3조상의 규제요건과 수출 · 입의 제한은 일정한 경우 적용되지 않는다. 즉 실험실 규모의 연구목적으로 또는 참고기준으로 사용되는 화학물질에 대해서는 그 적용이 배제된다.64) 예외 규정은 부속서에서도 다수 발견되고 있다. 이에 따르면 위 요건들은 제품 및 물품 중에 비의도적인 잔여 오염물질(trace contaminants)로 존재하는 화학물질에는 적용되지 않는다.65) 그러나 “잔여 오염물질”에 대한 개념 정의가 없어 그 정확한 의미가 무엇인지를 둘러싸고 논란이 예상된다.

---

60) *Id.* 부속서 B 2부 제6항.
61) *Id.* 제3조 제2항(a) · (b)(i)(ii).
62) *Id.* 동항(b)(iii).
63) *Id.* 동항(c).
64) *Id.* 제3조 제5항.
65) *Id.* 부속서 B 1부 주(i).

제3조상의 요건은 관련 의무가 발효되기 이전 또는 발효일에 제조되었거나 이미 사용 중인 물품의 구성성분으로 존재하는 화학물질에도 적용되지 않는다. 이 경우에는 해당 당사국이 특정 유형의 물품이 자국 영역 내에서 사용되고 있다고 사무국에 통지하여야 하며, 사무국은 당사국의 통지를 공개하여야 한다.[66]

또한 당사국은 그 생산 및 사용 중 인체 및 환경에 상당한 양의 화학물질이 유입되지 않는다고 예상되는 경우, 사무국에 대한 통지에 따라, 잔류성유기오염물질의 특성을 보이지 않는, 밀폐계 지역에 한정된 중간체(closed－system site－limited intermediate)로서(예컨대, 다른 화학물질의 제조과정에서 화학적으로 변형된 물질), 부속서 B에 등재된 화학물질(DDT)의 생산 및 사용을 허용할 수 있다.[67] 관련 당사국이 사무국에 새로운 통지를 하지 않는 한, 이러한 생산과 사용은 10년 후에 중지되며, 이 경우 당사국회의가 생산 및 사용에 관한 검토 후 달리 결정하지 않는 한 그 기간은 10년 더 연장된다.[68]

한편 이 협약은 특정 국가에 대한 면제를 허용하고 있다. 부속서 A와 B에서는 등재된 화학물질의 생산과 사용과 관련하여 특정 형태의 면제를 규정하고 있는데, 특정면제를 부여받기 위해서 해당 당사국은 사무국에 서면으로 통지하고 이를 등록하여야 한다.[69] 등록은 사무국에 의해 관리되고 공개된다.[70] 당사국회의는 관련 당사국의 요청에 따라 특정면제의 기간만료를 5년까지 연장하기로 결정할 수 있다.[71] 특정 유형의 특정면제를 등록한 당사국이 더 이상 없는 경우, 동 유형에 대한 새로운 등록은 이루어질 수 없다.[72]

5. 부산물인 잔류성유기오염물질에 대한 규제

부속서 C에서는 부산물인 잔류성유기오염물질로 세 종류를 정하고 있다: 다이옥신/퓨란(PCDD/PCDF), 헥사클로로벤젠(hexachlorobenzen), 다염소화비페닐(PCBs).[73] 이 협약은 이러한 물질이 인위적인 오염원으로부터 비의도적으로 발생 · 배출되는 것을 규제하기 위하여 별도의 규정을 두고 있다. 이에 따르면 이 협약의 발효일로

66) *Id.* 부속서 B 1부 주(ii).
67) *Id.* 부속서 B 1부 주(iii).
68) *Id.*
69) *Id.* 제4조 제3항.
70) *Id.* 동조 제1항.
71) *Id.* 동조 제7항.
72) *Id.* 동조 제9항.
73) *Id.* 부속서 C.

부터 2년 이내에 현재 및 향후 배출에 대한 평가, 법과 정책의 효율성 평가, 이 조항상의 의무를 충족하기 위한 전략, 교육 및 훈련을 증진하기 위한 조치, 위 전략과 의무를 충족하는 성과에 대한 평가, 이행일정 등을 담고 있는 행동계획을 개발·시행하여야 한다.[74] 이 협약은 이러한 물질의 제거를 위한 직접적인 요구는 없다. 그러나 당사국들은 실현가능하고 의미있는 수준의 배출 감소 또는 오염원 제거를 신속하게 달성할 수 있는 이용가능하고 실천가능하며 실질적인 조치를 취하여야 한다.[75] 또한 각 당사국은 이러한 화학물질의 발생과 배출을 방지하기 위하여 대체재 또는 변형된 원료, 제품 및 공정의 개발을 증진하고 적절한 경우 이들의 사용을 요구하여야 한다.[76]

이 협약은 특히 부속서 C 2부에 명시된 폐기물 소각장, 시멘트 소성로 등 4개 분야의 산업오염원들에 주목하면서 당사국들로 하여금 이 협약 발효 후 4년 이내에 이들 오염원들 중 신규오염원(new source)[77]에 대하여 최적가용기술(best available techniques: BAT)[78]과 최적환경기법(best environmental practices: BEP)[79]의 사용을 요구하도록 명하고 있다.[80] 이용 가능한 최선의 기술을 정하는 데 고려해야 할 요소와 배출감소 조치 등은 부속서에서 별도로 정하고 있다.[81]

6. 재고와 폐기물로부터 배출을 감소 또는 제거하기 위한 조치

이 협약은 재고(stockpiles)와 폐기물인 잔류성유기오염물질을 건강과 환경을 보호하는 방법으로 관리하기 위해 당사국에게 일정한 의무를 부과하고 있다. 이에 따르면 당사국은 우선 부속서 A 또는 B에 등재된 화학물질로 구성·포함된 재고와 부속서 A, B 또는 C에 등재된 화학물질로 구성·포함·오염된 폐기물(폐기물이 될

---

74) *Id.* 제5조(a).

75) *Id.* 동조(b).

76) *Id.* 동조(c).

77) 이 협약상 '신규오염원'이란 관련 당사국에 대하여 협약이 발효한 날로부터 1년 후에 신축 또는 상당한 변형이 개시된 배출원을 의미한다. *Id.* 제5조(f)(vi).

78) 이 협약상 '이용 가능한 최선의 기술'이란 활동의 개발 및 운용방법에 있어서 가장 효과적이고 진보된 단계를 의미하는 것으로, 부속서 C 1부에 등재된 화학물질들의 배출 및 이들의 전반적인 환경에 대한 영향을 방지하고 이러한 방지가 실행불가능한 경우에는 일반적으로 저감시키기 위해 고안된 배출제한을 위한 근거를 원칙적으로 제공하기 위한 실용적합한 특정기술을 나타낸다. *Id.* 제5조(f)(i).

79) 이 협약상 '최적환경기법'이란 환경규제 수단 및 전략의 가장 적절한 조합의 적용을 의미한다. *Id.* 제5조(f)(v).

80) *Id.* 제5조(d).

81) *Id.* 부속서 C 5부.

때의 제품 및 품목을 포함)을 확인하여야 한다.[82] 확인된 재고는 안전하고 효율적이며 "환경적으로 건전한 방법"으로 관리되어야 한다.[83] 이 규정의 적용과정에서 화학물질로 "구성 · 포함 · 오염된"이란 의미와 "환경적으로 건전한 방법"이란 의미는 정확하지 않아 논란이 제기될 수 있다.

재고와 폐기물을 파괴하기 위해 사용되어야 하는 특정기술을 정하고 있지는 않다. 그러나 당사국은 폐기물인 잔류성유기오염물질을 환경적으로 건전한 방법으로 취급 · 수집 · 운반 · 저장하여야 하며, 잔류성유기오염물질의 특성을 나타내지 못하도록 파괴하거나 불가역적으로 전환되는 방법으로 처리하여야 한다.[84] 잔류성유기오염물질의 복구, 재활용, 재생, 직접적인 재사용 또는 대체적 사용을 수반할 수 있는 처리 활동은 허용되지 않는다.[85] 또한 적절한 국제규칙, 기준 및 지침에 대한 고려 없이 국경을 넘는 이동은 허용되지 않는다.[86]

7. 등재 절차

스톡홀름협약은 신규 화학물질을 부속서에 등재하기 위한 자세한 규정을 두고 있다. 즉 당사국은 화학물질의 등재를 위한 제안서를 사무국에 제출할 수 있다.[87] 여기에는 화학물질의 이름, 구조, 잔류성, 생물축적성, 장거리 환경이동 가능성, 유해한 영향 등에 관한 정보가 포함되어야 한다.[88] 사무국은 제안서를 기술적 전문가인 잔류성유기오염물질 심사위원회(Persistent Organic Pollutants Review Committee: POPRC)에 제출하며, 동 위원회는 제공된 모든 정보를 통합적이고 균형있게 고려하면서 제안서를 검토하고 부속서 D에 명시된 심사기준을 유연하고 투명하게 적용한다.[89] 당사국회의는 동 위원회의 권고를 고려하면서 해당 물질을 협약의 규제를 받는 대상물질 리스트에 포함시킬지 여부를 최종 결정한다.[90] 이 협약이 사전배려적 접근을 표방하고 있기 때문에 신규화학 물질의 부속서 등재는 증가할 것으로 예상된다.

---

82) *Id.* 제6조 제1항(a) · (b).
83) *Id.* 동항(c).
84) *Id.* 동항(d)(i) · (ii).
85) *Id.* 동항(d)(iii).
86) *Id.* 동항(d)(iv).
87) *Id.* 제8조 제1항.
88) *Id.* 부속서 D.
89) *Id.* 제8조 제2항 · 제3항.
90) *Id.* 제8조 제9항.

8. 개도국에 대한 지원

이 협약이 성공하기 위해서는 모든 당사국의 대응능력이 향상되어야 한다. 문제는 흔히 개도국의 경우 인적 · 물적 장비의 부족 등으로 이러한 능력이 부족하다는 것이다. 이러한 사정을 인식하고 이 협약은 개도국에 대한 기술적 · 재정적 지원체계를 마련하고 있다. 이는 개도국의 협약 이행 능력을 향상시키고, 나아가 협약의 성공을 위해 필수적이다. 이러한 인식은 이 협약의 전문에 잘 나타나 있다: 개도국, 특히 최빈개도국 및 전환기경제국의 상황과 특수한 요구 특히 기술이전, 재정 및 기술지원 그리고 당사국들간의 협력증진 등을 통해 화학물질을 관리하는 국가능력을 강화하기 위한 필요성을 고려한다.

이러한 차원에서 당사국들은 개도국과 전환기경제국에게 적시의, 적절한 기술지원을 제공하고 지원하기 위하여 협력하기로 합의하였다.[91] 또한 이 협약의 이행과 관련하여 개도국과 전환기경제국에 대해 기술지원을 제공하고 기술이전을 증진하기 위하여 역량배양과 기술지원을 위한 지역적 또는 소지역적 센터의 설립을 포함하여 적절한 제도를 확립하기로 합의하였다.[92]

재정지원과 관련하여 선진당사국들은 개도국과 전환기경제국이 이 협약상의 의무이행을 위한 조치를 시행함에 따라 발생되는 충분한 증가비용(incremental costs)을 충족할 수 있도록 새롭고 추가적인 재정자원을 제공하기로 합의하였다.[93] 또한 당사국들은 개도국과 전환기경제국의 협약 이행을 지원하기 위하여 이들 국가들에 대한 적절하고 지속가능한 재정지원을 위한 체제를 창설할 것도 합의하였다.[94] 당사국회의는 이 체제에 제공될 재정자원의 접근 및 이용자격, 다원적인 자금조달 방법 · 체제 및 협정의 촉진, 협약의 이행을 위해 필요하고 이용가능한 자금의 규모를 결정하는 방식, 지원을 받고자 하는 국가의 필요성 평가와 이용 가능한 재원과 자금조달 형태에 관한 정보지원 방식 등과 관련한 적절한 지침을 채택하기로 하였다.[95] 당사국회의는 체제의 효율성, 개도국과 전환기경제국의 변화하는 요구에 대한 체제의 대처능력, 지침, 자금 수준 그리고 재정체제의 운영을 위탁받은 기관의 업무수행의 효율성 등을 검토하여야 한다.[96] 이 협약은 임시재정체계로 지구환경기금(GEF)

---

91) *Id.* 제12조 제2항.
92) *Id.* 동조 제4항.
93) *Id.* 제13조 제2항.
94) *Id.* 동조 제6항.
95) *Id.* 동조 제7항.

을 지정하였다.[97]

9. 기 타

그 밖에 이 협약상 당사국들이 부담하는 의무에는 다음이 포함된다: 이행 계획의 개발 및 시행,[98] 잔류성유기오염물질의 생산 · 사용 및 배출의 감소와 제거를 위한 정보와 그 대체물질에 관한 정보의 교환,[99] 협약 규정을 이행하기 위하여 취해진 조치와 이러한 조치들의 효과에 대한 보고,[100] 정보공개, 정책결정자들간뿐만 아니라 일반 공중간의 인식, 교육의 증진,[101] 잔류성유기오염물질과 그 대체물질에 대한 연구 · 개발 · 감시.[102]

10. 평 가

스톡홀름협약은 인간의 건강과 환경에 심각한 위협요소로 작용하고 있는 잔류성유기오염물질의 제거 또는 생산 및 사용의 제한을 위한 최초의 국제 조약으로서, 로테르담협약과 함께 유해화학물질의 안전 관리를 위한 중요한 국제 규범으로 빠르게 자리매김하고 있다. 협약의 채택과 동시에 92개국이 협약에 서명하고, 예상보다 빨리 이 협약이 발효한 것은 인간의 건강과 환경에 중대한 위해를 미치는 잔류성유기오염물질의 제거 필요성에 대한 국제사회의 강력한 의지와 협약에 대한 국제사회의 높은 지지를 읽을 수 있다.

이 협약은 독성, 난분해성, 생태계 및 생체 축적성, 장거리 이동성 등의 특성을 가지고 있는 다이옥신, DDT, PCBs 등 잔류성유기오염물질의 생산과 사용의 금지 또는 제한과 수출 · 입의 제한을 의무화하고 있는데, 이러한 제한은 궁극적으로 잔류성유기오염물질로 인한 인간의 건강과 환경의 위해를 감소시킬 것이다.

이 협약이 채택하고 있는 사전배려의 원칙은 잔류성유기오염물질로 인한 오염

---

96) *Id.* 동조 제8항.
97) *Id.* 제14조.
98) *Id.* 제7조 제1항. 이 협약에서 요구하는 이행 계획의 수립은 국내 법 · 제도의 정비를 요구하고 있으며, 추가적인 규제대상 물질의 확대가 예상되는 상황에서 이에 대비한 계속적인 조사 · 연구 등이 필요하다.
99) *Id.* 제9조.
100) *Id.* 제15조.
101) *Id.* 제10조.
102) *Id.* 제11조.

문제에 대한 국제사회의 공동노력을 한 단계 올려놓았다고 평가할 수 있다. 이 원칙이 본격적으로 적용될 경우 규제 대상 물질은 당초 12종에서 계속 증가할 것으로 보이며, 규제는 한층 강화될 것이다. 그러나 논란은 계속되고 있다. 사전배려가 능사가 아니라는 것이 그것이다. 특히 사전배려를 요구하는 문제가 즉각적인 고려를 요하는 문제와 얽혀 있을 경우에는 그 문제를 제거 또는 규제하기 위한 가장 좋은 방법을 결정하기 위해서 비용-편익 분석 또는 위해성평가를 시행하여야 한다는 입장이 대표적이다.103) 이러한 입장에서는 선진국과 달리 많은 개도국들의 경우 말라리아가 만연하고 있어 말라리아의 확산을 막을 방법을 발견·시행할 필요성이 크고 DDT는 여기에 대한 효과적이고 저렴한 해결책이 되기 때문에 DDT에 대한 요구가 강하다는 점, 그 명성에 비하여 DDT의 영향이 불확실하고 그 피해가 유해하지 않다는 점, DDT에 대한 효과적인 대안이 없다는 점, DDT 사용의 금지가 초래할 말라리아로 인한 건강 피해 등을 들어 DDT의 즉각적인 생산·사용의 금지에 반대할 가능성이 많다. 이는 개도국의 주된 입장이기도 하다.

잔류성유기오염물질의 장거리 이동성은 이 문제에 대한 국제공동의 노력을 촉구하고 있는데, 이는 선진국과 개도국을 구별하지 않는 공동책임을 요구하고 있다. 그러나 개도국이 처해 있는 특수한 상황과 능력은 이러한 공동 대처를 어렵게 하고 있다. 이러한 점을 인식하고 이 협약이 전문에서 공동의 그러나 차별화된 책임의 원칙을 선언하고, 개도국에 대한 기술 및 재정지원을 약속하고 있는 것은 현실적인 접근방법이 될 수 있을 것이다. 본문과 부속서에 산재하고 있는 예외 및 특정면제 규정과 협약상의 의무이행을 위한 조치를 시행함에 따라 발생되는 증가비용(incremental costs)을 충족할 수 있도록 새롭고 추가적인 재정자원을 제공하기로 합의한 것 등은 개도국과 전환기경제국의 특수한 여건을 고려한 것으로 이들의 의무 이행능력을 제고할 것이 틀림없다. 협약에서 약속하고 있는 재정체계는 개도국의 역량배양과 의무이행능력을 향상시키는 데 중요한 역할을 할 것이다. 한편, 이 협약은 건강과 환경의 보호를 목적으로 잔류성유기오염물질뿐만 아니라 재고와 폐기물에 이르기까지, 그리고 이들의 생산과 사용, 그리고 제거에 이르기까지 전생애주기(life-cycle)로 관리하는 것을 표방하고 있는바, 이는 말하자면 해당 물질에 대해 '요람에서 무덤(cradle-to-grave)까지' 관리하는 접근이라고 할 수 있다.

그러나 이 협약은 이와 같은 이점을 상쇄할 정도에는 이르지는 않지만 약점이 있는 것도 사실이다. 즉 이 협약은 당사국들에게 2005년까지 PCBs를 이용하는 장

---

103) Ashley K. Martin, *The Regulation of DDT: A Choice Between Evils,* 41 Vand. J. Transnat'l L. 677, 698 (2008).

치의 사용 근절, 그리고 2028년 이내에 가능한 한 빨리 PCBs를 포함한 액체 및 PCBs에 오염된 장비를 환경적으로 건전하게 관리하기 위한 노력을 기울일 것을 요구하고 있는데, 위 규제 일정이 해당 산업계의 대응 능력을 고려한 것으로 보이나 해당 물질이 가지고 있는 독성이나 지구성 등을 고려하고, 협약의 목적이나 취지에 비추어 볼 때 너무 늦추어진 것이 아닌가 비판이 제기될 수 있다.[104] 이 협약에서 요구하는 이행계획의 수립은 국내 법 · 제도의 정비를 요구하고 있는데, 그 법 · 제도의 정비를 비롯하여 본격적인 시행에 이르기까지에는 상당 기간과 비용이 소요될 것으로 예상된다. 이는 이 협약의 시행이 지연될 것이라는 것을 암시하는 것으로 앞으로도 상당기간 잔류성유기오염물질의 위협이 계속될 것이라는 것을 의미하는 것이다. 특히 재원이 부족한 개도국들은 잔류성유기오염물질의 생산과 사용의 근절이라는 협약의 시행보다는 가난과의 전쟁, 경제성장 등에 더 큰 관심을 가질 것이다.

이 협약은 최적가용기술(BAT)을 결정함에 있어, 고려할 중요한 요소의 하나로 특정 조치의 비용과 편익을 제시하고 있는데,[105] 비용－편익 분석이라는 이름하에 잔류성유기오염물질의 감소 및 제거를 위해 환경적으로 필요한 기술이 도외시되고 비용이 적게 드는 그리고 비효과적인 기술이 도입될 가능성이 있다.

이 협약은 광범위한 예외 · 면제 규정을 두고 있는데, 이러한 규정은 개도국 등 특수한 사정을 고려하고, 의무 이행에 유연성을 부여함으로써, 협약 이행능력을 향상시키려고 한 것으로 이해되나 자칫 협약의 목적과 정신을 약화시킬 우려가 있다. 입법 기술상으로는 본문과 부속서에 예외 규정이 산재하고 있는 관계로 그 이해가 어렵다.

또한 이 협약은 협약 위반에 대한 시행체제를 갖추고 있지 못하다. 이는 협약의 실효성을 크게 약하시키는 것이다. 이러한 점을 인식하고 당사국들은 "가능한 한 빨리" 이 협약 규정의 비준수 여부를 결정하고, 의무를 준수하지 않은 당사국을 처리하기 위한 절차와 조직을 개발하기로 합의하였다.[106] 그러나 "가능한 한 빨리"라는 조건은 자칫 의무 위반에 대해 효과적인 제재를 하지 못하는 비효과적인 시행체제를 만들 가능성이 있다.

개념의 모호성은 이 협약의 실효성을 약하시킬 수 있다. 예컨대, 협약은 재고

104) Joel A. Mintz, *Two Cheers for Global POPs: A Summary and Assessment of the Stockholm Convention on Persistent Organic Pollutants,* 14 Geo. Int'l Envtl. L. Rev. 319, 331 (2001).

105) 스톡홀름협약(각주 50), 부속서 C 5부 B.

106) *Id.* 제17조.

와 폐기물로부터의 배출을 감소 또는 제거하기 위하여 "환경적으로 건전한 방법"으로 이를 관리하도록 하고 있는데, "환경적으로 건전한 방법"이 무엇인지에 대한 개념 정의는 없다. 이러한 모호성은 부속서에 등재된 화학물질로 "구성 · 포함 · 오염된" 재고 또는 폐기물, "잔여 오염물질(trace contaminants)" 등에서도 발견되고 있다.

재정지원과 관련하여 선진당사국들은 개도국과 전환기경제국이 이 협약상의 의무이행을 위한 조치를 시행함에 따라 발생되는 충분한 증가비용(incremental costs)을 충족할 수 있도록 새롭고 추가적인 재정자원을 제공하기로 합의하였으나 정작 "증가비용"이 무엇인지에 대해서는 합의가 이루어지지 않았다. 배출목록 작성, 국가 이행계획의 개발, 잔류성유기오염물질의 안전한 관리를 위한 국가 능력 강화, 잔류성유기오염물질의 재고처리, 오염지역 복원 및 정화, 대체물질의 개발 및 전환 등이 증가비용에 포함될 수 있을 것으로 보이나, 개념 정의가 없어 지원국과 지원요청국 간의 치열한 논란이 예상되고 있다.

협약은 전문에서 이 협약과 무역 · 환경 분야의 다른 국제협정이 서로 보완적(supportive)임을 인정하고 있으나 이 협약체제가 WTO체제에 우선한다는 명시적인 규정을 마련하지 못한 상태에서는 WTO체제와의 충돌 가능성이 상존하고 있다.

협약상의 정보교환의무는 기업의 비밀보호와 충돌될 수 있는데, 그 조화방안에 대한 규정은 제대로 갖추고 있지 않다. 한편, 상당 부분의 화학물질은 로테르담협약에 의해서도 규제되고 있는데, 이러한 중복 규제는 로테르담협약 더 나아가 유해화학물질, 유해폐기물 등 유해물질 전반을 아우르는 단일의 통합적인 협약의 필요성을 대한 논의를 불러일으키고 있다. 이러한 약점이 보완되지 않는 한 잔류성유기오염물질로부터 인간의 건강과 환경이 완전히 자유로울 수 없다. 이는 레이첼 카슨의 작업이 여전히 진행형으로 남아 있다는 것을 의미하는 것이다.

Ⅲ. 수은협약(미나마타협약)

1953년경 일본 구마코토현의 미나마타 어촌에 원인불명의 괴질이 발생하였는데, 그 주된 증상은 손발마비, 언어장애, 시야 협착 등이었다. 일본 후생성은 1968년 미나마타병이 미나마타 만 근처에 있는 질소비료공장 폐수에서 배출되는 유기수은에 중독되어 발생한 것으로 공식 인정하였다. 당시 미나마타병으로 인해 사망한 사람은 73명에 달했다. 제2의 미나마타병은 미나마타 마을에서 발생한 것만으로 그치지 않고 1965년 니이가타현에서도 발생하였다. 1992년 기준으로 미나마타병 환자로 인정된 사람은 구마모토현과 니이가타현을 합쳐 1,200명 정도에 이르렀다.[107]

일본의 조그만 어촌 마을, 미나마타라는 이름을 따라 수은에 관한 미나마타협약(수은협약)[108]이 2013년 10월 채택되었다. 수은은 금속원소, 무기수은, 유기수은 등 3가지 형태로 존재하고 주로 오염된 어패류 섭취를 통해 유기수은의 형태로 유입돼 중추신경장애, 신장, 간 등에 심각한 질병을 일으키는 것으로 알려지고 있다. 수은은 일단 배출되면 환경에 오래 머무르고, 장거리를 이동한다. 종국적으로 수계에 들어간 경우 수질을 오염시키고, 먹이사슬의 상층부에 올라 갈수록 그 농도가 높아진다. 인간은 주로 오염된 해산물을 섭취함으로서 노출된다. 수은이 가지고 있는 특성인 위해성과 특히 지속성과 장거리 이동성 때문에 국제적 공동대응이 필요하다는 점이 지속적으로 제기돼 왔다. 그 결과물이 수은협약이라고 할 수 있다. 그러나 수은협약은 수은 규제라는 직접적인 표현 대신에 미나마타 중독 사고의 상징성을 고려하여 미나마타를 협약 이름으로 하였다.

2009년 2월 140여 당사국들은 수은의 제조 및 사용 감소를 위해 법적으로 구속력이 있는 문서를 만들기 위한 협상을 시작하였다. 4년간의 집중적인 협상 끝에 이들 국가들은 2013년 10월 수은협약을 채택하였다. 협약은 우리가 일상에서 그리고 광범위하게 사용하며, 대기뿐만 아니라 토양, 수계로 배출되는, 그러나 인간의 건강과 환경에 위해성이 큰 수은에 주목하고 있다. 수은협약의 목적은 두말 할 것도 없이 수은의 부정적인 영향으로부터 인간의 건강과 환경을 보호하려는 것이다.[109]

1. 수은 공급원과 수출·입 제한

협약은 신규 주요 수은 채광(primary mercury mining)을 금지하고 있다.[110] 기존 수은 채광은 협약 발효일로부터 15년 이내에 완전 중단된다.[111] 수출은 협약상 수입국에게 허용된 용도, 환경적으로 건전한 저장 등을 위해 수입국의 서면동의가

107) 구자건, 환경상식 백가지, 현암사, 191 내지 192면 참조.

108) Minamata Convention on Mercury, http://www.mercuryconvention.org/Portals/11/documents/Booklets/Minamata%20Convention%20on%20Mercury_booklet_English.pdf.

109) *Id.* 제1조.

110) *Id.* 제3조 제3항. 주요 수은 채광(primary mercury mining)이란 채광되는 주된 물질이 수은인 경우를 말한다. 제2조(i).

111) *Id.* 동조 제4항.

있는 경우를 제외하고는 원칙적으로 금지된다.[112] 협약은 비당사국과의 국제거래를 제한하고 있다. 그러나 비당사국이라 할지라도 수은이 협약 제3조 제3항이나 제5항(b)상 허용되지 않는 것으로 확인된 오염원으로부터 기인하지 않는다는 증명서(certification)를 제출한 경우에는 당해 국가로부터의 수입은 허용될 수 있다.[113]

2. 수은 함유 제품의 제조 및 수출 · 입 금지

협약은 수은을 함유하고 있는 일정 제품에 대한 제조 및 수출 · 입의 단계적 중단을 위해 강한 목표를 두고 있다. 이에 따르면 수은을 함유한 일정 제품군에 대하여 2020년까지 제조 및 수출 · 입이 금지된다.[114] 여기에는 의료장비용 소형 전지(button cell)를 제외한 일반 수은 전지, 스위치와 계전기, 형광등, 형광램프, 비누 및 화장품류, 살충제, 체온계, 혈압계와 같은 비(非) 전자식 측정기기 등이 포함된다.[115] 다만 시민 보호와 군사적 이용을 위해 필수적인 제품, 종교적 또는 전통적 활동에 사용되는 제품, 예방 백신의 경우는 제외된다. 한편, 당사국들은 치과용 아말감의 경우 그 사용을 줄이기 위해, 국가적 목표의 설정, 수은이 없는 대체재의 사용 촉진 등의 조치를 취하여야 한다.[116] 앞서 제품과 달리 2020년까지 제조 및 수출 · 입 금지는 적용되지 않는다. 한편, 협약은 최고 5년까지 제조 및 수출 · 입 금지에 대한 예외를 인정하는 절차를 두고 있다.[117]

3. 제조 공정에서 수은 사용 금지

클로알칼리(chlor−alkali), 아세트알데히드(Acetaldehyde)를 생산하기 위해 사용되는 제조 공정에서 수은의 사용이 각 2025년, 2018년까지 단계적으로 금지된다.[118] 또한 당사국들은 비닐 클로라이드 모너머(Vinyl chloride monomer), 소디움/포타시움 메틸레이트 또는 에틸레이트(Sodium or Portassium Methylate or Ethylate), 폴리우레탄(polyurethane)의 제조 과정에서 수은 배출을 감소하기 위한 조치를 취하여야 한다.[119]

---

112) *Id.* 동조 제6항(b).
113) *Id.* 동조 제8항.
114) *Id.* 제4조 제1항.
115) *Id.* 제4조 제1항, 부속서 A, Part I.
116) *Id.* 제4조 제3항, 부속서 A, Part II.
117) *Id.* 제6조.
118) *Id.* 제5조 제2항, 부속서 B, Part I.

4. 영세 소규모 금 채광으로 인한 수은 사용 저감

협약은 영세 소규모 금 채광(Artisanal and Small-Scale Gold Mining: ASGM)으로부터 수은의 사용과 배출을 저감하기 위한 일정한 조치를 당사국들에게 요구하고 있다. 최근 금값의 상승으로 수은을 이용하여 금을 생산하는 영세 소규모 금 채광이 급격히 늘어났다. 이 공정에서 발생하는 수은은 전 세계 수은 공해의 중요한 요인이 되고 있다.[120] 소규모 금광에서 일하는 인부와 그 가족들은 호흡기 질환 등 심각한 수은 공해에 노출되어 있다. 또한 작업 과정에서 수은이 강으로 유입됨에 따라 어패류와 먹이사슬이 오염되고, 강 하류에 사는 서주민들이 큰 피해를 입고 있다.

이러한 점을 인식하고 협약은 당사국들로 하여금 영세 소규모 금 채광으로 인한 수은 저감을 위해 국가행동계획(national action plan)을 개발, 이행하도록 하고 있다.[121] 관련 국가들은 발효 후 3년 내에 국가행동계획을 사무국에 제출하여야 한다.[122] 여기에는 저감 조치, 수은 배출 감소의 촉진, 거래의 관리, 노출과 관련한 공중 건강, 취약계층의 노출 방지, 정보 제공 등을 위한 전략이 포함되어야 한다.[123] 영세 소규모 금 채광에 대한 규제가 사실상 힘들다는 점을 고려하여 채광의 저감 목표와 기한은 정해지지 않았다.

5. 배출 금지 등

협약은 석탄화력발전소, 산업용 보일러, 아연과 금의 제련 및 로스팅(roasting) 공정, 쓰레기 소각시설, 시멘트 클링커(clinker) 생산 시설 등으로부터의 대기 중 수은 배출을 규제하는 내용을 담고 있다.[124] 이에 따르면 신규오염원을 위해 당사국들은 발효 후 5년 내에 최적가용기술(BAT)과 최상의 환경관행(best environmental practices)을 적용하여야 한다.[125] 기존오염원에 대한 규제는 신규오염원에 비해 약화되어 있다. 기존오염원을 위해 국내 상황, 경제적 · 기술적 타당성(feasibility), 조

119) *Id.* 동조 제3항, 부속서 B, Part II.
120) 유엔환경계획(UNEP)은 영세 소규모 금 채광으로 인한 수은 배출이 인공적 발생하는 국제 수은 배출의 37%를 차지하는 것으로 추산하고 있다. UNEP, Mercury Assessment 2013: Sources, Emissions, Releases and Environmental Transport.
121) 수은협약(각주 108), 제7조 제3항(a).
122) *Id.* 동항(b).
123) *Id.* 부속서 C.
124) *Id.* 제8조, 부속서 D.
125) *Id.* 제8조 제4항.

치의 제공 가능성(affordability) 등을 고려하면서, 수은을 규제하는 조치를 취할 것을 요구함으로써, 배출 규제의 방법과 정도와 관련해서 당사국들에게 재량을 주고 있기 때문이다. 그 조치란 발효 후 10년 내에, 정량적 목적, 배출허용량, 최적가용기법과 최상의 환경관행의 사용, 다중 오염원(multi－pollutant) 규제 전략, 대체적 조치 등을 국가계획에 포함하고, 이행하는 것이다.[126] 관련 오염원으로부터 배출을 감소하기 위한 대체적 조치를 취하는 것으로도 협약상의 의무를 충족하게 된다. 당사국들에게는 배출량조사(inventory)제도의 확립과 유지도 요구된다.[127]

국제적으로 수은 축적의 가장 큰 기여는 대기 중의 배출이지만 미나마타 사건에서 확인한 바와 같이 인간 활동에 의한 수계로의 배출도 문제가 되고 있다. 이러한 점을 인식하고 협약은 당사국들에게 수계나 토지로의 배출을 규제하기 위한 조치를 채택하도록 하고 있다.[128] 그러나 기존오염원에 의한 대기오염문제를 해결하기 위한 앞서 규정과 유사하게 배출 규제의 방법과 정도와 관련해서 당사국들에게 많은 재량을 주고 있다.

나아가 협약은 수은의 환경적으로 건전한 저장,[129] 수은 폐기물의 관리,[130] 오염된 부지의 관리[131] 등과 관련한 규제 내용을 포함하고 있다.

6. 평　가

수은 오염의 인간 건강에 대한 부정적인 영향과 독성은 이미 잘 알려져 있었다. 그러나 대규모 건강 재난이 발생할 하였을 때 비로소 국제사회는 문제의 심각성을 인식하기 시작하였다. 미나마타병이 발병하고 수십 년이 지난 시점에서 미나마타병의 주요 원인인 수은의 배출로부터 인간의 건강과 환경을 보호하기 위한 수은협약이 탄생한 것은 그 위해성을 고려할 때 늦은 감이 없지 않다. 협약 이름이 미나마타 지역에서 발생한 수은 중독 사고의 이름을 따른 것은 역사의 아이러니라고 할 수 있다.

다른 오염물질과 달리 수은은 단지 지역적인 문제에 머무르지 않는다. 이는 지역적 배출을 막는 것만으로는 장거리 이동과 생체 축적성이 높은 대표적인 유해물

126) *Id.* 동조 제5항.
127) *Id.* 동조 제7항.
128) *Id.* 제9조.
129) *Id.* 제10조.
130) *Id.* 제11조.
131) *Id.* 제12조.

질인 수은이 지역 환경 및 주민에 도달하는 것을 막을 수 없다는 것을 의미한다. 이는 또한 수은에 의한 위협을 줄이기 위해서는 국제적 대응이 필요하다는 것을 의미한다. 수은협약은 미나마타병의 주요 원인인 수은의 배출로부터 인간의 건강과 환경을 보호하는 것을 목적으로 하고 있는바, 이를 위해서 제품 및 공정에서의 수은 사용 및 배출을 저감하는 각국의 의무적, 자발적 조치를 포함하고 있다. 수은협약은 단일의 화학물질(수은)에 초점이 있는 유일한 협약이라는 점에서 국제환경법상 이정표를 세우고 있으며, 그 전생애(Life-cycle), 즉 생산부터 저장, 사용, 배출, 폐기까지를 포괄적으로 광범위하게 관리하는 협약이라는 점에서 주목받을 만하다. 또한 다양한 오염원을 전방위로 다루고 있는데, 그 범위는 제품, 공정, 산업 전반에 걸치며, 채광, 제조. 수출 · 입, 저장에 대한 제한을 두고 있다.

수은협약은 기존의 다른 협약과 몇 가지 점에서 구별된다. 우선 수은협약은 로테르담협약 등 다른 화학물질 관련 협약과 구별되는데, 즉 다른 화학물질 관련 협약이 규제 대상 화학물질의 추가 확대를 염두에 두고 있는 것과 달리 수은만을 규제 대상으로 하고 있다. 지역적 성격을 띠고 오염물질의 대기 배출만을 다루는 광역 월경 대기오염에 관한 협약과도 비교된다. 수은협약은 수은 오염을 초래하는 다양한 국제 오염원을 대기만에 국한하지 않고 수계, 토양 등 매체를 넘나들며 배출을 다룬다.

협약의 성공을 위해서는 많은 국가들의 폭넓은 참여가 중요하다. 협약이 채택되고 얼마 되지 않아 100개국 이상의 많은 국가가 참여한 것은 청신호로 보인다. 그러나 일정한 한계도 나타나고 있다. 예컨대, 기존오염원에 대한 완화된 규제가 대표적이다. 이러한 약화된 규제는 협약의 효율성을 떨어트릴 수 있다. 협약 도처에서 발견되는 추상적이고 모호한 표현(예컨대, 타당성, 환경적으로 건전한, 대체적 조치, 능력에 따라)과 '노력하기로(endeavor) 한다'는 규범력이 떨어지는 규정도 같은 맥락으로 이해할 수 있다. 기금의 설치, 개도국에 대한 재정적, 기술적 지원, 역량배양, 기술 이전 등에 대해 고려하고 있지만 지원 방식, 기금 분담률 및 지원 방안 등 구체적인 이행방안이 도출되지 않은 것은 개도국을 협약에 끌어들이는 유인을 떨어트릴 수 있다.

한편, 수은협약은 협약 본문과 적용 대상을 담고 있는 부속서를 개정하는 절차, 방법 등을 규정하고 있으나 그 절차가 기본적으로 당사국들의 컨센서스(consensus)를 요구하고 당사국회의에서 재적 4분의3 동의를 요구하기 때문에 개정이 쉽지 않아 보인다.[132] 어려운 개정 절차는 자칫 수은협약의 성공에 장애가 될 수 있다.

---

132) *Id.* 제13조.

수은협약으로 수은에 대한 규제가 시작된다면 형광등, 치과용아말감 등 수은첨가제품을 생산, 사용하는 산업계 등에 큰 영향이 있을 것으로 보인다. 또한 수은이 석탄, 아연광 등 광석 등에 포함되어 있어 석탄화력발전소, 비철금속 제련시설 등에서 비의도적으로 배출되는 수은에 대한 관리도 강화될 것으로 예상되며 이에 따라 관련 산업에 추가적인 비용이 발생할 것이다. 그러나 이러한 비용은 수은으로 인한 인간의 건강과 환경을 지키기 위한 어쩔 수 없는 희생이라고 할 수 있다.

제8장 야생동 · 식물, 생태계와 생물다양성 보호

카리브해의 산호초가 무분별한 채취로 60% 이상 사라지고 있다. 커피, 면화 등 국제적인 시장이 형성된 농산물의 생산을 위해 숲을 비롯한 다양한 생물의 서식지가 파괴되고 있다. 습지의 절반가량이 20세기 동안 인간 활동에 의해 사라졌으며, 지금도 개발 · 오염 등으로 농업용지 · 산업단지 등으로 변하고 있다. 세계 주요 강들이 댐에 의해 가로막히면서 생물이 자유롭게 이동하고 살 수 있는 서식 공간 자체가 사라지고 있다. 현재 양서류의 30% 이상, 포유류의 23% 이상, 조류의 12% 이상이 멸종의 위기에 직면해 있다. 현재 지구상에서 생물의 멸종이 심각한 수준으로 진행되고 있으며, 이는 지금까지 있었던 다섯 번의 대멸종을 잇는 여섯 번째 대멸종을 낳게 될 것이다. 다섯 번째까지의 멸종이 자연 재해에 의해 비롯되었지만 지금 진행되고 있는 여섯 번째 멸종은 인간의 활동에 의한 것이다. 이상은 유엔환경계획이 2007년 발표한 제4차 환경보고서의 내용이다.[1] 이 보고서의 메시지는 분명하고 단호하다. 대규모의 멸종위기가 현재 진행되고 있다는 것이다.

국제환경법 역사에서 중요한 주제를 이루는 야생동 · 식물, 자연자원, 서식지, 생태계 등의 보전과 관련하여 1992년 리우선언은 "각 국가는 지구 생태계의 건강과 완전성을 보전 · 보호하고 회복시키기 위하기 위하여 범세계적 동반자의 정신으로 협력하여야 한다"고 천명하고 있다. 물론 환경 또는 지속가능한 발전 등의 개념이 야생동 · 식물, 생태계 등의 보전과 밀접한 관련을 갖고 있기는 하지만 이들의 보전에 관한 직접적인 언급은 지나칠 정도로 간단하다. 오히려 1972년 스톡홀름선언은 "대기, 물, 대지, 동 · 식물 및 특히 자연생태계의 대표적인 것을 포함한 지구상의 자연자원은 현재와 미래세대를 위해 주의 깊은 계획과 관리를 통해 적절히 보호되어야 한다(원칙 2)", "인간은 오늘날 각종 유해한 요인에 의해 중대한 위기에 처해 있는 유산인 야생생물과 그 서식지를 보호하고 현명하게 관리할 특별한 책임을 진다. 이에 야생생물을 포함한 자연보전은 경제개발을 위한 계획 수립에서 중시되어야 한다(원칙 4)", "자원은 개도국의 상황과 특별한 필요성을 고려하면서

---

1) "지구 '6번째 생물 대멸종' 진행중", 조선일보, 2007. 10. 27. 기사.

환경을 보전 · 향상시키는 데 이용되어야 한다(원칙 12)" 등 여러 군데에서 직 · 간접적으로 그 중요성을 언급하고 있다.

다행히 1992년 리우회의에서 채택된 의제(Agenda) 21은 보전과 관련한 리우선언의 미흡한 점을 보충하고 있는데, 즉 의제 21의 가장 많은 부분을 차지하고 있는 Section 2는 "개발을 위한 자원의 보전과 관리"라는 표제하에 벌채 방지(제11장), 취약한 생태계 관리: 사막화와 가뭄의 방지, 지속가능한 임야의 개발(제12장, 제13장), 생물다양성의 보전(제15장) 등을 다루고 있다. 1982년 유엔에서 채택된 자연환경선언에서는 일반원칙 중의 하나로서, "특이한 지역, 모든 다른 유형의 생태계를 대표하는 표본 지역 및 희귀종 또는 멸종의 우려가 있는 종의 서식지에 대하여는 특별한 보호가 이루어져야 한다"고 선언하고 있다.[2)]

보전의 초점은 그동안 특정 야생동 · 식물의 보호에서, 생태계의 보호를 거쳐 생물다양성의 보호로 옮겨지는 양상이다. 시대적으로는 1940년대 특정 종의 보호에 만족하던 것이 1970년대 습지, 세계문화유산, 남극 등 생태계 자체를 보호하는 쪽으로 방향을 선회하여 급기야 1990년대에는 생물다양성에도 관심을 갖게 되어 1992년 생물다양성협약과 같은 중요한 환경협약이 만들어지게 되었다.

제 1 절 야생동 · 식물의 보호

엄청난 수의 야생동 · 식물이 엄청난 속도로 사라지고 있다. 어떤 종은 피할 수 없는 자연현상으로 사라지지만 대부분의 멸종 또는 멸종위기는 직 · 간접적으로 인간의 행위에 의해 초래된다. 한 통계는 매년 27,000종의 야생동 · 식물이 지구상에서 사라져 간다고 보고하고 있다. 이는 매일 74종이, 매시간 3종이 지구상에서 영원히 사라져 간다는 것을 의미하는 것으로 자연 소멸률보다 최소한 1,000배 빠른 속도이다.[3)] 멸종의 결과는 정확히 알 수 없다. 문제의 심각성은 그 멸종 속도도 그렇지만 일단 멸종하고 나면 회생이 거의 불가능하다는 것이다. 멸종의 원인으로는 직접적으로는 인간의 과도한 소비(식량, 옷, 애완, 제품, 사냥, 관광 등)에서부터

2) World Charter for Nature, http://www.un.org/documents/ga/res/37/a37r007.htm; 22 I. L. M. 455 (1983), 제3조.

3) Edward O. Wilson, The Diversity of Life 280 (1992)(Ved P. Nanda and George Pring, International Environmental Law & Policy for the 21st Century 157 (Transnational Publishers, Inc. 2003) 재인용).

간접적으로는 서식지의 파괴(개발, 벌채, 농작지 개간, 댐건설, 습지 개간, 오염 등), 외래종의 유입, 자연환경의 변화(산성화, 자외선 복사량의 증가 등) 등 다양하다.

야생동 · 식물의 멸종을 막기 위한 방법은 간단하다: 지구상에 우리 인간과 같이 방문한 야생동 · 식물의 절대적 보전이다. 야생동 · 식물을 보전해야 한다는 생각의 바탕은 윤리적 · 심미적 · 과학적 · 경제적 · 여가적 가치 및 알려지지 않은 미래에의 활용 등 다양하고 무한한 가치 때문이다. 그러나 막상 이를 보전하기 위한 비용은 막대하고, 특히 자연자원의 개발 · 활용을 통해 이익을 추구하려는 개도국의 경우에는 이들의 보전에 그만큼 무관심할 수밖에 없으므로 그 보전이 생각만큼 쉬운 것이 아니다. 이러한 이유로 막상 야생동 · 식물을 보전하기 위한 조약은 생각보다 많지 않으며, 각국의 이해관계로 그 시행에 어려움이 있다.

Ⅰ. 멸종위기에 처한 야생동 · 식물 국제거래에 관한 협약

협약명	채택일 (발효일)	주요내용	당사국수	우리나라 가입일 (발효일)
멸종위기에 처한 야생동 · 식물 국제거래에 관한 협약(CITES)	1973.3.3. (1975.7.1.)	-멸종위기에 처한 야생동 · 식물의 국제거래 규제	183 (2020.1. 현재)	1993.7.9. (1993.10.7.)

〈http://www.cites.org〉

많은 종과 그들의 서식지가 놀라운 속도로 사라져 가고 있다. 동 · 식물의 멸종을 막기 위한 국제협력이 어느 때보다 필요한 시점이다. 그러나 종과 서식지 보호의 필요성은 종종 개발의 필요성과 충돌한다. 특히 그 충돌은 야생동 · 식물의 국제거래가 외화의 주요 수입원이 되고 있는 나라의 경우에 더욱 첨예하게 나타나고 있다. 야생동 · 식물의 국제거래는 패션, 식량뿐만 아니라 희귀한 동 · 식물에 대한 의 · 약학적 연구, 전시, 수집 등 소비자의 다양한 요구에서 촉발되는 남 · 북문제와 무관하지 않다. 그 시장은 매년 50억 내지 170억 달러에 이르는 것으로 추산되고 있다.4)

4) David Favre, *Debate Within the CITES Community: What Direction for the Future?*, 33 Nat. Resources J. 875, 887 (1993).

보전과 국제거래 간의 긴장을 해결하기 위해 채택된 협약이 1973년 위싱턴에서 채택된 멸종위기에 처한 야생동 · 식물 국제거래에 관한 협약(CITES)[5]이다. 이 협약은 가까운 시일 내에 멸종될 위기에 처한 동식물의 상업적인 국제거래를 규제함으로써, 이들을 보호하는 것을 큰 목적으로 하고 있다. 전문과 25개 조문 그리고 3개의 부속서로 구성되어 있는 이 조약은 환경협약 중에서는 비교적 이른 시기에 체결된 조약에 해당되는데, 1975년 발효 후 상당기간 크게 주목받지 못하다가 최근 환경보호문제에 대한 관심과 중요성이 부각되면서 규모가 큰 국제조약으로 급성장하였다. 그러나 이 협약이 추구하려는 보전과 국제거래의 균형이라는 목적은 아직도 해결되지 않고 있다. 그렇다면 그 균형점은 어디인가?

1. 국제거래의 규제

이 협약은 1,000여 종의 규제대상 동 · 식물을 3개의 부속서에 나누어 열거하고, 이들의 국제거래를 규제하고 있다. 직접적으로 동 · 식물의 살상, 서식지 파괴 등을 규제하는 것이 아니라 이들의 국제거래를 규제함으로써 간접적으로 야생 · 동식물을 보호하고 있다는 것이 큰 특징이다.

가. 거래제한 대상

이 협약은 부속서에 열거된 종(species)의 표본(specimen)을 국제적으로 거래하는 것을 제한하고 있는데, 종이란 종, 아종(亞種) 또는 지리적으로 격리된 개체군을 말하며, 표본이란 살아있거나 죽은 동 · 식물, 쉽게 식별할 수 있는 부분 또는 파생물(any readily recognizable part or derivative thereof)을 의미한다.[6] 이에 따르면, 예컨대, 상아의 경우 가공된 상아에 대해서는 규제가 미치지 않고 가공되지 아니한 상아(raw ivory)만이 규제된다.

나. 거래제한 품목, 방법

이 협약은 멸종위기의 정도에 따라 규제대상 동 · 식물을 부속서 Ⅰ, Ⅱ, Ⅲ으로 구분하여 정하고 각기 상이한 규제를 하고 있다. 부속서 Ⅰ과 부속서 Ⅱ에 열거된 종에 대한 개정(추가 또는 삭제)은 당사국회의에 출석한 당사국들의 3분의 2 이상

---

5) Convention on International Trade in Endangered Species of Wild Founa and Flora(CITES), 12 I. L. M. 1085 (1973).

6) *Id.* 제1조(a) · (b).

의 다수결로 이루어진다.[7)]

(1) 부속서 Ⅰ

종중 국제거래로 영향을 받거나 받을 수 있는 멸종위기에 처한 종(예컨대, 사자, 표범, 고래, 앵무새, 코뿔소, 호랑이 등)은[8)] 부속서 Ⅰ에 열거되어 가장 높은 수준의 보호를 받는다. 부속서 Ⅰ에 포함된 종의 표본을 거래하기 위해서는 수출국과 수입국의 사전허가를 모두 받아야 한다.[9)] 수출 · 입허가서는 거래가 해당 종의 생존에 해롭지 않고, 해당 표본이 수출국의 법을 위반하지 않고 획득되었고, 상업적인 목적으로 이용되지 않는다는 등의 사실이 확인된 후에야 발급된다.[10)] 부속서 Ⅰ에 포함된 종의 표본을 재수출하기 위해서는 재수출증명서(re－export certificate)를 사전에 제출하여야 한다.[11)]

(2) 부속서 Ⅱ

현재 멸종위기에 처해 있지는 아니하나 국제거래를 엄격하게 규제하지 아니할 경우 멸종위기에 처할 수 있는 종과 그 거래를 효과적으로 통제하기 위하여 규제를 하여야 하는 그 밖의 종(예컨대, 사향노루, 곰 등)[12)]은 부속서 Ⅱ에 열거되어 중간 수준의 보호를 받게 된다.

여기에 포함된 종의 표본을 수출하기 위해서는 수출국의 수출허가가 필요하다.[13)] 여기에 포함된 종의 표본을 수입하기 위해서는 수출허가서 또는 재수출증명서를 사전에 제출하여야 한다.[14)] 수입과 관련한 제한은 부속서 Ⅰ에 열거된 종의 표본에 대한 규제보다 완화되어 수입허가서는 요구되지 않는다.

(3) 부속서 Ⅲ

당사국이 이용을 방지 · 제한할 목적으로 자국의 관할권 안에서 규제를 받아야 하는 것으로 확인하고 국제거래 규제를 위하여 다른 당사국의 협력이 필요하다고 판단한 종은 부속서 Ⅲ에 열거되며,[15)] 가장 약한 수준의 보호를 받게 된다.

부속서 Ⅲ에 포함된 종의 표본을 수출하기 위해서는 수출허가서가 요구되며,

---

7) *Id.* 제15조.
8) *Id.* 제2조 제1항.
9) *Id.* 제3조 제2항 · 제3항.
10) *Id.*
11) *Id.* 제3조 제4항.
12) *Id.* 제2조 제2항.
13) *Id.* 제4조 제2항.
14) *Id.* 동조 제4항.
15) *Id.* 제2조 제3항.

이를 수입하기 위해서는 원산지증명서(certificate of origin)를 사전에 제출하여야 하며, 만일 그 표본을 부속서 Ⅲ에 포함시킨 국가로부터 수입하는 경우에는 수출허가서가 필요하다.[16] 이에 따르면 해당 종의 표본을 부속서 Ⅲ에 포함시킨 국가와 거래할 경우에는 부속서 Ⅱ에 준하는 제한이 가해지게 된다.

동 협약은 이와 같이 수출·입 시 관리당국의 허가를 받도록 함으로써, 수출국·중간국·수입국 모두로부터 부속서 Ⅰ에 해당하는 종의 수출·입을 금지하고, 부속서 Ⅱ에 해당하는 종에 대하여는 수출자의 수출을 제한하며, 부속서 Ⅲ에 해당하는 종에 대하여는 주로 수출국의 법에 의존하여 규제하고 있다고 할 수 있다.

다. 면 제

다음과 같은 일정한 경우에는 위에서 살펴본 거래 규제가 적용되지 않는다:

① 표본이 한 당사국의 영토를 단순히 통과하는 경우;

② 표본이 당해 국가가 동 협약에 가입하기 이전에 획득되었으며 이러한 취지의 증명서가 발급된 경우;

③ 개인 소지품이나 가재도구인 경우;

④ 상업적 목적으로 사육된 동물이나 인공적으로 번식된 식물의 경우;

⑤ 수출국의 관리당국에서 동물 종의 표본이 사육·번식되었다고 또는 식물 종의 표본이 인공번식되었다고 또는 이러한 동·식물의 부분 또는 파생물이라고 인정하는 경우;

⑥ 박물관용 및 과학연구기관의 비상업적 대여, 증여 또는 교환의 경우;

⑦ 순회동물원, 곡예단, 유랑동물원, 식물전시회 또는 기타 이동전시회를 구성하는 표본의 경우.[17]

2. 당사국의 조치

당사국은 협약을 이행하기 위해 처벌·몰수·반송 등을 포함하는 적절한 국내적 조치를 취해야 하며, 거래에 관한 기록을 유지하고, 이행 상황에 관하여 협약 사무국에 정기적으로 보고하여야 한다.[18]

---

16) *Id.* 제5조 제2항 내지 제5항.

17) *Id.* 제7조.

18) *Id.* 제8조. 우리나라는 1993년 7월 CITES에 가입함에 따라 국내법 정비의 필요성이 제기되었으며, 그 일환으로 「야생생물 보호 및 관리에 관한 법률」에서 멸종위기종의 국제거래를 제한하는 규정을 두고 있다.

3. 비당사국과의 거래금지

동 협약의 가장 특징적인 것 중의 하나가 비당사국이 당사국에게 요구하는 것에 상응하는 서류(comparable documentation)를 제공하지 않는 한 비당사국과의 거래는 금지된다는 것이다. 비당사국과 거래가 이루어지는 경우, 비당사국의 권한 있는 당국에서 이 협약상 허가서 및 증명서의 요건과 실질적으로 일치되도록 발급한 문서는 당사국이 허가서 및 증명서에 갈음하여 수락할 수 있다.[19]

4. 관리당국 및 과학당국

당사국은 협약의 시행을 위해서 관리당국(Management Authorities)과 과학당국(Scientific Authorities)을 지정하여야 한다. 관리당국은 당사국을 대표하여 허가서 또는 증명서를 발급할 권한을 가지며, 과학당국은 규제대상 품목의 거래가 종의 생존에 미치는 영향을 관리당국에 자문한다.[20]

5. 분쟁해결

협약 규정의 해석 또는 적용과 관련하여 당사국 사이에 발생하는 분쟁은 분쟁당사국 사이의 교섭(negotiation)에 따른다. 이 교섭에서 그 분쟁이 해결되지 않은 경우, 당사국은 상호 합의로 분쟁을 중재(arbitration)에 회부할 수 있으며, 특히 헤이그 상설중재재판소(Permanent Court of Arbitration)의 중재에 회부할 수 있다. 분쟁을 중재에 회부한 당사국은 중재재판소의 결정에 따른다.[21]

6. 평　　가

이 협약에 대해서는 다음과 같은 문제점이 지적될 수 있다: ① 기본적으로 이 협약은 규제 대상 표본에 대한 국제거래의 금지가 아닌 제한 구조를 취하고 있다. 이는 일정한 경우 허가를 통하여 수출 · 입이 가능하다는 것을 의미한다; ② "멸종위기에 처한"이나 "멸종위기에 처할 수 있는" 등 용어의 부정확성은 분류체계를 부적절하게 만들 수 있다; ③ 조약의 면제 규정과 유보 규정은 협약의 실효성을

19) *Id.* 제10조.
20) *Id.* 제9조.
21) *Id.* 제18조.

약화시키고 있다. 면제 규정을 통하여 조약 가입 전 많은 재고의 보유, 가정용 목적을 위한 거래, 사육된 표본의 거래, 국내거래, 비상업적 거래 등이 가능하고 당사국은 유보 규정을 이용하여 자국에 불리한 거래제한을 회피할 수 있다; ④ 야생동·식물 멸종의 가장 큰 원인으로 지목되는 서식지 파괴 문제를 등한히 하고 있으며, 서식지 보호에 대해서는 침묵하고 있다; ⑤ 협약상 당사국은 일정한 경우 허가를 통해 비당사국과 거래를 할 수 있으며, 현실적으로 비당사국과의 국제거래가 빈번하게 이루어지고 있다; ⑥ 부속서에 열거되지 아니한 종에 대해서는 규제가 이루어지지 않는데, 예컨대, 멸종위기에 처한 종이지만 조사연구가 불충분하여 현황을 알 수 없는 종에 대하여는 보호수단이 없게 된다; ⑦ 부속서에 열거된 종은 지나치게 많아(약 980품목, 약 3만5천 종) 규제의 효율성을 기할 수 없다. 경우에 따라서는 멸종의 위기에 처하지 아니한 종도 부속서에 열거되어 있을 뿐만 아니라, 구체적인 경우 규제 대상에 해당되는지 자체를 판단하기가 쉽지 않고, 이를 식별·관리·감독하기 위해서는 많은 인적·물적 장비와 비용이 요구되고 있다; ⑧ 협약은 기본적으로 범죄의 유형을 규정하거나 위반에 대하여 처벌을 부과하는 것이 아니고, 허가제도를 통해 국제거래를 규제하고 있을 뿐이다; ⑨ 기본적으로 협약의 시행이 각 당사국에 일임되어 있고, 각 당사국의 국내법과 그 이행능력에는 많은 차이가 있어 불법거래를 완전히 차단할 수 없다; ⑩ 당사국은 협약의 시행을 위해 처벌을 포함한 국내조치를 취하여야 하나 처벌의 범죄 유형 및 수준에 대한 지침이 없어 구체적 시행을 어렵게 하고 있다. 그 조치는 기껏해야 적절하면(appropriate) 족하다; ⑪ 분쟁의 해결을 위해 동 협약이 상정하고 있는 중재 절차는 필수적인 절차가 아니고, 중재 전 단계에 해당하는 교섭에는 시한이 정하여져 있지 않다.

그러나 이와 같은 한계가 있음에도 대규모의 국가가 협약에 참여함으로써 동 협약이 야생동·식물의 보호에 기여하는 공로는 크다고 평가할 수 있다.

Ⅱ. 이동성 야생동물의 보전에 관한 협약

협약명	채택일 (발효일)	주요 내용	당사국 수	우리나라 가입일 (발효일)
이동성 야생동물의 보전을 위한 협약(Bonn협약)	1979.6.23. (1983.11.1.)	－이동성 야생동물의 보호	129 (2020.1. 현재)	미가입 (－)

〈http://www.cms.int〉

1. 배 경

이동성 야생동물은 이들의 이동경로에 해당하는 한 국가라도 그 보호를 제대로 하지 아니할 경우 멸종의 위기에 처할 수도 있기 때문에 이동성 야생동물의 보호는 어느 분야보다도 국제협력이 요구되고 있는 영역이다. 그러나 실제 이동성 야생동물을 보호하기 위한 국제협력은 미미한 상태이다. 이동성 야생동물에 관한 대표적인 조약이 1979년 6월 23일 독일 본(Bonn)에서 채택된 이동성 야생동물의 보전에 관한 협약(Bonn협약)[22]이다. 동 협약은 야생동물이 가지고 있는 환경적, 생태적, 유전적, 과학적, 여가적, 문화적, 교육적, 사회 · 경제적 가치를 인식하고 1972년 스톡홀름회의에서 채택된 행동계획(Action Plan)의 권고 32를 염두에 두고 있는데,[23] 기대와 달리 많은 국가가 가입하고 있지 않다.

2. 주요 내용

Bonn협약은 규제대상 이동성 야생동물을 멸종위기의 정도에 따라 부속서 Ⅰ, Ⅱ로 구분하여 규제를 달리하고 있다. 즉, 부속서Ⅰ에 포함되어 있는 "멸종의 우려(endangered)"가 있는 종의 분포구역국가(Range States)는 이러한 종을 보전하고 가능한 한 그 서식처를 복원하여야 하고, 이러한 종의 이동을 현저히 곤란하게 하거나 방해하는 활동 또는 장애의 악영향을 방지 · 제거하거나 감소시켜야 하며, 이러한 종을 멸종시킬 우려가 있는 상태로 하거나 악화시킬 가능성이 있는 요소들을

22) Convention on the Conservation of Migratory of Wild Animal, 19 I. L. M. 15 (1980).
23) *Id.* 전문.

방지 · 감소 또는 규제하여야 한다.[24] 부속서 I 에 포함되어 있는 이동성 동물 종의 분포구역국가는 예외적인 경우를 제외하고는 이러한 종에 속하는 동물의 포획을 금지하여야 한다.[25]

부속서 II 는 보전상태가 좋지 않아(unfavourable conservation status) 그 보전과 관리를 위하여 국제적인 합의가 필요한 종과 국제적인 합의에 의해 국제협력이 달성되면 막대한 이익을 얻을 수 있는 보전상태에 있는 종을 열거하고 있다.[26] 이 협약은 이러한 종의 분포구역국가로 하여금 해당 종을 위해서 도움이 되는 국제협정을 체결하도록 노력할 것을 권장하고 있다.[27] 협약 제5조는 국제협정의 지침(Guidelines)에 관하여 비교적 자세하게 규정하고 있다.

3. 평　　가

Bonn협약은 멸종의 우려가 있는 이동성 동물에 대한 광범위한 보호를 그 목적으로 하고 있다. 그 규제방법으로는 CITES와 유사하게 등재제도가 활용되고 있다. 이에 따라 멸종의 우려가 있는 종으로서 부속서 I 에 열거되어 있는 종은 비교적 광범위하며, 그 규제는 엄격하다. 그러나 현황이 파악되지 않아 미처 부속서에 포함되지 않은 종에 대한 보호는 미흡할 수밖에 없다.

부속서 I 에 포함된 이동성 동물종의 분포구역국가는 동물의 포획금지 등 강한 의무를 부담하는데, 모든 분포구역국가가 당사국이 되지 않는 한 소기의 목적을 달성하기 어렵다. 부속서 I 에 포함되어 있지 않은 종 중에 많은 종은 다른 조약에 의해 규제되고 있는데, 이는 동 조약의 필요성을 반감시키는 요인으로 작용할 수 있다. 협약의 의무를 이행하기 위해서는 자금과 기술인력이 요구되는데, 특히 개도국의 경우는 선진국으로부터 원조를 받지 않는 한 그 이행이 쉽지 않을 것이다. 많은 국가들은 이동성 야생동물의 보호를 위해서는 지역적 차원의 양자 또는 다자조약이 더 효율적이라고 보고 동 조약에 대한 참여를 꺼리고 있는데,[28] 이러한 사실은 동 협약의 큰 한계로 지적될 수 있다. 또한 일부 국가만이 참여하는 상태에서 동 조약의 실효성은 약화되어 있다고 할 수 있다.

---

24) *Id.* 제3조 제4항.
25) *Id.* 동조 제5항.
26) *Id.* 제4조 제1항.
27) *Id.* 동조 제3항.
28) 1916년 미국과 캐나다 간에 체결된 이동성 조류 보호를 위한 조약(Convention for the Protection of Migratory Birds in the United States and Canada)이 대표적인 예이다. 39 Stat. 1354 (1916).

제 2 절 생태계 보호

'환경(environment)'이란 개념이 보호대상의 주변(surrounding) 지역에 적용되는 광범위한 개념으로서, 단순히 보호대상의 바깥지역을 지칭하는 것으로 이해될 수 있다는 점에서 환경법적으로는 '생태계'가 보다 정확하고 의미 있는 용어일 수 있다. 생물다양성협약은 '생태계'를 "식물 · 동물 및 미생물 군락과 기능적인 단위로 상호작용하는 비생물적 환경의 역동적인 복합체"로,[1] 국제법위원회(ILC)는 '생태계'를 "공동사회로서 상호의존적으로 작용하는 생물과 비생물 부분으로 구성된 생태적 단위"라고 정의하고 있다.[2] 이에 따르면 생태계의 한 구성부분에 영향을 미치는 외부영향은 다른 구성부분 사이에 반응을 초래하고 전체 생태계의 균형을 방해하거나 생명을 지지해주는 시스템으로서 기능하는 생태계의 능력을 손상 또는 파괴할 수 있다.[3]

생태계 개념의 특징적인 요소는 인간과 다른 종(동 · 식물) 간의 비구별성, 인간과 비인간적 구성부분 간의 상호작용, 역동성, 변화성 등을 들 수 있다.[4] 생태계의 변화성은 이율배반적인데, 생태계의 계속적인 변화는 진화를 촉진하는 반면, 그 변화가 심할 경우에는 생태계가 손상 · 파괴될 수 있다. 인간에 의해 초래되는 생태계 변화가 심하고 급격할수록 그 손상 · 파괴 가능성은 더 클 수밖에 없다.

종전의 국제환경협약이 특정 종의 보전에 그쳤다면 최근의 국제환경협약은 포괄적이고 광범위한 생태계의 보호에 주목하고 있다. 1946년 포경규제협약,[5] 1957년 북태평양 물개보전을 위한 잠정협약,[6] 1972년 남극물개보전협약,[7] 1974년 북극곰의 보전협약,[8] 1973년 멸종위기에 처한 야생동 · 식물 국제거래에 관한 협약(CITES),

---

1) Convention on Biological Diversity, 31 I. L. M. 818 (1992), 제2조.

2) "an ecological unit consisting of living and non-living components that are inter-dependent and function as a community." 1994년 국제수로의 비항행적 사용에 관한 협약 초안(Draft Articles on the Law of the Non-Navigational Uses of International Watercourses), http://www.un.org/law/ilc/texts/94nonnav.pdf#pagemode=bookmarks, 제20조 주석(Commentary) 참고.

3) *Id.*

4) Ved P. Nanda and George Pring, International Environmental Law & Policy for the 21st Century 200~201 (Transnational Publishers, Inc. 2003).

5) International Convention on the Regulation of Whaling(ICRW), 161 U. N. T. S. 72.

6) Interim Convention on Conservation of North Pacific Fur Seals, 314 U. N. T. S. 105.

7) Convention for the Conservation of Antarctic Seals, 11 I. L. M. 251 (1972).

8) Agreement on the Conservation of Polar Bears, 13 I. L. M. 13 (1974).

1979년 이동성 야생동물의 보전에 관한 협약(Bonn협약) 등이 특정 종의 보호에 그쳤던 대표적인 조약이라면, 1971년 물새 서식처로서 국제적으로 중요한 습지에 관한 협약(람사르협약), 1972년 세계문화유산 및 자연유산의 보호에 관한 협약(세계유산협약), 1982년 자연환경선언,9) 1982년 유엔해양법협약,10) 1980년 남극해양생물자원보전협약,11) 1985년 아세안 자연보전협정,12) 1991년 환경보호에 관한 남극조약의정서,13) 1992년 산림원칙, 1994년 사막화방지협약, 1994년 국제열대목재협정,14) 1995년 어족보전협정,15) 1997년 국제수로의 비항행적 사용에 관한 협약16) 등은 생태계 중심의 접근 방법을 취하고 있는 것이다. 이하에서는 람사르협약, 세계유산협약, 산림원칙, 사막화방지협약, 국제열대목재협정 등을 중심으로 살펴보기로 한다.

---

9) World Charter for Nature, http://www.un.org/documents/ga/res/37/a37r007.htm; 22 I. L. M. 455 (1983), 제1조 제3항 · 제4항.

10) 유엔해양법협약은 광범위한 해양생태계 보호를 위한 해양환경 전반에 걸친 포괄적인 규정을 두고 있다.

11) Convention on the Conservation of Antarctic Marine Living Resources(CCAMLR), 19 I. L. M. 841 (1980). 위 조약은 제2조에서 어획되는 자원, 그에 의존하는 자원 및 관계가 있는 자원 간의 생태학적 관계 유지, 해양생태계의 변화 방지 또는 변화 위험성의 최소화 등을 남극해양생물자원의 보전 원칙으로 천명하고 있다.

12) 이 협정은 멸종위기의 종뿐만 아니라 지표식물 및 삼림 자원, 토양, 물, 대기 등 생태계 보전을 위한 전반적인 규정을 담고 있다. ASEAN Agreement on the Conservation of Nature and Natural Resources, ASEAN Agreement on the Conservation of Nature and Natural Resources, http://sedac.ciesin.columbia.edu/entri/texts/asean.natural.resources. 1985.html(2005. 7. 30.).

13) 남극의 환경과 이에 의존하거나 관련된 생태계를 보호하기 위한 포괄적 체제의 발전이 인류전체의 이익에 부합한다고 선언하고 있다. Protocol on Environmental Protection to the Antarctic Treaty, 30 I. L. M. 1461 (1991), 전문, 제2조.

14) International Tropical Timber Agreement, 33 I. L. M. 1014 (1994), 제1조(l).

15) Agreement for the Implementation of the Provisions of the United Nations Convention on the Law of the Sea of 10 December 1982, Relating to the Conservation and Management of Straddling Fish Stocks and Highly Migratory Fish Stocks, U. N. Doc. A/CONF.164/37, 34 I. L. M. 1542 (1995), 제5조(d)~(g).

16) Convention the Law of the Non-Navigational Uses of International Watercourses, 36 I. L. M. 700 (1997), 제20조.

Ⅰ. 람사르(Ramsar)협약

협약명	채택일 (발효일)	주요내용	당사국 수	우리나라 가입일 (발효일)
물새서식지로서 국제적으로 중요한 습지에 관한 협약 (Ramsar협약)	1971.2.2. (1975.12.21.)	-습지의 보전과 현명한 이용 -습지목록에의 습지의 등재	170 (2020.1. 현재)	1997.3.28. (1997.7.28.)

〈http://www.ramsar.org〉

지구상의 불과 4% 정도를 차지하고 있는[17] 습지가 세계적인 관심을 끌어 모으고 있다. 가장 쓸모없다고 생각한 습지가 지구상 가장 중요하고, 생산력이 있고, 생물다양성이 뛰어난 곳으로 인식되고 있다. 가치가 없던 곳으로만 여겨지던 습지가 최근 들어서는 오히려 가치를 평가할 수 없을 정도로 가치가 많은 곳으로 인식되고 있는 것이다. 그러나 역설적이게도 습지는 가장 위협받는 서식지, 생태계로 밝혀지고 있다.

생태계의 보고인 습지는 계속 파괴되어 왔다. 그 결과 1900년대 이래 전세계적으로 50% 이상 상실되었다고 추산되고 있다.[18] 의심의 눈초리는 개발 수요가 많은 개도국으로 향하고 있다. 습지 파괴의 중요한 요인으로는 농업, 도시 팽창, 산업적 · 상업적 개발이 지목되고 있다. 화학물질, 농약의 살포 그리고 다른 형태의 오염과도 무관하지 않다.

우리는 왜 습지를 보호하여야 하는가? 그 기능과 가치가 너무나 크기 때문이다.

---

17) David Hunter, James Salzman and Durwood Zaelke, International Environmental Law and Policy 1029 (2nd ed. Foundation Press 2002).

18) Cheryl L. Jamieson, *An Analysis of Municipal Wetlands Laws and Their Relationship to the Convention on Wetlands of International Importance Especially as Waterfowl Habitat(Ramsar)*, 4 Pace Envtl. L. Rev. 177, 179 (1986). 지난 200년 동안 미국에서는 50% 이상(2억2천백만 에이커 상당)의 습지가 상실되었다. Machael J. Podolsky, *U.S. Wetlands Policy, Legislation, and Case Law as Applied to the Wise Use Concept of the Ramsar Convention,* 52 Case W. Res. L. Rev. 627, 627 (2001). 유럽지역에서는 3분의 2 정도가 사라졌다. Sara Galley, *Wetlands*, 1996 Colo. J. Int'l Envtl. L. & Pol'y 115, 115 (1996); Royal C. Gardner, *Rehabilitating Nature: A Comparative Review of Legal Mechanisms That Encourage Wetland Restoration Efforts*, 52 Cath. U. L. Rev. 573, 573 (2003).

그렇다면 어떻게 보호하여야 하는가? 국제사회는 이동 철새의 개체군과 그들의 서식지가 감소하는 것에 대하여 우려를 표시하면서 물새 서식처로서 국제적으로 중요한 습지에 관한 협약, 이른바 람사르(Ramsar)협약[19]의 체결로 반응하였다. 어류, 철새와 같은 이동성 종은 그들의 성장 · 서식의 장소가 되는 습지에 크게 의지하고, 이동 경로를 따라 이동하면서 여러 국가의 관할에 종속된다. 이는 이동 경로에 있는 한 국가만이라도 적절한 보전 조치를 취하지 않으면 국제적인 보전 노력이 반감된다는 것을 의미한다. 이것이 바로 람사르협약과 같은 국제협약이 중요한 이유이다. 그러나 람사르협약은 법적 의무가 빈약하기 때문에 지구상의 많은 지역에서 이루어지고 있는 습지 파괴를 저지하는 데 한계를 노출하고 있다. 가뜩이나 이 협약은 환경문제에 대해서 심각하게 고민하지 않았던, 국제환경법 역사에서 볼 때 비교적 이른 시기에 체결된 것이기 때문에 시대와 인식의 변화에 따른 내용의 변화가 요구되고 있다.

1. 습지의 기능과 가치

오늘날 습지의 가치를 둘러싼 인식의 변화는 극적이다. 버려진 땅에서 지구상에서 가장 가치 있는 생태계로, 병균과 쓰레기로 가득한 더러운 땅에서 경제성과 생산성이 뛰어난 보고로 다시 태어났기 때문이다. 말하자면 생태 '공장'과 '보물창고'로 변모한 것이다. 습지의 보호는 생물학적 · 수리학적 · 문화적 · 과학적 · 여가적 그리고 경제적 이유에서 매우 중요하다는 인식이 급격히 확산되고 있다. 현재까지 습지 생태계의 가치에 대한 완전한 이해는 이루어지 못하고 있는 실정이나 일반적으로 습지는 생태적 · 경제적으로 큰 가치를 가지고 있는 것으로 알려지고 있다. 습지가 제공하는 기능과 가치는 다음과 같이 무수하다.[20]

가. 생물자원의 보고

습지는 양적 · 질적으로 풍부한 수자원, 식량자원, 목재, 에너지자원, 야생동물자원 등을 보유하고 있다. 높은 생산력은 인간에게 식량, 목재, 약품 등을 제공한다. 수산업은 습지에 의지하는 다양한 어패류를 수확한다.[21]

---

19) Ramsar Convention on Wetlands of International Importance, Especially as Waterfowl Habitat, 11 I. L. M. 963 (1972). 동 협약은 1982년 12월 3일 파리의정서 및 1987년 5월 28일 Regina 수정에 의해 부분적으로 개정되었다.

20) 습지의 기능과 가치에 대하여 자세한 내용은 박태윤 · 이동근, "연안습지의 보전 및 효율적 이용방안에 관한 연구", 한국환경정책 · 평가연구원, 1997. 12, 3면 이하 참조.

나. 야생 동 · 식물의 서식지

습지는 수많은 어패류의 산란장이며, 각종 포유동물, 어류, 조류 등의 서식지이다. 습지는 철새, 악어, 어류, 곤충 등의 멸종위기종을 포함하여, 수많은 야생 동 · 식물에게 영양분과 서식처를 제공한다. 또한 산소의 생산과 영양분의 재생을 촉진하여 민감한 생태계를 유지한다. 이러한 점 때문에 습지는 지구상에서 가장 생명력이 풍부한 지역이라 할 만하다. 습지는 유기물 등 풍부한 영양을 함유한 물질을 축적 · 운반하는데, 생물다양성은 이 유기물에 크게 의지하고 있다.

다. 오염물질의 정화

습지는 다양한 방법으로 물을 흡수하고, 저장하고, 배출하면서 수질을 향상시킨다. 예컨대, 습지는 지표수의 유수를 막고, 무기영양물을 제거 또는 보유함으로써 생물화학적산소요구량(BOD)을 감소시키고, 먼지와 유기폐기물을 제거하고, 금속과 병원체를 감소시킨다. 미생물은 유기물을 먹고 살기 때문에 오염원을 정화한다. 미국 환경보호처(EPA)는 1991년 사우스 캐롤라이나에 소재하는 Congaree Bottomland Hardwood Swamp 습지지역에 습지의 수질 정화기능을 대체하는 정수처리장을 건설하기 위하여는 5백만 달러(추가적인 운영비용은 제외)가 소요될 것이라고 추산한 바 있다.[22]

라. 침식의 저감

습지는 일종의 완충(buffer)지역을 형성하여 해안과 제방의 침식을 막아 수질을 향상하는 역할을 한다.

---

21) 어패류 등 상업적으로 어획되는 양의 95% 이상은 일시적이든 영구적이든 습지와 관련이 있다. Lisa M. Schenck, *Wetlands Protection: Regulators Need to Give Credit to Mitigation Banking,* 9 Dick. J. Env. L. Pol. 103, 112 (2000).

22) EPA, *Wetlands Fact Sheet: Economic Benefits of Wetlands,* http://www.epa.gov/owow/wetlands/facts/fact4.html(2008. 10.). 우리나라 갯벌에서 분해되는 유기물의 양은 연간 21만톤(BOD 22만톤) 정도로 추산되는바, 우리나라 공장(약 2만8천 개소)에서 방류되는 생물학적산소요구량(BOD) 부하량이 약 3만6천톤이라는 점을 고려할 때 그 정화능력은 대단한 것이다. 고철환, "해양생태계 보전과 갯벌관리", 해양 21세기, 나남출판, 1998. 10, 465면. 미국 조지아 대학교 오덤(Odum) 교수팀의 연구에 따르면 갯벌 1㏊(0.01㎢)는 하루에 생물학적 산소요구량 21.7㎏을 정화하는 것으로 분석되었는데, 이를 토대로 면적이 208㎢에 달하는 새만금 갯벌의 하수처리능력을 계산해보면 10만톤 규모의 하수종말처리장 40개와 맞먹는다. 10만톤 규모의 전주 하수종말처리장의 건설비용이 172억인 점을 감안할 때 새만금 갯벌은 하수정화능력만으로도 7,247억원 상당의 가치가 있는 것이다. 김원, 새 세기의 환경 이야기, 열화당, 2001, 195면.

마. 지하수의 충전

습지는 오염물질과 유해한 침전물을 걸러내는 필터(filter) 작용을 하면서 지하수를 충전한다. 물이 지하수층으로 이동할 때 녹지 않는 물질 등을 여과하며, 염수의 유입을 막는다. 정화된 지하수는 식수, 농업용수, 공업용수 등 공중의 소비로 이용된다. 지하수로 이동된 물은 다시 습지로 유출되어 지표수가 되어 습지를 유지한다.

바. 홍수 및 폭풍피해의 저감

습지는 홍수와 가뭄을 조절하는 자연적 스펀지 역할을 한다. 습지는 남는 물을 축적하는 저수지(reservoirs) 역할을 하며, 습지에 서식하는 나무와 식물은 물의 흐름을 유지시켜서 수량의 극심한 변화를 막고 홍수 발생을 완화시킨다. 연안습지의 경우 홍수로 인한 빗물을 저장하여 단기간의 홍수량을 조절하여 홍수의 피해를 줄인다. 또한 태풍의 격렬한 에너지를 흡수하여 태풍의 영향을 감소시키는 역할을 한다. 말하자면 '자연의 방파제'인 셈이다. 미네소타 자연자원국(Department of Natural Resources)은 홍수 저장기능을 갖는 1에이커 상당의 습지를 대체하기 위하여 평균 3백 달러가 소요될 것으로 추산한 바 있다.[23)]

사. 기후조건의 안정화

습지는 기후유지 역할도 수행한다. 습지는 이산화탄소, 아황산가스, 질소 등 온실가스를 저장하고, 그 허용한도를 유지하면서 지구 기후의 안정화에 기여한다.

아. 과학적 · 심미적 · 관광적 기능

습지는 문화 또는 자연유산으로서의 가치, 그리고 연구나 교육의 장으로서도 중요한 역할을 한다. 습지는 휴양 및 관광, 교육, 연구 등의 기회를 제공하고 있다. 사냥, 낚시, 탐조, 사진촬영 등 습지지역에서의 레크리에이션 활동은 경제에 상당히 이바지하고 있다.[24)]

이와 같이 습지는 오염물질의 정화, 침식의 저감, 지하수 충전, 홍수 및 폭풍피해의 저감 등과 같은 생태적 기능뿐만 아니라 우리에게 생존에 필요한 '제품'을

---

23) EPA(앞의 글).

24) 1991년 사냥, 낚시, 탐조, 사진촬영 등 습지지역에서의 레크리에이션 활동은 미국 국가 경제에 상당히(5,950만 달러) 이바지한 것으로 보고되고 있다. EPA(각주 22).

제공하고 여가 · 연구활동의 기회를 제공하는 등 인간에게 중요한 가치를 가진다. 습지의 다양하고 풍부한 생태적 가치에 주목하여 혹자는 습지를 "배우는 실험실(laboratories)"로 부르고 있다.[25] 그 경제적 가치는 무궁무진한 것으로 알려지고 있다. 이러한 점에 주목하여 람사르협약이 전문에서 "습지는 경제적 · 문화적 · 과학적 그리고 여가적으로 큰 가치를 가지고 있는 자원이다"라고 선언한 것은 놀라운 일이 아니다. 이는 우리가 가치있는 지역을 강하게 보호해야 할 이유이기도 하다. 그러나 현실은 그렇지 않다. 습지는 계속 파괴되어 왔고, 현재 범세계적으로 습지 보전을 위한 노력이 이루어지고 있지만 지금도 많은 습지가 농업용지, 도시, 산업단지로 변하고 있다.

2. 배 경

습지에 대한 가치의 중요성과 보호의 필요성에도 불구하고 20세기 중반까지도 이에 대한 공개적이고, 가시적인 인식은 이루어지지 못했다. 그 사이 생태적 · 경제적으로 중요한 가치를 가지고 있는 습지는 지구상의 많은 지역에서 관개와 매립, 오염 등으로 훼손되었다. 1960년대 비로소 세계자연보전연맹(International Union for the Conservation of Nature and Natural Resource: IUCN)과 국제수금류 · 습지조사국(International Waterfowl and Wetlands Research Bureau: IWRB), 그리고 조류보호를 위한 국제협의회(International Council for Bird Protection: ICBP)는 이와 같은 습지 파괴와 그 저지의 필요성을 인식하였다. 이들은 감소하는 이동 철새의 개체군과 그 서식지에 대하여 우려를 표시하였다. 이들 주최로 습지를 보호하기 위한 노력의 일환으로 일련의 국제회의와 실무자회의가 개최되었다. 그 협의 결과는 1971년 2월 이란의 람사르(Ramsar)에서 람사르협약이 채택되는 것으로 결실을 맺었다.

이 협약의 목적은 동 · 식물의 기본적 서식지이자 생태적 · 경제적 가치가 높은 습지의 현명한 이용을 촉진하고 국제적으로 중요한 습지를 보호하는 것이다. 이 협약은 1975년 12월 21일 발효되었는데, 습지의 기능 및 가치를 존중하여야 한다는 인식을 토대로 그 보전 · 개선을 목표로 하고 있으며,[26] 습지자원이 보전 및 현

25) Kim Diana Connolly, *Keeping Wetlands Wet: Are Existing Productions Enough?* 6 Vt. J. Envtl. L. 5 (2004~2005).

26) 당사국은 인간과 환경의 상호의존성을 인정하고, 수계의 조절자로서 또한 습지 동식물, 특히 물새의 서식지로서 습지의 기본적인 생태학적 기능을 고려하며, 습지가 경제적 · 문화적 · 과학적 및 여가적으로 고도의 가치를 가진 자원의 일부를 구성하며 그 손실은 회복될 수 없

명한 이용을 위한 기본 방향을 제시하고 있다.

협약의 명칭만을 보면 물새를 보호하는 데에 초점이 맞추어져 있는 것 같지만 습지를 생태계로 파악하고 그 적용범위를 넓혀 왔기 때문에 이제는 서식지, 즉 습지의 보호로 중심이 옮겨져 있다고 이해된다. 이러한 점에서 생태계 중심주의를 채택한 대표적인 협약이라고 할 수 있다. 람사르협약은 1992년 생물다양성협약, 1973년 CITES, 1979년 Bonn협약 등과도 밀접한 관련을 갖지만, 이들 협약은 람사르협약처럼 정치하게 특정 보호지역에 주목하고 있지 않다.

습지보전을 위해 람사르협약과 같은 국제협약이 필요한 이유는 무엇인가? 이는 이 협약 전문에서 그 단서를 찾을 수 있다: ① 습지가 물새를 보호하는 서식처로서 중요한 생태학적 기능을 수행하고 있다; ② 물새가 계절적인 이동을 하면서 국경을 넘기 때문에 국제적인 자원이라고 할 수 있다; ③ 습지가 경제적 · 문화적 · 과학적 그리고 여가적으로 큰 가치를 가지고 있으며 그 손실은 회복할 수 없다; ④ 국가정책과 공동의 국제적 조치와의 결합은 습지 및 동 · 식물 보전의 보장을 위해 중요한 역할을 한다.

한 국가의 노력만으로는 전 세계에 걸쳐 있는 습지의 보전을 확보하기 어렵다. 습지 또는 습지에 의해 영향을 받는 생태계가 여러 국가의 국경에 걸쳐 있다는 점과 습지에 서식하는 물새가 여러 국가의 국경을 넘나드는 자연자원이라는 점은 국제협력의 필요성을 높인다.

람사르협약은 1980년대까지는 그 역할이 미미하였는데, 최근 들어 생물다양성의 원천으로서 습지의 중요성이 부각됨에 따라 세계적으로 주요한 협약으로 대두되었다. 1990년대에 들어서면서 가입국의 수가 급증하였는데, 1990년에는 60개국에 불과했던 것이 2019년 5월 현재 170개국으로 증가하였다.[27] 우리나라는 1997년 3월 28일 101번째로 가입국이 되어 습지보호를 위한 국제적 노력과 활동을 전개해 가고 있다. 이 협약에 가입하였다는 것은 물새 서식지 및 야생조수보호를 위한 국제적 노력에 동참하였으며, 자료수집, 정보교류, 공동 연구 등에 있어 사무국 및 다른 당사국과의 협조와 협력을 통해 국제자연자원인 습지를 효율적으로 보호하고 현명하게 이용할 수 있는 기틀이 마련되었다는 것을 의미한다. 1998년에는 이 협약의 국내법적 시행을 위해 「습지보전법」이 제정되었다.

는 것임을 확신하고, 현재와 미래에 있어서 점진적 침식과 손실을 저지시키고자 하며, 계절에 따라 이동하는 물새는 국경을 넘을 수 있으므로 국제적 자원으로 간주되어야 함을 인정하고, 습지와 그 동식물의 보전은 장기적 국가정책과 통합적 · 국제적 조치의 통합을 통해 보장될 수 있음을 확신한다. 람사르협약(각주 3), 전문.

27) *The Ramsar Convention Wetlands*, http://www.ramsar.org(2019. 5.).

3. 주요 내용

람사르협약은 전문에서 강한 의지로 습지보전 원칙을 천명하고 있다: 현재와 미래에 있어서 습지의 점진적 침식과 손실을 막고자 한다. (…) 습지 및 그 동·식물의 보전은 장기적인 국가정책과 공동의 국제적 조치와의 결합을 통하여 확보될 수 있다. 이러한 자신감에 기초하여 람사르협약은 습지의 보호를 위해 의무적인 보호대상 지정과 정책수립, 그리고 그 정책의 실효성 확보를 의무화하고 있다. 그러나 그 내용은 전문에서 보여준 희망과 의욕을 충족하기에는 부족한 점이 많다. 협약은 당사국에게 모호하고 약한 보전의무를 부과하고 있다.

가. 습지란?

람사르협약에서는 습지를 "자연적이거나 인공적이거나 영구적이거나 일시적이거나, 또는 물이 정체하고 있든 흐르고 있든, 담수(淡水)이거나 기수(汽水, 민물과 바닷물이 섞인 것)이거나 염수(鹽水)이거나 관계없이 소택지(marsh), 늪지대(fen), 이탄지역(peatland) 또는 수역(water)을 말하고, 이에는 간조 시에 수심이 6미터를 넘지 않는 해역을 포함한다"고 비교적 광범위하게 정의하고 있다.[28] 이러한 정의는 강, 호수, 연못, 연안지역, 늪, 삼각주, 산호초(礁) 등을 폭넓게 아우른다. 또한 운하, 저수지, 농업용 연못 등과 같은 인공적인 습지를 포함하게 된다. 한편, 동 협약은 습지목록에 포함시키기 위하여 당사국이 습지를 지정할 때 물새서식처로서 중요한 경우에는 습지에 인접한 강기슭(riparian) 및 연안지대(costal zones adjacent to the wetlands), 습지 내에 있는 간조 시에 수심이 6미터를 넘는 섬 또는 해역이 습지의 경계에 포함될 수 있다고 규정하고 있다.[29]

이러한 형태의 습지의 범위에 대한 정의와 관련해서는 습지 형태의 다양성을 반영하지 못하는 것으로, 습지는 유동적이며 일정 기간에 걸쳐 변화될 수 있다는 사실 및 그로 인해 습지의 경계를 명확하게 획정하는 것이 곤란하다는 사실을 간과한 것이라는 비판이 제기될 수 있다.[30]

---

28) 람사르협약(각주 19), 제1조 제1항 · 제2항.
29) *Id.* 제2조 제1항.
30) Philippe Sands, Principles of International Environmental Law 543 (2nd ed. Cambridge University Press 2003).

나. 습지목록

당사국은 협약 가입 시 자국 영역 내에 한 곳 이상의 적절한 습지를 지정하여, 국제적으로 중요한 습지목록(List of Wetlands of International Importance, Ramsar List라고도 함)에 의무적으로 등록해야 한다.31) 이에는 정확한 구획 및 지도상의 경계가 표시되어야 한다.32) 그 선정에 있어서 생태학적 · 식물학적 · 동물학적 · 호소학적(湖沼學的) · 수문학적(水文學的) 차원에서 그 습지의 국제적 중요성을 고려하여야 한다.33)

협약은 습지목록에의 등록기준, 즉 어떠한 습지가 국제적으로 중요한 습지인지에 대하여 함구하고 있다. 이는 이 협약의 중요한 약점으로 작용하고 있다. 이러한 문제를 해결하기 위하여 당사국들은 수차례 개정을 거쳐, 공식적인 권고를 채택하였다.34) 최근 제9차 당사국회의(2005)에서 채택된 기준은 습지가 국제적으로 중요한지 여부를 판단하기 위하여 관련 요소를 2개 범주로 나누고, 9개의 기준을 제시하고 있다.35)

---

31) 우리나라는 협약가입 시 원시생태계의 보고로 대표적 고층습지인 강원도 양구군의 대암산 용늪(1.06㎢)을 람사르습지로 지정했고, 그 후 추가 지정이 이루어지면서 2019년 현재 창녕 우포늪, 신안 장도습지, 순천만, 물영아리오름, 두웅, 무제치늪, 무안갯벌, 강화도 매화마름 군락지, 오대산국립공원습지, 제주도 물장오리습지 등 23곳이 습지목록에 등록되어 있다. 습지목록에 등록된 습지가 수십 개에 이르고 있는 외국에 비해 습지가 국토의 많은 비율을 차지하는 우리나라의 경우 아직까지 23개의 습지만을 습지목록에 등록하고 있다는 것은 우리나라의 습지보전 노력이 미흡하다는 것을 보여준다. 습지목록에 등록된 숫자로 영국의 경우 175곳으로 가장 많다. 등록된 습지가 비교적 많은 나라로는 멕시코(142), 스페인(75), 스웨덴(68), 호주(66), 노르웨이(63), 이탈리아(57), 중국(57), 네덜란드(55), 일본(52), 핀란드(49), 프랑스(48), 아일랜드(45), 덴마크(43) 등이다. 미국은 39곳의 습지를 습지목록에 등록하고 있다. *The Ramsar List of Wetlands of International Importance*, https://www.ramsar.org/country-profiles(2020. 1.).

32) 람사르협약(각주 19), 제2조 제1항 · 제4항.

33) *Id.* 동조 제2항.

34) 국제적으로 중요한 습지기준으로는 1974년 독일 Heiligenhafen에 모여 입안한 이른바, 'Heiligenhafen 기준'과, 1982년 이탈리아 Cagliari 회의에서 공식적인 권고로 채택된 이른바, 'Cagliari 기준'을 들 수 있다. 이후 수차례 개정을 거쳐, 당사국들은 공식적인 권고를 채택하였다. 코스타리카 San Jose에서 채택된 제7차 당사국회의(1999) 및 우간다 Kampala에서 개최된 제9차 당사국회의(2005)에서는 이전에 채택되었던 기준을 대체하는 기준을 채택하였다.

35) *The Criteria for Identifying Wetlands of International Importance,* http://www.ramsar.org/key_criteria.htm(2008. 10.).

《습지등록 기준》

■그룹 A 기준: 대표적이고 희귀하거나 독특한 형태를 유지하고 있는 습지
•기준 1: 적절한 생물지리학적인 지역 내에서 대표적이거나 희귀하거나 독특한 자연적 혹은 거의 자연적인 습지의 예가 될 수 있는 습지

■그룹 B 기준: 생물다양성 보전을 위한 국제적으로 중요한 습지
－생물종 및 생태적 군집에 근거를 둔 기준
•기준 2: 민감한 종, 멸종위기종, 혹은 심각하게 서식처가 위협당하고 있는 종 혹은 생태군집이 서식하고 있는 습지
•기준 3: 어떤 특정 생물지리학적인 지역에서 생물다양성을 유지하는 데 중요한 동 · 식물 군집을 유지하고 있는 습지
•기준 4: 생활사의 중요한 부분(기간)을 보내는 동 · 식물 종의 군집을 유지하고 있거나 환경이 좋지 않을 때 피난처를 제공하는 습지

－물새에 의한 기준
•기준 5: 20,000마리 이상의 물새를 정기적으로 유지하고 있는 습지
•기준 6: 어떤 특정 물새의 종 혹은 아종 개체 수의 1%를 정기적으로 유지하고 있는 습지

－어류에 의한 기준
•기준 7: 고유어종 혹은 해당 과에 속하는 어류의 상당 부분을 유지하거나, 습지의 이익과 가치를 잘 대변해 주는 어류 군집을 유지하는 습지로서 지구상의 생물다양성에 기여하는 습지
•기준 8: 어류의 먹이원, 산란장, 성장하는 곳 그리고 회유하는 어류군의 이동하는 통로로서 중요한 역할을 하는 습지

－다른 분류군에 의한 기준
•기준 9: 조류를 제외한 습지에 의존하는 하나의 종 또는 아종의 개체군의 1%를 정기적으로 유지하는 습지

1972년 세계유산협약과 달리 람사르협약은 국제적으로 중요한 습지를 지정할 때, 당사국이 지정한 장소에 대한 심사 없이 그대로 인정된다. 습지목록 중에 특히 Montrex Record는 현재 위협을 받는 곳을 알려준다.[36] Montrex Record의 목록은 긴급한 국가적 · 국제적 보전이 필요한 지역에 대한 관심을 가질 필요성을 확인시

36) Fourth Meeting of Contracting Parties, *Montreaux Record of Degraded Wetlands, Recommendation 4.8: Change in Ecological Character of Ramsar Sites* (1990), http://www.ramsar.org/key_mr_guide_e.htm(2008. 10.).

켜 주는 것이다. 1996년에는 Montrex Record의 추가와 삭제를 위한 절차가 수립되었다.37) 2008년 9월 현재 현재 56개소가 Montrex Record에 등재되어 있다.38) Montrex Record는 국가와 지역당국에 습지위협에 대한 기술적 해결방안에 대해 유용한 조언을 제공하고 공중의 관심을 불러일으킨다는 점에서 중요한 의미가 있다.

협약은 당사국에게 습지목록에 등록된 습지를 보호하기 위한 특별한 법적 의무를 부과하고 있지 않다. 다만 당사국은 그 영역 내의 습지를 목록에 추가하거나 이미 목록에 포함된 습지의 구획을 확장하거나 "긴급한 국가 이익"으로 인해 이미 목록에 포함된 습지의 구획을 삭제 또는 축소할 권리를 가지는데, 이 경우 가능한 한 조속히 사무국에 그 변경을 통지해야 하며, 물새의 보전 · 관리 및 현명한 이용에 대한 국제적 책임을 고려해야 한다.39) 등록된 습지의 삭제 또는 당사국의 등록된 습지의 범위를 변경하거나 축소할 권리는 람사르협약의 실효성을 약화시키고 있다. 한 때 국제적으로 중요하다고 여겨지던 국제자연자원의 상실을 허용하며 그 상실에 대한 안전장치를 마련하고 있지 않기 때문이다. 한편, "긴급한 국가 이익"에 대한 개념 정의는 두고 있지 않기 때문에 당사국은 자의적으로 "긴급한 국가 이익"을 정당화할 가능성이 많다.

다. 국가계획의 수립 · 시행

당사국은 습지목록에 포함된 습지의 '보전'과 자국 영토 내에 있는 습지의 '현명한 이용(wise use)'을 촉진하기 위하여 국가차원의 계획을 수립하고 이행하여야 한다.40) "현명한 이용" 요건은 습지목록에 등록된 습지를 포함하여 등록되지 아니한 습지에도 적용된다.41) 이 협약은 협약의 국내 시행을 위해 중요한 "보전", "현명한 이용" 등에 대한 개념 정의를 하고 있지 않다. 특히 무엇이 "현명한 이용"을 구성하는지에 대한 기준이나 관리지침이 없기 때문에 "현명한 이용"이 무엇을 의미하는지 그 해석을 둘러싸고 심한 논란이 제기되고 있다.

이러한 점을 의식하고 당사국들은 그 개념정의를 위해 계속적인 노력을 기울

---

37) Sixth Conference of the Parties, *Guidelines for Operation of the Montreaux Record, Resolution* Ⅵ.*1,* Annex § 3 (1996), http://www.ramsar.org/key_mr_guide_e.htm(2008. 10.).

38) *List of Wetlands of International Importance Included in the Montreux Record,* http://www.ramsar.org/key_montreux_record.htm(2008. 10.).

39) 람사르협약(각주 19), 제2조 제5항 · 제6항.

40) *Id.* 제3조 제1항.

41) Machael J. Podolsky(각주 18), 629면.

였다. 1987년 캐나다 Regina에서 개최된 제3차 당사국회의에서는 처음으로 "현명한 이용"에 대한 공식적인 정의를 채택하였다: 생태계의 자연적 특성의 유지와 양립하는 방법으로 인류의 이익을 위한 지속가능한 이용(sustainable utilization).42) "지속가능한 이용"은 미래세대의 수요를 충족하기 위한 잠재력을 유지하는 동시에 현재세대에게 계속적으로 최대한의 이익을 제공할 수 있도록 습지를 사용하는 것을 의미한다.43) 이러한 개념 정의는 생태계의 자연적 가치 및 자원의 보전을 지속가능한 이용과 결부시키고 있다고 할 수 있다.44) 이에 따르면 개인은 기본적인 생태적 기능이 손상되지 않는 한 해당 부지의 자연적 생산성과 다양성을 이용할 수 있게 된다. 제9차 당사국회의(2005)에서는 종전의 "지속가능한 이용"에 대한 개념 정의를 약간 수정하였다: 습지의 현명한 이용은 지속가능한 발전의 틀 내의, 생태적 접근방법의 이행을 통하여 성취되는, 생내적 특성의 유지이다.45) 생태적 특성은 "주어진 시기에 습지를 성격지우는 생태계 구성요소, 과정, 이익 및 서비스 등의 조합"이라고 정의하였다.46)

협약은 당사국에게 습지보호를 위한 국가계획의 수립 및 이행을 요구하고 있지만 당사국에게 구체적인 의무를 부과하지 않고 있으며 관련 기준을 제시하지 않고 있다. 국가계획의 수립 및 이행의 범위가 지리학적 경계에 국한하는지에 대해서는 침묵하고 있다. 그 결과 국가계획이 월경오염에도 적용되는지 또는 해외지원개발사업을 위해 환경적으로 안전장치를 갖추어야 하는지 등에 대해서 불분명하다.

협약상 당사국에게 정기적인 보고의무는 없다. 다만, 당사국은 목록에 기재된 습지가 기술개발, 오염 그 밖에 인위적 간섭의 결과로 그 생태학적 특성이 변하였거나, 변하고 있거나 또는 변하게 될 우려가 있는 경우 가능한 한 조속히 이에 관한 정보를 입수토록 조치를 취하고 그 정보를 사무국에 통지해야 한다.47) 이러한 통지의무는 앞서 Montrex Record의 법적 근거가 되고 있다. 협약은 당사국에게 생태학적 특성이 변하게 할 우려가 있는 사용 또는 활동을 금지하는 등의 의무를

42) Third Meeting of the Conference of the Contracting Parties, *Recommendation 3.3 on Wise Use of Wetlands, Annex to the Regina Recommendations* (1987), http://www.ramsar.org/rec/key_rec_3.3.htm(2008. 10.).

43) *Id.*

44) Beth L. Kruchek, *Expending Wetlands Protection under the Ramsar Treat's Wise Use Obligation*, 20 Ariz. J. Int'l & Comp. L. 409, 418 (2003).

45) Ninth Conference of the Parties, *Resolution on A Conceptual Framework for the Wise Use of Wetlands and the Maintenance of their Ecological Character, Resolution* Ⅸ*.1,* Annex A (2005), http://www.ramsar.org/res/key_res_ix_01_annexa_e.htm (2008. 10.).

46) *Id.*

47) 람사르협약(각주 19), 제3조 제2항.

부과하고 있지는 않다.

라. 자연보호구설치

당사국은 습지목록에의 포함 여부에 관계없이 국내습지에 자연보호구(nature reserves)를 설치함으로써 습지 및 물새의 보전을 증진해야 한다.[48] 당사국이 긴급한 국가이익을 위해 목록에 포함된 습지의 구획을 삭제 또는 축소하는 경우에는 가능한 한 습지자원의 손실을 보상(compensation)하고,[49] 특히 동일지역 또는 다른 지역에 종전 서식지에 상당하는 부분을 보호하기 위해 새로운 자연보호구를 설치해야 한다.[50] 자연보호구의 설치는 협약의 생태계 중심주의 접근방법과 조화되는 것으로 사용규제보다 서식지 보호에 초점이 맞추어져 있다. 그러나 자연보호구는 다른 국가에서 기인하는 오염이나 변화에 취약할 수 있다.

협약은 자연보호구 내에서의 행위제한에 대해서는 아무런 규정을 두고 있지 않다. 그 결과 자연보호구에서 허용되는 행위가 어떤 것인지, 금지되는 행위가 어떤 것인지 알 수가 없다. 일부 국가는 자연보호구 내에서 사냥, 야생동물 피난처의 획득 등을 규제하는 등 자국의 자연보호구와 관련한 독자적인 보전정책을 가질 수 있지만, 그것이 협약에서 요구하고 있는 것은 아니다. 이 협약은 기본적으로 당사국의 국내 규정 또는 지역적 협력을 통한 습지보호를 소홀히 하고 있다고 할 수 있다.

마. 정보교환 등

당사국은 특히 습지가 둘 이상의 당사국 영역에 걸쳐 있는 경우 또는 수계가 당사국에 의해 공유되고 있는 경우, 협약상 의무의 이행에 관하여 상호 협의하는 동시에 습지 및 그 동·식물의 보전에 관한 현재 및 미래의 정책 및 규제를 조정하고 지원하기 위해 노력해야 한다.[51] 그 밖에도 이 협약은 습지 및 그 동식물에 관한 연구·정보교환, 물새 개체군의 증가 노력, 전문인력 양성 등에 관해 규정하고 있다.[52] 특기할 것은 동 협약은 그 시행을 위해 비정부기구인 세계자연보전연

48) *Id.* 제4조 제1항.

49) 미국에서 보상(compensation)은 복원(restoration), 조성(creation), 향상(enhancement), 보전(preservation)을 포함하는 개념으로 이해되고 있다. William W. Sapp, *Mitigation Banking: Panacea or Poison for Wetlands Protection,* 1 Envtl. Law. 99, 108 (1994); S. Scott Burkhalter, *Oversimplification: Value and Function: Wetland Mitigation Banking,* 2 Chapman L. Rev. 261, 285~286 (1999).

50) 람사르협약(각주 19), 제4조 제2항.

51) *Id.* 제5조.

맹(IUCN)의 역할을 강조하고 있는데, 이에 따르면 세계자연보전연맹은 상설 사무국으로서, 당사국회의의 소집, 지원, 습지목록의 유지, 정보교환, 습지목록의 변경 또는 습지 특성의 변화에 관한 권고 등 시행을 위해 중요한 기능을 수행하게 된다.[53]

4. 평 가

람사르협약은 습지의 보호와 관련한 국제협력을 촉구하는 골격을 제공하는 국제협약이다. 이 협약은 특정 종보다는 서식지(습지)를 보호하려는 국제법적 노력을 반영하고 있다. 아마 자연보전과 관련해서는 최초의, 단일 형태의 생태계(습지) 보전 문제와 관련해서는 유일한 범세계적 차원의 협약일 것이다.[54] 이러한 점은 이 협약이 습지보호에만 국한하지 아니하고 다른 생태계의 보호를 위한 추가협약에 좋은 모델이 될 수 있음을 의미한다. 한편, 습지가 생물다양성의 보고라는 점을 생각해 본다면 이 협약은 생물다양성의 보호 및 이용과 관련한 세계 최초의 협약이라고도 평가할 수 있다. 습지의 기능 및 가치에 대한 재평가가 이루어지면서 람사르협약의 중요성이 강조되고 있다. 그러나 이 협약에는 강제력이 약하다는 일반 협약이 갖는 한계 외에도 이 협약만이 가지고 있는 문제점이 많이 발견되고 있다.

우선 협약 가입 시 당사국이 습지목록에 등록하는 습지가 당사국의 경계 내로 한정하고, 습지등록이 별도의 심사 없이 당사국의 판단에 전적으로 의존하기 때문에 범세계적 차원에서 정작 중요한 습지가 누락될 가능성이 있으며, 당사국이 습지목록에 등록된 모든 당사국의 습지에 대한 보전의무를 갖는 것인지 아니면 자국의 습지에 대해서만 의무를 부담하는지가 분명하지 않다.[55] 또한 이 협약에 따르면 "긴급한 국가이익"을 이유로 습지목록에 등록된 습지의 경계를 삭제 또는 축소할 수 있는데, "긴급한 국가이익"이라는 주관적이고 사의적인 판단에 의해 습지목록이 관리될 소지가 있으며, 삭제 · 축소에 따른 대체습지의 조성 등 안전장치를 갖추지 못함으로써, 습지의 상실 내지 파괴를 묵인할 가능성이 있게 된다.

"현명한 이용"의 구성 요소와 기준 또는 관리지침이 없는 것도 협약의 실효성을 크게 떨어트리고 있다. 각국의 습지보전을 감시하기 위한 구체적인 기준 및 국가시행조치, 그리고 국내 입법기준에 대한 지침이 마련되어 있지 않아 습지보호

52) *Id.* 제4조 제3항 내지 제5항.
53) *Id.* 제8조.
54) Beth L. Kruchek(각주 44), 412면.
55) 신현덕, 국제환경법론, 도서출판 동화기술, 1998, 541 내지 542면.

를 촉구하는 수준에 그칠 가능성이 많으며, 의무위반에 대한 규제 수단이 마땅치 않다. 습지보호를 위한 정기적인 보고 또는 측정과 관련한 규정이 없는 것도 문제이다. 생태학적 변화가 있을 경우 사무국으로서의 역할을 수행하는 세계자연보전연맹에 보고토록 한 규정도 보고요건을 갖추고 있지 않아 실효성을 약화시키고 있으며, 보고를 할 정도로 생태계 변화가 알려진 경우에는 이미 손을 쓸 수 없을 정도로 환경파괴가 진행된 경우가 많다는 점에서 보고의무는 뒷북치기의 일환이 될 우려가 있다.[56] 다른 국가에서 기인하는 오염(월경오염)이나 변화에 무기력하다는 점도 약점으로 지적할 수 있다.

개발사업과 관련하여 환경영향평가절차를 규정하고 있지 않은 점, 분쟁해결절차를 갖추고 있지 아니하며, 개도국의 습지보전과 연구를 지원하기 위한 재원이 부족한 점, 항구적인 사무국이 결여되어 있는 점, 습지복원 등 협약의 효과적인 시행을 위한 기금을 마련하고 있지 않은 점 등도 협약이 갖는 한계로 지적될 수 있다.

5. 람사르협약의 과제

람사르협약은 습지보호를 위한 국제체제의 기틀을 제공하고 있다. 그 결과 현재 전세계적으로 2,300개소에 걸친 2백10만㎢의 습지가 습지목록에 등록되어 이 협약의 보호를 받고 있다.[57] 이러한 가시적인 성과에도 불구하고 새로운 도약을 위해서는 극복해야 할 장애가 많다. 람사르협약은 전문에서 "현재와 미래에 있어서 습지의 점진적 침식과 손실을 막고자 한다"고 밝히고 있듯이 큰 비전을 제시하고 있는 협약이다. 이러한 의욕적인 협약에도 불구하고 전세계적으로 소중한 습지가 계속 파괴되어 온 점을 살펴볼 때, 람사르협약을 반성적 차원에서 되돌아보게 된다. 습지에 대한 재평가가 이루어지는 마당에 람사르협약에 대한 재평가가 이루어져야 한다. 오늘날 람사르협약은 출현 당시에는 생각하지 못했던 큰 인기를 누리고 있다. 그러나 람사르협약이 가지고 있는 문제점 및 한계는 람사르협약에 대한 보다 냉철한 검토를 요구하고 있다. 비교적 오래 전에 체결된 협약이기 때문에 시대 변화에 따른 궤도 수정은 불가피해 보인다. 이러한 시점에서 문제점을 면밀히 되짚어 보고 개선 · 보완하는 작업을 진행해야 한다. 람사르협약의 성공을 위해

56) 박태윤 · 이동근(각주 20), 27면.

57) *The Ramsar Convention Wetlands*(각주 27). 그러나 지정된 습지는 유럽, 서아시아 및 북아프리카에 편중되어 있으며, 열대지방의 많은 국가들은 이 협약에 가입하지 않고 있다.

서는 다음과 같은 과제에 주목하여야 할 것이다.

가. 용어 및 개념의 명확화

용어 및 개념의 명확한 정의는 협약의 시행을 위한 출발점이 되며, 협약의 실효성을 높인다. 이러한 점에서 "긴급한 국가이익", "보전", "현명한 이용", "보상" 등에 대한 개념 정의가 필요하다.

나. 등록기준의 설정 및 협약에의 수용

협약상 등록기준이 제시되어 있지 않기 때문에 어떤 습지가 보호가 필요할 정도로 중요한 기능과 가치를 가지고 있는지, 해당 습지에 '보전'과 '이용' 중 어떤 것이 적용되어야 하는지, 국내적으로 이미 보호받고 있는 지역이 습지목록에 포함되어야 하는지 혹은 보호받고 있지 않은 지역이 포함되어야 하는지 등 모호한 부분이 있다. 물론 당사국회의에서 채택된 등록기준이 현재 습지의 중요성 여부를 가르는 중요한 기준으로 작용하고 있다. 그러나 이는 협약 규정에 포함되어 있지 않고, 권고에 그치기 때문에 구속적 효력이 없다. 등록기준을 정하고 이를 협약 내에 수용하는 것은 범세계적 차원에서 중요한 습지가 누락될 가능성을 막을 수 있고, 보호가 절실한 습지를 선택해서 집중적으로 보호할 수 있는 계기를 제공하며, 나아가 현명한 이용을 가능하게 한다.

다. "현명한 이용"기준의 명확화

람사르협약이 취약한 중요한 이유는 자기집행적(self-executing)이지 않고 그 시행을 위해 당사국에게 입법, 시행조치 등과 같은 행위를 요구하는 것이다. 당사국에게 습지목록에 포함된 습지의 보호와 자국 영도 내에 있는 습지의 "현명한 이용(wise use)"을 촉진하기 위하여 국가차원의 계획을 수립하고 이행하도록 한 것(제3조 제1항)이 대표적인 예이다. "현명한 이용"은 토지(습지)사용의 완전한 금지보다 그 규제가 보다 합리적이고 타당하다는 것을 암시한다. 그러나 "현명한 이용"의 내용 및 구성 요소가 무엇인지 명확한 기준이 없고, 이와 관련한 당사국회의의 권고는 구속적 효력이 없기 때문에 "현명한 이용"은 이빨 없는 호랑이로 전락할 가능성이 있다.

습지보전과 건전한 습지 관리전략을 이행하는 데 핵심을 이루는 현명한 이용은 원론적으로 기본적인 생태적 기능이 손상되지 않는 한 해당 부지의 자연적 생산성과 다양성을 이용할 수 있는 개념이라고 할 수 있다. 문제는 구체적으로 어떠한 것이 현명한 이용인지 분명하지 않고 국가별로 다르기 때문에 실효성에 의문이 제기된다는 것이다. "현명한 이용"과 조화되거나 이를 구성하는 요소를 몇 가지 제시해 보면 다음과 같다: 습지의 기능과 가치에 대한 분명한 인식; 습지보호에 대한 명확한 정책(예컨대, 순상실 방지정책: No Net Loss Policy)의 제시; 습지의 차등화 및 보호가치가 있는 습지에 대한 선택과 집중; 습지보전과 양립할 수 있는 행위의 허용과 양립할 수 없는 행위(예컨대, 해로운 행위, 현명하지 아니한 이용)의 불허용; 토지이용규제; 환경계획; 공중에 대한 교육; 공중참여의 강화; 연구 및 훈련; 관리 · 감독책임을 지는 영구적인 기관의 지정; 지속적인 모니터링; 튼튼한 재원의 마련.

라. 강한 시행체제의 구축

람사르협약은 다른 협약에서도 흔히 발견되는 이행 및 준수와 관련한 규정이 취약하다. 협약의 체결에는 많은 국가가 개입하기 때문에 가능한 한 많은 국가를 포섭하고, 다양한 이해관계를 조정하기 위하여서는 타협을 할 수밖에 없다. 그 결과는 약한 시행체제로 나타나게 된다. 법적으로 구속력이 있는 효과적인 규제수단이 부족한 이유이다. 그 시행력은 국내법보다 크게 약하다. 이는 람사르협약의 경우에도 크게 다르지 않다. 당사국들은 협약상의 의무를 법적 의무가 아닌 도덕적 의무로 치부할 가능성이 있다. 이에 협약의 실효성을 확보하기 위해서는 보다 강한 시행체제를 유지할 필요가 있다. 한 국가의 국내법만으로 보호하는 데 역부족인 자연자원(습지)의 보전을 보장하기 위해서는 법적으로 구속력이 있는 다양한 수단을 제공하여야 한다. 이러한 관점에서 정기적인 보고, 모니터링체제, 분쟁해결절차의 구비 등이 중요한 과제가 되고 있다. 재원이 튼튼한 항구적인 사무국을 두는 것도 시행력을 높인다는 차원에서 필요하다.

마. 재원의 확보

파괴된 습지의 복원, 습지목록에 등록된 습지의 보전 등을 위해서는 재원의 투입이 요망된다. 특히 개도국에 대한 재정지원은 개도국을 협약에 끌어들이기 위한 중요한 유인수단이 될 수 있다. 1990년에 설치된 자금지원프로그램(Small Grants Program)은 개도국과 경제전환국(countries in economic transition)에 자금을 지원함으로써, 재정적 유인수단으로 작용하고 있다. 그러나 그 규모가 적기 때문에 획기적인 보전, 복원 사업을 하는 데 한계가 나타나고 있다.[58] 당사국들의 기금 출

---

58) 그동안 사업별로 3만2천 달러 정도로, 87개국에 걸쳐 198개 사업에 자금이 제공되었다. 그 전

연을 법적 의무로 보지 않고 도덕적 의무로 보는 것은 재원확보와 관련해서 큰 장애가 되고 있다.

바. 환경영향평가절차의 의무화

습지에 영향을 미치는 개발사업의 경우 환경영향평가절차를 거치도록 할 필요가 있다. 이는 한 지역의 개발사업이 국제자원인 철새 또는 그 서식지에 악영향을 미칠 가능성이 많기 때문이다.

Ⅱ. 세계문화유산 및 자연유산의 보호에 관한 협약

협약명	채택일 (발효일)	주요내용	당사국 수	우리나라 가입일 (발효일)
세계문화유산 및 자연유산의 보호에 관한 협약(세계유산협약)	1972.11.16. (1975.12.17.)	-문화적 · 자연적 유적(지)의 효과적인 보호체계 수립, 문화유산 보호를 위한 종합계획 수립, 세계 유적(지) 리스트 작성	193 (2020.1. 현재)	1988.9.14. (1988.12.14.)

〈http://www.whc.unesco.org〉

자연자원, 생태계 등의 보전을 위한 협약 중 많은 국가들이 참여한 대표적인 조약이 세계문화유산 및 자연유산의 보호에 관한 협약(세계유산협약)[59]이다. 이 협약은 매우 보편적인 가치(outstanding universal value)를 지니고 있는 세계유산이 사회 · 경제적 상황의 변화에 따라 점점 파괴의 위협을 받고 있음을 유의하고, 이들을 국제사회가 공동으로 보호하기 위한 효과적인 체제를 확립하기 위하여 국제연합교육과학문화기구(UNESCO)의 주도로 1972년 채택되었다. 이 조약의 가장 큰 특징은 자연보전과 문화적 자산의 보호라는 2개의 개념을 1개의 문서에 담고 있다는 것이다.

체 규모는 6백만 달러에 해당한다. *Ramsar Small Grants Fund for Wetland Conservation and Wise Use(SGF)*, http://www.ramsar.org/sgf/key_sgf_index.htm(2008. 10.).

59) Convention for the Protection of the World Cultural and Natural Heritage, 27 U. S. T. 37, 1037 U. N. T. S. 151, 11 I. L. M. 1359 (1972).

1. 대 상

이 조약은 2개의 별도의 성격을 지니고 있는, 그러나 많은 경우 중복되는 세계유산, 즉 세계 문화유산(cultural heritage)과 자연유산(natural heritage)을 보전하는 것을 목적으로 하고 있다. 문화유산에는 기념물(monuments), 건물의 집단(group of building), 유적(sites) 등이 포함되며, 자연유산에는 자연적 조형물, 지질학적·지문학적 생성물, 자연유적 등이 포함되는데, 역사적·예술적·과학적·미학적·인종학적·인류학적·보전적·자연미적 관점에서 매우 보편적인 가치(outstanding universal value)를 지니고 있어야 한다.[60]

2. 국내적·국제적 보호

세계유산협약은 자국 영토 내의 자연 및 문화유산을 식별·보전·보호·공개하며 이를 미래세대에 물려주는 일을 보장할 의무가 해당 당사국에게 1차적으로 있다고 규정하고 있다.[61] 이를 위하여 당사국들은 지역 사회생활에서 세계유산에 하나의 기능을 부여하고 유산 보호를 포괄적인 계획프로그램에 통합시키는 것을 목적으로 하는 일반적 정책의 채택, 세계유산의 보호·보전·공개를 위한 기관의 설치, 과학적·기술적 연구의 개발, 세계유산의 식별·보전·보호·공개 및 복원을 위해 필요한 적절한 법적·과학적·기술적·행정 및 재정적 조치 등을 위하여 노력하여야 한다.[62]

이 협약은 세계유산이 위치하고 있는 국가의 주권은 존중되어야 하며, 이들 재산권은 이러한 유산이 위치하고 있는 국가에 귀속된다고 밝히는 한편, 이러한 유산이 세계유산이며, 세계유산을 보호를 위하여 협력하는 것이 전 국제사회의 의무임을 선언하고 있다.[63] 이러한 의무에는 제11조 제2항, 제4항에 언급된 세계유산의 식별·보전·보호 및 유지를 위한 지원요청에 대한 원조를 제공하고, 직접 혹은 간접으로 다른 당사국의 영역 내에 위치하고 있는 문화 및 세계유산을 파괴하는 어떠한 고의적인 조치를 취하지 않을 의무 등이 포함된다.[64]

---

60) *Id.* 제1조, 제2조.

61) *Id.* 제4조.

62) *Id.* 제5조.

63) *Id.* 제6조 제1항.

64) *Id.* 동조 제2항·제3항.

3. 세계유산목록

이 협약의 가장 특징적인 모습은 세계유산목록(World Heritage List)에서 찾을 수 있다. 세계유산협약에 의해 국제연합교육과학문화기구(UNESCO) 내에 설치된 세계유산위원회(World Heritage Committee)의 주된 임무 중의 하나는 세계유산목록의 작성 · 갱신 및 공표이다. 이를 위하여 당사국은 자국 영토 내에 위치하고 있는 자연 및 문화유산의 목록을 세계유산위원회에 제출하여야 한다.[65] 세계유산위원회는 정해진 기준에 따라 매우 보편적 가치를 가진다고 인정되는 유산의 목록을 작성하게 되는데, 세계유산목록에 등재되기 위해서는 해당 당사국의 동의가 필요하다.[66] 이러한 동의절차는 람사르협약과 크게 차이가 나는 것이다. 2020년 1월 현재, 세계유산목록에 포함된 유산은 167개국에 걸쳐 모두 1,092개소이다.[67] 이 중 문화유산은 845개소, 자연유산은 209개소이다. 38개소는 문화유산과 자연유산의 혼합형이다.[68]

또한 세계유산위원회는 위험에 처한 세계유산목록(List of World Heritage in Danger)을 작성 · 갱신 · 공표할 수 있다. 이 목록에는 세계유산목록에 포함된 유산 중에서 급속도의 손괴, 대규모의 공공 또는 민간 사업 또는 급격한 도시개발사업 또는 관광개발사업 등에 의한 멸실의 위협, 토지의 이용 또는 소유권의 변경으로 인한 파괴, 원인 미상에 의한 중대한 변경, 각종 이유로 인한 방기, 무력충돌의 발생 또는 위협, 재화 및 지각변동, 중대한 화재, 지진, 산사태, 화산의 분화, 수위의 변화, 홍수 및 해일과 같은 중대하고 특수한 위험에 의하여 위협을 받아(threatened by serious and specific dangers) 그 보전을 위하여 주요한 작업이 필요하고, 이 협약에 의해 원조가 요청되는 곳이 포함된다. 이 목록에는 이러한 작업의 예상비용이 포함되어야 한다. 위원회는 긴급한 필요가 있는 경우에는 위험에

65) *Id.* 제11조 제1항.

66) *Id.* 동조 제2항 · 제3항.

67) 우리나라의 경우, 경주 석굴암 · 불국사, 종묘, 해인사 장경판전, 수원화성, 창덕궁, 경주 역사유적지구, 고창 · 화순 · 강화 고인돌 유적, 제주 화산섬과 용암동굴, 조선왕릉, 한국의 역사마을(하회와 양동), 남한산성, 백제역사유적지구, 산사(7곳), 서원(9곳) 등 14개소가 세계유산목록에 포함되어 있다. http://whc.unesco.org/en/list(2020. 1.).

68) http://whc.unesco.org/en/list. 이탈리아 로마 · 피렌체 · 베네치아, 피사의 두오모 광장, 바티칸시티, 영국 웨스트민스터사원, 런던 성, 오스트리아 잘츠부르크 역사 중심지, 미국 자유의 여신상, 중국 만리장성, 자금성, 일본 교토, 나라 등은 문화적 가치 때문에, 미국의 그랜드캐니언(Grand Canyon), 옐로우스톤 국립공원, 요세미티 국립공원 등과 같은 지역은 자연적 가치 때문에 포함되었으나 페루 마추픽추(Machu Picchu) 같은 경우에는 자연뿐 아니라 문화적 가치라는 양면적 성격을 가지고 있다.

처한 세계유산목록에 새로운 유산을 추가할 수 있다.69) 2020년 1월 현재, 위험에 처한 세계유산목록에 포함된 유산은 54개소이다.70)

4. 세계유산위원회

이 협약은 세계유산의 보호를 효과적으로 시행하기 위하여 세계유산위원회를 설치하고 있다. 21개국으로 구성되는 위원회의 주된 임무는 앞에서도 살펴본 것과 같이 세계유산목록의 작성, 갱신 및 공표이다.

세계유산위원회는 세계유산의 보호, 보전, 공개 및 복원을 목적으로 해당 세계유산에 대하여 당사국이 제출한 국제적 원조요청을 접수하고 검토한다. 위원회는 이러한 요청에 대하여 취할 조치를 결정하고 적절한 경우에는 원조의 성질 및 정도를 결정하며, 작업의 우선순위를 결정한다. 또한 위원회는 국제적 원조가 부여된 재산의 목록을 작성 · 갱신 · 공표하며, 협약 제15조에 따라 설치된 기금의 용도를 결정한다.71)

5. 기 금

세계유산의 보호를 위한 재원은 신탁기금의 성질을 갖는 이른바, 세계유산기금(World Heritage Fund)을 통하여 조달된다. 이 기금은 당사국의 강제적 분담금 또는 자발적 분담금, 증여금, 이자, 행사 수입 등으로 충당된다. 분담금은 세계유산위원회가 정한 목적을 위해서만 사용되어야 한다.72)

6. 원 조

자국영토 내 세계유산에 속하는 재산에 대하여 국제적 원조를 원하는 국가는 위원회가 요구하는 정보 및 문서와 함께 요청서를 제출하여야 한다.73) 자연재해에 기초한 원조요청이 있는 경우, 위원회는 이를 긴급하게 그리고 우선적으로 고려하여야 한다. 위원회는 결정하기 전에 필요한 연구와 협의를 거쳐야 한다.74)

---

69) 세계유산협약(각주 59), 제11조 제4항.
70) http://whc.unesco.org/pg.cfm?cid=158.
71) 세계유산협약(각주 59), 제13조.
72) *Id.* 제15조.
73) *Id.* 제19조.
74) *Id.* 제21조.

원조는 예컨대 예술적 · 과학적 · 기술적 문제에 관한 연구, 전문가 · 기술자 및 숙련된 근로자의 파견, 직원과 전문가의 훈련, 장비의 공급, 저이자 또는 무이자 대여, 그리고 특별한 경우 무상 원조 등과 같은 여러 가지 형태를 취할 수 있다.75) 일반적으로 피원조국이 보전계획 또는 사업의 시행을 위한 재원의 대부분을 조달하여야 하며, 국제사회는 필요한 경비의 일부만을 부담한다.76) 국제적 원조에 의하여 추진되는 계획 또는 사업의 조건은 위원회와 피원조국 간의 협정에 의하여 정해진다.77)

7. 평 가

세계유산목록이 등재 시 소재국의 동의를 요구하고, 의무 위반에 대하여 마땅한 규제수단이 마련되어 있지 않는 것은 동 협약의 시행을 어렵게 하고 있다. 당사국들은 세계유산목록에 등재된 해당 세계유산을 보호할 의무가 있으나 그 시행은 해당 세계유산이 위치한 국가의 몫으로 남아 있다. 협약상의 제재수단이라고는 세계유산위원회가 적절히 보호하는 데 실패한 세계유산을 세계유산목록에서 삭제하거나 위험에 처한 세계유산목록에 등재하는 것이라 할 것이다.78) 또한, 분쟁해결절차가 없는 것과 세계유산이 많이 위치하고 있는 개도국에 대한 낮은 재정지원은 동 협약의 효율성을 떨어트리고 있다. 한편, 세계유산협약은 세계유산을 형성하는 문화유산과 자연유산의 보호를 직접적인 목적으로 하고 있으므로 자연서식지와 야생 동 · 식물의 보호에는 제한적인 기능을 할 수밖에 없다. 이러한 이유로 동 협약에 대해서는 기껏해야 보호가 필요한 지역(hotspots)을 규명하는 것에 그친다는 비판이 제기될 수 있다.

그러나 자연유산의 보호를 통한 생태계의 보호는 간접적으로 야생 동 · 식물의 보호에 이바지할 수 있을 것이다. 세계유산목록의 등재절차는 그 한계에도 불구하고 해당 세계유산에 대한 지명도를 높이고, 관광수입을 보장하는 유인을 제공하고 있다. 이 협약에 의해 설치된 세계유산기금은 개도국이 세계유산을 보전하기 위한 재정적 · 기술적 원조를 제공받을 수 있는 유인을 제공하고 있다. 협약에 참여하고 있는 당사국이 193개국에 이르고 세계유산목록에 포함된 유산이 167개국에 걸쳐 모두 1,092개소에 이르고 있는 것79)은 동 협약이 세계유산의 보호를 위해 큰 잠

75) *Id.* 제22조.
76) *Id.* 제25조.
77) *Id.* 제26조.
78) Ved P. Nanda & George Pring(각주 4), 156면.

재력을 가지고 있음을 반증하고 있다.

국제연합교육과학문화기구(UNESCO)의 관심은 지상에 국한되지 아니하고 수중(水中)으로도 확대되고 있다. 2001년 파리에서 채택된 수중문화유산의 보호에 관한 협약[80]이 바로 그것이다. 이 협약은 수중에서 최소 100년 동안 문화적 · 역사적 · 고고학적 성격을 띠고 있는 인간 존재의 자취물들(예컨대, 유적, 선박 · 항공기, 선사시대 물건, 설치물 등)을 보호하고 있다.[81] 당사국은 수중 문화유산의 보호를 위해 협력하고, 현지 내(in situ) 보전을 우선하고, 수중 문화유산을 상업적으로 개발하지 아니하는 등의 의무를 부담한다.[82]

Ⅲ. 사막화방지협약

협약명	채택일 (발효일)	주요내용	당사국 수	우리나라 가입일 (발효일)
사막화방지협약	1994.10.14. (1996.12.26.)	－사막화 방지 및 가뭄 완화	197 (2020.1. 현재)	1999.8.17. (1999.11.15.)

〈http://www.unccd.int〉

오늘날 많은 국가들이 겪고 있는 사막화는 심각한 사회 · 경제 · 환경문제 중의 하나이다. 세계 토지의 3분의 1을 점하는 건조지역이 과도한 개발, 부적절한 토지이용 등으로 황폐화되고 있다. 그 실태는 예상보다 심각한데, 현재 2억5천만 명 이상의 사람이 사막화로부터 직접적인 영향을 받고 있으며, 100여 개국에 걸쳐 10억 명의 사람이 간접적으로 영향을 받고 있다고 알려지고 있다.[83] 이들 국가는 아프리카, 중동, 남미, 남부 러시아, 호주지역 등을 포함하여 주로 개도국, 최빈국에 해당된다. 유엔에 따르면, 지난 50년 동안 세계적으로 남한 면적의 6배가 넘는 65만㎢가 사막으로 변했다. 최근에는 사막화 속도가 해마다 6만~10만㎢에 이를 정

79) http://whc.unesco.org/en/list(2020. 1.).

80) Convention on the Protection of the Underwater Cultural Heritage, http://portal.unesco.org/en/ev.php－URL_ID＝13520&URL_DO＝DO_TOPIC&URL_SECTION＝201.html.

81) *Id.* 제1조 제1항(a).

82) *Id.* 제2조.

83) Explanatory Leaflet, http://www.unccd.int.

도로 빨라지고 있다.[84]

사막화의 원인으로는 과도한 경작, 방목, 벌채, 잘못된 관개 관행 등 다양한데, 보다 근본적인 원인은 인구의 증가, 정치적 불안정, 가난, 전쟁 등 인위적 요인이라고 할 수 있다.[85] 유엔환경계획(UNEP)에 따르면 자연요인으로 인한 사막화는 13%인데, 인위적 요인은 87%에 달한다.[86] 결국 이러한 사회적 · 환경적 원인은 사막화 방지를 위해 사회적 · 정치적 · 경제적 · 환경적 요소들을 모두 고려한 종합적 대책이 필요하다는 것을 의미한다.

사막화는 바람이나 물에 의한 토양 침식과 퇴적, 토양의 산성화 또는 알칼리화를 불러 일으켜 토양 생태환경을 황폐화시킨다. 토양이 척박해지면 식물이나 농작물이 자라기 어렵고, 이러한 식물을 활용한 가축 생육도 어렵게 된다. 사막화 현상은 해당 지역 농업부문에 해마다 420억 달러의 손실을 입히는 것으로 추정된다.[87] 이러한 피해는 건조지대가 대륙의 3분의 2에 이르는 아프리카에서 가장 심한데, 특히 북부의 튀니지, 중부의 말리, 남부의 나미비아 등에서 두드러진다. 유럽 남부, 아라비아반도, 호주 등에서도 피해가 심각하다. 아시아에서도 중국의 경우 북부를 중심으로 국토의 27%가 사막화되고 있다.[88] 특히 중국의 사막화는 마구잡이 벌목과 방만한 목축, 무분별한 지하수 개발 등의 요인이 복합되어 일어나고 있다. 황사는 사막화의 결과라고 할 수 있는데, 그 피해가 급속히 확대되면서 우리나라 등 주변 국가들과 국제 분쟁을 야기하고 있다.[89]

건조지역을 보전하고 사막화를 방지하기 위한 최초의 국제적인 노력은 국제적인 행동을 촉구하는 1974년 유엔 결의라고 할 수 있다. 이는 비록 비구속적인 성질을 갖고 있기는 하지만 1977년 사막화를 방지하기 위한 행동계획(Plan of Action to Combat Desertification: PACD)의 초석이 되었다. 그러나 이러한 노력에도 불구하고 사막화의 정도는 더욱 심화되고 있다는 징후가 감지되었다. 국제사회는 사막화를 방지하기 위해서는 더 큰 국제적 노력이 필요하다는 것을 인식하였다. 1992년 리우회의에서는 사막화 문제를 중요한 의제로 다루었다. 여기에서 채택된 의제(Agenda) 21은 "취약한 생태계 관리: 사막화와 가뭄의 방지"라는 제목으로 독립된

84) "50년간 한국 면적 6배만큼 사막이 늘었어요", 중앙일보, 2006. 1. 6. 기사.
85) Explanatory Leaflet(각주 82).
86) 50년간 한국 면적 6배만큼 사막이 늘었어요(각주 84).
87) *Id.*
88) *Id.*
89) 황사피해와 국가책임에 대하여 자세한 내용은 김홍균, "황사문제와 국가책임", 저스티스, 한국법학원, 2007. 4, 185면 이하 참조.

장에서 사막화 문제를 다루고 있다. 결국 유엔환경개발회의는 유엔총회로 하여금 정부간협상위원회를 설치하여 사막화 문제를 해결하기 위한 구속적인 국제문서를 준비하도록 하였다.[90]

정부간협상위원회는 2년여의 준비기간을 거쳐 심한 가뭄 및 사막화를 겪고 있는 국가들, 특히 아프리카 국가들의 사막화 방지 투쟁을 위한 협약(사막화방지협약)[91]을 완성하였다. 이 협약은 1994년, 프랑스 파리에서 채택되었다. 사막화방지협약은 모든 차원에서의 효과적 행동을 통해 심각한 가뭄과 사막화를 겪고 있는 국가, 특히 아프리카 지역에서 사막화를 방지하고 가뭄의 영향을 완화하는 것을 목표로 하고 있음을 명시적으로 밝히고 있다.[92] 1996년 발효된 동 협약은 40개 조문과 5개의 지역부속서[93]로 이루어져 있다.

1. 사막화란?

사막화는 강수량보다 증발량이 훨씬 많은 지역을 일컫는 사막과는 다른 개념이다.[94] 이 협약은 '사막화'를 "건조, 반건조, 습기부족 지역에서 기후변동과 인간 활동을 포함한 다양한 요인으로 인해 발생하는 토지의 황폐화(land degradation)"라고 정의하고 있다.[95] 또한 이 협약은 '가뭄'을 "강수량이 정상기록수준에 상당히 미달하여 토지자원생산체제에 악영향을 미치는 심각한 수자원부족을 초래하는 자연현상"이라고 정의하고 있다.[96]

---

90) Explanatory Leaflet(각주 83).

91) Convention to Combat Desertification in Those Countries Experiencing Serious Drought and/or Desertification, Particularly in Africa, 33 I. L. M. 1328 (1994).

92) *Id.* 제2조.

93) 이 협약의 일부를 이루고 있는 5개의 부속서는 아프리카, 아시아, 라틴아메리카 및 카리브, 북지중해 그리고 중앙유럽 및 동부유럽의 지역이행 부속서이다.

94) 건조지대는 강수량보다 증발량이 많은 지역이다. '매우 건조>건조>반건조>건조한 습기 지역'으로 나뉘며, 지구 육지 면적의 47.2%를 차지한다. '매우 건조'한 상태는 강수량 대비 증발량 비율이 0.05보다 작은 경우다. 건조 지역은 그 비율이 0.05 이상~0.2 미만, 반건조 지역은 0.2 이상~0.5 미만, 건조한 습기 지역은 0.5 이상~1.0 미만이다. 사막은 위도 15~35도 사이에 분포하는 아열대 지역의 매우 건조한 지역과 건조한 지역에 해당하는 부분으로 전체 육지 면적의 20% 정도다.

95) 사막화방지협약(각주 91), 제1조(a).

96) *Id.* 동조(b).

2. 원 칙

이 협약의 목적을 달성하기 위하여 적용되는 원칙에는 사막화 방지프로그램의 수립 · 시행과 관련한 의사결정에의 지역사회와 지역민의 참여, 국가적 · 지역적 차원에서 이루어지는 사막화 방지행위를 촉진하기 위한 최고 수준의 여건(enabling environment)의 창출, 동반자 정신에 기초한 소지역적(subregional) · 지역적 · 국제적 협력 및 조정(coordination)의 증진, 정부간 · 지역사회간 · 비정부기구간 그리고 이해관계자간의 협력, 비정부기구간 협력, 피해 당사국의 특별한 필요와 상황에 대한 충분한 고려 등이 있다.97)

3. 당사국의 의무

가. 일반 의무

선진국 · 개도국을 불문하고 당사국이 공통으로 부담하는 의무에는 다음과 같은 것들이 포함된다: 사막화 과정의 물리적 · 생물학적 · 사회경제적 측면을 포괄하는 통합적 접근방식의 채택, 지속가능한 발전을 증진하기 위하여 사막화의 영향을 받는 개도국의 상황에 대한 충분한 고려, 빈곤퇴치전략과 사막화 방지 노력의 연계, 환경보호와 토지 · 수자원 보전분야에서 피해당사국간의 협력 증진, 소지역적 · 지역적 · 국제적 협력의 강화, 관련 비정부기구 내에서의 협력, 필요 시 제도적 장치의 수립, 기존 양자 및 다자간 재정체계와 협정의 활용 증진.98)

이 협약의 시행을 위해서 협약 제7조는 특히 아프리카 피해당사국에 대하여 우선순위를 부여해야 한다고 규정하고 있다. 이 협약은 사막화 방지를 위하여 국제협력을 강조하고 있는데, 여기에는 사막화 방지를 시행하기 위한 기술이전, 과학적 연구, 정보수집 · 분석 · 교환, 수용능력 형성, 교육, 공중의식의 고취, 재정지원 등이 포함된다.99)

나. 피해당사국의 의무

이러한 공통의무에 추가하여 피해당사국들은 특별히 사막화 방지와 가뭄피해 완화에 대하여 타당한 우선순위를 정하며 그들의 능력과 여건에 따라 적절한 자원

97) *Id.* 제3조.
98) *Id.* 제4조.
99) *Id.* 제12조, 제16조 내지 제20조.

을 할당하고, 사막화의 근본 원인을 해결하며, 사막화 방지와 가뭄피해를 완화하기 위하여 지속가능한 발전의 틀에서 전략과 우선순위를 수립하여야 한다. 또한 사막화 방지와 가뭄피해를 완화하기 위한 노력에 대한 지역민, 특히 여성 · 청소년의 참여를 촉진하며, 관련법규를 제정 · 시행하고 장기 정책과 국가행동계획(national action program)을 수립하여야 한다.100)

특히 이 협약은 국가행동계획의 시행을 위하여 기본 원칙 · 구성 요소 등을 정하고 있는데, 특기할 것은 지역사회간 · 정부간 · 지역민간 · 지역공동체간의 동반자 정신, 지역민의 적절한 정보 및 기술에 대한 접근, 비정부기구 · 지역민(여성 포함) · 자원이용자(농부, 목축업자) 등의 정책 수립 · 의사결정 · 국가행동계획의 시행 및 평가과정에의 참여, 선진국과 개도국 간 그리고 정부기구와 비정부기구 간의 조정 등을 강조하고 있다.101) 한편, 5개의 부속서에서는 해당 지역별로 국가행동계획 준비를 위한 기준을 제시하고 있다.

다. 선진당사국의 의무

선진당사국은 피해개도국(특히 아프리카국가)과 최빈국의 사막화 방지를 위한 노력을 적극적으로 지원하고, 사막화 방지와 가뭄피해를 완화하기 위한 피해개도국의 장기 계획과 전략을 지원하기 위한 실질적 재원과 기타 형태의 원조를 제공하며, 지구환경기금(Global Environment Facility: GEF)을 통한 새롭고 추가적인 재원조달을 촉진하고,102) 민간부문과 비정부기구로부터의 재원조달을 장려하여야 한다. 또한 선진당사국은 피해 당사국의 적절한 기술 · 지식 및 노하우(know-how)에 대한 접근을 촉진 · 조장하여야 한다.103)

4. 재원 및 재정체계

선진당사국들은 사막화 방지와 가뭄피해 완화를 위한 계획의 시행을 지원하기 위하여 실질적인 재정지원을 하고, 신규 또는 추가 재원을 동원하며, 국제협력을 통하여 기술 · 지식 및 노하우의 이전을 촉진할 의무가 있다. 이에 반해 피해개도

---

100) *Id.* 제5조.

101) *Id.* 제9조 내지 제10조, 제14조.

102) 2002년 요하네스버그에서 개최된 지속가능한 발전에 관한 세계정상회의(World Summit on Sustainable Development: WSSD)는 지구환경기금이 사막화방지협약의 재정체계가 될 것을 요구하였다. Important Dates, http://www.unccd.int.

103) 사막화방지협약(각주 91), 제6조.

국들은 능력을 고려하여 그들의 국가행동계획을 시행하기 위한 적절한 재원을 동원히여야 한다.[104] 당사국회의는 협약을 시행하기 위하여 피해개도국을 위한 재원의 활용가능성을 최대화하기 위하여 재정체계의 운용가능성을 증진하여야 하며, 유엔체제 내의 다양한 장치 및 다자간 재정기구를 통하여 개도국에 대한 재정지원을 장려하여야 한다. 한편 당사국들은 기존 재정체계의 효율성을 증진시키기 위하여 범지구적 장치(Global Mechanism)를 설립하기로 하였다.[105]

5. 평　　가

사막화방지협약은 연성법과 달리 구속적 성격을 가지고 있으나 사막화 방지를 위한 실체적 · 구체적 내용을 담고 있지 않기 때문에 그 실효성이 많이 약화되어 있다. 당사국들의 의무는 추상적이고, 의무 위반에 대한 제재 규정을 두고 있지 않기 때문에 실효성을 확보하기가 어렵다. 이 협약이 제시하고 있는 재정체계는 개도국에게 기술 및 재정 지원의 기회를 제공하면서 사막화의 영향을 크게 받고 있는 개도국의 참여를 유인하고 있다. 개도국에 대한 재정지원은 협약의 성공 여부를 가르는 중요한 요소가 되고 있는데, 선진당사국들의 소극적인 자세로 효율성은 떨어지고 있다.

이러한 근본적인 한계에도 불구하고 사막화방지협약은 사막화 내지 가뭄 문제를 본격적으로 다룬 최초의 국제협약으로서, 사막화 방지를 위한 새로운 장을 열었다고 평가할 수 있다. 이 협약은 개도국의 특별한 여건과 능력을 고려하고, 개도국의 상황에 주의를 기울이고, 피해당사국에 대하여 우선순위를 부여하며, 선진당사국의 개도국에 대한 재정적 지원과 기술 · 지식 및 노하우의 이전을 장려함으로써 지속가능한 발전의 틀을 제공하고 있다. 이 협약이 강조하고 있는 사막화 방지행위를 촉진하기 위한 여건의 조성, 수용능력의 형성, 교육의 강화, 공중의식의 고취 등도 지속가능한 발전을 위한 토대가 될 것이 분명하다. 이 협약이 표방하고 있는 사막화 방지라는 목표는 지속가능한 발전이라는 궁극적인 목표를 달성하기 위한 한 부분 또는 과정에 불과하다고 할 수 있다.

이 협약의 큰 특징 중의 하나는 소시억, 지역사회, 비정부기구, 지역민, 여성, 청소년 등의 역할을 강조하고 있는데, 이는 사막화 문제의 해결을 위해서는 직접적인 피해 당사자와 피해 지역의 적극적인 참여 · 역할이 없고서는 해결이 힘들다

---

104) *Id.* 제20조.
105) *Id.* 제21조.

는 문제 인식에 기초하고 있다. 사막화 방지를 해결하기 위한 방법으로는 민주적 절차, 하의상달식(bottom－up) 접근 그리고 과정 · 계획 등을 강조하고 있는데,106) 이러한 문제인식과 문제해결 접근 방법은 다른 환경협약에서는 찾아보기 힘든 것으로, 앞으로 만들어지는 환경협약에 좋은 모델을 제시하고 있다.

이 협약이 채택하고 있는 사막화의 물리적 · 생물학적 · 사회경제적 측면을 포괄하여 취급하는 통합적 접근방식은 사막화 문제가 환경문제만이 아닌 사회 · 경제 등 여러 복합적인 요소가 내재된 문제라는 인식에서 출발하고 있다. 어찌 보면 사막화의 원인은 환경보다는 본질적으로 사회 · 경제적 원인에 기인한다고 할 수 있다. 결국 사막화 문제를 해결하기 위해서는 사막화의 원인인 사회 · 경제적 요소에 대한 특별한 고려가 요구되는 것이다. 이러한 관점에서 사막화의 방지는 그 시작에 불과할 뿐이다.

Ⅳ. 산림생태계의 보호

협약명	채택일 (발효일)	주요내용	당사국 수	우리나라 가입일 (발효일)
산림원칙	1992.6.13.	－산림의 보전과 지속가능한 발전		
1994년 국제열대 목재협정	1994.1.26. (1997.1.1.)	－열대목재림의 최적 이용을 확보하기 위한 국제협력 증진	69 (2015.1. 현재)	1995.9.12. (1997.1.1.)
2006년 국제열대 목재협정	2006.1.27. (2011.12.7.)	－지속적으로 관리되는 산림에서 수확된 열대목재에 대한 국제거래 확대	74 (〃)	(2009.2.3.) (2011.12.7.)

〈http://www.itto.int〉, 〈http://www.un.org〉

지구 전체 토지의 3분의 1을 차지하고 있는 산림은 흔히 생물다양성의 보고, 지구의 허파라고 일컬어지고 있다. 이는 그만큼 산림이 중요한 기능과 가치를 가지고 있다는 것을 의미한다. 산림이 주는 가치는 상업적 가치(목재, 약품, 섬유, 과일), 생계 보조적 가치(연료, 가축사료, 식량, 토착민의 거주지), 문화적 · 심미적 · 여

106) Ved P. Nanda & George Pring(각주 4), 182면.

가적 가치(사냥, 낚시, 관광, 교육, 연구), 환경적 가치(수량보전, 토양 유실의 방지, 토양 생산성의 유지, 야생동 · 식물의 서식지, 기후 안정화, 흡수원, 홍수피해의 감소) 등을 들 수 있다.

이와 같이 사회적 · 경제적 · 생태적 · 문화적 · 환경적으로 중요한 기능을 갖는 산림이 개발(농업, 목축, 채광, 댐건설 등), 개간, 벌목, 이주정책 등 다양한 이유로 사라져가고 있는 것은 현재세대뿐만 아니라 미래세대에도 중요한 의미를 가지고 있다. 산림의 파괴는 인류의 생존을 위협하기 때문이다. 산림파괴와 그 속도는 예상보다 심각한데, 매년 스위스와 오스트리아를 합친 면적의 산림이 파괴되고 있는 것으로 파악되고 있다.[107] 20세기 초까지만 해도 유럽, 북미, 북아프리카 지역에 걸친 온대 · 아한대 지역의 산림파괴가 문세되었으나 최근에는 열대우림의 파괴에 관심이 집중되고 있다.

산림의 중요한 가치와 계속적인 파괴는 산림 관리에 있어서 산림의 보전이라는 것이 다른 무엇보다도 중요하고 우선하도록 만들고 있다. 문제는 산림 보전이 이론과 달리 실제에서 쉽지 않다는 데 있다. 이러한 딜레마는 남 · 북의 심각한 입장 차이에서 찾을 수 있다. 선진국들은 많은 산림을 소비하면서도 흔히 산림의 보전과 지속가능한 발전을 주장하고 있다. 이에 반해 많은 산림이 위치하고 있는 개도국들은 주로 경제적 이유로 이들 산림에 대한 주권과 개발의 권리를 주장하고 있다.

미국 등 선진국들은 열대우림을 보호하기 위한 협약을 만들자고 촉구하고 있으며, 개도국들은 열대우림에 초점이 맞추어진 구속적 문서를 만드는 것에 대하여 소극적이다. 말레이시아, 브라질 등을 필두로 한 G77 국가들은 목재생산에 대한 제한이 환경보호라는 미명하에 이루어지는 숨은 무역장벽이라고 의심하고 있으며, 협약을 체결하더라도 북반구의 온대지역 산림을 포함하여 모든 산림을 다루는 형태가 되어야 한다고 맞서고 있다. 개도국들은 재정지원, 대기오염의 방지, 부채의 감소, 벌채를 촉진하는 다른 요인 등에 대하여도 문제제기를 하고 있으며, 산림보호를 선진국이 온실가스의 계속적인 배출을 면제하기 위한 수단인 흡수원(sinks)과 연계시키는 것을 경계하는 입장이다.[108]

107) Ved P. Nanda & George Pring(앞의 책), 177면 참조.
108) David Hunter, James Salzman & Durwood Zaelke(각주 17), 1085면.

1. 산림원칙

가. 배 경

남 · 북의 입장 차이는 1992년 리우회의에서도 감지되었다. 북반구에 위치한 선진국들을 중심으로 열대우림의 파괴정도와 속도를 늦추기 위한 국제협약을 체결하자는 움직임이 태동하였다. 이러한 움직임과 관련하여 브라질, 말레이시아 등으로 대표되는 개도국들은 이러한 협약이 선진국들의 벌채는 허용하면서 개도국들의 벌채를 제한하는 위장된 국제거래의 규제이고, 선진국들로 하여금 온실가스 감축은 하지 아니한 채 흡수원을 보전하는 장치로 이용할 수 있도록 한다고 주장하였다. 일부 국가들은 규제 대상을 북부 온대 · 아한대 지역 산림으로 확대하자는 주장도 제기하였다. 이는 선진국들에게 부담이 될 수밖에 없었다.[109]

구속적 문서는 개도국에게도 마찬가지로 부담스러웠다. 개도국들은 구속적 문서가 산림자원을 이용하고 개발 수요를 충족할 수 있는 그들의 주권을 침해하는 것이며, 선진국들로 하여금 손쉬운 방법으로 온실가스 배출을 상쇄하도록 한다고 인식하였다. 결국 선진국과 개도국은 그들의 입장 차이를 좁히지 못하고 비구속적 문서를 만드는 데 만족하여야 하였다. 그것이 바로 모든 형태의 산림의 관리 · 보전과 지속가능한 발전에 관한 세계적 총의를 위한 원칙의 법적 구속력 없는 권위적 성명(산림원칙)이다.[110]

나. 주요 내용

전문과 15개의 원칙으로 구성되어 있는 산림원칙은 선진국과 개도국의 입장을 절충 · 타협하고 있다. 각국에게 자원을 개발 · 이용할 주권이 있음을 확인하는 한편,[111] 이들 자원의 보전과 지속가능한 발전을 강조하고,[112] 생물자원에 대한 접근과 관련하여 자원이 위치하고 있는 국가의 주권과 이러한 자원을 이용한 국가의 이익 공유를 동시에 고려하고 있는 것[113] 등이 대표적인 예이다. 산림원칙은 각국으로 하여금 산림의 관리 · 보전 · 지속가능한 발전을 위한 국가정책, 전략 · 입법을

109) Ved P. Nanda & George Pring(각주 4), 178면 참조.

110) Non－Legally Binding Authoritative Statement of Principles for a Global Consensus on the Management, Conservation and Sustainable Development of All Types of Forests, 31 I. L. M. 881 (1992).

111) *Id.* 원칙 1(a). 2(a).

112) *Id.* 원칙 1(b), 2(b), 6, 8(f) 참조.

113) *Id.* 원칙 8(g).

수행하도록 함으로써,[114] 기본적으로 세계적인 노력보다는 각국의 산림정책에 크게 의지하여 삼림보전을 이루고자 하고 있다.

산림원칙은 산림의 보전과 지속가능한 발전을 위하여 지역사회 · 토착민 · 비정부기구 · 여성을 포함한 이해당사자의 참여,[115] 국제협력의 필요성,[116] 지속가능한 산림관리, 조림(afforestation) · 재림(reforestation)의 필요성,[117] 개도국에 대한 특별한 고려,[118] 개도국에 대한 재정지원과 기술 및 노하우(knowhow)의 이전,[119] 환경영향평가,[120] 과학적 연구, 산림 통계 및 평가의 수행,[121] 국내적 · 국제적 조직 및 기구의 능력 강화,[122] 정보의 교환,[123] 자유무역의 조장,[124] 오염물질의 규제[125] 등을 강조하고 있다.

다. 평 가

산림원칙은 법적 구속력이 있는 조약은 아니다. 그 결과 산림의 보전, 지속가능한 발전을 위한 아무런 구체적인 기준을 제시하고 있지 못하다. 산림보호를 위해 필요한 기금을 창설하지 않고 있으며, 산림보호를 위한 구체적인 의무도 규정하고 있지 못하다. 그러나 산림원칙은 산림에 관한 최초의 국제적 합의문서로서 앞으로 체결될 산림 관련 국제조약의 기초를 제공하고 있다. 그러나 1992년 리우회의에서 표출된 선진국과 개도국의 입장 차이는 국제조약의 탄생을 위한 협상 타결이 험난함을 예고하고 있다. 각국은 표면적으로는 산림보전과 지속가능한 발전을 내세우면서도 현실적으로는 산림에 대한 자국의 경제적 이용과 개발을 우선할 가능성이 많다. 산림보전보다도 선진국과 개도국의 입장 차이를 좁히는 것이 더 어려워 보인다.

---

114) *Id.* 원칙 3, 8(f).
115) *Id.* 원칙 2(d), 5(a), 5(b), 12(d).
116) *Id.* 원칙 3(b), 8(c), 12.
117) *Id.* 원칙 6(a), 8(a), 10.
118) *Id.* 원칙 9(a).
119) *Id.* 원칙 7(b), 10, 11.
120) *Id.* 원칙 8(h).
121) *Id.* 원칙 12(a).
122) *Id.* 원칙 3(b), 12(b).
123) *Id.* 원칙 12(3).
124) *Id.* 원칙 13, 14.
125) *Id.* 원칙 15.

2. 국제열대목재협정

유엔무역개발협의회(United Nations Conference on Trade and Development: UNCTAD)의 주관하에 1994년 미국 뉴욕에서 채택된 국제열대목재협정[126]은 목재의 국제거래와 향상된 산림관리를 촉구하고 있다. 이 협정은 산림자원의 보전과 산림생태계의 보호에 관하여 약간의 규정을 두고 있는데, 협정의 여러 목적 중에 지속가능한 발전,[127] 지속가능한 이용과 보전, 생태균형의 유지[128] 등을 포함시키고 있다.

1994년 국제열대목재협정은 1983년 채택된 국제열대목재협정[129]을 대체하는 것으로서, 이전과 달리 지속가능하게 관리된 산림으로부터 열대목재를 취하도록 유도하고 있다.[130] 특히 1994년 협정은 2000년까지 지속가능하게 관리된 산림으로부터만 열대목재와 제품의 수출이 이루어질 수 있도록 하는 전략을 이행하는 회원국의 능력을 향상시키는 것을 또 하나의 목적으로 하고 있으며, 이를 위하여 목재 생산국을 지원하기 위한 발리기금(Bali Partnership Fund)을 설치하였다.[131] 또한 이 협정은 자연자원에 대한 주권, 국제협력,[132] 새롭고 추가적인 재원의 마련,[133] 재림(reforestation)과 황폐화된 산지의 복구(rehabilitation),[134] 산림자원에 의존하는 지역사회의 이해관계,[135] 기술에 대한 접근 및 이전,[136] 정보 공유[137] 등에도 관심을 기울이고 있다.

산림보전과 관련하여 현재까지 많은 국가들이 참여한 구속적인 조약이 출현하지 않은 상태에서 비록 많지는 않지만 관련 규정을 두고 있는 열대목재협정은 큰 의미를 갖고 있다. 특히 목재와 관련하여 큰 영향력을 갖고 있는 대다수의 생산국과 소비국이 참여한 것은 이 협정의 잠재력을 키워주고 있다. 그러나 이 협정의 서로 상반되는 목적들은 이러한 국제사회의 산림보전 노력을 반감시키고 있다. 예

126) 열대목재협정(각주 14).
127) *Id.* 제1조(c).
128) *Id.* 제1조(l).
129) http://sedac.ciesin.org/entri/texts/tropical.timber.1983.html.
130) 열대목재협정(각주 14), 제1조(d) · (i) · (k).
131) *Id.* 제21조.
132) *Id.* 제1조(a).
133) *Id.* 동조(g).
134) *Id.* 동조(j).
135) *Id.*
136) *Id.* 제1조(m).
137) *Id.* 동조(n).

컨대, 소비의 증가와 계속적인 공급,[138] 목재 이용의 효율성 향상,[139] 거래시장의 활성화[140] 등은 산림보전과 충돌할 가능성이 있으며, 당사국이 자칫 산림보전보다 자국만의 경제적 이익을 우선시할 경우에는 산림보전이 무색해질 수 있는 것이다.

1994년 협정을 개정하는 국제열대목재협정이 2006년 국제열대목재기구(ITTO)의 주관하에 채택되었다. 이 협정은 지속적으로 관리되는 산림에서 합법적으로 수확된 열대목재에 대한 국제거래 확대 및 다양화를 촉진하고 열대목재를 생산하는 산림에 대한 지속가능한 경영을 촉진하는 것을 명시적인 목적으로 하고 있다(제1조). 이를 위하여 당사국들은 국제열대목재기구의 기구 및 운영(제3조 이하), 국제열대목재이사회의 구성 및 운영(제6조 이하), 투표수의 배분(제10조), 생산회원국을 지원하기 위한 발리협력기금의 설치(제21조) 등에 대하여 구체적으로 합의하였다.

3. 기　　타

1992년 유엔환경개발회의에서 채택된 의제 21은 "벌채 방지"라는 이름으로 한 장(제11장)을 할애하고 있다.[141] 여기에는 보호구역시스템(Protected Area Systems)의 창설 및 확장과 같은 의욕적인 내용도 포함되어 있으나 기본적으로 의제 21이 구속적 문서가 아니기 때문에 산림보전을 위한 구체적이고 실효성 있는 조치가 제시되고 있지 않다는 한계를 가지고 있다. 그 밖에도 토지 자원 이용에 대한 통합적 접근(제10장), 사막화의 확산 방지(제12장), 산지 생태계의 보호(제13장), 토지파괴를 하지 않는 농업 수요의 충족(제14장), 생물다양성의 유지(제15장) 등은 산림보전과 직 · 간접적으로 관련이 있다.

일부 환경협약은 산림보전과 밀접한 관련을 갖는다. 예컨대, 생물다양성협약은 생물다양성의 보전을 위해 산림의 보전을 강조하고 있으며, 멸종위기에 처한 야생동 · 식물 국제거래에 관한 협약(CITES)은 멸종위기종으로 일부 식물을 부속서에 등재하여 이들의 국제거래를 규제하고 있다. 또한 세계유산협약은 자연유산의 보호차원에서 산림이 포함된 지역을 세계유산목록에 등재할 수 있는 길을 열어놓고 있으며, 기후변화협약은 숲과 같은 흡수원의 보전 · 향상을 당사국의 의무로 하고

138) *Id.* 동조(e).
139) *Id.* 동조(f).
140) *Id.* 동조(h).
141) http://www.un.org/esa/sustdev/documents/agenda21/english/agenda21toc.htm. Agenda 21 and The UNCED Proceedings Ⅳ (Nicholas Robinson ed., Oceana Publications, Inc. 1993), § 21.

있으며, 교토의정서 당사국들은 흡수원에 의한 순배출량의 변화를 감축목표 의무 이행에 반영하기로 합의하였다.

제 3 절 생물다양성의 보호

Ⅰ. 생물다양성협약

협약명	채택일 (발효일)	주요내용	당사국 수	우리나라 가입일 (발효일)
생물다양성협약	1992.6.5. (1993.12.29.)	-생물다양성의 보전과 지속가능한 이용의 증진, 유전자원의 이용에 따른 이익의 공평한 배분 등을 규정	196 (2020.1. 현재)	1994.10.3. (1995.1.1.)
카르타헤나의정서(생명공학안전성의정서)	2000.1.29. (2003.9.11.)	-유전자변형생물체의 안전한 이동, 취급, 이용	172 (〃)	2007.10.3. (2008.1.1.)
나고야-쿠알라룸프 추가의정서	2010.10.15. (2018.3.5.)	-유전자변형생물체 피해로 인한 책임과 구제	45 (〃)	미가입 (-)
나고야의정서	2010.10.29. (2014.10.12.)	-유전자원에 대한 접근 및 이용으로부터 발생하는 이익의 공유	131 (〃)	2017.5.19. (2017.8.17.)

〈http://www.cbd.int〉

1992년 리우회의에서 서명을 위하여 개방된, 유엔환경계획(UNEP)이 주관한 생물다양성협약[1]은 생물다양성 자체의 보전에 초점을 맞추었다. 이는 기존의 특정종만을 보호하기 위한 체제에서 벗어나 새로운 방향을 제시하는 것이었다. 이 협약에 따르면, 생물다양성이란 "육상, 해양과 그 밖의 수생생태계 및 생태학적 복합체를 포함하는 자원으로부터의 생물간의 변이성"을 말하는 포괄적인 개념이다. 여기에는 종 내, 종 사이 그리고 생태계 사이의 다양성이 포함된다.[2] 이는 다시 말하면, 각 종 내의 유전적 다양성(genetic diversity), 각 생태계 내에 있는 종의 다양성(species diversity), 생태계의 다양성(ecosystem diversity)을 의미하는 것이다.[3]

---

1) Convention on Biological Diversity, 31 I. L. M. 818 (1992).

2) *Id.* 제2조.

3) Ved P. Nanda and George Pring, International Environmental Law & Policy for the 21st Century 172 (Transnational Publishers, Inc. 2003).

생물다양성은 왜 중요한가? 생물다양성의 가치는 무궁무진한 것으로 나타나고 있다. 그 가치는 윤리적인 것에서부터 경제적인 것에 이르기까지 다양하다. 여기에는 식량, 의약품, 목재, 교육과 같은 직접적인 이용에서부터 수질정화, 홍수조절, 기후조절, 토양보전 등 간접적인 이용에 이르기까지 다양하다. 최근에는 생명공학 분야에서 놀라운 발전이 이루어지고 있는데, 그 발전은 농업의 번성과 함께 다양성의 경제적 중요성을 크게 일깨우고 있다. 여가적 · 심미적 가치도 생물다양성 보호의 이유로 들어지고 있다. 이러한 가치는 인류의 건강, 복지와 생태계 안정의 기반에 크게 기여하고 있다. 생물다양성협약은 전문에서 그 가치에 대하여 단호하고 적절하게 요약하고 있다: 당사국들은 생물다양성의 본래적(intrinsic) 가치와 생물다양성과 그 구성요소들의 생태학적 · 유전적 · 사회적 · 경제적 · 과학적 · 문화교육적 · 여가적 및 미학적인 가치를 인식한다. 이는 우리가 생물다양성을 강하게 보호해야 할 이유이기도 하다.

생물다양성의 가치가 소중할수록 보전의 필요성은 높다. 그러나 현실은 그렇지 않다. 아이러니하게도 생물다양성은 인간과 기술의 능력이 향상되면서 크게 감소하고 있다. 생태계 보전을 고려하지 않고 이익 또는 생존을 위해 취해지는 인간의 각종 행위가 생물다양성 감소의 원인으로 지목되고 있는데, 여기에는 서식지 파괴, 오염, 무분별한 자원의 이용 등이 포함된다. 최근 추세는 생물다양성의 감소가 뚜렷하고 그 정도에 가속도가 붙고 있어 생물다양성 상실위기까지 불러일으키고 있다. 그렇다면 위기의 타결책은 없는가? 국제사회는 생물다양성협약에서 간단명료하게 답하고 있다: 생물다양성의 보호.

이 협약 체결 시 생물다양성을 '인류공동자산(Common Heritage of Mankind)'으로 보아야 할지에 대하여 심한 논란이 있었다. 이 개념에 대하여 개도국들은 인류공동자산이란 명분으로 그들의 자연자원에 대하여 너무 많은 국제적 통제가 이루어질 것을 두려워하였고, 선진국들은 이러한 자연자원의 이용에 따른 이익의 공유를 경계하였다.[4] 그 결과 인류공동자산 개념은 부인되었으며, 그 대신 당사국들은 생물다양성이 '인류의 공동 관심사(common concern of humankind)'라는 것에 대하여 합의하였다.[5]

또한 당사국들은 각국에게 자국의 생물자원에 대한 주권적 권리를 가지고 있다는 것과 생물다양성의 현저한 감소나 손실의 우려가 있는 경우 과학적 확실성의

---

4) David Hunter, James Salzman and Durwood Zaelke, International Environmental Law and Policy 398 (2nd ed. Foundation Press 2002).

5) 생물다양성협약(각주 1), 전문.

결여가 그러한 위험을 최소화할 수 있는 대책을 지연시키는 구실이 되어서는 안 된다는 이른바, '사전배려의 원칙'을 확인하였다.6)

생물다양성 보전과 관련한 남 · 북의 이해관계는 크게 달랐다. 특히 지적재산권 문제는 선진국과 개도국 사이에 뜨거운 논쟁을 불러 일으켰다. 예컨대, 개도국은 유전자원에 대한 주권을 강조하면서 선진국에 대하여 유전자원의 접근 · 이용에 대한 대가로 이로부터 발생한 이익의 공유와 기술의 이전 등을 주장한 반면, 선진국은 지적재산권을 강조하면서 이익의 공유에 반대 입장을 고수하였다. 이러한 입장 차이는 이 협약을 타협의 결과물로 만들었다. 미국은 이 협약이 제시하고 있는 지적재산권, 재원 조달, 기술이전과 생명공학 기술 등에 대한 접근방법에 큰 불만을 갖고 아직까지 이에 대해 비준하지 않고 있다.7)

1. 목 적

생물다양성협약은 생태학적 · 유전적 · 사회적 · 경제적 · 과학적 · 교육적 · 문화적 · 여가적 · 미학적 가치를 가지고 있는 생물다양성이 인간의 활동에 의하여 현저하게 감소되었다는 인식을 갖고 ① 생물다양성의 보전, ② 그 구성요소의 지속가능한 이용(sustainable use),8) ③ 유전자원의 이용에 따른 이익의 공평한 배분 등 세 가지를 명시적인 목적으로 하고 있다.9)

2. 원 칙

각 당사국은 자국의 환경정책에 따라 자국의 자원을 개발할 수 있는 주권적 권리를 가지며, 자국의 관할권이나 통제 내에서의 활동이 다른 국가나 자국의 관할권 밖에 있는 지역의 환경에 피해를 끼치지 않도록 보장할 책임이 있다.10) 또한 각 당사국은 직접 또는 국제기구를 통하여 생물다양성의 보전과 지속가능한 이용

6) *Id.* 전문.

7) United States: Declaration Made at the United Nations Environment Programme Conference for the Adoption of the Agreed Text of the Convention on Biological Diversity, 31 I. L. M. 848 (1992).

8) '지속가능한 이용(sustainable use)'이란 장기적으로 생물다양성의 감소를 유발하지 않도록 하면서 또한 현세대와 미래세대의 필요와 열망을 충족시키기 위한 잠재력을 유지하면서 생물다양성의 구성요소를 이용하는 것을 의미한다. 생물다양성협약(각주 1), 제2조.

9) *Id.* 제1조.

10) *Id.* 제3조.

을 위하여 서로 협력하여야 한다.[11]

3. 일반 의무

협약상 당사국들이 부담하는 주요 의무에는 다음과 같은 것들이 포함된다: 생물다양성의 보전과 지속가능한 이용을 위한 국가전략 · 계획 및 프로그램의 개발;[12] 생물다양성의 구성요소에 대한 식별 · 감시와 생물다양성의 보전과 지속가능한 이용에 악영향을 미치는 활동의 과정 및 범위에 대한 식별 · 감시;[13] 보호구역[14]의 설치, 생태계와 자연서식지의 보호, 파괴된 생태계의 복구와 멸종위기에 처한 종의 복원, 외래종 도입의 금지 · 통제 · 근절 등을 포함하는 현지 내(*in-situ*) 보전;[15] 생물다양성 구성요소들에 대한 가급적 원산국 내에서의 현지 외(*ex-situ*) 보전 대책의 채택;[16] 전통적 문화관습에 따른 생물자원의 관습적 이용의 보호 및 장려;[17] 생물다양성이 감소된 지역에서 구제행위를 개발 · 수행하는 지역주민에 대한 지원.[18] 이 협약은 그 밖에 연구 · 기술교육 및 훈련,[19] 대중교육 및 인식제고,[20] 환경영향평가, 사전통지, 정보교환, 협의, 비상계획[21] 등에 대해서도 강조하고 있다.

4. 유전자원에 대한 접근과 기술에의 접근과 그 이전

유전자원에 대한 접근, 그리고 기술에의 접근과 그 이전 문제를 둘러싼 선진국

---

11) *Id.* 제5조.
12) *Id.* 제6조.
13) *Id.* 제7조.
14) 이 협약상, 보호구역(protected area)이란 특별한 보전 목적을 달성하기 위하여 지정 또는 규제되고 관리되는 지리적으로 한정된 지역을 의미한다. *Id.* 제2조.
15) *Id.* 제8조. 현지 내(*in-situ*) 보전이란 생태계와 자연서식지의 보전과 자연환경(재배 또는 배양종의 경우는 이들의 특이성이 성장된 주위환경)에서 생존 가능한 종의 군의 유지와 복원을 말한다. *Id.* 제2조.
16) *Id.* 제9조. 현지 외(*ex-situ*) 보전이란 자연서식지 밖에서 생물다양성 구성요소의 보전을 말한다. *Id.* 제2조. 여기에는 동물원, 식물원, 수족관, 종자은행, 유전자은행 등이 포함될 수 있다.
17) *Id.* 제10조(c).
18) *Id.* 동조(d).
19) *Id.* 제12조.
20) *Id.* 제13조.
21) *Id.* 제14조.

과 개도국의 논쟁은 한치의 양보도 없이 진행되고 있다. 그 중심에 지적재산권 문제가 있다. 개도국들은 지적재산권의 보호 및 보호수준의 강화가 환경친화적인 기술에의 접근 및 이전을 어렵게 한다고 주장하고 있는 반면, 기술이 풍부한 미국을 비롯한 선진국들은 지적재산권에 의한 보호가 기술이전을 오히려 촉진할 것이라고 주장하고 있다.

이러한 평행선은 협상 과정에서도 재현되었다. 개도국들은 지식의 공유를 위해서는 지적재산권 개념이 부인되어야 한다면서 유전자원을 제공함에도 불구하고 이익을 향수하지 못하고 있다는 불공평 문제를 제기하였다. 이에 반하여 미국을 비롯한 선진국들은 지적재산권의 인정이야말로 환경적으로 건전한 기술의 발견과 투자를 촉진한다면서 지적재산권은 타협의 대상이 될 수 없다고 주장하였다. 상대적으로 유전자원을 많이 보유하고 있는 개도국들은 선진국들에게 이러한 자원에 대한 사용의 반대급부로 이익의 공유, 기술 · 연구 · 지식의 이전 등을 강하게 요구하였다. 이에 반하여 선진국들은 이익의 공유에 반대 입장을 취하였다.[22]

이러한 입장 차이로 인하여 남 · 북은 타협할 수밖에 없었다. 생물다양성협약 제15조 내지 제21조 규정이 그것이다. 이는 생물다양성협약의 세 번째 목적인 유전자원의 이용에 따른 이익의 공평한 배분을 보장하기 위한 요소들을 다루고 있다. 그 중에서 제15조는 유전자원에 대한 접근을, 제16조는 기술에의 접근과 그 이전을 규정하고 있다. 특히 제16조는 지적재산권 문제를 다루고 있다. 이들 규정은 당사국들이 명목상으로 내건 목적이 생물다양성 보호이지만 실질적인 이해관계가 무엇이었는지를 가늠케 하고 있다.

가. 유전자원에 대한 접근

각국은 자원에 대한 주권의 원칙에 따라 유전자원에 대한 접근을 결정할 권리를 보유하고 있으며, 유전자원에 대한 접근을 위해서는 상호 합의된 조건(mutually agreed terms)에 따라서 자원을 제공하는 당사국의 사전 승인(prior informed consent)을 받아야 한다. 각 당사국은 연구개발의 결과와 유전자원의 상업적 또는 다른 이용에 따라 얻어지는 이익을 이러한 자원을 제공하는 국가와 공평하게 공유하기 위하여(sharing in a fair and equitable) 적절한 입법적 · 행정적 · 정책적 조치를 취하여야 한다. 그 공유는 상호 합의된 조건에 따라야 한다.[23]

---

22) Ved P. Nanda & George Pring(각주 3), 175면 참조.
23) 생물다양성협약(각주 1), 제15조.

나. 기술에 대한 접근과 이전

당사국은 생물다양성의 보전과 지속가능한 이용과 관련한 기술에 대한 접근과 이전을 제공하고, 용이하게 하여야 하며,[24] 그 접근과 이전은 상호 합의된 경우 양허적(concessional)이고 특혜적 조건을 포함한 공평하고 가장 우호적인(fair and most favourable) 조건으로 이루어져야 한다. 특허 및 지적재산권의 규제를 받는 기술의 경우는 지적재산권이 적절하고 효과적으로 보호되는 조건으로 기술 접근 및 이전이 이루어져야 한다.[25] 당사국은, 특히 유전자원의 제공국이면서, 상호 합의된 조건에 따라서 이들 자원을 이용한 기술(특허 및 지적재산권에 의해 보호되는 기술을 포함)에의 접근 및 이전을 허용받는 개도국은 제20조와 제21조 규정과 국제법 및 다음의 제4항 및 제5항에 부합하는 적절한 입법적 · 재정적 · 정책적 조치를 취하여야 한다.[26]

다. 지적재산권 문제

특히 이 협약은 특허와 다른 지적재산권 문제가 협약의 시행에 영향을 미칠 수 있음을 인식하고 각 당사국으로 하여금 이러한 권리들이 협약 목적에 보완적(supportive)이고 반하지 않도록 국내법과 국제법에 따라 협력할 것을 명하고 있다.[27] 이는 지적재산권이 협약의 목적인 기술이전과 유전자원의 이용에 따른 이익의 공유에 걸림돌이 되어서는 안 된다는 의미로 이해되면서, 미국을 비롯한 선진국들의 반발을 사고 있다.[28]

선진국들의 지적재산권 문제를 다루고 있는 중요한 규정, 제15조와 제16조를 보는 시각은 곱지 않다. 이는 지적재산권을 침해할 소지가 있다면서 당초 생물다양성협약의 서명조차 거부한 미국의 예로 능히 짐작할 수 있다. 선진국들은 위 규정들이 개도국들에게 지적재산권에 대한 보호의 정도를 낮추는 하나의 근거를 제공하고, 확립된 규범에 반하여 개도국들에 의한 지적재산권의 강제실시(compulsory licensing)라는 파행이 이루어지게 되었다는 등의 비판을 제기하고 있다.[29]

---

24) *Id.* 제16조 제1항.

25) *Id.* 동조 제2항.

26) *Id.* 동조 제3항.

27) *Id.* 동조 제5항.

28) Ved P. Nanda & George Pring(각주 3), 175면.

29) Charles R. McMains, *The Interface Between International Intellectual Property and Environmental Protection: Biodiversity and Biotechnology,* 76 Wash. U. L. Q. 255, 263

그러나 이러한 비판은 개도국들에게 유리한 측면만을 부각시키는 것이고 선진국들에게 일방적으로 불리한 것이라고 할 수 없다. 개도국들도 불만을 가지기는 마찬가지이다. 제16조를 기술의 비자발적 이전을 강제하는 것으로 해석한다면, "상호 합의된", "상호 합의된 조건" 등의 유사한 표현이 있는 제15조도 유전자원의 비자발적 이전을 강제하는 것으로 해석할 수 있는데, 이러한 결과는 유전자원이 풍부한 국가(개도국)들로서는 받아들이기 어려운 것이다. 또한 제16조 제2항은 특허와 다른 지적재산권이 적절하고 효과적으로 보호되는 조건으로 기술 접근 및 이전이 이루어져야 한다는 점을 강조하고 있는데, 이는 개도국들의 불만을 살 만하다. 강제실시가 기존 규범과 배치된다는 선진국들의 주장도 1993년 지적재산권의 무역관련측면에 관한 협정(TRIPs협정)[30] 이진에도 1967년 파리조약,[31] 미국의 저작권법,[32] 대기정화법,[33] 식물변종보호법[34] 등에서 이미 강제실시권을 규정하고 있다는 점에서 개도국들에게는 설득력이 떨어진다. 개도국들은 지적재산권 관련 규정이 유전자원의 이용에 따른 이익의 공평한 배분이라는 협약의 목적을 달성하는 데 도움이 되는지에 대하여 의문을 표시할 가능성이 크다. 개도국들은 선진국들에 대하여 '유전자 해적행위(gene piracy)'의 즉각적인 중지를 요구할 가능성이 많다.

개도국들은 그들의 유전자원과 전통지식은 자유롭게 이전되는 데 반해 선진국에 의해 이러한 자원으로부터 얻은 상업적으로 가치 있는 물질과 기술은 지적재산권 때문에 상당히 비싸고, 그 결과 접근이 힘들다는 점에 불만을 터뜨리고 있다. 또한 지적재산권의 보호는 산업세계를 특징지우는 기술혁신에 우호적인 반면, 비공식적이고 집합적인 형태의 농업혁명을 통해 종의 보호 · 개선에 기여한 개도국의 농부를 무시한다면서 정작 생명공학기술을 통한 단일 경작은 생물다양성을 해친다는 점에 우려를 표시하고 있다.[35]

결국 지적재산권 문제를 다루고 있는 생물다양성협약의 규정은 선진국과 개도국 모두로부터 불만을 사고 있다. 이는 생물다양성협약이 선진국과 개도국 간 타

(1998).

30) The Agreement on Trade-Related Aspects of Intellectual Property Rights(TRIPs), http://www.wto.org/english/docs_e/legal_e/27-trips.doc, 제31조(b).

31) Paris Convention for the Protection of Industrial Property, 21 U.S.T. 1583, 828 U.N.T.S. 305 (1967), 제5조 제2항.

32) Copyright Act, 17 U.S.C. § 111(d), §§ 115~116, § 119(b).

33) Clean Air Act(CAA), 42 U.S.C. § 1857f-1.

34) Plant Variety Protection Act, 7 U.S.C. § 2404.

35) Charles R. McMains(각주 29), 268면.

협의 산물이기 때문에 어쩔 수 없는 측면이 있다. 이와 같은 타협, 즉 지적재산권이 기술이전의 필수 요소라는 선진국의 시각과 지적재산권은 무시되어야 한다는 개도국의 상반된 시각은 제16조 제5항에서 절충점 내지 접점을 찾고 있다.[36] 그러나 '보완적'이라든가, '반하지 않는다'는 표현은 사실 상당히 모호한 표현이다. 어떤 면에서 이 규정은 지적재산권과 생물다양성의 보전 및 지속가능한 이용 간에 어떠한 접점이 있는지, 그 접점의 내용은 무엇인지 등에 대하여 견해가 일치하지 않는다는 점만을 확인하고 있는지 모른다. 결국 이 규정은 지적재산권 문제의 해결이 아니라 새로운 시작을 알릴 뿐이다. 1993년 12월 우루과이 라운드(Uruguay Round)에서 타결된 TRIPs협정은 적절하고 효과적인 지적재산권 보호를 위한 최소한의 국제기준을 정립함으로써 그 해결을 시도하고 있다.

5. 기 타

이 협약은 유전자원은 부족하나 기술이 앞선 선진국의 의무를 강조하고 있다. 기술의 접근과 이전,[37] 정보교환,[38] 기술적 · 과학적 협력,[39] 선진국의 개도국에 대한 새롭고 추가적인 재정의 지원,[40] 개도국에 대한 양허적 재정지원체제의 수립[41] 등이 좋은 예이다. 또한 이 협약은 당사국들에게 특히 유전자원을 제공하는 개도국이 생명공학(biotechnology)[42] 연구활동에 참여할 수 있도록 적절한 입법 · 행정 또는 정책적 조치를 취할 것과 아울러 개도국이 제공한 유전자원을 기본으로 한 생명공학기술에서 얻어지는 결과 및 이익에 공정하고 우선적으로 접근할 수 있도록 실질적인 조치를 취할 것을 요구하고 있다.[43]

6. 평 가

생물다양성협약은 기존의 특정 종만을 보호하기 위한 체제에서 벗어나 생물다

36) *Id.* 264면.
37) 생물다양성협약(각주 1), 제16조.
38) *Id.* 제17조.
39) *Id.* 제18조.
40) *Id.* 제20조.
41) *Id.* 제21조.
42) 이 협약상, 생명공학은 특수한 목적을 위한 산물 또는 과정을 만들거나 변경시키기 위하여 생물계, 생물체 또는 이들의 파생물을 이용하는 기술의 적용을 의미한다. *Id.* 제2조.
43) *Id.* 제19조.

양성 자체의 보호 및 보전에 대해 초점을 맞추었다는 점에서 전통적인 환경협약과는 다른 새로운 차원의 국제환경협약이라고 할 수 있다. 유전자원 보유국의 유전자원에 대한 주권과 유전자원 이용국의 접근권을 동시에 다룸으로써, 앞으로 유전자원의 보유 · 이용과 관련한 국가의 권리 · 의무를 규율하는 체제의 큰 기반을 제공하고 있다.

이 협약은 생물다양성의 보전을 위하여 많은 주제를 다루고 있으나 그 내용은 일반적이고 추상적이다. 말하자면 골격협약의 성질을 갖는다 할 수 있다.44) 그 결과 당사국을 구속하는 의무는 많지 않고, 그나마도 "가능한 그리고 적절한" 수단에 의해 제한된다. 시행체제와 강제적인 분쟁해결기구는 가지고 있지 못하다. 말하자면 이행준수가 해당 국가에 전적으로 의존하는 구조라고 할 수 있다.

선진국과 개도국 간의 이해관계와 입장 차이는 이 협약을 남 · 북 타협의 결과물로 만들었다. 유전자원의 접근에 대한 대가로 기술 이전을 고려하는 것이 그 대표적인 예이다. 그 결과 많은 규정이 모호하고 모순적인 내용을 담고 있다. 특히 지적재산권 문제를 다루고 있는 중요한 규정, 제15조와 제16조 등은 기술이 풍부한 미국을 비롯한 선진국과 유전자원이 풍부한 국가(개도국) 모두로부터 불만을 사고 있다. 이는 이 협약의 해석 및 시행을 둘러싸고 당사국들간에 분쟁이 발생할 수 있다는 것을 의미하는 것으로 조약의 실효성을 약화시키고 있다. 협약의 내용에 불만을 품은 미국의 불참은 생물다양성의 보전이 험난함을 예고하고 있다.

비록 추상적인 문구에 그친다고 할 수 있을지 몰라도 전통지식에 대한 고려는 높게 평가할 만하다. 즉 생물다양성협약은 토착지역사회의 전통적인 생활양식 구현은 생물자원과 밀접하고 전통적으로 상호의존적임을 인식하고 생물다양성의 보전과 그 구성요소들의 지속가능한 이용과 관련된 전통지식 등의 이용 시 발생되는 이익을 공평하게 분배하는 것이 바람직하다는 점을 밝히면서,45) 토착지역사회의 지식에 대한 존중, 보존 및 유지, 그러한 지식의 보유자의 승인과 개입을 통한 광범위한 이용의 촉진, 그러한 지식의 이용에 따른 이익의 공평한 공유(equitable sharing)를 국내 입법에 따라 인정할 것을 규정하고 있다.46) 또한 보전 또는 지속가능한 이용과 전통문화적 관행에 따른 생물자원의 관습적 이용의 보호 및 장려를 강조하고 있다.47) 나아가 생물다양성협약은 토착 전통지식을 정보 교류의 대상인 정보에 포함시키고 있으며,48) 당사국으로 하여금 토착 전통기술을 포함한 기술의

44) Ved P. Nanda & George Pring(각주 3), 174면.
45) 생물다양성협약(각주 1), 전문.
46) *Id.* 제8조(j).
47) *Id.* 제10조(c).

개발 및 이용을 위한 협력방안을 국내 입법과 정책에 따라 촉진 · 개발하도록 하고 있다.[49] 이러한 전통지식에 대한 고려는 TRIPs협정에서는 발견되지 않는다.

Ⅱ. 카르타헤나의정서(생명공학안전성의정서)

국내 · 외적으로 생명공학과 유전자변형기술에 대한 논란이 가열되고 있다. 그동안 유전자변형(유전자재조합, 유전자조작 등으로도 부른다)기술 또는 생명공학기술은 눈부신 발전을 하였으며, 어느덧 현대 사회를 지탱하는 중요한 기술로 성장하였다. 생명공학기술은 쉽게 말하면 어떤 생물의 유전자 중 유용한 유전자를 뽑아낸 뒤 다른 생물의 유전자에 넣어 또 다른 품종을 만드는 기술이라 할 수 있다. 이 기술은 작물 · 동물 등에 다양하게 적용된다. 해파리의 DNA를 추출해 이를 얼룩물고기(zebra fish)에 주입한 후에 황녹색의 빛을 내는 유전자변형 얼룩 물고기를 만든 것이 한 예다.[50]

유전자변형기술은 인류에게 식량생산의 증대, 농약사용량의 감축 등 유용성을 제공하면서 선진국들은 앞다투어 이를 개발 · 육성하고 있다. 그러나 유전자변형기술에 대해서는 우려의 목소리도 높아가고 있다. 그 논란의 중심에 '유전자변형생물체(Living Modified Organisms: LMOs)'가 있다. 특히 유전자변형식품(예컨대, 유전자변형기술로 재배된 콩이나 옥수수 등의 작물을 원료로 해서 만든 식품)에 대해서 관심이 집중되고 있다. 유전자변형생물체에 이와 같이 관심이 집중되는 이유는 인간의 건강과 환경에 대한 안전성 여부가 문제되기 때문이다.

유전자변형생물체를 둘러싼 논쟁은 인체 및 건강에 대한 안전성 여부로 압축되고 있다. 예컨대, 안전성에 우려를 표시하면서 규제를 강화하자는 측과 안전성에 문제가 없다면서 식량 부족, 기아, 질병문제 등의 돌파구로 규제 완화를 주장하는 측의 대립이 그것이다. 그 대립은 인류의 재앙이냐 인류의 희망이냐로 크고, 좁혀지지 않고 있다. 그러나 중요한 것은 어느 측도 안전성을 단정하지 못하고 있다는 것이다. 지금까지 지구상에 존재하지 않았던 새로운 유전자 조합을 가지고 있는 유전자변형생물체. 이는 바로 불확실성을 내포할 수밖에 없고, 이것이 우리에게 두려움을 안겨주고 있다.

---

48) *Id.* 제17조 제2항.
49) *Id.* 제18조 제4항.
50) "어둠속 빛이 헤엄친다", 경향신문, 2007. 7. 3. 기사.

유전자변형생물체가 식량의 증산, 질병 · 비만 · 노화 방지 식품의 생산, 환경정화나 농약사용 감소 등을 통한 환경보전, 제초제 및 농약사용 감소에 따른 농업생산비 절감, 고기능 건강식품의 생산, 고품질 작물의 생산, 유용물질(의약)의 생산 등에 기여한다는 견해가 있다. 이러한 입장에서는 유전자변형생물체가 인류 미래의 희망이 될 수 있다.

그러나 유전자변형생물체의 생산 · 유통 · 소비에 대해서는 부정적인 입장이 커지고 있다. 그 이유로는 다음과 같은 것들이 들어지고 있다: ① 식량 부족의 핵심은 양적인 문제보다 분배문제에 있다; ② 유전자변형생물체의 방출은 잠재적 · 장기적 위해를 초래할 가능성이 있다; ③ 유전자변형생물체는 인체와 생태계에 끼치는 영향이 명확히 검증되지 않았다; ④ 유전자변형생물체에 아직 남아 있는 해충을 제거하기 위해 보다 강력한 살충제가 살포되면서 저항력이 있는 해충이 양산될 가능성이 있다; ⑤ 식품에 소비자에게 알려지지 않은 알레르기 유발물질(allergens)이 존재할 가능성이 있다; ⑥ 제초제에 대한 내성을 지닌 유전자변형 농산물의 유전자를 받아들여 어떤 제초제로도 제거하기 어려운 성질을 갖게 된 '슈퍼잡초(superweeds)'가 탄생한다; ⑦ 유전자는 그것이 삽입된 개체 바깥으로 빠져나와서 다른 유기체를 '감염'시키는 수평적 유전자 전이(horizontal gene transfer)를 일으킬 수 있다; ⑧ 슈퍼농작물(super-crops)이 출현하면서 단일경작(monocultures) 시스템이 도입될 가능성이 있다; ⑨ 유전자변형생물체 오염으로 인한 피해와 국가간 책임문제가 발생한다.51)

유전자변형생물체의 생산 및 소비가 증가하고 있는 상황에서,52) 유전자변형식품의 유해성이 충분히 입증되지 않았음에도 이를 전면적으로 금지한다는 것이 현실적으로 무리일 수도 있다. 여기에 유전자변형생물체를 둘러싸고 어떤 정책을 채택할 것인지 국제사회와 국가의 고민이 있게 된다.

생명공학기술에 대한 우려는 1992년 리우회의에서도 제기되었다. 특히 이 회의에서 채택된 의제(Agenda) 21에서는 별도의 장(제16장)을 마련하여 환경적으로 건전한 생명공학기술의 관리(Environmentally Sound Management of Biotechnology)에 관하여 규정하고 있다. 여기에서 당사국들은 생명공학의 안전한 관리와 위해성평가

51) Ved P. Nanda & George Pring(각주 3), 354 내지 359면.

52) 농촌진흥청에 따르면 유전자변형 농산물의 세계 재배면적은 1996년 170만ha에서 2006년 1억200만ha로 60배 늘었다. 재배국가도 미국을 포함한 6개국에서 22개국으로 늘었다. 콩의 경우 전 세계 콩 재배면적의 64%(5,860만ha), 옥수수는 전체 옥수수 재배면적의 17% (2,520ha)가 유전자변형기술로 길러지고 있다. "GMO '농약 줄고 식량난 해결' '인체 영향 검증 안돼'", 중앙일보, 2007. 12. 18. 기사.

(risk assessment)에 관하여 국제적으로 합의된 원칙을 개발할 필요성을 지적하였다.[53]

생물다양성협약은 여러 곳에서 유전자원에 대한 접근 · 이용과 이에 대한 반대급부인 이익의 공유, 기술 · 연구 · 지식의 이전 등의 문제를 다루고 있다.[54] 그러나 생명공학기술과 이로 인한 유전자변형생물체의 안전성 문제를 직접 다루고 있는 조항은 많지 않다. 생명공학기술과 유전자변형생물체가 안전하다는 입장을 고수하면서 이에 대한 규제에 반발한 미국을 위시한 일부 국가들의 입장 때문에 당사국들은 "직접 또는 유전자변형생물체를 제공하는 권한을 가지고 있는 자연인 또는 법인의 요청 시, 유전자변형생물체가 도입될 경우 해당 당사국에 미칠 수 있는 악영향뿐만 아니라 이러한 생물체의 이용 및 안전 규칙에 관한 정보를 제공하여야 한다"고 타협할 수밖에 없었다.[55] 또한 당사국들은 가능한 한 그리고 적절하게, 사람의 건강에 미치는 위해성을 고려하여 생물다양성의 보전과 지속가능한 이용에 영향을 미칠 수 있는, 환경에 악영향을 미칠 수 있는 생명공학기술로 인한 유전자변형생물체의 이용과 방출에 따른 위험을 규제 · 관리 · 통제하기 위한 수단을 수립 · 유지할 의무가 있다고 합의하는 데에 만족하여야 하였다.[56]

다만 당사국들은 생물다양성의 보전과 지속가능한 이용에 악영향을 미칠 수 있는 생명공학기술로 인한 유전자변형생물체의 안전한 이동 · 취급 · 사용을 위한 의정서의 필요성을 인식하였다.[57] 생물다양성협약은 구체적으로 유전자변형생물체의 국가간 이동 시 사전통지동의(advanced informed agreement)절차를 따를 것을 담고 있는 의정서를 요구하고 있다. 이는 생명공학기술과 유전자변형생물체에 대하여 어떤 형태로든 규제하여야 한다는 국제사회의 의지표현이라 할 수 있다.

생물다양성협약에서 이루어진 합의에 따라 의정서의 초안에 대한 논의가 시작되었는데, 이해관계에 따라 다양한 그룹이 형성되면서 합의 도출이 쉽지 않았다. 예컨대, 유럽연합(EU)은 광우병으로 촉발된 공중의 분노에 영향을 받아 사전배려의 원칙을 거론하면서 유전자변형생물체에 대한 강한 규제를 주장하였다. 주요 유전자변형농작물 생산국인 미국, 캐나다, 아르헨티나 등을 비롯한 이른바 'Miami Group'[58]은 수익성이 높은 자국의 생명공학기술산업을 보호하기 위하여 유전자변

53) Agenda 21, § 16.32.
54) 생물다양성협약(각주 1), 제15조 내지 21조 참조.
55) *Id.* 제19조 제4항.
56) *Id.* 제8조(g).
57) *Id.* 제19조 제3항.
58) 이 그룹에는 주요 농산물 수출국인 미국, 캐나다, 호주, 아르헨티나, 칠레 및 우루과이 등이

형생물체에 대하여 가능한 한 최소한의 규제를 고집하였다. G-77과 중국으로 구성된 'Like-Minded Group'[59]은 유전자변형생물체의 인간의 건강 및 환경에 미칠 위해성을 부각시키면서 유전자변형생물체의 국제거래에 대하여 강한 규제를 지지하였다. 이들 개도국들은 선진국에 비하여 기술능력이 부족하다는 점을 인식하고 사회경제적 불균형을 반영하고 당사국들간의 형평성을 제고할 수 있는 강한 의정서의 필요성을 강조하였다.

이들 3개 그룹 이외에도 중도그룹이라고 할 수 있는, Miami Group에 참여하지 않은 유럽연합(EU) 이외의 국가들(한국, 일본 등)로 구성된, 이른바 'Compromise Group'[60]과 중동부유럽국가(Central and Eastern European Countries: CEE) 등의 그룹도 등장하였다, 이들 그룹간에는 어떤 문제에 대해서는 의견을 같이하면서도 어떤 문제에 대해서는 상당히 의견을 달리하였다. 그룹 내에서도 의견이 엇갈렸는데, 이러한 분분한 입장 차이는 의정서의 타결을 어렵게 하였다.[61] 특히 그룹간에 심각한 의견 대립이 있었던 분야는 의정서상의 의무를 식용 · 사료용 또는 가공용 유전자변형생물체에까지 확대하여 적용할 것인가, 의정서체제와 세계무역기구(WTO)체제를 비롯한 국제거래체제와의 관계를 어떻게 설정할 것인가 등이었다.

당사국들은 1999년 콜롬비아 카르타헤나(Cartagena)에서 개최된 생물다양성협약 특별당사국회의에서 의정서를 채택할 예정이었으나 주요 그룹인 이들 유럽연합(EU), Miami Group, Like-Minded Group의 입장 차이로 최종 문안을 합의하는데 실패하였다. 이와 같이 협상 타결이 어려울 것이라는 전망이 지배적인 가운데, 2000년 1월 캐나다 몬트리올에서 개최된 생물다양성협약 특별당사국회의에서 극적으로 카르타헤나의정서(생명공학안정성의정서)[62]가 채택되기에 이르렀다.[63]

이 의정서는 인체건강에 대한 위해성도 고려하면서,[64] 생물다양성의 보전 및

포함되었다. 2001년 현재 세계적으로 유전자변형농작물의 96%가 미국(68%), 아르헨티나(22%), 캐나다(6%) 등 3개국에서 생산되고 있다. 중국은 3%를 경작하고 있다. Ved P. Nanda & George Pring(각주 3), 363면.

59) 이 그룹은 개도국인 G-77과 중국으로 구성되었다. 이들 국가는 유전자변형식품의 환경 및 인체 건강에 대하여 확인되지 아니한 영향이 많을 것이라는 관점에서 강력한 규제를 주장하였다. 이들은 인체 건강 및 경제 · 사회에 대한 고려가 추가되기를 주장하였고, 사전배려의 원칙을 지지하였다. 박노형, "생명공학안전의정서와 다른 국제협정과의 관계", 통상법률 제33호, 2000. 6, 66면.

60) 여기에는 한국, 일본, 노르웨이, 싱가포르, 멕시코, 스위스, 뉴질랜드 등이 포함되었다.

61) 그룹간의 입장 차이에 대하여 자세한 내용은 박노형(각주 59), 66면 참조.

62) Protocol on Biosafety to the Convention on Biological Diversity, 39 I. L. M. 1027 (2000).

63) http://www.cbd.int/biosafety/background.shtml.

64) "인체건강에 대한 위해성도 고려하면서"라는 문구가 들어감으로써, 의정서의 보호범위는 생물다양성의 보호와 지속가능한 이용을 넘어서 '인체의 건강'으로까지 확대되었다 할 수 있다.

지속가능한 이용에 악영향을 미칠 가능성이 있는 현대 생명공학기술에 의해 만들어진 유전자변형생물체의 안전한 이동 · 취급 · 이용에 있어, 특히 국가간 이동에 초점을 맞추어, 적절한 보호수준을 보장하는 것을 명시적인 목적으로 하고 있다.[65] 이 의정서는 유전자변형생물체를 의도적으로 환경에 방출되는 유전자변형생물체와 식용 · 사료용 · 가공용 유전자변형생물체로 구분하여 의도적으로 환경에 방출되는 유전자변형생물체의 국제거래의 경우 사전통지동의(Advanced Informed Agreement: AIA)절차를 적용하고, 식용 · 사료용 · 가공용 유전자변형생물체의 경우 보다 더 엄격하게 표시제를 시행하는 등 차별적인 규제를 시도하고 있다.

1. 일반 의무

의정서는 각 당사국으로 하여금 의정서상의 의무를 이행하기 위해 필요한 법적 · 행정적 · 기타 조치들을 적절하게 취할 것, 유전자변형생물체의 개발 · 취급 · 운송 · 이용 · 이전 및 방출이 생물다양성과 인체건강에 대한 위해를 방지 또는 감소시키는 방법으로 이루어지도록 할 것 등을 요구하고 있다.[66] 또한 의정서는 영해 · 배타적경제수역 및 대륙붕에 대한 국가의 주권적 권리와 관할권에 영향을 미치지 아니하며, 모든 국가의 선박 및 항공기의 항행권 및 항행의 자유에 영향을 미치지 아니함을 선언하고 있으며,[67] 의정서의 목적 및 규정에 부합하고 국제법상의 다른 의무에 부합하는 한, 의정서의 어떠한 조항도 생물다양성의 보전과 지속가능한 이용을 위해 의정서에서 요구되는 수준보다 더 강하게 보호하려는 당사국의 권리를 제한하는 의미로 해석되어서는 안 된다고 규정하고 있다.[68] 이는 당사국이 의정서가 요구하는 정도보다 더 엄격한 보호수준을 갖는 조치를 취할 수 있다는 것을 의미하는 것으로 자유무역과 관련하여 논란의 여지를 주고 있다.

이종영, "바이오안정성의정서의 성립배경과 내용", 중앙대 법학논문 제25집 제1호, 2001, 149 내지 150면. 즉, 동 의정서의 제1차적 목적은 생물다양성의 보전 및 지속가능한 이용이며, 제2차적 목적은 인체건강의 보호라고 할 수 있다. Aaron A. Ostrovsky, *The European Commission's Regulations for Genetically Modified Organisms and the Current WTO Dispute —Human Health on Environmental Measures? Why the Deliberate Directive is More Appropriately Adjudicated in the WTO under the TBT Agreement,* 15 Colo. J. Int'l Envtl. L. & Pol'y 209, 216 (2004).

65) 카르타헤나의정서(각주 62), 제1조.

66) *Id.* 제2조 제1항 · 제2항.

67) *Id.* 동조 제3항.

68) *Id.* 동조 제4항.

2. 적용 범위

이 의정서는 "인체건강에 대한 위해성도 고려하면서, 생물다양성의 보전과 지속가능한 이용에 악영향을 미칠 가능성이 있는 모든 유전자변형생물체의 국가간 이동 · 경유 · 취급과 이용"을 규제한다.69) 주목할 것은 이 의정서는 유전자변형물질(GMOs) 대신에 '유전자변형생물체' 개념을 사용하고 있는데, 이는 유전자변형물질의 범위가 지나치게 넓어 그 규제가 이루어질 경우 산업에 미치는 영향이 클 수 있다는 미국 등의 우려가 고려된 것이다. 다른 관련 국제협약 및 기구에 의하여 다루어지고 있는 인체의약품용 유전자변형생물체는 이 의정서의 적용대상에서 제외된다.70)

의정서상, '유전자변형생물체'란 현대 생명공학기술71)을 이용하여 얻어진 새로운 유전물질의 조합을 포함하고 있는 모든 생물체72)를 의미한다.73) 의정서는 유전자변형생물체를 두 가지 범주로 분류하여 규제하고 있는데, 의도적으로 환경에 방출되는 유전자변형생물체(환경방출용 유전자변형생물체)74)와 식용 · 사료용 또는 가공용 유전자변형생물체75)가 그것이다. 예컨대, 같은 유전자변형 콩이라 하더라도 그 사용목적이 종자용인 경우에는 환경방출용 유전자변형생물체가 되며, 그 목적이 식품으로 사용하거나 가공하기 위한 경우에는 식용 · 사료용 · 가공용 유전자변형생물체가 된다.

식용, 사료용 또는 가공용 유전자변형생물체의 국제거래의 경우, 뒤에서 살펴보는 사전통지동의절차를 적용하는 데에 반대한 Miami Group의 입장을 고려하여 환경방출용 유전자변형생물체의 경우보다 완화된 규제가 따르게 되었다. 한편,

---

69) *Id.* 제4조.

70) *Id.* 제5조.

71) '현대 생명공학기술'이란 데옥시리보핵산(DNA) 재조합과 핵산을 세포 및 세포 내 소기관으로 직접 주입하는 기술을 포함하는 시험관 내 핵산기술 또는 분류학적인 과의 범위를 넘는 세포의 융합기술로서 자연상태의 생리적 증식이나 재조합의 장벽을 극복하고 전통적인 교배나 선발에 이용되지 않는 기술을 말한다. *Id.* 제3조(i).

72) '생물체'란 유전물질을 전달하거나 복제할 수 있는 모든 생물학적 존재를 말하며, 여기에는 생식능력이 없는 유기체, 바이러스, 바이로이드도 포함된다. *Id.* 제3조(h).

73) *Id.* 제3조(g).

74) 환경방출용 유전자변형생물체는 파종용 종자, 방출용 어류, 미생물 농약, 환경정화용 미생물 등과 같이 환경에 직접 방출되어 생태계에 악영향을 초래할 수 있는 유전자변형생물체를 의미한다. 한국생명공학연구원, 2003 바이오안전성백서, 2003, 73면.

75) 식용 · 사료용 · 가공용 유전자변형생물체는 현재 국제무역에서 약 90%를 차지하는 다양한 곡물로서 콩, 옥수수, 면화, 토마토, 곡물 및 카사바 등을 포함하고 있다. 한국생명공학연구원 (앞의 책).

Like－Minded Group은 유전자변형생물체로부터 파생된 제품(Products thereof)에까지 사전통지동의절차를 확대 적용할 것을 주장하였으나, 각 그룹간의 타협의 결과 의정서에는 반영되지 않았다. 의정서의 적용대상으로 유전자변형생물체로부터 파생된 제품까지 포함되었다면, 의정서는 유전자변형 옥수수로 만든 시리얼, 음료, 유전자변형 면화로 만든 청바지와 같은 광범위한 상품에까지 적용되게 되었을 것이다.[76]

3. 사전배려의 원칙

유럽연합(EU)은 유전자변형생물체가 인간의 건강이나 환경에 미치는 악영향에 대하여 과학적으로 규명되지 않은 상태라 할지라도 이를 규제하기 위한 조치를 취할 것을 강력히 주장하였다. 이에 반하여 Miami Group은 이러한 접근방법에 대하여 단순한 언급은 하되 목적 조항이나 의사결정절차에서 구체적으로 언급하는 것에 대하여는 반대하였다.[77] 의정서는 유럽연합 등 주요 농산물 수입국들의 주장을 반영하여 전문과 목적 조항에서 사전배려의 원칙을 확인하였다. 이에 따라 수입국은 식용 · 사료용 또는 가공용 유전자변형생물체가 자국의 인체건강이나 환경에 심각한 또는 회복 불가능한 피해의 위협이 되는 경우 비록 과학적으로 규명되지 않았다고 할지라도 이를 규제하기 위하여 조치를 취할 수 있다.[78]

더욱이, 의정서는 유전자변형생물체가 생물다양성의 보전과 지속가능한 이용에 대해 미칠 수 있는 잠재적인 악영향의 정도에 관하여, 인체 건강에 미칠 위해도 고려하여, 과학적 정보 및 지식이 불충분하여 과학적인 확실성이 없는 경우에도 수입 당사국은 이러한 잠재적 악영향을 회피하거나 최소화하기 위하여 해당 유전

76) Paul E. Hagen and John Barlow Weiner, *The Cartagena Protocol on Biosafety: New Rules for International Trade in Living Modified Organisms*, 12 Geo. Int'l Envtl. L. Rev. 703 (2000). 다만, 제20조(정보공유 및 생명공학안전성정보센터), 부속서 Ⅰ(통지 시 요구되는 정보), 부속서 Ⅲ(제15조에 의한 위해성평가)에서는 유전자변형생물체 파생제품을 적용대상으로 하고 있다.

77) 특히 미국, 캐나다 등은 '실질적 동등성(substantial equivalence)'의 원칙을 유전자변형생물체 관리의 기본으로 하고 있는데, 이에 따르면 유전자변형생물체는 전통적인 농작물과 차이가 없기 때문에 별도의 시험(testing) 절차 없이 상품화가 가능하다. 그러나 이러한 입장에 대해서는 '실질적 동등성'과 자연 식품과 유전자변형 대체재 사이의 차이의 정도 등에 대한 적절한 정의가 없으며, 그 모호성은 생산자에게는 몰라도 소비자에게는 받아들일 수 없는 개념이며, 유전자변형식품의 위해성에 대한 계속적인 연구에 장애가 될 수 있다는 비판이 있을 수 있다. Ved P. Nanda & George Pring(각주 3), 361 내지 362면.

78) 카르타헤나의정서(각주 62), 전문, 제1조.

자변형생물체의 수입에 대하여 적절한 결정을 내리는 것을 막을 수 없다고 규정함으로써,[79] 사전배려의 원칙이 의사결정절차에서도 적용될 수 있도록 하였다.

4. 사전통지동의절차

의정서는 환경방출용 유전자변형생물체의 국가간 이동의 경우 엄격한 사전통지동의절차[80]가 적용되도록 하였다. 이 절차는 주권적 권리에 기초하여 수입국으로 하여금 사전에 유전자변형생물체의 수입 여부를 결정하고, 자체적으로 위해성 관리를 위한 조치를 취하도록 하고 있다.

가. 적용 범위

사전통지동의절차는 수입당사국의 환경방출용 유전자변형생물체의 최초의 국가간 이동에 대하여 적용된다.[81] 의정서는 유전자변형생물체를 환경방출용과 식용 · 사료용 또는 가공용 유전자변형생물체로 구분하고 환경방출용 유전자변형생물체의 경우에만 사전통지동의절차가 적용되도록 하였다. 그 결과 직접적인 식용 · 사료용 또는 가공용 유전자변형생물체에 대하여는 사전통지동의절차가 적용되지 않는다.[82] 당사국들의 타협의 결과인 이러한 차등적인 규제는 위해가능성의 많고 적음을 고려한 규제방식이라 할 수 있다. 그러나 유전자변형생물체 중 많은 부분을 차지하고 있는 것이 직접적인 식용 · 사료용 또는 가공용 유전자변형생물체임에도 불구하고 이에 대하여 사전통지동의절차가 적용되지 않는다는 점은 의정서의 약점으로 지적될 수 있다.

유전자변형생물체가 특정 국가로 수입되는 경우, 사전통지동의절차는 처음 당해 국가에 수입될 때에만 적용되기 때문에 한번 수입 동의를 받은 동일한 유전자변형생물체는 이후부터는 사전통지동의절차를 거치지 않고 수입될 수 있다.

한편, 협약 당사국회의의 결정으로 인체건강에 미칠 위해도 고려하면서, 생물다양성의 보전과 지속가능한 이용에 악영향을 미칠 우려가 없다고 확인된 유전자

79) *Id.* 제10조 제6항, 제11조 제8항.

80) 카르타헤나의정서상의 사전통지동의(AIA)절차는 1989년 바젤협약에서 도입하고 있는 사전통지승인(Prior Informed Consent: PIC)절차에서 그 유래를 찾을 수는 있다. 기본 구조는 유사하나 세부적인 운영면에서 약간의 차이를 보이고 있다. 즉 카르타헤나의정서는 원칙적으로 최초의 국가간 이동에 있어서만 서면동의를 요구하는 반면, 바젤협약은 원칙적으로 모든 유해폐기물의 국가간 이동에 있어서 개별적으로 서면승인을 요구하고 있다.

81) 카르타헤나의정서(각주 62), 제7조 제1항.

82) *Id.* 동조 제2항.

변형생물체의 국가간 이동의 경우에는 사전통지동의절차가 적용되지 않는다.[83] 또한 경유 중인(in transit) 유전자변형생물체와 밀폐사용(contained use)[84]을 목적으로 하는 유전자변형생물체의 국가간 이동의 경우에는 사전통지동의절차가 적용되지 않는다.[85]

나. 기본 절차

사전통지동의절차는 수출국이 수출 전에 수입국에 통지하는 절차와 이러한 통지에 대하여 수입국이 동의하는 절차로 구성되는데, 구체적인 내용은 다음과 같다. 수출당사국은 유전자변형생물체의 의도적인 국가간 이동 전에 수입당사국의 책임기관에게 서면으로 통지하거나 수출자로 하여금 통지하도록 하여야 한다.[86] 수입당사국은 통지를 받은 날로부터 270일 내에 서면으로 유전자변형생물체의 수입 동의, 조건부 수입 동의, 수입 금지, 추가 관련정보 요구, 연장 결정 등을 하여야 한다.[87] 최종결정사항을 기한 내에 통지자에게 알리지 않았다 하더라도 그것이 의도적 국가간 이동에 대한 동의를 의미하지는 않는다.[88]

사전통지동의절차는 유전자변형생물체의 국가간 이동을 규제하는 가장 핵심적인 장치이다. 그러나 흔히 개도국의 경우와 같이 수출국에서 통지한 정보에 대한 분석 · 평가를 제대로 할 수 없는 경우에는 유전자변형생물체의 규제 · 관리를 위한 핵심 장치인 사전통지동의절차의 유용성이 약화될 수밖에 없다.

의정서는 수입당사국이 수입 여부를 결정할 경우, 자국의 국제적 의무에 부합하여 유전자변형생물체가 생물다양성의 보전과 지속가능한 이용에 미치는 영향으로부터 야기되는 사회 · 경제적 고려를 하도록 규정하고 있다.[89] 이 규정은 수입당사국에게 환경보호뿐만 아니라, 자국의 사회 · 경제적 이익 보호를 목적으로 유전자변형생물체의 국가간 이동을 규제할 수 있는 여지를 주고 있다는 점에서 논란이 제기될 수 있다.[90] 의정서는 수입당사국으로 하여금 위해성평가에 관한 요약문,

83) *Id.* 동조 제3항.

84) '밀폐사용'이란 유전자변형생물체가 외부환경과 접촉하는 것을 효과적으로 제한하고, 외부환경에 미치는 영향을 효과적으로 제한할 수 있도록 특별히 마련된 시설, 장치 또는 기타 물리적 구조물 내에서 이루어지는 제반 작업을 의미한다. *Id.* 제3조(b).

85) *Id.* 제6조.

86) *Id.* 제8조 제1항. 통지 시 요구되는 정보에 관하여는 부속서 I 에서 정하고 있다.

87) *Id.* 제10조 제3항.

88) *Id.* 동조 제5항.

89) *Id.* 제26조 제1항.

90) Paul E. Hagen & John Barlow Weiner(각주 76), 704면.

수입 승인과 관련된 최종결정 등을 '바이오안전성정보센터(Biosafety Clearing-House: BCH)'에 제공하도록 함으로써, 다른 당사국이 이러한 정보에 접근할 수 있도록 하고 있다.[91]

≪사전통지동의절차≫[92]

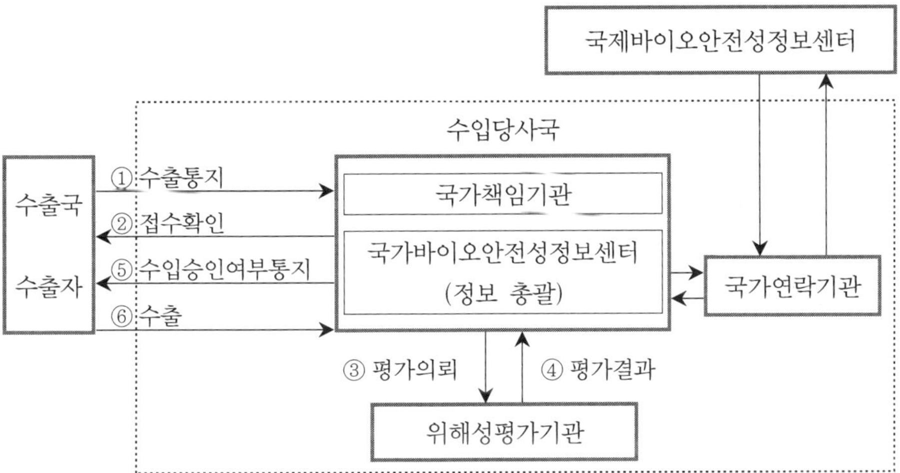

다. 직접적인 식용 · 사료용 · 가공용 유전자변형생물체에 대한 절차

의정서는 직접적인 식용 · 사료용 또는 가공용으로 수출되는 유전자변형생물체에 대해서는 독립적 규제 절차를 마련해두고 있다. 이에 따르면, 직접적인 식용 · 사료용 또는 가공용으로 국가간 이동할 가능성이 있는 유전자변형생물체를 시장에 출시하는 것을 비롯하여 국내사용에 관한 최종 결정을 하는 당사국은, 결정을 내린 후 15일 이내에 바이오안전성정보센터를 통하여 다른 당사국들에게 관련 정보를 알려주어야 한다.[93] 당사국은 의정서의 목적에 부합하는 국내 규제체제에 따라 직접적인 식용 · 사료용 · 가공용 유전자변형생물체의 수입 여부를 결정할 수 있다(동조 제4항). 위 용도의 유전자변형생물체의 수입에 적용할 수 있는 국내법령 · 규정과 지침이 있는 경우, 당사국은 그 사본을 바이오안전성정보센터에 제공하여야 한다.[94]

91) *Id.* 제20조 제2항 · 제3항.
92) 2003 바이오안전성백서(각주 74), 77면.
93) 카르타헤나의정서(각주 62), 제11조 제1항. 이 정보에 관하여는 부속서 Ⅱ에서 정하고 있다.
94) *Id.* 동조 제5항.

라. 약식절차

의정서는 의정서의 목적에 따라 유전자변형생물체의 안전한 국가간 이동을 보장하기 위한 적절한 조치가 취해지고 있는 경우, 수입국에 통지함과 동시에 의도적 국가간 이동이 이루어지거나 사전통지동의절차가 면제된 유전자변형생물체의 수입이 가능하도록 하는 등 약식절차를 규정하고 있다.95)

5. 위해성평가와 위해성관리

위해성평가와 위해성관리는 사전통지동의절차에서 수입당사국 의사결정의 기초를 제공하는 핵심사항이다. 의정서는 당사국으로 하여금 유전자변형생물체의 위해성관리에 신중을 기하도록 하기 위하여 위해성평가(risk assessment)와 위해성관리(risk management)를 위한 근거 규정을 두고 있는데, 이는 당사국들에게 위해성평가와 위해성관리를 위한 일정한 기준을 제공함으로써, 당사국들마다 다를 수 있는 관리체제를 통일하는 기능을 갖게 된다. 그러나 기본적으로 유전자변형생물체의 위해성을 직접 평가하고 관리하는 주체는 개별 국가일 수밖에 없으므로 개별 국가의 노력이 동 제도의 성공을 좌우한다고 할 수 있다.

가. 위해성평가

위해성평가는 유전자변형생물체가 인체건강에 미칠 수 있는 위해성뿐만 아니라 생물다양성의 보전과 지속가능한 이용에 미칠 수 있는 악영향을 식별하고 평가하는 것을 목적으로 하고 있다.96) 수입당사국은 수입 여부를 결정하기 위해 과학적으로 건전한 방법에 의해 위해성평가를 하여야 하며, 수출자로 하여금 위해성평가를 하도록 요구할 수 있다.97) 의정서는 사전통지동의절차를 통해 수입당사국에게 기한을 주고 이와 같이 위해성평가를 거쳐 수입 여부를 결정할 수 있는 권한을 주고 있으나 위해성평가를 위한 기술적 · 인적 자원을 제대로 갖추고 있지 못한 개도국의 경우, 그 의사결정은 한계를 가질 수밖에 없을 것이다.

위해성평가는 부속서 Ⅲ에 따라 과학적으로 건전한 방식으로 이루어져야 하며, 공인된 위해성평가 기술을 고려하여야 한다. 또한 최소한 수출당사국의 통지 시 제공된 정보와 기타 이용가능한 과학적 증거에 기초하여야 한다.98) 위해성평가 비

---

95) *Id.* 제13조.
96) *Id.* 제15조 제1항.
97) *Id.* 동조 제2항.

용은 수입당사국이 요구할 경우 통지자가 부담하도록 하고 있는데,[99] 이는 환경법상의 오염원인자 부담의 원칙을 반영한 것이라 이해된다.

나. 위해성관리

의정서는 당사국들로 하여금 유전자변형생물체의 사용 · 취급 및 국가간 이동과 관련하여 위해성평가를 통해 확인된 위해성을 규제 · 관리 · 통제할 적절한 체제 · 조치 및 전략을 수립하고 운영하도록 하고 있다.[100] 당사국은 유전자변형생물체가 인체 건강에 미칠 위해성도 고려하면서, 자국 영토 내에서 생물다양성의 보전 및 지속가능한 이용에 미칠 악영향을 방지하기 위한 조치를 필요한 범위 내에서 시행할 수 있는데, 이러한 조치들은 위해성평가에 기초하여야 한다.[101] 또한 의정서는 당사국으로 하여금 유전자변형생물체의 비의도적 국가간 이동을 방지하기 위한 적절한 조치를 취하도록 하고 있는데, 여기에는 유전자변형생물체의 최초 방출 이전에 위해성평가를 수행하도록 하는 조치 등이 포함된다.[102] 당사국들은 수입되거나 자국에서 개발된 유전자변형생물체가 의도된 목적대로 사용되기 이전에 전생애 주기(life－cycle) 또는 한 세대에 상응하는 적절한 관찰기간을 갖도록 노력하여야 한다.[103]

6. 표시제도

유전자변형생물체를 둘러싸고 당사국들 사이에 가장 치열하게 논란이 제기된 분야 중의 하나가 바로 표시제도(labeling)이다. 예컨대, 유럽연합과 개도국들은 유전자변형생물체를 포함하고 있는 제품을 수출하는 당사국으로 하여금 이를 명확히 표시하도록 하여야 한다고 주장하였다. 미국을 비롯한 주요 농산물 수출국들은 유전자변형생물체가 다른 제품과 혼합이 되어 내량으로 선적되는 경우 이를 표시한다는 것이 사실상 불가능하다고 주장하였다.[104]

의정서는 유럽연합과 개도국들의 입장을 반영하여 당사국으로 하여금 유전자변형생물체에 대한 표시제도를 시행할 수 있는 근거를 마련하였다. 의정서상 환경

98) *Id.*
99) *Id.* 제15조 제3항.
100) *Id.* 제16조 제1항.
101) *Id.* 동조 제2항.
102) *Id.* 동조 제3항.
103) *Id.* 동조 제4항.
104) Ved P. Nanda & George Pring(각주 3), 389면.

방출용 유전자변형생물체와 직접적인 식용 · 사료용 또는 가공용 유전자변형생물체는 상이한 방식으로 규제되는데, 즉 환경방출용 유전자변형생물체에 대하여는 선적서류(documentation accompanying)에서 유전자변형생물체임이 명확히 표시되어야 하고, 신원(identity) · 관련 형질 · 특성 그리고 안전한 취급 · 저장 · 운송 · 이용을 위해 필요한 사항, 추가정보를 위한 연락처, 수입자 및 수출자의 이름, 주소 등이 명기되어야 하며, 의정서상의 요건에 부합하는 유전자변형생물체의 이동이라는 선언이 포함되어야 한다.[105)]

이에 비해 직접적인 식용 · 사료용 또는 가공용 유전자변형생물체에 대하여는 단순히 유전자변형생물체를 포함하고 있을 가능성(may contain) 및 의도적인 환경방출용이 아니라는 것 등을 명기한 서류가 요구될 뿐이다.[106)] 이와 같이 직접적인 식용 · 사료용 또는 가공용 유전자변형생물체의 경우 성분 · 특성 등을 제외하고 유전자변형생물체가 포함하고 있을 수 있다고만 표시할 수 있도록 한 것은 표시를 원하지 않는 그룹과 신원(identity)과 특성 등을 설명하는 서면을 요구하는 그룹간 타협의 산물이라 할 수 있다.[107)] 이는 결과적으로 Miami Group을 비롯한 주요 농산물 수출국들로 하여금 유전자변형농작물을 전통적인 품종과 분리하지 않고 수출하는 것을 허용해주고 있다.

그러나 당사국들은 유전자변형생물체의 신원을 나타낼 수 있는 방법, 고유한 식별 방법 등 자세한 사항은 의정서 발효 후 2년 내에 당사국회의에서 결정하도록 합의하였다.[108)] 이에 따라 당사국회의는 조만간 직접적인 식용 · 사료용 또는 가공용 유전자변형생물체의 국가간 이동 시 추가적인 요건을 요구할 것인지를 검토할 것으로 보인다.

표시제도는 유전자변형생물체의 국가간 이동 시 안전성을 확보해 준다는 점에서 큰 의미를 갖는다 할 수 있다. 표시제도와 관련하여 행위 준칙, 통일된 규범으로서의 기능을 하는 의정서 규정에 따라 수입당사국은 국내법에 의거하여 유전자변형생물체의 표시제도를 보다 효율적으로 시행할 수 있게 되었다. 그러나 의정서상의 표시제도는 주로 수출 · 입자와 세관원을 염두에 둔 것으로, 구체적 소비자에 대한 수출 · 입자의 표시의무와 관련하여서는 어떠한 규정도 두고 있지 않다. 이

---

105) 카르타헤나의정서(각주 62), 제18조 제2항(c).

106) *Id.* 동조 제2항(a).

107) Kurt Buechle, *The Great, Global Promise of Genetically Modified Organisms: Overcoming Fear, Misconceptions, and the Cartagena Protocol on Biosafety,* 9 Ind. J. Global Legal Stud. 306 (2001).

108) 카르타헤나의정서(각주 62), 제18조 제2항(a) 후문.

문제는 결국 개별 수입국의 결정에 달려 있다고 할 수 있다.

7. 비의도적 국가간 이동과 비상조치

의정서는 각 당사국으로 하여금 인체 건강에 대한 위해성도 고려하면서 생물다양성의 보전 및 지속가능한 이용에 심각한 악영향을 미칠 가능성이 있는 유전자변형생물체의 비의도적 국가간 이동을 초래하거나 초래할 우려가 있는 방출이 자국 관할권 내에서 발생하였음을 인지하였을 경우에는, 영향을 받게 되거나 받을 우려가 있는 국가, 바이오안전성정보센터 및 적절한 경우 관련 국제기구에 가능한 한 빨리 통지하기 위한 적절한 조치를 취하도록 하고 있다.[109]

각 당사국은 자국의 관할권 내에서 유전자변형생물체의 방출이 발생할 경우, 영향을 받게 되거나 받을 우려가 있는 국가들과 즉시 협의하여 그들로 하여금 적절한 대응책을 결정하고 비상조치를 포함한 필요한 행동을 취할 수 있도록 하여야 한다.[110]

8. 불법적 국가간 이동

각 당사국은 의정서를 이행하기 위한 국내 조치를 위반하여 이루어지는 유전자변형생물체의 국가간 이동을 방지하고, 필요한 경우 처벌하기 위하여 적절한 국내 조치를 마련하여야 한다.[111] 의정서상, 이러한 조치를 위반하여 이루어지는 이동은 불법적인 국가간 이동으로 간주된다.[112] 의정서는 불법적인 국가간 이동이 이루어진 경우, 피해당사국으로 하여금 원산국에게 배상(reparation) 또는 파괴 등을 통해 문제의 유전자변형생물체를 처리할 것을 요구할 수 있도록 하고 있다(제25조). 이는 의정서의 실효성을 확보하기 위한 중요한 규정이라 할 수 있다. 그러나 불법적 국가간 이동에 대한 개념 정의가 없고, 처벌을 위한 구체적 기준이 없기 때문에 구체적 시행과정에서는 어려움이 예상되고 있다.

---

109) *Id.* 제17조 제1항.
110) *Id.* 동조 제4항.
111) *Id.* 제25조 제1항.
112) *Id.*

9. 책임과 피해배상

협상과정에서 유전자변형생물체의 국가간 이동으로 야기될 수 있는 책임 및 피해배상 문제를 어떻게 다룰지에 대해서도 당사국들 사이에 심한 의견대립이 있었다. 결국 당사국들은 의견 차이를 좁히지 못하고, "처음 열리는 당사국회의에서, 국제법상의 진행절차를 분석 · 고려하여, 유전자변형생물체의 국가간 이동에 의해 초래될 수 있는 피해에 대한 책임과 배상 분야에서 적절한 국제 규정과 절차를 마련하기 위한 논의 절차를 채택하여, 이 절차가 4년 내에 완성될 수 있도록 노력하여야 한다"고 합의하는 데 만족해야 하였다.[113)]

10. 국제거래체제와의 관계

의정서와 세계무역기구(WTO)로 대표되는 국제거래체제와의 관계를 어떻게 볼 것이냐에 대해서도 당사국들 사이에 심한 의견 대립이 있었다. 의정서 전문에서는 "이 의정서가 다른 국제협약들에 종속되지 않는다"고 밝힘으로써, 이 문제를 나름대로 해결하고 있다. 그러나 의정서와 WTO의 관계에 대하여는 아직도 당사국들간에 논란이 계속되고 있다. 예컨대, 유전자변형생물체의 수입을 막을 수 있는 국제거래법상 원칙은 사전배려의 원칙이 아니라 과학적 증거라는 입장이 여전히 존재하고 있다. 참고로 위생 및 검역조치의 적용에 관한 협정(SPS협정)은 인간 · 동물 또는 식물을 보호하기 위하여 수입국에 의하여 취하여진 조치는 과학적 원칙(scientific principles)에 근거하여야 하며 충분한 과학적 증거(scientific evidence)에 의하여 유지되어야 한다고 밝히고 있다.[114)]

11. 기 타

의정서는 그 밖에 생명공학기술의 적절하고 안전한 관리, 생명공학안전성을 위한 위해성평가 · 관리에 대한 과학적 · 기술적 훈련, 생명공학안전성에 대한 전문적 · 제도적 능력의 향상을 포함하는 개도국의 의정서 이행에 필요한 역량배양(capacity building),[115)] 공공인식과 참여,[116)] 생명공학안전성에 관한 정보의 공유

113) *Id.* 제27조.
114) Agreement on the Application of Sanitary and Phytosanitary Measures, http://www.wto.org/english/docs_e/legal_e/15sps_01_e.htm., 제2조 제2항.
115) 카르타헤나의정서(각주 62), 제22조.

와 이에 관한 각국간의 정보교환을 위한 바이오안전성정보센터의 설립, 재정체계와 재원117) 등을 규정함으로써,118) 의정서의 이행을 위한 인프라 구축을 강조하고 있다.

12. 평 가

유전자변형생물체의 국가간 이동을 규제하는 체제가 만들어짐에 따라 발전을 거듭해온 생명공학기술과 상업적 유전자변형생물체의 운명도 크게 영향을 받을 수 밖에 없게 되었다.

카르타헤나의정서는 유전자변형생물체의 인간의 건강과 환경에 미치는 위해성에 대하여 과학적 확실성이 없음에도 불구하고, 유전자변형생물체의 국가간 이동시 안전성을 확보하기 위한 규제의 큰 토대를 마련하고 있다는 점에서 긍정적인 평가를 받을 만하다. 전문을 비롯하여 제1조, 제10조, 제11조 등에 사전배려의 원칙이 반영되어 있는데, 특기할 것은 사전배려의 원칙을 전문과 목적 조항에서 확인하는 데 그치지 않고 의사결정절차에서도 적용될 수 있도록 하고 있다는 점이다. 이러한 차원에서 이 의정서는 국제환경협약상 최초로 사전배려의 원칙을 구속력 있는 내용으로 규정하고 있다고 할 수 있다.

전문에서는 무역과 환경협정이 지속가능한 발전을 달성하기 위해 서로 보완적이라는 점과 이 의정서가 다른 협약들에 종속되지 않는다는 점을 밝히고 있는데, 이와 같이 환경문제에 대한 인식을 바탕으로 국제거래와 경제문제에 대하여 타협을 시도하였다는 점은 국제무역과 환경이 대립 · 상충하는 관계에 있다는 기존 인식을 깬다는 의미를 갖는다. 그러나 환경협약체제가 GATT/ WTO체제에 우선한다는 명시적인 규정을 마련하지 못한 상태에서 GATT/ WTO체제와의 충돌 가능성은 상존하고 있다.

사전통보동의절차, 표시제도, 위해성평가와 위해성관리 등 의정서상의 핵심절차는 미흡하지만 유전자변형생물체의 국가간 이동을 규제하기 위한 최소한의 안전판으로 기능할 것이다. 생명공학안전성을 위해 개도국의 역량배양을 강조하고 있

116) *Id.* 제23조.

117) *Id.* 제28조.

118) 생물다양성협약 제18조 제3항에 근거하여 설치된 바이오안전성정보센터의 명시적인 목적은 다음 두 가지이다: ① 유전자변형생물체에 관한 과학적 · 전문적 · 환경적 · 법률적 정보 및 경험의 교환 촉진; ② 기원 중심국(centres of origin) 및 유전적 다양성의 중심국뿐만 아니라 개도국(특히 저개발국, 군소도서국)과 전환기경제국들의 특별한 요구를 고려한 당사국들의 의정서 이행의 지원. *Id.* 제20조 제1항.

는 것도 특기할 만하다.

이러한 긍정적 평가와 달리 약점도 발견되고 있다. 즉 당사국들간의 심한 의견 대립의 결과 의정서는 타협적인 성격을 갖게 되었는데, 이는 규정의 애매함, 적용범위의 축소, 규제 수단의 약화 등으로 나타났다. 어떤 면에서는 의정서의 큰 목적이 생물다양성의 보전과 지속가능한 이용이라는 점을 감안할 때, 많은 부분에서 농산물 수출국의 통상이익에 양보하였다는 비판을 받을 만하다. 비당사국과의 국제거래 가능성을 열어 놓은 것[119]과 유전자변형생물체의 주요 수출국인 미국 등이 참여하지 않은 것은 큰 약점으로 지적될 수 있다.[120] 주요 분야에서 당사국들간에 논란이 계속되고 있는 것도 실효성을 크게 약화시키고 있다. 표시제도의 범위 · 방법, 소비자의 알 권리 보장, 책임 및 손해배상 문제 등이 대표적인 예이다.

유전자변형생물체의 주요 부분을 차지하고 있는 식용 · 사료용 · 가공용 유전자변형생물체에 대하여 사전통지동의절차가 적용되지 않고 표시제도와 관련하여 환경방출용 유전자변형생물체보다 덜 엄격한 규제를 받는 것은 유전자변형생물체의 규제 및 관리체제의 효율성을 약화시킬 우려가 있다.

국내법적으로는 유전자변형생물체[121]에 대한 종합적인 관리체계를 확립하고 카르타헤나의정서의 비준 및 시행을 뒷받침하기 위하여 2001년 3월 28일 「유전자변형생물체의 국가간 이동 등에 관한 법률」이 제정되었다. 동법이 제정됨으로써 이제 유전자변형생물체 문제는 본격적으로 법적 규제를 받는 사항으로 발전하였다. 동법은 본래 카르타헤나의정서의 이행법률이므로 유전자변형생물체의 '수출입'에 있어서의 안전성을 관리하기 위한 법이지만, 여기에 멈추지 않고 국내 개발 · 생산 · 유통단계에서의 안전성도 관리하고 있다.[122] 이러한 점에서 동법은 유전자변형생물체의 안전성 확보를 위한 기본법이라고 할 수 있다. 동법은 유전자변형생물

119) 당사국들은 유전자변형생물체의 국가간 이동에 관하여 양자간, 지역간 및 다자간 협약 및 협정을 체결하여 비당사국과 국제거래를 할 가능성이 있다. *Id.* 제24조 참조.

120) 유전자변형생물체의 주요 수출국이라 할 수 있는 미국, 캐나다, 호주, 아르헨티나 등 이른바 Miami Group국가들 가운데 비준한 나라는 하나도 없다. http://www.biodiv.org/biosafety/signinglist.aspx?sts=rtf&ord=dt#.

121) 「유전자변형생물체의 국가간 이동 등에 관한 법률」에서는 '유전자변형생물체'를 다음의 현대생명공학기술을 이용하여 얻어진 생물체로서 새롭게 조합된 유전물질을 포함하고 있는 생물체로 정의하고 있다; ① 인위적으로 유전자를 재조합하거나 유전자를 구성하는 핵산을 세포 또는 세포 내 소기관으로 직접 주입하는 기술; ② 분류학에 의한 과(科)의 범위를 넘는 세포융합으로서 자연상태의 생리적 증식이나 재조합이 아니고 전통적인 교배나 선발(選發)에서 사용되지 아니하는 기술(제2조 제1호).

122) 현재는 우리나라에서 유전자변형생물체가 생산되고 있지 않기 때문에 주로 수출 · 입 규정이 문제되고 있으나 앞으로 국내 생산이 본격화되면 국내 연구 · 개발 · 생산 · 유통 등 전 단계에 적용될 가능성이 많다.

체의 개발 · 생산 · 수입 · 수출 · 유통 등에 관한 안전성의 확보를 위하여 수입 · 생산승인, 위해성 심사, 표시, 취급관리기준, 정보공개 등 다양한 제도를 두고 있다. 이러한 제도는 유전자변형생물체의 위해성 관리가 사전배려의 원칙에 기초하여 이루어지고 있음을 보여준다.

Ⅲ. 나고야-쿠알라룸프 추가의정서

예컨대, 유전자 조작이 이루어진 옥수수 기름이 국가간 이동을 하는 과정에서 환경에 방출되거나 관련자가 여기에 노출된 경우 누가, 어느 범위에서 책임을 지는가? 책임의 기준은 과실책임인가, 무과실책임인가? 유전자변형생물체(LMO)의 연구 · 개발이 확대되고, 국가간 이동이 점차 활발해지면서 유전자변형생물체로 인한 피해가 현실적인 문제로 대두되고 있다. 책임과 구제(liability and redress)는 유전자변형생물체의 월경 이동이 피해를 초래한 경우 어떻게 해결할 것인가의 문제이다. 유전자변형생물체의 안전성을 단정하지 못하고 있는 상황에서 피해로 인한 책임과 구제는 중요하고 예민한 문제가 될 수밖에 없다.

흔히 책임은 책임이 있는 자의 행위로 인하여 발생한 피해에 대한 배상을 위해 적용될 수 있는 법상 의무와 관련이 있다. 책임과 구제 문제는 카르타헤나의정서 협상 과정 어젠다에서도 중요한 주제 중의 하나였다. 그러나 당시 당사국들은 책임 체제의 세부적인 사항에 대하여 합의를 이루지 못하였다. 그러나 문제의 중요성과 시급성은 분명히 인식하였다. 카르타헤나의정서 당사국들은 당사국회의의 역할을 수행하는 첫 당사국총회 제1차 회의에서 책임과 구제 분야에서 국제규칙과 절차를 만들기 위한 논의 절차를 채택하고, 이러한 논의 절차가 4년 이내에 완성될 수 있도록 노력하기로 하였다.[123] 이러한 합의에 따라 제1차 당사국총회(COP−MOP)는 임시작업반을 설치하였다.

6년간의 협상 끝에 책임과 구제에 관한 나고야−쿠알라룸프 추가의정서(추가의정서)[124]가 2010년 10월 15일 일본 나고야에서 개최된 제5차 당사국총회(COP−MOP 5)에서 채택되었다. 추가의정서의 채택은 유전자변형생물체의 국제이동에서 언제든지 발생할 수 있는 책임 문제를 다루고 있다는 점에서 카르타헤나

123) 카르타헤나의정서(각주 62), 제27조.

124) The Nagoya−Kuala Lumpur Supplementary Protocol on Liability and Redress to the Cartagena Protocol on Biosafety, http://bch.cbd.int/protocol/NKL_text.shtml.

의정서의 이행을 위한 전환점을 이룬다고 할 수 있다. 그러나 국제적으로 통일된 규칙과 절차를 마련하는 대신에 많은 쟁점에 대하여 대략적인 것만 제시하고 국내법으로 이를 구체화도록 위임하고 있다는 점에서 만족스럽지 않은 측면이 있다. 결국 이행은 해당 당사국들의 문제로 남아 있다. 의정서 채택이후 7년여가 지나 발효가 된 것은 당사국의 참여가 저조하였기 때문인데, 그 원인으로는 책임 체제를 마련하는 것이 쉽지 않을 뿐만 아니라 책임 문제가 워낙 예민하고 양날의 칼과 같은 성격을 가지고 있는 부담스러운 주제라는 점을 무시할 수 없을 것이다.

1. 정 의

가. 피 해

추가의정서는 피해(damage)를 "인간의 건강에 미치는 위해를 고려하면서, 생물다양성의 보전과 지속가능한 이용에 영향을 미치는 부정적 영향을 말한다"고 정의하고 있다.125) 이러한 개념 정의를 엄격히 따를 경우, 예방적 · 대응적 조치비용, 재산적 손해, 경제적 손해 등이 피해에 포함되는지 애매한 측면이 있다. 피해는 측정가능하거나 관찰될 수 있어야 하고, 중대하여야 한다. 피해는 측정 가능하여야 하기 때문에 피해의 가능성만으로는 피해의 범위에 들지 않는다고 생각된다.126) '중대한' 부정적 영향의 결정은 합리적인 기간 내에 자연적 회복을 통해 복구되지 않을 장기적 또는 영구적인 변화, 생물다양성의 구성 요소에 부정적 영향을 미치는 질적 또는 양적 변화의 정도, 재화 및 서비스를 제공하는 생물다양성 구성 요소의 능력 감소, 의정서의 내용에서 인간의 건강에 대한 부정적 영향의 정도와 같은 요소에 근거하여 결정한다.127)

나. 운 영 자

책임 주체인 운영자(operator)는 예민하고 중요한 이슈를 제공한다. 추가의정서상 운영자는 유전자변형생물체를 직접 또는 간접적으로 통제할 수 있는 모든 사람을 의미한다. 구체적으로 적절하고, 국내법에 의해 결정되는 바와 같이 허가 받은 자, 유전자변형생물체를 시장에 유통시킨 자, 개발자, 생산자, 통고자, 수출자, 수

125) *Id.* 제2조 제2항(b).

126) 최승필, "바이오안정성의정서 추가의정서상의 손해배상에 관한 법적 문제, 환경법연구 제34권 제1호, 2012. 4, 140면.

127) 추가의정서(각주 124), 제2조 제3항.

입자, 운반자 또는 공급자를 광범위하게 포함한다.[128] 이러한 개념 정의는 대응조치가 필요할 때 문제의 유전자변형생물체에 대하여 운영적 통세를 하고 있는 자(예컨대, 운반자)와 그 소유자이기 때문에 피해에 대해 책임을 지는 자(예컨대, 개발자, 생산자)를 아우르는 개념이라고 할 수 있다. 추가의정서상 운영자의 개념 정의는 예시적인 것으로 당사국은 추가의정서를 이행하는 국내법에서 이보다 확대하거나 축소해서 적용할 수 있을 것이다. 결국 범위를 확대할 것인지, 축소할 것인지는 국가 정책의 문제가 되는바, 범위를 확대할 경우에는 유전자변형생물체의 국가간 이동 전과정(예컨대, 운반, 취급, 사용)에서 발생하는 피해 전반에 대해서 규율할 수 있는 반면, 국제거래와 생명공학 기술의 사용을 위축시킬 수 있을 것이다.

2. 적용 범위

추가의정서는 직접 식용 · 사료용 또는 가공용 유전자변형생물체, 밀폐사용용 유전자변형생물체(실험실에서 연구용), 의도적으로 환경에 방출되는 유전자변형생물체에 적용된다.[129] 유전자변형생물체로부터 파생된 제품(Products thereof)[130]에는 적용되지 않는다.

3. 대응조치와 민사책임

추가의정서는 유전자변형생물체와 관련한 피해를 구제하기 위해 행정적 접근방법을 염두에 두고 있다. 행정적 접근 방법은 반드시 법원에 의한 결정을 포함하지는 않는다. 이러한 접근은 문제를 행정적으로 해결하려고 하나, 흔히는 지정된 관할기관에 의해 이루어진다. 권한있는 당국자(관할기관)는 환경에 피해를 끼친 행위에 대하여 책임이 있는 운영자에게 직접 책임을 물을 수 있다. 그 목적은 유전자변형생물체로 피해가 발생한 경우 신속하고 적절한 예방적 대응과 구제 조치를 보장하는 것이다.[131]

이러한 접근 방법에 따라 피해가 발생 시 관할기관은 적절한 운영자에게 즉시 관할기관에 통보하고, 피해를 평가하고, 적절한 대응조치(response measures)[132]를

128) *Id.* 동조 제2항(c).

129) *Id.* 제3조.

130) 예컨대, 옥수수 기름과 같이 유전자변형생물체로부터 가공된 물질이 여기에 포함될 것이다.

131) Betty Kiplagat, *Liability and Redress: The Supplementary Protocol to the Cartagena Protocol on Biosafety,* 15 No. 2 ABA Agri. Mgmt. Committee Newsl. 8, 8 (2011).

취하도록 요구한다.[133] 관할기관은 일단 피해를 야기한 운영자를 확인하고, 피해를 평가하고, 운영자가 취할 대응조치를 결정한다.[134] 그러나 운영자가 적절한 대응조치에 실패하였을 때 관할기관은 적당한 대응조치를 시행할 수 있다.[135] 관할기관은 피해를 평가하고 적절한 대응조치를 이행하는 데 들어간 비용과 경비를 운영자로부터 받을 권리가 있다.[136]

한편, 당사국들은 국내법에서 유전자변형생물체로 인한 피해에 대한 민사책임에 관한 규칙과 절차를 적용, 개발하기로 합의하였다.[137] 국제적으로 통일적이고 구속력이 있는 민사책임에 관한 규칙과 절차를 개발하는 대신에 국내법으로 개발하기로 한 것은 많은 국가들이 이미 그들의 관할권 내에서 민사 규칙과 절차를 상당 부분 구비하고 있기 때문인 것으로 보인다.[138] 민사책임은 다른 개인이 입은 물질적, 정신적 피해에 대하여 가해 당사자가 부담하는 책임을 말한다. 민사책임을 개발할 경우 각국은 국내법과 부합하게 피해, 책임의 기준, 책임의 집중,[139] 소송당사자능력 등과 관련한 문제를 해결하여야 한다.[140]

4. 재정보증

재정보증은 어떠한 이유로 책임 당사자가 유전자변형생물체로 인해 발생한 피해를 배상하지 못하는 경우 이를 위해 대체할 수 있는 수단을 보장한다. 이를 위해 추가의정서는 당사국들은 재정보증에 대해 자국의 국내법에 규정할 수 있는 권리를 보유한다고 규정하고 있다.[141] 재정보증 관련 규정은 국제법에 따른 당사국들의 권리와 의무에 부합하여야 한다.[142] 나아가 추가의정서 발효 후 당사국회의

132) 대응조치는 ① 피해를 적절하게 방지, 최소화, 완화 또는 회피하고, ② 피해가 발생하기 전에 존재하였던 조건이나 그와 가장 근접한 조건으로 생물다양성을 복원하고, ③ 권한있는 기관이 이러한 조치가 불가능하다고 판단하는 경우, 생물다양성의 상실을 동일한 사용을 위한 다른 구성 요소 또는 동일한 위치에 있거나 적절한 경우 대체적 위치에 있는 다른 사용 유형을 위한 다른 구성 요소로 복원하기 위해 취해지는 합리적인 행위를 말한다. 추가의정서(각주 124), 제2조 제2항(d).

133) *Id.* 제5조 제1항.

134) *Id.* 동조 제2항.

135) *Id.* 동조 제4항.

136) *Id.* 동조 제5항.

137) *Id.* 제12조 제2항.

138) Betty Kiplagat(각주 131), 8면.

139) 이는 정해진 당사자가 배타적으로 책임을 지는지, 그 책임이 분배되는지의 문제이다.

140) 추가의정서(각주 124), 제12조 제3항.

141) *Id.* 제10조 제1항.

의 역할을 수행하는 첫 당사국총회는 재정보증과 관련한 문제에 대한 연구를 수행해 주기를 사무국에 요청하여야 한다.[143]

5. 국내법에 위임 사항

추가의정서는 인과관계(제4조), 대응조치의 내용과 절차(제5조 제8항), 면제 사유(제6조), 시효(제7조), 책임한도(제8조), 구상권(제9조), 재정보증(제10조) 등을 국내법에서 규율하도록 위임하고 있다.

6. 평 가

추가의정서는 책임과 구제라는 상당히 중요한 문제를 다루는 현재까지 채택된 몇 개 안되는 환경협약의 하나라고 의미를 부여할 수 있다. 그러나 책임 관련 주제의 상당 부분을 국내법에 위임하고 있어 절반의 성공이라고 할 수 있다. 이는 추가의정서의 성공을 위해서는 국가별 이행 의지와 능력이 무엇보다도 중요하다는 것을 의미한다. 추가의정서가 만들어지기까지에는 6년이라는 많은 시간이 소요되었는데, 이는 그 만큼 책임 문제가 어려운 주제라는 것을 반증하는 것이다. 추가의정서는 카르타헤나의정서를 대체하는 별개의 것이 아니라 보완하는 것이라고 할 수 있다.[144]

추가의정서는 피해, 운영자, 대응조치 등 주요 개념에 대해 정의하고 있지만 부정확한 측면이 있기 때문에 그 내용 및 범위 등에 대한 정밀한 분석이 필요하다. 또한 대응조치, 면제, 시효, 책임한도, 구상권, 재정보증 등 많은 부분을 국내법에 위임하고 있는바, 이와 관련해서 그 이행을 위한 입법적 검토가 필요하다. 이를 위해서는 기존 관련 법률의 개정과 새로운 법의 제정 등이 검토될 수 있다.[145]

추가의정서는 유전자변형생물체로 인한 피해를 해결하기 위해 행정적 접근방법(예컨대, 대응조치)을 취하는 한편, 민사책임에 관한 규칙과 절차의 적용, 개발을 상조하고 있다. 행정적 접근 방법의 상당 부분은 궁극적으로 책임 문제로 귀속된

142) *Id.* 동조 제2항.
143) *Id.* 동조 제3항.
144) *Id.* 제16조.
145) 현실적으로는 「유전자변형생물체의 국가간 이동 등에 관한 법률」에 책임 규정을 두는 방안이 타당해 보인다. 이순자, “나고야-쿠알라룸프 추가의정서 이행을 위한 입법 방안”, 환경법연구 제35권 제1호, 2013. 4, 270면.

다. 당사국들은 행정적 접근방법과 별도로 민사책임에 관한 규칙과 절차를 적용, 개발하기로 합의하였는바, 이에 따라 국내법으로 민사책임 원리와 규칙을 확립하는 것이 중요하다. 여기에는 피해의 범위, 책임의 근거,[146] 책임의 기준,[147] 책임 당사자,[148] 입증책임의 완화,[149] 책임 면제,[150] 시효, 책임의 한도, 재정보증[151] 등이 포함될 것이다. 추가의정서의 비준을 위해서는 국내 차원에서 책임과 구제와 관련한 법률의 포괄적인 고찰과 함께 책임 체제를 확립하는 것이 중요하다. 이것이 추가의정서의 이행을 위한 기초를 형성하기 때문이다.

추가의정서의 채택은 생물다양성협약에 새로운 동력을 제공할 것이다. 피해를 해결하기 위한 행정적 절차를 확립하고, 당사국에게 민사책임체제 확립을 촉구하고 있는데, 이러한 조치가 결국 유전자변형생물체의 월경 이동에 따른 생물다양성의 파괴와 지구상 생물의 멸종을 보호하기 위한 것이라고 할 수 있기 때문이다.

---

146) 여기에는 개정을 포함하여 기존의 관련 법에 따라 책임을 물을지(예컨대, 민법상 계약책임, 불법행위책임, 「환경정책기본법」에 따른 원인자의 무과실책임, 「토양환경보전법」에 따른 무과실책임, 「제조물책임법」에 따른 제조물책임 등), 새로운 법을 제정할지의 문제를 포함한다. 현행법에 따른 이론 구성과 관련하여 자세한 내용은 강봉석, "유전공학에서의 손해배상책임, 환경법연구 2002. 9, 275 내지 282면; 최승필(각주 126), 142 내지 156면; 이순자(앞의 글), 261 내지 266면.

147) 이는 가해자에게 과실책임, 엄격책임 또는 절대책임을 지울 것인지의 문제이다. 유전자변형생물체가 광범위한 피해를 초래할 가능성이 있다는 점을 고려할 때 바젤책임배상의정서와 같이 엄격책임과 함께 엄격책임을 적용하는 것이 적절해 보인다. Elizabeth Duall, *A Liability and Redress Regime for Genetically Modified Organism under the Cartagena Protocol*, 36 Geo. Wash. Int'l L. Rev. 173, 200 (2004).

148) 예컨대, 보관자를 포함할 필요가 있다는 견해는 이순자(각주 145), 242면. 운영자에게 연대책임을 지울 것인지, 운영자 이외에 국가에 잔존책임을 지울 것인지 문제가 될 수 있다. 최승필(각주 126), 141면.

149) 여기에는 인과관계의 추정, 정보청구권의 제공 여부 등이 핵심 쟁점이 될 것이다.

150) 추가의정서가 정하는 면제 사유 외에 흔히 거론되는 것으로는 제3국의 간섭, 행정 당국에 의해 부과되는 강제조치의 준수, 국내법상 명시적으로 허용된 활동, 개발 당시의 과학 및 기술 수준에서는 해로운 것으로 간주되지 않았던 활동(개발 위험 또는 개발 하자), 국가안보, 운영자가 합리적으로 예측할 수 없었던 경우 등이 있다. 최승환, "유전자변형생물체(LMO) 책임복구 추가의정서의 법적 쟁점과 법적 · 제도적 대응 방향", 통상법률 제96호, 2010, 26면. 이 중 개발 위험과 법령 준수의 면책항변을 허용해서는 곤란하다는 주장은 강봉석(각주 146), 281면; 최승필(각주 126), 153 내지 154면; 이순자(각주 145), 250 내지 252면.

151) 이와 관련해서는 보험, 공제, 기금 제도 등이 다각적으로 검토될 수 있다.

Ⅳ. 나고야의정서

2010년 10월 29일, 일본 나고야에서 열린 제10차 생물다양성협약 당사국총회는 유전자원 원산지국의 생물주권을 강화하는 내용을 핵심으로 하는 이른바, 나고야의정서[152]를 채택하였다. 유전자원과 전통지식은 무한한 경제적 가치를 갖고 있는데, 특히 생명공학의 눈부신 발전에 따라 식량난의 해결, 새로운 의약품 개발, 그 밖에 인간의 각종 편의 제고 등을 위하여 그 중요성이 증대되고 있다. 종래에는 일부 국가가 다른 국가가 보유하는 유전자원이나 전통지식을 아무런 대가 없이 무상으로 이용하고 그 경제적 이익을 독점해 왔다. 특히 선진국은 막강한 자본력과 고도의 기술력을 이용하여 개도국의 유전자원과 전통지식을 활용하여 신약이나 부가가치가 높은 신물질을 개발하여 이익을 독점하였다.[153] 그러나 나고야의정서가 채택됨에 따라 유전자원과 전통지식은 법적 보호의 틀 속으로 들어오게 되었으며, 앞으로는 다른 국가의 유전자원과 전통지식을 활용하여 발생한 이익을 공유할 것이 요구된다. 예컨대, 선진국 제약회사가 아프리카 특정 국가에서 약의 원료를 구입할 경우, 기존에는 원료 구입비만 지급하면 되었지만 나고야의정서 발효 후에는 원료를 이용해 얻은 이익을 일정 부분 공유하여야 한다. 이러한 경제적 부담 및 예상되는 피해는 협상 과정에서 유전자원 제공국(개도국)과 유전자원 이용국(선진국)의 갈등과 충돌을 불가피하게 하였다.

생물다양성협약의 후속 의정서인 나고야의정서는 우여곡절을 겪고 발효 요건인 50개국이 참여함으로써, 2014년 10월 발효되었는데,[154] 생물다양성협약이 채택된 1992년으로부터 20여년이 지난 2010년에야 채택되고 그로부터 또 4년이 더 흘러서야 발효되었다는 사실은 나고야의정서에 담긴 경제적 이해관계의 복잡성 및 그 폭발성이 대단하다는 것을 미루어 짐작케 한다.

나고야의정서는 유전자원에 대한 접근, 유전자원 관련 기술의 이전, 그리고 유전자원의 이용으로부터 발생하는 이익을 공정하고 공평하게 공유할 수 있게 함으로써 생물다양성의 보전과 그 구성 요소의 지속가능한 이용에 기여하는 것을 목적

---

152) Nagoya Protocol on Access to Genetic Resources and the Fair and Equitable Sharing of Benefits Arising from their Utilization to the Convention on Biological Diversity, http://www.cbd.int/abs/doc/protocol/nagoya-protocol-en.pdf.

153) 오윤석, "유전자원과 전통지식의 보호에 관한 국제적 논의동향", 법학연구 제14권 제1호, 충남대학교 법학연구소, 2003. 12, 493 내지 494면.

154) 2020년 1월 현재 발효 요건인 50개국을 넘어 122개국이 비준을 마친 상태이다. https://www.cbd.int/abs/nagoya-protocol/signatories/default.shtml(2020. 1.).

으로 하고 있다.155) 결과적으로 나고야의정서는 유전자원 소재국(주로 개도국)과 이용국(주로 선진국) 사이의 갈등을 해결하기 위하여 채택된 것이다. 그 해결 방법은 유전자원 제공국과 이용국 사이 이익을 공유하는 것이다. 이를 위하여 유전자원에 대한 접근과 이익 공유(ABS)체제를 위한 법적 기반을 제공하고 있다. 그 핵심은 사전통지승인(PIC)과 상호합의조건(MAT) 요건이다. 그러나 "악마는 디테일에 있다"는 말과 같이 나고야의정서는 모호한 규정과 함께 의정서 이행 및 준수를 위해 당사국들의 국내법에 많은 부분을 위임하고 있는바, 그 성공을 위해서는 세부적인 사항에 대한 국제사회의 합의와 구체적인 국내법 · 제도가 뒷받침되어야 한다.

나고야의정서는 유전자원의 이용에 따라 발생하는 이익의 공유에 대한 구체적인 내용을 담으려고 시도하고 있다는 점에서 획기적인 환경협약이라고 할 수 있다. 그러나 동의정서는 적용 범위, 효력발생 시기, 이익 공유 대상국가, 공정하고 공평한 공유의 의미, 유전자원 관련 전통지식의 정의, 다자이익공유체제의 설립체계, 의무이행준수체제 등 핵심 쟁점에 관해 모호하고 법적 명확성을 갖추고 있지 못하다. 나고야의정서의 이러한 불확실성은 많은 협상국들에게 국내 이행 이행조치를 마련하는 데 어려움을 주고 있을 뿐만 아니라 의정서의 비준을 지연시키고 있다.

1. 적용 범위

적용 범위를 정하고 있는 나고야의정서 제3조는 그 문장이 짧지만 유전자원에 대한 접근과 이익 공유(ABS)의 이행에 중대한 영향을 미친다. 그러나 문장이 짧다는 것은 미처 언급하지 못한 부분에 대한 다양한 해석을 유발할 수밖에 없다. 결국 제3조는 적용 범위에 대한 완결한 해결을 제공하고 있지 않다.

가. 물적 범위(적용 대상)

나고야의정서의 적용 대상은 생물다양성협약 제15조에 따른 유전자원과 그 이용으로부터 발생하는 이익, 그리고 유전자원 관련 전통지식과 그 이용으로부터 발생하는 이익이다.156) 의정서는 범위 조항(제3조)에서 '유전자원(genetic resources)'과 '유전자원 관련 전통지식(traditional knowledge associated with genetic resources)'을 언급하고 있지만 이는 일반적인 의미에 가깝고 범위와 관련한 질문

155) 나고야의정서(각주 152), 제1조.
156) *Id.* 제3조.

에 직접적이고 명쾌한 답을 주지 못하고 있다. 제3조는 생물다양성협약과 의정서의 다른 조항을 함께 살펴보아야 한다.

생물다양성협약 제2조에 따르면 '유전자원(genetic resources)'이란 "실제적 또는 잠재적 가치가 있는 유전물질"을 의미하며, '유전물질(genetic material)'이란 "유전의 기능적 단위를 포함하는 식물, 동물, 미생물, 또는 그 밖의 기원의 물질"을 의미한다. 의정서는 그 핵심적인 적용 대상이라고 할 수 있는 '유전자원의 이용(Utilization of Genetic Resources)'을 "생물다양성협약 제2조에서 정의하는 생명공학기술의 적용을 통한 것을 포함하여, 유전자원의 유전적 그리고/또는 생화학적 구성 성분에 관한 연구 · 개발을 수행하는 것"으로 정의하고 있다.[157] 따라서 의정서는 기본적으로 유전자원에 포함되어 있는 유전적 구성 요소나 생화학적 구성 요소에 대한 연구 · 개발로부터 발생하는 이익에 대하여 적용된다. 한편, 의정서는 적용 범위에 그 개념정의는 없이 '유전자원 관련 전통지식(traditional knowledge associated with genetic resources)'을 언급하고 있는바, 관련 전통지식은 토착지역공동체(Indigenous and Local Communities: ILC)의 실제적인 또는 잠재적인 가치를 지니는 유전자원에 관련된 정보 및 개별 · 집단관습이라고 볼 수 있다.

향기, 세포의 생화학적 물질, 나무의 진, 뱀의 독, 조개껍질, 라텍스 등과 같은 경제적 이용가치가 큰 파생물(derivative)이 적용 대상에 포함되는지는 분명치 않다. 파생물은 의약품, 식품, 화장품 등 제품에 광범위하게 사용되고 있다. 이러한 제품에 사용되는 성분, 즉 파생물이 이익 공유의무의 적용대상이 되는가? 논란은 나고야의정서상 '이용(utilization)' 개념이 유전자원의 유전적 그리고 또는 생화학적 성분과 관련이 있고, 유전자원을 어떻게 이해하는지에 따라 그 결과가 달라질 수 있기 때문에 발생한다. 구체적으로 유전자원을 유전의 기능적 단위를 포함하는 (…) 물질(예컨대, DNA)로 국한하는지, 보다 광범위하게 그 자체로는 유전의 기능적 단위를 포함하지 않지만 그 정보를 포함하는 유전자 발현(예컨대, RNA, 단백질, 효소) 및 세포 대사작용으로 발생하는 자연적 생화학 합성물을 포함하는지(예컨대, 송진, 에센셜오일, 방향)에 따라 그 결과는 달라질 것이다.[158]

나고야의정서가 파생물을 정의하면서 '유전의 기능적 단위'를 포함하지 않더라도 파생물이 된다는 점을 밝히고 있기 때문에 논란은 증폭되고 있다.[159] 선진국은

157) *Id.* 제2조(c). 의정서에서는 '이용(utilization)'이라는 개념을 정의하면서 연구 · 개발만을 언급하고 있으며, 연구 · 개발의 유형도 제시하고 있지 않다.

158) Elisa Morgera *et al.*, *Unraveling the Nagoya Protocol*, Brill, 2014, p.65.

159) 의정서상 '파생물(derivative)'은 "유전의 기능적 단위를 포함하지 않더라도 생물자원 또는 유전자원의 유전자 발현 또는 대사작용으로부터 자연적으로 생성된 생화학적 합성물"을 말한

유전의 기능적 단위를 포함하는 유전자원의 이용으로부터 발생하는 이익만이 공유의 대상이라고 주장하는 반면, 개도국은 파생물에 대한 연구 · 개발로부터 발생하는 이익도 공유의 대상이라고 주장하고 있다.[160] 파생물이라는 용어는 본문 어디에도 나타나지 않은 채 개념 정의를 하고 있는 제2조에서만 언급되고 있다. 그러나 '생명공학기술'[161]과 '유전자원의 이용'[162]이라는 개념 정의에 등장하고 있으며, 의정서 여러 곳에 직 · 간접적으로 등장하는 '이용'이라는 용어와 관련이 있다. 적용 범위를 규정하고 있는 제3조가 파생물을 명시적으로 언급하고 있지 않기 때문에 포함되지 않는다고 할 수 있으나 생물다양성협약상의 '유전자원'과 '유전물질'에 대한 개념 정의에 따르면[163] 유전의 기능적 단위를 가지지 않은 것은 유전자원에 해당하지 않지만, 의정서가 유전의 기능적 단위를 포함하지 않는 '파생물' 개념을 정의하고, '생명공학기술'이 파생물을 이용하는 기술적 응용을 포함하는 것으로 정의함과 아울러, '유전자원의 이용'의 개념을 정의하면서 생명공학기술의 적용을 통한 것을 포함한다고 규정하고, 공정하고 공평한 이익 공유를 규정하고 있는 제5조에서 후속하는 응용 및 상용화뿐만 아니라 유전자원의 이용에 따라 발생하는 이익에 대해 언급하고 있다는 점은 파생물이 나고야의정서의 이익 공유의무의 적용 대상이라는 점을 시사한다.[164] 적용 범위에 포함되지 않는 대상물에 대하여 굳이 개념 정의를 할 필요가 있었을까하는 의문도 이를 뒷받침한다. 그러나 범위(제3조)에 명시적으로 파생물이 포함되어 있지 않기 때문에 파생물이 적용 대상에 포함되는지에 대해서는 지속적인 분쟁의 대상이 될 수 있다.

다. 나고야의정서(각주 152), 제2조(e).

160) 박원석, "나고야의정서의 국내 이행 필요사항 분석", 고려법학 제68호, 2013. 3, 459면.

161) 의정서상 '생명공학기술(Biotechnology)'은 "특정 용도로 산출물 또는 공정을 개발하거나 변경하기 위하여 생물학적 체계, 살아있는 유기체, 또는 그 파생물을 이용하는 모든 기술적 응용"을 말한다. 나고야의정서(각주 152), 제2조(d).

162) '유전자원의 이용(Utilization of Genetic Resources)'을 "생물다양성협약 제2조에서 정의하는 생명공학기술의 적용을 통한 것을 포함하여, 유전자원의 유전적 그리고/또는 생화학적 구성 성분에 관한 연구 · 개발을 수행하는 것"으로 정의하고 있다. *Id.* 제2조(c). 의정서에서는 '이용(utilization)'이라는 개념을 정의하면서 연구 · 개발만을 언급하고 있으며, 연구 · 개발의 유형도 제시하고 있지 않다.

163) 생물다양성협약 제2조에 따르면 '유전자원'이란 "실제적 또는 잠재적 가치가 있는 유전물질"을 의미하며, '유전물질(genetic material)'이란 "유전의 기능적 단위를 포함하는 식물, 동물, 미생물, 또는 그 밖의 기원의 물질"을 의미한다.

164) Thomas Greiber *et al.*, *An Explanatory Guide to the Nagoya Protocol on Access and Benefit-sharing*, IUCN Environmental Policy and Law Paper No. 83, 2012, p.67.

나. 시적 범위

의정서는 시적 적용 범위에 관하여 따로 규정을 두고 있지 않다. 나고야의정서 발효 이후 유전자원이나 유전자원 관련 전통지식에 대한 접근 및 그 이용으로 인한 이익에 관하여 적용되는 것은 당연하지만, 유전자원에 대한 접근이 발효 시점 이전에 이루어졌더라도 해당 유전자원의 이용이나 그로 인한 이익 발생이 계속해서 이루어지는 경우 의정서가 적용되는지 문제될 수 있다. 나고야의정서 제5조 제1항은 유전자원의 이용으로부터 발생하는 이익뿐만 아니라 후속하는 응용 및 상용화에 따라 발생하는 이익도 공유할 것을 명하고 있다. 이는 생물다양성협약 발효 이후 나고야의정서가 발효되기 전에 유전자원에 접근하였어도 의정서 발효 후 이를 신규이용하고 그 이용이 지속하는 경우에는 그로부터 발생하는 이익을 공유하여야 한다는 것을 의미한다.[165]

이는 소급효 인정 여부의 문제와 관련이 있는바, 나고야의정서나 협상 과정상 소급 적용에 관한 별도의 명시적 규정이나 합의 의사가 없는 한 소급효가 인정되지 않는다고 해석하는 것이 타당할 것이다. 의정서 제3조에서 "협약 제15조의 적용 범위 내의 유전자원"을 규정한 것은 유전자원의 실체적 개념을 한정하기 위한 것이지, 그 시적 적용 범위를 정하기 위한 취지의 것으로 해석하는 것은 곤란하다고 할 것이다. 그럼에도 불구하고, 의정서의 시적 적용 범위는 앞으로도 지속적인 분쟁의 대상이 될 수 있다.[166]

다. 공간적 범위

생물다양성협약 제4조(관할범위), 제15조 등은 특정 국가가 보유하는 유전자원을 전제하고 있으므로,[167] 특정 국가의 관할권 밖(예컨대, 공해, 심해서, 남극)에 있는 유전자원은 의정서의 적용 대상에 해당하지 않는 것으로 해석된다. 특히 남극조약체제에서는 남극 지역의 생물에 대한 재산권 규제가 없기 때문에 사전통지승인이나 상호합의조건을 제공할 당사국도 없다.

165) *Id.* 73면.

166) 박종원, 유전자원과 전통지식 법제 연구, 한국법제연구원, 2013, 52면.

167) 생물다양성협약 제4조는 협약에 달리 명시적으로 규정된 경우를 제외하고 이 협약의 규정이 각 체약당사자에 대하여 적용되는 범위를 생물다양성의 구성요소의 경우, 자신의 국가관할권 안의 지역(in areas within the limits of national jurisdiction)으로 하고 있다. 또한 제15조 제1항은 "국가가 자국의 자연자원에 대한 주권적 권리를 가지고 있음에 비추어 유전자원에 대한 접근을 결정하는 권한은 해당 국가의 정부에 있으며 유전자원에 대한 접근은 국가입법에 따른다"고 규정하고 있다.

2. 공정하고 공평한 이익 공유

가. 유전자원의 이용 등에 따른 이익 공유

의정서는 "생물다양성협약 제15조 제3항 및 제7항에 따라, 유전자원의 이용과 후속적인 응용 및 상업화로부터 발생하는 이익은 그 유전자원의 원산지국으로서 그 자원을 제공하는 당사국 또는 협약에 따라 그 유전자원을 획득한 당사국과 공정하고 공평한(fair and equitable) 방식으로 공유되어야 한다. 그러한 이익 공유는 상호합의조건(Mutually Agreed Terms: MATs)에 따른다."고 규정하고 있다.[168] 의정서는 이용(접근이 아님)과 이익을 연계하고 있는데, '유전자원의 이용'은 모호한 개념을 내포하고 있다. 나아가 공유의 대상은 유전자원의 이용으로부터 발생하는 이익뿐만 아니라 그 후속하는 응용(subsequent application) 및 상업화(commercialization)로부터 발생하는 이익도 포함된다. 이는 생물다양성협약 제15조 제7항에서 연구 · 개발의 결과뿐만 아니라 유전자원의 상업적 이용 및 그 밖의 이용으로부터 발생하는 이익에 대한 공유를 규정하고 있음에 따른 것으로 볼 수 있다. 그러나 '후속하는 응용 및 상업화'에 대한 개념 정의가 없기 때문에 어느 범위까지를 포섭하는 개념인지 논란이 예상된다.

이들 개념은 이익 공유의 범위를 정한다는 중요한 의미를 갖는다. 그 이익은 '공정하고 공평한' 방식으로 공유되어야 한다. 의정서는 '공정하고 공평한'에 대한 개념 정의를 하고 있지 않으며, 최소한의 기준도 제시하고 있지 않다. 이는 상황에 따라 달라질 수 있는, 이해 당사국들 간에 달리 해석될 수 있는 모호한 개념이다. 이익은 "원산지 국가(원산지국)로서 그러한 자원을 제공하는 국가(제공국)"와 공유되어야 한다. 이는 생물다양성협약에서 원산지국만을 언급하고 있는 것과 다소 다르다.[169] 아울러 의정서는 이익 공유가 상호합의조건에 기초할 것을 요구하고 있다. 상호합의조건은 유전자원의 이용 및 이익 공유라는 조건으로 유전자원의 제공자와 이용자 사이에 체결되는 약정이라고 할 수 있다.[170]

---

168) 나고야의정서(각주 152), 제5조 제1항.

169) 생물다양성협약은 협약의 목적상 체약당사자가 제공하는 유전자원은 그 자원의 '원산국'인 체약당사자 또는 이 협약에 따라 유전자원을 획득한 당사자가 제공하는 것만을 의미한다고 규정하고 있다(제15조 제3항). 이익 공유의 대상 국가를 둘러싸고 협상 결렬 일보 직전에 이를 정도로 선진국과 개도국 간의 의견 대립이 있었다. 즉, 선진국은 자원제공국이 이익 공유의 대상이라고 주장한 반면, 개도국은 원산지국이 이익 공유의 대상이라고 주장한 것이다. 결국 이익 공유 대상 국가에 관한 당사국 간의 완전한 합의가 없는 상태에서 최종문안이 채택되었다. 박원석, "나고야의정서의 협상과정 및 핵심쟁점에 관한 연구", 중앙법학 제13집 제4호, 중앙법학회, 2011. 12, 608 내지 609면.

한편, 의정서는 당사국이 상호합의조건을 채택함에 있어 포함될 수 있는 내용을 예시적으로 정하고 있다. 여기에는 분쟁해결 조항, 지적재산권 관련 사항을 포함한 이익 공유 조건, 제3자의 추후 이용에 관한 조건, 사용 목적의 변경에 관한 조건 등이 포함된다.171) 한편, 의정서에 따르면 특정 유전자원에 대하여 해당 국가의 입법에 따라 토착지역공동체가 확립된 권리를 갖고 있는 경우에는 그 토착지역공동체 역시 이익 공유의 주체가 된다.172)

의정서는 그 이익 공유의 대상이 원산지국이든 제공국이든, 그리고 토착지역공동체이든 유전자원의 이용으로부터 발생한 이익을 공정하고 공평한 방식으로 공유하도록 하기 위한 입법적 · 행정적 또는 정책적 조치 중 적절한 조치를 취할 것을 요구하고 있다.173) 이익 공유의 유형은 금전적 이익과 비금전적 이익을 포함하며, 이에 관해서는 부속서에서 광범위하게 열거하고 있는데, 금전적 이익으로는 선불지급, 마일스톤(Milestone) 지급, 로열티 등을 들 수 있고, 비금전적 이익으로는 연구개발 성과의 공유, 교육훈련, 기술이전 및 관련 지적재산권의 공동 소유 등을 들 수 있다.174)

이익 공유와 관련해서는 공정하고 공평한 공유, 상호합의조건 등을 규정하고 있는 제5조가 핵심조항이지만 표준계약조항(제19조), 행동규약, 지침 및 모범관행 그리고/또는 기준(제20조), 기술이전, 공조, 협력(제23조) 등도 이익 공유와 밀접한 관련을 갖는다. 이러한 수단들은 이익 공유를 지원하고 촉진하는 환경을 조성하는 데 기여할 것이다.

니. 유전자원 관련 전통지식의 이용에 따른 이익 공유

각 당사국은 유전자원 관련 전통지식의 이용으로부터 발생하는 이익이 해당 지식을 보유하는 토착지역공동체와 공정하고 공평한 방식으로 공유되도록 입법적 · 행정적 또는 정책적 조치 중 적절한 조치를 취하여야 하며, 그러한 이익 공유는 상호합의조건에 따른다.175) 이러한 의무는 생물다양성협약에서는 찾아 볼 수

170) Thomas Greiber *et al.*(각주 164), 86면. 상호합의조건은 예컨대, 특정 유전자원에 대한 접근과 관련한 제공자와 이용자 간의 사적 계약의 형태로 이루어질 수 있다. 사전통지승인이 공법이 적용되는 영역이라면 상호합의조건은 사법이 적용되는 영역이라고 할 수 있다. Elisa Morgera *et al.*(각주 158), 15면.

171) 나고야의정서(각주 152), 제6조 제3항(g).

172) *Id.* 제5조 제2항.

173) *Id.* 제5조 제3항.

174) *Id.* 동조 제4항, 부속서.

175) *Id.* 동조 제5항.

없는 새로운 의무이다. 이 규정은 토착지역공동체와의 이익 공유를 다루고 있는 다른 규정(제5조 제2항)과 함께 명시적으로 인권이라는 표현을 사용하고 있지는 않지만 인권조약의 주요 의제가 되고 있는 국가와 지역사회 간의 국내 상황을 다루고 있다.176)

여기에서 유의할 것은 당사국이 보유하는 전통지식이 아니라, '토착지역공동체가 보유하는' 유전자원 관련 전통지식의 이용으로부터 발생하는 이익에 관해서만 규정하고 있다는 점이다. 결국 특정 당사국이 보유하고 있는 전통지식은 의정서에 따른 이익 공유의 대상이 되지 아니하며, 그 국가가 인정하는 토착지역공동체가 보유하는 전통지식만이 이익 공유의 대상이 된다는 것이다.177) 이와 같이 전통지식 중에서 특히 토착지역공동체가 보유하는 전통지식만을 대상으로 하고 있다는 점에서 의정서상 전통지식 개념은 생물다양성협약에 비해 좁다고 할 수 있다.

3. 유전자원에 대한 접근

유전자원에 대한 접근은 나고야의정서의 유전자원에 대한 접근과 이익 공유(ABS)체제의 한 축을 이룬다. 생물다양성협약과 마찬가지로 의정서는 유전자원에 대한 접근이 사전통지승인(Prior Informed Consent: PIC)에 기초하여 이루어질 것을 요구하고 있다. 즉 "자연자원에 대한 주권적 권리를 행사하는 데 있어, 그리고 접근 및 이익 공유에 관한 국내 입법 또는 규제 요건에 따라, 유전자원의 이용을 목적으로 하는 유전자원에 대한 접근은 해당 당사국이 달리 결정하지 않는 한, 그 자원의 원산지국으로서 그 자원을 제공하는 당사국 또는 협약에 따라 유전자원을 획득한 당사국의 사전통지승인에 따라야 한다."178) 사전통지승인은 유전자원에 대한 국가주권 원칙을 표현하는 것이며, 유전자원의 이용국이 아니라 제공국의 이익을 보호하는 강력한 수단이라고 할 수 있다.

특기할 점은 의정서가 자국의 자연자원에 대한 주권적 권리를 강조하면서 해당 당사국이 "달리 결정하지 않는 한" 사전통지승인의 대상이라는 점을 밝히고 있다는 점이다. 이에 따르면 다른 국가가 보유하는 유전자원에 대한 접근과 관련해서는 기본적으로 사전통지승인을 받아야 하나, 모든 경우에 사전통지승인이 요구되는 것은 아닌 것으로 해석된다. 즉, 해당 유전자원에 관하여 주권적 권리를 보유

176) Elisa Morgera *N.*(각주 158), 113면.
177) 박종원(각주 166), 56면.
178) 나고야의정서(각주 152), 제6조 제1항.

하고 있는 당사국이 국내 입법 또는 규제 요건의 형식으로 사전통지승인을 의무화하는 경우에만 해당 유전자원의 이용을 목적으로 접근하려는 때에 사전통지승인을 받을 것이 요구되는 것으로 보아야 할 것이다.[179] "국내 입법 또는 규제 요건에 따라", "해당 당사국이 달리 결정하지 아니하는 한" 등의 문구는 각 당사국이 자국이 보유하는 유전자원의 접근 자체에 대하여 사전통지승인을 면제할 수도 있고, 특정한 유전자원에 대한 접근에 관하여 사전통지승인을 면제할 수도 있음을 전제한 것으로 이해된다.[180] 여기에서 유의할 점은 사전통지승인을 요구하지 않는다는 것이 이익 공유를 포기하는 것이 아니라는 점이다. 한편, 의정서는 자국이 보유하는 유전자원에 관하여 사전통지승인을 요구하려는 경우 필요한 입법적 · 행정적 또는 정책적 조치에 관하여 규정하고 있다.[181] 나아가 국내 이행조치를 채택함에 있어 최소한의 기준과 요건을 정하고 있다.[182] 특히 의정서는 사전통지승인 절차를 채택함에 있어 최소한의 기준으로 사전통지승인을 부여하는 신청 방법에 관한 정보의 제공, 사전통지승인을 부여하는 국가책임기관의 명확화, 서면 결정 등을 제시하고 있다.[183] 또한 사전통지승인 결정은 허가증이나 그 상응하는 문서의 발급을 통해 이루어지는 절차를 포함하여야 한다.[184]

한편, 토착지역공동체가 유전자원에 대한 접근을 부여할 '확립된 권리를 가진 경우', 유전자원에 대한 접근을 위한 토착지역공동체의 사전통지승인 또는 동의 및 관여를 취득하도록 보장하기 위한 조치를 취할 것을 요구하고 있는데, 이러한 조치 의무는 토착지역공동체가 소재하는 국가에 대해서만 적용된다.[185] 국가의 사전통지승인이 유전자원에 대한 국가주권원칙에 기초하고 있다면 토착지역공통체의 사전통지승인은 국제인권법 말하자면 토착민의 권리에 기초하고 있다.[186] 유전자원의 접근과 관련해서 나고야의정서는 기존 생물다양성협약의 범위를 확장 · 상화하고 있는데, 특히 생물다양성협약과 구별되는 점은 의정서가 토착지역공동체가 보유한 유전자원에 대한 접근 문제에 대하여 법적 구속력을 부여하고 있다는 것이다.

179) Thomas Greiber *N.*(각주 164), 93 내지 107면; 박종원(각주 166), 58면.
180) 박종원(앞의 책), 58면.
181) 나고야의정서(각주 152), 제6조 제3항.
182) *Id.* 동조 제3항(a)~(f).
183) *Id.* 동조 제3항(c)~(f).
184) *Id.* 동조 제3항(e).
185) *Id.* 동조 제2항.
186) Elisa Morgera *N.*(각주 158), 148면.

4. 유전자원 관련 전통지식에 대한 접근

의정서 제7조에서는 제6조와 달리 유전자원 관련 전통지식에 대한 접근을 규제하고 있다. “각 당사국은 국내법에 따라 토착지역공동체가 보유하는 유전자원 관련 전통지식에 대한 접근이 해당 토착지역공동체의 사전통지승인 또는 동의 및 관여에 따라 접근되고 상호합의조건이 체결되도록 보장하기 위한 목적으로 적절한 조치를 취하여야 한다.”[187] 의정서는 유전자원 관련 전통지식에 대한 접근을 위해 사전통지승인과 상호합의조건의 요건을 충족할 것을 요구하고 있는데, 이는 생물다양성협약 제8조(j)의 이행을 위한 것이지만 그 내용은 생물다양성협약의 범위를 넘어서는 강력한 것이다.[188] 유전자원에 대한 접근과 관련하여 토착지역공동체가 유전자원에 대한 접근을 부여할 ‘확립된 권리를 가진 경우’라는 조건이 부가되고 있는 것과 달리 유전자원 관련 전통지식에 대한 접근과 관련하여서는 이러한 조건이 부가되지 않는다. 제6조의 “당사국이 달리 결정하지 않는 한”과 같은 문구가 부가되고 있지 않기 때문에 해당 국가가, 사전통지승인이 적합하지 않은 경우라도, 유전자원 관련 전통지식에 대한 접근을 위해 토착지역공동체의 사전통지승인을 취득할 것을 요구하는 절차를 개발할 의무가 있다고 이해된다.[189]

유전자원 관련 전통지식에 대한 접근 역시 그 이용으로 인한 이익 공유에서와 마찬가지로, 당사국이 보유하는 전통지식이 아니라 토착지역공동체가 보유하는 유전자원 관련 전통지식에 접근하는 경우에 관해서만 규정하고 있다. 결국 특정 당사국이 보유하고 있는 전통지식에 대해서는 사전통지승인을 취득할 필요가 없으며, 그 국가가 인정하는 토착지역공동체가 보유하는 전통지식에 접근하는 경우에 한하여 사전통지승인을 받으면 된다.[190]

제7조는 유전자원 관련 전통지식의 이용에 따른 이익 공유를 규정하고 있는 제5조 제5항과 함께 유전자원 관련 전통지식과 관련한 핵심 조항이라고 할 수 있다. 이들 조항은 토착민의 인권이 국제적으로 점점 인정되고 있는 상황과 무관하지 않지만[191] 토착지역공동체에 대하여 직설적인 고려를 하고 있으며, 생물다양성협약에 비하여 훨씬 구체적이고 강하게 규정하고 있다는 점에서 진일보한 것이라

---

187) 나고야의정서(각주 152), 제7조.

188) Thomas Greiber *et al.*(각주 164), 27면.

189) Elisa Morgera *et al.*(각주 158), 177면.

190) 박종원(각주 166), 59면.

191) 토착민의 인권과 밀접한 국제문서로는 토착민 권리에 관한 국제연합선언(UNDRIP)이 있는데, 나고야의정서는 전문에서 이 선언을 명시적으로 언급하고 있다.

고 평가할 수 있다. 무엇보다도 국제법상 법적 주체가 아닌 지역공동체가 유전자원 관련 전통지식의 소유자라는 점을 밝히고 있는 것은 획기적이라고 할 수 있다. 그러나 관련 규정에 등장하는 '국내 입법에 따라', '보장할 목적으로' 등의 표현은 한계로 지적될 수 있다.

5. 세계다자이익공유체제

의성서 제10조는 향후 세계다자이익공유체제(Global Multilateral Benefit-sharing Mechanism)를 고려하기 위한 법적 기반을 마련하고 있다. 즉 각 당사국은 월경성 상황(transboundary situation)[192]에서 발생하는 또는 사전통지승인의 부여 또는 취득이 불가능한 유전자원 및 유전자원 관련 전통 지식 이용으로부터 발생하는 이익의 공정하고 공평한 공유 문제를 해결하기 위한 세계다자이익공유체제의 필요성과 양식을 고려해야 한다. 이러한 체제를 통해 유전자원 및 유전자원 관련 전통 지식 이용자가 공유하는 이익은 생물다양성 보전 및 그 구성 성분의 지속가능한 이용을 세계적으로 지원하는 데 사용되어야 한다.[193] 이 조항은 유전자원에 대한 접근과 이익 공유(ABS)가 양자간 방식으로 해결되지 못하는 특수한 상황을 고려한 포괄조항(catch-all)이라고 할 수 있다.[194] 말하자면 세계다자이익공유체제는 양자간 유전자원에 대한 접근과 이익 공유체제를 대체하는 것이 아니라 보충하는 체제라고 할 수 있다.[195]

여기에는 3가지 상황이 언급되고 있다: ① 유전자원과 관련 전통지식이 국경을 초월하여 산재해 있는, 이른바 월경성 상황의 경우,[196] ② 사전통지승인의 부여가 불가능한 경우, ③ 사전통지승인의 취득이 불가능한 경우. 의정서 제10조는 당사국에게 이러한 체제를 설치할 의무를 부과하고 그 설치 시한을 정하고 있지 않고 다만 당사국으로 하여금 "필요성과 양식을 고려"하도록 할 뿐이라는 점에서

192) 월경성 상황이란 "동일한 유전자원이 2개 당사국 이상의 영토 내에서 현지 내(*in situ*) 자원으로 확인되는 경우"를 의미하고 전통지식에 있어서도 역시 "유전자원 관련 전통지식이 여러 당사국 내의 하나 또는 그 이상의 토착지역공동체가 공유하는 경우"를 의미한다. 나고야의정서(각주 152), 제11조.

193) *Id.* 제10조.

194) Thomas Greiber *et al.*(각주 164), 26면.

195) Elisa Morgera *et al.*(각주 158), 197면.

196) 월경성 상황이란 "동일한 유전자원이 2개 당사국 이상의 영토 내에서 현지 내(*in situ*) 자원으로 확인되는 경우"를 의미하고 전통지식에 있어서도 역시 "유전자원 관련 전통지식이 여러 당사국 내의 하나 또는 그 이상의 토착지역공동체가 공유하는 경우"를 의미한다. 나고야의정서(각주 152), 제11조.

본질적으로 절차적 성격을 띠고 있다.[197] 세계다자이익공유체제의 구상은, "지속가능한 이용의 지원"이라는 문구를 볼 때, 기본적으로 개도국(유전자원 제공국)의 이익을 고려하는 것으로 보이나, 월경성 상황이라는 개념이 모호하고, 세계다자이익공유체제의 구체적인 설계가 이루어지지 않은 상황에서 그 속단은 곤란하다.

6. 월경성 협력

의정서는 제11조에서 유전자원과 관련 전통지식의 월경성 상황에서의 국가간 협력을 강조하고 있다. 그러나 해당 규정에 모호한 부분이 있어 언제 월경성 협력이 요구되는지 불분명하다. 예컨대, 어떻게 문제의 유전자원이 '동일한'지를 결정할 수 있는지, 유전자 서열이 동일하여야 하는지, 언제 두 개국 이상의 국가가 원산지국으로 인정되는지 등 문제에 대한 답이 분명치 않다.[198] 협력의 내용도 불분명하기는 마찬가지이다. 해당 규정의 불명확성으로 인하여 월경성 상황이 존재하는 자원의 실질적 사용에 있어 발생 가능한 당사자 확정 및 이익 배분의 문제에 대한 구체적 해결에는 한계가 있어 보인다.[199] 또한 '노력한다(endeavor)', '적절한(as appropriate)' 등의 구속력이 약한 문구는 실효성을 약화시키고 있다.

7. 유전자원과 관련 전통지식

유전자원과 관련 전통지식은 유전자원과 함께 핵심적인 부분을 구성하기 때문에 의정서 여러 곳에 산재되어 있거나(예컨대, 제5조 제5항, 제11조 제2항) 별도의 독립된 조항으로 규정되어 있다(제7조, 제12조, 제16조). 특히 제12조에서는 당사국에게 다음과 같은 의무를 부과하고 있다: ① 국내법에 따라, 유전자원 관련 전통지식에 관한 토착지역공동체들의 해당되는 관습법, 공동체 규약 및 절차의 고려; ② 유전자원 관련 전통 지식의 잠재적 이용자에게 이용자의 의무를 통지할 체제의 마련; ③ 토착지역공동체의 이익의 공정하고 공평한 공유에 관한 공동체 규약, 상호합의조건의 최소 요건, 표준계약조항 개발의 지원; ④ 토착지역공동체 내, 또는 공동체 간 유전자원 및 유전자원 관련 전통 지식의 관습적 이용 및 교류의 비제한.

---

197) Elisa Morgera *N.*(각주 158), 198면.
198) *Id.* 213면.
199) 김명자 외 2, "나고야의정서의 법적 쟁점과 우리나라 입장에 관한 제언", 환경정책연구, 제13권 제4호, 2014, 166면.

8. 국가연락기관 및 국가책임기관의 지정

의정서는 국가연락기관 및 국가책임기관의 지정에 관하여 규정하고 있다. 이에 따르면, 각 당사국은 국가연락기관을 지정하여야 하는데, 국가연락기관은 ① 사전통지승인의 취득과 이익 공유를 포함하는 상호합의조건의 체결을 위한 절차에 관한 정보, ② 국가책임기관, 관련 토착지역공동체 및 관련 이해관계자에 관한 정보 등을 공개하여야 하며, 사무국과의 연락 기능을 담당한다.[200]

또한 각 당사국은 하나 이상의 국가책임기관을 지정하여야 한다. 국가책임기관은 해당 입법적 · 행정적 또는 정책적 조치에 따라 접근을 허용하거나 적절한 경우 접근 요건이 충족되었다는 증서를 발급할 책임이 있고, 사전통지승인 취득 및 상호합의조건 체결에 관한 해당 절차 및 요건에 관하여 자문할 책임이 있다.[201] 문언상으로는 국가책임기관의 경우 복수의 기관을 지정할 수 있음이 분명하나, 국가연락기관의 경우에는 분명하지 않다. 당사국은 양 기관의 직무를 수행하기 위해 단일 기관을 지정할 수 있다.[202]

한편, 의정서는 제14조에서 접근 · 이익공유정보센터(Access and Benefit-Sharing Clearing-House: ABSCH)의 설치와 정보 공유,[203] 유전자원 이용의 감시를 규정하고 있다.[204] 이러한 조치들은 유전자원에 대한 접근과 이익 공유(ABS)의 이행을 뒷받침하기 위한 중요한 제도적 장치이다. 유전자원에 대한 접근을 보장하는 역할과 기능을 수행할 뿐만 아니라 이행 준수를 촉진하기 때문이다.

9. 준 수

의정서 제15조와 제16조는 유전자원 또는 유전자원 관련 전통지식에 대한 접근 및 이익 공유에 관한 국내 입법 또는 규제 요건의 준수에 관하여 규정하고 있다. 이에 따르면, "각 당사국은 자국의 관할권 내에서 이용되는 유전자원이 다른 당사국의 접근 및 이익 공유에 관한 국내법 또는 규제 요건이 요구하는 사전통지승인에 따라 접근되고, 상호합의조건이 체결될 것을 규정하는 적절하고 효과적이며 비례적인 입법적 · 행정적 또는 정책적 조치를 취하여야 한다."[205] 사전통지승

---

200) 나고야의정서(각주 152), 제13조 제1항.
201) *Id.* 동조 제2항.
202) *Id.* 제13조 제3항.
203) *Id.* 제14조.
204) *Id.* 제17조.

인과 상호합의조건은 유전자원에 대한 접근, 유전자원의 후속적 이용(응용 및 상업화)에 대한 통제, 그 이용으로부터 발생하는 이익의 공유를 보장하기 위한 핵심 수단이라 할 수 있다. 당사국에게는 입법적 · 행정적 또는 정책적 조치 중 선택할 수 있는 재량권이 부여된다. 그 조치는 적절하고 비례적이어야 하며 무엇보다도 최종적으로 선택된 조치는 효과적이어야 한다.

또한 "당사국은 그 위반 상황에 대처하기 위한 적절하고 효과적이며 비례적인 조치를 취하여야 하며,206) 국내 입법 또는 규제 요건의 위반 주장 사례에 대하여 가능한 한 그리고 적절하게 협력하여야 한다.207) 유전자원 관련 전통지식에 관하여도 이와 유사한 준수 요건이 적용된다.208)

이들 준수 조항은 유전자원 및 유전자원 관련 전통지식의 접근 및 이익 공유에 관한 당사국의 의무를 규정하고 있는 핵심 조항이라고 할 수 있다. 특히, 유전자원 제공국(개도국)의 입장에서는 핵심 중의 핵심이라고 할 수 있다.209) 그러나 "적절하고 효과적이며 비례적인 조치"에 대하여 논란이 있을 수 있고, "가능한 한", "적절하게" 등의 문구로 인해 의무 이행 준수를 확보하기 어려운 측면이 있다.

문언상으로는 당사국은 자국의 관할권 내에서 이용되는 유전자원 또는 유전자원 관련 전통지식에 관하여 사전통지승인을 취득하고 상호합의조건을 체결하도록 하기 위한 적절하고 효과적이며 비례적인 조치를 취하는 것으로 족하며, 상호합의조건을 그 내용대로 제대로 이행하도록 확보하기 위한 조치까지 취할 필요는 없는 것으로 해석된다.210) 그 조치의 유형은 입법적 조치를 포함하여 행정적 또는 정책적 조치도 가능하다.

205) *Id.* 제15조 제1항.

206) *Id.* 동조 제2항. 제15조 제1항이 제공국 조치의 준수를 다루고 있음에 반하여 이 조항은 제15조 제1항에 따른 조치 위반에 대한 이용국 조치를 다루고 있다.

207) *Id.* 동조 제3항. 의정서 의무 준수에 대하여 자세한 내용은 오선영, "나고야의정서 국내이행에 관한 의무준수 및 점검기관 설치에 대한 소고", 환경법연구 제34권 제3호 2012, 302면 이하.

208) *Id.* 제16조.

209) Gurdial Singh Nijar, The Nagoya Protocol on Access and Benefit-sharing of Genetic Resources: an Analysis and Implementation Options for Developing Countries, South Centre, 2011, 5; 박종원(각주 166), 66면.

210) 의정서 협상 과정에서 당사국들은 선진국의 주장에 따라 사전통지승인의 취득 및 상호합의조건의 체결을 확인하는 것으로 합의하였다. 박원석(각주 160), 465면.

10. 유전자원 이용 감시

의정서는 당사국에게 유전자원 이용의 투명성을 감시하고 향상시키기 위한 다음과 같은 조치를 취할 의무를 부과하고 있다: ① 하나 이상의 점검기관의 지정[211]; ② 유전자원의 이용자 및 제공자로 하여금 상호합의조건에 보고 요건을 포함하여 그러한 조건의 이행에 관한 정보를 공유하기 위한 조항들을 포함시키도록 장려; ③ 비용 대비 효과가 높은 의사소통 수단 및 체계의 활용을 장려.[212] 이러한 의무는 유전자원의 접근 및 이익 공유에 관한 국내입법 또는 규제 요건 준수(제15조)의 이행을 지원하며, 유전자원에 대한 접근 및 이익 공유가 법령을 준수하며 이루어졌는지를 보장하기 위한 조치이다.

각 당사국은 의무 준수를 지원하기 위하여 유전자원 이용을 감시하고 그 투명성을 제고하기 위한 적절한 조치를 취하여야 한다. 그 일환으로 당사국은 하나 이상의 점검기관(checkpoint)을 지정하여야 하는데, 점검기관은 사전통지승인의 취득, 유전자원의 출처,[213] 상호합의조건의 체결, 유전자원의 이용 상황 등에 관한 정보를 수집하거나 접수하는 역할을 하게 된다.[214] 그리고 각 당사국은, 적절하게 그리고 지정된 점검기관의 특성에 따라, 유전자원의 이용자로 하여금 지정된 점검기관에 대하여 이들 정보를 제공하도록 요구하여야 하며, 미준수 상황에 대처하기 위한 적절하고 효과적이며 비례적인 조치를 취하여야 한다.[215] 그러나 'would', '적절하게', '지정된 점검기관의 특성에 따라' 등의 표현으로 인하여 그 강제성이 상당 부분 약화되어 있다.

---

211) 점검기관은 적절한 경우 사전통지승인, 유전자원의 출처, 상호합의조건의 체결, 그리고/또는 유전자원 이용과 관련한 정보를 취합하거나 접수하는 역할을 하며, 각 당사국은 유전자원의 이용자가 지정 점검기관에 이러한 정보를 제공하도록 해야 한다. 점검기관은 효과적으로 운영되어야 한다. 나고야의정서(각주 152), 제17조 제1항(a). 국가연락기관 및 국가책임기관이 유전자원을 제공하는 측면에서 보는 국가의 기관이라면, 국가점검기관은 유전자원에 접근·이용하는 측면에서 보는 국가의 기관이라고 할 수 있다.

212) *Id.* 제17조 제1항.

213) 유전자원의 출처 공개 의무화는 지적재산권의 무역관련측면에 관한 협정(TRIPs협정) 제27조를 비롯한 지적재산권 규범과 충돌될 여지가 있는데, 이 때문에 그 강제성을 약화시키기 위한 문언을 포함시킨 것으로 보인다. TRIPs협정 제27조에 따르면, ① 신규성, ② 발명성 및 ③ 산업적 응용가능성을 갖추고 있으면 특허 요건을 충족하게 된다. 따라서 발명에 이용된 유전자원의 출처를 공개하지 않았음을 이유로 특허권 부여를 거부하는 경우에는 동협정에 위배된다고 볼 수 있는 여지가 있다. 박종원(각주 166), 69면. 유전자원 출처 공개와 TRIPs협정과의 상충 문제에 대하여 자세한 내용은 김명자 외 2(각주 199), 168 내지 170면 참조.

214) 나고야의정서(각주 152), 제17조 제1항(a)(i).

215) *Id.* 동항(a)(ii).

11. 상호합의조건의 준수

의정서는 상호합의조건에 포함될 내용과 유전자원 이용자가 자국의 관할권 내에서 상호합의조건 내용을 위반할 때 이용국의 시정 조치 의무를 포함하고 있다. 즉 당사국은 유전자원과 유전자원 관련 전통지식의 제공자 및 이용자에게 상호합의조건의 규정에 분쟁해결조항을 포함하도록 장려하고, 특히 이용자와 제공자가 분쟁해결절차를 회부할 관할권, 준거법, 그리고/또는 조정 또는 중재와 같은 대체적 분쟁해결책 등을 포함하도록 장려하여야 한다.[216]

또한, 당사국은 상호합의조건에서 비롯된 분쟁이 발생하는 경우 자국의 법률체계하에서 분쟁해결을 추구할 기회를 보장하여야 한다.[217] 특히 사법(司法)에 대한 접근과 외국 판결과 중재판정의 상호승인과 집행 관련 체계를 이용할 수 있도록 필요한 조치를 채택하여야 한다.[218] 이러한 조치들은 개별 제공자와 이용자간 계약의 준수를 유도함으로써 상호합의조건의 이행을 지원, 촉진하는 역할을 한다.

12. 평　　가

2010년 10월 29일, 생물다양성협약의 명시적인 목적 중의 하나인 유전자원의 이용에 따른 이익의 공평한 공유를 다루는 국제협약이 탄생하였는데, 나고야의정서가 그것이다. 그 동안 국제사회에서 생물다양성협약상 유전자원에 대한 접근과 그로부터 발생하는 이익 공유는 소홀히 취급되었다. 그러나 나고야의정서의 출범으로 새로운 전기가 마련되었다. 나고야의정서는 생물다양성협약이 명시적으로 내세우고 있는 목표 중 세 번째 목표인 유전자원의 이용에 따른 이익의 공평한 분배에 주목하면서 유전자원에 대한 접근과 이익 공유를 위한 당사국들의 의무를 구체화하고 있다.

나고야의정서는 유전자원의 보전과 함께 유전자원의 이용에 있어 유전자원 보유국의 자국 자연자원에 대한 주권을 존중하는 한편, 해당 유전자원의 이용으로부터 발생하는 이익을 이용국과 제공국이 공유할 수 있도록 보장함으로써, 유전자원을 통한 국가 상호간 공동의 이익을 추구하고 있다고 할 수 있다. 그 핵심은 유전자원에 대한 접근과 유전자원 제공국과 이용국 사이의 이익 공유라고 할 수 있다.

---

216) *Id.* 제18조 제1항.
217) *Id.* 동조 제2항.
218) *Id.* 동조 제3항.

시전통지승인과 상호합의조건은 이를 보장하기 위한 핵심수단이다.

의정서는 유전자원에 대한 접근과 이익 공유 그리고 전통지식과 관련한 의무를 보다 정치화함으로써 생물다양성협약을 확장하고 있다. 생물다양성협약보다 강력한 언어로 이익 공유를 언급하고 있으며, 토착지역공동체와의 이익 공유문제도 해결하고 있다. 이는 국제사회에서 이익 공유 개념의 중대한 발전을 의미한다. 나아가 의정서는 생물다양성과 관련해서 경제적 가치와 비경제 강치(생물다양성의 보호와 지속가능한 이용) 간의 균형을 도모하고 있는데, 이는 기존 유전자원에 대한 자유로운 접근을 허용하는 체제와 크게 구별되는 독창적인 것으로 의미있는 진전이라고 평가할 수 있다.

나고야의정서가 도입하고 있는 유전자원에 대한 접근과 이익 공유체제는 유전자원이 존재하는 국가 즉, 해당 유전자원에 대해 주권을 행사하는 국가 내에서 생물다양성 보전이 이루어지도록 이익이 창출되어야 한다는 점을 강조하고 있다. 말하자면 유전자원으로부터 발생한 이익의 공유는 나고야의정서체제에서 핵심이라고 할 수 있고, 이는 생물다양성 보전을 위한 중요한 연결고리로 작용하게 되는 것이다. 유전자원 관련 전통지식에 대한 접근과 이익 공유 의무를 명시적으로 연계하고 있는 것도 큰 성과라고 할 수 있다. 국가 주권에 종속하는 유전자원과 달리 전통지식은 본질적으로 지역사회에 귀속하며, 진화하는 특징을 갖는데, 이러한 본질에 기초하여 국제법상 법인격이 인정되지 않는 토착지역공동체에 전통지식의 보유권을 부여하고 있는 것은 획기적인 것이라고 할 수 있다. 국가의 사전통지승인이 자연자원에 대한 국가주권 원칙에 기초하고 있다면 전통지식에 대한 공동체의 사전통지승인은 국제인권에 기초하고 있다고 할 수 있다. 전통지식의 이용에 따라 발생하는 이익의 공유는 묵시적으로 토착지역공동체의 환경권을 인정하고 있는 것으로 이해된다.219)

유전자원에 대한 접근과 이익 공유(ABS)체제의 두 축은 접근과 이익 공유이다. 유전자원의 접근과 관련해서 기존 생물다양성협약의 범위를 확장 · 강화하고 있는 것은 주목할 만한 발전이다. 특히 의정서가 생물다양성협약과 구별되는 점은 우선, 유전자원에 대한 접근을 규제하면서 생물다양성협약보다 당사국의 권리 · 의무를 비교적 상당히 자세하게 규정하고 있으며, 상호합의조건에 담길 내용을 비록 일부이지만 제시함으로써 협상을 통해 당자국간에 체결될 바람직한 계약 관행을 유도 · 촉진하고 있다. 나아가 의정서는 토착지역공동체가 보유한 유전자원에 대한 접근 문제를 명시적으로 그리고 구체적으로 다루고 있다. 말하자면 의정서는 토착

219) Elisa Morgera *N.*(각주 158), 171면.

지역공동체가 보유한 유전자원에 대한 접근에 법적 구속력을 부여하고 있는 최초의 조약이라고 평가할 수 있다.

종전에는 서구의 거대 다국적 기업들이 유전자원이 풍부한 아프리카, 동남아시아, 남미 등의 동 · 식물이나 미생물, 전통요법 등을 이용해 의약품이나 제품을 개발한 뒤 특허를 내 막대한 이익을 독점하는 구조였다. 의정서는 이러한 구조를 바꿔 유전자원을 이용해 개발한 의약품 등으로부터 발생한 이익을 원산지 국가(개도국)와 공정하게 나누고 생물다양성을 보전하기 위해 개도국에게 자금을 지원하자는 취지를 담고 있다. 그러나 의정서에 참가한 국가들 다수는 그 동안 이익분배에서 소외되어온 원산지 국가들이고 이익을 공유할 의무를 부담하게 될 이용국(선진국)들은 비준을 거부하고 있다. 유전자원의 이용으로 발생하는 이익의 공평한 공유라는 목적이 실현되기 위해서는 유전자원 제공국과 이용국이 모두 의정서 체제의 틀에 들어와야 하지만, 이용국들이 이탈한 상태이기 때문에 의정서 체제는 미완성 체제인 셈이다.

나고야의정서는 그간 인류의 공동유산으로서 자유로운 접근 및 이용이 가능하였던 유전자원에 대하여 배타적 주권을 인정하고 있다. 이는 유전자원 제공국인 개도국으로 하여금 유전자원을 보호하려는 동기를 제공함으로써, 궁극적으로 생물다양성 보호에 기여할 수 있다는 측면에서 긍정적 평가를 할 수 있을 것이다. 특히, 유전자원 이용국인 선진국이 유전자원 접근 및 이용에 대한 대가를 지불하도록 할 뿐만 아니라, 개도국의 능력 형성 및 강화에 대한 선진국의 의무를 부과함으로써 공동의 그러나 차별화된 책임의 원칙을 구체화하고 있다.

그러나 나고야의정서는 "창의적 모호함 속의 걸작(a masterpiece in creative ambiguity)"이라는 평가를 받고 있다.[220] 선진국과 개도국 간의 첨예한 의견 대립 가운데 합의 도출이 곤란한 쟁점에 관해서는 아예 삭제하거나 모호하게 규정함으로써 의정서 채택에 이를 수 있었던 탓에 동일한 조문을 두고도 해석상 논란의 여지가 크게 남아 있다.

나고야의정서가 발효됨으로써 개도국의 다양한 이익 공유 요구 증가, 유전자원 제공국의 엄격한 자원관리 및 규제, 생물자원 이용국 상호간의 경쟁 가속화, 의무준수를 위한 국가의 역할 강화 등이 예상된다. 그러나 의정서에 참가한 국가들 다수가 이익분배에 소외되어온 원산지 국가들이고 이익을 나눠주어야 할 선진국들은 비준하지 않아 변화가 일어나기까지는 갈 길이 멀어 보인다.

나고야의정서 자체에 불명확한 내용들이 많고 주요 조항들의 모호함으로 인하

220) 박원석(각주 169), 635면.

어 유전자원 제공국들과 이용국들 사이의 해석 차이가 크고 이로 인해 당사국간의 이행에 향후 적지 않은 갈등이 예상된다. 특히, 유전자원이 풍부하지 않은 우리나라의 경우에는 유전자원의 수출보다는 수입에 더 의지하게 되기 때문에 경제에 미치는 파급효과가 더 크게 느껴질 수 있다. 그러나 분야에 따라서는 우리나라가 유전자원 제공국의 입장인 측면도 있고, 의정서 참여를 포기할 경우에는 유전자원에의 접근이 아예 봉쇄될 수 있다는 점에서 궁극적으로는 의정서에의 참여가 필연적이라고 할 수 있다. 이러한 점을 고려할 때 2017년 1월 17일 제정된 「유전자원의 접근 · 이용 및 이익 공유에 관한 법률」의 제정은 나고야의정서에의 참여와 유전자원에 대한 접근과 이익공유체제의 국내 시행을 위해서 가장 기본적이고 필수적이면서도 효과적인 조치라고 할 수 있다.

제 9 장 남극환경의 보호

제 1 절 남극 현황

인류가 아직 충분히 개발하지 않은 몇 개 지역이 있다. 흔히 국제공유지역(global commons)이라고 불리는 지역이 그것인데, 여기에는 공해(公海), 우주 그리고 남극 등이 포함된다. 제7의 대륙 또는 미지의 대륙이라고 불리는 남극 … 우리나라의 약 60배(1,350만㎡)로서 지구 전체 육지면적의 9.2%에 달할 정도로 광활한 지역(세계에서 다섯 번째로 큰 대륙). 그러나 연평균 기온이 영하 23도로 지상에서 가장 춥고 건조한 지역. 평균 2,160m 두께의 얼음으로 덮여 있는 지역. 나무는 없고 꽃이 피는 풀도 남극 잔디 두 종류만 있는 지역.[1)]

이런 극한의 땅에 최근에는 과학기지가 속속 들어서고,[2)] 과학자와 관광객이 몰려들고 있다.[3)] 이와 같이 남극이 인류의 큰 주목을 받고 있는 이유는 무엇일까? 다음과 같은 몇 가지 현황이 그 답을 암시해 주고 있다. 크릴새우, 파타고니아 이빨고기, 별오징어, 물개 그리고 게 등 다양한 해양생물자원. 석유와 천연가스, 금속광물 같은 남극대륙과 그 주변 해역에 있을 것으로 예상되는 풍부한 부존자원. 지구상 담수의 90%를 공급하고 있는 남극을 덮고 있는 얼음. 대기학 · 기상학 · 지질학 · 지구물리학 그리고 생물학 등 모든 과학 분야의 천연실험장. 과학자들로 하여금 남극 이외의 지역에 영향을 미치는 지구 온난화, 오존층 파괴, 해수면 상승 등에 대한 연구를 수행할 수 있도록 하는 원시상태의 환경.

지구상에서 오염이 가장 적은 곳인 남극대륙에 대한 인류의 관심 집중은 엉뚱하게도 남극의 환경오염문제로 번지고 있다. 녹아내리는 남극의 빙하는 지구온난화의 상징으로 되었으며, 남극 상공에 뚫린 오존홀은 오존층 파괴의 명백한 증거

1) "남극대륙은 생태계 연구의 보고", 세계일보, 2002. 8. 31. 기사.

2) 2007년 현재 우리나라를 비롯하여 전세계 18개 국가에서 42개의 남극기지를 운영하고 있다.

3) 1950년대에 상업적 탐험이 시작된 이래 선박이나 항공기를 이용한 상업적 여행이 계속 증가하여 2007/2008년 기간에 남극을 방문한 여행자 수는 46,000명에 이른다. http://www.ats.aq/e/ats_other_tourism.htm(2009. 10.).

로 인식되고 있다. 인류의 손길이 아직 제대로 미치고 있지 못한 지구상의 유일한 대륙이라고 할 수 있는 남극의 환경오염문제를 방치하는 것은 인류에게 남은 마지막 청정지역, 야생지역, 세계유산을 포기하는 것이다.

제 2 절 남극체제

협약명	채택일 (발효일)	주요내용	당사국 수	우리나라 가입일 (발효일)
남극조약	1959.12.1. (1961.6.23.)	－남극대륙의 평화적 목적으로의 이용 및 과학적 조사의 보장	54 (2020.1. 현재)	1986.11.28. (1986.11.28.)
남극 동 · 식물 보전 합의조치	1964.6.13. (1966.7.27.)	남극 토착종의 보호, 과학적 조사의 증진, 남극 야생동 · 식물의 합리적 이용의 증진		
남극물개 보전협약 (CCAS)	1972.6.1. (1978.3.11.)	－남극지역 물개의 보호	18 (〃)	미가입 (－)
남극해양생물 자원보전협약 (CCAMLR)	1980.5.20. (1982.4.7.)	－남극 해양생물자원의 보전	36 (〃)	1985.3.29. (1985.4.28.)
남극광물자원활동의 규제에 관한협약(CRAMRA)	1988.6.2. (미발효)	－남극광물자원활동의 규제		미가입 (－)
마드리드의정서	1991.10.4. (1998.1.14, 제5부속서 2002.5.24.)	－남극환경 및 생태계의 포괄적인 보호	54 (〃)	1996.1.2. (1998.1.14, 제5부속서 2002.5.24.)

〈http://www.ats.aq/index_e.htm〉; 〈http://www.ccamlr.org〉

국제공유지역에 대해서는 직 · 간접적으로 환경문제를 다루는 조약이 적용되고 있다. 특히 남극은 집합적으로 남극조약체제(Antarctic Treaty System: ATS)라고 불리는 일련의 국제조약 및 협의당사국회의의 조치나 권고에 의해 규율되고 있다: 1959년 남극조약, 1964년 남극 동 · 식물 보전 합의조치, 1972년 남극물개보전협약(CCAS), 1980년 남극해양생물자원보전협약(CCAMLR), 1991년 환경보호에 관한 남극조약의정서(마드리드의정서). 이들 조약들은 남극대륙을 원시상태를 유지하고 있는 지구상의 얼마 안 되는 지역으로 보전하는 데 중요한 역할을 하고 있다. 이들 조약은 환경문제에 대해 소홀하였다. 다만 비교적 최근에 채택된 마드리드의정서는 거의 전적으로 환경문제에 초점을 맞추고 있다.

≪남극체제≫

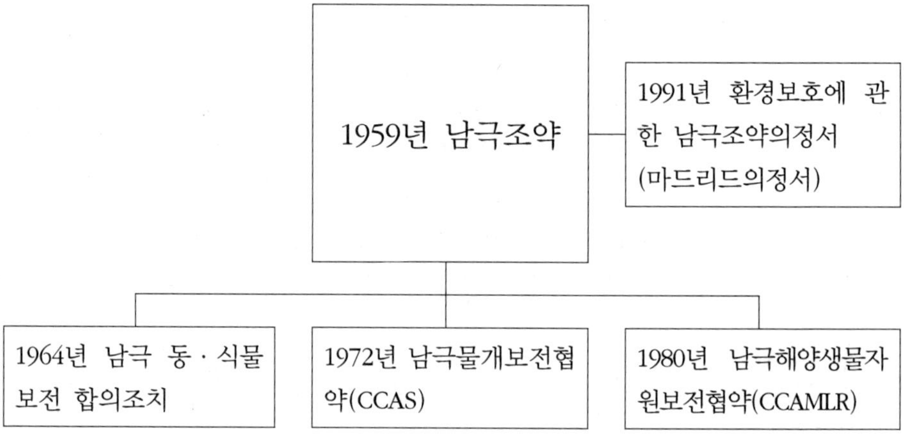

Ⅰ. 남극조약

1. 배　　경

18세기 후반 제임스 쿡(James Cook) 선장이 남극권에 발을 디디고, 1911년 노르웨이 탐험가 아문센(Amundsen)이 남극점에 도달한 후 많은 방문자들이 남극대륙에 도착하였다. 이후 영국을 비롯한 몇 개 국가들이 영유권 경쟁을 시작하였다. 영국, 뉴질랜드, 호주, 프랑스, 노르웨이, 칠레, 아르헨티나 등이 남극에 대해 영유권 주장을 펼치면서 영유권 주장은 가열되었고,[1] 이들 국가간에 긴장이 고조되었다. 미국, 구 소련(현재의 러시아)은 영유권을 유보하였다.

1959년 남극조약[2]에는 당초 12개국이 서명하였다. 여기에는 영유권 주장을 한

1) 이들 7개국은 발견, 점유, 인접성(continuity), 접속성(contiguity), 선형이론(sector theory) 등을 제시해 가면서 영유권 주장을 펼쳤다. 이들 국가들은 그들의 영유권 주장을 강화하기 위해 기지설치, 자국 대통령의 남극 방문, 우표발행, 남극에서의 출산 등을 장려 · 수행하였다. 이들 7개국이 영유권을 주장하는 지역은 남극대륙 총면적의 85%에 이르는 부동빙(不動氷) 지역이다.

2) Antarctic Treaty, 19 I. L. M. 860 (1980).

7개국과 미국, 러시아, 벨기에, 일본, 남아프리카공화국 등이 포함되었는데, 뒤의 5개국은 앞서 7개국의 영유권 주장을 인정하지 않았을 뿐 아니라 자신들도 영유권 주장을 하지 않았다. 이들 5개국은 이미 과학적 조사를 수행하고 있었거나 수행할 계획을 가지고 있었기 때문에 조약과정에 참여할 수 있었다. 시간이 흐르면서 당초 12개국 외에 많은 국가들이 남극 대륙에 관심을 표명하였고, 남극조약에 가입하였다.[3)]

≪남극과 영유권 주장 국가≫

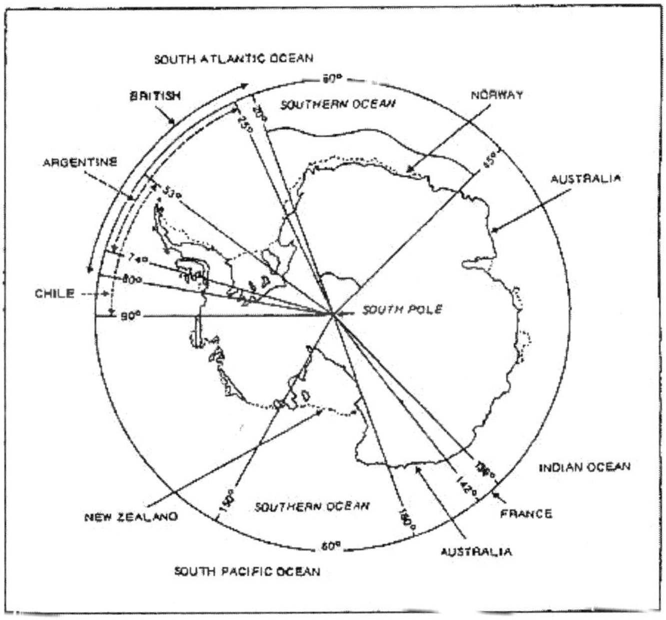

2. 내　　용

남극체제의 핵심은 남극조약이나. 남극조약은 전문에서 남극이 영원히 평화적 이용만을 위해 이용되고, 국제불화의 목적 대상이 되어서는 안 된다는 것이 인류의 (공동)이해(interest)임을 밝히고 있다. 이러한 기본 정신에 따라 남극지역은 평화적 이용과 자유로운 과학적 조사를 위해서만 이용될 수 있다.[4)] 제4조는 당초 12

3) 남극조약은 당초 12개국의 서명국과 추후에 가입한 35개국이 회원국으로 구성되어 있다. http://www.ats.aq/devAS/ats_parties.aspx?lang=e(2009. 10.).

4) 남극조약(각주 2), 제1조, 제2조.

개 서명국 사이에 가장 예민한 문제였던 영유권 문제를 다루고 있다: 남극조약의 어떠한 규정도 기존의 영유권 주장을 포기하거나 영유권주장을 인정하는 것으로 해석되지 아니한다(제4조 제1항). 이는 영유권 주장의 동결을 의미하는 것으로 아마도 남극조약에서 가장 중요한 조문일 것이다. 남극조약의 중요한 원칙은 남극대륙의 비무장화, 핵무기로부터의 자유, 자유로운 과학조사활동의 보장 등으로 압축할 수 있다.

남극조약에서 환경문제와 생물자원의 보전 및 보호는 부차적 · 간접적으로 다루어졌다. 그 결과 환경보호와 관련한 규정은 2개 규정에 불구하고 그 내용은 지극히 단순하다. 우선 남극지역에서 핵폭발 및 방사성물질의 처분은 금지된다.[5] 전문에 열거된 체약국(당초 12개 서명국)의 대표자는 ① 남극지역을 평화적 목적으로만 이용하는 것, ② 과학적 조사를 촉진하는 것, ③ 국가간 과학적 협력을 촉진하는 것, ④ 조사를 행할 권리의 행사를 촉진하는 것, ⑤ 재판권의 행사에 관한 것, ⑥ 생물자원의 보호 · 보전 등에 관하여 협의하고, 필요한 조치를 심의하며 각국 정부에 권고하기 위하여 필요한 모임을 갖기로 하였다.[6]

남극조약의 목적 달성과 그 시행을 위해 가장 중요한 규정 중의 하나가 바로 남극지역과 관련한 중요한 이슈를 논의하기 위하여 당초 12개 서명국이 정기적으로 모임을 갖도록 하고 있는 규정이다. 이 모임은 남극조약 협의당사국회의(Antarctic Treaty Consultative Meetings: ATCMs)라고 불리는 것으로, 이 회의의 활동 영역은 각국 입장의 교환부터 법적 구속력 있는 문서의 협상에 이르는 폭넓은 것이다. 이 회의가 환경과 관련하여 중요한 의미를 갖는 것은 바로 이곳에서 환경문제가 심도 있게 논의될 수 있기 때문이다. 남극체제를 규율하는 다른 협약이 바로 이 회의의 소산이다.

협의당사국(Antarctic Treaty Consultative Parties: ATCPs)은 남극조약의 당사국이면서 협의당사국회의에 참여할 수 있는 국가이다.[7] 협의당사국이 특별히 중요한 의미를 갖는 것은 이들 협의당사국이 협의당사국회의를 통해 남극과 관련한 주요한 의사결정을 하기 때문이다. 현실적으로 말하자면 '보물창고'의 선점이라는 의미가 담겨 있는 것이다. 협의당사국이 되기 위해서는 과학기지의 설치, 과학탐사대의 파견 등 "실질적 과학조사활동(substantial research activity)"을 하는 국가로서 기존 협의

5) *Id.* 제5조.
6) *Id.* 제9조 제1항. 이 중 ①과 ⑥이 환경문제와 밀접한 관련을 갖는다.
7) 2020년 1월 현재 남극조약체제의 가입국은 총 54개국인데, 이 중 29개국만이 완전한 투표권을 행사할 수 있는 협의당사국이다. http://www.ats.aq/devAS/ats_parties.aspx?lang=e (2020. 1.).

당시국의 찬성이 필요하다.[8] 이는 남극대륙의 운명과 관련해서 영향력을 행사하기 위해서는 실질적 과학조사활동을 하였다는 입증이 그 관건이 된다는 것을 의미하는 것이다. 우리나라가 1988년 킹조지(King George) 섬에 상주과학기지인 세종기지를 건설하고 과학조사활동 및 남극연구를 본격화하고 있는 것도 이러한 맥락에서 이해할 수 있다.[9]

3. 평　　가

남극조약은 역사상 처음으로 남극에 관련된 광범위한 문제에 관하여 법적인 체제를 확립하였다. 남극체제의 기본조약을 이루는 남극조약은 말하자면 남극체제에서 우산(umbrella)과 같은 역할을 하고 있다. 남극물개보전협약(CCAS), 남극해양생물자원보전협약(CCAMLR), 1991년 마드리드의정서 등 남극체제를 구성하는 다른 조약들은 그 하부에 위치하고 있다.

남극조약의 가장 큰 공헌은 영유권 분쟁을 동결시킴으로써 국제사회의 긴장·갈등을 완화시킨 것이라고 할 수 있다. 그러나 이러한 조치는 바로 남극조약 나아가 남극체제의 큰 한계로 작용하고 있다. 즉 문제의 직접적인 해결이 아니라 당시의 국제적 이해관계를 조정하기 위하여 단순히 영유권 주장을 동결하고 새로운 영유권 주장 또는 기존 영유권 주장의 확대를 금지한 것이다.

남극조약은 협의당사국회의라는 정기적인 모임을 통해 영속성을 얻게 되었다. 1959년 이후 계속된 모임은 남극체제라는 포괄적인 규율체제를 일구어 냈다. 그러나 이러한 영속성의 이면에는 불안 요소도 내재하고 있다. 특히 완전한 투표권을 행사하는 협의당사국 그룹의 탄생은 갈등의 진원지로 알려지고 있다. "실질적 과학조사활동"을 할 수 있는 국가들, 즉 선진국들로 구성된 협의당사국들만이 남극을 규제할 수 있다는 반감이 그것이다. 개도국들은 남극체제를 사실상 개도국의 '자유로운 접근을 부인하는 공동체제(common regime)'라고 비판하고 있다.

정치적 문제에 대한 편향은 환경과 생물자원의 보전 및 보호를 2차적 문제로 다룰 수밖에 없었다. 남극조약은 남극환경의 보호를 강조하고 있지 않다. 남극환경 및 생태계에 대한 고려는 1980년 남극해양생물자원보전협약(CCAMLR), 1991년 마드리

---

8) 남극조약(각주 2), 제9조 제2항.

9) 우리나라의 남극기지 설립은 세계에서 16번째로서 대기과학·지질학·지구물리학·생물학·해양학 그리고 우주과학 등의 연구를 수행하고 있다. 우리나라는 1989년 협의당사국의 자격을 얻었는데(남극조약 가입은 1986년), 여기에는 이러한 활동 등이 주효하였다고 할 수 있다.

드의정서를 기다려야만 하였다.

Ⅱ. 남극 동·식물 보전 합의조치

1. 내 용

1964년 제3차 남극조약 협의당사국회의에서는 남극 동·식물 보전 합의조치[10]가 채택되었다. 이 합의조치는 조약의 형식을 띠고 있는데, 남극 토착종의 보호, 과학적 조사의 증진, 남극 야생동·식물의 합리적 이용의 증진 등을 목표로 하면서 남극 야생동·식물의 보전을 위한 몇 가지 중요한 조치를 담고 있다. 이에 따르면 허가를 받은 경우를 제외하고 남극 고유의 포유동물이나 조류를 살상, 포획, 학대(molesting) 또는 이러한 행위를 시도하는 것은 금지된다.[11] 외래 동·식물종의 반입은 제한된다.[12] 부속서 A에 등재된 고유의 포유동물과 조류는 특별보호종(Specially Protected Species)으로 지정되어 각국 정부로부터 특별한 보호를 받게 된다.[13] 독특한 자연생태계를 유지하기 위하여 남극의 일정지역(부속서 B)은 특별보호구역(Specially Protected Areas)으로 지정되어 보호받는다.[14]

2. 평 가

위 합의조치는 남극의 고유 동·식물을 보호하기 위한 유용한 수단이 되었으며, 남극을 개발하고 있던 비당사국의 행위에 영향을 끼쳤다. 이 합의조치의 내용은 후에 1991년 마드리드의정서에 수용되어 보다 체계화되고 강화되었다. 합의조치의 큰 특징은 남극환경을 보호하기 위하여 다양한 접근방법을 복합적으로 도입하고 있다는 것이다: 특정 종 관리방법(특별보호종), 특정 지역 관리방법(특별보호구역), 특정 행위 금지방법(살상·포획·학대·반입 등의 금지). 이러한 접근은 남극 생태계가 특별히 환경적으로 예민하기 때문에 그 보호가 절실하다는 관념이 전제되고 있다. 그러나 이들 합의조치와 관련해서는 허가를 통해 광범위한 예외가 인

---

10) Agreed Measures for the Conservation of Antarctic Fauna and Flora, 17 U.S.T. 992, T.I.A.S. No. 6058 (1964).

11) *Id.* 제6조 제1항.

12) *Id.* 제9조.

13) *Id.* 제6조 제5항.

14) *Id.* 제8조.

정될 수 있다는 문제점을 지적할 수 있다.

Ⅲ. 남극물개보전협약

1. 내 용

1972년 런던에서 개최된 제7차 협의당사국회의에서 당사국들은 남극지역의 물개를 보호하기 위하여 남극물개보전협약(CCAS)[15]을 채택하였다. 이 협약은 남극조약에서와 마찬가지로 남위 60도 이남 지역에 적용되지만[16] 실제 적용은 이보다 광범위하다. 즉 협약 제5조 제7항에서는 당사국들로 하여금 국내법에 따라 60도 이북에서 물개를 살상하거나 포획하는 자국민, 자국의 관할하에 있는 선박 등에 대하여 보고하도록 함으로써[17] 경우에 따라서는 공해까지 적용범위가 확대될 수 있다.

이 협약은 물개의 포획을 금지하기보다는 당사국이 연간 포획하거나 살육할 수 있는 수를 제한하였다. 즉 협약 제1조에 명시된 6개 종에 대한 살상이나 포획은 금지되나[18] 허가제도를 통해 인간을 위해 필수불가결한 음식, 과학적 조사, 박물관·교육기관·문화기관의 표본에 제공하기 위한 물개의 포획은 제한적으로 허용된다.[19] 나아가 이 협약은 당사국들로 하여금 어획 한도, 보호종, 어획 허용시기, 어획 허용구역과 금지구역, 어획 방법 등 제반 보전조치들을 규정하고 있다.[20] 협약의 시행은 남극과학위원회(Scientific Committee on Antarctic Research: SCAR)에 맡겨져 있다.[21] 즉 당사국은 이 위원회에 관련 정보를 제공하여야 하며, 남극과학위원회는 그 정보의 평가, 과학적 자료 및 정보의 교환 촉진, 과학적 조사를 위한 프로그램의 권고, 부속서의 개정 권고 등의 기능을 담당한다.[22] 시행을 강제하기 위한 기구·조직은 설치되어 있지 않다.

---

15) Convention for the Conservation of Antarctic Seals(CCAS), 29 U. S. T. 441, 11 I. L. M. 251 (1972).
16) *Id.* 제1조 제1항.
17) *Id.* 제5조 제7항.
18) *Id.* 제2조.
19) *Id.* 제4조.
20) *Id.* 제3조.
21) *Id.* 제5조.
22) *Id.*

2. 평 가

이 협약은 남위 60도 이남 지역뿐만 아니라 일정한 경우 대륙에 인접한 공해까지로 적용범위가 확대되고 있다. 이는 남극대륙에 실제 발을 디딘 사람들뿐만 아니라 대륙에 인접한 해양을 항해하는 선박으로부터도 남극의 자연을 보호한다는 것을 의미하는 것이다. 이 협약은 허점도 아울러 가지고 있다. 당사국은 과학적 조사, 박물관 · 교육기관 · 문화기관의 표본에 제공하기 위하여 물개의 포획할 수 있도록 허가를 발행할 수 있는데, 허가가 남발되어 물개의 남획이 이루어질 가능성을 배제할 수 없다. 본질적으로 남극물개보전협약의 한계는 단지 물개만을 보호한다는 것이다. 물개만이 아니라 보다 다양한 형태의 해양생물에 대한 보호를 위해서는 야심찬 1980년 남극해양생물자원보전협약의 탄생을 기다려야만 하였다.

Ⅳ. 남극해양생물자원보전협약

1. 내 용

남극의 생물자원을 보전하기 위한 노력은 계속되어 1980년 5월 20일 호주 캔버라에서 남극해양생물자원보전협약(CCAMLR)[23]이 채택되었다. 이 협약은 남위 60도와 남극수렴선(Antarctic Convergence) 사이의 해역에 있는 남극생태계에 속하는 남극해양생물자원의 '보전'을 그 목적으로 한다.[24] 여기서 보전은 '합리적 이용(rational use)'을 포함하기 때문에[25] 결국 이 협약의 관리체제는 해양생물의 합리적 이용을 달성하기 위한 체제라고 할 수 있다. 협상 과정에서 당사국들은 크릴의 어획에 크게 관심을 보였지만 협약의 보호대상 해양생물자원은 어류, 연체동물(molluscs), 갑각류동물(crustaceans)과 조류를 포함한 다른 모든 생물체로 크게 확대되었다.[26]

이 협약의 가장 큰 특징은 '생태계 접근방법'에 기초하였다는 것이다. 이에 따라 이 협약은 제2조에서 ① 어획되는 자원의 규모가 해당자원의 안정적인 보충을

---

23) Convention on the Conservation of Antarctic Marine Living Resources(CCAMLR), 19 I. L. M. 841 (1980).
24) *Id.* 제1조 및 제2조.
25) *Id.* 제2조 제2항.
26) *Id.* 제1조 제2항.

확보하는 수준 이하로 감소되는 것의 방지, ② 어획되는 자원, 그에 의존하는 자원 및 관계가 있는 자원 간의 생태학적 관계 유지 및 고갈된 자원의 복구, ③ 해양생태계의 변화 방지 또는 변화 위험성의 최소화 등을 남극 해양생물자원의 보전원칙으로 천명하고 있다.[27] 이러한 원칙에 비추어 볼 때 이 협약체제는 해양생물자원에 대한 즉각적이고 완전한 포획 금지가 아니라 그 규모가 최대의 연간 순증식량을 보장하기 위해 안정적인 수준을 유지할 것을 도모하고 생태학적 관계 유지 및 해양생태계의 급격한 변화를 방지하기 위해 해양생물자원의 채취를 제한하는 구조라는 것을 알 수 있다. 이는 실제적으로 수확자원(주로 크릴새우)의 지속적 생산뿐 아니라 다른 자원(조류, 물개, 고래 등)과의 관계도 고려하여 그 수획한도를 정하는 것으로 나타나고 있다.

당사국들은 보전조치를 평가하고 규제하기 위해 영구적인 해양생물자원보전위원회를 창설하였으며,[28] 위 보전위원회의 자문기관으로 과학위원회(Scientific Committee)를 설립하였다.[29] 해양생물자원보전위원회는 남극체제의 이전 협약들에서는 발견할 수 없는 행정기능을 수행하는 기구이다. 다만, 이행을 강제하기 위한 기구는 창설되지 않았기 때문에 협약상의 의무이행은 각 당사국의 몫이 되고 있다.

각 당사국은 협약의 제 규정과 보전위원회가 채택한 모든 보전조치의 준수를 확보하기 위하여 적절한 조치를 취하여야 한다.[30] 또한 협약 목적을 추진하고 협약규정 준수를 확보하기 위하여 각 당사국은 감시 및 사찰제도를 확립하여야 한다.[31] 각 당사국은 특히 승선 및 검사절차, 기국에 의한 기소 및 제재절차 그리고 이러한 기소 및 제재를 보전위원회에 보고하는 절차 등을 수립하여야 한다.[32]

2. 평 가

남극체제의 한 구성부분을 이루는 남극해양생물자원보전협약은 이제까지의 협약과 달리 생태계 접근방법을 취하고 있다. 다시 말하면 생물의 생존력을 확보하기에 충분한 수준으로 그 수를 유지하고 생물자원간의 생태학적 관계를 유지하며

---

27) *Id.* 제2조 제3항.
28) *Id.* 제7조 내지 제13조.
29) *Id.* 제14조 내지 제16조.
30) *Id.* 제21조.
31) *Id.* 제24조 제1항.
32) *Id.* 동조 제2항.

해양생태계에 돌이킬 수 없는 영향을 줄 수 있는 모든 변화를 방지 · 감소하고자 하고 있다. 적용대상지역은 남극 수렴선(Convergence)까지로 크게 확장되었으며, 보호대상은 모든 해양생물자원으로 확대되었다. 이러한 포괄적인 범위는 이전 남극체제에서는 찾아볼 수 없는 획기적인 것으로 남극의 야생 상태를 보호하는 데 강력한 힘이 될 것이다. 해양생물자원보전위원회를 설치하고, 각국에게 보고의무를 확립한 것은 협약의 시행과 관련하여 큰 진전이라고 할 수 있다.

눈앞의 경제적 이익을 놓고 치열한 암투가 벌어지고 있는 상황에서 각국이 해양생물의 보전을 위해 협의한 것은 높게 평가받을 만하다. 그러나 이 협약에는 숨길 수 없는 약점이 내재하고 있어 그 성공을 저해하고 있다. 중앙집권적인 시행체제를 갖추고 있지 못한 점, 보전위원회가 채택한 보전조치를 당사국이 수용할 수 없다고 생각하는 경우 그 구속을 회피할 수 있는 절차가 존재하는 점,[33] 보전위원회에 당사국이 보고의무를 위반하거나 허위 또는 부실한 보고를 한 경우 그에 대한 제재를 가할 수 있는 권한이 없다는 점, 보전위원회의 결정이 총의(consensus)로 이루어진다는 점,[34] 과학위원회에 과학조사활동을 수행하거나 정보를 수집할 권한이 부여되어 있지 않은 점, 분쟁해결절차와 관련하여 교섭기한을 정하지 않고 있으며, 교섭이 실패한 경우 중재재판소에 의한 분쟁해결절차가 강제적이지 아니한 점, 당사국들이 자신들의 몫이 되고 있는 이행 준수와 사찰제도를 남용할 가능성이 있다는 점, 비당사국에게는 협약의 구속력이 미치지 않아 이들 국가들이 현실적으로 생물자원을 남획할 가능성이 있다는 점 등이 그것이다. 이러한 문제점보다도 더 협약의 효율성을 떨어뜨리는 요인은 대개의 국가들이 국제공유지역(global common)의 보전이라는 국제공동체의 이익보다도 경제적 이윤이라는 현실적 · 개별적 국가이익을 우선하는 경향이 있다는 것이다. 이해관계국이 어획 수치의 공개를 꺼리거나 허위로 보고하는 것 등이 대표적인 예이다. 이와 같이 각국이 해양생물자원의 보전을 소홀히 하고 상업적 이익 추구에만 몰두한다면 이 협약의 성공은 어려울 것이다.

---

33) *Id.* 제9조 제6항(c) · (d).

34) *Id.* 제12조 제1항.

Ⅴ. 환경보호에 관한 남극조약의정서(마드리드의정서)

1. 배 경

1980년대 들어 국제사회는 보다 환경문제에 주목하기 시작하였다. 그 결과 관광객의 급증과 함께 광물자원의 개발이 중요한 이슈가 되었다. 당사국들은 1988년 뉴질랜드 윌링톤(Wellington)에서 남극대륙에서 광물의 탐사 및 개발을 제한하기 위한 남극광물자원활동의 규제에 관한 협약(CRAMRA)[35]을 채택하였다. 그러나 호주와 프랑스는 곧 이 협약의 서명에 반대하였다. 다른 국가들도 이러한 대열에 동참하였다. 이들 국가들은 자국의 이익을 위해 유류와 같은 에너지 자원에 대한 조사·개발에 더 관심이 있었다. 이들 국가들에게 이 협약체제는 비효율적으로 보였다. 그렇다고 점증하는 환경문제를 방치할 수는 없었다. 그 해결 방법은 1991년 스페인 마드리드에서 채택된 환경보호에 관한 남극조약의정서(마드리드의정서)[36]로 귀결되었다. 마드리드의정서의 탄생은 남극광물자원활동의 규제에 관한 협약(CRAMRA)을 역사속으로 사라지게 하였다. 그러나 마드리드의정서의 진정한 의의는 남극광물자원활동의 규제에 관한 협약의 폐기가 아니라 환경문제를 전면에 나서게 하였으며, 남극환경 및 생태계 보호에 미흡하였던 남극조약을 보충하여 남극환경보호를 위하여 포괄적인 규범을 갖추게 되었다는 것이다.

2. 내 용

마드리드의정서는 전문과 총 27개 조문으로 구성되어 있으며, 부속문서로서 중재(Arbitration)에 관한 의정서 부칙(Schedule to the Protocol)과 5개의 부속서, 즉 환경영향평가(부속서 Ⅰ), 남극동·식물종의 보전(부속서 Ⅱ), 폐기물처리 및 관리(부속서 Ⅲ), 해양오염의 방지(부속서 Ⅳ) 그리고 남극보호구역의 보호 및 관리(부속서 Ⅴ), 환경 비상 상황에서 발생하는 책임(부속서 Ⅵ)[37]로 구성되어 있다. 의정서상

35) Convention on the Regulation of Antarctic Mineral Resource Activities(CRAMRA), 27 I. L. M. 868 (1988).

36) Protocol on Environmental Protection to the Antarctic Treaty, 30 I. L. M. 1461 (1991).

37) 2005년 28차 협의당사국회의에서 환경 비상 상황에서 발생하는 책임에 관한 부속서 Ⅵ가 채택되었다. 동부속서는 남극지역에서 이루어지는 사전통지가 요구되는 과학조사 프로그램, 여행, 그리고 정부와 비정부의 다른 모든 행위와 관련된 환경 비상상황을 다룬다. 이러한 행위의 운영자는 합리적인 예방조치를 수행하고 남극환경에 잠재적 악영향을 갖는 사고의 대응을 위한 비상계획을 수립하여야 한다. 환경 비상 상황의 경우 운영자는 즉시 그리고 효과

의 기본 규제는 부속서의 규정으로 구체화되고 있다.

가. 의정서상의 규제

남극조약을 보충(수정이 아님)하기 위하여[38] 채택된 이 의정서의 주요 내용은 환경원칙, 당사국간 협력, 광물자원활동금지, 환경영향평가, 환경보호위원회의 설치, 의정서의 준수 및 사찰, 비상사태에 대한 대응조치의 수립 등이다.

(1) 목 표

마드리드의정서가 표방하는 궁극적인 목표는 남극환경 및 이에 의존하고 관련이 있는 생태계의 포괄적인 보호이다.[39] 덧붙여 의정서는 남극을 평화와 과학을 위한 '자연보존지역(natural reserve)'으로 지정할 것을 제창하고 있다.[40] 자연보존지역은 지금까지 국제협약에 나타나지 않았던 새로운 표현으로써, 남극조약지역 내의 몇 군데만을 특별보호구역으로 지정하여 운영하던 방식을 전체 지역으로 확대했다는 점과 남극조약지역 내에서 이루어지는 인간의 활동을 친환경적 · 평화적 및 과학적 목적에 한정시키는 일종의 '방향타'와 같은 역할을 한다는 점에서 의미가 있다.[41]

(2) 환경원칙

'환경원칙'이라는 표제의 제3조에서는 "남극환경 및 이에 의존하고 관련이 있는 생태계의 보호와 남극의 자연적 · 미학적 가치 및 과학적 연구, 특히 지구환경을 이해하는 데 필수적인 연구를 수행하기 위한 지역으로서의 가치를 포함한 남극의 본질적 가치(intrinsic value)의 보호는 남극지역 내에서의 모든 활동을 계획하고 수행함에 있어서 근본적으로 고려되어야 한다"고 선언하고 있다.[42]

제3조 제2항은 위에서 밝힌 전반적 원칙의 이행을 위해 고려해야 할 구체적 사항을 규정하고 있다. 우선 남극조약지역 내에서의 활동은 남극환경 및 이에 의존하거나 관련된 생태계에 '악영향'을 제한하도록 계획되고 수행되어야 한다.[43] 진

적인 대응행동을 취하여야 하며, 그렇지 않은 경우 그 비용에 책임을 질 수 있다.

38) 의정서는 명시적으로 동 의정서가 남극조약을 변형하거나 수정하는 것이 아니라 보충(supplement)하는 것이라고 지적하고 있다. 또한 남극조약체제의 다른 국제문서로부터 발생하는 의정서 당사국의 권리 · 의무를 손상시키지 아니한다고 규정하고 있다. *Id.* 전문, 제4조.

39) *Id.* 제2조.

40) *Id.*

41) 박기갑, "환경보호에 관한 남극조약 의정서의 발효 및 그 배상책임부속의정서 제정문제", 고려법학 제37호, 2001, 170면.

42) 마드리드의정서(각주 36), 제3조 제1항.

행 중인 활동이 남극환경에 미치는 영향에 대해서는 정기적 · 효과적으로 감시된다.[44] 한편 과학조사활동은 남극에서 이루어지는 다른 활동보다 우선된다고 규정되어 있는데,[45] 만일 동일 지역 내에서 이루어지고 있는 과학조사활동과 다른 활동이 서로 충돌하는 경우에는 전자를 위해 후자를 포기해야 한다는 해석이 가능할 것이다.[46]

(3) 국가간의 협력

의정서는 남극환경 및 생태계의 보호와 관련한 과학적 · 기술적 · 교육적 협력 프로그램의 추진, 다른 국가의 환경영향평가활동의 지원, 다른 국가에 정보의 제공, 기지와 다른 시설의 위치 선택 시 다른 당사국과의 협의, 협의당사국회의에서 합의된 조치의 수행 등을 당사국의 협력의무로 규정하고 있다.[47]

(4) 광물자원활동의 금지

의정서를 채택한 가장 큰 이유 중의 하나는 남극조약지역 내에서의 광물자원활동을 억제하는 데 있었다. 이 점을 인식하고 의정서는 과학조사 이외의 모든 광물자원활동이 금지된다고 밝히고 있다.[48] 이 금지는 의정서 발효 후 50년 경과 시 개최되는 재검토 회의에서 개정될 때까지 유효하다.[49] 이로써, 남극조약지역 내에서의 광물자원활동은 2048년까지 금지된다.

여기에 대해서는 몇 가지 해결되어야 할 문제가 있다. 먼저 남극 빙산이 광물자원인가이다.[50] 남극을 덮고 있는 얼음이 지구상 담수의 90%를 공급하기 때문에, 남극 빙산의 활용이 금지된다면 예민한 문제를 야기할 수 있다. 과학조사 이외의 모든 광물자원활동이 금지되는데, "과학조사 이외의" 활동이 무엇인지 논란이 있을 수 있다. 광물자원활동의 금지는 영원한 것이 아니다. 경우에 따라서는 50년이 지난 이후에 의정서에서 탈퇴하는 국가가 있을 가능성도 있다.

---

43) *Id.* 제3조 제2항(a). 제3조는 '악영향'을 기후, 대기 및 수실 등 여섯 가지 분야로 구분하고, 그 판단기준을 비교적 자세히 제시하고 있다. *Id.* 동항(b) · (c).
44) *Id.* 동항(d).
45) *Id.* 제3조 제3항.
46) 박기갑(각주 41), 165면.
47) 마드리드의정서(각주 36), 제6조.
48) *Id.* 제7조.
49) *Id.* 제25조 제2항 참조.
50) 마드리드의정서를 채택한 제11차 특별회의에서는 남극빙산의 활용이 제7조상의 광물자원활동으로 간주되지 않는다고 지적하였다. 박기갑(각주 41), 173면.

(5) 환경영향평가

각 당사국은 과학조사, 관광, 그 밖에 모든 정부 및 비정부차원의 활동계획에 대하여 부속서Ⅰ에 따른 환경영향평가를 수행하여야 한다.[51] 환경영향평가절차는 기존 활동의 증가 또는 감소, 활동의 추가, 시설의 폐기 등에 적용된다.[52] 의정서는 활동을 다음 세 가지로 구분하고 당사국으로 하여금 부속서에 규정된 방법과 절차에 따라 환경영향평가를 이행하도록 하고 있다: ① 사소하거나 일시적인 것에 못미치는 영향을 끼치는 활동; ② 사소하거나 일시적인 영향을 끼치는 활동; ③ 사소하거나 일시적인 것을 초과하는 영향을 끼치는 활동.[53]

(6) 국내이행조치

각 당사국은 의정서의 준수를 보장하기 위하여 자국의 권능하에 법령의 채택, 행정조치 및 시행조치를 포함한 적절한 조치를 취하여야 한다.[54]

(7) 조　사

각 당사국은 협의당사국 및 협의당사국회의에서 지명한 감시인(observers)이 수행하는 조사(inspection)에 협력하여야 하며, 조사기록과 조사를 위해 개방되는 기지 · 시설 · 장비 · 선박 · 항공기 등 모든 부분에 대한 접근을 보장하여야 한다.[55] 조사절차는 당사국의 의무이행 준수를 담보하기 위한 중요한 수단이 될 수 있다. 문제는 그 조사절차가 구체적으로 규정되어 있지 않기 때문에 그 유효성에 의문이 제기될 수 있다.

(8) 비상계획의 수립

남극조약지역에서 환경상 긴급상황에 대비하여 비상계획을 수립하여야 하며, 즉각적인 통지 및 협력대응절차를 수립하여야 한다.[56]

(9) 책　임

당사국들은 남극에서의 활동으로 인해 환경피해가 발생한 경우 그에 대한 책임문제를 논의하였으나 완전한 합의를 이루지 못하고, 다만 그 규칙과 절차 등에 대하여 차후에 의정서의 부속서로서 제정할 것을 의무화하는 데 그쳤다.[57] 이에

---

51) 마드리드의정서(각주 36), 제8조 제2항.
52) *Id.* 동조 제3항.
53) *Id.* 동조 제1항, 부속서Ⅰ.
54) *Id.* 제13조.
55) 마드리드의정서(각주 36), 제14조.
56) *Id.* 제15조.

따라 남극손해배상책임부속서 제정문제가 현안으로 떠오르고 있으나 당사국들간에 피해(damage)의 개념, 피해소송의 주체, 책임의 성격·기준 및 형태(구제조치의 종류 및 내용), 피해의 평가, 책임의 한도, 기금의 설치, 분쟁해결절차 등 주요 쟁점에 대해 의견차이를 좁히지 못하고 있다.

(10) 분쟁해결절차

각 당사국은 의정서의 해석 또는 적용에 관해 분쟁이 생긴 경우에 교섭, 심사, 중개, 조정, 중재, 사법적 해결 등 해결방법의 선택을 위해 협의하여야 한다.[58] 또한 당사국은 서명, 비준, 수락, 승인, 가입 시 또는 그 이후 언제라도 국제사법재판소와 중재재판소 중 하나 또는 모두를 선택할 수 있으며, 분쟁해결절차에 관하여 당사국 사이에 합의가 이루어지지 않는 경우에는 중재재판소에 회부된다.[59] 중재재판소를 통한 강제적이고 구속적인 분쟁해결절차는 다른 국제환경협약에서는 찾아보기 힘든 엄격한 절차라고 생각된다. 중재재판소의 구성, 절차, 관할 등에 관하여는 의정서 부칙(Schedule to the Protocol)에 자세히 규정되어 있다.

(11) 환경보호위원회

의정서는 환경보호위원회(Committee for Environmental Protection)를 설치하고 위원회의 구성(제11조)과 기능(제12조)을 명시하고 있다. 이 위원회는 동 의정서가 창설하고 있는 유일한 기구이다. 위원회의 주된 기능은 다음과 같은 사항에 대하여 조언하는 것이다: ① 의정서에 따라 취해진 조치의 유효성; ② 이러한 조치를 새롭게 하거나 강화 또는 향상시킬 필요성; ③ 추가 조치의 필요성; ④ 환경영향평가절차의 적용 및 시행; ⑤ 남극조약지역에서의 활동의 환경에 대한 영향을 최소화 또는 완화하는 수단; ⑥ 긴급조치를 요하는 사태에 대한 절차; ⑦ 남극보호구역체제의 운영과 개선; ⑧ 조사절차; ⑨ 환경보호에 관련된 정보의 수집, 보관, 교환 및 평가; ⑩ 남극환경의 상태; ⑪ 의정서의 이행과 관련된 과학적 조사의 필요성.[60] 환경보호위원회는 위와 같이 일정한 사항에 대하여 조언할 수 있을 뿐, 실질적인 의사결정권은 없으며 강제시행을 위한 독립적이고 유효한 수단을 갖추고 있지 않다. 효율적인 환경보호기구가 되기 위해 필수적인 재정지원도 없는 상태이다.

57) *Id.* 제16조.
58) *Id.* 제18조.
59) *Id.* 제19조, 제20조.
60) *Id.* 제12조 제1항.

나. 부속서에 의한 규제체제

5개 부속서는 마드리드의정서와 일체를 이루는 구성요소이다. 부속서는 중요한 내용을 담고 있으며, 내용별로 비교적 상세하게 규정하고 있는데, 이러한 형태는 장래 다른 의정서의 모델로 작용할 가능성이 많다.

(1) 환경영향평가(부속서 I)

부속서는 환경영향의 정도에 따라 남극활동을 세 가지 범주로 분류하고 각기 다른 절차를 요구하고 있다. 이에 따라 계획된 활동이 '사소하거나 일시적인 것에 못미치는 영향을 끼치는 경우'를 제외하고는 환경영향평가가 이루어져야 한다.[61] 환경영향평가의 첫 번째 단계는 초기환경평가(Initial Environmental Evaluation: IEE)인데, 계획된 활동이 사소하거나 일시적인 영향을 끼치는 경우에 실시한다.[62] 여기에는 제안된 활동의 기술, 대안, 그 활동이 갖게 될 누적적(cumulative) 영향을 포함하여 해당 활동이 미치는 영향 등을 담고 있어야 한다.[63]

사소하거나 일시적인 것을 초과하는 영향을 끼치는 활동의 경우에는 두 번째 단계인 포괄적 환경평가(Comprehensive Environmental Evaluation: CEE)가 이루어져야 한다.[64] 포괄적 환경평가는 상세하고 엄격한 평가이다. 여기에는 해당 활동의 목적 · 장소 · 기간 · 빈도 · 대안, 최초의 환경상황과 예상되는 변화, 계획된 활동의 영향을 예측하기 위하여 사용된 방법과 자료 등이 상세하게 포함되어야 한다. 또한 해당 활동으로 파생될 수 있는 직접적 영향뿐만 아니라 제2차적 영향, 누적적 영향 등에 대해서도 검토되어야 한다.[65] 포괄적 환경평가는 검증절차를 거친다. 즉 당사국은 초안을 공개하고 모든 당사국들에게 회람할 수 있도록 하고, 환경보호위원회와 협의당사국회의에 그 초안을 제출하여야 하며, 협의당사국회의의 검토가 있기 전까지는 해당 활동을 진행할 수 없다.[66]

의정서는 예비 단계에서 계획된 행위가 '사소하거나 일시적인 것에 못미치는 영향을 끼치는 경우'라고 인정되는 경우에는 해당 행위를 진행할 수 있도록 하고 있다.[67] 이는 역으로 사실상 모든 활동에 대하여 평가 및 그에 대한 검증을 요구

61) *Id.* 부속서 I, 제1조.
62) *Id.* 제2조 제1항.
63) *Id.*
64) *Id.* 제3조 제1항.
65) *Id.* 동조 제2항.
66) *Id.* 동조 제3항 내지 제5항.
67) *Id.* 제1조.

하고 있다는 것을 의미한다. 이와 같이 광범위하게 환경영향평가를 요구할 경우 남극조약이 보장하고 있는 자유로운 과학적 조사활동은 위축될 수 있으나 환경영향평가는 지구의 마지막 청정지역을 보전하기 위해서는 부득이한 선택이라 할 것이다.68)

이러한 환경영향평가제도에 대해서는 그 실효성을 반감시키는 문제점이 다소 발견되고 있다. 예컨대, 환경영향평가의 중요한 분류 기준으로 작용하는 "사소하거나 일시적인 영향"이 어떤 것인지 분명한 기준이 없다는 것이다. 부속서에서는 "해당 제안 활동을 시작하기 전에 적절한 국내 절차에 따라 환경영향을 고려"하도록 하고 있는데,69) '국내 절차'는 각국마다 다양하고, '적절한'은 모호한 표현이다. 계획의 실행 여부에 대한 결정은 전적으로 해당 계획을 제안한 국가의 몫이라고 할 것이다. 환경영향평가 결과에 대해 회람을 한 당사국들이 의견서를 제출할 수 있고, 제출된 의견서는 협의당사국회의에서 논의될 수 있지만 환경영향평가 과정에서 환경보호위원회 또는 국제사회의 의견을 반영하는 것을 보장하기 위한 장치가 없기 때문이다. 환경영향평가와 관련하여 협의당사국회의의 역할도 불분명하다. 부속서는 협의당사국회의의 검토가 있기 전까지는 해당 활동을 진행할 수 없다고 규정하고 있는데, 진행 여부를 결정하는 주체, 기준 및 방법은 불분명하다.

(2) 동·식물종의 보전(부속서 II)

의정서는 부속서 Ⅱ에서 남극의 동·식물의 보전에 관하여 상세한 규정을 두고 있다. 이 부속서는 1964년 남극 동·식물 보전 합의조치를 약간의 수정을 거쳐 수용하고 있다. 부속서는 '허가제'를 이용하여 야생동·식물에 대한 포획 또는 간섭을 규제하고 있다. 즉 허가가 있는 경우를 제외하고 남극 고유의 동·식물에 대한 포획(taking)이나 유해한 간섭(harmful interference)은 금지된다.70) 허가는 과학적 연구, 박물관, 동·식물원, 그 밖의 교육·문화기관의 사용, 그리고 과학적 활동 및 과학지원시설의 건설 및 운영의 결과 피할 수 없는 경우를 위해서만 발급될

68) 남극의 보호는 이중의 목적을 갖는다. 남극환경을 있는 그대로 보전하는 것과 남극이 과학을 위해 제공될 수 있다는 가능성을 보호하는 것이다. 그러나 남극에서의 과학조사활동은 남극환경을 해칠 가능성이 있다. 이러한 과학조사와 남극환경의 보호 간의 충돌문제는 환경영향평가절차를 통해 조화·타협될 수 있다. 마드리드의정서는, 특히 부속서Ⅱ와 부속서 Ⅴ에서 과학조사 이익을 위해 환경규제를 제한하고 많은 예외를 허용하고 있다는 점에서, 환경보호에 비해 상대적으로 과학조사활동에 우위를 두고 있다고 할 수 있다. Rudiger Wolfrum, *Environmental Protection of Ice-Covered Regions*, International, Regional and Environmental Law 332 (Fred L. Morrison ed, Kluwer Law International 2000).

69) 마드리드의정서(각주 36), 부속서Ⅰ, 제1조 제1항.

70) *Id.* 부속서 Ⅱ, 제3조 제1항.

수 있다.[71] 또한 부속서 Ⅱ는 남극조약지역에 고유하지 않은 동·식물의 반입과 관련해서도 허가제를 운영하고 있다.[72] 반입이 허가될 수 있는 동·식물은 부록 B에 열거되어 있는 것에 한한다.[73] 허가증에는 남극조약지역에 반입된 비고유종의 제거 또는 다른 처리 방법, 고유 동·식물에 존재하지 않는 미생물(예컨대, 바이러스, 박테리아, 기생충, 효모균, 균류)을 예방하기 위한 조치 등이 포함되어야 한다.[74]

부록 A에 등재된 고유의 포유류, 조류 및 식물은 특별보호종(Specially Protected Species)으로 지정되어 특별히 보호를 받는다.[75] 남극조약지역에 식품을 수입하는 것이 금지되지는 않으나 식품용으로 살아 있는 동물이 반입되어서는 안 되며, 모든 동·식물의 모든 부분과 그 산물은 부속서 Ⅲ과 부록 C에 따라 신중하게 통제된 상태로 보관되고 처리되어야 한다.[76] 나아가 의정서는 당사국에게 정보교환의무를 부과하고 있는데, 이러한 의무는 환경보호위원회 또는 협의당사국회의로 하여금 새로운 보호종을 지정할 수 있게 할 것이다. 특히 의정서상 별도의 독립적인 조사·연구기관이 설치되어 있지 않기 때문에 당사국의 정보수집과 보고 등은 남극 생물종의 보호를 위해 중요한 의미를 갖는다.

(3) 폐기물처리 및 관리(부속서 III)

부속서 Ⅲ은 포괄적인 폐기물 규제체제를 수립하고 남극에서의 폐기물 처리 및 관리와 관련한 많은 문제를 다루고 있다. 우선 의정서는 당사국들에게 폐기물 감축이라는 일반적 의무를 부과하고 있다.[77] 보다 구체적으로 기존 또는 현재의 폐기물 처리장과 방치된 남극활동의 작업장을 이러한 폐기물 발생자와 작업장 사용자가 정화하여야 한다.[78] 이 부속서가 발효된 이후에 발생된 방사성물질, 건전지, 연료, 중금속, PVC, 플라스틱 등과 같은 일정한 폐기물은 남극조약지역에서 제거되어야 한다.[79] 또한 노천 소각은 1998/1999년 이내에 금지된다.[80] 오수와 가정용 액체 폐기물을 직접 해양에 버리는 것은 허용되나, 처리자는 해양환경의 정화능력을 고려하여

71) *Id.* 동조 제2항.
72) *Id.* 제4조 제1항.
73) *Id.* 동조 제3항.
74) *Id.* 동조 제4항 · 제6항.
75) *Id.* 제3조 제4항.
76) *Id.* 동조 제5항.
77) *Id.* 부속서 Ⅲ, 제1조 제1항.
78) *Id.* 동조 제5항.
79) *Id.* 제2조 제1항.
80) *Id.* 제3조 제2항.

야 한다.[81] 남극조약지역 내에 일정한 성분을 갖는 물질의 반입은 금지된다.[82] 나아가 부속서는 당사국으로 하여금 작업장 및 선박별로 폐기물 관리계획과 과기 활동 목록을 준비하여야 한다.[83] 당사국들은 폐기물 관리계획을 발전시키고 감독하는 임무를 맡을 관리원을 지정하여야 하는데,[84] 이는 책임소재를 분명히 한다는 차원에서 의미를 갖게 된다.

(4) 해양오염의 방지(부속서 Ⅳ)

부속서 Ⅳ는 선박에 기인한 남극해양환경의 오염을 규제하기 위한 체제를 규정하고 있다. 전반적으로 볼 때 이 부속서는 선박으로부터의 오염방지를 위한 협약(MARPOL 73/78)을 모델로 한 것이다. 이는 자국 선박과 남극활동에 종사하거나 이를 지원하는 선박에 적용된다.[85] 이에 따르면 모는 플라스틱과 디른 폐기물의 해양처리는 일체 금지된다.[86] 부속서는 유해 액체물질과 화학물질을 해양환경에 유해한 양 또는 농도로 배출하는 것을 금지하고 있다.[87]

부속서는 많은 예외를 두면서 남극조약지역을 운항하는 선박으로부터의 기름의 배출, 유해액체물질의 배출, 폐기물의 처분, 오수의 배출 등을 금지 내지 제한하고 있다. 즉 기름 또는 유성혼합물의 배출은 MARPOL 73/78에서 허용되는 경우를 제외하고는 금지된다.[88] 사고 후 합리적인 예방조치가 취해졌거나 소유자 또는 선장이 피해를 초래할 의도를 가지고 있지 않았거나 무모하게 행동하지 않은 경우에는 그 적용이 배제된다.[89] 당사국은 미처리된 오수를 육지 또는 빙붕(ice shelves)으로부터 12마일 이내의 해양에서 배출하여서는 아니 된다. 다만 부당하게 남극활동에 장애를 주는 경우에는 예외적으로 허용된다.[90] 음식물 폐기물은 해당 폐기물이 분쇄 또는 연마장치를 통해 처리되고 육지 또는 빙붕으로부터 12마일 이상 떨어진 장소에서 처리되는 경우에는 허용된다.[91] 이러한 규정은 선박 및 승무원의 안전과 해양에서의 인명구조에 관한 긴급한 경우에는 적용되지 않는다.[92] 또한 국가가 소유

81) *Id.* 제5조 제1항.
82) *Id.* 제7조.
83) *Id.* 제8조 제2항 · 제3항.
84) *Id.* 제10조(a).
85) *Id.* 부속서 Ⅳ, 제2조.
86) *Id.* 제5조 제1항 · 제2항.
87) *Id.* 제4조.
88) *Id.* 제3조 제1항.
89) *Id.* 동조 제2항(a).
90) *Id.* 제6조 제1항.
91) *Id.* 제5조 제3항.

또는 운영하고 비상업적 용도에 사용되는 군함, 보조함 등에 대해서는 주권면제(sovereign immunity) 규정에 의하여 부속서 규정이 적용되지 않는다.[93] 그러나 이 규정은 남극을 운항하는 선박의 상당 부분이 정부가 소유·운영하는 선박이라는 점을 감안할 때 해양오염방지 규정의 효율성을 심각하게 훼손하는 것이다고 할 수 있다.

한편, 당사국은 남극조약지역에서의 해양오염에 대한 대응에 관한 긴급계획을 작성하여야 하며, 협조적 대응을 위한 절차를 수립하고 그 절차에 따라 적절한 대응 조치를 취하여야 한다.[94]

(5) 보호구역의 보호 및 관리(부속서 V)

부속서[95]는 보호구역을 '남극특별보호구역(Antarctic Specially Protected Areas)'과 '남극특별관리구역(Antarctic Specially Managed Areas)'으로 구분하고 환경적으로 예민한 지역에 대한 보호조치를 강화하고 있다. 먼저 당사국들은 뛰어난 환경적·과학적·역사적·심미적 또는 야생적 가치를 보호하거나, 진행되고 있거나 계획된 과학조사를 보호하기 위하여 '특별보호구역'을 지정할 수 있다.[96] 이 지역에의 출입은 허가를 받은 경우를 제외하고는 금지된다.[97] 한편, 당사국들은 활동이 수행되거나 장래 수행될 지역에 대해서 활동 계획과 협조를 지원하고, 발생할 수 있는 충돌을 막고, 당사국간의 협력을 증진하고, 환경영향을 최소화하기 위하여 '특별관리구역'으로 지정할 수 있다.[98] 이곳에의 출입을 위해서 허가는 요구되지 않는다.[99] 부속서는 특별보호구역 또는 특별관리구역을 지정하기 위한 절차를 자세히 규정하고 있다 이에 따르면 관리계획의 제출, 환경보호위원회의 권고, 협의당사국회의의 승인이 요구된다.[100] 각 당사국은 관할기관을 지명하여 특별보호구역에서의 출입 및 활동과 관련해서 관리계획에 따라 자국민에게 허가를 발행할 수 있다.[101] 결국 각 당사국은 보호구역의 지정을 제안하고 허가절차를 통하여 자국민

---

92) *Id.* 제7조.
93) *Id.* 제11조.
94) *Id.* 제12조.
95) 1991년 10월 채택된 동부속서에 대해 우리나라는 1996년 1월 비준함으로써 2002년 5월 24일부터 발효되고 있다.
96) 마드리드의정서(각주 36), 부속서 V, 제3조 제1항.
97) *Id*, 동조 제4항.
98) *Id.* 제4조 제1항.
99) *Id.* 동조 제3항.
100) *Id.* 제5조, 제6조.
101) *Id.* 제7조 제1항.

으로 하여금 특별보호구역을 보호하도록 하여야 하기 때문에 그 시행은 각 당사국의 역할에 크게 의지할 수밖에 없다. 한편, 특별보호구역 또는 특별관리구역으로 지정된 역사적 가치가 인정되는 장소 및 유적지 등은 '역사적 장소 및 유적지'로 등재될 수 있는데, 일단 등재된 경우에는 피해를 입거나, 제거되거나 파괴될 수 없다.102)

3. 평 가

1991년 마드리드의정서가 탄생하면서 비로소 남극체제에서 환경문제가 주된 관심사가 되었다. 이 의정서는 남극의 환경 및 생태계 보호에 대하여 소홀히 하였던 남극조약을 보충 · 강화하고 있는데, 남극체제의 다른 협약과 달리 환경보호라는 주제만을 다루고 있기 때문에 남극의 자연자원 및 생태계를 보호하는 강력한 지지대가 되고 있다. 이 의정서는 남극의 원시상태를 보전하기 위하여 사전배려적 접근방법에 기초하여 남극환경에 영향을 끼치는 행위를 포괄적이고 광범위하게 규제하고 있다. 이러한 점은 이 협약의 특징이자 강점이라고 할 수 있다. 1964년 남극 동 · 식물 보전 합의조치와 협의당사국회의의 각종 권고 등을 보다 강화하고 체계화하여 법적 구속력 있는 조약체제로 편입하였다는 점도 큰 공이라고 할 수 있다.

이 협약의 중요한 의미는 우선 그 태동의 큰 동기이기도 하였지만 남극대륙에서 광물의 탐사 및 개발을 제한하는 데 그치지 않고 일체 금지하는 체제를 갖추었다는 것이나. 이로써 남극광물자원활동의 규제에 관한 협약(CRAMRA)은 폐기되었다. 협의당사국들이 이 의정서를 개정하지 않는다면 50년 가까이 남극에서의 광물자원활동으로 인한 환경문제는 제기되지 않을 수 있다. 남극조약지역 내에서 진행되는 사실상 모든 활동에 대하여 환경영향평가를 거치도록 하고 있는 점은 환경보호를 위한 획기적인 진전이라 평가할 수 있다. 특히 부속서에서 규정하고 있는 다양하고 구체적이고 적극적인 의무, 예컨대, 환경영향평가 및 검증 절차, 동 · 식물의 포획 및 유해한 간섭의 금지, 유해폐기물의 투기 금지 등은 당사국들의 활동을 크게 제한함으로써 남극의 자연을 보호하는 데 크게 기여할 것으로 기대된다. 중재재판소를 통한 강제적인 분쟁해결 절차는 다른 국제환경협약에서는 찾아보기 힘든 새로운 시도라고 할 수 있다. 이는 미처 사인(私人)에게는 접근이 허용되고 있지 않지만 국제환경법 영역에서 발생하는 당사국간의 분쟁을 환경전문가와 환경관

102) *Id.* 제8조 제1항 · 제4항.

련 특별기관에서 해결할 수 있는 가능성을 열었다고 생각된다.

이 의정서는 이러한 많은 장점에도 불구하고 무시할 수 없는 한계 내지 취약점을 가지고 있다. 예컨대, 의정서 제3조에서 강조하고 있는 환경원칙은 모호하고 실제 적용하는 과정에서 효과적이지 않을 수 있다. 환경원칙은 단순히 희망사항으로 그칠 수 있다. 모호한 표현도 효율적인 시행을 막을 수 있다. 예컨대, "남극환경에 의존하고 관련이 있는 생태계", "남극의 본질적 가치(intrinsic value)", "적절한", "사소하거나 일시적인 영향", "유해한 간섭" 등이 대표적인 예이다.

다른 일반 협약에서도 흔히 나타나고 있지만 의정서의 시행을 위한 중앙집권적인 시행기구 또는 체제가 마련되어 있지 않은 것도 의정서의 결함으로 지적할 수 있다. 의정서는 환경보호위원회만을 설치하고 있다. 조사 · 감시기구는 없으며, 다른 협약에서 흔히 볼 수 있는 사무국이나 정보교환소 등을 두고 있지도 않다. 환경보호위원회는 비록 과학 · 환경전문가로 구성되어 있지만 의정서의 준수를 효과적으로 감독할 능력과 권한을 구비하고 있지 못하다. 환경보호위원회는 일정한 사항에 대하여 조언할 수 있을 뿐 의사결정권도 시행권한도 가지고 있지 않다.

환경영향평가제도에 대해서는 그 실효성을 반감시키는 문제점이 발견되고 있다. 예컨대, 환경영향평가의 중요한 분류 기준으로 작용하는 "사소하거나 일시적인 영향"이 어떤 것인지 분명한 기준이 없으며, 환경영향평가 과정에서 환경보호위원회 또는 국제사회 의견의 반영을 보장하는 장치가 없으며, 환경영향평가와 관련하여 협의당사국회의가 어떠한 권한과 역할을 하는지 명확하지 않다.

의정서는 환경적으로 건전하지 않은 활동들을 금지하지 않고 있다. 과학기지에서 계속적으로 오수를 해양에 버리고 있으며, 정부가 소유 · 운영하는 선박에 대해서는 해양오염 방지 규정이 적용되지 않고 있다. 관광시설의 설립을 금지하는 규정은 없으며, 관광객들의 활동을 감독하는 수단은 충분치 않다.

남극활동으로 인해 발생한 피해에 대한 책임문제에 대해서도 합의를 이루지 못한 점도 의정서의 한계로 지적할 수 있다. 이는 남극손해배상책임부속서 제정문제를 현안으로 부각시키고 있다.[103] 그러나 피해(damage)의 개념, 피해소송의 주체, 책임의 성격 · 기준 및 형태, 피해의 평가, 책임의 한도, 기금의 설치, 분쟁해결 절차 등에 대하여 쉽게 합의가 이루어질 수 없다는 점에서 험난한 여정이 예고되고 있다.

103) 손해배상책임부속서 제정 문제에 대하여 자세한 내용은 박기갑(각주 41), 185면 이하 참조.

Ⅵ. 남극활동 및 환경보호에 관한 법률

마드리드의정서는 자국의 권능하에 법령의 채택, 행정조치 및 시행조치를 포함한 적절한 조치를 취할 것(제13조)과 이를 연례적으로 동 회의에 보고할 것(제17조)을 명하고 있다. 이에 따라 우리나라는 남극조약과 의정서의 국내적 이행을 위해 2004년 3월 「남극활동 및 환경보호에 관한 법률」을 제정하였다. 동법은 남극환경 보호체제에 대한 적극적인 참여를 도모하고, 협의당사국인 우리나라의 남극환경보호 의지를 대외적으로 천명하며, 과학연구 · 관광 · 취재 · 탐사 등 증가하고 있는 남극활동으로부터 남극환경을 보호하는 데 일조할 것으로 보인다. 동법의 제정에는 남극환경에 부정적 영향을 미치지 않도록 제도적 기준과 절차를 마련하고, 나아가 남극관련 과학기술의 발전에 기여하기 위한 지원 근거를 마련하여 우리나라 국민의 남극활동을 촉진할 필요성이 고려되었다(제1조). 우리나라가 1988년 2월 남극지역에 세종기지를 설립하여 매년 연구단을 파견하는 등 남극조약체제에 적극적으로 참여하고 있는 점을 감안하면 충분히 공감할 수 있는 것이다.

동법은 각종 남극활동에 대한 허가, 환경보호를 위한 각종 조치나 지도 감독 및 남극 연구활동의 진흥을 위한 계획의 수립 · 시행 등을 위한 법적 근거를 마련하고 있다. 이 법의 주요내용은 다음과 같다: ① 누구든지 남극지역 안에서는 군사적 행위, 핵실험 및 방사성폐기물의 처리, 남극사적지 또는 기념물의 손상행위 등을 하여서는 아니 된다(제3조); ② 남극지역에서 과학조사, 시설물의 설치, 탐험, 관광 그 밖의 활동을 하고자 하는 자는 외교통상부장관의 허가를 받아야 하며, 외교통상부장관이 이를 허가하고자 하는 때에는 미리 환경부장관 및 국토해양부장관과 협의하여야 한다(제4조, 제8조); ③ 다만, 인명 또는 선박의 구조, 고가의 장비 또는 설비의 안전보호와 남극환경의 보호와 관련하여 긴급한 필요가 있는 때에는 허가를 받지 아니하고 남극활동을 할 수 있다(제11조); ④ 남극활동의 허가를 받고자 하는 자는 남극활동이 남극환경에 미치는 영향에 관한 평가를 실시하고, 그 결과를 기재한 평가서를 외교통상부장관에게 제출하여야 한다(제5조, 제7조); ⑤ 남극활동을 하는 자가 남극토착동식물을 포획 · 채취하거나 남극토착동식물 외의 동식물을 남극지역으로 반입하는 행위 등을 하고자 하는 때에는 외교통상부장관의 승인을 얻어야 한다(제13조); ⑥ 외교통상부장관은 남극환경의 보호와 우리나라 국민의 남극 활동이 원활히 수행되도록 하기 위하여 남극활동감시원을 지명할 수 있다(제18조); ⑦ 정부는 남극에 관한 연구활동의 진흥을 위하여 5년마다 추진목표, 연구재원 등이 포함된 남극연구활동진흥기본계획을 수립하여야 한다(제21조).

제 3 절 남극체제에 대한 도전과 대안

남극체제는 남극조약을 중심으로 여러 개의 조약이 복합적으로 합쳐진 체제이다. 이들 조약들은 나날이 진화하여 지구상의 가장 성공적인 국제환경체제로 자리 잡아가고 있다. 여기에는 영유권의 동결이라는 요소가 크게 작용하고 있다. 남극체제는 국제사회에 경제적 이익이 아니라 과학적 목적을 위한 남극 개발을 위해 협력할 수 있다는 가능성과 성취감을 안겨주었다. 1959년 남극조약에 이어 속속 만들어진 일련의 조약들은 남극대륙이 원시상태를 유지지하는 데 큰 공헌을 하고 있다. 그러나 이러한 성공은 남극체제의 일면만을 본 것이고 남극체제에 대한 도전은 안팎으로 계속되고 있다. 이를 좀 더 나누어서 살펴보면 다음과 같다.

Ⅰ. 남극체제에 대한 도전

1. 남극체제 내의 갈등: 남 · 북 대립

남극체제에 대해서는 선진국과 개도국의 대립이 치열하다. 영유권 주장국과 영유권 주장을 배척하는 세력 간의 대립이 초창기 대립구도였다면 현재는 남극체제에 가입한 국가들(선진국)과 남극체제에 가입하지 못한 개도국의 대립이 보다 표면화되고 있다. 개도국은 남극체제를 엘리트 그룹(elite group)만이 참여한 폐쇄적 체제이며 공평한 이익분배가 차단되었다고 비판하면서 '인류공동유산' 개념을 동원하면서 선진국과 갈등하고 있다.

가입국간에도 협의당사국인 국가와 그렇지 못한 국가 간의 대립이 치열해지고 있다. 남극의 운명에 중요한 의사결정을 하는 협의당사국이 되기 위해서는 "과학기지의 설치, 과학탐사대의 파견 등 실질적 과학조사활동(substantial research activity)을 하는 국가"라는 실질적 요건을 충족하여야 하는데, 이러한 요건은 기술적으로 앞선 몇 개 국가만이 충족할 수 있기 때문에 이를 둘러싼 이해관계는 갈릴 수밖에 없다. 말하자면 남극체제는 비협의당사국이 차별받는 체제인데, 기존 협의당사국들은 많은 국가들의 광범위한 참여를 반기지 않고 있다.

남극을 청정지역으로 간주하여 일체의 인간 활동을 허용하지 않으려고 하는 환경보호주의자들과 남극환경을 보전하되 어느 정도의 인간 활동은 허용되어야 한다는 현실주의자들과의 마찰도 계속되고 있다. 환경보호주의자들의 사고는 세계공원(World Park) 운동으로 이어지고 있으며, 현실주의자들은 과학기지의 설치, 관광 등을 허용하고 있다.

2. 유엔해양법협약체제와의 충돌 문제

남극체제의 가입국은 아니지만 유엔해양법협약의 당사국이 남극조약지역에서 어로작업을 하는 경우 남극환경 및 이에 의존 또는 관련된 생태계에 '악영향'을 미친다는 이유로 이를 규제할 수 있는가?

이는 주권문제와 직결되며, 그 열쇠는 남극에 연안국가가 있는지 그리고 영유권 주장국가가 적법하게 남극 주변수역에 대해 권리를 행사할 수 있는지와 밀접한 관련이 있다. 개도국들은 남극지역에 대한 어떠한 국가의 배타적 주권 행사도 부인하면서 이동의 자유와 과학조사의 자유를 주장하고 있다. 이러한 입장에서는 남극 주변수역은 국가 관할권의 범위 밖에 놓이게 된다. 영유권 주장이 인정되지 않는 경우 남극 주변의 수역은 국가의 관할영역 범위 밖에 놓이기 때문에 이 지역은 심해저(seabed)의 지위를 인정받을 수 있다. 국가관할권 범위 밖에 존재하는 지역은 '인류의 공동유산'으로 인정되어 이 지역의 자원은 국제사회가 공동으로 소유하게 된다.[1]

영유권 주장국들의 딜레마도 계속되고 있다. 예컨대, 영유권 주장국이 역사적으로 자신들의 영토라고 주장해 온 육지의 주변수역에 200마일의 배타적경제수역을 설정하는 것은 그들의 관할권을 확장하는 것으로, 영유권 동결을 규정하고 있는 남극조약에 정면으로 위배되는 것이고, 그렇다고 배타적경제수역을 주장하지 않는 것은 사실상의 주권 포기로 비추어질 수 있기 때문이다.

3. 공해와의 관계

남극조약은 남위 60도 이남 지역(모든 설원을 포함)에 적용된다. 그러나 남극조약 제6조는 공해(high seas)에 관한 권리를 침해하지 않는다고 규정하고 있다.[2] 이론상 주권이 확립될 때까지 남극 주변의 수역은 공해로서의 지위를 갖게 된다. 문제는 현실적으로 영유권을 주장하는 국가들이 이러한 상황을 간과하지 않을 것이라는

1) United Nations Convention on the Law of the Sea(UNCLOS), 21 I. L. M. 1261 (1982), 제136조 참조.

2) Antarctic Treaty, 19 I. L. M. 860 (1980), 제6조 단서.

것이다. 이들 국가들은 자신들의 주권이 미친다고 생각하는 대륙붕에 파이프라인이나 전선이 통과하는 것을 쉽게 용납하지 않을 것이다. 이들 국가의 입장에서 이 지역에 전통적인 공해의 자유는 인정될 수 없는 것이다.

Ⅱ. 대　안

남극의 효율적인 관리를 위해 남극체제의 변화를 모색하는 다양한 대안이 제기되고 있는데, 그 중 주목받는 제안을 살펴보면 다음과 같다.

1. 분　할

분할(Division)체제하에서 영유권 주장국가들은 절대적 소유권을 행사할 수 있고, 주변수역에 대하여 영해, 배타적경제수역 등을 설정하고, 그 관할권하에 있는 자원을 자유롭게 사용 · 개발할 수 있다. 그러나 이러한 선택은 매력적이지 않고 현실성도 떨어진다. 어느 국가도 남극에 대하여 효율적이고 완전한 점유를 하고 있지 못하며, 영유권 주장국가들이 주장하는 관할범위는 중첩되기 때문이다. 어떻게 분할할 것인가는 문제 중의 문제가 될 수 있다. 또한 분할체제의 인정은 과학조사의 자유와 국제협력, 그리고 남극지역의 비군사화 · 비핵화를 종식시킬 수 있다.

2. 콘도미니엄

남극지역에서의 불안정한 주권문제를 확립할 수 있는 방안 중의 하나로 콘도미니엄(Condominium)체제를 생각해 볼 수 있다. 콘도미니엄체제의 큰 특징은 공동주권(joint sovereignty)의 행사이다. 이에 따르면 협의당사국들은 남극대륙에 대하여 집합적으로 권리를 행사할 수 있게 된다. 이러한 체제에서는 공동주권을 행사하는 협의당사국들이 공동의 목적을 위하여 권리를 행사할 가능성이 많기 때문에 장기적으로 남극을 지속가능하게 운영 · 관리할 수 있는 이점이 있다.

그러나 이러한 체제도 현실적인 한계가 있다. 예컨대, 공동주권을 행사하기 위해서는 협의당사국들이 각자의 배타적 영유권을 포기할 것이 전제되는데 영유권 주장국가들이 영유권 주장을 포기할 가능성은 많지 않다. 더욱이 콘도미니엄체제는 협의당사국들의 공동주권을 목적으로 하고 비당사국 또는 비협의당사국들의 이

익 공유를 배제하기 때문에 이익분배의 기회를 박탈당하는 이들의 반발이 만만치 않을 것이다.[3]

3. 컨소시엄

컨소시엄(Consortium)체제도 하나의 대안으로 생각해 볼 수 있다. 컨소시엄체제는 간단히 말하면 한 회사의 주관으로 남극자원을 개발한다는 것이다. 그 메커니즘은 다음과 같이 작동한다. 해당 회사는 협의당사국들에게 주식을 발행한다. 발행된 주식은 남극에서 당사국들이 갖는 상대적 이익을 적절히 표창할 수 있게 순차적으로 이전될 수 있다. 자본은 비례적으로 이사회에서 투표할 수 있는 권리로 나타난다. 회사가 이익을 창출하는 경우 새로운 주식이 발행되는데, 이는 컨소시엄에 참여하지 않은 당사국들에게 제공될 수 있다.[4] 이 체제는 당사국들이 공동으로 남극을 규율한다는 점에서 콘도미니엄체제와 유사하며, 그렇기 때문에 콘도미니엄체제와 유사한 비판을 받을 수 있다. 즉, 기본적으로 비당사국의 개입 기회가 상당히 제한적이라는 것이다.

4. 인류의 공동유산

최근에 외기권조약,[5] 세계유산협약,[6] 달조약,[7] 유엔해양법협약[8] 등에서 도입하고 있는 '인류공동유산(Common Heritage of Mankind)'의 개념이 남극체제에도 적용될 수 있다는 주장이 강하게 제기되고 있다.[9] 이 주장은 남극은 어떤 국제기

3) Lakshman D. Guruswany, International Environmental Law & World Order 438 (West Publishing Co. 1994).

4) *Id.* 437면.

5) Treaty on Principles Governing the Activities of States in the Exploration and Use of Outer Space, Including the Moon and Other Celestial Bodies, 6 I. L. M. 386 (1967), 제4조("province of all mankind").

6) Convention for the Protection of the World Cultural and Natural Heritage, 27 U. S. T. 37, 1037 U. N. T. S. 151, 11 I. L. M. 1359 (1972), 전문("heritage of all the nations of the world").

7) Agreement Governing the Activities of States on the Moon and Other Celestial Bodies, 1363 U. N. T. S. 3 (1984), 제11조("common heritage of mankind").

8) 유엔해양법협약(각주 1), 제136조, 제137조, 제140조(deep seabed is the "common heritage of mankind").

9) A. Dan Tarlock, *Exclusive Sovereignty versus Sustainable Development of a Shared Resources: The Dilemma of Latin Rainforest Management,* 32 Tex. Int'l L. J. 37, 47

구를 통해 지구상의 모든 국가들에 의해 공동으로 보유되어야 한다는 것으로 압축된다.[10] 이러한 사고에 기초하여 일찍이 미국(1948년), 뉴질랜드(1956년), 영국(1958년) 등은 남극이 국제규제에 놓이고 유엔과 그의 전문 직원에 의해 남극문제가 논의되어야 한다는 제안을 하였으나 유엔해양법협약의 협상과정에서 논란이 많다는 이유로 포기되었다.[11] 이러한 제안은 1980년대 초 스리랑카와 말레이시아가 개도국들의 요구를 언급하면서 남극자원은 국제사회의 전체 이익을 위해 개발되어야 한다고 주장하면서 되살아났다.[12] 말레이시아 Mohammed Mahathir 수상은 1982년 유엔총회에서 남극조약을 신식민주의적 문서라고 비난하면서 남극은 법적으로 발견자들의 소유가 아니며 유엔이 이 대륙을 관장하거나 현재의 점유자들이 세계인들의 수탁자로 행동할 수 있도록 하기 위하여 영유권을 주장하는 국가들은 영유권을 포기하여야 한다는 취지의 연설을 하였다.[13] 그동안 제안된 형태로는 유엔총회에 의해 주도되는 새로운 남극체제, 유엔헌장하의 국제신탁, 국제심해저기구 또는 새로이 설치되는 국제 당국자에 의한 남극조약지역 전부 또는 일부의 통합 등이 제시되고 있다.[14]

인류공동유산의 구성요소로는 일반적으로 ① 해당 지역 또는 자원의 전용(appropriation)의 불허용, ② 해당 지역의 자원에 대한 공동 관리, ③ 해당 지역 자원의 개발로부터 파생되는 이익의 공유(공평한 분배), ④ 평화적인 목적만으로의 이용, ⑤ 미래세대의 고려 등이 들어지고 있다.[15]

남극체제가 평화적인 목적만으로의 이용, 미래세대의 고려 등 요소를 충족하고 있기 때문에 일견 인류공동유산 개념에 부합한다고 할 수 있다. 그러나 인류공동유산 개념이 그대로 현재의 남극체제에 적용되기에는 현실적으로 어려움이 있다. 구체적으로, 기본적으로 남극체제는 소유권을 인정하고 있지는 않으나 남극해양생물자원보전협약 등이 당사국들에게 사실상 사용권 · 개발권을 인정하고 있다는 점,

---

(1997).

10) Lakshman D. Guruswany(각주 3), 438면.

11) *Id.* 438 내지 439면.

12) *Id.* 439면.

13) Kees Bastmeijer, *Environmental Protection in Antarctic,* The Antarctic Environmental Protocol and Domestic Legal Implementation 48 (Kluwer Law International 2003).

14) Lakshman D. Guruswany(각주 3), 439면.

15) Harminderpal Singh Rana, *The "Common Heritage of Mankind" & The Final Frontier: A Revaluation of Values Constituting the International Legal Regime for Outer Space Activities,* 26 Rutgers L. J. 225, 229~230 (1994); David Hunter, James Salzman & Durwood Zaelke, International Environmental Law and Policy 392~393 (2nd ed. Foundation Press 2002).

남극의 관리는 협의당사국들이라는 일부 '엘리트' 선진국들에 의해 관리되고 협의당사국의 지위를 얻기 위해서는 '실질적 과학조사활동'을 통해 남극에서의 이해를 밝혀야 한다는 점, 남극체제가 비당사국의 접근을 제한하면서 비당사국으로부터 이익분배의 기회를 박탈하고 있다는 점 등은 현재의 남극체제가 인류공동유산 개념에 위배된다고 할 수 있는 부분이다.16) 현실적으로는 공해, 심해저, 외기권 등과 달리 영유권 주장국에 의해 오래 전부터 대륙의 85%가 영유권의 대상이 되어 왔기 때문에 남극의 인류공동유산 개념은 환상에 불과할 수도 있다.

5. 세계공원

또 다른 강력한 남극대륙 이용제제는 바로 남극을 이른바, 세계공원(World Park)으로 선언하고 영원히 보전하자는 것이다. 남극을 세계공원화하자는 제안은 1950년대 뉴질랜드 수상이던 Walter Nash의 주장으로 거슬러 올라간다.17) 그 주장은 1972년 제2차 국립공원에 관한 세계회의에서 재현되었다: "유엔의 주관하에 남극대륙과 그 주변수역을 최초의 세계공원으로 지정한다."18) 이러한 권고 및 제창에 대하여 그린피스(Greenpeace), 자연보전연합(IUCN), 환경방어기금(Environmental Defense Fund), 남극 및 남대양연합(Antarctic and Southern Ocean Coalition: ASOC) 등 환경단체들이 동조하였다. 이 중 그린피스에 의해 주창된 제안은 세계공원 계획의 전형이 되고 있는데, 이에 따르면 남극은 비군사화된 지역 그리고 핵활동으로부터 자유로운 지역으로 남게 된다. 과학 조사활동은 여전히 우선순위가 되며, 과학 프로그램이 보다 크게 조정된다. 광물의 탐사 및 개발은 현 상태대로 금지된다. 그린피스는 남극체제를 대체할 필요는 없다고 주장하였다.19)

세계공원 주장은 주로 개도국 및 환경보호론자 내지 환경단체에 의해 주도되고 있는데, 그 제안의 가장 큰 장점은 시행이 간단하는 것이다.20) 그러나 선진국

---

16) 남극체제의 배타성이 상존하고 남극조약이 영유권 주장의 완전 금지를 규정하는 데 실패한 점을 들어 인류공동유산 개념의 적용이 최소한에 머무르고 있다는 주장도 같은 맥락으로 이해할 수 있다. 최태현, "'인류공동유산'개념의 법적 의미", 한양대학교 법학논총 제14집, 1997, 21면 참조.

17) Kees Bastmeijer(각주 13), 47면.

18) *Id.*

19) 그린피스와 남극 및 남대양연합은 초창기에는 유엔당국이 남극체제를 대체하는 것에 대하여 호감을 가졌으나 후에는 남극의 관리에 유엔을 결부시키지 않고 남극체제를 지원하는 쪽으로 선회하였다. 여기에는 남극체제 내에서 세계공원 개념을 현실화할 수 있다는 시각이 깔려 있다. Colin DeihlColin Deihl, *Antarctica: An International Laboratory*, 18 B.C. Envtl. Aff. L. Rev. 423, 445 (1991).

들은 이러한 제안에 쉽게 동조하지 않고 있다. 그 이유는 영유권의 포기와 환경보호가 개발이익에 크게 우선하는가라는 의문이 크게 작용하기 때문이라고 생각한다. 결과적으로 세계공원 주장이 현실화되는 것이 쉬워 보이지 않는다. 남극에 개발자원이 많지 않으면 모를까, 남극대륙에는 무진장의 다양한 개발 자원이 존재하고 있고, 이미 남극에 많은 투자를 한 협의당사국들이 그 개발이익을 일순간에 포기할 가능성이 적기 때문이다. 영유권 주장국들이 대륙의 85%에 대하여 영유권 주장을 해 온 역사에 비추어 남극의 세계공원화는 이루어질 수 없는 유토피아일 수도 있다.

6. 평 가

이상의 대안들은 모두 약점을 가지고 있기 때문에 이해당사국 모두를 만족시키지 못하고 있다. 최근에는 지구촌의 유일한 미개척지역, 과학실험장인 남극이 더 이상 파괴되어서는 안 된다는 공감대가 확산되면서 인류공동유산 또는 세계공원 개념이 남극체제의 대안으로서 힘을 얻고 있다. 그러나 이러한 체제가 성공적으로 확립되기 위해서는 협의당사국들이 그들의 법적 · 역사적 권리 내지 특권을 포기해야 한다는 것이 선결되어야 하기 때문에 그것이 현실화된다는 것을 보장할 수 없다. 눈앞의 개발이익도 쉽게 무시할 수 없는 변수이다. 개별 국가들은 보전이익이 압도적으로 개발이익에 앞선다는 인식이 없고서는 개발이익을 절대 포기하지 않을 것이다. 이는 국제공유지역인 남극에서 '공유지의 비극'이 재현될 가능성이 많다는 것을 의미하는 것이다. 그 비극을 막기 위해서는 자원개발의 금지 등을 통해 경제적 동기의 상당부분을 뺏는 것을 적극적으로 생각해 보아야 한다. 여기에는 선진국과 개도국 간의 양보, 희생과 타협이 전제되는 국제공동체 전체의 공동 노력이 요구된다.

20) 세계공원의 시행방법에 대하여 자세한 내용은 Ellen. S. Tenenbaum, *A World Park in Antarctica: The Common Heritage of Mankind,* 10 Va. Envtl. L. J. 109 (1990) 참조.

제10장 핵에너지와 환경

아! 체르노빌. 1986년 4월 26일 구 소련 내 체르노빌(Chernobyl) *원자력발전소에서 화학물질의 폭발이 발생하였다. 며칠간 계속된 화재로 종전의 어떤 핵사고보다도 더한 방사성물질이 손상된 원자로를 통해 대기 중에 유출되었다. 발전소에서 100마일 멀리 떨어져 살고 있는 사람을 포함하여 135,000명이 해당 지역으로부터 소개(疏開)되었다. 작업 중이거나 발전소 바로 인근에 있던 31명이 즉사하였다.*[1)]

대기로 유출된 방사성물질은 빠르게 인근 지역으로 확산되었고 마침내 유럽 전역을 덮쳤다. 사고의 가장 심각한 영향을 받은 나라는 물론 구 소련이었지만 인근 지역 국가들도 경제적으로 타격을 받고 일상생활에서 심각한 영향을 받았다. 예컨대, 체르노빌에서 멀리 떨어진 웨일즈에서는 방사성 비와 오염으로 인하여 낙농제품의 생산이 일시 중단되었다.[2)] *이탈리아에서는 잎이 있는 채소의 판매가 중단되었다. 그 손실은 1억 달러 정도에 이르는 것으로 추산되었다.*[3)] *스웨덴에서는 방사능에 오염된 이끼를 먹은 순록이 인간의 식용에 적합하지 않다고 발표되었다. 스웨덴 당국자는 100,000마리의 오염된 순록이 Lapp족의 전통적인 생계와 그의 독특한 문화의 존립을 위협하고 있다고 발표하였다.*[4)]

누구도 방사성물질로 인한 영향을 정확히 알 수 없다. 과학자들은 사고의 장기적인 영향을 염려하고 있는데, 여기에는 암으로 인한 사망 가능성이 포함되고 있다. 암으로 인한 사망자 수는 구 소련 지역에서는 적게는 5,000명에서 많게는 40,000명까지, 유럽의 다른 곳에서는 적게는 2,000명에서 많게는 6,000

---

1) Chernobyl: The Soviet Report, NUCLEAR NEWS Special Report, 1986. 8. 11, 1면, col. 7; Jillian Barron, *After Chernobyl: Liability for Nuclear Accidents Under International Law*, 25 Colum. J. Transnat'l. L 647, 647 (1987); Kathy J. S. Fritz, *Civil and State Liability for Nuclear Accident: A Proposal for Eastern Europe*, 6－FALL Int'l Legal Persp. 37 (1994).

2) Jillian Barron(앞의 글).

3) *Id.*

4) *Id.*

명까지로 추산되고 있다.[5] *또한 과학자들은 구 소련 지역 이외의 다른 지역에 살고 있는 상당수 주민들이 방사성물질로 인하여 악영향을 받고 있다고 추산하고 있는데 그 숫자는 600,000명 이상에 이르고 있다.*[6] *이에 따르면 소련 당국이 발표한 공식적인 사망자 수 31명은 명백한 오류로 보인다. 그리고 체르노빌 원전 사고는 아직도 진행 중이라고 할 수 있다.*

제 1 절 핵에너지: 야누스의 두 얼굴

1942년 엔리코 페르미가 설계한 원자로 CP－1에서 세계 최초로 우라늄 핵분열 연쇄 반응 실험에 성공한 이후 과학자들은 이 과정에서 생기는 막대한 양의 에너지, 원자력에 주목하기 시작하였다. 핵분열 현상의 발견은 그 후 핵무기 제조로 이어졌고, 핵발전을 시작하였다. 세계 각국은 자국의 이익과 상황에 따라 전쟁(핵무기) 아니면 평화(원자력발전)를 선택하였다. 1945년 8월 일본 히로시마와 나가사키에 투하된 원자폭탄이 전자의 경우라면 1956년 영국 콜다홀 원자력발전소를 시작으로 세계 원자력산업이 꽃을 피우기 시작한 것이 후자의 경우라고 할 수 있다.[7] 핵에너지는 가난과 기아와 같은 사회적 질병을 치유할 뿐만 아니라 암과 같은 생물학적 질병을 치유할 수 있는 것으로 알려지고 있다. 핵에너지가 값싸고 안전한 자원이라는 믿음 이면에는 인간과 지구 환경에 치명적인 해를 끼칠 수 있다는 불안과 우려가 도사리고 있다. 그래서 원자력을 '야누스의 두 얼굴'이라고 하지 않는가?

1970년 이후 인류는 핵에너지의 평화적 이용에 따른 환경영향에 대해서 크게 인식하기 시작하였다. 석유에 이어 '제3의 불'로 자리잡은 원자력발전이 야누스의 얼굴을 드러냈다. 각종 원전 사고로 인한 방사성 유출이 인간에게 직접적이고 심각한 피해를 가하기 시작한 것이다. 1979년 스리마일(Three Mile) 섬에서 발생한

5) N.Y. Times, 1986. 8. 31, § 4, 1면, col. 1.

6) Ellen Moynagh, *The Legacy of Chernobyl: Its Significance for the Ukraine and the World*, 21 B.C. Envtl. Aff. L. Rev. 709, 720 (1994).

7) 2007년 현재 전세계에 가동 중인 원전은 31개 국가에 435기에 달한다. 서유럽에 130기, 동유럽에 66기, 미주에 127기, 아시아에 110기, 아프리카에 2기가 있다. 현재 건설 중인 원전은 29기이며, 이 밖에 64기가 건설 계획 단계에 있다. 세계일보, "유럽 원자력 에너지 다시 각광", 2007. 4. 2. 기사. 2005년 현재 우리나라는 원전 세계 6위권으로 고리, 월성, 영광, 울진 등 지역에서 20기가 가동 중이다. 우리나라 발전량 중 원자력발전의 비율은 36.0%를 차지하고 있다.

원자로 노심이 녹아내린 사고,[8]와 1986년 체르노빌 사고, 2011년 후쿠시마 원전 사고[9] 등은 조그마한 예에 불과하다.

핵에너지의 개발에 대해서는 찬반론이 팽팽히 맞서고 있다. 찬성론은 ① 핵에너지는 매우 깨끗하여 대기오염의 위험성이 없다,[10] ② 핵에너지는 경제성이 있다, ③ 원자력발전소의 사고 가능성은 매우 낮다, ④ 핵폐기물의 처리는 적절히 이루어지고 있기 때문에 우려할 상황이 아니다, ⑤ 핵무기의 확산은 대외정책상의 문제일 뿐 에너지 문제와는 분리되어 생각되어야 한다, ⑥ 에너지 자립을 위하여 원자력발전은 절대 필요하다는 등 주장하면서 원자력발전을 옹호하고 있다.[11]

이에 반해 환경론자들과 반핵주의자들은 ① 핵에너지는 매우 위험한 에너지이다, ② 핵에너지는 저렴한 에너지원이 아니다, ③ 원자력발전소의 사고 가능성은 상존하고 있다, ④ 핵물질의 전생애 주기(life-cycle)로 볼 때 발생, 운반, 최종 처리과정 전체에서 사고 위험성이 있다, ⑤ 핵시설은 테러의 표적이, 핵물질은 절도의 대상이 되기 쉽다, ⑥ 일단 핵사고가 발생하면 그 피해는 엄청나다, ⑦ 핵물질과 핵분열 기술은 핵무기로 전용될 가능성이 있다, ⑧ 핵에너지는 핵무기의

---

8) 1979년 3월 28일 새벽, 1978년 12월부터 상업 운전을 개시한 미국 펜실베니아주 스리마일섬의 핵발전소(제2호기)에서 원자로 안의 냉각재가 단시간에 대량 상실됨으로써 핵연료가 녹아내리는 사태가 발생하였다. 사고는 경미한 기계적 사고와 사람의 중대한 과실이 경합하여 발생한 것으로 밝혀졌다. 이 사고로 인하여 사상자는 발생하지 않았으나 20억 달러나 들여 세운 핵발전 시설이 단 30초 만에 망가져 버렸다. 10만 가정에 대하여 임시적인 분산이, 1만 명의 인근 주민에 대하여 영구적인 분산이 이루어졌다. 그 후 오염된 방사능을 회수하는 데 10억 달러 이상이 소요되었다. 이 사고는 미국에서 상업용 핵발전소의 역사상 가장 심각한 사고로 기록되었다. 황상규, 위험한 에너지: 핵, 거름, 1991, 23 내지 24면; Eric R. Pogue, *The Catastrophe Model of Risk Regulation and the Regulatory Legacy of Three Mile Island and Love Canal*, 15 Penn St. Envtl. L. Rev. 463, 469~470 (2007); Aurelie Lopez, *The Protection of Environmentally-Displaced Persons in International Law*, 37 Envtl. L. 365, 373 (2007).

9) 2011년 3월 11일 일본의 후쿠시마 소재 원자로 4기가 지진 해일의 범람으로 침수되어 노심이 녹아내리고 폭발하여 다량의 방사성물질이 대기와 해양으로 배출되었다. 대기로 배출된 방사성 물질로 후쿠시마 인근 토양은 심히 오염되었고, 태평양 건너 미국을 거쳐 스페인, 중국에까지 낙하하여 북반구 전체에 방사성 물질 오염을 일으켰다. 우리나라 육상과 해역에도 후쿠시마 방사성 낙진이 3월 24일부터 5월까지 낙하하였다. 또한 대량의 방사성 물질을 해역으로 배출하여 인접 해역이 심히 오염되었고, 태평양 전체가 오염이 되었다. 홋카이도 외해역에서 잡힌 물고기에서 이전보다 매우 높은 방사성물질이 검출되었다. 이 후쿠시마 사고는 최대 규모 사고(INES 등급 7)로써 1986년 북반구 전역을 오염시킨 구소련의 체르노빌 핵발전소 사고에 이어 두 번째로 발생하였다.

10) 연료를 태우는 것이 아니라 핵분열에너지를 이용하므로 공기 중의 산소를 빼앗지 않고 이산화탄소(CO_2), 아황산가스(SO_2)와 같은 오염물질을 배출하지 않기 때문에 온실가스 감축효과가 있다는 것이 그 주장의 요지이다.

11) 차철순, “원자력발전소와 환경”, 환경문제연구총서 V, 대한변호사협회, 1995, 113면 참조.

확산을 촉진한다, ⑨ 핵발전소 외에도 풍력, 수력, 조력 등 충분한 대안이 있다는 등 주장하면서 맞서고 있다.[12] 핵에너지의 양면성과 이를 둘러싼 치열한 찬·반 대립은 그 규제를 어렵게 하고 있다.

핵에너지가 발전,[13] 의학, 농업, 식량 등 다양한 분야에 적용될 수 있지만 우리가 주목하는 것은 핵사고이다. 핵개발론자들은 이론적으로 사고가 발생할 가능성이 아주 희박하다고 하지만 이러한 주장은 현실적으로 허구임이 밝혀졌기 때문이다. 스리마일(Three Mile) 섬 사고는 원전의 안전성에 결정적인 문제를 제기하였으며, 체르노빌 사고와 후쿠시마 원전 사고는 인류재앙의 상징으로 되었다. 우리나라도 원자력으로부터 자유롭지 않다. 중수누출과 작업자들의 방사능 피폭 등 크고 작은 사고가 계속되고 있기 때문이다. 사고로 유출된 방사성물질은 환경에 축적되면서 환경 안에 살고 있는 우리 인간에게 직접적인 피해를 끼친다. 방사능 오염의 장기적 영향은 우리 인간을 늘 불안에 떨게 하고 있다.

핵에너지의 부산물인 핵폐기물과 사용후연료(spent fuel)는 또 다른 문제를 제기하고 있다. 이들 물질이 새로운 핵종(核種)을 생산하는 것과는 관련이 없지만 환경에 위해를 줄 수 있기 때문이다. 폐기물과 사용후연료 문제의 중심에는 핵폐기장 문제가 있다. 그동안 사회적 논란에도 불구하고 핵폐기장 문제가 해결되지 않는 것은 핵폐기물의 기본적 성격 때문일 것이다. 핵폐기물은 강한 독성을 지니고 있어서 극소량으로도 암이나, 백혈병, 백내장 같은 퇴행성 질환과 정신장애, 염색체 변이 등과 같은 유전질환을 가져오며 면역체계를 악화시켜 다른 질병들을 유발한다고 알려지고 있다. 핵폐기물로 인한 재앙은 자연재해나 다른 사고와 달리 사고가 미미하더라도 주위 공기와 지하수 등을 통하여 핵물질이 멀리 퍼져나가 그 피해가 질적으로 다를 뿐만 아니라 피해도 수세대에 걸쳐 계속된다. 방사능을 내뿜는 핵폐기물을 짧게는 수백년 길게는 수십만년 동안 지층의 변동과 환경의 변동으로부터 안전하게 관리한다는 것은 거의 불가능하다.

이러한 사실은 우리에게 핵안전의 중요성을 새삼 일깨워주고 있다. 핵시설, 핵에너지, 핵물질의 사용과 관련하여 제기되고 있는 주요 관심사는 핵무기의 사용가능성, 환경에의 핵오염의 확산, 핵피해에 대한 책임 문제로 압축될 수 있다. 핵안전 문제의 해결방안은 ① 핵무기의 확산과 전쟁 금지, ② 핵발전소의 안전(예컨대,

12) 차철순(앞의 글), 116 내지 118면. 핵발전을 반대하는 입장에 대하여 자세한 내용은 황상규(각주 8), 85 내지 151면 참조.

13) 특히 핵에너지는 중요한 전기 에너지원이 되고 있는데, 원자로는 전세계적으로 17% 이상의 전기를 생산하고 있다. Denis E. Beller, *Atomic Time Machines: Back to the Nuclear Future*, 24 J. Land Resources & Envtl. L. 41, 47 (2004).

원자로를 포함한 핵시설의 안전한 입지, 설계, 건설, 운영), ③ 핵연료의 전생애 주기 차원에서의 안전(핵연료의 안전, 핵폐기물의 운반 · 처리과정에서의 안전) 등이라고 할 수 있다. 그러나 문제해결은 쉽지 않다. 체르노빌 사고는 국내 법령만으로는 충분하지 않다는 것을 보여 주었다. 핵에너지를 사용하는 국가는 물론이고 사용하지 않는 국가도 핵위험에서 자유롭지 않다는 사실은 핵에너지의 사용과 관련해서 국제적인 차원에서 규제할 필요가 있다는 것을 알려 주었다.

유엔 산하 국제원자력기구(IAEA)[14]를 필두로 경제협력개발기구(OECD)의 핵에너지기구(NEA), 유럽연합 산하 유럽원자력공동체(European Atomic Energy Community: EURATOM) 등 몇 개 국제기구가 핵에너지와 관련한 국제기준을 만들었으나 EURATOM 기준만이 유럽연합 내에서 강제력이 있을 뿐 다른 기준들은 권고사항에 불과하다. 구속적인 국제기준이 없는 상태에서 통일적이고 구속력이 있는 국제규범이 절실히 요구되고 있다.

이하에서는 환경문제에 주목하면서 편의상 환경에의 방사능 오염을 방지하기 위한 규제와 핵피해에 대한 책임문제로 나누어서 살펴보기로 한다. 핵무기 규제 관련 조약은 1963년 핵무기 실험금지 조약[15]을 필두로 1968년 핵무기 비확산 조약,[16] 1967년 라틴아메리카에서 핵무기의 금지를 위한 협약,[17] 1985년 남태평양 핵자유지역협약,[18] 1991년 제1단계 전략무기 제한감축 조약[19] 등이 있으나[20] 이 글이 다루는 범위를 벗어나고 있다. 결론적으로 많은 국제문서가 존재하지만 핵에너지의 국제기준과 규제는 핵 위험성을 잠재우기에는 너무나 부족하다.

---

14) 1957년 7월 유엔에 의해 설립된 국제원자력기구의 주된 활동 영역은 핵안전의 분야이다. 국제원자력기구는 방사선 보호, 방사성물질의 운반 및 처리, 방사성폐기물의 처분, 핵시설의 안전 등에 관한 기준을 정하고 있다. http://www.iaea.org 참조.

15) Treaty Banning Nuclear Weapon Tests in the Atmosphere, in Outer Space and Under Water, 480 U.N.T.S 43 (1963).

16) Treaty on the Non-Proliferation of Nuclear Weapons(NPT), 21 U.S.T. 483, 729 U.N.T.S. 161 (1968).

17) Treaty for the Prohibition of Nuclear Weapons in Latin America(Tlatelolco Treaty), 634 U.N.T.S. 281 (1967).

18) South Pacific Nuclear Free Zone Treaty(Rarotonga Treaty), 24 I. L. M. 1440 (1985).

19) Treaty on the Reduction and Limitation of Strategic Offensive Arms-I (START-I), S. Treaty Doc. 102~20 (1991).

20) 1959년 남극조약과 1967년 우주조약 등도 핵무기 규제와 관련이 있다. 남극조약 제5조에 따르면 남극지역에서 핵폭발 및 방사성물질의 처분은 금지된다. 우주조약에서 당사국들(미국, 구 소련, 영국)은 지구대기권 외에 핵무기를 설치하지 않기로 합의하였다. 핵폐기물을 위치하기 위해서는 사전협의가 필요하다. Treaty on Principles Governing the Activities of States in the Exploration and Use of Outer Space, Including the Moon and Other Celestial Bodies, 6 I. L. M. 386 (1967), 제4조, 제9조.

제2절 판결: 1974년 *Nuclear Test 사건*

프랑스가 남태평양상의 대기권에서 일련의 핵실험을 진행한 것과 관련하여 호주와 뉴질랜드가 국제사법재판소(ICJ)에 그 금지를 구한 사건[1]에서, 1974년 재판소는 프랑스가 여러 차례에 걸쳐 문서나 선언 등을 통해 대기권 핵실험을 중지하겠다는 의사표시를 한 점을 들어 이러한 일방적 선언은 법적 의무를 발생시킨다고 판단하면서,[2] 호주와 뉴질랜드의 재판신청에 대하여 더 이상 소의 이익이 존재하지 않기 때문에 본안(merits)에 대하여 종국적인 결정을 내릴 여지가 없다고 9 대 6의 표결로 결정하였다(*Nuclear Test 사건*에 대하여 자세한 내용은 제2장 제2절 I. 참조).[3] 특기할 것은 국제사법재판소는 "만일 이 결정의 기초가 영향받는 경우 원고는 재판소 규정에 따라 그 상황을 검토해 줄 것을 요청할 수 있다"고 부가하였다.[4] 이 부가 선언은 1995년 뉴질랜드의 상황검토 요청의 단서가 되었다.

핵실험을 둘러싼 분쟁은 1974년 국제사법재판소의 결정으로 일단 종결되었다. 그러나 그 후 프랑스는 핵실험을 중단하지 않았고, 다만 대기권이 아닌 지하에서 핵실험하는 것으로 입장을 변경하였다. 프랑스는 1995년에 핵실험 재개를 선언하였다.

1995년 8월 뉴질랜드는 이에 대해 1974년 국제사법재판소 결정 제63항에 기초하여 상황의 검토를 요구하였다. 뉴질랜드는 지하 핵실험이 미치는 악영향을 뒷받침하는 과학적 증거의 증가, 계속된 실험의 누적적 효과 등을 고려할 때 1974년 결정의 전제인, 지하 핵실험의 중지가 더 이상 위해를 발생하지 않는다는 사실은 오류를 포함하고 있고, 그 결정의 기초는 사실관계의 변화로 영향을 받았다고 주

---

1) *Nuclear Tests (Australia v. France),* 1973 I. C. J. 99 (1973), 1974 I. C. J. 253 (1974); *Nuclear Tests (New Zealand v. France),* 1973 I. C. J. 135 (1973), 1974 I. C. J. 457 (1974). 호주와 뉴질랜드의 주장과 이에 대한 국제사법재판소의 결론은 거의 비슷하다.

2) 국제사법재판소는 일방적 행위가 법적 의무를 발생시키는 법적 근거로 신의성실의 원칙(principle of good faith)을 들었다. *Nuclear Tests (Australia v. France)*, 1974 I. C. J. 253 (1974), 267 내지 270면; *Nuclear Tests (New Zealand v. France)*, 1974 I. C. J. 457 (1974), 472 내지 475면.

3) *Nuclear Tests (Australia v. France)*, *Id.* 257 내지 258면, 272면; *Nuclear Tests (New Zealand v. France)*, *Id.* 461면, 478면.

4) "if the basis of this Judgment were to be affected, the applicant could request an examination of the situation in accordance of the provisions of this statute." *Nuclear Tests (Australia v. France)*, *Id.* 272면, 제60항; *Nuclear Tests (New Zealand v. France)*, *Id.* 477면, 제63항.

장하였다.[5] 1995년 9월 22일 국제사법재판소는 1974년 결정은 오로지 대기권 핵실험 문제를 다루었다고 지적하면서 그 결정의 기초가 영향을 받은 것이 아니라고 판단하면서 뉴질랜드의 신청을 기각하였다.[6]

5) Request for an Examination of the Situation in Accordance with Paragraph 63 of the Court's Judgment of 20 December 1974 in the Nuclear Tests (New Zealand v. France), 1995 I. C. J. 288 (1995), 298면.

6) *Id.* 306면.

제3절 핵안전 및 핵물질 규제

협약명	채택일 (발효일)	주요 내용	당사국 수	우리나라 가입일 (발효일)
핵사고의 조기통지에 관한 협약	1986.9.26. (1986.10.27.)	-핵사고에 관한 정보의 조속한 통지	122 (2020.1. 현재)	1990.6.8. (1990.7.9.)
핵사고 시 지원에 관한 협약	1986.9.26. (1987.2.26.)	-핵사고 또는 방사성물질로 인한 긴급사태 시 신속하고 용이한 지원제공	117 (〃)	1990.6.8. (1990.7.9.)
핵안전협약	1994.9.20. (1996.10.24.)	-높은 수준의 핵안전 도모, 핵사고의 방지	86 (〃)	1995.9.19. (1996.10.24.)
사용후핵연료관리의 안전 및 방사성폐기물 관리의 안전에 관한 공동협약	1997.9.5. (2001.6.18.)	-사용후연료 및 방사성폐기물의 안전한 관리	80 (〃)	2002.9.16. (2002.12.15.)

〈http://www.iaea.org〉

Ⅰ. 핵사고의 조기통지에 관한 협약

1. 내 용

방사성물질의 유출에 따른 인간의 건강과 환경에 대한 심각한 영향에도 불구하고 구 소련은 체르노빌 원전에서 폭발이 발생하고 15일이 지날 때까지 공식적인 언급을 하지 않았다.[1] 그때까지 인근 지역과 해당 지역 주민은 그 영향에 고스란히 노출될 수밖에 없었다. 그 결과 인류 역사상 최악의 원전사고가 발생하였다. 핵문제를 다루는 중요한 국제기구, 국제원자력기구는 이 문제에 대하여 깊이 고민하

1) Melanie L. Oxhorn, *The Norms of Nuclear Accidents After Chernobyl*, 8 J. Nat. Resources & Envtl. L. 375, 377 (1992−1993).

였다. 드디어 체르노빌 원전사고 직후인 1986년 국제원자력기구는 핵문제 영역에서의 주요한 조약 2개를 채택하였다: ① 핵사고의 조기통지에 관한 조약,[2] ② 핵사고 시 지원에 관한 협약.[3]

핵사고의 조기통지에 관한 조약은 핵사고에 따른 국경을 초월하는 환경, 건강, 경제의 영향을 감소하기 위한 체제를 마련하고 있다. 이 협약은 방사성물질의 유출이 발생하거나 발생할 우려가 있는 경우와 다른 국가에 방사능 안전에 관하여 중요한 의미를 갖는 월경 유출이 발생하거나 발생할 우려가 있는 경우에 적용된다.[4] 이 조약에 의하여 당사국은 원자력사고가 발생하였을 때 사고에 의하여 물리적 영향을 받거나 받을 우려가 있는 국가 및 국제원자력기구에 사고가 발생한 사실과 종류, 발생시기, 가능한 경우에는 정확한 장소를 직접 또는 국제원자력기구를 통하여 통지하여야 한다.[5] 당사국은 사고의 영향을 최소화하기 위하여 제공 가능한 위 정보를 사고로 물리적 영향을 받거나 받을 우려가 있는 국가에 직접 또는 국제원자력기구를 통하여 신속히 제공하여야 한다.[6] 핵사고를 당한 국가가 통지해야 할 내용은 다음과 같다: ① 핵사고의 일시, 정확한 장소 및 성질; ② 문제의 시설과 활동; ③ 핵사고의 원인과 예견되는 사태; ④ 방사능 유출의 일반적 특징; ⑤ 기상학적 및 수리학적 정보; ⑥ 환경측정의 결과; ⑦ 현장 밖에서 취해지거나 계획된 보호조치; ⑧ 방사능 유출로 예기되는 반응 등이다.[7] 이러한 정보를 제공하는 국가는 방사능오염으로 인한 피해를 최소화하기 위하여 피해국이 요구하면 추가정보를 제공하여야 하며 또한 피해국과 협의하여야 한다.[8]

2. 평 가

이 협약은 사고발생을 방지하기 위한 조약이 아니지만 핵사고에 대한 적절한 대응을 보장함으로써 전반적인 핵안전을 향상시키고 있다. 방사능물질의 유출과 관련한 즉각적이고 자세한 정보를 제공하여야 한다는 것이 국제관습법의 내용인지는 논란이 있을 수 있으나, 이 협약은 핵사고라는 긴급상황에서 관련 정보를 제공

2) IAEA Convention on Early Notification of a Nuclear Accident, 25 I. L. M. 1369 (1986).
3) IAEA Convention on Assistance in the Case of a Nuclear Accident or Radiological Emergency, 25 I. L. M. 1377 (1986).
4) 핵사고의 조기통지에 관한 조약(각주 2), 제1조 제1항.
5) *Id.* 제2조(a).
6) *Id.* 제2조(b).
7) *Id.* 제5조.
8) *Id.* 제6조.

하여야 한다는 점을 분명히 밝히고 그 절차, 방법 등 적용을 위한 기본골격을 마련하였다는 점에서 의미가 있다고 할 수 있다.

그러나 이 협약에는 그 협약을 무용하게 할 정도의 치명적인 결함은 아니지만 효율성을 반감시키는 약점이 내재하고 있다. 즉 이 협약은 비군사시설에 관련된 핵사고에만 적용되기 때문에 핵잠수함과 같은 군사시설로 인한 핵사고에는 적용되지 않는다. 이 협약은 다른 국가에 "방사능 안전에 관하여 중요한 의미를 갖는" 월경 유출이 발생하거나 발생할 우려가 있는 경우에 적용되는데, "방사능 안전에 관하여 중요한 의미를 갖는지"에 대한 판단은 해당 시설 관할국의 재량에 맡겨져 있다. 또한 통지 대상국가는 사고로 "영향을 받거나 받을 우려가 있는" 국가인데, "영향을 받거나 받을 우려가 있는지"에 대한 판단의 주체는 사고 발생국에 남겨져 있다. 이는 사고의 성질 및 정도 나아가 통지 여부가 사고시설 관할국의 재량에 맡겨진다는 것을 의미한다. 정보를 제공하는 또는 제공받는 국가에게 피해의 직접적 영향을 받는 공중의 정보에 대한 접근을 강제하지 아니하고 있는 점, 분쟁해결 절차가 없는 것도 한계로 지적될 수 있다.

이 협약은 책임에 관한 규정을 두고 있지 않으며, 절차적 의무인 통지행위가 배상 등 국가책임과 어떠한 관련이 있는지에 대하여 특별한 언급을 하고 있지 않다. 그 결과 책임을 다른 국가에 전가함으로써, 월경 오염피해에 대한 책임이라는 소기의 목적을 저해할 수 있다. 예컨대, 통지를 받은 피해 국가는 자칫 피해를 예방·감소하지 않았다는 비난을 받을 수 있고, 이는 피해발생에 일정 부분 기여한 과실이 있다고 결론지어질 수 있게 된다.9)

Ⅱ. 핵사고 시 지원에 관한 협약

1. 내 용

1986년 핵사고 시 지원에 관한 협약은 핵사고 또는 방사능 긴급사태 시 당사국들간에 직접적으로, 국제원자력기구를 통하여, 또는 다른 국제기구로부터 신속하고 용이한 원조가 가능하도록 하는 장치를 마련하고 있다. 이 조약에 의하여 원조를 요청한 당사국은 필요한 원조의 범위 및 종류를 지정하거나, 실행 가능한 경우

9) Justin Mellor, *The Negative Effects of Chernobyl on International Environmental Law: The Creation of the Polluter Gets Paid Principle,* 17 Wis. Int'l L. J. 65, 73 (1999).

에는 원조제공국이 요청하는 내용에 부합할 수 있는 원조의 범위를 결정하기 위하여 필요할 수 있는 정보를 원조제공국에게 제공하여야 한다.[10] 당사국은 가능한 범위 내에서 원자력사고 또는 방사능 긴급사태 시 다른 당사국에 대해 원조제공을 위하여 이용 가능한 전문가, 기자재 및 원조제공 조건, 특히 재정적 조건을 명시하여 국제원자력기구에 통지하여야 한다.[11] 조약은 당사국에게 원조를 제공할 의무를 부과하고 있지 않다. 그러나 당사국은 조속한 지원이 이루어질 수 있도록 상호간 그리고 국제원자력기구와 긴밀히 협력할 일반적 의무가 있다.[12]

조약은 당사국간의 지원이 용이할 수 있도록 비용의 상환, 지원국 요원의 특권 및 면제 · 책임 등에 관하여 여러 규정을 두고 있다. 예컨대, 지원국은 지원요청국에 대하여 무상으로 지원을 해 줄 수 있다. 지원이 전적 또는 부분적으로 상환을 조건으로 제공된 경우, 요청국은 지원에 소요된 비용을 지원국에게 상환하여야 한다. 물론 지원국은 비용상환을 포기하거나 상환연기에 동의할 수 있다.[13] 지원국의 요원은 몇 가지 특권, 면제 및 편익을 향유한다. 지원요청국은 지원국의 요원에게 형사 · 민사 · 행정관할권으로부터의 면제를 포함한 구속 · 억류 · 소송절차의 면제, 그리고 과세 · 관세 및 기타 공과금으로부터의 면제를 부여하여야 한다. 지원요청국의 영토에 반입된 장비와 소유물은 압수, 압류 또는 징발의 대상에서 면제된다.[14] 요청국은 이러한 장비와 소유물의 반환을 보장하여야 한다.[15] 그러나 특권과 면제를 받은 자는 요청국의 국내 법령을 존중할 의무가 있으며 요청국의 국내문제에 간섭하지 않을 의무가 있다.[16] 지원요청국은 지원을 제공하는 중에 발생한 인적 · 물적 피해 및 환경피해에 대하여 지원국이나 그를 위해 활동한 자 또는 법인을 상대로 소송을 제기할 수 없으며, 제3자가 지원국이나 그를 위해 활동한 자 또는 법인을 상대로 제기한 소송을 처리할 책임이 있다.[17] 그러나 요청국은 지원국요원의 사망 또는 부상과 비소모장비나 자료의 손실에 대하여 보상할 책임이 있다.[18]

---

10) 핵사고의 조기통지에 관한 조약(각주 2), 제2조 제2항.
11) *Id.* 제2조 제4항.
12) *Id.* 제1조.
13) *Id.* 제7조.
14) *Id.* 제8조 제1항 내지 제3항.
15) *Id.* 동조 제4항.
16) *Id.* 동조 제7항.
17) *Id.* 제10조 제2항(a) · (b).
18) *Id.* 동항(d).

2. 평 가

이 협약은 체르노빌 사건과 유사한 사건의 재발에 대비하기 위하여 핵사고 시의 국제협력을 위한 골격을 마련하였다는 점에서 큰 진전을 이룬 협약으로 평가받을 수 있다. 앞서 핵사고의 조기통지에 관한 조약과 함께 정보 및 지원의 제공과 관련하여 국제원자력기구를 단일 창구화하여 그 통합 · 조정 역할을 향상시킨 것도 협약의 효율성 차원에서 중요한 의미를 갖는다. 그러나 이 협약에 대해서는 지원요청국이 지원국에게 발생한 모든 피해에 대하여 비용상환책임을 지는 데 반해 지원국이 지원을 제공하는 중에 지원요청국에 발생시킨 피해에 대하여 일체의 책임을 지지 않는 등 지원국을 지나치게 보호한다는 비판이 제기되고 있다.[19] 지원을 요청받은 국가에게 지원을 제공할 의무를 부과하고 있지 않은 점, 인접국가에게 간섭의무가 부과되어 있지 않고 요청국의 지원요청이라는 적극적인 행동에 의하여 비로소 방제조치 등 피해감소조치가 취해진다는 점, 일부 조항에 대하여 유보할 수 있도록 한 점(제10조 제5항) 등은 협약의 효율성을 떨어뜨릴 수 있는 약점으로 지적될 수 있다.

Ⅲ. 핵안전협약

1. 내 용

해체 또는 노후된 원자로로부터 발생되는 위해는 핵안전 문제에 대한 관심을 고조시켰다. 1991년 국제원자력기구 총회는 핵안전협약의 필요성을 역설하였다. 그 결과 1992년부터 일련의 법적 · 기술적 전문가 회의가 개최되었고 1994년 핵안전협약[20]이 채택되었다. 이 협약은 방사성폐기물 관리를 직접 다루고 있지는 않지만 핵안전을 전반적으로 규제하는 조약이라고 할 수 있다. 이 협약의 목적은 세 가지이다: ① 범세계적으로 높은 수준의 핵안전 도모; ② 방사능 위험으로부터 핵시설[21]의 보호; ③ 핵사고의 방지.[22]

---

19) Philippe Sands, Principles of International Environmental Law 648 (2nd ed. Cambridge University Press 2003).

20) Convention on Nuclear Safety, 35 I. L. M. 1514 (1994).

21) '핵시설'이란 당사국의 관할권하에 있는 육상 민간원자력발전소를 말한다. 여기서 말하는 핵시설은 핵발전소의 운전과 직결되는 동 부지 내의 핵물질의 저장 · 취급 · 처분시설을 포함한다. 그러나 모든 핵연료가 영구적으로 원자로 노심으로부터 제거되고 규제기구에 의해 승인

이 협약은 당사국에게 그들의 핵시설 및 시스템을 현대 고도의 기술을 갖춘 모델로 대체할 것을 강요하지는 않는다. 다만 해당 핵시설에 대한 관할권을 가지고 있는 국가에 대하여 핵안전에 대한 책임이 있음을 확인하고 있다.[23] 협약은 자세한 안전기준(standards)보다는 핵시설에 대한 근본적인 안전원칙(principle)에 더 주목하고 있다.[24] 이는 이 협약이 당사국들에 대한 현실성이 없는 고도의 안전기준을 요구하지 않을 것임을 암시하고 있다. 결국 이 협약은 핵안전과 관련하여 국제 규범이 없는 상태와 당사국에 대한 아주 높은 국제기준의 요구 사이에서 그 중간 단계의 규범을 택한 것이라고 할 수 있다. 이러한 점에서 이 협약은 골격협약의 형태를 띠고 있는 것이다.

협약상의 의무는 구체적이지 않다. 먼저 협약은 당사국에게 핵시설의 안전을 확보하기 위한 입법과 규제체제를 확립 · 유지할 의무를 부과하고 있다. 이러한 입법과 규제체제에는 국가 핵안전에 관한 요건과 규정의 확립, 핵시설에 대한 허가와 허가 없이 운영되는 핵시설의 금지, 핵시설의 정기적인 검사 · 평가제도, 정지 · 변경 · 취소를 포함하는 집행 등이 포함된다.[25] 당사국은 이상의 입법과 규제체제를 시행하기 위하여 필요한 권한 · 능력과 재정적 · 인적 자원을 가진 규제기구를 설치 · 지정하여야 한다.[26] 나아가 협약은 당사국으로 하여금 규제기구의 기능과 핵에너지의 이용 · 촉진과 관련된 기구 · 조직의 기능이 분리되도록 적절한 조치를 취하도록 하고 있다.

협약 제14조는 당사국은 핵시설이 건설되기 전 종합적이고 체계적인 안전성평가가 이루어지고 핵시설이 그 설계, 국가안전요건 등에 부합하게 운영되기 위하여 분석 · 감독 · 실험 · 조사에 의한 검증이 이루어질 수 있도록 적절한 조치를 취할 의무가 있다고 규정하고 있다.[27] 안전성평가는 운영경험과 중대하고 새로운 안전정보의 관점에서 잘 서면화되고, 추후 갱신되어야 하며, 규제기구의 권한하에서 검토되어야 한다.[28]

기존 핵시설과 관련해서 당사국은 그 안전을 도모하기 위하여 필요한 적절한 조치를 취하여야 한다. 필요한 경우 당사국은 핵시설의 안전성을 향상시키기 위하여

된 절차와 해체계획에 따라 안전하게 저장된 경우에는 핵시설이라고 할 수 없다. *Id.* 제2조.

22) *Id.* 제1조.
23) *Id.* 전문(iii).
24) *Id.* 전문(viii).
25) *Id.* 제7조.
26) *Id.*
27) *Id.* 제14조 제1항.
28) *Id.* 동조 제2항.

긴급한 사항으로서 합리적으로 실행 가능한 모든(all reasonably practicable) 개선책을 강구하여야 한다. 이러한 개선책이 이루어질 수 없다면 가능한 한 빨리(as soon as practically possible) 핵시설을 폐쇄할 계획이 추진되어야 한다.[29]

이 협약은 핵시설의 입지, 설계 및 건설, 운영 등에 대해서도 규정을 두고 있다.[30] 특히 제18조는 핵시설의 설계 및 건설과 관련한 규정을 두고 있는데, 이에 따르면 당사국은 핵시설의 설계와 건축 시 방사능이 유출되지 않도록 방어수단을 강구하여야 한다. 설계와 건설에 사용된 기술은 경험에 의해서 안전성이 증명되거나 시험과 분석에 의하여 그 적합성이 인정되어야 한다.[31]

협약 시행과 관련해서 핵심적인 것은 검토회의(Review Meetings)에 관한 규정이다. 협약은 제20조부터 제28조까지, 다른 규정에 비해 비교적 많은 부분을 검토회의에 대해서 규정하고 있다. 이에 따르면 당사국들은 최소 3년마다 제5조에 따라 제출된 보고서를 검토하기 위한 검토회의를 개최하여야 한다.[32] 당사국은 검토회의 전에 협약상의 의무를 이행하기 위해 취한 조치를 담고 있는 보고서를 제출하여야 한다.[33] 검토회의는 당사국들에 대한 압력수단으로 작용하면서 당사국 스스로 안전기준을 준수하도록 만든다. 검토과정은 당사국들 사이에 의견을 교환할 수 있는 중요한 공간일 뿐만 아니라 자가평가를 할 수 있는 의미있는 기회를 제공한다. 여기에 더하여 협약은 검토회의에서 논의된 쟁점과 내려진 결론을 다루는 서면에 대하여 공중이 접근할 수 있도록 함으로써,[34] 공중의 영향에 구속받도록 하고 있다. 한편, 핵물질, 핵시설 등에 관한 정보는 국가안보와 직결될 수 있기 때문에 협약은 당사국에 의해 제공된 정보의 비밀성을 보장하기 위한 규정을 두고 있다.[35]

2. 평 가

이 협약은 핵안전성을 향상하기 위해 핵안전 문제를 최소한의 국제적 감시와 평가제도하에 두려고 하였다는 점에서 큰 의미가 있다. 이 협약은 관련 규정이 애매하고 핵안전을 확보하기에 충분할 정도로 엄격한 규제수단을 갖추고 있지 아니하다는

---

29) *Id.* 제6조.
30) *Id.* 제17조 내지 제19조.
31) *Id.* 제18조.
32) *Id.* 제20조, 제21조.
33) *Id.* 제5조.
34) *Id.* 제25조.
35) *Id.* 제27조.

등의 문제점이 제기되고 있지만 국제 핵안전 문제와 관련해서 아무런 규범이 없던 상태에서 최소한의 규범을 이끌어냈다는 점에서 진일보한 체제라고 할 수 있다. 특히 해당 국가가 취한 안전 조치에 대해 국제사회가 같이 토론하고 검토할 수 있는 장이 마련되었다는 것은 중요한 의미를 갖는다.

그러나 이 협약은 구체적이고 세부적인 내용을 두고 있지 않은 골격협약에 그쳐 문제를 해결하는 데 있어 근본적인 한계를 가지고 있다. 다시 말하면 안전기준의 설정을 포함해서 핵안전을 보장하기 위한 강력하고 유효한 수단을 갖추고 있지 못하다는 것이다. 결국 이 협약이 핵안전성을 담보하는 효과적인 문서가 되기 위해서는 빠른 시일 내에 의정서나 부속서의 채택이 이루어져야 할 것이다.

이 협약은 당사국들이 준수하여야 할 국제적으로 통일된 기준을 제시하지 않고 당사국들로 하여금 국가 핵안전 요건과 입법 · 규제 · 행정체제 등을 확립하도록 하고 있다. 이와 같이 규제를 각 당사국에게 떠넘기고 있는 결과 협약의 실효성은 반감되어 있다. 핵에너지의 이용 · 촉진에 관심이 많은 당사국이 스스로 엄격한 기준을 설정함으로써 핵발전 능력을 구속할 것 같지 않기 때문이다. 이러한 점에서 국제적으로 시행되어야 할 최소한의 안전기준(safety standard)이 설정되어야 한다는 것이 설득력을 갖는다.

기존 핵시설과 관련한 핵시설의 폐쇄 등을 포함한 조치는 엄격한 것으로 보인다. 그러나 자세히 들여다보면 그렇지 않다. 왜냐하면 이러한 조치에는 "합리적으로 실행가능한" 또는 "가능한 한 빨리"라는 제한이 부가되기 때문이다. 더욱이 폐쇄조치의 시기는 에너지 문제와 대체재뿐만 아니라 사회적 · 환경적 · 경제적 영향 등을 모두 고려하여 결정된다.[36] 특히 해당 당사국은 경제적 영향을 고려하여 폐쇄조치를 취하지 않을 가능성이 많다.

이 협약에서 가장 중요한 용어라고 할 수 있는 '안전'에 대한 개념 정의가 없고, 긴급상황을 다루는 규정을 두고 있지 아니하고, 재정 및 기술지원 체제에 대하여 침묵하고 있는 것 등도 이 협약의 효율성을 떨어트리는 요인으로 작용할 수 있다. 그러나 정작 문제는 이러한 문제에 대한 개선책이 우리의 '안전'을 충실히 보장해 줄 수 없다는 것이다. 우리는 불확실성의 상태에서 불안감을 키우면서 어떤 것이 '안전'한 것인지는 잘 모르고 있다.

36) *Id.* 제6조.

Ⅳ. 사용후핵연료관리의 안전 및 방사성폐기물관리의 안전에 관한 공동협약

1. 내 용

1997년 9월 국제원자력기구가 채택한 사용후핵연료관리의 안전 및 방사성폐기물관리의 안전에 관한 공동협약[37]은 사용후핵연료와 방사성폐기물의 안전한 관리 문제를 직접적으로 다루고 있는 최초의 국제적 조약이다. 이 협약은 사용후핵연료[38]와 방사성폐기물[39]의 안전과 관계가 있는 핵폐기물 관리의 모든 단계를 다루고 있다. 그러나 여기에는 두 가지 중요한 예외가 있다. 즉 재처리를 위해 보관되는 사용후핵연료와 자연 발생의 방사성폐기물은 관계당사국이 선언하는 경우에만 협약의 적용대상에 포함된다. 그리고 군사용·방어용 프로그램 내의 사용후연료 또는 방사성폐기물은 영구적으로 민간통제하로 이전되거나 민간 프로그램 내에서 독점적으로 관리되거나 또는 관계국이 이를 선언한 경우에만 적용대상에 포함된다.[40]

협약상의 의무는 1995년 국제원자력기구가 채택한 방사성폐기물관리에 관한 원칙(Principles of Radioactive Waste Management)에 크게 기초하고 있다. 이에 따라 협약은 사용후핵연료와 방사성폐기물의 안전을 규제하기 위한 일반적인 안전요건, 관련설비의 입지·디자인·설계·평가·운영, 폐쇄 후 조치,[41] 입법적·규제적 골격의 형성 및 유지, 폐기물 관리를 다루는 규제기구의 창설 등에 관한 일반규정을 두고 있다.[42]

협약은 사용후핵연료 또는 방사성폐기물의 안전에 대한 주된 책임을 관련인·허가(license)를 보유한 자에게 부과하고 있다. 다만 그 보유자 또는 다른 책임당사자가 없는 경우에는 사용후핵연료 또는 방사성폐기물에 대해 관할권을 가지고

---

37) Joint Convention on the Safety of Spent Fuel Management and on the Safety of Radioactive Waste Management, 36 I. L. M. 1431 (1997).

38) 사용후핵연료란 원자로에서 조사(照射)되었거나 원자로로부터 영구히 제거된 핵연료를 의미한다. *Id.* 제2조(n).

39) 방사성폐기물이란 당사국 또는 자연인·법인에 의해 더 이상 사용되지 않을 것이라고 예상되는 기체, 액체 고체형태의 방사성물질을 의미한다. *Id.* 제2조(h).

40) 공동협약(각주 37), 제3조.

41) *Id.* 제4조 내지 제17조.

42) *Id.* 제18조 내지 제20조.

있는 당사국이 책임을 지게 된다.[43] 한편, 국내 방사능 허용한도는 방사능으로부터의 보호를 위해 국제적으로 확립된 기준에 따라야 하고, 당사국은 우발적인 방사능의 누출을 규제하거나 감축하기 위하여 적절한 시정조치(corrective measures)를 취해야 한다.[44]

특히 이 협약은 방사성폐기물의 국가간 이동과 관련한 당사국의 의무를 규정하고 있다. 즉 전문에서는 방사성폐기물이 발생된 국가에서 처리되어야 한다는 이른바, 발생지내처리(發生地內處理)원칙을 밝히고 있으며,[45] 제27조에서는 방사성폐기물의 국경이동을 위해 수입국의 승인을 요구하고 있다. 이에 따르면 방사성폐기물을 수출하는 국가는 수입국에게 이를 사전 통지하여야 하며 수입국의 승인을 받아야 한다. 수입국은 방사성폐기물을 협약과 조화되는 방법으로 관리하기 위하여 필요한 행정적 · 기술적 능력 및 규제체제를 보유하고 있을 경우에만 그 이동을 승인하여야 하고, 수출국은 국경이동과 관련하여 수입국이 행정적 · 기술적 능력 및 규제체제를 갖추고 있다고 인정할 경우에만 국경이전을 승인하여야 하며, 만약 핵폐기물의 국경이동이 이러한 요건을 충족하지 못할 경우, 수출국은 자국으로의 재수입을 허가하기 위한 적절한 조치를 취하여야 한다.[46] 이러한 사전통지승인(prior notification and consent)절차는 경유국에게는 요구되지 않는다.[47]

이 협약은 검토절차를 통해 통제된다. 제30조에 따르면 다른 국가가 제출한 보고서를 심사하기 위하여 검토회의(Review Meetings)가 개최된다. 보고서는 관리정책, 관행, 방사성폐기물을 정의하고 범위를 정하는 기준 등을 포함하여야 한다. 당사국은 자국의 보고서에 사용후핵연료 및 방사성폐기물관리시설의 목록, 이 협약에 의해 규제되는 사용후핵연료 및 방사성폐기물의 목록, 해체과정에 있는 시설의 목록 등을 포함시켜야 한다.[48]

당사국 검토회의 과정에서 논의된 문제에 대해서는 공중의 접근이 허용되어야 한다.[49] 사용후핵연료 및 방사성폐기물의 관리는 국가안보와 직결되기 때문에(예컨대, 테러리스트의 수중에 핵폐기물이 들어가는 것을 생각해 보라) 협약은 당사국이 제공한 정보의 비밀성을 보장하기 위한 규정을 두고 있다.[50]

---

43) *Id.* 제21조.
44) *Id.* 제24조.
45) *Id.* 전문(xi).
46) *Id.* 제27조 제1항.
47) 이는 바젤협약이 경유국에게도 유해폐기물의 국가간 이동의 경우 사전통지승인절차를 요구하는 것과 구별된다.
48) 공동협약(각주 37), 제32조.
49) *Id.* 제34조.

2. 평　가

이 협약은 고도로 위험한 물질의 안전기준을 정하고 사고 방지를 도모하고 있다는 점에서 핵안전협약과 상당 부분 중첩되고 상호 작용하는 측면이 있다. 이 협약은 방사성폐기물의 관리 분야에서 가장 중요한 규제의 틀을 제공하고 있다고 평가할 수 있다. 그러나 실질적인 내용이 부족하다는 문제점도 노출하고 있다. 이는 특히 국가의 책임문제와 결부될 때 그러하다. 전문에서는 사용후핵연료와 방사성폐기물 관리의 안전을 보장하는 최종적인 책임은 당사국에게 있다고 확인하고 있으나 제3조에서는 군사용·방어용 프로그램을 명시적으로 제외하고 있다. 사용후핵연료와 방사성폐기물이 주로 국가 차원의 군사용·방어용 프로그램의 운영과정에서 발생하고 있다는 점을 고려할 때 이러한 예외는 심각한 규제의 공백으로 연결될 수 있다. 재처리를 위한 사용후핵연료가 사실상 협약의 적용 범위에서 누락된 것에 대하여도 논란이 제기될 수 있다.

협약은 사용후연료의 부적절한 관리로 인한 월경오염에 대한 국가 또는 민간인에 책임을 부과하는 규정을 가지고 있지 않다. 또한 사용후연료의 저장을 위한 정확한 기준을 제시하지 못하고 있다.[51] 다만 당사국들은 사용후연료의 모든 단계에서 개인, 사회, 환경이 방사능 위해로부터 보호될 수 있도록 적절한 조치를 취하여야 한다고 선언하면서 매우 일반적인 기준을 제시하고 있을 뿐이다.[52] 한편, 협약은 당사국이 제공한 정보의 비밀성을 보장한다는 차원에서 사용후핵연료와 방사성폐기물에 관한 정보를 비밀로 분류하거나 유출방지를 위하여 달리 통제하여야 할지가 당사국의 배타적 재량사항이라고 규정하고 있는데,[53] 이 규정은 당사국의 과실을 입증하는 것을 어렵게 할 수 있다. 이와 같이 안전기준과 책임의 시행이 당사국 국내법에 크게 의지할 경우에는 협약의 목적 달성이 쉽지 않다.

V. 방사성폐기물 규제와 관련한 협약들

핵활동에 의해 발생되는 핵폐기물의 처리도 주요한 국제문제로 되고 있다. 많

50) *Id.* 제36조.

51) Justin Mellor, *Radioactive Waste and Russia's Northern Fleet: Sinking the Principles of International Environmental Law*, 28 Denv. J. Int'l L. &Pol'y 51 (1999).

52) 공동협약(각주 37), 제4조.

53) *Id.* 제36조 제3항.

은 경우 발생국에서 처리되고 있지만 국가간의 이동도 증가하고 있다. 그 결과 국제환경법은 방사성폐기물의 국가간 이동에 주목하고 있다. 유해폐기물의 국경이동과 처리의 규제에 관한 협약(바젤협약)은 방사성폐기물(radioactive waste)을 그 적용대상으로 하지 않고 있지만[54] 아프리카내 유해폐기물의 국경이동 규제에 관한 바마코(Bamako)협약에서는 바젤협약과 달리 방사성물질 문제를 다루고 있으며 유해폐기물의 범위에 이를 포함시켜 규제하고 있다.[55]

방사성폐기물의 해양투기도 문제가 되고 있다. 1972년 런던덤핑협약은 방사성물질의 해양 투기를 일체 금지하고 있다.[56] 1993년 개최된 제16차 당사국회의는 종전의 "고준위 방사성폐기물 또는 고준위 방사성물질"을 "방사성폐기물 또는 그 밖의 방사성물질"로 개정(1994년 2월 발효)하였다. 이에 따라 저준위 방사성물질도 투기가 전면 금지된다. 이는 인체에 유해한지에 대한 단정적인 과학적 증거가 없는 상태에서 저준위 방사성물질에 대해서도 투기를 금지하고 있다는 점에서 '사전배려의 원칙'을 수용한 것이라고 할 수 있다.[57]

운반과 관련해서는 1991년 국제원자력기구는 '방사성폐기물의 국제이동에 관한 관행규칙(Code of Practice on the International Movement of Radioactive Waste)'을 채택하였다. 그 관행규칙은 유엔과 다른 국제기구 그리고 많은 국가들에 의해 수용되었다. 관련 규정은 운반자에게 설계안전, 포장의 정확한 조합, 표시 등에 대하여 책임을 부과하고 있다. 운반자는 운반과 경유 중의 보관 과정에서 필요한 규제조치를 취할 책임이 있다. 포장품에 대한 접근은 제한된다.[58] 앞에서 본 바와 같이 1997년 사용후핵연료관리의 안전 및 방사성폐기물관리의 안전에 관한 공동협약도 방사성폐기물의 국가간 이동문제를 다루고 있다. 즉 협약 제27조에서는 방사성폐기물을 수출하는 국가로 하여금 수입국에게 이를 사전 통지하고 수입국의 동의를 받도록 하고 있다.

---

54) Basel Convention on the Control of Transboundary Movements of Hazardous Wastes and Their Disposal, 28 I. L. M. 649 (1989), 제1조 제3항 · 제4항.

55) Bamako Convention on the Ban of Import Into Africa and the Control of Trans-boundary Movement and Management of Hazardous Wastes and Within Africa. 30 I. L. M. 775 (1991), 제1조(2).

56) Convention on the Prevention of Marine Pollution by Dumping of Wastes and Other Matter, 11 I. L. M. 1294 (1973), 부속서 I.

57) James R. McCullah, *Russian Dumping of Radioactive Wastes in the Sea of Japan: An Opportunity to Evaluate the Effectiveness of the London Convention 1972*, 5 Pac. Rim L. & Pol'y J. 399, 405 (1996).

58) Alexandre Kiss and Dinah Shelton, International Environmental Law 624 (3rd ed. Transnational Publishers, Inc. 2004).

제 4 절 책임체제

협약명	채택일 (발효일)	주요내용	당사국 수	우리나라 가입일 (발효일)
핵에너지 분야에서 제3자 책임에 관한 협약(파리협약)	1960.7.29. (1968.4.1.)	–핵시설 운전자의 엄격책임	18 (2020.1. 현재)	미가입 (–)
핵피해에 대한 민사책임 협약(비엔나협약)	1963.5.21. (1977.11.12.)	–핵시설 운전자의 엄격책임	40 (〃)	미가입 (–)
핵선박 운전자의 책임에 관한 협약(브뤼셀협약)	1962.5.25. (미발효)	–핵선박 운전자의 엄격책임		미가입 (–)

〈http://www.iaea.org〉; 〈http://www.oecd-nea.org〉

구 소련은 체르노빌 사고에 대한 도덕적 책임은 인정하였으나 법적 책임은 부인하였다. 구 소련은 체르노빌 사고는 안전규정을 위반하고 발전소 안전 당국의 사전승인 없이 이루어진 운행 절차상의 잘못, 원자로의 설계상 결함 등에 기인하였다고 인정하였다. 그러나 소련은 자국이 사고 당시 핵피해에 대한 민사책임협약(비엔나협약)에 가입하지 않았기 때문에 이 협약에 구속되지 않으며, 사고의 결과 다른 국가에 초래된 상당한 비용은 그들 국가들의 사고에 대한 지나친 반응의 결과에 불과한 것이기 때문에 그 비용을 배상할 책임이 없다고 주장하였다.[1] 피해를 입은 국가들은 침묵하였다. 어떠한 배상 요구도 이루어지지 않았다.

구 소련의 해체 후 우크라이나 정부가 체르노빌 문제를 이어받았다. 우크라이나 정부는 체르노빌 원전을 폐쇄하기보다는 비효율적인 그리고 에너지가 부족한 정부 운영의 산업을 지원하기 위하여 계속 운영하기로 하였다. 우크라이나 정부는 1995년 12월 체르노빌 원전을 2000년까지 폐쇄하기로 합의하였다. 그 대가는 아이러니하게도 방사능 물질 유출로 피해를 입은 유럽국가들이 미화 31억 달러를 지원하는 것이었다.[2] 이러한 결과는 오염원인자가 아닌 오염 피해자가 부담하는 꼴로,

1) Ellen Moynagh, *The Legacy of Chernobyl: Its Significance for the Ukraine and the World,* 21 B.C. Envtl. Aff. L. Rev. 709, 739 (1994).

2) Justin Mellor, *The Negative Effects of Chernobyl on International Environmental Law:*

원인자 부담원칙과 국제관습법상의 원칙인 국가책임 원칙에 반하는 것이라 할 수 있다.

체르노빌 사고는 핵사고로 인한 발생국 이외의 지역에 발생한 피해에 대한 국가책임을 규율하는 법원칙이 불분명하다는 것을 보여주었다. 이와 관련한 분명한 책임 원칙이 존재하지 않는 것은 국가들이 국가책임과 관련한 구속적인 규범을 정하는 것을 부담스러워하고, 외부 감독의 요청, 원자로의 재설계, 내부 감독의 향상 등을 요구하는 핵시설 규제기준을 확립하는 것을 꺼리는 데 기인하고 있다고 할 수 있다. 핵활동이 비교적 최근에 성장 · 확산되었고, 체르노빌 사고 이전에 발생한 핵사고로 국제사회의 반향을 불러온 사고가 흔치 않은 것도 국제사회로 하여금 국가책임이라는 쟁점을 크게 다룰 필요성을 느끼지 못하게 하였다.[3] 그러나 현재 세계적으로 많은 원자로가 가동 중이거나 건설 중에 있기 때문에 앞으로 체르노빌 사고와 같은 대형 핵사고가 발생하지 않을 것이라고 장담할 수 없고 그렇기 때문에 국제적인 피해배상청구가 이루어질 가능성을 부인할 수 없다. 이러한 차원에서 핵사고로 인한 피해에 대한 책임문제를 살펴볼 필요가 있다.

핵피해에 대한 민사책임을 규율하고 있는 국제조약으로는 ① 1960년 핵에너지 분야에서 제3자 책임에 관한 협약(파리협약),[4] ② 1963년 핵피해에 대한 민사책임 협약(비엔나협약),[5] ③ 1962년 핵선박 운전자의 책임에 관한 협약(브뤼셀협약)[6] 등이 있다. 이 협약들의 큰 목적은 핵사고로 인한 피해를 구제하는 것이다. 이들 협약은 유사한 책임체제와 구조를 가지고 있는데, 즉 핵사고에 대한 국가책임을 확립하기보다는 시설 또는 선박의 운전자에게 책임을 부과하고 있다.[7] 그 결과 실제 피해자는 국가를 피고로 하지 않고도 핵시설 또는 핵선박 운전자를 상대로 직접 배상을 청구할 수 있다. 그렇다고 국가가 운전자를 상대로 배상청구를 하는 것을 금지하고 있는 것은 아니다. 피해자는 운전자의 과실을 입증할 필요 없이 핵사고로 인한 인명과 재산피해에 대하여 배상을 청구할 수 있다. 이 협약들은 또한 운전자의 책임한도를 설정하고 있으며, 운전자에게 책임을 보장하는 보험가입 또는

The Creation of the Polluter Gets Paid Principle, 17 Wis. Int'l L. J. 65, 65 (1999).

3) Jillian Barron, *After Chernobyl: Liability for Nuclear Accidents Under International Law,* 25 Colum. J. Transnat'l. L 647, 648~649 (1987).

4) Paris Convention on Third Party Liability in the Field of Nuclear Energy, 956 U. N. T. S. 251.

5) Vienna Convention on Civil Liability for Nuclear Damage, 1063 U. N. T. S. 265.

6) Convention on the Liability of Operators of Nuclear Ships, 57 Am. J. Int'l L. 268 (1963).

7) Jullian Barron(각주 3), 664면.

재정보증을 요구하고 있다.

Ⅰ. 핵에너지 분야에서 제3자 책임에 관한 협약

1960년 7월 경제협력개발기구(OECD)의 주도로 파리에서 채택된 핵에너지 분야에서 제3자 책임에 관한 협약(파리협약)에서 핵피해에 대한 책임과 배상문제가 다루어졌다. 파리협약은 유럽 10여 개 국가가 참여하고 있는 지역적 협약의 성질을 가지고 있다. 당사국들은 핵에너지의 평화적인 목적을 위한 생산과 이용이 방해받지 않기 위해 필요한 조치를 취하는 한편 핵사고 피해자에 대한 적절하고 공평한 배상을 보장할 것을 약속하였다.[8] 이 협약은 당사국으로 하여금 협약에서 정하고 있는 기준에 따라 국내법을 제정 · 시행하도록 함으로써 핵에너지 분야에서의 책임과 구제에 관한 각국의 국내입법을 조화시키고 있으며, 핵사고의 경우 제기되는 책임과 배상문제에 관한 법제도를 확립하고 있다.

1. 운전자의 엄격 · 배타적 책임

핵시설의 운전자(operator)는 핵사고로 인한 인명과 재산상의 피해에 대해서 엄격한 책임을 부담한다.[9] 핵사고 피해자는 그 배상을 받기 위해서 핵사고와 피해 사이에 인과관계가 존재한다는 것을 증명하면 족하고 운전자의 과실을 입증할 필요가 없다. 운전자는 국가 자신일 수도 있고 민간 기구일 수도 있다.[10] 이 협약은 '핵사고(nuclear incident)'를 "핵피해를 야기한 사건의 발생"이라고 정의하고 있는데,[11] 이는 운전자의 핵시설 내에서는 물론이고 핵물질을 핵시설로 또는 핵시설로부터 운반하는 도중에 발생한 사고를 포함한다.[12] 피해에는 인명과 재산상의 피해만 포함될 뿐 환경피해(environmental damage)는 포함되지 않는다.

운전자는 독점적이고, 배타적으로(exclusively) 책임을 부담한다. 그 결과 운반자, 공급자 등은 책임으로부터 제외된다.[13] 이와 같이 운전자만이 책임을 지도록 한

8) 파리협약(각주 4), 전문.
9) *Id.* 제3조.
10) *Id.* 제1조(a)(vi) 참조.
11) *Id.* 제1조(a)(i).
12) *Id.* 제4조.
13) *Id.* 제6조 제2항.

것은 신속하고 효율적인 배상을 가능하게 한다.

그러나 운전자는 당사국이 핵물질의 운반자가 운전자 대신 책임을 부담하도록 국내법으로 규정하는 경우,[14] 핵사고가 무력충돌, 침략행위, 내란 또는 중대한 천재지변에 의하여 발생한 경우 책임을 지지 않는다.[15] 또한 이 협약은 책임체제의 적용대상 지역범위를 당사국으로 제한하고, 피해구제의 대상범위를 당사국 내에서 피해를 입는 주체로 제한하고 있다. 즉 이 협약은 비당사국의 영토에서 발생한 핵사고나 이러한 지역에서 입은 피해에는 원칙적으로 적용되지 않는다.[16] 이는 공해, 남극 등 국제공유지역(global commons)에서 발생한 핵사고에 대해서는 구제가 이루어지지 않는다는 것을 의미한다.

2. 책임한도

운전자의 책임한도는 핵사고당 최대 1천5백만 유럽통화협정단위(European Monetary Agreement units of account: EMA u/a)[17]로 제한된다. 당사국은 운전자가 보험에 가입하거나 다른 재정보증의 취득 가능성을 고려하여 국내법으로 이 액수보다 많거나 적은 한도액을 별도로 정할 수 있는데, 이 경우 최저한도액은 5백만 유럽통화협정단위이다.[18] 흔히 핵사고는 피해의 규모와 정도가 엄청나 피해액수가 정해진 운전자의 책임한도를 초과하는 경우가 많기 때문에 대부분의 파리협약 당사국들은 1963년 1월 EURATOM이 주관하여 벨기에 브뤼셀에서 채택된 추가협약(브뤼셀추가협약)[19]에 가입하고 있다.

브뤼셀추가협약은 운전자의 책임한도를 1억2천 유럽통화협정단위로 증액하고 있다. 이와 더불어 파리협약과 동일하게 최저한도액을 5백만 유럽통화협정단위로 하되 이를 초과하는 피해에 대한 배상을 위하여 두 기준을 추가하고 있다. 즉 운전자의 핵시설이 위치한 당사국은 7천만 유럽통화협정단위까지 추가로 배상하여야 하며, 핵사고에 의한 피해가 이 액수를 초과하는 경우에는 1억2천만 유럽통화협정

14) *Id.* 제4조(e).
15) *Id.* 제9조.
16) *Id.* 제2조.
17) 이는 미화 1,500만 달러에 상당하는 금액이다.
18) 파리협약(각주 4), 제7조.
19) Supplementary Convention to the Paris Convention on third Party Liability in the Field of Nuclear Energy, 1041 U. N. T. S. 358. 이 협약은 1974년 12월 4일 발효되었다. 2020년 1월 현재 15개국이 이 협약에 비준하였다. http://www.oecd-nea.org/law/brusselsconvention-ratification.html.

단위까지 추가협약 당사국들이 공동으로 협약 제12조에서 정한 비율에 따라 지불하여야 한다.[20]

한편, 1982년 11월에 채택된 파리협약에 대한 의정서는 배상액의 통화단위를 IMF의 특별인출권(Special Drawing Rights: SDR, 1SDR＝약 US $1.43)으로 변경하고 운전자의 책임한도를 1천5백만 SDR에 상당하는 금액까지로 증액하였다.[21] 1982년 브뤼셀추가협약에 대한 의정서는 운전자의 책임한도를 3억 SDR에 상당하는 금액으로 증액하는 한편, 운전자의 핵시설이 위치한 당사국이 추가로 배상해야 하는 금액을 1억7천5백만 SDR에 상당하는 금액까지로, 추가협약의 당사국들이 공동으로 지불해야 할 액수를 3억 SDR에 상당하는 금액으로 증액하였다.[22]

3. 운전자의 보험가입 · 재정보증

운전자는 배상책임을 이행하기 위하여 보험에 가입하거나 재정보증(financial security)을 유지하여야 한다.[23]

4. 책임기한

배상받을 수 있는 권리는 배상청구소송이 핵사고가 발생한 후 10년 이내에 제기되지 않으면 소멸된다.[24] 핵에 대한 노출이 인간의 생명, 재산에 장기간에 걸쳐 영향을 미친다는 점을 고려할 때 10년이라는 책임기한의 제한은 핵피해에 대한 충분한 배상을 막을 가능성이 많다. 또한 이 협약은 피해자가 피해와 그 피해에 대하여 운전자가 책임 있다는 사실을 알았거나 알 수 있었음에 상당한 이유가 있는 경우 이로부터 2년 이내의 기간 내에 배상청구권을 행사할 것을 국내법으로 정할 수 있도록 하고 있는데,[25] 이러한 단기 소멸시효기간의 설정도 운전자의 배상책임

---

20) *Id.* 제3조.

21) Protocol to Amend the Paris Convention, as Amended by the Additional Protocol of 28 January 1964. 1519 U. N. T. S. 329. I(I) (파리협약 제7조(b)의 개정). 1982년 의정서를 포함한 전문은 Convention on Third Party Liability in the Field of Nuclear Energy of 29th July 1960, as amended by the Additional Protocol of 28th January 1964 and by the Protocol of 16th November 1982, http://www.nea.fr/html/law/nlparis_conv.html.

22) Convention of 31st January 1963 Supplementary to the Paris Convention of 29th July 1960, as amended by the additional Protocol of 28th January 1964 and by the Protocol of 16th November 1982, http://www.nea.fr/html/law/nlbrussels.html.

23) 파리협약(각주 4), 제10조.

24) *Id.* 제8조(a).

을 제한하는 역할을 하게 된다.

배상청구소송은 운전자가 책임을 지는 핵시설이 위치한 국가의 법원에 제기하여야 한다.[26] 소송이 책임이 있는 운전자인 국가를 상대로 제기되었을 때 그 국가는 관할권 면제(jurisdictional immunities)를 주장할 수 없다.[27] 법원이 내린 판결은 어느 체약국에서든지 집행되어야 하며(제13조(e)), 파리협약은 국적이나 주소에 기한 차별 없이 적용되어야 한다(제14조).

Ⅱ. 핵피해에 대한 민사책임 협약

1963년 5월 국제원자력기구의 후원하에 비엔나에서 조인된 핵피해에 대한 민사책임 협약(비엔나협약)은 운영자의 엄격책임, 책임의 한도, 재정 보증 등 파리협약과 거의 동일한 구조를 보이고 있다. 이 조약은 앞서 파리협약과 달리 세계 모든 국가에게 그 가입이 개방되어 있다.

1. 운전자의 엄격책임

핵시설의 운전자는 핵피해가 핵사고에 의하여 발생하였다는 것이 증명되면 이러한 피해에 대하여 책임을 진다. 운전자는 핵시설 내에서 일어난 사고와 핵시설에서 또는 핵시설로 운반되는 핵물질로 인하여 일어난 사고에 대하여 책임이 있다.[28] '운전자'만이 책임을 지기 때문에 핵시설의 제조자, 공급자 등은 책임에서 비껴나 있다. 이 협약은 운전자를 책임자로 하고 있을 뿐 국가를 책임자로 하고 있지 않기 때문에 국가는 그 직접적인 책임을 지지 않는다. 운전자는 핵피해에 대하여 '엄격책임'을 부담한다.[29] 이 협약은 특히 '핵피해(nuclear damage)'에 대하여 개념 정의를 하고 있는데, 여기에는 인명과 재산상의 피해가 포함되며, 환경피해나 자연자원에 대한 피해에 대하여는 언급하고 있지 않다.[30]

그러나 운전자가 핵피해가 피해자의 중대한 과실(gross negligence)이나 고의로

25) *Id.*
26) *Id.* 제13조(a).
27) *Id.* 제13조(f).
28) 비엔나협약(각주 5), 제2조 제1항.
29) *Id.* 제4조 제1항. 이 협약은 운전자가 절대적(absolute) 책임을 지는 것으로 규정하고 있으나 예외 규정을 갖고 있다는 점에서 엄격(strict) 책임으로 이해된다.
30) *Id.* 제1조 제1항(k).

인하여 야기되었음을 증명하는 경우 해당 법원은 운전자의 배상책임을 전부 또는 일부를 경감할 수 있다.[31] 그러나 운전자는 핵사고로 인한 피해가 무력충돌, 전쟁, 내란 또는 중대한 천재지변에 의하여 발생한 경우 책임을 지지 않는다.[32]

2. 책임한도

핵시설 국가는 운전자의 핵사고당 최저책임한도액을 미화 5백만 달러로 하여 책임한도를 제한할 수 있다.[33] 이 협약은 핵시설 당사국으로 하여금 적당하다고 판단되는 수준으로 책임한도를 정할 수 있게 함으로써, 핵피해에 대한 충분한 배상이 이루어지지 않을 가능성이 있다. 핵시설 당사국은 피해자의 이익보다 안정적인 에너지 공급 등 국가 이익을 우선할 가능성이 많으며, 그 결과 실제 책임한도는 낮게 설정될 가능성이 많다.

3. 운전자의 보험가입 · 재정보증

운전자는 배상책임을 이행하기 위하여 보험에 가입하거나 재정보증(financial security)을 유지하여야 한다.[34] 핵시설 당사국은, 운전자의 보험이나 다른 재정보증만으로 배상하여야 할 금액을 충족하지 못하는 경우, 필요한 기금을 제공함으로써 그 부족분을 부담하여야 한다. 그러나 그 금액은 미화 5백만 달러를 초과하지 않는다.[35] 브뤼셀추가협약과는 달리 피해 액수가 최저책임한도액인 미화 5백만 달러를 초과하는 경우 부족분에 대하여 당사국들이 공동으로 부담할 필요는 없다.

4. 책임기한 등

배상청구소송은 핵사고 발생일로부터 10년 이내에 제기되어야 한다.[36] 그러나 핵시설 국가의 법에 의하여 운전자의 책임이 10년 이상 보험, 재정보증 또는 국가기금에 의하여 보장되는 경우에는 운전자에 대한 배상권이 10년 이내에 소멸되지 아니한다.[37] 이 협약은 또한 피해자가 피해와 그 피해에 대하여 운전자가 책임 있

31) *Id.* 동조 제2항.
32) *Id.* 제4조 제3항.
33) *Id.* 제5조 제1항.
34) *Id.* 제7조 제1항.
35) *Id.*
36) *Id.* 제6조 제1항.

다는 사실을 알았거나 알 수 있었음에 상당한 이유가 있는 경우 이로부터 3년 이내의 기간 내에 배상청구권을 행사할 것을 국내법으로 정할 수 있도록 하고 있다.[38]

Ⅲ. 파리협약과 비엔나협약에 대한 평가

파리협약과 비엔나협약은 별도의 협약임에도 불구하고, 전자가 지역적 협약이고, 후자가 국제적 협약이라는 성질을 가진다는 차이점이 있지만, 운전자의 엄격책임, 책임의 한도, 재정 보증 등 기본적으로 유사한 구조를 가지고 있다. 이들 협약의 가장 중요한 특징은 핵시설 운전자에게 절대책임을 부담시키고 있는 것인데, 이는 고도의 위험한 행위(ultra-hazardous activities)에서 기인하는 해로운 결과에 대하여 오염자 부담의 원칙을 적용하고 있는 것으로 이해된다. 이들 협약은 피해자에게 운전자의 과실 여부를 입증할 것을 요구하지 않고 있으며, 운전자에게 독점적·배타적인 책임을 부과하고 있기 때문에 피해자는 용이하게 피해구제를 받을 수 있다. 또한 이들 협약은 국민을 위해 국가가 원고가 되는 전통적이고 번거로운 절차를 고집하지 않고 실제 피해자가 직접 배상을 청구할 수 있도록 하는 이점을 제공하고 있다.

이들 협약은 피해자의 권리와 핵에너지의 개발 필요성을 조화시키려는 시도를 하고 있는데, 예컨대, 운전자에게 절대책임을 부담하도록 하는 한편, 피해자로 하여금 노출과 피해 간의 인과관계의 증명을 부담하도록 하는 부담의 분배가 그것이다. 운전자에게 절대책임을 부담시키는 한편, 책임한도를 설정하고 있는 것도 같은 맥락으로 이해할 수 있다.

그러나 이들 협약은 다음과 같은 한계 내지 문제점을 가지고 있다. 먼저 핵사고의 규모와 피해가 엄청나다는 점을 고려할 때 이들 협약이 정하고 있는 운전자의 책임한도액은 피해자에 대한 충분한 배상을 위해서는 턱없이 부족하다는 점이 지적되어야 한다. 체르노빌원전 사고의 피해액수가 천문학적 액수에 이르고 있는 점이 이를 잘 반증하고 있다. 1963년 브뤼셀추가협약과 1982년 파리협약에 대한 의정서와 브뤼셀추가협약에 대한 의정서는 책임한도의 증액을 시도하고 있으나 피해자에 대한 충분한 배상을 위해서는 여전히 부족한 점이 많다. 특기할 것은 브뤼

37) *Id.* 동조 제2항.
38) *Id.* 동조 제3항.

셀추가협약은 일정 한도를 초과하는 피해에 대하여 운전자의 핵시설이 위치한 당사국 또는 브뤼셀추가협약 당사국들이 공동으로 부담하도록 함으로써 자구책을 마련하고 있다는 점이다. 책임한도액의 설정이 오염자 부담의 원칙에 반한다는 주장도 만만치 않다.

핵피해를 입은 피해자가 오염을 유발한 선박의 소유자로부터 충분한 배상을 받지 못한 경우 이를 추가적으로 보상해 주는 기금이 마련되고 있지 아니한데, 이는 유류오염피해를 입은 피해자가 오염을 유발한 선박의 소유자로부터 충분한 배상을 받지 못한 경우 유류오염피해배상을 위한 국제기금설치에 관한 국제협약(기금협약)에 의거하여 피해배상을 보충하기 위하여 국제유류오염배상기금이 이용되는 것과 대비된다.

운전자에 대한 배상청구권을 행사하기 위한 책임기한의 설정은 피해자에게 장기간에 걸쳐 영향을 미치는 핵피해에 대한 완전한 배상을 제한한다. 이러한 책임기한의 제한은 피해자의 희생을 통해 운전자의 이익을 보호하려는 것으로 이해될 수 있다.

이들 협약의 우선 순위는 환경문제가 아닌 핵에너지의 이용에 두어져 있다. 핵피해에 대한 배상문제는 핵에너지의 평화적인 이용을 조장하기 위한 방편으로 다루어졌다고 할 수 있다. 이는 파리협약에 조인한 16개 유럽국가들이 핵에너지의 평화적인 목적을 위한 생산과 이용이 방해받지 않기 위하여 필요한 조치를 취할 것을 보장하는 한편, 핵사고 피해자에 대한 적절하고 공평한 배상을 보장할 것을 약속하고 있다는 점에서 그 단서를 찾을 수 있다.[39] 피해의 범위에 인명과 재산상의 피해만 포함될 뿐 환경피해(environmental damage)가 포함되지 않고 있는 것도 환경문제에 소홀하다는 것을 보여주는 것이라 할 것이다. 이는 오염자 부담의 원칙에도 반한다.

파리협약은 비엔나협약과 달리 책임체제의 적용대상 지역범위를 당사국으로 제한하고, 피해구제의 대상범위를 당사국 내에서 피해를 입은 주체로 제한하고 있다. 또한 핵사고로 인한 국제공유지역(global commons)에 대한 피해구제는 구체적으로 다루고 있지 않다. 이러한 제한은 참여 당사국 수가 많지 않다는 점을 고려할 때 핵사고로 인한 다수의 잠재적 피해자의 접근을 제한 내지 봉쇄하는 책임체제라고 할 수 있다.

이들 협약에 의하면 책임주체는 핵시설 운전자로 한정되는데, 이는 운전자를 규명하기 어려운 경우 그 구제가 용이하지 않다는 것을 의미하는 것이다. 구 소련

39) 파리협약(각주 4), 전문.

과 같이 개인 기업이라는 개념이 없는 국가의 경우는 문제가 더욱 복잡해질 수 있다. 운전자의 규명이 안 되는 경우 국가 또는 공공시설(public utility)에 책임을 전가시켜야 할 것인지도 논란이 될 수 있다.

이들 협약의 적용범위는 핵시설의 운영과 관련된 행위로 제한되는데, 핵시설의 운영과 관련이 없는 핵시설의 폐쇄 후에 이루어지는 핵물질의 장기간 보관과 처리 과정에서 발생하는 핵사고 등에는 그 적용이 제한될 수밖에 없다.

이들 협약은 핵피해를 인명과 재산에 대하여 실제 발생한 피해로 국한하고 피해를 방지하려는 조치 등에 대한 배상은 고려하고 있지 않다. 핵사고는 일단 발생하면 그 피해가 엄청나기 때문에 그 예방조치가 무엇보다 중요하다 할 것인데, 이들 협약은 핵피해에 예방조치비용을 포함시키지 않음으로써, 예방조치를 소홀히 하고 있다 할 수 있다.

현재 이들 협약에 가입한 국가들은 상당히 제한적인데, 이는 이들 협약의 실효성을 크게 약화시키고 있다. 파리협약은 기본적으로 지역적 협약의 성질을 갖고 출발하였으므로 그 참여국 수가 많지 않은 것은 어쩌면 당연할 수 있다. 문제는 국제적 조약임을 표방하고 있는 비엔나협약에의 가입국 수도 파리협약과 크게 다르지 않다는 것이다. 그 결과 이 조약의 적용을 받는 핵시설의 수는 전세계적으로 보아 상당히 제한적이라 할 수 있다. 미국, 러시아 등과 같이 핵시설을 많이 보유하고 있는 국가들이 참여하지 않고, 가입국 중에는 어떠한 핵시설 운영계획도 가지고 있지 아니한 국가들이 포함되고 있다는 점 등을 고려할 경우 실질적인 당사국 수는 더욱 제한적이라 할 수 있다. 이는 이들 조약이 생각만큼 많은 국가들의 지지를 받지 못하고 있다는 것을 반증하는 것이다.

이러한 문제점 및 한계는 이들 협약의 실효성을 크게 약화시키고 있다. 체르노빌 사고가 이러한 점을 단적으로 보여주고 있다. 물론 구 소련이 파리협약과 비엔나협약의 당사국이 아니고, 피해 당사국들이 이들 협약에 기초하여 배상청구를 제기하지 않았기 때문에 이들 협약의 효율성 여부는 직접 시험대에 오르지 않았다. 그러나 체르노빌원전 사고로 인한 구 소련내의 피해만도 7천만 유럽통화협정단위를 훨씬 초과하고 있는 것으로 알려지고 있으며, 사람에 대한 피해는 10년이라는 책임기간을 지나서 나타나거나 보다 분명해질 수 있을 것이라는 점에서 이들 협약의 실효성에 대해서는 의문이 제기된다.

Ⅳ. 공동의정서

국제원자력기구와 경제협력개발기구 산하 핵에너지기구(Nuclear Energy Agency: NEA)가 1988년 9월 비엔나에서 채택한 공동의정서[40]는 파리협약과 비엔나협약의 연계를 시도하고 있다. 이에 따르면 파리협약이나 비엔나협약이나 어느 한쪽의 당사국 영토 내에 있는 핵시설 운전자는 다른 협약과 이 의정서의 영토 내에서 발생한 핵피해에 대하여 책임이 있다.[41] 제3조에서는 양 협약이 적용되는 경우와 방법을 정하고 있다.

Ⅴ. 1997년 개정의정서와 추가배상협약

파리협약과 비엔나협약의 책임체제는 책임한도, 책임기한, 적용범위 등과 관련하여 한계를 노출하였다. 체르노빌 원전 사고는 이들 협약의 비효율성을 여실히 보여주었다. 국제사회는 새로운 책임체제를 요구하였으며, 결국 국제원자력기구의 주도하에 1997년 9월 비엔나에 모인 80여 개국 대표들은 핵피해에 대한 민사책임협약의 개정의정서(1997년 개정의정서)[42]와 핵피해에 대한 추가배상협약[43]을 채택하였다. 1997년 개정의정서와 추가배상협약는 파리협약과 비엔나협약의 기본 골격을 유지하면서도 그동안 지적되어온 문제점을 어느 정도 개선하였다. 그러나 핵피해에 대한 추가배상협약은 아직 발효가 되고 있지 않으며, 그 개선이 완전한 개선이 아닌 부분적인 개선에 그치고, 중요한 핵시설 보유국가들이 다수 참여하고 있지 않고 있기 때문에 핵피해로 인한 책임체제에 대한 논란이 종식되었다고 할 수

40) Joint Protocol Relating to the Application of the Vienna Convention and Paris Convention, 42 Unclear Law Bulletin 56 (1988). 이 의정서는 1992년 4월 27일 발효되었으며, 2020년 1월 현재 29개국이 당사국으로 참여하고 있다. http://www.iaea.org/Publications/Documents/Conventions/jointprot_status.pdf.

41) *Id.* 제2조, 제4조.

42) Protocol to Amend the Vienna Convention on Civil Liability for Nuclear Damage, 36 I. L. M. 1462 (1997). 이 의정서는 2003년 10월 4일 발효되었으며, 2020년 1월 현재 13개국이 당사국으로 가입하고 있다. http://www.iaea.org/Publications/Documents/Conventions/pro－tamend_status.pdf.

43) Convention on Supplementary Compensation for Nuclear Damage, 36 I. L. M. 1473 (1997). 이 협약은 2015년 4월 15일 발효되었으며, 2020월 1월 현재 10개국이 당사국으로 가입하고 있다. http://www.iaea.org/Publications/Documents/Conventions/supcomp_status.pdf.

없다.

우선 1997년 개정의정서는 운전자의 책임한도를 핵사고당 3억 SDR에 상당하는 금액(약 미화 4억3천만 달러)으로 증액하였다. 그러나 운전자로 하여금 1억5천만 SDR에 상당하는 금액까지만 책임을 지도록 하고 나머지 초과 금액은 핵시설국의 공적 자금에서 배상하도록 하였다. 운전자는 개정의정서의 발효 후 최대 15년까지 이 기간 내 발생한 핵사고에 대하여 사고당 1억 SDR에 상당하는 금액까지만 배상할 책임이 있다.[44] 1997년 추가배상협약은 핵시설국으로 하여금 3억 SDR에 상당하는 금액과 추가적인 공적 자금을 배상에 충당될 수 있도록 확보할 것을 요구하고 있으며, 당사국은 협약체결 후 10년 동안 사고당 적어도 1억5천만 SDR에 상당하는 금액을 준비해 놓아야 한다.[45]

1997년 개정의정서는 비엔나협약상의 핵피해(nuclear damage)의 개념 정의를 개정하였는데, 여기에는 기존의 인명과 재산상의 손실 이외에 경제적인 손실, 손상된 환경의 복구조치 비용, 환경의 사용이나 향유에 따른 경제적 이해관계에서 파생하는 수입의 상실, 예방조치비용 등이 추가되었다.[46] 또한 비엔나협약의 지리적 적용범위를 확대하였는데, 즉 당사국 내는 물론이고 핵피해를 어디에서 입었는지를 불문하고 발생한 핵피해에 대하여 적용된다.[47] 이에 따라 피해자는 남극 등 국가 관할권 밖에서 입은 피해에 대하여도 구제받을 수 있게 되었다. 다만 핵시설국은 국내법으로 비당사국의 영토나 비당사국에 의해 설정된 해양관할권 내에서 입은 피해에 대하여 그 적용을 배제할 수 있다.[48] 이 협약은 비평화적 목적으로 사용되는 핵시설에는 적용되지 않는다.[49] 인명의 손실이나 신체상의 피해에 대한 책임기한은 확대되었다. 즉 배상청구권은 생명의 손실과 신체상의 피해의 경우는 30년, 그 이외의 피해의 경우는 10년이 경과하면 소멸된다.[50]

Ⅵ. 핵선박 운전자의 책임에 관한 협약

핵선박 운전자의 책임에 관하여 통일적인 규칙을 정하기 위하여 1962년 5월 브

44) 개정의정서(각주 42), 제7조(비엔나협약 제5조의 개정).
45) 추가배상협약(각주 43), 제3조.
46) 개정의정서(각주 42), 제2조(비엔나협약 제1조 제1항(k)의 개정).
47) *Id.* 제3조(비엔나협약 제1조(A)의 추가).
48) *Id.*
49) *Id.* 제3조(비엔나협약 제1조(B)의 추가).
50) *Id.* 제8조(비엔나협약 제4조의 개정).

뤼셀에서 핵선박 운전자의 책임에 관한 협약(브뤼셀협약)이 체결되었다. 핵선박에 의해 초래된 피해의 구제를 중요한 목표로 하고 있는 이 협약은 앞서 살펴본 파리협약과 비엔나협약과 유사한 구조를 가지고 있다. 차이가 있다면 앞의 두 협약에서는 핵시설 운전자가 책임 주체인 반면, 이 협약에서는 핵선박의 운전자가 책임 주체가 된다는 것이다. 이 협약은 선박의 추진이나 다른 목적으로 핵발전시설을 장치한 모든 선박에 적용되며 여기에는 상선 및 군함이 포함된다.

핵선박 운전자는 핵사고로 인하여 발생한 핵피해에 대하여 일정한 경우를 제외하고 엄격한 책임을 부담한다.[51] 그 결과 피해자는 핵선박 운전자의 과실 여부를 입증할 필요가 없다. 운행자의 책임한도액은 핵사고당 15억 프랑(미화 1억 달러)이다.[52] 운전자는 기국(licensing State)이 정한 금액, 종류, 조건의 보험 또는 다른 재정보증을 유지하여야 한다. 배상청구액이 운전자가 가입한 보험이나 재정보증 금액을 초과하는 경우 기국은 협약이 정하고 있는 책임한도까지 그 부족 금액을 지불하여야 한다.[53] 피해자는 핵사고 발생일로부터 10년 이내에 배상청구를 하여야 한다.[54] 배상청구소송은 기국이나 피해가 발생한 국가의 법원에 선택적으로 제기할 수 있다.[55]

51) 브뤼셀협약(각주 6), 제2조. 협약은 명문상 '절대적으로(absolutely)' 책임을 진다고 규정하고 있으나 예외가 인정된다는 점에서 엄격한 책임이라고 할 것이다.

52) *Id.* 제3조 제1항.

53) *Id.* 동조 제2항.

54) *Id.* 제5조 제1항.

55) *Id.* 제10조 제1항.

제11장 준수와 이행

국제환경보호를 위해 환경협약에서 개발된 규범, 원칙이 효과적인 준수(compliance) 수단에 의해 뒷받침이 안 될 경우 환경협약은 종이조각에 불과하다. 구속적인 문서라도 시행, 준수, 분쟁해결 등이 보장되지 않을 경우에는 비구속적 법, 이른바 연성법(soft law)과 크게 다르지 않을 것이다. 국제협약은 흔히 준수규정이 미흡하다. 협약의 체결에는 많은 국가가 개입하기 때문에 가능한 한 많은 국가를 포섭하고, 다양한 이해관계를 조정하기 위하여서는 타협을 할 수밖에 없다. 이에 따라 법적으로 구속력이 있는 효과적인 규제수단을 갖추지 못하는 경우가 많은데, 그 결과는 약한 시행체제로 나타나게 된다. 그 시행력은 국내법보다 크게 약하다. 이는 환경협약의 경우에도 크게 다르지 않다. 당사국들은 법적 의무가 아닌 도덕적 의무로 치부할 가능성이 있다.

이에 협약의 실효성을 확보하기 위해서는 강한 시행체제를 유지할 필요가 있다. 한 국가의 국내법만으로 보호하는 데 역부족인 국제공유자원인 환경, 자연자원 등의 보전을 보장하기 위해서는 법적으로 구속력이 있는 다양한 수단이 동원되어야 한다. 이러한 관점에서 정기적인 보고, 모니터링, 확인, 분쟁해결절차 또는 준수절차의 구비 등은 협약 준수체제의 중요한 구성부분이 된다. 이러한 수단들은 전통적이고 전형적인 것으로서 기본적으로 명령 · 규제방식에 기초하고 있다. 최근에 국제사회는 전통적인 준수체제에서 나아가 다양하고 새로운 유인수단들에도 눈을 돌리고 있다. 직접적인 규제가 갖는 정책 효과의 한계를 인식하고 환경 및 생태계 보호 · 관리를 위한 접근 방법을 수정하기에 이른 것이다. 환경영향평가제도, 배출권거래제도 등이 좋은 예이다. 환경협약에서 빠짐없이 등장하는 개도국에 대한 재정 · 기술지원 등도 자원과 능력이 부족한 개도국의 참여를 유도함으로써 궁극적으로 해당 환경협약이 추구하는 목표를 달성하게 해준다는 점에서 협약의 준수를 촉진하는 의미를 가지고 있다.

준수는 이행(implementation)과 혼동하여 사용되기도 하지만 엄밀히 말하면 구분되는 개념이다. 준수는 국제법상의 의무를 국내에서 법적 · 행정적으로 변환하는 과정이라고 할 수 있는 이행보다 더 넓은 개념이라고 할 수 있다.[1] 많은 협약은 그 이행을 위해 구체적이고 자세한 체제, 기준, 지침을 제시하지 않고 국내 입법적 또는 행정적 조치에 맡기고 있다. 이 경우 협약의 준수는 각국의 이행의지와 능력, 말하자면 각국의 환경보호 노력과 실천에 크게 달려있다고 할 수 있다.

제1절 보고 · 모니터링 · 확인 등

Ⅰ. 보 고

국내적으로 정보의 수집은 입법활동을 하기 위한 전제 조건이 된다. 자료가 없을 경우에는 문제의 본질과 내용을 파악할 수 없기 때문에 문제해결을 위한 수단을 제공 · 설계할 수 없다. 이는 국제적으로도 마찬가지이다. 오존층을 파괴하는 물질과 메커니즘을 정확히 이해하지 못하고 어떻게 오존층 파괴를 방지하기 위한 환경협약을 성공적으로 설계할 수 있으며, 습지의 기능과 실태 등에 대한 정확한 정보가 없는 상태에서 어떻게 국제적 · 지역적으로 효율적인 습지관리체제를 구축할 수 있겠는가?

관련 자료와 정보는 국가의 행위 및 성과를 확인하고, 국제 수준에서의 조정을 가능하게 한다. 자료와 정보를 통해 비준수가 밝혀진 경우에는 해당 국가에 대하여 국제사회가 적절한 조치를 취할 수 있기 때문에 자료와 정보는 해당 협약의 준수 및 이행 차원에서 중요한 기능을 한다. 환경협약이 제대로 작동하기 위해서는 이와 같이 자료 및 정보가 중요하기 때문에 많은 환경협약은 당사국에게 다양한 정보를 수집할 의무를 부과하고 이를 해당 기구(예컨대, 사무국, 당사국회의)에 정기적 · 수시적으로 보고하도록 하고 있다. 예컨대, 멸종위기에 처한 야생 동 · 식물 국제거래에 관한 협약(CITES)은 당사국으로 하여금 거래에 관한 기록을 유지하고, 이행 상황에 관하여 협약 사무국에 정기적으로 보고하도록 하고 있으며,[2] 몬트리올의정서는 당사국으로 하여금 규제물질의 생산량, 수입량과 수출량 등에 관한 통계적 자료를 일정한 기간 내에 사무국에 제공하도록 하고 있다.[3] 바젤협약에서는

1) Markus Ehrmann, *Procedures of Compliance Control in International Environmental Treaties*, 13 Colo. J. Int'l Envtl. L. Pol'y 377, 433 (2002).

2) Convention on International Trade in Endangered Species of Wild Founa and Flora(CITES), 12 I. L. M. 1085 (1973), 제8조.

3) Montreal Protocol on Substances that Deplete the Ozone Layer, 26 I. L. M. 1541

유해 폐기물의 국가간 이동과 처리에 관한 정보(예컨대, 양, 유형, 특성, 처리방법 등)에 관한 연례보고시를 요구하고 있다.[4]

자료 및 정보의 수집은 제3의 국가, 협약에 의해 설치된 위원회, 비정부기구 등에 의해서도 이루어진다. 보고 내용은 협약의 목적을 달성하기 위해 취한 국내 행정적 · 입법적 조치 및 프로그램, 유해화학물질 · 오존층파괴물질 등의 배출수준과 같은 과학적 · 기술적 자료 등이 포함된다. 협약에 따라 보고요건을 규정하고, 배출량,[5] 해당 협약에서 설정된 기준의 이행 여부, 협약의 목적을 달성하기 위한 이행조치, 계획 및 프로그램,[6] 사고 발생[7] 등에 대한 보고를 요구하고 있다. 자연자원의 관리와 관련된 협약들은 흔히 해당 자원의 목록을 요구하고 있다.[8]

이러한 보고체제와 관련해서는 다음과 같은 한계가 발견된다: ① 보고에 대한 독자적인 평가가 수반되지 않는다; ② 해당 국가가 환경문제를 해결하기 위해 취한 조치에 대하여 보고하지만 흔히 제3국이 그 조치가 충분한지 여부에 대하여 판단할 수 있도록 하는 정보까지 제공하지는 않는다; ③ 대개의 협약은 각국이 제공한 보고서를 검토하고 그 모순 및 불일치를 발견할 수 있는 독립적인 평가자 또는 평가기구를 두고 있지 않다; ④ 대개의 보고 요건은 보고서의 내용을 특정하지 않으며 통일적인 보고 형식도 규정하지 않고 있다;[9] ⑤ 자가보고의 경우 보고서의 신뢰성도 문제가 될 수 있다. 기본적으로 정보와 자료가 이를 제출하는 국가 자신에 의해 검토 · 심사되기 때문이다.

(1987), 제7조.

4) Basel Convention on the Control of Transboundary Movements of Hazardous Wastes and Their Disposal, 28 I. L. M. 649 (1989), 제12조 제3항.

5) Helsinki Protocol on the Reduction of Sulphur Emissions or Their Transboundary Fluxes by at Least 30 Percent, 27 I. L. M. 707 (1988), 제5조 제1항(b).

6) *Id.* 제5조 제1항(a); 바젤협약(각주 4), 제3조 제1항; Convention on Biological Diversity, 31 I. L. M. 818 (1992), 제26조; United Nations Framework Convention on Climate Change(UNFCCC), 31 I. L. M. 849 (1992), 제12조.

7) International Convention for the Prevention of Pollution from Ships, 12 I. L. M. 1319 (1973), 제8조.

8) Convention for the Protection of the World Cultural and Natural Heritage, 27 U. S. T. 37, 1037 U. N. T. S. 151, 11 I. L. M. 1359 (1972), 제11조 제1항; 생물다양성협약(각주 5), 제7조.

9) Bradly J. Condon, Environmental Sovereignty and the WTO 125 (Transnational Publishers 2006).

Ⅱ. 모니터링

모니터링은 기술적인 수단(특히 측정)을 통해 환경질에 대한 자료를 수집하는 과정이라고 이해할 수 있다. 이는 사실관계를 발견하는 과정이라고 할 수 있는데, 보통 당사국회의나 위원회를 통해 이루어지며, 그 과정에서 사무국이 제도적 · 절차적으로 개입하고 있다. 예컨대, 바젤협약은 당사국회의에서 협약의 효과적인 이행을 지속적으로 검토 · 평가하도록 하고 있으며,10) 몬트리올의정서는 최소한 4년마다 이용가능한 과학적, 환경적, 기술적 및 경제적 정보를 기초로 당사국이 취한 규제조치에 대하여 평가를 하도록 규정하고 있다.11) 또한, 기후변화협약은 당사국회의에서 이용가능한 과학정보, 기후변화와 영향에 대한 평가, 기술적 · 사회적 · 경제적 정보 등을 토대로 당사국들이 취한 조치에 대하여 정기적으로 검토하도록 하고 있다.12)

일부 협약은 이러한 기능을 하는 별도의 감시기구를 설치하고 있다. 감시기구의 주된 기능 · 역할은 환경상태에 대한 정보 수집 및 분석이다. 1984년 제네바에서 조인된 광역 대기오염의 측정과 평가를 위한 협력계획에 대한 장기 재정지원에 관한 의정서(EMEP의정서)13)에 의해 창출된 대기오염과 관련한 측정과 평가를 위한 감시 프로그램(EMEP)이 좋은 예라고 할 수 있다. EMEP의 주요 구성요소는 자료의 수집, 대기질 측정, 대기확산의 모델링 등 세 가지이다. 이에 따라 현재 24개국에 걸쳐 약 100군데에 이르는 측정소에서 배출과 대기질에 관한 자료가 수집되고 있다.14)

어떤 형태로든 보고 · 모니터링 요건을 규정하고 있는 환경협약으로는 유엔해양법협약,15) 오존층 보호를 위한 비엔나협약,16) ECE 광역 월경 대기오염에 관한 헬싱키의정서,17) 바젤협약,18) 기후변화협약,19) 생물다양성협약,20) 어족보전협정,21)

---

10) 바젤협약(각주 4), 제15조 제5항.

11) 몬트리올의정서(각주 3), 제6조.

12) 기후변화협약, 제4조(d).

13) 1984 Geneva Protocol on Long-term Financing of the Cooperative Programme for Monitoring and Evaluation of the Long-range Transmission of Air Pollutants in Europe(EMEP), 27 I. L. M. 701 (1988).

14) http://www.unece.org/env/lrtap/status/lrtap_s.htm 참조.

15) United Nations Convention on the Law of the Sea(UNCLOS), 21 I. L. M. 1261 (1982), 제204조.

16) Vienna Convention for the Protection of the Ozone Layer, 26 I. L. M. 1529 (1987), 제2조, 제3조.

국제수로의 비항행적 사용에 관한 협약,[22] 로테르담협약,[23] 스톡홀름협약[24] 등이 있다.

Ⅲ. 검 증

검증(verification)은 해당 국가가 협약상의 의무를 준수하는지 여부를 확인하는 과정이라고 이해할 수 있다. 여기에는 자료수집, 자료분석, 판단 등을 포함한다. 바젤협약에서 다른 당사국이 협약상의 의무를 위반하는 행위를 하거나 하였다고 믿을 만한 이유를 가지고 있는 당사국으로 하여금 이를 사무국에 알릴 수 있도록 하고, 이러한 경우 즉시, 직접 또는 사무국을 통하여 위반 당사국에게 일리도록 하고 있는 것이 좋은 예이다.[25]

일찍이 기후변화체제에서는 온실가스 감축 조치에 대한 측정 · 보고 · 검증(Measurement, Reporting, Verification: MRV)의 필요성과 그 논의가 진행되었다. 여기에는 측정 · 보고 · 검증이 제대로 이루어지지 않을 경우 온실가스 배출 감축에 대한 평가 자체가 힘들어지고 그 결과 각 당사국의 시행 조치와 기후변화협약체제가 제대로 작동할 수 없다는 인식이 깔려있다. 이러한 측정 · 보고 · 검증은 개도국에 대한 지원 문제와 결부되면서 복잡한 양상을 띠고 있다. 이를 둘러싼 선진국과 개도국의 대립은 신기후변화체제에서도 여전한데, 투명성을 확보하기 위한 측정 · 보고 · 검증(MRV) 요건, 그 개념, 절차 및 방식, 내용, 지원 방식 등을 둘러싸고 의견이 대립되고 있는 상황이다.

---

17) 헬싱키의정서(각주 5), 제5조.
18) 바젤협약(각주 4), 제3조 제4항, 제12조 제3항.
19) 기후변화협약(각주 5), 제4조 제1항(a) · (g), 제5조, 제12조.
20) 생물다양성협약(각주 5), 제7조, 제26조.
21) Agreement for the Implementation of the Provisions of the United Nations Convention on the Law of the Sea of 10 December 1982, Relating to the Conservation and Management of Straddling Fish Stocks and Highly Migratory Fish Stocks, U. N. Doc. A/CONF.164/37, 34 I. L. M. 1542 (1995), 제14조, 부속서 I.
22) Convention on the Law of the Non-Navigational Uses of International Watercourses, 36 I. L. M. 700 (1997), 제11조.
23) Rotterdam Convention on the Prior Informed Consent Procedure for Certain Hazardous Chemicals and Pesticides in International Trade, 38 I. L. M. 1 (1999), 제14조.
24) Stockholm Convention on Persistent Organic Pollutants, 21 Int'l Env't Rep. (BNA) 5401, 40 I. L. M. 532 (2001), 제15조.
25) 바젤협약(각주 4), 제19조.

Ⅳ. 조　　사

의무이행의 준수 여부를 확인하기 위하여 조사(inspection)가 이루어질 수 있다. 예컨대, 어족보전협정은 지역기구의 회원국으로 하여금 경계왕래 어족과 고도회유성 어족의 보전 및 관리 조치의 준수를 확보하기 위하여 회원국 어선이나 비회원국 어선을 불문하고 해당 어선에 승선하여 불법어로행위를 조사할 수 있도록 하고 있다.[26] 나아가 어족보전협정은 시행과 관련하여 기국, 연안국과 항만국에게 일정한 경우 조사권한을 부여하고 있다.[27] 환경보호에 관한 남극조약의정서(마드리드의정서)상 각 당사국은 협의당사국 및 협의당사국회의에서 지명한 감시인이 수행하는 조사에 협력하여야 하며, 조사기록과 조사를 위해 개방되는 기지 · 시설 · 장비 · 선박 · 항공기 등 모든 부분에 대한 접근을 보장하여야 한다.[28] 조사 절차는 당사국의 의무이행 준수를 담보하기 위한 중요한 수단이 될 수 있다. 문제는 흔히 그 조사절차가 구체적으로 규정되어 있지 않기 때문에 그 유효성에 의문이 제기될 수 있다는 것이다.

해당 국가의 영역에서 국제기구가 조사하는 것은 흔한 일이 아니다. 국제원자력기구에 의해 해당 국가의 원자로가 국제기준에 일치하는지를 확인하기 위한 목적으로 이루어지는 현장조사가 대표적인 예이다. 그러나 이러한 조사도 해당 국가와의 일정한 약속하에 이루어져야 하고 갑작스러운 조사는 허용되지 않는다. 그러나 다양하고 산재된 오염원으로부터 발생되는 오염과 관련하여 그 조사가 당사국이 합법적이라고 수용하여야만 이루어질 수 있다면 의미있는 조사는 사실상 이루어지기 힘들 것이다.

---

26) 어족보전협정(각주 21), 제21조 제1항.

27) *Id.* 제20조 제2항, 제23조 제2항.

28) Protocol on Environmental Protection to the Antarctic Treaty, 30 I. L. M. 1461 (1991), 제14조.

제 2 절 분쟁해결절차

평화적인 분쟁해결을 위한 다양한 수단들에 대해서는 국제연합헌장을 살펴보는 것이 도움이 될 것이다. 국제연합헌장은 제33조에서 교섭(negotiation), 심사(enquiry), 중개(mediation), 조정(conciliation), 중재(arbitration), 사법적 해결(judicial settlement) 등을 들고 있다. 이러한 수단들은 크게 두 그룹, 즉 정치적인 수단(교섭, 심사, 중개, 조정 등)과 사법적 수단(중재재판, 사법적 해결)으로 분류할 수 있다. 이러한 다양한 분쟁해결 수단들은 사후적 성격을 갖는다는 점에서 사전적 예방조치라고 할 수 있는 보고, 모니터링, 확인 및 조사 등과 같은 분쟁회피(dispute avoidance) 수단과 구별된다.

환경협약들은 저마다 독자적인 분쟁해결구조를 가지고 있지만 흔히는 어떤 형태로든 분쟁해결에 관한 규정을 두고 있다. 멸종위기에 처한 야생 동·식물 국제거래에 관한 협약(CITES),[1] ECE 광역 월경 대기오염에 관한 조약,[2] 유엔해양법협약,[3] 오존층 보호를 위한 비엔나협약,[4] 바젤협약,[5] 환경보호에 관한 남극조약의정서(마드리드의정서),[6] 생물다양성협약,[7] 사막화방지협약,[8] 초국경적 환경영향평가에 관한 협약(Espoo협약),[9] 1996년 런던덤핑의정서,[10] 국제수로의 비항행적 사용에 관한 협약,[11] 환경문제에서 정보접근, 결정과정에서의 공중참여, 사법에의 접근

1) Convention on International Trade in Endangered Species of Wild Founa and Flora (CITES), 12 I. L. M. 1085 (1973), 제18조.

2) ECE Convention on Long-Range Transboundary Air Pollution(LRTAP), 18 I. L. M. 1442 (1979), 제13조.

3) United Nations Convention on the Law of the Sea(UNCLOS), 21 I. L. M. 1261 (1982), 제279조 이하.

4) Vienna Convention for the Protection of the Ozone Layer, 26 I. L. M. 1529 (1987). 제11조.

5) Basel Convention on the Control of Transboundary Movements of Hazardous Wastes and Their Disposal, 28 I. L. M. 649 (1989), 제20조.

6) Protocol on Environmental Protection to the Antarctic Treaty, 30 I. L. M. 1461 (1991), 제19조, 제20조.

7) Convention on Biological Diversity, 31 I. L. M. 818 (1992), 제27조.

8) Convention to Combat Desertification in Those Countries Experiencing Serious Drought and/or Desertification, Particularly in Africa, 33 I. L. M. 1328 (1994), 제28조.

9) Convention on Environmental Impact Assessment in Transboundary Context(Espoo협약), 30 I. L. M. 800 (1991), 제15조.

10) 1996 Protocol to the Convention on the Prevention of Marine Pollution by Dumping of Wastes and Other Matter, 36 I. L. M. 1 (1997), 제16조.

에 관한 협약(Aarhus협약)[12] 등이 대표적인 예이다. 람사르협약과 핵사고의 조기 통지에 관한 협약 및 핵사고 시 지원에 관한 협약과 같이 관련 규정을 두고 있지 않는 것이 오히려 예외적이다.

분쟁해결 조항들은 협약의 이행과 환경보호 목적을 달성하기 위하여 해당 협약의 해석 또는 적용에 관한 분쟁해결을 위한 수단 및 절차에 대해 규정하고 있다. 분쟁당사국이 이용할 수 있는 분쟁해결방법으로는 당사국의 교섭이나 주선, 중개, 조정 등 정치적 분쟁해결방법과 중재나 재판 등 사법적 분쟁해결방법이 있다.

특히 유엔해양법협약상의 분쟁해결절차는 환경분쟁해결을 둘러싼 현재까지의 협약 중 가장 강력한 내용을 담고 있다. 분쟁해결 규정을 담고 있는 유엔해양법협약 제15장은 세 부분으로 나뉘어 있다: ① 비강제적 분쟁해결절차(제279조 내지 제285조); ② 강제적 분쟁해결절차(제286조 내지 제296조); ③ 강제적 분쟁해결절차의 적용상 예외(제297조 내지 제299조).

강제적 분쟁해결절차의 적용을 받기 전에 분쟁당사국들은 교섭을 통해 문제해결을 위한 시도를 하여야 한다.[13] 해양법협약은 분쟁당사국들에게 교섭 또는 다른 평화적인 수단을 통해 분쟁해결에 관한 의견 교환을 신속히 진행할 것을 요구하고 있다.[14] 교섭이 실패한 경우 부속서 V에 정해진 절차에 따라 자발적인 조정이 가능하다.[15] 협약의 해석과 적용을 둘러싼 분쟁과 관련하여 이와 같은 비강제적 분쟁해결절차를 통해 분쟁해결이 이루어지지 않았을 경우, 분쟁당사국은 강제적 분쟁해결절차에 의지할 수 있다. 즉 분쟁당사국은 관할권을 가지고 있는 법원(court)이나 재판소(tribunals)에 분쟁해결을 의뢰할 수 있다. 이 협약에 조인 · 비준 또는 가입하는 경우 당사국은 분쟁해결을 의뢰할 다음 네 종류의 법원 또는 재판소 중 한 곳을 선택하여야 한다: ① 부속서 VI에 의거한 국제해양법재판소(International Tribunal for the Law of Sea); ② 국제사법재판소(ICJ); ③ 부속서 VII에 의거한 중재재판소(arbitral tribunal); ④ 부속서 VIII에 의거한 특별중재재판소(special arbitral tribunal).[16] 분쟁당사국들이 분쟁해결을 위한 동일한 절차를 수용하지 않은 경우, 당사국들이 달리 정하지 않는 한, 해당 분쟁은 부속서 VII에 따른

11) Convention on the Law of the Non-Navigational Uses of International Watercourses, 36 I. L. M. 700 (1997), 제33조.

12) Convention on Access to Information, Public Participation in Decision-Making and Access to Justice in Environmental Matters, 21 Int'l Env't Rep. (BNA) 4701, 제16조.

13) 유엔해양법협약(각주 3), 제279조.

14) *Id.* 제286조.

15) *Id.* 제284조.

16) *Id.* 제287조 제1항.

중재재판에 회부된다.[17] 관할권을 가지고 있는 법원이나 재판소에 의해 내려진 결정은 최종적이고, 분쟁당사국 모두가 준수하여야 한다.[18]

오존층 보호를 위한 비엔나협약에서도 분쟁의 해결에 관한 규정을 두고 있다. 이에 따르면 동 협약의 해석 또는 적용에 대하여 분쟁이 발생한 경우 분쟁당사국은 먼저 교섭을 통하여 분쟁을 해결하도록 노력하여야 한다.[19] 교섭에 의해 합의에 이를 수 없는 경우 공동으로 제3자에 의한 주선 또는 중개를 요구할 수 있다.[20] 또한 당사국은 이러한 교섭, 중개 등으로 해결할 수 없는 분쟁에 대하여 서면으로 당사국회의에서 채택된 절차에 따른 중재나 국제사법재판소 결정에 따르를 것을 선언할 수 있다.[21] 분쟁당사국이 이러한 분쟁해결 수단을 수용하지 않은 경우 별도의 합의가 없는 한 분쟁은 조정에 회부된다.[22]

분쟁해결절차와 방식에 대하여는 ECE 광역 월경 대기오염에 관한 조약과 같이 지극히 간단하게 규정하는 경우도 있지만 바젤협약이나 생물다양성협약 등과 같이 부속서 등을 통해 자세하게 규정하는 경우도 있다. 분쟁해결 수단으로는 ECE 광역 월경 대기오염에 관한 조약과 같이 교섭만을 제시하는 경우도 있지만 대개의 경우는 법적 구속력이 있는 사법적 수단을 염두에 두고 있다.

Ⅰ. 정치적 분쟁해결방법

1. 교섭 및 협의

환경협약의 이행을 둘러싸고 분쟁이 발생한 경우 취할 수 있는 첫 단계 조치로서 대부분의 환경협약에서는 교섭 및 협의(consultation)에 대해 규정하고 있다. 이는 분쟁 당사국들이 직접 만나서 합의를 통해 분쟁을 해결하려는 것이다. 예컨대, 멸종위기에 처한 야생 동 · 식물 국제거래에 관한 협약(CITES)에서는 협약 규정의 해석 또는 적용과 관련하여 2개국 이상의 당사국간에 발생하는 분쟁은 분쟁당사국간의 교섭에 따르도록 규정하고 있으며,[23] 바젤협약도 이와 유사하게 동 협

17) *Id.* 동조 제5항.
18) *Id.* 제296조 제1항.
19) 오존층 보호를 위한 비엔나협약(각주 4), 제11조 제1항.
20) *Id.* 동조 제2항.
21) *Id.* 동조 제3항.
22) *Id.* 동조 제4항.
23) CITES(각주 1), 제18조 제1항.

약이나 의정서의 해석, 적용 또는 준수 여부에 관하여 당사국간에 분쟁이 있는 경우 당사국은 교섭이나 자신이 선택하는 기타 평화적인 수단을 통해 분쟁을 해결하도록 노력해야 한다고 규정하고 있다.[24]

2. 주선 및 중개

보고, 모니터링 및 조사 등과 같은 분쟁회피 수단이 실패하여 분쟁이 발생하는 경우 다수의 환경협약에서는 분쟁당사국간의 교섭을 원활히 하기 위하여 주선(good office)이나 중개를 권고하고 있다. 여기서 주선이란 분쟁의 해결을 위하여 제3자가 개입하여 분쟁당사국들의 접촉이 성립하도록 협력을 제공하는 것을 말하고, 중개란 제3자가 교섭의 기초를 제공하고 그 교섭내용에 직접 개입하여 분쟁당사국들로 하여금 서로 양보하도록 노력하는 것을 말한다. 중개가 주선에 비하여 제3자의 개입 정도가 강하다고 할 수 있다. 예컨대, 오존층 보호를 위한 비엔나협약에서는 당사국이 교섭에 의하여 합의에 도달하지 못한 경우 당사국은 합동으로 제3자에 의한 주선이나 중개를 구할 수 있다고 규정하고 있다.[25]

3. 조　정

조정이라 함은 당사국들이 조약에 의거하여 미리 정한 제3자적 국제기관에 분쟁해결을 맡기고, 이 기관이 제시하는 분쟁해결내용에 따라 분쟁을 평화적으로 해결하는 방법을 말한다. 이러한 조정 절차에서는 분쟁의 사실문제는 물론 법률문제까지도 다룬다는 점에서 사실문제만을 다루는 심사(enquiry)와 구별된다. 오존층 보호를 위한 비엔나협약과 생물다양성협약 등에서는 교섭 또는 중개를 통하여 합의가 이루어지지 않는 경우 분쟁을 조정에 맡기도록 규정하고 있으며,[26] 조정을 위해 여러 환경협약에서는 분쟁을 다루는 조정위원회를 설치하고 있다.[27] 일반적으로 분쟁당사국이 조정 결과를 수용해야 할 법적 의무는 없다. 그러나 오존층 보호를 위한 비엔나협약에서는 당사국의 요청에 의해 조정위원회가 설치되는데, "조정위원회는 최종적이고 권고적인 판정을 내리며, 분쟁당사국들은 이를 성실히(in

24) 바젤협약(각주 5), 제20조 제1항.
25) 오존층 보호를 위한 비엔나협약(각주 4). 제11조 제2항.
26) *Id.* 동조 제4항; 생물다양성협약(각주 7), 제27조 제4항.
27) 오존층 보호를 위한 비엔나협약(각주 4), 제11조 제5항; 생물다양성협약(각주 7), 부속서 II Part 2.

good faith) 고려하여야 한다"고 규정함으로써,[28] 완전한 형태는 아니지만 법적 효력을 시사하고 있다.

Ⅱ. 사법적(司法的) 분쟁해결방법

1. 중 재

중재란 당사국들이 선정한 법관이 당사국들이 합의한 절차와 규칙에 따라 법에 근거하여 당사국들에게 강제력을 가진 판결을 내림으로써 분쟁을 해결하려는 제도를 말한다. 주요 환경협약에서는 분쟁해결과 관련하여 중재에 관한 규정을 두고 있다. 예컨대, CITES에서는 당사국은 상호 합의로 분쟁을 상설중재재판소(Permanent Court of Arbitration)의 중재에 회부할 수 있고, 중재에 회부한 당사국은 중재재판의 결정에 따라야 한다고 규정하고 있으며,[29] 바젤협약에서는 교섭 등을 통하여 분쟁을 해결할 수 없는 경우 당사국들이 합의하면 분쟁은 국제사법재판소에 회부되거나 중재에 회부된다고 규정하고 있다.[30] 한편, 최근의 환경협약에서는 부속서에 중재절차규칙을 자세히 규정하는 경우가 많다. 바젤협약(부속서 Ⅵ), 생물다양성협약(부속서 Ⅱ, Part 2) 등이 좋은 예이다.

한편, 마드리드의정서는 당사국으로 하여금 서명, 비준, 수락, 승인, 가입 시 또는 그 이후 어떠한 때라도 국제사법재판소와 중재재판소 중 하나 또는 모두를 선택할 수 있도록 하고 있으며, 분쟁해결절차에 관하여 당사국 사이에 합의가 이루어지지 않는 경우에는 중재재판소에 분쟁의 해결이 부탁(付託)된다고 규정하고 있다.[31] 이와 같은 중재재판소를 통한 강제적이고 구속적인 분쟁해결 절차는 다른 국제환경협약에서는 찾아보기 힘든 엄격한 절차라고 생각된다.

2. 사법적 해결

사법적 해결이란 재판기관, 적용법규와 절차법규가 미리 법 규정에 따라 규정되어 있고, 이와 같이 법 규정에 따라 구성되어 있는 재판기관이 재판을 통해 분

28) 오존층 보호를 위한 비엔나협약(각주 4), 제11조 제5항.
29) CITES(각주 1), 제18조 제2항.
30) 바젤협약(각주 5), 제20조 제2항.
31) 마드리드의정서(각주 6), 제20조.

쟁을 해결하는 방법을 말한다. 법원은 사실문제와 법률문제를 다루며, 그 결정은 분쟁당사국들에게 법적 구속력이 있게 된다. 많은 환경협약에서는 분쟁해결을 국제사법재판소에 부탁하도록 규정하고 있다. 몬트리올의정서, 바젤협약, 기후변화협약, 생물다양성협약, 사막화방지협약 등이 대표적인 예이다. 그러나 국제사법재판소는 분쟁 당사국 모두 관할권에 대하여 동의한 경우에만 관련 당사국에 대한 관할권을 갖는다. 이와 같이 국제사법재판소 관할권의 자발적인 성격 때문에 당사국은 종종 재판소에서 문제를 다루는 것을 거부한다. 그렇기 때문에 많은 분쟁은 비공식적인 절차를 통하여 분쟁 당사국 사이에서 해결되곤 한다.

Ⅲ. 평　　가

교섭이나 협의와 같은 정치적인 해결수단은 종종 당사국들간의 환경분쟁을 해결하기 위하여 동원되고 있다. 그러나 현실적으로 사법적 분쟁해결수단은 많이 이용되지 않는다. 당사국들이 이러한 사법적 해결 수단에 크게 의지하지 않는 이유로는 다음 몇 가지를 들 수 있다.

첫째, 당사국들은 권위적이고 법적 구속력이 있는 결정에 자신의 운명을 맡기는 것을 꺼리는 경향이 있다. 사법적 분쟁해결수단은 양날의 칼과 같아서 한 때 원고의 입장이었다가 다른 사안에서는 피고로 바뀔 수 있다. 모든 국가는 잠재적으로 국제환경문제에 책임이 있는데, 특히 그것이 국제공동의 문제일 경우에 더욱 그러하다. 이는 모든 국가가 언제든지 원고에서 피고의 입장으로 바뀔 수 있다는 것을 의미하는 것으로 해당 국가는 사법적 분쟁해결수단을 동원하여 문제를 해결하는 것에 두려움과 우려를 갖게 된다.

둘째, 사법적 분쟁해결수단은 기본적으로 원 · 피고 간의 대면적(對面的) 구조를 갖는데, 원 · 피고를 특정하는 것이 쉬운 일이 아니다. 예컨대, 어느 당사국이 국제공유물의 보호를 위한 의무를 위반하였다고 하는 경우 그 의무가 대세효(*erga-omnes*)가 있는 의무가 아닌 한, 누가 원고가 될 수 있는지를 판단하는 것은 어려운 일일 것이다.

많은 협약이 자세하게 사법적 분쟁해결수단을 규정하고 있지만 현실적으로 해당 협약의 이행과 준수와 관련한 문제해결을 위해 사용되고 있지 않다. 환경문제와 관련하여 국제사법재판소에 회부된 사건이 많지 않은 것도 전혀 놀라운 일이 아니다.[32]

한편, 중재나 사법적 해결과 같은 사법적 분쟁해결수단은 국제환경법의 시행을 위해 적절하지 않다. 기본적으로 대면적 구조를 취하는 사법적 분쟁해결수단은 국제공유물의 보전과 같은 환경보호를 위해서 효율적이지 않다. 예컨대, 어느 당사국이 온실가스 감축의무를 이행하지 않는다고 할 경우 조약의 종료를 통해 온실가스 감축 이행을 아예 종료시키는 것보다는 지원, 협력, 역량배양 등을 통해 비준수의 원인을 제거하고 조약준수로 복귀할 수 있도록 하는 것이 궁극적으로 국제공유물인 대기보전을 위해 바람직할 것이다. 환경보호를 위한 국제적인 노력은 대면적인 구조가 아니라 협력과 동반자 정신에 기초한다고 할 수 있다. 이러한 사고는 비준수절차(Noncompliance Procedure: NCP)에 대한 관심을 높이고 있다.

32) 국제사법재판소에서 다루어진 사건으로는 1974년 *Nuclear Test 사건*, 1995년 뉴질랜드의 *상황검토 요청 사건*, 1996년 국제사법재판소(ICJ)의 *핵무기의 위협 또는 사용의 합법성에 관한 권고적 의견*, 1997년 *Gabcikovo–Nagymaros Dam 사건*, 2010년 *Pulp Mills 사건* 등이 고작이다.

제 3 절 비준수절차

Ⅰ. 배 경

해당 당사국이 환경협약을 준수하지 못하는 중요한 이유는 준수할 의사가 없다기보다는 그 능력이 없기 때문이다. 기술적 · 재정적 부족에 기인하여 협약상의 의무를 준수하려고 해도 할 수 없는 개도국의 사정을 생각해 보라. 비준수가 해당국의 악의에서가 아니라 순수한 해석의 차이에서 기인할 수도 있다. 그 비준수는 종종 협약상의 절차적 의무와 관련이 있으며, 위반의 기간도 단기간에 그쳐 중요한 조약 위반이 아니라고 할 수도 있다. 이러한 상황에서 조약 위반이라는 이유로 해당 당사국을 강하게 응징하는 것이 과연 국제공유물의 보호 등을 목적으로 하는 해당 협약의 목적을 달성하는 데 크게 도움이 될까? 여기에서 보복, 복구, 제재 등의 성격이 강한 전통적 분쟁해결수단이 국제환경문제를 해결하는 데 효율성이 있는지 의문이 제기되고 있다. 채찍보다는 당근을 이용해 해당 국가를 준수의 장으로 유인하는 것이 환경보호라는 궁극적인 목적을 달성하기 위해 바람직하다는 것이다. 위반국에 대한 제재 대신에 건설적인 대화와 기술지원, 재정지원, 협력 등을 통하여 완전한 준수를 조장하고, 당사국의 특수한 사정을 고려하여 유연하게 대응조치를 취하는 것이 궁극적으로 협약의 목적을 달성하는 데 보다 유용할 수 있을 것이다.

이러한 인식하에 일부 환경협약 또는 당사국회의는 전통적인 분쟁해결절차를 대체할 수 있는 대안으로 비준수절차(Noncompliance Procedure: NCP)를 도입 · 채택하고 있다. 몬트리올의정서체제상의 비준수절차가 대표적인 예이다. 이 협약에서는 비준수에 대한 별도의 개념 정의를 두고 있지 않으나 기본적으로 시행(enforcement)이라는 개념이 강제적인 요소를 내포하고 있다면 준수(compliance)는 이행을 유도한다는 개념이 보다 강하게 내포되어 있다고 할 수 있다.

비준수절차는 협력적 · 비사법적 · 비대면적 사고에 기초하고, 비준수에 대한 응징 · 제재가 아니라 지원 등을 통한 준수의 촉진에 주안점이 있으며, 문제를 우호적이고 유연하게 해결하고자 하고 있다는 점에서 기존 시행체제와 뚜렷이 구별되는 발전적인 분쟁해결 모델이라고 평가할 수 있다.

Ⅱ. 분쟁해결절차와의 구별

비준수절차는 다음과 같은 점에서 중재나 재판과 같은 전통적인 분쟁해결절차와 구별된다: ① 분쟁해결절차의 목적이 두 당사국간의 분쟁을 해결하는 것이라면 비준수절차는 의무 위반국에게 통일적이고 대세효(*erga omnes*)가 있는 준수를 촉진하는 것이라고 할 수 있다; ② 분쟁해결절차가 피해자에 대한 배상과 보상을 염두에 두는 소급적인 측면이 있다면 비준수절차는 비준수 국가의 장래 행위에 초점을 맞추는 미래지향적인 측면이 있다고 할 수 있다; ③ 분쟁해결절차가 양자간 대결 구조를 취하고 있다면 비준수절차는 다자간 분쟁회피 구조를 취하고 있다고 할 수 있다;1) ④ 분쟁해결절차가 가해국과 피해국의 양자 구도라고 한다면 비준수절차는 비준수 국가에 대한 다른 당사국들간의 집합적 행동을 특징으로 하는 다자간 · 집합적 구도라고 할 수 있다.2)

Ⅲ. 구체적인 예

현재까지 국제환경협약에서 비준수절차를 인정하고 있는 예는 흔치 않다. 환경협약에서 직접 인정하고 있는 비준수절차와 관련하여 현재까지 가장 구체적이고 강력한 체제는 몬트리올의정서 제8조에 따라 1992년 코펜하겐 회의(코펜하겐 조정 · 개정)에서 도입된 비준수절차이다.3) 여기에서 중요한 역할을 하는 곳은 당사국회의, 이행위원회(Implementation Committee), 사무국이다. 비준수절차의 개시는 다른 당사국의 고발,4) 비준수 당사국의 자기보고(self-reporting),5) 사무국의 자체 개시6)

1) Bradly J. Condon, Environmental Sovereignty and the WTO 128 (Transnational Publishers 2006).

2) O. Yoshida, *Soft Enforcement of Treaties: The Montreal Protocol's Noncolpliance Procedure and the Functions of Internal International Institutions,* 10 Colo. J. Int'l Envtl. L. & Pol'y 95, 99 (1999)

3) Copenhagen Adjustments and Amendments to the Montreal Protocol on Substances that Deplete the Ozone Layer, 32 I. L. M. 874 (1993), 부속서 Ⅳ. 몬트리올의정서 당사국들은 의정서 규정의 비준수 여부를 결정할 절차 및 제도적 장치와 비준수 당사국의 처리 절차 및 제도적 장치를 두기로 합의한 바 있다(제8조).

4) *Id.* 부속서 Ⅳ(1) · (2).

5) *Id.* 부속서 Ⅳ(4).

6) *Id.* 부속서 Ⅳ(3).

등에 의해서 이루어진다. 이행위원회의 설치는 다른 국제환경법 체제에서 찾아보기 힘든 독특한, 그리고 획기적인 것이다. 이행위원회는 사무국으로부터 관련 자료를 받아 검토하고, 당사국회의에 권고를 포함하여 보고하여야 한다.7) 당사국회의는 해당 당사국의 비준수에 대응하는 적절한 조치(예컨대, 지원, 경고, 산업합리화 · 생산 · 소비 · 국제거래 · 기술이전 · 다자기금 등과 관련된 권리 또는 특권의 중지)를 결정한다.8) 당사국들은 이러한 결정을 통해 비준수 국가에 대하여 집합적으로 제재를 가할 수 있다. 그러나 그 제재는 직접적인 응징을 목적으로 하지 않는다. 그 제재는 비준수 국가에 충분한 압력으로 작용할 수 있다는 점에서 강제성을 띨 뿐이다.

ECE 광역 월경대기오염에 관한 조약의 다섯 번째 의정서에 해당하는 1994년 오슬로의정서는 몬트리올의정서상의 비준수절차를 모방하여 이행위원회를 설치하고 비준수 문제를 다루고 있다.9)

당사국회의 결정으로 채택한 비준수절차로서 정교한 것은 교토의정서체제상의 비준수절차이다. 일찍이 교토의정서 당사국들은 제1차 당사국총회에서 비준수문제를 다루는 적절하고 효율적인 절차와 체제를 승인해야 하는데, 여기에는 비준수의 원인, 유형, 정도 및 빈도 등을 고려한 결과목록의 개발이 포함된다고 합의하였다(제18조). 당사국들은 2001년 제7차 당사국총회(마라케쉬합의)에서 의무이행 준수체제와 관련해서 의무이행 준수위원회(Compliance Committee)를 설치하기로 하였다. 동 위원회 내에는 이행 준수를 촉진하고 조기경보를 제공할 목적으로 하는 협조분과위원회(facilitative branch)와 의무이행을 감독하기 위한 강제분과위원회(enforcement branch)가 설치된다.10) 협조분과위원회는 당사국에 조언과 지원을 제공하고 강제분과위원회는 비준수 국가에 대한 조치를 결정하는 권한을 갖는다. 준수 촉진이나 강제 절차는 당사국의 보고서 제출, 위원회의 검토, 보고서 검토 및 결정의 순서로 이루어진다.11)

---

7) *Id.* 부속서 Ⅳ(7) · (8) · (9).

8) *Id.* 부속서 Ⅳ(9).

9) 1994 Oslo Protocol on Further Reduction of Sulphur Emissions, 33 I. L. M. 1542 (1994), 제7조.

10) UNFCC, Report of the Conference of the Parties on the Second Part of its Sixth Session, Held at Bonn from 16 to 27 July 2001, U.N. Doc. FCCC/CP/2001/5 (2001. 9. 25.)(제6차 당사국속개회의 보고서), 48 내지 49면; UNFCC, Report of the Conference of the Parties on its Seventh Session, Held at Marrakesh from 29 October to 10 November 2001, U.N. Doc. FCCC/CP/2001/13/Add.1 (2002. 1. 21.)(제7차 당사국회의보고서), Decision 24/CP.7, 부속서, Ⅱ ~ Ⅴ.

11) 자세한 내용은 http://unfccc.int/kyoto_protocol/compliance/items/2875.php(2009. 10.); 홍기훈, "런던의정서 준수 절차와 기구", 다자간환경협정의 준수: 런전의정서를 중심으로, (주)

폐기물 및 그 밖의 물질의 투기에 의한 해양오염방지에 관한 1996년 런던덤핑의정서 낭사국들은 발효 후 2년 내에 당사국회의가 의정시의 준수 상황을 평기히고 촉진하는 데 필요한 절차와 메커니즘을 확립할 것을 합의하였다.12) 1997년 제2차 당사국회의에서 당사국들은 의정서 제11조에서 약속한 준수절차 및 메커니즘을 채택하고 준수위원회를 설치하였다. 한편, 바젤협약 당사국들은 2002년 제6차 당사국회의에서 이행과 준수를 촉진하기 위한 기구(Mechanism for Promoting Implementation and Compliance)를 설치하였다.13)

그 밖에 멸종위기에 처한 야생동 · 식물 국제거래에 관한 협약(CITES),14) 로테르담협약,15) 스톡홀름협약,16) 카르타헤나의정서,17) 환경문제에서 정보접근, 결정과정에서 공중참여, 사법에의 접근에 관한 협약(Aarhus협약),18) 나고야의정서,19) 파리협정20) 등에서도 비준수절차가 언급되고 있다.

이상의 비준수절차가 포함하고 있는 공통 요소는 최소한 하나의 (준수)위원회를 두고 있다는 것이다. 그 기능은 권고에 그치고 당사국이 전부 참여하는 기관

정인아이앤디, 2006, 87면 참조.

12) 1996 Protocol to the Convention on the Prevention of Marine Pollution by Dumping of Wastes and Other Matter, 36 I. L. M. 1 (1997), 제11조.

13) 자세한 내용은 홍기훈(각주 11), 85면 참조.

14) 2007년 제14차 CITES 당사국총회는 의무준수작업반이 마련한 CITES 의무준수 절차 안내(A Guide to CITES Compliance Procedure)를 채택하여 의무준수체제를 마련하였다.

15) Rotterdam Convention on the Prior Informed Consent Procedure for Certain Hazardous Chemicals and Pesticides in International Trade, 38 I. L. M. 1 (1999), 제17조.

16) Stockholm Convention on Persistent Organic Pollutants, 21 Int'l Env't Rep. (BNA) 5401, 40 I. L. M. 532 (2001), 제17조.

17) Protocol on Biosafety to the Convention on Biological Diversity, 39 I. L. M. 1027 (2000), 제34조. Establishment of Procedures and Mechanisms on Compliance under the Cartagena Protocol on Biosafety, MOP decision BS–I/7, annex, UNEP/CBD/BS/COP–MOP/1/15 (2004).

18) Convention on Access to Information, Public Participation in Decision–Making and Access to Justice in Environmental Matters, 21 Int'l Env't Rep. (BNA) 4701, 제15조.

19) Nagoya Protocol on Access to Genetic Resources and the Fair and Equitable Sharing of Benefits Arising from their Utilization to the Convention on Biological Diversity, http://www.cbd.int/abs/doc/protocol/nagoya–protocol–en.pdf. 제30조. 제1차 나고야의정서 당사국회의(COP–MOP 1)은 의무준수위원회 운영절차규칙Cooperative Procedures and Institutional Mechanisms to Promote Compliance with the Nagoya Protocol and to Address Cases of Non–compliance)을 채택함으로써 나고야의정서 준수절차와 운영체계의 틀을 마련하였다. UNEP/CBD/NP/COP–MOP/DEC/1/4 (2014).

20) 파리협정 당사국들은 이행과 준수를 촉진하는 메커니즘의 설치에 합의하면서 위원회 운영방식, 절차 등은 추후 논의를 통해 결정하기로 하였다. FCCC/CP/2015/l.9, Annex. 제15조 (1), (3).

(예컨대, 당사국회의)에서 의견을 채택하고 있다. 비준수절차를 제기할 수 있는 당사자로는 비준수 당사국, 다른 당사국, 사무국, (준수)위원회, 당사국회의 등이다. 비준수절차를 설계하는 과정에서는 주로 이행준수 메커니즘의 적용 범위, 위원회의 구성, 법적 지위, 기능, 권한, 절차를 개시하는 방식, 조치 등을 둘러싸고 당사국 간에 논란이 제기되고 있다.

비준수절차가 나날이 국제화되고 있는 환경문제를 해결하기 위해 효과적인 대안으로 떠오르고 있으며, 많은 협약이 비준수절차를 약속하고 있는 상황에서 비준수절차의 좋은 설계는 국제사회에서 중요한 숙제로 되고 있다. 그러나 당사국들간의 이해관계에 따른 당사국회의의 정치적 · 외교적 결정, 그에 따른 결정의 모호성과 다의성, 결정의 불명확한 법적 지위,[21] 기존 시행체제와의 관계의 불분명[22] 등은 비준수절차를 약한 시행으로 이끌 가능성이 있다.[23] 비준수절차 진행과정에서 잠재적 쟁점이 될 수 있는 원고적격, 인과관계, 위법의 기준 등의 불분명은 비준수절차의 한계로 작용할 수 있다.

Ⅳ. 비준수절차의 설계

비준수절차가 나날이 국제화되고 있는 환경문제를 해결하기 위해 효과적인 대안으로 떠오르고 있으며, 많은 협약이 비준수절차를 약속하고 있는 상황에서 비준수절차의 좋은 설계는 국제사회에서 중요한 숙제로 되고 있다. 이러한 차원에서 그 설계 시 고려해야 할 요소를 살펴보면 다음과 같다.

첫째, 비준수절차를 제기할 수 있는 당사자로는 흔히 비준수 당사국, 다른 당사국, 사무국, 당사국회의 등을 들 수 있다. 그 밖에 협약상의 다른 기구(예컨대,

21) 비준수절차에 따라 이루어진 당사국회의의 결정에 대한 비준수가 협약의 비준수에 해당하는지 불분명하다.

22) 해당 사안이 비준수절차와 분쟁해결절차에 동시에 회부된 경우 어느 절차가 우선하는지 불분명하다. 그 목적이나 취지에 비추어 비준수절차가 우선적으로 고려될 필요가 있다는 점에서 비준수절절차가 제기된 경우 분쟁해결절차의 계속은 중단된다는 취지의 입법적 검토가 필요하다. 피해국이 비준수절차에 '참여'한 경우 금반언의 원칙에 따라 분쟁해결절차나 국가책임을 추구할 수 있는지도 불분명하다. 이때 어떠한 경우가 '참여'에 해당하는지 논란이 있을 수 있다. 예컨대, 위원회에 참석한 경우, 당사국회의에 참석하였으나 명시적인 반대를 하지 아니 한 경우 참여로 볼 수 있는지 분명치 아니 하다. Jan Klabbers, *Compliance Procedure*, Law, International Environmental Law 1006 (Daniel Bodansky eds., Oxford Univ. Press, 2007).

23) O. Yoshida(각주 2), 118면.

준수위원회), 공중 등이 대안으로 제시될 수 있을 것이다.

둘째, 비준수절차가 합법적이라고 하기 위해서는 투명성, 공평성, 예견가능성, 적법한 절차 등이 충족되어야 한다. 적법한 절차에는 위반국에 대한 비준수의 적절한 통지, 위반국에게 대응을 위한 충분한 시간의 허용, 절차에서 위반국의 실질적인 참여의 보장, 제공된 정보의 신뢰성을 판단하기 위한 정보에 대한 심사 등이 포함된다. 주의할 것은 그 절차가 사법절차와 유사할수록 유연성이 떨어져 효용성이 반감될 수 있다는 것이다.

셋째, 비준수절차를 시행하기 위하여는 공평하고 적절한 기구 또는 전문가가 필수적이다. 임시 패널, 위원회 등에서 비준수절차를 시행하게 되는데, 여기에 속한 위원들은 임명한 국가의 이익을 대변하는 것이 아니라 해당 환경협약의 목적과 취지를 정확히 이해하고 공동의 이익을 위해 일하는 열린 자세가 필요하다. 이들은 해당 국가로부터 독립적이고 전문가적인 입장에서 문제를 다루어야 한다. 위원회의 구성과 기능도 중요하다. 선진국은 위원회의 구성원 수를 제한하고 위원회로 하여금 특정 당사국의 이행문제를 토의하도록 하자는 입장인데, 이에 비해 개도국은 위원회에 대하여 모든 당사국들에게 문호를 개방하고, 위원회로 하여금 해당 협약의 이행과 관련하여 문제의 국가에 대한 권고와 지원을 주로 다루도록 하자는 입장이다.[24] 구성원 수를 제한하는 것은 효율적이고 심도있는 논의의 장이 될 수 있으나 일부 선진국들의 이해를 중요시할 가능성이 있다. 흔히는 제한된 수로 구성된 위원회가 활용되고 있으며 모든 국가의 이익을 존중한다는 차원에서 공평한 지역적 분포를 고려하고 있다.[25]

한편, 위원 국가가 관련되는 사안이 논의될 경우 이해관계가 있는 해당 국가 위원 또는 해당 국가가 임명권을 행사하여 위원이 된 자는 갈등의 소지를 없애기 위하여 보고서 검토 및 결정과정에 참여할 수 없도록 할 필요가 있다. 이 경우 '이해관계가 있는 경우', '참여' 등의 의미를 분명히 하여 불필요한 논란과 갈등을 차단할 필요가 있다.[26]

---

24) Markus Ehrmann, *Procedures of Compliance Control in International Environmental Treaties*, 13 Colo. J. Int'l Envtl. L. Pol'y 377, 420 (2002).

25) 환경협약상 각종 위원회의 구성에 대하여 자세한 내용은 Edward J. Goodwin, *The World Heritage Convention, the Environment, and Compliance*, 20 Colo. J. Int'l Envtl. L. Pol'y 157, 183 (2009) 참조.

26) 예컨대, 비준수절차를 제기한 국가의 위원은 이해관계가 있는 국가의 위원이 되기 때문에 위원회의 보고서 검토 시 참여할 수 없는지 논란이 있을 수 있다. 참여할 수 없다는 의미가 위원회나 당사국회의 자체에 참석을 할 수 없는 것인지, 참석은 하되 의결권을 행사할 수 없는 것인지 등에 관하여 보다 세밀한 검토가 필요하다. 위원회 참여 여부에 따라 결론이 달라

넷째, 그 구제 방법은 어떤 것이 있을까? 여기에는 지원, 비준수에 대한 경고와 선언, 비준수 당사국에 대한 권리와 특권의 중지 등이 포함된다. 이러한 다양한 구제방법 중에 우선순위 및 그 기준은 있는가? 비준수절차의 취지에 비추어 지원과 조장이 우선적으로 고려되어야 한다. 해당 조치는 비준수의 정도, 원인, 종류, 빈도 등을 고려하여 유연성이 부가되어야 한다. 그러나 강제적인 이행조치의 즉각적인 도입 · 적용과 같은 응징적 조치는 적절한 구제방법이 될 수 없다.

V. 평　가

비준수절차는 국가책임 문제를 야기할 수 있는 대응조치를 취하기보다는 예상되는 비준수를 우호적으로 해결하는 데 주안점이 있다. 그 해결책은 유연하다. 당사국회의는 흔히 고의적 · 악의적인 비준수가 아닌 한 해당 당사국에 대하여 엄격한 제재를 선택하지 않는 경향이 있다. 이러한 점은 전통적으로 대결 구조를 취하는 분쟁해결절차(예컨대, 국제재판소를 통한 분쟁해결)와 크게 다른 것이다.

비준수절차는 유연하게, 대결구도를 회피하면서 우호적인 해결책을 찾으려고 하기 때문에 오히려 당사국의 준수를 유도할 수 있다는 장점이 있다. 몬트리올의정서체제 등이 채택하고 있는 비준수절차의 유연성과 대결구도를 회피하면서 제시하는 우호적인 해결책은 당사국의 준수를 유도할 수 있을 것이다. 다자기금과의 연계는 그 기능을 강화시킬 것이다. 특히 이러한 절차는 고의적 · 악의적인 비준수보다는 불충분한 보고, 보고의 지연 등과 같은 기술적 · 행정적인 문제에 대한 위반, 경제적 어려움에 따른 비준수가 빈번할 수 있는 체제에 강점이 있을 것으로 보인다. 비준수절차의 유연성은 사전배려의 원칙에 기초하는 몬트리올의정서체제 등에 적합하며, 가뜩이나 복잡한 국제관계를 완화시키는 역할을 할 것이다.

그러나 당사국들간의 이해관계에 따른 당사국회의의 정치적 · 외교적 결정, 그에 따른 결정의 모호성과 다의성, 결정의 불명확한 법적 지위,[27] 기존 시행체제와의 관계의 불분명함[28] 등은 비준수절차를 약한 시행으로 이끌 가능성이 있다.[29]

질 소지가 충분히 있기 때문이다.

27) 비준수절차에 따라 이루어진 당사국회의의 결정에 대한 비준수가 몬트리올의정서의 비준수에 해당하는지 불분명하다.

28) 해당 사안이 비준수절차와 분쟁해결절차에 동시에 회부된 경우 어느 절차가 우선하는지 불분명하다. 그 목적이나 취지에 비추어 비준수절차가 우선적으로 고려될 필요가 있다는 점에서 비준수절절차가 제기된 경우 분쟁해결절차의 계속은 중단된다는 취지의 입법적 검토가 필요하다. 피해국이 비준수절차에 '참여'한 경우 금반언의 원칙에 따라 분쟁해결절차나 국가

비준수절차 진행과정에서 잠재적 쟁점이 될 수 있는 원고적격, 인과관계, 위법의 기준 등의 불명확성은 비준수절차의 한계로 작용할 수 있다.

비준수절차가 최근 환경협약이나 당사국회의 결정에서 속속 도입되는 경향은 뚜렷하지만 아직은 국제사회에서 확고한 절차로 확립되어 있지 않다. 경험적으로 WTO체제 등에서 사용하고 있는 제재가 효과적이라는 국제사회의 인식은 비준수절차가 준수문제를 해결하는 데 획기적인 제도가 아니라 '찻잔 속의 태풍'으로 그치게 할 가능성도 충분히 있다. 비준수에 대한 당사국회의의 최종 결정이 교섭의 대상이 될 수 있다는 것은 상당한 시간과 수고가 요구되는 지루한 조약체결을 회피하는 빌미를 제공할 소지가 있다. 비준수에 대한 정치적 결정은 법, 정치, 도덕의 경계를 모호하게 하며, 비준수 문제가 정치적 역학관계에 휘둘릴 소지를 제공하고 있다. 나아가 환경파괴 문제를 비준수절차라는 이름으로 용인하는 꼴이 될 수 있다. 현실적으로 환경보전이라는 공익이 구체적 피해를 입은 당사자의 이익에 우선할 수 있는지도 의문이다. 이러한 효과성에 대한 의문은 비준수절차의 성공이 만만치 않음을 보여준다. 예상과 달리 현재까지 현실적으로 비준수절차가 가동된 사례가 극히 제한적이라는 것이 그 반증이다.[30]

책임을 추구할 수 있는지도 불분명하다. 이때 어떠한 경우가 '참여'에 해당하는지 논란이 있을 수 있다. 예컨대, 위원회에 참석한 경우, 당사국회의에 참석하였으나 명시적인 반대를 하지 아니한 경우 참여로 볼 수 있는지 분명치 아니하다. Jan Klabbers, *Compliance Procedure*, Law, International Environmental Law 1006 (Daniel Bodansky eds., Oxford Univ. Press 2007).

29) O. Yoshida(각주 2), 118면.

30) 비준수절차가 가동된 사례는 러시아의 몬트리올의정서상의 비준수 문제를 다룬 사안 등, 손에 꼽을 정도이다. 이들 사안에 대하여 자세한 내용은 Markus Ehrmann(각주 24), 406 내지 411면.

제 4 절 기술 및 재정지원

흔히 개도국들은 선진국들이 실질적인 재정 · 기술지원을 해야 환경협약에 참여할 수 있다는 입장을 취하고 있다. 여기에 대하여 선진국들 입장은 미온적이다. 원론적으로 개도국들의 기술, 지원금 등에 대한 접근이 조약에 의해 보장될수록 그들의 조약 가입은 활발해지고, 조약의 실효성은 향상될 것이다. 이러한 점을 고려하여 각종 협약에서는 개도국들에 대한 기술 및 재정지원 문제를 다루고 있다.

어떤 형태로든 기술 및 재정지원에 대하여 규정하고 있는 환경협약으로는 오존층 보호를 위한 비엔나협약, 몬트리올의정서, 바젤협약, 기후변화협약, 생물다양성협약, 로테르담협약, 스톡홀름협약 등이 있다.

오존층 보호를 위한 비엔나협약에서 당사국들은 법적 · 과학적 · 기술적 분야에 있어서의 협력을 촉구하고, 특히 개도국의 필요를 고려하여 기술 · 지식의 발전 및 이전을 촉진하는 데 협력하기로 합의하였으며,[1] 몬트리올의정서는 개도국의 특수한 요구를 고려하여 기술지원을 확대할 것을 약속하였다.[2] 런던조정 · 개정에서는 이러한 막연한 약속을 좀 더 구체화하였다. 즉 당사국들은 개도국에게 자금협력과 기술협력(기술이전을 포함)을 제공할 목적으로 하는 체제를 설립하기로 하였다.[3] 특히 기술이전과 관련하여 당사국은 가장 접근이 쉽고 환경적으로 안전한 대체품과 관련 기술이 개도국에게 신속히 이전되도록 모든 실행 가능한 조치를 취하여야 한다.[4] 그 이전은 공정하고 가장 우호적인(fair and most favorable) 조건으로 이루어져야 한다.[5] 2차 당사국회의에서는 개도국인 당사국에 대한 재정과 기술지원을 위하여 다자기금(Multilateral Fund)을 창설하였다.

바젤협약 당사국들은 환경적으로 건전한 관리와 관련한 기술과 관리체계의 이전에 적극적으로 협력할 것을 합의하였으며, 특히 이 분야에서 기술적 지원을 필요로 하고 요청하는 당사국들의 기술적 능력을 개발하는 데 협력하기로 약속하였다.[6]

---

1) Vienna Convention for the Protection of the Ozone Layer, 26 I. L. M. 1529 (1987), 제4조.

2) Montreal Protocol on Substances that Deplete the Ozone Layer, 26 I. L. M. 1541 (1987), 전문, 제10조.

3) London Adjustments and Amendments to the Montreal Protocol on Substances that Deplete the Ozone Layer, 30 I. L. M. 537 (1991), 제10조 제1항.

4) *Id.* 제10A조(a).

5) *Id.* 제10A조(b).

6) Basel Convention on the Control of Transboundary Movements of Hazardous Wastes

기후변화협약상 선진 당사국들은 개도국이 당사국회의에 관련정보를 제공하는 데 드는 비용과 필요한 조치를 이행하기 위하여 필요한 기술이전을 포함한 모든 비용을 충당하기 위하여 새로운 추가적인 재원을 제공하여야 하며,[7] 기후변화의 악영향에 특히 취약한 개도국이 그 악영향에 적응하는 데 소요되는 비용을 지원하여야 하며,[8] 개도국 당사국에 대하여 환경적으로 건전한 기술 및 노하우(knowhow)의 이전과 접근을 증진·촉진하고 재정지원을 하기 위한 모든 실행 가능한 수단을 취하여야 한다.[9] 나아가 기후변화협약은 기술이전을 포함하여 무상 또는 양허성 조건의 재원을 제공하기 위한 재정지원체제(Financial Mechanism)를 규정하고 있다.[10] 그 일환으로 당사국들은 개도국 지원과 관련하여 기후변화 특별기금(Special Climate Change Fund), 최빈국기금(Least Developed Countries Fund), 교토의정서 적응기금(Kyoto Protocol Adaptation Fund) 등 3개의 기금 신설에 합의하였다.[11] 이러한 기술 및 재정지원 요구는 신기후변화체제에서도 이어지고 있다. 즉 당사국들은 개도국의 기후변화 대응(감축과 적응)을 지원하기 위해 선진국이 기본적으로 재원을 지속적으로 제공하기로 합의하였으며,[12] 기후변화 대응의 이행을 위한 기술의 중요성을 인식하고 기술의 개발 및 이전에 관한 국가들 간 협력의 강화를 강조하였다.[13]

생물다양성협약은 유전자원에 대한 접근에 대응하는 측면에서 기술에의 접근과 그 이전을 규정하고 있다. 즉 당사국은 생물다양성의 보전과 지속가능한 이용과 관련한 기술에 대한 접근과 이전을 제공·용이하게 하여야 하며, 상호 합의된 경우 양허적(concessional)이고 특혜적 조건을 포함한 공평하고 가장 우호적인(fair and most favourable) 조건으로 이루어져야 한다. 특허 및 지적재산권의 대상이 되는 기술의 경우에는 지적재산권이 적절하고 효과적으로 보호되는 조건으로 기술

and Their Disposal, 28 I. L. M. 649 (1989), 제10조 제2항(d).

7) United Nations Framework Convention on Climate Change(UNFCCC), 31 I. L. M. 849 (1992), 제4조 제3항.

8) *Id.* 동조 제4항.

9) *Id.* 동조 제5항.

10) *Id.* 제11조.

11) UNFCC, Report of the Conference of the Parties on the Second Part of its Sixth Session, Held at Bonn from 16 to 27 July 2001, U.N. Doc. FCCC/CP/2001/5 (2001. 9. 25.) (제6차 당사국속개회의 보고서), 37 내지 39면; UNFCC, Report of the Conference of the Parties on its Seventh Session, Held at Marrakesh from 29 October to 10 November 2001, U.N. Doc. FCCC/CP/2001/13 (2002. 1. 21.)(제7차 당사국회의 보고서), Decision 7/CP. 7.

12) FCCC/CP/2015/l.9, Annex(파리협정), § 9(1)~(2).

13) *Id.* § 10(2).

접근 및 이전이 이루어져야 한다.[14] 또한 신규의 추가적인 재원과 관련기술에의 적절한 접근 등의 규정을 포함하여 개도국들의 요구사항을 충족시키기 위해서는 특별한 규정이 필요하다는 점을 인식하고, 선진국으로 하여금 협약의 의무사항을 이행하고 그 이행에 따른 이익을 얻을 수 있도록 신규의 추가적인 자금을 지원하도록 하고 있으며, 재원과 기술이전에 있어서 극빈개도국의 특수상황과 요구를 충분히 고려하도록 하고 있다.[15]

로테르담협약은 개도국의 역량배양(capacity building)을 위하여 당사국에게 구체적인 의무를 부과하지 않고 있으며, 더욱이 재정지원에 대하여는 침묵하고 있다. 다만 당사국들로 하여금 개도국과 전환기경제국의 특별한 요구를 고려하면서 협약을 이행하는 데 필요한 기술지원을 촉진하기 위하여 협력하고, 선진 프로그램을 가지고 있는 당사국이 전생애 주기(life－cycle)를 통하여 화학물질을 다루기 위한 하부구조와 능력을 개발 중인 다른 국가에게 기술 원조를 제공하여야 한다고 규정하고 있을 뿐이다.[16]

스톡홀름협약에서 당사국들은 개도국과 전환기경제국에게 적시의, 적절한 기술지원을 제공하고 지원하기 위하여 협력하기로 합의하였으며, 재정지원과 관련하여 선진당사국들은 개도국과 전환기경제국이 협약상의 의무이행을 위한 조치를 시행함에 따라 발생되는 충분한 증가비용(incremental costs)을 충족할 수 있도록 새롭고 추가적인 재정자원을 제공하기로 합의하였다.[17] 또한 당사국들은 개도국과 전환기경제국의 협약 이행을 지원하기 위하여 이들 국가들에 대한 적절하고 지속가능한 재정지원을 위한 체제를 창설할 것도 합의하였다.[18]

기술 및 재정지원은 해당 규제조치와 결부되면서 협약의 실효성을 향상시킨다는 점에서 해당 협약의 성공을 위해 중요한 부분을 이루고 있다. 예컨대, 바젤협약상 사전통지승인절차의 성공은 유해폐기물을 수입할 것인지를 결정하는 수입국의 능력에 크게 의지하고 있는데, 흔히 수입 개도국의 경우 인적 · 물적 장비의 부족 등으로 이러한 의사결정을 할 능력이 부족하기 때문에 선진국의 개도국에 대한 기술이전, 기술적 · 재정적 지원은 사전통지승인절차의 성공 더 나아가 바젤협약의

14) Convention on Biological Diversity, 31 I. L. M. 818 (1992), 제16조.

15) *Id.* 전문, 제20조 제2항 · 제5항 참조.

16) Rotterdam Convention on the Prior Informed Consent Procedure for Certain Hazardous Chemicals and Pesticides in International Trade, 38 I. L. M. 1 (1999), 제16조.

17) Stockholm Convention on Persistent Organic Pollutants, 21 Int'l Env't Rep. (BNA) 5401, 40 I. L. M. 532 (2001), 제12조, 제13조.

18) *Id.* 제13조 제6항.

성공을 위해 상당히 중요하다고 할 것이다.

특히 기술 및 재정지원은 개도국들의 참여를 유도하는 기능을 하면서 환경협약에서 더욱 빈번히 사용될 것으로 전망된다. 그러나 기술 및 재정지원은 부를 재분배한다는 측면이 있고 지적재산권 문제가 관련되고 있기 때문에 선진국에게 여간 부담스러운 주제가 아닐 수 없다. 그 결과 많은 협약은 기술 및 재정지원과 관련하여 법적 강제성을 가진 의무를 규정하지 않고 있으며, 구체적인 재원 규모와 부담원칙에 대해서 합의하지 않고 있다.

제 5 절 환경영향평가

협약명	채택일 (발효일)	주요내용	당사국 수	우리나라 가입일 (발효일)
초국경적 환경영향평가에 관한 협약 (Espoo협약)	1991.2.25. (1997.9.10.)	−초국경적 영향을 미치는 국가들간 협력(환경영향평가) 촉진	45 (2020.1. 현재)	미가입 (−)
전략환경평가에 관한 의정서	2003.5.21. (2010.7.11.)	−계획 및 프로그램에 대한 환경영향평가	22 (〃)	미가입 (−)

https://www.unece.org/fileadmin/DAM//env/eia

환경영향평가제도는 계획된 사업이 환경에 미칠 영향을 미리 파악하고, 사업을 시행함에 있어 환경상의 변화를 사전에 예측 · 분석 · 평가하고 환경에 미칠 부정적인 영향을 규명하여 그 저감 및 제어를 위한 방안을 강구하는 제도로 이해할 수 있다.[1] 말하자면 환경영향평가제도는 환경악영향을 회피하거나 최소화하기 위한 수단이라 할 수 있으며, 환경친화적인 결정 또는 보다 현명한 결정을 위한 최소한의 수단으로 작용하고 있다. 이 제도는 해당 사업이 건전하고 지속가능한 발전이 되도록 하고, 그 사업으로 인하여 환경에 미치는 현저한 영향을 회피시키는 것을 목적으로 하고 있다는 점에서 지속가능한 발전의 원칙과 사전예방의 원칙에 잘 부합하는 제도이다.

1969년 미국에서 최초로 도입된 것으로 알려진 환경영향평가제도[2]가 이제는 전세계적으로 보편적인 제도로 잡아가고 있다.[3] 환경영향평가제도는 시행하는 국

1) 우리나라 환경정책기본법은 "국가는 환경에 영향을 미치는 개발사업을 시행함에 있어서 해당 사업이 환경에 미칠 영향을 미리 평가 · 검토하여 환경에 미치는 해로운 영향을 최소화하기 위한 저감방안 등을 마련하기 위하여 환경영향평가를 실시하여야 한다"고 규정하고(제28조), 환경영향평가법은 '환경영향평가'를 "사업의 시행으로 인하여 자연환경, 생활환경 및 사회 · 경제환경에 미치는 해로운 영향을 예측 · 분석하고 이에 대한 대책(을) 강구(하는 것)"으로 정의하고 있다(제2조 제1호).

2) 환경영향평가제도는 1969년 국가환경정책법(National Environmental Policy Act: NEPA)에서 처음 도입 · 시행되었다. NEPA § 101, 42 U. S. C. § 4331.

3) 전세계적으로 70% 이상의 국가가 환경영향평가제도를 도입 · 시행하고 있는 것으로 알려지고 있다. Kevin R. Gray, *International Environmental Impact Assessment*, 11 Colo. J. Int'l Envtl. L. & Pol'y 83, 89 (2000).

가별로 천차만별의 형태를 띠고 있지만 그 공통적인 요소들이 발견되고 있다: ① 환경에 심각한 악영향을 발생시킬 가능성이 있는 활동에 대한 철저한 분석 및 평가; ② 환경에 심각한 악영향을 발생시키는 사업의 중지 또는 잠재적 악영향의 최소화; ③ 효과적인 협의; ④ 환경영향평가 과정에서 공중의 참여 및 정보 공개.

현재 국가별로 너무나 다양한 형태의 환경영향평가제도가 시행되고 있기 때문에 이를 조화 · 통합하기가 쉽지 않다. 각 국가는 국내법에 따라 다양하고 유연하게 환경영향평가제도를 시행하기 때문에 전세계적으로 획일적이고 통일적인 제도를 확립하기가 쉽지 않고 그 결과 국제적으로 환경영향평가와 관련한 각국의 의무 이행을 확보하기가 어려울 수밖에 없다. 국제환경법 관점에서는 환경영향평가제도를 도입 · 시행하고 있는 국가가 너무 적어서가 아니라 너무 많기 때문에 어려운 점이 발견되고 있는 셈이다. 이러한 문제점은 종국적인 결정보다는 의사결정 과정에서 거쳐야 하는 절차에 불과한 환경영향평가제도의 속성과 함께 국제적으로 환경영향평가제도의 법적 구속력을 떨어트리는 요소가 되고 있다. 특히 국제사회에서 주목받는 분야는 다른 국가에 심각한 환경을 초래할 가능성이 있는 계획사업에 대한 환경영향평가이다.

Ⅰ. 비구속적 문서

국제적 차원에서 처음으로 환경영향평가를 언급하고 있는 국제문서는 1982년 유엔에서 채택된 세계자연헌장이라고 할 수 있다.[4] 비록 간접적이지만 세계자연헌장은 제안된 사업을 시작하기 전에 환경영향평가가 이루어질 것을 명하고 있다. 즉 자연을 혼란시킬 가능성이 있는 활동을 할 때에는 그 영향평가를 사전에 실시하고, 개발계획 시에는 충분한 환경영향평가를 사전에 실시하여야 한다.[5] 나아가 이러한 활동이 시행되는 경우에는 잠재적인 악영향을 최소화하도록 계획되고 진행되어야 한다고 천명하고 있다.[6] 세계자연헌장은 비록 비구속적 문서로서 법적 구속력이 없지만, 자연에 심각한 위해를 발생시킬 가능성이 있는 활동에 대하여 철저히 분석할 것을 명하고 있으며, 사업 수행자로 하여금 해당 사업으로 인해 예상되는 이익이 잠재적 환경피해를 훨씬 능가한다는 점을 입증하도록 하고 있다. 악

4) World Charter for Nature, http://www.un.org/documents/ga/res/37/a37r007.htm; 22 I. L. M. 455 (1983).
5) *Id.* 제11조(c).
6) *Id.*

영향이 충분히 밝혀지지 않은 경우 그 활동을 진행할 수 없다.[7] 환경영향평가 과정에서 빼놓을 수 없는 공중의 참여도 강조하고 있는데, 평가 결과는 효과적인 협의와 참여가 이루어질 수 있도록 적절한 방법으로 공중에게 공개되어야 하며,[8] 누구에게나 환경에 직접 관계하는 의사결정 과정에 참여할 기회가 제공되어야 한다.[9]

세계자연헌장 이후 환경영향평가라는 표현이 국제문서에 자주 등장하였는데, 1992년 리우선언과 의제(Agenda) 21[10] 등이 대표적인 예이다. 리우선언은 구체적으로 "환경에 심각한 악영향을 초래할 가능성이 있으며 권한 있는 국가 당국의 의사결정을 필요로 하는 제안된 활동에 대하여 환경영향평가가 국가적 제도로서 실시되어야 한다"고 선언하고 있으며,[11] 의제 21은 많은 장에서 다양한 형태로 환경영향평가의 중요성을 뒷받침하고 있다. 2002년 요하네스버그에서 개최된 세계정상회의에서 채택된 이행계획서(Plan of Implementation)도 리우선언과 의제 21 등에 담겨 있는 환경영향평가에 대한 요구를 재확인하고 있다. 특히 의사결정에서 지속가능한 발전을 고려하기 위하여 모든 단계에서 관련 당국으로 하여금 "환경영향평가절차의 이용"을 촉진할 것을 명하면서,[12] 당사국에 대하여 환경에 심각한 영향을 초래할 수 있는 사업에 관한 의사결정을 지원하는 데 필수적인 정보를 제공하기 위하여 환경영향평가의 광범위한 적용을 국가제도로서, 적절하게 개발 · 조장할 것을 요구하고 있다.[13]

그러나 이러한 선언 및 원칙은 비구속적 문서에 불과하고, 환경영향평가의 내용 및 절차에 대하여 구체적이고 명확한 요건을 제시하고 있지 않기 때문에 감정적인 구호에 그칠 가능성이 많다.

Ⅱ. 판　　례

직접적이지는 않지만 환경영향평가는 국제사법재판소(ICJ)에서도 다루어졌다.

7) *Id.* 제11조(B).
8) *Id.* 제16조.
9) *Id.* 제23조.
10) Agenda 21 and The UNCED Proceedings Ⅳ (Nicholas Robinson ed., Oceana Publi-cations, Inc. 1993), § 21.
11) Rio Declaration on Environment and Development, 31 I. L. M. 874 (1992), 원칙 17.
12) http://www.un.org/esa/sustdev/documents/WSSD_POI_PD(2005. 7.), 제19조(e).
13) *Id.* 제135조.

1995년 뉴질랜드의 *상황검토 요청 사건*에서, 뉴질랜드는 프랑스의 지하 핵실험 재개에 관하여 1974년 *Nuclear Test 사건*에서 국제사법재판소가 내린 결정에 기초하여 상황의 검토를 요청하였다.[14] 여러 주장 중에 뉴질랜드는 특히 광범위하게 인정된 국제관행에 기초하여 프랑스가 핵실험을 하기 전에 환경영향평가를 시행할 국제관습법상의 의무가 있다고 주장하였다.[15] 비록 국제사법재판소는 이에 대하여 판단하지 않았지만 반대 의견을 낸 Weeramantry 판사는 환경영향평가는 힘과 국제적 수용을 얻고 있으며, 재판소가 이에 주목하여야 하는 일반적 인식의 수준에 다다랐다고 피력하였다.[16]

1997년 *Gabcikovo-Nagymaros Dam 사건*[17]은 다뉴브강의 자연수로를 인위적인 항행 수로로 유수를 변경하는 사업을 둘러싼 체코슬로바키아와 헝가리 간의 분쟁을 다루고 있다. 양국의 국경에 수문체계를 건설하는 것을 주된 내용으로 하는 Gabcikovo-Nagymaros 사업(G-N 사업)을 위해 1977년 양 당사국은 협정을 체결하였다. 이 협정은 수질 보호, 자연 보호, 어로 이익 등에 대하여 모호한 규정을 두었다. 1989년 댐 공사와 관련하여 위한 양국의 협상은 결렬되었고, 헝가리는 공사를 포기하였다. 이에 대해 체코슬로바키아는 일방적으로 변경사업안 C를 강행하였다. 1993년 양 당사국은 당초 사업과 변경사업안 C를 둘러싼 분쟁을 국제사법재판소에 제소하였다. 재판소의 중요한 결론은 1977년 협정이 유효하다는 것이다(사건의 경위 및 내용은 제5장 참조).

재판소의 다수 의견은 명시적으로 환경영향평가를 거론하고 있지는 않지만 조약의 역동적인 성격을 지적하면서 계속적인 위해성 평가의 필요성을 역설하였다. 재판소는 1977년 협정은 정적(static)인 것이 아니며, 새로이 나타나는 국제규범에 적응하도록 열려 있다고 언급하면서, 1977년 협정 체결 이후 수년 사이에 계속적인 기반에서 환경 위해성에 대한 평가가 이루어져야 한다는 인식이 상당히 강해졌다는 점을 강조하였다.[18] 실제로 헝가리는 이 지역의 지속가능한 발전 차원에서 당해 지역과 변경사업안 C 시설의 장래에 대하여 공동의 환경영향평가가 이루어져야 한다고 주장하였다.[19] 재판소는 환경영향평가에 대한 구체적인 결론은 없이

14) 사건의 경위 및 내용은 제10장 제2절 참조.

15) Request for an Examination of the Situation in Accordance with Paragraph 63 of the Court's Judgment of 20 December 1974 in the *Nuclear Tests (New Zealand v. France)*, 1995 I. C. J. 288, 289~290 (1995).

16) *Id.* 343면.

17) *Gabcikovo-Nagymaros Project (Hungary v. Slovakia)*, 37 I. L. M. 162 (1998); 1997 I. C. J. 7 (1997).

18) *Id.* § 112.

양 당사국에게 1977년 협정의 목적뿐만 아니라 국제환경규범과 국제수로에 관한 원칙을 고려하면서 해결책을 강구할 것을 명하였다.[20]

주목할 것은 다수의견에 동조하였지만 별도의 의견을 낸 Weeramantry 부재판소장의 환경영향평가에 대한 특별한 언급이다. Weeramantry 판사는 특히 '계속적인 환경영향평가(Continuing Environmental Imapact Assessment)' 원칙이라는 이름하에 계속적인 감시를 강조하면서,[21] 다음과 같은 의미심장한 결론을 피력하였다: "1977년 협정의 관련 조항에서 환경을 고려하도록 한 것은 환경영향평가의 원칙 또한 협정에 이미 들어가 있는 것을 의미한다."[22] 그는 환경영향평가의무는, 해당 조약에 명시적으로 규정되어 있는지를 불문하고, 합리적으로 보아 환경에 심각한 영향을 미치는 것으로 볼 수 있는 조약에 이미 담겨져 있다고 덧붙였다.[23]

2010년 *Pulp Mills 사건*[24]에서 국제사법재판소는 환경영향평가와 관련해서 중요한 결정을 하였다. 우루과이강 연안에 위치하는 두 펄프공장에 대하여 우루과이가 일방적으로 건설허가를 한 것과 관련해서 우루과이강 이용체제의 설립기반이 되는 조약(1975년 우루과이강 조약) 위반을 근거로 아르헨티나가 제소한 사안에서 국제사법재판소는 우루과이가 통지, 협상할 의무 등 절차적 의무를 위반하였다고 결론 내렸다.[25] 나아가 재판소는 실체적 의무 위반 여부를 판단하였는데, 결론적으로 우루과이가 필요한 상당한 주의(due diligence) 정도를 갖고 행위하지 아니하였다거나 해당 펄프공장이 배출한 오염물질이 우루과이강의 생물자원, 수질 또는 생태 균형에 해로운 영향이나 피해를 야기했다는 결정적인 증거가 없다면서 우루과이가 실체적 의무를 위반하지 않았다고 결정하였다.[26] 이 과정에서 국제사법재판소는 역사적 의미를 갖는 판단을 하였다. 즉 국제사법재판소는 1975년 우루과이강 조약 제41조(a), (b)의 수환경을 보호 · 보전할 의무를 준수하기 위하여, 당사국들은 월경피해를 유발할 수 있는 행위와 관련하여 수환경을 보호 · 보전할 목적으로 환경영향평가를 수행하여야 한다고 선언하면서 "조약 제41조(a)[27]의 보호 · 보

---

19) *Id.* § 125.
20) *Id.* § 141.
21) *Id.* 111면.
22) *Id.*
23) *Id.* 112면.
24) *Pulp Mills on the River Uruguay (Argentina v. Uruguay)*, 2010 I. C. J. 18 (2010).
25) *Id.* § 158. 사전통지의무와 같은 절차적 의무는 1975년 조약 제7조부터 제12조에 걸쳐 규정되어 있다.
26) *Id.* § 263.
27) 동조항은 "당사국들은 적용가능한 국제조약에 따라 그리고 국제(기술)기구의 지침 및 권고에 부합하여 적절한 규칙을 규정하고 적절한 조치를 취함으로써 수환경을 보호 및 보전하고

전의무는 최근 국가들 사이에 널리 채택되어 이제는 일반국제법상의 요건으로 볼 수 있는 관행, 즉 제안된 산업 활동이 월경상황에서, 특히 공유자원에 대해서 심각한 악영향을 미칠 수 있는 경우, 환경영향평가를 수행해야 한다는 관행에 따라 해석되어야 한다"고 판단하였다.[28] 이는 심각한 월경환경피해가 있는 경우 환경영향평가를 수행하여야 한다는 것이 국제관습법상의 의무라는 점을 밝힌 것이라고 이해된다(자세한 내용은 제5장 제1절 Ⅵ. 참조).[29]

Ⅲ. 협 약

환경영향평가가 환경보호 및 관리의 중요한 수단으로 부각되면서 환경협약에도 수용되기 시작하였다. 국내법에서 발전한 환경영향평가의 원칙, 접근 방법, 절차 등이 월경환경피해를 방지하기 위한 유효한 수단으로 인식되었기 때문이다. 환경영향평가를 명시적으로 언급하고 있는 협약은 1982년 유엔해양법협약, 1985년 아세안 자연보전협정, 1991년 초국경적 환경영향평가에 관한 협약, 1991년 환경보호에 관한 남극조약의정서(마드리드의정서), 1992년 생물다양성협약, 1997년 국제수로의 비항행적 사용에 관한 협약 등이 있다. 이 중 초국경적 환경영향평가에 관한 협약과 마드리드의정서가 비교적 그 내용이 자세하고 충실하다.

1. 초국경적 환경영향평가에 관한 협약

가. 배 경

최근에 월경 환경오염문제가 국내 · 외적으로 주목을 받고 있다. 산성침전, 핵오염, 오존층 파괴, 유류 및 유해화학물질의 유출 등으로 인한 월경오염은 다른 국가의 대기, 해양, 기후, 지하수, 야생동 · 식물 등에 심각한 악영향을 미칠 수 있다. 1986년 체르노빌 원전 사고가 그 대표적인 예이다. 이 사고는 한 국가의 영토 안에서 이루어진 활동이 인근 국가 또는 국제공동지역에 회복할 수 없는 피해를 미칠 수 있다는 것을 분명히 보여주었다. 이는 월경오염의 상징이 되어 인류에게 월경피해에 대한 경각심을 크게 불러 일으켰으며 전세계적으로 월경피해 금지의 중

그 오염을 방지하여야 한다"고 규정하고 있다.

28) *Pulp Mills 사건*(각주 24), § 204.

29) 정진석, "펄프공장 사건(아르헨티나 대 우루과이) 판결의 국제환경법적 함의", 서울국제법연구 제18권 제2호, 2011. 12, 274면.

요성을 각인시켰다. 월경피해 금지의무는 증가하는 국가들간의 상호의존성과 맞물리면서 공감대가 확산되고 있다. 리우선언 원칙 2가 이를 확인하고 있다. 그러나 월경오염문제에서 파생되는 국가책임 및 피해자 배상 등을 둘러싼 국제환경법체제는 미약하기 그지없다. 이러한 배경에서 유엔유럽경제위원회(UNECE)의 주도로 1991년 핀란드 Espoo에서 체결된 초국경적 환경영향평가에 관한 협약(Espoo협약)30)이 탄생한 것은 놀라운 일이 아니다. 환경영향평가는 월경피해금지의 중요한 수단이라고 할 수 있기 때문이다. 이 협약은 당시 활용되고 있던 위원회 지침(85/337)31)을 바탕으로 통일적인 환경영향평가 절차를 규정함으로써 월경오염문제를 해결하는 것을 목적으로 하고 있다. 협약은 초국경적 영향을 갖는 사업을 수행하기 위해 필요한 통지, 환경영향평가, 협의 등에 관하여 자세한 규정을 두고 있는데, 그 주요한 내용은 다음과 같다.

나. 주요 내용

(1) 환경영향평가의무

이 협약은 당사국으로 하여금 다른 국가가 수행하는 해당 사업의 시작과 완성을 실제적으로 방지할 수 있도록 하지 않는다. 다만 제안된 사업을 수행하는 당사국에게 환경적으로 책임 있는 계획 수립과 사업 수행을 촉진하기 위하여 환경영향평가를 요구하고 있다. 이에 따라 협약은 초국경적 영향을 미치는 사업계획에 대하여 환경영향평가를 위한 구체적 요건을 정하고 있다. 먼저 당사국은 제안된 활동으로부터 발생하는 초국경적 환경에 대한 심각한 악영향(significant adverse impact)을 방지하고 감소시키고, 규제할 수 있는 모든 적절하고 효과적인 조치를 취하여야 한다.32) 그 결과 환경영향평가는 제안된 활동에 대하여 의사결정이 이루어지기 전에 실시되어야 한다.33)

환경영향평가의 대상은 타국에 영향을 미치는 모든 행위가 아니라 초국경적인

---

30) Convention on Environmental Impact Assessment in Transboundary Context, 30 I. L. M. 800 (1991).

31) Council Directive 85/337, 1985 O.J. (L175) 40. 이 지침은 1997년 개정되었다. Council Directive 97/11, 1997 O.J. (L73) 5. 2001년 6월 유럽의회와 위원회는 환경영향평가 대상을 계획과 프로그램으로 확장하는 이른바, 전략환경평가(Strategic Environmental Assessment)에 관한 지침 2001/42/EC를 채택하였다. *European Directive on Strategic Environmental Assessment*, 14 J. Envtl. L. 131 (2002).

32) Espoo협약(각주 30), 제2조 제1항. 협약은 "적절하고 효과적인 조치"가 무엇인지 지침을 제공하고 있지 않다. 결국 이는 당사국의 재량에 맡겨져 있는 셈이다.

33) *Id.* 동조 제3항.

‘심각한(significant)’ 악영향을 야기할 우려가 있는 부속서Ⅰ에 명기되어 있는 17개의 계획된 활동[34]으로 국한된다. 그러나 구체적인 경우 당사국마다 그 대상을 달리할 수 있기 때문에 분쟁이 발생할 수 있다. 이러한 점을 고려하여 협약은 당사국으로 하여금 부속서Ⅰ에 명기되어 있지 않지만 심각한 초국경적 환경영향을 갖는 활동에 대하여 환경영향평가를 요청할 수 있도록 하고 있다. 심각한 초국경적 악영향을 갖는지를 결정하는 요소는 규모, 장소, 인간과 가치 있는 종에 미치는 영향 등이다.[35] 영향의 성질(즉 심각한 초국경적 악영향이 있는지 여부) 또는 환경영향평가가 필요한지 여부 등에 대하여 합의가 이루어지지 않은 경우 당사국은 전문가 3인으로 구성된 독립된 심사위원회(inquiry commission)에 문제를 제기할 수 있다.[36]

환경영향평가절차는 ① 통지, ② 환경영향평가서의 준비, ③ 협의, ④ 최종 결정 및 사후분석 등 4단계로 이루어진다. 먼저 제안된 활동을 하고자 하는 원인당사국(Party of origin)은 초국경적인 ‘심각한’ 악영향을 야기할 우려가 있는 제안된 활동에 대하여 피해당사국(Affected Party)이 될 우려가 있는 당사국에 대하여 가능한 한 빨리, 그리고 원인당사국의 공중에 대해 이루어지는 통지보다 늦지 않게 통지하여야 한다.[37] 타국 국민에게 통지하는 시점을 자국민에게 하는 것과 동일하게 하고 있는 것은 뒤에서 보는 바와 같이 환경영향평가절차에서 자국민과 동일하게 타국 국민의 공중참여를 허용하기 위한 전제가 되고 있다.

이 통지에는 제안된 활동에 관한 정보, 이루어질 수 있는 결정의 성질, 피해당사국이 환경영향평가절차에 참여할 것인지 여부에 대한 회답에 소요되는 합리적인 기간의 표시 등이 포함되어야 한다.[38] 이에 대하여 피해당사국은 원인당사국에게 통지의 수령을 정해진 기간 내에 회답하고, 환경영향평가절차에 참여할 의사가 있는지 여부를 표명하여야 한다.[39] 피해당사국이 환경영향평가절차에 참여하기로 결정한 경우, 피해당사국은 원인당사국의 요청에 따라 자국의 관할권 아래에 있는 잠재적으로 영향을 받을 환경에 관해 합리적으로 입수 가능한 정보를 원인당사국에게 신속하게 제공하여야 한다.[40] 이는 원인당사국이 완전하고 정확한 환경영향

34) 여기에는 정유활동, 열발전소와 소각시설의 활동, 핵연료의 생산 · 농축을 위해 설계된 시설의 활동, 제련활동, 고속도로 · 공항 · 파이프라인 · 항만 · 댐 등의 건설, 광범위한 지역의 벌채 등이 폭 넓게 포함된다. *Id.* 부속서Ⅰ.

35) *Id.* 동조 제5항, 부속서 Ⅲ.

36) *Id.* 동조 제7항, 부속서 Ⅳ.

37) *Id.* 제3조 제1항.

38) *Id.* 동조 제2항.

39) *Id.* 동조 제3항.

평가서를 준비하기 위한 조치이다.

이 협약은 환경영향평가 과정에서 공중의 참여를 강조하고 있다. 즉 관련 당사국들은 피해당사국의 공중이 당해 제안된 활동에 관한 정보를 통지받고, 당해 제안된 활동에 대해 원인당사국의 권한 있는 기관에 의견을 표명하거나 반대를 주장할 수 있도록 보장하여야 한다.[41] 이는 해당 사업으로 영향을 받는 지역의 공중이 관련 정보를 제공받고 다른 국가에서 이루어지는 환경영향평가절차에 참여할 수 있는 권리를 가진다는 점에서 획기적인 조치라고 할 것이다.

환경영향평가절차의 두 번째 단계는 환경영향평가서를 준비하는 과정을 포함한다. 원인당사국은 피해당사국의 권한 있는 기관 및 피해를 입을 우려가 있는 지역에 소재하는 공중에게 환경영향평가서를 제공하여야 한다. 이 경우 당해 기관 및 공중은 제안된 활동에 관한 최종적인 결정이 이루어지기 전의 합리적인 기간 내에 원인당사국의 권한 있는 기관에 의견을 제출할 수 있다.[42] 환경영향평가서에 포함되어야 할 최소한의 정보는 다음과 같다: ① 제안된 활동과 그 목적; ② 적절한 경우에는 제안된 활동의 합리적인 대안 및 비시행 대안(no-action alternative); ③ 제안된 활동과 그 대안에 심각하게 영향을 받을 우려가 있는 환경; ④ 제안된 활동과 그 대안의 잠재적 영향 및 그 중대성의 평가; ⑤ 환경에 대한 악영향을 최소한으로 하기 위한 완화조치; ⑥ 예측방법과 기초가 되는 가정 및 사용된 관련 환경자료; ⑦ 필요한 정보수집 시에 직면하는 지식의 차이와 불확실성; ⑧ 적절한 경우에는 감시와 관리계획의 개요 및 사후사업분석(post-project analysis)을 위한 계획; ⑨ 적절한 시각적인 표현(지도, 도표 등)을 포함하는 비기술적(non-technical) 요약.[43]

세 번째 단계는 원인당사국이 제공한 정보에 기초하여 원인당사국과 피해당사국이 협의하는 단계이다. 이에 따르면 원인당사국은 환경영향평가서의 완성 후에 제안된 활동의 잠재적인 초국경적 영향 및 그 영향을 감소 또는 제거하기 위하여 피해당사국과 협의를 시작하여야 한다. 이들 당사국들은 협의기간에 관한 합리적인 시간 범위에 관해 합의하여야 한다.[44]

마지막 단계는 최종 결정 및 사후사업분석 과정을 포함한다. 제안된 활동에 관하여 최종 결정을 내리는 경우, 당사국은 환경영향평가서 및 제3조 제8항과 제4조

---

40) *Id.* 동조 제6항.
41) *Id.* 동조 제8항.
42) *Id.* 제4조 제2항.
43) *Id.* 부속서 Ⅱ.
44) *Id.* 제5조.

제2항에 따라 제공된 의견을 포함하는 환경영향평가의 결과와 제5조에 따른 협의의 결과를 성실히 고려하여야 한다.[45] 어느 정도 고려할 것인지는 원인당사국의 재량에 맡겨져 있다. 한편, 원인당사국은 제안된 활동에 관한 최종 결정을 그 기초근거 및 의견과 함께 피해당사국에게 통지하여야 한다.[46]

환경영향평가절차는 사업 개시 후에도 일정한 행위를 요구하고 있다. 최종 결정이 이루어진 후에 관련 당사국의 요구에 의해 이루어지는 사후사업분석이 그것이다. 사후사업분석은 특히 해당 활동의 감시와 초국경적 악영향의 확인을 포함한다. 이러한 감시와 확인은 부속서 Ⅴ에서 정하고 있는 목표[47]를 달성하기 위하여 실시될 수 있다.[48] 원인당사국 또는 피해당사국은 사후사업분석 결과 초국경적인 심각한 악영향이 있거나 그러한 영향을 야기할 요인이 발견되었다고 결론을 내린 것에 합리적인 이유가 있을 때에는 다른 당사국에게 즉시 알려야 한다. 그 후 관련 당사국은 당해 영향을 감소시키거나 제거하기 위한 필요한 조치에 관하여 협의하여야 한다.[49]

(2) 조사 프로그램에서의 협력

협약은 다른 환경협약과 마찬가지로 조사 및 분석을 촉진하고 관련 정보를 전파하기 위한 규정을 두고 있다. 즉 협약은 제안된 활동의 영향을 평가하기 위한 질적 · 양적 방법을 향상하고, 인과관계와 통합된 환경관리에서의 그 역할에 대한 보다 많은 이해를 달성하며, 제안된 활동에 대한 결정의 효율적인 이행을 분석 · 감시하는 등의 목적으로 당사국에게 특별 조사프로그램을 수립 · 강화할 것을 장려하고 있다.[50] 이는 새로운 개발계획이 보다 통일적으로 그리고 환경친화적으로 수립 · 평가 · 시행되기 위한 과학적 기반을 제공할 것으로 보인다.

(3) 이행 및 분쟁해결 등

협약은 그 이행을 감독하기 위한 독립적인 시행기구를 창설하고 있지 않다. 협약은 다만 사무국을 창설하고 있을 뿐인데, 그 권한은 당사국회의의 소집 및 준비, 보고서와 관련 정보의 전달 등에 그치고 있다.[51] 결과적으로 사무국은 행정적 기능

45) *Id.* 제6조 제1항.
46) *Id.* 동조 제2항.
47) 여기에는 ① 활동의 허가 또는 승인 및 완화조치의 유효성에서 정한 조건을 준수하였는지에 대한 감시, ② 적절한 관리와 불확실성에 대처하기 위한 영향의 재검토, ③ 동일한 형태의 장래 활동에 경험을 전달하기 위한 과거의 예측 검증 등이 포함된다. *Id.* 부속서 Ⅴ.
48) *Id.* 제7조 제1항.
49) *Id.* 동조 제2항.
50) *Id.* 제9조.

만을 수행할 뿐이며, 협약의 이행 및 시행을 위한 강한 권한을 가지고 있지 않다.

당사국들간의 분쟁해결을 관장 · 감독하기 위한 권한 있는 기구도 마련되어 있지 않다. 협약은 협약의 해석 또는 적용과 관련하여 분쟁이 발생한 경우 우선 당사국에게 교섭할 것을 장려하고 있으며 나아가 선택적으로 국제사법재판소나 부속서 Ⅶ에 따른 중재에 의뢰할 것을 요구하고 있을 뿐이다.[52] 결과적으로 분쟁해결 절차는 다른 환경협약에서 흔히 볼 수 있는 것과 같이 강제적이지 않다.

⑷ 양자 및 다자 협력

협약은 효율적인 시행기구를 두고 있지 않지만 당사국으로 하여금 협약에서 정하고 있는 요건보다 더 엄격한 요건을 부과하는 것을 허용하고 있으며, 협약상의 의무를 충실히 이행하기 위하여 양자 · 다자협정을 체결 · 시행할 수 있도록 하고 있다.[53] 이에 따라 당사국은 협약의 최소 기준을 충족하면서 자국의 시스템과 일치하는 특별한 체제를 창출할 수 있다. 이로써 당사국들이 진정으로 월경오염의 감소를 원할 경우 협약의 한계 밖에서도 국가간 협력과 노력을 통해 이를 이룰 수 있는 길이 열려 있다고 할 수 있다.

다. 2003년 전략환경평가에 관한 의정서

2003년 전략환경평가(Strategic Environmental Assessment: SEA)에 관한 의정서[54]가 우크라이나 키에프에서 채택되었다. 이 의정서는 계획, 프로그램, 정책 그리고 입법의 개발 · 준비 시 건강을 포함한 환경고려가 이루어질 것을 보장하고, 명백하고 투명한 그리고 효과적인 전략환경평가 절차를 수립하며, 공중의 참여 나아가 지속가능한 발전을 보장한다는 명시적인 목적을 가지고 있다.[55] 이 의정서는 사업단계 이전 단계에서 환경을 고려한다는 점에서 높게 평가받을 수 있다.

각 당사국은 의정서를 시행하기 위해 필요한 입법적, 행정적 조치를 취할 일반적 의무가 있다.[56] 당사국들은 심각한 환경(건강을 포함) 영향을 미치는 계획 및 프로그램에 대해 전략환경평가를 실시하여야 한다.[57] 환경영향평가 대상은 농업,

---

51) *Id.* 제13조.

52) *Id.* 제15조.

53) *Id.* 부속서 Ⅵ.

54) 2003 Protocol on Strategic Environmental Assessment(SEA) to the Convention on Environmental Impact Assessment in a Transboundary Context, 21 Int'l Env't Rep. (BNA) 4125.

55) *Id.* 제1조.

56) *Id.* 제3조 제1항.

임업, 수산, 에너지, 운송, 지역개발, 폐기물관리, 물관리, 정보통신, 관광, 도시계획, 토지이용 등을 위한 계획 및 프로그램과 부속서 I 에 등재된 사업의 장래 개발에 대한 동의를 위해 골격을 정한 계획 및 프로그램 그리고 국내 입법에 의해 환경영향평가가 요구되는 부속서 II 에 등재된 다른 사업이다.[58] 여기에 포함되지 않는 계획 및 프로그램에 대하여 당사국은 스크리닝(screening) 절차를 통해 전략환경평가를 요구할 수 있다.[59] 그러나 국가방위 또는 시민 긴급사태에 공하기 위한 것이 그 유일한 목적인 계획 및 프로그램, 재정 또는 예산계획 및 프로그램 등은 전략환경평가가 면제된다.[60] 나아가 의정서는 전략환경평가절차를 규정하고 있다. 여기에는 스크리닝, 스코핑(Scoping), 보고, 공중참여, 협의, 감시 등이 포함된다.

라. 평 가

Espoo협약은 국경을 넘는 환경피해를 환경영향평가를 통해 해결하고자 하였다는 점에서 높게 평가할 수 있을 것이다. 이 협약은 월경오염문제를 다룬 협약으로 참여국으로 하여금 환경영향평가절차를 수립할 것을 강제하며, 제안된 활동의 초국경적 환경영향에 관한 정보를 제공할 것을 요구하고 있다. 그 결과 이 협약에 기초하여 환경영향평가와 관련한 다양한 국가시스템이 조화되며, 정보의 제공 및 교환이 강화될 것으로 기대된다. 이 협약은 다른 국가의 정부와 공중이 그 초기단계에서부터 환경영향평가 과정에 참여할 수 있는 길을 열어 놓고 있는데, 공중의 참여는 의사결정자가 보다 올바른 의사결정을 하도록 하고, 갈등을 차단 · 완화시킬 수 있다는 점에서 중요한 의미를 갖는다. 특히 환경영향평가 과정에서 내 · 외국인을 동일하게 대우하도록 한 비차별 조항(예컨대, 제2조 제6항, 제3조 제1항)은 공중참여와 관련하여 큰 진전을 이루었다고 평가할 수 있다.

이 협약은 환경영향평가와 관련한 최소한의 기준을 수립하고 있는데, 다른 지역에서 환경영향관련 체제를 개발하는 데 모델로 작용할 수 있다. 이 협약은 비록 적용지역이 유럽에 한정된 지역적 협약에 불과하지만 추후 예상되는 전지구적 차원의 환경영향평가를 다루는 단일의 국제조약을 위해 중요한 기초를 제공할 것이 분명하다. 이 협약이 다른 지역에 직접 적용될 수는 없지만 그 시행과정에서의 경험은 다른 지역에 좋은 모델로 작용할 것이다.

---

57) *Id.* 제4조 제1항.
58) *Id.* 동조 제2항.
59) *Id.* 동조 제3항, 제5조 제1항.
60) *Id.* 동조 제5항.

그러나 이 협약은 다음과 같은 한계점을 동시에 가지고 있다. 우선 이 협약의 적용 범위가 제한적이라는 것을 들 수 있다. 이 협약은 유럽 지역에만 적용되는 지역적 협약에 불과하다. 유럽 이외의 국가로서 미국, 캐나다 등이 서명하였지만 미국은 아직까지 비준하지 않고 있다.61)

적용대상도 일정한 한계가 있다. 이 협약은 부속서 I 에 명기되어 있는 17개의 계획된 활동에 대해서만 환경영향평가를 요구하고 있다. 이 협약은 협약 비준 전에 존재하고 있던 기존의 월경오염원에는 적용되지 않는다. 또한 이 협약은 비정부조직체(예컨대 비정부기구 또는 개인)가 환경영향평가를 시행하는 것을 허용하고 있지 않다. 이 협약은 환경영향평가의 주체를 '원인당사국'으로 한정하고 있다. 환경영향평가절차에 개입할 수 있는 '피해당사국'도 국가로 제한된다. 협약 제2조 제6항에서는 "원인당사국은 초국경적인 심각한 악영향을 받을 우려가 있는 지역에 살고 있는 공중에게 제안된 활동에 관한 관련 환경영향평가절차에 참여할 기회를 주어야 하며, 피해당사국의 공중에게 제공되는 이러한 기회가 원인당사국의 공중에게 제공된 것과 등등할 것을 보장하여야 한다"고 규정함으로써 공중이 환경영향평가절차에 참여할 수 있는 권리를 주고 있으나 피해국가의 정부가 개입하지 아니할 경우에는 피해당사국의 공중이 그 권리를 행사할 수 없다.62)

추상적이고 애매한 표현은 효율적인 시행에 장애가 될 수 있다. '심각한(significant) 피해', '적절하고 효과적인 조치', '합리적인(reasonable) 기간' 등은 한 예에 불과하다. 부정확한 의미는 요건을 약화시킬 뿐만 아니라 다양한 해석을 불러일으키면서 불필요한 분쟁을 야기할 수 있다. 피해가 개인이 제안 또는 수행하는 사업으로 인한 피해에 적용되는지, 군사활동에 따른 피해에도 적용되는지 불분명하다. 제안된 활동에 관련된 예민한 국가안보정보가 공개 대상에서 제외되는지, 만약 제외된다면 누가 그러한 결정을 하는지 불분명하다.63)

---

61) 환경영향평가와 관련하여 특히 전세계적 협약이 탄생하지 않은 요인으로는 리우선언 원칙 2로 대표되는 월경피해금지의무의 실체적인 요건 자체가 불명확하기 때문에 이에 기초한 절차적 규칙을 정하는 것이 어렵다는 점, 각국이 국내법에 따라 너무나도 다양한 환경영향평가를 시행하고 있기 때문에 전세계적으로 통일적인 규정을 만드는 것이 어렵다는 점, 지역적인 피해를 국제협약이 아닌 지역적 협약으로 해결하려는 경향이 있는 점 등을 들 수 있다. John H. Knox, *Assessing the Candidates for a Global Treaty on Transboundary Environmental Impact Assessment*, 12 N. Y. U. Envtl. L. J. 153, 155~157 (2003).

62) Jameson Tweedie, *Transboundary Environmental Impact Assessment under the North American Free Trade Agreement*, 63 Wash. & Lee L. Rev. 849, 899 (2006).

63) Laura Carlan Battle, *A Transnational Perspective on Extended NEPA: The Convention on Environmental Impact Assessment in a Transboundary Context*, 5 Duke Envtl. L. & Pol'y F. 1, 8 (1995).

협약상의 의무 이행을 확보하기가 쉽지 않은 점도 문제이다. 원인당사국은 환경영향평가 과정을 통해 인식한 잠재적인 환경영향을 회피해야 할 의무도 환경적으로 가장 유해하지 않은 대안을 선택할 의무도 지지 않는다. 피해당사국에게 원인당사국이 문제의 사업을 시행하는 것을 종국적으로 금지시킬 수 있는 권한을 주는 것도 아니다. 이 협약은 다만 원인당사국에게 초국경적 영향을 미칠 수 있는 계획된 사업에 대하여 환경영향평가를 준비하고, 피해당사국과 공중으로부터 받은 의견을 고려할 것을 명할 뿐이다.

또한 이행을 감독하기 위한 독립적인 시행기구가 없기 때문에 이행의 담보가 쉽지 않다. 환경친화적이지 않은 개발과 지속가능성이 없는 개발을 하지 못하도록 해당 당사국으로 하여금 반드시 환경영향평가를 수행하도록 강제할 수 없다. 원인당사국은 협약에 정해진 절차적 가이드라인을 지켜야 하지만 개발 방법과 관련한 최종적이고 실체적인 결정은 해당 당사국의 몫으로 남아 있다.[64] 환경영향평가절차에 공중의 참여가 가능하지만 원인당사국이 영향을 받는 사람들의 관심과 의견을 반드시 반영하여야 할 의무는 없다. 의견을 어느 정도 고려·반영할 것인지는 원인당사국의 재량이기 때문이다. 사무국에게 시행권한이 없기 때문에, 당사국들간에 환경영향평가가 필요한지 여부 등에 대하여 합의가 이루어지지 않은 경우 회부되는 심사위원회의 결정도 그 이행을 확보하는 데 한계가 있다. 심사위원회의 결정에 동의하지 않는 당사국은 여전히 그 이행을 거부할 가능성이 많기 때문이다. 결국 환경영향평가의 이행은 당사국이 자발적으로 수행하지 않는 한 그 확보가 쉽지 않다.

협약의 애매한 표현과 불명확한 절차에 기인하는 분쟁은 그 해결이 쉽지 않아 보인다. 이러한 문제와 분쟁해결에 분명히 답할 수 있는 권한 있는 기구가 없기 때문이다.

2. 환경보호에 관한 남극조약의정서

1991년 환경보호에 관한 남극조약의정서(마드리드의정서)[65]는 남극환경과 생태계를 보호하기 위하여 남극활동에 대하여 환경영향평가를 의무화하고 있다. 즉 각 당사국은 과학조사, 관광, 그 밖에 모든 정부 및 비정부 차원의 활동계획에 대하여

64) John F. Beggs, *Combatiting Biospheric Degradation: International Environmental Impact Assessment and the Transboundary Pollution Dilemma*, 6 Fordham Envtl. L. J. 379 (1995).

65) Protocol on Environmental Protection to the Antarctic Treaty, 30 I. L. M. 1461 (1991).

부속서 I 에 따른 환경영향평가를 수행하여야 한다.[66] 환경영향평가절차는 기존 활동의 증가 또는 감소, 활동의 추가, 시설의 폐기 등에 적용된다.[67] 의정서는 활동을 다음 세 가지로 구분하고 당사국으로 하여금 부속서에 규정된 방법과 절차에 따라 환경영향평가를 이행하도록 하고 있다: ① 사소하거나 일시적인 것에 못미치는 영향을 끼치는 활동; ② 사소하거나 일시적인 영향을 끼치는 활동; ③ 사소하거나 일시적인 것을 초과하는 영향을 끼치는 활동.[68]

의정서 본문과 일체를 구성하는 부속서는 환경영향의 정도에 따라 남극활동을 세 가지 범주로 분류하고 각기 다른 절차를 요구하고 있다. 이에 따라 계획된 활동이 '사소하거나 일시적인 것에 못미치는 영향을 끼치는 경우'를 제외하고는 환경영향평가가 이루어져야 한다.[69] 환경영향평가의 첫 번째 단계는 초기환경평가(Initial Environmental Evaluation: IEE)인데, 계획된 활동이 사소하거나 일시적인 영향을 끼치는 경우에 실시한다.[70] 여기에는 제안된 활동의 기술, 대안, 그 활동이 갖게 될 누적적(cumulative) 영향을 포함하여 해당 활동이 미치는 영향 등을 담고 있어야 한다.[71]

사소하거나 일시적인 것을 초과하는 영향을 끼치는 활동의 경우에는 두 번째 단계인 포괄적 환경평가(Comprehensive Environmental Evaluation: CEE)가 이루어져야 한다.[72] 포괄적 환경평가는 상세하고 엄격한 평가이다. 여기에는 해당 활동의 목적 · 장소 · 기간 · 빈도 · 대안, 최초의 환경상황과 예상되는 변화, 계획된 활동의 영향을 예측하기 위하여 사용된 방법과 자료 등이 상세하게 포함되어야 한다. 또한 해당 활동으로 파생될 수 있는 직접적 영향뿐만 아니라 제2차적 영향, 누적적 영향 등에 대해서도 검토되어야 한다.[73] 포괄적 환경평가는 검증절차를 거친다. 즉 당사국은 초안을 공개하고 모든 당사국들이 회람할 수 있도록 하고, 환경보호위원회와 협의당사국회의에 그 초안을 제출하여야 하며, 협의당사국회의의 검토가 있기 전까지는 해당 활동을 진행할 수 없다.[74]

의정서는 예비 단계에서 계획된 행위가 사소하거나 일시적인 것에 못미치는

66) *Id.* 제8조 제2항.
67) *Id.* 동조 제3항.
68) *Id.* 동조 제1항, 부속서 I .
69) *Id.* 부속서 I , 제1조.
70) *Id.* 제2조 제1항.
71) *Id.*
72) *Id.* 제3조 제1항.
73) *Id.* 동조 제2항.
74) *Id.* 동조 제3항 내지 제5항.

영향을 끼치는 경우라고 인정되는 경우에는 해당 행위를 진행할 수 있도록 하고 있다.[75] 이는 역으로 사실상 모든 활동에 대하여 평가 및 그에 대한 검증을 요구하고 있다는 것을 의미한다. 이와 같이 광범위하게 환경영향평가를 요구할 경우 남극조약이 보장하고 있는 자유로운 과학적 조사활동은 위축될 수 있으나 환경영향평가는 지구의 마지막 청정지역을 보전하기 위한 부득이한 선택이라 할 것이다.[76]

이러한 환경영향평가제도에 대해서는 그 실효성을 반감시키는 문제점이 다소 발견되고 있다. 예컨대, 환경영향평가의 중요한 분류 기준으로 작용하는 "사소하거나 일시적인 영향"이 어떤 것인지 분명한 기준이 없다는 것이다. 부속서에서는 "해당 제안 활동을 시작하기 전에 적절한 국내 절차에 따라 환경영향을 고려"하도록 하고 있는데,[77] '국내절차'는 각국마다 다양하고, '적절한'은 모호한 표현이다. 계획의 실행 여부에 대한 결정은 전적으로 해당 계획을 제안한 국가의 몫이라고 할 것이다. 환경영향평가 결과에 대해 회람을 한 당사국들이 의견서를 제출할 수 있고, 제출된 의견서는 협의당사국회의에서 논의될 수 있지만 환경영향평가 과정에서 환경보호위원회 또는 국제사회의 의견을 반영하는 것을 보장하는 장치가 없기 때문이다. 환경영향평가와 관련하여 협의당사국회의의 역할도 불분명하다. 부속서는 협의당사국회의의 검토가 있기 전까지는 해당 활동을 진행할 수 없다고 규정하고 있는데, 진행 여부를 결정하는 주체, 기준 및 방법은 불분명하다.

3. 기 타

1982년 유엔해양법협약은 당사국으로 하여금 자국 관할권이나 통제하에 있는 계획된 활동이 해양환경에 대해 실질적인 오염이나 심각하고 유해한 변화를 가져올 것이라고 믿을 반한 합리적인 근거가 있는 경우, 해당 활동이 해양환경에 미치

---

75) *Id.* 제1조.

76) 남극의 보호는 이중의 목적을 갖는다. 남극환경을 있는 그대로 보전하는 것과 남극이 과학을 위해 제공될 수 있다는 가능성을 보호하는 것이다. 그러나 남극에서의 과학조사활동은 남극환경을 해칠 가능성이 있다. 이러한 과학조사와 남극환경의 보호 간의 충돌문제는 환경영향평가절차를 통해 조화 · 타협될 수 있다. 마드리드의정서는, 특히 부속서 Ⅱ와 부속서 Ⅴ에서 과학조사 이익을 위해 환경규제를 제한하고 많은 예외를 허용하고 있다는 점에서, 환경보호에 비해 상대적으로 과학조사활동에 우위를 두고 있다고 할 수 있다. Rudiger Wolfrum, *Environmental Protection of Ice-Covered Regions*, International, Regional and Environmental Law 332 (Fred L. Morrison ed., Kluwer Law International 2000).

77) 마드리드의정서(각주 65), 부속서Ⅰ, 제1조 제1항.

는 잠재적인 영향을 실행 가능한 한 평가하고 그 평가결과보고서를 적절한 기간마다 권한 있는 국제기구에 제출하고 다른 국가들이 이용할 수 있도록 하고 있다.78)

1985년 아세안 자연보전협정에서 체약국들은 자연환경에 심각한 영향을 미칠 우려가 있는 활동을 하고자 하는 제안이 가능한 한 채택 전에 그 영향을 평가하기 위한 절차를 취하고 의사결정 과정에서 그 평가 결과를 고려하기로 약속하였다. 또한 어떤 활동이 실행되는 경우 평가된 악영향을 방지 또는 최소화하도록 계획·수행하고 적절한 구제를 위해 그 영향을 측정하기로 합의하였다.79)

또한 1992년 생물다양성협약은 당사국에게, 가능한 한 그리고 적절하게, 생물다양성에 악영향을 미칠 수 있는 사업계획에 대하여 이러한 악영향을 제거하거나 최소화하기 위한 목적으로 환경영향평가를 요구하는 절차를 도입하고 이러한 절차에 공중의 참여를 허용할 것을 명하고 있다.80)

1992년 UN/ECE 국제수로와 호수의 보호와 사용에 관한 협약도 월경 환경영향을 규제·감소하기 위해 당사국에게 환경영향평가의 적용을 보장할 목적으로 양립가능한 관련 조치를 개발·채택·시행하고, 가능한 한 제공할 것을 명하고 있다.81) 1997년 국제수로의 비항행적 사용에 관한 협약은 환경영향평가절차의 중요한 요소인 통지요건 및 절차를 규정하고 있다. 통지 내용에는 환경영향평가 결과가 포함된다.82)

이러한 협약들은 국가의 주권, 말하자면 의사결정을 제한할 정도로 환경영향평가의 내용, 방법 및 절차를 구체적으로 규정하고 있지 않다. 국내법에 의해 환경영향평가가 제외되는 사업에 대해 환경영향평가를 요구하고 있지도 않다. 환경영향평가를 엄격하게 요구하고 있지 않기 때문에 환경영향평가는 기본적으로 각국의 자유로운 선택에 따라 유연하게 시행된다고 할 수 있다. 결론적으로 이들 환경협약은 환경영향평가라는 원칙을 수립하고 있지만 환경영향평가절차는 제대로 수행되고 있지 않다고 평가할 수 있다.

---

78) United Nations Convention on the Law of the Sea(UNCLOS), 21 I. L. M. 1261 (1982), 제206조, 제205조.

79) ASEAN Agreement on the Conservation of Nature and Natural Resources, http://sedac.ciesin.columbia.edu/entri/texts/asean.natural.resources.1985.html(2005. 7. 30.), 제14조.

80) Convention on Biological Diversity, 31 I. L. M. 818 (1992), 제14조(a).

81) Convention on the Protection and Use of Transboundary Watercourses and International Lakes, 31 I. L. M. 1312 (1992), 제3조 제1항(h).

82) Convention on the Law of the Non-Navigational Uses of International Watercourses, 36 I. L. M. 700 (1997), 제12조.

Ⅳ. 세계은행의 운영지침

환경영향평가는 국제금융기구가 국가사업의 지원을 위한 전제조건으로 활용될 때 강력해진다. 다자금융기구들은 각국에게 환경영향평가지침을 적용하고 있다. 주로 선진국들로 구성된 지원국(대출국)들은 지속가능한 발전을 보장하기 위해 그들이 운영하는 사업이 환경영향평가에 구속받도록 하고 있으며 그 요건을 강화해 나가고 있다. 그 대표적인 예가 세계은행(World Bank)의 관행이다. 특히 세계은행은 환경영향평가절차를 채택하고 재정지원 과정의 일부로서 환경영향평가를 요구하고 있다.[83] 1984년 세계은행은 모든 관련 사업에 대해 환경영향평가를 수행하기 시작하였다.[84] 1989년 운영지침(Operational Directive)[85]에 따라 환경영향평가는 심각한 환경영향을 미칠 것으로 예상되는 세계은행이 수행하는 모든 사업의 공식적인 요건이 되었다. 운영지침은 세계은행 직원에게 일련의 가이드라인으로 작용하고 있다.

세계은행 운영지침은 사업이 시작되기 전에 환경영향평가가 이루어질 것을 요구하고 있다. 세계은행은 흔히 사업 시작 단계부터 개입하고 있고 평가까지는 비교적 장기간이 걸리기 때문에 사업자금을 대출하고자 하는 국가(흔히 개도국)는 환경영향평가를 받아들일 가능성이 많다. 환경영향평가는 환경적으로 책임 있는 방법으로 사업을 수행하도록 한다는 의미가 있다. 결국 개도국은 사업시행을 하는 과정에서 높은 환경기준을 충족할 것을 강요받게 되는 것이다.

그러나 운영지침은 비시행 대안(no－action alternative)에 관한 규정을 두고 있지 않고, 지역주민에 대한 정보제공 및 공중참여를 보장하고 있지 않다는 문제점을 안고 있다. 1999년 세계은행의 환경영향평가와 관련한 정책은 새로운 형태로 바뀌었는데, 운영정책(Operational Policy) 4.01[86]과 은행절차(Bank Procedure) 4.01[87]에 반영되어 있다.

운영정책에 따르면 대출을 받으려는 자(borrower)는 환경영향평가를 수행할 책

83) 세계은행의 환경영향평가 정책과 절차 등에 대하여 자세한 내용은 http://worldbank.org/environmentalassessment 참조.

84) Kevin R. Gray(각주 3), 107면.

85) OD 4.00, Environmental Assessment (1989. 11.). 이는 1991년 개정(OD 4.01)되었다.

86) OP 4.01, Environmental Assessment, http://wbln0018.worldbank.org/Institutional/Manuals/OpManual.nsf/toc2/9367A2A9D9DAEED38525672C007D0972?OpenDocument.

87) BP 4.01, Environmental Assessment, http://wbln0018.worldbank.org/Institutional/Manuals/OpManual.nsf/toc2/C4241D657823FD818525672C007D096E?OpenDocument.

임이 있다.[88] 환경영향평가는 환경영향평가(EIA)뿐만 아니라 환경감사(environmental audit), 위험성 또는 위해성평가(hazard or risk assessment), 지역환경평가(regional EA), 환경관리계획(Environmental Management Plan: EMP) 등을 포괄한다.[89] 세계은행은 환경영향평가의 정도와 유형을 결정하기 위하여 제안 사업에 대한 스크리닝 절차를 수행하여야 한다. 세계은행은 사업 유형, 지역, 민감성, 사업 규모, 잠재적 환경영향의 성질 및 규모 등에 따라 네 종류로 구분하여 다르게 취급한다.[90]

해당 사업이 심각한 환경영향을 미칠 것으로 예상되는 사업은 카테고리 A 사업에 해당된다.[91] 카테고리 A에 해당되는 사업에 대한 환경영향평가는 잠재적인 환경영향, 대안 분석, 방지 · 완화 · 보상 등의 내용을 포함한다.[92] 부속서 B는 카테고리 A 사업에 대한 환경영향평가보고서에 담길 내용을 규정하고 있는데, 여기에는 요약, 정책적 · 법적 · 행정적 골격, 사업에 대한 기술, 기초 자료, 환경영향, 대안 분석, 환경관리계획 등이 포함된다.[93] 잠재적인 악영향이 국소적이고 회복될 수 있으며, 카테고리 A 사업보다 쉽게 완화조치가 마련될 수 있는 카테고리 B 사업에는 카테고리 A 사업에 대한 환경영향평가보다 좁은 환경영향평가가 요구된다.[94] 환경영향이 미미하거나 환경 악영향을 미칠 가능성이 없는 카테고리 C 사업은 환경영향평가가 면제된다.[95] 해당 사업이 은행기금의 투자를 포함하는 경우에는 카테고리 FI로 구분된다.[96] 카테고리 A 사업과 카테고리 B 사업에는 공중의 협의가 필요하다.[97]

환경영향평가의 범위는 광범위하다. 환경영향평가는 자연환경, 인간건강과 안전, 사회적 양상(비자발적인 이주 및 정착, 토착민과 문화재산 등), 월경 또는 국제환경문제 등을 다룬다.[98]

---

88) 운영정책(각주 86), § 4.
89) *Id.* 부속서 A, 부속서 C.
90) *Id.* § 8.
91) *Id.* § 8(a).
92) *Id.*
93) 부속서 B.
94) *Id.* § 8(b).
95) *Id.* § 8(c).
96) *Id.* § 8(d).
97) *Id.* § 15.
98) *Id.* § 3.

V. 평 가

환경영향평가가 개발행위를 허용해 주는 면죄부 구실을 한다는 비판도 있지만 보다 나은 결정, 보다 환경친화적인 결정을 돕는 유용한 수단으로 인식되고 있다. 원칙적으로 환경영향평가제도는 사업 설계단계부터 계획과정에 환경영향이 고려될 수 있도록 하기 때문에 지속가능한 발전 원칙과 불가분의 관계를 갖는다. 특히 국제환경법에서 환경영향평가는 다른 국가의 환경에 영향을 미치는 국가의 행위 금지를 강제하는 역할을 한다.

환경영향평가는 선진국을 그 태생으로 하고 있지만 이제는 전세계적으로 확산 · 보편화되고 있다. 그러나 환경영향평가의 내용, 방법 및 절차 등은 국가마다 너무나 다양하다. 이는 환경영향평가의 통일성을 어렵게 한다. 국제적인 차원에서는 아이러니하게도 환경영향평가제도를 시행하는 국가가 너무 적어서가 아니라 너무 많은 것이 어려운 문제를 발생시키고 있는 셈이다. 더욱이 개도국은 흔히 환경영향평가에 대하여 반대하는 입장이다. 여기에는 환경영향평가가 개발을 늦추고 주권을 침해할 소지가 있다는 인식이 크게 작용하고 있다. 개도국의 입장에서는 선진국들이 환경영향평가를 강요하는 것이 또 다른 문화제국주의라고 할 수 있는 것이다. 개도국에게는 환경보다도 시급히 해결해야 할 사회 · 경제문제가 있다. 이는 환경문제를 보는 인식의 차이와도 무관하지 않다. 선진국이 환경문제를 기본적으로 대기 · 수질오염 등 순수한 환경악화로 보는 데 비해 개도국은 환경문제가 빈곤, 인구 증가, 제한된 식량, 과다한 개발 등 뿌리깊은 사회문제에서 파생되는 문제로 보고 있다. 1972년 스톡홀름선언에서 선진국과 개도국 간의 의견 불일치로 환경영향평가와 관련한 규정을 두지 못한 것도 그 이유가 있는 것이다.

환경영향평가를 강조하고 있는 국제문서는 급증하고 있다. 세계자연헌장, 리우선언과 의제 21, 요하네스버그 세계정상회의에서 채택된 이행계획서 등 비구속적 문서를 비롯하여 유엔해양법협약, 아세안 자연보전협정, Espoo협약, 마드리드의정서, 생물다양성협약, 국제수로의 비항행적 사용에 관한 협약 등이 그 대표적인 예이다. 그렇다면 이 시점에서 환경영향평가 의무는 국제관습법적 지위에 있는가? 이는 답하기 어려운 문제라고 할 수 있다. 그러나 환경영향평가의 필요성에 대한 인식이 증대되고 그 제도 도입이 확대되고 있는 것은 분명하다. 100여 개국에 이르는 많은 국가들이 어떤 형태로든 환경영향평가제도를 도입하고 있는 것이 이를 뒷받침하고 있다. 이러한 관점에서 환경영향평가 의무는 이미 국제관습법상의 의무 또는 법의 일반원칙으로 되었다고 하는 것이 타당할 것이다.[99] 2010년 *Pulp Mills 사건*에서 국제사법재판소는 이를 확인한 바 있다.[100]

99) P. W. Birnie and A. E. Boyle, International Law and the Environment 131 (2nd ed. Oxford University Press 2002); Ved P. Nanda and George Pring, International Environmental Law & Policy for the 21st Century 60 (Transnational Publishers, Inc. 2003); Alexandre Kiss and Dinah Shelton, International Environmental Law 86~87 (Transnational Publishers, Inc. 2004).

100) *Pulp Mills 사건*(각주 24), § 204.

제 6 절 공중의 참여

의사결정 전반에 걸쳐 공중의 참여 문제가 가히 폭발적이라고 할 만큼 크게 이슈화되고 있다. 정부의 의사결정에 시민이 개입하고 이해관계자가 참여하는 것은 민주주의 사회의 가장 특징적인 요소로 인식되고 있으며, 오늘날 많은 국가들은 공중이 탄원, 로비, 논쟁, 선전, 증언, 시위, 소송 등을 하는 것을 허용 · 조장하고 있다. 이는 환경 관련 의사결정에서도 크게 다르지 않아 환경 관련 의사결정 과정에서 광범위한 공중참여를 허용하는 것이 국내 · 외적으로 큰 추세이다. 오히려 이해관계가 복잡하고 이해관계자가 다수이기 때문에 다른 분야에서보다 더 중요시되는 경향마저 있다. 여기에는 공중이 대기, 수질 등 환경에 영향을 미치는 정책을 시행하는 데 있어서 핵심적인 역할을 하며, 공중참여가 지속가능한 발전을 위해 필수적인 수단이라는 인식이 크게 작용하고 있다.

'공중(public)'은 1인 이상의 자연인 또는 법인을 의미하는데,[1] 흔히 정부 이외의 또는 정부와 연계되지 않는 개인, 그룹, 비정부기구(NGO), 토착민, 지역사회 등을 포괄하고 있다. 환경문제에 대한 '공중참여'는 환경법 및 정책의 형성 · 시행, 환경 관련 사업 · 계획 · 프로그램 등의 과정에서의 의사결정, 감시 및 감독, 법의 시행 등 폭넓은 단계 · 범위에서 이루어질 수 있다. 구체적으로는 국가 또는 지역자문위원회에의 참여, 환경단체 등 비정부기구의 공익소송, 시민소송, 집단소송, 환경영향평가, 청문회, 결정에 대한 이의 및 쟁송 등 다양한 형태로 나타난다.

공중참여와 관련해서는, 공중이 전문적이고 기술적인 문제 해결에 적합하지 않고, 많은 시간과 노력을 요구하는 문제에 즉각 대응하기 어렵고, 특정 이해집단의 이익에 휘둘리고 소수 엘리트에 의한 의사결정이 이루어질 가능성이 있는 등 역기능 또는 왜곡이 나타날 수 있지만, 큰 틀에서는 성공적인 지속가능한 발전과 미래세대의 권리 확보를 위해 필수적이라고 할 것이다. 이는 보다 환경친화적인 의사결정을 돕고 공중의 요구와 가치를 수용하게 한다. 공중참여는 현재세대와 미래세대의 요구를 적절히 비교형량하고 정부의 의사결정에 환경적 고려를 반영할 것이다. 나아가 공중참여는 공중의 경각심을 제고하고, 정부의 책임성과 정당성을 높이는 정치적 기능도 수행한다. 의사결정의 민주성을 향상시키고 사회적 갈등을 완화시키는 기능도 공중참여의 빼놓을 수 없는 기능이다.[2] 이와 같이 공중참여가 중요

1) 뒤에서 살펴보는 Aarhus협약은 '공중'을 "1인 이상의 자연인 또는 법인과, 국내법과 관행에 따른, 그들의 협회, 기구 또는 그룹"으로 정의하고 있다." 제2조 제4항.

한 기능을 수반함에도 불구하고 그동안 정작 국제사회로부터 크게 주목받지 못하였다.

공중의 참여는 민주화 열풍, 비정부기구 운동의 활성화, 인권운동의 확산, 인터넷 등 정보통신시설의 발전 등에 힘입어 점차 확대되는 추세에 있다. 그 논의는 인권, 알 권리, 정치적 참여권, 공정한 재판권, 환경영향평가, 정당성, 민주성, 투명성 등으로 확대 재생산되고 있다.[3] 일찍이 1948년 세계인권선언에서는 "모든 사람은 직접 또는 자유롭게 선출된 대표자를 통해 자국의 정부에 참여할 권리가 있다"고 선언한 바 있으나,[4] 국제적으로 공중참여가 주권의 문제로 인식되면서 최근까지 크게 논의되지 못하고 있다. 특히 국제환경법적으로 공중의 참여가 중요한 이슈로 부각된 것은 지극히 최근의 일이라고 할 수 있다. 1992년 리우선언은 공중참여와 관련하여 다음과 같이 선언하고 있다: 환경문제는 적절한 수준의 모든 관계 시민들의 참여가 있을 때 가장 효과적으로 다루어진다; 국가차원에서 각 개인은 지역사회에서의 유해물질과 활동에 관한 정보를 포함하여 공공기관이 가지고 있는 환경 관련 정보에 적절히 접근하고 의사결정과정에 참여할 수 있는 기회를 부여받아야 한다; 각 국가는 정보를 광범위하게 제공함으로써 공동의 인식과 참여를 촉진하고 증진시켜야 한다; 피해의 구제와 배상 등 사법 및 행정적 절차에 효과적인 접근이 제공되어야 한다.[5]

1992년 유엔환경개발회의에서 채택된 의제 21은 지속가능한 발전 원칙의 중요한 요소로 공중참여를 거론하고 있다: 지속가능한 발전을 달성하기 위한 중요한 전제 요건 중의 하나는 의사결정에 있어 광범위한 공중참여이다.[6] 2002년 요하네스버그선언은 "지속가능한 발전은 모든 차원에서의 정책형성, 의사결정 그리고 이행에서 장기적이고 광범위한 참여를 요구한다"고 선언하면서 리우선언 원칙 10을 충실하지는 않지만 이어받고 있다.[7]

---

2) 공중참여의 정당화 근거 및 기능에 대하여는 Ved P. Nanda and George Pring, International Environmental Law & Policy for the 21st Century 43 (Transnational Publishers, Inc. 2003); Jonas Ebbesson, *The Notion of Public Participation in International Environmental Law*, Yearbook of International Environmental Law Vol. 8, 62 (Oxford Univ. Press 1997).

3) Jonas Ebbesson(앞의 글), 54면.

4) Universal Declaration of Human Rights, U.N Doc. A/810, 제21조 제1항.

5) Rio Declaration on Environment and Development, 31 I. L. M. 874 (1992), 원칙 10.

6) http://www.un.org/esa/sustdev/documents/agenda21/english/agenda21toc.htm. Agenda 21 and The UNCED Proceedings Ⅳ (Nicholas Robinson ed., Oceana Publications, Inc. 1993), § 23.2.

7) http://www.un.org/esa/sustdev/documents/Johannesburg%20Declaration.doc(2005. 7.), § 26.

1970년대 미국 정보자유법(Freedom of Information Act, 1966년 제정)을 위시해서 선진국들을 중심으로 공중참여를 보장하는 법률들이 태동하면서 국제법 차원에서도 공중참여가 점차 중요시되었다. 1990년대 국제협약이라는 구속적 문서가 나타나기까지에는 오랜 시간이 필요하였다. 사막화방지협약, 초국경적 환경영향평가에 관한 협약(Espoo협약), 환경문제에서 정보접근, 결정과정에서의 공중참여, 사법에의 접근에 관한 협약(Aarhus협약)[8] 등이 공중참여를 강조한 대표적인 협약들이다. 그러나 사막화방지협약은 표현 및 내용이 지나치게 일반적이고 Espoo협약은 환경영향평가에 초점이 맞추어진 제한적인 협약이라고 할 수 있다.[9] 이러한 점에서 Aarhus협약은 이 분야에서 큰 이정표를 세운 협약이라 할 수 있다.

유엔유럽경제위원회(UNECE)의 주관으로 1998년 덴마크 Aarhus에서 채택된 이른바, Aarhus협약은 공중참여라는 주제를 포괄적 · 전문적으로 다룬 최초의 조약이다. 이 협약은 모호하고 이행을 강제하기 곤란한 규정도 다소 가지고 있으나 공중참여와 관련하여 지금까지의 협약 중 가장 체계적이고 선진적인 규정을 담고 있다. 이 협약은 특히 그 내용을 크게 세 부분으로 하여 규정하고 있다: ① 환경정보에의 접근(제4조); ② 의사결정과정상의 공중참여(제6조 내지 제8조); ③ 사법(司法)에의 접근(제9조). 말하자면 이 세 분야는 공중참여를 떠받치는 세 기둥이다.

협약명	채택일 (발효일)	주요내용	당사국 수	우리나라 가입일 (발효일)
환경문제에서 정보접근, 결정과정에서의 공중참여, 사법에의 접근에 관한 협약(Aarhus협약)	1998.6.25. (2001.10.30.)	−공중의 환경정보에의 접근, 의사결정과정상의 참여, 사법에의 접근	47 (2020.1. 현재)	미가입 (−)

〈http://www.unece.org/env/pp〉

8) Convention on Access to Information, Public Participation in Decision−Making and Access to Justice in Environmental Matters(Aarhus협약), 21 Int'l Env't Rep. (BNA) 4701.

9) 사막화방지협약은 비정부기구 · 지역민(여성 포함) · 자원이용자(농부, 목축업자) 등의 정책수립 · 의사결정 · 국가행동계획의 시행 및 평가과정에의 참여를 강조하고 있다. Convention to Combat Desertification in Those Countries Experiencing Serious Drought and/or Desertification, Particularly in Africa, 33 I. L. M. 1328 (1994), 제5조(d), 제10조 제2항(f), 제19조 참조.

Ⅰ. 환경정보에의 접근

환경정보에의 접근권은 환경정보가 사실상 뒤에서 살펴보는 의사결정과정상의 공중참여를 위한 기본 자료를 제공한다는 점에서 가장 기본적인 권리라고 할 것이다. 관련 정보가 없다면 공중참여는 물론이고 나아가 사법적 구제도 이루어질 수 없게 된다. 사업의 성질, 계획의 시기 및 범위, 영향을 받는 자원, 예상되는 영향, 내포된 위해성, 대안 등에 대한 관련 정보가 없는 경우 어떻게 공중이 환경관련 의사결정과정에 참여할 수 있으며, 사법적 구제를 받을 수 있겠는가?

이러한 정보 접근권은 인권(human right)으로 인식되고 있으며, 환경영향평가 절차의 중요한 요소를 구성하고 있다. 정보 접근권은 정부에게 두 가지 다른 형태의 의무를 부과한다: 공중의 요구에 따라 정보를 생산 · 제공하여야 할 소극적 의무와 공중의 요구를 불문하고 정보를 수집 · 준비 · 배포하여야 할 적극적 의무.

1970년대 이래 국제사회는 공중의 정보 접근권에 주목하기 시작하였다. 예컨대, 1972년 세계유산협약,[10] 1982년 세계자연헌장,[11] 1985년 아세안 자연보전협정,[12] 1989년 바젤협약[13] 등이 대표적인 예이다. 이들 협약은 정보에 대한 접근을 다루었다. 1990년대에는 더욱 가속화되었는데, 1992년 리우선언(원칙 10)과 의제 21은 시작에 불과하였고 기후변화협약,[14] 1992년 UN/ECE 국제수로와 호수의 보호와 사용에 관한 협약[15] 등과 같은 구속적 문서도 단편적이지만 이를 다루었다. 환경정보에의 접근을 중요한 주제로 다루고 있는 Aarhus협약은 공중의 참여 문제

---

10) 이 협약은 당사국들에게 적극적인 의무를 부과하고 있다. 즉 당사국들은 이러한 세계유산을 위협하는 위험과 이 협약에 따라 수행되는 활동에 대하여 공중이 광범위하게 정보를 제공받도록 하여야 한다. Convention for the Protection of the World Cultural and Natural Heritage, 27 U. S. T. 37, 1037 U. N. T. S. 151, 11 I. L. M. 1359 (1972), 제27조 제2항.

11) "모든 계획은 그 기본적 요소로서, 자연보전을 위한 전략의 수립, 생태계의 세부목록의 작성, 제안된 정책과 활동의 자연에 미치는 영향의 평가 등을 포함하여야 한다. 이들 요소들은 모두 효과적인 협의 및 참가가 가능하도록 시의적절하게 공중에 공개되어야 한다." World Charter for Nature, http://www.un.org/documents/ga/res/37/a37r007.htm; 22 I. L. M. 455 (1983), 제16조.

12) ASEAN Agreement on the Conservation of Nature and Natural Resources, http://sedac.ciesin.columbia.edu/entri/texts/asean.natural.resources.1985.html(2005. 7. 30.), 제16조.

13) Basel Convention on the Control of Transboundary Movements of Hazardous Wastes and Their Disposal, 28 I. L. M. 649 (1989), 제4조 제2항(h).

14) United Nations Framework Convention on Climate Change(UNFCCC), 31 I. L. M. 849 (1992), 제7조, 제12조 제9항 · 제10항 참조.

15) Convention on the Protection and Use of Transboundary Watercourses and International Lakes, 31 I. L. M. 1312 (1992), 제16조.

를 그 정점에 이르게 한 듯하다.

이 협약의 목적 조항에서 보는 것과 같이 정보에의 접근권은 목적이 아니라 '환경권'을 보장하기 위한 수단에 불과하다.[16] 협약은 환경정보에의 접근을 두 가지 방법으로 다루고 있다: ① 공중의 정보접근권의 보장(제4조)과 ② 정보의 수집과 전파 등을 위한 체제 및 수단의 구축. 구체적으로 협약 제4조는 각 당사국에게 공공기관(public authority)[17]으로 하여금 공중이, 이해관계의 표명없이 요청하는 형태로 그리고 합리적인 비용을 초과하지 아니하고, 환경정보에 접근할 수 있도록 보장할 것을 명하고 있다.[18] 이에 따르면 공중은 정부에 대해 환경과 관련된 정보청구권을 갖는 반면, 정부는 이에 따라 정보를 제공해야 할 소극적 의무를 부담하게 된다. 그러나 공공기관의 절차의 기밀, 국제관계 · 국가방위 · 공중안전, 사법과정, 상업적 정보의 기밀, 지적재산권 등에 '악영향(adversely)'을 미치는 일정한 정보는 그 공개가 면제될 수 있다.[19] 광범위한 면제 사유는 이 협약의 정신을 해칠 가능성이 많다. 정보공개를 거부하는 근거에 대한 해석은 사실상 당사국의 재량에 맡겨져 있다. 즉 당사국은 정보공개의 거부 근거를 공개에 따른 공익과 그 정보가 환경에의 배출과 관련이 있는지 등을 고려하면서 제한적인 방법으로 해석하여야 한다.[20] 공공기관은 공중의 정보 요청 후 1개월 이내에 공중이 정보에 접근할 수 있도록 하여야 한다.[21] 정보공개에 대한 거부는 심사의 대상이 된다.[22]

협약 목적상 '환경정보'는 다음 사항에 관한 문서화되거나 시각화되거나 청각화되거나 전자화된 또는 기타 형식상의 정보를 의미하는 것으로 광범위하게 정의되고 있다:

> ① 대기, 수질, 토양, 유전자변형물질을 포함한 생물적 다양성 및 그 요소와 같은 환경적 요소; ② 위 ①의 범위 내의 환경요소에 영향을 미치거나 미

---

16) Aarhus협약은 "현재세대 및 미래세대를 포함한 모든 사람이 건강과 복지(well-being)에 적합한 환경에서 살 권리(환경권)를 위해 당사국들이 환경문제에 관한 정보에의 접근권, 결정과정에의 공중참여, 사법에의 접근을 보장할 것"을 명시적인 목적으로 하고 있다. Aarhus협약(각주 8), 제1조.

17) 협약상 '공공기관'은 정부, 공적 책임 · 기능을 가지거나 서비스를 제공하는 자연인 또는 법인, 유럽연합의 지역기구 등이 포함된다. *Id.* 제2조 제2항. 이에 따르면 정부가 창출한 또는 재정을 조달한 공적기능을 수행하는 회사가 여기에 포함된다. Elli Louka, International Environmental Law: Fairness, Effectiveness, and World Order 130 (Cambridge 2006).

18) Aarhus협약(각주 8), 제4조 제1항 · 제8항.

19) *Id.* 동조 제3항 · 제4항.

20) *Id.*

21) *Id.* 동조 제2항.

22) *Id.* 동조 제7항.

칠 가능성이 있는 물질, 에너지, 소음, 방사능물질, 행정조치 · 환경협약 · 정책 · 입법 · 계획 및 프로그램 그리고 환경의사결정에 이용되는 비용-편익분석 및 다른 경제분석 및 가정; ③ 환경요소 또는 위 ②의 활동 또는 조치 등에 의해 영향을 받는 사람의 건강이나 안전상태, 인간 생활 조건, 문화 유적지 및 구조물.23)

이와 같은 포괄적인 '환경정보' 개념은 당사국들이 관련성이 없다는 이유로 정보공개를 거부하는 것을 어렵게 할 것이다.24) 정보공개의 의무자가 되는 '공공기관'의 범위도 광범위하다. 당사국들은 이에 미치지 못하는 국내법의 관련 규정을 개정할 필요가 있을 것이다. 특기할 것은 정보에의 접근을 구하는 개인이나 환경단체 등에게 해당 사안에 대한 특별한 이해관계를 요구하지 않는다는 것이다.25) 이는 뒤에서 보는 사법에의 접근을 위해 환경단체 등에 '충분한 이해관계(sufficient interest)'를 소명할 것을 요구하는 것과 대조된다.

협약 제5조는 정부에게 환경관련 정보를 보유 · 갱신하고, 환경에 심각한 영향을 미치는 활동에 대하여 공공기관으로 '적절한 정보의 흐름(adequate flow of information)'이 이루어질 것을 보장하는 강제 시스템을 구축할 적극적 의무를 부과하고 있다.26) 당사국들은 공공기관으로 하여금 공중이 투명하고 접근가능한 방법으로 환경정보를 이용할 수 있도록 보장하여야 한다.27) 또한 각국은 전자 데이터베이스를 이용하고, 국가보고서를 발행 · 전파하여야 한다.28) 한편 당사국은 환경에 심각한 영향을 미치는 활동을 하는 '운영자(operators)'가 그들의 활동 및 제품의 환경영향을 정기적으로 공중에게 알릴 것을 조장할 의무가 있다.29) 이는 간접적이기는 하나 개인 사업자에게 정보공개를 요구한다는 점에서 의미있는 것이지만 어디까지나 당사국의 노력에 의지하기 때문에 실효성은 의문시된다.

나아가 협약은 국가적인 차원에서 체계적이고 컴퓨터화된 오염목록 또는 등재제도 그리고 표준화된 보고를 통하여 축적된, 공개적으로 접근 가능한 데이터베이

23) *Id.* 제2조 제3항.
24) Sean T. McAllister, *The Convention on Access to Information, Public Participation in Decision-making, and Access to Justice in Environmental Matters*, 1998 Colo. J. Int'l Envtl. L. & Pol'y 187, 191 (1998).
25) Jonas Ebbesson(각주 2), 92면.
26) Aarhus협약(각주 8), 제5조 제1항.
27) *Id.* 동조 제2항.
28) *Id.* 동조 제3항 · 제4항.
29) *Id.* 동조 제6항.

스를 구축하기 위한 조치를 점진적으로 수립할 것을 요구하고 있다. 협약이 요구하는 오염목록 또는 등재제도는 미국 등에서 시행하고 있는 '유해화학물질배출량조사제도(TRI)'를 염두에 둔 것이라고 이해된다. 문제는 이러한 제도를 당사국에게 기한을 정해 조속히 이행할 것을 요구하지 않고 '점진적으로' 이행할 것을 요구할 뿐이라는 것이다. 제도에 필요한 최소한의 기준이나 강제적인 요소를 규정하고 있지도 않다.[30] 협약은 특정 활동으로 인한 특정 물질이나 제품의 투입(inputs), 배출 및 이전 등을 포함할 수 있다(may)고 막연히 규정하고 있다. 이러한 문제점은 2003년 우크라이나 키에프에서 개최된 당사국회의에서 채택된 '오염배출 및 이전에 관한 등재제도(Pollution Release and Transfer Registers: PRTR)'에 관한 의정서로 상당 부분 해소되었다.[31]

Ⅱ. 의사결정과정상의 공중참여

공중참여의 핵심적인 요소는 환경과 관련된 의사결정과정에 공중이 참여하는 것이라고 할 것이다. 공중이 환경정보를 이용하여 정부 공무원이나 다른 의사결정자에게 자신의 주장, 요구, 찬 · 반의견, 분석, 제의 등을 표명할 수 없다면 공중의 참여는 이름만의 참여로 그칠 가능성이 많기 때문이다. 환경관련 의사결정과정상의 공중참여가 갖는 중요성은 환경관련 결정의 질을 향상시킨다.

의사결정과정상의 공중참여는 그 중요성에 비하여 이를 다루고 있는 관련 국제문서는 많지 않다. 1982년 세계자연헌장,[32] 1985년 아세안 자연보전협정,[33] 1992년 리우선언(원칙 10) 및 의제 21 등에 관련 내용이 남겨져 있으나 이들은 법적 구속력이 없거나 구체성을 결하고 있어 실제 적용에 있어 큰 지침이 될 수 없다. 환경과 관련된 의사결정과정상의 공중의 참여는 환경영향평가 분야에서 큰 진전을 이루고 있다. 환경영향평가과정상의 공중의 참여는 1991년 환경보호에 관한 남극조약의정서(마드리드의정서)[34]와 1991년 Espoo 협약,[35] 1992년 생물다양성협약[36]

30) Jonas Ebbesson(각주 2), 93면.

31) 2003 Protocol on Pollutant Release and Transfer Registers (PRTR) to the 1998 Aarhus Convention on Access to Information, Public Participation in Decision-Making and Access to Justice in Environmental Matter, 21 Int'l Env't Rep. (BNA) 4725.

32) 세계자연헌장(각주 11), 제16조.

33) 아세안 자연보전협정(각주 12), 제16조.

34) 당사국은 포괄적 환경평가(Comprehensive Environmental Evaluation: CEE)를 공개하고 모든 당사국들에게 회람할 수 있도록 하여야 한다. Protocol on Environmental Protection to

등에서 강조하는 요소이다. 특히 Espoo협약은 다른 국가에 심각한 환경영향을 야기할 수 있는 국가로 하여금 관련 피해당사국 공중이 당해 제안된 활동에 관하여 정보를 통지받고, 당해 제안된 활동에 대해 원인당사국의 권한 있는 기관에 의견을 표명하거나 반대를 주장할 수 있도록 보장하는 등 환경영향평가절차에 다른 국민의 참여를 허용하여야 하며,37) 환경영향평가서에 공중이 제공한 의견을 성실히 고려하도록 하고 있다.38)

의사결정과정상의 공중참여는 Aarhus협약으로 만개하였다. 이 협약은 이와 관련하여 지금까지의 협약 중 가장 광범위하고 자세한 규정을 두고 있다. 협약은 의사결정과정상의 공중참여를 다음 세 가지 유형으로 구분하여 규정하고 있다: ① 특정 활동에 대한 결정 과정에서의 참여(제6조); ② 계획 · 프로그램 또는 정책에 관련한 참여(제7조); ③ 행정 규정과 법적 구속력이 있는 규칙의 준비 중에 참여(제8조).

먼저 당사국들은 협약 부속서 I 에 명시된 제안 활동39)에 관련이 있는 공중(public concerned)에게 결정과정 초기에, 적절하게, 적절한 시기에 그리고 효과적인 방법으로 개별적 또는 일반적인 통지를 하여야 한다.40) 그 통지는 제안사업, 결정의 성격, 책임 공공기관, 공중참여를 위한 절차 등을 포함하여야 한다.41) 공중참여절차는 공중에게 알리기에 충분한 시간을 갖도록 합리적인 골격을 갖추고 있어야 한다.42) 공중참여는 모든 선택이 공개되어 있고 효과적인 참여가 이루어질 수 있을 때 제공되어야 한다.43) 이는 가능한 한 조기의 공중참여를 보장하기 위한 조치로 이해된다. 당사국들은 의사결정에 공중참여의 결과를 적절히 고려할 것을 보장하여야 한다.44) 협약은 특히 유전자변형 물질을 환경에 의도적으로 방출하는

---

the Antarctic Treaty, 30 I. L. M. 1461 (1991), 제8조, 부속서 I , 제3조 제3항 및 제6항.

35) Convention on Environmental Impact Assessment in Transboundary Context(Espoo협약), 30 I. L. M. 800 (1991).

36) Convention on Biological Diversity, 31 I. L. M. 818 (1992), 제14조.

37) Espoo협약(각주 35), 제3조 제8항.

38) *Id.* 제6조 제1항.

39) 여기에는 ① 에너지 분야, ② 금속생산 및 제련, ③ 광물 산업, ④ 화학물질 산업, ⑤ 폐기물관리, ⑥ 폐수 처리, ⑦ 제지산업, ⑧ 교통기간시설건설, ⑨ 에너지 생산 등이 광범위하게 포함된다. Aarhus협약(각주 8), 부속서 I . 이는 Espoo협약이 정하고 있는 환경영향평가 절차가 요구되는 활동 범위보다 더 넓다.

40) *Id.* 제6조 제1항 · 제2항.

41) *Id.*

42) *Id.* 동조 제3항.

43) *Id.* 동조 제4항.

44) *Id.* 동조 제8항.

것을 허가할지에 대해서도 이러한 절차 및 내용을 적용하여야 한다고 규정하고 있다.[45] 환경단체들은 그들의 참여를 허용하고 있는 이 규정에 기본적으로 찬성하고 있지만, '가능한 타당하고 적절한(to the extent feasible and appropriate)'이라는 단서가 붙어 있기 때문에 그 의미는 많이 퇴색되어 있다.

공중의 참여는 환경 관련 계획, 프로그램 또는 정책 준비에 있어서도 보장되어야 한다. 즉 당사국들은 환경 관련 계획, 프로그램, 정책의 준비 중에 공중이 참여하기 위한 적절한 규정을 두어야 하며, 제6조에서 정하고 있는 것과 같이 충분한 시간을 두어 정보를 제공한 후 투명하고 공정한 절차로 공중의 참여를 보장하여야 한다.[46] 또한 당사국들은 환경에 심각한 영향을 미치는 행정 규정과 일반적으로 적용될 수 있는 법적 구속력이 있는 규칙의 준비 중에의 효과적인 공중참여를 촉진하기 위해 노력하여야 한다.[47]

협약은 이와 같이 의사결정과정상의 공중참여와 관련해서 포괄적이고 자세한 내용을 담고 있지만 그 이행은 기본적으로 당사국들의 국내입법을 통해서 이루어지고 여기에는 당사국의 재량이 개입할 수밖에 없다. 이는 협약의 실효성을 약화시키는 요인이 되고 있다.

Ⅲ. 사법(司法)에의 접근

공중참여의 세 번째 기둥인 사법에의 접근은 사법적 · 행정적 구제와 밀접한 관련을 갖는다. 가해 국가의 오염행위로 피해 국가의 시민, 기업 또는 비정부기구 등이 피해를 입었을 경우 이들이 어떻게 구제받을 수 있는가? 이들이 무슨 권리를 갖는가? 역사적으로 대부분의 국가는 다른 국가의 국민이 자국민과 동등하게 사법구제를 받을 수 있는 장치를 마련하고 있지 않다. 미국과 캐나다 간의 월경 대기오염 분쟁을 다루고 있는 유명한 *Trail Smelter 사건*에서 캐나다의 트레일 제련소(Trail Smelter)로부터 방출된 아황산가스로 인하여 피해를 입은 미국 시민들이 막상 캐나다 법정에서 사용할 수 있는 효과적인 수단을 가지고 있지 못했던 사례가 이를 반증하고 있다. 그러나 이러한 차별적 취급은 사법 '부정의(injustice)'를 구성하는 것으로 국제사회가 환경피해의 월경적 성격을 인식하면서 세계적 관심사로

45) *Id.* 동조 제11항.
46) *Id.* 제7조.
47) *Id.* 제8조.

부각되었다. Espoo협약과 Aarhus협약은 이러한 점을 인식하고 내 · 외국민 비차별 조항을 두고 있다.[48]

사법에의 접근은 환경피해를 구제하기 위한 사법적 · 행정적 체제의 구축을 의미한다. 여기에는 정보에의 접근이 거부된 경우 이에 대한 이의 제기, 환경에 유해한 활동으로 인한 피해의 배상 또는 방지 요청 등을 포함하게 된다. 이러한 조치들은 환경법의 시행, 오류가 있는 의사결정의 시정, 당국자의 올바른 역할을 강제하기 위한 유효한 수단이 된다. 국제환경법 차원에서 가장 논란이 집중되고 있는 주제는 비차별, 즉 동등한 접근이다. 사법에의 접근을 담고 있는 국제문서로는 1972년 스톡홀름선언,[49] 1982년 세계자연헌장[50] 등이 있으나 이들 국제문서는 법적 구속력이 없으며 구체적인 효력을 갖기에는 너무 추상적이고 일반적이다. 1990년대 들어 강화되었다. 1992년 리우선언,[51] 1993년 환경에 해로운 활동으로 인한 피해에 대한 민사책임협약(Lugano협약),[52] Aarhus협약 등이 좋은 예이다. 실망스럽게도 2002년 요하네스버그선언, 2012년 Rio+20 정상선언 등에서는 사법구제와 관련한 어떠한 언급도 하고 있지 않다.

특히 Aarhus협약은 환경과 관련한 사법에의 접근문제를 포괄적으로 다루고 있다. 제9조가 그것인데, 협약은 이 문제를 관련 공중의 구성원이 피해를 입은 경우 이루어지는 사법적 접근과 피해 여부와 상관없이 이루어지는 사법적 접근으로 구분하고 있다. 환경정보청구권이나 환경정책에의 참여권이 침해당한 경우 법원의 사법심사절차에 의지하는 것이 전자의 경우라면, 정부나 사인이 법에 위반되는 행위를 한 경우 공중의 구성원이 그 피해를 입었는지를 떠나 그 위반행위를 다투기 위하여 사법절차에 의지하는 것이 후자의 경우이다. 후자의 경우는 흔히 미국의 시민소송(citizen suit)[53]과 유사한 것이다.

---

48) Espoo협약(각주 35), 제2조 제6항, 제3조 제1항; Aarhus협약(각주 8) 제3조 제9항.

49) 스톡홀름선언 원칙 22는 "각국은 자국의 관할권 또는 규제 내의 활동이 자국 관할권 밖에 있는 지역에 미친 오염 기타 환경피해를 입은 피해자에 대한 책임 및 보상에 관한 국제법을 더욱 발전시키도록 협력하여야 한다"고 규정함으로써 다른 국가 시민의 비차별적인 접근을 규정하고 있으나 제소권까지 보장하고 있는지는 불분명하다.

50) "모든 인간은 각국의 국가 법률에 따라 (…) 그들의 환경이 피해를 입거나 악화된 경우 구제수단에 접근할 수 있어야 한다." 세계자연헌장(각주 11), 제23조.

51) "피해의 구제를 포함한 사법 · 행정적 절차에의 효과적인 접근이 제공되어야 한다." 원칙 10.

52) Convention on Civil Liability for Damage Resulting from Activities Dangerous to the Environment, 32 I. L. M. 1230 (1993), 제1조, 제6조 내지 제11조, 제19조 참조.

53) 미국 주요 환경법은 모든 시민(any citizen)으로 하여금 법규에 정하여진 의무나 명령을 위반한 자(국가를 포함함)에 대하여 직접 소송을 제기할 수 있도록 하는 시민소송제도를 인정하고 있다. Clean Water Act(CWA) § 505, Clean Air Act(CAA) § 304, Resource

전자의 형태와 관련하여 협약은 환경정보에 대한 요청이 무시되거나 거부된지로 하여금 법원 또는 다른 독립기구의 심사절차에 접근할 수 있도록 하고 있다.[54] 충분한 이해관계(sufficient interest)를 가지고 있거나 권리침해를 받은 관련 공중의 구성원은 공중참여 규정(제6조)에 구속되는 해당 결정, 작위 · 부작위의 실체적 · 절차적 적법성을 다투기 위하여 법원 또는 다른 독립기구의 심사절차에 접근할 수 있어야 한다.[55] 협약은 어떤 것이 심사절차에 접근하기 위한 전제조건인 "충분한 이해관계"와 "권리침해"를 구성하는지는 국내법의 요건에 따라 그리고 관련 공중에게 폭넓은 사법에의 접근을 부여하는 협약의 목적에 부합하게 결정되어야 한다고 강조하면서, 특히 "충분한 이해관계"와 "권리침해"를 해석하는 데 있어 환경보호를 촉진하는 비정부기구에게 "충분한 이해관계"와 "권리"가 있다고 보아야 한다고 규정하고 있다.[56] 이에 따르면 환경 관련 비정부기구에게도 폭넓은 원고적격이 인정되게 되는데, 이는 전통적인 입장에서 보면 급진적인 내용인 것이다. 비정부기구의 소 제기는 정부로 하여금 환경의무를 준수토록 하는 역할을 할 것이다. 이와 같이 협약은 시민 또는 환경단체 등에게 국내 환경법을 이행하지 못한 정부를 상대로 소제기를 할 수 있는 권리를 부여함으로써 이들을 환경파수꾼으로 기능할 수 있게 하고 있다.

후자의 형태는 제9조 제3항에서 규정되고 있다. 즉 공중의 구성원에게 개인 또는 공공기관이 환경법에 위반되는 행위(작위 또는 부작위)를 한 경우 그 위반행위를 다투기 위하여 행정적 또는 사법절차에 의지하는 것이 보장되어야 한다.[57] 이에 따르면 예컨대, 배출허용기준을 초과해서 오염물질을 배출하고 있는 사업장이 있는 경우 이를 발견한 자가 해당 사업장에 직접 시정을 요구하거나 관할 행정청에게 알려 이를 시정토록 하고 위반 사항이 시정되지 아니 할 경우 고발하거나 소를 제기할 수 있게 된다. 이러한 형태의 구제수단은 법수호의 최후의 보루로서 시민의 참여를 보장하고 있다는 점에서 중요한 의미를 갖고 있다. 비록 일부 선진국에서 국내법에 의거하여 이러한 제도를 시행하고 있지만 협약에서 당사국들에게 이를 시행할 것을 강제하고 있는 것은 획기적인 것이고, 참여민주주의의 큰 진전

Conservation and Recovery Act(RCRA) § 7002, Comprehensive Environmental Response, Compensation and Liability Act(CERCLA) § 310, Toxic Substances Control Act(TSCA) § 20, Endangered Species Act(ESA) § 11(g), Emergency Planning and Community Right−to−Know Act(EPCRA) § 326.

54) Aarhus협약(각주 8), 제9조 제1항.

55) *Id.* 동조 제2항 제1문.

56) *Id.* 동항 제2문.

57) *Id.* 제9조 제3항.

이라고 평가할 수 있다.

Ⅳ. Aarhus협약에 대한 평가

공중참여와 관련해서 획기적이고 중요한 규정을 두고 있는 Aarhus협약은 이 분야에서 큰 전환점을 이루는 중요한 국제문서이다. 이는 비록 당사국이 유럽연합 국가를 중심으로 제한적이지만 공중참여에 초점이 맞추어진 최초의 다자조약이라는 할 것이다. 특히 이 협약은 현재세대뿐만 아니라 미래세대의 '환경권'을 인정하고 있는 구속적 국제문서라는 점에서 높게 평가할 수 있다.[58] 환경권을 명시적으로 인정하고 있는 국제문서로는 1981년 인간과 주민 권리에 관한 아프리카헌장,[59] 1988년 인권에 관한 미주협약 추가의정서[60] 등이 있으나 Aarhus협약은 절차적인 내용을 통해 정보접근 및 참여권을 구체적으로 실현하고자 한다는 점에서 이들과 확연히 구별된다. 기본적으로 주권 문제로 보던 주제를 국제사회문제로 끌어 올렸다는 점에서 이 협약은 정보와 사법에의 접근 등과 관련한 국제사회의 정책 변경을 상징적으로 잘 보여주고 있다. 각국은 협약의 많은 규정을 준수하기 위해 국내법 규정을 개정하여야 하기 때문에 환경관련 의사결정의 민주화에 큰 기여를 할 것으로 보인다. 공중참여를 정부의 책임성, 투명성과 연계시킨 것도 주목할 부분이다.[61]

이 협약은 환경정보에의 접근, 의사결정과정상의 공중참여 그리고 사법에의 접근이라는 세 기둥에 기초하고 있다. 그리고 협약은 '공중참여'를 떠받치는 위 세 기둥 위에서 당사국들에게 공중참여권의 최소 기준을 수립 · 시행할 것을 요구하고 있다. 협약은 이들 세 기둥을 구분하여 규정하고 있지만 이들은 독립적인 것이 아니고 서로 밀접한 관련을 갖고 있다. 즉 환경정보에의 접근은 의사결정과정상의 실질적인 공중참여를 보장하는 전제 조건이 되며 사법에의 접근은 의사결정 및 그 과정에 대한 심사 수단이 된다. 이들 기둥은 공중의 '권리'에 입각한 규정을 다수

58) Sean T. McAllister(각주 24), 190면. Aarhus협약 제1조(목적) 조항은 '환경권'을 명시적으로 밝히고 있다는 점에서 중요한 의미를 찾을 수 있다. 구속적 문서에서 환경권을 개인의 권리로 인정한 협약은 드물다는 점에서 눈여겨보아야 할 것이다.

59) African Charter of Human and Peoples' Rights, 21 I. L. M. 58 (1982).

60) Additional Protocol to the American Convention on Human Rights in the Area of Economic, Social and Cultural Rights(Protocol of San Salvador), O.S.T.S. No. 69, 28 I.L.M. 156 (1988).

61) Aarhus협약(각주 8), 제5조 제2항, 제7조 참조.

둠으로써, 권리에 기초한 접근방법을 취하고 있다.

첫 번째 기둥의 핵심 요소는 정보접근권인데, 이와 관련하여 협약은 공중의 정보접근권의 보장과 정보의 수집과 전파 체제의 구축이라는 두 측면에서 접근하고 있다. 전자의 측면에서 볼 때 광범위하게 '환경정보'와 정보공개 의무자를 정하고 있기 때문에 공중의 정보에의 접근은 크게 향상될 것으로 보인다. 그러나 정보공개가 면제되는 경우가 많고, 애매하기 때문에 당사국들이 그 면제를 남용할 가능성이 있다. 면제의 실체적 요건인 '악영향'이란 경우에 따라 상당히 모호한 것이다. 후자의 측면에서 볼 때 그 체제 구축은 제도에 필요한 최소한의 기준이나 강제적인 요소를 담고 있지 않기 때문에 실망스럽다고 평가할 수 있다.

두 번째 기둥의 핵심은 의사결정 참여권인데 이는 성공적인 지속가능한 발전과 미래세대의 권리 획보를 위해 필수적인 권리라고 할 것이다. 공중의 참여를 허용하고 있는 관련 규정은 보다 환경친화적인 결정을 유도하고 의사결정의 민주성을 향상시킨다고 할 것이다. 그러나 '적절한(appropriate)', '가능한 타당하고 적절한(to the extent feasible and appropriate)'과 같은 제한 규정은 당사국들의 유연한 해석으로 인해 협약의 정신을 퇴색시킬 수 있다. 입법 결정과정에서의 공중참여를 규정하지 않은 점,62) 리우선언과 달리 토착민의 참여를 염두에 두고 있지 않은 점,63) 공중의 교육을 소홀히 한 점64) 등은 한계로 지적할 수 있다.

세 번째 기둥의 핵심은 법원에의 접근권 내지 재판권이라 할 것이다. 이를 위해 협약은 제소권자를 대폭 확대하고 있다. 특히 환경단체가 정부에 소 제기를 할 수 있는 길을 열면서 비정부기구의 증대되는 역할을 인식하고 있다. 이는 환경단체의 공중참여권을 확대한다는 차원에서 고무적인 것으로 환경단체의 정부에 대한 감시기능은 크게 확대될 것으로 예상된다. 그러나 협약은 제소권자를 "충분한 이해관계가 있는" 또는 "권리침해를 입은" 시민 또는 환경단체 등으로 제한함으로써 그 의미를 반감시키고 있다. 자의적이고 좁은 해석에 따라 환경단체의 사법에의 접근은 크게 제한될 수 있기 때문이다.

---

62) 참고적으로 미국 국가환경정책법(National Environmental Policy Act: NEPA)은 "인간의 환경 질에 중대한 영향을 미치는 입법이나 주요 연방행위"에 대하여 환경영향평가서를 작성토록 하고 있다. § 102(c). 따라서 NEPA는 Aarhus협약과 달리 '입법' 과정에도 환경영향평가를 통해 주민참여를 가능케 하고 있다.

63) 리우선언 원칙 22는 지속가능한 발전을 성취하기 위해 토착민의 효과적인 참여를 강조하고 있다.

64) Aarhus협약은 어떻게 정보에 접근하는지, 어떻게 의사결정에 참여하는지, 어떻게 사법에 접근하는지에 대하여 공중 사이의 환경교육과 환경인식을 촉진하여야 한다고 추상적으로 규정하고 있다. Aarhus협약(각주 8), 제3조 제3항.

제12장 환경피해에 대한 책임

스톡홀름선언 원칙 22와 리우선언 원칙 13에서 각국은 자국의 관할권 또는 통제내의 활동이 자국의 관할권 밖에 있는 지역에 초래된 악영향에 대한 책임과 배상에 관한 국제법을 보다 발전시키기 위하여 협력하기로 약속하였으나 그 작업은 지지부진한 상태이다. 이러한 원칙들은 환경피해책임에 관한 명확한 지침을 제시하지 않고 있으며, 이는 그동안의 판례, 국제문서, 국가관행들도 큰 차이가 없다. 아직까지 환경피해책임에 대한 국제규범은 명확하게 확립되어 있지 않으며, 이 문제를 직접 다루는 단일의 통일된 구속적인 조약도 나타나지 않고 있다. 그 결과 책임의 주체 · 대상 · 기초 · 면제, 피해 범위 및 정도, 피해 산정 기준 및 절차, 구제 방법 등을 둘러싸고 논란이 그치지 않고 있다. 이는 그만큼 환경피해에 대한 책임이라는 주제가 광범위하고 복잡한 쟁점을 포함하고 있다는 것을 보여주는 것이다.

이하에서는 편의상 환경피해에 대한 책임을 국가책임과 민사책임으로 구별하여 논의하기로 한다. 국가책임이란 국제법 규칙에 의거하여 국가와 국제기구와 같은 국제법인격자(international persons)가 지는 책임을, 민사책임이란 국가간의 조화를 도모하기 위해 최소 기준을 정하고 있는 국제조약상의 의무에 따라 채택된 국내법 규칙에 의거하여 개인(법인, 자연인)이 지는 책임을 말한다.[1] 그러나 이러한 구별은 원인사의 피해배상이 충분하지 아니한 경우 국가로 하여금 공적 자금을 이용해 피해를 보전하도록 하는 협약[2]이 등장하면서 점차 어려워지고 있다.

1) Philippe Sands, Principles of International Environmental Law 869~870 (2nd ed. Cambridge University Press 2003) 참조.

2) 핵 사고에 의한 피해가 운전자의 책임한도를 초과하는 경우 부족분을 당사국들이 공동으로 일정한 비율에 따라 지불하도록 한 1962년 핵선박 운전자의 책임에 관한 협약(브뤼셀협약)이 대표적인 예이다.

제 1 절 환경피해에 대한 국가책임

최근 국경을 넘어 다른 국가 및 국민에 대해 큰 환경피해를 미치는 환경사고가 빈번하게 발생하고 있다. 인도네시아에서 발생한 연무로 인한 동남아 지역의 피해,[3] 몽고와 중국의 사막지대에서 발생한 황사로 인한 우리나라와 일본의 피해[4] 등이 좋은 예이다. 그 결과 이러한 피해에 대한 국가책임 및 피해배상문제가 국가 간의 중요한 쟁점으로 대두되고 있다. 국가의 위법행위에 대하여 해당 국가가 그에 대한 책임을 져야 한다는 것은 국제법상 잘 확립되어 있는 원칙이다. 일찍이 1928년 상설국제재판소가 *호르죠(Chorzow) 공장 사건*에서 적절히 지적하였듯이 "의무의 위반이 배상(reparation)할 의무를 포함하고 있다는 것은 국제법의 원칙이며 법의 일반 개념이다. (…) 배상은 조약의 불이행을 보충하는 불가결한 것이며, 이를 위해서 조약 자체에서 반드시 규정되어야 할 필요성은 없다."[5] 이러한 접근방법은 2001년 국제법위원회에서 채택된 국제불법행위(Internationally Wrongful Acts)에 대한 국가책임 조문안에 잘 반영되고 있다: 국가의 모든 국제불법행위는 해당 국가의 국제책임을 수반한다.[6] 많은 환경관련 조약, 법원 결정, 비구속적 법 등은 이러한 원칙을 지지하고 있다.

국경을 넘는 환경피해에 대한 국가책임(state responsibility)의 법리는 많은 발전을 하였다. 그러나 아직도 국가책임 개념과 관련해서는 완전한 국제적 합의가 이루어지지 않고 있다. 국가만이 작위 또는 부작위에 대하여 책임을 지는가, 언제 개인의 행위가 국가의 행위로 귀속되는가, 국가를 위하여 행위를 한 특정 개인도 책임을 지는가, 국제법상 의무위반이 없더라도 월경환경피해가 있는 경우에 보상할 의무가 있는가, 국가책임이 발생되기 위해서는 국가의 고의나 악의가 필요한가, 국제법상 의무위반을 위해 필요한 주의의무의 정도 · 기준은 무엇인가, 국가책임의 전제가 되고 있는 (환경)피해란 무엇인가, 국가책임이 발동되기 위해서는 피해가 어느 정도 발생하여야 하는가, 강행법규(*jus cogens*) 위반 시 해당 위반행위가 국제범죄로 정의될 수 있는가, 국가책임이 전세계적 환경문제를 해결하는 역할을 할

3) 이에 대하여 자세한 내용은 박병도, "동남아 연무문제 대응의 국제법적 함의", 환경법연구 제35권 제2호, 2014. 8, 145면 이하 참조.

4) 김홍균, "황사문제와 국가책임", 저스티스, 2007. 4, 185면 이하 참조.

5) *Case Concerning the Factory at Chorzow*, 1928 P. C. I. J. (Ser. A) No. 17, 29면.

6) 2001 Draft Articles on Responsibility of States for Internationally Wrongful Acts, http://www.un.org/law/ilc/texts/State_responsibility/responsibilityfra.htm, 제1조.

수 있는가 등 아직도 논란이 계속되고 있는 부분이 적지 않다. 이러한 법리적인 문제 외에도 구체적으로 국가책임을 묻기 위해서는 넘어야 할 많은 문제가 있다. 원고적격, 인과관계의 입증, 외교적 보호권 문제, 책임의 비율 문제 등이 대표적인 예이다.

국가책임과 관련해서는 넓게 보아 모두 책임을 의미하는 'responsibility'와 'liability' 개념을 구별할 필요가 있다. 흔히 국제법 의무 위반에 따른 환경피해에 대하여는 'responsibility' 개념이, 국제법에서 허용된 행위로 발생한 피해에 대하여는 'liability' 개념이 사용되고 있는 경향이 뚜렷하다. Responsibility가 의무의 문제라면 liability는 위해의 할당 문제라고 할 수 있다.[7] 구체적인 구별 실익은 responsibility가 국가의 과실에 기초하여 책임을 물으며, liability는 국가의 과실의 유무를 불문하고 엄격책임(strict liability)을 묻는다는 데 있다. 그러나 이러한 개념의 구별이 엄격히 유지되고 있는 것은 아니다. 예컨대, 1982년 유엔해양법협약[8]과 1972년 우주물체에 의한 피해에 대한 국제책임에 관한 협약(우주피해협약)[9]은 이러한 전형적인 개념의 구별과 달리 liability를 국가책임(responsibility)을 이행하지 아니한 결과로서의 책임(liability)으로 이해하고 있다.

Ⅰ. 국가책임의 유형

국가책임과 관련해서는 전통적인 국제불법행위책임 외에도 국제범죄, 해로운 결과책임 등에 대한 논의가 진행되고 있다.

1. 국제불법행위책임

전통적인 국가책임 원칙에 따르면 국제법상 의무를 위반한 국가는 이에 대하여 책임을 지고 발생한 손해에 대하여 배상하여야 한다. 이와 같은 국가책임 원칙은 환경문제에도 그대로 적용된다. 즉 국가기관 또는 국가를 대표하는 사람의 행

---

7) Alexandre Kiss and Dinah Shelton, International Environmental Law 317 (3rd ed. Transnational Publishers, Inc. 2004).

8) United Nations Convention on the Law of the Sea(UNCLOS), 21 I. L. M. 1261 (1982), 제139조.

9) Convention on International Liability for Damage Caused by Space Objects, 961 U. N. T. S. 187, 24, U. S. T. 2389, 제1조, 제12조.

위 또는 개인의 행위이지만 국가의 행위로 귀속되는 행위가 다른 국가의 환경에 피해를 끼치는 경우, 해당 국가는 피해 당사국에 대한 책임 및 손해배상의무를 부담하여야 한다. 이러한 원칙에 의하면 국가 자신은 물론이고 개인의 환경오염행위에 대해서도 해당 국가가 책임을 질 수 있게 된다.

환경피해에 대한 국가책임과 손해배상제도는 환경오염으로 인한 국가간 분쟁을 해결하는 중요한 수단으로 작용할 수 있다. 그러나 국가책임 및 배상 문제는 국가주권과 밀접한 관련을 갖는 것으로 인식되고 있기 때문에 대부분의 국가들은 이에 대해 소극적으로 대처해 왔다. 국가책임은 양날의 칼과 같아서 모든 국가는 잠재적으로 국제환경문제에 책임이 있으며, 한때 원고의 입장에서 언제든 피고의 입장으로 바뀔 수 있기 때문에 섣불리 국가책임문제를 거론하는 것이 부담스러울 수밖에 없다. 그 결과 실제 국가책임을 묻는 경우는 극히 예외적이고, 국가책임의 기초 · 성립 · 내용 등에 대한 개념 정리가 완전하게 정립되어 있지 않으며, 배상 내용 · 방법 · 기준 등을 둘러싼 논쟁이 계속되고 있다. 국가책임 문제는 국제법에서 그야말로 미로 중의 미로라 할 수 있다.

2. 국제범죄

이러한 전통적인 불법행위책임이 발동하기 위해서는 해당 국가가 '국제법상의 의무를 위반할 것'이라는 요건이 충족되어야 한다. 이와 관련해서 최근에는 국가의 국제위법행위에 대한 형사책임을 물을 수 있는 '국제범죄(international crimes)'로 정의할 수 있는지 논의가 진행되고 있다. 즉 1980년 국제법위원회에서 채택된 국가책임 초안에서는 국가의 국제위법행위를 형사책임의 기초를 제공하는 국제범죄와 민사책임을 야기하는 국제불법행위(international delicts)로 구분하고 있다.[10] 이러한 이분법적 개념은 1996년과 1998년 국가책임 조문안에서도 이어지고 있다. 즉 조문안은 국제범죄에 해당하지 않는 위법행위가 불법행위(delict)를 구성한다고 규정하고 있다.[11]

국제범죄 개념은 해당 국가가 국제공동체 전체에 대해 부담하는 이른바 대세적(*erga omnes*) 의무 개념의 영향을 받아 가해 국가(범죄 국가)가 국제공동체의 다

10) Report of the Commission to the General Assembly on the Work of Its Thirty-second Session, 2 Y.B. Int'l L. Comm'n, pt. 2, 26, 32 (1980), 제19조.

11) State Responsibility, Report of the Commission to the General Assembly on the Work of Its Forty-eight Session, 2 Y.B. Int'l L. Comm'n, pt. 2, 57 (1996); Draft Articles on State Responsibility, 37 I. L. M 440 (1998), 제19조 제4항.

른 모든 국가들에 대하여 형사책임을 질 수 있도록 하기 위해 고안된 것이다. 말하자면 이 개념은 가해국 대 피해국이라는 1 대 1의 관점에서 가해국(범죄국가) 대 다른 모두 국가들, 즉 1 대 전체의 관점으로 방향 전환을 모색하는 개념이라고 할 수 있다.[12] 이에 따르면 국제공동체의 모든 국가들은 개별 또는 집합적으로 가해 국가의 형사책임을 원용할 수 있으며, 범죄의 중단을 요구할 수 있게 된다.

1996년 1차 조문안은 국제사회의 근본적인 이익(fundamental interests)의 보호를 위하여 필수적(essential)이어서 그 위반이 국제공동체 전체에 의하여 범죄라고 인정되는 국제의무의 위반에 기인하는 국제위법행위는 국제범죄(international crime)를 구성한다고 규정하면서, 대기 또는 해양의 대규모 오염의 금지와 같은 인간 환경의 보호 및 보전을 위하여 본질적으로 중요한 국제의무의 중대한(serious) 위반을 예시하고 있다.[13] 이에 따를 경우 국세범죄에 해당하기 위해서는 위법행위, 국제사회의 근본적인 이익의 보호를 위하여 필수적인 의무위반, 국제공동체 전체에 의한 인정 등의 요건이 충족되어야 한다. 조문안은 국제범죄를 구성할 수 있는 네 가지 예시적인 상황 중의 하나로 대기 또는 해양의 대규모 오염금지의무의 위반을 들고 있는데, 이러한 예시 방식에 대해서는 바람직한 조문화 방식이라고 할 수 없고, 계속적으로 진보하는 규범을 고정하고 있으며, 열거된 개별 의무사항이 지나치게 광범위하고 부정확하다는 등의 비판이 제기되고 있다.[14]

국제범죄의 법적 결과는 무엇인가? 조문안은 "국제범죄는 국제위법행위의 모든 법적 결과를 수반한다"[15]고 막연하고 포괄적으로 규정하고 있다. 나아가 조문안은 국제범죄의 '특별한' 결과로 두 가지를 명시하고 있다: ① 피해국이 원상회복을 받을 때 얻게 되는 이익에 전혀 비례하지 않는 부담을 의무 위반국에 지우거나 의무 위반국의 정치적 독립이나 경제적 안정을 중대하게 위협하여서는 안 된다는 제한은 적용되지 아니한다; ② 피해국이 만족(satisfaction)을 받을 때 의무 위반국의 존엄성을 해쳐서는 안 된다는 제한은 적용되지 아니 한다.[16] 국제범죄에 부가된 '특별한' 결과는 매우 제한적이기 때문에 범죄 개념의 효용성을 떨어트린다고 할 수 있다.[17] 제53조에서는 다른 모든 국가의 의무에 대해서 규정하고 있다. 즉 다른

12) 김대순, 국제법론, 삼영사, 1999, 354면.
13) 1996년 국가책임 조문안(각주 11), 제19조 제2항, 제19조 제3항(d).
14) Alian Pellet, *Can a State Commit a Crime? Definitely, Yes*, State Responsibility in International Law 374 (Ashgate Dortmouth 2002).
15) 1996년 국가책임 조문안(각주 11), 제51조.
16) *Id.* 제52조.
17) Alian Pellet(각주 14).

모든 국가는 범죄에 의하여 창설된 상태를 합법적인 것으로 인정해 주지 않을 의무, 범죄에 의하여 창설된 상태를 유지하는 데 필요한 원조나 지원을 범죄국가에 제공하지 않을 의무, 이상의 의무를 이행함에 있어 다른 국가와 협력할 의무, 그리고 범죄의 결과를 제거하기 위한 조치를 적용함에 있어 다른 국가와 협력할 의무를 부담한다.[18]

이러한 '국제범죄' 개념에 대해서는 개인 외에 국가에게도 형사책임을 부담시킬 수 있는가, 부과할 수 있다면 어떤 형벌을 부과할 수 있는지 등을 둘러싼 논쟁이 끊이지 않고 있다. 국제범죄가 되기 위해서는 국제공동체 전체에 의해 범죄로 인정되어야 하는데, 국제공동체 자체가 불확실성을 띠고 있기 때문에 국제범죄가 주관적으로 결정될 우려가 있다. 이러한 소모적 논란은 결국 국제법위원회로 하여금 2001년 국가책임 초안에서 문제의 국제범죄 관련 규정을 삭제하도록 만들었다. '국제범죄' 개념이 많은 국가로부터 지지를 받지 못하고 있다는 것이 밝혀진 셈이다.

3. 해로운 결과책임

오늘날에는 전통적인 불법행위책임에 더하여 국제법을 위반하지 않았음에도 단순히 위험한 활동에 기인하여 발생한 결과적 손해에 대하여 국제책임을 지우는 경향이 있는데, 이러한 책임을 흔히 '위험책임' 또는 '해로운 결과책임'이라고 부르고 있다.[19] 전통적인 불법행위의 책임기준인 상당한 주의(due diligence)와 복잡하고 엄한 입증책임을 고도의 위험한 행위(ultra-hazardous activities, 초위험행위)에 그대로 적용하는 것이 적합하지 않다는 인식이 증가하고 있다. 이러한 인식은 그 피해를 예상할 수 없거나 예상할 수 있더라도 해당 국가가 상당한 주의를 기울여도 막을 수 없는 심각한 월경피해를 유발할 가능성이 많이 내포되어 있는 행위에 대하여 엄격한 책임을 물을 필요가 있다는 사고에 기초하고 있다.

해로운 결과책임은 1977년 이래 유엔국제법위원회가 조약성안을 위해 마련 중인 국제법상 금지되지 않은 활동으로 인한 해로운 결과에 대한 국제책임 초안에서 강조되고 있다.[20] 여기에서 책임의 전제가 되는 사고는 해당 행위를 수행하는 국

18) 1996년 국가책임 조문안(각주 11), 제52조.

19) 이에 대하여 자세한 내용은 김태천, "월경환경손해에 대한 국제책임(3) -위험한 결과책임론을 중심으로-", 법학논총, 경북대학교 법학연구소, 1995, 127면 이하 참조.

20) Third Report on International Liability for Injurious Consequences Arising Out of Acts Not Prohibited by International Law, 2 Y.B. Int'l L. Comm'n, pt. 1, 51 (1982); Sixth

가 또는 해당 행위가 발생하는 관할 국가에 위법성이 없다는 것이다. 그 결과 국제법위원회는 위법한 작위 또는 부작위에 대하여 종전과 같은 책임(responsibility)을 물으려는 대신에 새로운 책임 규범을 모색하고 있다. 그 기초는 특정 행위는 비용－편익 관점에서 정당화되고 금지되어서는 안 된다는 것이다. 그러나 피해를 유발한 경우에는 오염자 부담원칙과 정의 관념에 비추어 가해국이 피해국에 보상(compensation)을 해주어야 한다는 것이다. 이러한 접근방법은 responsibility와 liability 주제를 구분하는 것인데, 국제법위원회는 초안에서 responsibility라는 용어 대신에 liability라는 용어를 사용하고 있다.

1996년, 국제법위원회 작업그룹은 관련 조문안을 완성하였다.[21] 22개 조문으로 구성된 이 조문안은 심각한 월경피해를 초래할 위해성을 수반하는 국제법상 금지되지 않은 행위와 심각한 월경피해를 초래할 위해성을 수반하지는 않으나 그럼에도 불구하고 심각한 피해를 초래한 행위를 적용대상으로 하고 있다.[22] 당사국들은 심각한 월경피해의 위해성을 방지 또는 감소하기 위한 모든 적절한 조치를 취하여야 하며,[23] 적용대상 행위에 의해 초래된 심각한 월경피해에 대하여 책임(liability)을 지게 된다.[24]

1997년, 국제법위원회는 주제를 '방지'와 '국제책임'으로 나누어 논의하기로 결정하였다. 위원회는 먼저 '방지'와 관련한 주제에 초점을 맞추기로 하였으며, 2001년 그동안의 결과물을 토대로 '유해한 활동으로 인한 월경피해의 방지 조문안'을 채택하였다.[25]

2001년 조문안은 19개조로 구성되어 있다. 이에 따르면, 오염발생국은 심각한(significant) 월경피해를 방지하고 그 위험을 최소화하기 위하여 적절한 모든 조치를 취하여야 한다.[26] 관련국들은 서로 성실히 협조하고 필요하면 오염방지와 위험의 최소화를 위하여 자격이 있는 국제기구의 지원을 구하여야 하며, 이 조문안의

Report on International Liability for Injurious Consequences Arising Out of Acts Not Prohibited by International Law, 2 Y.B. Int'l L. Comm'n, pt. 1, 83 (1989); Report of the Working Group on International Liability for Injurious Consequences Arising Out of Acts Not Prohibited by Internal Law, 2 Y.B. Int'l L. Comm'n, pt. 2, 100 (1996) 참조.

21) 1996년 국제법상 금지되지 않은 활동으로 인한 해로운 결과에 대한 국제책임 조문안. *Id.*

22) *Id.* 제1조.

23) *Id.* 제4조.

24) *Id.* 제5조.

25) Draft Articles on Prevention of Transboundary Harm from Hazardous Activities, http://www.un.org/law/ilc/texts/prevention/preventionfra.htm. 이 조문안에 대하여 자세한 내용은 노명준, 신국제환경법, 법문사, 2003, 337 내지 338면 참조.

26) *Id.* 제3조.

의무를 이행하기 위하여 적절한 감시제도를 포함하여 필요한 입법적, 행정적 그리고 다른 행동을 취하여야 한다.[27] 오염발생국은 이 조문안의 범위 내에 있는 활동, 그 활동의 주요 변경 그리고 이 조문안의 범위에 포함되는 활동으로 변경하는 계획을 위해서 사전 승인을 받아야 한다.[28] 그 승인과 관련한 결정은 환경영향평가를 포함한 가능한 월경피해에 대한 평가에 기초하여야 한다.[29] 그 평가 결과 심각한 월경피해를 초래할 위해성이 있는 경우, 오염발생국은 이를 피해 예상국에 통지하여야 하며, 이용 가능한 기술적 그리고 다른 정보를 제공하여야 한다.[30] 관련국은 심각한 월경피해의 방지 또는 그 위험의 감소를 위한 수용할 수 있는 해결책을 강구하기 위하여 협의하여야 하며, 제10조에서 정하고 있는 요소를 참작하여 이익의 공평한 균형에 기초한 해결책을 모색하여야 한다.[31] 이 조문안은 그 밖에 정보의 교환(제12조), 공중에 대한 정보의 제공(제13조), 국가안보와 산업비밀의 보호(제14조), 사법절차 등에서의 국적, 주거지, 또는 피해발생지에 따른 차별금지(제15조), 비상계획(제16조), 비상 상황의 통지(제17조), 분쟁해결(제19조) 등에 대하여 규정하고 있다.

해로운 결과책임 개념은 현대사회에서 다른 국가에게 심각한 피해를 끼칠 수 있는 우주개발, 유류 이용, 원자력 이용 등과 같은 고도로 위험한 행위가 증가한 시대적 상황을 잘 반영하고 있다. 이러한 책임 형태는 가해국에게 그 결과에 대하여 절대(또는 엄격)책임을 묻도록 하고 있는데, 그 적용범위는 유류오염, 핵물질 이용에서 생기는 피해, 우주 물체로 인한 피해와 관련한 환경 분야 등으로 극히 제한되어 있다.

고도의 위험행위와 관련하여 몇 개 조약들은 엄격(또는 절대)책임을 정하고 있다. 1972년 우주피해협약,[32] 1988년 남극광물자원활동의 규제를 위한 협약(CRAMRA)[33] 등이 대표적인 예이다. 핵피해, 유류오염피해 등 제한된 영역이지만 이들 피해에 대한 민사책임협약들은 고도의 위험행위에 대한 엄격책임을 정하고 있다.[34]

---

27) *Id.* 제4조, 제5조.
28) *Id.* 제6조.
29) *Id.* 제7조.
30) *Id.* 제8조.
31) *Id.* 제9조.
32) 우주피해협약(각주 9), 제2조.
33) Convention on the Regulation of Antarctic Mineral Resource Activities, 27 I. L. M. 868 (1988), 제8조 제2항.
34) Protocol of 1992 to Amend the 1969 International Convention on Civil Liability for Oil

Ⅱ. 국가책임과 판례

환경피해에 대한 국가책임을 둘러싼 판례는 각국이 이 문제를 국제법 차원에서 해결하는 것을 꺼리기 때문에 아주 제한적이다. *Trail Smelter 사건*, *Corfu Channel 사건*, *Lanoux호 사건*, *Nuclear Test 사건*, *Gabcikovo-Nagymaros Dam 사건* 등이 주요한 선례로 꼽히고 있다.

1. *Trail Smelter 사건*

초국경적 오염문제를 다룬 역사적인 *Trail Smelter 사건*[35]은 국가책임의 기초를 제공하는 중요한 사건으로 인식되고 있다. 이 사건은 캐나다 British Columbia에 위치한 민간회사 소유인 트레일 제련소(Trail Smelter)에서 방출된 아황산가스 등이 바람을 타고 Columbia 강 계곡을 거쳐 미국 워싱턴 주의 북부 지역에 유입되어 인근 농장들에 심각한 피해를 입힌 것이 발단이 되었다. 양국은 분쟁을 해결하기 위하여 중재법정을 설치하기로 합의하였다.

1938년 중재법정은 캐나다가 미국에게 1932년부터 1937년 사이에 발생한 손해미화 $78,000를 배상하여야 한다고 결정하였다.[36] 당초 미국은 토지, 가축, Northport시의 재산, 기업 등에 대한 피해를 주장하였는데, 동 법정은 농작물의 감소, 임야·농장의 사용가치 및 임대비용 감소 등 피해를 인정하였으나 나머지 주장은 증거부족 또는 피해의 간접성(indirect and remote) 등을 이유로 배척하였다.[37]

중재법정은 증거조사를 더 거친 후 1941년 두 번째 결정을 하게 되었다.[38] 동 법정은 우선 1937년 10월 1일부터 1940년 10월 1일 이전까지 사이에 어떤 피해도 발생하지 않아 캐나다가 이를 배상할 책임이 없다고 결론지었다.[39] 그러나 동 법

Pollution Damage), 21 Int'l Env't Rep. (BNA) 1551, 제3조 제1항; International Convention on Civil Liability for Bunker Oil Pollution Damage, 21 Int'l Env't Rep. (BNA) 5501, 제3조 제1항; Paris Convention on Third Party Liability in the Field of Nuclear Energy), 956 U. N. T. S. 251, 제3조; Vienna Convention on Civil Liability for Nuclear Damage), 1063 U. N. T. S. 265, 제4조 제1항; 57 Am. J. Int'l L. 268 (1963), 제2조.

35) *Trail Smelter Case (United States v. Canada)*, 3 R. I. A. A. 1938, 1965~66 (1941). 자세한 내용은 제2장 제2절 Ⅰ. 참조.

36) *Trail Smelter Case (United States v. Canada)*, 3 R. I. A. A. 1905, 1933 (1938).

37) *Id.* 1920 내지 1933면.

38) *Trail Smelter Case (United States v. Canada)*, 3 R. I. A. A. 1938 (1941).

정은 앞서 양국간에 체결된 협약에 의해 동 법정에서 다루도록 한 핵심 쟁점, 즉 트레일 제련소가 장래에 워싱턴 주에 손해가 발생하지 않도록 하여야 하는가, 그렇다면 어느 정도인가라는 물음에 대하여 국제환경법상 주목할 만한 결정을 하였다. 동 법정은 "국제법과 미국법의 원칙상 어느 국가도 사건이 중대한 결과(serious consequence)를 초래하고 손해가 명백하고 확실한 증거(clear and convincing evidence)에 의하여 입증되었을 때 타국의 영토 또는 그 영토상의 재산이나 인명에 대하여 연기에 의한 손해를 발생시키는 방법으로 자신의 영토를 사용하거나 이를 허가할 권리를 갖지 아니한다"고 판단하면서 캐나다는 국제법상 트레일 제련소의 행위에 대하여 책임이 있다고 결정하였다.[40] 또한 동 법정은 캐나다가 책임이 있다는 전제하에 이산화황의 발생을 방지하기 위하여 트레일 제련소 운영과 굴뚝에서 배출되는 이산화황의 통제를 위해 필요한 장치, 기록, 굴뚝, 배출허용총량 등 일련의 체제(regime)를 비교적 자세하게 제시하였다.[41]

1941년 중재법정이 결정한 캐나다가 트레일 제련소의 행위에 대하여 지는 책임과 관련해서는 특히 그 책임의 성질을 둘러싸고 크게 논란이 있다. 즉 일부 견해는 동 결정이 오염원이 위치한 국가가 다른 국가에 중대한 피해를 직접적으로 야기하는 오염에 대하여 엄격하게 책임져야 한다는 결론을 직접적으로 지지하고 있다고 주장하고 있다.[42] 이에 반해 일부 견해는 책임의 성질 등의 쟁점이 동 중재법정에서 직접적으로 다루어지지 않았고, 월경 오염문제에 대한 언급은 부수적 의견(dictum)에 불과하다고 주장하고 있다.[43] 이러한 논란에도 불구하고 동 사건

---

39) *Id.* 1962면

40) *Id.* 1965 내지 1966면.

41) *Id.* 1974 내지 1978면.

42) Constance O'Keefe, *Transboundary Pollution and the Strict Liability Issue: The Work of the International Law Commission on the Topic of International Liability for Injurious Consequences Arising Out of Acts Not Prohibited by International Law*, 18 Denv. J. Int'l L. & Pol'y 145, 175 (1990); Thomas W. Merrill, *Golden Rules for Transboundary Pollution*, 46 Duke L. J. 931, 954 (1997); Brian Dunn, *The Mexicali Tire Pile: Smoke on the Horizon?*, 14 Geo. Int'l Envtl. L. Rev. 409, 416 (2001); J. Brownlie, *A Survey of Customary Rules of Environmental Protection*, 13 Nat. Resources J. 179, 187 (1973). Paul C. Szasz, Sachiko Kuwabara, Stephen C. McCaffrey, Gunther Handl, Kilaparti Ramakrishna and L.F.E. Goldie, *International Responsibility for Damage Disasters*, 81 Am. Soc'y Int'l L. Proc. 320, 334 (1987). 김기순, "해양폐기물이 해양투기에 대한 국제법상 규제와 국제책임", 안암법학 제3집, 1995, 736면; 김석현, "환경오염에 대한 국가의 국제책임", 환경보호와 국제법 질서, 아 · 사 · 연 법 · 언론연구총서 제6권, 1997, 192면, 231면.

43) Joni S. Charme, *Transnational Injury and Ultra-Hazardous Activity: An Emerging Norm of International Strict Liability*, 4 J. L. & Tech. 75, 86 (1989); Zou Keyuan, *Environmental Liability and the Antarctic Treaty System*, 2 Sing. J. Int'l & Comp. L. 596,

은 초국경적 대기오염 더 나아가 국제환경법에 지대한 영향을 끼치고 있다.

2. *Corfu Channel* 사건

이 사건44)은 1946년 알바니아 영해상에 있는 코르푸해협(Corfu Channel)에서 수뢰(mines)에 충돌 · 침몰된 선박에 타고 있던 영국 선원들이 입은 피해에 대한 국가책임 문제를 다루고 있다. 국제사법재판소(ICJ)는 폭발의 원인이 된 수뢰의 설치(독일이 설치하였음)는 알바니아 정부의 인식 없이는 이루어질 수 없다고 판단하고45) 이를 경고하지 않은 알바니아에게 책임을 부과하였다.46) 그 근거로 국제사법재판소는 "모든 국가는 타국의 권리에 반하는 행위를 위하여 자국 영토가 의도적으로(knowingly) 사용되도록 허용되어서는 안 된다"고 판시하였다.47) 덧붙여 재판소는 알바니아가 재난을 방지하기 위한 어떠한 조치도 취하지 않았으며, 이러한 중대한 부작위는 국제책임을 구성한다고 지적하였다.48) 이 사건은 환경피해를 다루고 있지는 않지만 동 법정에서 제시한 원칙은 국가책임에 유추 적용될 수 있을 것이다. 동 법정은 알바니아가 책임을 지는 기초가 무엇인지 분명히 적시하지 않고 있으나 위험을 알릴 수 있었음에도 알리지 않은 과실에 기초하여 책임을 물은 것으로 이해된다.49)

---

621 (1998); 캐나다의 피해배상책임에 대하여는 양국간에 이미 합의가 이루어졌기 때문에 동 결정은 어느 정도의 배상이 적정한지, 제련소의 장래 운영과 관련하여 그 운영 조건이 어떠하여야 되는지 등을 판단할 책임의 기준에 대하여는 결정하지 않았다. 동 결정은 엄격책임을 지지하고 있지 않으며, 오히려 상당한 주의(due diligence) 여부가 그 결정의 중요한 요소로 작용하고 있다. P. W. Birnie and A. E. Boyle, International Law and the Environment 185~186 (2nd ed. Oxford University Press 2002). Rubin, Pollution by Analogy: *The Trail Smelter Arbitration*, 50 OR. L. REV. 259, 264 (1971). 이 사건이 위법하지 않은 행위로 인한 국가책임이나 결과의무를 부과하는 것으로 볼 수 있는 근거는 없으며 오히려 적절한 주의의무를 부과하는 것을 확인하거나 암시하는 것으로 볼 수 있다는 견해가 있다. 서철원, "초국경적 환경피해의 구제: 한계와 개선방안", 국제법무연구 제2호, 1999. 6, 118면. 중재법정이 과실책임 기준을 적용하였는지 엄격책임기준을 적용하였는지에 대한 논란은 Günther Handl, *Territorial Sovereignty and the Problems of Transnational Pollution*, 69 Am. J. Int'l L. 50, 60~66 (1975) 참조.

44) *Corfu Channel Case (U. K. v. Albania)*, 1949 I. C. J. 4 (1949). 자세한 내용은 제2장 제2절 I. 참조.

45) *Id.* 22면.

46) *Id.* 36면.

47) *Id.* 22면.

48) *Id.* 23면.

49) Lucas Bergkamp, Liability and Environment: Private and Public Law Aspects of Civil Liability for Environmental Harm in an International Context 163 (Kluwer Law

3. Lanoux호 사건

1957년 *Lanoux호 사건*[50]에서 스페인은 하류국(스페인)의 이익과 권리를 침해할 수 있는 상류국(프랑스)의 댐 건설 사업은 양 당사국의 사전 동의 없이는 진행할 수 없다고 주장하면서 중재법정(Arbitral Tribunal)에 제소하였다. 이에 대해 법정은 국제관습법이나 스페인이 주장의 주된 기초로 하고 있는 조약 어디에서도 그 근거를 찾을 수 없다고 결정하였다. 그러나 스페인이 "프랑스가 진행하려는 사업이 궁극적으로 캐롤강의 수질오염을 야기할 수 있고, 되돌아오는 물이 스페인의 이익을 해칠 수 있는 화학적 성분 · 기온 또는 다른 성격을 가지고 있을 수 있다"고 주장하였더라면 결과는 달라질 수 있었을 것이라고 지적하였다.[51]

이 사건은 환경피해를 직접 다룬 사건이 아니다. 국가책임의 기초에 대한 명시적인 언급이 없으며, 궁극적으로 배상명령도 이루어지지 않았다. 그러나 스페인이 프랑스의 유로변경이 수질을 오염시켜 스페인에 피해를 입혔다는 주장을 하고 법정이 이를 인정하였을 경우에는 프랑스가 그 피해를 배상해야 할 가능성을 배제할 수 없다.

4. Gut Dam 사건

1903년 캐나다는 미국의 허용하에 국경 지역에 굿 댐(Gut Dam)을 건설하였다. 캐나다는 그 후 당시의 댐 높이로는 당초 목적을 달성할 수 없다고 판단되자 1904년 일정한 조건하에 미국의 승락을 받아 그 높이를 올리는 공사를 하였다. 이로 인하여 1951~1952년 온타리오(Ontario)호와 세인트 로렌스(St. Lawrence)강의 수위가 높아졌으며, 폭풍과 다른 자연 현상과 복합적으로 작용하면서 장마, 토양침식 등을 초래하였으며, 그 결과 온타리오호와 강 남쪽에 위치하고 있던 미국 시민들의 재산에 피해가 발생하였다. 미국 시민들은 캐나다 정부와 문제 해결을 위해 협상을 시도하였으나 실패하였으며, 소송을 통한 구제도 절차적인 문제로 인하여 불가능하였다.[52] 결국 1965년 미국과 캐나다는 협정을 체결하여 중재법정(Arbitral

---

International 2001). 이 사건은 해당 국가에게 알고 있는 위해를 다른 국가에 경고하기 위하여 성실한(diligent) 노력을 할 의무가 있음을 밝히고 있다. P. W. Birnie & A. E. Boyle(각주 43), 186면.

50) *Lake Lanoux Arbitration (Spain v. France)*, 24 I. L. R. 101 (1957). 자세한 내용은 제2장 제2절 Ⅰ. 참조.

51) *Id.* 123면.

Tribunal)을 설치하여 분쟁을 해결하기로 하였다. 중재법정은 1903년~1904년 협정에 의거하여 캐나다가 댐으로 인한 피해를 배상할 책임이 있다고 결정하였다.[53] 그러나 이 사건은 양국의 타협으로 종결되었다. 즉 당초 미국은 피해배상액으로 $653,386을 청구하였으나 캐나다가 $350,000을 지급하기로 최종 합의하였다.[54]

이 사건은 환경피해와 직접적인 관련이 없다. 중재재판소는 다른 국가에 피해를 끼쳤을 경우 그 피해를 배상할 책임이 있다는 원칙을 확인하고 있으나 그 결정은 기본적으로 협정의 해석에 기초한 결론이므로 국가책임 일반에 적용될 수 있는 것은 아니다.

5. *Nuclear Test* 사건

프랑스는 1966년경부터 남태평양상의 대기권에서 수차례의 핵실험을 진행하였다. 1973년 호주와 뉴질랜드는 국제사법재판소(ICJ)에 프랑스가 남태평양상의 대기권에서 핵실험하는 것을 금지하기 위하여 소를 제기하였다.[55] 호주와 뉴질랜드는 프랑스의 핵실험은 자국 국민들이 대기권 핵실험으로부터 자유로울 수 있는 권리를 침해하고, 자국의 동의 없이 핵물질의 낙진이 그들 영토 내에 쌓이고 대기에 확산되는 것은 주권을 침해하기 때문에 더 이상의 대기권 핵실험은 국제법을 위반하는 것이라고 주장하면서 프랑스가 더 이상 그러한 실험을 해서는 안 된다는 명령을 구하였다.[56] 특별히 호주와 뉴질랜드는 자국 영토 내에 핵물질이 쌓이는 것은 자국 국민들에게 잠재적으로 위험할 수 있고 이로 인하여 발생되는 피해는 회복할 수 없을 것이며, 프랑스의 핵실험 활동은 자국 국민들에게 육체적·유전적 영향을 끼치고, 걱정과 우려를 자아낸다는 등의 주장을 하였다.[57] 이에 대해 프랑스는 호주와 뉴질랜드가 주장하는 피해가 핵실험으로 인한 피해라는 것을 규명할 수 없는 상황에서 국제법을 위반하지 않았으며, 핵실험으로 인한 낙진이 이들 국민들의 건강에 아무런 위험을 초래하지 않았고, 이들 국가들이 주장하는 피해는

52) *Gut Dam Claims (Canada v. U. S.)*, 8 I. L. M. 118 (1969).

53) *Id.* 136면, 138면.

54) *Id.* 118면.

55) *Nuclear Tests (Australia v. France)*, 1973 I. C. J. 99 (1973), 1974 I. C. J. 253 (1974); *Nuclear Tests (New Zealand v. France)*, 1973 I. C. J. 135 (1973), 1974 I. C. J. 457 (1974). 자세한 내용은 제2장 제2절 Ⅰ. 참조.

56) *Nuclear Tests (Australia v. France)*, 1973 I. C. J. 99 (1973), 99면, 103면; *Nuclear Tests (New Zealand v. France)*, 1973 I. C. J. 135 (1973), 135면, 138면.

57) *Nuclear Tests (Australia v. France)*, *Id.* 104면; *Nuclear Tests (New Zealand v. France)*, *Id.* 140 내지 141면.

추측에 불과하다는 등의 주장을 하였다.[58] 1973년 6월 국제사법재판소는 8 대 6의 표결로 호주와 뉴질랜드의 주장을 받아들여 사건이 계류 중인 상태에서 프랑스는 호주와 뉴질랜드 영토 내에 낙진이 쌓이는 것을 초래하는 핵실험을 더 이상 진행해서는 안 된다는 중간보전조치(interim measures)를 명하였다.[59]

그 후 프랑스 정부 당국은 문서나 선언 등으로 수차례에 결쳐 일방적으로 대기권 핵실험을 중지하겠다는 의사를 표명하였다. 1974년 12월 국제사법재판소는 9 대 6의 표결로 프랑스의 이러한 일방적 선언은 법적 의무를 발생시킨다고 판단하면서,[60] 뉴질랜드와 호주의 재판신청에 대하여 더 이상 소의 이익이 존재하지 않기 때문에 본안(merits)에 대하여 종국적인 결정을 내릴 여지가 없다고 결정하였다.[61] 특기할 것은 국제사법재판소는 "만일 이 결정의 기초가 영향받는 경우 원고는 재판소 규정에 따라 그 상황을 검토해 줄 것을 요청할 수 있다"고 부가하였다.[62] 이는 1995년 뉴질랜드의 상황검토 요청의 단서가 되었다.

6. *Gabcikovo-Nagymaros Dam 사건*

1997년 9월 25일 국제사법재판소(ICJ)는 *Gabcikovo-Nagymaros Dam 사건*[63]에서 국제환경법과 관련하여 의미 있는 중요한 판결을 내렸다. 1977년 9월 헝가리와

---

58) *Nuclear Tests (Australia v. France), Id.* 105면; *Nuclear Tests (New Zealand v. France), Id.* 141면.

59) *Nuclear Tests (Australia v. France), Id.* 99면, 106면; *Nuclear Tests (New Zealand v. France), Id.* 135면, 142면. 이에 반해 Ignacio-Pinto 판사는 소수의견에서 피해가 명백하게 규명되었을 경우 가해 국가는 이러한 피해를 입은 국가에게 배상할 책임이 있으나 현재로서는 피해를 입은 국가가 주변국가에 위해를 수반하는 행위를 자신의 영토 내에서 수행하는 다른 국가에게 이를 금지토록 하는 법적 수단이 마련되어 있지 않다고 하면서 다수의견이 인정하고 있는 유지명령(injunction)을 부인하였다. *Nuclear Tests (Australia v. France), Id.* 131면.

60) 국제사법재판소는 일방적 행위가 법적 의무를 발생시키는 법적 근거로 신의성실의 원칙(principle of good faith)을 들었다. *Nuclear Tests (Australia v. France)*, 1974 I. C. J. 253 (1974), 267 내지 270면; *Nuclear Tests (New Zealand v. France)*, 1974 I. C. J. 457 (1974), 472 내지 475면.

61) *Nuclear Tests (Australia v. France), Id.* 257 내지 258면, 272면; *Nuclear Tests (New Zealand v. France), Id.* 461면, 478면.

62) "If the basis of this Judgment were to be affected, the applicant could request an examination of the situation in accordance of the provisions of this statute." *Nuclear Tests (Australia v. France), Id.* 272면, 제60항; *Nuclear Tests (New Zealand v. France), Id.* 477면, 제63항.

63) *Gabcikovo-Nagymaros Project (Hungary v. Slovakia)*, 37 I. L. M. 162 (1998); 1997 I. C. J. 7 (1997). 자세한 내용은 제5장 제1절 참조.

체코슬로바키아 간에 체결된 협정에 의거하여 진행되어 온 Gabcikovo-Nagymaros 사업(G-N 사업)은 1989년 5월, 헝가리가 환경문제를 바탕으로 한 G-N 사업에 대한 국내의 강력한 비판에 직면하여 Nagymaros 댐 공사를 일시 중단하기로 결정하면서 촉발되었다.64) 체코슬로바키아는 헝가리의 공사 중단 요구를 받아들이지 않았으며, 대안으로 '변경사업안 C(Variant C)'를 수립하여 공사를 계속하기로 결정하였다. 이에 대해 1992년 5월 헝가리는 체코슬로바키아에 1977년 협정의 종료를 통보하였다.65) 체코슬로바키아는 이에 아랑곳하지 않고 변경사업안 C를 운용함으로써, 일방적으로 다뉴브강의 유수를 Gabcikovo 댐 쪽으로 변경하였으며 전력생산을 시작하였다.66)

이 분쟁사건에서 국제사법재판소는 헝가리가 사업을 일방적으로 중단·포기한 것과, 슬로바키아가 1992년 이후 변경사업안 C를 시행한 것은 모두 위법하며, 그 결과 1977년 협정은 여전히 유효하다고 판단하였다.67) 재판소는 헝가리의 조약 종료 통보는 법적 효력이 없으며, 양 당사국은 각국의 권한 없는 행위로 발생한 피해를 배상하여야 한다고 결정하였다.68)

환경피해 문제와 관련한 국제 사법적 결정이 빈약한 상황에서 이 사건은 앞으로 제기될 수 있는 국제환경분쟁에 중요한 지침을 줄 것으로 보인다. 그러나 국가책임문제에 국한하여 살펴볼 경우에는 효과적이고 구체적인 기준을 제시하지 않고 있다. 이 사건에서 가장 중요한 결론은 1977년 협정은 여전히 유효하다는 것이고, 양 당사국에게 1977년 협정의 목적을 고려하면서 해결책을 강구할 것을 명하고 있다는 것이다. 그 결과 배상기준, 절차 등에 대하여는 어떠한 기준도 제공하지 않고 있다. 극단적으로 말하자면 불법행위로 발생한 피해를 배상하여야 한다는 원칙론을 확인하고 있는 데 불과하다.69)

7. *Pulp Mills* 사건

2010년 *Pulp Mills 사건*70) 분쟁은 우루과이가 설치 허가를 한, 아르헨티나와 우루과이의 국가간 경계를 이루는 우루과이강 연안에 위치한 두 개의 펄프공장을

64) *Id.* § 22, §§ 32~33.
65) *Id.*
66) *Id.*
67) *Id.* § 114.
68) *Id.* § 115, § 155.
69) *Id.* § 151.
70) *Pulp Mills on the River Uruguay (Argentina v. Uruguay)*, 2010 I. C. J. 18 (2010).

둘러싸고 발생하였다. 2006년 아르헨티나는 우루과이를 상대로 1975년 우루과이강 조약 위반을 이유로 국제적 불법행위의 즉각적인 중지와 그로 인한 피해배상을 구하는 소송을 국제사법재판소에 제기하였다.[71] 1975년 우루과이강 조약은 우루과이강의 최적의 그리고 이성적인 이용을 위해 필요한 공동체제의 설치를 목적으로 하였다. 아르헨티나는 펄프공장이 배출한 오염물질의 우루과이강의 수질, 생물다양성에 미치는 악영향, 대기오염으로 인한 간접적인 강오염 등에 우려를 표명하였다.[72]

국제사법재판소는 1975년 조약에 규정된 의무를 두 개의 부류, 즉 절차적 의무와 실체적 의무로 구분하였다. 우선 재판소는 통지, 협상할 의무 등 절차적 의무를 위반하였다고 결론 내렸다.[73] 나아가 재판소는 실체적 의무 위반 여부를 판단하였다. 아르헨티나는 우루과이가 강의 적절하고 이성적인 이용에 기여할 의무(동조약 제1조), 우루과이강 이용체제 또는 수질을 해치지 않도록 토양, 산림지의 관리를 보장할 의무(동조약 제35조), 생태균형에 변화를 피하기 위한 조치를 조정할 의무(동조약 제36조), 오염예방 및 수환경을 보전할 의무(동조약 제41조) 등을 위반하였다고 주장하였다.[74]

실체적 의무 위반 문제에서 가장 논란이 많고 재판소가 중요하게 다룬 의무는 바로 1975년 조약 제41조상의 의무였다. 결론적으로 재판소는 우루과이가 필요한 상당한 주의(due diligence) 정도를 갖고 행위하지 아니하였다거나 해당 펄프공장이 배출한 오염물질이 우루과이강의 생물자원, 수질 또는 생태 균형에 해로운 영향이나 피해를 야기했다는 결정적인 증거가 없다면서 우루과이가 실체적 의무를 위반하지 않았다고 결정하였다.[75]

이 과정에서 국제사법재판소는 월경피해 금지의무가 환경과 관련한 국제법의 요체(corpus)라는 점을 강조하였고,[76] 조약 제41조의 의무를 적절히 준수하기 위해서 당사국이, 월경피해를 야기할 수 있는 행위와 관련해서 수환경을 보호 · 보전할 목적으로, 환경영향평가를 수행하여야 한다고 지적하였다.[77]

이 사건에서 국제사법재판소는 아르헨티나가 주장하는 펄프공장으로 인한 피

71) *Id.* § 24.
72) *Id.* §§ 229~264.
73) *Id.* 158.
74) *Id.* §§ 169~214.
75) *Id.* § 265.
76) *Id.* § 101.
77) *Id.* § 204.

해에 대한 배상을 인정하지 아니 하였다. 그러나 국제사법재판소가 국제법상 의무를 절차적 의무와 실체적 의무를 구별하고 그 기능적 연계성을 살피는 기회를 가졌다는 점은 주목할 만하다.

이상에서 살펴본 바와 같이 환경피해를 직접적으로 다루고 있는 사건은 극히 제한되어 있다. 더욱이 배상에까지 이른 사건은 드물며, 배상을 명한 사건도 배상 기준을 분명하게 제시하고 있지 않다. 제시되고 있는 기준은 기본적으로 배상액 산정을 함에 있어 환경 쾌적성 또는 환경자원의 상실과 같은 환경가치는 고려하지 않고 사용가치 또는 임대비용의 감소와 같은 경제적 가치만을 고려하고 있다.[78] 책임의 성질과 관련해서도 명쾌한 언급을 하고 있지 않아 책임의 기초가 엄격책임인지 과실책임인지 분명하지 아니하고, 그 결과 어느 쪽으로도 해석이 가능할 수 있는 여지를 주고 있다.

Ⅲ. 조약상 국가책임

많은 조약들이 국가책임체제를 상정하고 있지만 직접적이고 구체적인 규정을 두는 데까지는 이르지 못하고 있다. 이는 국가책임과 관련한 통일된 규범을 마련하는 것이 그만큼 어렵다는 것을 반증하는 것이다. 국가책임을 직접 규정하고 있는 일부 조약들도 단편적이고 추상적으로 국가책임을 규율하고 있다. 국가책임을 직·간접적으로 규정하고 있는 흔치 않는 조약으로는 다음을 들 수 있다.

1. 런던덤핑협약

1972년 런던덤핑협약에서 당사국들은 폐기물의 투기에 의하여 초래된 다른 국가의 환경 피해에 대한 국가책임에 관한 국제법 원칙에 따라서, 투기와 관련한 책임의 평가와 분쟁의 해결에 관한 절차를 마련할 것을 약속하였다.[79]

78) *Trail Smelter Case (United States v. Canada)*, 3 R. I. A. A. 1905, 1926 (1938) 참조.
79) Convention on the Prevention of Marine Pollution by Dumping of Wastes and Other Matter, 11 I. L. M. 1294 (1973), 제10조.

2. ECE 광역 월경 대기오염에 관한 조약

1979년 ECE 광역 월경 대기오염에 관한 조약(LRTAP) 제8조는 당사국에게 월경대기오염의 영향에 관련된 물리적 · 화학적 · 생물학적 자료와 이러한 자료가 보여주는 월경대기오염에 기인한 '피해'의 정도에 관하여 정보교환을 할 의무를 부과하면서, 각주에서 이 조약이 피해에 대한 국가책임에 관한 규칙을 포함하지 않는다고 특별히 언급하고 있다.[80] 그러나 이러한 각주의 내용이 협약상의 의무를 위반함으로서 발생하는 피해에 대한 국가책임과 관련한 국제법의 일반규칙의 적용까지 방해하는 것은 아니다.

3. 유엔해양법협약

1982년 유엔해양법협약은 제139조에서 당사국은 당사국, 국가기업, 당사국의 국적을 가지고 있거나 당사국 또는 그 국민에 의하여 효율적으로 통제되는 자연인 또는 법인이 행하는 심해저(Area)에서의 활동이 심해저에 관한 해양법협약 규칙을 준수할 것을 보장할 책임(responsibility)이 있다고 규정하고 있다.[81] 여기에 더하여 이 협약은 당사국 또는 국제기구가 심해저에 관한 해양법협약 규정상의 책임을 이행하지 못함으로써 발생한 피해에 대하여 책임(liability)을 져야 하며, 당사국들 또는 국제기구들의 공동행위는 연대책임을 수반하게 된다고 밝히고 있다.[82] 그러나 당사국은 관련 규정상의 효과적인 준수를 확보하기 위하여 모든 필요하고 적절한 조치를 취한 경우 피해에 대한 책임을 지지 않는다.[83] 국제기구의 회원국인 당사국은 국제기구가 제139조의 책임을 이행하도록 적절한 조치를 취할 의무가 있다.[84]

국가책임과 관련한 규정은 제235조에서도 발견되고 있다. 이에 따르면 당사국들은 해양환경의 보호 · 보전에 관한 국제적인 의무를 이행할 책임이 있으며, 국제법에 따라 책임을 부담한다.[85] 또한 당사국들은 자국의 관할권하에 있는 자연인 또는 법인의 해양환경 오염으로 초래된 피해에 대해 자국의 법제도에 따라 신속하

80) ECE Convention on Long-Range Transboundary Air Pollution(LRTAP), 18 I. L. M. 1442 (1979), 제8조(f), 각주.
81) 유엔해양법협약(각주 8), 제139조 제1항.
82) *Id.* 동조 제2항.
83) *Id.*
84) *Id.* 동조 제3항.
85) *Id.* 제235조 제1항.

고 적절한 배상 또는 다른 구제 수단을 이용할 수 있도록 보장하여야 한다.[86] 해양법협약은 해양환경의 피해에 대한 책임과 관련하여 새로운 규칙을 창출하고 있지 않다. 해양법협약은 해양환경의 '피해(damage)'에 대한 개념 정의를 하고 있지 않으며, 피해의 산정 기준을 제공하고 있지도 않다. 다만 제1조에서 정의하고 있는 '오염(pollution)' 개념은 만족스럽지는 않지만 피해의 기준을 제공할 수 있을 것이다. 유엔해양법협약상 '해양환경의 오염(pollution of the marine environment)'이란 생물자원 및 해양활동에 대한 유해, 인간건강에 대한 위협, 어업 및 기타 해양의 적법한 사용을 포함한 해양활동에 대한 방해, 해수이용을 위한 수질의 악화 및 쾌적도의 감소 등 유해한 영향을 초래하거나 초래할 가능성이 있는 물질 또는 에너지를 인간이 직접 또는 간접으로 하구를 포함한 해양환경 내에 투입하는 것을 의미한다.[87]

한편, 당사국들은 해양환경 오염에 의해 초래된 모든 피해에 관해 신속하고 적절한 배상이 이루어지도록 하기 위해 피해의 평가, 피해에 대한 배상을 위한 책임과 관련 분쟁의 해결에 관한 기존 국제법의 실시 및 국제법의 발전, 적절한 배상의 지급을 위한 기준 및 절차(예컨대 강제보험, 배상기금)의 발전에 협력하기로 합의하였으나[88] 구체적이고 효과적인 해결방안은 아직까지 제시되지 않고 있다.

4. 기후변화협약

1992년 기후변화협약은 명시적으로 국가책임과 관련한 규정을 두고 있지 아니하다. 그러나 제1조에 개념 정의된 '악영향(adverse effect)'은 국가책임을 야기할 수 있는 '환경피해'에 대한 중요한 기준 내지 지침을 제공하고 있다 할 수 있다. '기후변화의 악영향'이란 기후변화에 기인한 물리적 환경 또는 생물상의 변화로서 자연적 생태계 및 관리되는 생태계의 구성 · 회복력 또는 생산성, 사회경제체제의 운용 또는 인간의 건강과 복지에 대하여 현저히 해로운 영향을 야기하는 것을 말한다.[89]

---

86) *Id.* 동조 제2항.

87) *Id.* 제1조 제4항.

88) *Id.* 제235조 제3항.

89) United Nations Framework Convention on Climate Change(UNFCCC), 31 I. L. M. 849 (1992), 제1조 제1항.

5. 산업재해의 국제적 영향에 관한 협약

1992년 산업재해의 국제적 영향에 관한 협약에서 당사국들은 책임분야에서의 규칙 · 기준 · 절차를 마련하기 위한 적절한 국제노력을 지원하기로 합의하였다.90)

6. 남극광물자원활동의 규제에 관한 협약

1988년 남극광물자원활동의 규제에 관한 협약(CRAMRA)상 운영자(operator)는 남극에서의 광물자원활동으로부터 발생한 남극 환경이나 이에 의존 또는 관련 있는 생태계 피해에 대하여 엄격한 책임을 부담한다.91) 운영자와 실질적이고 순수한 연관을 가지고 있는 당사국(Sponsoring States)은 운전자와 관련한 이 협약상의 의무를 이행하였다면 발생하지 않았거나 계속되지 않았을 제8조 제2항의 피해에 대하여, 국제법에 따라 책임을 진다.92) 그 책임은 운영자에 의해 충족되지 않은 부분으로 제한된다.93) 비록 당사국의 책임이 제한적이지만 환경피해에 대한 국가책임을 부분적으로 인정하고 있는 것이다.

7. 우주조약과 우주피해협약

1967년 우주조약, 즉 '달 및 기타의 천체를 포함하는 우주공간의 탐색 및 이용에 있어서의 국가활동을 규율하는 원칙에 관한 조약'은 책임의 성질과 관련하여서는 명쾌하게 밝히지 않은 채 물체를 우주(outer space)에 발사한 국가와 자국 영역 또는 시설에서 우주물체가 발사된 경우 해당 국가가 다른 당사국에 발생한 피해에 대하여 국제적으로 책임을 지도록 규정하고 있다.94)

이에 비해 1972년 우주피해협약은 명시적으로 국가의 엄격책임을 규정하고 있다. 이에 따르면 우주물질의 발사국이 자국의 우주물체에 의해 지구 표면이나 비행

---

90) Convention on the Transboundary Effects of Industrial Accidents, 21 Int'l Env't Rep. (BNA) 5301, 제13조.

91) 남극광물자원활동의 규제를 위한 협약(각주 33), 제8조 제2항. 이 협약은 1991년 환경보호에 관한 남극조약의정서(마드리드의정서)가 발효되면서 폐기되었다.

92) *Id.* 동조 제3항.

93) *Id.*

94) Treaty on Principles Governing the Activities of States in the Exploration and Use of Outer Space, Including the Moon and Other Celestial Bodies, 6 I. L. M. 386 (1967), 제7조.

중의 항공기에 발생된 피해에 대하여 배상할 절대적 책임(absolute liability)이 있다고 규정하고 있다.[95] 그러나 이러한 질대책임은 발사국이 그 피해가 전적으로 또는 부분적으로 피해국의 중대한 과실 또는 고의의 작위 또는 부작위에 의해 발생한 것이라는 사실을 입증하는 경우에는 면제된다.[96] 일정한 경우에는 관련 당사국들이 연대책임을 부담한다.[97] 이 협약상 피해(damage)란 "인명의 상실, 인적 손해 또는 건강의 훼손, 당사국 재산의 상실 또는 재산에 대한 피해, 국제 정부간기구의 인적 · 재산적 상실 또는 이에 대한 피해를 의미한다"고 개념 정의되어 있다.[98] 이러한 개념 정의는 환경피해를 명시적으로 언급하고 있지 아니하나 '당사국의 재산'에는 환경자산 또는 자연자원을 포함하는 것으로 이해되며, 이에 대한 손상은 환경피해를 구성하게 된다.[99] 당사국은 지구표면 이외에서 발생한 다른 우주물체 또는 탑승한 사람이나 탑재된 재산에 대한 피해에 대해서는 그 피해가 과실에 의해 발생한 경우에 한해 책임을 부담한다.[100]

배상은, 피해에 대한 배상이 피해를 입은 자연인, 법인, 국가 또는 국제기구를 원상으로 회복하기 위하여, 국제법과 정의와 형평의 원칙에 의해 결정된다.[101] 피해배상 청구는 피해발생일로부터 1년 이내에 제기되어야 한다.[102]

이상에서 본 바와 같이 일부 조약은 환경피해가 발생한 경우 국가책임이 성립할 수 있으며, 환경피해를 야기한 국가가 그 피해를 배상해 주어야 한다고 규정하고 있다. 그러나 이러한 명시적인 규정이 없다고 하더라도 조약상의 의무위반으로 인하여 당연히 국가책임이 성립하게 된다.[103] 그러나 이러한 조약들은 책임의 한도, 배상액 결정의 기준과 절차, 배상청구절차 등에 관하여 상세한 규정을 두지 않고 분쟁 당사국들이 협의하여 이를 정하거나 국내법제도에 따라 배상을 청구하도록 하는 데 그치는 것이 대부분이어서 구체적인 경우 국가책임의 실현이 쉽지 않다.[104]

책임의 성질은 조약에 따라 다양한데, 대부분의 조약은 명시적으로 국가책임문

---

95) 우주피해협약(각주 9), 제2조.
96) *Id.* 제6조.
97) *Id.* 제4조, 제5조.
98) *Id.* 제1조(a).
99) Philippe Sands(각주 1), 897면; Alexandre Kiss & Dinah Shelton(각주 7), 330면.
100) 우주피해협약(각주 9), 제3조.
101) *Id.* 제12조.
102) *Id.* 제10조.
103) 노명준(각주 25), 342면.
104) *Id.*

제를 다루지 않거나 과실책임을 전제하고 있다.105) 즉 당사국들에게 국제법 의무를 이행하기 위하여 적절한 모든 조치(all appropriate measures)를 취할 것(to take all appropriate measures)을 요구하고 있다. 1972년 런던덤핑협약,106) 1982년 유엔해양법협약,107) 1985년 오존층 보호를 위한 비엔나협약,108) 1992년 UN/ECE 국제수로와 호수의 보호와 사용에 관한 협약,109) 1997년 국제수로의 비항행적 사용에 관한 협약,110) 1991년 초국경적 환경영향평가에 관한 협약(Espoo협약)111) 등이 대표적인 예이다. 이와 같이 당사국에게 적절한 모든 조치를 취할 의무를 부과하고 있는 것은 당사국에게 국제법 의무위반을 방지하기 위해 상당한 주의(due diligence)를 할 것을 요구하고 있는 것으로 이해된다. 상당한 주의에는 유효한 환경법규의 제정 및 시행, 협의와 통지 등 환경피해를 막기 위해 필수적이고 실질적인 조치를 포함하게 된다. 그 결과 이러한 주의의무를 다한 경우에는 국가책임이 인정되지 않는다.

그러나 국제사회가 행위의 계속은 허용하되, 행위의 위해성과 피해 유발 가능성이 큰 점을 고려하여 해당 행위의 규제가 필요하다고 생각되는 영역에서는 절대 또는 엄격책임을 부과하고 있다. 1972년 우주피해협약이 좋은 예이다.

Ⅳ. 비구속적 법과 국가책임

스톡홀름 선언은 "각 국가는 자국의 관할권 또는 통제 내의 활동이 다른 국가의 환경 또는 국가 관할권 범위를 벗어난 지역의 환경에 피해를 주지 않도록 할 책임을 지며(원칙 21)", "자국의 관할권 또는 통제 내의 활동이 자국 관할권 밖에 있는 지역에 미친 오염과 다른 환경피해를 입은 피해자에 대한 책임 및 배상에 대한 국제법을 더욱 발전시키도록 협력하여야 한다(원칙 22)"고 선언하고 있다. 이러

105) Lucas Bergkamp(각주 49), 163면.

106) 런던덤핑협약(각주 79), 제1조("all practicable steps").

107) 유엔해양법협약(각주 8), 제139조 제2항 · 제3항, 제194조 제1항 · 제2항.

108) Vienna Convention for the Protection of the Ozone Layer, 26 I. L. M. 1529 (1987), 제2조 제1항.

109) Convention on the Protection and Use of Transboundary Watercourses and International Lakes, 31 I. L. M. 1312 (1992), 제2조.

110) Convention the Law of the Non-Navigational Uses of International Watercourses, 36 I. L. M. 700 (1997), 제7조 제1항.

111) Convention on Environmental Impact Assessment in Transboundary Context(Espoo협약), 30 I. L. M. 800 (1991), 제2조 제1항.

한 원칙은 리우선언 원칙 2와 원칙 13에 거의 그대로 답습되고 있다. 특히 원칙 13은 다음과 같이 선언하고 있다: 각 국가는 오염과 다른 환경피해를 입은 피해자에 대한 책임과 배상에 관한 국내법을 발전시켜야 한다. 각 국가는 자국의 관할권 또는 통제 내의 활동이 자국의 관할권 밖에 있는 지역에 초래된 악영향에 대한 책임과 배상에 관한 국제법을 보다 발전시키기 위하여 신속하고 확실한 방법으로 협력하여야 한다.

그 밖에 국가책임과 배상을 직 · 간접적으로 다루고 있는 비구속적인 국제문서로는 1982년 자연환경선언,[112] 1982년 국제법협회 몬트리올규칙,[113] 1987년 미국 대외관계법,[114] 1997년 국제법학회(Institut de Droit International: IDI)에서 채택된 환경피해에 대한 국제법상의 책임에 관한 결의[115] 등을 들 수 있다.

이러한 국제문서는 각 국가에게 월경피해 금지의무를 부과하고, 그 의무를 위반한 경우 국가책임이 발생할 수 있음을 밝히고 있다. 그러나 그 의무가 적절한 주의의무에 기한 것인지 결과의무에 기한 것인지, 어느 정도의 피해에 대하여 국가책임이 발생할 수 있는지 등 문언만으로는 명확하지 않은 것이 많으며, 구제수단 · 방법 · 절차 등에 대해서는 침묵하고 있다.

---

112) "모든 인간은 그들의 환경이 피해 또는 악영향을 받는 경우 구제수단에의 접근이 허용되어야 한다." World Charter for Nature, http://www.un.org/documents/ga/res/37/a37r007. htm; 22 I. L. M. 455 (1983), 제23조.

113) 몬트리올규칙은 각 국가가 다른 국가의 영도에 '매우 심각한(substantial)' 피해를 초래하지 않도록 월경오염을 방지 · 감소 · 통제할 의무가 있음을 밝히고 있다. ILA Montreal Rules of International Law Applicable to Transfrontier Pollution, 1 Basic Documents of International Environmental Law 245 (H. Hohmann ed. 1992), 제3조.

114) 미국 대외관계법은 국가는 일정한 상황에서 실행 가능할 정도로 그의 관할권 또는 통제내의 활동이 다른 국가 또는 국가의 관할권 범위 밖의 환경에 심각한(significant) 피해를 발생하지 않게 수행되도록 필요한 조치를 취할 의무가 있으며, 이러한 의무를 위반한 경우 책임과 배상의무를 부담한다고 규정하고 있다. Restatement (Third) of the Foreign Relations Law of the United States (1987), 제601조, 제602조.

115) "국제법상 확립된 환경보호 의무의 위반은 국가책임을 발생하며, 그 결과로써 원래 상태로 복원 또는 배상해야 할 의무가 발생된다. 원래 상태로 복원 또는 배상해야 할 의무는 특히 초위험 행위의 경우, 피해 자체에 기초하여 엄격책임을 제공하는 국제법 원칙에 의해서도 발생한다." Responsibility and Liability under International Law for Environmental Damage, 37 I. L. M. 1473 (1998). 제1조.

Ⅴ. 국가의 관행

1. 체르노빌 원전 사고

1986년 4월 26일 구 소련 내 체르노빌(Chernobyl) 원자력발전소에서 화학물질의 폭발이 발생하였다. 며칠간 계속된 화재로 종전의 어떤 핵사고보다도 더한 방사성물질이 손상된 원자로를 통해 대기 중에 유출되었다. 발전소에서 100마일 멀리 떨어져 살고 있는 사람을 포함하여 135,000명이 해당 지역으로부터 소개(疏開)되었다. 작업 중이거나 발전소 바로 인근에 있던 31명이 즉사하였다.[116]

사고의 가장 심각한 영향을 받은 나라는 물론 구 소련이었지만 인근 지역 국가들도 경제적으로 타격을 받고 일상생활에서 심각한 영향을 받았다. 우크라이나 지역이 심하게 오염되었음은 물론이고 영국에서는 낙농제품의 생산이 중단되었고, 이탈리아에서는 야채의 판매가 중단되었으며, 스웨덴에서는 순록의 소비가 금지되었다.[117] 방사성물질의 유출에 따른 인간의 건강과 환경에 대한 심각한 영향에도 불구하고 구 소련은 폭발이 발생하고 15일이 지날 때까지 공식적인 언급을 하지 않았다.[118] 그때까지 인근 지역과 해당 지역 주민은 그 영향에 고스란히 노출될 수밖에 없었다. 사고의 피해는 정확히 알 수 없으며, 사고로 인한 방사성물질은 아직까지 직·간접적으로 인간의 건강과 환경에 영향을 미치고 있다.

구 소련은 이 사고는 안전규정을 위반하고 발전소 안전 당국의 사전승인 없이 이루어진 운행 절차상의 잘못, 원자로의 설계상 결함 등에 기인하였다고 인정하였다. 구 소련은 체르노빌 사고에 대한 도덕적 책임은 인정하였으나 법적 책임은 부인하였다. 소련 정부가 법적 책임을 부인한 것은 해당 사고가 국가, 국가기관 또는 국민의 과실 또는 무모한(reckless) 행위에 기인하였다고 하더라도 국가가 그 결과에 대하여 법적 책임을 부담하지 않는다는 사고에 기초하였다. 구 소련은 자국이 사고 당시 핵피해에 대한 민사책임협약(비엔나협약)에 가입하지 않았기 때문에 이

116) Chernobyl: The Soviet Report, NUCLEAR NEWS Special Report, 1986. 8. 11, 1면, col. 7; Jillian Barron, *After Chernobyl: Liability for Nuclear Accidents Under International Law*, 25 Colum. J. Transnat'l. L 647, 647 (1987); Kathy J. S. Fritz, *Civil and State Liability for Nuclear Accident: A Proposal for Eastern Europe*, 6−FALL Int'l Legal Persp. 37 (1994).

117) Devereaux F. McClatchey, *Chernobyl and Sandoz One Decade Later: The Evolution of State Responsibility for International Disasters*, 1986−1996, 25 Ga. J. Int'l & Comp. L. 659, 661 (1996).

118) Melanie L. Oxhorn, The Norms of Nuclear Accidents After Chernobyl, 8 J. Nat. Resources & Envtl. L. 375, 377 (1992−1993).

협약에 구속되지 않으며, 사고의 결과 다른 국가에 초래된 상당한 비용은 그들 국가의 사고에 대한 지나친 반응의 결과에 불과한 것이기 때문에 그 비용을 배상할 책임이 없다고 주장하였다.[119]

체르노빌 사고는 핵사고로 인한 발생국 이외의 지역에 발생한 피해에 대한 국가책임을 규율하는 법원칙이 불분명하다는 것을 보여주었다. 분명한 책임 원칙이 존재하지 않는 것은 국가들이 국가책임과 관련한 구속적인 규범을 정하는 것을 꺼리고, 외부 감독의 요청, 원자로의 재설계, 내부 감독의 향상 등을 요구하는 핵시설 규제기준을 확립하는 것을 주저하는 데 기인하고 있다고 할 수 있다. 핵활동이 비교적 최근에야 성장 · 확산되었고, 체르노빌 사고 이전에 발생한 핵사고로 국제사회의 반향을 불러온 사고가 흔치 않은 것도 국제사회로 하여금 국가책임이라는 쟁점을 크게 나룰 필요성을 느끼지 못하게 하였다. 그러나 현재 세계적으로 많은 원자로가 가동 중이거나 건설 중에 있기 때문에 앞으로 체르노빌 사고와 같은 대형 핵사고가 발생하지 않을 것이라고 장담할 수 없고, 그렇기 때문에 국제적인 피해배상청구가 이루어질 가능성을 부인할 수 없다.

체르노빌 사고 후 구 소련을 상대로 그 방사능 피해에 대하여 배상청구권을 유보한 일부 국가들이 있지만, 직접 배상청구 소송을 제기한 국가는 없다. 여기에는 정치적 이유도 작용하였지만 구제에 대한 법적 불명확성에 크게 기인하는 것이다.[120] 피해액의 산정과 방사성 물질과 피해 간의 직접적인 인과관계 규명이 어렵다는 것도 무시할 수 없는 요인으로 작용하였을 것이다.

우크라이나 정부는 1995년 12월 체르노빌 원전을 2000년까지 폐쇄하기로 합의하였다. 그 대가는 아이러니하게도 방사성물질 유출로 피해를 입은 유럽국가들이 미화 31억 달러를 지원하는 것이었다.[121] 이러한 결과는 오염원인자가 아닌 오염피해자가 부담하는 꼴로, 원인자 부담원칙과 국제관습법상의 원칙인 국가책임 원칙에 반하는 것이라 할 수 있다.

2. Cosmos 954 사건

1978년 1월 구 소련의 핵추진 위성 Cosmos 954에서 분해된 조각이 캐나다 지

---

119) Ellen Moynagh, *The Legacy of Chernobyl: Its Significance for the Ukraine and the World*, 21 B.C. Envtl. Aff. L. Rev. 709, 739 (1994).

120) Philippe Sands(각주 1) 887면.

121) Justin Mellor, *The Negative Effects of Chernobyl on International Environmental Law: The Creation of the Polluter Gets Paid Principle*, 17 Wis. Int'l L. J. 65, 65 (1999).

상에 떨어지면서 캐나다와 캐나다 국민에 피해가 발생하였다. 1979년 캐나다는 구 소련을 상대로 우주피해협약과 우주조약 그리고 국제법의 일반원칙에 근거하여 발생한 피해에 대한 배상을 청구하였다.122) 캐나다 당국은 떨어진 방사성 조각을 수색 · 회수 · 제거 · 시험하고, 피해지역을 정화하기 위한 조치를 취하였다면서 이를 위해 소요된 비용인 C$6,041,174에 대한 피해배상을 요구하였다.123)

캐나다는 위성으로부터 떨어져 나온 유해한 방사성 조각이 캐나다 영역에 쌓이고, 이러한 조각들이 환경에 존재함으로써, 캐나다 영토 일부의 사용을 부적절하게 만들었으며, 이는 우주피해협약상의 피해에 포함되는 '재산에 대한 피해(damage to property)'를 구성한다고 주장하였다.124) 또한 캐나다는 구 소련이 위성이 캐나다 상공에 비상 진입하는 것을 사전 통지하지 않았으며, 위성과 관련한 캐나다의 질문에 적절하고 완전한 응답을 하지 않음으로써 해로운 결과를 감소하는 데 실패하였다고 주장하였다.125)

캐나다는 양국이 가입하고 있는 1967년 우주조약 제7조에 의거하여서도 구 소련이 위성에 의해 초래된 피해를 배상할 책임이 있다고 주장하였다.126) 또한 캐나다는 국제법의 일반원칙에 따라 캐나다의 주권에 대한 침해는 위성의 캐나다 상공 침해, 이러한 침해로 인한 유해한 방사성 조각의 존재에 의한 피해인 해로운 결과, 그리고 캐나다 영토에서 수행될 행위를 결정하기 위한 캐나다 주권의 침해 등으로 인정될 수 있다고 주장하였다.127) 또한 캐나다는 우주활동과 같이 상당히 높은 위해성을 가지고 있는 활동의 영역에 엄격한 책임원칙이 적용되는 것이 국제법의 일반원칙으로 받아들여지고 있다고 지적하면서 구 소련에게 배상책임이 있다고 주장하였다.128)

청구금액은 문제의 위성에 의한 피해가 발생하지 않았으면 존재하였을 상황으로 복원하기 위해 소요된 비용(원상회복비용)이라고 주장하였다. 배상액을 산정하기 위하여 캐나다는 국제법의 일반원칙에 의해 확립된 관련기준을 적용하였고, 그 비용을 위성의 캐나다 상공에의 진입 및 위성에서 떨어져 나온 조각의 축적에 의해 초래되었다고 봄이 상당한 합리적인 비용으로 제한하였고, 합리적인 정도의 확

122) Canada: Claim Against the USSR for Damage Caused by Soviet Cosmos 954, 18 I. L. M. 899 (1979).

123) *Id.* 904면, 907면.

124) *Id.* 905면.

125) *Id.*

126) *Id.* 907면.

127) *Id.*

128) *Id.*

실성으로 산정될 수 있는 범위로 제한하였다고 주장하였다.129)

사건은 1981년 사건 해결을 위한 협정을 통해 구 소련이 캐나다에 C$300만을 지급하기로 함으로써 종결되었다.130) 이 협정에서는 해결의 법적 기초, 배상액의 산정 기준 등에 대하여 일체 언급하지 않고 있다.

3. 마샬군도 수소폭탄실험 사건

1954년 미국은 마샬군도 신탁지역(Trust Territories)에서 수소폭탄실험을 수행하였나. 수소폭탄실험은 국제수로와 대기 오염의 원인을 제공하며, 미국 신탁협정(Trusteeship Agreement), 유엔헌장 등을 위반함으로써 국제법상 불법행위를 구성하는 것으로 인식되었다. 그럼에도 불구하고 피해의 정도, 책임의 소재 등을 결정하기 위한 법정은 설치되지 않았다. 일본 정부는 수소폭탄실험으로 인해 일본 어부들이 과도한 수준의 방사선에 피폭되었음을 이유로 미화 $600만 정도를 피해배상금으로 요구하였다. 미국은 외교 경로를 통해 위 실험이 진행되는 동안 일본 어부와 어선이 어획한 생선의 오염에 대한 배상금조로 미화 $200만을 일본에 배상하기로 합의하였다. 이때 미국은 피해배상이 호의로(*ex gratia*) 이루어지는 것이라고 밝혔을 뿐, 해당 행위가 적법한지 불법인지를 언급하지 않았다.131)

4. *마샬군도 핵실험 사건*

미국 정부가 1946년 6월부터 1958년 8월 사이에 마샬군도에서 행한 핵실험 프로그램으로 인하여 마샬군도의 시민에게 인적·재산적 상실 또는 피해가 발생하였다. 1988년, 마샬군도 정부, 국민, 시민이 핵실험 프로그램과 관련하여 제기하는 과거·현재·미래의 모든 청구에 대한 최종 결정을 하기 위한 법정이 설치되었다.132) 1990년 7월 마샬군도의 Enewetak 국민은 이 법정에 피해배상을 청구하였다. 2000년 4월 법정은 국토 이용의 상실 비용으로 미화 $199,154,811(과거의 이용 상실 $149,000,000, 미래의 이용 상실 $50,154,811),133) 안선하고 생산력 있는 상태로 복원

---

129) *Id.* 906면.

130) Protocol Between Canada and the USSR, 20 I. L. M. 689 (1981), 제1조, 제2조.

131) Ved P. Nanda and George Pring, International Environmental Law & Policy for the 21st Century 75 (Transnational Publishers, Inc. 2003); Joni S. Charme(각주 43), 90면.

132) Agreement between the Government of the United States and the Government of the Marshall Islands for the Implementation of Section 177 of the Compact of Free Association, Art Ⅳ, section 2.

하기 위한 비용으로 미화 $91,710,000(토양 제거, potassium 처리, 토양 처리, 정화, 조사, 식물 재식 등),[134] 주거지 이전에 따른 고통(hardships)에 대한 피해비용 미화 $34,084,500[135] 등 도합 미화 $324,949,311를 인정하였다.

특기할 것은 법원은 복원비용을 산정함에 있어, 그 상실을 평가하기 위해 상응하는 가치를 제공하는 시장이 없기 때문에 경제적 가치의 감소로 피해를 산정하는 접근방법을 적용할 수 없으며, 이러한 접근방법은 자국 국토를 복원하기 위한 Enewetak 국민의 지극히 개인적인 이유를 고려하지 않기 때문에 상실에 대한 피해를 산정하는 진정한 수단이 될 수 없다고 강조하면서,[136] 기본원칙으로서 방사능 물질의 유출로부터 국경 밖의 주민을 보호하기 위한 정책 및 기준은 유출국 내의 주민에 대한 보호 정책 및 기준 이상으로 엄격하여야 한다고 지적하였다.[137] 나아가 법정은 미국 환경보호처(EPA)가 확립한 현행 기준을 적용하였다: 정화는 일반적으로 개인의 합리적인 최대 노출에 기초하여 최대 10^{-4}에서 10^{-6}까지의 암 위해 범위 수준으로 달성되어야 한다. (…) 만일 용량(dose) 평가가 해당 시설에서 이루어진다면 15(mrem/yr) EDE이 일반적으로 인간의 최대 한계 용량이 되어야 한다.[138]

5. 유엔배상위원회의 권고

1990년 걸프전쟁의 발발 이틀 후 이라크는 페르시아만에 유류를 방출하였다. 전쟁이 끝났을 때 600마일의 바다 표면이 곳에 따라 400만~600만 배럴의 유류로 뒤덮였고, 해안선은 고의적인 유류 방출로 심하게 오염되었다. 이라크는 쿠웨이트 유정 500 내지 800곳에 불을 놓거나 이를 파손하였다. 1990년 5월부터 6월까지 하루 4백만5천 배럴의 유류가 화재로 상실되었다. 연합국의 신속한 대응에도 불구하고 쿠웨이트의 동 · 식물, 대기, 토양, 물의 상태는 심각하게 악화되었다.

1991년 유엔안보이사회는 이라크가 국제법상 이라크의 불법 침공과 쿠웨이트의 점령으로 인해 발생한, 환경피해와 자연자원의 고갈을 포함한, 직접적인 상실 · 피해 또는 외국 정부 · 국민 · 회사의 피해에 대하여 책임이 있으며, 걸프전 동안 이라크에 의해 피해를 입은 당사자들에 대한 배상을 위해 기금을 설치하기

133) Marshall Islands Nuclear Claims Tribunal: In the Matter of the People of Enewetak, 39 I. L. M. 1214, 1218 (2000).
134) *Id.* 1225면.
135) *Id.* 1228면.
136) *Id.* 1220면.
137) *Id.*
138) *Id.* 1221면.

로 결의하였다(결의 687).[139] 1991년 유엔은 이 기금을 통한 지불을 집행하기 위하여 유엔안보이사회 산하에 준사법기능을 갖는 배상위원회(United Nations Compensation Commission: UNCC)를 설치하기로 결의하였다(결의 692).[140]

배상위원회의 집행이사회는 이라크의 불법 침공과 쿠웨이트의 점령으로 인한 직접적인 환경피해와 자연자원의 고갈에 대하여 지불이 이루어질 수 있다고 결정하면서(결정 7) 다음과 같은 행위로 인한 상실 또는 소요 비용을 그 기준으로 예시하였다:

(a) 화재의 진압, 해안과 국제수로로의 유류 유입의 방지 등과 직접적으로 관련이 있는 비용을 포함한 환경피해의 감소와 방지;

(b) 환경의 정화와 복원을 위해 이미 취하여진 합리적인 조치 또는 환경의 정화와 복원을 위해 합리적으로 필요한 조치로서 고시된 장래 조치;

(c) 피해를 감소하고 환경을 복원하기 위한 환경피해의 합리적인 측정과 평가;

(d) 환경피해의 결과 증가한 건강위해에 대한 조사와 방지를 위한 공중 건강의 합리적인 측정과 합리적인 의료진단의 수행;

(e) 자연자원의 고갈 또는 피해.[141]

당사국들이 제기한 청구는 6개 군으로 분류되는데, 그 중 환경피해와 관련한 청구는 'F4'군에 포함되고 있다. 'F4'군에 대한 청구를 심사하고 배상을 권고하기 위하여 다섯 차례에 걸쳐 F4 패널이 설치되었다. 첫 번째 패널이 다룬 청구 내용은 이란, 요르단, 쿠웨이트, 사우디아라비아, 시리아, 터키 등 6개국이 제기한 환경피해, 자연자원의 고갈에 대한 측정과 평가, 공중 건강의 측정, 의료진단의 수행과 관련한 107개 청구(청구 금액 도합 미화 $1,007,412,574)에 초점이 맞추어졌다.[142] 2001년 패널은 이라크가 청구 금액의 4.1%에 불과한 도합 미화 $243,234,967를 배상할 것을 권고하는 결정을 하였다.[143] 패널은 이러한 결정을 하면서 집행이사회의 결정 7에 따라 측정과 평가 행위에 대한 배상을 받기 위해서는 환경피해에 대

139) S.C. Resolution 687, U. N. SCOR, 2981st mtg., U.N. Doc. S/RES/687 (1991).

140) S.C. Resolution 692, U. N. SCOR, 2987th mtg., U.N. Doc. S/RES/692 (1991).

141) Governing Council, UN Compensation Commission, Decision 7, § 35, U.N. Doc.S/23765, Annex (1992), 31 I. L. M. 1051 (1992).

142) Report and Recommendation Made by the Panel of Commissioners Concerning the First Instalment of "F4" Claims, S/AC.26/2001/16, 22 June 2001, http://www2.unog.ch/uncc/reports/r01-16.pdf. § 3.

143) *Id.* § 779.

한 결정적인 증거가 전제조건으로 요구되지 않으나 그 행위와 환경피해 또는 피해의 위해성 사이에 충분한 연관관계(sufficient nexus)가 있어야 한다고 지적하였다.[144)]

두 번째 패널이 다룬 청구 내용은 쿠웨이트, 독일, 미국 등 9개국이 제기한 이라크의 침공과 쿠웨이트 점령에 따른 환경의 정화와 복원, 환경피해의 측정과 평가, 공중 건강위해성을 측정하기 위한 환경피해의 감소 및 방지 조치에 드는 비용과 관련이 있다.[145)] 이란, 쿠웨이트, 사우디아라비아는 기뢰, 터지지 않은 대포 그리고 그 밖의 전쟁의 잔재, 쿠웨이트 유정이 피해를 입어 유출된 유류에 의해 형성된 유류 호수 그리고 송유관, 해안시설, 저장소로부터 유출된 유류 등에 의해 초래된 환경피해와 인간 건강 위해에 대응하기 위한 조치비용으로 도합 미화 $829,458,298의 배상을 요구하였다.[146)] 호주, 캐나다, 독일, 네덜란드, 영국, 미국 등은 환경피해 또는 공중 건강에 대한 피해의 위협에 대응하기 위해 페르시아만 지역에 있는 국가들을 지원하면서 발생한 비용 도합 미화 $43,302,236의 배상을 요구하였다.[147)]

2002년 패널은 유엔안보이사회 결의 687에서 말하는 '환경피해'가 집행이사회의 결정 7 제35항에서 제시하고 있는 행위로부터 발생한 상실 또는 소요 비용에만 국한되는 것이 아니라 다른 행위로 인해 발생한 상실 또는 소요 비용도 포함할 수 있다고 판단하였다.[148)] 패널은 또한 다른 요소가 그 상실과 피해에 기여하였다는 이유로 이라크의 침공과 점령에 따라 직접 발생한 상실과 피해에 대한 책임이 면제될 수 없다고 지적하였다.[149)] 환경피해 또는 공중 건강에 대한 피해의 위협에 대응하기 위해 페르시아만 지역에 있는 국가들에 제공된 지원 비용은 유엔안보이사회 결의 687과 집행이사회의 결정 7 제35항에 따라 배상의 대상이 된다고 판단하였다.[150)] 결론적으로 패널은 이라크가 도합 미화 $711,087,737를 배상할 것을 권고하는 결정을 하였다.[151)]

---

144) *Id.* §§ 30~31.

145) Report and Recommendation Made by the Panel of Commissioners Concerning the Second Instalment of "F4" Claims, S/AC.26/2003/31, 3 October 2002, http://www2.unog.ch/uncc/reports/r02-26.pdf, § 5.

146) *Id.* § 6.

147) *Id.* § 7.

148) *Id.* § 23.

149) *Id.* § 25.

150) *Id.* § 34.

151) *Id.* § 347.

세 번째 패널은 쿠웨이트와 사우디아라비아가 제기한 쿠웨이트 유정이 손상되면서 유출된 유류, 유정에 발생한 화재와 이를 진압하는 하는 과정에서 배출된 오염물질, 송유관, 해안시설, 저장소로부터 페르시아만으로 유출된 유류, 기뢰의 청소, 군용 차량 및 인원의 이동, 군사 방어시설의 건설에 따른 피해를 구제하기 위해 취하였거나 취하여야 할 정화 및 복원 조치 비용과 관련한 5개 청구를 다루었다.152) 구체적으로 쿠웨이트는 지하수 자원의 피해, 육상 자원의 피해, 중앙은행 건물에 대한 피해에 따른 정화 및 복원 조치비용을, 사우디아라비아는 해안자원의 피해 구제조치, 해안 구제활동의 감시에 따른 비용을 요구하였다. 2003년 패널은 두 국가가 청구한 미화 $10,004,219,582 중 일부인 미화 $1,148,701,011의 배상을 권고하였다.153)

2004년 패널은 네 번째 'F4' 청구의 제1부에 대한 결정을 하였나.154) 관련 부분에서 요르단, 시리아, 터키는 유정의 화재로 인한 물, 농업, 습지, 해양, 산림 자원 등에 대한 피해를 주장하였으나 패널은 환경피해에 대한 증거가 부족하다는 이유로 인정하지 않았다.155) 이란은 주민들이 숲으로 피난하면서 숲에 발생한 피해를 회복하기 위한 비용, 쿠웨이트 유정의 화재에 의한 오염으로 피해를 입은 목초지에 식물을 생장시키기 위해 소요된 비용, 지하수 오염을 최소화하기 위한 장래 조치비용, 피해를 입은 해양 환경을 구제하기 위한 장래 조치비용 등을 주장하였으나 패널은 육상자원에 대한 피해 일부만을 인정하고 나머지 청구를 배척하였다.156)

쿠웨이트는 이라크가 1,200만 배럴 이상의 유류를 의도적으로 페르시아만에 배출함으로써 해안 환경이 피해를 입었다고 주장하면서, 피해를 구제하기 위한 장래 조치비용의 배상을 청구하였는데, 패널은 이를 인정하였다.157) 또한 쿠웨이트는 이라크의 침공과 점령은 160만 개의 기뢰와 10만톤 이상의 디지지 않은 화기를 각지에 흩트리면서 해당 지역의 환경에 피해가 발생하였다고 주장하면서 해당

---

152) Report and Recommendation Made by the Panel of Commissioners Concerning the Third Instalment of "F4" Claims, S/AC.26/2002/26, 18 December 2003, http://www2.unog.ch/uncc/reports/r03－31.pdf; 43 I. L. M. 704 (2004), § 2, § 6.

153) *Id.* § 197.

154) Report and Recommendation Made by the Panel of Commissioners Concerning Part One of the Fourth Instalment of "F4" Claims, S/AC.26/2004/16, 9 December 2004, http://www2.unog.ch/uncc/reports/r04－16.pdf.

155) *Id.* § 155, § 349, § 356.

156) *Id.* § 101.

157) *Id.* §§ 158~191.

화기 저장소의 육상 생태계의 구제를 위한 장래 조치비용을 요구하였다. 이에 대해 패널은 7개 화기 저장소(OB/OD sites, 화약고)에 남아 있는 화기의 처리에 의해 초래된, 육상 생태계를 구제하기 위한 장래 조치비용에 대해서만 일부 인정하고 나머지 지역에 발생한 피해에 관한 주장을 모두 배척하였다.158) 패널은 쿠웨이트의 주장을 배척하면서 쿠웨이트가 피해의 명확한 위해 가능성에 대하여 필요한 조치를 취하지 않았거나 부적절하게 관리한 것이 피해의 직접적 원인인 점을 지적하였고, 인과관계의 단절로 인하여 이라크에게 책임이 없다고 판단하였다.159) 결론적으로 패널은 쿠웨이트가 당초 청구한 미화 $729,020,720 중의 극히 일부인 미화 $4,152,411만을 이라크가 쿠웨이트에게 배상할 것을 권고하는 결정을 하였다.160)

한편, 사우디아라비아는 연합군의 군사활동에 의해 자국 영토 내에 발생한 피해를 구제하기 위한 장래 조치비용에 대한 배상을 청구하였다.161) 이에 대해 패널은 군사 캠프, 요새, 도로의 건설이 사우디아라비아 사막지역에 피해를 초래하였으며, 이는 이라크의 침공과 쿠웨이트 점령의 직접적인 결과이기는 하나, 이 지역에 대한 피해가 이라크의 행위에 전적으로 기인하지 않기 때문에 배상청구액은 감액되어야 한다고 판단하였다.162) 또한 사우디아라비아는 유정의 화재로부터 발생한 대기오염물질로 인해 피해를 입은 지역의 장래 구제비용을 요구하였는데, 패널은 일부를 인정하였다.163)

네 번째 'F4' 청구의 제2부는 쿠웨이트의 유류 오염으로 피해를 입은 지역의 구제 조치비용에 대한 배상 청구와 관련이 있다.164) 쿠웨이트는 114㎢ 이상의 사막이 이라크 군대가 퇴각하면서 파괴한 798개의 유정에서 유출된 유류에 의해 피해를 입었으며, 사막의 오염은 토양의 속성을 변형시켰고, 광범위한 식물과 동물의 죽음을 초래하였고, 생태계 기능의 계속적인 손상을 초래하고 있다고 주장하였다.165) 이에 대해 패널은 어떤 식으로든 적극적인 구제행위가 없는 경우 단기간 내에 식생 또는 생태적 과정의 회복이 일어나지 않을 것이라는 점을 강조하면

158) *Id.* §§ 192~240.
159) *Id.* § 206, § 216.
160) *Id.* § 241.
161) *Id.* §§ 247~298.
162) *Id.* §§ 276~279.
163) *Id.* §§ 301~321.
164) Report and Recommendation Made by the Panel of Commissioners Concerning Part Two of the Fourth Instalment of "F4" Claims, S/AC.26/2004/17, 9 December 2004, http://www2.unog.ch/uncc/reports/r04-17.pdf, §§ 54~55.
165) *Id.* § 59.

서[166] 쿠웨이트의 구제조치가 합리적이고 적절하다고 판단하였다. 또한 쿠웨이트는 이라크의 침공과 점령으로 피해를 입은 사막지역에 식물을 생장시키기 위한 장래 조치비용을 요구하였는데, 패널은 일부 인정하였다.[167] 2004년 패널은 결국 이라크가 도합 미화 $2,277,206,389를 배상할 것을 권고하는 결정을 하였다.[168]

'F4'군에 대한 다섯 번째이자 마지막 패널은 6개 정부가 제기한 문화유산을 포함한 자연자원의 피해 또는 고갈, 피해를 입은 환경의 정화 및 복원 조치, 공중 건강에 대한 피해 등으로 구성된 19개 청구를 다루었다.[169] 2005년 패널은 당초 청구금액인 미화 $49,936,562,997를 상당히 감액한 미화 $252,028,468를 이라크가 배상할 것을 권고하는 결정을 하였다.[170]

유엔배상위원회의 권고 결정은 비교적 구체적으로 배상범위 및 기준을 제시하고 있다는 점에서 크게 평가할 만하다. 그러나 기본적으로 권고에 불과하다는 점, 환경피해와 자연자원의 구별 기준이 제시되지 않고 있다는 점에서 한계를 가지고 있다. 패널이 결정한 배상액은 당사국들이 청구한 금액을 훨씬 밑돌고 있는데, 이는 경제적 가치를 평가하기 힘든 환경피해와 자연자원에 대한 고갈이 크게 고려되지 않은 결과로 판단된다.

이상에서 살펴본 바와 같이 대개의 국제분쟁은 최종적인 사법적 판결이 아닌 분쟁 당사국간의 합의로 종결되고 있다.[171] 이는 대부분의 국가들이 국가간 환경분쟁에서 국가책임을 인정하는 데 소극적인 경향을 보이고 있다는 것을 보여 주는 것이다. 그 합의는 법적 책임을 거론하지 않고 호의(*ex gratia*) 형식으로 이루어지고 있다.[172] 그 결과 책임의 기초 · 배상기준 · 절차 등 국가책임에서 크게 논란이 있는 부분에 대하여는 좋은 해답을 제공하지 않고 있다. 흔히 합의 금액은 당초 청구금액에 크게 밑도는 수준으로 결정되고 있는데, 이는 인과관계 입증의 어려움, 피해 금액의 산정이 경제적 시장 가치에 기초한 피상적인 금액에 기초하기 때문인 것으로 보인다. 환경피해 또는 자연자원의 고갈을 평가하는 방법 · 기술이 충분히

166) *Id.* § 73.
167) *Id.* §§ 104 · 123.
168) *Id.* § 135.
169) Report and Recommendation Made by the Panel of Commissioners Concerning the Fifth Instalment of "F4" Claims, S/AC.26/2004/17, 9 December 2004, http://www2.unog.ch/uncc/reports/r05−10.pdf, §§ 3~4.
170) *Id.* § 777.
171) Xue Hanqin, Transboundary Damage in International Law 286 (Cambridge University Press 2003).
172) Joni S. Charme(각주 43), 89면.

발달하지 않은 것도 한 요인으로 판단된다. 이제까지의 국가의 관행만으로는 국가책임과 관련하여 분명하고 일관된 원칙이 확립되었다고 단언하기 힘들다. 그러나 이러한 국가의 관행도 비록 충분하지는 않지만 국가책임 문제와 관련하여 일말의 지침을 제공하고 있는 것이 사실이다.

Ⅵ. 국제법위원회(ILC)의 성문법전화 작업

국가책임은 일찍부터 국제법위원회가 중요하게 다루어 온 주제이다. 그러나 그 주제의 광범위성과 복잡성으로 인하여 아직도 논란이 많은 영역으로 남아 있다. 국제법위원회는 위법행위에 대한 국가책임과 합법적인 행위로부터 발생하는 피해에 대한 국가책임으로 구분하여 전자를 국가책임(State Responsibility), 후자를 국제법상 금지되지 않은 활동으로 인한 해로운 결과에 대한 국제책임으로 구분하여 작업을 진행하고 있다.

일찍이 1949년 국제법위원회는 국가책임을 성문화가 필요한 중요한 주제라고 지목하였다. 그러나 가시적인 성과는 쉽게 나타나지 않았다. 5명의 특별보고자와 40여 개의 보고서에도 불구하고 국가책임에 관한 성문화 작업은 아직도 진행 중에 있다. 이는 국가책임과 관련하여 국제법위원회가 강력한 권위를 가지고 있으면서도 큰 한계를 가지고 있다는 것을 의미한다.

국제법위원회는 1953년 국가책임에 관한 성문화 작업을 촉구하는 유엔총회 결의 799(Ⅷ)에 따라 1955년 Garcia Amador를 특별보고자로 지명하고 이에 대한 연구를 시작하였다. 1956년부터 1961년까지 Amador는 6개의 보고서를 제출하였는데, 그 주제를 국가의 외국인에 대한 책임문제로 국한하여 다루었다. 그 결과 본격적인 작업은 Roberto Ago 등 후임 특별보고자들에게 넘겨졌다. 1963년 특별보고자로 지명된 Ago는 위반할 경우 국가책임이 성립하게 되는 법의 실체적인 내용(이른바, 1차 규칙)보다는 국가책임을 규율하는 규칙과 절차(이른바, 2차 규칙)에 초점을 맞추어 작업을 진행하였다. 예컨대, 언제 해당 행위를 국가의 행위로 볼 수 있는가, 어떠한 상황이 해당 행위의 위법성을 배제하는가, 배상의 결정 시 어떠한 원칙이 적용되는가 등이 대표적인 예이다. 이러한 이분법적인 사고는 그 후 국제법위원회의 성문화 작업에 중요한 틀을 제공하였다. 1979년 Ago는 초안의 제1부(국제책임의 기원)를 완료하였으며, 1980년 위원회는 32차 회기에서 이를 채택하였다.[173]

나머지 부분, 즉 초안의 제2부(국제책임의 내용, 형태 및 정도)와 제3부(분쟁해결)는 1980년~1986년 특별보고자로 지명된 Willem Riphagen[174]와 1987년~1996년 특별보고자로 지명된 Gaetano Arangio－Ruiz[175]의 몫이 되었다. 그러나 그 작업은 지지부진하게 진행되었다. 1996년 국제법위원회는 40여 년간 진행되어 온 국가책임과 관련한 성문화 작업을 1차 조문안[176]으로 채택하였다.[177] 1996년 조문안은 세 부분으로 나뉘어져 있는데, 제1부(제1조 내지 제35조)는 국제책임의 기원을, 제2부(제36조 내지 제53조)는 국제책임의 내용 · 형태 및 정도를, 제3부(제54조 내지 제60조)는 분쟁해결을 다루고 있다.

그러나 국가책임과 관련한 성문화 작업은 여기에서 멈추지 않았다. 조문안에 대한 국가간 견해차가 심하게 드러났으며, 논란이 그치지 않았다. 1996년 새로이 특별보고자로 지명된 James Crawford는 그동안 논란이 심했던 1차 조문안의 제19조(국가범죄)와 분쟁해결과 관련한 조문을 삭제하였으며, 2001년 국제법위원회는 이러한 결과물을 2차 조문안[178]으로 채택하였다.

이로써, 국제법위원회의 가장 오랜 기간 그리고 가장 논란이 많았던 주제에 대한 작업은 일단락되었다. 2001년 조문안은 다음과 같은 중요한 주제를 담고 있다: 국제불법행위란 무엇인가?; 언제 국가가 국가 이외의 자의 행위에 대하여 책임을 지는가?; 불법행위를 정당화하는 상황은 무엇인가?(예컨대, 동의, 자기 방어, 대응조치, 불가항력, 재난(distress), 긴급피난, 강행규범의 준수); 언제 국제의무의 위반이 발생하는가?; 국제불법행위에 대한 구제수단은 무엇인가?(예컨대, 원상회복, 금전배상, 만족 등); 어떤 종류의 대응조치가 허용되는가?; 어떤 상황에서 대응조치가 허용되는가?

그 구체적인 내용은 네 부분으로 나뉘어져 있으며, 총 59개 조문으로 구성되어

173) Report of the Commission to the General Assembly on the Work of Its Thirty－second Session, 2 Y.B. Int'l L. Comm'n, pt. 2, 26, 30 (1980).

174) Riphagen은 재임기간 중 7개의 보고서를 제출하였는데, 대표적인 보고서는 Second Report on the Content, Forms and Degrees of International Responsibility, 2 Y.B. Int'l L. Comm'n, pt. 1, 79, 100 (1981); Seven Report on State Responsibility, 2 Y.B. Int'l L. Comm'n, pt. 1, 1, 2 (1986) 참조.

175) Arangio－Ruiz는 재임기간 중 8개의 보고서를 제출하였는데, 대표적인 보고서는 Report of the Commission to the General Assembly on the Work of Its Forty－first Session, 2 Y.B. Int'l L. Comm'n, pt. 2, 71, 81 (1989).

176) 1996년 국가책임 조문안(각주 11).

177) 1차 조문안의 성립 배경 및 경위에 대하여 자세한 내용은 *Id.* Daniel Bondansky & John R. Crook, The ILC's State Responsibility Articles: Introduction and Overview, 96 Am. J. Int'l L. 773, 776~779 (2002).

178) 2001년 국제불법행위에 대한 국가책임 조문안(각주 6) 참조.

있다. 제1부(국가의 불법행위)에서는 일반 원칙(제1조 내지 제3조), 국가의 행위로 인정되는 경우(제4조 내지 제11조), 국제의무의 위반(제12조 내지 제15조), 다른 국가의 행위와 관련한 국가의 책임(제16조 내지 제19조), 위법성을 조각하는 상황(제20조 내지 제27조)을 다루고 있으며, 제2부(국가의 국제책임의 내용)에서는 일반 원칙(제28조 내지 제33조), 피해에 대한 배상(제34조 내지 제39조), 일반 국제법의 강행규범상의 심각한 의무위반(제40조 내지 제41조)을 다루고 있으며, 제3부(국가의 국제책임의 시행)에서는 국가책임의 발동(제42조 내지 제48조), 대응조치(제49조 내지 제54조)를 다루고 있으며, 제4부(일반 규정)에서는 특별 법에 의한 적용 배제(제55조), 국제기구의 책임(제57조), 개인의 책임(제58조) 등의 주제를 다루고 있다.[179]

국가책임에 관한 성문화 작업과 별도로 국제법위원회는 1970년대 후반부터 국제법상 금지되지 않은 활동에 대한 국가의 책임이란 주제에 대하여 성문화 작업을 진행해 오고 있다. 1977년 유엔 총회는 국제법위원회로 하여금 이 주제에 대한 연구를 시작하도록 촉구하였다.[180] 1978년 국제법위원회는 이를 위하여 작업그룹을 설치하였으며, 작업그룹의 보고서에 기초하여 Quentin－Baxter 교수를 특별보고자로 지명하였다.[181] 1982년 Quentin－Baxter는 8개조로 구성된 개요(Schematic Outline)를 3차 보고서로 제출하였는데, 여기에서는 주제의 범위가 월경피해를 유발하는 국가의 활동으로 국한되었다.[182] 1985년 새로이 특별보고자로 지명된 Julio Barboza는 Quentin－Baxter의 작업을 보완하고 조문을 추가하여 1990년 33개 조문안이 포함된 보고서를 제출하였다.[183] 1990년 조문안에 따르면 오염발생국은 해당 국가의 영토 내 또는 관할권하에서 수행되는 행위나 통제하에서 수행되는 행위로서, 그 물리적인 결과가 월경피해를 초래하거나 초래할 위해성을 발생시키는 행위에 의하여 인식할 수 있는 해(appreciable harm)가 초래된 경우 이에 대하여 배상할 책임이 있다.[184] 그 결과 책임이 발생되기 위해서는 행위의 위법성이

179) 2차 조문안의 내용에 대하여 자세한 내용은 Daniel Bondansky & John R. Crook, *The ILC's Articles on Responsibility of States for Internationally Wrongful Acts: A Petrospect,* 96 Am. J. Int'l L. 874, 876~888 (2002).

180) Report of the International Commission on the Work of Its Thirtieth Session, § 175, 2 Y.B. Int'l L. Comm'n, pt. 2, 150 (1978).

181) *Id.* §§ 177~178.

182) 1982년 국제법상 금지되지 않은 활동으로 인한 해로운 결과에 대한 국제책임 조문안(각주 20), 62면.

183) 1990년 국제법상 금지되지 않은 활동으로 인한 해로운 결과에 대한 국제책임 조문안(각주 20), 105면.

184) *Id.* 제9조.

불필요하며, 유일한 성립요건은 피해의 발생이다. 구체적으로 1990년 조문안은 제1장 일반규정, 제2장 원칙, 제3장 방지, 제4장 책임, 제5장 민사책임 주제를 다루고 있다.185)

1996년 국제법위원회 작업그룹은 그동안의 결과물을 토대로 22개 조문안을 완성하였다.186) 이 조문안은 제1장 일반규정, 제2장 방지, 제3장 배상 또는 그 밖의 구제로 구성되어 있다. 1996년 조문안에 따르면, 이 조문안이 적용되는 행위는 심각한 월경피해를 초래할 위해성을 수반하는 국제법상 금지되지 않은 행위와 심각한 월경피해를 초래할 위해성을 수반하지는 않으나 그럼에도 불구하고 심각한 피해를 초래한 행위로 제한된다.187) 당사국들은 심각한 월경피해의 위해성을 방지 또는 감소하기 위한 모든 적절한 조치를 취하여야 한다.188) 이 조문안이 적용되는 행위에 의해 초래된 심각한 월경피해는 책임(liability)을 발생시킨다.189)

1997년 국제법위원회는 주제를 '방지'와 '국제책임'으로 나누어 논의하기로 결정하였다. 위원회는 먼저 '방지'와 관련한 주제에 초점을 맞추기로 하였으며, Sreenivasa Rao를 새로운 특별보고자로 지명하였다.190) 2001년 53차 회기에서 위원회는 '유해한 활동으로 인한 월경피해의 방지 조문안'을 채택하였다.191)

이 조문안이 완성되기 위해서는 20여 년간의 오랜 기간과 각고의 노력이 소요되었다. 이는 그 작업이 그만큼 어렵고 복잡하였음을 의미하는 것이었다. 그러나 이 조문안은 이른바, 1차 규칙에 초점을 맞춘 것으로서, 책임과 배상 문제를 다루고 있지 않기 때문에 절반의 성공을 거둔 것에 불과하였다. 2002년 위원회는 약속대로 책임과 관련한 주제로 작업의 초점을 옮겼다.192) 그 주제는 기본적으로 광범위하고 복잡한 문제를 포함하고 있기 때문에 그 작업의 속도와 결론은 쉽게 속단하기 어렵다.

---

185) 1990년 조문안에 대하여 자세한 내용은 Philippe Sands(각주 1), 902 내지 904면 참조.

186) 1996년 국제법상 금지되지 않은 활동으로 인한 해로운 결과에 대한 국제책임 조문안(각주 20).

187) *Id.* 제1조.

188) *Id.* 제4조.

189) *Id.* 제5조.

190) Daniel Bondansky *et al*, The ILC's State Responsibility, 96 Am. J. Int'l L. 792, 795 (2002).

191) 2001년 유해한 활동으로 인한 월경피해의 방지 조문안(각주 25).

192) ILC, Report of Its Fifty-Fourth Session, UN Doc. A/57/10, § 443 (2002).

Ⅶ. 국가책임의 성립

환경피해에 대한 국가책임과 관련하여 전통적 · 일반적으로 인정되는 것이 불법행위에 기한 국가책임이다. 일반적으로 불법행위에 기한 국가책임이 성립하기 위해서는 국가의 행위, 국제법상 의무위반, 피해와 의무위반 행위 간의 인과관계의 존재 등의 요건이 충족되어야 한다. 앞에서 본 바와 같이 국가책임과 관련해서는 전통적인 국제불법행위책임 외에 국제범죄, 해로운 결과책임 등에 대하여도 논의가 진행되고 있다. 그러나 뒤의 두 책임 유형에 대하여는 구체적인 형태와 내용이 확립되어 있지 않고, 현실적으로 국제사회에서 거의 문제가 되고 있지 않기 때문에 이하에서는 편의상 국제불법행위책임에 국한하여 살펴보기로 한다.

1. 국가의 행위

책임자를 명확히 규명하는 것은 중요하면서도 어려운 문제이다. 예컨대, 자동차에서 발생하는 배출가스가 인간의 건강에 해롭다는 것과 모든 운전자에게 책임을 지우고 손해배상을 구하는 것은 다른 문제이다. 모든 운전자에게 책임을 지우는 것은 피고가 너무 많다는 점에서 현실적이지도 않을 뿐만 아니라 해당 운전자마다 오염에 대한 기여가 다르기 때문에 책임의 정도를 확정하는 것이 쉬운 일이 아니다. 그러나 그 누적효과는 엄청나며, 오존층 파괴, 기후변화 등 피해는 다양하고 광범위하다. 이러한 관점에서 언제 국가책임이 발동되는지는 중요한 의미를 갖게 된다.

국가책임은 해당 행위가 국가의 행위로 인정되어야 한다는 것을 전제로 하고 있다(국가로의 귀속성). 2001년 국제법위원회에서 채택된 국제불법행위에 대한 국가책임 조문안도 이를 분명히 하고 있다. 즉 제2조에서 국가의 국제불법행위의 한 요소로 해당 작위 또는 부작위가 국제법상 국가의 행위로 간주되어야 한다는 점을 밝히고 있다.[193] 문제는 누구의 그리고 어떤 행위를 국가의 행위로 볼 것인가이다.

전통적으로 국가의 입법기관, 행정기관, 국가소유 기업 등의 작위 또는 부작위[194]는 국가의 행위로 이해된다.[195] 그 결과 해당 국가의 입법기관이 환경오염을

193) 작위 또는 부작위가 다음에 해당하는 경우 국제불법행위가 성립된다: (a) 국제법상 국가의 행위로 간주되어야 하고, (b) 국제 의무의 위반을 구성하여야 한다. 2001년 국제불법행위에 대한 국가책임 조문안(각주 6), 제2조.

야기시키는 법률을 제정하였거나 환경기준을 설정하는 법률의 제정을 소홀히 하여 다른 국가에 피해가 발생하였을 경우, 행정기관이 국경지역에 산업시설의 설치를 허가하여 인접 국가에 대기 · 수질오염을 야기하였을 경우 국가책임이 발생할 수 있다.196) 일반적으로 국가를 위하여 수행한 개인의 행위는 국가의 행위로 보고 있다.197)

많은 경우 환경피해를 유발하는 것은 정작 사인의 행위이기 때문에 사인의 행위를 어떠한 경우에 국가의 행위로 볼 수 있는가 하는 문제는 치열한 쟁점이 되고 있다. 국제법상 국가는 자국의 관할권 또는 통제하에 있는 사인의 행위를 규제 · 통제할 의무가 있다는 것이 일반적인 견해이다.198) 그 결과 사기업의 행위로 피해가 발생한 경우 국가가 상당한 주의(due diligence)를 가지고 방지하지 않았거나 국내적 구제를 부여하지 않은 경우 등에는 국가가 책임을 지게 된다.199) 이는 이른바 *Trail Smelter 사건*에서도 확인되고 있다. 즉 "제련소의 행위가 국제법상의 국가의무에 부합하도록 감시하는 것은 캐나다 정부의 의무이다."200)

다른 지역에 환경피해를 유발하는 행위가 흔히 해당 국가의 관할권하에 있거나 그 통제하에서 환경피해가 발생하기 때문에 해당 국가는, 피해를 야기하는 행위 주체가 사인이라고 하더라도, 사인의 행위를 통제하기 위해 상당한 주의를 기울이지 아니함으로써 발생한 피해에 대하여 책임을 질 수 있다. 다른 국가의 심각한 환경피해를 유발하는 대부분의 행위에 대해서는 국내법에 기한 사전 승인 또는 허가가 요구되고 있으며, 국내 환경보전 기준의 미설정, 사전 · 사후 통제조치의 미흡 등으로 피해가 발생 · 확대되기 때문에 해당 국가의 이러한 작위 · 부작위를 포함하는 행위는 관련 국가의 책임을 충족하기 쉽다.201)

---

194) 예컨대, *Corfu Channel 사건*에서 알바니아는 수뢰의 설치 사실을 경고하지 않은 부작위에 대하여 책임을 부담하였다.

195) 2001년 국제불법행위에 대한 국가책임 조문안(각주 6), 제4조.

196) 노명준(각주 25), 326면.

197) Malgosia A. Fitzmaurice, International Protection of the Environment 221 (Martinus Nijhoff Publishers 2002).

198) *Id.* 222면; Lucas Bergkamp(각주 49), 158면; Rene Lefeber, Transboundary Environmental Interference and the Origin of State Liability 56 (Kluwer Law International 1996).

199) 노명준(각주 25).

200) *Trail Smelter 사건*(각주 38), 1966면.

201) Alexandre Kiss & Dinah Shelton(각주 7), 322면.

2. 국제법상 의무위반

환경피해에 대한 국가책임이 성립되기 위해서는 해당 국가가 국제법상의 의무를 위반하여야 한다. 국제법 위반은 조약, 국제관습법, 법의 일반원칙 등의 위반을 포함한다. 2001년 국제법위원회에서 채택된 국제불법행위에 대한 국가책임 조문안도 제2조에서 이를 분명히 하고 있다.[202] 조약을 위반한 경우에는 국제법을 위반한 것이 되어 비교적 쉽게 국가책임이 발생할 수 있다. 그러나 위반 내용이 조약에 명시적으로 규정되어 있지 않고, 위반국이 조약 당사국이 아닌 경우 등에는 논란이 있을 수 있다. 국가책임에서 논란이 많은 분야는 의무의 내용, 기초, 주의의무의 기준 등이다. 특히 적법한 행위 여부를 불문하고 피해를 발생시킨 것만으로 국제법상의 의무를 위반한 것으로 볼 것인지는 크게 논란이 되고 있다.

모든 국가는 관할권 밖의 환경에 피해를 주지 않아야 할 의무가 있다. 이 월경(越境)피해 금지의무를 위반한 경우 국가책임이 제기될 수 있다. 월경피해 금지의무는 많은 국제환경선언과 조약에서 수용되고 있는데, 대표적인 것이 스톡홀름선언 원칙 21과 리우선언 원칙 2이다. 이들 원칙은 "자국의 관할권 또는 통제 범위 내에서의 활동이 다른 국가나 관할권 밖에 있는 지역(areas beyond national jurisdiction)의 환경에 피해를 끼치지 않도록 할 책임이 있다"고 밝히고 있다. 이 원칙과 관련해서는 우선 책임의 성질에 대해서 논란이 제기되고 있다. 문구상만으로는 국가의 엄격 또는 절대책임을 인정하고 있는 것으로 볼 수도 있으나 많은 견해는 상당한 주의(due diligence)의무를 설정한 것으로 이해하고 있다.[203]

또한 이 원칙은 국가책임 문제에 직접 적용하기에는 애매한 점이 너무 많다. 예컨대, 어느 정도 내지 수준의 피해가 요구되는가? 일체의 피해가 없어야 하는가, 아니면 경미한 피해는 허용되는가? 다시 말하면 해당 국가는 다른 국가의 나무 한 그루, 풀 한 포기를 손상시킨 것에 대하여도 책임을 지는가? 일정한 피해는 허용된다면 그 경계는 어디인가? 중대(serious)하여야 하는가, 심각(significant or substantial)하여야 하는가? 해당 활동이 국제법상 인정된 규범을 위반하지 않은 경우에는 그 피해가 심각하여도 허용될 수 있는가? 아니면 피해가 심각하면 그 자체로 인정될 수 없는 것인가? 위반국가가 주의의무를 다 하였다면 책임이 면제되는가? 그렇다면 그 기준은 어떤가? 성실한 주의(due diligence)인가, 합리적인 주의(reasonable care)인가, 주어진 상황에서 최상의 노력(best efforts under the

202) 2001년 국제불법행위에 대한 국가책임 조문안(각주 6), 제2조.
203) Malgosia A. Fitzmaurice(각주 197), 223면; Rene Lefeber(각주 198), 64면.

circumstances)인가, 아니면 국제적으로 최선의 관행(international best practice)인가? 개도국에게는 차별화된 기준이 적용되어야 하는가? 국제공동시역(global common)의 환경을 보호할 의무는 국제사회에 대한, 이를테면 대세적 의무(obligation *erga omnes*)인가? 어떤 경우에 민간부문의 활동이 국가의 관할권과 통제 내에 있다고 할 수 있는가? 어떠한 구제책이 제공되어야 하며 누구에게 제공되어야 하는가?

월경피해 금지의무는 일찍이 1941년 *Trail Smelter 사건*에서 확인되었다. 이 사건에서 중재법정은 "국제법과 미국법의 원칙상 어느 국가도 사건이 중대한 결과(serious consequence)를 초래하고 손해가 명백하고 확실한 증거(clear and convincing evidence)에 의하여 입증되었을 때 타국의 영토 또는 그 영토상의 재산이나 인명에 대하여 연기에 의한 손해를 발생시키는 방법으로 자신의 영토를 사용하거나 이를 허가할 권리를 갖지 아니한다"고 판단하면서 캐나다는 국제법상 트레일 제련소의 행위에 대하여 책임이 있다고 결정하였다.204)

월경피해 금지의무는 1941년 *Trail Smelter 사건* 이래 선언, 조약 등 많은 국제문서205)에서 위 원칙을 확인하고 있다는 점에서 국제관습법적 지위에 있다고 할 수 있다.206) 국제사법재판소(ICJ)는 1996년 *핵무기의 위협 또는 사용의 합법성에 관한 권고적 의견*에서, "그들 관할권과 규제하에서의 활동이 다른 국가 또는 국가 관할권 범위를 벗어난 지역의 환경을 존중할 것을 보장하는 국가들의 일반의무의 존재는 이제 환경과 관련한 국제법의 요체이다"고 밝히고 있으며,207) 1997년 *Gabcikovo-Nagymaros Dam 사건*208)에서 이를 거듭 확인하고 있다.

---

204) *Trail Smelter 사건*(각주 38), 1965 내지 1966면.

205) 1972년 런던덤핑협약, 전문; 1979년 ECE 광역 월경 대기오염에 관한 조약(LRTAP), 전문; 1982년 유엔해양법협약(UNCLOS), 제194조; 1985년 아세안 자연보전협정, 제20조; 1985년 오존층보호를 위한 비엔나협약, 전문; 1992년 기후변화협약, 전문; 1992년 생물다양성협약, 제3조; 1992년 사막화방지협약, 전문; 1997년 국제수로의 비항행적 사용에 관한 협약, 제7조; 2001년 잔류성유기오염물질에 관한 협약(스톡홀름협약), 전문; 1982년 국제법협회 몬트리올 규칙, 제3조; 1987년 미국 대외관계법, 제601조 제1항(b) 참조.

206) Patricia W. Birnie & Alan E. Boyle(각주 43), 104면; Ved P. Nanda & George Pring(각주 122), 228면; Alexandre Kiss & Dinah Shelton(각주 7), 85면; Tullio Scovazzi, *State Responsibility for Environmental Harm*, 12 Yearbook of International Environmental Law 43, 47 (2001); Rachel Kastenberg, *Closing the Liability Gap in the International Transboundary Water Pollution Regime Using Domestic Law to Hold Polluters Accountable: A Case Study of Pakotas v. Teck Coming Ltd.*, 7 Or. Rev. Int'l L. 322, 334 (2005); 박병도(각주 3), 156면, 이에 반해 아직 국제관습법의 지위에 있지 않다는 견해도 있다. O. Schacter, International Law in Theory and in Practice 365 (Dordrecht 1991).

207) Advisory Opinion on the Legality of the Threat or Use of Nuclear Weapons (1996. 7. 8.), 35 I. L. M. 809 (1996), 821면; 1996 I. C. J. 226 (1996), 242면, § 29.

208) *Gabcikovo-Nagymaros 댐 사건*(각주 63), § 53.

심각한 월경 환경피해를 예방 · 감소할 의무를 위반한 경우에도 국가책임이 인정될 수 있다. 이러한 의무는 이제 국제관습법이 되고 있다.[209] 피해예방 · 감소의무는 모든 국가에게 국제법상 심각한 국제 환경오염 또는 월경피해를 통제 · 규제할 적절한 조치를 취할 것을 요구하고 있다. 그 결과 국가의 해당 행위가 적법하더라도 그 행위에 의해 초래된 특정 피해를 예방 · 감소하지 않은 불법행위가 수반된 경우, 해당 국가는 적법행위가 아닌 국제법상의 의무위반에 따른 불법행위 책임을 질 수 있다.

국가의 피해예방 · 감소의무, 적절한 조치를 취할 의무는 다수의 국제문서에서 발견되고 있는데, 대표적인 예를 들면 다음과 같다: 1972년 런던덤핑협약,[210] 1973년 선박으로부터의 오염방지를 위한 국제협약,[211] 1979년 ECE 광역 월경 대기오염에 관한 조약(LRTAP),[212] 1980년 남극해양생물자원보전협약,[213] 1982년 유엔해양법협약,[214] 1985년 오존층 보호를 위한 비엔나협약,[215] 1991년 초국경적 환경영향평가에 관한 협약,[216] 1992년 UN/ECE 국제수로와 호수의 보호와 사용에 관한 협약,[217] 1997년 국제수로의 비항행적 사용에 관한 협약[218] 등을 들 수 있다.

국가책임의 주된 초점이 월경피해 금지의무와 같은 실체적 의무에 두어지고 있지만 절차적 의무와 관련해서도 발생할 수 있다. 정보에의 접근, 환경영향평가의 실시 등과 관련한 절차적 의무의 위반이 좋은 예이다.[219] 그 결과 환경영향평가를 실시하지 않았거나, 해당 행위로 영향을 받는 국가에 이를 통지하지 않았거나, 잠재적인 피해 국가와 협의 · 교섭 등을 하지 않았거나, 의사결정 과정에서 공중의 참여를 허용하지 않은 경우 등에는 국가책임이 제기될 수 있을 것이다.

월경피해금지 의무위반 등에 대한 책임의 기초가 과실책임인가, 일정한 예외가 인정되는 엄격책임(strict liability)인가, 아니면 책임면제가 일체 인정되지 않는 절

---

209) 월경환경피해를 예방 · 감소할 의무는 국제법의 일부분으로 보는 것이 합리적이다. Rene Lefeber(각주 198), 19면.

210) 런던덤핑협약(각주 79), 제1조.

211) International Convention for the Prevention of Pollution from Ships, 12 I. L. M. 1319 (1973), 제1조.

212) LRTAP(각주 80), 제2조.

213) Convention on the Conservation of Antarctic Marine Living Resources(CCAMLR), 19 I. L. M. 841 (1980), 제2조.

214) 유엔해양법협약(각주 8), 제194조.

215) 오존층 보호를 위한 비엔나협약(각주 108), 제2조 제1항.

216) 초국경적 환경영향평가에 관한 협약(각주 111), 제2조 제1항.

217) 국제수로의 호수의 보호와 사용에 관한 협약(각주 109), 제2조.

218) 국제수로의 비항행적 사용에 관한 협약(각주 110), 제7조 제1항, 제21조 참조.

219) Philippe Sands(각주 1), 875면.

대책임(absolute liability)인가는 크게 논란이 되고 있다. *Trail Smelter 사건*, *Corfu Channel 사건*, *Lanoux호 사건*, *Nuclear Test 사건* 등과 관련해서는 이들 사건이 엄격(또는 절대)책임을 지지하고 있다는 견해와 과실책임을 뒷받침하고 있다는 견해가 맞서고 있다.

여기에 대하여는 현재까지 단일의 그리고 명쾌한 해답이 주어져 있지 않다. 이와 관련해서는 해당 의무의 성질에 따라 달라지는 것으로 보는 견해가 일반적이다. 이에 따르면, 해당 의무가 고도의 위험한 행위(ultra-hazardous activities)와 관련이 있는지 여부에 따라 책임의 기초가 달라진다. 예컨대, 해당 행위가 고도의 위험행위와 관련이 있는 경우에는 엄격 또는 절대책임으로 이해하는 것이다. 이러한 기준은 위험한 시설을 운영하는 자가 흔히 많은 경제적 이익을 누리고, 위험한 행위가 중대한 환경피해를 초래할 가능성이 많고, 엄격 또는 절대책임이 국가로 하여금 이러한 행위에 개입하거나 이를 허용하는 경우 특별한 고려를 하도록 유인할 가능성이 많다는 점에서 합리성과 정당성이 인정될 수 있다.

고의 · 과실이 없어도 국가책임이 성립할 수 있다는 견해가 압도적이나,[220] 과실이 없으면 불법이라는 것을 인정하기 곤란하므로 국제법상의 의무위반에는 과실 개념이 내포되어 있다는 견해도 만만치 않다.[221] 대다수의 조약들은 국가에게 국제법 의무를 이행하기 위하여 적절한 모든 조치(all appropriate measures)를 취할 것을 요구하고 있다. 1972년 런던덤핑협약,[222] 1982년 유엔해양법협약,[223] 1985년 오존층 보호를 위한 비엔나협약,[224] 1991년 초국경적 환경영향평가에 관한 협약(Espoo협약),[225] 1992년 UN/ECE 국제수로와 호수의 보호와 사용에 관한 협약,[226] 1997년 국제수로의 비항행적 사용에 관한 협약[227] 등이 대표적인 예이다.

국제법상 의무에 대한 주의의 정도 및 기준을 규율하는 규칙은 확립되어 있지 않다. 월경피해 금지의무를 규정하고 있는 스톡홀름선언 원칙 21과 리우선언 원칙 2

220) Phoebe N. Okowa, State Responsibility for Transboundary Air Pollution in International Law 77 (Oxford University Press 2000); 김정건, 국제법, 박영사, 1998, 190면; 김대순(각주 12), 367면. 2001년 국제법위원회 국제불법행위에 대한 국가책임 조문안(각주 6) 제2조에서는 국가책임의 성립 요소로 행위의 국가 귀속성과 국제의무의 위반 두 가지만을 들고 있으며, 고의 · 과실을 별도로 요구하고 있지 않다.
221) Lucas Bergkamp(각주 49), 157면, 159면.
222) 런던덤핑협약(각주 79), 제1조("all practicable steps").
223) 유엔해양법협약(각주 8), 제194조 제1항 · 제2항.
224) 오존층 보호를 위한 비엔나협약(각주 108), 제2조 제1항.
225) 초국경적 환경영향평가에 관한 협약(각주 111), 제2조 제1항.
226) 국제수로와 호수의 보호와 사용에 관한 협약(각주 109), 제2조.
227) 국제수로의 비항행적 사용에 관한 협약(각주 111), 제7조 제1항.

는 이에 대하여 어떠한 지침도 제공하고 있지 않다. 이와 같은 의무에 적용되는 주의의 정도 및 기준(standard of care)은 무엇인가? 상당한 주의(due diligence)인가, 합리적인 주의(reasonable care)인가, 주어진 상황에서 최상의 노력(best efforts under the circumstances)인가, 또는 최선의 국제적 관행(international best practice)인가? 개도국에게는 차별화된 기준이 적용되어야 하는가?

앞에서 본 것과 같이 많은 조약들은 당사국에게 적절한 모든 조치를 취할 의무를 부과하고 있는데, 이는 당사국에게 국제법 의무위반을 방지하기 위해 상당한 주의(due diligence)를 할 것을 요구하고 있는 것으로 이해되고 있다. 해당 행위가 중대한 월경피해의 가능성이 있는 경우 해당 국가는 그러한 피해를 방지하기 위한 모든 필요한 조치를 취해야 한다. 상당한 주의의무를 하였는지 여부는 국가의 적법행위와 불법행위를 가르는 경계로 작용하게 된다. 상당한 주의는 심각한 월경환경피해를 막기 위해 필수적이고 실질적인 조치를 포함하게 된다. 여기에는 유효한 환경법규의 제정 및 시행, 협의와 사전 통지, 환경영향평가의 실시, 측정, 불법행위의 방지 또는 종료, 책임자의 처벌 등 환경피해를 막기 위한 실체적 · 절차적 조치를 포함한다. 그 결과 이러한 주의의무를 다한 경우에는 국가책임이 인정되지 않는다.

일반적으로 상당한 주의에 적용되는 기준은 국제적 기준이라고 이해되고 있으나(국제표준주의),[228] 상당한 주의 여부는 주관적인 요소를 가지고 있기 때문에 구체적인 경우 그 판단이 쉽지 않다. 상당한 주의의무를 위반했는지 여부는 관할지역에 대한 정부통제의 유효성, 정부로서 사용가능한 규제수단,[229] 특정 행위의 성질, 해당 국가의 기술적 · 경제적 능력 등 다양한 요소가 고려되어야 한다.[230] 상당한 주의 기준은 규제기준과 밀접한 관련이 있는데, 해당 규제기준이 국제사회에서 이미 채택되어 있는 경우에는 상당한 주의 여부를 판단하는 것이 그만큼 쉬워진다 할 수 있다. 국제기준이 계량화 · 수치화된 경우(예컨대, 배출허용한도, 감축 목표량)에는 그 기준을 충족하지 않은 것 자체로 국제법을 위반한 것으로 볼 수 있다. 그러나 그 기준이 질적 기준, 절차적 규범을 포함하고 있는 경우에는 어려운 문제가

228) Phoebe N. Okowa(각주 220), 83면.

229) 이른바 테헤란 억류 미국외교관 및 영사관 직원에 관한 사건에서 국제사법재판소는 이란이 미국 외교관과 영사 등에 대한 시위참가자들의 공격을 막기 위하여 적절한 조치를 취하였는지에 대하여 판단하였다. 재판소는 이란 당국이 자국의 의무를 수행하기 위한 독자적인(at their disposal) 수단을 가지고 있었고, 이러한 의무를 완전히 준수하지 못하였다고 결론지었다. *Case Concerning United States Diplomatic and Consular Staff in Theran (U. S. v. Iran)*, 1980 I. C. J. 3 (1980), 33면, § 68.

230) Rene Lefeber(각주 198), 66 내지 69면 참조.

발생할 수 있다. 이에 대하여는 '심각한' 또는 '중요한' 위반이 중요한 판단 기준으로 작용할 수 있을 것이다.

상당한 주의는 해당 국가로 하여금 주어진 목적을 달성하기 위하여 그 능력의 범위 내에서 타당하고 이용 가능한 적절하고 필요한 조치를 결정할 수 있는 여지를 주고 있다. 이는 자국의 관할권 또는 통제하의 행위에 대한 법적 통제를 강조하고 있다. 말하자면 상당한 주의의무는 행위의무이지 결과의무가 아닌 것이다.231)

3. 환경피해의 발생

환경피해에 대한 국가책임과 관련해서 쉽게 해결되지 않은 문제 중에는 '피해' 문제도 있다. 예컨대, 환경피해의 존재가 국가책임의 전제 요건이 되는가, 환경피해(environmental damage)가 무엇인가, 현실적인 피해가 아닌 잠재적인 위해만으로도 국가책임이 발생하는가, 물질적인 피해가 아닌 도덕적 · 정신적 피해도 국가책임의 충분한 근거가 되는가 등이 그것이다.

우선 피해의 존재가 국가책임의 전제 요건이 되는지 논란이 있다. 국제법상 피해의 존재가 국가책임의 전제 요건이 되지 않는다는 것이 일반적인 견해이나,232) 그 반대의 견해도 만만치 않다.233) 월경피해 금지의무를 엄격 또는 절대책임으로 이해할 경우에는 피해 발생이 국가책임의 전제조건이 될 것이다. 피해의 존재가 국가책임의 전제 요건이 되지 않는다고 보더라도 환경피해가 무엇인지는 구체적인 배상 범위 등과 관련해서 중요한 의미를 갖는다.

그렇다면 환경피해란 무엇인가? 이는 '환경'의 이해와 밀접한 관련을 갖는다. 환경피해를 좁게 이해하는 경우에는 대기, 물, 토양, 동 · 식물 등 자연자원의 피해만을 의미하나 넓게는 문화유산의 일부분을 구성하는 자연자원과 재산에 대한 피해를 포함하게 된다. 가장 넓게 이해하는 입장은 경관, 환경의 쾌적성(amenity) 등까지도 포함시키고 있다.234) 이러한 입장 차이는 환경피해에 대한 정확한 개념 정의가 그만큼

231) Xue Hanqin(각주 171), 165면.

232) Malgosia A. Fitzmaurice(각주 197), 225면; 김대순(각주 10), 369면; 김성신(각주 220), 207면; Sompong Sucharitkul, *State Responsibility and International Liability under International Law,* 18 Loy. L. A. Int'l & L. J. 821, 834 (1996).

233) Rene Lefeber(각주 198), 84 내지 85면. 2001년 국제법위원회 국제불법행위에 대한 국가책임 조문안(각주 6) 제2조에서는 국가책임의 성립 요소로 행위의 국가 귀속성과 국제의무의 위반, 두 가지만을 들고 있다. 조약상의 의무위반에 대한 국가책임은 물리적인 피해가 없더라도 발생할 수 있으나 관습법상의 주의의무 위반의 경우에는 다른 국가에 피해가 발생하여야 한다는 견해도 있다. Lucas Bergkamp(각주 49), 167면.

어렵다는 것을 의미하는 것이며, 이에 대하여 아직까지 국제적 합의가 이루어지지 않고 있다. 환경피해는 환경이라는 개념 자체가 시대적 · 사회적 변화에 따라 차이가 나는 상대적 개념이기 때문에 유동적일 수밖에 없다.

'환경피해'에 대한 개념 정의는 유류오염피해에 대한 민사책임협약에서 간접적으로 이루어지고 있다. 예컨대, 유류오염피해에 대한 민사책임에 관한 국제협약(1992년 민사책임협약)은 '오염피해'를 유류 유출 또는 배출의 발생 장소와 관계없이 선박으로부터 유류가 유출 또는 배출되어 초래된 오염에 의하여 선박 외부에서 발생한 손실 또는 피해와 예방조치를 위한 비용과 예방조치로 인한 손실 또는 피해로 정의하면서,[235] 특히 환경피해에 대한 배상범위와 관련하여 환경손상으로 인한 이익의 상실 외의 환경손상에 대한 배상을 '실제로 취하였거나 취하여야 할 합리적인 조치의 비용'으로 한정하고 있다.[236] 1988년 남극광물자원활동의 규제를 위한 협약(CRAMRA)에서는 '남극 환경과 생태계에 대한 피해'를 "대기, 해양, 육상생물에 대한 위해를 포함하여 환경과 생태계를 구성하는 생물 · 비생물에 대하여 미치는, 협약에 따라 무시될 수 있거나 수용될 수 있다고 평가되고 인정되는 정도를 벗어난, 어떠한 영향"이라고 광범위하게 정의하고 있으며,[237] 운영자(operator)가 책임을 지는 피해의 범위를 특정하고 있다.[238]

일부 환경협약에 나타나고 있는 '오염(pollution)',[239] '악영향(adverse effect)',[240]

---

234) 1993년 환경에 해로운 활동으로 인한 피해에 대한 민사책임협약(Lugano협약)은 환경개념에 자연자원, 문화유산을 구성하는 재산뿐만 아니라 경관(characteristic aspects of the landscape)을 포함시키고 있다. Convention on Civil Liability for Damage Resulting from Activities Dangerous to the Environment, 32 I. L. M. 1230 (1993), 제2조 제10항.

235) 1969년 유류오염피해에 대한 민사책임에 관한 국제협약은 1976년, 1984년, 1992년, 세 차례에 걸쳐 개정되었는데, 최근 1992년 의정서가 발효됨에 따라 흔히 1992년 유류오염피해에 대한 민사책임에 관한 국제협약(1992년 민사책임협약)으로 불린다. International Convention on Civil Liability for Oil Pollution Damage(CLC), 21 Int'l Env't Rep. (BNA) 1501; 16 I. L. M. 617 (1977); 23 I. L. M. 177 (1984); Protocol of 1992 to Amend the 1969 International Convention on Civil Liability for Oil Pollution Damage, 21 Int'l Env't Rep. (BNA) 1551. 1992년 민사책임협약 전문은 http://www.iopcfund.org/ npdf/Conventions%20English.pdf. 제1조 제6항.

236) *Id.* 이는 1993년 환경에 해로운 활동으로 인한 피해에 대한 민사책임협약에서도 취하고 있는 입장이다. Lugano협약(각주 234), 제2조 제7항(c), 제8항.

237) 남극광물자원활동의 규제를 위한 협약(각주 33), 제1조 제15항.

238) *Id.* 제8조 제2항.

239) 예컨대, 1979년 ECE 광역 월경 대기오염에 관한 조약은 '대기오염'을 "인간이 대기 중에 물질이나 에너지를 직접 · 간접으로 배출함으로써 인간의 건강을 위태롭게 하고 생물자원 · 생태계 및 유형 재산에 피해를 주며, 환경의 쾌적함이나 기타 합법적 사용을 훼손하거나 간섭할 정도로 해로운 영향(deleterious effects)을 초래하는 것"을 의미한다고 정의하고 있다. LRTAP(각주 80), 제1조(a). 1982년 유엔해양법협약상 '해양환경의 오염(pollution of the

등은 환경피해를 이해하는 데 도움을 주지만 환경피해와 동일한 개념이 될 수 없다.241) 이러한 개념들은 환경피해를 유발하거나 책임을 발동하는 한계를 결정할 수 있지만 그 자체가 환경피해를 의미하고 있지는 아니하다.

국가의 관행과 선례도 아주 제한적이다. *Trail Smelter 사건*,242) *Lanoux호 사건*,243) *Nuclear Test 사건*,244) *Gabcikovo-Nagymaros Dam 사건*245) 등은 간접적

---

marine environment)'이란 생물자원 및 해양활동에 대한 유해, 인간건강에 대한 위협, 어업 및 기타 해양의 적법한 사용을 포함한 해양활동에 대한 방해, 해수이용을 위한 수질의 악화 및 쾌적도의 감소 등 유해한 영향을 초래하거나 초래할 가능성이 있는 물질 또는 에너지를 인간이 직접 또는 간접으로 하구를 포함한 해양환경 내에 투입하는 것을 의미한다. 유엔해양법협약(각주 8), 제1조 제4항. 1996년 런던덤핑의정서는 유엔해양법협약과 유사하게 규정하고 있다(제1조 제10항). 1997년 국제수로의 비항행적 사용에 관한 협약은 '오염'을 "인간의 행위로부터 조래되는 수로의 물의 성분 또는 수질에 대한 해로운 변화"라고 비교적 광범위하게 정의하고 있다. 국제수로의 비항행적 사용에 관한 협약(각주 110), 제21조 제1항.

240) 오존층 보호를 위한 비엔나협약(각주 108), 제1조 제2항, 기후변화협약(각주 89), 제1조 제1항, 리우선언 원칙 13. 1992년 산업재해의 국제적 영향에 관한 협약에서는 '영향'을 인간, 동·식물, 토양, 물, 공기, 경관, 이러한 요소들의 상호작용, 역사적 기념물을 포함한 물질적 자산과 문화유산 등에 직·간접적으로, 즉시 또는 지연되어 나타난 안 좋은 결과라고 정의하고 있다. Convention on the Transboundary Effects of Industrial Accidents, 21 Int'l Env't Rep. (BNA) 5301, 제1조(c).

241) 예컨대, 1993년 환경에 해로운 활동으로 인한 피해에 대한 민사책임협약(Lugano협약)은 수인할 수 있는 수준(tolerable level)의 오염(pollution)에 의하여 초래된 피해(damage)에 대하여 운전자가 책임을 지지 않는다고 규정함으로써 '피해'와 '오염'을 구별하고 있다. Lugano협약(각주 234), 제8조(d).

242) *Trail Smelter 사건*(각주 38).

243) 1957년 *Lanoux호 사건*에서 중재법정(Arbitral Tribunal)은 스페인의 권리나 이익이 침해된 것이 없다고 밝히면서 스페인이 "프랑스가 진행하려는 사업이 궁극적으로 캐롤강의 수질오염을 야기할 수 있고, 되돌아오는 물이 스페인의 이익을 해칠 수 있는 화학적 성분·기온 또는 다른 성격을 가지고 있을 수 있다"고 주장하였더라면 결과는 달라질 수 있었을 것이라고 지적하였다. *Lanoux호 사건*(각주 50), 123면.

244) *Nuclear Test 사건*(각주 55).

245) 헝가리는 다음과 같은 환경 문제를 제기하였다. 즉 당초 G-N 사업에 의해 건설되는 Gabcikovo 발전소는 최고 모드로 운영되도록 설계되었다. 물은 전력 수요 시, 하루에 두 번 발전소를 통해 나온다. 이러한 방식은 Dunakiliti 지역에 60㎢ 상당의 넓은 저수지와 Nagymaros 댐의 건설을 요구하고 있다. 다뉴브강에 배출되는 하천수는 기껏해야 초당 50㎥로 제한된다. 이러한 수량 감소는 사업 유역에서 지하수의 수위를 떨어트린다. 지하수는 다뉴브강이 아니라 Dunakiliti에 만들어지는 저수지의 고여 있는 물로 보충될 것이다. 장기적으로 수질은 심각하게 영향을 받을 것이다. 지표수와 관련해서는 특히 저수지 물의 부영양화 위험성이 증가할 것이다. 하천은 모래로 뒤덮이고, 아주 소량의 물만 흐르게 된다. 그 결과 수중 동·식물이 멸종위기에 처하게 된다. Nagymaros 댐이 건설될 경우, 다뉴브강 상류의 하상은 침니로 쌓이고, 그 결과 이 지역 용수정에 모이는 물의 수질은 악화될 것이다. Gabcikovo 발전소의 최고 모드 운영 방식은 저수지 상류 수위의 심한 변화를 초래함으로써 수생 서식지를 위협하게 된다. Nagymaros 댐의 건설과 운영은 강 하류 하상의 침식을 초래함으로써, 이 지역 강 수위는 내려가고, 부다페스트 시민 식수의 3분의 2를 공급하는 용수량은 눈에 띄게 감

으로 환경피해를 다루고 있을 뿐이다. 그러나 1991년 유엔안보이사회의 결의(결의 687), 즉 이라크가 국제법상 이라크의 불법 침공과 쿠웨이트의 점령으로 인해 발생한, 환경피해와 자연자원의 고갈을 포함한, 직접적인 상실 · 피해 또는 외국 정부 · 국민 · 회사에 대한 피해에 대하여 책임이 있다는 결의는 환경피해에 대한 국가책임을 확인하고 있다.[246] 그러나 이 결의는 '환경피해'와 '자연자원의 고갈' 등에 대하여 개념 정의를 하지 않고 있으며, 피해배상액의 산정 기준을 제공하고 있지 아니하다.

환경피해의 존재가 국가책임의 성립 요건이라고 이해하는 입장에서도 문제는 여전히 남는다. 즉 어느 정도의 환경피해가 있을 때 국가책임이 발동되는지가 문제되고 있다. 국제법상 다른 국가의 풀 한 포기의 훼손에 대해서까지 국가책임을 지는가? 모든 환경피해에 대하여 국가책임을 요구하고 있지 않다면 국가책임을 발동하는 한계는 무엇인가? 그 한계에 대하여 국제적으로 합의된 기준은 없으나 일반적으로 환경피해가 '중대한(serious),' '심각한(significant)' 또는 '매우 심각한(substantial)' 경우에 책임을 지는 것으로 이해하고 있다.[247] 국가의 의무 또는 책임의 발동 근거로 환경피해 또는 악영향의 심각성, 중대성 등을 들고 있는 국가관행, 판례, 조약 등이 이를 뒷받침하고 있다.

예컨대, *Trail Smelter 사건*에서 1941년 중재법정은 미국의 배상청구가 인정되기 위해서는 그 피해가 중대할(serious) 것을 요구하였다.[248] 1992년 산업재해의 국제적 영향에 관한 협약은 '중대한' 영향을 국제적 영향의 발동 한계로 정하고 있다.[249]

1982년 UN에서 채택된 자연환경선언,[250] 1991년 초국경적 환경영향평가에 관한 협약(Espoo협약),[251] 1992년 UN/ECE 국제수로와 호수의 보호와 사용에 관한

소하게 된다. 여과층은 축소 내지 사라지고 침전물이 쌓이면서 수질은 급격히 악화될 것이다. *Gabcikovo-Nagymaros Dam 사건*(각주 63), § 40.

246) S.C. Resolution 687, U. N. SCOR, 2981st mtg., U.N. Doc. S/RES/687 (1991).

247) Philippe Sands(각주 1), 878면; Phoebe N. Okowa(각주 220), 89면. 환경피해의 심각성, 중대성 등은 양적 환경기준의 위반이나 절차적 의무위반에는 적용되지 않는다. 양적 환경기준의 위반의 경우는 피해의 정도보다는 배출허용한도, 감축 목표량과 관련이 있으며, 절차적 의무의 위반의 경우는 일반적으로 환경피해의 발생과 직접적인 관련이 없기 때문이다. Rene Lefeber(각주 198), 81 내지 82면.

248) *Trail Smelter 사건*(각주 38), 1965 내지 1966면.

249) 산업재해의 국제적 영향에 관한 협약(각주 240), 제1조(d).

250) World Charter for Nature, http://www.un.org/documents/ga/res/37/a37r007.htm; 22 I. L. M. 455 (1983), 제11조.

251) 초국경적 환경영향평가에 관한 협약(각주 111), 제2조 제1항.

협약,[252] 1996년 국제법위원회의 국제법상 금지되지 않은 활동으로 발생하는 해로운 결과에 대한 국제책임 조문안,[253] 1997년 국제수로의 비항행적 사용에 관한 협약,[254] 미국 대외관계법[255] 등은 '심각한(significant)' 피해를 요구하고 있다. 흔히 '심각한' 수준은 *Trail Smelter 사건*에서 제시하고 있는 '중대한'보다는 낮은 수준으로 이해된다.[256] 1966년 국제법협회의 헬싱키규칙,[257] 1982년 국제법협회의 몬트리올규칙[258] 등은 그 피해가 '매우 심각한(substantial)' 수준에 이르러야 한다고 지적하고 있다.

국제법위원회는 책임의 발동한계를 '중대한'이나 '심각한' 수준보다 낮추고 있다. 즉 1990년 국제법위원회의 국제법상 금지되지 않은 활동으로 발생하는 해로운 결과에 대한 국제책임 조문안에 따르면, 오염발생국은 해당 국가의 영토 내 또는 관할권하에서 수행되는 행위나 통제하에서 수행되는 행위로서, 그 물리적인 결과가 월경피해를 초래하거나 초래할 위해성을 발생시키는 행위에 의하여 '인식할 수 있는 해(appreciable harm)'가 초래된 경우 이에 대하여 배상할 책임이 있다.[259] 한편, 1993년 환경에 해로운 활동으로 인한 피해에 대한 민사책임협약(Lugano협약)은 '수인할 수 있는 수준(tolerable level)'을 책임 발동의 한계로 정하고 있다.[260]

---

252) 국제수로와 호수의 보호와 사용에 관한 협약(각주 109), 제1조 제2항.

253) 1996년 국제법상 금지되지 않은 활동으로 발생하는 해로운 결과에 대한 국제책임 조문안(각주 20), 제1조, 제5조.

254) 국제수로의 비항행적 사용에 관한 협약(각주 102), 제7조 제1항, 제21조. 1997년 국제수로의 비항행적 사용에 관한 협약에 첨부된 이해서면(Statement of Understanding)에서는 '심각한(significant)' 피해가 객관적인 증거에 의해 확립되어야 하며, 그 정도가 매우 심각한(substantial) 정노에 이를 필요는 없지만 성실상 미미한 것은 아니라고 지적하였다. Statement of Understanding Pertaining to Certain Articles of the Convention, 36 I. L. M 719 (1997).

255) 미국 대외관계법은 국가는 일정한 상황에서 실행 가능할 정도로 그의 관할권 또는 통제 내의 활동이 다른 국가 또는 국가의 관할권 범위 밖의 환경에 심각한(significant) 피해를 발생하지 않게 수행되도록 필요한 조치를 취할 의무가 있다고 규정하고 있다. 미국 대외관계법(각주 114), 제601조 제1항(b) 참조.

256) Malgosia A. Fitzmautice(각주 197), 226면.

257) The Helsinki Rules on the Uses of the Waters of International Rivers, 1 Basic Documents of International Environmental Law 227 (H. Hohmann ed., 1992), 제10조.

258) 몬트리올규칙은 각 국가가 다른 국가의 영토에 '매우 심각한(substantial)' 피해를 초래하지 않도록 월경오염을 방지 · 감소 · 통제할 의무가 있음을 밝히고 있다. 몬트리올규칙(각주 113), 제3조.

259) 1990년 국제법상 금지되지 않은 활동으로 발생하는 해로운 결과에 대한 국제책임 조문안(각주 20), 제9조.

260) Lugano협약(각주 234), 제8조(d).

이와 같이 국가의 의무 또는 책임이 발생하기 위해서는 환경피해가 심각하거나 중대하여야 한다는 것은 국제법적으로 잘 확립되었다고 할 수 있으나 구체적인 경우 심각한(또는 중대한) 피해와 이보다 못한 피해의 경계를 긋는 것은 명확하지도 쉽지도 않은 일이다. 심각한(또는 중대한) 피해인지 여부는 사실인정의 문제이고, 이러한 수준에 이르렀는지 여부를 판단하는 데 그 결정기관에게 폭 넓은 재량이 주어지고 있다.

책임의 발동 한계는 사안에 따라 달라질 수 있다. 제한된 국제관행은 책임을 발동하는 환경피해의 정도가 상당히 높은 수준에서 설정되는 경향을 보이고 있다. 이는 대부분의 국가들이 대체로 국가책임의 발동을 꺼리고 있기 때문인 것으로 보인다. 책임은 규제기준과 밀접한 관련이 있는데, 해당 규제기준이 국제사회에서 이미 채택되어 있는 경우에는 환경피해에 대한 책임을 인정하는 것이 그만큼 쉬워진다. 그러나 기준이 없거나 기준의 통일이 이루어지지 않은 상태에서는 국가들마다 자국에 유리한 기준을 적용할 가능성이 많기 때문에 궁극적으로는 해당 행위가 정당한 것인지 자체를 판단하기가 힘들고 구체적인 경우 심한 혼란을 야기할 수 있다. 이와 같은 환경피해의 '중대성,' '심각성'은 실체적으로 환경책임을 발동시킬 뿐만 아니라 절차적으로는 통지, 협의, 협상 등 절차의 진행을 요구한다.

실제적인 피해가 아닌 잠재적인 피해만으로 국가책임이 발동될 수 있는가도 문제될 수 있다. 이는 국가의 의무가 피해를 발생시키지 아니할 의무인가, 아니면 피해의 위해(risk)를 발생시키지 아니할 의무인가의 문제와 밀접한 관련이 있다. 현재로서는 구체적인 조약에서 요구하는 경우는 별론으로 하더라도[261] 국제관습법상 피해의 위해(risk)를 발생시키지 아니할 의무가 존재한다고 보기는 어려워 보인다.[262]

물질적인 피해만이 국가책임의 기초가 되는지, 도덕적 피해도 국가책임의 충분한 기초가 되는지 논란이 있다.

4. 인과관계

환경피해에 대한 국가책임이 성립되기 위해서는 가해 국가의 행위와 피해 간의 인과관계가 확립되어야 한다. 이는 피해가 원인행위와 밀접하지 않거나

261) Protocol on Environmental Protection to the Antarctic Treaty, 30 I. L. M. 1461 (1991), 제3조(4)(b).

262) Malgosia A. Fitzmaurice(각주 197), 226면.

(remote), 사변적(speculative)이어서는 안 된다는 것을 의미한다. *Trail Smelter 사건*에서 중재법정이 미국이 청구한 기업의 손실에 대하여 지나치게 간접적이고(indirect), 원인행위와 밀접하지 않고(remote), 불명확(uncertain)하다는 이유로 인정하지 않은 것도 같은 맥락으로 이해할 수 있다.[263)]

환경피해에 대한 국가책임과 관련해서 인과관계의 입증은 다음과 같은 이유로 쉬운 일이 아니다. 오염원과 피해 발생지 사이는 상당한 거리가 있어 오염행위를 규명할 수 있다고 하더라도 피해와의 인과관계를 명쾌하게 확립하기 어렵다. 오염물질의 해로운 영향은 오염행위 시점으로부터 오랜 기간 동안 나타나지 않는다. 예컨대, 1986년 Chernobyl 원전 유출사고로 인한 방사능물질은 아직까지 직·간접적으로 암 유발 등 인간의 건강과 환경에 영향을 미치고 있다. 어떤 유형의 피해는 오염이 오랜 기간 계속적·누적적으로 진행되어야만 나타난다. 어떤 물질은 단독으로는 약간의 피해만을 유발하지만 다른 물질과 함께 복합작용을 하면서 큰 피해를 유발할 수 있다. 같은 물질이라도, 기후·지형 등 물리적인 주위환경에 따라 다른 효과를 나타낸다. 환경문제의 척도(예컨대, 이산화탄소, 온실가스 등의 증가)는 반복되는 오염의 축적과 다양하고 많은 오염원들에 의해 유발되는데, 집단적·전체적인 인과관계는 인정될 수 있다고 하더라도 개별적인 오염원과 개별적인 피해자 간의 인과관계를 명확하게 밝히는 것은 사실상 불가능하다. 경우에 따라서는 온실가스 등의 변화가 기후변화를 초래하는지 등 원인과 결과 간의 관계가 과학적으로 충분히 확립되어 있지도 않다.

Ⅷ. 국가책임의 실현: 구제(remedies)

*호르죠(Chorzow) 공장 사건*에서 상설국제재판소는 "국제관행과 중재법정의 결정에 의해 확립된 불법행위 개념에 포함되어 있는 중요한 원칙은 배상(reparation)이 가능한 한 불법행위의 모든 결과를 제거하고 모든 가능성으로 보아 그 행위가 이루어지지 않았다면 존재하였을 상황을 재확립하여야 한다는 것이다. 원상회복(restitution in kind)이나 원상회복이 불가능한 경우 원상회복에 상응하여 지급되는 금액은 필요한 경우 원상회복에 의해 구제되지 않는 피해에 대한 보전이나 이를 대체하는 비용의 지급을 포함하여야 한다. 이는 국제법 위반행위에 대한 손해배상액을 정하는 데 사용하여야 하는 원칙이다"고 밝히고 있다.[264)] 1928년에 확립된

263) *Trail Smelter 사건*(각주 36), 1931면.

이 원칙은 아직도 유효하다.

피해 국가는 모든 피해에 대하여 충분히 배상을 받아야 한다. 이는 피해구제가 배상액수와 시기 등에 있어서 제한없이 이루어져야 한다는 것을 의미한다.[265] 국가책임을 실현하는 구제 방법으로는 원상회복(restitution), 금전배상(compensation), 만족(satisfaction), 유지명령(injunction) 등을 들 수 있다. 2001년 국제법위원회에서 채택된 국제불법행위에 대한 국가책임 조문안에서는 국제불법행위로 초래된 피해에 대한 충분한 배상(reparation)은, 단일의 또는 복합적인, 원상회복, 금전배상, 만족의 형태로 이루어져야 한다고 밝히고 있다.[266]

1. 원상회복

원상회복은 불법행위가 이루어지기 전에 존재하였을 상황을 재확립하는 것이다. 여기에는 국제법을 위반하여 오염물질을 배출하는 행위에 대한 허가 취소, 오염원의 제거 또는 통제, 오염된 지역의 정화 또는 복구, 의무의 이행, 불법행위의 자제 등을 포함한다. 원상회복은 가장 이상적인 구제방법이긴 하나 법적으로 또는 사실상 가능하지 않은 경우가 많다. 불법행위가 계속 진행 중인 동안에 발생한 피해에 대하여는 원상회복이 적합하지 않고, 실제적 타당성이 없을 수도 있다. 그렇기 때문에 원상회복은 문제의 오염물질 배출의 제거 또는 감소에 초점이 맞추어지게 된다. 그러나 많은 경우 오염국가의 입장에서 위반 산업의 통제 또는 제거는 경제적으로 타당성이 없을 수 있다. 특히 그 해당 산업이 해당 국가의 경제에 필수불가결한 경우 더욱 그러하다. Trail Smelter가 대표적인 예이다. 그렇기 때문에 원상회복에는 일정한 제한이 있게 된다. 즉 원상회복이 실질적으로 불가능하지 아니하고, 피해국이 금전배상 대신에 원상회복을 함으로써 얻게 되는 이익에 비추어 원상회복이 지나치게 부담을 주지 않아야 한다.[267]

2. 금전배상

금전배상은 멸종된 종, 오염된 대기, 파괴된 생태계 등의 복원과 같이 원상회복이 충분하지 아니하고, 불가능한 경우에 이루어진다. 금전배상은 이익의 상실을

---

264) *호르죠 공장 사건*(각주 5), 47면.
265) Rene Lefeber(각주 198), 134면, 141 내지 142면.
266) 2001년 국제불법행위에 대한 국가책임 조문안(각주 6), 제34조.
267) *Id.* 제35조.

포함하여 금전적으로 평가할 수 있는 모든 피해를 보전하여야 한다.[268] 금전배상은 가장 일반적인 구제 형태라 할 수 있다. 그러나 이 분야는 국제법상 불분명하고 판례도 어느 정도가 충분한 배상이 되는지에 대하여 명쾌한 답을 하고 있지 아니하다. 예컨대, *Gabcikovo-Nagymaros Dam 사건*에서 국제사법재판소는 헝가리와 슬로바키아 양 당사국 모두 1977년 협정을 위반함으로써, 각국의 권한 없는 행위로 발생한 피해를 배상하여야 한다고 결정하고 있을 뿐이다.[269]

3. 만　　족

원상회복이나 금전배상으로도 구제가 이루어지지 아니한 경우 불법행위를 행한 국가는 피해국가에 만족(satisfaction)을 제공하여야 한다. 이는 물질적인 또는 가시적인 피해가 없는 경우 적합한 구제수단이라 할 수 있다. 여기에는 의무위반의 인정, 행위의 위법성의 공식적 · 사법적 선언, 유감(regret) 또는 공식적인 사과, 위반자의 처벌, 명목적인 배상, 재발금지에 대한 보장 등 다양한 수단이 포함된다.[270]

4. 유지명령 등

국제사법재판소가 유지명령을 내릴 수 있는지에 대해서 논란이 제기되고 있다. 국제사법재판소는 1974년 *Nuclear Test 사건*, 1980년 *테헤란 미국 외교관 · 영사관 억류 사건*[271] 등에서 유지명령(injunction)을 명한 바 있다. 그러나 국제사법재판소가 국제법상 유지명령을 내릴 수 없다는 입장도 만만치 않다.[272]

국제사법재판소가 선언적 판결(declaratory judgment)을 내릴 수 있는지도 불분명하다. *니카라과 내의 미국 군사행동 사건*에서 국제사법재판소는 니카라과에서의 미국의 행위가 위법하다고 선언하였으나 미국에게 그 위법행위를 중단할 것을 명하지 않았다.[273] 그러나 *Nuclear Test 사건*에서 다수의견은 국제사법재판소가 선언적 판결을 내릴 수 있는 권한이 없다고 판단하였다.[274]

---

268) *Id.* 제36조.

269) *Gabcikovo-Nagymaros Dam 사건*(각주 63), § 115, § 155.

270) 2001년 국제불법행위에 대한 국가책임 조문안(각주 6), 제37조; Rene Lefeber(각주 198), 134면.

271) *Case Concerning United States Diplomatic and Consular Staff in Tehran*, 1980 I. C. J. 3 (1980).

272) 1974년 *Nuclear Test 사건*(각주 55), 262면.

273) *테헤란 미국 외교관 · 영사관 억류 사건*(각주 271).

대부분의 환경분쟁 사건에서 피해자는 가해행위의 중단, 원상회복, 환경자원에 대한 피해(순수한 환경피해)와 이러한 피해에 부수하는 인적 · 물적 피해와 관련한 비용을 보전하기 위한 금전배상 등을 구한다. 원상회복과 관련해서는 그 기준이 될 수 있는 피해가 발생하기 전의 상황(baseline conditions)을 규명하는 것이 무엇보다도 중요하다. 그 기준이 높을수록 가해자의 부담은 증가할 수밖에 없을 것이다. 금전배상과 관련해서는 피해액을 산정하는 작업이 중요하다. 그러나 이러한 작업은 쉬운 것이 아니다. 이는 환경피해에 대한 보전(補塡)이 피해로 인한 경제적 비용을 보전하는 전통적인 접근방법만으로는 한계가 있기 때문에 발생한다. 특히 순수한 환경피해의 경우에는 그 한계가 크게 나타나고 있다. 순수한 환경피해는 경제적인 가치로 환산하는 것이 사실상 불가능하다. 멸종된 종을 완전히 복원할 수 있는가? 대기와 강에 배출된 오염물질을 완전히 회수하고, 오염된 환경을 완전히 정화할 수 있는가? 비록 복원 · 정화가 물리적으로 가능하다고 하더라도 사회적 · 경제적인 타당성이 없을 수도 있다. 원상회복은 비용－효과적인 수준까지만 허용되어야 할 것이라는 견해도 있을 수 있다. 이러한 견해는 결국 경제적 가치와 환경가치의 이익형량을 포함하게 된다. 그 이익형량은 통일적으로 이루어질 수가 없고 사안에 따라 달라지는 유동적인 것이다. 이러한 이유로 환경피해의 평가 방법은 환경피해에 대한 국가책임에서 가장 어려운 문제를 제기하고 있다.

국제법상 환경피해에 대한 배상과 관련하여 확립된 규칙이 없다. 국내 · 외적으로 선례는 아주 제한적이다. 환경피해에 대한 배상문제는 불명확성과 논란이 많은 영역이라 할 것이다. 미국은 새로운 접근방법을 시도함으로써, 환경피해에 대한 배상문제에 돌파구를 마련하고 있다. 환경피해에 대한 가치측정 방법으로는 전통적인 시장가치(Market Valuation) 평가방법, 복구 · 대체비용(Restoration and Replacement Cost Valuation) 평가방법을 비롯하여, 조건부 가치(Contingent Valuation) 평가방법, 행위사용가치(Behavioral Use Valuation) 평가방법 등이 있다. 조건부 가치 평가방법이란 일련의 샘플 조사집단에 그들이 해당 자원을 보전 또는 복구하기 위해 지불할 용의가 있는 가격을 제시하고 이에 대한 답변을 얻는 설문조사를 통하여 자연자원과 그 서비스(services)의 가치를 산정하는 방법이다. 행위사용가치 평가방법이란 변화된 행동 양식을 관찰함으로써, 자연자원의 사용가치를 간접적으로 평가하는 방법인데, 헤도닉 가격(Hedonic Price) 기법과 여행비용(Travel Cost Valuation) 평가방법 등이 그 대표적인 예이다. 헤도닉 가격 기법은 자연자원에 발생한 손해로 인해 영향을 받는 시장재의 가치(예컨대, 주택 가격) 변

274) 1973년 *Nuclear Test 사건*(각주 55), 131면.

화를 관찰하는 방법이며, 여행비용 평가방법은 해당 자원에 대한 가치는 그 이용자가 해당 자원에 접근하기 위하여 지불할 용의가 있는 총여행비용에 반영된다는 점에 착안하여 그 자원에 접근하기 위해 소요되는 시간 · 비용 등에 관한 정보 · 자료를 이용하는 평가방법이다. 이러한 여러 방법들 중 조건부 가치 평가방법, 헤도닉 가격 기법, 여행비용 평가방법 등이 자연자원에 대한 가치측정 방법으로 비교적 많이 사용되고 있다. 이러한 평가방법들은 특히 적용 영역에 따라 그 효용성에 많은 차이가 나기 때문에 어느 방법이 더 우수하다고 쉽게 판단할 수 없다.275) 이와 같이 환경피해를 평가하는 대안으로는 다양한 방법이 제시되고 있는데, 이러한 접근방법은 국가간 배상책임 문제에도 적용될 수 있을 것이다.

Ⅸ. 국가책임의 한계

환경피해가 대형화되고, 환경분쟁이 빈번해짐에 따라 가까운 시일에 국가책임에 기초하여 국제적인 피해배상청구가 이루어질 가능성을 부인할 수 없다. 그러나 기본적으로 국가책임은 다음과 같은 이유로 국제환경문제의 해결 및 환경피해 구제를 위하여 유효하고 적절한 수단이 될 수 없다. 많은 국제환경분쟁이 당사국간의 합의로 종결되는 국가관행이 이를 잘 보여 주고 있다: 1) 무엇보다도 행위와 피해간의 인과관계를 규명하는 것이 어렵다. 국제환경문제의 오염원을 규명하는 것은 쉽지 않다. 흔히 국제환경문제의 오염원은 광범위하고 다양하기 때문에 측정, 추적, 책임의 할당이 어렵다. 기후변화, 오존층 파괴가 대표적인 예인데, 이러한 환경문제는 한 국가만이 아닌 다수 국가의 복합적인 행위의 결과로 발생하기 때문이다. 흔히 오염물질의 배출이 누적적 · 점진적으로 이루어지고, 오염발생지와 피해발생지가 멀리 위치하고 있기 때문에 가해의 주체, 피해의 원인 자체를 규명하는 것이 쉽지 않다. 오염물질의 배출로부터 그로 인한 영향이 나타나기까지 사이에 오랜 기간이 걸린다는 것도 책임 소재의 규명과 할당을 어렵게 하고 있다. 예컨대, 오래 전에 배출된 프레온가스(CFCs), 이산화탄소로 인하여 나타나는 최근의 오존층 파괴, 지구 온난화에 대하여 구체적으로 어느 국가가 책임을 져야 하는가?; 2) *Trail Smelter 사건*에서 요구하는 것과 같이 "손해가 명백하고 확실한 증거에 의하여 입

275) 자연자원의 평가방법에 대하여 자세한 내용은 James Peck, *Measuring Justice for Nature: Issues in Evaluating and Litigating Natural Resources Damages,* 14 J. Land Use & Envtl. Law 275, 282~287 (1999); 곽승준 외 3, 자연자산의 경제적 가치측정 방안 연구, 환경부, 2001. 8, 13 내지 27면 참조.

증"될 것을 요구하는 경우 이를 충족하는 것이 쉽지 않다. 이 사건에서 전문가들이 피해의 발견을 위해 소요한 오랜 기간과 높은 비용은 그 입증이 쉽지 않다는 것을 보여 주었다. 이는 *Gabcikovo-Nagymaros Dam 사건*에서도 그대로 재현되었다; 3) 국가책임은 흔히 가해 국가의 주권과 충돌할 수 있으며, 대다수의 국가는 지구환경에 대한 책임보다는 자국의 자연자원에 대한 주권을 우선하는 경향이 있다. 이러한 상황에서 국가책임은 부담스러운 주제일 수밖에 없고, 국가들은 국가책임을 묻는 것에 소극적일 수밖에 없다. 체르노빌 원전 사고 시 주변국 어느 국가도 구 소련을 상대로 국가책임을 묻지 않았다는 것이 이를 잘 말해주고 있다; 4) 무슨 피해가 오염의 직접적 결과인지 결정하는 것이 어렵고 그 결과 구체적인 경우 무엇이 회복될 수 있는 피해를 구성하는지 판단이 어렵다. 피해액 산정과 관련하여 국제적으로 확립된 기준, 관행이 존재하지 않기 때문에 피해액 산정은 국가책임 문제에서 가장 어려운 문제 중의 하나이다; 5) 전통적으로 대표적인 구제수단인 금전배상은 환경피해에 대한 만족스럽고 적절한 구제수단이 될 수 없다. 대다수의 국가는 금전보다 깨끗한 공기, 산성이 아닌 비, 쾌적한 기후 등을 원할 것이다; 6) 책임의 원인을 제거 또는 대체하는 방법이 마땅치 않은 국가에 대하여 책임을 묻는 것이 말처럼 쉽지 않을 것이다. 이러한 경향은 개도국이 책임을 지게 되는 경우에 더욱 뚜렷한데, 공동의 그러나 차별화된 책임, 세대내 형평, 재정 · 기술지원, 역량배양(capacity building) 등과 결부되면서 문제가 더욱 복잡하게 진행하고 있다. 현실적으로 프레온가스, 화석연료 등에 대한 의존이 강한 개도국에게 책임을 묻는 것이 쉽지 않을 것이다; 7) 국가책임은 일도양단식의 해결을 강요하는데, 이러한 접근방법은 당사국간의 양보 · 타협을 허용하지 않음으로써, 유연한 문제 해결을 가로막는다; 8) 국가책임을 통한 분쟁해결은 흔히 종국적인 분쟁해결에 이르기까지 오랜 기간과 많은 비용을 요구하고 있다; 9) 국가책임은 국가간의 외교문제 등으로 비화하면서 국가간 갈등 · 마찰을 야기 · 심화할 수 있다.

이와 같이 환경피해에 대한 국가책임은 많은 한계가 있으므로 결국 문제 해결을 위한 국가의 공동 노력이 강하게 요구되고 있다. 환경피해에 대한 국가책임소송이 문제해결의 능사가 될 수 없다. 오히려 국가책임소송은 문제해결의 최후의 수단일 뿐이다. 환경피해에 대하여 원인국에게 국가책임을 추구하는 것은 국가간 공동 노력을 유도하기 위한 압박수단이 될 수 있을지는 몰라도 문제해결을 위한 종국적이고 완전한 수단이 될 수 없다. 이와 같이 환경피해에 대한 국가책임은 많은 한계가 있으므로 결국 문제 해결을 위한 국가의 공동 노력이 강하게 요구되고 있는 것이다.

제 2 절 환경피해에 대한 민사책임

Ⅰ. 핵피해에 대한 책임

핵피해에 대한 민사책임을 규율하고 있는 국제조약으로는 ① 1960년 핵에너지 분야에서 제3자 책임에 관한 협약(파리협약),[1] ② 1963년 핵피해에 대한 민사책임 협약(비엔나협약),[2] ③ 1962년 핵선박 운전자의 책임에 관한 협약(브뤼셀협약),[3] ④ 1971년 핵물질의 해상운송분야에서 민사책임에 관한 협약[4] 등이 있다.[5] 이들 협약의 큰 목적은 핵사고로 인한 피해를 구제하는 것이다. 이들 협약은 유사한 책임체제와 구조를 가지고 있는데, 즉 핵사고에 대한 국가책임을 확립하기보다는 시설 또는 선박의 운영자에게 책임을 부과하고 있다는 것이다.[6] 특히 파리협약과 비엔나협약은 별도의 협약임에도 불구하고 전자가 지역적 협약이고, 후자가 국제적 협약이라는 점을 빼고는 운영자의 엄격책임, 책임의 한도, 재정 보증 등 거의 동일한 구조를 보이고 있다. 브뤼셀협약, 핵물질의 해상운송분야에서 민사책임에 관한 협약 등은 핵시설의 운영자로 하여금 해상에서 운송 중 발생한 핵피해에 대하여 독점적 · 배타적으로 책임을 지도록 하고 있다.

이들 협약에 가입하지 않은 국가들도 대부분 핵시설 운영자의 엄격책임, 운영자의 책임한도 설정, 보험 또는 재정보증의 요구, 책임기한의 제한 등 이들 협약과 유사한 내용을 국내법으로 정하고 있는데,[7] 이는 초위험행위를 수행하는 국가가 이로부터 발생하는 위해 비용은 부담하여야 한다는 공감대가 형성되었다는 것을 의미한다. 핵시설의 운전에 따른 책임과 배상문제에 대하여 최소한의 기준은 확립되었다고 할 수 있다. 핵사고에 대한 엄격한 책임은 국가책임을 정하기 위해 적용

1) Paris Convention on Third Party Liability in the Field of Nuclear Energy, 956 U. N. T. S. 251.

2) Vienna Convention on Civil Liability for Nuclear Damage, 1063 U. N. T. S. 265.

3) Convention on the Liability of Operators of Nuclear Ships, 57 Am. J. Int'l L. 268 (1963).

4) Convention Relating to Civil Liability in the Field of Maritime Carriage of Nuclear Material, 974 U. N. T. S. 255.

5) 이들 협약에 대하여 자세한 내용은 제10장 제4절 참조.

6) Jullian Barron, *After Chernobyl: Liability for Nuclear Accidents under International Law,* 25 Colum. J. Transnat'l L. 647, 664 (1987).

7) 미국의 유류오염법(OPA)과 우리나라의 원자력손해배상법이 좋은 예이다.

될 수 있는 국제법의 일반원칙으로 이미 확립되었다고 판단된다.[8)]

Ⅱ. 유류오염피해에 대한 책임

유류오염피해에 대한 민사책임체제는 국제해사기구(IMO)의 후원 아래 채택된 다음 협약들에 의하여 규율된다: ① 유류오염피해에 대한 민사책임에 관한 국제협약(1992년 민사책임협약);[9)] ② 유류오염피해배상을 위한 국제기금설치에 관한 국제협약(1992년 기금협약);[10)] ③ 벙커유오염피해에 대한 민사책임에 관한 협약.[11)]

1992년 민사책임협약과 벙커유오염피해에 대한 민사책임에 관한 협약은 유사한 책임체제를 가지고 있는데, 즉 선박소유자에게 엄격한 책임을 부과하고 있다.[12)] 그 결과 피해자는 선박소유자의 과실을 입증할 필요 없이 사고의 결과로 선박에 의하여 초래된 오염피해에 대하여 선박소유자를 상대로 배상을 청구할 수 있다. 이러한 엄격책임은 초위험행위에서 기인하는 해로운 결과에 대하여 오염자 부담의 원칙을 적용한 것으로 이해할 수 있다. 협약상 책임은 선박소유자만이 지는데, 이는 신속하고 효율적인 배상을 가능하게 한다.

예외적으로 오염피해가 전쟁, 적대행위, 내란, 기타 천재지변, 제3자에 의한 고의의 작위 또는 부작위, 등대나 기타 항행보조시설 관리당국의 부주의나 부당한 행위(wrongful act)에 의하여 발생한 경우에는 선박소유자의 책임이 면제된다.[13)]

이들 협약은 유류오염사고에 대한 국가책임을 확립하기보다는 선박소유자에게

---

8) Jullian Barron(각주 6), 668면.

9) International Convention on Civil Liability for Oil Pollution Damage(CLC), 21 Int'l Env't Rep. (BNA) 1501; 16 I. L. M. 617 (1977); 23 I. L. M. 177 (1984); Protocol of 1992 to Amend the 1969 International Convention on Civil Liability for Oil Pollution Damage, 21 Int'l Env't Rep. (BNA) 1551. 1992년 민사책임협약 전문은 http://www. iopcfund.org/npdf/Conventions%20English.pdf.

10) International Convertion on the Establishment of an International Fund for Conpensation for Oil Pollution Damage, 16 I. L. M. 621 (1977); 23 I. L. M. 195 (1984); Protocol of 1992 to Amend the International Convention on the Establishment of an International Fund for Compensation for Oil Pollution Damage, 21 Int'l Env't Rep. (BNA) 1751. 1992년 기금협약 전문은 http://www.iopcfund.org/npdf/Conventions%20 English.pdf.

11) International Convention on Civil Liability for Bunker Oil Pollution Damage, 21 Int'l Env't Rep. (BNA) 5501. 이들 협약에 대하여 자세한 내용은 제6장 제4절 참조.

12) 1992년 민사책임협약(각주 9), 제3조 제1항; 벙커유오염피해에 대한 민사책임에 관한 협약(각주 11), 제3조 제1항.

13) 1992년 민사책임협약(각주 9), 제3조 제2항; 벙커유오염피해에 대한 민사책임에 관한 협약(각주 11) 제3조 제3항.

책임을 부과하고 있는데, 그 결과 실제 피해자(국가와 개인을 불문)는 국가를 원고로 하지 않고도 선박소유자를 상대로 직접 배상을 청구할 수 있다. 1992년 민사책임협약은 선박소유자의 책임 한도를 정하고 있다. 책임은 선박의 크기에 기초하여 제한된다: 5천톤을 초과하지 않는 선박의 경우에는 3백만 IMF의 특별인출권(SDR)에 상당하는 금액, 이를 초과하는 선박의 경우에는 위 3백만 SDR에 상당하는 금액에 5천톤을 초과하는 매 톤수당 4백20 SDR을 곱하여 얻은 금액을 더한 금액. 그러나 어떤 경우에도 5천9백70만 SDR에 상당하는 금액을 초과할 수 없다.[14] 또한 이들 협약은 배상책임을 이행하기 위하여 책임보험의 가입을 강제하고 있다.[15]

유류오염피해에 대한 책임체제의 큰 장점은 유류오염 피해자가 먼저 민사책임협약에 기한 피해배상청구를 통해 배상받은 금액이 충분하지 아니한 경우 그 부족분이 국제유류오염배상기금(International Oil Pollution Compensation Fund: IOPC Fund)으로 전보된다는 것이다. 즉 민사책임협약에 따른 피해배상책임이 발생하지 않은 경우, 민사책임협약에 의거하여 오염피해에 대해 책임이 있는 선박소유자가 그 의무를 완전하게 이행할 수 있는 자력이 없고 동 협약에 따른 보증이 당해 피해배상에 충분하지 않은 경우, 피해가 선박소유자의 책임한도를 초과하는 경우 국제유류오염배상기금이 동원된다.[16] 그 결과 유류오염 피해자는 선박소유자의 책임한도를 초과하는 부분에 대하여 보상받을 수 있게 된다. 기금의 활용한도는 한 사고에 대해 그 보상액수와 민사책임협약에 의거하여 실제 지급되는 배상액을 합한 금액이 1억3천5백만 SDR에 상당하는 금액까지이다.[17]

Ⅲ. 유해폐기물의 국경이동과 그 처리로 인한 피해에 대한 책임

1999년 유해폐기물과 기타 폐기물의 국가간 이동과 처리로 인한 피해의 책임과 적절하고 신속한 배상을 위한 광범위한 체제를 구축하기 위하여 스위스 바젤에서 유해폐기물의 국경이동과 그 처리로 인한 피해에 대한 책임배상의정서[18]가 채

---

14) 1992년 민사책임협약(각주 9), 제5조 제1항. 벙커유오염피해에 대한 민사책임에 관한 협약은 민사책임협약과 달리 선박소유자의 책임 한도를 정하고 있지 않다. 그 결과 해당 국가는 책임한도를 별도로 정할 수 있다(제6조).

15) 1992년 민사책임협약(각주 9), 제7조 제1항; 벙커유오염피해에 대한 민사책임에 관한 협약(각주 11), 제7조 제1항.

16) 1992년 기금협약(각주 9), 제4조 제1항.

17) *Id.* 동조 제4항(a).

18) Protocol on Compensation for Damage Resulting from Transboundary Movement of

택되었다.[19]

이에 따르면, 바젤협약 제6조에 따라 통지한 자[20]는 처리자가 폐기물을 점유할 때까지 피해에 대하여 엄격한 책임(strict liability)을 부담한다.[21] 그 결과 '통지자'는 과실의 유무와 관계없이 책임을 지며, 폐기물 처리자는 폐기물을 '점유한 이후부터' 피해에 대하여 책임을 지게 된다. 그러나 책임자가 피해가 전쟁, 내란, 폭동, 불가항력으로 인한 천재지변, 공공기관의 강제조치를 준수하기 위한 결과 또는 제3자의 고의적 불법행위 결과라는 사실을 입증한 경우에는 책임을 지지 않는다.[22]

이러한 엄격책임과 별도로 이 의정서는 제5조에서 과실책임도 규정하고 있다. 즉 해당 당사자는 바젤협약 시행규정의 비준수 또는 고의적 불법행위, 무모한 행위나 과실의 작위 또는 부작위에 의하여 초래된 피해에 대하여 책임을 부담한다. 이는 엄격책임에 기한 배상이 철저히 이루어지지 않을 경우 피해자가 과실책임의 원칙에 의거하여 충분한 배상을 받도록 하기 위한 것이다.[23]

엄격책임의 경우 배상액은 제한되는데, 배상액은 선적량에 기초하여 제한된다. 그 내용은 부속서 B에 구체적으로 정해져 있다.[24] 그러나 과실책임의 경우에는 그 배상액을 제한할 수 없다.[25] 엄격책임을 부담하는 자는 책임을 담보하는 보험, 증권이나 다른 재정보증을 유지하여야 한다.[26]

배상청구 소송은 사건 발생 후 10년 이내에 제기되어야 한다.[27] 피해자가 피해를 알았거나 알 수 있었음에 상당한 이유가 있는 경우에는 이로부터 5년 이내의 기간 내에 배상청구권을 행사하여야 한다.[28] 배상청구 소송은 피해발생지, 사건발생지, 피고의 상주 주소지(habitual residence)나 주된 영업지 법원 중에서 제기될 수 있다.[29]

Hazardous Wastes and Their Disposal, 21 Int'l Env't Rep. (BNA) 3731, http://www.unep.org/basel.

19) 이 의정서에 대하여 자세한 내용은 제7장 제1절 Ⅳ. 참조.
20) 여기에는 수출 · 입국과 실제 폐기물 수출자가 포함될 수 있다.
21) 책임배상의정서(각주 18), 제4조 제1항.
22) *Id.* 제4조 제5항.
23) *Id.* 제5조.
24) *Id.* 제12조 제1항.
25) *Id.* 동조 제2항.
26) *Id.* 제14조.
27) *Id.* 제13조 제1항.
28) *Id.* 동조 제2항.
29) *Id.* 제17조.

Ⅳ. 유전자변형생물체로 인한 피해에 대한 책임

2000년 카르타헤나의정서(생명공학안전성의정서)가 채택되었다. 그 협상 과정에서 당사국들은 유전자변형생물체의 국가간 이동으로 야기될 수 있는 책임 및 피해배상 문제를 어떻게 다룰지에 대해서 의견 차이를 좁히지 못하고, "처음 열리는 당사국총회에서, 국제법상의 진행절차를 분석 · 고려하여, 유전자변형생물체의 국가간 이동에 의해 초래될 수 있는 피해에 대한 책임과 배상 분야에서 적절한 국제규정과 절차를 마련하기 위한 논의 절차를 채택하여, 이 절차가 4년 내에 완성될 수 있도록 노력하여야 한다"고 합의하는 데 만족하여야 하였다.[30]

이로부터 10년 후인 2010년 10월 15일 일본 나고야에서 개최된 당사국총회(COP－MOP 5)에서 책임과 구제에 관한 나고야－쿠알라룸프 추가의정서(추가의정서)[31]가 채택되었다. 여기에서 당사국들은 국내법에서 유전자변형생물체로 인한 피해에 대한 민사책임에 관한 규칙과 절차를 적용, 개발하기로 합의하였다.[32] 민사책임을 개발할 경우 각국은 국내법과 부합하게 피해, 책임의 기준, 책임의 집중, 소송 당사자능력 등과 관련한 문제를 해결하여야 한다.[33]

추가의정서는 피해(damage)를 "인간의 건강에 미치는 위해를 고려하면서, 생물다양성의 보전과 지속가능한 이용에 영향을 미치는 부정적 영향을 말한다"고 정의하고 있다.[34] 피해는 측정가능하거나 관찰될 수 있어야 하고, 중대하여야 한다. 추가의정서상 책임 주체인 운영자(operator)에는 적절하고, 국내법에 의해 결정되는 바와 같이 허가 받은 자, 유전자변형생물체를 시장에 유통시킨 자, 개발자, 생산자, 통고자, 수출자, 수입자, 운반자 또는 공급자 등이 포함된다.[35] 추가의정서상 운영자의 개념 정의는 예시적인 것으로 당사국은 추가의정서를 이행하는 국내법에서 이보다 확대하거나 축소해서 적용할 수 있을 것이다. 추가의정서는 국제적으로 통일된 규칙과 절차를 마련하는 대신에 많은 쟁점에 대하여 국내법으로 이를 구체화도록 위임하였는데, 인과관계(제4조), 대응조치의 내용과 절차(제5조 제8

30) Protocol on Biosafety to the Convention on Biological Diversity, 39 I. L. M. 1027 (2000), 제27조.

31) The Nagoya－Kuala Lumpur Supplementary Protocol on Liability and Redress to the Cartagena Protocol on Biosafety, http://bch.cbd.int/protocol/NKL_text.shtml.

32) *Id.* 제12조 제2항.

33) *Id.* 동조 제3항.

34) *Id.* 제2조 제2항(b).

35) *Id.* 동조 제2항(c).

항), 면제 사유(제6조), 시효(제7조), 책임한도(제8조), 구상권(제9조), 재정보증(제10조) 등이 대표적인 예이다.

Ⅴ. 위험 · 유해물질 해상운송책임

1996년 위험 · 유해물질 해상운송책임협약(HNS협약)[36]이 국제해사기구의 회의에서 채택되었다. 다양하고 많은 화학산업의 존재는 위험 · 유해물질의 해상 운송 시에 발생할 수 있는 책임에 관한 국제협약의 체결을 어렵게 하였다. 이 협약은 위험 · 유해물질의 해상 운송 시 발생한 사고에 의해 피해를 입은 자에 대한 신속하고 효과적인 배상을 목적으로 하고 있다. 이를 위하여 동 협약은 2단계의 책임 및 배상책임체제를 마련하고 있는데, 이는 유류오염피해와 배상을 위한 1992년 민사책임협약(CLC) 및 기금협약과 상당히 유사한 구조이다. HNS협약에 따르면 피해는 넓은 의미로 정의되어 사람이나 재산에 대한 손해뿐만 아니라 환경손상, 예방조치에 투입된 비용까지 포함하고 있다. 특히 '환경손상으로 인한 이익의 상실 외의 환경손상'에 대한 배상은 실제로 취하였거나 취하여야 할 합리적인 원상조치의 비용으로 한정된다.[37]

이 협약은 3개 장으로 구성되어 있는데, 제1장은 일반 규정을, 제2장은 선박소유자의 책임을, 제3장은 기금의 설치를 규정하고 있다. 책임과 관련하여 동 협약은 선박소유자의 엄격책임[38]과 책임면제사유,[39] 합리적으로 분리될 수 없는 피해에 대한 연대책임,[40] 강제적인 선박소유자의 보험[41] 등에 대하여 규정하고 있다. 제9조에서는 선박소유자의 책임 한도를 정하고 있다. 책임은 선박의 크기에 기초하여 제한되는데, 어떠한 경우에도 1억 SDR을 초과할 수 없다.[42] 그러나 피해가 선박소유자의 고의나 무모한 행위에 기인하였을 때는 선박소유자는 위와 같은 책임제한 혜택을 받을 수 없다.[43] 한편, 선박소유자는 강제보험 가입 또는 그 밖의 재정보증

36) International Convention on Liability and Compensation for Damage in Connection with the Carriage of Hazardous and Noxious Substances by Sea, 35 I. L. M. 1404 (1996).
37) *Id.* 제1조 제6항.
38) *Id.* 제7조 제1항.
39) *Id.* 동조 제2항 · 제3항.
40) *Id.* 제8조.
41) *Id.* 제12조.
42) *Id.* 제9조 제1항.
43) *Id.* 동조 제2항.

을 유지하여야 한다.[44)]

제3장에서 HNS협약은 유류오염피해배상을 위한 국제기금과 유사한 HNS 기금을 설치하고 있다. 제2장에 따른 피해배상책임이 발생하지 않은 경우, 제2장에 의거하여 피해에 대해 책임이 있는 선박소유자가 그 의무를 완전하게 이행할 수 있는 자력이 없고 제2장에 따른 보증이 해당 피해를 담보하지 않거나 피해배상에 충분하지 않은 경우, 피해가 선박소유자의 책임한도를 초과하는 경우 HNS 기금이 동원된다.[45)] 그 결과 피해자는 선박소유자의 책임한도를 초과하는 부분에 대하여 보상받을 수 있게 된다. 기금에 대한 기여는 일반 구좌[46)]와 3개의 별도 구좌(유류, LNG, LPG)에 배당된다.[47)] 기여는 전년도 동안 유해 · 위험물질을 일정량 이상 수령한 자에 의해 이루어진다.[48)] 기금의 보상한도는 한 사고에 대해 선주에 의해 지급되는 배상액을 포함하여 2억5천만 SDR에 상당하는 금액까지이다.[49)]

Ⅵ. 환경에 해로운 활동으로 인한 피해에 대한 책임

환경에 해로운 활동으로 인한 피해에 대한 민사책임협약(Lugano협약)[50)]은 환경적으로 위험한 행위로 인해 발생한 피해와 관련하여 민사책임체제를 창출한 최초의 협약이다. 1993년에 체결된 이 협약은 지역적 협약으로 유럽이사회(Council of Europe)가 협약 체결을 주관하였다. 그 목적은 환경에 해로운 활동으로 인한 손해에 대한 적절한 배상을 보장하는 것과 예방과 원상회복 수단을 규정하는 것이다.[51)] 협약상 피해(damage)는 넓은 의미로 정의되어 있는데, 사람이나 재산에 대한 손해뿐만 아니라 환경손상(실제로 취하였거나 취하여야 할 합리적인 원상조치의 비용으로 한정), 예방조치에 투입된 비용과 예방조치로 인하여 초래된 손해까지 포함하고 있다.[52)] '환경'을 정의한 것과 관련해서 특기할 점은 자연자원은 물론이고 문화적 유산, 경관 등을 망라하고 있는 것이다.[53)]

---

44) *Id.* 제12조.
45) *Id.* 제14조 제1항.
46) *Id.* 제16조 제1항, 제18조.
47) *Id.* 제16조 제2항.
48) *Id.* 제19조.
49) *Id.* 제14조 제5항(a) · (b).
50) Convention on Civil Liability for Damage Resulting from Activities Dangerous to the Environment, 32 I. L. M. 1230 (1993).
51) *Id.* 제1조.
52) *Id.* 제2조 제7항.

이 협약의 핵심적인 내용은 위험한 활동이나 유해한 물질의 경우 그 운영자에게,[54] 그리고 영구히 매장된 폐기물의 경우 그 부지의 운영자에게 엄격 책임을 부과하고 있다는 것이다.[55] 협약은 운영자를 "위험한 활동을 통제하는 자"로 정의하고 있으나[56] 무엇이 '통제'를 구성하는지 구체적인 지침은 주고 있지 않다. 책임 면제는 그 피해가 전쟁, 적대행위, 내란, 자연현상, 제3자에 의한 고의의 행위, 공중기관의 특별명령이나 강제적인 조치에 따른 결과, 지역 관련 상황하에서의 수인 가능한 수준(tolerable levels)[57]의 오염, 위해에의 노출이 합리적이어서 피해자의 이해에 비추어 적법하게 취해진 활동 등에 의해 초래된 경우 등 광범위하게 인정된다.[58] 책임한도는 정하고 있지 않은데, 다른 책임체제에 비추어 이례적이라고 할 수 있다. 이는 운영자가 무제한의 책임을 질 수 있다는 것을 의미하는 것으로 다른 책임협약에 비해 오염자 부담의 원칙을 충실히 반영하는 것이라고 이해된다. 추가적인 보상을 위한 기금도 마련하고 있지 않은데, 이는 운영자가 부담하는 무제한의 책임이 강제보험이나 그 밖의 재정보증에 의해 보장된다는 사고에 기초하고 있다. 배상청구소송은 피해사실을 인지한 후 3년, 늦어도 30년 이내에 제기되어야 하며,[59] 피해가 발생한 국가, 위험한 활동이 행하여진 국가 또는 피고가 주소지를 갖고 있는 국가만이 관할권을 가진다.[60]

이 협약은 비록 지역적 협약에 그치고 있지만 책임체제의 개발에 있어 고려할 수 있는 여러 요소들을 갖추고 있다. 정보에 대한 접근에 관한 규정(제13조 내지 제16조)을 두고 있는 것도 주목할 만하다. 그러나 이 협약의 큰 취약점은 참여국이 많지 않다는 것이다. 협약 체결 후 10여 년이 지난 아직까지 발효되지 않는 것은 당사국들이 선뜻 받아들이기 어려운 요소들이 포함되어 있기 때문이라고 생각된다. 예컨대, 월경피해뿐만 아니라 당사국 영토 내에서 초래된 피해를 포함하고 있으며, 협약의 범위가 해당 국가와 산업의 입장에서 지나치게 넓은 것 등이 그것이

53) *Id.* 동조 제10항.
54) *Id.* 제6조.
55) *Id.* 제7조.
56) *Id.* 제2조 제5항.
57) '수인 가능한 수준'은 절대적이 아니라 지역에 따라 달라지는 개념이다. 그 입증책임은 피해자가 아니라 운영자에게 있는 것으로 이해된다. 협약은 '수인 가능한 수준'에 대한 정의 규정을 두고 있지 않은데, 합의된 국제기준이 없는 상태에서 문제라고 할 수 있다. Philippe Sands, Principles of International Environmental Law 936 (2nd ed. Cambridge University Press 2003).
58) Lugano협약(각주 50), 제8조.
59) *Id.* 제17조.
60) *Id.* 제19조.

다. 환경에 영향을 미치는 모든 위험한 활동에 대하여 책임체제를 창설하려는 의욕적인 시도는 많은 국가의 환영을 받지 못했다. 모든 국가는 오염을 금지하지 않고 규제할 뿐이다. 그 규제는 국가마다 다를 수밖에 없는데, 환경에 위험한 활동에 대하여 모든 국가에 적용되는 일반적인 책임체제를 마련하고 규제를 강화하려는 것은 무리인지 모른다.

Ⅶ. 남극광물자원활동으로 인한 피해에 대한 책임

1988년 남극광물자원활동의 규제를 위한 협약(CRAMRA)상 운영자(operator)는 남극광물자원활동으로 야기되는 남극환경 또는 생태계 피해 등에 대해 엄격한 책임을 부담한다.61)

Ⅷ. 평 가

제한된 영역이지만 핵피해, 유류오염피해 등에 대한 민사책임과 관련하여서는 이미 엄격책임원칙이 국제법의 일반원칙으로 확립되어 있다고 할 수 있다. 이러한 엄격책임은 고도의 위험한 행위(초위험행위)에서 기인하는 해로운 결과에 대하여 오염원인자 책임원칙을 적용한 것으로 이해할 수 있다.62) 해당 위험한 행위에 대하여 통제할 수 있는 지위에 있는 자(예컨대, 선박소유자, 핵시설의 운영자)에게 독점적 · 배타적인 책임을 지우는 것은 책임자를 규명하는 데 소요되는 거래비용을 줄인다. 초위험행위는 아무리 주의를 기울여도 사고가 발생할 수밖에 없는, 말하자면 환경외부비용을 유발하며, 초위험행위를 수행하는 자는 그 행위를 통해 이익을 향유하기 때문에 초위험행위를 수행하는 자에게 환경외부비용을 부담시키는 것이 형평의 원칙에 부합할 것이다. 그러나 이러한 책임체제가 국제사회에서 넓게 수용되고 있지는 않다. 그 이유는 이러한 초위험행위를 담보하는 보험시장이 활성화되어 있지 않고, 그 행위가 다양할 뿐만 아니라 도처에 산재해 있다는 사실 등과 무관하지 않다.63)

---

61) Convention on the Regulation of Antarctic Mineral Resource Activities, 27 I. L. M. 868 (1988), 제8조 제2항.

62) Alexandre Kiss & Dinah Shelton, International Environmental Law 317 (3rd ed. Transnational Publishers, Inc. 2004).

초위험행위에 걸쳐 있는 책임체제는 흔히 해당 사고를 통제하지는 않지만 넓은 의미에서 초위험행위로부터 발생하는 이익을 받는 자로 하여금 피해에 대하여 추가적인 보상을 하도록 하는 보상체제를 마련하고 있다. 유류오염피해배상을 위한 국제기금, HNS 기금 등이 그 좋은 예이다. 그러나 막상 기금의 부담자를 누구로 할 것인지는 쉽지 않은 문제이다. 모든 산업이 부담금을 내야 한다면 논리상 기금설치의 필요성은 줄어들고 일부 산업을 제외한다면 형평의 문제가 제기될 것이다.

이러한 민사책임은 국가책임을 결정하는 중요한 기준을 제공할 것이다. 경우에 따라서는 원인자의 피해배상이 충분하지 아니한 경우 국가로 하여금 공적 자금을 이용해 피해를 보전하도록 하고 있는데,[64] 이는 국가책임과의 구별을 어렵게 하고 있다.

국가책임은 이러한 초위험행위에 대한 책임과 관련한 통일된 국제규범을 마련한다는 점에서 유용한 수단이 될 것이다. 그러나 국가책임이 기존 민사책임을 완전히 대체하는 수단이 될 수는 없다. 피해자에 대한 가장 효율적이고 신속한 구제는 실제 피해자가 피해를 초래한 당사자를 상대로 직접 민사책임을 묻는 것이기 때문이다. 다만 국가책임은 민사책임을 보충하는 유용한 수단이 될 수 있을 것이다. 그 유용성은 민사책임으로 완전히 보전이 이루어지질 수 없는 영역에서 클 것이다. 국가책임을 통한 환경피해에 대한 배상이 대표적인 예가 될 수 있다.

---

63) Elli Louka, International Environmental Law: Fairness, Effectiveness, and World Order 450 (Cambridge 2006).

64) 핵사고에 의한 피해가 운전자의 책임한도를 초과하는 경우 부족분을 당사국들이 공동으로 일정한 비율에 따라 지불하도록 한 1962년 핵선박 운전자의 책임에 관한 협약(브뤼셀협약)이 대표적인 예이다.

제13장 환경과 국제무역

협약명	채택일 (발효일)	주요내용	당사국 수	우리나라 가입일 (발효일)
관세 및 무역에 관한 일반협정(GATT)	1947.10.30. (1948.1.1.)	－최혜국대우, 내국민대우, 수량제한금지		1994.12.30. (1995.1.1.)
무역에 대한 기술장벽에 관한 협정(TBT협정)	1994.4.15. (1995.1.1.)	－기술규정 · 기준, 적합판정절차가 국제무역에 불필요한 장애가 되지 아니 할 것을 보장		〃
위생 및 검역조치의 적용에 관한 협정(SPS협정)	〃	－위생 및 검역 조치가 자의적이거나 부당한 차별 또는 위장된 제한을 구성하지 않도록 보장		〃
지적재산권의 무역관련측면에 관한 협정(TRIPs협정)	〃	－지적재산권 보호를 위한 최소한의 국제기준의 확립		〃
서비스무역에 관한 일반협정(GATS협정)	〃	－서비스무역과 관련한 최혜국대우, 내국민대우, 시장접근		〃
보조금과 상계조치에 관한 협정(SCM협정)	〃	－보조금의 범위와 기준, 상계관세의 발동 요건 및 절차		〃

〈http://www.wto.org〉

제 1 절 환경과 국제무역의 관계

그동안 국제무역과 환경은 별도의 길을 걸어왔다 할 수 있다. 국제무역의 활성화와 자유무역의 주창자들은 환경을 강조하는 것이 국제무역에 부정적 영향을 미친다고 주장하고 있다. 이에 반하여 환경보호론자들은 자유무역과 국제무역의 성장이 환경에 위협적인 요소로 작용하고 있다고 반박하고 있다. 이러한 주장들은 국제무역과 환경이 대립 · 상충하는 관계에 있다는 인식에 기초하고 있다. 그러나 최근에는 이들 관계가 서로 보완관계에 있다는 주장이 만만치 않게 제기되고 있다. 예컨대, 국제무역의 성장은 부를 창출하고, 해당 국가로 하여금 이러한 부를 이용해 환경보호조치를 취할 수 있다는 것이 대표적인 예이다.

국제무역과 환경의 관계는 1972년 스톡홀름회의, 1992년 리우회의 그리고 2002년 요하네스버그에서 개최된 지속가능한 발전에 관한 세계정상회의에서도 큰 관심을 끌었다. 그러나 유감스럽게도 이들 관계에 대한 명쾌한 설명은 이루어지지 못했다. 다만 1992년 리우선언은 환경보호를 목적으로 이루어지는 무역정책 · 조치가 국제무역에 대하여 자의적 또는 부당한 차별이나 위장된 제한을 포함해서는 안되며, 일방주의를 회피해야 한다고 지적하였다.[1] 주목할 것은 유엔환경개발회의에서 채택된 의제 21은 이들 관계가 상호보완적이어야 한다고 밝히고 있다는 것이다. 즉 "공개적인 다자 무역체제는 자원의 보다 효율적인 분배와 이용을 가능하게 함으로써 생산과 소득의 증대를 가능하게 하며, 환경에 대한 요구를 감소시킨다. 그 결과 경제성장, 개발 그리고 개선된 환경보호를 위해 필요한 추가적인 자원을 제공한다. 한편, 건전한 환경은 성장과 지속적인 무역의 팽창을 유지 · 지탱하기 위하여 필요한 생태적 자원 등을 제공한다. 건전한 환경정책의 채택에 의해 지지되는 공개적인 다자 무역체제는 환경에 긍정적인 영향을 미칠 것이며, 지속가능한 발전에 이바지할 것이다."[2] 의제 21은 특히 무역제한 조치가 환경보호를 위한 환경규정의 효율성을 향상시키기 위하여 필요한 특수한 경우에 사용되어야 하며, 이러한 규정이 환경악화의 근본적인 원인을 해결하여야 함을 지적하면서도 무역에 대한 정당화되지 않는 제한을 초래하지 않아야 한다는 점을 밝히고 있다.[3] 이러한

---

1) Rio Declaration on Environment and Development, 31 I. L. M. 874 (1992), 원칙 12,

2) Agenda 21, § 2.19. Agenda 21에 대하여 자세한 내용은 Agenda 21 and The UNCED Proceedings Ⅳ (Nicholas Robinson ed., Oceana Publications, Inc. 1993) 참조.

3) *Id.*

지적은 각국이 종종 무역제한을 보호주의적인 조치로 이용하고 있다는 인식에 기초하고 있다. 의세 21은 계속하여 무역과 환경정책이 양립적이고 지속가능한 발전을 강화하는 방향으로 이루어져야 한다는 점을 강조하고 있다. 또한 관세 및 무역에 관한 일반협정(GATT)에서 무역과 환경 간의 이해 증진을 위한 연구, 무역·개발 그리고 환경사회 간의 대화의 촉진, GATT 규정과 환경영역에서 채택된 조치 간의 관계의 명료화, 환경보호를 위한 새로운 요구에 부응하는 적당한 법적·제도적 체제를 제공하는 환경정책을 보장하도록 하고 있다.[4)]

비교적 최근에 채택된 1998년 특정 유해화학물질 및 농약의 국제교역에 있어서 사전통지승인절차에 관한 협약(로테르담협약),[5)] 2000년 카르타헤나의정서(생명공학안전성의정서),[6)] 2001년 잔류성유기오염물질에 관한 협약(스톡홀름협약)[7)] 등은 지속가능한 발전을 달성하기 위하여 환경과 무역정책이 서로 보완적이어야 함을 강조하고 있다. 그러나 환경협약체제가 GATT/WTO체제에 우선한다는 명시적인 규정을 마련하지 못한 상태에서 GATT/WTO체제와의 충돌 가능성은 상존하고 있다. 보완적이라는 표현은 어떤 면에서는 상당히 모호한 표현인 것이다.

Ⅰ. 환경관련 무역규제조치

환경관련 무역규제조치(Environmental Trade Measures: ETMs)들로는 관세, 세금, 부과금, 생산과 공정기준, 보조금, 제재, 수출·입 금지 등이 있다. 이러한 조치는 종종 많은 국가들에 의해서 수출·입 제한 형태로 국내 자원, 환경, 국민의 건강 등을 보호하기 위하여 사용되고 있다. 이러한 조치들은 국제환경협약의 이행을 위한 수단으로도 채택되고 있다. 환경협약의 국내법적 시행을 위한 조치들은 무역규제의 형태로 나타날 수 있다. 예컨대, 교토의정서상의 감축의무를 이행하기 위한 환경세의 부과, 에너지 효율성을 제고하기 위한 조치(예컨대, 연료의 효율성

4) *Id.* § 2.22.

5) Rotterdam Convention on the Prior Informed Consent Procedure for Certain Hazardous Chemicals and Pesticides in International Trade, 38 I. L. M. 1 (1999), 전문.

6) Protocol on Biosafety to the Convention on Biological Diversity, 39 I. L. M. 1027 (2000), 전문. 특히 이 의정서는 전문에서 동 의정서가 다른 협약(예컨대, GATT/WTO 협정)에 종속되지 않는다는 점을 밝히고 있다.

7) 스톡홀름협약은 전문에서 동 협약과 무역·환경 분야의 다른 국제협정이 서로 보완적(supportive)임을 인정하고 있다. Stockholm Convention on Persistent Organic Pollutants, 21 Int'l Env't Rep. (BNA) 5401, 40 I. L. M. 532 (2001), 전문.

기준, 화석 연료의 질 기준, 거주용 · 상업용 건물의 에너지기준, 재생에너지의 사용 강제), 환경표시, 자발적 협약, 배출권거래제도 관련 규정 등은 무역규제를 수반할 수 있다. 습지보전 차원에서 이루어지는 보조금의 지급은 자유무역체제와 충돌할 수 있다. 한편, 무역규제조치들은 다른 국가의 비교적 완화된 환경 통제로부터 야기되는 문제(예컨대, 완화된 환경기준으로 인한 열악한 환경상태의 유지와 환경악화)를 해결하기 위하여도 사용되고 있다.

나아가 일부 협약은 직접적으로 국제거래를 제한하는 규정을 두고 있다. 무역규제를 포함하고 있는 대표적인 환경협약으로는 오존층 보호를 위한 몬트리올의정서,[8] 유해폐기물의 국가간 이동 및 그 처리의 통제에 관한 협약(바젤협약),[9] 멸종위기에 처한 야생 동 · 식물 국제거래에 관한 협약(CITES),[10] 카르타헤나의정서,[11] 로테르담협약,[12] 스톡홀름협약[13] 등이 있다.

이러한 무역규제조치와 관련하여 심각한 논란을 제공하고 있는 것은 해당 조치가 보호주의적인 조치로 사용될 수 있다는 것이다. 구체적으로는 해당 조치가 GATT[14] 규정을 위반하였는지 다투어지고 있다.

Ⅱ. GATT 규정

환경관련 무역규제조치의 합법성 여부와 관련하여 크게 다투어지고 있는 GATT 규정은 다음 3개 원칙 규정과 예외 규정이다.

---

8) Montreal Protocol on Substances that Deplete the Ozone Layer, 26 I. L. M. 1541 (1987).

9) Basel Convention on the Control of Transboundary Movements of Hazardous Wastes and Their Disposal, 28 I. L. M. 649 (1989).

10) Convention on International Trade in Endangered Species of Wild Fauna and Flora(CITES), 12 I. L. M. 1085 (1973).

11) 카르타헤나의정서(각주 6).

12) 로테르담협약(각주 5).

13) 스톡홀름협약(각주 7).

14) General Agreement on Tariffs and Trade, 55 U. N. T. S. 194 (1947).

1. 원칙 규정

가. 최혜국대우원칙

GATT 제1조가 규정하고 있는 이른바 최혜국대우원칙(Most-Favored-Nation Principle: MFN)은 관세 등과 관련하여 어느 당사국이 해당 제품에 부여하는 호의적인 대우가 다른 모든 당사국의 영역을 원산지로 하거나 목적지로 하는 동종 제품(like product)에 대해서도 동등하게 적용될 것을 목적으로 하고 있다. 이와 같은 동등한 대우는 관세(custom duties)를 포함하여 부과금(charges), 수입과 수출에 관련된 모든 규칙 및 절차, 내국세(internal taxes), 내국부과금(internal charges), 규정(regulation) 등에 걸쳐 즉시 그리고 무조건적으로(unconditionally) 이루어져야 한다.[15]

이에 따르면, 비당사국과의 수출·입 제한 규정을 포함하고 있는 몬트리올의정서, 바젤협약, CITES 등이 최혜국대우원칙을 위반할 가능성이 있다. 교토의정서상 공동이행제도에서 논의되고 있는 배출량 감축단위(Emission Reduction Units: ERU)는 부속서 I 국가간에만 거래될 수 있기 때문에 최혜국대우원칙을 위반할 소지가 있다. 그러나 이러한 결론은 배출권 단위를 '제품'으로 이해할 경우에 그렇다는 것이고,[16] 배출권 단위를 양도가능한 문서(negotiable instruments), 금융자산(financial assets), 증권(securities) 등으로 이해하는 입장에서는 '제품'이 아니기 때문에 GATT 규정이 적용될 수 없을 것이다.[17] 이 경우에는 오히려 서비스무역에 관한 일반협정(GATS협정)[18]의 위반 여부가 문제될 수 있을 것이다.

---

15) *Id.* 제1조 제1항.

16) GATT 규정은 제품에 대해서 정의하고 있지 않으며, 배출권 단위의 법적 지위에 대하여도 침묵하고 있다. 배출권 단위는 시장가치를 가지고 있기 때문에 제품으로 볼 여지도 있으나 WTO 회원국들은 '제품'을 일반적으로 "유형의 상품(tangible goods)"으로 이해하고 있으며, 이러한 입장에 따를 경우 이들 배출권 단위는 제품으로 보기 어렵다. 이들 배출권 단위는 교토메커니즘에 의해, 그리고 감축의무를 이행하기 위해 해당 국가에 의해 특별히 창출된 것으로서, '무형의 품목'에 불과하기 때문이다. Cinnamon Carlarne, *The Kyoto Protocol and the WTO: Reconciling Tensions between Free Trade and Environmental Objectives*, 17 Colo. J. Int'l Envtl. L. & Pol'y 45, 66 (2006); Marisa Martin, *Trade Law Implications of Restricting Participation in the European Union Emissions Trading Scheme*, 19 Geo. Int'l Envtl. L. Rev. 437, 446 (2007).

17) Sikina Jinnah, *Emissions Trading under the Kyoto Protocol: NAFTA and WTO Concerns,* 15 Geo. Int'l Envtl. L. Rev. 709, 740~741 (2003).

18) The General Agreement on Trade in Service, http://www.wto.org/english/docs_e/legal_e/26-gats_01_e.htm.

배출권 단위의 거래는 매도 · 매수 · 교환 등을 포함하며, 중개 · 자문 · 평가서비스를 수반하게 된다. 이러한 서비스는 GATS협정에서 정하고 있는 네 가지 형태의 서비스무역에 포함될 가능성이 많다.[19]

나. 내국민대우원칙

흔히 내국민대우원칙(National Treatment Principle)으로 알려지고 있는 GATT 제3조는 당사국으로 하여금 제품의 국내판매, 청약, 구입, 운반, 분배, 사용 등에 영향을 미치는 내국세, 내국부과금, 법, 규정, 요건 등을 국산 제품의 보호를 위하여 수입제품 또는 국산제품에 적용하지 말 것을 규정하고 있다.[20] 당사국으로부터 수입되는 제품은 동종 국산제품보다 불리하지 않게(no less favourable) 대우되어야 하며, 수입제품에 부과되는 내국세 및 내국부과금은 동종 국산제품에 대하여 직 · 간접적으로 적용되는 내국세 및 내국부과금을 초과하여서는 아니 된다.[21] 이에 따르면 사전통지승인(PIC)절차를 규정하고 있는 바젤협약과 사전통지동의(AIA)절차를 규정하고 있는 카르타헤나의정서 등은 내국민대우원칙을 위반할 가능성이 있다.

동 원칙의 적용대상은 법, 규정, 요건 등으로 광범위하다. 교토의정서상의 감축의무를 이행하기 위한 에너지 효율성을 제고하기 위한 조치나 제품 자체의 온실가스 배출과 같은 제품 성격과 관련이 있는 국내 조치, 그리고 강제적인 환경표시제, 자발적 협약, 배출권거래제도 관련 규정 등은 이러한 범위에 포함될 가능성이 많다. "영향을 미치는"과 "법, 규정, 요건 등"을 유연하게 해석할 경우 그 적용범위는 더 넓어질 것이다. 특정 국가에 대한 제재는 흔히 최혜국대우원칙과 내국민대우원칙을 위반하며, 수출 · 입 제한은 일반적으로 수량제한금지원칙을 위반한다. 해당 조치가 최혜국대우원칙과 내국민대우원칙을 위반하였다고 인정할 경우에는 나아가 수량제한금지원칙의 위반 여부를 살필 필요가 없다.[22]

---

19) GATS협정은 서비스무역(trade in services)을 다음 네 가지 형태를 포함하는 것으로 규정하고 있다: ① 한 당사국의 영토로부터 다른 당사국의 영토로 제공되는 서비스(예컨대, 국제전화)를 포함하는 "서비스의 국경이동(cross-border supply)"; ② 다른 당사국의 소비자에게 제공되는 서비스(예컨대, 여행)를 포함하는 "외국 소비(consumption abroad)"; ③ 다른 당사국 영토에의 상업적 주재를 통해, 자발적 공급자에 의해 제공되는 서비스(예컨대, 은행업무, 외국에서의 자회사 설립)를 포함하는 "상업적 주재(commercial presence)"; ④ 다른 당사국 영토에의 자연인의 주재를 통해, 자발적 공급자에 의해 제공되는 서비스(예컨대, 건설사업, 컨설턴트)를 포함하는 "자연인의 주재(presence of natural persons)". *Id.* 제1조 제2항.

20) GATT(각주 14), 제3조 제1항.

21) *Id.* 제3조 제2항 · 제4항.

22) WTO, *EC-Measures Affecting Asbestos and Asbestos-Containing Products*, WT/DS135/R (2000), § 8.159.

특기할 것은 내국민대우원칙은 앞서 최혜국대우원칙과 마찬가지로 동종 '제품'에 대해서만 적용되는 개념이라는 것이다. 그 결과 공정 및 생산방법(Processes and Production Methods: PPMs)에 기초한 차이는 동종 '제품'에 영향을 주지 않으며, 공정 및 생산방법에 기초한 제품에 대한 차별은 이들 원칙을 위반할 수 있다. 동종성의 판단에 중심이 되는 것은 경쟁관계(competitive relationship)에 있는지 여하이다.[23]

다. 수량제한금지원칙

수량제한금지원칙(general ban on quantitative restriction)을 규정하고 있는 GATT 제11조는 당사국에게 다른 당사국으로부터 제품의 수입에 관하여 또는 다른 당사국을 목적지로 하는 제품의 수출 또는 수출을 위한 판매에 관하여 관세, 세금 기타 부과금 이외의 쿼터(quotas), 수입 허가, 수출 허가 등과 같은 금지나 제한을 설정하거나 유지하지 말아야 할 의무를 부과하고 있다.[24] 이 원칙은 쿼터 설정에만 적용되는 것이 아니라 제품의 수출ㆍ입과 관련하여 설정되거나 유지되는 "기타 조치(other measures)"에까지 널리 적용되기 때문에 환경관련 수출ㆍ입 제한은 일반적으로 수량제한금지원칙을 위반할 소지가 있다. 공정 및 생산방법에 기초한 수출ㆍ입 제한은 최혜국대우원칙이나 내국민대우원칙의 위반이 아니라 수량제한금지원칙의 위반 문제로 다루어질 가능성이 많다.

2. 예외 규정

환경관련 무역규제조치와 관련하여 흔히 GATT 제20조 예외 규정이 문제되고 있다. 앞서 원칙 규정을 위반하지 않은 경우 예외 규정은 더 이상 검토할 필요가 없지만 흔히는 일방적인 무역규제조치가 원칙 규정을 위반할 가능성이 많아 피제소국이 예외 규정을 들어 해당 조치의 정당성을 주장하고 나서기 때문이다. 특히 같은 조(b), (g)는 '환경'이라는 표현을 명시적으로 사용하고 있지 않지만 무역에 영향을 미치는 일정한 환경관련 조치를 정당화하는 근거로 사용되고 있다. 즉 본 협정의 어떠한 규정도 당사국이 다음의 조치를 채택하거나 시행하는 것을 방해하는 것으로 해석되어서는 아니 된다. 다만 그러한 조치가 동일한 조건하에 있는 국가간에 자의적(arbitrary)이거나 부당한 차별(unjustifiable discrimination)의 수단 또

23) Andrew Green, *Climate Chamge, Regulatory Policy and the WTO*, 8 J. Int'l Econ. L 143, 158 (2005).

24) GATT(각주 14), 제11조 제1항.

는 국제무역에 대한 위장된 제한(disguised restriction)의 수단을 구성하는 방법으로 적용되지 아니할 것을 조건으로 한다:

(b) 인간이나 동·식물의 생명 또는 건강을 보호하기 위하여 필요한(necessary) 조치;

(…)

(g) 유한 자연자원(exhaustible natural resources)의 보전에 관련한(relating to) 조치. 다만 동 조치가 국내 생산 또는 소비에 대한 제한과 결부되어(in conjunction with) 실시되는 경우에 한한다.

제 2 절 GATT 패널 결정

GATT 규정이 환경관련 무역규제조치에 어떻게 적용되는지를 이해하기 위해서는 GATT 패널 결정들을 살펴볼 필요가 있다. GATT체제하에서 분쟁해결은 당사국의 제소, 패널의 소집, 패널의 결정 등의 절차를 거치게 된다. 패널의 결정은 GATT 위원회가 채택함으로써 공식화된다. 환경과 관련한 주요 GATT 패널 결정은 다음과 같다.

I. 1982년 *캐나다-미국 간 참치분쟁 사건*

이 사건[1)]의 분쟁은 미국이 캐나다로부터 모든 참치와 참치 제품의 수입 금지 조치를 취한 데서 발생하였다. 캐나다는 자국의 200마일 어업전관수역 내에서 허가 없이 참치를 어획하였다는 이유로 미국 어선 19척을 나포하고 미국 국적의 어부들을 체포하였다. 미국은 200마일 어업전관수역을 인정하지 않았으며, 그 보복으로 어업보전관리법(Fishery Conservation and Management Act) 제205조에 따라 캐나다로부터 모든 참치와 참치 제품의 수입을 금지하였다.[2)] 동법 제205조는 국무장관으로 하여금 나포 여부를 결정하도록 하고 있으며, 나포 결정이 이루어지면 재무장관은 문제가 된 어업으로 어획한 생선과 생선 제품에 대하여 즉시 수입은 금지하도록 하고 있다.

캐나다는 미국과 수차례에 걸쳐 협상을 시도하였으나 실패하였다. 이에 따라 캐나다는 미국의 수입 금지조치가 GATT 규정을 위반하였다는 이유로 GATT에 제소하였다. 캐나다는 미국의 수입 금지조치가 관세, 세금 기타 부과금 이외의 금지조치라는 점에서 GATT 제11조 제1항을 위반한다고 주장하였다. 또한 그 금지조치가 차별적이기 때문에 GATT 제1조가 규정하고 있는 이른바, 최혜국대우원칙과 GATT 제3조가 규정하고 있는 내국민대우원칙 등을 위반한다고 주장하였다.[3)] 이에 대해 미국은 GATT 제20조 규정에 의해 수입금지조치가 정당화된다고 주장하였다.[4)]

---

1) GATT, *United States-Prohibition of Imports of Tuna and Tuna Products from Canada*, 29S/91 (1982)(*캐나다-미국 간 참치분쟁 사건*).

2) *Id.* §§ 2.1~2.2.

3) *Id.* § 3.1.

GATT 패널은 미국의 수입 금지조치는 GATT 제11조 제1항의 "금지"에 해당되며, 국내적으로 참치의 어획에 대한 제한이 이루어지지 않기 때문에 예외 규정이 적용되지 않는다고 결정하였다.[5] 제20조의 적용 여부와 관련해서는 이 사건과 유사하게 미국이 코스타리카, 에콰도르, 멕시코, 페루 등으로부터 참치 수입을 금지한 점을 원용하면서 해당 조치가 자의적이거나 부당한 조치가 아니라고 인정하였으며, 해당 수입 금지조치는 무역규제조치로 취하여졌고 공개적으로 천명되었기 때문에 위장된 제한이 아니라고 판단하였다.[6] 또한 캐나다 참치가 미국이 수입하는 참치의 적은 부분을 차지하고 있다는 점을 고려하여 미국의 수입 금지조치가 보호주의적인 조치가 아니라고 판단하였다. 그러나 수입금지조치가 캐나다로부터 수입되는 모든 참치와 참치 제품을 대상으로 하고 있는 데 반해 미국의 상응하는 어획 제한조치는 일부 참치만을 대상으로 하고 있다는 점을 지적하면서 해당 조치가 GATT 제20조(g)에서 요구하는 "국내 생산 또는 소비에 대한 제한과 결부되어(in conjunction with) 실시되는 경우"에 해당되지 않는다고 결정하였다.[7] 결국 패널은 미국의 수입 금지조치는 GATT 예외규정이 적용되지 않기 때문에 정당화될 수 없으며, 수량제한금지원칙을 규정한 GATT 제11조를 위반한다고 결론지었다.[8]

Ⅱ. 1989년 *캐나다 청어·연어 사건*

캐나다는 어업법(Fisheries Act of 1970)[9]에 근거하여 가공되지 않은 형태의 연어와 청어의 수출을 금지하였다. 1987년 미국은 캐나다의 해당 조치가 GATT 제11조를 위반하였다고 주장하면서 GATT에 제소하였다.[10] 이에 대해 캐나다는 해당 조치는 전반적인 서해안 어족 보전 및 관리체제의 일환이기 때문에 제20조(g)에 의해 정당화된다고 주장하였다.[11] 또한 엄격한 질과 판매 규정이 시행되기 때문에 이러한 수출 금지조치는 제11조 제2항(b), 즉 "국제무역에 있어서 제품의 분

4) *Id.* § 3.5,

5) *Id.* § 4.4, § 4.6.

6) *Id.* § 4.8.

7) *Id.* § 4.10, § 4.12.

8) *Id.* § 4.15.

9) The Fisheries Act, Can. Rev. Stat. 1970, C.F-14, Sub-section 34(j).

10) GATT, *Canada-Measures Affecting Exports of Unprocessed Herring and Salmon*, 35S/98 (1989)(*캐나다 청어·연어 사건*), § 3.1.

11) *Id.* § 3.3.

류, 등급 또는 판매에 관한 기준 또는 규정의 적용을 위하여 필요한 조치"에 해당되어 정당화된다고 주장하였다.12)

패널은 캐나다의 수출 금지조치가 GATT 제11조 제1항을 위반하였다고 판단하였다. 제11조 제2항(b)와 관련해서는 캐나다는 질 기준에 미달하는 생선뿐만 아니라 질 기준을 충족하는 가공되지 아니한 청어와 연어에 대해서도 수출을 금지하였다는 점을 지적하면서 해당 조치가 이 규정에서 요구하는 기준의 적용을 위해 "필요한" 조치에 해당되지 않는다고 결정하였다.13)

해당 조치가 제20조(g)에 의해 정당화된다는 캐나다의 주장에 대해서 패널은 제20조(g)는 필요한(necessary), 필수적인(essential)이라는 표현을 사용하고 있는 다른 규정(예컨대, (a), (b), (d), (j) 등)과 달리 보전에 "관련한(relating to)"이라는 문구를 사용하고 있다는 점을 지적하면서 해당 조치는 유한 자연자원의 보전을 위해 필요하거나 필수적일 필요는 없다고 판단하였다. 그러나 제20조(g)의 목적은 어느 국가가 취할 수 있는 제한 조치의 범위를 확대하기 보다는 당사국들로 하여금 유한자원의 보전이라는 국가 정책을 추구하도록 하는 데 있다는 점을 강조하면서 유한 자연자원의 보전과 관련하기 위해서는 해당 조치가 보전을 "주된 목적으로(primarily aimed at)" 하여야 한다고 판단하였다. 또한 무역규제조치가 국내 생산 또는 소비에 대한 제한과 "결부되어(in conjunction with)" 실시된다고 인정되기 위해서는 이러한 국내 제한을 유효하게 하는 것을 주된 목적으로 하여야 한다고 판단하였다.14)

패널은 캐나다의 주장, 즉 무역규제조치는 그 자체가 보전조치는 아니나 어획제한을 위한 통계의 기초를 제공함으로써 보전의 효과를 갖는다는 주장과 관련하여 캐나다가 다른 많은 어종에 대하여 통계 자료를 수집하였음에도 이들 어종에 대하여 수출 금지조치를 취하지 않은 점을 지적하였다. 또한 패널은 해당 수출 금지조치는 연어와 청어 전반의 공급에 대한 접근을 제한하는 것이 아니라 가공되지 않은 형태의 특정 연어와 청어의 공급을 제한하고 있는 점, 캐나다가 이러한 가공되지 않은 생선을 외국인 가공업자와 소비자가 구입하는 것을 제한하면서 내국인 가공업자와 소비자가 구입하는 것은 제한하지 않은 점 등을 지적하였다.15) 이러한 점을 종합하여 검토한 후 패널은 캐나다의 수출 금지조치는 유한자원의 보전을 주된 목적으로 하고 있지 않으며, 연어와 청어에 대한 어획 제한을 유효하게 만들지

12) *Id.* § 3.3.
13) *Id.* § 4.3.
14) *Id.* § 4.6.
15) *Id.* § 4.7.

도 않는다고 판단하였다.[16] 결국 패널은 캐나다의 수출 금지조치가 GATT 제11조 제1항을 위반하였으며, 제11조 제2항(b) 또는 제20조(g) 예외 규정에 의해 정당화되지 않기 때문에 위법이라고 결론지었다.[17]

Ⅲ. 1990년 *태국 담배 사건*

이 사건의 발단은 태국이 담배의 수입을 제한하고 내국세를 부과한 데 대하여 미국이 이러한 조치가 GATT를 위반하였다고 제소하면서 시작되었다.[18] 태국은 1966년 담배법(Tobacco Act)에 근거하여 국내산 담배의 판매는 허용하면서도 외국산 담배의 수입을 금지하였다. 또한 담배에 대하여는 소비세(excise tax), 영업세(business tax), 지방세 등 국내세가 부과되었다. 1990년 미국의 요구에 따라 구성된 패널은 10년간 담배에 대한 어떠한 수입 허가도 이루어지지 않았다는 점을 지적하면서 태국이 수량제한금지원칙을 규정한 제11조 제1항을 위반하였으며,[19] 담배는 상당한 공정을 거친 제품으로서, 비가공 제품(fresh product)이 아니기 때문에 제11조 제2항(c)에서 일정한 경우 수입 제한조치를 허용하는 "농산품"에 해당하지 않는다고 결정하였다.[20]

태국은 미국산 담배에 포함되어 있는 화학물질과 기타 첨가물로 인하여 자국민이 태국산 담배의 경우보다 더 큰 위해에 노출될 수 있다면서 해당 조치가 GATT 제20조(b) 예외 규정에 의해 정당화된다고 주장하였는데, 패널은 이를 배척하였다. 패널은 대체적인 조치(alternative measure)를 취하는 것이 합리적으로 예상되는 경우에는 해당 조치가 제20조(b)에서 말하는 필요한(necessary) 조치로서 정당화될 수 없다고 판단하였다. 패널은 GATT 규정에 합치되는 조치를 취할 수 없을 경우, 해당 당사국은 합리적으로 취할 수 있는 조치들 중에서 다른 GATT 규정에 대한 불합치를 최소화하는 조치를 취하여야 한다고 지적하였다.[21] 구체적으로 패널은 태국에서 판매되는 담배의 질을 향상한다는 목적의 관점에서 볼 때, 해당 수입 제한조치는 불필요한 것이라고 판단하였다.[22] 또한 태국에서 판매되는 담배의 양을

---

16) *Id.*
17) *Id.* § 5.1.
18) GATT, *Thailand—Restrictions on Importation of and Internal Taxes on Cigarettes,* 37S/200 (1990)(*태국 담배 사건*), §§ 6~11.
19) *Id.* § 67.
20) *Id.* § 69.
21) *Id.* § 74.

감소한다는 또 다른 목적은 합리적으로 예상되는, GATT 규정에 합치하는 대체적인 조치들에 의해 달성될 수 있다고 지적하였다.[23] 대체적인 조치로는 표시(labelling), 성분 공개, 공중의 정보 접근, 광고 금지 등을 열거하였다. 결론적으로 패널은 태국의 해당 조치는 제20조(b)의 필요한 조치에 해당되지 않으므로 정당화될 수 없으며, GATT 규정을 위반하였다고 결정하였다.[24] 그러나 패널은 내국세는 GATT 제3조 제2항에 합치된다고 판단하였다.[25]

Ⅳ. 1991년 *미국 참치금지 사건*

흔히 *참치－돌고래 사건 I*로 불리어지는 이 사건[26]에서 미국은 자국의 해양포유동물보호법(Marine Mammal Protection Act: MMPA)[27]에 따라 멕시코, 베네수엘라 등으로부터 참치(yellowfin tuna)와 참치제품의 수입을 금지하였다.

수입금지의 배경에는 참치 포획방법이 문제되었다. 다른 지역과 달리 동태평양지역(ETP)에서 돌고래들은 참치떼 위에서 유영하기 때문에 어부들은 돌고래들을 발견하면 그 밑에 참치떼가 있을 것이라고 생각하고 돌고래 주위에 망을 던져 참치를 어획한다. 이때 사용하는 망을 건착망(purse－seine nets)이라고 하는데, 이와 같은 건착망을 이용한 포획방법은 참치를 어획할 수 있지만 그 과정에서 돌고래를 다치게 하거나 질식하게 만든다. 바로 이러한 방법으로 어획하는 과정에서 돌고래의 우연한(incidental) 살상을 막기 위하여 제정된 법이 바로 해양포유동물보호법인데, 미국은 이 법을 적용하여 특정 국가로부터 참치와 참치 제품의 수입을 제한하였다.

관련 해양포유동물보호법 규정에 따르면 허가 없이 해양포유동물을 취득(taking)하는 것이 금지된다. 이 법에서 취득은 학대(harrassment), 사냥, 포획(capture), 살해 또는 그 시도를 의미하고 있다.[28] 이 법 제103조와 제104조는 허

22) *Id.* § 77.
23) *Id.* § 78.
24) *Id.* § 81.
25) *Id.* §§ 84~86.
26) GATT, *United States－Restrictions on Imports of Tuna,* 30 I. L. M. 1594 (1991)(*참치－돌고래 사건 I*).
27) Public Law 92－522, 86 Stat. 1027 (1972). 이 법은 1988년, 1990년 개정되었다. Public Law 100－711, 102 Stat. 4755 (1988); Public Law 101－627, 104 Stat. 4476 (1990).
28) MMPA, § 3(13).

가를 발급하기 위한 기준을 정하고 있다. 허가를 취득한 자는 동태평양지역에서 20,500마리까지 돌고래를 살상할 수 있다. 제101조(a)(2)는 재무장관으로 하여금 미국의 기준 이상으로 해양포유동물의 우연한 살상을 초래하는 상업적 어획 기술을 이용하여 잡은 상업적 생선과 생선제품에 대하여 그 수입을 금지하도록 하고 있다. 구체적으로 동태평양지역에서 건착망을 이용해 어획한 참치의 수입은 금지된다. 다만 상무장관(Secretary of Commerce)이 어획국가의 정부가 미국에 상응하는 해양포유동물 취득을 규제하는 프로그램을 가지고 있거나 어획국가의 어선에 의해 우연히 취득하는 해양포유동물의 평균 취득률이 미국 어선에 의한 그것과 상응한다고 판단할 경우에는 그렇지 않다.[29] 이에 따라 수입 금지를 회피하기 위해서는 외국 어선은 같은 해 미국에 의해 살상된 돌고래 수의 1.25배 이상을 살상할 수 없다. 한편, 이러한 직접적인 수입규제를 적용받는 국가로부터 참치를 구입한 중개국가(intermediary nation)로부터의 수입도 마찬가지로 금지된다.[30]

1991년 멕시코는 미국의 수입 금지조치가 수량제한금지원칙을 규정한 제11조 제1항과 내국민대우원칙을 규정한 제3조 등을 위반하였다고 주장하면서 문제를 해결하기 위하여 패널의 설치를 요구하였다.[31] 이에 대해 미국은 해당 조치는 참치와 참치제품의 국내판매, 청약, 구입, 운반, 분배, 사용에 영향을 미치는 국내 규정이기 때문에 제3조 제4항에 합치되며, 설령 그렇지 않다하더라도 제20조(b), (g) 등 예외 규정에 해당되어 정당화된다고 주장하였다.[32]

패널은 먼저 미국의 해당 조치가 GATT 제11조 제1항과 제3조 제4항을 위반하였는지 여부에 대하여 판단하였다. 패널은 해당 규정은 참치 자체(product as such)가 아닌 참치를 어획한 공정(process)에 적용되었기 때문에 제3조가 다루고 있는 내국 규정에 해당하지 않는다고 판단하였다.[33] 설령 수입 금지조치가 참치를 어떻게 어획하였는지를 불문하고 제품(product)으로서 참치의 판매를 규제하였다고 하더라도 멕시코산 참치를 국내산 참치보다 불리하지 않게 대우하여야 한다는 내국민대우원칙의 요건을 충족하지 않는다고 판단하였다.[34]

패널은 미국의 참치수입 금지조치가 수량제한금지원칙을 위반하였다고 잠정 결론을 내리면서 미국이 정당화의 근거로 제시하고 있는 GATT 제20조(b), (g)에

29) *Id.* § 101(a)(2)(B).
30) *Id.* § 101(a)(2)(C).
31) *참치-돌고래 사건 I* (각주 26), §§ 3.1~3.2.
32) *Id.* §§ 3.6~3.7.
33) *Id.* § 5.14.
34) *Id.* § 5.15.

대하여 검토하였다. 패널은 제20조가 해당 조치를 취하는 국가의 관할권 밖에 있는 인간이나 동식물의 생명 또는 건강을 보호하기 위하여 취해진 조치에는 적용되지 않는다고 결정하였다.[35] 그러나 패널은 제20조(b)가 역외적으로(extrajurisdictionally)[36] 적용된다고 하더라도 미국이 특히 관련 국제협정을 체결하려고 교섭하는 것과 같은 GATT에 부합되는 모든 대체적인 조치를 사용하지 않았기(not exhausted all options) 때문에 미국의 수입 금지조치는 '필요성' 요건을 충족하지 못한다고 결정하였다.[37] 또한 문제의 해양포유동물보호법은 외국 어선으로부터 예상할 수 없는 돌고래 수(예컨대, 같은 해 미국 어선에 의해 살상된 돌고래 수)의 1.25배 이상을 살상하는 것을 금지하였기 때문에 해당 조치는 제20조(b)의 인간이나 동 · 식물의 생명 또는 건강을 보호하기 위하여 "필요한(necessary)" 조치가 될 수 없다고 결정하였다.[38]

제20조(g)에 대해서도 앞서 제20조(b)가 역외적으로 적용될 수 없다는 관점에서 그 적용을 부인하였다.[39] 패널은 설령 제20조(g)가 미국의 관할권 밖에 있는 돌고래의 생명을 보호하기 위한 조치에 적용된다고 하더라도 해당 조치가 돌고래의 보전을 주된 목적으로(primarily aimed at) 하지 않기 때문에 결과적으로 적용될 수 없다고 결정하였다.[40] 이에 더하여 패널 결정은 당사국은 단지 해당 제품이 자국의 환경 정책과 다른 국가의 제품이라는 이유로 그 수입을 제한해서는 안 된다고 적시하면서 다른 국가로 하여금 보전 정책을 변경하도록 강제하는 일방적 조치는 "주된 목적으로 하는"이라는 요건을 충족시킬 수 없다고 판단하였다.[41]

---

35) *Id.* § 5.26.

36) 미국의 해양포유동물보호법은 역외적으로 적용되지 않는다. 그럼에도 불구하고 패널은 "역외적"이라는 표현을 사용하고 있는데, 패널이 "역외적"이라는 개념 정의를 하고 있지 않아 정확히 알 수 없으나, 패널은 해당 조치가 미국의 관할권 밖의 행위에 영향을 미치는 방법으로 취해졌을 경우를 이미하는 것으로 이해하는 듯하다. 그러나 이러한 의미는 많은 국제관습법이 이런 식으로 작용하고 있다는 점에서 부적절한 의미 해석으로 이해된다. Ved P. Nanda and George Pring, International Environmental Law & Policy for the 21st Century 406 (Transnational Publishers, Inc., 2003).

37) *참치-돌고래 사건 I* (각주 26), § 5.28.

38) *Id.*

39) *Id.* §§ 5.31~5.32.

40) *Id.* § 5.33.

41) *Id.* § 6.2.

Ⅴ. 1994년 *참치-돌고래 사건 Ⅱ*

*참치-돌고래 사건 Ⅰ*로부터 3년이 지난 1994년 패널은 다시 한 번 미국이 특정 국가들로부터 참치 수입을 금지한 조치의 적법성 여부를 다루게 되었다.[42] 직접적으로 문제가 된 것은 미국이 해양포유동물보호법(MMPA)에 의해 직접적으로 수입금지가 적용되는 멕시코를 비롯한 국가들로부터 참치를 수입하여 가공한 유럽국가들(EEC)로부터 해당 참치 제품의 수입을 금지한 것이었다. 미국 해양포유동물보호법은 직접적 수입금지를 적용받는 국가들로부터 참치를 수입 · 가공하여 미국에 참치와 참치제품을 수출하는 중개국가의 정부로 하여금 참치와 참치제품의 직접적인 수출이 금지된 국가로부터 이러한 참치와 참치제품의 수입을 금지시켰다는 합리적인 증거를 미국에 제공하도록 하고 있다.[43] 유럽경제공동체(EEC)와 네덜란드는 이러한 제한조치가 내국민대우원칙을 규정한 GATT 제3조와 수량제한금지원칙을 규정한 GATT 제11조 제1항을 위반하였다고 주장하면서 GATT에 제소하였다.[44] 이에 대해 미국은 중개국가에 대한 수입 금지조치(intermediary nation embargo)가 제20조(g), (b), (d)에 해당하여 정당화될 뿐만 아니라, 직접적인 수입금지조치(primary nation embargo)는 그 조치가 EEC 또는 네덜란드에 적용되지 않기 때문에 이들 국가에 생기는 이익을 무효화하지도 해치지도 않는다고 주장하였다.[45]

패널은 직접적인 수입 금지조치와 중개국가에 대한 수입 금지조치가 참치 어획관행, 수출국(중개국)의 참치 수입정책, 어획방법에 따라 제품간에 구별을 하였으며, 이들 관행, 정책, 어획방법 등은 참치 자체의 본질적인 성격에 영향을 미치지 않는다고 판단하였다.[46] 해양포유동물보호법 관련 규정은 참치 자체(product as such)에 대해서는 영향을 미칠 수 없는 포획기술에 관련되었다는 것이다. 나아가 패널은 이러한 수입 금지조치는 수량제한원칙을 규정한 제11조 제1항을 위반하였다고 판단하였다.[47]

패널은 GATT 제20조(g)의 역외적용과 관련한 *참치-돌고래 사건 Ⅰ*의 해석을

---

42) GATT, *United States-Restrictions on Imports of Tuna,* 33 I. L. M. 842 (1994)(*참치-돌고래 사건 Ⅱ*).
43) MMPA, § 101(a)(2)(C).
44) *참치-돌고래 사건 Ⅱ*(각주 42), § 3.1.
45) *Id.* § 3.2.
46) *Id.* § 5.9.
47) *Id.* § 5.10.

부인하였다. 패널은 국제법상의 관할권 원칙을 살펴본 후 제20조(g) 규정이 해당 조치를 취하는 당사국의 영역 내에 소재하는 유한 자연자원의 보선과 관련한 정책에만 적용되어야 할 합리적인 이유가 없다고 하면서, 동태평양에 있는 돌고래를 보전하기 위한 정책은 제20조(g)의 적용을 받는 정책의 범위에 해당한다고 판단하였다.[48)]

패널은 제20조(g)상의 "관련한"과 "결부하여"라는 요건의 해석과 관련하여 기존의 해석을 재확인하였다. 즉 해당 조치가 유한 자연자원의 보전과 관련하기 위해서는 해당 조치는 보전을 "주된 목적으로(primarily aimed at)" 하여야 하며, 국내 생산 또는 소비에 대한 제한과 "결부되어(in conjunction with)" 실시된다고 인정되기 위해서는 이러한 국내 제한을 유효하게 하는 것을 주된 목적으로 하여야 한다고 판단하였다.[49)] "주된 목적으로"는 해당 조치의 목적뿐만 아니라 자연자원의 보전에 대한 영향도 살펴보아야 한다고 적시하였다.[50)] 구체적으로 이 사건과 관련해서 패널은 미국이 특정 참치가 돌고래를 해치거나 해칠 수 있는 방법으로 어획되었는지를 불문하고 그 수입을 금지하였다면서, 직접적인 수입 금지조치와 중개국가에 대한 수입 금지조치 모두는 다른 국가들로 하여금 자국 관할권 내에 있는 사람이나 사물과 관련한 그들의 정책을 변경하도록 하였고 그러한 변경이 이루어져야만 효과적이었기 때문에 제20조(g) 예외 규정의 요건을 충족하지 않는다고 판단하였다.[51)]

패널은 역외적용과 관련한 제20조(g)의 해석과 같은 맥락에서 동태평양에 있는 돌고래의 생명과 건강을 보호하기 위한 정책은 제20조(b)의 적용을 받는 정책의 범위에 해당한다고 판단하면서 제20조(b)의 필요성 요건을 검토하였다.[52)] 패널은 *태국 담배 사건* 등에서의 해석을 확인하면서,[53)] 해당 조치가 다른 국가들로 하여금 그들의 정책을 변경하도록 하고, 그러한 변경이 이루어져야만 효과적이라면 그러한 조치는 제20조(b)에서 말하는 동물의 생명 또는 건강을 보호하기 위하여 필요한(necessary) 조치로 볼 수 없다고 결정하였다.[54)]

한편, 미국은 중개 국가에 대한 수입 금지조치가 직접적인 수입금지의 준수를

48) *Id.* § 5.20.
49) *Id.* § 5.22; *캐나다 청어 · 연어 사건*(각주 10), § 4.6. 참조.
50) *참치-돌고래 사건 II*(각주 42), § 5.22.
51) *Id.* § 5.24, § 5.27.
52) *Id.* § 5.33.
53) GATT, *United States-Section 337 of the Tariff Act of 1930*, L/6439, 36S/345, 392 (1989), § 5.26; *태국 담배 사건*(각주 18), § 74 참조.
54) *참치-돌고래 사건 II*(각주 42), § 5.39.

확보하기 위해 필요하기 때문에 GATT 제20조(d)에 의해 정당화된다고 주장하였으나 패널은 직접적인 수입 금지조치가 GATT 제11조 제1항을 위반하고 있기 때문에 제20조(d)가 정당화될 수 없다고 하면서 이를 배척하였다.[55] 결론적으로 패널은 미국의 참치와 참치제품 수입 금지조치가 GATT 제20조(g), (b), (d)에 의해서 정당화될 수 없다고 결정하였다.

Ⅵ. 1994년 *미국 자동차세 사건*

이 사건[56]에서는 자동차와 관련한 미국의 세 가지 조치가 다루어졌다: 3만 달러 이상에 판매되는 자동차에 부과되는 호화세(luxury tax), 갤런 당 22.5마일 이하의 연료소비수준의 자동차에 부과되는 연료과소비세(gas guzzler tax), 회사평균연료효율(Corporate Average Fuel Economy: CAFE) 규정.[57] EC는 이러한 조치들이 GATT 제3조를 위반하였으며, 제20조(g), (d)에 의해 정당화되지 않는다고 주장하였다.

GATT 패널은 CAFE 규정을 제외한 두 가지 세금조치가 제조된 곳과는 상관없이 모든 자동차에 동등하게 적용되었기 때문에 GATT 제3조 규정을 위반하지 않는다고 결정하였다.[58] 그러나 CAFE에 대해서는 부정적인 결정을 하였다. 문제의 CAFE 규정은 미국에서 제조되거나 수입자에 의해 판매되는 승용차의 평균연료효율이 갤런 당 27.5마일 이상이어야 한다고 규정하고 있다. 수입자와 국내생산자인 회사들은 평균연료효율을 수입된 승용차와 국내에서 제조된 승용차를 구별하여 산정하여야 하였다.[59] 패널은 이러한 CAFE의 외국차에 대한 별개의 산정 시스템이 제품 자체(product as such)와 직접적으로 관련 있는 요소가 아니라 생산자 또는 수입자의 규제관계 또는 소유권에 기초하여 수입차와 국산차를 구별하고, 그 결과 외국차를 차별하고 있기 때문에 GATT 제3조 규정을 위반한다고 결정하였다.[60] 나아가 패널은 외국차에 대한 별개의 산정 시스템이 제20조(g), (b)에 의해 정당화되지 않는다고 판단하였다.[61] 이러한 패널 결정은 특정조치를 취할 경우 제품의

55) *Id.* § 5.41.
56) GATT, *United States-Taxes on Automobiles,* 33 I. L. M. 1397 (1994).
57) *Id.* § 2.1.
58) *Id.* § 5.16, § 5.38.
59) *Id.* § 5.39.
60) *Id.* § 5.55.
61) *Id.* § 5.60, § 5.67.

원산지, 소유주, 제조업체 또는 수입업자에 근거한 분류는 피해야 한다는 점을 알려준다.[62]

62) 강윤영 외, 기후변화협약 및 교토의정서 대응전략 연구, 산업자원부 · 에너지경제연구원, 2003. 5, 645 내지 646면.

제 3 절 세계무역기구(WTO)체제와 부속협정

7년간의 협상 끝에 1993년 12월 우루과이 라운드(Uruguay Round) 무역협상위원회(Trade Negotiations Committee)는 만장일치로 우루과이 라운드 최종의정서를 채택하였다.[1] 우루과이 라운드 최종의정서는 GATT의 시행기구인 세계무역기구(WTO)의 설치를 위한 세계무역기구설치협정,[2] 14개의 부속협정, 분쟁해결 규칙 및 절차에 관한 양해각서(DSU),[3] 그리고 각료 결정 및 선언[4]으로 구성되어 있다. 최종의정서와 관련 협정들은 1994년 4월 마라케쉬(Marrakesh)에서 조인을 위해 공개되었으며, 1995년부터 발효되었다.

마라케쉬 각료회의는 무역과 환경 연계문제를 다룰 무역환경위원회(Committee on Trade and Environment: CTE)의 설치를 권고하였으며, WTO 일반이사회는 WTO 산하에 무역환경위원회를 설치하고 무역－환경문제에 대한 논의를 계속하고 있다. 논의의 중심에는 무역규제조치와 다자무역체제(MTS)와의 관계, 국내환경정책과 다자무역체제와의 관계, 환경목적의 부과금과 기술규정 · 표준 · 포장 · 환경마크 · 재활용 환경관련 요건과 다자무역체제와의 관계, 다자무역체제와 환경협약의 분쟁해결체제, 지적재산권관련 협정과 환경과의 관계, 서비스와 환경 등이 있으나 당사국간의 이해관계로 큰 진전을 이루고 있지 못하다.

새로이 출범한 WTO체제는 당사국간의 다자무역관계에 관한 협상의 장을 제공하고 있으며 당사국간의 분쟁에 대하여 구속력 있는 해결을 제공하고 있다. GATT체제의 연속선상에 있는 WTO체제에서는 종전의 GATT 규정은 물론이고 부속협정에 대한 검토도 입체적으로 검토되어야 한다. 이 중 환경과 관련하여 중요하고, 당사국들간에 많은 논란이 제기되고 있는 협정은 다음과 같은 일부 부속협정이다. 해당 조치가 GATT 규정과 이러한 부속협정의 규정을 동시에 위반할 수 있는데, 이 경우 WTO 패널은 부속협정의 위반 여부를 먼저 검토할 가능성이 많다.

---

1) Final Act Embodying the Results of the Uruguay Round of Trade Negotiations, 33 I. L. M. 1143 (1994).

2) Agreement Establishing the World Trade Organization, 33 I. L. M. 1144 (1994).

3) Understanding on Rules and Procedures Governing the Settlement of Disputes, 33 I. L. M. 1226 (1994).

4) Ministerial Decisions and Declarations, 33 I. L. M. 1248 (1994).

I. 무역에 대한 기술장벽에 관한 협정

무역에 대한 기술장벽에 관한 협정(TBT협정)[5]은 포장, 표시 및 상표부착요건을 포함한 기술규정과 기준, 그리고 기술규정 및 기준에 적합한지 여부를 판정하는 절차가 국제무역에 불필요한 장애가 되지 아니하도록 보장하는 것을 기본으로 하고 있다.[6] 환경과 관련한 분쟁은 주로 이 협정 제2조를 둘러싸고 제기되고 있다.

1. 적용 범위: 기술규정과 기준

이 협정은 기술규정과 기준에 적용되는데 환경보호 등을 이유로 무역을 제한할 수 있는 근거를 제공하고 있다. 이 협정상 '기술규정(regulation)'이란 적용 가능한 행정 규정을 포함하여 제품의 성격 또는 관련 공정 및 생산방법(PPMs)이 규정되어 있으며 그 준수가 강제적인 문서를 의미한다. 이는 제품, 공정 및 생산방법에 적용되는 용어, 기호, 포장, 마크 또는 표시 요건을 포함하거나 이들만을 전적으로 다룰 수 있다.[7] 한편, '기준(standard)'이란 공통적이고 반복적인 사용을 위하여 규칙, 지침 또는 제품의 성격 또는 관련 공정 및 생산방법을 규정하는 문서로서, 인정된 기관에 의하여 승인되고 그 준수가 강제적이 아닌 문서를 의미한다. 이는 제품, 공정 또는 생산방법에 적용되는 용어, 기호, 포장, 마크 또는 표시 요건을 포함하거나 이들만을 전적으로 취급할 수 있다.[8] 기준을 위한 요건 및 지침은 모범관행규약(Code of Good Practice)에 규정되어 있다.[9]

TBT협정은 환경표시(eco-labeling)를 명문으로 적용대상에 포함하고 있다. 위 개념 정의에 따르면 에너지 효율성을 제고하기 위한 조치나 제품 자체의 온실가스 배출과 같은 제품 성격과 관련이 있는 조치와 관련 있는 규정은 기술규정에 포함될 가능성이 많다. 제품의 성격과 관련 있는 배출권거래제도, 자발적 협약 등은 그 준수가 강제적일 경우에는 기술규정에, 비강제적일 경우에는 기준에 해당되어 TBT협정이 적용될 가능성이 많다.

---

5) Agreement on Technical Barriers to Trade(TBT협정), http://www.wto.org/english/docs_e/legal_e/17-tbt_e.htm.

6) *Id.* 전문.

7) *Id.* 부속서 1.1.

8) *Id.* 부속서 1.2.

9) *Id.* 부속서 3.

이 협정은 단순하게 기술규정과 기준을 적용대상으로 하고 있지만 구체적인 경우 혼란스러운 부분이 있다. 즉 TBT협정이 기술규정과 기준을 개념 정의하면서 관련 공정 및 생산방법을 언급하고 있기 때문에 '관련(related)'이 무엇을 의미하는지, 제품의 물리적 성격과 직접적으로 관련이 없는 공정 및 생산방법이 그 적용대상이 되는지, 공정 및 생산방법과 관련 있는 비제품(nonproduct)이 적용대상이 되는지 논란이 있을 수 있다.10)

2. 기술규정의 준비 · 채택 · 적용

당사국은 기술규정과 관련하여 어떤 당사국의 영토로부터 수입되는 상품을 자국의 동종 제품(like products)과 다른 나라의 동종 제품보다 불리하게(no less favorable) 취급하여서는 아니 된다.11) 이는 GATT상 내국민대우원칙에 상응하는 규정이다. 이 규정의 적용범위는 GATT 내국민대우원칙(제3조)의 적용범위보다 좁아 보인다. 적용대상인 기술규정과 기준이 제품의 성격 또는 관련 공정 및 생산방법과 명확하게 연계되어야 하기 때문이다.12) 이에 반해 GATT 제3조는 이러한 연계성을 요구하지 않고 제품의 국내판매, 청약, 구입, 운반, 분배, 사용 등에 '영향을 미치는' 법, 규정, 요건 등을 대상으로 하고 있다. 패널이 내국민대우원칙이 적용되기 위한 요건 즉, "영향을 미치는"과 "법, 규정, 요건" 등을 유연하게 해석하고 있다는 점도 GATT 내국민대우원칙의 적용범위를 넓히고 있다. 수입제품이 불리하게 대우받는지 아닌지 여하는 해당 조치가 관련 시장에서 수입제품에 해를 주는 쪽으로 경쟁의 조건을 변형시키는지 여부로 평가하여야 한다.13) 나아가 당사국은 국제무역에 불필요한 장애를 초래할 목적으로 또는 그러한 효과를 갖도록 기술규정을 준비, 채택 또는 적용하지 않아야 한다.14)

TBT협정은 GATT 제20조와 같은 독립적인 예외 규정을 두고 있지는 않지만 기술규정이 국가안보상 요건, 기만적 관행의 방지, 인간의 건강 또는 안전, 동물 또는 식물의 생명 또는 건강, 또는 환경의 보호 등 적법한 목적을 수행하는 데 필요한 경우에는 예외적으로 무역을 제한할 수 있다고 규정하고 있다. 이 경우에는

10) Andrew Green, *Climate Chamge, Regulatory Policy and the WTO*, 8 J. Int'l Econ. L 143, 160 (2005).

11) TBT협정(각주 5), 제2조 제1항.

12) Andrew Green(각주 10), 157면.

13) WTO, *Korea–Measures Affecting Imports of Fresh, Chilled and Frozen Beef,* WT/DS161/AB/R, WT/DS169/AB/R(2000), § 137.

14) TBT협정(각주 5), 제2조 제2항, 제1문.

적법한 목적 수행에 필요한 이상으로 무역을 규제하지 않아야 한다(not be more trade-restrictive).[15] 이는 GATT 제20조(b)상의 "필요한(necessary)"에 대한 패널의 해석과 일맥상통한다. 그 해석을 위해서는 이익형량이 요구되기 때문이다. 이 협정은 적법한 목적을 달성하지 못하는 경우에 야기될 위해성을 고려하도록 함으로써 이를 뒷받침하고 있다.[16] 이익형량 시 고려할 요소로는 목적의 중요성, 필수불가결성, 효과성, 무역에 미치는 영향 등을 들 수 있을 것이다.

이러한 예외 규정과 관련해서는 몇 가지 유념해서 살펴볼 점이 있다: ① TBT협정은 무역을 제한할 수 있는 예외적인 경우 중의 하나로 환경보호를 명시적으로 규정하고 있는데, 이는 GATT 제20조 예외 규정이 환경을 명시적으로 규정하지 않고 있는 것과 대비된다; ② GATT체제하에서 원칙 규정을 위반하지 않은 경우 예외 규정(제20조)은 더 이상 검토할 필요가 없다. 그러나 TBT협정에서는 앞서 내국민대우 규정의 위반 여부를 떠나 필요 이상의 무역규제조치인지 여하(제2조 제2항)에 대한 검토를 요구한다; ③ 입증책임이 GATT체제에서는 예외 규정(제20조)에 근거하여 해당 조치의 정당성을 주장하는 피소국에게 있으나 TBT협정에서는 해당 조치의 규정(제2조 제2항) 위반을 다투는 제소국에게 있다.[17]

기술규정이 요구되고 관련 국제기준이 존재하거나 그 완성이 임박한 경우, 당사국은, 예를 들어 근본적인 기후적 또는 지리적 요소나 근본적인 기술문제 때문에 그러한 국제기준 또는 관련부분이 정당한 목적을 달성하는 데 비효과적이거나 부적절한 수단일 경우를 제외하고는 이러한 국제기준 또는 관련부분을 자국 기술규정의 기초로서 사용하여야 한다.[18]

다른 당사국의 무역에 중대한 영향을 미칠 수 있는 기술규정을 준비 · 채택 또는 적용하는 당사국은 다른 당사국의 요청이 있을 경우 해당 기술규정의 정당성을 설명하여야 한다. 기술규정이 명백히 제2항에 언급된 정당한 목적 중의 하나를 위해 준비 · 채택 또는 적용되고 관련 국제기준을 따른 경우에는 이러한 기술규정은 국제무역에 불필요한 장애를 초래하지 않는다고 추정된다.[19] 그러므로 이러한 기술규정이 국제무역에 불필요한 장애를 초래한다고 주장하는 국가는 이러한 사실을 입증하여 추정을 번복할 수 있다.

관련 국제기준이 존재하지 않거나 제안된 기술규정의 기술적인 내용이 관련 국

15) *Id.* 동항, 제2문 · 제3문.
16) *Id.* 동항, 제2문.
17) Andrew Green(각주 10), 173 내지 174면.
18) TBT협정(각주 5), 제2조 제4항.
19) *Id.* 동조 제5항.

제기준의 기술적인 내용과 일치하지 아니하고, 이 기술규정이 다른 당사국의 무역에 중대한 영향을 미칠 수가 있는 때에는 당사국은 다른 당사국에게 자국이 도입 · 적용하려는 기술규정의 목적, 합리적 이유, 내용 등을 통지하고 다른 당사국으로 하여금 이에 대하여 의견을 제시할 기회를 부여하여야 한다.[20]

3. 적합판정절차(Conformity Assessment Procedures)

이 협정은 기술규정 또는 기준의 관련 요건이 충족되었는지를 결정하기 위하여 직 · 간접적으로 사용되는 절차(적합판정절차)에 관하여 규정하고 있다.[21]

Ⅱ. 위생 및 검역조치의 적용에 관한 협정

위생 및 검역조치의 적용에 관한 협정(SPS협정)[22]은 인간, 동물 또는 식물의 생명 또는 건강을 보호하기 위하여 필요한 위생 및 검역 조치가 동일한 조건하에 있는 국가간에 자의적 또는 부당한 차별 또는 국제무역에 대한 위장된 제한을 구성하는 방법으로 이용되지 않도록 보장하는 것을 기본으로 하고 있다.[23] 이 협정의 주요 내용은 다음과 같다.

1. 위생 및 검역조치

SPS협정은 국제무역에 직 · 간접적으로 영향을 미칠 수 있는 위생 및 검역조치에 적용되는데, 위생 및 검역조치는 다음 목적으로 적용되는 모든 조치를 의미한다: ① 병해충, 질병매개체 또는 질병원인체의 유입 · 정착 또는 전파로 인하여 발생하는 위험으로부터 동 · 식물의 생명 또는 건강의 보호; ② 식품 · 음료 또는 사료 내의 첨가제 · 오염물질 · 독소 또는 질병원인체로 인하여 발생하는 위험으로부터 인간 또는 동물의 생명 또는 건강의 보호; ③ 동 · 식물 또는 동 · 식물로 만든 생산품에 의하여 전달되는 질병이나 해충의 유입 · 정착 또는 전파로 인하여 발생

---

20) *Id.* 동조 제9항.

21) *Id.* 제5조 내지 제8조 참조.

22) Agreement on the Application of Sanitary and Phytosanitary Measures(SPS협정), http://www.wto.org/english/docs_e/legal_e/15sps_01_e.htm.

23) *Id.* 전문.

하는 위험으로부터 인간의 생명 또는 건강의 보호; ④ 해충의 유입 · 정착 또는 전파로 인한 다른 피해의 방지 또는 제한.[24] 동 조치는 모든 관련 법령, 규정, 요건 및 절차를 포함하며, 특히 최종 제품기준, 공정 및 생산방법, 시험 · 조사 · 증명 및 승인절차, 동 · 식물의 수송 또는 수송 중 생존에 필요한 물질과 관련된 적절한 요건을 포함한 검역처리(quarantine treatments), 관련 통계방법, 표본 추출절차 및 위해성평가방법에 관한 규정, 식품안전과 직접적으로 관련되는 포장 및 상표부착 등을 포함한다.[25]

2. 기본 권리와 의무

SPS협정은 당사국에게 인간, 동 · 식물의 생명 또는 건강을 보호하기 위하여 필요한 위생 및 검역조치를 취할 수 있는 권리를 부여하고 있는데,[26] 그 조치는 필요한 범위 내에서만 적용되어야 한다. 위생 및 검역조치는 과학적 원칙(scientific principles)에 근거하여야 하며 충분한 과학적 증거(scientific evidence)에 의하여 유지되어야 한다.[27] *일본 농업제품 사건*에서 항소기구는, 이러한 의무는 위생 및 검역조치와 과학적 증거 간에 '객관적 또는 합리적 관계(rational or objective relationship)'를 요구하는 것이라고 해석하였다.[28]

"과학적 원칙"과 "과학적 증거" 등의 요건은 GATT나 TBT협정에는 나타나지 않는 것으로 당사국에게 높은 기준을 요구하는 것이다. TBT협정은 기껏해야 이용가능한 과학적 · 기술적 정보에 대한 고려를 요구할 뿐이다.[29] 이러한 높은 기준은 규제자로 하여금 정보를 수집하고 이를 공중과 다른 당사국에 제공토록 하는 이점이 있는 반면, 당사국에게 높은 비용과 의사결정의 지연을 강요할 수 있다.[30]

한편, 당사국은 자국의 위생 및 검역조치가 동일하거나 유사한 조건하에 있는 당사국들을 자의적이거나 부당하게 차별하지 않도록 하여야 하며, 국제무역에 대한 위장된 제한을 구성하는 방법으로 적용하지 않도록 하여야 한다.[31]

---

24) *Id.* 부속서 A.1.
25) *Id.*
26) *Id.* 제2조 제1항.
27) *Id.* 동조 제2항.
28) WTO, *Japan－Measures Affecting Agricultural Products*, §§ 74~84, WT/DS76/AB/R, (1999)(*일본 농업제품 사건* 항소기구 결정).
29) TBT협정은 적법한 목적을 달성하지 못하는 경우에 야기될 위해성을 평가할 때 관련 요소로 이용 가능한 과학적 · 기술적 정보, 관련 공정기술 또는 제품의 의도된 최종 용도 등을 들고 있다. TBT협정(각주 5), 제2조 제2항.
30) Andrew Green(각주 10), 171면.

또한, 이 협정은 인간, 동물 또는 식물의 생명 또는 건강에 대한 위해로부터 적정한 수준의 위생 또는 검역이라는 개념을 적용함에 있어서 일관성을 달성할 목적으로, 당사국으로 하여금 상이한 상황에서 적절한 것으로 판단되는 수준에서 이루어지는 구별이 국제무역에 대한 차별적 또는 위장된 제한을 초래하는 경우에는 "자의적이거나 부당한 차별"을 금지하도록 하고 있다.[32] *EC 호르몬 사건*에서 항소기구는 여기에 해당하는 경우를 세 가지 요건을 들어 설명하고 있다: ① 해당 당사국이 여러 상이한 상황에서 상이한 적절한 수준의 보호조치를 채택한 경우, ② 상이한 상황에서의 보호수준의 차이가 '자의적이거나 부당'한 경우, ③ 이러한 차이가 '국제무역에서 차별적 또는 위장된 제한'을 초래한 경우.[33] 나아가 항소기구는 이러한 세 가지 요건이 종합적으로 다루어져야 하며, 이들 요건이 모두 충족되어야만 제5조 제5항을 위반한 것이라고 하였다.[34] *연어 수입금지 사건* 항소기구도 이러한 입장을 확인하였다.[35]

위생 및 검역 보호의 적정 수준을 달성하기 위하여 위생 및 검역조치를 수립 또는 유지하는 경우, 당사국은 기술적 · 경제적인 타당성을 고려하여, 그 조치가 위생 및 검역조치의 적정수준을 달성하는 데 필요한 정도 이상의 무역제한적인 조치가 되지 않도록 하여야 한다.[36] 특기할 것은 이 협정은 각주에서 이 규정의 목적상, 기술적 및 경제적인 타당성을 고려하여 합리적으로 이용 가능하고, 위생 및 검역 보호의 적정 수준을 달성하면서 무역에 대한 제한이 현저히 적은 다른 조치가 없는 경우, 그 조치는 필요한 정도 이상의 무역제한적인 조치가 아니라고 명시하고 있다.[37] 이러한 규정은 GATT 제20조(b)에서 요구하는 "필요성" 요건을 효과적이고 유연성 있게 해석한 것으로 이해된다.

참고로 *연어 수입금지 사건*에서, 항소기구는 필요한 정도 이상의 무역제한적인 조치가 되는 경우를 다음과 같이 세 가지로 들고 있다: ① 기술적 · 경제적 타당성(feasibility)을 고려하여 합리적으로 이용 가능한 조치가 있는 경우, ② 당사국의 적절한 수준의 위생 및 검역보호를 달성하는 조치가 존재하는 경우, ③ 문제가 되

---

31) SPS협정(각주 22), 제2조 제3항.

32) *Id.* 제5조 제5항.

33) WTO, *EC Measures Concerning Meat and Meat Product (Hormones),* WT/DS26/AB/R, WT/DS48/AB/R, WT/DS48/AB/R (1998)(*EC 호르몬 사건* 항소기구 결정), §§ 115~151.

34) *Id.* § 141.

35) WTO, *Australia–Measures Affecting Importation of Salmon,* WT/DS18/AB/R (1998) (*연어 수입금지 사건* 항소기구 결정), § 140.

36) SPS협정(각주 22), 제5조 제6항.

37) *Id.* 각주 3.

는 위생 및 검역조치보다 무역제한적인 정도가 훨씬 덜한 조치가 존재하는 경우.[38] 이 세 가지 요건들은 누적적(cumulative)이어서 해당 조치가 어느 한 요건이라도 충족되지 않는 경우에는 '필요한 정도 이상의 무역제한적인 조치'가 되지 아니한다.[39] 이는 예컨대, 합리적으로 이용 가능한 조치가 없는 경우 한 가지만으로도 분쟁 대상인 조치는 SPS협정 제5조 제6항을 위반하지 않게 된다는 것을 의미한다.

3. 국제기준에 기초

위생 및 검역조치를 가능한 한 광범위하게 조화시키기 위하여, 이 협정에 달리 규정된 경우, 특히 제3항에 규정된 경우를 제외하고, 당사국은 자국의 위생 및 검역조치가 국제기준, 지침, 권고에 기초하도록 하여야 한다.[40] 이 규정은 국제거래에서 일정한 국제기준의 설정을 유도한다는 의미를 갖는다. 국제기준에 '기초'한다는 것은 국제기준에 '일치'한다는 것을 의미하지 않는, 보다 넓은 개념이다.[41] 관련 국제기준, 지침, 권고에 합치되는(conform to) 위생 및 검역조치는 인간이나 동·식물의 생명 또는 건강을 보호하는 데 필요한 것으로 간주되며, 이 협정과 1994년 GATT 관련 규정에 합치되는 것으로 추정된다.[42] 관련 국제 기준으로는 국제식품규격위원회(Codex Alimentarius Commission) 기준, 국제수역사무국(International Office of Epizootics: OIE) 기준, 국제식물보호협약(International Plant Protection Convention: IPCC) 기준 등이 제시되고 있다.[43]

4. 과학적 정당성

당사국은 일정한 경우에는 자국의 보호수준을 국제기준보다 더 높일 수 있는 자주적 권리를 가진다. 즉 SPS협정은 '과학적 정당성(scientific justification)'이 있거나 당사국이 위해성평가 조항(제5조 제1항 내지 제8항)에 따라 적절한 보호수준이라고 결정하는 경우에는 당사국으로 하여금 관련 국제기준, 지침 또는 권고에 기

38) *연어 수입금지 사건* 항소기구 결정(각주 35), § 194.
39) *Id.*
40) SPS협정(각주 22), 제3조 제1항.
41) *Id.* § 4.207. *EC 호르몬 사건* 항소기구 결정(각주 33), § 71.
42) SPS협정(각주 22), 제3조 제2항.
43) *Id.* 부속서 A.3.

초한 조치에 의하여 달성되는 위생 및 검역 보호수준보다 높은 수준의 위생 및 검역조치를 도입·유지하는 것을 허용하고 있다.[44]

5. 위해성평가

이 협정에 의하여 위생 및 검역조치는 위해성평가(Risk Assessment)에 기초해서 취해져야 한다. 이 협정상 '위해성평가'란 "적용될 수 있는 위생 및 검역조치에 따라 수입당사국의 영토 내에서 해충 또는 질병의 도입·정착 또는 전파의 가능성과 이와 연관된 잠재적인 생물학 및 경제적 결과의 평가, 또는 식품·음료 및 사료 내의 첨가제·오염물질·독소 또는 질병원인체의 존재로 인하여 발생하는 인간 또는 동물의 건강에 미치는 악영향의 잠재적 가능성에 대한 평가"를 말한다.[45] 여기에는 확인(identification), 평가(evaluation), '위생 및 검역조치에 따른' 평가라는 세 가지 요소가 포함된다.[46]

당사국은 관련 국제기구에 의해 개발된 위해성평가 기술을 고려하여, 자국의 위생 또는 검역조치가 여건에 따라 적절하게 인간이나 동·식물의 생명 또는 건강에 대한 위해성평가에 기초하도록 보장하여야 한다.[47] 이 협정은 위해성평가 시 고려해야 할 요소로 이용 가능한 과학적 증거, 관련 공정 및 생산 방법, 관련 검사 및 시험방법, 특정 병해충의 발생률, 병해충 안전지역의 존재, 관련 생태학적 및 환경조건, 그리고 검역 또는 다른 처리 등을 들고 있다.[48] 이러한 위해성평가 시, 당사국은 '확인 가능한(ascertainable)' 위해성에 대하여 평가하여야 하며, '이론적(theoretical)' 위해성까지 평가해야 하는 것은 아니다.[49] 일정한 위해 수준을 설정하기 위한 '정량적 요건(quantitative requirement)'을 요구하는 것도 아니다.[50]

6. 사전배려의 원칙

SPS협정 제5조 제7항은, "관련 과학적 증거가 불충분한 경우, 당사국은 … 이용 가능한 적절한 정보에 근거하여 잠정적으로 위생 및 검역조치를 채택할 수 있

---

44) *Id.* 제3조 제3항.
45) *Id.* 부속서 A.4.
46) *연어 수입금지 사건* 항소기구 결정(각주 35), § 121.
47) SPS협정(각주 22), 제5조 제1항.
48) *Id.* 동조 제2항.
49) *EC 호르몬 사건* 항소기구 결정(각주 33), § 91.
50) *Id.* § 91; *연어 수입금지 사건* 항소기구 결정(각주 35), § 124.

다"고 규정하고 있다. 또한 이러한 상황에서 당사국으로 하여금 보다 객관적인 위해성평가를 위하여 필요한 추가정보를 입수하도록 노력하고 이에 따라 합리적인 기간 내에 위생 및 검역조치를 재검토하도록 하고 있다.[51] *일본 농업제품 사건*에서 항소기구는 이 조항을 적용하기 위한 네 가지 요건을 명시하였다: ① 해당 조치가 '관련 과학적 증거가 불충분한 경우'에 부과된 것이어야 한다;[52] ② 해당 조치가 '이용 가능한 적절한 정보에 근거'하여 채택된 것이어야 한다; ③ 조치를 취한 당사국은 '보다 객관적인 위해성평가를 위하여 필요한 추가정보를 입수하도록 노력'하여야 한다; ④ 당사국은 '합리적인 기간 내에 위생 및 검역조치를 재검토'하여야 한다.[53] 이 네 가지 요건은 그 성격상 명백히 누적적이고, 동 규정과의 일치 여부를 결정함에 있어서 똑같이 중요하므로, 이들 요건 중 한 가지라도 충족되지 않는 경우에는 제5조 제7항에 일치하지 않는다.[54]

이 규정은 당사국들이 사전배려의 원칙에 근거하여 위생 및 검역조치를 취하는 것을 허용하고 있는 것이다.[55] 여기에서 이 규정과 제2조 제2항의 요건, 즉 충분한 과학적 증거에 의하여 위생 및 검역조치가 이루어져야 한다는 요건과의 관계 설정이 문제될 수 있다. 이 규정은 제2조 제2항의 당사국 의무를 제한적으로 면제시키는 역할을 한다고 할 수 있다. 제5조 제1항 및 제2항의 위해성평가 요건과의 관계도 문제될 수 있다. *EC 호르몬 사건* 항소기구는 사전배려의 원칙이 위해성평가 요건을 무효화하지는 못한다고 판단하였다.[56]

Ⅲ. 지적재산권의 무역관련측면에 관한 협정

유전자원에 대한 접근, 그리고 기술에의 접근과 그 이전 문제를 둘러싸고 선진국과 개도국은 치열한 논쟁을 하고 있다. 그 중심에 지적재산권 문제가 있다. 개도국들은 지적재산권의 보호 및 보호수준의 강화가 환경친화적인 기술에의 접근 및

51) SPS협정(각주 22), 제5조 제7항.

52) '과학적 불확실성(scientific uncertainty)'이 존재하는 경우가 아니라 과학적 증거가 '불충분한(insufficient)' 경우를 규정하고 있다.

53) *일본 농업제품 사건* 항소기구 결정(각주 28), § 89.

54) *Id.*

55) Terence P. Stewart & David S. Johanson, *A Nexux of Trade and the Environment: The Relationship between the Cartagena Protocol on Biosafety and the SPS Agreement of the World Trade Organization,* 14 Colo. J. Int'l Envtl. L. & Pol'y 1, 30 (2003).

56) *EC 호르몬 사건* 항소기구 결정(각주 33), § 30.

이전을 어렵게 한다고 주장하고 있는 반면, 기술이 풍부한 미국을 비롯한 선진국들은 지적재산권에 의한 보호가 기술이전을 오히려 촉진할 것이라고 주장하고 있다. 이러한 논쟁은 지적재산권의 무역관련측면에 관한 협정(TRIPs협정)[57]의 타결로 일단 지적재산권의 보호 및 강화로 방향을 잡았다.

TRIPs협정은 효과적이고 적절한 지적재산권 보호를 위한 최소한의 국제기준을 확립하고 있다. 이 협정은 전문에서 지적재산권의 효과적이고 적절한 보호를 증진할 필요성을 고려하면서 국제무역에 대한 왜곡과 장애를 줄이고, 지적재산권을 시행하는 조치 및 절차가 그 자체로 적법한 무역에 대한 장벽이 되지 않도록 보장한다는 의욕적인 희망을 밝히고 있다. 나아가 협정은 "지적재산권 보호는 기술의 혁신과 이전 · 전파 및 기술지식의 생산자와 이용자 간의 상호이익에 기여하고, 사회 · 경제적 복지에 기여해야 한다. (…)"고 목적을 규정하고 있다.[58]

다른 당사국의 국민에게 지적재산권 보호에 관하여 자국 국민보다 불리한 대우를 하여서는 안 된다는 '내국민대우원칙'[59]과 다른 당사국의 국민에게 부여되는 이익, 혜택, 특혜 또는 면제가 즉시 그리고 무조건적으로 다른 모든 당사국의 국민에게 부여되어야 한다는 '최혜국대우원칙'을 규정하고 있다.[60]

협정 제27조는 특허 대상을 규정하면서, 신규성(new), 진보성(inventive), 산업상 이용 가능성(industrial application) 등을 들고 있다.[61] 당사국들은 당사국 영토 내에서의 상업적 이용의 금지가, 인간 · 동물 또는 식물의 생명 또는 건강의 보호 또는 환경에의 심각한 피해의 회피를 포함하여, 공공질서 또는 공서양속을 보호하기 위하여 필요한 경우 그 발명을 특허 대상에서 제외할 수 있다.[62] 이 규정은 간접적으로 생물다양성의 보호가 중요하다는 점을 지적하고 있지만 어떻게 지적재산권 규범이 생물다양성의 보호를 위해 사용될 수 있는지 분명치 않다. 당사국은 또한 인간 또는 동물의 치료를 위한 진단방법 · 요법 및 외과적 방법, 미생물 이외의 동 · 식물, 비생물학적 및 미생물학적 공정(process) 이외의 본질적으로 생물학적인 식물 또는 동물의 생산을 위한 공정 등을 특허 대상에서 제외할 수 있다. 그러나 당사국은 식물변종(plant variety)의 보호를 위하여 특허 또는 효과적인 독자적인

57) The Agreement on Trade-Related Aspects of Intellectual Property Rights(TRIPs), http://www.wto.org/english/docs_e/legal_e/27-trips.doc.

58) *Id.* 제7조.

59) *Id.* 제3조.

60) *Id.* 제4조.

61) *Id.* 제27조 제1항.

62) *Id.* 동조 제2항.

(*sui generis*) 제도를 이용하거나 양자를 병용할 수 있다.63) 이 규정은 지적재산권의 보호를 강화한다는 점에서 개도국, 농부들의 불만을 살 만하다.

특허는 특허권자에게 다음과 같은 배타적 권리를 부여한다: ① 특허 대상이 물질인 경우, 제3자가 특허권자의 동의 없이 동 물질을 제조·사용·판매를 위하여 제공·판매하는 행위 또는 이러한 목적을 위하여 수입하는 행위의 금지; ② 특허 대상이 공정인 경우, 제3자가 특허권자의 동의 없이 공정을 사용하는 행위, 최소한 그 공정에 의해 직접적으로 획득되는 제품을 사용·판매하기 위하여 제공·판매하는 행위 또는 이러한 목적을 위하여 수입하는 행위의 금지.64) 특허권자는 또한 특허권을 양도·상속에 의해 이전하고, 사용허가를 체결할 권리를 갖는다.65)

한편, 이 협정은 당사국으로 하여금 특허에 의하여 허여된 배타적 권리에 대해 제한된 예외를 규정할 수 있도록 하고 있다. 다만, 이와 같은 예외는 제3자의 적법한 이익을 고려하여, 특허권의 정상적인 이용에 불합리하게 저촉되지 아니하고 특허권자의 적법한 이익을 불합리하게 저해하지 않아야 한다.66) 나아가 제31조는 당사국의 법률이 정부나 정부의 승인을 받은 제3자에 의한 사용을 포함하여 권리자의 승인 없이 특허 대상의 다른 사용을 허용하는 경우(예컨대, 강제실시)를 규정하면서 12가지의 상세하고 까다로운 조건을 제시하고 있다.67)

이러한 TRIPs협정체제와 생물다양성협약체제 간에는 충돌 가능성이 제기된다. 우선 유전자원에 대한 당사국의 주권적 권리를 규정하고 있는 생물다양성협약 제15조는 TRIPs협정의 내국민대우원칙 또는 최혜국대우원칙과 충돌할 수 있다. 또한 지적재산권의 제한 가능성을 인정하고 있는 생물다양성협약 제16조는 지적재산권의 배타성 내지 독점성에 반할 수 있다. 한편, 생물다양성협약은 전통토착지식의 보호에도 관심을 가지고 있으나 전통지식에 대한 고려는 TRIPs협정에서 발견되지 않는다.68)

---

63) *Id.* 동조 제3항.

64) *Id.* 제28조 제1항.

65) *Id.* 동조 제2항.

66) *Id.* 제30조.

67) *Id.* 제31조.

68) 즉 생물다양성협약은 토착지역사회의 전통적인 생활양식 구현은 생물자원과 밀접하고 전통적으로 상호의존적임을 인식하고 생물다양성의 보전과 그 구성요소들의 지속가능한 이용과 관련된 전통지식 등의 이용 시 발생되는 이익을 공평하게 분배하는 것이 바람직하다는 점을 밝히면서(전문), 토착지역사회의 지식에 대한 존중, 보존 및 유지, 그러한 지식의 보유자의 승인과 개입을 통한 광범위한 이용의 촉진, 그러한 지식의 이용에 따른 이익의 공평한 공유(equitable sharing)를 국내 입법에 따라 인정할 것을 규정하고 있다(제8조(j)). 또한 보전 또는 지속가능한 이용과 전통문화적 관행에 따른 생물자원의 관습적 이용의 보호 및 장려를

Ⅳ. 서비스무역에 관한 일반협정

1. 적용 범위

서비스무역에 관한 일반협정(GATS협정)69)은 서비스무역에 영향을 미치는 당사국의 조치(measures)에 적용된다.70) 당사국의 조치는 광범위한 것으로서, GATS협정은 ① 중앙, 지역 또는 지방의 정부 및 당국, 그리고 ② 중앙, 지역 또는 지방의 정부 또는 당국에 의해 위임된 권한을 행사하는 비정부기관에 의해 취해진 조치라고 정의하고 있다.71)

GATS협정은 서비스 자체에 대한 개념 정의를 하고 있지 않는 대신에 서비스무역(trade in services)을 다음 네 가지 형태를 포함하는 것으로 규정하고 있다: ① 한 당사국의 영토로부터 다른 당사국의 영토로 제공되는 서비스(예컨대, 국제전화)를 포함하는 "서비스의 국경이동(cross−border supply)"; ② 다른 당사국의 소비자에게 제공되는 서비스(예컨대, 여행)를 포함하는 "외국 소비(consumption abroad)"; ③ 다른 당사국 영토에의 상업적 주재를 통해, 서비스 공급자에 의해 제공되는 서비스(예컨대, 은행업무, 외국에서의 자회사 설립)를 포함하는 "상업적 주재(commercial presence)"; ④ 다른 당사국 영토에의 자연인의 주재를 통해, 서비스 공급자에 의해 제공되는 서비스(예컨대, 건설사업, 컨설턴트)를 포함하는 "자연인의 주재(presence of natural persons)".72) 부속서에서는 서비스의 범위를 보다 구체화하고 있다.

기후변화협약체제에서 인정하고 있는 배출권 단위의 거래는 매도 · 매수 · 교환 등을 포함하며, 중개 · 자문 · 평가서비스를 수반하게 된다. 이러한 서비스는 GATS협정에서 정하고 있는 서비스무역에 포함될 가능성이 많다. 예컨대, 배출권거래를 촉진하는 중개는 외국 서비스공급자(미국 중개인)가 서비스(독일에서 발생한 배출권)를 다른 당사국의 영토(프랑스)에 공급(이전)하기 때문에 GATS협정에서 정하고

강조하고 있다(제10조(c)). 나아가 생물다양성협약은 토착 전통지식을 정보 교류의 대상인 정보에 포함시키고 있으며(제17조 제2항), 당사국으로 하여금 토착 전통기술을 포함한 기술의 개발 및 이용을 위한 협력방안을 국내 입법과 정책에 따라 촉진 · 개발하도록 하고 있다(제18조 제4항).

69) The General Agreement on Trade in Service, http://www.wto.org/english/docs_e/legal_e/26−gats_01_e.htm.

70) *Id.* 제1조 제1항.

71) *Id.* 동조 제3항.

72) *Id.* 동조 제2항.

있는 서비스무역 중 이른바, "서비스의 국경이동" 형태의 서비스무역에 해당될 수 있다. 교토의정서상의 청정개발체제(CDM) 사업은 GATS협정상의 서비스를 창출할 수 있다. 청정개발체제(CDM)하에서 수행한 온실가스 감축사업은 교토의정서의 부속서 I 에 해당하는 선진국(투자국)의 온실가스 배출 감축의무 이행에 사용될 수 있기 때문에 그 사업활동으로 발생하는 '인증 배출량 감축(CER)'은 선진국의 서비스 소비자에게 제공되는 이른바, "외국 소비" 형태에 포함되는 서비스로 이해할 수 있다.

2. 최혜국대우원칙

각 당사국은 다른 당사국의 서비스와 서비스 공급자에게 부여한 대우보다 불리하지 아니한 대우를 다른 당사국들에게 즉시 그리고 무조건적으로 부여하여야 한다.[73] 이는 어느 당사국이 특정 서비스에 대하여 개방할 경우 경쟁하는 다른 당사국들의 서비스에 모두 동등한 기회를 주어야 한다는 것을 의미한다. 이 원칙은 GATT 최혜국대우원칙과 달리 광범위한 예외가 인정되는데, 즉 당사국은 부속서(제2조 면제에 관한 부속서)에 열거되어 있고 부속서상의 조건을 충족하는 경우 최혜국대우원칙에 배치되는 조치를 취할 수 있다.[74]

예컨대, 교토의정서 당사국이 아닌 국가(미국)가 교토의정서 당사국(유럽연합)에 배출권 중개 서비스를 제공하는 것을 금지하는 것은 미국을 교토의정서 당사국인 다른 WTO 당사국보다 불리하게 대우하는 것이므로 최혜국대우원칙을 위반할 가능성이 있다. 한편, 청정개발체제 사업에 교토의정서 당사국 이외의 국가는 참여할 수 없기 때문에 참여가 제한된 국가는 최혜국대우원칙을 위반하였다고 주장할 가능성이 있다. 또한 교토의정서의 부속서 I 이외의 당사국(유치국)이 사업을 수행할 국가(투자국)의 국적에 따라 다른 규칙을 적용하는 경우에는 최혜국대우원칙을 위반할 여지가 있다. 그러나 부속서에 청정개발체제 사업과 관련한 서비스가 포함된 경우 유치국은 그 서비스가 최혜국대우의 대상이 되지 않는다고 주장할 수 있을 것이다.

73) *Id.* 제2조 제1항.
74) *Id.* 동조 제2항.

3. 내국민대우원칙

내국민대우원칙에 대해, GATT 규정이 당사국의 일반적 의무로 규정하고 있음에 비해 GATS협정은 구체적 의무의 형태로 규정하고 있다. 즉 각 당사국은 자국이 양허표(Schedule)에 기재된 분야에 있어 양허표에 명시된 조건 및 제한에 따라 다른 당사국의 서비스 및 서비스 공급자에게 서비스의 공급에 영향을 미치는 모든 조치와 관련하여 자국의 동종 서비스와 동종 서비스 공급자에게 부여하는 대우보다 불리하지 아니한 대우를 부여하여야 한다.75) GATT 규정과 달리 외국인의 서비스공급을 제한하는 분야를 양허표에 기재하는 경우에는 특정 서비스에 대하여 내국민대우의무가 면제될 수 있다.

예컨대, 청정개발체제 사업 유치국(교토의정서의 부속서 I 이외의 당사국)이 자국과 다른 사업 규칙을 채택하는 경우(예컨대, 투자국에 대하여 국내 사업개발자보다 부담이 되는 규칙의 적용)에는 내국민대우원칙을 위반할 가능성이 있다. 그러나 청정개발체제 사업과 관련한 서비스를 양허표에 기재하지 않는 한(가까운 시일 내에 청정개발체제 사업이 양허표에 포함될 가능성은 적어 보인다) 내국민대우의무가 발생하지 않으므로 현실적으로 내국민대우원칙 위반 여부가 크게 문제되지는 않을 것으로 예상된다.

4. 시장접근

시장접근(market access)에 관해 각 당사국은 다른 당사국이 서비스 및 서비스 공급자에 대해 자국의 양허표상에 합의되고 명시된 조건 및 제한보다 불리한 대우를 해서는 아니 된다.76) 시장접근의 제한은 내국민대우원칙과 유사하게 양허표에 기재되어 구체적 약속이 이루어진 경우에 한해 금지된다. 특정 분야에 대해 시장개방을 결정한 국가는 시장접근의 제한을 부과해서는 아니 된다. 시장접근의 허용은 외국의 서비스나 서비스공급자에 대해 자국 시장을 개방하는 것을 의미한다.

나아가 GATS협정은 양허표상에 달리 명시하지 않는 한 허용될 수 없는 조치를 명시하고 있다. 여기에는 수량제한, 독점 또는 독점적인 서비스공급자의 창출 등이 포함된다.77)

---

75) *Id.* 제17조 제1항.

76) *Id.* 제16조 제1항.

77) 허용될 수 없는 조치에는 ① 서비스공급자의 수에 대한 제한, ② 서비스거래 또는 자산의 총액에 대한 제한, ③ 서비스 총 영업량 및 총 산출량에 대한 제한, ④ 서비스 총 고용인력

5. 일반적 예외

GATT 제20조 예외 규정과 유사하게 GATS협정은 공중도덕이나 공공질서의 보호를 위해 필요한 조치, 인간이나 동·식물의 생명 또한 건강 보호를 위해 필요한 조치 등에 대하여 협정에서 규정한 원칙과 의무 이행을 면제하고 있다.[78] '필요성' 요건과 관련해서 2005년 *미국 도박 사건*에서 항소기구는 "합리적으로 이용 가능한(reasonably available)" 대안이 없다는 취지로 이해하고, 그 입증책임을 제소국에게 부담시켰다.[79] 이는 2001년 *EC 석면 사건*에서 보여준 항소기구의 입장과 일치하는 것이다.

GATS협정이 일반적인 예외의 하나로서 "인간이나 동·식물의 생명 또는 건강 보호에 필요한 조치"를 허용하고 있다는 점에서 GATT 제20조(b)와 유사하나 유한 자연자원의 보전에 관련한(relating to) 조치를 정당화 요건으로 인정하고 있지 않다는 점에서 GATT 제20조(g)와 대비된다. GATT 제20조(g)와 같은 규정이 없기 때문에 GATS협정상 환경과 관련하여 해당 조치가 허용되는지 여부를 둘러싼 논란은 "인간이나 동·식물의 생명 또한 건강 보호를 위해 필요한 조치"인지 여부에 집중될 것으로 보인다.

한편, 일반적 예외에 따라 허용되는 조치라도 필요한 범위 내에서 취해져야 하며, 동일한 조건(like conditions)하에 있는 국가간에 자의적이거나 부당한 차별의 수단이나 또는 서비스무역에 대한 위장된 제한을 구성하는 방식으로 취해질 수 없다.[80]

Ⅴ. 보조금과 상계조치에 관한 협정

1. 보조금이란?

보조금과 상계조치에 관한 협정(SCM협정)은 다음과 같은 경우에 보조금이 있는 것으로 보고 있다: ① 당사국의 영토 내에서 정부 또는 공공기관의 재정적 기여

에 대한 제한, ⑤ 서비스 법인체나 합작투자의 특정형태에 대한 제한, ⑥ 외국인의 지분참여 또는 외국자본참여에 대한 제한 등이 포함된다. *Id.* 동조 제2항.

78) *Id.* 제14조 본문.

79) WTO, *United States–Measures Affecting the Cross–border Supply of Gambling and Betting Services,* WT/DS285/AB/R (2005), § 309.

80) GATS협정(각주 69), 제14조 모두(冒頭).

(financial contribution)가 있거나 GATT 제16조 의미의 소득 또는 가격지지(income or price support)가 어떤 형태로든 존재하고, ② 이로 인해 이익(benefit)이 부여되는 경우.[81] 예컨대, 교토의정서상의 청정개발체제에서 투자국인 부속서Ⅰ에 해당하는 선진 당사국은 사업 유치국인 개도국(부속서Ⅰ 이외의 당사국)에서 온실가스 감축사업(기술이전 또는 그 밖의 사업)을 수행하여 온실가스 배출 감축의무 이행에 사용할 수 있다. 청정개발체제 사업을 통하여 투자국은 '인증 배출량 감축(CER)'을 취득하고 유치국은 지속가능한 발전을 달성할 수 있는데, 이들은 '재정적 기여(financial contribution)'로 볼 수 있다. 또한 자본이 특정 산업 분야로 이동하기 때문에 '이익(benefit)'이 주어진 것으로 볼 여지가 있다.

배출권의 할당은 무상 할당(grandfathering), 경매, 사회적 · 경제적 · 정치적 정책에 기초한 분배 등의 방법으로 이루어질 수 있는데, 이러한 할당은 의도하였든 의도하지 않았든 특정 그룹을 다른 그룹보다 선호하는 결과를 초래하게 된다. 예컨대, 무상 할당은 신규오염원이 시장에 진입하기 위해서는 배출권을 구매하여야 한다는 점에서 기존오염원을, 경매는 경매에 참여할 수 없는, 즉 자금이 부족한 자는 온실가스를 배출할 수 없다는 점에서 자금이 충분한 자를, 어떤 사회적 · 경제적 · 정치적 분배는 그러한 요소를 갖추지 못한 자를 배제한다는 점에서 이러한 요소에 부합하는 자를 우선하게 된다. 여기에서 어떤 당사국은 다른 국가의 할당 시스템이 보조금에 해당한다고 주장할 가능성이 있다. 양국의 할당 시스템이 유사하더라도 규율하는 방식이 달라 결과적으로 다른 할당이 이루어진 경우 해당국은 다른 국가의 할당 시스템이 보조금을 구성한다고 주장할 가능성이 있다. 또한 할당받은 배출권을 초과하여 배출한 사업자에 대해 엄격한 규제조치를 부과하는 국가는 다른 국가의 상대적으로 완화된 규제조치가 보조금에 해당한다고 주장할 가능성이 있다.[82] 여기에 대해서는 배출권의 할당이 '재정적 기여'의 분배로 볼 수 없어 보조금으로 볼 수 없다는 견해가 있다.[83]

---

81) The Agreement on Subsidies and Countervailing Measures, http://www.wto.org/english/docs_e/legal_e/24-scm_01_e.htm, 제1조 제1항.

82) 이에 대하여 자세한 내용은 김홍균, "기후변화의 국내법적 시행조치와 WTO체제: 배출권거래제도를 중심으로," 기후변화와 법학의 과제, 신조사, 2014. 6, 30 내지 31면. 배출권의 할당을 보조금으로 보는 것은 자칫 오염원 규제를 위해 취하는 국가의 주권적 결정인 환경규제가 보조금 논쟁에 휘말릴 수 있다는 점에서 당사국들은 무상 할당이 허용보조금에 해당한다거나 다른 국가적, 사회적 이익(예컨대, 기후변화방지, 온실가스 감축)을 위해 보조금이 활용될 수 있다고 합의할 수 있을 것이다.

83) 배출권 단위의 거래 가능성과 그로 인한 재정적 가치의 가변성 때문에 배출권의 할당을 "재정적 기여"의 분배로 보기 어렵다. Annie Petsonk, *The Kyoto Protocol and the WTO: Integrating Greenhouse Gas Emissions Allowance Trading into the Global Marketplace,*

2. 특정성 요건

한편, SCM협정은 특정성(specificity) 있는 경우, 금지(prohibited)보조금과 조치가능(actionable)보조금과 관련해서 협정에서 정하고 있는 규율을 받게 된다고 규정하고 있다.[84] 특정성에 대한 판단 기준은 제2조에 규정되어 있는데, 일반적으로 공여당국의 관할 내에 있는 특정 기업이나 산업 또는 기업군이나 산업군만이 보조금에 접근할 수 있는 경우 특정성이 인정된다. 구체적으로 이 협정은 특정성을 판단하기 위한 기준으로 법률적(*de jure*) 기준[85]과 사실상(*de facto*) 기준[86]을 채택하고 있다. 예컨대, 청정개발체제 사업이 특정 기업이나 산업 분야에서만 이루어지도록 한다면 특정성 요건을 충족하는 보조금을 구성할 수 있다. 또한 탄소배출을 억제하기 위하여 지급되는 보조금은 경제 전체를 대상으로 하기보다는 일부 에너지 집약적 산업부문에 지급될 가능성이 높다. 따라서 교토의정서상의 의무를 이행한다는 차원에서 친환경적 산업으로의 전환을 위해 지급되는 보조금은 SCM협정상의 법률적 특정성 요건에 부합될 수 있다. 또한 보조금이 법률적 특정성의 요건을 충족하지 못한 경우라도 그 보조금이 제한적 또는 불균형적인 방식으로 지급된다면 사실상 특정적인 것으로 간주될 수 있다.

3. 보조금의 종류

SCM협정은 세 가지 종류의 보조금을 설정하고 있다: ① 금지(prohibited)보조금, ② 조치가능(actionable)보조금, ③ 허용(non-actionable)보조금.[87] 먼저 농업에 관한 협정(농업협정)[88]에 규정된 경우를 제외하고, 법률상 또는 사실상 수출 실

---

10 Duke Envtl. L. & Pol'y F. 185, 209 (1999).

84) SCM협정(각주 81), 제1조 제2항.

85) 공여당국 또는 공여당국이 활동하는 근거법률이 보조금에 대한 접근을 특정기업으로 명백하게 한정하는 경우 이러한 보조금은 특정성이 있다. *Id.* 제2조 제1항(a).

86) (a)와 (b)에 규정된 원칙의 적용 결과 외견상 특정성이 없음에도 불구하고 보조금이 사실상 특정적일 수 있다고 믿을 만한 이유가 있는 경우에는 다른 요소들이 고려될 수 있다. 이러한 요소는 제한된 숫자의 특정 기업에 대한 보조금 계획의 사용, 특정 기업에 의한 압도적인 사용, 특정 기업에 대해 불균형적으로 많은 금액의 보조금 지급 및 보조금 지급 결정에 있어서 공여기관의 재량권 행사방식과 같은 것이다. 이를 적용함에 있어서 보조금 계획이 집행되는 기간뿐 아니라 공여기관의 관할하에 있는 경제활동의 다양화 정도가 고려된다. *Id.* 동항(c).

87) 허용보조금을 정하고 있는 규정(제8조 및 제9조)의 적용 연장에 대하여 회원국들이 합의에 이르지 못함에 따라 2000년 1월 1일 이 규정들은 그 적용이 만료되었다.

88) The Agreement on Agriculture, http://www.wto.org/english/docs_e/legal_e/14-ag_01_e.htm.

적(export performance)에 따라 지급되는 보조금과 수입품 대신 국내 상품의 사용을 조건으로 지급되는 보조금은 금지된다.89) 금지보조금은 특정성이 있는 것으로 간주된다.90) 그 결과 이러한 종류의 보조금은 일반적으로 적용되었는지 또는 특정 산업에 적용되었는지 여부와 관계없이 금지된다. 따라서 기업들이 탄소배출 수준이 높은 외국의 제품보다 탄소배출 수준이 낮은 국내 동종 제품을 사용하도록 지급되는 보조금은 금지된다고 이해된다.91)

SCM협정 제5조는 어떤 당사국도 제1조 제1항 및 제2항에 언급된 보조금의 사용을 통하여 ① 다른 당사국의 국내산업에 대한 피해(injury), ② 1994년 GATT에 따라 다른 당사국이 직접적 또는 간접적으로 향유하는 혜택, 특히 협정 제2조에 따른 양허 혜택의 무효화(nullification) 또는 침해(impairment), ③ 다른 당사국의 이익에 대한 심각한 손상(serious prejudice)과 같은 부정적 효과(adverse effect)를 초래해서는 아니 된다고 규정하고 있다. 이 규정은 농업협정 제13조에 규정된 바에 따라 농산물에 대하여 유지되는 보조금에는 적용되지 아니한다.92) 제품에 대한 종가(從價)기준 총 보조금 지급이 5%를 초과하는 경우와 같은 일정한 경우에는 심각한 손상이 있는 것으로 간주된다.93)

한편, SCM협정은 특정적이지 아니한 보조금과, 특정적이지만 기업 또는 기업과 체결한 고등교육기관이나 연구기관이 행하는 연구활동에 대한 지원, 당사국 영토 내의 낙후지역에 제공되는 지원, 기업에게 보다 많은 제약과 재정적 부담을 초래하는 법령에 의하여 부과되는 새로운 환경요건에 기존시설의 적응을 촉진하기 위한 지원 등은 일정한 요건하에 허용보조금으로 보고 있다.94)

89) SCM협정(각주 81), 제3조 제1항.
90) *Id.* 제2조 제3항.
91) 강윤영 외, 기후변화협약 및 교토의정서 대응전략 연구, 산업자원부 · 에너지경제연구원, 2003. 5, 639면.
92) SCM협정(각주 81), 제5조.
93) *Id.* 제6조 제1항.
94) *Id.* 제8조 제1항 · 제2항.

제 4 절 WTO 분쟁 사건

GATT에 가입한 당사국은 1994년 채택된 부속협정의 구속을 받기 때문에 WTO체제에서 분쟁은 GATT 규정은 물론이고 부속협정 관련 규정의 적용·해석을 둘러싸고 제기되고 있다. WTO 분쟁해결체제의 큰 특징은 1994년에 채택된 분쟁해결 규칙 및 절차에 관한 양해각서(DSU)에 의해 규율되는 강제적 구속력 있는 분쟁해결체제라는 점이다. WTO 분쟁해결체제는 분쟁해결기구(Dispute Settlement Body: DSB)에 의하여 시행된다. 분쟁 당사국은 먼저 협의를 하고, 협의가 이루어지지 않은 경우 분쟁해결기구에 패널의 설치를 요구할 수 있으며, 패널보고서에 이의가 있는 당사국은 항소기구(Appellate Body: AB)에 항소할 수 있다. 항소기구절차는 법률심으로서, 최종심에 해당된다. 당사국은 합리적인 기간 내에 패널 또는 항소기구의 결정 내용을 이행하여야 하는데, 그 기간은 패널보고서나 항소기구보고서의 채택일로부터 15개월을 초과하지 아니한다.[1] 결정 내용을 이행하지 아니하는 경우, 당사국은 보상(compensation) 및 양허 정지(suspension of concession)의 제재를 받을 수 있다.[2]

WTO체제에서 주요 환경관련 분쟁사건으로는 1996년 *개질 휘발유 사건*, 1998년 *새우-바다거북 사건*, 1997년 *EC 호르몬 사건*, 1998년 *연어 수입금지 사건*, 2000년 *EC 석면 사건*, 2007년 *브라질 타이어 사건* 등이 있다.

Ⅰ. 1996년 *개질 휘발유 사건*

WTO 기구 내에서 분쟁해결패널이 처음으로 다룬 환경분쟁 사건은 미국의 *개질 휘발유 사건*이다.[3] 1990년 미국 의회는 오존을 포함하여 대기오염을 줄이기 위하여 대기청정법(CAA)을 개정하였다. 그로부터 4년 후인 1994년 미 환경보호청(EPA)은 이 법에 의거하여 휘발유의 성분과 배출 영향에 대한 가솔린 규칙(Gasoline

1) Understanding on Rules and Procedures Governing the Settlement of Disputes, 33 I. L. M. 1226 (1994), 제21조 제3항.

2) *Id.* 제22조.

3) WTO, *United States–Standards for Reformulated and Conventional Gasoline Treatment of Imported Gasoline and Like Products of National Origin,* 35 I. L. M. 274 (1996)(*개질 휘발유 사건*).

Rule)을 공포하였다.[4] 대기청정법은 대기오염의 규제를 위하여 편의상 지역을 둘로 구분하고 있는데, 오염이 심하게 이루어진 오존기준 초과지역(non-attainment area)과 그렇지 아니한 오존기준 달성지역이 그것이다. 가솔린 규칙에 의하면 오염이 심한 지역에서는 개질휘발유(reformulated gasoline)의 판매만 허용되었다. 나머지 지역에서는 일반 또는 전통 휘발유(conventional gasoline)가 판매될 수 있는데, 1990년 기준으로 판매된 휘발유보다는 깨끗하여야 한다.

가솔린 규칙은 미국 내 정유업자, 제조업자뿐만 아니라 수입업자에게도 적용되었다. 가솔린 규칙은 1990년 최소 6개월 이상 영업을 한 국내 정유업자로 하여금 1990년 생산된 휘발유의 질을 대표할 수 있는 개별적 기준(individual baseline)을 설정하도록 하였는데, 국내 정유업자는 세 가지 방법 중의 하나를 선택할 수 있다. 외국 정유업자로서 수입업자는 1990년 외국 정유소에서 생산된 휘발유 양의 75% 이상을 수입한 경우 이 세 가지 방법을 이용하여 개별적 기준을 정하여야 한다(75% Rule). 한편, 환경보호처는 1990년 6개월 이내의 영업을 한 국내 정유업자와 일정한 조건하에서 수입업자 및 제조업자에게 법적 기준(statutory baseline)을 설정하였다.[5]

베네수엘라와 브라질은 이러한 가솔린 규칙이 GATT의 최혜국대우원칙(제1조)과 내국민대우원칙(제3조)을 위반하였을 뿐만 아니라 TBT협정 제2조를 위반하였다면서 패널의 설치를 요구하였다.[6] 이에 대해 미국은 가솔린 규칙이 GATT 규정을 위반하지 않았으며, 제20조(b), (g), (d) 등에 의하여 정당화된다고 주장하였다.[7] 이해당사국으로서 유럽공동체(EC)[8]와 노르웨이[9]는 자국의 입장을 표명하는 서면을 제출하였다.

1996년 패널은 가솔린 규칙은 GATT 제3조 제4항을 위반하였으며, 제20조에 의해 정당화될 수 없다고 결정하였다.[10] 패널은 제20조(g)의 해석과 관련한 앞서 1987년 *캐나다 청어·연어 사건*의 입장을 재확인하면서 구체적으로 이 사건에서 문제가 되고 있는 수입되는 휘발유에 비우호적인 기준 설정방법은 자연자원의 보전을 주된 목적으로 하고 있지 않다고 판단하였다.[11] 또한 이러한 판단은 해당 조

4) EPA, Regulation of Fuels and Fuel Additives: Standards for Reformulated and Conventional Gasoline, 59 Fed. Reg. 7716; 40 C. F. R. 80 (1994).
5) *개질 휘발유 사건*(각주 3), §§ 2.5~2.8.
6) *Id.* § 3.1.
7) *Id.* § 3.4.
8) *Id.* §§ 4.1~4.8.
9) *Id.* §§ 4.9~4.11.
10) *Id.* § 8.1.

치가 제20조 모두(冒頭) 조항(*chapeau*)의 요건을 충족하는지 여부를 판단할 필요가 없게 만든다고 결론지었다.[12] 한편, 패널은 기준 설정방법을 둘러싼 GATT 제3조 제4항을 위반하였다고 판단하였기 때문에 보다 일반 규정인 제3조 제1항에 위반되는지 여부,[13] 75% Rule이 GATT 제1조 제1항(최혜국대우원칙)에 위반되는지 여부,[14] 그리고 기준 설정방법이 TBT협정을 위반하였는지를 판단할 필요가 없다고 판단하였다.[15]

이러한 패널 결정에 대하여 미국은 항소기구에 항소하였다.[16] 항소기구는 최종적인 결론, 즉 미국의 조치가 정당화될 수 없다는 점에 대해서는 패널 결정과 일치하였으나 구체적 쟁점에 대한 추론과 분석은 달리하였다. 항소기구는 해당 조치가 유한 자연자원의 보전과 본질적인 관계(substantial relationship)가 있다면 자연자원의 보전과 관련이 있다고 보면서 이 사건 기준 설정 규칙이 깨끗한 대기를 단지 우연히(incidentally) 또는 비의도적으로(inadvertently) 보전할 목적으로 하고 있다고 볼 수 없다고 판단하였다.[17] 제20조(g)의 "해당 조치가 국내 생산 또는 소비에 대한 제한과 결부되어(in conjunction with) 실시되어야 한다"는 문장은 정부 조치가 자연자원의 국내 생산 또는 소비에 대한 제한과 함께(together with) 이루어져야 한다는 의미로 해석되어야 하며, 구체적으로 해당 조치가 수입되는 휘발유뿐만 아니라 국내 휘발유에 제한을 부과하는 요건으로 해석되어야 한다고 판단하였다.[18] 항소기구는 이 규정을 해석함에 있어서 보전이라는 이름으로 유한 자연자원의 생산 또는 소비에 대한 제한을 함에 있어서 공평성(even-handedness)이 요구된다고 보았다. 그 결과 국내 제품에 대한 제한은 없이 모든 제한이 수입 제품에만 부과된다면, 그 조치는 보전 목적을 시행하기 위한 주된 목적으로(primarily) 또는 본질을 갖고(substantially) 실시된 것으로 받아들일 수 없으며, 국내에서 생산된 제품을 보호하기 위한 차별적인 조치에 불과하다고 판단하였다.[19] 구체적으로 패널은 개별적 기준(individual baseline)은 국내 정유업자와 제조업자에게, 법적 기준(statutory baseline)은 수입업자에게 적용되기 때문에 가솔린 규칙은 국내 휘발유와 수입되는

---

11) *Id.* § 6.40.
12) *Id.* § 6.41.
13) *Id.* § 6.17.
14) *Id.* § 6.19.
15) *Id.* § 6.43.
16) WTO, *United States–Standards for Reformulated and Conventional Gasoline*, 35 I. L. M. 603 (1996)(개질 휘발유 사건 항소기구 결정).
17) *Id.* 623면.
18) *Id.* 624면.
19) *Id.* 625면.

휘발유 모두에게 영향을 미친다고 보았다. 그렇기 때문에 더러운 휘발유의 국내 생산의 규제를 통한 깨끗한 대기의 소비 · 고갈에 대한 제한조치가 수입되는 휘발유에 대한 제한 조치에 부응하여 함께(jointly) 이루어지고 있다고 판단하였다. 패널은 수입되는 휘발유가 국내 휘발유보다 불리하게 취급된다는 점은 제20조(g)를 분석하는 데 있어서 본질적인 것이 아니다고 적시하였다.[20] 항소기구는 이와 같은 추론 과정을 거쳐 해당 규칙이 제20조(g)에 해당된다고 판단하였으며, 다음 단계로 모두 조항에 대한 분석을 시도하였다.

항소기구는 모두 조항과 본문 조항의 해석과 관련하여 2단계 분석 방법을 제시하였는데, 이에 따르면 먼저 해당 조치의 성격 때문에 제20조의 정당화 규정을 살펴본 후, 그 조치가 해당 규정의 요건을 충족키는 경우에는 모두 조항의 요건을 충족시키는지 살펴보아야 한다. 항소기구는 모두 조항은 문제된 조치 또는 해당 조치의 구체적인 내용이 아니라 그 조치의 적용 방법에 관한 것이라는 점을 지적하면서 이는 모두 조항의 목적이나 취지가 일반적으로 제20조 예외 규정의 남용을 막기 위한 것이라는 것을 강조하기 위하여 중요하다고 판단하였다.[21]

항소기구는 미국의 가솔린 규칙이 모두 조항의 요건을 충족하지 못한다고 판단하면서 결과적으로 제20조 예외 규정에 의하여 정당화되지 않는다고 결론지었다. 항소기구는 미국이 외국 정유업자에 대하여 개별 기준(individual baseline)의 적용을 부인하면서 그 정당화의 근거로 삼는 행정적인 문제를 완화하기 위하여 베네수엘라 · 브라질 등과 협력하는 것을 소홀히 하였으며, 법적 기준의 부과로 인하여 외국 정유업자에게 발생되는 비용을 고려하지 않았다는 점을 지적하였다.[22] 항소기구는 자의적이고 부당한 차별이 존재하다고 하기 위해서는 그 차별이 우연히 또는 불가피하게 이루어지는 것이 아니라 예견가능한 것이어야 한다고 지적하면서[23] 외국 정유업자에 대한 차별은 예상된 것이며, 예기치 않은 것이거나 불가피한 것이 아니라면서 가솔린 규칙상의 기준 설정규칙은 부당한 차별(unjustifiable discrimination)이며, 국제무역에 대한 위장된 제한(disguised restriction)에 해당된다고 판단하였다.[24] 결론적으로 항소기구는 해당 기준 설정규칙은 제20조(g)에는 해당하나, 모두 조항의 요건을 충족하지 않아 결과적으로 제20조(g) 예외 규정에 의해 정당화될 수 없다고 결정하였다.[25] 이 사건은 그 후 미국이 이러한 WTO 결정

20) *Id.*
21) *Id.* 626면.
22) *Id.* 632면.
23) *Id.* 632면.
24) *Id.* 633면.

을 준수하기 위하여 외국 정유업자에게도 개별 기준을 적용·사용할 수 있도록 해당 규정을 바꿈으로써,[26] 일단락되었다.

Ⅱ. 1998년 *새우-바다거북 사건*

새우-바다거북 사건[27]에서는 미국 멸종위기종법(ESA)에 의거하여 멸종위기에 처한 바다거북을 보호하기 위해 제정된 규정의 합법성 여부가 문제가 되었다. 구체적으로 문제가 된 규정은 미국 공법(Public Law) 제609조인데,[28] 이에 따르면 1997년 5월 1일 이후부터 바다거북에 해를 입히는 상업적 어로 기술을 사용하여 어획된 새우 또는 새우제품의 수입은 금지된다.[29] 다만 대통령이 다음과 같은 사실을 결정하고 이를 의회에 확인(certification)해 주었을 경우에는 이 수입금지 규정이 적용되지 않는다: 어획 국가가 미국에 상응하는, 어획과정에서 바다거북의 우연한(incidental) 취득을 규제하는 프로그램을 채택하고 있다는 서면 증거를 제출하였고, 어획 국가의 어선에 의한 바다거북의 우연한 취득률이 미국 어선에 의한 바다거북의 우연한 취득률에 상응하는 경우; 또는 어획 국가의 특별한 어로 환경이 이러한 어획과정에 있는 바다거북의 우연한 취득을 위협하지 아니할 경우.[30]

후속 조치로 위 제609조를 시행하기 위하여 미 국무부(Secretary of State)는 지침을 공포하였다. 이 지침에 따르면 확인절차의 요건을 충족하기 위해서, 해당 국가가 채택하는 규제 프로그램은 바다거북을 포획할 가능성이 있는 바다에서 운영하는 모든 상업적 새우잡이 어선은 거북제외장치(Turtle Excluder Devices: TEDs)를 사용하여야 한다는 요건을 포함하여야 한다.[31] 1996년 10월 미국국제무역재판소(US Court of International Trade: CIT)는 공법 제609조에 의거한 새우와 새우제품에 대한 수입 금지조치는 확인절차를 거치지 아니한 어부나 어선에 의해 어획된

25) *Id.*

26) Regulation of Fuels and Fuel Additives: Baseline Requirements for Gasoline Produced by Foreign Refiners, 62 Fed. Reg. 45533 (1997).

27) WTO, *United States-Import Prohibition of Certain Shrimp and Shrimp Products*, 37 I. L. M. 832 (1998)(*새우-바다거북 사건*).

28) Public Law 101-162, § 609, 103 Stat. 1037 (1990).

29) *Id.* § 609(b)(1).

30) *Id.* § 609(b)(2).

31) Turtles and Shrimp Trawl Fishing Operations Protection: Guidelines, 56 Fed. Reg. 1051 (1991); Revised Guidelines, 58 Fed. Reg. 1951 (1993); 1996 Guidelines, 61 Fed. Reg. 17342 (1996); *새우-바다거북 사건*(각주 27), § 7.5.

모든 새우와 새우제품에 적용된다고 결정하였다.[32] 이로써 사실상 바다거북에 악영향을 끼치지 않는 상업적 어로 기술로 새우를 어획하였더라도 확인 절차를 거치지 아니한 이상 미국으로의 수출이 불가능하게 되었다.

인도, 말레이시아, 파키스탄, 태국은 미국의 수입 금지조치가 GATT의 제1조 제1항(최혜국대우원칙), 제11조 제1항(수량제한금지원칙), 제13조 제1항(동종 제품을 다르게 취급) 등을 위반하였다고 주장하면서 패널의 설치를 요구하였다.[33] 이에 대해 미국은 해당 조치가 GATT 제20조(b), (g)에 의하여 정당화된다고 주장하였다.[34] 비정부기구(NGO)도 의견서를 제출하였다.[35]

패널은 미국의 수입 금지조치는 수량제한금지원칙을 위반하였으며, 제20조 예외 조항에 의해 정당화되지 않는다고 결정하였다.[36] 패널은 수량제한금지원칙을 위반하였다고 판단한 상황에서 다른 규정(제1조 제1항, 제13조 제1항)의 위반 여부를 살필 필요가 없다고 결정하였다.[37] 또한 패널은 해당 조치가 제20조 모두 조항의 조건을 충족하지 않는다면서 본문 규정은 모두 조항의 조건이 충족되었을 경우에야 고려될 수 있다고 판단하였다. 그 논거로 패널은 모두 조항의 조건은 제20조의 모든 항에 적용된다는 점을 제시하였다.[38]

이러한 패널 결정에 대하여 미국은 항소기구에 항소하였다.[39] 항소기구는 패널과 마찬가지로 미국의 수입 금지조치는 GATT 제20조의 예외 규정을 충족하지 못한다고 결정하였다. 그러나 그 추론 과정은 패널과 달리하였다. 항소기구는 해당 조치가 제20조(g)의 요건을 충족하나 모두 조항의 요건을 충족하지 못하므로 정당화될 수 없다고 결정하였다.[40] 항소기구는 이러한 결론을 위해서 앞서 *개질 휘발유 사건 항소기구 결정*[41]을 원용하면서 2단계 분석방법을 제시하였다: 먼저 해당 조치의 성격 때문에 제20조의 정당화 규정을 살펴 본 후, 그 조치가 해당 규정의 요건을 충족하는 경우에는 모두 조항의 요건을 충족하는지도 살펴보아야 한다.[42]

---

32) *Id.* § 7.6.
33) *Id.* § 7.11, §§ 7.18~7.19.
34) *Id.* § 7.24.
35) *Id.* § 7.7.
36) *Id.* § 8.1.
37) *Id.* § 7.22.
38) *Id.* §§ 7.28~7.29.
39) WTO, *United States–Import Prohibition of Certain Shrimp and Shrimp Products,* 38 I. L. M. 118 (1999)(*새우–바다거북 사건* 항소기구 결정).
40) *Id.* § 187.
41) *개질 휘발유 사건* 항소기구 결정(각주 16), 626면.
42) *새우–바다거북 사건* 항소기구 결정(각주 39), § 118.

항소기구는 이와 같은 분석방법이 제20조의 본질적인 구조와 논리의 귀결이라고 강조하였다.[43)]

항소기구는 이와 같은 추론 과정을 거쳐 해당 규칙이 제20조(g)에 해당하는지를 검토하였다. 항소기구는 먼저 바다거북이 제20조(g)에서 말하는 "유한 자연자원"에 해당되며,[44)] 미국의 해당 조치가 바다거북의 보전과 관련이 있는 것이라고 판단하였다.[45)] 또한 미국의 해당 조치가 제20조(g)에서 말하는 "국내 생산 또는 소비에 대한 제한과 결부되어(in conjunction with)" 실시되는 경우에 해당한다고 판단하였다.[46)]

항소기구는 이와 같이 제20조(g)에 대한 검토를 마치고 다음 단계로 모두 조항에 대한 분석을 시도하였다. 항소기구는 미국의 해당 조치는 특정 정책목표를 달성하기 위하여, 다른 당사국의 다른 사정을 고려히지 않고, 한 국가(미국)가 다른 당사국으로 하여금 자국에서 시행되는 것과 본질적으로 동일한 광범위한 규제 프로그램을 채택하도록 요구하기 위하여 경제적인 금수조치를 이용하는 것이라는 점에서, 국제무역관계에서 받아들일 수 없다고 판단하였다.[47)] 항소기구는 해당 조치의 실제 적용은 다른 당사국으로 하여금 미국 새우잡이 어선에 적용되는 것과 상응하는 것이 아니라 오히려 본질적으로 동일(same)할 것을 요구하기 때문에 제609조 적용의 효과는 엄격한(rigid and unbending) 기준을 설정하는 것이라고 보았다.[48)] 또한 항소기구는 관련 법 규정에도 불구하고 미국이 수입 금지조치를 취하기 전에 교섭을 시도하지 않았다는 점,[49)] 미국이 남미 국가들과 바다거북 보호와 보전을 위한 범미주협약(Inter-American Convention)을 체결하는 등 이 사건 국가들과 달리 다른 국가들과 심각하게 교섭을 시도한 점 등을 지적하면서 그 효과는 차별적인 것으로써 부당하다고 강조하였다.[50)] 항소기구는 이러한 점을 종합하여 검토한 후 해당 조치가 부당한 차별(unjustifiable discrimination)의 수단을 구성하는 방법으로 적용되었다고 결론지었다.[51)] 또한 해당 조치의 엄격성(rigidity)과 비유연성(inflexibility)은 모두 조항에서 말하는 자의적 차별(arbitrary discrimination)을 구성

43) *Id.* § 118.
44) *Id.* § 134. 자세한 내용은 §§ 126~133.
45) *Id.* § 142. 자세한 내용은 §§ 135~141.
46) *Id.* § 145. 자세한 내용은 §§ 142~144.
47) *Id.* § 164.
48) *Id.* § 163.
49) *Id.* § 166.
50) *Id.* § 169, § 172.
51) *Id.* § 176.

한다고 지적하였다.[52] 또한 확인 절차의 투명성과 예측가능성이 없이 심리 및 반론기회의 미제공, 승인 · 거부 등에 대한 서면통보절차의 미비, 심사 및 항소의 제한 등으로 자의적 차별을 초래하였다고 판단하였다.[53] 결국 항소기구는 해당 조치가 동일한 조건하에 있는 국가간에 자의적(arbitrary)일 뿐만 아니라 부당한 차별(unjustifiable discrimination)의 수단에 이르는 방법으로 적용되었으므로 제20조 모두 조항의 요건을 충족하지 않아 정당화될 수 없다고 결론지었다.[54]

한편, 항소기구는 패널 결정과 달리 비정부기구가 당사국의 주장에 덧붙여 요청되지 않은 의견서를 제출하는 것을 허용하였다.[55] 이는 WTO 분쟁해결절차의 투명성을 제고하고 환경보호와 관련한 비정부기구의 참여를 유인하고 있다는 점에서 의의가 크다고 할 수 있다.

항소기구 결정으로부터 3년 후인 2000년 10월 말레이시아는 분쟁해결 규칙 및 절차에 관한 양해각서 제21조 제5항에 근거하여 미국이 앞서 항소기구의 결정 내용을 제대로 이행하지 않았다고 주장하면서 이행 패널(implementation panel)의 소집을 요구하였다.[56]

말레이시아는 항소기구의 결정 내용에 대한 이행은 새우 수입 금지조치의 완전한 철폐라고 보면서, 문제의 제609조가 여전히 수량제한금지원칙(제11조 제1항)을 위배하고 있고,[57] 금지조치를 허용하는 국제협약이 없는 상태에서 미국이 수입제한조치를 취할 수 없다고 주장하였다. 미국은 해당 시행조치가 GATT 제11조 제1항을 위반하고 있다는 점에 대해서는 다투지 않았지만 해당 조치가 GATT 제20조(g)에 의해서 정당화된다고 주장하였다. 미국은 항소기구의 결정과 권고를 이행하기 위하여 새우 수출을 확인하는 절차와 관련하여 지침을 개정하여 새로운 기준을 설정하였는데, 이 개정 지침이 앞서 항소기구가 지적한 GATT 제20조 모두 조항에 대한 위반을 치유하고 있다고 주장하였다. 미국은 개정 지침이 미국과 외국의 규제 프로그램의 상응성을 고려하여 큰 유연성을 부여하고, 확인 결정을 위해 시한과 절차를 다듬었다는 점을 강조하였다. 또한 인도양 지역 정부들과 이 지역의 바다거북 보호와 관련한 교섭을 착수하였고, 지속적으로 교섭을 시도하고 있으며, 요구하는 정부에 거북제외장치(TED)의 디자인 · 건설 · 설치 · 운영과 관련하여

52) *Id.* § 177.
53) *Id.* § 180.
54) *Id.* § 184, § 187.
55) *Id.* § 187(a).
56) WTO, *United States—Import Prohibition of Certain Shrimp and Shrimp Products: Recourse to Article 21.5 by Malaysia*, WT/DS58/RW (2001).
57) *Id.* § 3.28.

기술적인 지원을 제공하였고 지속적으로 제공하고 있다고 강조하였다.[58]

패널은 이동성 종의 보호는 국제협력을 통하여 가장 잘 보호될 수 있다고 지적하였다. 그러나 항소기구가 미국이 수입 금지조치를 취하기 전에 분쟁 당사국들과 바다거북의 보호와 보전을 위하여 국제협약을 체결할 목적으로 교섭을 하지 않은 것이 부당한 차별을 구성한다고 판단한 부분과 관련하여 이는 미국에게 국제협약을 체결할 의무가 있다는 것이 아니라 교섭할 의무가 있다는 것으로 해석하였다.[59] 나아가 패널은 미국이 그러한 협약을 체결하기 위하여 신의(good faith)를 가지고 진지한 노력을 하였다고 인정하면서 미국의 입장을 지지하였다.[60]

말레이시아는 미국의 해당 조치가 더 이상 제20조상의 자의적이거나 부당한 차별의 수단을 구성하지 않는다는 패널의 결론이 오류가 있다면서 항소하였다. 말레이시아는 미국이 수입 금지조치를 취하기 전에 바다거북의 보호와 보진을 위한 국제협약을 체결하기 위한 교섭을 시도하고 계약체결까지 하였어야 하였다고 주장하였다. 또한 말레이시아는 해당 조치가 유연성을 가지고 있지 않기 때문에 자의적이거나 부당한 차별에 해당한다고 주장하였다. 그러나 항소기구는 말레이시아의 주장을 모두 배척하면서 패널의 결정을 인용하였다.

Ⅲ. 1997년 *EC 호르몬 사건*

EC 호르몬(Hormone) 사건[61]은 WTO체제에서 위생 및 검역조치의 적용에 관한 협정(SPS협정)과 관련하여 WTO 패널이 내린 최초의 사건이다. 미국과 캐나다는 유럽공동체(EC)[62]가 EC 지침[63]에 의거하여 여섯 가지의 특정 성장촉진 호르몬을 투여한 쇠고기의 수입을 금지한 조치가 GATT 규정, SPS협정 등을 위반하였다면서 패널의 설치를 요구하였다. 구체적으로 미국은 EC의 해당 조치가 GATT 제3

58) *Id.* § 3.29.
59) *Id.* §§ 5.61~5.67.
60) *Id.* § 5.87.
61) WTO, *EC Measures Concerning Meat and Meat Product (Hormones)*, WT/DS26/R/USA, WT/DS48/R/CAN (1997)(*EC 호르몬 사건*). 캐나다가 제소한 사건은 WT/DS48/R/CAN (1997). 두 패널 결정은 매우 유사하기 때문에 이하에서는 미국이 제소한 사건에 대한 패널 결정만을 살펴보기로 한다.
62) 유럽공동체는 1993년 유럽연합조약에 의하여 유럽연합(EU)로 변경되었음에도 패널은 유럽공동체라는 표현을 사용하고 있다. 이는 이들 국가가 WTO 가입 당시 EC라는 명칭으로 가입하였기 때문이다.
63) EC Directive, 96/22/EC (1996).

조(내국민대우원칙) · 제11조(수량제한금지원칙), SPS협정 제2조 · 제3조 · 제5조, TBT협정 제2조를 위반하였다고 지적하였다.[64]

패널은 우선 EC의 수입 금지조치가 식품 내의 오염물질로 인하여 발생하는 위험으로부터 인간 또는 동물의 생명 또는 건강의 보호를 목적으로 취해진 위생조치에 해당한다면서,[65] 해당 조치가 SPS협정에서 요구하는 위해성평가에 기초하지 않았고, 그 구별이 차별적 또는 위장된 제한을 초래하였으며, 정당성이 없이 기존 국제기준에 기초하지 않았기 때문에 SPS협정 제3조 제1항 · 제3항, 제5조 제1항 · 제5항 등을 위반하였다고 결정하였다.[66] EC의 해당 조치가 기술규정(technical regulations)에 해당되며 국내 산업을 보호할 목적으로 차별적으로 취해졌기 때문에 TBT협정을 위반하였다는 미국의 주장에 대하여 패널은 위생조치에는 TBT협정이 적용되지 않는다는 TBT협정 제1조 제5항을 근거로 이 사건에서는 TBT협정이 적용되지 않는다고 결정하였다.[67]

EC는 사전배려의 원칙이 국제관습법이라고 강조하면서 SPS협정상의 과학적 정당성 요건은 단정적인 과학적 증거가 없는 상태에서 쇠고기의 수입 금지를 허용한다고 해석되어야 한다고 주장하였다. 이에 반해 미국은 사전배려원칙의 국제관습법으로서의 지위를 부인하고 원칙이 아니라 '접근방법(approach)'으로서의 성격을 가질 뿐이라고 주장하였다.[68] 이러한 주장에 대하여 패널은 사전배려의 원칙은 SPS협정 제5조 제1항, 제2항에 명시적으로 규정되어 있는 위해성평가 요건을 파기할 수 없다고 판단하였다.[69]

EC는 이러한 패널 결정에 대하여 항소하였다. 분쟁해결기구에 의해 설치된 항소기구는 일반적이고 절차적인 쟁점과 관련한 패널의 사실 인정에 대체로 동의하고 있으나 구체적인 부분에서 추론과정을 다소 달리하였다.

항소기구는 먼저 사전배려원칙의 적용을 부인하면서 위해성평가 요건과 관련하여 패널이 내린 결정을 확인하였다.[70] 그러나 SPS협정 제3조 제1항의 '기초한(based on)'이란 "일치한(conformed to)"을 의미하지는 않는다고 판단함으로써 패널의 결정

64) *EC 호르몬 사건*(각주 61), §§ 3.2~3.3.
65) *Id.* § 8.22.
66) *Id.* § 9.1.
67) *Id.* § 8.29.
68) *Id.* § 4.207. WTO, *EC Measures Concerning Meat and Meat Product (Hormones)*, WT/DS26/AB/R, WT/DS48/AB/R, WT/DS48/AB/R (1998)(*EC 호르몬 사건* 항소기구 결정), § 27.
69) *EC 호르몬 사건*(각주 61), §§ 8.157~8.158.
70) *EC 호르몬 사건* 항소기구 결정(각주 68), §§ 29~30.

을 수정하였다.[71] 또한 국제기준에 기초한 조화성을 요구하는 제3조 제1항이 일반 규칙을 정하고 있으며 이 조항이 해당 국가로 하여금 높은 수준의 건강보호조치를 취하는 것을 허용하는 제3조 제3항의 예외 규성이라는 패널의 결정을 뒤집으면서, 당사국은 적정하다고 판단되는 높은 보호수준을 설정할 수 있는 독자적인 권리가 있으며 이러한 권리는 제3조 제1항의 일반적 의무에 대한 예외가 아니라고 판단하였다.[72] 나아가 항소기구는 수입금지를 위한 과학적 정당성이 확립되었다면 SPS협정 제5조가 요구하는 위해성평가 요건을 충족할 필요가 없다는 EC의 주장을 배척하면서 해당 조치가 위해성평가에 기초하지 않았기 때문에 EC는 SPS협정 제3조 제3항에 배치된다고 결정하였다.[73]

제5조 위해성평가 요건과 관련하여 항소기구는 SPS협정 제5조 제1항에서 말하는 위해성평가의 대상이 되는 위해는 실험실에서 과학적으로 규명할 수 있는 위해에만 국한되는 것이 아니라 인간사회에 내재하는, 즉 인간이 생활하고, 일하고, 사망하는 실제 세계에서 인간의 건강에 악영향을 미칠 수 있는 사회적 가치를 포함하는 위해에도 확대된다면서 패널이 SPS협정 제5조 제1항과 관련하여 내린 해석을 수정하였다.[74] 또한 항소기구는 문제의 호르몬에 대하여 다른 보호수준을 마련하고 있는 EC의 정책이 제5조 제5항에서 금지하고 있는 국제무역에서의 차별 또는 위장된 제한을 구성하여 위법하다는 패널의 판단은 잘못이라고 지적하였다.[75] 그러나 소송경제상 제2조 제2항과 제5조 제6항의 위반 여부를 판단할 필요가 없다는 패널의 결정을 지지하였다.[76]

결과적으로 항소기구는 EC의 해당 조치가 SPS협정 제3조 제3항, 제5조 제1항을 위반하였다고 결정하였다. 그러나 SPS협정 제3조 제1항, 제5조 제5항을 위반하였다는 패널의 결정은 배척하였다.[77]

Ⅳ. 1998년 *연어 수입금지 사건*

이 사건[78]은 호주가 인간 소비용의 열처리되지 아니한 비가공 · 냉장 · 냉동된

71) *Id.* § 71.
72) *Id.* § 77.
73) *Id.* § 82.
74) *Id.* § 92.
75) *Id.* § 151.
76) *Id.* § 157.
77) *Id.* § 158.

연어 제품의 수입을 금지한 데서 발단이 되었다.[79] 캐나다는 호주와의 교섭이 결렬됨에 따라 WTO 분쟁해결기구에 패널의 설치를 요구하였다. 캐나다는 호주의 해당 조치가 SPS협정 제2조, 제3조, 제5조 그리고 GATT 제11조와 제13조를 위반하였으며, WTO 협정에 따라 캐나다에 발생하는 이익을 무효화하였거나 침해하였다고 주장하였다.[80]

SPS협정 제3조 제1항은 당사국으로 하여금 위생 및 검역조치를 국제기준, 지침, 권고에 기초하도록 하고 있는데, 동물의 건강과 동물로부터 감염되는 질병과 관련된 기준 등은 국제수역사무국(International Office of Epizootics: OIE) 후원하에 개발된, 국제수생동물건강코드(International Aquatic Animal Health Code)에 담겨 있다.[81][82] 호주는 GATT 제22조에 의거하여 캐나다와 교섭을 거쳐 수입 위해성 분석을 하기로 하였으며,[83] 그 결과 두 차례에 걸친(1995년 5월, 1996년 5월) 보고서 초안과 최종 보고서(1996년 12월)를 발행하였다.[84] 호주 정부는 잠재적인 질병인자의 범위와 잠재적인 경제적, 환경적 영향 등 특별한 상황을 고려하여 현시점에서 미국과 캐나다로부터 요리가 안 된 연어 제품의 수입이 허용되어서는 안 된다는 최종 보고서의 권고를 받아들여 열처리 되지 아니한 비가공 · 냉장 · 냉동된 연어 제품의 수입을 허용하지 않기로 결정하였다.[85]

패널은 호주가 SPS협정을 위반하였다고 결정하였다. 구체적으로 패널은 호주의 수입 금지조치가 위해성평가에 기초하지 않았기 때문에 SPS협정 제5조 제1항과 제2조 제2항에 배치된다고 판단하였다. 또한 해당 조치가 국제거래에 대한 차별적 또는 위장된 제한을 초래하는 자의적이고 부당한 구별을 구성하기 때문에 결과적으로 이 협정 제5조 제5항과 제2조 제3항을 위반하였으며, 호주가 적절한 위생보호 수준을 달성하기 위하여 필요한 것보다 더한 무역제한조치를 유지함으로써 제5조 제6항을 위반하였다고 판단하였다.[86]

호주의 항소에 따라 설치된 항소기구는 패널과 결론을 같이 하였다. 그러나 구

---

78) WTO, *Australia–Measures Affecting Importation of Salmon*, WT/DS18/R (1998)(*연어 수입금지 사건*).

79) *Id.* § 2.1.

80) *Id.* § 1.3.

81) Agreement on the Application of Sanitary and Phytosanitary Measures(SPS협정), http://www.wto.org/english/docs_e/legal_e/15sps_01_e.htm, 부속서 A.3.

82) *연어 수입금지 사건*(각주 71), § 2.18.

83) *Id.* § 2.27.

84) *Id.* §§ 2.28~2.30.

85) *Id.* § 2.30.

86) *Id.* § 9.1.

체적인 내용과 추론 과정을 일부 달리하였다. 먼저 항소기구는 수입금지와 열처리 요건이 동전의 양면이라면서 이 사건 분쟁에서의 쟁점이 열처리 요건이라고 본 패널의 결정과 달리 이 사건 분쟁에서의 쟁점은 비가공 · 냉장 · 냉동된 연어 제품에 적용된 수입 금지조치라고 지적하였다.87) 항소기구는 1996년의 최종 보고서가 질병의 도입, 정착 또는 전파 가능성에 대한 평가를 충분히 하지 않았다고 지적하면서 결국 SPS협정 제5조 제1항과 부속서 A.4에서 말하는 적절한 위해성평가가 아니기 때문에 SPS협정 제5조 제1항과 제2조 제2항에 배치된다고 결정하였다.88) 또한 SPS협정 제5조 제5항의 요건에 관한 *EC 호르몬 사건*의 분석을 원용하면서,89) 호주가 SPS협정 제5조 제5항과 제2조 제3항의 의무를 위반하였다고 결정하였다.90)

그러나 항소기구는 패널의 사실인정과 당사국들간에 다투지 않는 사실관계가 불충분하기 때문에 호주가 SPS협정 제5조 제6항과 제2조 제2항을 위반하였는지에 대하여는 결론을 내릴 수 없다고 결정하였다.91) 호주가 SPS협정 제2조 제3항을 위반하였는지를 살피기 위해서는 먼저 풍토병인 EHN 같은 질병으로 인한 호주 연어에 대한 위해를 결정하여야 하는데, 이와 관련한 사실관계가 불충분하기 때문에 결론을 내릴 수 없다고 결정하였다.92) 항소기구는 분쟁해결기구가 호주에게 SPS협정과 일치되지 않는 것으로 판단된 해당 조치를 시정하도록 요구할 것을 권고하였다.93)

---

87) WTO, *Australia−Measures Affecting Importation of Salmon,* WT/DS18/AB/R (1998) (*연어 수입금지 사건* 항소기구 결정), §§ 102~104.

88) *Id.* § 124, §§ 134~138. 항소기구는 SPS협정 제5조 제1항 · 제2항과 제2조 제2항의 관계에 대하여 *EC 호르몬 사건*의 분석을 원용하였다. 즉 위생조치가 SPS협정 제5조 제1항, 제2항에서 요구하는 위해성평가에 기초하지 아니한 경우, 그 조치는 과학적 원칙에 근거하지 않거나 충분한 과학적 증거 없이 유지된 것으로 추정된다. 제2조 제2항은 구체적인 제5조 제1항 · 제2항보다 일반적인 규정이므로 제5조 제1항 · 제2항의 위반은 제2조 제2항을 위반한 것으로 볼 수 있으나, 제2조 제2항의 위반이 반드시 제5조 제1항 · 제2항의 위반을 구성하지는 않는다. *Id.* § 137.

89) *EC 호르몬 사건*에서 항소기구는 SPS협정 제5조 제5항을 위반하기 위하여는 다음 세 가지 요건을 충족하여야 한다고 지적하였다: ① 해당 당사국이 상이한 상황에서 적절한 위생보호 수준을 채택하고; ② 보호 수준이 자의적 또는 부당한 구별을 보이며; ③ 이러한 구별을 포함하는 조치가 국제무역에 대한 차별 또는 위장된 제한을 초래하여야 한다. *EC 호르몬 사건* 항소기구 결정(각주 68), § 214.

90) *연어 수입금지 사건* 항소기구 결정(각주 87). § 178.

91) *Id.* § 213.

92) *Id.* § 255.

93) *Id.* § 280.

Ⅴ. 2000년 *EC 석면 사건*

프랑스는 관련 법령에 의거하여 석면과 석면을 함유한 제품의 수입을 금지하였다. 이 법령에 따르면 근로자와 소비자를 보호하기 위하여 모든 종류의 석면 섬유(asbestos fibres)의 제조, 공정, 판매, 수입, 국내시장에의 도입 그리고 이전은 금지된다. 그러나 예외적으로 현재의 과학적 지식하에서 보다 적은 직업적 환경위해를 주는, 최종적인 사용 목적에 상응하는 안전에 대한 기술적 보증을 제공하는 대체재를 구할 수 없는 경우에는 백석면 섬유(chrysotile fibre)를 함유하는 기존 물질, 제품 또는 장치의 수입 등이 가능하다.[94] 캐나다는 석면의 수입을 금지하는 이 법령이 TBT협정 제2조와 GATT 제11조 제1항(수량제한금지원칙)과 제3조 제4항(내국민대우원칙)을 위반하였다고 주장하면서 패널의 설치를 요구하였다. 아울러 캐나다는 프랑스의 해당 조치가 GATT 규정에 따른 이익을 무효화 또는 침해하였다고 주장하였다.[95]

분쟁해결기구가 설치한 패널은 수입금지를 규정하고 있는 해당 규정이 무역에 관한 기술장벽에 관한 협정(TBT협정)상의 기술규정(technical regulation)에 해당되지 않는다고 판단하였다.[96] 예외 규정은 TBT협정 부속서 1.1에서 의미하는 기술규정에 해당된다고 판단하였으나 캐나다가 예외 규정이 TBT협정을 위반하는지에 대하여 어떠한 주장도 하지 않았으므로 이에 대한 판단은 하지 않는다고 지적하였다.[97]

나아가 패널은 해당 조치가 GATT 규정을 위반하였는지에 대하여 검토하였다. 이를 위하여 패널은 먼저 동종성(likeness)의 판단기준으로 제품의 속성 · 성질 · 질, 최종 용도(end-use), 소비자의 기호와 습관, 관세 분류(tariff classification) 등을 제시하면서 백석면 섬유(chrysotile fibre)와 그 대체재{예컨대, polyvinyl alcohol(PVA), 셀룰로오스(cellulose), 유리섬유(glass fibres): PCG 섬유}는 GATT 제3조 제4항의 동종 제품(like product)에 해당한다고 판단하였다.[98] 또한 백석면 섬유 제품(chrysotile-fibre products)과 섬유 시멘트 제품(fibro-cement products)도 마찬가

94) Decree No. 96-1133 of 24 December 1996년 Banning Asbestos, §§ 1~2.

95) WTO, *EC-Measures Affecting Asbestos and Asbestos-Containing Products*, WT/DS135/R (2000)(*EC 석면 사건*), § 3.1.

96) *Id.* § 8.72.

97) *Id.*

98) *Id.* § 8.144.

지로 동종 제품에 해당한다고 판단하였다.[99] 패널은 관련 규정이 프랑스 제품인 PCG 섬유 시멘트 제품에는 적용되지 않는다는 점을 지적하면서 결국 백석면 섬유 제품을 섬유 시멘트 제품보다 불리하게 취급하는 것이기 때문에 결과적으로 해당 법령 규정이 GATT 제3조 제4항을 위반하였다고 결정하였다.[100] 그리고 백석면 섬유와 석면시멘트 제품에 부과된 해당 수입 금지조치가 GATT 제3조 제4항을 위반하였다고 판단한 상황에서는 나아가 GATT 제11조 제1항 위반 여부를 판단할 필요가 없다고 지적하였다.[101]

그러나 패널은 해당 법령이 GATT 제20조 예외 규정에 해당되어 정당화된다는 유럽공동체(EC)의 주장을 받아들였다. 패널은 프랑스의 공중 건강 목석에 비추어 볼 때 백석면과 백석면 섬유 제품의 금지에 대한 합리적인 대안과 대체재가 없다는 점을 강조하면서 해당 법령이 GATT 제20조(b)의 요건을 충족한다고 결정하였다.[102] 나아가 법령의 적용에 있어 차별이 없다고 인정되기 때문에 제20조 모두 조항에서 요구하는 자의성(arbitrariness) 또는 부당성(unjustifiability) 여부와 국제무역에서 위장된 제한(disguised restriction)을 구성하는지 여부 등을 판단할 필요가 없다고 결정하였다.[103] 해당 조치가 GATT 제23조 제1항을 위반하였다는 캐나다의 주장에 대하여는 캐나다가 이 조항에서 의미하는 이익의 무효화 또는 침해의 존재를 입증하지 못하였다는 이유로 받아들이지 않았다.[104] 결론적으로 패널은 프랑스의 해당 법령 규정이 GATT 제3조 제4항(내국민대우원칙)을 위반하였으나 제20조(b) 예외 규정에 정당화된다고 결정하였다.

이러한 결정에 대하여 캐나다는 항소하였다.[105] 항소기구는 패널의 최종적 마지막 결론, 즉 캐나다의 주장을 배척하고 EC의 주장을 받아들인 점에서는 패널의 결정과 같이 하였으나 몇 가지 쟁점과 관련하여 패널이 결정을 수정하였다. 먼저 항소기구는 TBT협정이 석면과 석면을 함유하는 제품과 관련한 금지규정에는 적용되지 않는다고 판단한 패널의 결정을 뒤집으면서 해당 금지규정이 예외 규정과 함께 전체적으로 보아 석면을 포함하고 있는 제품의 특성을 규정하고 있으며, 예외적으로 해당 금지가 적용되는 행정 규정을 포함하고 있다는 점을 지적하면서 기술규

99) *Id.* § 8.150.
100) *Id.* §§ 8.155~8.158.
101) *Id.* § 8.159.
102) *Id.* §§ 8.222~8.223.
103) *Id.* § 8.230, § 8.237.
104) *Id.* § 8.304.
105) WTO, *EC–Measures Affecting Asbestos and Asbestos–Containing Products*, WT/DS135/AB/R; 40 I. L. M. 1193 (2001)(*EC 석면 사건* 항소기구 결정).

정에 해당되어 결과적으로 TBT협정이 적용된다고 보았다.[106] 그러나 해당 조치가 TBT협정을 위반하였다는 캐나다의 주장과 관련해서는 항소기구가 법적인 쟁점만을 다룰 수 있는데, 이 사건에서는 앞서 패널이 이러한 주장을 다루지 않았기 때문에 검토해야 할 법적인 쟁점이나 법적 해석이 없다면서 검토할 수 없다고 결정하였다.[107]

또한 항소기구는 특별히 패널이 동종성을 판단함에 있어서 건강 위해성(health risks)을 제외하는 오류를 범하였다고 지적하면서 GATT 제3조 제4항상의 동종 제품과 관련한 패널의 결정을 뒤집었다.[108] 즉 백석면 섬유와 그 대체재, 그리고 백석면 섬유 제품과 섬유 시멘트 제품의 동종성을 부인하였다.[109] 항소기구는 백석면 섬유는 발암성 물질로서 PCG 섬유보다 위해성이 높기 때문에 백석면 섬유와 PCG 섬유는 물리적으로 다르며, 백석면 섬유와 관련한 건강 위해성은 소비자의 행동에 영향을 미친다는 점을 지적하였다. 나아가 논리적 귀결에 의해 해당 조치가 GATT 제3조 제4항을 위반하였다는 패널의 결정을 뒤집었다.[110] 그러나 캐나다가 백석면 섬유와 프랑스 제품인 PCG 섬유가 동종 제품이라는 점에 대한 입증책임을 다하지 않았다고 결정함으로써, 궁극적으로는 캐나다의 주장, 즉 프랑스의 해당 조치가 GATT 제3조 제4항을 위반하였다는 주장을 배척하였다.[111]

항소기구는 해당 규정 GATT 제3조 제4항 위반 여부에 대한 판단을 마친 후 GATT 제20조(b) 예외 규정에 의해 정당화되는지에 대하여도 검토하였다. 항소기구는 먼저 과학적 전문가, 국제암연구기구(International Agency for Research on Cancer), 세계보건기구(World Health Organization) 등이 제시하는 백석면 섬유의 인간의 건강에 대한 위해성, 암 유발 가능성 등 의견을 고려할 때 해당 법령 규정이 인간의 생명과 건강을 보호하기 위한 조치라고 판단하였다.[112] "필요성" 요건과 관련해서는 캐나다의 제한된 사용(controlled use) 주장을 배척하고, 해당 법령상의 금지에 대한 합리적으로 이용 가능한 대안(reasonably available alternative)이 없으므로 제20조(b)의 필요성 요건을 충족한다면서 패널의 결정에 동의하였다.[113] 항소기구는 대안이 합리적으로 이용 가능한지를 결정하기 위한 이익형량 과정에서 고려해야 하는 요소로 이

106) *Id.* §§ 75~76.
107) *Id.* §§ 82~83.
108) *Id.* § 116, § 125.
109) *Id.* § 126, § 131.
110) *Id.* § 132.
111) *Id.* § 141, § 147.
112) *Id.* § 163.
113) *Id.* § 175.

른바, 2000년 *한국 쇠고기 사건*에서 제시한 기준을 원용하면서[114] 해당 조치가 목적 실현에 미치는 기여도, 해당 조치가 보호하려고 하는 이익과 가치의 중요성, 해당 조치의 무역에 미치는 영향(덜 제한적인지 여부) 등을 들고, 해당 조치가 추구하는 목표는 석면에 의해 발생되는 생명 위협, 건강 위해의 제거 · 감소를 통한 인간의 생명과 건강의 보전이며, 추구되는 가치는 최고도로 중요하다고 강조하였다.[115] 한편, 항소기구는 석면과 석면을 함유하는 제품을 금지하고 있는 프랑스의 해당 법령이 WTO협정상의 유럽공동체의 의무와 배치되지 않는다고 보았다.[116]

Ⅵ. 2006년 *EC-Biotech 사건*

유전자변형물질을 둘러싼 미국과 유럽연합(EU) 간의 인식 차이는 이른바, *EC-Biotech 사건*[117]에서 충돌하였다. 1998년 유럽연합은 유전자변형물질이 유럽 시장에 들어오는 것을 허용하지 않았다. 비록 유전자변형물질의 승인체제가 있었지만 1998년부터 2003년 사이에 어떠한 새로운 유전자변형물질도 수입을 위해 필요한 승인을 취득하지 못하였다.[118] 유전자변형물질을 수출하는 국가들(미국, 캐나다, 아르헨티나)은 WTO협정상 유럽연합의 수입 중지가 부당하다고 다투었다.[119] 2003년 WTO 분쟁해결기구는 패널을 설치하였고, 2006년 최종보고서를 발표하였다.[120]

미국은 유전자변형물질 제품 수입을 일체 승인하지 아니 한 것은 사실상 수입

---

114) *한국 쇠고기 사건*에서 항소기구는 대안이 합리적으로 이용 가능한지를 결정하기 위한 이익형량 과정에서 고려해야 하는 하나의 측면은 대안이 추구하는 목적의 실현에 기여하는 정도라고 강조하였다. 나아가 추구되는 공동이익 또는 가치가 중요할수록, 이러한 목적을 달성하기 위하여 취해진 필요한(necessary) 조치로 받아들이기 쉽다고 지적하였다. 또 하나의 측면은 해당 조치가 국제통상에 미치는 제한적 영향의 정도인데, 항소기구는 해당 조치가 수입되는 제품에 미치는 영향이 적을수록 강력하고 광범위하게 제한적인 영향을 미치는 조치에 비해 필요한 조치로 인정되기 쉽다고 지적하였다 WTO, *Korea-Measures Affecting Imports of Fresh, Chilled and Frozen Beef*, WT/DS161/AB/R, WT/DS169/AB/R(2000)(*한국 쇠고기 사건* 항소기구 결정), § 163.

115) *EC 석면 사건* 항소기구 결정(각주 105), § 172.

116) *Id.* § 193.

117) WTO, European Communities-Measures Affecting the Approval and Marketing of Biotech Products, 1, WT/DS291, WT/DS292, WT/DS293 (Feb. 7, 2006)(EC-Biotech 사건).

118) *Id.* § 4.143.

119) 캐나다(§ 4.194. 이하)와 아르헨티나(§ 4.253. 이하)는 미국과 유사한 주장을 하였는바, 이하에서는 미국의 주장과 그에 따른 패널의 결정을 중심으로 다룬다.

120) *EC-Biotech 사건*(각주 117), § 1.10, § 1.18.

중지(moratorium)를 구성하며, WTO협정상의 의무를 위반한다고 주장하였다.[121] 미국은 일반적 수입 중지를 포함한 유전자변형물질의 승인체제는 위생 및 검역조치의 적용에 관한 협정(SPS협정)상의 위생 및 검역조치에 해당하며,[122] 일반적 수입 중지는 특히 SPS협정 부속서 C(1)(a), (b) 및 제8조(규제, 검사 및 승인 절차, 부당한 지연 금지), 제5조 제1항(위해성평가), 제2조 제2항(과학적 원칙에 근거, 과학적 증거에 의해 유지), 제5조 제5항(자의적이거나 부당한 자별 금지), 제2조 제3항(자의적이거나 부당한 자별 금지) 등을 위반한다고 주장하였다.[123] 또한 미국은 제품 (수입)신청에 승인이 이루어지지 않은 결과를 초래한 특정 제품에 취해진 조치가 일반적 수입 중지와 유사하게 WTO 협정상의 의무를 위반하였다고 주장하였다.[124] 이러한 주장에 대하여 유럽공동체는 수입 중지가 없었으며, 미국 등이 주장하는 수입 중지는 본질적으로 절차적인 문제이기 때문에 부속서 C(1) 규정을 제외하고 SPS협정의 실체적 규정이 적용될 수 없다고 주장하였다.

패널은 우선 유전자변형물질의 수입 요건을 정하고 있는 유럽연합 지침(Directives 90/220/EC, 2001/18/EC)과 유전자변형물질을 포함하고 있는 식품과 구성품의 시장 진입을 위한 승인 절차를 정하고 있는 규정(Regulation 258/97/EC)[125]들이 국제무역에 영향을 끼칠 수 있는 SPS협정 제1조 제1항의 위생 및 검역조치에 해당한다고 판단하였다.[126]

일반적 수입 중지가 있었는지 여부와 관련해서 패널은 많은 서류와 진술 등을 검토한 후 1998년 10월부터 2003년 8월 사이에 어떠한 신청도 승인되지 않은 사실을 확인하고,[127] 수입 중지가 모든 승인 신청에 적용되었다는 점에서 '일반적'이고 유럽공동체 규칙이나 의사결정 절차 등을 통해 공식적으로 채택되지 않았다는 점에서 사실상(de facto) 수입 중지가 있었다고 판단하였다.[128] 다만, 패널은 수입 중지가 SPS협정 부속서 A(1)과 제5조 제1항의 위생 및 검역조치에는 해당하지 않는다고 판단하였다. 패널은 일반적 수입 중지를 적용하기 위한 결정은 최종적인 실체적(substantive) 승인 결정을 지연시키는 절차적(procedural) 결정이라고 하면서 그 결

121) *Id.* § 4.133.
122) *Id.* § 4.155.
123) *Id.* §§ 4.172~4.183, § 7.1321.
124) *Id.* §§ 4.184~4.187.
125) 패널은 규정 제3조 제1항에 주목하면서 소비자의 위험을 방지하는 경우에 한해 위생 및 검역조치에 해당한다고 판단하였다.
126) *EC-Biotech 사건*(각주 117), § 7.436.
127) *Id.* § 7.1271.
128) *Id.* § 7.1272.

정은 승인 절차의 적용, 운용과 관련이 있는 것으로 본질적으로 절차적이라고 지적하였다.[129] 나아가 승인에 일반적 수입 중지를 적용하는 결정은 부속서 A(1)에서 얘기하는 "요건(requirements) 또는 절차(procedures)"에 해당하지 않는다고 판단하였다.[130] 이러한 판단은 결국 유럽공동체가 제5조 제1항에서 요구하는 위해성평가 의무를 위반하지 않았다는 결론으로 이어지고 있다.[131] 이와 유사한 추론을 거쳐 패널은 유럽공동체가 SPS협정 제5조 제5항,[132] 제2조 제2항,[133] 동조 제3항,[134] 제7조 및 부속서 C(1)[135] 등을 위반하지 않았다고 결론지었다.

다만, 패널은, 미국의 유럽공동체가 SPS협정 제8조 및 부속서 C(1)(a)를 위반하였다는 주장은 받아들었다. 부속서 C(1)(a) 규정은 앞서 다른 규정과 달리 위생 및 검역 조치의 적용을 다루는 절차적 성격을 띠고 있으며, 제8조는 당사국들에게 "규제, 검사 및 승인 절차의 운영에 있어서 부속서 C의 규정을 준수"할 것을 요구하고 있다. 한편, 부속서 C(1)(a)는 위생 및 검역 절차가 "부당한 지연(undue delay)없이 행하여지고 완료되어야 한다"고 규정하고 있다. 패널은 유럽공동체의 승인 절차가 이루어지는 과정에서 일반적 수입 중지가 부당한 지연을 초래하였다면서 미국측의 주장을 받아들였다.[136] 일반적 수입 중지에 대한 위법성을 검토한 후 패널은 특정 제품에 취해진 조치가 WTO 협정상의 의무를 위반하였는지 판단하였는바, 패널은 27개 특정 제품 중 24개 제품에 대한 승인 절차가 부당하게 지연되어 이루어졌다면서 그 결과 유럽공동체가 SPS협정 제8조 및 부속서 C(1)(a)를 위반하였다고 결론지었다.[137]

Ⅶ. 2007년 *브라질 타이어 사건*

이 사건은 브라질이 재생타이어의 수입 금지조치를 취한 데서 촉발되었다. 유럽연합(EU)은 이러한 조치가 GATT 제11조를 위반하는 것이라고 주장하였다. 브라

129) *Id.* § 7.1379.
130) *Id.* § 7.1383.
131) *Id.* § 7.1395.
132) *Id.* § 7.1421.
133) *Id.* § 7.1441.
134) *Id.* § 7.1448.
135) *Id.* § 7.1465.
136) *Id.* § 7.1570.
137) *Id.* § 7.2389{미국의 경우에는 사탕무우(RR sugar beet)가 여기에 해당한다}, § 7.2391.

질은 이러한 주장에 대하여 다투지 아니한 대신 해당 조치가 GATT 제20조(b)에 의하여 정당화된다고 주장하였다.[138] 브라질은 신제품보다 수명이 짧은 재생타이어가 빨리 버려지고 폐기물로 쌓인다고 주장하였다.[139] 이러한 폐기물은 질병을 수반하는 모기의 훌륭한 서식처를 제공하기 때문에 환경을 위협할 뿐만 아니라 인간의 건강에 중대한 해를 끼친다고 주장하였다.[140] EU는 브라질의 수입 금지조치가 남미공동시장(MERCOSUR) 국가들을 제외함으로써, 부당하게 차별적으로 적용되었다고 주장하였다.[141]

패널은 MERCOSUR 국가들을 제외한 해당 조치는 MERCOSUR 국가들로부터의 타이어 수입이 해당 조치의 목적 달성을 심각히 손상할 정도로 이루어진 경우에만 정당화될 수 없다고 판단하면서, MERCOSUR 국가들로부터 적은 양만이 수입되기 때문에 미미한 환경 영향은 수입 금지조치의 전반적인 목적을 해치지 않아 결과적으로 해당 조치는 정당화될 수 있다고 판단하였다.[142]

항소기구는 해당 조치가 제20조(b)를 충족하지만 모두 조항의 요건을 위반하기 때문에 정당화될 수 없다고 판단하였다.[143] MERCOSUR 국가들을 제외한 것이 자의적이거나 부당한 차별을 구성하는지 여부를 판단함에 있어서 항소기구는 차별의 목적과 해당 조치의 정책 목적 간의 관계를 면밀히 검토하였다. 항소기구는 모두 조항상의 목적과 수단에 대한 요건은 차별의 목적과 해당 조치의 정책 목적 간의 합리적인 관계를 요구한다고 지적하였다.[144] 브라질이 주장하는 MERCOSUR 국가들을 제외하는 이유는 MERCOSUR 중재재판소에 의한 MERCOSUR 국가들 사이에 추가적인 무역규제조치의 시행을 금지하는 기존 결정을 준수하기 위한 것이었다. 항소기구는 이러한 논거가 해당 조치의 목적, 즉 제20조(b)상의 인간이나 동·식물의 생명 또는 건강을 보호한다는 목적과 합리적인 관련성을 가지고 있지 않다고 판단하였다.[145] 그 결과 수입 금지조치를 MERCOSUR 국가들에게 적용하지 않은 것은 모두 조항상의 부당한 차별을 구성한다고 판단하였다.

---

138) WTO, *Brazil—Measures Affecting Imports of Retreaded Tyres*, WT/DS332/AB/R (2007)(*브라질 타이어 사건* 항소기구 결정), § 144.

139) *Id.* § 121.

140) *Id.* § 119.

141) *Id.* § 27, § 31. MERCOSUR는 남미 무역블럭, 흔히 Common Market of the South를 지칭한다. 여기에는 아르헨티나, 브라질, 파라과이, 우루과이 등이 포함된다.

142) *Id.* § 219.

143) *Id.* § 258.

144) *Id.* § 227.

145) *Id.* § 228.

나아가 항소기구는 MERCOSUR 국가들을 제외한 조치가 자의적인 차별을 구성한다고 판단하였다. 항소기구는 패널의 결정, 즉 그 제외가 변덕스럽거나(capricious) 임의적(random)인 행위의 결과가 아닌 한 자의적인 차별을 구성하는 방법으로 적용되지 않았다는 결정을 부인하였다.[146] 나아가 부당한 차별인지 여부를 판단함에 있어서 차별의 효과(effect)가 아니라 그 원인(cause or rationale)에 초점이 맞추어져야 한다고 강조하였다.[147]

이러한 결정에 따르면 목적과 수단 요건을 충족하지 못할 경우에는 해당 조치가 합리적인 방법(예컨대, 변덕스럽지 않거나 임의적이지 아니한 방법)으로 적용되었다고 하더라도 자의적인 차별을 구성할 수 있을 것이다. 해당 조치가 모두 조항상 정당화되는지 여부를 판단하기 위해서는 해당 조치의 실제 목적과 그 표명된 정책목표 간의 관계의 중요성에 주목하여야 할 것이다. 그 결과 차별적인 해당 조치의 원인이 정책 목표와 합리적인 관련성을 갖고 있는지 또는 진정한 목적을 갖고 있는지가 중요한 쟁점이 될 것이다.

146) *Id.* § 233.
147) *Id.* §§ 229~230.

제 5 절 GATT/WTO체제하의 분쟁해결 방식의 분석

WTO체제하에서 TBT협정, SPS협정 등 부속협정 위반 여부도 쟁점으로 부각되면서 사안이 점점 복잡해지고 있다. 그러나 사안 해결의 관건은 GATT 규정이 될 수밖에 없다. 특히 자유무역 원칙과 환경보호의 충돌 가능성은 GATT가 규정하고 있는 3개의 핵심적인 국제거래 원칙과 예외 규정의 해석 문제로 귀결된다. 흔히 일방적 무역규제조치가 외관상으로 원칙 규정을 위반하고, 결국 해당 조치를 취한 당사국은 해당 조치의 정당성을 주장하고 나설 가능성이 많기 때문이다. GATT/WTO체제에서 패널은 원칙 규정은 넓게 해석하고 있는 반면, 예외 규정은 좁게 해석하고 있다. 이러한 해석은 진정한 환경보호조치가 설 수 있는 공간을 위축시키고 있다. 이러한 관점에서 WTO 패널의 해석이 합리적인지, 그 결정이 GATT 규정의 문맥과 취지에 부합하는지 검토할 필요가 있다.

Ⅰ. 원 칙

GATT 원칙에 비추어 보았을 때, 해당국이 무역규제조치를 취하면서 일방적으로 적용한 법령, 규정, 기준 등이 GATT 규정에 위반하지 않기 위해서는 그 기준 등이 모든 당사국에게(최혜국대우원칙) 그리고 동종 수입 · 국내제품에 동등하게 적용되어야 하며(내국민대우원칙), 그 목적은 보호주의적이어서는 안 된다. WTO 패널은 이러한 원칙이 적용되기 위한 요건 예컨대, "영향을 미치는"[1]과 "법, 규정, 요건 등"[2]을 폭넓게 인정하고 있다. 특정 국가에 대한 제재는 흔히 최혜국대우원

1) GATT 패널은 "영향을 미치는"이라는 개념을 경쟁의 조건을 나쁘게 변형시키는 것을 내포하는 것으로 이해한다. WTO, *Korea−Measures Affecting Imports of Fresh, Chilled and Frozen Beef*, WT/DS161/AB/R, WT/DS169/AB/R(2000)(*한국 쇠고기 사건* 항소기구 결정), § 137. 영향을 미친다는 것은 판매, 구입 등의 조건을 직접적으로 다루는 것뿐만 아니라 경쟁의 조건을 나쁘게 변경시키는 것을 포함한다. WTO, *Canada−Certain Measures Affecting the Automotive Industry*, WT/DS139/R, WT/DS142/R (2000)(*캐나다 자동차 산업 사건*), § 10.80.

2) "법, 규정, 요건"은 전통적인 입법, 규정 등보다 더 넓은 개념이다. WTO 패널은 '요건(requirement)'이 되기 위해서는 해당 행위와 정부의 행위 사이에 정부가 그 행위에 책임을 져야 할 정도로 연결성(nexus)만 있으면 족하다고 결정한 바 있다. *캐나다 자동차 산업 사건* (각주 1), § 10.107. 해당 국가의 법상 법적 지위를 갖춘 수단을 구비하면 '요건'을 충족한다. *Id.* § 10.123. 이러한 광범위한 해석에 따르면 자발적 협약(Voluntary Agreement)도 GATT

칙과 내국민대우원칙을 위반하며, 수출 · 입 제한은 일반적으로 수량제한금지원칙을 위반한다. 해당 조치가 최혜국대우원칙과 내국민대우원칙을 위반하였다고 인정할 경우에는 나아가 수량제한금지원칙의 위반 여부를 살필 필요가 없다.[3)]

특기할 것은 내국민대우원칙은 앞서 최혜국대우원칙과 마찬가지로 동종 '제품'에 적용되는 조치만을 다루는 개념이라는 것이다. 공정 및 생산방법(Processes and Production Methods: PPMs)의 규제는 제품의 판매를 직접 규율하지 않고 제품 자체에 영향을 끼치지 않기 때문에 제품 자체에 적용되는 것으로 볼 수 없다. 1991년 *참치-돌고래 사건 I*에서 패널은 미국의 수입 금지조치가 참치 자체(product as such)가 아닌 참치를 어획한 공정(process)에 적용되었기 때문에 제3조가 다루는 국내 규정을 구성하지 않는다고 판단하면서 이를 확인하였다.[4)] 즉 문제의 해양포유동물법(MMPA) 규정은 참치 자체에 대해서는 영향을 미칠 수 없는 포획방법에 관련된 것이기 때문에 미국 어선이 포획한 참치와 멕시코 선단이 포획한 참치는 '동종 제품'이며, 결국 멕시코 참치에 대한 수입금지조치가 내국민대우의무가 적용되어 이를 위반하였다는 것이다(*참치-돌고래 사건 I*). 문제는 실제에서 제품과 공정 및 생산방법(PPMs) 간의 구별이 어렵다는 것이다. 이는 당사국들로 하여금 분쟁의 소지를 제공하고 있다.

GATT 제3조가 적용되는지 여부를 판단하는 데 발생하는 어려운 문제는 그 조치가 제품의 규제인가 아니면 공정 및 생산방법의 규제인가이다. 앞서 *참치-돌고래 사건 I*에서 패널 결정에 따르면 공정 및 생산방법을 다루는 국내 규제는 수입 제품에 부과될 수 없다. 예컨대, 1톤의 철강을 재활용된 금속을 원료로 그리고 원자력으로 발생한 전기를 이용하여 생산한 경우와 원광석을 원료로 하고 석탄을 에너지원으로 한 용광로에서 생산한 경우를 생각해 보자. 전자의 경우는 후자에 비해 온실가스 배출량이 적다고 할 수 있다. 그러나 세관 당국의 입장에서 볼 때는 동일한 철강 제품으로 보인다. 온실가스 배출량의 차이를 밝히기 위해서는 다양한 생산 공정과 해당 시설에서 사용된 에너지원을 살펴보아야 할 것이다. 같은 국가 내의 다른 시설들은 사용되는 기술과 에너지원에 따라 다양한 온실가스를 배출할 것이고 그 배출 수준은 천차만별일 것이다.

동종 제품인지 여부를 판단함에 있어서 핵심적인 개념은 경쟁관계(competitive

규정의 적용을 받을 가능성이 많다.

3) WTO, *EC-Measures Affecting Asbestos and Asbestos-Containing Products*, WT/DS135/R (2000)(*EC 석면 사건*), § 8.159.

4) GATT, *United States-Restrictions on Imports of Tuna,* 30 I. L. M. 1594 (1991)(*참치-돌고래 사건 I*), § 5.14.

relationship)의 존재 여부에 있다.[5] 2001년 *EC 석면 사건* 항소기구는 "동종성(likeness)의 판단은 본질적으로 제품간 경쟁관계의 성질과 정도에 관한 판단이다"고 적시하면서[6] 경쟁관계에 있는지 여부를 판단하는 기준으로 제품의 속성 · 성격 · 질, 최종 용도(end-use), 소비자의 기호와 습관, 관세 분류(tariff classification) 등을 들고 있다.[7] 그 기준은 완결된 것이 아니기 때문에 장래에 다른 기준이 추가될 가능성이 충분히 있다.

그러나 그 기준은 구체적인 경우 반드시 명쾌한 것이 아니다. 예컨대, 최종 용도는 같지만 에너지 효율 또는 오염물질 배출량에 차이가 있는 자동차들간에 동종성이 인정되는가? 공정 및 생산방법, 위해성 등의 차이는 소비자의 기호에 영향을 미칠 수 있으며, 소비자의 기호가 다르면 동종성이 부인될 가능성도 제기된다. 예컨대, *참치-돌고래 사건 I*로 돌아가 볼 때 돌고래의 살상에 영향을 미치는 참치 어획방법이 이러한 방법을 지지하는 소비자의 인식이나 행동에 영향을 미친다는 점이 입증되면 돌고래를 보호하는 방법으로 어획한 참치와 그렇지 못한 참치 간의 동종성이 부인될 가능성이 있는 것이다.[8] 이와 관련하여 *EC 석면 사건*에서 항소기구는 백석면 섬유는 발암성 물질로서 그 대체재인 PCG 섬유보다 위해성이 높기 때문에 백석면 섬유와 PCG 섬유는 물리적으로 다르다는 점을 지적한 바 있다.[9] 이에 따르면 위해성의 정도도 동종성 여하를 판단하는 중요한 기준이 된다. 동종제품이 아닌 경우에는 최혜국대우원칙과 내국민대우원칙 위반이 문제되지 않으며, 나아가 예외 규정의 충족 여부에 대하여 판단할 필요가 없다.

내국민대우원칙의 또 다른 중요한 요건은 수입되는 제품이 동종 국산제품보다

---

5) Andrew Green, *Climate Chamge, Regulatory Policy and the WTO*, 8 J. Int'l Econ. L 143, 158 (2005).

6) WTO, *EC-Measures Affecting Asbestos and Asbestos-Containing Products*, WT/DS135/AB/R; 40 I. L. M. 1193 (2001)(*EC 석면 사건* 항소기구 결정), § 99.

7) *Id.* § 101. *EC 석면 사건* 항소기구는 백석면 섬유(chrysotile fibre)와 그 대체재인 PCG 섬유가 인간의 건강에 미치는 위해성이 다르다면서 그 동종성을 부인하였는데, 이에 따르면 위해성의 정도도 동종성 여하를 판단하는 중요한 기준이 된다. 공정 및 생산방법(PPMs)은 소비자의 기호에 크게 영향을 미치기 때문에 패널은 소비자가 공정 및 생산방법에 기초하여 제품 차별을 할 경우 제품간의 동종성을 부인할 가능성이 있다. Andrew Green(각주 5), 160면.

8) 물론 제품의 속성, 최종 용도, 관세 분류 등 다른 기준을 모두 종합해 볼 때는 다른 어획방법에 의해 잡혔다고 하더라도 그 참치가 동일 제품으로 인정될 가능성이 많다. 대다수의 소비자는 환경 영향보다는 가격에 기초하여 제품 선택을 하기 때문에 소비자의 기호가 돌고래를 보호하는 방법으로 어획한 참치와 그렇지 못한 참치를 동일 제품이 아닌 것으로 취급한다는 점을 입증하는 것도 쉽지 않다.

9) *EC 석면 사건* 항소기구 결정(각주 6), § 126, § 131.

불리하지 않게(no less favourable) 대우되어야 한다는 것이다. 수입제품이 불리하게 대우받는지 아닌지 여하는 해당 조치가 관련 시장에서 수입제품에 해를 주는 쪽으로 경쟁의 조건을 변형시키는지 여부로 평가된다.10) 해당 조치가 수입 제품의 가격을 올리는 경우가 좋은 예이다.

Ⅱ. 예외 규정

GATT 제20조는 제1조, 제3조 및 제11조 등 일반 의무에 대한 예외를 인정하고 있는데, 특히 제20조(b), (g)는 비록 '환경'이라는 용어를 사용하고 있지는 않지만 환경관련 규범(무역규제조치, 환경협약상 규제조치)을 정당화하는 데에 사용될 수 있는 여지를 줌으로써, 그 해석을 둘러싸고 분쟁 당사국간에 치열한 논쟁이 이루어지고 있다. 이에 반해 TBT협정은 무역을 제한할 수 있는 예외적인 경우로 '환경'을 명시하고 있다(제2조 제2항). 제소국은 사안에 따라 해당 조치를 정당화하는 근거로 제20조(b)와 (g)를 선택적으로 또는 모두 주장할 수 있는데, 제20조(b)는 국내문제(예컨대, 내국민의 건강 보호)에, 제20조(g)는 월경 또는 국제문제(예컨대, 오존층의 보호, 경계왕래 어족의 보전)에 보다 적합하다고 할 수 있다.11) 또한 제20조(b)보다는 제20조(g)의 요건을 충족하는 것이 상대적으로 쉬워 보인다.

1. GATT 제20조(b)

제20조(b)는 해당 조치가 인간이나 동식물의 생명 또는 건강을 보호하기 위하여 '필요한(necessary)' 조치일 것을 요구하고 있는데, 특히 '필요성(necessity)' 요건의 해석과 관련하여 크게 다투어지고 있다.

1990년 *태국 담배 사건*에서 패널은 대체적인 조치(alternative measure)를 취하는 것이 합리적으로 예상되는 경우에는 해당 조치가 제20조(b)에서 말하는 필요한 조치로서 정당화될 수 없다고 판단하였다. 패널은 GATT 규정에 합치되는 조치를 취할 수 없을 경우, 해당 당사국은 합리적으로 취할 수 있는 조치들 중에서 다른 GATT 규정에 대한 불합치를 최소화하는 조치를 취하여야 한다고 지적하였다.12) *참*

---

10) *한국 쇠고기 사건* 항소기구 결정(각주 1), § 137.

11) Bradly J. Condon, Environmental Sovereignty and the WTO 135 (Transnational Publishers 2006).

12) GATT, *Thailand–Restrictions on Importation of and Internal Taxes on Cigarettes,*

*치-돌고래 사건 I*에서 패널은 미국이 특히 관련 국제협정을 체결하려고 교섭하는 것과 같은 GATT에 부합되는 모든 대체적인 조치를 사용하지 않았기(not exhausted all options) 때문에 미국의 수입 금지조치는 '필요성' 요건을 충족하지 못한다고 결정하였다.[13] 또한 문제의 해양포유동물보호법은 외국 어선으로부터 예상할 수 없는 돌고래 수(예컨대, 같은 해 미국 어선에 의해 살상된 돌고래 수)의 1.25배 이상을 살상하는 것을 금지하였기 때문에 해당 조치는 제20조(b)에서 말하는 '필요한' 조치가 될 수 없다고 지적하였다.[14] 1994년 *참치-돌고래 사건 II*에서 패널은 해당 조치가 다른 국가들로 하여금 그들의 정책을 변경하도록 하고, 그러한 변경이 이루어져야만 효과적이라면 그러한 조치는 제20조(b)상의 '필요한'이라는 요건을 충족할 수 없다고 보았다.[15]

필요성 분석은 여러 요소의 형량을 요구한다. 이익형량 과정은 *EC 석면 사건*에서도 검토되었다.[16] 항소기구는 '필요성'은 여러 요소를 형량하는 과정을 포함한다고 지적하면서 이익형량 과정에서 고려해야 하는 요소로 해당 조치가 목적 실현에 미치는 기여도, 해당 조치가 보호하려고 하는 이익과 가치의 중요성, 해당 조치의 무역에 미치는 영향(덜 제한적인지 여부) 등을 들고,[17] 해당 조치가 추구하는 목표는 석면에 의해 발생되는 생명 위협, 건강 위해의 제거 · 감소를 통한 인간의 생명과 건강의 보전이며, 추구되는 가치는 최고도로 중요하다고 강조하였다.[18]

특히, *브라질 타이어 사건*에서 항소기구는 기여도 요소와 관련하여 해당 조치가 광범위한 정책의 중요한 구성 부분(key component)으로서 그 목적의 달성에 실

37S/200 (1990)(*태국 담배 사건*), § 74.

13) *참치-돌고래 사건 I*(각주 4), § 5.28.

14) *Id.*

15) GATT, *United States-Restrictions on Imports of Tuna,* 33 I. L. M. 842 (1994)(*참치-돌고래 사건 II*), § 5.39.

16) *EC 석면 사건* 항소기구 결정(각주 6), §§ 170~172.

17) 앞서 이른바, 2000년 *한국 쇠고기 사건*에서도 형량하는 과정에서 고려해야 하는 요소로 준수 수단의 해당 조치에 대한 기여도, 해당 조치에 의해 보호되는 공동 이익 또는 가치, 해당 조치의 수출 · 입에 미치는 영향 등을 들었다. *한국 쇠고기 사건* 항소기구 결정(각주 1), § 164. *한국 쇠고기 사건*에서 항소기구는 대안이 합리적으로 이용 가능한지를 결정하기 위한 이익형량 과정에서 고려해야 하는 하나의 측면은 대안이 추구하는 목적의 실현에 기여하는 정도라고 강조하였다. 나아가 추구되는 공동이익 또는 가치가 중요할수록, 이러한 목적을 달성하기 위하여 취해진 필요한(necessary) 조치로서 받아들이기 쉽다고 지적하였다. 또 하나의 측면은 해당 조치가 국제통상에 미치는 제한적 영향의 정도인데, 항소기구는 해당 조치가 수입되는 제품에 미치는 영향이 적을수록 강력하고 광범위하게 제한적인 영향을 미치는 조치에 비해 필요한 조치로 인정되기 쉽다고 지적하였다. *Id.* § 163.

18) *EC 석면 사건* 항소기구 결정(각주 6), § 172.

질적인(material) 기여를 하여야 한다고 지적하였다.[19] 그 결과 목적에 한계적인 (marginal) 또는 중요하지 않은(insignificant) 기여를 하는 조치는 필요한 조치로 보기 어렵다.[20]

이상의 패널 결정을 종합하여 볼 때 필요성을 충족하기 위하여는 무엇보다도 대체적인 조치가 없거나 모두 사용하였을 것이 요구되고 해당 조치가 최소한의 무역규제에 그쳐야 한다. *참치-돌고래 사건 I* 에서는 예상할 수 없는 기준에 기초한 조치가 필요성 요건을 충족할 수 없다는 점을 지적하고 있기 때문에 준수 가능성도 제시하였다고 할 수 있다.

나아가 패널은 필요성 분석을 하면서 당사국에게 국제협정을 체결하기 위해 교섭할 것을 의무로서 부과하고 있는데, 이러한 의무는 제20조(b)에서 명문으로 인정하고 있지 않을 뿐만 아니라 교섭은 조약 체결의 과정으로서 그 결과가 불투명하고, 그 교섭 노력을 해당 조치와 비교한다는 것은 불가능하다는 점에서 필요성 요건을 분석할 때 조약을 체결하려고 교섭하는 등 노력했는지 여부를 살피는 것은 부당하다고 할 것이다.[21] 당사국에게 국제협정을 체결하기 위해 교섭할 의무가 있다면 이는 오히려 뒤에서 살펴보는 모두 조항(*chapeau*)을 분석할 때 조약체결 노력이 차별적으로 이루어졌는지에 초점을 맞추어 살피는 것이 논리적으로 타당성이 있다고 할 것이다.[22] *새우-바다거북 사건* 항소기구는 모두 조항을 적용하면서 미국이 교섭을 시도하지 않은 점, 국가간에 교섭 노력을 달리한 점 등을 지적하면서 해당 새우수입 금지조치가 부당한 차별의 수단을 구성한다고 결론지음으로써,[23] 사실상 *참치-돌고래 사건 I* 에서의 추론을 번복하였다.[24]

그렇다면 '필요성' 요건과 관련한 패널의 결정들은 합리적인가? GATT 패널은 '필요성' 요건을 지나치게 좁게 해석하는 것이라고 할 수 있다. 엄격한 요건을 충족하기 위해서는 환경보호를 목적으로 무역규제 조치를 취하는 해당국은 큰 부담

---

19) WTO, *Brazil-Measures Affecting Imports of Retreaded Tyres*, WT/DS332/AB/R (2007), § 210.

20) *Id.* § 150.

21) WTO, *United States-Measures Affecting the Cross-border Supply of Gambling and Betting Services*, WT/DS285/AB/R(2005), § 317.

22) 국제환경문제가 상호의존적이고 국가들이 공동의 또는 관련된 목적을 달성하려고 시도하기 때문에 모두 조항에 협력의무를 부가하였다고 할 수 있으나 그 의무를 모두 조항에서 소화하기 위해서는 차별의 문제와 연결하여야 한다는 주장은 같은 맥락으로 이해할 수 있다. Bradly J. Condon(각주 11), 118면.

23) WTO, *United States-Import Prohibition of Certain Shrimp and Shrimp Products,* 38 I. L. M. 118 (1999)(*새우-바다거북 사건* 항소기구 결정), § 166, § 169, § 172.

24) Bradly J. Condon(각주 11), 116면.

을 질 수밖에 없다. 이러한 결과는 환경보호를 목적으로 하는 무역규제조치가 대개의 경우 자유무역을 해친다는 이유로 부인될 수 있다는 것을 의미한다. 경우에 따라서는 국가의 주권에 대한 지나친 침해를 구성한다는 비난도 감수하여야 한다.[25)]

이러한 점을 의식하였는지 WTO 패널은 엄격한 해석이라는 기본 맥락은 그대로 유지하면서도 그 요건을 다소 완화하였다. 예컨대, 1996년 *개질 휘발유 사건* 패널과 2001년 *EC 석면 사건* 항소기구는 '필요성' 요건과 관련해서 해당 법령상의 금지에 대한 '합리적으로 이용 가능한' 대안(reasonably available alternative)이 없기 때문에 제20조(b)상의 필요성 요건을 충족한다고 강조하였다.[26)] '합리적으로 이용 가능한'이란 모든 대체조치를 사용한 후 해당 조치를 최후의 수단으로 사용하여야 한다는 것보다 비교적 유연한 해석이 가능할 것이다. *EC 석면 사건*에서 항소기구는 그 조치가 위해의 계속을 내포하고 있다면 어떠한 대체적 조치를 취할 것을 합리적으로 기대할 수 없다고 판단하면서 프랑스의 백석면 금지에 대한 합리적인 대안이 없다는 점을 인정하였다.[27)]

2. GATT 제20조(g)

제20조(g)는 세 가지 요건으로 구성되어 있다: ① 관련성(relating to con-servation); ② 유한 자연자원(exhaustible natural resources); ③ 결부되어(in con-junction with).

가. 관 련 성

관련성 해석과 관련하여 1988년 *캐나다 청어 · 연어 사건*에서 패널은 제20조(g)는 필요한(necessary), 필수적인(essential)이라는 표현을 사용하고 있는 다른 규정(예컨대, (a), (b), (d), (j) 등)과 달리 보전에 "관련한(relating to)"이라는 문구를 사용하고 있다는 점을 지적하면서 해당 조치는 유한 자연자원의 보전을 위해 필요하거나 필수적일 필요는 없다고 지적하였다. 그러나 제20조(g)의 목적은 어느 국가가 취할

---

25) P. W. Birnie and A. E. Boyle, International Law and the Environment 711 (2nd ed. Oxford University Press 2002).

26) WTO, *United States–Standards for Reformulated and Conventional Gasoline Treatment of Imported Gasoline and Like Products of National Origin,* 35 I. L. M. 274 (1996)(*개질 휘발유 사건*), § 6.24. *EC 석면 사건* 항소기구 결정(각주 6), § 175.

27) *EC 석면 사건* 항소기구 결정(각주 6), § 174.

수 있는 제한조치의 범위를 확대하기 보다는 당사국들로 하여금 유한자원의 보전이라는 국가 정책을 추구하도록 하는 데 있다는 점을 강조하면서 유한 자연자원의 보전과 관련하기 위해서는 해당 조치는 보전을 "주된 목적으로(primarily aimed at)" 하여야 한다고 판단하였다.[28] *참치-돌고래 사건 I*[29]과 *참치-돌고래 사건 II*[30] 패널도 이러한 해석에 동의하였다. *새우-바다거북 사건* 항소기구는 일정한 국가를 규제대상에서 제외하는 조치는 그 제외가 "명백히 그리고 직접적으로(clearly and directly)" 자연자원의 보전이라는 정책 목표와 관련이 있는 경우에 허용된다고 지적하였다.[31]

특히 *참치-돌고래 사건 II*에서 패널은 "주된 목적으로"는 해당 조치의 목적뿐만 아니라 자연자원의 보전에 대한 영향도 살펴보아야 한다고 강조하였다.[32] 구체적으로 미국이 특정 참치가 돌고래를 해치거나 해칠 수 있는 방법으로 어획되었는지를 불문하고 그 수입을 금지하였다면서, 직접적인 수입 금지조치와 중개국가에 대한 수입 금지조치 모두는 다른 국가들로 하여금 자국 관할권 내에 있는 사람이나 사물과 관련한 그들의 정책을 변경하도록 하였고 그러한 변경이 이루어져야만 효과적이었기 때문에 제20조(g) 예외 규정의 요건을 충족하지 않는다고 판단하였다.[33] 이러한 해석은 WTO 패널에서도 그대로 유지되고 있다.[34]

이러한 요건은 '필요성' 요건보다는 쉽지만 충족하는 것이 쉽지 않다. "관련한(relating to)"을 "주된 목적으로 하는(primarily aimed at)"으로 해석하는 것은 지나치게 엄격한 해석이라고 할 수 있다. 그 해석도 주관적인 요소를 내포한다. 이러한 관점에서, 1999년 *새우-바다거북 사건*에서 항소기구가 관련성 요건을 분석하면서 "목적과 수단의 긴밀하고 순수한 관계"를 강조하고, "해당 목적과 합리적으로 관련이 있는"이라고 넓게 해석하고 있는 것을 주목할 필요가 있다.[35] "주된 목적"이라는 문구 자체가 GATT 규정에 명시적으로 규정되어 있지 않음에도 불구하고 엄격히 해석하는 것은 사실상 제20조(g)에 대한 근거 없는 변경으로써, 문리해석에 반

---

28) GATT, *Canada-Measures Affecting Exports of Unprocessed Herring and Salmon,* 35S/98 (1989)(*캐나다 청어·연어 사건*), § 4.6.
29) *참치-돌고래 사건 I*(각주 4), § 5.33.
30) *참치-돌고래 사건 II*(각주 15), § 5.22.
31) *새우-바다거북 사건* 항소기구 결정(각주 23), § 138.
32) *Id.*
33) *Id.* § 5.24, § 5.27.
34) *개질 휘발유 사건*(각주 26), § 6.39.
35) *새우-바다거북 사건* 항소기구 결정(각주 23), § 136, § 141. 이러한 입장에서는 수단이 목적에 비하여 그 범위가 불균형적으로 광범위한지 또는 목적과 밀접한 관련이 있는지에 주목하게 된다. *Id.*

하며, 환경보호와 보전을 목적으로 취해지는 무역규제조치보다 자유무역을 우선시하는 결과를 초래한다.

이에 GATT 규정을 개정하거나 전체 문맥에 맞게 해석할 필요가 있다는 주장을 경청할 필요가 있다. WTO체제에서 처음 시험대에 오른 1996년 *개질 휘발유 사건*에서 항소기구는 해당 조치가 우연히(incidentally) 또는 비의도적으로(inadvertently) 유한 자연자원을 보전할 목적이 아닌, 유한 자연자원의 보전과 '본질적인 관계(substantial relationship)'가 있다면 자연자원의 보전과 관련이 있다고 판단하였다.[36] 이러한 해석은 관련성을 보다 유연하고 합리적으로 해석한 것으로 앞서 GATT체제하에서 이루어진 결정들(예컨대, *참치－돌고래 사건 I, 참치－돌고래 사건 II*)보다 환경보호에 충실할 수 있다고 판단된다.

나. 유한 자연자원

그동안 GATT/WTO 결정에 의하면 깨끗한 공기(*개질 휘발유 사건*), 돌고래(*참치－돌고래 사건 I, 참치－돌고래 사건 II*), 바다거북(*새우－바다거북 사건*)[37] 등 광범위한 자연자원이 제20조(g)에서 말하는 "유한 자연자원"에 해당되는 것으로 이해되고 있다. WTO 항소기구는 이 문제에 관하여 다음과 같은 입장을 취하였다: '자원(resource)'은 생물일 수도 무생물일 수도 있으며, 잠재적으로 '고갈될 수 있을(exhaustible)' 정도로 희귀하거나 위기에 처해져 있을 필요가 없다.[38] 이와 같은 관대한 해석에 따르면, 모든 생물자원 또는 무생물자원, 특히 다자간 환경관련 국제협약의 보호대상이 되는 자원에 대해서 동 규정이 쉽게 원용될 수 있을 것이다.[39]

다. 결부되어

제20조(g)의 세 번째 요건은 해당 조치가 '국내 생산 또는 소비에 대한 제한과 결부되어 효과적인' 것이어야 한다는 것이다. 우선 '효과적'이라는 의미는 실시되는 해당 조치가 '효력을 발생하는(operative)', '발효 중인(come into effect)' 또는 '시행중인(in force)' 것으로 해석할 수 있다. '결부되어'란 '함께(together with)' 또는 '공동으로(jointly with)'라고 해석할 수 있다.[40] 전체적으로 보자면, 제20조(g) 단서는

36) WTO, *United States－Standards for Reformulated and Conventional Gasoline,* 35 I. L. M. 603 (1996)(*개질 휘발유 사건* 항소기구 결정), 623면.

37) *새우－바다거북 사건* 항소기구 결정(각주 23), § 134. 자세한 내용은 §§ 126~133.

38) *Id.* § 131.

39) P. W. Birnie & A. E. Boyle(각주 25), 709면.

자연자원의 국내 생산 또는 소비에 대한 제한과 함께 실시되거나 시행되는 기준 · 규칙과 같은 정부조치를 뜻하는 것으로 판단된다. GATT 패널은 이 문제를 다음과 같이 해석하였다. 즉 1988년 *캐나다 청어 · 연어 사건*에서 패널은 무역규제조치가 국내 생산 또는 소비에 대한 제한과 "결부되어(in conjunction with)" 실시된다고 인정되기 위해서는 이러한 국내 제한을 유효하게 하는 것을 주된 목적으로 하여야 한다고 판단하였다.[41] *참치-돌고래 사건 II* 패널도 이러한 해석을 확인하였다.[42]

'함께' 또는 '공동으로'라는 것이 수입품에 대한 조치가 국내 생산 또는 소비에 대한 것과 동일한 것을 의미하는 것은 아닐 것이다. 이러한 해석은 *개질 휘발유 사건* 항소기구 결정에서 뒷받침되고 있다. 이 사건 항소기구는 제20조(g)의 "해당 조치가 국내 생산 또는 소비에 대한 제한과 결부되어(in conjunction with) 실시되어야 한다"는 문장은 정부 조치가 자연자원의 국내 생산 또는 소비에 대한 제한과 "함께(together with)" 이루어져야 한다는 의미로 해석되어야 하며, 구체적으로 해당 조치가 수입되는 휘발유뿐만 아니라 국내 휘발유에 제한을 부과하는 요건으로 해석되어야 한다고 판단하였다.[43] 나아가 항소기구는 이 규정을 해석함에 있어서 보전이라는 이름으로 유한 자연자원의 생산 또는 소비에 대한 제한을 함에 있어서, 동일성 내지 동등성(identical)이 아닌, "공평성(even-handedness)"이 요구된다고 보았다.[44] 그 공평성은 국내 생산 또는 소비 가운데 어느 하나에 대한 제한으로 충분할 것이다. 이러한 해석은 문리해석에 충실하고, 그 요건을 명확히 하고, 합리적으로 이해하고 있다는 점에서 적절한 해석이라고 본다.

라. 제20조 모두(冒頭) 조항

제20조의 예외 규정은 해당 무역규제조치가 적용되는 방법에 관한 기준을 정하고 있는 모두 조항(*chapeau*)에 의한 제한을 받는다. 모두 조항에는 두 가지의 제한 기준이 규정되어 있다: ① 자의적이거나 부당한 차별(arbitrary or unjustifiable discrimination); ② 국제무역에 대한 위장된 제한(disguised restriction on international trade).

---

40) *Id.* 710면.
41) *캐나다 청어 · 연어 사건*(각주 28), § 4.6.
42) *참치-돌고래 사건 II*(각주 15), § 5.22.
43) *개질 휘발유 사건* 항소기구 결정(각주 36), 624면.
44) *Id.* 625면.

(1) 요　건

(가) 자의적이거나 부당한 차별의 금지

해당 조치(법령, 규정, 기준 등)가 '동일한 조건하'에 있는 국가간에 자의적이거나 부당한 차별에 해당할 경우 그 조치는 정당화될 수 없다. 예컨대, 같은 조건에 처해 있는 국가간에는 차별을 하지 않고 기술 등 다른 조건이 존재하는 선·후진국 간의 폐기물 거래를 금지하는 조치는 자의적이거나 부당한 차별이라고 할 수 없다. *새우－바다거북 사건*에서 항소기구는 구체적으로 자의적인 차별의 기준으로 해당 조치의 엄격성(rigidity), 비유연성(inflexibility), 불투명성, 불공정성, 부적법한 절차(undue process) 등을 들었으며,45) 부당한 차별의 기준으로 당사국이 교섭을 시도하지 않은 점 등을 들었다.46)

*브라질 타이어 사건*에서 항소기구는 부당한 차별인지 여부를 판단함에 있어서 차별의 효과(effect)가 아니라 그 원인(cause or rationale)에 초점이 맞추어져야 한다고 강조하였다.47)

(나) 위장된 제한의 금지

국제무역에 대한 위장된 제한, 즉 숨겨진 또는 비공개된 제한은 금지된다. 위장된 제한에는 '위장된 차별'이 포함될 것이다. 1982년 *캐나다－미국 간 참치분쟁 사건*에서 패널은 미국의 참치 수입 금지조치는 공개적으로 천명되었기 때문에 위장된 제한이 아니라고 판단함으로써,48) '공개성'을 위장된 제한을 판단하는 중요한 기준으로 제시하고 있다. 이에 대해 공표되었다는 이유만으로 무역규제의 위장성이 면제되는 것은 부당하다는 비판이 있다.49) 해당 조치를 취함에 환경보호가 아니라 국내산업보호가 큰 동인으로 작용하였을 경우에는 위장된 제한에 해당될 가능성이 많을 것이다. 또한 그 조치가 객관성, 투명성을 결한 경우에는 위장된 제한으로 분류될 가능성이 있다.

(2) 구체적 적용

개질 휘발유 사건 및 *새우－바다거북 사건* 항소기구는 미국의 해당 조치가 제

---

45) *새우－바다거북 사건* 항소기구 결정(각주 23). § 177, § 180, § 181.

46) *Id.* § 166.

47) WTO, *Brazil－Measures Affecting Imports of Retreaded Tyres*, WT/DS332/AB/R (2007)(*브라질 타이어 사건* 항소기구 결정), §§ 229~230.

48) GATT, *United States－Prohibition of Imports of Tuna and Tuna Products from Canada,* 29S/91 (1982), § 4.8.

49) 최승환, "WTO 체제상 위생 및 검역규제의 합법성: '미국－EC 호르몬 사건'을 중심으로," 국제법무연구 제2호, 1999, 308면.

20조(g)에는 해당하나, 모두 조항의 요건을 충족하지 않아 결과적으로 제20조(g) 예외 규정에 의해 정당화될 수 없다고 결정하였다. *개질 휘발유 사건* 항소기구는 미국이 외국 정유업자에 대하여 개별 기준(individual baseline)의 적용을 부인하면서 상대적으로 불리한 법적 기준을 적용하기 위한 정당화의 근거로 삼는 행정적인 문제를 완화하기 위하여 베네수엘라 · 브라질 등과 협정을 체결하는 등 협력하는 것을 소홀히 하였으며, 법적 기준의 부과로 인하여 외국 정유업자에게 발생되는 비용을 고려하지 않았다는 점을 지적하였다.[50] 이러한 차별은 예상된 것이며, 예기치 않은 것이거나 불가피한 것이 아니라면서 가솔린 규칙상의 기준 설정규칙은 부당한 차별(unjustifiable discrimination)이며, 국제무역에 대한 위장된 제한(disguised restriction)에 해당된다고 판단하였다.[51]

새우-바다거북 사건 항소기구는 모두 조항이 사실상 신의의 원칙(principle of good faith)의 한 표현이라고 파악하였다. 항소기구는 이 원칙은 국가의 권리를 남용해서 행사하는 것을 금지하며, 그 권리의 주장이 조약상의 의무에 의해 보호되는 분야를 침해할 경우 신의 성실(*bona fide*)에 기초하여, 즉 합리적으로 행사되어야 한다고 지적하면서 모두 조항의 역할과 기능을 정의하였다.[52]

나아가 미국의 해당 조치는 특정 정책목표를 달성하기 위하여, 다른 당사국의 다른 사정을 고려하지 않고, 한 국가(미국)가 다른 당사국으로 하여금 자국에서 시행되는 것과 본질적으로 동일한 광범위한 규제 프로그램을 채택하도록 요구하기 위하여 경제적인 금수조치를 이용하는 것이라는 점에서, 국제무역관계에서 받아들일 수 없다고 판단하였다.[53] 항소기구는 해당 조치의 실제 적용은 다른 당사국으로 하여금 새우잡이 어선에 적용되는 것과 상응하는 것이 아니라 오히려 본질적으로 동일(same)할 것을 요구하기 때문에 제609조 적용의 효과는 엄격한(rigid and unbending) 기준을 설정하는 것이라고 보았다.[54] 또한 항소기구는 관련 법 규정에도 불구하고 미국이 수입 금지조치를 취하기 전에 교섭을 시도하지 않았다는 점,[55] 미국이 남미 국가들과 바다거북 보호와 보전을 위한 범미주협약(Inter-American Convention)을 체결하는 등 이 사건 국가들과 달리 다른 국가들과 심각하게 교섭을 시도한 점 등을 지적하면서 그 효과는 차별적인 것으로 부당하다고

50) *개질 휘발유 사건* 항소기구 결정(각주 36), 632면.
51) *Id.* 633면.
52) *새우-바다거북 사건* 항소기구 결정(각주 23), § 158.
53) *새우-바다거북 사건* 항소기구 결정(각주 23), § 164.
54) *Id.* § 163.
55) *Id.* § 166.

강조하였다.56) 항소기구는 이러한 점을 종합하여 검토한 후 해당 조치가 부당한 차별의 수단을 구성하는 방법으로 적용되었다고 결론지었다.57) 또한 해당 조치의 엄격성과 비유연성은 모두 조항에서 말하는 자의적 차별을 구성한다고 지적하였다.58) 또한 확인 절차의 투명성과 예측가능성이 없이 심리 및 반론기회의 미제공, 승인 · 거부 등에 대한 서면통보절차의 미비, 심사 및 항소의 제한 등으로 자의적 차별을 초래하였다고 판단하였다.59) 결국 항소기구는 해당 조치가 동일한 조건하에 있는 국가간에 자의적(arbitrary)일 뿐만 아니라 부당한 차별의 수단에 이르는 방법으로 적용되었으므로 제20조 모두 조항의 요건을 충족하지 않아 정당화될 수 없다고 결론지었다.60)

*브라질 타이어 사건*에서 항소기구는 남미공동시장(MERCOSUR) 국가들을 제외하고 재생타이어의 수입을 금지한 조치가 제20조(b)를 충족하지만 모두 조항의 요건을 위반하기 때문에 정당화될 수 없다고 판단하였다.61) MERCOSUR 국가들을 제외한 것이 자의적이거나 부당한 차별을 구성하는지 여부를 판단함에 항소기구는 차별의 목적과 해당 조치의 정책 목적 간의 관계를 면밀히 검토하였다. 항소기구는 모두 조항상의 목적과 수단에 대한 요건은 차별의 목적과 해당 조치의 정책 목적 간의 합리적인 관계를 요구한다고 지적하였다.62) 브라질이 주장하는 MERCOSUR 국가들을 제외하는 이유는 MERCOSUR 중재재판소에 의한 MERCOSUR 국가들 사이에 추가적인 무역규제조치의 시행을 금지하는 기존 결정을 준수하기 위한 것이었다. 항소기구는 이러한 논거가 해당 조치의 목적, 즉 제20조(b)상의 인간이나 동 · 식물의 생명 또는 건강을 보호한다는 목적과 합리적인 관련성을 가지고 있지 않다고 판단하였다.63) 그 결과 수입금지조치를 MERCOSUR 국가들에게 적용하지 않은 것은 모두 조항상의 부당한 차별을 구성한다고 판단하였다.

나아가 항소기구는 MERCOSUR 국가들을 제외한 조치가 자의적인 차별을 구성한다고 판단하였다. 항소기구는 패널의 결정, 즉 그 제외가 변덕스럽거나 임의적인 행위의 결과가 아닌 한 자의적인 차별을 구성하는 방법으로 적용되지 않았다는 결정을 부인하였다.64) 나아가 부당한 차별인지 여부를 판단함에 있어서 차별의 효

56) *Id.* § 169, § 172.
57) *Id.* § 176.
58) *Id.* § 177.
59) *Id.* § 180.
60) *Id.* § 184, § 187.
61) *브라질 타이어 사건* 항소기구 결정(각주 47), § 258.
62) *Id.* § 227.
63) *Id.* § 228.

과(effect)가 아니라 그 원인(cause or rationale)에 초점이 맞추어져야 한다고 강조하였다.[65]

이러한 결정에 따르면 목적과 수단 요건을 충족하지 못할 경우에는 해당 조치가 합리적인 방법(예컨대, 변덕스럽지 않거나 임의적이지 아니한 방법)으로 적용되었다고 하더라도 자의적인 차별을 구성할 수 있을 것이다. 해당 조치가 모두 조항상 정당화되는지 여부를 판단하기 위해서는 해당 조치의 실제 목적과 그 표명된 정책목표 간의 관계의 중요성에 주목하여야 할 것이다. 그 결과 차별적인 해당 조치의 원인이 정책 목표와 합리적인 관련성을 갖고 있는지 또는 진정한 목적을 갖고 있는지가 중요한 쟁점이 될 것이다.

마. 제20조 본문과 모두 조항의 적용 순서

모두 조항과 제20조(b), (g) 본문 조항 중 어느 것을 먼저 해석·적용하여야 하는가? *개질 휘발유 사건*에서 항소기구는 제20조 전문 규정을 먼저 살피고 난 후에 모두 조항을 적용하여야 한다고 판단하였다.[66] 항소기구는 2단계 분석 방법을 제시하였는데, 이에 따르면 먼저 해당 조치의 성격 때문에 제20조의 정당화 규정을 살펴본 후, 그 조치가 해당 규정의 요건을 충족시키는 경우에는 모두 조항의 요건을 충족시키는지 살펴보아야 한다. 항소기구는 모두 조항의 목적이나 취지가 일반적으로 제20조 예외 규정의 남용을 막기 위한 것이라는 것을 강조하면서 모두 조항은 문제된 조치 또는 해당 조치의 구체적인 내용이 아니라 그 조치의 적용 방법이라는 점을 지적하였다.[67] 이러한 분석 방법은 *새우-바다거북 항소 사건*[68]과 *EC 석면 사건*[69]에서도 확인되고 있다. 특히 *새우-바다거북 사건*에서 항소기구는 이와 같은 분석방법이 제20조의 본질적인 구조와 논리의 귀결이라고 상소하였다.[70] *개질 휘발유 사건*에서 항소기구가 도입한 이러한 이원적 분석방법은 이제 GATT 제20조 본문 조항과 모두 조항에 대한 해석방법으로 확고히 정착되었다고 할 수 있다. 이러한 분석 방법 및 순서는 제20조(b), (g)가 합법성 요건을, 모두 조항이 적용방법을 담고 있다는 점에서 타당한 것으로 보인다.

---

64) *Id.* § 233.
65) *Id.* §§ 229~230.
66) *개질 휘발유 사건* 항소기구 결정(각주 36), 626면.
67) *Id.*
68) *새우-바다거북 사건* 항소기구 결정(각주 23), § 118.
69) *EC 석면 사건*(각주 3), § 8.167.
70) *새우-바다거북 사건* 항소기구 결정(각주 23), § 118.

바. 역외적용 여부(관할적 연계성)

GATT 예외 규정과 관련해서 또 하나의 쟁점은 적용영역에 있어서 제한이 있는지이다. 제20조는 적용영역상의 제한이 있는지, 있다면 그 성질과 정도가 어떠한 것인지에 대하여 침묵하고 있다. 국가 관할권 밖에 있는 자연자원 또는 환경을 보호하기 위한 국가의 일방적인 조치에 대해서 GATT의 예외 규정이 적용될 수 있는지에 관한 문제는 *참치－돌고래 사건 I*에서 처음으로 논의되었다. 이 사건에서 패널은 제20조(b)가 해당 조치를 취하는 국가의 관할권 밖에 있는 인간이나 동식물의 생명 또는 건강을 보호하기 위하여 취해진 조치에는 적용되지 않는다고 결정하였다.[71] 제20조(g)에 대해서도 마찬가지 이유로 그 적용을 부인하였다.[72]

그러나 이러한 입장은 *참치－돌고래 사건 II*에서 부인되었다. 이 사건에서 패널은 국제법상의 관할권 원칙을 살펴본 후 제20조(g) 규정이 해당 조치를 취하는 당사국의 영역 내에 소재하는 유한 자연자원의 보전과 관련한 정책에만 적용되어야 할 합리적인 이유가 없다고 하면서, 국가의 관할권 밖(동태평양)에 있는 돌고래를 보전하기 위한 미국의 정책은 제20조(g)의 적용을 받는 정책의 범위에 해당한다고 판단하였다.[73] 마찬가지 이유로 국가의 관할권 밖(동태평양)에 있는 돌고래의 생명과 건강을 보호하기 위한 정책은 제20조(b)의 적용을 받는 정책의 범위에 해당한다고 판단하였다.[74]

*새우－바다거북 사건*에서 항소기구는 제20조(g)의 적용영역에 제한이 있는지에 대하여는 분명한 입장을 밝히지 않고 있다. 다만 문제의 바다거북은 여러 국가의 수역과 공해를 왕래하는데, 이러한 왕래하는 멸종위기 군과 미국 사이에는 위 규정의 목적을 위하여 충분한 연계성(sufficient nexus)이 있다고 지적하였다.[75]

이러한 관할적 연계성 문제는 영토적 관할권 밖에 존재하는 대상에 대하여 관할권을 행사할 수 있는가의 문제를 다루는 역외(extraterritorial) 문제와는 구별되는 개념으로 전자가 법적 개념이라면 후자는 지리적 개념이 내포되어 있다.[76] 대상이 월경 또는 국제문제를 포함할 경우(예컨대, 국경을 이동하는 국제공유자원의 경우) 관할적 연계성이 인정될 가능성이 많으나 사안에 따라 관할권 밖에 있다는 것과 엄격하게 구별하는 것이 쉽지 않을 수 있고(예컨대, 어느 입장에서 보호대상이 완전

71) *참치－돌고래 사건 I*(각주 4), § 5.26.
72) *Id.* §§ 5.31~5.32.
73) *참치－돌고래 사건 II*(각주 15), § 5.20.
74) *Id.* § 5.33.
75) *새우－바다거북 사건* 항소기구 결정(각주 23), § 133.
76) Bradly J. Condon(각주 11), 197 내지 198면.

히 당사국의 영역 밖에 있어 관할권 밖의 문제로 되는 것이 다른 입장에서 지구의 생태계가 서로 연결되어 있다고 보면 국제적인 성격을 갖고 그 결과 관할적 연계성이 있다고 할 수 있을 것이다), 구체적으로 어느 정도의 연계성이 있어야 하는지 그 판단이 쉽지 않을 수 있다.

Ⅲ. 평　　가

GATT/WTO체제에서 패널은 GATT 원칙 규정은 넓게 해석하고 있는 반면, 예외 규정은 좁게 해석하고 있다. 일방적 무역규제조치가 정당화되기 위해서는 GATT 예외 규정(제20조)의 요건을 충족하여야 하는데, 지금까지의 패널 결정을 살펴볼 경우 이 규정을 충족하기는 쉽지 않아 보인다. 그 규정이 모호하기 때문에 해석상 많은 논란이 제기되고 있지만 패널은 일단 그 해석을 상당히 엄격히 하고 있다. 환경과 관련한 조치들은 흔히 제20조(b) 또는 (g)에 결부되는데, 해당 규정의 표현은 매우 포괄적이고 일반적이다. 그러나 GATT/WTO 분쟁해결기구의 그 해석 및 적용은 상당히 제한적이다. 대부분의 분쟁 사건에서 해당 조치의 정당성이 대부분 부인된 것이 이를 잘 말해준다. 그 결과는 흔히 환경보호를 목적으로 한 일방적 무역규제보다 자유무역의 우위로 판가름나고 있다. 제20조 본문상의 요건도 그렇지만 이에 못지않게 모두 조항의 요건도 충족하는 것이 쉽지 않아 보인다. GATT/WTO 패널에서 모두 조항 요건에 일치된다고 결정한 사건이 *EC 석면 사건* 등 아주 제한적이라는 것이 이를 잘 말해 준다.

이러한 평가는 GATT 예외 규정을 근거로 환경보호 조치를 정당화하기가 어렵다는 것을 암시한다. 흔히 예외 규정을 동원하는 국가는 피소국으로서 해당 조치가 '필요한' 조치인지, '관련된' 조치인지를 입증하고, 해당 조치가 '자의적이거나 부당한 차별'이 아니고 '위장된 제한'을 구성하지 않는다는 점 등을 입증하여야 한다. 이는 GATT 규정의 조문 구성이나 GATT/WTO 분쟁해결기구가 그 요건을 엄격히 해석 · 적용하고 있는 현실에 비추어 보았을 때 논리적 타당성을 갖는다.

이러한 귀결은 진정으로 환경보호를 목적으로 하는 조치까지 봉쇄당할 수 있다는 우려로 이어진다. 그렇다면 보호주의는 경계하되 진정으로 환경보호를 목적으로 하는 조치는 허용하는 방법이 없을까? 흔히 피소국의 입장에 서고 있는 미국의 입장은 표면상으로 환경보호를 내세우고 있으며, 아이러니하게도 이러한 입장은 번번히 실패로 돌아가고 있다. 이러한 결론은 GATT/WTO 분쟁해결기구가 환경보호를 등한히 하고 있는 것은 아닌가 하는 의구심을 불러일으킬 수 있다. 이러한 문제를 근본적으로 해결하기 위해서는 환경보호와 자유무역 간의 경계를 분명히 설정할 필요가 있으나 그 경계를 설정한다는 것은 생각만큼 쉬운 일이 아니다.

GATT/WTO 분쟁해결기구가 일방적 규제조치에 제동을 거는 이유는 자유무역체제의 우선, 국가주권에 대한 지나친 침해 가능성에 대한 우려 등이 복합적으로 작용한 결과라고 생각된다. 이에 더하여 GATT 예외 규정에 대한 엄격한 해석도 부인할 수 없다. 예외 규정에 대한 지나치게 엄격한 해석은 합리적 근거 없이 해당 규정의 의미 및 내용을 변경하는 것이다. 이는 환경보호와 보전을 목적으로 취해지는 무역규제조치보다 자유무역을 우선시하는 결과를 초래한다. 증가하는 환경문제에 효율적으로 대처하기 위해서는 예외 규정은 보다 넓게 해석되어야 한다. 이러한 유연한 해석을 통하여 환경보호와 자유무역체제가 조화될 수 있을 것이다.

GATT 규정의 해석 · 적용상의 문제점은 TBT협정이나 SPS협정 등에서 규정하고 있는 당사국의 구체적 의무 규정으로 어느 정도 돌파할 수 있지만 차제에 GATT 규정의 개정 등을 통하여 명확히 해결할 필요가 있다고 생각된다. 그 구체적 방법은 그동안 GATT/WTO 패널이 내린 결정을 반영하는 것으로 상당 부분 해결할 수 있을 것이다. 개정을 위한 몇 가지 방안을 제시해 보면 다음과 같다:

(1) 우선 최혜국대우원칙과 내국민대우원칙의 적용 시 흔히 문제가 되는 동종제품인지 여부에 대한 판단기준을 보다 분명히 하는 것이다. 문제의 제품이 다른 공정 및 생산방법(PPMs)을 이용하여 만들어진 경우에는 동종 제품이 아니라는 규정을 두는 것을 적극 검토할 필요가 있다.[77] 이러한 규정은 환경친화적인 공정과 방법으로 제조된 제품을 우호적으로 취급함으로써, 궁극적으로 환경보호에 이바지할 수 있을 것이다. 그러나 이러한 조치는 자칫 보호주의를 위한 악용의 수단으로 전락할 수 있으므로 논란이 될 수 있는 공정 및 생산방법이 무엇인지 그 개념을 명료화할 필요가 있다.

(2) 예외 규정의 '필요성'과 '관련성' 등 요건을 패널의 해석에 부합하게 고치는 작업도 이루어져야 할 것이다. 이러한 요건과 관련한 패널의 해석은 GATT 규정의 문리해석에 맞지 않는 것으로 지나치게 엄격한 해석이다. 그러나 이러한 해석은 패널의 일관된 해석을 통해 이미 확립된 규범으로 자리잡았다고 할 것이다. 이러한 마당에 WTO 패널에게 해석을 달리하라고 명령하는 것보다는 확립된 규범에 맞게 관련 문구를 수정하여 이를 수용하는 것이 구체적 타당성이 있다고 생각된다. 이때 지

---

77) Anupam Goyal, The WTO and International Environmental Law 398 (Oxford Univ. Press 2006).

나치게 엄격한 요건을 부과하는 것은 환경보호 수단이 설 수 있는 공간을 위축시킨다는 점을 염두에 두어야 한다. 이러한 점에서 비교적 최근의 WTO 패널 결정을 주목할 필요가 있다. 예컨대, 패널은 필요성 요건을 모든 대체적인 조치를 사용하여야 한다는 의미로 해석하던 것을 약간 수정하여 '합리적으로 이용 가능한' 대안(reasonably available alternative)이 없는 경우로 이해하고 있다. 같은 맥락에서 관련성 요건을 "주된 목적으로(primarily aimed at)"라고 엄격히 해석하던 입장에서 "해당 목적과 합리적으로 관련이 있는" 또는 "본질적인 관계가 있는"이라고 보다 유연하게 해석하고 있다.

(3) 마지막으로 제20조(b), (g) 예외 규정이 그 적용대상이 월경 또는 국제문제를 포함할 경우에는 국가의 관할권 밖에 있는 인간, 동 · 식물, 유한 자연자원의 보호를 위해 취해지는 조치에 대하여도 적용된다는 점을 밝힐 필요가 있다. 예외 규정이 보전당사국의 영역 내에 소재하는 동 · 식물 등의 보전과 관련한 정책 · 조치에만 적용되어야 할 합리적인 이유가 없으며, 이는 WTO 패널의 입장이기도 하다.

GATT 규정의 모호성은 발전하는 환경 이슈를 어떻게 해결해야 하는지를 결정함에 있어서 유용한 기능을 제공하며, WTO에 대하여 당사국들간에 합의한 다른 협정(예컨대, 환경협약)에 대한 고려의 가능성을 높이고 해석의 보충적인 수단에 대한 의지의 폭을 넓힌다는 견해도 있을 수 있다.[78] 이러한 입장은 개정의 필요성을 일축하고 있다. 그러나 모호한 규정은 적용의 일관성과 예측가능성을 해칠 수 있다. 이는 위장된 보호무역 수단을 포장할 가능성이 있다. 기존 규정에 대한 확립된 해석이 이루어지기도 전에 GATT 규정을 개정하는 것이 불필요하게 미래의 선택 폭을 줄이고 해석 및 적용의 유연성을 해칠 수 있지만 거꾸로 일관성과 예측가능성을 향상시킴으로써 효과적인 법집행을 향상시킬 것이다.

---

78) Bradly J. Condon(각주 11), 9 내지 10면, 277면, 279 내지 280면.

제 6 절 환경협약과의 충돌문제

최근에 국가간 거래를 제한하는 내용을 담고 있는 환경협약이 증가하는 추세에 있다. 멸종위기에 처한 야생 동·식물 국제거래에 관한 협약(CITES), 오존층 파괴물질에 관한 몬트리올의정서, 바젤협약, 카르타헤나의정서, 스톡홀름협약 등이 대표적인 예이다.

이들 환경협약은 무역을 규제하는 규정을 둠으로써 GATT/WTO체제와 충돌할 가능성이 있다. 그 충돌 가능성은 다음과 같은 시나리오에서 구체화된다: 유해폐기물의 국가간 거래는 수입국에 심각한 환경문제를 초래할 수 있다. 이러한 문제의식에 기초하여 수입국은 환경보호를 이유로 폐기물의 이동을 금지하는 조치를 취한다. 이러한 금지는 비관세장벽으로서 제품의 자유로운 이동을 보장하는 GATT/WTO체제에서 오랫동안 인정되어 온 원칙을 위반할 수 있다.

예컨대, 환경협약이 일반적으로 정하고 있는 비당사국에 대한 수출·입제한 조치는 일정한 국가 제품에 대하여만 차별적으로 대우하고 있으며, 금전 이외의 수출·입과 같은 금지나 제한을 설정하고 있다는 점에서 GATT상의 최혜국대우원칙과 수량제한금지원칙을 위반할 소지가 있다. 바젤협약상 문제의 폐기물이 '환경적으로 건전한 방법(environmentally sound manner)'으로 관리되지 않을 것이라고 믿음에 상당한 이유가 있는 경우 국가간 이동을 방지할 의무가 있다는 규정도 사정은 비슷하다.[1)] 바젤협약상 요구되는 사전통지승인(PIC)절차, 카르타헤나의정서상의 사전통지동의(AIA)절차 등은 수입제품을 국내제품과 달리 취급하고 있다는 점에서 내국민대우원칙을 위반할 소지가 있다. CITES 당사국이 국내 야생동식물의 수입, 소지, 판매 등의 금지를 시행하지 않을 경우 상대국은 내국민대우원칙을 위반한다고 WTO에 제소할 가능성이 있다.

이에 대해 수입 금지조치를 취하는 국가는 흔히 협약상 폐기물·야생동식물 등의 수출·입 금지는 환경피해의 감소·보호라는 강한 목적이 있으므로 GATT 예외 규정에 의해 정당화되며, 부당한 차별도 위장된 제한도 아니라고 주장할 가능성이 많다. 이러한 자유무역 원칙과 환경보호의 충돌 가능성은 GATT가 규정하고 있는 3개의 핵심적인 국제거래 원칙과 예외 규정의 해석 문제로 귀결된다.

GATT/WTO 규범의 적용대상은 제품과 서비스 및 지적재산권 등이므로 환경

---

1) Basel Convention on the Control of Transboundary Movements of Hazardous Wastes and Their Disposal, 28 I. L. M. 649 (1989), 제4조 제2항(g).

협약의 규제 대상인 폐기물, 배출권 등이 이 범주에 속하는 경우에 한하여 WTO 규범이 적용될 수 있다. 여기에서 우선 폐기물,2) 배출권3) 등이 제품인지가 문제된다. GATT/WTO체제에서 선례 및 이에 대한 당사국의 합의가 아직 없으므로 이 문제는 분쟁이 발생한 경우 WTO 분쟁해결기구의 판단에 남겨져 있다. 폐기물, 배출권 등이 WTO 규범의 적용대상인 제품과 서비스 및 지적재산권에 해당되지 않는다고 할 경우에는 충돌의 문제가 발생할 수 없다. 그러나 이들이 WTO 규범의 적용대상에 속한다고 할 경우에는 WTO 규범과의 충돌 가능성이 있다.

환경협약과 WTO 협정 간에 충돌이 있는 경우 어느 조약이 우선하는지를 결정하는 조항이 없는 상황에서 어떻게 충돌 문제를 해결하여야 하는가? 후에 체결된 조약이 그 이전에 체결된 조약에 우선한다는 견해가 있을 수 있다(신법 우선의 원칙). 이러한 입장은 새로운 조약을 체결한 경우 당사국들은 그 이전에 만들어진 조약이 존재하는 것을 인식하고, 조약간에 충돌이 있는 경우 새로운 조약을 적용한다는 의도를 가지고 있다는 전제에 기초하고 있다. 보다 구체적인 조약이 일반적인 조약에 우선한다는 견해도 있을 수 있다(특별법 우선의 원칙). 그러나 이러한 견해들이 타당한 면이 있지만 모든 문제를 해결할 수는 없다. 예컨대, 신법 우선의 원칙과 관련해서 당사국들마다 조약 가입 시기가 다를 경우 가입 시기에 따라 결론이 달라질 수 있고, 조약의 내용이 계속해서 변하기 때문에 그 원칙을 철저히 적용할 수 없다.4)

환경협약과 WTO체제 간의 관계는 명확하지 않다. 상호 보완관계라는 것은 희망사항일 뿐 오히려 긴장관계가 흔히 나타나고 있다. WTO는 무역 자체를 규제하

---

2) 폐기물은 상업적 가치가 없고 매매될 수 없기 때문에 제품이라고 할 수 없다는 견해가 있을 수 있으나 어떤 폐기물은 상업적 가치를 가지고 재활용 또는 재사용될 수 있기 때문에 GATT체제의 규제범위에 드는 제품이라고 보는 것이 보다 합리적이라고 생각한다. 그러나 상업적 거래를 수반하는 폐기물 거래는 폐기물 처리를 위한 서비스라고 볼 소지도 있다. 유럽사법재판소는 그 유명한 *Commission v. Belgian*에서 재활용 가능한지 여부를 불문하고 모든 종류의 폐기물은 제품의 자유로운 이동과 관련한 규정의 규율을 받는 제품을 구성한다고 판단하였다. 그 논거는 다음과 같다: 폐기물은 본질적으로 상업적 가치가 없다; 오히려 마이너스 가치(negative value)를 가지고 있다; 이러한 대상은 폐기물의 소유자 또는 발생자가 그들의 처리에 비용을 지불할 용의가 있다는 점에서 명확히 상업적 거래의 대상이 된다. Case C−2/90, 1 C. M. L. R. 365 (1992), LEXIS, ASIAPC Library, ECCASE file, 3면, 15면.

3) 배출권 단위를 양도가능한 문서(negotiable instruments), 금융자산(financial assets), 증권(securities) 등으로 이해하는 입장에서는 '제품'이 아니기 때문에 GATT 규정이 적용될 수 없을 것이다. 이 경우에는 서비스무역에 관한 일반협정(GATS)이 적용된다. 한편, 배출권거래는 중개, 자문, 평가 등의 인프라 서비스를 수반할 수 있는데, 이러한 서비스는 GATS협정에서 정하고 있는 서비스무역에 포함될 가능성이 많다.

4) Bradly J. Condon, Environmental Sovereignty and the WTO 43 (Transnational Publishers 2006).

지 않는다. WTO는 무역의 왜곡과 제한을 다루는 법적 · 행정적 규율을 다룰 뿐이다. 더욱이 WTO는 환경 전문가로 구성되어 있지 않기 때문에 WTO로 하여금 환경적으로 바람직하지 않은 국제 거래 관행을 금지하라고 요구하는 것은 적절하지도 가능하지도 않다. 오히려 환경협약의 당사국들로 하여금 GATT 규정이 환경협약에 적용되지 않는다고 합의하도록 하는 것이 보다 빠르고 효과적일 것이다. 이러한 합의는 당사국이 WTO 패널에 제소하는 것을 허용하지 않을 것이다.[5]

환경협약과 WTO체제의 충돌을 회피하기 위한 방법으로는 NAFTA와 같이 국제환경협약상의 의무와 WTO상의 의무가 양립할 수 없는 경우, 국제환경협약이 우선한다는 규정(충돌조항)을 두는 방법을 생각해 볼 수 있다.[6] 또한 GATT/WTO체제에서 환경협약에서 채택된 무역규제조치에 대해 예외를 넓게 허용하는 방안도 고려할 필요가 있다. 이러한 작업은 사실상 GATT 규정의 개정을 의미한다. 그러나 이는 국제사회의 공감이 있어야 하기 때문에 당분간 어려운 상황이라고 할 것이다.

환경과 무역 간의 긴장관계를 해결하기 위해서는 WTO가 아닌 새로운 분쟁해결기구를 두는 것을 검토할 필요가 있다. 유엔산하 지속가능발전위원회가 그 좋은 예이다. 이 위원회가 환경 전문가로 구성되어 있다는 점에서 최소한 WTO 분쟁해결기구보다 환경, 건강에 우호적인 기준을 제시하고 해석 · 적용을 시도할 것으로 보인다. 그 결과 환경보호와 조화하는 방법으로 GATT 규정을 해석할 가능성이 많다.

무역은 목적이 아니라 목적을 이루기 위한 수단일 뿐이다. 그 목적은 환경적으로 지속가능한 경제 발전이다.[7] 이러한 점에서 환경협약에 따른 조치들이 보호주의로 치부되어서는 안 된다. 이는 또 다른 극단주의일 뿐이다.

---

5) Anupam Goyal, The WTO and International Environmental Law 401~402 (Oxford Univ. Press 2006).

6) Anita M. Halvorssen, *UNFCCC, The Kyoto Protocol. and the WTO –Brewing Conflicts or They Mutually Supportive?*, Denv. J. Intl'L. & Pol'y 369, 378 (2008). 여기에 대하여 환경상황, 기술능력, 재정수단, 경제적 우선순위, 법체계 등과 관련해서 다양한 당사국으로 구성된 국제적 무역협정에서 충돌조항을 둘 필요성, 타당성, 현실성이 없다는 견해가 있다. Bradly J. Condon(각주 5), 198면. GATT에 충돌조항을 둔다고 할 경우에는 환경협약을 별도로 개념정의하여야 할 것인데, 이는 쉬운 작업이 아닐 것이다. 오히려 해당 환경협약에서 GATT 규정보다 우선한다는 식의 규정(충돌조항)을 두는 것이, 당사국들 사이에서 합의가 보다 쉽게 이루어질 수 있다는 점에서, 현실성이 클 것이다.

7) Anupam Goyal(각주 6), 405면.

제14장 환경과 인권

협약명	채택일 (발효일)	주요내용	당사국 수	우리나라 가입일 (발효일)
인간과 주민 권리에 관한 아프리카헌장	1981.6.27. (1986.10.21.)	-아프리카 주민의 권리·자유의 보장	53 (2015.1. 현재)	미가입 (-)
인권에 관한 미주협약 추가의정서	1988.11.17. (1999.11.16.)	-경제적·사회적·문화적 권리의 보장	16 (〃)	미가입 (-)
환경문제에서 정보접근, 결정과정에서의 공중참여, 사법에의 접근에 관한 협약(Aarhus협약)	1998.6.25. (2001.10.30.)	-공중의 환경정보에의 접근, 의사결정상의 공중참여, 사법에의 접근	47 (〃)	미가입 (-)

〈http://www.africa-union.org〉; 〈http://www.osa.org〉; 〈http://www.unece.org/env/pp〉

인간이 살고 있는 환경이 파괴되어 생명이 위태롭게 될 경우 인권이란 과연 의미가 있는 것일까? 환경에 의해 제공되는 환경재, 예컨대 숨 쉴 공기, 먹는 물 등이 없을 때 인간은 생존이 불가능하다. 환경이 파괴될 때 인간의 삶도 파괴된다. 1984년 인도 보팔(Bhopal)에서 일어났던 유니언 카바이드(Union Carbide) 가스 누출사건과 1986년 체르노빌(Chernobyl)원전 방사능물질 유출사건 등은 환경과 인간 삶의 질 간의 밀접한 관계를 극명하게 보여주고 있다. 환경문제는 인권침해를 야기할 수 있다는 것이다. 환경파괴는 인권 중에서 가장 중요하다고 할 수 있는 생명권마저 크게 위협하고 있다. 흔히 개인적 성격(예외적으로 대량학살, 인종격리, 인공사벌, 노예제도 등이 있음)의 인권문제와 달리 환경문제는 그룹·지역사회가 개입되고 범위가 국제적이며 경우에 따라서는 미래세대에 영향을 미친다. 그 결과 환경보호는 인권운동에 비해 폭넓은 행위자 그룹과 결과를 내포하게 된다.

제2차 세계대전 후에 인권 논쟁은 불이 붙기 시작하였다. 그러나 이때 환경문제는 관심 밖으로 밀려나 있었다. 20여년 후에 채택된 2개의 규약, 즉 1966년 경제적 · 사회적 · 문화적 권리에 관한 국제규약1)과 같은 해 시민적 · 정치적 권리에 관한 국제규약2) 또한 환경보호를 명시적으로 언급하고 있지 않았다. 환경운동은 1960년 후반부터 태동하기 시작하였으며, 1972년 스톡홀름선언으로 결실을 맺게 되었다. 그러나 이 선언은 환경권의 인정과는 거리가 멀었고 그 후의 논의도 지지부진하였다. 이에 비해 인권에 대한 논의는 꾸준히 진행되었다. 특히 시민적 · 정치적 권리에 관한 국제규약에 담긴 시민적 · 정치적 권리는 국제사회의 큰 주목을 받았다. 현실은 다르게 나타나고 있지만 유엔의 공식 입장이 담긴 1993년 비엔나 인권선언은 "모든 인권은 보편적, 불가분적, 그리고 상호의존적이며 상호 관련이 있다"고 못 박았다.3) 환경권에 대한 인식은 늦게 나타났으며 더디게 진행되고 있다. 환경권을 인정하고 있는 국제문서는 많지 않으며, 국가관행은 확립되어 있지 않다.

환경보호는 모든 인권을 보장하기 위한 전제가 되고 있다. 그 결과 환경보호를 하지 못하는 것은 인권의 침해로 이어질 수 있다. 다시 말하면 환경파괴는 인권을 위협한다. 깨끗한 환경에 의하여 유지될 수 있는 인간이 그 기초가 되는 환경이 파괴됨으로써 가장 기본적인 인권이라고 할 수 있는 생명권조차 위협받을 수 있는 것이다. 그러나 이러한 결론이 환경권이 이미 존재하는 다른 인권을 대체한다는 논리적 귀결로 이어질 수는 없다. 그렇다고 인권 규정이 환경문제를 모두 해결할 수 있는 것은 아니다. 인권 위반이 반드시 환경문제를 야기하는 것도 아니고 환경문제가 항상 인권 틀에서 효과적이고 완전하게 해결될 수도 없기 때문이다. 다만 환경권과 인권이 수렴하는 현상을 보이고 있는 것은 분명하다. 인권법의 관심사가 국제환경법에서 발견되고, 거꾸로 국제환경법의 관심사가 국제인권법의 영역에서 다루어지고 있다.

환경의 보호는 인간의 생존을 보장한다. 환경문제는 인간의 건강문제를 야기한다. 말하자면 인간이 생명권, 건강권 등을 향유하기 위해서는 건강하고 깨끗한 환경이 필수적이다. 이는 인권법 규정이 환경문제를 해결하는 단서가 될 수 있음을 강력하게 암시한다. 그러나 인권법 규정은 환경피해의 구제와 관련하여 한계를 가지고 있다. 즉 환경피해에 대한 구제를 생명권, 건강권 등에 의지할 경우 피해자는

1) International Covenant on Economic, Social, and Cultural Rights, 993 U.N.T.S. 3 (1966).
2) International Covenant on Civil and Political Rights, 999 U.N.T.S. 171 (1966).
3) Vienna Declaration and Programme of Action, 32 I. L. M. 1661, 1665 (1993).

생명권 또는 건강권 그 자체의 위협이 현실화되었음을 입증하여야 하여야 하는데, 생명 또는 건강에 구체적인 피해가 발생하였음을 입증하는 것이 쉽지 아니할 뿐만 아니라 환경피해로 생명권이 침해되었다고 인정하였을 경우에는 이미 그 구제가 늦을 수 있다는 것이다. 이러한 차원에서 환경권 주장은 효용성이 크다고 생각된다. 또한 환경권의 인정은 국가 등의 환경보호 의무를 발생시키기 때문에 환경피해의 방지를 위해 잠재력이 크다고 생각된다. 이러한 효용성 및 필요성에도 불구하고 국제사회는 환경권을 독자적인 권리로 인정하는 데 인색하다.

Ⅰ. 환경권의 발전

1. 국제문서

인권을 다룬 국제문서는 많이 있으나 환경권을 명시적으로 인정하고 있지는 아니하다. 예컨대, 1948년 세계인권선언은 모든 사람에게 건강을 위해 '적합한 생활수준'을 향유할 권리가,[4] 1966년 경제적 · 사회적 · 문화적 권리에 관한 국제규약은 모든 사람에게 '적합한 생활수준'을 향유하고, 생활조건의 계속적인 개선을 구할 권리와 '건강권'이,[5] 같은 해 시민적 · 정치적 권리에 관한 국제규약은 모든 사람에게 고유한 '생명권'이 있음을 각각 규정하고 있을 뿐이다.[6]

---

4) "모든 사람은 식량, 의복, 주택 등을 포함하여 자신과 가족의 건강과 복지(well-being)에 적합한 생활수준(standard of living adequate)을 누릴 권리를 가지며, (…)." Universal Declaration on Human Rights, G.A. Res. 217A(Ⅲ), U.N. Doc. A/810 (1948), 제25조. '포함하여(including)'라는 표현은 식량, 의복, 주택 등이 예시적이라는 것을 의미한다. 또한 '자신과 가족(himself and his family)'이라는 표현은 그 권리가 여성, 아동 등을 포함하여 모든 개인의 권리임을 암시한다.

5) 경제적 · 사회적 · 문화적 권리에 관한 국제규약도 세계인권선언 제25조와 유사한 규정을 두고 있다: "당사국은 모든 사람이 적절한 식량, 의복, 주택을 포함하여 자신과 가족을 위해 적합한 생활수준(adequate standard of living)을 누릴 권리와 생활조건을 지속적으로 개선할 권리를 가지는 것을 인정한다. (…)." 경제적 · 사회적 · 문화적 권리에 관한 국제규약(각주 1), 제11조. 한편, 이 규약 제12조는 "모든 사람이 도달 가능한 최고 수준의 신체적 · 정신적 건강을 향유할 권리를 가지는 것을 인정한다"고 규정하고 있다.

6) 시민적 · 정치적 권리에 관한 국제규약(각주 2), 제6조("Every human being has the inherent right to life"). 경제적 · 사회적 · 문화적 권리에 관한 국제규약은 당사국들로 하여금 규약에서 인정된 권리의 완전한 실현을 '점진적'으로 달성하기 위하여 조치를 취하도록 함으로써 점진적 의무를 부과하고 있다(제2조 제1항). 이에 반해 시민적 · 정치적 권리에 관한 국제규약은 '즉각적'인 의무를 부담시키고 있다. Stephen C. McCaffrey, *Human Right to Water: Domestic and International Implications*, 5 Geo. Int'l Envtl. L. Rev. 1, 9 (1992).

인권과 환경 간의 상호관계에 대한 언급은 1972년 스톡홀름선언 이후 급속히 증가하였다. 환경권을 명시적으로 언급하고 있지는 아니하지만 스톡홀름선언은 전문에서 "자연적 · 인위적 환경은 인간의 복지, 기본적 인권, 나아가 생명권 자체의 향유를 위해 필수적이다"고 선언하고 있다. 원칙 1은 "인간은 존엄과 복지를 유지할 수 있는 환경에서 자유, 평등 및 적절한 생활수준을 향유할 기본적 권리를 가지고 있으며 동시에 현재세대와 미래세대를 위하여 환경을 보호하고 개선할 엄숙한 책임을 진다"고 밝히고 있다. 여기에는 인권을 기본적인 목표로, 환경보호를 인간의 존엄과 복지를 보장하기 위한 수단으로 보는 시각이 담겨 있다.[7] 이와 같이 스톡홀름선언은 건강한 환경이 기본적인 인권의 향유를 위해 필요하다는 점을 인식하고 있지만 환경권이 독립적인 기본권이라는 점을 밝히고 있지는 않다.

1982년 세계자연헌장은 명시적으로 환경권이라는 표현을 쓰고 있지는 않지만 헌장이 담고 있는 여러 원칙들을 통해 환경권을 추론해 볼 수 있다. 특히 세계자연헌장은 인간과 구별되는 자연의 권리를 인정하고 있는 최초의 국제문서라고 의미를 부여할 수 있다. 비록 비구속적 문서에 그치지만 생태중심(ecocentric)의 접근방법을 채택하고 있다는 점에서 다른 국제문서와 구별되고 있다.[8] 이는 인권 차원에서 '인간'의 권리를 다루고 있지 않음을 의미하는 것이기도 하다. 대신에 인간에게 유용한지 여부를 떠나 '모든 생명체'의 권리를 인정하고 있다. 나아가 세계자연헌장은 일정한 환경권을 인정하고 있다. 의사결정과정에의 참여[9]와 사법(司法)에의 접근[10] 등이 그 예이다. 환경영향평가절차[11]를 두어 공중의 정보 접근권과 의사결정과정상에의 공중참여를 보장하는 것도 같은 맥락으로 이해할 수 있다. 이러한 조치는 환경권 중에서도 절차적 권리를 보장하는 것이다.

1989년 채택된 헤이그선언도 인권과 환경의 관계를 인식하였다. 이 선언은 비록 구속적인 문서가 아니지만 이 문제에 대한 국가간 협력이 필수적이라는 당사국

---

7) Alexandre Kiss and Dinah Shelton, International Environmental Law 667 (3rd ed. Transnational Publishers, Inc. 2004).

8) 세계자연헌장은 "인간은 자연의 일부"라고 선언하면서, "모든 생명형태는 고유하고 인간에게 가치가 있는지 여부를 떠나 존중되어야 한다"고 확인하고 있다. World Charter for Nature, http://www.un.org/documents/ga/res/37/a37r007.htm; 22 I. L. M. 455 (1983), 전문.

9) "모든 계획은 그 기본적 요소로서, 자연보전을 위한 전략의 수립, 생태계의 세부목록의 작성, 제안된 정책과 활동의 자연에 미치는 영향의 평가 등을 포함하여야 한다. 이들 요소들은 모두 효과적인 협의 및 참가가 가능하도록 시의 적절하게 공중에 공개되어야 한다." *Id.* 제16조.

10) "모든 인간은 각국의 법률에 따라 (…) 그들의 환경이 피해를 입거나 악화된 경우 구제수단에 접근할 수 있어야 한다." *Id.* 제23조.

11) *Id.* 제11조(c).

들의 인식을 잘 보여주고 있다. 특히 전문에서는 "생존권(right to live)은 모든 다른 권리가 그로부터 파생되는 권리이다. 이 권리를 보장하는 것은 세계 모든 국가가 져야 하는 지상의 의무이다. 오늘날 환경(earth's atmosphere)에 영향을 미치는 우리 지구상에 있는 생명체의 조건은 심각한 공격에 의해 위협받고 있다"고 밝히고 있다.12)

국제환경법에서 큰 이정표를 세운 1992년 리우선언도 환경과 인간의 관련성을 밝히고 있지만 환경권과 관련한 명확한 규정을 두고 있지 않다. 우선 리우선언 원칙 1은 "인간은 지속가능한 발전을 위한 논의의 중심에 있다. 인간은 자연과 조화를 위한 건강하고 생산적인 삶을 향유하여야 한다"라고 천명하고 있다. '권리'라는 표현을 의식적으로 피하였는지 또는 그 개념이 '향유하여야 한다(entitled to)'라는 표현에 내포되었는지 분명치 않지만, '권리'라는 문구는 나타나고 있지 않다. 원칙 10에서는 "국가차원에서, 각 개인은 그들 공동체 내에서의 유해물질과 처리에 관한 정보를 포함하여 공공기관이 가지고 있는 환경정보에 적절히 접근하고 의사결정과정에 참여할 수 있는 기회를 부여받아야 한다. 각 국가는 정보를 광범위하게 제공함으로써 공공의 인식과 참여를 촉진하고 증진시켜야 한다. 피해의 구제와 배상 등 사법(司法) · 행정적 절차에 효과적으로 접근할 수 있어야 한다"고 규정하여, 환경권의 한 요소를 제시함으로써, 환경권을 간접적으로 지지하고 있다. 리우선언은 리우회의의 주된 화두가 지속가능한 발전이었음에도 깨끗한 환경에 대한 기본적인 권리를 인식하지 않고 있다. 그 결과 '권리' 개념을 사용하고 있는 스톡홀름 선언보다도 후퇴한 느낌을 준다. 대신에 리우선언은 인간을 개발의 중심에 놓고 있다. 여기에 대해서는 인간중심(anthropocentric)의 접근방법을 취하고 있다는 비판을 면하기 어려울 것이다.13)

1989년 유엔은 공개적이고 직접적으로 인권차별방지 소위원회(Sub-Commission on Prevention of Discrimination on Human Rights)를 통하여 환경권 문제를 제기하였다.14) 인권과 환경에 관한 유엔 특별보고자인 크젠티니(Ksentini)는 1994년 인권과 환경 간의 밀접한 상관관계에 관한 연구 끝에 인권의 한 범주로서 환경권을 다루는 최종보고서를 발표하면서 유엔에 대하여 환경권을 수용하는 규범의 정립을

12) Hague Declaration on the Environment, 28 I. L. M. 1308 (1989).

13) Marc Pallemaerts, *International Environmental Law in the Age of Sustainable Development: A Critical Assessment of the UNCED Process*, 15 J. L. & Com. 623, 642 (1996); Elli Louka, International Environmental Law: Fairness, Effectiveness, and World Order 33 (Cambridge 2006).

14) U.N. Sub-Commission on Prevention of Discrimination and Protection of Minorities Decision 1989/10871, U.N. Doc. E/CN.4/Sub.2/1989/58 (1989).

요구하였다.[15] 그 후 위 크젠티니를 포함한 인권과 환경법에 관한 국제적 전문가들이 제네바에 모여서 인권과 환경에 대한 원칙에 관한 선언 초안(Draft Declaration of Principles on Human Rights and Environment)을 작성하기에 이르렀다.[16] 이 초안은 인권 개념에 기초하여 환경문제를 광범위하게 다룬 총 27개 원칙으로 구성된 국제문서로서, 전체론적(holistic), 그리고 권리개념에 기초한 접근 방법을 채택하고 있다.[17]

특히, 초안 원칙 1은 "인권, 생태적으로 건강한 환경, 그리고 지속가능한 발전과 평화는 상호의존적이고 불가분의 관계에 있다"고 규정하고 있으며, 원칙 2는 "모든 사람은 안전하고, 건강하고, 그리고 생태적으로 건전한 환경을 향유할 권리가 있다"고 밝히고 있다. 원칙 5는 모든 사람에게 국내 또는 국경을 넘어 환경에 악영향을 미치고, 생명 · 건강 · 생활 · 복지 또는 지속가능한 발전을 위협하는 오염, 환경악화 그리고 행위로부터 자유로울 권리가 있음을 선언하고 있다.

2002년 요하네스버그선언에는 '권리'라는 표현이 일체 나타나지 않는다. 대신에 인간의 존엄성에 대한 필요성을 언급하면서 지속가능한 발전의 세 기둥으로 경제개발, 사회개발과 환경보호를 들고 있다.[18] 요하네스버그선언은 인간 존엄성의 불가분성을 강조하면서 당사국들에게 만성 기아, 영양실조, 외국의 점령, 무력 충돌, 불법 마약문제, 조직적인 범죄, 부패, 자연재해, 불법무기거래, 테러, 인종 · 민족 · 종교간의 증오심, HIV/AIDS 등과 같은 전염병 등 지속가능한 발전에 심각한 위협을 초래하는 문제에 적극 대처할 것을 당부하였다.[19] 지속가능한 발전에 심각한 위협을 초래하는 문제에 인권침해는 거론조차 되고 있지 않다. 요하네스버그선언은 환경보호나 인권보다 지속가능한 '개발'에 더 초점이 맞추어졌다고 할 것이다.

파리협정은 기후변화협약이나 교토의정서에서는 드러나지 않았던 인권이라는 표현을 사용함으로써 기후변화문제에 대한 새로운 인식을 보여주고 있다: 기후변화가 인류의 공동 관심사임을 인식하고 기후변화를 해결하기 위한 행동을 취할 때, (…) 인권, 건강권, 원주민 · 지역공동체 · 이주민 · 어린이 · 장애인 · 취약계층의 권리와 개발권에 관한 각자의 의무를 존중, 증진하고 고려하여야 한다.[20] 파리

15) Fatma, Zohra Ksentini, *Final Report 90*, U.N. Doc. E/CN.4/Sub.2/2/1994/9 (1994).

16) *Id.* 제2부속서 참조. 이 초안에 대하여 자세한 내용은 Neil A. F. Popovic, *In Pursuit of Environmental Human Rights: Commentary on the Declaration of Principles on Human Rights and the Environment*, 27 Colum. Hum. Rts. L. Rev. 487 (1996) 참조.

17) Neil A. F. Popovic(앞의 글), 492면.

18) http://www.un.org/esa/sustdev/documents/Johannesburg%20Declaration.doc(2005. 7.), § 2, § 5.

19) *Id.* § 19.

협정이 국제환경협약 중 최초로 인권을 명시적으로 언급하고 있다는 점은 주목할 만하다. 기후변화로 많은 사람의 인권이 침해될 수 있고, 기후변화 관련 활동을 이행하는 과정에서 당사국들이 인권 의무를 준수해야 한다는 사실을 인식하여야 한다는 점을 강조함으로써 인권을 기후변화의 법적 체내 내에 포함하고 있기 때문이다.[21] 그러나 본문이 아닌 전문에서만 인권을 언급하고 있다는 점에서 분명한 한계가 있다고 할 수 있다. 본문에 담기지 못한 것은 파리협정이 인권 조약이 아니며, 인권의 독자적 권리성 여하, 내용, 범위 등에 대하여 이견이 있는 상황에서 당사국에게 추가적 의무를 부과할 수 있다는 우려와 무관하지 않을 것이다.

2. 지역적 문서

환경권을 명시적으로 인정하고 있는 국제적 차원의 문서는 존재하지 아니 하나, 몇몇 지역적 국제문서에서는 이를 인정하고 있다. 1981년 인간과 국민의 권리에 관한 아프리카헌장,[22] 1988년 인권에 관한 미주협약 추가의정서,[23] 1998년 환경문제에서 정보접근, 결정과정에서의 공중참여, 사법(司法)에의 접근에 관한 협약(Aarhus협약)[24] 등이 대표적인 예이다. 특히 Aarhus협약은 절차적인 내용을 통해 정보접근 및 참여권을 구체적으로 실현하고자 한다는 점에서 다른 국제문서들과 구별된다.

가. 인간과 주민 권리에 관한 아프리카헌장

1981년 인간과 주민 권리에 관한 아프리카헌장은 환경권을 인정하고 있는 최초의 국제문서이다. 헌장은 특히 제24조에서 "모든 사람들은 개발에 우호적인, 일반적으로 만족할 만한 환경을 누릴 권리가 있다"고 규정하고 있다.[25] 헌장은 환경을 개발과 분명히 연계시키고 있는데, 개발을 환경권의 선제조건으로 파악하고 있다. 이는 환경과 경제개발이 충돌하는 경우 경제개발이 우선할 수 있음을 의미하

20) FCCC/CP/2015/l.9, Annex(파리협정), 전문.

21) Global Environmental Change and Innovation in International Law, 48 (Neil Craik et al. ed., Cambridge University Press, 2018).

22) African Charter of Human and Peoples' Rights(Banjul Charter), 21 I. L. M. 58 (1982).

23) Additional Protocol to the American Convention on Human Rights in the Area of Economic, Social and Cultural Rights, O.S.T.S. No. 69, 28 I. L. M. 156 (1988).

24) Convention on Access to Information, Public Participation in Decision−Making and Access to Justice in Environmental Matters, 21 Int'l Env't Rep. (BNA) 4701.

25) 아프리카헌장(각주 22), 제24조("All peoples shall have the right to a general satisfactory environment favorable to their development").

는 것이다. 헌장은 또한 환경권을 개인이 아닌 모든 사람들(peoples)이 향유하는 집합적 권리(collective right)로 이해하고 있다.[26] 이 헌장은 아프리카 지역에서 환경권이 국제관습법의 지위에 있음을 보여주는 강력한 증거가 될 수 있지만 이행수단이 없거나 미약하기 때문에 구호에 그칠 가능성이 많다.

나. 인권에 관한 미주협약 추가의정서

산살바도르(San Salvador)의정서로 불리는 1988년 인권에 관한 미주협약 추가의정서는 경제적 · 사회적 · 문화적 권리 외에 특별히 환경권을 보장하고 있다. 제11조는 "모든 사람은 건강한 환경(healthy environment)에서 생활할 권리를 가지고 있으며 기초적인 공적 서비스(basic public services)에 접근할 권리를 가진다. 당사국은 환경의 보호, 보전, 그리고 개선을 촉진하여야 한다"고 규정하고 있다.[27] 이에 더하여 의정서는 건강권(right to health) 규정을 두고 있다: 누구나 최고수준의 육체적, 정신적 그리고 사회적 복지를 향유하는 것을 의미하는 것으로 이해되는 건강권을 갖는다.[28] 이 의정서 이행과 관련해서 큰 한계는 당사국으로 하여금 "그들의 가용자원에 의해 허용된 한도에서, 그리고 그들의 개발 정도를 고려하면서" 필요한 조치를 취하도록 한 것이다.[29]

다. Aarhus협약

환경권의 발전에 지대한 공헌을 한 협약으로 1998년 Aarhus협약을 빼놓을 수 없다. 이 협약은 제1조(목적)에서 '환경권'을 명시적으로 밝히고 있다: "누구나 그의 건강과 복지에 적합한 환경에서 살 권리를 가지며, 개인적으로 또는 다른 사람과 함께 현재세대와 미래세대의 이익을 위해 환경을 보호 · 개선해야 할 의무가 있다."[30] 이 협약의 내용은 크게 세 부분으로 구성되어 있다: 정보에의 접근(제4조), 의사결정과정상의 공중참여(제6조 내지 제8조), 사법(司法)에의 접근(제9조). 이 협약은 지역적 협약이라는 한계가 있지만 환경권을 절차적 측면에서 보장하고 있다는 점에서 중요한 의미를 갖고 있다. 또한 이 협약은 인권과 환경권과의 연계성을 인식하고 있을 뿐만 아니라 정보 접근권과 같은 절차적 권리와 적합한 환경을 향

---

26) Barry E. Hill et al., *Human Right and the Environment: A Synopsis and Some Predections*, 16 Geo. Int'l Envtl. L. Rev. 359, 379 (2004).
27) 산살바도르의정서(각주 23), 제11조.
28) *Id.* 제10조.
29) *Id.* 제1조.
30) Aarhus협약(각주 24), 제1조.

유할 권리(right to an adequate environment)라는 실체적 권리를 연계하고 있다.

3. 판 례

미래세대에게 원고적격을 인정한 것으로 유명한 이른바, 필리핀 *Oposa 사건*은 환경권을 인정한 것으로 이해되고 있다. 이 사건에서 소송대리인 안토니오 오포사(Juan Antonio Oposa) 변호사를 비롯하여 미성년자인 어린이 43명으로 구성된 원고들은 무차별적인 벌목으로 파괴되어 가는 필리핀 산림을 보호하기 위하여 정부당국(Department of Environment and Natural Resources)으로 하여금 정부에서 내준 모든 기존 벌목허가를 취소하고 장래에 어떠한 허가도 하지 말 것을 요구하였다. 원고들은 벌채가 균형 있고 건강한 생태유지를 파괴한다면서 필리핀 정부가 벌채 허가의 취소를 거부하는 것은 헌법[31]과 국가의 환경정책에 반한다고 주장하였다. 또한 벌채는 물 부족, 염수화(salinization), 광범위한 토양 생산성의 상실, 희귀동·식물의 위협 및 멸종, 지역사회의 교란 및 이동, 침수와 가뭄, 지구 온난화 등을 초래한다고 주장하였다. 1993년 7월 필리핀 대법원은 원고들의 청구를 인용하는 결정을 내렸다. 법원은 본안에 앞서 원고들의 원고적격 여부를 판단하였는데, 다음과 같이 판시하면서 이를 인정하였다: "미성년자인 원고들은 그들 자신을 위해서뿐만 아니라 그들 세대의 다른 사람들을 위해서, 그리고 후속 세대를 위해서 집단소송(class suit)을 제기할 수 있다. 후속 세대를 위해 소를 제기할 수 있는 그들의 자격은 균형있고 건강한 생태를 향유할 권리에 관한 한 '세대간 책임(intergenerational responsibility)'이라는 개념에 근거할 수 있다. 이러한 권리는 '자연의 리듬과 조화'를 고려한다."[32]

4. 평 가

국제사회에서 환경권을 별도의 인권으로 파악하고자 하는 노력이 계속되고 있으며 이를 둘러싸고 논쟁이 지속되고 있다. 스톡홀름선언이나 리우선언 등이 깨끗한 환경이 다른 인권을 향유하기 위해 중요하다는 점을 암시하고 있지만, 다른 인

31) 특히 원고들 주장의 주된 근거가 된 필리핀 헌법 제2조 제16항은 "국가는 리듬과 조화에 따른 균형 있고 건강한 생태(balanced and healthful ecology)를 향유할 국민의 권리를 보호하고 향상시켜야 한다"고 규정하고 있다.

32) *Minors Oposa v. Secretary of the Department of Environment and Natural Resources*, 33 I. L. M. 173, 185 (1994).

권과 구별되는 독자적인 환경권을 인정하고 있지 않다. 범세계적 차원에서 본격적으로 환경권을 논의한 문서로 1994년 인권과 환경에 대한 원칙에 관한 선언 초안이 있지만 이는 최종적으로 승인된 문서가 아니다. 구속적 문서만을 살펴볼 경우에는 더욱 초라하다. 환경권을 명시적으로 인정하고 있는 범세계적 차원의 국제조약은 아직까지 존재하지 아니한다. 결국 조약을 통하여 환경권을 실행하는 것은 현실적으로 많은 어려움이 있다. 환경권을 인정하고 있는 일부 지역협약은 구속적 문서임에도 환경권을 개인의 권리로서 인정하고 있다는 점에서 눈여겨보아야 할 것이다. 그러나 이 경우에도 환경권에서 말하는 '환경'이란 과연 무엇인가, 개인의 권리인가 아니면 그룹의 권리인가, 누가 권리를 보장하기 위한 의무를 부담하는가 등이 명쾌하게 확립되어 있지 않고, 구체적으로 어느 정도의 환경침해가 인권침해에 이르는가 등 그 보편적인 기준이 존재하지 아니하므로 인권으로서의 환경권을 행사함에는 한계가 있다.

결론적으로 현재까지는 국제적으로 환경권을 지지하는 확고한 관행이 성립되지 않은 것으로 보인다. 그러나 환경 질과 인간의 권리의 상호관계를 다루는 일련의 행위나 국제문서가 환경권 개념을 확립시키는 데 중요한 기틀을 마련할 것임은 분명하다. 또한 앞에서 살펴본 바와 같이 직·간접으로 건강한 환경을 향유할 권리 개념을 수용하고 있는 다수의 국제문서들과 환경권을 그들의 헌법에서 인정하고 있는 대다수 국가들의 행위[33]는 환경권이 국제관습법화되어 가고 있음을 강력하게 뒷받침하고 있다. 라틴아메리카나 아프리카 등 일부 지역에서는 이미 국제관습법의 지위를 얻었다는 평가도 나오고 있다.[34]

환경권의 내용이 불확실하고 환경권을 지지하는 확고한 국가관행이 성립되지 않은 것이 환경권 개념을 부인하는 유력한 근거로 작용하고 있는 것이 현실이다. 이를 불식하기 위해서는 유엔 등 국제기구의 주관으로 환경권을 정면으로 다루는 일반 조약을 만들거나[35] 구체적·실체적 기준을 설정하고 이를 시행하는 관련 국

33) 1998년 현재 전세계적으로 80여 개 국가가 그들의 헌법에서 명시적으로 건강한 환경에서 살 권리를 수용하거나 환경을 보호할 의무가 있음을 밝히고 있다. 구체적으로 50개국이 그들의 헌법에서 건강한 환경을 향유할 권리를 규정하고 있으며, 33개국이 환경을 보호할 의무가 있음을 명시적으로 규정하고 있다. John Lee, *The Underlying Legal Theory to Support a Well-Defined Human Right to a Healthy Environment as a Principle of Customary International Law*, 25 Colum. J. Envtl. L. 283, 314 (2000). 미국에서는 8개 주가 이와 비슷한 규정을 두고 있다. Neil A. F. Popovic(각주 16), 506면. 90여 개국 이상이 국가 정부에게 국민이 환경에 대한 피해를 입지 않도록 방지할 의무를 지우고 있다는 연구결과도 있다. Barry E. Hill et al.(각주 26), 381면.

34) John Lee(앞의 글), 339면.

35) 국제인권조약에 환경권을 명시적으로 인정할 필요가 있다는 견해는 박병도, "국제인권조약

제기구를 창출하는 노력이 요구되고 있다. 환경권을 담은 일반 조약은 당사국에게 인권 규정에 따른 국제 의무를 준수토록 하는 압력으로 작용할 것이다. 이러한 조약에 담긴 구체적 권리 규정은 국제기준이 되어 국가 차원의 이행 과정에서 큰 지침으로 작용할 것이다.

Ⅱ. 환경보호와 관련이 있는 인권

환경이 파괴되고 환경재가 제공되지 아니할 때 인간의 생존은 그 자체가 위태롭다. 이는 환경보호가 인간의 생존을 보장한다는 것을 의미한다. 인간이 국제인권법에 의해 보상되는 생명권, 건강권 등을 향유하기 위해서는 깨끗하고 건강한 환경이 필수적이다. 환경문제는 인간의 복지에도 직접적인 영향을 미친다. 환경의 파괴는 인간 삶의 질을 악화시키기 때문이다. 거꾸로 말하면 환경의 보호는 삶의 질을 향상시킨다. 한편, 인권은 환경보호에 기여하는 측면이 있다. 생명권 등의 보장은 환경보전 및 개선을 수반할 수밖에 없기 때문이다. 말하자면 환경보호와 인권은 밀접한 관련을 가지며 서로를 보장한다. 이는 인권법 규정이 환경문제를 해결하는 단서가 될 수 있음을 강력하게 암시한다. 인권 관련 협약 중에는 1989년 아동의 인권에 관한 협약,[36] 여성에 대한 모든 형태의 차별제거에 관한 협약[37] 등과 같이 환경보호를 직접 다루는 규정을 두고 있는 협약도 있지만 대개의 경우는 환경보호 문제를 언급하고 있지 않다.

1966년 시민적 · 정치적 권리에 관한 국제규약, 1950년 유럽인권협약 등에 근거한 생명권(the right to life),[38] 건강권(the right to health),[39] 적합한 생활수준을 향유할 권리(the right to an adequate standard of living),[40] 프라이버시권(the right

의 적용을 통한 환경권의 실행 가능성", 국제법논총 제9권, 2000. 12, 33면.

36) 이 협약은 당사국들로 하여금 환경오염의 위험과 위해 등을 고려하면서 깨끗한 식수 규정을 통해 질병과 영양실조를 퇴치하기 위해 적절한 조치를 취할 것을 요구하고 있다. Convention on the Rights of the Child, 1577 U.N.T.S. 3, 28 I. L. M. 1448 (1989), 제24조 제2항(c).

37) 이 협약은 당사국들로 하여금 여성들에게 특별히 물공급 등과 관련하여 적절한 생활수준을 향유할 수 있는 권리를 보장할 것을 요구하고 있다. Convention on the Elimination of All Forms of Discrimination Against Women, 1249 U.N.T.S. 14(1981), 제14조 제2항(h).

38) 생명권은 1948년 세계인권선언(제3조), 1966년 시민적 · 정치적 권리에 관한 국제규약(제6조), 1981년 인간과 주민 권리에 관한 아프리카헌장(제4조), 1989년 아동의 인권에 관한 협약(제6조) 등에 담겨 있다.

39) 건강권은 1948년 세계인권선언(제25조 제1항), 1966년 경제적 · 사회적 · 문화적 권리에 관한 국제규약(제12조 제1항) 등에 담겨 있다.

to privacy) 등은 환경문제와 밀접한 관련을 갖고 있으며 그 결과 이들 권리는 환경문제를 해결하는 데 유용하게 이용될 수 있다. 실제 국제사회에서는 이들 권리를 둘러싼 분쟁이 심심치 않게 제기되고 있다. 유엔인권위원회(UN Commission on Human Rights), 유럽인권법원(European Court of Human rights), 유럽인권위원회(European Commission of Human Rights),[41] 미주간인권위원회(Inter－American Commission on Human Rights) 등이 분쟁해결의 중심에 있다. 환경권이 독자적인 권리로서 확고하게 인정되지 않은 상태에서 이들 권리의 잠재력은 크다고 할 수 있다. 관련 인권 규정에 의한 권리보호와 당사국의 의무가 상당 부분 환경보호라는 소기의 목적을 달성할 수 있기 때문이다. 유럽인권법원 등 국제 법정은 환경피해가 생명권, 프라이버시권, 재산권 등의 위반이 될 수 있다고 결정하고 있다.

생명권과 관련한 분쟁으로는 미주간인권위원회에 제기된 1985년 *Yanomani Indians 사건*[42]을 들 수 있다. 이 사건에서 Yanomani 인디언들은 브라질 정부가 건설한 고속도로가 인명과 문화적 정체성의 상실을 초래하는 환경피해를 유발하였다면서 브라질 정부가 이를 방지하기 위해 적절한 조치를 취하지 아니 하였기 때문에 그들의 생명권, 자유권, 안전권 등을 침해하였다고 주장하였다.[43] 미주간인권위원회는 브라질 정부가 이들 권리를 위반하였다고 결정하였다.[44]

건강권, 프라이버시권 등과 관련한 많은 사건은 유럽인권협약 제8조[45]에 주목하고 있다. *Arrondelle 사건*[46]에서 신청인은 신청인이 거주하는 인근 공항과 고속도로에서 발생하는 소음의 강도, 기간, 빈도가 원고의 건강에 영향을 미쳤고 결과적으로 영국 정부가 위 제8조를 위반하였다고 주장하였다. 이 사건은 화해로 종결되었다. 이 사건은 유럽인권위원회에 제기된 것인데, 그 후 이와 유사한 사건들이 유럽인권법원에 제기되었다. *Powell 사건*[47]에서 법원은 영국 히드로(Heathrow) 공

---

40) 이 권리는 1948년 세계인권선언(제25조 제1항), 1966년 경제적 · 사회적 · 문화적 권리에 관한 국제규약(제11조 제1항) 등에 담겨 있다.

41) 1998년 유럽인권협약에 대한 의정서 11이 발효됨에 따라 유럽인권위원회는 더 이상 존재하지 않고, 유럽인권법원이 직접 개인의 제소를 받는다.

42) *Yanomani Indians v. Brazil*, Inter－Am. C.H.R. 7615 OEA/Ser. L. V/II/66 Doc. 10, rev. 1 (1985).

43) *Id.* 29 내지 30면.

44) *Id.* 33면.

45) 누구나 개인 및 가족 생활, 가정과 통신을 존중받을 권리를 가진다. European Convention for the Protection of Human rights and Fundamental Freedoms, 213 U.N.T.S. 222 (1950), 제8조.

46) *Arrondelle v. United Kingdom*, App. No. 7889/77, 5 Eur. H.R. Rep. 118 (1983).

47) *Powell & Rayner v. United Kingdom*, 172 Eur. Ct. H.R. (Ser. A) (1990).

항에서 발생하는 항공기 소음이 유럽인권협약 제8조에서 보장하는 프라이버시권을 침해할 정도에 이르기는 하나, 지역사회의 이익과 공항이 국가경제에 주는 공헌이 더 크기 때문에 정당화된다고 결정하였다. 이러한 법원의 결정은 프라이버시권 침해 소송에서 이익형량이 중요한 요건으로 등장하였으며, 공익이 프라이버시권 침해소송의 중대한 장애로 작용할 수 있다는 것을 의미한다. 유럽인권협약 제8조는 1993년 *Lopes Ostra 사건*[48]에서도 쟁점이 되었다. 스페인 국민인 원고는 잘못된 수질 정화와 자신의 거주지 인근 처리시설로 인하여 개인 및 가족 생활이 존중받을 권리가 침해되었다고 주장하였다.[49] 처리시설에서 배출된 악취와 폐수로 인해 신청인은 거주지를 이전하여야만 하였다. 법원은 환경파괴의 결과가 개인의 복지에 영향을 미쳐 자신 및 가족 생활의 향유를 박탈할 정도에 이르렀다는 원고의 주장을 인용하였다.[50]

인권문제는 절차적인 측면에서도 접근할 수 있다. 예컨대, 1998년 *Guerra 사건*[51]에서 유럽인권법원은 이탈리아 정부가 화학공장 인근에 살고 있는 원고들에게 환경위해를 평가할 수 있도록 필수적인 정보를 제공하지 않았기 때문에 유럽인권협약 제8조를 위반하였다고 결정하였다. 같은 해 *McGinley 사건*[52]도 정보 접근권 문제를 다루었다. 크리스마스 섬(Christmas Island)에 있는 기지 소속원이었던 원고들은 영국 정부가 1954년 섬에서 이루어진 핵실험의 영향에 대하여 필요한 정보를 제공하지 않았기 때문에 유럽인권협약 제8조를 위반하였다고 주장하였다. 법원은 영국 정부가 입수 가능한 정보를 공개하였기 때문에 그 의무를 다하였다고 판단하면서 원고들의 청구를 기각하였다.

환경권이 확고하게 자리잡고 있지 않은 상태에서 인권은 국내적으로나 국제적으로 환경오염 문제를 제어할 수 있는 유용한 무기가 될 수 있다. 이러한 추세는 환경권이 별도의 인권으로 인식되지 않는 한 계속될 것이다. 생명권, 건강권 등과 같은 인권이 환경문제와 관련하여 종종 주목받고 있지만 그 자체가 독자적인 환경권을 인정하는 것은 아니다. 이러한 상황에서 환경권과 인권의 관계를 어떻게 볼 것인지가 국제사법재판소 등에서 주목받는 것은 자연스러운 것이다. 1997년 *Gabcikovo-Nagymaros Dam 사건*[53]에서 다수 의견은 환경권을 명시적으로 인정

48) *Lopez Ostra v. Spain*, App. No. 16798/90, 20 Eur. H.R. Rep. 277 (1995).

49) *Id.*

50) *Id.* 295면.

51) *Guerra & Others v. Italy*, App. No. 14967/89, 20 Eur. H.R. Rep. 357 (1998).

52) *McGinley & Egan v. United Kingdom*, 27 Eur. H.R. Rep. 1 (1998).

53) *Gabcikovo-Nagymaros Project (Hungary v. Slovakia),* 37 I. L. M. 162 (1998); 1997 I. C. J. 7 (1997).

하고 있지 않지만 새로운 국제환경규범이 발전하고 있으며 헝가리와 슬로바키아 양국이 이를 수용하여야 한다고 지적함으로써[54] 국제사법재판소에 의해 환경권이 인정될 가능성을 열어놓았다. 특히 국제사법재판소의 부재판소장이었던 Weeramantry는 환경권과 인권의 관계를 명확히 인식하였으며 나아가 환경보호를 인권 이론의 테두리에서 다루고자 하였다. Weeramantry 재판관은 별도의 의견에서 양자의 관계를 다음과 같이 파악하였다: 환경보호는 현대 인권 이론의 중요한 한 부분과 같다. 왜냐하면 그것은 건강권과 생명권과 같은 많은 인권의 전제조건이기 때문이다. 환경피해가 세계인권선언과 다른 인권 문서에서 언급되고 있는 인권을 침해하고 손상하기 때문에 이 점에 대해서는 부연할 필요성이 거의 없다.[55]

Ⅲ. 환경권의 성격: 독자적 인권

건강한 환경을 누릴 권리가 모든 개인에게 똑같이 적용되는, 보편성이 인정되는 인권으로 인정될 수 있는가?[56] 그렇지 않으면 사람들은 국가에 의해 창출된 권리를 보유하는가? 인권을 그것이 속한 세대에 따라 세대개념으로 구분하는 것이 국제법에서 보편화되고 있다. 이러한 구분에 따르면 환경권은 소수자 권리, 평화권, 개발권 등과 함께 '제3세대 권리', 즉 인권으로 이해된다.[57]

---

54) *Id.* § 112. § 140.

55) *Id.* 91 내지 92면.

56) 인권의 실체적 기준으로 인간 생명의 보호와 그 질 및 조건의 보전 및 향상을 위해 중요하고(중요성), 지역과 문화를 불문하고 모든 인간에 적용될 수 있는 보편성이 있어야 하며(보편성), 타인에게 양도할 수 없으며 인간의 존립에 불가결하다는 등의 몇 가지 요소가 들어지고 있다. Ved P. Nanda and George Pring, International Environmental Law & Policy for the 21st Century 474 (Transnational Publishers, Inc. 2003). 1993년 인권에 관한 비엔나선언은 "모든 인권은 보편적, 불가분적 그리고 상호의존적이며 상호 관련이 있다"고 밝히고 있다. Vienna Declaration and Programme, 32 I. L. M. 1661 (1993), Ⅰ, 제8조.

57) 이 밖에 제3세대 권리로 의사소통의 권리, 서로 다를 수 있는 권리, 인류공동유산으로부터 이익을 받을 권리, 인도적 구조를 받을 수 있는 권리 등을 더 드는 견해가 있다. 김철수, 헌법학개론, 박영사, 1999, 236면. 이에 반해 시민적 · 정치적 권리는 제1세대 권리로, 경제적 · 사회적 · 문화적 권리는 제2세대 권리로 파악된다. Jennifer A. Downs, *A Healthy and Ecologically Balanced Environment: An Argument for a Third Generation Right,* 3 Duke J. Comp. & Int'l L. 351, 364 (1993)(Karel Vasak의 분류를 인용); Prue Taylor, *Human Rights and the Environment*, An Ecological Approach to International Law: Responding to Challenge of Climate Change 201 (Routledge 1998); Ved P. Nanda & George Pring(앞의 글), 454 내지 455면. 제1세대 권리는 국가가 간섭하지 아니할 국가의 소극적 의무를 강조하는 반면, 제2세대 권리는 국가의 행위를 요구하는 국가의 적극적 의무를 강조하고 있다. 이러한 세대에 따른 인권 구분과 관련해서 국가에 따라서는 경제적 · 사회적 · 문화적 권리가

비교적 최근에 부각되는 제3세대 권리는 개인보다는 일정한 그룹에 더 영향을 미치는 권리에 주목하고 있다. 제3세대 권리는 국가에 대하여 발생하는(invoked against the State) 또는 국가에 요구하는(demanded of it) 권리이며, 관련 행위자의 공동 노력을 통해서만 실현될 수 있다는 특징을 갖는다.58) 개인, 국가, 공중, 민간 기구, 국제사회의 공동 노력을 요구한다는 점에 착안하여 이러한 권리는 '연대권(solidarity rights)'이라고 이해된다.59)

환경권을 제3세대 권리 또는 인권으로 파악하는 것에 대하여 국제사회의 공감대가 확산되고 있으나 그 반론도 만만치 않다. 먼저 이와 같이 세대 개념으로 인권을 파악하는 것에 대하여 각 세대 권리 간의 차이점이 분명치 아니하고 상당 부분 중첩되기도 한다는 비판이 있을 수 있다.60) 환경권에 국한하여 논의할 경우 제3세대 권리 개념은 기본적으로 인권을 개인적인 권리로 이해하는 입장으로부터 비판이 제기될 수 있다. 환경권은 집합적인 권리(collective right)로 이해되며 엄밀한 의미에서 인권이라고 보기 어렵다는 견해가 대표적인 예이다.61) 환경권이 종종 그룹, 지역사회 나아가 범세계적 차원에서 문제가 되며, 미래세대에도 영향을 미치는 것은 사실이다. 그러나 모든 권리가 개인적인 요소와 함께 집합적인 요소를 가지고 있으며, 제1세대 권리와 제2세대 권리 중에도 집합적인 성격이 있다는 점(예컨대, 대량학살, 노예제도, 인종차별),62) 그리고 급변하는 국제상황과 요구에 부응하면서 인권의 역동적인 성격을 수용한다는 점에서 이러한 비판은 설득력이 약하다고 할 수 있다. 환경권은 집합적인 성격도 가지고 있지만 건강한 환경을 향유하는 자가 궁극적으로 개인이기 때문에 개인적인 권리라고 이해할 수 있다.63)

환경권이 제한이 이루어질 수 있는 권리라는 점에서 양도가 불가능한 권리로

시민적 · 정치적 권리보다 앞서고, 세대 개념과 어떠한 권리가 특정 세대에 속하는지 여부가 어떤 권리가 인권으로 인정되어야 하는지에 대하여 일체의 지침을 제공하지 않으며, 국가의 소극적 · 적극적 의무와 권리 사이의 세대적 구분이 실제 존재하지 않는다는 비판이 있다. Dinah Shelton, Human Rights, Environmental Rights, and the Right to Enviroment, 28 Stan. J. Int'l L. 103, 122~123 (1991).

58) Jennifer A. Downs(앞의 글).

59) *Id.*

60) P. W. Birnie and A. E. Boyle, International Law and the Environment 253 (2nd ed. Oxford University Press 2002). 이어서 환경권은 하나의 범주에 정확히 맞아 떨어지지 않고 각 세대 권리의 성질을 모두 가지고 있다고 지적하고 있다.

61) Iveta Hodkova, *Is There a Right to a Healthy Environment in the International Legal Order?*, 7 Conn. J. Intl. 65, 80 (1991).

62) Jennifer A. Downs(각주 57), 365면. 개인적인지 집합적인지의 구별 자체가 자의적이라고 생각된다.

63) *Id.* 366면.

개념화하는 것이 어렵다는 지적이 있다.[64] 그러나 일부 인권(예컨대, 생명권, 고문을 받지 아니할 권리)을 제외하고 대부분의 인권이 긴급상황과 다른 적법한 이익 등의 이유로 제한될 수 있다는 점에서 이러한 지적은 설득력이 떨어지고 있다.[65] 환경권의 경우 이익형량 등을 통하여 제한되고 있는데 이는 프라이버시권 등과 별반 차이가 없는 것이다.

인권이라는 것이 기본적으로 인간 중심적 접근방법이라는 비판도 있다.[66] 인간의 효용에 초점이 맞추어진 접근은 자칫 자원의 과다한 개발 및 환경파괴에 무감각해질 수 있다. 또한 환경악화의 근본 원인이 되는 가치와 태도를 영속화하고 환경의 직접적 · 포괄적 보호를 방해할 수 있다.[67] 이러한 인간 중심의 접근방법을 취하는 한, 자연의 권리는 부인되기 쉽다. 인간을 생태계의 한 요소에 불과하다고 보는 입장에서는 인권은 자연보호라는 큰 목적에 포섭되거나 종속되는 개념일 수 있다. 그러나 환경보호를 하는 진정한 이유가 배타적으로 인간의 이익만을 위한 것이 아니라 인간 이외의 다른 종, 나아가 생태계의 본질적 가치를 인정하는 것이고, 환경권이 절대적인 것이 아니고 다른 권리 및 이익과의 균형도 고려한다고 이해할 경우 인간 중심적이라는 비난은 완화될 수 있다. 표현은 '인권'이라고 하더라도 여기에는 야생동 · 식물과 생물다양성 및 생태계를 유지하기 위해 필요한 필수적인 절차와 지역의 보호 및 보전, 자연과 자연자원의 보전 및 지속가능한 이용 등이 포함되어야 한다.[68]

불명확성의 문제도 있다. 환경권의 내용, 범위, 시행력이 너무 애매하고 일반적이라는 것이 비판의 요지이다.[69] 예컨대, 환경권에서 말하는 '환경'이란 과연 무엇인가, 환경은 인간 환경만을 의미하는가 아니면 인간의 효용과 관계없이 자연 및 생태계 등을 포함하는 지구환경도 포함하는가, 개인의 권리인가 아니면 그룹의 권리인가, 그 권리는 절대적인가 아니면 제한될 수 있는 것인가, 누가 권리를 보장하기 위한 의무를 부담하는가?[70] 그 의무의 범위는 어디까지 인가, 구체적으로 언

64) Gunther Handle, *Human Rights and Protection of Environment: A Mildly "Revisionist" View*, Human Rights, Sustainable Development and the Environment 117, 120~122 (Antonio Augusto Cancado Trindade ed., 1992).

65) Sumudu Atapattu, *The Right to a Healthy Life or the Right to Die Polluted?; The Emergence of a Human Right to a Healthy Environment under International Law*, 16 Tul. Envtl. L. J. 65, 116 (2002).

66) P. W. Birnie & A. E. Boyle(각주 58), 257면; Ved P. Nanda & George Pring(각주 54), 475면.

67) Prue Taylor(각주 57), 234면.

68) P. W. Birnie & A. E. Boyle(각주 59), 258면.

69) Prue Taylor(각주 57), 212면.

제 또는 어느 정도의 환경침해가 인권침해에 이르는가,[71] 권리의 실현은 즉각적으로 이루어져야 하는가 아니면 점차적으로 이루어져도 무방한가 등이 대표적인 예이다. 이와 같이 불명확한 부분이 존재하고 그 보편적인 기준이 존재하지 아니하므로 인권으로서의 환경권을 행사함에는 한계가 있을 수밖에 없다. 그러나 권리가 그 내용이 정확히 정의될 수 있어야만 존재할 수 있다는 근거는 없다. 불명확하고 애매한 부분은 사법부 등 권위 있는 기관의 해석으로 보완될 수 있다.

환경권을 인권으로 파악하더라도 문제는 여전히 남아 있다: 환경권이 기존에 인정되어 온 생명권, 건강권, 적합한 생활수준을 향유할 권리, 프라이버시권 등의 인권과 구별되는 독자적인 인권인가? 생명권, 건강권 등과 같은 다른 확립된 인권과 어떻게 구분되는가? 다른 인권과 어떻게 이익형량을 하여야 하는가? 환경권은 생명권, 건강권 등과 같은 인권에서 파생되는 권리인가? 이러한 권리들은 인간활동을 지탱해 주는 환경에 의존할 수밖에 없다. 또한 환경문제를 해결하기 위해 생명권, 건강권, 적합한 생활수준을 향유할 권리, 프라이버시권 등과 같은 인권이 동원될 수 있다. 그러나 그렇다고 환경권이 이러한 권리들로부터 파생되는 권리 또는 이에 의존하는 권리라고 결론지을 수는 없다.

환경권을 독자적 권리로 파악함으로써 얻게 되는 가장 큰 효용은 개인(또는 그룹)이 그 시행 및 구제와 관련해서 원고적격을 인정받을 수 있다는 것이다. 환경권을 인정할 현실적 필요성도 크다. 환경권을 독자적 권리로 파악할 경우 피해를 입은 자의 피해구제는 훨씬 쉬워지기 때문이다. 환경권에 의지하여 피해구제를 요구할 경우 피해를 입은 자는 건강이나 복지에 대한 피해를 구체적으로 입증할 필요가 없게 된다. 이에 비해 환경피해의 구제를 생명권 등에 의지할 경우에는 환경피해의 결과 생명 또는 건강 그 자체에 피해가 발생하였음을 구체적으로 입증하여야 할 것이다. 문제는 환경피해로 생명권이 침해되었나고 인정하였을 경우에는 이미 그 구제가 늦을 수 있다는 것이다. 이는 생명권, 건강권 등이 안고 있는 한계이기도 하다. 환경권 침해를 주장하는 자는 피해가 구체적으로 발생할 것을 기다리지 아니하고 법에 정해진 허용한도를 초과해서 오염물질이 배출되었다는 사실만 입증하면 될 것이다. 이는 입증책임문제를 크게 완화할 것이다. 또한 환경권의 인정은 국가 등에게 환경보호의 의무를 발생시키기 때문에 환경피해의 방지를 위해 잠재력이 크다고 생각된다.

70) Sumudu Atapattu(각주 65), 111면.

71) 특정 행위의 결과 특정 그룹의 인간에 심각한 건강상의 악영향 또는 사람들의 생활방식의 파괴를 수반하는 환경의 악화가 초래될 때 인권침해가 발생한다는 견해가 있다. John Lee(각주 33), 285면.

Ⅳ. 환경권의 내용

환경권 개념이 확산되고 공감대를 얻어가고 있다고 하더라도 이것이 국제법 규범으로 확고한 지위를 가지고 있는지는 단정할 수 없다. 이는 환경권의 구체적 내용이 무엇인지에 대해서 명확한 답이 없다는 데에 크게 기인한다. '환경'이라는 개념 자체도 워낙 다양하고 복잡하기 때문에 쉽게 정의할 수 없다. 환경권과 관련할 때 단순히 '환경'이라는 표현만으로는 충분치 않다. 그 표현이 의미를 갖기 위해서는 그 앞에 붙는 수식어가 중요하다. 예컨대, 건강한(healthy), 적절한(decent), 깨끗한(clean), 안전한(safe), 건전한(sound), 생존 가능한(viable), 만족스러운(satisfactory) 등이 좋은 예이다. 그렇다고 문제가 모두 해결된 것은 아니다. 건강하고 깨끗하다는 등의 표현도 추상적이어서 이것이 과연 무엇을 의미하는지 분명하지 않기 때문이다. 문제 해결을 위해서는 구체적으로 그 권리가 포함하는 내용이 무엇인지를 살펴보는 것이 도움이 될 것이다. 그 내용은 편의상 실체적 권리와 절차적 권리로 구분하여 볼 수 있다.

1. 실체적 권리

건강한 환경을 향유할 권리는 한마디로 얘기하면 오염으로부터 자유로울 권리를 의미한다. 오염된 환경은 환경권을 해친다고 할 수 있다. 오염된 환경을 방지하기 위해서는 그 보전이 필요하다. 이러한 차원에서 환경권은 오염은 물론이고 보전도 포함하는 광범위한 것이어야 한다. 구체적으로 여기에는 공기 · 물 · 토양 등의 오염으로부터 자유로울 권리, 공기 · 물 · 토양 · 야생동식물 · 생태계 · 생물다양성을 보호 및 보전할 권리가 포함될 수 있을 것이다.72) 환경이라는 개념 자체가 시대에 따라 바뀌는 상대적 개념이기 때문에 환경권의 구체적 범위와 내용은 시대에 따라 변할 수 있다. 사법부 등 권위 있는 기관의 해석이 중요한 이유이다. 사법부 등은 환경권을 새롭게 정의할 가능성이 있다.

2. 절차적 권리

실체적 권리는 절차적 권리에 의해 보충 · 보완된다. 실체적 권리가 의미 있는

72) Sumudu Atapattu(각주 65), 97면. 구체적인 예로 적절한 양의 안전한 물에의 접근, 사용할 수 있는 깨끗한 물에의 접근은 인권으로 이해된다. Stephen C. McCaffrey(각주 6), 7면.

권리가 되기 위해서는 절차적 권리가 보장되어야 한다. 여기에는 환경에 영향을 미치는 정보에 시의 적절하게 접근할 수 있는 권리, 환경에 영향을 미치는 의사결정 과정에 참여할 권리, 환경침해에 대하여 구제받을 권리 등이 포함될 것이다. 이러한 권리들은 종종 환경영향평가절차에서도 요구되고 있다.[73]

환경정보를 제공받은 공중은 잘못된 개발사업을 저지하고, 유해물질 배출시설에 대한 규제를 요구하고 자신에게 발생하는 해를 막기 위한 적절한 조치를 취할 수 있을 것이다. 공중참여는 정부의 의사결정에 환경적 고려를 반영토록 하며, 잘못된 의사결정이 초래할 정치적 · 경제적 · 사회적 · 문화적 위험을 감소시킬 것이다. 환경침해에 대한 이의제기, 환경에 유해한 활동으로 인한 피해의 배상 또는 방지 요청 등을 포함하는 행정적 · 사법적 구제는 피해보전뿐만 아니라 의사결정 및 시행의 오류를 시정하고 개선하는 역할을 할 것이다.

이러한 절차적 권리들이 효과적인 권리가 되기 위해서는 가해 국가 이외의 공중에게도 무차별적으로 인정되어야 한다. 환경권으로서 인정되지 아니할 경우 피해자는 다음과 같은 인권 규정에 의지할 수 있을 것이다: 정보의 자유,[74] 의사결정 과정에 참여할 권리,[75] 권리침해에 대하여 구제받을 권리. 이러한 절차적 권리들의 중요성은 투명성과 참여성을 높여 의사결정 과정과 내용을 향상시키고 정부의 책임성과 정당성을 높일 수 있다는 데 있다.

Ⅴ. 권리의 주체 및 의무자

환경권의 주체, 즉 향유자는 원칙적으로 개인이다. 그러나 많은 개인이 영향을 받는 경우 그 주체는 그룹 또는 지역사회가 될 수 있다.[76] 말하자면 환경권은 기본적으로 개인적 권리이며 많은 사람이 영향을 받는 경우 집합적 권리로 이해할

73) 이러한 절차적 권리는 리우선언 원칙 10을 위시하여 1982년 세계자연헌장(제16조), 1991년 초국경적 환경영향평가에 관한 협약(Espoo협약), 1992년 생물다양성협약(제14조), 1998년 Aarhus협약 등에 잘 나타나 있다.

74) 정보에 대한 권리는 1948년 세계인권선언(제19조), 1950년 유럽인권협약(제10조 제1항), 1966년 시민적 · 정치적 권리에 관한 국제규약(제19조), 1978년 인권에 관한 미주협약(제13조) 등에 나타나 있다.

75) 공중의 참여는 1948년 세계인권선언(제21조), 1966년 시민적 · 정치적 권리에 관한 국제규약(제25조), 1978년 인권에 관한 미주협약(제23조), 1981년 인간과 주민 권리에 관한 아프리카헌장(제13조) 등에 나타나 있다.

76) John G. Merrills, *Environmental Rights,* International Environmental Law 667 (Daniel Bodansky eds., Oxford Univ. Press 2007).

수 있다. 이와 같이 환경권은 개인적 권리로서의 성격도 가지고 있기 때문에 많은 사람이 동일 문제로 피해를 입은 경우 피해자 모두는 가해자를 상대로 소송을 제기할 수 있을 것이다. 경우에 따라서는 개인보다 그룹 차원에서 소를 제기하는 것이 더 편리하고 적절할 수 있다.

권리자의 상대 개념이 의무자이다. 그 의무자가 그 의무를 다하지 아니할 경우 가해자가 될 수 있다. 가해자는 기본적으로 국가(또는 정부)이다. 국가가 그 책임을 면하기 위해서는 권리자의 권리침해가 발생하지 않도록 성실한 주의의무를 다하여야 한다. 의무의 범위 및 내용에 대하여 논란이 있을 수 있지만 여기에는 환경기관의 설치, 적절한 환경법령의 시행, 배출허용기준의 설정, 이러한 기준이행에 대한 감독, 환경피해자에 대한 효과적인 구제의 보장 등이 포함된다. 아울러 국가는 환경에 영향을 미치는 활동에 대한 정보의 공개, 의사결정 과정에서의 공중참여의 보장, 환경영향평가의 시행 등 피해자의 절차적 권리를 보장하기 위한 적극적인 조치를 취하여야 한다.

환경권은 국가 이외의 개인, 기구, 회사 등에게도 환경에 해를 끼치는 활동을 하지 말아야 할 의무를 부과한다. 국제기구도 그들의 활동이 환경에 위해를 끼치지 않아야 할 의무가 있다.

Ⅵ. 개발권과의 관계

리우선언 등에서 인정되고 있는 개발권[77]은 환경보호 및 인권과 밀접한 관련을 갖는다. 개발권은 인간의 삶의 질을 향상시키지만, 적절하지 아니한 개발은 인권을 해칠 수 있다. 환경의 질을 희생하면서 이루어지는 개발은 인간의 조건에 악영향을 미칠 수 있다. 이러한 점 때문에 환경보호, 인권보호 그리고 개발권, 이들 3자는 같은 사안을 다른 측면에서 바라보는 접근방법의 차이라고도 할 수 있다. 국제사회가 인권을 개발권과 환경권을 포함하여 경제적 · 사회적 권리를 포괄하는 광범위한 개념으로 인식하는 것도 감지되고 있다.

개발권은 인권인가? 개발권이 양도할 수 없는 인권이라는 견해도 있다.[78] 그러

77) 예컨대, 리우선언 원칙 3은 "개발권은 개발과 환경에 대한 현재세대와 미래세대의 요구를 공평하게 충족할 수 있도록 실현되어야 한다"고 규정하고 있다.

78) Jennifer A. Downs(각주 57), 364면(Karel Vasak의 분류를 인용). 1993년 인권에 관한 비엔나선언도 개발권을 인정하고 있다. 비엔나선언은 "민주주의, 개발 그리고 인권과 기본적인 자유에 대한 존중은 의존적이고 상호 강제한다"고 지적하면서(제8조) 개발권은 "형평성을 갖

나 개발권이 과연 무제한의 권리로 인정받을 수 있는지는 의문이다. 개발권은 자기결정권을 내포하는 개념이다. 그렇기 때문에 이 개념은 이를 제한하는, 환경보호를 중요시하는 국제사회의 동향과 충돌하기도 한다. 개발권 개념을 인정한다고 하더라도 문제는 여전히 남는다. 개발이 경제개발만을 의미하는 것인지, 사회적 · 문화적 · 환경적으로 건전한 개발 등을 포함하는 개념인지 불명확하다. 누가 권리의 주체가 되는지도 분명치 않다. 다른 인권과 유사하게 개인인가, 아니면 그룹(또는 사람들), 국가인가? 어떻게 이행되는지도 문제로 남는다. 개발권의 침해를 입은 자가 위원회나 법정에 직접 이의제기 또는 제소할 수 있는지의 문제이다.[79]

경제개발과 환경보호 간에는 밀접한 관계가 존재한다. 경제개발은 종종 환경문제를 야기할 수 있다. 여기에서 근본적인 문제가 발생하고 있다: 개발권이 환경권과 양립할 수 있는가? 지속가능한 발전이 그 대답이 될 수 있다. 지속가능한 발전이 리우선언 등에서 큰 주제가 되었음에도[80] 그 개념 정의에 대하여 완전한 동의가 이루어지지 않아 국제사회에서 혼란이 발생하고 있는 것은 주지의 사실이다. 그러나 이 개념이 개발권이 환경문제로 제한될 수 있다는 사고를 내포하고 있다는 것은 분명하다. 지속가능한 발전은 환경보호, 경제개발, 미래세대의 권리 등을 아우르는 개념이기 때문에 인간 중심적이라는 비난을 받는 인권 개념을 대체 또는 보완하는 개념이 될 수 있다.

지속가능한 발전은 이제 국제사회의 큰 흐름으로 나타나고 있다. 국제사회는 개발권과 환경권이 상호 배타적이지 않고 통합적 · 의존적이라고 인식하고 있다. 그러나 양자의 충돌 가능성은 여전히 상존하고 있다.

고 현재세대와 미래세대의 개발과 환경 수요를 충족하여야 한다"고 선언하고 있다(제11조). 인권에 관한 비엔나선언(각주 56).

79) Sumudu Atapattu(각주 65), 124면 참조.

80) 리우선언은 지속가능한 발전에 대한 개념을 정의하고 있지 않지만 27개 원칙에 녹아 있다고 할 수 있다. 그 중에서도 원칙 3, 4 등에 잘 나타나 있다.

주요 사건 연표

1902 농업에 유용한 조류보호를 위한 협약

1909 미국과 캐나다 간 경계수역조약

1911 물개보존조약

1929 *오데르(Oder)강 사건*

1937 *뮤즈(Meuse)강 사건*

1940 서반구에서의 자연보호와 야생생물보전에 관한 협약

1941 *Trail Smelter 사건*

1946 포경의 규제를 위한 국제협약(포경규제협약)

1947 GATT

1948 국제자연보전연맹(IUCN) 설립

1949 *Corfu Channel 사건*

1952 런던 스모그 참사

1954 유류에 의한 해양오염방지를 위한 국제협약(OILPOL)

1957 *Lanoux호 사건*

1958 공해에 관한 협약

1959 남극조약

1960 핵에너지 분야에서 제3자 책임에 관한 협약(파리협약)

1962 핵선박 운전자의 책임에 관한 협약
Rachel Carson의 침묵의 봄(Silent Spring) 발간

1963 라인강의 오염방지를 위한 국제위원회에 관한 협정

핵피해에 대한 민사책임 협약(비엔나협약)
대기권에서 핵무기실험 금지협약

1964 남극 동 · 식물 보전 합의조치

1966 국제법협회(ILA)의 국제수로의 이용에 관한 헬싱키규칙

1967 토리 캐년(Torrey Canyon)호 사고
우주조약

1968 대기오염규제에 관한 유럽이사회 선언
자연과 자연자원의 보전에 관한 아프리카협약

1969 유류오염사고 시 공해상 개입에 관한 국제조약
유류오염피해에 대한 민사책임에 관한 국제협약(민사책임협약)

1970 지구의 날(Earth Day)

1971 물새 서식처로서 국제적으로 중요한 습지에 관한 협약(람사르협약)
핵물질의 해상운송분야에서 민사책임에 관한 브뤼셀협약
유류오염피해배상을 위한 국제기금설치에 관한 국제협약(기금협약)

1972 남극물개보전협약(CCAS)
스톡홀름 유엔인간환경회의: 유엔인간환경선언(스톡홀름선언)
세계문화유산 및 자연유산의 보호에 관한 협약(세계유산협약)
폐기물 및 그 밖의 물질의 투기에 의한 해양오염방지협약(런던덤핑협약)
유엔환경계획(UNEP) 설립

1973 멸종위기에 처한 야생 동 · 식물 국제거래에 관한 협약(CITES)
선박으로부터의 오염방지를 위한 국제협약(MARPOL)

1974 *핵실험(Nuclear Test) 사건*

1976 지중해 오염방지를 위한 협약(Barcelona협약)

1978 아모코 카디즈(Amoco Cadiz)호 사고
선박으로부터의 오염방지를 위한 국제협약에 관한 1978년 의정서 (MARPOL73/78)

1979 스리마일(Three Mile) 섬 원자로 사고

유럽 야생동 · 식물과 자연 서식처 보전에 관한 협약(Bern협약)
이동성 야생동물의 보전에 관한 협약(Bonn협약)
ECE 광역 월경 대기오염에 관한 조약(LRTAP)

1980 남극해양생물자원보전협약(CCAMLR)

1981 인간과 주민 권리에 관한 아프리카헌장

1982 세계자연헌장
유엔해양법협약

1983 국제열대목재협정

1984 광역 대기오염의 측정과 평가를 위한 협력계획에 대한 장기 재정지원에 관한 EMEP의정서

1985 오존층 보호를 위한 비엔나협약
남극 오존홀 발견
LRTAP 헬싱키의정서
아세안 자연보전협정

1986 체르노빌(Chernobyl) 원전 사고
IAEA 핵사고의 조기통지에 관한 조약
IAEA 핵사고 시 지원에 관한 협약

1987 우리 공동의 미래(Our Common Future, 일명 Brundtland 보고서) 발표
오존층 파괴물질에 관한 몬트리올의정서

1988 남극광물자원활동의 규제에 관한 협약(CRAMRA)
LRTAP 소피아의정서
인권에 관한 미주협약 추가의정서
기후변화에 관한 정부간 패널(IPCC) 설립

1989 유해폐기물의 국가간 이동 및 그 처리의 통제에 관한 바젤협약
엑슨 발데즈(Exxon Valdez)호 사고
제4 롬협약(Lome Ⅳ)

1990 몬트리올의정서 런던조정 · 개정
유류오염의 대비, 대응 및 협력에 관한 국제협약(OPRC)

1991 아프리카내 유해폐기물의 국경이동 규제에 관한 바마코협약
초국경적 환경영향평가에 관한 협약(Espoo협약)
미국과 캐나다 간 대기협정(Air Quality Agreement)
환경보호에 관한 남극조약의정서(마드리드의정서)
LRTAP 제네바의정서

1992 UN/ECE 국제수로와 호수의 보호와 사용에 관한 협약
산업재해의 국제적 영향에 관한 협약
리우 유엔환경개발회의(UNCED): 리우선언, Agenda(의제) 21
기후변화에 관한 유엔 골격협약(기후변화협약)
생물다양성협약
모든 형태의 산림의 관리, 보전과 지속가능한 발전에 관한 세계적 총의를 위한 원칙의 법적 구속력 없는 권위적 성명(산림원칙)
몬트리올의정서 코펜하겐조정 · 개정

1993 환경에 해로운 활동으로 인한 피해에 대한 민사책임협약(Lugano협약)

1994 국제열대목재협정
LRTAP 오슬로의정서
사막화방지협약
핵안전협약

1995 경계 왕래 어족과 고도 회유성 어족의 보전과 관리에 관한 유엔해양협약의 규정을 이행하기 위한 협정(어족보전협정)
몬트리올의정서 비엔나조정

1996 WTO체제 발효
핵무기의 위협 또는 사용의 합법성에 관한 권고적 의견
런던덤핑의정서

1997 국제수로의 비항행적 사용에 관한 협약
사용후핵연료관리의 안전 및 방사성폐기물관리의 안전에 관한 공동협약
몬트리올의정서 몬트리올조정 · 개정
Gabcikovo–Nagymaros Dam 사건
교토의정서

1998 LRTAP 아루스(Aarhus)의정서

환경문제에서 정보접근, 결정과정에서의 공중참여, 사법에의 접근에 관한 협약(Aarhus협약)

특정 유해화학물질 및 농약의 국제교역에 있어서 사전통지승인절차에 관한 협약(로테르담협약)

1999 PRTAP 고텐버그(Gothenburg)의정서

몬트리올의정서 베이징조정 · 개정

유해폐기물의 국경이동과 그 처리로 인한 피해에 대한 책임배상의정서

2000 생명공학안전성의정서(카르타헤나의정서)

2001 벙커유오염피해에 대한 민사책임에 관한 협약

잔류성유기오염물질에 관한 협약(스톡홀름협약)

국제법위원회의 유해한 활동으로 인한 월경피해의 방지 조문안과 국제불법행위에 대한 국가책임 조문안

2002 요하네스버그 지속가능한 발전에 관한 세계정상회의(WSSD): 요하네스버그선언, 이행계획서

2003 전략환경평가에 관한 의정서

2005 교토의정서 발효

2007 발리행동계획(Bali Action Plan)

허베이 스피리트(Hebei Spirit)호 기름유출사고

2009 코펜하겐 기후변화회의(COP-15)

2010 BP 멕시코만 기름유출 사고

나고야-쿠알라룸프 추가의정서

나고야의정서

Pulp Mills 사건

2011 후쿠시마 원전 사고

더반 기후변화회의(COP-17)

2012 도하 기후변화회의(COP-18)

리우 지속가능한 발전에 관한 유엔회의(Rio+20 정상회의)

2013 수은에 관한 미나마타협약(수은협약)

2014 나고야의정서 발효

2015 2030 유엔 지속가능발전의제: 지속가능발전목표(SDGs)

2015 파리협정

2016 파리협정 발효

분야별 환경협약

1. 대 기

(1) 산 성 비

1979년 ECE 광역 월경 대기오염에 관한 조약(LRTAP)[1)]

LRTAP 의정서: ① 1984년 광역 대기오염의 측정과 평가를 위한 협력계획에 대한 장기 재정지원에 관한 EMEP의정서,[2)] ② 1985년 헬싱키의정서,[3)] ③ 1988년 소피아의정서,[4)] ④ 1991년 제네바의정서,[5)] ⑤ 1994년 오슬로의정서,[6)] ⑥ 1998년 아루스(Aarhus)의정서,[7)] ⑦ 1998년 아루스(Aarhus)의정서,[8)] ⑧ 1999년 고덴버그(Gothenburg)의정서[9)]

(2) 기후변화

1992년 기후변화에 관한 유엔 골격협약(기후변화협약)[10)]

---

1) ECE Convention on Long－Range Transboundary Air Pollution(LRTAP), 18 I. L. M. 1442 (1979).

2) 1984 Geneva Protocol on Long－term Financing of the Cooperative Programme for Monitoring and Evaluation of the Long－range Transmission of Air Pollutants in Europe(EMEP), 27 I. L. M. 701 (1988).

3) 1985 Helsinki Protocol on the Reduction of Sulphur Emissions or Their Transboundary Fluxes by at Least 30 Percent, 27 I. L. M. 707 (1988).

4) 1988 Sofia Protocol Concerning the Control of Emissions of Nitrogen Oxides or Their Transboundary Fluxes, 28 I. L. M. 214 (1989).

5) Protocol to the 1979 Convention on Long－Range Transboundary Air Pollution Con－cerning the Control of Emissions of Volatile Organic Compounds or Their Transboundary Fluxes, 31 I. L. M. 573 (1992).

6) 1994 Oslo Protocol on Further Reduction of Sulphur Emissions, 33 I. L. M. 1542 (1994).

7) 1998 Aarhus Protocol on Heavy Metals, 21 Int'l Env't Rep. (BNA) 4951, http://www.unece.org/env/lrtap/status/lrtap_s.htm.

8) 1998 Aarhus Protocol on Persistent Organic Pollutants, 21 Int'l Env't Rep. (BNA) 5001, *Id.*

9) 1999 Gothenburg Protocol to Abate Acidification, Eutrophication and Ground－level Ozone, 21 Int'l Env't Rep. (BNA) 5051.

10) United Nations Framework Convention on Climate Change(UNFCCC), 31 I. L. M. 849 (1992).

1997년 교토의정서[11)]

2001년 본합의(Bonn Agreement)[12)]

2001년 마라케쉬합의(Marrakech Accords)[13)]

2015년 파리협정(Paris Agreement)[14)]

(3) 오존층 파괴

1985년 오존층 보호를 위한 비엔나협약[15)]

1987년 오존층 파괴물질에 관한 몬트리올의정서[16)]

1990년 런던조정 · 개정[17)]

1992년 코펜하겐조정 · 개정[18)]

1995년 비엔나조정[19)]

1997년 몬트리올조정 · 개정[20)]

1999년 베이징조정 · 개정[21)]

(4) 지 역

1909년 미국과 캐나다 간 경계수역조약(Boundary Waters Treaty)[22)]

1991년 미국과 캐나다 간 대기협정(Air Quality Agreement)[23)]

2002년 연무오염에 관한 ASEAN협정(ATHP)[24)]

---

11) Kyoto Protocol to the UN Framework Convention on Climate Change, 37 I. L. M. 22 (1998).

12) http://unfccc.int/resource/docs/cop6secpart/05.pdf.

13) http://unfccc.int/resource/docs/cop7/13a01.pdf.

14) FCCC/CP/2015/l.9, Annex.

15) Vienna Convention for the Protection of the Ozone Layer, 26 I. L. M. 1529 (1987).

16) Montreal Protocol on Substances that Deplete the Ozone Layer, 26 I. L. M. 1541 (1987).

17) London Adjustments and Amendments to the Montreal Protocol on Substances that Deplete the Ozone Layer, 30 I. L. M. 537 (1991).

18) Copenhagen Adjustments and Amendments to the Montreal Protocol on Substances that Deplete the Ozone Layer, 32 I. L. M. 874 (1993).

19) Vienna Adjustments to the Montreal Protocol on Substances that Deplete the Ozone Layer (1995), http://www.unep.org/ozone.

20) Montreal Adjustments and Amendments to the Montreal Protocol on Substances that Deplete the Ozone Layer (1995), http://www.unep.org/ozone.

21) Beijing Adjustments and Amendments to the Montreal Protocol on Substances that Deplete the Ozone Layer (1995), http://www.unep.org/ozone.

22) Treaty between the United States and Great Britain Relating to Boundary Waters between the United States and Canada, 36 Stat. 2448 (1910).

23) Canada-United States Agreement on Air Quality, 30 I. L. M. 676 (1991).

2. 국제수로

1966년 국제수로의 이용에 관한 헬싱키규칙25)

1982년 국제법협회 몬트리올규칙26)

1986년 서울규칙27)

1989년 벨라지오(Bellagio) 조약초안28)

1992년 UN/ECE 국제수로와 호수의 보호와 사용에 관한 협약29)

1997년 국제수로의 비항행적 사용에 관한 협약30)

1999년 국제수로와 호수의 보호와 사용에 관한 의정서31)

3. 해 양

(1) 해양오염

1954년 유류에 의한 해양오염방지를 위한 국제협약(OILPOL)32)

1972년 폐기물 및 그 밖의 물질의 투기에 의한 해양오염방지협약(런던덤핑협약)33)

1972년 선박 · 항공기의 투기에 의한 해양오염방지를 위한 협약(오슬로 협약)34)

---

24) ASEAN Agreement on transboundary Haze Pollution(ATHP), https://asean.org/wp-content/uploads/2012/05/AATHP.pdf.

25) The Helsinki Rules on the Uses of the Waters of International Rivers, 1 Basic Documents of International Environmental Law 227 (H. Hohmann ed., 1992).

26) ILA Rules on Water Pollution in an International Drainage Basin, 1 Basic Documents of International Environmental Law 242 (H. Hohmann ed., 1992).

27) ILA Rules on the Law of International Groundwater Resources, 1 Basic Documents of International Environmental Law 245 (H. Hohmann ed., 1992).

28) Bellagio Draft Treaty Concerning the Use of Transboundary Groundwaters, 1 Basic Documents of International Environmental Law 643 (H. Hohmann ed., 1992).

29) Convention on the Protection and Use of Transboundary Watercourses and International Lakes, 31 I. L. M. 1312 (1992).

30) Convention on the Law of the Non-Navigational Uses of International Watercourses, 36 I. L. M. 700 (1997).

31) Protocol on Water and Health to the 1992 Convention on the Protection and Use of Transboundary Water Courses and International Lakes, 21 Int'l Env't Rep. (BNA) 5225.

32) International Convention for the Prevention of Pollution of the Sea by Oil, 327 U. N. T. S. 3, 9 I. L. M. 1 (1970).

33) Convention on the Prevention of Marine Pollution by Dumping of Wastes and Other Matter, 11 I. L. M. 1294 (1973).

34) Convention for the Prevention of Marine Pollution by Dumping from Ships and Aircraft, 11 I. L. M. 262 (1972).

1973년 선박으로부터의 오염방지를 위한 국제협약(MARPOL)35)

1974년 발트해의 해양환경 보호에 관한 협약36)

1974년 육상으로부터의 해양오염방지를 위한 파리협약37)

1974년 해상에서의 인명안전에 관한 협약(SOLAS)38) 및 1978년 의정서39)

1978년 선박으로부터의 오염방지를 위한 국제협약에 관한 의정서(MARPOL73/78)40)

1982년 유엔해양법협약41)

1992년 북동대서양의 해양환경보호를 위한 협약(OSPAR)42)

1996년 폐기물 및 그 밖의 물질의 투기에 의한 해양오염방지에 관한 의정서 (1996년 런던덤핑의정서)43)

(2) 유류오염

1954년 유류에 의한 해양오염방지를 위한 국제협약(OILPOL)44)

1958년 공해에 관한 협약45)

1969년 북해의 유류오염에 관한 협정46)

1969년 유류오염사고 시 공해상 개입에 관한 국제조약47)

---

35) International Convention for the Prevention of Pollution from Ships, 12 I. L. M. 1319 (1973).

36) Convention on the Protection of the Marine Environment of the Baltic Sea Area (Helsinki Convention), 13 I. L. M. 544 (1974).

37) Convention for the Prevention of Marine Pollution from Land–Based Sources, 13 I. L. M. 352 (1974).

38) Convention on the Safety of Life at Sea, 21 Int'l Env't Rep. (BNA) 4501, 14 I. L. M. 959 (1975).

39) 1978 Protocol to the Convention on the Safety of Life at Sea, 21 Int'l Env't Rep. (BNA) 4551.

40) Protocol of 1978 Relating to the International Convention for the Prevention of Pollution from Ships, 17 I. L. M. 546 (1978).

41) United Nations Convention on the Law of the Sea(UNCLOS), 21 I. L. M. 1261 (1982).

42) Convention for the Protection of the Marine Environment of the North–East Atlantic, 21 Int'l Env't Rep. (BNA) 761 (1995).

43) 1996 Protocol to the Convention on the Prevention of Marine Pollution by Dumping of Wastes and Other Matter, 36 I. L. M. 1 (1997).

44) International Convention for the Prevention of Pollution of the Sea by Oil, 327 U. N. T. S. 1 (1970).

45) Convention on the High Seas, 450 U. N. T. S. 82.

46) Agreement Concerning Pollution of the North Sea by Oil (Bonn Convention), 9 I. L. M. 359 (1970).

47) Convention Relating to Intervention on the High Seas in Case of Oil Pollution Casualties, 9 I. L. M. 25 (1970).

1969년 유류오염피해에 대한 민사책임에 관한 국제협약48)

1971년 유류오염피해배상을 위한 국제기금설치에 관한 국제협약49)

1973년 유류 이외의 물질에 의한 해양오염 시 공해상 개입에 관한 의정서50)

1989년 해난구조에 관한 국제협약51)

1990년 유류오염의 대비, 대응 및 협력에 관한 국제협약(OPRC)52)

1992년 유류오염피해에 대한 민사책임에 관한 국제협약을 개정하는 의정서53)

1992년 유류오염피해배상을 위한 국제기금의 설치에 관한 국제협약을 개정하는 의정서54)

2001년 벙커유오염피해에 대한 민사책임에 관한 협약55)

(3) 해양생물

1946년 포경의 규제를 위한 국제협약(포경규제협약)56)

1989년 남태평양에서 장거리 유자망(流刺網)을 이용한 어로행위 금지를 위한 협약57)

1995년 경계 왕래 어족과 고도 회유성 어족의 보전과 관리에 관한 유엔해양협약의 규정을 이행하기 위한 협정(어족보전협정)58)

---

48) International Convention on Civil Liability for Oil Pollution Damage(CLC), 21 Int'l Env't Rep. (BNA) 1501.

49) International Convention on the Establishment of an International Fund for Compensation for Oil Pollution Damage, 11 I. L. M. 284 (1972).

50) Protocol to the Convention Relating to Intervention on the High Seas in Cases of Marine Pollution by Substances Other than Oil, 13 I. L. M. 605 (1974).

51) International Convention on Salvage Convention, 1953 U. N. T. S. 193 (1989).

52) International Convention on Oil Pollution Preparedness, Response and Cooperation (OPRC), 30 I. L. M. 735 (1991).

53) Protocol of 1992 to Amend the 1969 International Convention on Civil Liability for Oil Pollution Damage, 21 Int'l Env't Rep. (BNA) 1551.

54) Protocol of 1992 to Amend the International Convention on the Establishment of an International Fund for Compensation for Oil Pollution Damage, 21 Int'l Env't Rep. (BNA) 1751.

55) International Convention on Civil Liability for Bunker Oil Pollution Damage, 21 Int'l Env't Rep. (BNA) 5501.

56) International Convention on the Regulation of Whaling(ICRW), 161 U. N. T. S. 72.

57) Convention for the Prohibition of Fishing with Long Driftnets in the South Pacific, 29 I. L. M. 1449 (1990).

58) Agreement for the Implementation of the Provisions of the United Nations Convention on the Law of the Sea of 10 December 1982, Relating to the Conservation and Management of Straddling Fish Stocks and Highly Migratory Fish Stocks, U. N. Doc. A/CONF.164/37, 34 I. L. M. 1542 (1995).

4. 유해폐기물, 화학물질

1989년 유해폐기물의 국가간 이동 및 그 처리의 통제에 관한 협약(바젤협약)[59]

1989년 아프리카, 카리브 및 태평양지역들과 유럽경제공동체 간 제4 롬협약[60]

1991년 아프리카내 유해폐기물의 국경이동 규제에 관한 바마코협약[61]

1998년 특정 유해화학물질 및 농약의 국제교역에 있어서 사전통지승인절차에 관한 협약(로테르담협약)[62]

1999년 유해폐기물의 국경이동과 그 처리로 인한 피해에 대한 책임배상의정서[63]

2001년 잔류성유기오염물질에 관한 협약(스톡홀름협약)[64]

2013년 수은에 관한 미나마타협약(수은협약)[65]

5. 야생동·식물, 생태계 및 생물다양성

1971년 물새 서식처로서 국제적으로 중요한 습지에 관한 협약(람사르협약)[66]

1972년 세계문화유산 및 자연유산의 보호에 관한 협약(세계유산협약)[67]

1973년 멸종위기에 처한 야생 동·식물 국제거래에 관한 협약(CITES)[68]

---

59) Basel Convention on the Control of Transboundary Movements of Hazardous Wastes and Their Disposal, 28 I. L. M. 649 (1989).

60) Fourth African, Caribbean, and Pacific States－European Economic Community Con－vention of Lome(Lome Ⅳ Convention), 29 I. L. M. 783 (1990).

61) Bamako Convention on the Ban of Import Into Africa and the Control of Trans－boundary Movement and Management of Hazardous Wastes and Within Africa. 30 I. L. M. 775 (1991).

62) Rotterdam Convention on the Prior Informed Consent Procedure for Certain Hazardous Chemicals and Pesticides in International Trade, 38 I. L. M. 1 (1999).

63) Protocol on Compensation for Damage Resulting from Transboundary Movement of Hazardous Wastes and Their Disposal, 21 Int'l Env't Rep. (BNA) 3731, http://www.unep.org/basel.

64) Stockholm Convention on Persistent Organic Pollutants, 21 Int'l Env't Rep. (BNA) 5401, 40 I. L. M. 532 (2001).

65) Minamata Convention on Mercury, http://www.mercuryconvention.org/Portals/11/doc－uments/Booklets/Minamata%20Convention%20on%20Mercury_booklet_English.pdf.

66) Convention on Wetland of International Importance Especially as Waterfowl Habitat (Ramsar Convention), 11 I. L. M. 963 (1976).

67) Convention for the Protection of the World Cultural and Natural Heritage, 27 U. S. T. 37, 1037 U. N. T. S. 151, 11 I. L. M. 1359 (1972).

68) Convention on International Trade in Endangered Species of Wild Founa and Flora (CITES), 12 I. L. M. 1085 (1973).

1979년 이동성 야생동물의 보전에 관한 협약(Bonn협약)[69]

1983년 · 1994년 국제열대목재협정[70]

1985년 아세안 자연보전협정[71]

1992년 생물다양성협약[72]

1992년 모든 형태의 산림의 관리, 보전과 지속가능한 개발에 관한 세계적 총의를 위한 원칙의 법적 구속력 없는 권위적 성명(산림원칙)[73]

1994년 사막화방지협약[74]

2000년 생명공학안전성의정서(카르타헤나의정서)[75]

2010년 나고야-쿠알라룸프 추가의정서[76]

2010년 나고야의정서[77]

6. 남 극

1959년 남극조약[78]

1964년 남극 동 · 식물 보전 합의조치[79]

1972년 남극물개보전협약(CCAS)[80]

---

69) Convention on the Conservation of Migratory of Wild Animal, 19 I. L. M. 15 (1980).

70) International Tropical Timber Agreement, http://sedac.ciesin.org/entri/texts/tropical.timber.1983.html; 33 I. L. M. 1014 (1994).

71) ASEAN Agreement on the Conservation of Nature and Natural Resources, http://sedac.ciesin.columbia.edu/entri/texts/asean.natural.resources.1985.html(2005. 7. 30.).

72) Convention on Biological Diversity, 31 I. L. M. 818 (1992).

73) Non-Legally Binding Authoritative Statement of Principles for a Global Consensus on the Management, Conservation and Sustainable Development of All Types of Forests, 31 I. L. M. 881 (1992).

74) Convention to Combat Desertification in Those Countries Experiencing Serious Drought and/or Desertification, Particularly in Africa, 33 I. L. M. 1328 (1994).

75) Protocol on Biosafety to the Convention on Biological Diversity, 39 I. L. M. 1027 (2000).

76) The Nagoya-Kuala Lumpur Supplementary Protocol on Liability and Redress to the Cartagena Protocol on Biosafety, http://bch.cbd.int/protocol/NKL_text.shtml.

77) Nagoya Protocol on Access to Genetic Resources and the Fair and Equitable Sharing of Benefits Arising from their Utilization to the Convention on Biological Diversity, http://www.cbd.int/abs/doc/protocol/nagoya-protocol-en.pdf.

78) Antarctic Treaty, 19 I. L. M. 860 (1980).

79) Agreed Measures for the Conservation of Antarctic Fauna and Flora, 17 U. S. T. 992, T.I.A.S. No. 6058(1964).

80) Convention for the Conservation of Antarctic Seals, 29 U.S.T. 441, 11 I.L.M. 251 (1972).

1980년 남극해양생물자원보전협약(CCAMLR)81)

1988년 남극광물자원활동의 규제에 관한 협약(CRAMRA)82)

1991년 환경보호에 관한 남극조약의정서(마드리드의정서)83)

7. 핵

1960년 핵에너지 분야에서 제3자 책임에 관한 협약(파리협약)84)

1962년 핵선박 운전자의 책임에 관한 협약85)

1963년 브뤼셀추가협약86)

1963년 핵피해에 대한 민사책임 협약(비엔나협약)87)

1971년 핵물질의 해상운송분야에서 민사책임에 관한 브뤼셀협약88)

1986년 IAEA 핵사고의 조기통지에 관한 조약89)

1986년 IAEA 핵사고 시 지원에 관한 협약90)

1994년 핵안전협약91)

1997년 사용후핵연료관리의 안전 및 방사성폐기물관리의 안전에 관한 공동협약92)

1997년 핵피해에 대한 민사책임 협약의 개정의정서93)

---

81) Convention on the Conservation of Antarctic Marine Living Resources(CCAMLR), 19 I. L. M. 841 (1980).

82) Convention on the Regulation of Antarctic Mineral Resource Activities(CRAMRA), 27 I. L. M. 868 (1988).

83) Protocol on Environmental Protection to the Antarctic Treaty, 30 I. L. M. 1461 (1991).

84) Paris Convention on Third Party Liability in the Field of Nuclear Energy, 956 U. N. T. S. 251.

85) Convention on the Liability of Operators of Nuclear Ships, 57 Am. J. Int'l L. 268 (1963).

86) Supplementary Convention to the Paris Convention on third Party Liability in the Field of Nuclear Energy, 1041 U. N. T. S. 358.

87) Vienna Convention on Civil Liability for Nuclear Damage, 1063 U. N. T. S. 265.

88) Convention Relating to Civil Liability in the Field of Maritime Carriage of Nuclear Material, 974 U. N. T. S. 255.

89) IAEA Convention on Early Notification of a Nuclear Accident, 25 I. L. M. 1369 (1986).

90) IAEA Convention on Assistance in the Case of a Nuclear Accident or Radiological Emergency, 25 I. L. M. 1377 (1986).

91) Convention on Nuclear Safety, 35 I. L. M. 1514 (1994).

92) Joint Convention on the Safety of Spent Fuel Management and on the Safety of Radioactive Waste Management, 36 I. L. M. 1431 (1997).

93) Protocol to Amend the Vienna Convention on Civil Liability for Nuclear Damage, 36 I. L. M. 1462 (1997).

1997년 핵피해에 대한 추가배상협약94)

8. 준수와 이행

1991년 초국경적 환경영향평가에 관한 협약(Espoo협약)95)

1992년 산업재해의 국제적 영향에 관한 협약96)

1998년 환경문제에서 정보접근, 결정과정에서의 공중참여, 사법에의 접근에 관한 협약(Aarhus협약)97)

2003년 전략환경평가에 관한 의정서98)

2003년 Aarhus협약 의정서99)

9. 책 임

1967년 우주조약100)

1972년 우주물체에 의한 피해에 대한 국제책임에 관한 협약(우주피해협약)101)

1977년 해저광물자원의 탐사와 개발로 인한 유류오염피해에 대한 민사책임에 관한 협약102)

1982년 국제법협회 몬트리올규칙103)

---

94) Convention on Supplementary Compensation for Nuclear Damage, 36 I. L. M. 1473 (1997).

95) Convention on Environmental Impact Assessment in Transboundary Context(Espoo협약), 30 I. L. M. 800 (1991).

96) Convention on the Transboundary Effects of Industrial Accidents, 21 Int'l Env't Rep. (BNA) 5301.

97) Convention on Access to Information, Public Participation in Decision-Making and Access to Justice in Environmental Matters, 21 Int'l Env't Rep. (BNA) 4701.

98) 2003 Protocol on Strategic Environmental Assessment(SEA) to the Convention on Environmental Impact Assessment in a Transboundary Context, 21 Int'l Env't Rep. (BNA) 4125.

99) 2003 Protocol on Pollutant Release and transfer Registers (PRTR) to the 1998 Aarhus Convention on Access to Information, Public Participation in Decision-Making and Access to Justice in Environmental Matter, 21 Int'l Env't Rep. (BNA) 4725.

100) Treaty on Principles Governing the Activities of States in the Exploration and Use of Outer Space, Including the Moon and Other Celestial Bodies, 6 I. L. M. 386 (1967).

101) Convention on International Liability for Damage Caused by Space Objects, 961 U. N. T. S. 187, 24 U. S. T. 2389.

102) Convention on Civil Liability for Oil Pollution Damage Resulting from Exploration for and Exploitation of Seabed Mineral Resources, 16 I. L. M. 1450 (1977).

1987년 미국 대외관계법[104)]

1993년 환경에 해로운 활동으로 인한 피해에 대한 민사책임협약(Lugano협약)[105)]

1996년 위험 · 유해물질 해상운송책임협약(HNS협약)[106)]

1998년 형법을 통한 자연보호 협약[107)]

2001년 유해한 활동으로 인한 월경피해의 방지 조문안[108)]

2001년 국제불법행위에 대한 국가책임 조문안[109)]

10. 무　역

1947년 관세 및 무역에 관한 일반협정(GATT)[110)]

1994년 세계무역기구(WTO)[111)]

1994년 무역에 대한 기술장벽에 관한 협정(TBT협정)[112)]

1994년 위생 및 검역조치의 적용에 관한 협정(SPS협정)[113)]

1994년 보조금과 상계조치에 관한 협정(SCM협정)[114)]

1994년 지적재산권의 무역관련측면에 관한 협정(TRIPs협정)[115)]

---

103) ILA Montreal Rules of International Law Applicable to Transfrontier Pollution, 1 Basic Documents of International Environmental Law 245 (H. Hohmann ed., 1992).

104) Restatement (Third) of the Foreign Relations Law of the United States (1987).

105) Convention on Civil Liability for Damage Resulting from Activities Dangerous to the Environment, 32 I. L. M. 1230 (1993).

106) International Convention on Liability and Compensation for Damage in Connection with the Carriage of Hazardous and Noxious Substances by Sea, 35 I. L. M. 1404 (1996).

107) Convention on the Protection of the Environment in the Environment Through Criminal Law, 21 Int'l Env't Rep. (BNA) 5351.

108) Draft Articles on Prevention of Transboundary Harm from Hazardous Activities, http://www.un.org/law/ilc/texts/prevention/preventionfra.htm.

109) Draft Articles on Responsibility of States for Internationally Wrongful Acts, http://www.un.org/law/ilc/texts/State_responsibility/responsibilityfra.htm.

110) General Agreement on Tariffs and Trade, 55 U. N. T. S. 194 (1947).

111) Final Act Embodying the Results of the Uruguay Round of Multilateral Trade Negotiations, 33 I. L. M. 1125 (1994).

112) Agreement on Technical Barriers to Trade, http://www.wto.org/english/docs_e/legal_e/17－tbt_e.htm.

113) Agreement on the Application of Sanitary and Phytosanitary Measures, http://www.wto.org/english/docs_e/legal_e/15sps_01_e.htm.

114) The Agreement on Subsidies and Countervailing Measures, http://www.wto.org/english/docs_e/legal_e/24－scm_01_e.htm.

115) The Agreement on Trade－Related Aspects of Intellectual Property Rights, http://www.wto.org/english/docs_e/legal_e/27－trips.doc.

1994년 농업협정[116)]
1994년 서비스무역에 관한 일반협정(GATS)[117)]

11. 인　　권

1948년 세계인권선언[118)]
1950년 유럽인권협약[119)]
1966년 시민적 · 정치적 권리에 관한 국제규약[120)]
1966년 경제적 · 사회적 · 문화적 권리에 관한 국제규약[121)]
1978년 인권에 관한 미주협약[122)]
1981년 인간과 주민 권리에 관한 아프리카헌장[123)]
1988년 인권에 관한 미주협약 추가의정서[124)]

---

116) The Agreement on Agriculture, http://www.wto.org/english/docs_e/legal_e/14-ag_01_e.htm.
117) The General Agreement on Trade in Service, http://www.wto.org/english/docs_e/legal_e/26-gats_01_e.htm.
118) Universal Declaration of Human Rights, U.N Doc. A/810.
119) European Convention for the Protection of Human rights and Fundamental Freedoms, 213 U. N. T. S. 222 (1950).
120) International Covenant on Civil and Political Rights, 999 U. N. T. S. 171.
121) International Covenant on Economic, Social, and Cultural Rights, 993 U. N. T. S. 3.
122) American Convention on Human Rights, 1144 U. N. T. S. 143.
123) African Charter of Human and Peoples' Rights(Banjul Charter), 21 I. L. M. 58 (1982).
124) Additional Protocol to the American Convention on Human Rights in the Area of Economic, Social and Cultural Rights(Protocol of San Salvador), O. S. T. S. No. 69, 28 I. L. M. 156 (1988).

국제환경분쟁 사례

1928년 *호르죠(Chorzow) 공장 사건*[1]

1929년 *오데르(Oder)강 사건*[2]

1937년 *뮤즈(Meuse)강 사건*[3]

1938년 *Trail Smelter 사건*,[4] 1941년 중재판결[5]

1949년 *Corfu Channel 사건*[6]

1954년 마샬군도 수소폭탄실험 사건[7]

1957년 *Lanoux호 사건*[8]

1969년 *Gut Dam 사건*[9]

1974년 *핵실험(Nuclear Test) 사건*,[10] 1995년 뉴질랜드의 상황검토 요청[11]

1979년 Cosmos 954 사건[12]

---

1) *Case Concerning the Factory at Chorzow*, 1928 P. C. I. J. (Ser. A) No. 17,

2) *Case Relating to the Territorial Jurisdiction of the International Commission of the River Oder (Czech., Den., Fr., Ger., Swed., UK/Pol.)*, 1929 P. C. I. J. (Ser. A) No. 23.

3) *The Diversion of Water from the Meuse Case (Neth. v. Belg.)*, 1937 P. C. I. J. (Ser. A/B) No. 70.

4) *Trail Smelter Case (United States v. Canada)*, 3 R. I. A. A. 1905 (1938)

5) *Trail Smelter Case (United States v. Canada)*, 3 R. I. A. A. 1938 (1941).

6) *Corfu Channel Case (U. K. v. Albania)*, 1949 I. C. J. 4 (1949).

7) Ved P. Nanda and George Pring, International Environmental Law & Policy for the 21st Century 75 (Transnational Publishers, Inc. 2003); Joni S. Charme, *Transnational Injury and Ultra-Hazardous Activity: An Emerging Norm of International Strict Liability*, 4 J. L. & Tech. 75, 90 (1989) 참조.

8) *Lake Lanoux Arbitration (Spain v. France)*, 24 I. L. R. 101 (1957).

9) *Gut Dam Claims (Canada v. U. S.)*, 8 I. L. M. 118 (1969).

10) *Nuclear Tests (Australia v. France)*, 1973 I. C. J. 99 (1973), 1974 I. C. J. 253 (1974); *Nuclear Tests (New Zealand v. France)*, 1973 I. C. J. 135 (1973), 1974 I. C. J. 457 (1974).

11) Request for an Examination of the Situation in Accordance with Paragraph 63 of the Court's Judgment of 20 December 1974 in the *Nuclear Tests (New Zealand v. France)*, 1995 I. C. J. 288 (1995).

12) Canada: Claim Against the USSR for Damage Caused by Soviet Cosmos 954, 18 I. L. M. 899 (1979).

1982년 *캐나다－미국 간 참치분쟁사건*[13)]

1987년 *Superfund 사건*[14)]

1989년 *캐나다 청어·연어사건*[15)]

1990년 *태국 담배사건*[16)]

1991년 *미국 참치금지사건(참치－돌고래 사건 I)*[17)]

1994년 *참치－돌고래 사건 II*[18)]

1994년 *미국 자동차세 사건*[19)]

1996년 *핵무기의 위협 또는 사용의 합법성에 관한 권고적 의견*[20)]

1996년 *개질 휘발유 사건,*[21)] 항소기구 결정[22)]

1997년 *EC 호르몬 사건,*[23)] 항소기구 결정[24)]

1997년 *Gabcikovo－Nagymaros Dam 사건*[25)]

1998년 *새우－바다거북 사건,*[26)] 항소기구 결정[27)]

---

13) *United States－Prohibition of Imports of Tuna and Tuna Products from Canada*, GATT, 29S/91 (1982).

14) *US－Taxes on Petroleum and Certain Imported Substances*, L/6175－34S/136 (1987).

15) *Canada－Measures Affecting Exports of Unprocessed Herring and Salmon*, GATT, 35S/98 (1989).

16) *Thailand－Restrictions on Importation of and Internal Taxes on Cigarettes*, GATT, 37S/200 (1990).

17) *United States－Restrictions on Imports of Tuna*, Report of the GATT Panel, 30 I. L. M. 1594 (1991).

18) *United States－Restrictions on Imports of Tuna*, 33 I. L. M. 842 (1994).

19) *US－Taxes on Automobiles*(Luxury Tax; Gas Guzzler Tax; Corporate Average Fuel Economy (CAFE) Requirements), 33 I. L. M. 1397 (1994).

20) Advisory Opinion on the Legality of the Threat or Use of Nuclear Weapons (July 8, 1996), 35 I. L. M. 809 (1996); 1996 I. C. J. 226 (1996).

21) WTO, Report of the Panel in *United States－Standards for Reformulated and Conventional Gasoline Treatment of Imported Gasoline and Like Products of National Origin*, 35 I. L. M. 274 (1996).

22) WTO Appellate Body: Report of the Appellate Body in *United States－Standards for Reformulated and Conventional Gasoline*, 35 I. L. M. 603 (1996).

23) WTO, E*C Measures Concerning Meat and Meat Product (Hormones)*, WT/DS26/R/USA, WT/DS48/R/CAN (1997).

24) WTO, *EC Measures Concerning Meat and Meat Product (Hormones)*, WT/DS26/AB/R, WT/DS48/AB/R (1998).

25) *Gabcikovo－Nagymaros Project (Hungary v. Slovakia)*, 37 I. L. M. 162 (1998); 1997 I. C. J. 7 (1997).

26) WTO, Report of the Panel on *United States－Import Prohibition of Certain Shrimp and Shrimp Products*, 37 I. L. M. 832 (1998).

27) WTO, *United States－Import Prohibition of Certain Shrimp and Shrimp Products*, 38 I.

1998년 *연어 수입금지사건*,[28] 항소기구 결정[29]
2000년 마샬군도 핵실험 사건[30]
2000년 *EC 석면 사건*,[31] 항소기구 결정[32]
2001년 *MOX Plant 사건*[33]
2006년 *EC−Biotech 사건*[34]
2007년 *브라질 타이어 사건*[35]
2010년 *Pulp Mills 사건*[36]

L. M. 118 (1999).

28) WTO, *Australia−Measures Affecting Importation of Salmon*, WT/DS18/R (1998).

29) WTO, *Australia−Measures Affecting Importation of Salmon*, WT/DS18/AB/R (1998).

30) Marshall Islands Nuclear Claims Tribunal: In the Matter of the People of Enewetak, 39 I. L. M. 1214 (2000).

31) WTO, EC−*Measures Affecting Asbestos and Asbestos−Containing Products*, WT/DS135/R (2000).

32) WTO, EC−*Measures Affecting Asbestos and Asbestos−Containing Products*, WT/DS135/AB/R; 40 I. L. M. 1193 (2001).

33) International Tribunal for the Law of the Sew, *The MOX Plant Case (Ireland v. United Kingdom)*, Case No. 10−Request for Provisional Measures, December 3, 2001.

34) WTO, *European Communities−Measures Affecting the Approval and Marketing of Biotech Products*, 1, WT/DS291, WT/DS292, WT/DS293 (2006)(*EC−Biotech 사건*).

35) WTO, *Brazil−Measures Affecting Imports of Retreaded Tyres*, WT/DS332/AB/R (2007).

36) *Pulp Mills on the River Uruguay (Argentina v. Uruguay)*, 2010 I. C. J. 18 (2010).

[사항색인]

[ㄱ]

[ㄴ]

[ㄷ]

[ㄹ]

[영문]

[著者略歷]
고려대학교 법과대학 졸업
S. J. D., University of Wisconsin, Law School
제27회 사법시험 합격(연수원 18기)
(현) 법무법인(유한) 광장 변호사
(현) 국제환경법정책학회 회장
(전) 한양대학교 법학전문대학원 교수
(전) 한국환경법학회 회장

[著書 및 論文]
환경법 -문제·사례-(2007)
환경법(2022)
환경법연습(2021)
로스쿨환경법(2022)
Stopping Environmental Injustice: Hazardous Waste Trade(S. J. D. 학위논문)
대만 핵폐기물의 북한이동과 국제환경법적 규제
황사문제와 국가책임
국제환경법에서의 환경과 인권
GATT/WTO 체제하의 환경분쟁 해결방식
기후변화협약체제와 WTO체제의 충돌과 조화
기후변화협약의 국내법적 시행조치와 WTO체제의 설계
온실가스 규제를 위한 방안: 탄소세인가? 배출권거래제인가?
생물다양성 보전을 위한 유전자원에 대한 접근과 이익 공유: 향후 협상 과제와 국내 이행을 위한 입법적 조치
유전자원에 대한 접근 및 이익 공유체제와 다른 국제 규범의 관계
신기후변화체제(파리협정)의 평가와 대응 외 다수

제 4 판 국제환경법

2010년 8월 30일 제 1 판 발행
2015년 3월 15일 제 2 판 발행
2020년 3월 10일 제 3 판 발행
2023년 3월 10일 제 4 판 발행

저 자 김 홍 균
발행인 임 권 규
발행처 弘 文 社

05855 서울시 송파구 송파대로 167 테라타워 B동 802호
등록 1993. 6. 24. 제1-1543호
TEL. 712-5311(代) FAX. 716-5311
Homepage : http://www.hongmoonsa.co.kr
E-mail : hongmoonsa@hanmail.net

값 48,000원

ISBN 978-89-7770-739-9 93360